生物化学
BIOCHEMISTRY

第 **4** 版

下　册

主编

朱圣庚　　徐长法

编著者

王镜岩　　朱圣庚　　徐长法

张庭芳　　昌增益　　秦咏梅

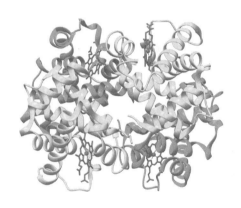

U0332279

高等教育出版社·北京

内容简介

　　本书前 3 版是国内经典的生物化学教材，先后由北京大学沈同教授、王镜岩教授担任第一主编。 第 4 版是在第 3 版的基础上精简、补充、修订而成，在注重基础性、系统性和完整性的同时，特别注意内容的精炼和更新，使教材及时反映学科发展的新思想、新成果。

　　全书共 36 章，上册包括第 1~14 章，主要讲述生命的分子基础，分别介绍蛋白质、酶、维生素、糖类、脂质、核酸、激素等各类生物分子的结构与功能。 下册为第 15~36 章，介绍各类生物分子在体内的分解和合成代谢，遗传信息的复制、重组、转录、翻译和表达调控，以及基因工程、蛋白质工程、基因组学和蛋白质组学的新进展。

　　本书涵盖生物化学学科最基本的理论知识，力求反映生物化学的全貌，内容全面详尽，阐述深入浅出。 在压缩经典内容的同时，增添学科的最新进展，保持内容的先进性和科学性；穿插基本和最新的实验技术及原理，突出实验科学的特点。 配套的数字课程提供各章习题的答案、每章的自测题、生化名词英汉对照以及常用生化名词缩写，有助于知识的巩固和拓展。

　　本书适合综合性院校、师范院校、农林院校及医学院校等生命科学类专业及相关专业的本科生使用，也可供教师、研究生及相关科研人员参考。

图书在版编目（ＣＩＰ）数据

生物化学．下册 / 朱圣庚，徐长法主编. -- 4 版.
-- 北京 ：高等教育出版社，2016.12(2024.12重印)
　　ISBN 978-7-04-045799-5

　　Ⅰ．①生… Ⅱ．①朱… ②徐… Ⅲ．①生物化学-高等学校-教材 Ⅳ．①Q5

　　中国版本图书馆 CIP 数据核字（2016）第 198640 号

Shengwuhuaxue

策划编辑　王　莉	责任编辑　王　莉	特约编辑　陈龙飞	封面设计　张申申
责任印制　刁　毅			

出版发行	高等教育出版社	网　　址	http://www.hep.edu.cn
社　　址	北京市西城区德外大街 4 号		http://www.hep.com.cn
邮政编码	100120	网上订购	http://www.hepmall.com.cn
印　　刷	三河市华润印刷有限公司		http://www.hepmall.com
开　　本	850 mm×1168 mm　1/16		http://www.hepmall.cn
印　　张	41.5	版　　次	1980 年 4 月第 1 版
字　　数	1 230 千字		2016 年 12 月第 4 版
购书热线	010 - 58581118	印　　次	2024 年 12 月第 13 次印刷
咨询电话	400 - 810 - 0598	定　　价	75.00 元

本书如有缺页、倒页、脱页等质量问题，请到所购图书销售部门联系调换
版权所有　侵权必究
物 料 号　45799 -A0

数字课程（基础版）

生物化学

（第4版）（下册）

主编　朱圣庚　徐长法

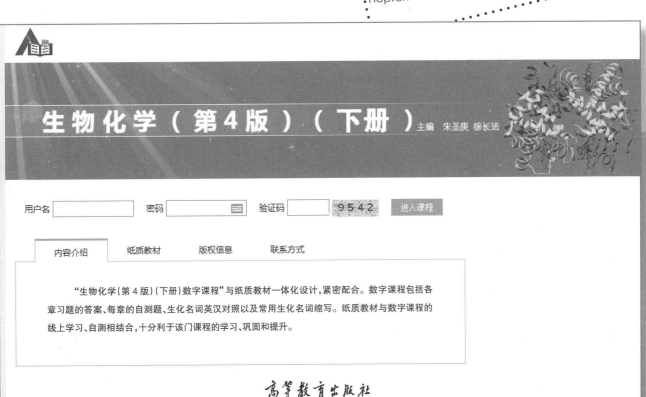

生 物 化 学 （ 第 4 版 ） （ 下 册 ）主编 朱圣庚 徐长法

用户名　　　　　密码　　　　　验证码　　　　9542　　进入课程

内容介绍　　纸质教材　　版权信息　　联系方式

　　"生物化学(第4版)(下册)数字课程"与纸质教材一体化设计,紧密配合。数字课程包括各章习题的答案、每章的自测题、生化名词英汉对照以及常用生化名词缩写。纸质教材与数字课程的线上学习、自测相结合,十分利于该门课程的学习、巩固和提升。

高等教育出版社

http://abook.hep.com.cn/45799

深切怀念我们的导师

——敬爱的沈同教授

前　言

　　生物化学是一门交叉学科,它引入数学、物理、化学学科的理论和方法研究生命现象,使生命科学得以从分子水平认识生命活动的本质。在生物化学的基础上发展出了分子生物学和生物信息学,这三个学科已成为当今生命科学领域最活跃、发展最快的前沿学科,并且是沟通数学、物理、化学和生命科学的桥梁。生命科学所以能成为21世纪自然科学的前沿学科,是与上述三个学科的飞速发展和取得的巨大成就分不开的。

　　生物化学是生命科学以及与之相关的医学、药学、农学、食品、发酵等各专业的必修基础课,也是数学、物理、化学各专业对生命科学有兴趣,愿意结合本专业从事生命现象研究的学生的辅修基础课。生物化学初学者往往因其内容涉及多个学科而倍感学习困难,此问题需要从课程安排、课堂讲授和教材建设等诸多方面来解决。显然,编写一套好的教材对确保教学质量至关重要。我们认为衡量教材的质量首先要看其内容,作为教材必须涵盖学科最基本的理论知识,既注重基础性、系统性,又能够反映学科发展的新思想、新成果。生物化学是一门实验科学,其教材对基本的和最新的实验技术也应给予适当介绍,着重说明各类技术的原理。作为教材,内容编排要有一个好的框架,各章节条理清晰,概念准确明了,阐述深入浅出,并且考虑到学生和自学者的背景知识,在涉及数学、物理、化学等学科内容时给予必要的补充知识和解释。我们努力按上述要求来编写本书,并在内容深浅和广窄的分量上与国外流行的教科书一致。作为课堂用的教材,本书分量是重了一些,为解决此问题我们曾编写了一本比较简明的《生物化学教程》,各院校也可根据安排的课程学时自行取舍内容;如果要想了解生物化学的全貌,或寻求解决某一问题的思路和答案,有一本内容比较齐全的生物化学教学用书还是很必要的。

　　由于生物化学发展极快,用"日新月异"来形容并不为过,生物化学教材也需要不断更新。国外一些较好的教科书通常5~6年就会改版。《生物化学》第3版出版后,直至今天的《生物化学》第4版付梓,中间推出了《生物化学教程》。生物化学内容不断增加,作为教材不能无限增厚,我们采取的办法是适当压缩经典内容,增添新的资料,使《生物化学》第4版保持原来的篇幅大小。

　　《生物化学》第4版共分三篇36章。第一篇"生物分子:结构和功能",14章,叙述生命的分子基础,分别介绍各类生物分子的结构与功能,包括蛋白质、酶、维生素、糖类、脂质、核酸、激素等。生物膜(结构与功能)与脂质合为一章,信号转导与激素合为一章。第二篇"新陈代谢:途径和能学",14章,分别介绍各类生物分子在体内的分解和合成代谢过程,以及相伴随的能量变化。新陈代谢内容较多,有必要概括出一些共同的规律。"新陈代谢总论"一章介绍代谢基本概念、反应机制和研究方法。"生物能学"介绍在生物化学中涉及的热力学基本概念、生化反应中自由能变化和高能化合物。在叙述各类生物分子的代谢途经后,简要归纳了新阵代谢的调节控制机制。第三篇"遗传信息:传递和表达",8章。有关遗传信息的基本概念放在"基因和染色体"一章中介绍。DNA复制、重组、转录、翻译和表达调节是遗传信息传递和表达的主要内容。最后是基因工程、蛋白质工程,以及基因组学和蛋白质组学,着重介绍基因和蛋白质的工程学及各类组学的最新进展。各章之间相互衔接,避免重复。

　　《生物化学》第1版主编是沈同、王镜岩、赵邦悌,由北京大学生物化学教研室前后主讲生物化学课的教师沈同、王镜岩、赵邦悌、李建武、徐长法、朱圣庚、俞梅敏参加编写,在教研室原有教材的基础上补充提高,于1980年由高等教育出版社出版。第2版主编是沈同、王镜岩,编者除第1版的成员外,又增加了杨端、杨福愉、黄有国,于1990年出版。第3版主编是王镜岩、朱圣庚、徐长法,编者为王镜岩、朱圣庚、徐长法、张庭芳、唐建国、俞梅敏、杨福愉、黄有国、张旭家、王兰仙、文重,于2002年出版。第4版主编是朱圣庚、徐长法,编者为王镜岩、朱圣庚、徐长法、张庭芳、昌增益、秦咏梅。需要特别指出的是,王镜岩教授虽然不再承担第4版的主编和改写工作,但是《生物化学》一书是由沈同教授和王镜岩教授奠定基础的,前3版的编写都是由王镜岩教授主持,并且对第 4 版的编写仍起着指导作用。王兰仙教授参加第 3 版光合作用一章的编写和第 4 版该章的主要改写,还为本书的文字录入和绘图做了大量工作,我们非常感谢。

　　本书编写过程得到北京大学生命科学学院和高等教育出版社生命科学与医学出版事业部领导的关心和支持,出版社的王莉编辑承担本书责任编辑,为本书的编写、设计和出版做了大量工作,在此表示衷心感谢。使用过《生物化学》前 3 版的各高校师生曾直接向我们,或通过高等教育出版社转告,提出许多宝贵的批评和意见,还有些师生询问书中某些内容和思考题,所有这些反馈信息都帮助我们在第 4 版中加以改进,我们也向他们表示感谢。我们还要感谢编者的家人们,他们的多方支持和幕后付出的辛勤劳动,使本书得以顺利完成。

　　限于我们的水平,本书可能存在不少错误和问题,敬请读者批评指正。

主　编

2016 年 3 月于燕园

目　　录

第二篇　新陈代谢:途径和能学

第三篇　遗传信息:传递和表达

第 15 章　新陈代谢总论

　　新陈代谢(metabolism)是生物体内进行的所有化学变化的总称,是生物体一切生命活动的基础。生命机体和无生命物体的根本区别就在于前者能够通过新陈代谢不断自我更新。新陈代谢包括生物体与外界环境之间的物质和能量交换以及生物体内物质和能量的转变过程,可以将其分为 5 个方面:① 从环境中取得所需物质;② 将外界取得的物质转变为自身组成的**构造元件**(building block);③ 将构造元件组装成生物体特异的大分子;④ 合成或分解生物体内各种特殊功能的分子;⑤ 提供生命活动所需的能量。

　　本章主要介绍新陈代谢的基本概念、原理、反应机制和研究方法,以使初学者能对新陈代谢有一个总体的认识。

一、新陈代谢的基本概念和原理

　　新陈代谢遵循所有已知的物理学和化学规律,然而是在生物体内特殊条件下进行,受到这些特殊条件的制约。生物体内的新陈代谢有赖于酶的催化,一系列专一性作用的酶催化的连续化学反应构成各类物质的**代谢途径**(metabolic pathway)。代谢途径的连续酶促反应称为**中间代谢**(intermediary metabolism);中间代谢的产物称为中间产物或**中间物**(intermediate)。酶的灵活精确调节机制,使机体错综复杂的代谢过程成为高度协调的整合在一起的代谢网络(metabolic network)。当今生物界各类生物的新陈代谢千差万别,但是也普遍存在一些共有的途径,称为主要代谢途径或**中心代谢途径**(central metabolic pathway),表明生物界具有共同的起源。下面对新陈代谢的一些基本概念作进一步的阐述。

(一) 新陈代谢包括合成代谢和分解代谢

　　生物体将外界环境中取得的物质转化为自身组成的物质称为**同化作用**(assimilation);将体内组成物质转化为外界环境中的物质称为**异化作用**(dissimilation)。同化作用和异化作用是一对相反的作用,然而又相互联系组成生物体统一的新陈代谢过程。同化作用是生物体利用能量将小分子物质合成为自身大分子物质的一系列代谢过程,因此又称为**合成代谢**(anabolism)。异化作用则是生物体分解体内较大较复杂的物质为轻小较简单物质并释放能量的过程,又称为**分解代谢**(catabolism)。所有参与代谢反应的物质,包括反应物、中间物和终产物统称为**代谢物**(metabolite)。

　　新陈代谢包含**物质代谢**(material metabolism)和**能量代谢**(energetic metabolism)两个不可分割的方面。一切生命活动都需要能量。除少数种类化能无机自养菌(chemolithotrophic bacteria)能够通过氧化环境中的无机物取得生命所需能量外,绝大多数生物所需的能量直接或间接来自太阳能。具有**光合色素**(photosynthetic pigment)的生物,能够通过光合作用将太阳光能转变为化学能,例如绿色植物利用光能由 CO_2 和 H_2O 合成糖,以此贮存能量。这类生物称为**光养生物**(phototroph)。而依赖外界营养物质为生的生物称为**异养生物**(heterotroph)。异养生物将有机营养物经分解和氧化释放出能量供生命活动所需。

　　生物体内合成代谢和分解代谢采取的途径并不相同,只有在某些代谢环节上,两种代谢可以共同利用同一途径。这种共用途径称为**两用代谢途径**(amphibolic pathway)。例如:**柠檬酸循环**(citric acid cycle)就可看作是两用代谢途径的典型例证。

　　初学者往往不能理解何以会形成今日生物界这种**代谢格局**。为什么合成代谢和分解代谢要由一系列连续反应来完成而不能一步到位?为什么表面看似繁杂纷乱的代谢途径实际上只包含少数种类的反应、不多的构造元件和个别关键中间代谢物？为什么合成代谢和分解代谢需要采取不同途径而不能由一个可逆反应来完成？以下原则对理解当今生物界代谢格局的形成至关重要：① 现今的代谢途径是在生物进化过程中形成的,反映了进化的历程。② 生物在形成当今代谢格局中尽可能减少物质、能量和负熵的耗费。③ 所有格局要有利于细胞对代谢的调节控制。

（二）代谢反应受自由能驱动

代谢反应受酶催化,酶能够降低活化能,增加反应速度,但不改变反应的平衡点。代谢反应仍然受热力学规律所支配。按照热力学原理,若一个反应能自发进行,其自由能变化为负值,即反应释放自由能。反之,反应的自由能变化若为正值,必须提供自由能才能使反应发生。生物体内通常将热力学不利的反应与热力学有利的反应偶联,以驱动其进行。

自养生物（autotroph）以太阳能或氧化无机物取得的化学能为能源；异养生物以分解食物中有机营养物取得的化学能为能源。所取得的能量一般贮存在能量载体 ATP 中,也可以通过形成还原型电子载体 NADH、NADPH 以及 $FADH_2$ 的方式贮存。还原型电子载体经电子传递和氧化磷酸化产生 ATP,又可以还原力形式参与生物合成。能够提供能量的核苷酸除 ATP 外,还有 GTP、UTP、CTP 等。以 ATP 形式贮存的自由能可以供给以下五方面对能量的需要：① 生物合成；② 细胞运动；③ 膜运输；④ 信号传导；⑤ 遗传信息的正确传递和表达。有关内容在后面章节中将会详细介绍。

（三）核苷酸衍生物是能量和活性基团的载体

上面提到的 ATP、GTP、UTP 和 CTP 等**多磷酸核苷酸**均含有高能磷酸键（以“～”符号表示）,其水解时能释放出大量自由能。它们能通过转移磷酸基团、焦磷酸基团或腺苷酸基团而转移能量,以提供生物合成和其他各种生命活动所需的自由能。

一些核苷酸衍生物是重要辅酶,例如烟酰胺腺嘌呤二核苷酸（辅酶Ⅰ）、烟酰胺腺嘌呤二核苷酸磷酸（辅酶Ⅱ）、黄素单核苷酸（FMN）、黄素腺嘌呤二核苷酸（FAD）和辅酶 A。烟酰胺辅酶（NAD 和 NADP）和黄素辅酶（FMN 和 FAD）是氢原子和电子载体,广泛参与各种氧化还原反应,将自由能转移给生物合成需能反应。辅酶 A 在酶促转酰基反应中起着接受和提供酰基的作用。辅酶 A 的巯基和酰基结合形成高能硫酯键,水解释放大量自由能（31.38 kJ/mol）,与 ATP 高能酸酐键水解时释放的自由能（30.54 kJ/mol）相近,也就是说辅酶 A 携带活化的酰基。许多物质代谢,如糖、脂肪酸和氨基酸代谢都可形成乙酰辅酶 A,而乙酰辅酶 A 是进入柠檬酸循环的关键中间代谢物。

（四）代谢的基本要略在于形成 ATP、还原力和构造元件用于生物合成

生物大分子在生物体的生命活动中起着决定的作用。生物大分子由构造元件（即结构单位）所组成。多糖由少数单糖聚合而成；脂肪由脂肪酸和甘油合成；蛋白质由 20 种氨基酸聚合而成；核酸由 4 种核糖核苷酸或 4 种脱氧核苷酸聚合而成。生物大分子的合成消耗很多能量,只有一部分能量用于形成糖苷键、肽键和磷酸二酯键,另一部分能量用于推动生物合成的单向性,更多能量用于保证遗传信息传递和翻译的准确性。生物大分子水解所释放的自由能不能被利用,常以热能形式散发掉。为节省能量,糖原可在糖原磷酸化酶催化下磷酸解生成 1-磷酸葡糖；核糖核酸可在多核苷酸磷酸化酶催化下磷酸解,生成核苷二磷酸。生成的磷酸化产物有利于再利用。

大分子的各种结构单位经分解代谢形成乙酰辅酶 A,产生少量 ATP,进入柠檬酸循环后彻底氧化成 CO_2 和 H_2O,并通过氧化磷酸化产生大量 ATP。分解代谢是一个氧化过程和产能过程；合成代谢则是还原过程和需能过程。总的来说,新陈代谢的基本要略是将分解代谢产生的 ATP、还原力和构造元件用于生物合成。

（五）代谢在分子、细胞和整体三个水平上调节

生物体内的新陈代谢具有精确、高效的调节机制,从而使错综复杂的代谢过程得以协调一致,并且随着细胞内外条件的改变及时调整,始终有条不紊的进行。代谢调节可在三个不同的水平上进行,即分子水

平的调节、细胞水平的调节和整体水平的调节。

分子水平调节包括底物的调节、酶活性的调节和酶量的调节等方面。各代谢途径通过共同中间产物而彼此沟通。底物量的增加促进下游代谢反应;产物的积累则减少上游反应,两者均会促进相应的代谢分流。**变构效应**(allosteric effect)是酶活性调节的一种常见方式。当效应物(effector)与酶的变构部位结合,即引起酶活性改变。底物或底物类似物可提高酶活性;产物或产物类似物抑制酶活性。酶的共价修饰是酶活性较长期效应的一种调节方式。酶数量的调节涉及酶的合成和降解的调节。

细胞水平调节包括细胞结构对酶和代谢物的分隔,使不同代谢途径分开在不同结构区域内进行;膜运输控制着各类代谢底物和产物的流通;膜结构还影响酶的物理状态和性质,例如膜结合的酶与溶解的酶活性有很大不同。细胞还通过接受环境的信号,调节其代谢活动。

生物机体作为一个整体,还存在整体水平上的调节,使各组织器官的细胞代谢协调一致,并对机体内外条件的改变作出反应。整体水平的调节包括体液调节和神经系统的调节。

二、新陈代谢的主要反应机制

生物体内的新陈代谢反应基本上都是酶催化的有机化学反应。然而,并非所有的有机化学反应都能在生物体内出现,只有符合下述要求的反应才能在体内进行。一是机体需要;二是机体在进化过程中产生合适的酶,能在细胞生理条件下提高反应速度。偶尔细胞内蛋白质引发一些新的反应,如果这些新的反应对机体有益,就会被选择留下,成为新陈代谢中的一个反应。

机体的新陈代谢反应可概括为五大类:① 基团转移反应;② 氧化还原反应;③ 消除、异构化和重排反应;④ 碳-碳键的形成或断裂反应;⑤ 自由基反应。在介绍上述五大类反应之前,先对有机化学中与代谢反应关系密切的基本原理作一些简要介绍。

首先要指出的是,有机化合物都含有共价键。共价键是两个原子间共享的一对电子。这样形成的键断裂时它们的电子对或是留在一个原子内,称为**异裂断键**(heterolytic bond cleavage);或是电子对分开,每一个电子留在一个原子内,称为**均裂断键**(homolytic bond cleavage)。现以最常见的 C—H 和 C—C 键为例,对键的异裂和均裂表示如下:

$$异裂断键 \quad —\overset{|}{\underset{|}{C}}—H \rightleftharpoons —\overset{|}{\underset{|}{C}}{:}^- + H^+$$

$$碳负离子 \quad 质子$$
$$(carbanion) \quad (proton)$$

$$—\overset{|}{\underset{|}{C}}—H \rightleftharpoons —\overset{|}{\underset{|}{C}}{}^+ + \; :H^-(或用\ H^-\ 表示)$$

$$碳正离子 \quad 氢负离子$$
$$(carbocation) \quad (hydride)$$

$$—\overset{|}{\underset{|}{C}}—\overset{|}{\underset{|}{C}}— \rightleftharpoons —\overset{|}{\underset{|}{C}}{:}^- + {}^+\overset{|}{\underset{|}{C}}—$$

$$碳负离子 \quad 碳正离子$$
$$(carbanion) \quad (carbocation)$$

$$均裂断键 \quad —\overset{|}{\underset{|}{C}}—H \rightleftharpoons —\overset{|}{\underset{|}{C}}\cdot + H\cdot$$

$$自由基 \quad 氢原子$$
$$(radical) \quad (H\ atom)$$

$$—\overset{|}{\underset{|}{C}}—\overset{|}{\underset{|}{C}}— \rightleftharpoons —\overset{|}{\underset{|}{C}}\cdot + \cdot\overset{|}{\underset{|}{C}}—$$

$$碳自由基$$
$$(carbon\ radical)$$

C—H 键的异裂断键,常伴随**碳负离子**及质子(H^+)的形成,或**氢负离子**(H^-)及**碳正离子**的形成。碳原子较氢原子的电负性稍高(原子成键时,该原子对于成键电子对的吸引能力称为电负性。C 的电负性为 2.5,H 的电负性为 2.1)。因此在生物化学体系中,C—H 键的断裂以电子对留在碳原子一侧,形成碳负离子的方式居多。另一方面,氢负离子(H^-)具有高度的反应性,所以只要当氢负离子的受体,例如 NAD^+(或 $NADP^+$)同时存在时,氢负离子一旦形成,就立即转移到受体上。只有在此种情况下,才可以发生形成碳正离子及氢负离子的断裂。C—C 键的异裂断键同时产生碳负离子和碳正离子;与氢负离子类似,碳负离子和碳正离子极不稳定,一旦形成立即参与进一步的反应。下面还将专门讨论 C—C 键的断裂和形成反应。C—H 和 C—C 键的均裂断键常产生不稳定基团,这类基团携带一个不配对的电子,称为**自由基**(radical)。自由基反应下面也会专门讨论。

第二条基本原理是,许多生化反应涉及**亲核体**(nucleophile)和**亲电子体**(electrophile)之间的相互作用。亲核体是指其功能团富有并能给出电子的化合物;亲电子体是指缺电子并能接受电子的化合物。亲核体持未共用的电子对,而呈负电性,易与缺电子体形成共价键。常见的亲核基团有:带负电荷的氧(如未质子化的羟基或解离的羧基)、带负电荷的巯基、碳负离子、不带电荷的氨基、咪唑基等。亲电子体有一个未饱和的电子壳,呈正电性。常见的缺电子体是 H^+、金属离子、羰基碳原子、质子化亚胺、磷酸基的磷等。生化反应中常见的亲核体和亲电子体如下所示:

亲核体

$H—O:^-$　$-\overset{|}{\underset{|}{C}}-O:^-$　$-S:^-$　$-\overset{|}{C}:^-$　$-\overset{|}{N}:$　$HN\overset{\frown}{\underset{}{N:}}$

亲电子体

$\underset{H^+}{\curvearrowright}:R$　$\underset{M_n^+}{\curvearrowright}:R$　$-\overset{|}{\underset{\underset{O}{\|}}{C}}:R$　$\overset{:R}{\underset{|}{C}}=\overset{+}{N}-$　$O-\overset{:R}{\underset{\underset{O}{\|}}{\overset{\|}{P}}}=O$

生物化学的一个重要反应是胺与醛或酮的反应。这个反应的第一步是胺的未共用电子对向缺电子的羰基进攻,使 C ＝O 双键的电子对更向氧原子靠近,并使氮原子上的一个氢原子转移到氧原子上。第二步是甲醇胺中间体氮原子上的未共用电子对向缺电子的碳原子进攻,在质子(H^+)的参与下,释出一分子水。下面我们讨论生物化学中的五大类反应。需要强调的是,这五类反应并非是互相排斥的,往往一个生化反应可以同时有两类以上的反应,例如自由基反应常存在于其他反应中。

(一)　基团转移反应

在生物化学体系中,基因转移反应(group-transfer reaction)常表现为亲电子基团(如 A)从一个亲核体(如 X:)转移到另一亲核体(如 Y:):

$$Y:\quad +\quad A-X\quad \longrightarrow\quad Y-A+X:$$
(亲核体)　(亲电子体-亲核体)

这类反应也可称为亲核体的取代反应。在代谢反应中,最常见的转移基团是酰基(acyl)、磷酰基(phosphoryl)及糖基(glycosyl)等。

1. 酰基转移(acyl group transferation)

$$R-\overset{\overset{O}{\|}}{C}-X + Y:^- \longrightarrow \left[R-\overset{\overset{O^-}{|}}{\underset{\underset{Y}{|}}{C}}-X \right] \longrightarrow R-\overset{\overset{O}{\|}}{C}-Y + X:^-$$

酰基化合物-X　　四面体中间物　　　　酰基化合物-Y
(tetrahedral intermediate)

酰基转移是酰基从一个亲核体转移到另一亲核体,它常是亲核体向酰基的羰基碳原子也就是亲电子碳原子进攻,先形成四面体结构的中间体。原来的酰基载体 X 与酰基脱离后又与其他酰基形成新化合物。在胰蛋白酶的催化下,肽键的水解就是这类反应的典型例子。

2. 磷酰基转移(phosphoryl group transferation)

亲核体　　　磷酰基-X　　　三角形双金字塔　　　磷酰基-Y
　　　　　　　　　　　　　中间物
　　　　　　　　　　　　　(trigonal bipyramid
　　　　　　　　　　　　　intermediate)

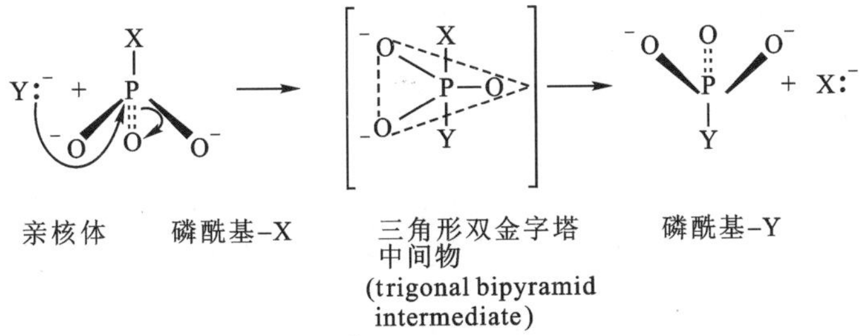

　　磷酰基的转移起始于一个亲核体(Y)向磷酰基的磷原子进攻,形成一个三角形,双金字塔结构(三角形为金字塔的底座,X、Y分别为两个金字塔的顶端)的中间体。三角形的顶端位置原来由一个被攻击的离子基团(X)所占据。Y的进攻,X的脱去,导致四面体磷酰基构象反转,产生最后的产物。实验证明具有"手性"的磷酰基化合物确实在反转。

　　例如,在形成ATP的γ-磷酰基中,引进同位素证实了当它在己糖激酶(hexokinase)催化下向葡萄糖转移时,即发生构型的反转。

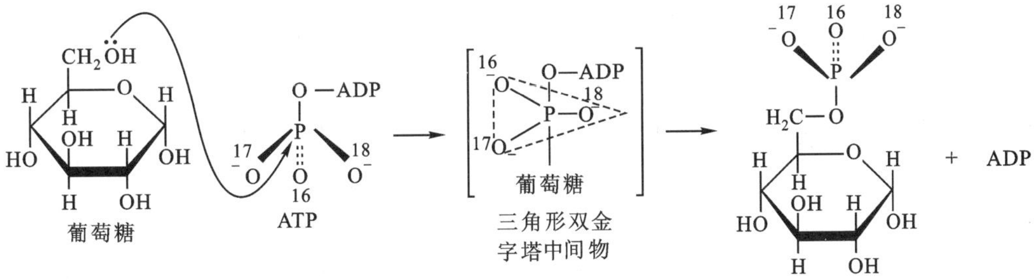

葡萄糖　　　　　ATP　　三角形双金　　　　　　　　　　+ ADP
　　　　　　　　　　　　字塔中间物

3. 糖基转移(glycosyl group transferation)

　　　　　　　　　单分子亲核取代
　　　　　　　　　　(Sn1)
葡萄糖基
+
Y:⁻

　　　　　　　　　　　　　　　　共振稳定的碳正离子,
　　　　　　　　　　　　　　　　又称氧鎓离子(oxonium ion)

双分子亲核取代(Sn2)

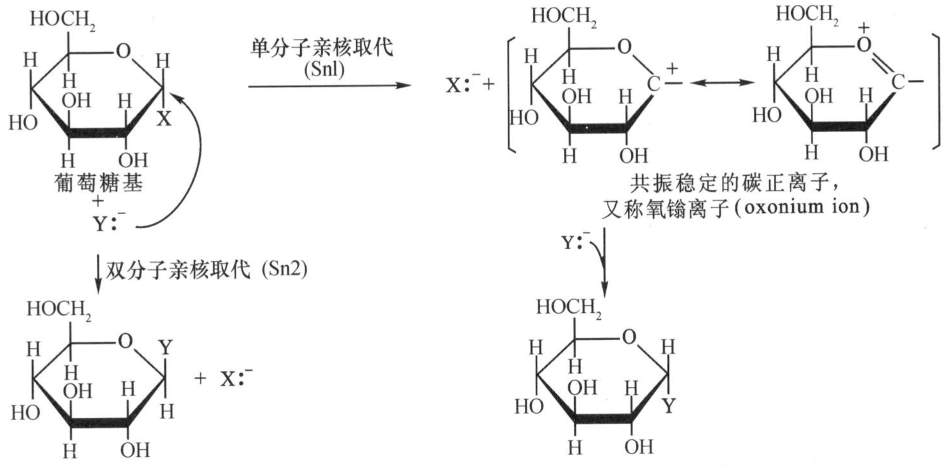

注:此处若从化学角度看有两种产物 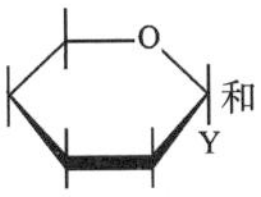　　　　和　　　　,但生物体内只有一种

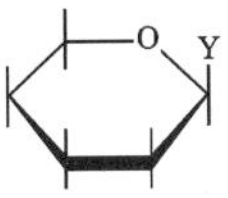

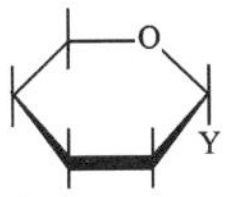

　　葡萄糖基转移过程是一个亲核体(图中的Y:⁻)取代葡萄糖环上C1处另一亲核体(图中的X)的过程。这个反应一般发生的是单分子亲核取代,其机制是葡萄糖基上的X脱下,形成共振稳定的碳正离子,随后是亲核体Y:⁻的进攻。这个反应也可以双分子亲核取代机制进行,即Y直接地取代X,与此同时"构型"发生逆转。

　　进一步说,这里存在着一个缩醛碳原子。缩醛中心碳原子是一分子醇和一分子醛或酮在酸性条件下发生如下反应而生成的:

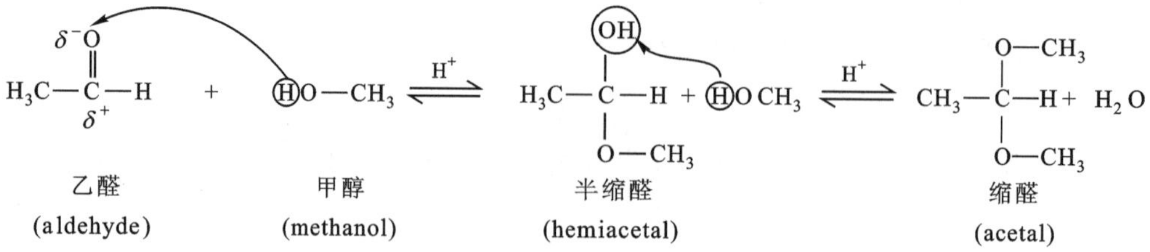

乙醛 甲醇 半缩醛 缩醛
(aldehyde) (methanol) (hemiacetal) (acetal)

上述平衡受醛(或酮)所左右,即这个取代步骤的产生取决于醛(或酮)分子。以酮为例,它在酸性条件下形成"碳正离子",如下所示:

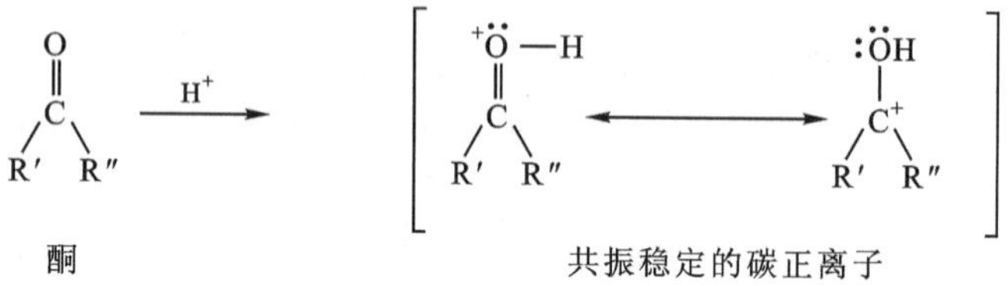

酮 共振稳定的碳正离子

它与半缩醛分子在酸性条件下形成碳正离子(即上述缩醛的中心碳原子)是相当的。葡糖基转移中糖的C1 也相当于缩醛分子的中心碳原子,形成的"共振稳定的碳正离子"(如下所示)与"缩醛的中心碳原子"意义是相同的:

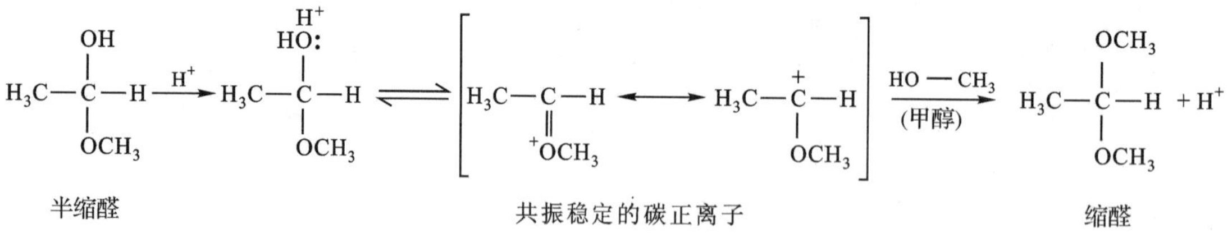

半缩醛 共振稳定的碳正离子 缩醛

(二) 氧化还原反应

氧化还原反应(oxidation-reduction reaction)实质是电子得失反应。在代谢过程中,此类反应十分重要。如下反应所示:

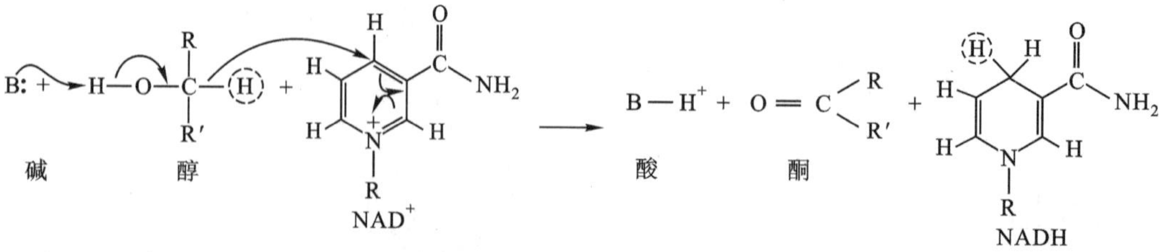

碱 醇 酸 酮
NAD$^+$ NADH

NAD$^+$ 和碱从醇分子上各移去一个氢,NAD$^+$ 形成 NADH。也可看作是 NAD$^+$ 自 H:接受了一对电子形成 NADH;或反过来 NADH 提供了一对电子,形成 NAD$^+$,即 NADH 为电子供体,NAD$^+$ 为电子受体。可以概括为:

$$NAD^+ + H^+ + 2e^- \rightleftharpoons NADH$$

在生物体的能量代谢中,NADH 提供两个电子进入电子传递链,即:

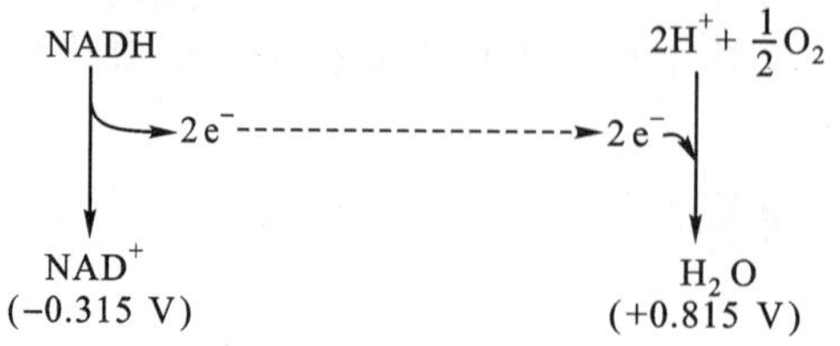

NADH   2H$^+$ + $\frac{1}{2}$O$_2$

NAD$^+$ H$_2$O
(−0.315 V)   (+0.815 V)

进一步说,当代谢物被氧化,移出一对电子时,这对电子的最终受体常是分子氧,而且这对电子对 O_2 的进攻是一个一个地分别进行的,如下式:

$$H:H \longrightarrow H\cdot + H\cdot$$

$$H\cdot + \ddot{\underset{..}{O}}: \longrightarrow H:\ddot{\underset{..}{O}}\cdot$$

$$H\cdot + H:\ddot{\underset{..}{O}}\cdot \longrightarrow H:\ddot{\underset{..}{O}}:H$$

(三) 消除、异构化及重排反应

1. 消除反应(elimination reaction)

碳-碳双键的形成是单键饱和中心发生消除反应后形成的。消除掉的分子一般是 H_2O、NH_3、$R—OH$ 或 $R—NH_2$。醇的脱水就是消除反应的一例:

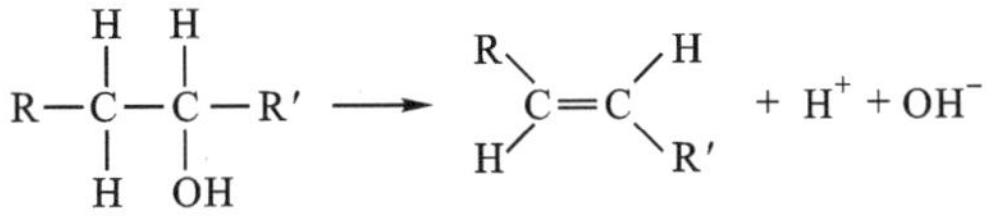

消除反应有以下 3 种可能的机制:

① 协同机制(concerdant mechanism)

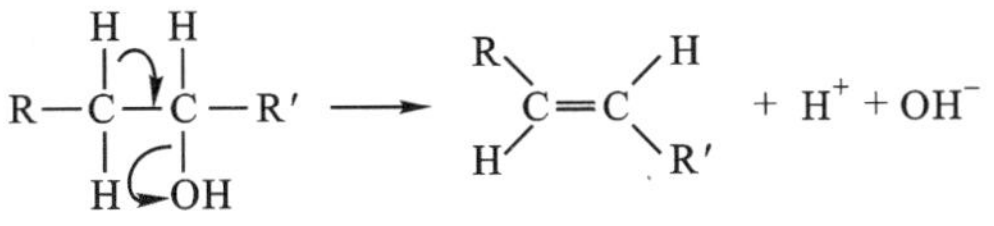

② 经过碳正离子的机制(via carbocation mechanism)

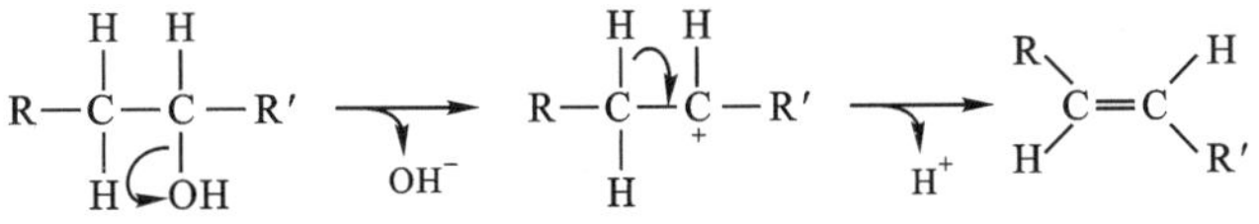

③ 经过碳负离子的机制(via carbanion mechanism)

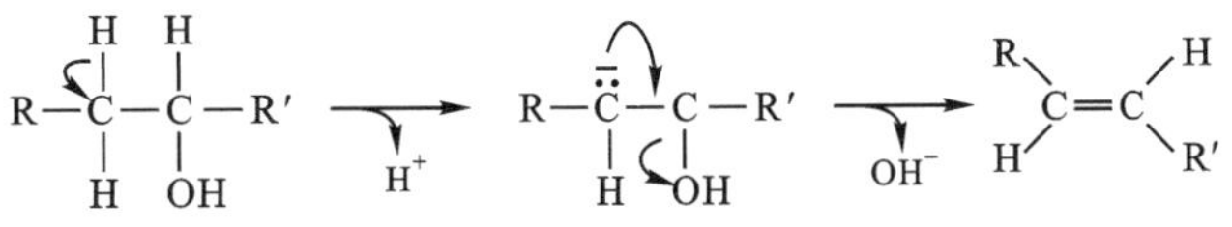

酶催化的消除反应或是以②的形式,或是以③的形式进行。此外,酶活性基团的电荷,可使带不同电荷的中间体趋于稳定。这是一种分阶段进行的反应方式。糖酵解过程中的烯醇化酶(enolase)、柠檬酸循环中的延胡索酸酶(fumarase)催化的消除反应都属于这种类型。

从立体化学来看,有反式消除和顺式消除两类:

① 反式消除(*trans* elimination)

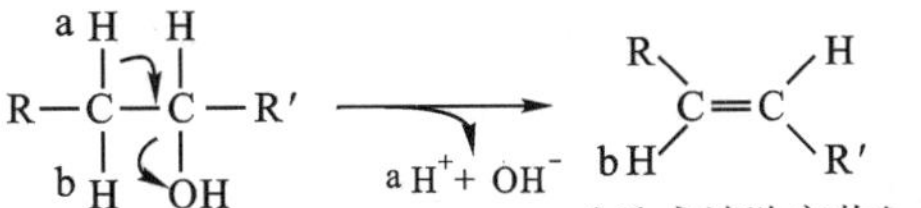

② 顺式消除(*cis* elimination)

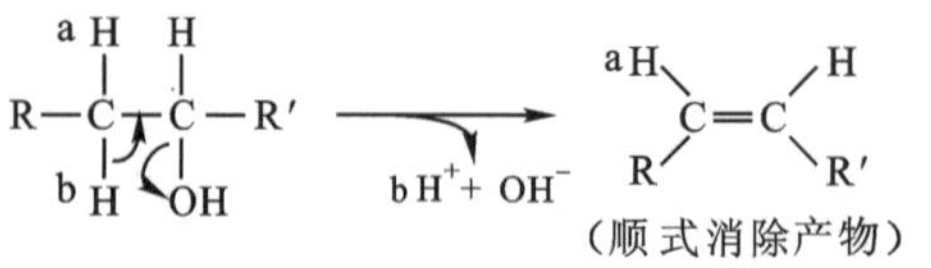

（顺式消除产物）

　　注:为表明反应式中原子的位置,在原子旁边用小字 a,b,c…表示,以下皆同。其中反式消除是生物化学发生最多的机制。顺式消除在生物体中很少发生。

2. 分子内氢原子的迁移——异构化反应(isomerization)

　　生物化学中的异构化反应是指一个氢原子在分子内迁移,即质子从一个碳原子脱离,转移到另一个碳原子上,由此发生了双键位置的改变。

　　在代谢中,最常见的异构化反应是醛糖-酮糖互变反应。它是在碱性催化下,经过形成单烯二羟负离子(enediolate anion)中间体而发生的。糖酵解酶系中的磷酸葡萄糖变位酶(phosphoglucomutase)所催化的反应就属此类反应。醛糖-酮糖互变反应机制如下:

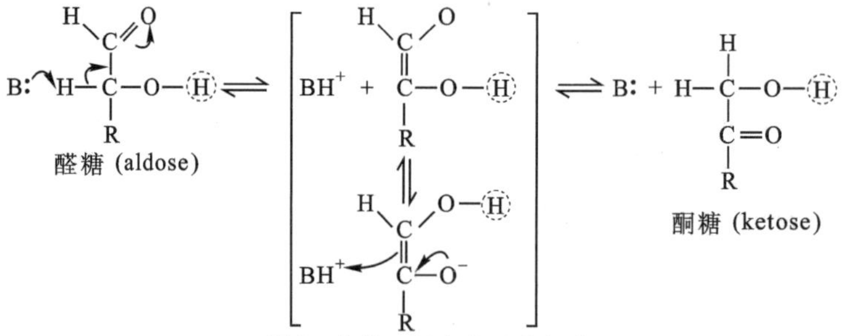

醛糖 (aldose)　　　　　　　　　　　　　　　　　　　　　　　　　　　酮糖 (ketose)

顺式-单烯二羟负离子中间体
(cis-enediolate intermediate)

3. 分子重排反应(rearrangement)

　　重排是 C—C 键断裂又重新形成的反应,其结果是碳骨架发生了变化。例如,在甲基丙二酰单酰-CoA 变位酶(methylmalonyl-CoA mutase)的作用下,L-甲基丙二酰单酰辅酶 A 转化为琥珀酰-CoA(succinyl-CoA)是最常见的一种转化。这种变位酶的辅基是维生素 B_{12} 的衍生物。

甲基丙二酰单酰-CoA　　　　　　　　　　　　　　　琥珀酰-CoA
(methylmalonyl-CoA)　　　　　　　　　　　　　　(succinyl-CoA)

从上式可看到,实际上发生了碳骨架的重排:

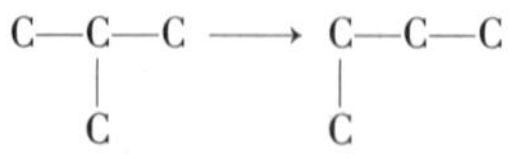

具有奇数碳原子脂肪酸的氧化,某些氨基酸的降解属于这一类反应。

(四) 碳-碳键的形成与断裂反应

　　分解代谢与合成代谢实质就是以碳-碳键的断裂与形成为基础的反应过程。葡萄糖经过 5 次断裂反应成为 CO_2,葡萄糖的生物合成则是碳-碳键形成的反应过程。

　　从合成的走向来看,这类碳-碳键形成的生物合成过程包括亲核的碳负离子向亲电子的碳正原子进攻。最常见的亲电子的碳原子是醛、酮、酯、CO_2 等的 SP^2 杂化轨道的羰基碳原子。如:

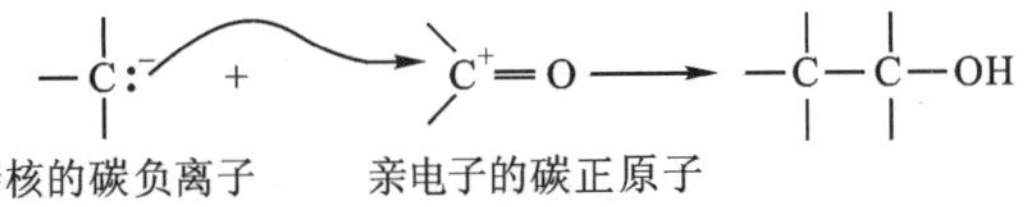

$$-\overset{|}{\underset{|}{C}}: \quad + \quad \overset{|}{C^+}=O \quad \longrightarrow \quad -\overset{|}{\underset{|}{C}}-\overset{|}{\underset{|}{C}}-OH$$

亲核的碳负离子　　　亲电子的碳正原子

在这一反应中,必须有一个稳定态的碳负离子生成,才能向亲电子的中心进攻。有关此类反应可以举出 3 种类型。

1. 羟醛缩合反应 (aldol condensation)

又称醛醇缩合反应。例如醛缩酶所催化的反应:

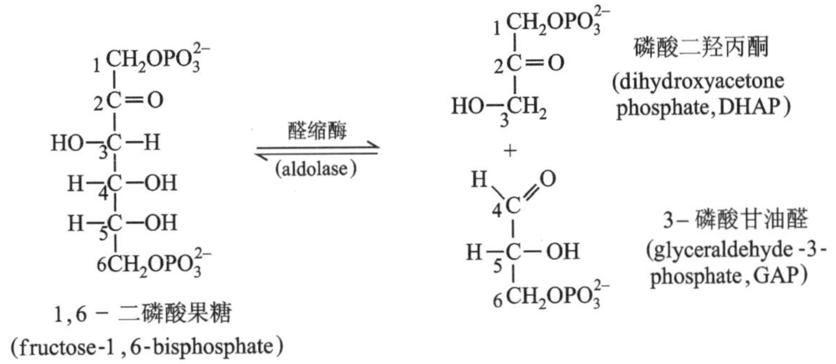

注:"aldolase"中译名常用醛缩酶,实际上它催化的是羟醛缩合的逆反应,即碳-碳键的断裂反应。

以上反应是羟醛裂解(羟醛缩合的逆反应)。这一反应是在有机碱的催化下进行的。其一般式如下:

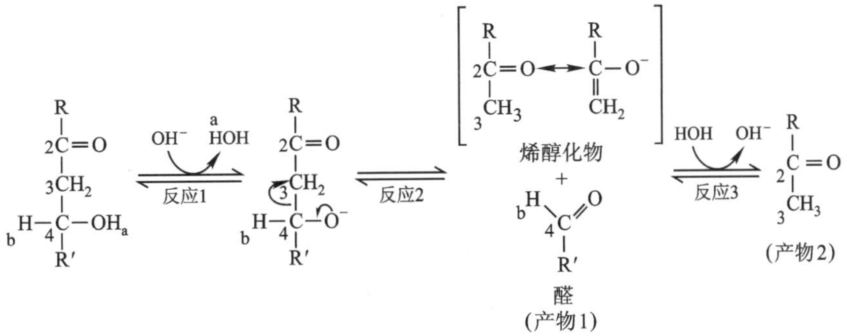

注:碳原子左侧数字标示碳原子在分子中的位置;a,b 标示氢原子的位置。

羟醛裂解发生于 1,6-二磷酸果糖的 C_3 和 C_4 之间,这一裂解发生的条件是由于 C_2 为羰基碳,C_4 处有一羟基。上示的一般式中,反应的第 1 步为有机碱的 OH^- 夺去底物(C_4)上的羟基氢,使与羟基相连的碳原子成为 $C—O^-$。第 2 步反应发生羟醛断裂,是由于 C_2 处羰基碳吸引电子的倾向使 $C—O^-$ 的电子转移成为 $C=O$,$C—C$ 间的电子转移发生 $C—C$ 键断裂。反应 2 之所以发生,是由于烯醇化物共振中间体的稳定性。

2. 克莱森酯缩合反应 (Clasen ester condensation)

这个反应是在柠檬酸合酶的催化下发生的。可以说这是一个羟醛-克莱森酯缩合反应,又称醇醛-克莱森酯缩合反应。它包括以下 3 个步骤:

(1) 乙酰-CoA 碳负离子的形成　这是由于特定酶的组氨酸残基(E-His)以碱性催化夺去乙酰基的一个质子。酶-His 成为酶-His·H^+。SCoA 的硫酯键使烯醇式碳负离子通过共振而稳定。即:

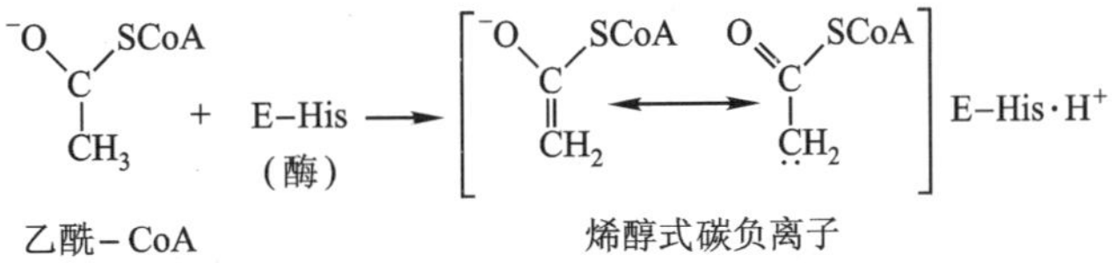

(2) 乙酰-CoA 碳负离子对草酰乙酸的羰基碳进行亲核进攻,反应所得柠檬酰-CoA 仍然保持与酶成键。

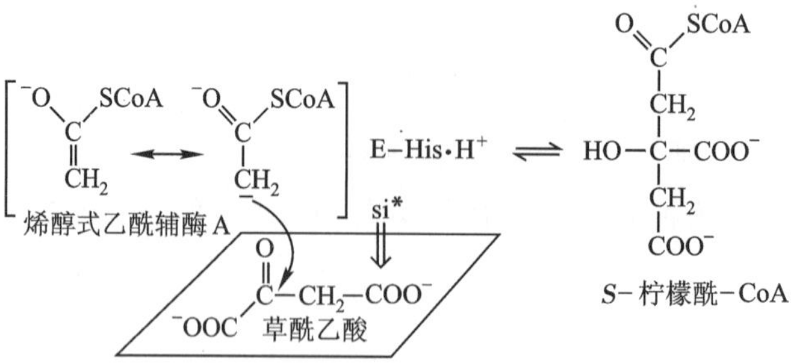

（3）柠檬酰-CoA 的水解，形成柠檬酸及 CoASH：

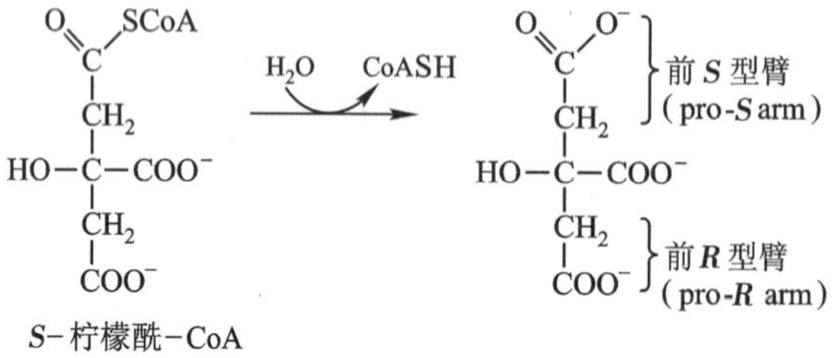

注：对 S、R、前-S（pro-S）、前-R（pro-R）和 si、re 的解释见第一章中生物分子的三维结构部分。

此外，在这反应中该提及的是，酶促反应常是立体专一的。在醛醇-克莱森酯缩合反应中，可以看到乙酰-CoA 碳负离子对草酰乙酸羰基碳的进攻是专一地进攻于 si 面。因此所产生的全部是 S-柠檬酰-CoA，即乙酰-CoA 的乙酰基只专一地形成柠檬酸的前-S 羧甲基基团（即前 S 型臂）。

3. β-酮酸的氧化脱羧反应

这类反应是在异柠檬酸脱氢酶或脂肪酸合酶的催化下发生的。例如在柠檬酸循环中，由异柠檬酸脱氢酶催化的脱羧过程中，NAD^+ 还原形成 NADH，异柠檬酸氧化后形成 β-酮酸的中间体——草酰琥珀酸。此 β-酮酸发生脱羧反应，形成 α-酮戊二酸。反应式如下：

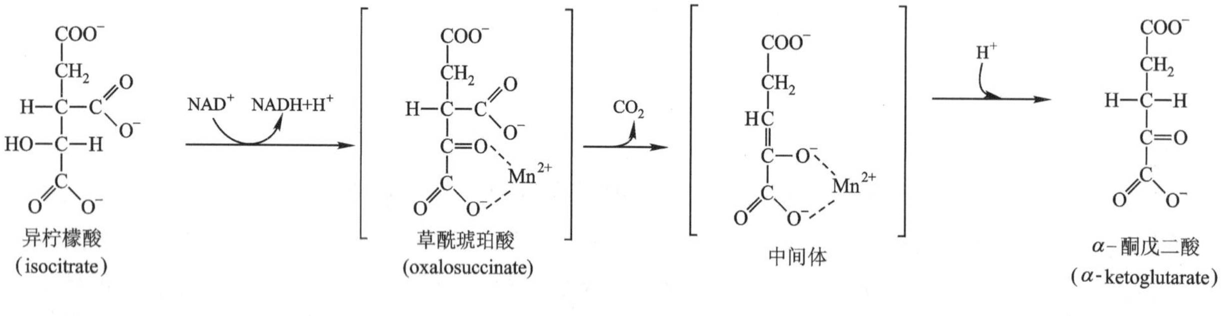

在哺乳动物组织中，有两种不同形式的异柠檬酸脱氢酶，一种是参与柠檬酸循环从线粒体中分离获得的，在发生作用时 NAD^+ 是它的辅助因子；另一种在线粒体及细胞溶胶中都存在，以 $NADP^+$ 作为辅助因子。前者，既需要 NAD^+ 为辅助因子的异柠檬酸脱氢酶，在发生作用的过程中还需 Mn^{2+} 或 Mg^{2+} 作为辅助因子参与反应。它先氧化二级醇的醇基（即异柠檬酸的—OH），使醇基转化为酮基即转化为草酰琥珀酸（oxalo-succinate），同时与 Mn^{2+} 离子发生静电结合并紧接着进行脱羧形成 α-酮戊二酸。

（五）自由基反应

过去曾经以为共价键均裂产生自由基的反应极为罕见，现在知道其实不然，在许多生化反应中都存在共价键的均裂断键，自由基还可引发连锁反应。例如，5′-脱氧腺苷钴胺素（辅酶 B_{12}）中 C-5′ 与钴的共价键较弱，其解离能仅为 110 kJ/mol，相比之下 C—C 键的解离能 348 kJ/mol 和 C—H 键的解离能 414 kJ/mol 远比它大。这就可以解释为什么光照会破坏辅酶 B_{12}。当 Co-C 键均裂时，产生 5′-脱氧腺苷自由基和钴胺素，钴由 3^+ 变为 2^+。5′-脱氧腺苷自由基能从底物中取得氢原子，并使底物转变为底物自由基。辅酶 B_{12} 的均裂断键反应式如下所示：

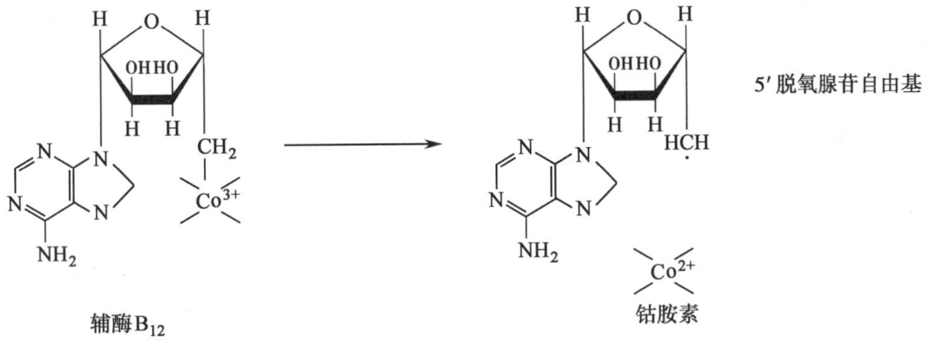

辅酶B₁₂　　　　　　　　　　　　　钴胺素　　　　　　5′脱氧腺苷自由基

三、新陈代谢的研究方法

生物化学是一门实验科学,其积累的知识主要是通过实验研究得来的。实验方法对生物化学的发展往往起着决定的作用。研究生物机体的新陈代谢需要一些特殊的实验方法,用以检测发生在"**活细胞**(living cell)"内的化学变化。生命世界种类繁多,它们的代谢方式千差万别,然而也存在共同的途径和共同的规律。用于代谢研究的生物材料,其选择主要根据研究目的和是否便于阐明问题,同时也要考虑培养方便和成本适宜。新陈代谢可以在不同水平上进行研究。用生物整体进行研究,称为体内研究,用拉丁语"*in vivo*"表示("**在体内**"的意思)。用"灌注器官"或微生物细胞群体进行研究也称为"*in vivo*"。用组织切片、匀浆、提取液,或是用分离的细胞器以及酶和代谢物进行研究,称为"*in vitro*",表示"**在体外**"或"在试管内"的意思,属于体外研究。研究中间代谢主要采用以下几种方法。

(一) 利用酶的抑制剂研究代谢途径

酶的抑制剂(inhibitor)可使代谢途径受到阻断,结果造成某一种代谢中间物的积累,从而揭示该中间代谢物在代谢途径中可能的关系。

用这种方法最早探明的代谢过程是酵母的酒精发酵,即由葡萄糖(或淀粉)经过酵解途径形成酒精的过程。在这项研究中,发现一些代谢抑制剂可在代谢过程的某些特定环节阻滞有关酶的作用,结果造成受该酶作用的中间代谢物积累。例如,碘乙酸(iodoacetate)造成酵母发酵液中积累1,6-二磷酸果糖(由于抑制了醛缩酶的作用)。氟化物造成3-磷酸甘油酸和2-磷酸甘油酸的积累(由于抑制了烯醇化酶的作用)。对这些代谢中间物的分离、纯化和鉴定,为阐明糖酵解途径提供了直接的证据。对酶和代谢中间物的分离、纯化,使得在试管内对某一特定反应进行验证实验成为可能。

又例如,在研究氧化呼吸链过程中,用电子传递的抑制剂选择性地阻断呼吸链中某个特定的电子传递步骤,再测定呼吸链中各个组分的氧化还原情况,成为研究电子传递顺序的一种重要手段。

(二) 利用遗传缺陷症研究代谢途径

患有**遗传缺陷症**的病人,由于先天性基因的突变,在体内往往表现为缺乏某一种酶活性,致使为该酶作用的前体不能进一步参加代谢过程,从而造成这种前体物的积累。这些代谢中间物因不能进一步利用而出现在血液中或随尿排出体外。测定这些代谢中间物有助于阐明有关的代谢途径。

例如,先天缺乏**尿黑酸氧化酶**的病人,酪氨酸的代谢中间物**尿黑酸**(homogentisate)不能氧化而随尿排出体外,在空气中使尿变为黑色。由此而推测出尿黑酸是酪氨酸正常分解代谢的中间物。

又例如,由遗传缺陷产生的**苯丙酮尿症**(phenylketonuria),若婴儿患此疾病不加治疗,就会发生严重的精神障碍。这种遗传疾病也是苯丙氨酸发生异常代谢的结果,这时尿中出现**苯丙酮酸**(phenylpyruvate),但酪氨酸的代谢仍然正常。通过以上两种不正常的代谢现象,使苯丙氨酸的代谢途径得到了阐明,如下图:

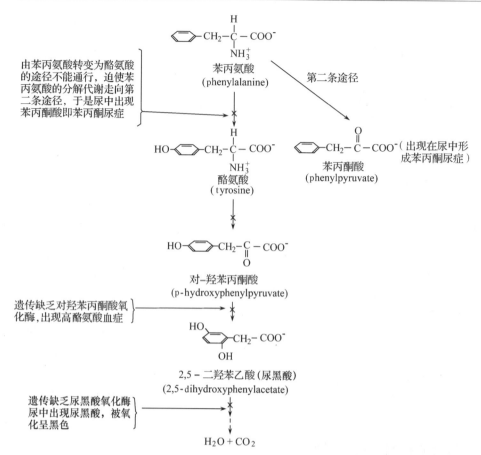

由人类先天性代谢缺陷症研究的启发,人们进一步使用微生物的基因突变型研究代谢途径。利用各种诱变法,例如,X 射线照射法,引起微生物的基因发生突变。这种突变型微生物可能造成酶或代谢途径的缺陷。这种方式已成为研究代谢机制的重要工具,也成为研究分子生物学的重要方法。

例如,将正常生长的红色面包霉(*Neurosporacrassa*)(称为野生型,wild type)用 X 射线照射后,由于基因发生了突变而造成在原有简单培养基中不能正常生存的**营养缺陷型**突变体(autotrophic mutant)。突变体失去了自身制造精氨酸的能力,必需在培养基中补加精氨酸才能正常生存。经深入探索,发现各种酶的基因都有可能发生突变而导致不同合成阶段上酶的缺失。对这类突变型,只有在培养基中添加有关酶作用后的产物,才能维持正常生长。这类不同的缺陷型使得能够一步步阐明生物合成途径。

又例如,对能够生长在乳糖培养基的大肠杆菌(*E.coli*)进行突变诱导后,形成一种不能在乳糖培养基上生长的突变型。这种突变型经研究发现,缺失了能够将乳糖分解为半乳糖和葡萄糖的 β-半乳糖苷酶(β-galactosidase)。从而进一步阐明了乳糖的分解代谢机制。

利用微生物的遗传突变型研究新陈代谢机制,比利用其他生物有很多优越性。它不仅容易引起突变,而且经济、简便。许多代谢途径的中间步骤都是利用这种方法得以阐明的。

（三）同位素示踪法

早在同位素示踪法应用之前,1904 年德国科学家 Franz Knoop 就开始应用**苯基标记化合物**示踪法研究脂肪酸的代谢,这就是著名的脂肪酸 β **氧化学说**。

在随后的研究中,科学家改用同位素示踪法。用同位素来标记化合物具有优越性,因为它不改变被标记化合物的化学性质。化合物的标记,可根据需要来选定不同的同位素和不同标记部位。例如,标记 α-氨基酸的 α-氨基,用同位素 ^{15}N 标记后成为 α-$^{15}NH_2$。测定含有 ^{15}N 的化合物,须用**质谱测定仪**(mass spectrometer)。氮转化为气体后,产生不同相对分子质量的产物。普通氮气的相对分子质量为 28(^{14}N,^{14}N),带有同位素氮的氮气相对分子质量为 29(^{15}N,^{14}N)。用重氢标记的化合物经过燃烧形成重水 D_2O,与普通水的相对分子质量也可加以鉴别。

当代最常使用的方法是**放射性同位素示踪法**。放射性同位素可用人工方法制得,它们都不稳定,有一定的半寿期或称半衰期(half-life)。常用的放射性同位素有氚(tritium,T 或 ^{3}H)、碳 14(^{14}C)、磷 32(^{32}P)、硫 35(^{35}S)、碘 131(^{131}I)等。

以下列出一些放射性同位素的半寿期(半衰期)和放射线的类型可供参考。

常用放射性同位素表

同位素名称	符号	放射线类型	半寿期
氢 3(氚)	^{3}H,T	β	12.26 年
碳 14	^{14}C	β	5 730 天
磷 32	^{32}P	β	14.3 天
碘 131	^{131}I	β	8.070±0.009 天
硫 35	^{35}S	β	87.4 天

放射性同位素的放射性可用不同的技术加以测定。在生物化学研究中,最常用的是**正比计数法**(proportional counting)。最简单的计数器是**盖格计数器**(Geiger counter)。此外还常使用**液体闪烁测定法**(liguid scintillation counting)和**放射自显影**(autoradiography)。正比计数法是测定由放射线通过对闪烁器内某种物质的冲击,使之产生离子化,并能放出闪光。经光电倍增管把光转变为电子脉冲的振幅。经倍增管放大后,即可加以检测。这种测定法对于穿透力较强的 γ 射线比较适合。而对于穿透力较小的 β 射线(^{3}H 和 ^{14}C)则不易穿透到闪烁器内。而液体闪烁仪正是为改进这种不足而设计的。液体闪烁仪是使用一种芳香族的溶剂,同位素化合物或是溶解,或是悬浮其中。这种芳香族溶剂受到射线激发时,即产生荧光,成为发射光。发射光可用电子仪器进行测定。

放射自显影是将带有放射性标记的化合物与照相感光底片放在一起,利用放射性能使感光底片感光变黑的性质,测定放射性标记化合物的分布。

最早使用天然同位素取得研究成果的是 Rudolf Schoenheimer,他在 1941 年发表的 *The Dynamic State of Body Constituent* 一书中叙述了用天然同位素标记的营养物喂养小鼠的实验研究。他发现天然同位素掺入了肝、肠壁、肌肉、皮肤等组织;还发现标记同位素的氨基酸进入了血清的球蛋白、抗体、清蛋白等。应用重氢标记的软脂酸喂养小鼠,发现重氢掺入到小鼠体内许多其他脂肪酸内。Schoenheimer 的一系列实验证明,生物机体虽然从表面上看保持着恒定状态;但实际上在不断地进行新陈代谢,不断地更新。

1945 年 David Shemin 和 David Rittenberg 首先成功地用 ^{14}C 和 ^{15}N 标记的乙酸和甘氨酸证明了血红素(heme)分子中的全部碳原子和氮原子都来源于乙酸和甘氨酸(参看血红素的生物合成)。

胆固醇分子中碳原子的来源也是用同样的同位素示踪法阐明的。胆固醇的碳原子来源于乙酰辅酶 A(参看胆固醇的生物合成)。

当前的生物化学以及分子生物学的研究中,同位素示踪法已成为一种重要的必不可少的常规先进技术。仅就新陈代谢而言,无论在代谢途径、反应机制还是调节控制方面,都取得了较大的成果。

(四) 核磁共振波谱法

核磁共振波谱(nuclear magnetic resonance spectroscopy)是指磁性原子核在高强磁场作用下,产生不同的核自旋能级,在吸收电磁辐射后引起能级跃迁所给出的共振波谱。核磁共振波谱可用于测定分子中某些原子的数目、类型和相对位置,是研究生命物质结构的有力手段,并可用来分析活组织和活细胞中代谢物的变化。红外、紫外、质谱和核磁共振共称为四大波谱,尤以核磁共振波谱给出的信息最为丰富。

早在 5 世纪 30 年代,物理学家 Isider Rabi 发现在磁场中原子核会沿磁场方向呈正向或反向有序排列,而施加电磁辐射后原子核的自旋方向发生翻转。由于 Rabi 揭示了原子核的磁性,于 1944 年获得诺贝尔物理学奖。之后 F. Bloch 和 E. M. Purcell 发现,具有奇数核子(质子和中子)的原子核在磁场中,若加以特定频率的电磁辐射,就会发生原子核吸收辐射能量的现象,这是最早对核磁共振的认识。为此他们两人获得了 1952 年诺贝尔物理学奖。

在发现核磁共振现象之后,有关研究领域吸引了许多科学家的关注,很快弄清了其发生机制,并且产生了实际用途。原子核自旋特征用**自旋量子数 I** 来描述,质量数(核子数)与电荷数(质子数)都为偶数的核,$I=0$,无自旋现象,如 ^{12}C、^{16}O 等。质量数为奇数,电荷数或为奇数,如 ^1H、^{19}F 等;或为偶数,如 ^{13}C 等,I = 半整数(1/2、3/2、5/2……)。质量数为偶数,电荷数为奇数,如 ^2H 等,I = 整数(1,2,3……)。I 不为 0 的核能发生自旋,它的自旋方向在一定条件下总是取一定的角度。由于原子核带有正电荷,它的旋转便产生**核磁矩**,其方向与自旋轴一致,大小与自旋角动量成正比。如果将自旋的核放在外加磁场 H_o 中,核磁矩与外磁场相互作用,其取向不是任意的,而是量子化的。核磁矩的取向有 $2I+1$ 个,不同取向的能量不同。例如,^1H($I=1/2$)的核磁矩有 2 个取向,分别与正向和反向磁场取一夹角 θ,前者能量低,后者能量高。核自旋轴以 θ 角绕磁场转动,类似重力场下陀螺自旋轴的转动,称为**进动**。**进动频率**与外加磁场以及核的磁性有关。若有射频振荡器发射时电磁波照射自旋核,其频率恰与自旋核进动频率相同,自旋核就会吸收电磁波能量,进动由一个能级跃迁到相邻更高能级上,由此发生核磁共振(见图 15-1)。

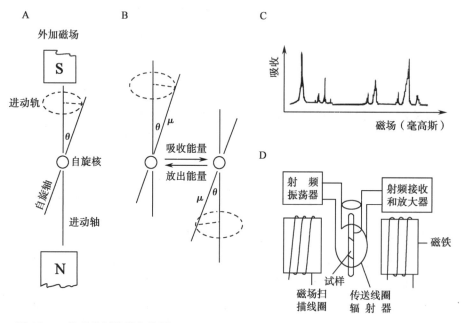

图 15-1 核磁共振波谱仪的原理
A. 自旋核在磁场中的进动;B. 进动核的取向变化;C. 核磁共振波谱;D. 核磁共振波谱仪

当自旋核吸取电磁波能量后由低能态跃迁到高能态,为维持核磁共振信号的检测,高能态的核必须放出能量回到低能态。大多情况下高能态核是以非辐射形式放出能量,这种非辐射放出能量的过程称为弛豫过程。高能态的核在弛豫过程中可将能量传给环境(晶格或溶剂),或将能量传给相邻低能态的同类核。

为获得核磁共振波谱,有两种方法:一是固定辐射频率,改变磁场强度来满足共振条件,这种方法叫**扫场**(swept field)。另一是固定磁场强度,改变辐射频率来满足共振条件,这种方法叫**扫频**(swept frequency)。通常核磁共振波谱仪采用扫场法。以核磁共振信号强度对磁场强度(或辐射频率)作图即为核磁共振波谱(NMR spectrum)。NMR 谱可提供四个重要参数:**化学位移值**、**谱峰多重性**、**偶合常数值**和**谱峰相对强度**。不同分子或不同基团中同类原子核具有不同的共振频率。这是由于原子核外电子云环流产生磁场的"屏蔽"作用,处于不同化学环境中的原子核受到不同的屏蔽作用而引起共振频率的差异。实际操作时采用一定参照物作为基准,精确测定样品和参照物共振频率的偏离程度,称为化学位移。化学位移受核外电子云的影响,如邻近基团的电负性、磁各向异性、π 共轭键、氢键、自由基、顺磁离子、基团解离和溶剂等的影响。核与核之间以价电子为媒介相互耦合引起谱线分裂的现象称为自旋裂分,由此形成多重峰。相邻两峰间的距离称为自旋-自旋耦合常数,表征两核之间耦合作用的大小。信号峰的积分面积与同类核的数量有关,可用于计算处于相同化学环境中原子核的数量。

所有有机分子都含氢和碳。氢(^1H)的核磁共振波谱是研究最多的一种。相对来说,氢谱比较容易分析,能够给出较多的分子结构信息,主要能用以确定:① 氢的类型(—CH$_3$、—CH$_2$—、≡ CH、≡CH$_2$、Ar—H、—OH、—CHO)及其化学环境;② 氢的分布;③ 核间关系。随着核磁共振波谱技术的改进,碳(^{13}C)谱分析成为可能。主要原因是^{12}C无自旋,同位素^{13}C的天然丰度太低。乃至上世纪70年代采用脉冲电磁辐射取代传统的连续辐射以及Fourier转换的应用,极大提高了NMR信号的分辨率,才开始用碳谱研究有机物的碳骨架和含碳功能团。此外,氟(^{19}F)谱、磷(^{31}P)谱、氮(^{15}N)谱、硫(^{33}S)谱,在生物化学研究中也十分有用。

近代高分辨率核磁共振波谱技术的建立和应用是与Richard Ernst所作的开发研究分不开的。因此,他们获得了1991年诺贝尔化学奖。

核磁共振分析对样品无需纯化、无需标记、不会破坏,而且可以在活体内实时测定,最能反映机体内化学反应的真实情况。这些优点对于新陈代谢研究至关重要,故而被广泛采用。尤其对人体的实验,如对骨骼肌、心肌和脑等组织代谢的研究,前述方法都不可用,而用NMR技术则取得了重要的研究成果。最为人知的实验是1986年用NMR对人体前臂肌肉在运动前和运动后的比较。这项研究是以测定磷谱为基础。

有趣的是,由人体前臂肌肉测得的磷谱只表现为5个明显的峰谱。这5个峰谱中的3个来自于ATP的α、β、γ这3个磷原子;另外两个来自于磷酸肌酸和无机磷酸的磷原子。ADP和其他磷酸化合物,因为浓度或因其磷原子不能自由旋转或转动过于缓慢,而不能表现出明显的光谱峰。实验表明,人的前臂在运动前和经过19分钟的运动后所显示的磷谱有明显的变化,磷酸肌酸显示出的峰明显降低,而由无机磷酸显示出的峰则明显升高;但ATP的3个磷原子所显示出的峰谱却几乎没有变化。实验结果如图15-2所示:

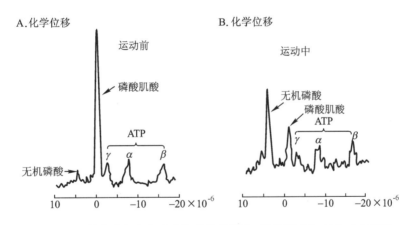

图15-2　人体前臂肌肉在运动前后磷酸肌酸、无机磷酸和ATP三个磷酸基团的^{31}P NMR波谱

A. 运动前,B. 运动19 min后;A为256s内的波谱,B为645s内的波谱

这个实验生动地表明了人体代谢随机体的活动所发生的动态变化,也表明了肌肉运动时ATP的恒定水平是由磷酸肌酸提供的磷酰基维持的。

核磁共振成像技术(nuclear magnetic resonance imaging,NMRI)或者称为磁共振成像技术(MRI),是在上世纪70年代发展起来的。其主要原理是:在主磁场外再增加一个方向不同的磁场,造成磁场梯度(现在的核磁共振成像仪产生X、Y、Z三个方向的梯度磁场),从而可以使分子在磁场中定位。通常测定的是氢(^{1}H)谱,因为机体中氢原子的数目最多。NMR信号强度与样品中氢核密度有关,人体各种组织中含水和碳氢化合物比例不同,NMR信号强度也就不同,利用这种差异作为特征量,把各种组织分开,经计算机处理而获得氢核密度的核磁共振图像。核磁共振成像技术在医学、神经生物学和认知科学中被广泛应用。为表彰Paul C. Lauterbur和Peter Mansfield在建立和应用核磁共振成像技术中作出的重大贡献,授予两人2003年诺贝尔生理学或医学奖。

（五）　色谱-质谱联用法

色谱法（chromatography）又可称为层析法或色层法，是利用生化物质在流动相和固定相之间分配系数的差别而将各类物质分开的技术。流动相一般是气体或液体，固定相一般都是固体。气相色谱（gas chromatography），通常以惰性气体（如 N_2）作为流动相，以吸附剂作为固定相，样品为气体或在 300℃ 左右汽化的化合物。流动相携带样品通过与固定相间不断吸附与解吸而将各组分分开。不挥发，不耐热和生物大分子不能用气相色谱，需要用**高效液相色谱**（high-performance liquid chromatography，HPLC）进行分离。HPLC 的流动相常为极性挥发性的溶液，固定相常为**反相柱**（reversed phase column）或**亲和柱**（affinity column）。反相柱是指柱中填充疏水的层析介质，从而使流动相与固定相属性相反，前者是极性的，后者是非极性的。亲和柱借生物亲和力（如抗原-抗体、配体-受体、生物素-亲和素等）分离特殊的生物样品。色谱法能够有效分离生物样品，但是仅仅凭滞留时间不足以鉴别各组成成分，只能用标准品进行比较。质谱法（mass spectrometry，MS）可以精确测定相对分子质量，对于鉴定化合物十分有用。它在一定范围内也可测定混合物中各组分的相对分子质量。但组分较多、较复杂，质谱就无能为力了。将色谱与质谱联用，使两者优势互补，已成为研究各类生物分子组学最有效的手段。

质谱法是利用电场和磁场将运动的离子（带电荷原子、分子或分子碎片）按它们的**质荷比**（mass-to-charge ratio）分开并检测其强度的一种技术。若将离子的质荷比 m/z（横坐标）对离子流的强度（纵坐标）作图即得到**质谱图**（mass spectrum）。质谱测定是在真空系统中进行的，测定装置包括进样系统、**离子源**、**质量分析器**、检测系统以及数据系统。单独测定质谱可以直接进样；与气相色谱或高效液相色谱联用的必需调整色谱已分离样品的状态，去除溶剂和杂质使适于测定质谱。

离子源是使样品电离产生带电粒子（离子）束的装置。早期用得最多的是**电子电离**（electron ionization，EI），通过发射电子流以使样品发生电离。对于难电离的化合物可以采用**化学电离**（chemical ionization，CI），即电子流使离子室内的反应气体（如甲烷等）发生电离，再与样品碰撞，产生准分子离子。**场致电离**（field ionization，FI）是以高电压（$7 \sim 10$ kV，$d < 1$ mm）拉出分子中的一个电子；**场致解吸**（field desorption，FD）则是将样品涂在钨丝上，高压电场激起电离及解吸。上述方法只适合气体或易挥发样品，对不耐热、不挥发和大分子就无能为力了。**快原子轰击**（fast atom bombardment，FAB）技术可以解决这些问题，它已逐渐取代了 FI/FD。快速中性原子的产生可分为四个步骤：① 冷阴极放电；② 气体氩（Ar）失去电子 Ar $\longrightarrow$ Ar$^+$ + e$^-$；③ 加速并聚焦 Ar$^+$（~ 10 kV）；④ Ar$^+$ 进入含中性气体 B 的电荷交换室，将电荷转给中性气体，在离子源出口用静电偏转板除去未交换电荷的 Ar$^+$。此时氩（Ar）原子束以极快速度射向样品，生物样品制成含甘油糊状液涂在金属（白金板或粉末）上。快原子束的能量会因电离甘油而消耗掉，甘油离子进而与其他甘油分子作用，引起离子-分子反应，而成为电离过程中富有活性的离子。在甘油离子的促进下，样品分子结合或丢失质子，或与甘油离子结合，成为离子并被溅出进入分析器。

近年来发展很快、在生物样品质谱分析中取得很好效果的电离方法还有**电喷雾**（electrospray ionization，ESI）和**基质辅助激光解析**（matrix-assisted laser desorption ionization，MALDI）。ESI 是在毛细管的出口处施加一高电压，所产生的高电场使从毛细管流出的液体雾化成细小的带电液滴，随着溶剂的蒸发，液滴表面电荷的强度逐渐增大，最后液滴崩解为大量带一个或多个电荷的离子进入气相。MALDI 的基本原理是将生物样品分散在基质中并形成晶体，当激光照射晶体时基质分子吸收辐射能量跃迁到激发态，导致样品分子电离和逸出，样品电离通常是由于基质的质子转移到样品分子上所致。

样品分子离子化后经电场加速进入质量分析器，在那里按质荷比的大小不同分开，由检测器收集并记录。质量分析器种类很多，主要有单聚焦（single focusing）、双聚焦（double focusing）、四极杆（quadrupole）/离子阱（ion trap）和飞行时间（time of flight，TOF）等。带电离子进入电场后运行方向发生偏转，速度快的偏转小，速度慢的偏转大；在磁场中离子发生与角速度矢量相反的偏转，角速度快的偏转小，角速度慢的偏转大。**单聚焦磁场分析器**（图 15-3A）是在磁场中将相同质荷比而入射方向不同的离子聚焦，不同质荷比离子的聚焦点不同，但基本上在同一平面上，由收集器检测并记录样品离子。单聚焦磁场分析器结构较简单，但分辨率不高。**双聚焦分析器**（图 15-3B）是带电离子经电场和磁场双重聚焦。在电场中相同质荷比而速度(能量)不同的离子聚焦;在磁场中离子的曲线轨迹半径取决于质量(实际是质荷比)、磁场强度和飞行速度,双聚焦可以更精确测定离子质荷比。

四极杆质量分析器(图 15-3C)是四根与中轴等距离的圆柱或双曲面柱电极,相对两电极分别连接相同的正、负电源和射频电源,在四极电场控制下只有特定质荷比的离子才能通过通道,其余离子撞上电极而失去电荷。**离子阱**是在四极杆分析器基础上发展起来的,它是在环形电极两端加上适当电场用以捕捉特定质荷比的离子,就像一个电场势阱。通过调节电场而将离子推出阱外。

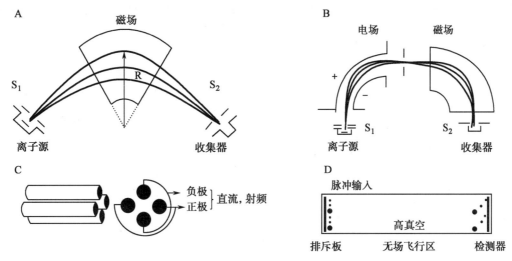

图 15-3 4 种质量分析器的示意图
A. 单聚焦磁场分析器;B. 双聚焦分析器;C. 四极杆质量分析器;D. 飞行时间质量分析器

飞行时间质量分析器(图 15-3D)是使不同质荷比的离子在同一时间以相同的初速度进入漂流管(drift tube),这样才能保证无场飞行时间与质量的平方根成反比。常采用脉冲式离子源,对离子加速后时间和空间分布进行校正,以提高检测的精确度。图 15-3 简略表示 4 种质量分析器的构造和检测原理。

色谱-质谱联用仪将色谱与质谱组装在一起,它结合了色谱的高效分离能力和质谱的超强组分鉴定能力。联机的关键是采用适当的接口,以使色谱分离产物适合于质谱的进样要求,包括样品的量和状态,以及溶剂和杂质的去除。图 15-4 是色谱-质谱联用仪的示意图。

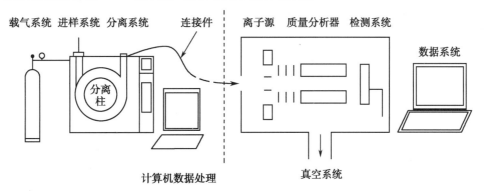

图 15-4 色谱-质谱联用仪示意图

在基因组学和蛋白质组学的带动下,20 世纪末发展出了**代谢组学**(metabonomics)。1999 年 Jeremy Nicholson 最早提出研究代谢组分总体的"代谢组学"。代谢组学主要研究不同生理、病理条件下各种代谢途径底物和产物(即代谢物)的变化,研究生物机体对内外环境条件扰动后应答的不同,以及不同个体间表型的差异。因此对医学、农学、生理学、生态学、微生物发酵等学科有广泛理论和生产实践意义。如果说基因组学和蛋白质组学可以了解机体的代谢能力,那么代谢组学则揭示了机体代谢的现状。在代谢组学研究中最重要的研究手段是气相色谱-质谱联用技术(GC-MS)、高效液相色谱-质谱联用技术(HPLC-MS)和核磁共振技术(NMR)。

提　要

　　新陈代谢是生物体内进行的所有化学变化的总称,是生物体一切生命活动的基础。新陈代谢包括:① 从环境中取得所需物质;② 将外界取得的物质转变为自身组成的构造元件;③ 将构造元件组装成生物体特异的大分子;④ 合成或分解生物体内各种特殊功能的分子;⑤ 提供生命活动所需的能量。

　　新陈代谢遵循所有已知的物理学和化学规律,并受到生物体内条件的制约。各种代谢途径由一系列酶促反应所组成;错综复杂的代谢途径构成代谢网络。生物界存在共同的中心代谢途径,各类生物又有其代谢特点。

　　新陈代谢包含同化作用和异化作用两个方面,同化作用为合成代谢;异化作用为分解代谢。物质代谢和能量代谢总是相伴而行的。生物按照能量来源的不同,可分为自养生物和异养生物,归根到底生命活动的能量来自太阳的光能。当今生物体的代谢格局是在长期进化过程中形成的;能够有效节省物质、能量和负熵的消耗;并能灵活进行调节。

　　生物体内通常将热力学不利的反应与有利的反应偶联,以驱动其进行。ATP是通用的能量载体;还原型电子载体可以产生ATP,又可以还原力形式参与生物合成。各类核苷酸衍生物是能量和活性基团的载体。代谢的基本要略在于形成ATP、还原力和构造元件,用于生物合成。新陈代谢在分子水平、细胞水平和整体水平上进行调节。

　　生物分子是由碳、氢等多种元素原子组成的有机化合物,共价键是生物分子的主键。共价键的异裂产生亲电子体和亲核体;共价键的均裂产生自由基。所有代谢反应都可归纳为几种基本的亲电子体和亲核体之间以及与自由基之间的反应,最基本的反应是:① 基团转移反应;② 氧化还原反应;③ 消除、异构化及重排反应;④ C—C键的形成与断裂反应;⑤ 自由基反应。对各类反应中电子转移规律的了解,有助于对新陈代谢途径的认识,例如,可以帮助了解代谢途径各步反应的原理、代谢物的稳定性和反应条件等。

　　新陈代谢的研究有赖于研究技术的开发和发展,每一个新的重大技术的出现都会开拓新的研究领域,都会推动新陈代谢研究进入一个新的发展阶段。新陈代谢研究“活的”整体或细胞的化学变化,需要“体内(in vivo)”研究,也需要试管或“体外(in vitro)”研究。利用酶的抑制剂抑制酶活性,可以了解该酶催化的反应在代谢途径中的作用。通过基因突变使基因产物(酶)失活,也是研究酶促反应在代谢途径中作用的一种重要方法。

　　同位素示踪法在代谢研究中起着重要作用。有两类同位素,稳定性同位素和放射性同位素。稳定性同位素要用质谱仪来检测;放射性同位素需要测定放射性。无论是稳定同位素或是放射同位素都可用来研究和追踪代谢物的转变途径、反应机制和调节方式。

　　核磁共振波谱法可用以测定分子的化学基团、分子结构和在溶液中的构象,其主要原理是原子核自旋量子数不为零时能够自旋产生核磁矩,如果有外加磁场在相互作用下发生自旋量子化,此时若有辐射电磁波的频率与自旋核进动频率相同,自旋核就能吸收电磁波能量由低能级跃迁到高能级,通过扫频(或扫场)获得核磁共振波谱(NMR)。核磁共振波谱可提供4个重要参数:化学位移值、谱峰多重性、耦合常数值和谱峰相对强度,它们分别反映了原子核的化学环境、相邻核与核的关系、受价电子影响的耦合常数以及同类核的数量。

　　色谱技术利用各类样品分子在流动相和固定相之间分配系数的不同而加以分开。气相色谱的流动相是惰性气体,固定相是填以吸附剂的柱;高效液相色谱的流动相较常用的是极性挥发性溶液,固定相较常用的是填以疏水介质的反相柱或填以亲和介质的亲和柱。质谱技术是使样品分子电离成为带电的离子,然后进入质量分析器检测其质荷比。常用的电离方法有:电子电离、化学电离、场致电离、场致解吸、电喷雾、基质辅助激光解吸等。质量分析器有:单聚焦磁场分析器、双聚焦分析器、四极杆/离子阱分析器、飞行时间分析器等。色谱技术具有高效分离样品的能力;质谱技术能精确测定样品离子的质荷比,两者联用能够十分有效检测生物材料中各组分。

　　代谢组学研究生物体各代谢物的总体组分。如果说基因组学和蛋白质组学揭示生物体的代谢能力;

那么,代谢组学揭示的是生物体代谢现状。在代谢组学的研究中,气相色谱-质谱联用、高效液相色谱-质谱联用和核磁共振波谱是三项最重要的技术。

习　题

1. 什么是新陈代谢? 什么是同化作用和异化作用? 研究新陈代谢有何理论意义和实践意义?
2. 如何理解物质代谢和能量代谢之间的关系? 哪些物质在传递和贮存能量中起重要作用?
3. 生物的代谢格局是如何形成的?
4. 为什么生物在进化过程中选择核苷酸衍生物作为能量和活性基团的载体?
5. 新陈代谢的基本要略是什么?
6. 新陈代谢有何调节机制? 有何生物学意义?
7. 何谓亲电子体? 何谓亲核体? 何谓自由基? 是否所有代谢反应都包含上述三类物质间的反应?
8. 是否所有基团转移反应都是由亲电子基团从一个亲核体转移到另一个亲核体?
9. 试述氧化还原反应中电子的转移过程。
10. 简要说明消除、异构化及分子重排反应。
11. 碳-碳键的形成和断裂主要有哪些种类反应? 它们在代谢中占何地位?
12. 举例说明自由基反应在代谢中的重要性。
13. 什么是"体内"研究? 什么是"体外"研究?
14. 举例说明如何利用酶的抑制剂研究代谢途径。
15. 是否所有代谢途径都可以用基因突变的方法进行研究? 为什么?
16. 简要说明核磁共振波谱技术的原理。它对代谢研究有何意义?
17. 简要说明色谱和质谱技术的原理。举例说明如何用色谱-质谱技术研究代谢。
18. 什么是代谢组学? 研究代谢组有何理论和实践意义?

主要参考书目

1. 王镜岩,朱圣庚,徐长法. 生物化学教程. 北京:高等教育出版社,2008.
2. 袁存光,等. 现代仪器分析. 北京:化学工业出版社,2012.
3. Nelson D L,Cox M M. Lehninger Principles of Biochemistry. 6th ed. New York:W. H. Freeman,2012.

（王镜岩　朱圣庚）

网上资源

✍ 自测题

第16章　生物能学

活细胞和活生物为了生存、生长和繁殖必须做功。利用能量并使它做生物功的能力是所有活生物的基本性质,这种能力必定在细胞进化的很早阶段就已获得。生物进行多种多样的能量转换,一种能量形式转变为另一种形式。生物利用燃料中的化学能从简单的前体合成复杂、高度有序的大分子。它们也把燃料的化学能转化为浓度梯度和电梯度,运动和热,在少数生物如萤火虫和深海鱼中把光能转化为各种其他形式的能量。

作为生物能转换基础的化学机制曾困扰生物学家几个世纪。法国化学家 A. Lavoisier(见第 1 章)最先认识到动物以某种方式把化学燃料(食物)转化为热,认识到这个过程对生命是必需的。他得出结论:呼吸作用与点亮的蜡烛中发生的过程是完全相同的,只不过呼吸是碳和氧的缓慢燃烧。

20 世纪的人们开始认知很多作为生命基础的化学。随着生物化学的发展特别是新陈代谢研究的深入,生物能学已成为动态生物化学不可分的部分。生物能的转换遵守管控所有其他自然过程的同一物理和化学法则——热力学的定律。因此本章首先复习一下热力学中有关的一些基本概念、基本定律以及自由能、熵和焓之间的关系,然后介绍生物化学反应中的自由能变化及其与平衡常数的关系,最后讲述磷酰基转移和 ATP。

一、生物能学与热力学

生物能学(bioenergetics)是定量研究活细胞中发生的**能量转换**(energey transduction)和作为能量转换基础的化学过程的性质和作用。虽然许多热力学的原理在前面的一些章节已经涉及,并可能为大家所熟悉,但在这里复习一下这些原理定量方面的知识还是有必要的。

(一) 系统(体系)、性质、状态和过程

热力学系统(thermodynamic system)是指从宇宙中被划分出来作为研究对象的那部分实体;系统一般由物理界面所限定。环境(surrounding)或称外界,是指系统以外与系统相联系的其余部分。系统和它的环境一起构成宇宙。对于在溶液中发生的化学反应,一个系统可以定义为所有组成的反应物、产物、溶解它们的溶剂以及紧接的大气——简言之,一个限定空间区域内的所有物质。对于生物化学来说,系统可能是一个生物体、一个细胞或几个反应物。

系统和环境之间可以进行物质、能量或两者的交换。根据交换情况的不同,系统一般被分为三种类型:① **开放系统**(open system),它与其环境既有物质交换,又有能量交换;② **封闭系统**(closed system)是指与其环境只有能量传输,但无物质交换;③ **隔离系统**或称**孤立系统**(isolated system),它与其环境既无物质交换,也无能量交流。

在实验室里,某些化学或物理的过程可以在隔离或封闭的系统中进行。然而活细胞和活生物是典型的开放系统。活系统与其环境从不处于平衡;系统和环境之间的不断交流正是生物体在热力学第二定律允许的范围内能够创造自身的有序性结构的原因(见第 1 章)。

热力学与系统的宏观性质如体积、质量、能量、压力和温度等有关;这些**热力学性质**可分为广度(广延)性质和强度性质。一个系统的**广度性质**(extensive property)是指可写成亚系统(系统隔成两部分形成的较小系统)相应性质的总和的性质。体积、物质的量(mol)和能量是典型的广延性质;例如,一个系统的体积是它的亚系统体积的总和。**强度性质**(intensive property)是指同于亚系统相应性质的性质。温度和压力是典型的强度性质;如果一个 298 K 的系统把它分成两半,那么每一半仍将是 298 K。广延性质与强

度性质是有联系的,给定了物质的量(mol)的广延性质可以变成强度性质,如摩尔体积。

热力学状态(thermodynamic state)是一个系统的各种性质具有唯一的确定值并与时间无关(即系统达到平衡态)的宏观情况,也称宏观状态。一个系统的状态可以由某几种性质的物理量例如压力(P)、体积(V)或温度(T)来确定和描述。例如,对一个指定物质的量(mol)的系统只要给出它的任何两个独立的性质(物理量)即可确定一个系统的热力学状态;因此,对 1 mol 的一个气体只要规定了 P 和 T,则不仅确定了体积 V,而且也确定了该系统的所有其他性质如内能(U)等。这说明系统中各性质之间是相互联系和相互制约的,也说明各性质与状态之间存在着单值对应关系,即函数关系。人们把决定一个系统的状态的那些性质(物理量)称为**状态函数**或态函数(state function),如压力、体积、温度、内能、焓(H)、熵(S)和自由能(G)等。其中一些状态函数如 P、V 和 T 是可直接测量的宏观变量或基本参[变]数;U、H、S 和 G 是从这些宏观变量导出的状态函数。

值得注意的是:每个状态函数在系统的每一状态都有它的唯一确定值,而此值与达到该状态的途径无关;换言之,如果一个系统的一种性质发生变化而与途径无关,则此性质一定是状态函数;同样,任何一个状态函数的变化(如 ΔU)只取决于系统的始态(initial state)和终态(final state),而与状态变化的途径无关。

热力学过程(thermodynamic process)是导致一个系统的热力学状态发生变化的过程。这样的过程可以是一个物理过程,也可以是一个化学过程。通常把变化的经过称为过程,完成过程的具体程序称为途径或路径(path)。理想气体状态在恒温下发生变化的过程称为**等温过程**(isothermal process,$\Delta T=0$),恒压下进行的称**等压过程**(isobaric process,$\Delta P=0$),等体积下进行的称**等容过程**(isochoric process,$\Delta V=0$),系统与环境之间没有热传递的过程称为**绝热过程**(adiabatic process,$\Delta q=0$)等。

热力学中常提到可逆过程和不可逆过程这两个概念。**可逆过程**(reversible process)是指一个系统由 A 态变到 B 态时如果它对环境所做的功恰与系统由 B 态回复到 A 态时环境对它所做的功相等,并保证系统和环境同时恢复到原来的状态。在可逆过程中系统对环境所做的功最大,如果环境对系统做功,则所做的功最小,并且最大功和最小功数值上相等。可逆过程是经历一系列连续的平衡态(热力学状态)造成的,变化无限小,时间则无限长。因此,可逆过程实际上是不存在的,只是一种理想态。然而,如果过程进行得足够慢,步骤足够小,实际过程(不可逆过程)可视为接近于可逆过程。可逆过程概念促使人们想方设法地去提高实际过程的效率。**不可逆过程**(irreversible process)是一个不是经过一系列平衡态进行的、不能借外力无限小的变化所逆转的过程;也即不可逆过程发生后,不可能使系统和环境都恢复到原来的状态而不留下任何影响或痕迹,这就是它的不可逆性。

(二) 热、功和内能

热力学中**热**(heat)是指系统和环境之间因温度差而发生传递(系统吸收或放出)的能量,或者说是系统和环境之间能量传递的一种形式——微观分子的不规则运动。热用符号 q(或 Q)表示。一般规定:系统从环境吸收热量,q 为正值;系统向环境释放热量,q 为负值。

功(work)是系统和环境之间能量传递的另一种形式——宏观物体的有规则运动。力学上机械功的定义是作用于物体的外力跟受作用的物体在力的方向上移动的距离的乘积。化学和生物化学系统中一种重要的机械功是压力-体积功,它是在外力影响下气体体积压缩或膨胀所做的功。功可以有多种存在形式,除机械功外还有电功、磁功和化学功等。功的符号为 w(或 W),通常规定:系统对环境做功,w 为正值;环境对系统做功,w 为负值(注意:有些书中 W 的正、负号与此相反)。

热和功只是转移中的能量,都不是状态函数,不是系统的性质,没有过程发生就没有热和功。对任何一个系统,不能说它含有多少热和功,只能说它吸收或释放了多少热,对环境或环境对它做了多少功。

一个系统的能量通常由三部分组成:① 整个系统处于运动的动能,② 整个系统因外力场存在造成的势能,③ 内能。但在热力学中研究的是静止系统,也不考虑外力场对系统的影响,因此系统的全部能量就等于内能。

内能(internal energy)是一个系统内部各种质点或微粒(particle)的动能和微粒间相互作用势能的总和,用符号 U(或 E)表示。它包括系统内分子的平动能、转动能、振动能、分子间的势能、分子内原子、电子的势能和动能以及原子核内的能量等。内能是一个系统的状态函数，ΔU 只决定于系统的始态和终态。一个系统的内能绝对量迄今尚无法得知，但内能的改变量 ΔU 可以通过系统和环境的能量交换求出（见下面）。

（三）　热力学第一定律和焓

热力学第一定律（first law of thermodynamics）描述能量守恒和能量转化的原理：在任何的物理或化学变化中虽然能量的形式可以变化，但宇宙的总能量保持不变。这意思是说，当能量被系统利用时，能量并没有"被消耗掉"；只是从一种形式转变为另一种形式，例如从化学键中的势能转化为热和运动的动能。细胞是能量的完美转换器，能够使化学能、电能、磁能、机械能和渗透能高效地互相转换。热力学第一定律的数学形式是：

$$\Delta U = q - w \tag{16-1}$$

它表达了在一个过程中如果系统的量是固定的，则系统的内能增加量（ΔU）等于它从环境所吸收的热（q）减去它反抗外力时对环境所做的功（w）。如果系统发生的是一个微小的变化，上式具有下列形式：

$$dU = \delta q - \delta w \tag{16-2}$$

这里，dU 表示系统内能的全微分；δq 和 δw 分别是热和功的微小变化，由于它们与变化途径有关，因此不是全微分。

化学反应通常是在恒容、恒压特别是在恒压（如 1 atm）条件下进行的。在恒压条件下，式 16-1 中的 q 则称为**恒压反应热**，以 q_p 表示。如果此时反应过程中只做体积功（反抗外压所做的功），则第一定律可写为：

$$\Delta U = q_p - P\Delta V$$
$$q_p = \Delta U + P\Delta V \tag{16-3}$$

因为恒压时 $P\Delta V = \Delta(PV)$，代入式 16-3 得：

$$q_p = \Delta U + \Delta(PV) = \Delta(U+PV) \tag{16-4}$$

令

$$H = U + PV \tag{16-5}$$

这就是**焓**（enthalpy）也称热函或热含［量］（heat content）H 的定义。因为 U、P 和 V 都是状态函数，当然焓 H 也是状态函数。

从式 16-4 和式 16-5 可以推得：

$$q_p = \Delta H \tag{16-6}$$

此式的物理意义是恒压反应热等于系统的焓变［化］。

根据式 16-3 和恒容条件下 $P\Delta V = 0$ 的事实，则

$$q_v = \Delta U \tag{16-7}$$

这里，q_v 是**恒容反应热**。此式表明，对于一个在恒容条件下的吸热反应，系统从环境吸收的热量全部用于内能的增加。

（四）　热化学

在化学和生物化学中系统的能量变化，除了前述的机械功和热接触引起之外，一个很重要的原因是化学反应放出或吸入的热。研究这些热效应的学科称为**热化学**（thermochemistry）。前面讲到的焓及其应用构成热化学的重要内容。

化学反应中，向环境释放热的（$\Delta H < 0$）称为**放热反应**（exothermic reaction），从环境吸收热的（$\Delta H > 0$）称为**吸热反应**（endothermic reaction）。反应系统的热量变化可用热量计（calorimeter）进行测量。一个反应

发生后,当产物温度恢复到反应物温度时,系统释放的或吸收的热量称为该反应的**反应热**或**热效应**,如 q_P 和 q_V。由于多数化学反应都在恒压条件下进行,并且当系统体积变化不大时 ΔH 值接近 ΔU,因此反应热用 $\Delta H(=q_P)$ 表示,并称之为**反应焓**。

表示化学反应和热效应关系的方程式称为**热化学方程式**,例如:

$$CO(g) + 1/2O_2(g) = CO_2(g) \qquad \Delta H = -283.0 \text{ kJ}$$
$$CO_2(g) = CO(g) + 1/2O_2(g) \qquad \Delta H = +283.0 \text{ kJ}$$

书写热化学方程时应注意:① 注明反应物和产物的物态,如气体(g)、液体(l)、固体(s)等;② 在 ΔH 的右上角和右下角分别标明压力和温度值,否则表示 1 atm 和 298 K;③ ΔH 值应与方程式的形式(系数)相对应,因为 ΔH 是广延性质;④ 正、逆反应的热效应数值相等符号相反,如上面方程所示,CO 氧化是放热反应,ΔH 为负值;其逆向反应必是吸热过程,ΔH 为正值。

Hess 定律是陈述化学反应中能量守恒和转化的规律:在恒温、恒压下某一化学反应不论是一步完成,还是分几步完成,总的热效应是相同的;或者说,如果二个或多个化学方程相加得到另一个化学方程,则相应的反应焓也必定是相加。Hess 定律的提出极大方便了热效应研究,许多实验难测的和尚无法测得的 ΔH 值可通过计算获得。

一个反应的**标准焓**定义为所有的反应物和产物在 1 atm(101 325 Pa)压力和 25℃ 即 298 K(或其他指定温度)下的焓变,用符号 $\Delta H^{\ominus}$ 表示,单位为 $kJ \cdot mol^{-1}$。焓和内能一样,它的绝对值无法测定或计算。因此对物质的焓必须要有一个参考态,如规定稳定态元素的标准生成焓为零。一个化合物的**标准生成焓**(standard enthalpy of formation;$\Delta H_f^{\ominus}$)也称标准生成热,被定义为在 1 atm 压力和 25℃ 下从稳定态的单质(元素)产生 1 mol 化合物的焓变。一般说,ΔH_f 的负值愈大,化合物愈稳定。

另一个重要的反应焓是有机化合物的燃烧焓(enthalpy of combustion)也称燃烧热。**标准燃烧焓**是指在 1 atm 压力和 25℃ 下 1 mol 有机化合物完全燃烧(氧化)成最稳定的(或指定的)氧化物或单质(如 $CO_2(g)$、$H_2O(l)$、$SO_2(g)$ 和 $N_2(g)$ 等)时的焓变,符号为 $\Delta H_c^{\ominus}$。1 mol 的葡萄糖在体内氧化成终产物 CO_2 和 H_2O 时所释放的总能量与葡萄糖体外燃烧实验测得的标准燃烧焓是相等的。燃烧是放热反应,因此燃烧焓均为负值。

化学反应的实质是旧键的破裂和新键的形成以及所涉及的分子中原子排列构型的改变。断裂化学键消耗能量(克服原子间的吸引力),形成化学键释放能量。如果一个化学反应断裂键时消耗的能量大于形成键时释放的能量则为吸热反应(热能转化为化学能),反之为放热反应(化学能转化为热能)。研究化学反应时还有一个重要的参数是键焓。一个化学键的**键焓**(bond enthalpy)定义为在 1 atm 压力和 25℃ 下断开 1 mol 处于气态的某一化学键的焓变,符号为 $\Delta H_{B,298}$。键焓总是正值,因为断裂键必须向稳定分子群加入热量。键焓有时也称**键能**(ΔE),有些键能是在恒容条件下测得的,但两者数值相差不大。

(五) 热力学第二定律和熵

热力学第二定律和第一定律一样,是建立在无数事实基础上的一种经验总结,它不能从其他更普遍的定律推导而来。如果第一定律告诉了我们"孤立系统的总能量不变",第二定律则将告诉我们"孤立系统的熵总是增加到最大值"。第二定律除了这种说法之外,尚有多种陈述。例如德国学者 R. Clausius(1822—1888)提出:"热不能自动地、不付代价地由低温物体传至高温物体";英国学者 W. Thomson(Kelvin,1824—1907)认为:"一个机器从单一热源吸取热使之完全转变为功而不发生其他的变化是不可能的"。

1. 熵概念的诞生——熵函数是可逆过程的热温商

这里我们先提一下自发过程(spontaneous process)这一概念。众所周知,自然过程有一种自动趋向于平衡态的趋势,例如热自发地由高温物体传到低温物体,直至它们的温度相等为止;物质自发地由高浓度区向低浓度区扩散,直至浓度相等为止;锌片投入硫酸铜溶液自发地引起置换反应,直至反应达到平衡为止……所有这些**自发过程**(或**自发变化**)的共同特点是:都有一定的方向性(或不可逆性)和限度。简而言之,自发过程都是热力学的不可逆过程。

　　下面将讨论的熵函数正是为了判断过程进行的方向和限度,判断过程的可逆与否。引出熵概念之前,先复习一下热机效率和卡诺循环。热机效率(efficiency of engine)η 定义为:

$$\eta = \frac{w_{\mathrm{net}}}{q_1} = \frac{q_1 - |q_2|}{q_1} = 1 - \frac{|q_2|}{q_1} \tag{16-8}$$

此处,w_{net} 是系统(热机的工作物)经过一轮循环后对外所做的净功,q_1 是系统从高温热源吸入的热量,q_2 是向低温热源释放的热量。法国工程师 Z.Carnot(1796—1832)提出了一种可获得最大效率的热机——卡诺机。卡诺机工作在高温热源(T_1)和低温热源(T_2)之间,以理想气体作为工作物(系统),经由 4 步可逆过程(等温膨胀→绝热膨胀→等温压缩→绝热压缩)构成的所谓卡诺循环(Carnot cycle)周而复始地运转。热机从状态 A(P_1,V_1,T_1)出发,经状态 B(P_2,V_2,T_1)、C(P_3,V_3,T_2)和 D(P_4,V_4,T_2),回到原状态 A,完成一个循环。根据卡诺循环的 P-V 图和热力学第一定律(参见普通物理或物理化学教本),不难推导出卡诺机的热机效率为:

$$\eta_{\mathrm{Carnot}} = \frac{T_1 - T_2}{T_1} = 1 - \frac{T_2}{T_1} \tag{16-9}$$

　　上式的意义是:提高热机效率的关键在于提高高温热源的温度。Carnot 研究热机效率时得出一个重要结论:工作于同一高温热源和同一低温热源之间的不可逆热机的效率(η)不可能大于可逆热机的效率(η_{Carnot}),这就是**卡诺定理**:

$$\eta \leqslant \eta_{\mathrm{Carnot}}$$

即

$$1 - \frac{|q_2|}{q_1} \leqslant 1 - \frac{T_2}{T_1} \tag{16-10}$$

式中 $1 - \dfrac{|q_2|}{q_1}$ 代表任何热机(包括可逆与不可逆的)的效率,$1 - \dfrac{T_2}{T_1}$ 只表示可逆卡诺机的热机效率。Clausius 发现,如果把卡诺定理的表达式中 $\dfrac{|q_2|}{q_1} = \dfrac{T_2}{T_1}$ 之比改写成:

$$\frac{q_1}{T_1} = -\frac{|q_2|}{T_2}$$

则由式(16-10)可得:

$$\frac{q_1}{T_1} + \frac{q_2}{T_2} \leqslant 0 \tag{16-11}$$

式 16-11 称为克劳修斯不等式(Clausius's inequality);式中 " = " 对应可逆循环," < " 对应不可逆循环。此式表示在高、低温热源之间可逆循环的热温商或热温比(q/T)的代数和为零,而不可逆循环的热温商的代数和小于零;热温商的代数和大于零的循环是不可能的。

　　对于一个任意的循环可分成许多个微过程来处理,并证得任意循环的各微过程的热温商 $\dfrac{\delta q_i}{T_i}$ 总和仍满足式 16-11:

$$\sum_{i=1}^{\infty} \frac{\delta q_i}{T_i} \leqslant 0 \tag{16-12}$$

这是任意循环的克劳修斯不等式。

　　Clausius 注意到对于一个可逆循环从始态到终态的热温商总和与从终态回到始态的热温商总和相等,即 $\displaystyle\sum_i \frac{\delta q_i}{T_i} = 0$(见式 16-12),反映出这里有一个定值,并可证得它与途径无关,仅由状态决定,显示出它具有状态函数的特性。Clausius 据此定义了一个热力学函数,称为**熵**(entropy),用符号 S 表示。如果用

$S_终$和$S_始$分别代表终态和始态的熵,则

$$S_终 - S_始 = \Delta S = \int_终^始 \left(\frac{\delta q}{T}\right)_{可逆} \qquad (16-13)$$

对于一个微过程的微小熵变可写成微分形式:

$$dS = \left(\frac{\delta q}{T}\right)_{可逆} \qquad (16-14)$$

式 16-13 和式 16-14 都可作为熵(其实是熵变)的定义。

内能和焓需要凭借系统与环境间的热、功交换来推断系统的ΔU和ΔH。熵也一样,要用可逆过程中的热温商来衡量它的变化值(ΔS),因为只有可逆过程中的$\frac{\delta q}{T}$才等于dS。

2. 热力学第二定律的数学表达式与熵增原理

由上面的式 16-12 和式 16-14 可推得:

$$dS > \left(\frac{\delta q}{T}\right)_{不可逆}$$

综合上式和式 16-14 得:

$$dS \geqslant \frac{\delta q}{T} \qquad (16-15)$$

式 16-15 是热力学第二定律最普遍的表达式。它的积分形式是:

$$\Delta S_{始\to终} \geqslant \int_始^终 \frac{\delta q}{T} \qquad (16-16)$$

第二定律表达式给了我们区分可逆和不可逆过程的判据:$dS = \frac{\delta q}{T}$必为可逆,$dS > \frac{\delta q}{T}$必不可逆,dS与$\frac{\delta q}{T}$相差愈大,不可逆性愈强。

第二定律的数学表达式(16-15,16-16)对于孤立系统和绝热系统中发生的变化,必有$dq = 0$,因此

$$dS \geqslant 0 \quad 或 \quad \Delta S \geqslant 0 \qquad (16-17)$$

式 16-17 表示在孤立或绝热系统中,熵不可能减少,即不可能发生$dS < 0$的变化;对可逆过程(处于平衡态的),熵不变($dS = 0$);对不可逆过程,也即趋向于平衡态的过程,熵总是增加($dS > 0$)。这就是**熵增原理**。有了它我们就有了判断过程进行的方向和限度的准则。任何自发过程都是由非平衡态趋向于平衡态,到达平衡态时熵函数达到最大值。必须指出利用熵增原理判断反应的自发性只适用于孤立和绝热系统。对于其他系统,可以把系统和与之有关的那部分环境合起来作为一个新孤立系统(总的)来对待。此时熵增原理可表示为:

$$\Delta S_总 = \Delta S_{系统} + \Delta S_{环境} \geqslant 0 \qquad (16-18)$$

有人以为绝热过程($dq = 0$)一定是$dS = 0$。其实不然,这是因为导致系统熵变的有两种机制:一是系统和环境之间发生热交换时必伴随着熵交换,这是熵传输(熵流)造成的机制,例如系统吸热($dq > 0$)引起熵增加;二是系统内部的不可逆过程(如热传导、扩散和金属氧化)是熵产生的源泉,这是"熵增原理"造成的机制。绝热系统固然不发生熵流,但第二种机制可以引起熵增($dS > 0$)。

3. 熵的本质——系统无序度(randomness)或混乱度(disorder)的量度

熵的概念是从卡诺定理中抽象出来的,对初学者常有困惑感。如果将"熵"跟系统内部的分子运动和分布状态联系起来,可能就容易理解了。例如一种物质的固、液、气三态,从微观角度看,固态分子相对地

排列最有序,运动范围最有限,液态分子情况次之,气态分子分布最混乱,运动范围最大(可到达整个容器)。这说明,在固→液→气的相变过程中分子的无序度逐级增加。与之相应的熵值也逐级增高:$S_{固}$ < $S_{液}$ < $S_{气}$。从这里不难悟出熵与分子的**混乱度**或**无序度**有关。

讲熵与混乱度的关系之前,先谈一下不可逆性(irreversibility)和热力学几率(thermodynamic probability)问题。今设有一室,中间用隔板分成体积相等的左、右两半。左室是 1 mol 气体,右室是真空的。当隔板抽去,左室气体自由膨胀进入右室,直至在全室均匀分布即达到平衡状态,或称混乱度达到最大,显然这是一个不可逆过程。这时要想全部气体自动地重新回到左室是不可能的了,这就是所谓**不可逆性**。但如果左室放的不是 1 mol 而是一个分子,情况就大不一样了。此时抽去隔板,这个分子在左、右两室的几率是一样的,各为 $\frac{1}{2}$。可以想象,它向真空膨胀和自动返回都同样可以发生。因此,这里谈过程的方向性和不可逆性是根本没有意义的。

如果左室放的是 4 个分子,则同时分布在左室(即左 4,右 0)的几率为 $\left(\frac{1}{2}\right)^{4} = \frac{1}{16}$(其中指数 4 是分子数目),均匀分布(左 2,右 2)的几率为 $\frac{6}{16}$。不难理解 4 个分子在左、右两室分布的花样数(即微观状态数)是 $2^{4} = 16$ 个,共 6 个类型,包括(4,0)或(0,4)分布者各一个,(3,1)和(1,3)分布者各 4 个,(2,2)分布者 6 个(每一类型的微观状态数可按组合公式计算,如 $C_{4}^{2} = 6$)。可见,随着系统中的分子数增加,分子同时分布在左室的几率很快下降,能观察到的与气体膨胀反向的过程的可能性也急速减小。当系统中分子数增至 1 mol 数量级时,分子同时集中在左室的几率为 $\left(\frac{1}{2}\right)^{6 \times 10^{23}} = \left(\frac{1}{10}\right)^{1.8 \times 10^{23}}$,这是一个几乎为零的小数,而均匀分布的几率却接近于 1(注意:数学几率的范围从 0→1)。因此这样大的分子数不可能观察到气体膨胀后又自动逆转(压缩)的过程。由此可见,过程的方向性或不可逆性本质上是大量分子的随机、统计行为。

一个系统的宏观状态(热力学状态)本质上是系统中大量分子的微观状态的外部表现。值得注意的是,相应于一个确定的宏观状态的微观状态数目却不止一个,可以有许许多多个微观状态都对应于同一个宏观状态。术语"微观状态"(microscopic state,microstate)是用来规定分子在它们可及的空间(位置)和动量(能级)的特定分布。一个系统可采取的**微观状态数[目]**(number of microstate)用符号 Ω 表示,它有时也称为分子的无序度。热力学熵函数 S 和微观状态数 Ω 有下列关系:

$$S = k_{B} \ln \Omega \tag{16-19}$$

上式称为 Boltzmann 公式。其中 k_{B} 为 Boltzmann 常数($= R/N = 3.299 \times 10^{-24}$)。Boltzmann 公式把宏观性质的熵(S)和微观性质的无序度(Ω)联系起来。

热力学第三定律是在概括了低温现象的实验事实基础上提出来的。它可表述为:当温度在绝对零度($T = 0$ K)时,任何一种理想晶体(纯净、完美的晶体物质)的熵为零($S = 0$)。如果一个系统中所有的质点(分子、原子等)在空间上都严格地按照一定次序排列,能量上都位于同一能级,此时显然只有一种分布方式,系统的微观状态数 $\Omega = 1$。这是一种最有秩序的状态,也即混乱度最小的状态,根据 Boltzmann 公式可算的 $S = 0$。

绝对零度实际上达不到,所有质点能够完全停止运动的理想晶体也不存在,显然直接在 0 K($-273℃$)做实验是不可能的。但是第三定律有它的实际意义,因为它给出了一个方便的参考值,$S_{0} = 0$。这样就可以通过量热实验算出一个物质的绝对熵(absolute entropy)。当某一物质在恒压下,温度由 0 K 升至 T K,它的绝对熵(S_{T})可由下式算得:

$$S_{T} = n \int_{0}^{T} \frac{c_{p}}{T} dT \tag{16-20}$$

式中 n 是摩尔数,c_{p} 是等压热容。

在标准状况(压力为 1 atm 和温度为 298 K 或其他指定温度)下,1 mol 物质所具有的绝对熵称为**标准**

熵,用符号 $S_T^\ominus$ 表示,单位 $JK^{-1}\cdot mol^{-1}$,例如 $S_{298,H_2O(aq)}^\ominus = 69.91$。

（六）Gibbs 自由能

上面式 16-17 和式 16-18 表示一个孤立系统的熵变或系统加环境的总熵变可用来作为一个过程是自发、可逆、还是不可能的判据。然而多数的化学反应特别是生物化学反应是在恒温、恒压和与环境有能量交换的条件下进行的,因此需要寻找一个无须考虑环境熵变的新函数来作为过程自发性的判据。

我们还是从第二定律的基本公式 16-15:

$$dS - \left(\frac{\delta q}{T}\right) \geqslant 0$$

开始来考虑问题。为了突出恒压的特点,第一定律表达式表示为下列形式(式 16-3 的微分式):

$$dq_p = dU + PdV$$

将它代入式 16-15 中的 δq 得

$$dS - (dU + PdV)/T \geqslant 0 \tag{16-21}$$

上式两边各乘以 $-T$ 得

$$dU - TdS + PdV \leqslant 0$$

因为这里讨论的是恒温恒压过程,T 和 P 是恒数,所以上式可写为

$$d(U - TS + PV) \leqslant 0$$

或

$$d(H - TS) \leqslant 0$$

令

$$G = H - TS \tag{16-22}$$

则

$$dG \leqslant 0 \tag{16-23}$$

或

$$\Delta G \leqslant 0$$

这里 $dG < 0$ 适用于自发过程,$dG = 0$ 适用于可逆过程或系统处于平衡态;在恒温恒压条件下 $dG > 0$ 的过程如果外界不给系统以有用功(能量)是不可能发生的,即所谓非自发过程(它的逆向过程必 $dG < 0$,并能自发发生)。因此 G 单独可以作为过程自发性的判据。把系统的焓和熵组合成这个新状态函数 G 是美国学者 J. W. Gibbs(1839—1903)于 1876 年最先提出的,称之为自由焓(free enthalpy),现在多称为 **Gibbs 自由能**,简称**自由能**(free energy)。

上面提出了自由能的定义和自由能作为过程方向判断的关系式,这是一类不定式。下面介绍的是自由能函数在可逆过程或平衡态中的变化关系式,它们以等式形式出现。这类式子常用来处理化学平衡的问题。

将第二定律的表示式(16-14)$\delta q_{可逆} = TdS$ 代入第一定律表达式(16-2)$dU = \delta q - \delta w$ 得

$$dU = TdS - \delta w \tag{16-24}$$

这是可逆过程关系式中最基本的一个,它只适用于可逆过程。

前面曾提到,热力学系统除了能做体积功之外尚能做其他形式的功,如电功等。体积功之外的其他功习惯上称为有用功(有些书上称它为非体积功),常用 w' 表示(但不要以为体积功就是无用功,其实一切热机所做的都是体积功。只是系统只做反抗外压的体积功时不能被利用)。如果以 PdV 代表体积功,w' 代表有用功,则式 16-24 可写为

$$dU = TdS - PdV - \delta w' \tag{16-25}$$

为找出自由能在可逆过程中的变化关系式,将自由能定义式 16-22 微分得

$$dG = dH - TdS - SdT$$

用式 16-25 写出焓定义式(16-5)的微分式:

$$dH = d(U + PV)$$
$$= dU + PdV + VdP$$
$$= TdS + VdP - \delta w'$$

把此 dH 表示式代入上面的 dG 微分式得

$$dG = SdT + VdP - \delta w' \tag{16-26}$$

对这个关系式我们关心的是在恒温恒压条件下的情况,此时 $dT=0, dP=0$,因此式 16-26 变为

$$-dG = \delta w'$$

或

$$-\Delta G = w'$$

可见,在恒温恒压的可逆过程中如果做有用功,系统的自由能减少等于它对环境所做的最大有用功(式中 $w' = w'_{最大}$)。换言之,系统对外所做的最大有用功是消耗自身自由能的结果。这就是自由能的物理意义。如果系统不做有用功($w'=0$),则在恒温恒压的可逆过程中系统的自由能不变:

$$dG = 0$$

或

$$\Delta G = 0 \tag{16-27}$$

式 16-27 是经常应用的关系式。

二、化学反应中自由能的变化和意义

细胞是等温系统,它们是在基本恒定的温度(和恒定的压力)下行使功能的。因此热的流动不能作为细胞的能量来源。细胞能够而且必须利用 Gibbs 自由能函数 G 所描述的自由能。正如上一节所介绍的,状态函数 G 能够预测在恒温恒压下发生的化学反应的方向($\Delta G<0$)、准确的平衡点($\Delta G=0$)和能够(理论上)完成的有用功的量(w')。异养型细胞从营养物分子获得自由能,光合细胞从吸收的日光辐射获得它。这两类细胞将这些自由能转化为 ATP 和其他富能化合物,为在恒温下的生物功提供能量。

这一节主要介绍化学反应中自由能变化和化学平衡之间的关系。

(一) 化学反应的自由能变化和标准生成自由能

1. 热力学的标准状态和标准函数

前面曾提到标准状态、标准焓($\Delta H^{\ominus}$)和标准熵($S^{\ominus}$)等术语。在这里作进一步地概括说明。为了比较不同反应发生的能量变化,人们按照惯例规定了标准反应条件:温度,298 K(25℃);压力,1 atm(101 325 Pa);组成,所有成分在其规定的标准状态。

物质的标准状态定为处于 298 K 和 1 atm 的纯物质,如气态二氧化碳、液态水和固态葡萄糖。对于溶液中溶质的标准状态通常定义为单位活度或 $1\ mol \cdot L^{-1}$ 溶液;对于溶剂同样规定为单位活度。

也像 $\Delta H^{\ominus}$ 和 $S^{\ominus}$ 一样,用 $\Delta G^{\ominus}$ 表示当全程保持在标准状态的压力和温度下,从 1 mol 的反应物生成产物时反应发生的自由能变化,称为**标准自由能变[化]**(代表驱使反应趋于平衡的力)。右上角标上"$\ominus$"的 ΔG 以示区别于非标准条件的 ΔG。

2. 化学反应的自由能变化

在生物系统条件(包括恒温和恒压)下,一个反应中自由能 G、焓 H 和熵 S 的变化有以下关系:

$$\Delta G = \Delta H - T\Delta S \tag{16-28}$$

这是恒温恒压下一个化学反应的自由能变化公式。系统在反应前的状态为状态 1,反应后的为状态 2,式中 $\Delta G=G_2-G_1$,$\Delta H=H_2-H_1$,$\Delta S=S_2-S_1$。此式也称为 Gibbs-Helmholtz 方程,可用于计算恒温恒压下的自由

能变化。例如,在 36℃(309 K)、1 atm 和 pH 7 时,在 Mg^{2+} 存在下进行 ATP 水解的实验;测得 ΔH 为 -20.08 $kJ \cdot mol^{-1}$,此时 ΔS 应为 $+35.21$ $J \cdot K^{-1} \cdot mol^{-1}$(根据 ΔS 等于 $q_{可逆}/T$ 算得),试计算该反应的 ΔG。式 16-28 适用于此恒温恒压的封闭系统的条件。因此:

$$\Delta G = -20\,080\ J \cdot mol^{-1} - 309\ K \times 35.21\ J \cdot K^{-1} \cdot mol^{-1}$$
$$= -30\,960\ J \cdot mol^{-1} = -30.96\ kJ \cdot mol^{-1}$$

3. 标准生成自由能

虽然我们不可能知道一个物质的自由能绝对值,但可以像标准生成焓那样来定义**标准生成自由能** (standard Gibbs free energy of formation)。一个化合物的标准生成自由能被规定为全程在标准状态(1 atm 压力)和指定温度(一般为 25℃)下由稳定态的单质生成 1 mol 化合物的反应的自由能变化,符号为 $\Delta G_f^\ominus$,单位为 $kJ \cdot mol^{-1}$。这里稳定态单质的标准生成自由能被规定为零。

包括生物有机化合物在内许多物质的标准生成自由能以列表形式载入《化学和物理手册》("Hand-book of chemistry and physics")及其他相关书籍。利用标准生成自由能(表 16-1)可以计算一个化学反应的标准自由能变化($\Delta G^\ominus$)。$\Delta G^\ominus$ 等于产物 $\Delta G_f^\ominus$ 值的总和减去反应物 $\Delta G_f^\ominus$ 值的总和,即

$$\Delta G^\ominus = \sum \Delta G_{f产物}^\ominus - \sum \Delta G_{f反应物}^\ominus \tag{16-29}$$

表 16-1　一些化合物的标准生成自由能

化合物	$\Delta G_f^\ominus$, kJ/mol	化合物	$\Delta G_f^\ominus$, kJ/mol
乙酸⁻(aq)	−371.30	$H_2(g)$	0.0
顺-乌头酸³⁻(aq)	−922.61	$H^+(aq)(10^{-7}\ mol/L)$①	−39.96
L-Ala(aq)	−371.3	$OH^-(aq)$	−157.32
$NH_4^+(aq)$	−79.50	α-酮戊二酸²⁻(aq)	−797.56
L-Asp(aq)	−489.49	乳酸⁻(aq)	−517.81
$HCO_3^-(aq)$	−587.14	L-苹果酸²⁻(aq)	−845.08
$CO_2(g)$	−395.18	草酰乙酸²⁻(aq)	−797.18
乙醇(aq)	−181.60	$O_2(g)$	0.0
延胡索酸²⁻(aq)	−604.21	丙酮酸⁻(aq)	−474.63
α-D-葡萄糖(aq)	−917.22	琥珀酸²⁻(aq)	−690.23
甘油(aq)	−488.64	$H_2O(l)$	−237.19

① 氢离子浓度在单位活度(1 mol/L)条件下它的标准生成自由能变化为零。

举例计算由草酰乙酸脱羧形成丙酮酸反应的标准自由能变化。其反应式如下:

$$草酰乙酸^{2-} + H^+(10^{-7}\ mol/L) \longrightarrow CO_2(g) + 丙酮酸^-$$

查得它们的 $\Delta G_f^\ominus$:草酰乙酸²⁻为 -797.18 $kJ \cdot mol^{-1}$,$H^+(10^{-7}\ mol \cdot L^{-1})$ 为 -39.96 $kJ \cdot mol^{-1}$,$CO_2(g)$ 为 -395.18 $kJ \cdot mol^{-1}$,丙酮酸⁻为 -474.63 $kJ \cdot mol^{-1}$。将这些数据按式 16-29 计算得

$$\Delta G^\ominus = [(-395.18) + (-474.63)] - [(-797.18) + (-39.96)] = -32.67\ kJ \cdot mol^{-1}$$

这一结果说明了当反应成分浓度草酰乙酸根离子为 1 $mol \cdot L^{-1}$、氢离子为 10^{-7} $mol \cdot L^{-1}$、CO_2 为 1 atm 和丙酮酸为 1 $mol \cdot L^{-1}$ 时,反应的 $\Delta G^\ominus$ 值是负的,此反应应会发生。但在 1 $mol \cdot L^{-1}$ 草酰乙酸根离子存在的条件下,CO_2 不可能是气体而是 HCO_3^-。因此上面求得的 $\Delta G^\ominus$,尚需校正。校正办法之一是求出 CO_2 + $H_2O \longrightarrow HCO_3^- + H^+(10^{-7}\ mol \cdot L^{-1})$ 反应的标准自由能变化:

$$\Delta G^\ominus = [(-587.14) + (-39.96)] - [(-395.18) + (-237.19)] = 5.27\ kJ \cdot mol^{-1}$$

然后将前一反应式的 $\Delta G^\ominus$ 减去此反应式的 $\Delta G^\ominus$ 即得校正后的 $\Delta G^\ominus = -27.40$ $kJ \cdot mol^{-1}$。

如果一个反应的 $\Delta H^{\ominus}$ 和 $\Delta S^{\ominus}$ 值为已知,可利用 $\Delta G^{\ominus} = \Delta H^{\ominus} - T\Delta S^{\ominus}$（式 16-28）计算该反应的 $\Delta G^{\ominus}$。此外从反应的平衡常数值也可求得 $\Delta G^{\ominus}$（见下面）。

（二）标准自由能变化和化学平衡的关系

一个反应系统(反应物和产物的混合物)的组成倾向于连续变化直至达到平衡为止。处在反应物和产物的平衡浓度时,正向和逆向反应的速率精确相等,并且系统中没有进一步的净变化发生。平衡时的反应物和产物的浓度决定了平衡常数(参见第 1 章)。对一个通用反应:

$$aA + bB \Longrightarrow cC + dD$$

平衡常数由下式给出:

$$K_{eq} = \frac{[C]^c[D]^d}{[A]^a[B]^b} \tag{16-30}$$

式中[A]、[B]、[C]和[D]代表处于平衡点时反应物(A、B)和产物(C、D)的摩尔浓度(严格说应是活度,但稀溶液时浓度接近于活度)。a、b、c 和 d 分别是反应式中参与反应的物质 A、B、C 和 D 的系数(分子数)。

当一个反应系统不处于平衡时,移向平衡的倾向性代表了一种驱动力(一种势),其大小可用该反应的自由能变化,ΔG,表示。在标准条件(298 K 即 25℃)下,当反应物和产物的起始浓度为 1 mol · L^{-1},如果是气体,其分压为 101 325 Pa(1 atm)时,驱动系统趋于平衡的力被定义为标准自由能变[化],$\Delta G^{\ominus}$。按这一定义,涉及氢离子的反应的标准状态是[H]$^+$ = 1 mol · L^{-1} 或 pH = 0。但大多数生物化学反应是在很好缓冲和约 pH 7 的水溶液中发生的;pH 和水的浓度(55.5 mol · L^{-1})基本恒定。

为了计算的方便,生物化学家规定了一个与化学和物理学中所使用的不完全相同的标准状态:在生物化学的标准状态中,[H]$^+$ 是 10^{-7} mol · L^{-1},[H$_2$O]是 55.5 mol · L^{-1}。对于涉及 Mg^{2+} 的反应(包括以 ATP 作为反应物的多数反应),溶液中的[Mg^{2+}]一般维持在 1 mmol · L^{-1}。

基于此生物化学标准状态的物理常数称为标准转换常数(standard transformed constant),书写时加上一撇(例如 $\Delta G^{\ominus}{'}$ 和 K'_{eq})以区别于化学和物理上使用的非转换常数。为简便起见,以后把这些转换常数仍称为标准自由能变化(但记住加一撇和不加一撇的含义是不同的)。生物化学家使用的另一个约定是:当 H$_2$O、H$^+$ 和/或 Mg^{2+} 是反应物或产物时,它们的浓度不包括在如式 16-29 的方程中,而代之以将它们并入常数 K'_{eq} 和 $\Delta G^{\ominus}{'}$。

K'_{eq} 和 $\Delta G^{\ominus}{'}$ 是每个反应所特有的物理常数。它们之间有以下这样一个简单关系式:

$$\Delta G^{\ominus}{'} = -RT\ln K'_{eq} \tag{16-31}$$

一个化学反应的标准自由能变只是作为表达其平衡常数的另一种数学方式,也即 $\Delta G^{\ominus}{'}$ 和 K'_{eq} 两者传达的是同一信息——在标准状态下一个反应将向哪个方向变化以及变化到何种程度。表 16-2 示出 $\Delta G^{\ominus}{'}$ 和 K'_{eq} 之间的关系。如果一个给定的化学反应的平衡常数是 1.0,该反应的标准自由能变化是 0.0。如果一个反应的 K'_{eq} 大于 0,则它的 $\Delta G^{\ominus}{'}$ 是负值。如果 K'_{eq} 小于 1.0,$\Delta G^{\ominus}{'}$ 是正值。因为 $\Delta G^{\ominus}{'}$ 和 K'_{eq} 之间的关系是指数关系:$\Delta G^{\ominus}{'}$ 的较小变化就引起相应 K'_{eq} 的较大变化。

表 16-2　化学反应的平衡常数和标准自由能变化的关系

K'_{eq}	$\Delta G^{\ominus}{'}$	K'_{eq}	$\Delta G^{\ominus}{'}$
10^{-5}	287.55	10	−5.69
10^{-4}	22.85	10^2	−11.42
10^{-3}	16.95	10^3	−17.11
10^{-2}	11.42	10^4	−22.85
10^{-1}	5.69	10^5	−28.54
1	0.0	10^6	−34.20

可以换一个方式来考虑标准自由能变化。$\Delta G^{\ominus}{'}$ 是在标准条件下产物自由能的量和反应物自由能的量之

间的差。当是负值时,产物比反应物含的自由能少,在标准条件下反应将自发进行。所有的化学反应都是向着使系统的自由能降低的方向进行。$\Delta G^{\ominus\prime}$正值表示反应的产物比反应物含有更多的自由能,如果在标准条件下所有成分的起始浓度是 1 mol·L^{-1},这个反应将逆向进行。

下面计算磷酸葡糖变位酶催化的反应的标准自由能变化:

$$1\text{-磷酸葡糖} \Longleftrightarrow 6\text{-磷酸葡糖}$$

设 1-磷酸葡糖的起始浓度为 20 mmol·L^{-1}并且不含有 6-磷酸葡糖,或反之;在 25℃和 pH 7.0 时最终平衡的混合物含 1.0 mmol·L^{-1}1-磷酸葡糖和 19 mmol·L^{-1}6-磷酸葡糖。试问按生成 6-磷酸葡糖的方向进行的反应是丢失(负值)还是获得(正值)自由能?

解:计算反应的平衡常数

$$K'_{eq} = \frac{[6\text{-磷酸葡糖}]}{[1\text{-磷酸葡糖}]} = \frac{19\ \text{mmol}\cdot\text{L}^{-1}}{1.0\ \text{mmol}\cdot\text{L}^{-1}} = 19$$

然后按式 16-31 计算标准自由能变化:

$$\Delta G^{\ominus\prime} = -RT\ln K'_{eq}$$
$$= -(8.314\ \text{J}\cdot\text{mol}^{-1}\cdot\text{K}^{-1})(298\ \text{K})(2.3\lg 19) = -7.3\ \text{kJ}\cdot\text{mol}^{-1}$$

表 16-3 给出某些有代表性的化学反应的自由能变化。注意到简单的酯、酰胺、肽和糖苷的水解以及重排和消去作用进行时伴随的标准自由能变化较小,而酸酐的水解标准自由能降低较大。在细胞内有机化合物如葡萄糖和棕榈酸完全氧化成 CO_2 和 H_2O 需要多步反应,引起标准自由能很大减少。然而,像表 16-3 中那样的标准自由能变化只是表示在标准条件下从一个反应中有多少自由能可以利用。但要描述细胞中存在的条件下释放的自由能,就必须表达实际的自由能变化。

表 16-3 一些化学反应的标准自由能变化

反应类型	$\Delta G^{\ominus\prime}$ (kJ·mol^{-1})	反应类型	$\Delta G^{\ominus\prime}$ (kJ·mol^{-1})
水解反应		甘氨酰甘氨酸+H_2O ——→2 甘氨酸	-9.2
酸酐:		糖苷:	
乙酸酐+H_2O ——→2 乙酸	-91.1	麦芽糖+H_2O ——→2 葡萄糖	-15.5
ATP+H_2O ——→ADP+Pi	-30.5	乳糖+H_2O ——→葡萄糖+半乳糖	-15.9
ATP+H_2O ——→AMP+PPi	-45.6	**重排**	
PPi+H_2O ——→2Pi	-19.2	1-磷酸葡糖 ——→6-磷酸葡糖	-7.3
UDP-葡萄糖+H_2O ——→UMP+1-磷酸葡糖	-43.0	6-磷酸果糖 ——→6-磷酸葡糖	-1.7
酯:		**消去水**	
乙酸乙酯+H_2O ——→乙醇+乙酸	-19.6	苹果酸 ——→延胡索酸+H_2O	3.1
6-磷酸葡糖+H_2O ——→葡萄糖+Pi	-13.8	**用分子氧氧化**	
酰胺和肽:		葡萄糖+6O_2 ——→6CO_2+6H_2O	-2 840
谷氨酰胺+H_2O ——→谷氨酸+NH_4^+	-14.2	棕榈酸+23O_2 ——→16CO_2+16H_2O	-9 770

(三) 实际自由能变化决定于反应物和产物的浓度

需要注意的是,不可把实际自由能变化(ΔG)跟标准自由能变化($\Delta G^{\ominus\prime}$)混淆起来,两者是有很大区别的。每个化学反应都有一个特有的标准自由能变化,它可以是正的、负的或零,这取决于反应的平衡常数。再次强调**标准自由能变化**告诉我们的是:当每种成分的起始浓度为 1.0 mol·L^{-1},pH 为 7.0,温度为 25℃和压力为 1 atm(101 325 Pa)时,一个给定的反应必须向哪个方向进行,离达到平衡有多远。因此,$\Delta G^{\ominus\prime}$是一个常数,对每个反应都有其特定的、不变的数值。但是**实际自由能变化**(ΔG)是反应物和产物浓度和反应期间主要温度的函数,它们都不需要与上面规定的标准条件相一致。而且,自发向平衡方向进行的任一反应 ΔG 总是负的,随着反应的进行负值减少,到平衡点时为零,表示该反应不能再做任何功。

对任一反应 $a\mathrm{A}+b\mathrm{B} \Longleftrightarrow c\mathrm{C}+d\mathrm{D}$,$\Delta G$ 和 $\Delta G^{\ominus\prime}$ 的关系应是如下方程所示:

$$\Delta G = \Delta G^{\ominus\prime} + RT\ln\frac{[\mathrm{C}]^c[\mathrm{D}]^d}{[\mathrm{A}]^a[\mathrm{B}]^b} \tag{16-32}$$

式中 $RT\ln\dfrac{[\mathrm{C}]^c[\mathrm{D}]^d}{[\mathrm{A}]^a[\mathrm{B}]^b}$ 各项是观测时系统中的实际情况。方程中的浓度项表示通常称为质量作用的效应,$[\mathrm{C}]^c[\mathrm{D}]^d/[\mathrm{A}]^a[\mathrm{B}]^b$ 项称为**质量作用比**(mass-action ratio),Q。因此式(16-31)可表示为 $\Delta G = \Delta G^{\ominus\prime}+RT\ln Q$。作为一个例子,我们假设 $\mathrm{A}+\mathrm{B}\Longleftrightarrow\mathrm{C}+\mathrm{D}$ 这个反应是在温度(25℃)和压力(1 atm)的标准条件下进行的,但 A、B、C 和 D 的浓度并不相等,也没有一个成分是处于 $1.0\ \mathrm{mol\cdot L^{-1}}$ 的标准浓度。为确定在这些非标准条件的浓度下反应从左向右进行的实际自由能变化,我们只要考虑方程(16-32)中 A、B、C 和 D 的实际浓度;R、T 和 $\Delta G^{\ominus\prime}$ 是标准数值。当反应进行时 ΔG 是负值,并向零接近,因为 A 和 B 的实际浓度下降,C 和 D 的浓度上升。注意,当反应处于平衡时(当系统无力驱使反应向任一方向进行时,即 $\Delta G=0$),式 16-32 被还原为

$$0 = \Delta G = \Delta G^{\ominus\prime} + RT\ln\frac{[\mathrm{C}]^c[\mathrm{D}]^d}{[\mathrm{A}]^a[\mathrm{B}]^b}$$

或

$$\Delta G^{\ominus\prime} = -RT\ln K'_{\mathrm{eq}}$$

这是联系标准自由能和平衡常数的方程(式 16-30)。

一个反应的自发性判据是 ΔG 值,不是 $\Delta G^{\ominus\prime}$。如果 ΔG 是负的,即使具有正 $\Delta G^{\ominus\prime}$ 的一个反应也有可能前向进行。如果方程式 16-32 中 $RT\ln([产物]/[反应物])$ 项是负的,并有比 $\Delta G^{\ominus\prime}$ 更大的绝对值,情况就是如此。例如,随时除去反应的产物保持 [产物]/[反应物] 比远低于 1,这样 $RT\ln([产物]/[反应物])$ 项就有一个大的负值。$\Delta G^{\ominus\prime}$ 和 ΔG 是一个给定反应在理论上所能提供的最大量的自由能——仅在有完美高效的装置可用来捕获它时才能实现的能量数。已知不可能有这样的装置(在任何过程中总有一些能量转变为熵),在恒温恒压下反应所做的功的量总是少于理论值。

另一点需要注意的是,某些热力学上有利的反应(即 $\Delta G^{\ominus\prime}$ 大而负的反应)没有以可测的速度发生。例如,柴火燃烧成 CO_2 和 H_2O 是热力学上很有利的,但柴火能多年处于稳定的状态;这是因为燃烧反应的活化能比室温下可利用的能量高(见第 6 章)。如果提供必需的活化能(例如用点燃的火柴),燃烧很快开始,把木头转变为更稳定的产物 CO_2 和 H_2O,并以光和热形式释放出能量。这个放热反应释放的热又为附近的柴火提供了活化能,过程是自我延续的。

在活细胞中的反应(如果没有催化将是极其缓慢的)之所以能够进行,不是由于提供了额外的热,而是通过利用酶降低了反应的活化能。酶提供了另一种比非催化反应具有更低自由能的反应途径,所以在室温下大部分底物分子有足够的热能克服活化屏障,反应速率急速增加。一个反应的自由能变与反应借以发生的途径无关;它只决定于起始反应物和终产物的性质和浓度。因此酶不能改变平衡常数,但能增加在热力学管控的方向上进行的反应速率(见第 6 章)。

(四) 偶联反应的标准自由能变化具有可加性

在两个连续的化学反应:$\mathrm{A}\Longleftrightarrow\mathrm{B}$ 和 $\mathrm{B}\Longleftrightarrow\mathrm{C}$,每个反应都有它自己的平衡常数和特定的标准自由能变化,$\Delta G_1^{\ominus\prime}$ 和 $\Delta G_2^{\ominus\prime}$。因为这两个反应是连续的,B 则被消去,给出总的反应 $\mathrm{A}\Longleftrightarrow\mathrm{C}$,这个反应有它自己的平衡常数,并因此也有它自己的标准自由能变化,$\Delta G_{总}^{\ominus\prime}$。连续的化学反应的 $\Delta G^{\ominus\prime}$ 值是可以相加的。对总反应 $\mathrm{A}\Longleftrightarrow\mathrm{C}$,$\Delta G_{总}^{\ominus\prime}$ 是两个反应各自的标准自由能变化,$\Delta G_1^{\ominus\prime}$ 和 $\Delta G_2^{\ominus\prime}$ 的总和:$\Delta G_{总}^{\ominus\prime} = \Delta G_1^{\ominus\prime} + \Delta G_2^{\ominus\prime}$。

(1)	$\mathrm{A}\rightarrow\mathrm{B}$	$\Delta G_1^{\ominus\prime}$
(2)	$\mathrm{B}\rightarrow\mathrm{C}$	$\Delta G_2^{\ominus\prime}$
总	$\mathrm{A}\rightarrow\mathrm{C}$	$\Delta G_{总}^{\ominus\prime}$

生物能学的原理解释了一个热力学上不利的(吸能的)反应是如何能通过一个共同的中间物把它跟一个高放能反应偶联而被驱动朝着前向进行的。例如6-磷酸葡糖的合成是许多生物利用葡萄糖时的第一步:

$$\text{葡萄糖} + Pi \longrightarrow \text{6-磷酸葡糖} + H_2O \quad \Delta G^{\ominus\prime} = +13.8 \text{ kJ} \cdot \text{mol}^{-1}$$

$\Delta G^{\ominus\prime}$正值预示在标准条件下该反应在所写的方向不会自发进行。另一个细胞反应,ATP 水解为 ADP 和 Pi,是高放能反应:

$$ATP + H_2O \longrightarrow ADP + Pi \quad \Delta G^{\ominus\prime} = -30.5 \text{ kJ} \cdot \text{mol}^{-1}$$

这两个反应有共同的中间物 Pi 和 H_2O,可表示为连续的反应:

$$(1) \qquad \text{葡萄糖} + Pi \longrightarrow \text{6-磷酸葡糖} + H_2O$$
$$(2) \qquad ATP + H_2O \longrightarrow ADP + Pi$$
$$\overline{\text{总} \qquad \text{葡萄糖} + ATP \longrightarrow \text{6-磷酸葡糖} + ADP}$$

把两个单独反应的 $\Delta G^{\ominus\prime}$ 相加给出总的标准自由能变化:

$$\Delta G_{\text{总}}{}' = 13.8 \text{ kJ} \cdot \text{mol}^{-1} + (-30.5 \text{ kJ} \cdot \text{mol}^{-1}) = -16.7 \text{ kJ} \cdot \text{mol}^{-1}$$

总反应是放能的。在这种情况,贮存在 ATP 的能量被用来驱动 6-磷酸葡糖的合成,虽然从葡萄糖和无机磷(Pi)合成 6-磷酸葡糖是吸能反应。通过从 ATP 转移磷酰基的方式由葡萄糖合成 6-磷酸葡糖的途径与上述的反应(1)和(2)是不同的,但净结果跟这两个反应的总和一样。在热力学计算方面,所有的问题都存在于过程开始和终了时系统的状态上;始态和终态之间的路径是无关紧要的。

前面已经说过,$\Delta G^{\ominus\prime}$是表达一个反应的平衡常数的一种方式,对上述反应(1)来说,

$$K'_{eq_1} = \frac{[\text{6-磷酸葡糖}]}{[\text{葡萄糖}][Pi]} = 3.9 \times 10^{-3} \text{L} \cdot \text{mol}^{-1}$$

注意,H_2O 不包括在表达式中,因为它的浓度($55.5 \text{ mol} \cdot \text{L}^{-1}$)被假定为在反应中保持不变。反应(2)ATP的水解[平衡]常数是

$$K'_{eq_2} = \frac{[ADP][Pi]}{[ATP]} = 2.0 \times 10^5 \text{ mol} \cdot \text{L}^{-1}$$

两个偶联反应的平衡常数是

$$K'_{eq_{\text{总}}} = \frac{[\text{6-磷酸葡糖}][ADP][Pi]}{[\text{葡萄糖}][Pi][ATP]}$$
$$= (K'_{eq_1})(K'_{eq_2}) = (3.9 \times 10^{-3} \text{L} \cdot \text{mol}^{-1})(2.0 \times 10^5 \text{ mol} \cdot \text{L}^{-1})$$
$$= 7.8 \times 10^2$$

通过把 ATP 水解和 6-磷酸葡糖合成偶联的途径,由葡萄糖合成 6-磷酸葡糖的 K'_{eq} 被提高到约原来的 2×10^5 倍。

这个共同中间物的策略,在合成代谢中间物和细胞成分时为所有活细胞所利用。显然,只有像 ATP 这样的化合物不断地被利用时,这个策略才会被使用。

上面计算中关于平衡常数有一点值得注意:总反应的 $\Delta G^{\ominus\prime}$ 是两个反应各自的 $\Delta G^{\ominus\prime}$ 值的和,标准自由能变化是相加的(additive);但总反应的 K'_{eq} 值是两个反应的单独 K'_{eq} 值的乘积,平衡常数是相乘的(multiplicative)。这是因为自由能变化与平衡常数是指数关系,如果在下式:

$$K'_{eq_{\text{总}}} = (K'_{eq_1})(K'_{eq_2})$$

的等号两边各取自然对数并乘以 $-RT$,即得:

$$-RT\ln K'_{eq_{\text{总}}} = -RT\ln K'_{eq_1} - RT\ln K'_{eq_2}$$

根据式 16-31，

$$-RT\ln K'_{eq} = \Delta G^{\ominus}{}'$$

则

$$G^{\ominus}{}'_{\text{总}} = \Delta G^{\ominus}_1{}' + \Delta G^{\ominus}_2{}'$$

三、ATP 与磷酰基转移

　　前面曾提到活生物以两种方式从环境中获取所需能量。光能自养生物是通过吸收太阳辐射的量子得到能量；化能自养生物则是通过氧化预先合成的燃料分子获得能量。与能量的吸收、转换和利用相适应的是细胞的代谢活动被组成相反相成的两类途径：有关合成反应的合成途径和涉及降解反应的分解途径。合成途径中原子的有序性一般增加（熵降低），本质上常是还原性的，并且几乎总是吸能的过程（消耗 ATP），而分解途径通常是放能的反应（产生 ATP）。大体上来说，细胞通过合成反应完成生命系统生长、发育和繁殖所需的一切；而分解反应则主要为合成反应提供能量。

　　生命系统在热力学上变得有利的关键是把产能过程跟需能过程有效地偶联起来。这种偶联有赖于通用的媒介物——化学能载体 ATP，ATP 被喻为细胞能量系统中的"流通货币"。

（一）ATP 水解的自由能变化是大的负值

　　腺苷三磷酸（adenosine triphosphate，ATP）是细胞中主要的贮能化合物，是细胞能量代谢的中心分子。ATP 的化学结构见图 16-1。ATP 分子中的 3 个磷酸基从跟腺苷基直接相连的那个开始向外依次标为 α、β 和 γ。ATP 分子中在 α 和 β 之间或 β 和 γ 之间的磷酐键（phosphoanhydride bond）水解断裂分别释放出

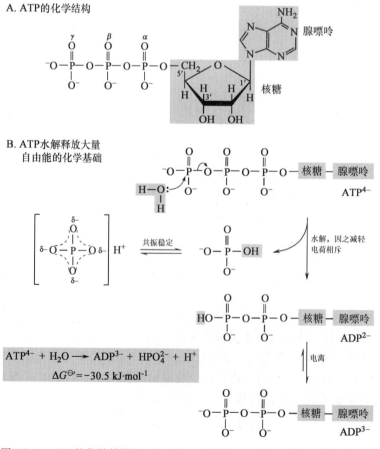

图 16-1　ATP 的化学结构（A）和 ATP 水解释放大量自由能的化学基础（B）

的自由能是：

$$\text{ATP} \longrightarrow \text{AMP} + \text{PPi} \quad \Delta G^{\ominus\prime} = -32.2 \text{ kJ} \cdot \text{mol}^{-1}$$

$$\text{ATP} \longrightarrow \text{ADP} + \text{Pi} \quad \Delta G^{\ominus\prime} = -30.5 \text{ kJ} \cdot \text{mol}^{-1}$$

但腺苷基团的核糖基与 α 磷酸基之间的磷酯键裂解要比这低得多,例如 6-磷酸葡糖的磷酯键水解,它的 $\Delta G^{\ominus\prime} = -13.8 \text{ kJ} \cdot \text{mol}^{-1}$。历史上曾把水解时能释放出大量自由能($>25 \text{ kJ} \cdot \text{mol}^{-1}$)的化合物称为"高能"化合物,如 ATP、ADP 和 PPi 等;相应的酸酐键(磷酸二酯键)曾不恰当地被称为"高能键",显然这不是"键"本身含有高能量。事实上所有化学键的破裂都需要输入能量(见前面讲的键熔或键能 $\Delta H^{\ominus}_{B,298}$)。磷酸化合物水解释放的自由能不是来自被破裂的特定键,而是由于反应的产物所含的自由能比反应物低的原因。

图 16-1 概括了 ATP 水解的标准自由能大而负的化学基础。一是 ATP 中末端(γ)磷[酸]酐键的水解断裂除去 3 个荷负电磷酸基中的一个,因此减小了 ATP 中 4 个负电荷之间的静电相斥;二是释放的产物 Pi(HPO_4^{2-})由于形成一个共振杂化体(这在 ATP 中是不可能的)而得到稳定。杂化体中 4 个磷–氧键中的每一个都具有相同的部分双键性质,氢离子并不是固定地跟 4 个氧原子中的某一个结合。(虽然共振稳定在某种程度也存在于涉及酯键或酸酐键的磷酸基中,但共振形式可能比无机磷酸的少。)有利 ATP 水解的第三个因素(图中未示出)是产物 Pi 和 ADP 的溶剂化(水化)程度比 ATP 要大。跟反应物溶剂化相比,溶剂化进一步稳定了产物。此外还有熵因素和其他因素;熵因素是指由于水解和随后的电离使产物的质点数(如 ATP、ADP Pi 和 H^+)比反应物(如 ATP 和 H_2O)的多,即系统的混乱度增加,这有利于水解。

总之,导致 ATP 容易水解和释放大量自由能的因素很多,但归结起来主要是两个:一个是引起反应物不稳定的因素(分子内静电斥力),另一个是造成产物稳定的因素(共振稳定化)。

(二) 细胞中影响 ATP 水解自由能变化的因素

在标准条件下 ATP 水解的自由能变化 $\Delta G^{\ominus\prime} = -30.5 \text{ kJ} \cdot \text{mol}^{-1}$,但活细胞中 ATP 的实际水解自由能变化($\Delta G$)是很不相同的:ATP、ADP 和 Pi 的细胞浓度不一样,比标准条件的 $1 \text{ mol} \cdot \text{L}^{-1}$ 要低得多(表 16-4)。而且细胞溶胶中的 Mg^{2+} 是跟 ATP 和 ADP 结合的(图 16-2);对大多数以 ATP 为磷酰基供体的酶促反应来说,真正的底物是 MgATP^{2-}。因此相应的 $\Delta G^{\ominus\prime}$ 是 Mg ATP^{2-} 水解的标准自由能变化。我们可以利用如表 16-4 中所列的数据来计算 ATP 水解的 ΔG。在细胞内的条件下 ATP 水解的实际自由能常被称为它的**磷酸化势**(phosphorylation potential),ΔG_p。

图 16-2 　Mg^{2+} 和 ATP 结合成复合体

Mg^{2+} 复合体的形成部分地掩盖了负电荷并影响核苷酸(如 ATP 和 ADP)中磷酸基团的构象

表 16-4 　在某些细胞中腺苷酸、无机磷酸和焦磷酸的浓度

	浓度(mmol/L)[①]				
	ATP	ADP[②]	AMP	Pi	PCr
大鼠肝细胞	3.38	1.32	0.29	4.8	0
大鼠肌细胞	8.05	0.93	0.04	8.05	28
大鼠神经元	2.59	0.73	0.06	2.72	4.7
人红细胞	2.25	0.25	0.02	1.65	0
E. coli 细胞	7.90	1.04	0.82	7.9	0

① 人红细胞因没有核和线粒体,此浓度为细胞溶胶中的浓度。在其他类型细胞中此浓度为整个细胞内容物的数据,虽然线粒体与细胞溶胶的 ADP 浓度有很大的不同。PCr 是磷酸肌酸的英文缩写。② 此值反映了总浓度;游离 ADP 的真实数值可能要小得多。

总之影响 ATP 水解自由能释放的因素很多,如反应物、产物、pH 和二价阳离子特别是 Mg^{2+} 等。在不同的细胞类型之间 ATP、ADP 和 Pi 的浓度不相同,从一种细胞到另一种细胞 ATP 的 ΔG_p 也不相同。而

且,在一个给定的细胞中不同的时间 ΔG_P 也会变化,这取决于代谢条件以及这些条件是如何影响 ATP、ADP、Pi 和 H+ 浓度(pH)的。我们可以计算一个细胞中发生的任一个给定代谢反应的实际自由能变,只要我们知道所有可以影响实际自由能变化的反应物、产物和其他的因素(例如 pH、温度和 [Mg^{2+}])。

这里举一个磷酸化势计算的例子。计算人红细胞中 ATP 水解的实际自由能,ΔG_P。ATP 水解的标准自由能是 -30.5 kJ·mol^{-1},在人红细胞中 ATP、ADP 和 Pi 的浓度如表 16-4 中所示。假设 pH 是 7.0,温度是 37℃(体温)。试问在同一细胞条件下合成 ATP 需要多少能量?解:在人红细胞中 ATP、ADP 和 Pi 的浓度分别是 2.25、0.25 和 1.65 mmol·L^{-1}。在这些条件下 ATP 水解的实际自由能由下面关系式(见式 16-32):

$$\Delta G_P = \Delta G^{\ominus\prime} + RT\ln\frac{[\text{ADP}][\text{Pi}]}{[\text{ATP}]}$$

给出。将适当的数值代入上式得:

$$\Delta G_P = -30.5 \text{ kJ·mol}^{-1} + \left[(8.314 \text{ J·mol}^{-1}\text{·K}^{-1})\times(310 \text{ K})\ln\frac{(0.25\times10^{-3})(1.65\times10^{-3})}{(2.25\times10^{-3})}\right]$$

$$= -30.5 \text{ kJ·mol}^{-1} + 2.3\times(2.58 \text{ kJ·mol}^{-1})\times\lg(1.8\times10^{-4})$$

$$= -30.5 \text{ kJ·mol}^{-1} + (2.58 \text{ kJ·mol}^{-1})\times(-8.6)$$

$$= -30.5 \text{ kJ·mol}^{-1} - 22 \text{ kJ·mol}^{-1}$$

$$= -52.5 \text{ kJ·mol}^{-1}(经舍入处理取二位有效数,最后答案为 -52 \text{ kJ·mol}^{-1})$$

因此在完整红细胞中 ATP 水解的实际自由能变化($\Delta G_P = -52$ kJ·mol^{-1})要比标准自由能变化大很多。同理,在红细胞中的优势条件下由 ADP 和 Pi 合成 ATP 所需的自由能应是 52 kJ·mol^{-1}。

使问题更复杂化的是,一个细胞中 ATP、ADP、Pi 和 H+ 的总浓度可以比自由浓度(热力学上的相关浓度)高出很多。这个差值是由于 ATP、ADP 和 Pi 跟细胞的蛋白质结合得紧密造成的。例如,静息肌肉中的自由 ADP 已有各种估计值,介于 1~37 μmol·L^{-1} 之间。在上面举的计算例子中利用 ADP 为 25 μmol·L^{-1} 的数值对大鼠肌细胞进行计算,得 $\Delta G_P = -64$ kJ·mol^{-1}。然而,ΔG_P 的精确值计算其指导意义也许不比我们对实际自由能变化所做的概括来得大:在活体内 ATP 水解释放的能量比标准自由能变化 $\Delta G^{\ominus\prime}$ 要大。

在下面的讨论中我们常利用 ATP 水解的 $\Delta G^{\ominus\prime}$ 值,因为这样可以在同样的基础上跟其他的细胞反应的能量学进行比较。但一定要记住,在活细胞中 ΔG 是实际上相关的量——对 ATP 的水解和所有其他的反应——它可以跟 $\Delta G^{\ominus\prime}$ 有很大的差别。

这里我们必须对细胞的 ATP 水平给与关注。前面已经说明 ATP 的化学性质是它适于担当细胞中能量通货的原因。但这不仅是分子固有的化学性质给它以驱动代谢反应和其他需能过程的能力;更重要的是在进化过程中,已经有了一个很强的选择压力为其水解反应维持 ATP 的细胞浓度远高于平衡浓度。当 ATP 的水平下降时,不仅燃料的量减少,而且燃料本身失去它的效力:ATP 水解的 ΔG(即磷酸化势,ΔG_P)降低。在讨论产生和消耗 ATP 的代谢途径时,我们会看到活细胞有发达的精巧机制来维持 ATP 的高浓度。

(三) 其他磷酸化合物和硫酯也有大量的水解自由能

磷酸烯醇丙酮酸(phosphoenolpyruvate,PEP;图 16-3)含有一个磷酸酯键,此键发生水解产生烯醇式丙酮酸,这个直接的产物可以通过自发的互变异构化(tautomerazation)成为更稳定的酮式。因为反应物(PEP)只有一种形式(烯醇式),产物(丙酮酸)可以有两种形式(烯醇式和酮式),所以产物比反应物更稳定。这是 PEP 的水解自由能高的最重要原因:$\Delta G^{\ominus\prime} = -61.9$ kJ·mol^{-1}。

另一个 3-碳化合物是 1,3-二磷酸甘油酸(1,3-bisphosphoglycerate;图 16-4),在 C1 羧基和一个末端磷酸之间含有一个酸酐键。此酰基磷酸的水解有一个大而负的标准自由能变化($\Delta G^{\ominus\prime} = -49.3$ kJ·mol^{-1}),它也可用反应物和产物的结构原因来解释。当 H$_2$O 加入 1,3-二磷酸甘油酸的酸酐键时,直接产物之一的 3-磷酸甘油酸丢掉一个质子成为羧酸离子,即 3-磷酸甘油酸根,后者有两种同样几率的共振形式(图 16-4)。3-磷酸甘油酸的移去及其共振稳定离子的形成有利于反应前向进行。

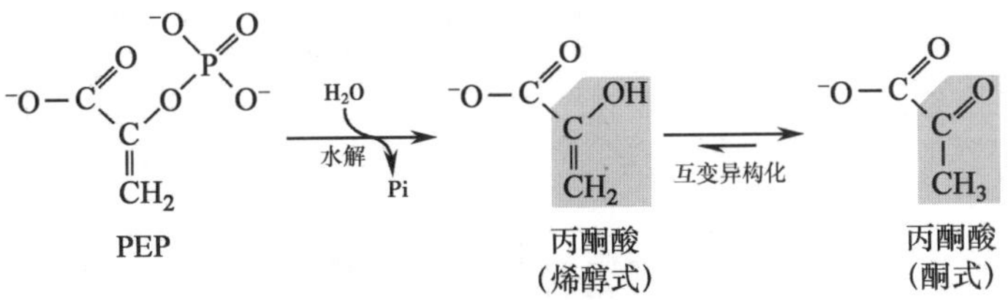

$$PEP^{3-} + H_2O \longrightarrow 丙酮酸 + HPO_4^{2-}$$
$$\Delta G^{\ominus\prime} = -61.9\ \text{kJ·mol}^{-1}$$

图 16-3　磷酸烯醇丙酮酸(PEP)的水解

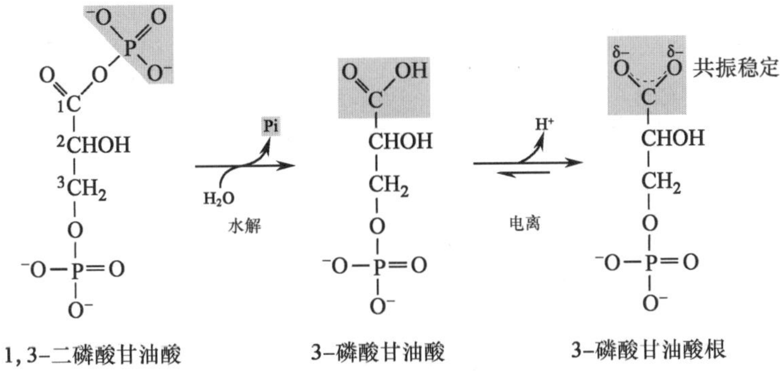

$$1,3\text{-二磷酸甘油酸}^{4-} + H_2O \longrightarrow 3\text{-磷酸甘油酸}^{3-} + HPO_4^{2-} + H^+$$
$$\Delta G^{\ominus\prime} = -49.3\ \text{kJ·mol}^{-1}$$

图 16-4　1,3-二磷酸甘油酸的水解

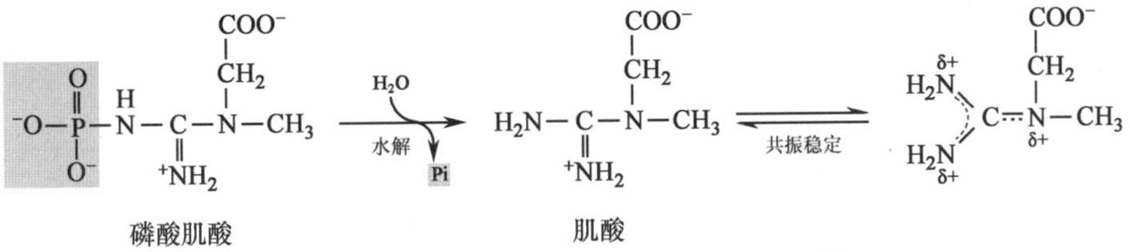

$$磷酸肌酸^{2-} + H_2O \longrightarrow 肌酸 + HPO_4^{2-}$$
$$\Delta G^{\ominus\prime} = -43.0\ \text{kJ·mol}^{-1}$$

图 16-5　磷酸肌酸的水解

　　在磷酸肌酸中(图 16-5),P—N 键水解产生游离的肌酸和 Pi。Pi 的释放和肌酸的共振稳定有利于前向反应。磷酸肌酸水解的标准自由能变化也是一个大的负值,$\Delta G^{\ominus\prime} = -43.0\ \text{kJ·mol}^{-1}$。

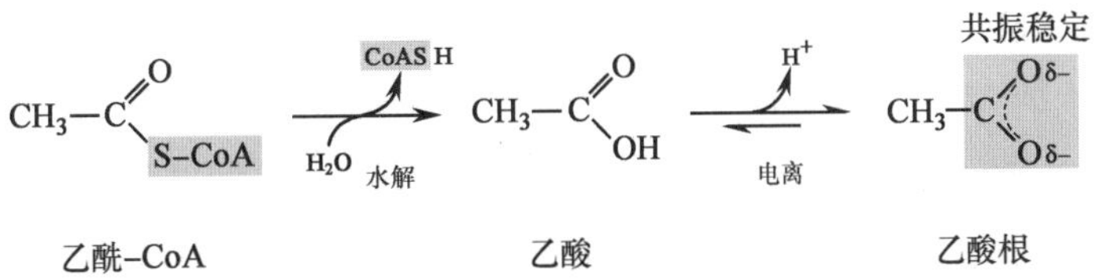

$$乙酰\text{-CoA} + H_2O \longrightarrow 乙酸根^- + CoA + H^+$$
$$\Delta G^{\ominus\prime} = -31.4\ \text{kJ·mol}^{-1}$$

图 16-6　乙酰辅酶 A 的水解

　　在所有这些释放磷酸的反应中,Pi 可以利用几种能量近似的共振形式(图 16-1)以稳定对反应负的自由能变化做出贡献的产物。表 16-5 列出几种生物学上重要的磷酸化合物的水解标准自由能。

表 16-5 一些磷酸化化合物和乙酰-CoA 的水解标准自由能

	$\Delta G^{\ominus\prime}(kJ \cdot mol^{-1})$		$\Delta G^{\ominus\prime}(kJ \cdot mol^{-1})$
磷酸烯醇丙酮酸	-61.9	AMP(→腺苷+Pi)	-14.2
1,3-二磷酸甘油酸	-49.3	PPi(→2Pi)	-19.2
(→3-磷酸甘油酸+Pi)		3-磷酸葡糖	-20.9
磷酸肌酸	-43.0	6-磷酸果糖	-15.9
ADP(→AMP+Pi)	-32.8	6-磷酸葡糖	-13.8
ATP(→ADP+Pi)	-30.5	3-磷酸甘油	-9.2
ATP(→AMP+PPi)	-45.6	乙酰-CoA	-31.4

(此表引自 Nelson D L, Cox M M. Lehninger Prinsiples of Biochemistry. 6th ed. 2013.)

在**硫酯**(thioester)的结构中一个硫原子代替酯键中通常的氧,形成硫酯键;硫酯水解也有大的负标准自由能。乙酰辅酶 A 或乙酰-CoA(图 16-6;CoA 的完整结构见第 13 章)是代谢上重要的许多硫酯中的一个。这些化合物中的酰基在转酰基作用、缩合作用或氧化还原反应时被活化。硫酯发生共振稳定比氧酯发生的少得多;因此,反应物和它的水解产物之间自由能差,硫酯要比可比较的氧酯大(图 16-7)。在两种情况,酯的水解产生一个羧酸,后者可以电离并采取几种共振形式。这些因素一起造成乙酰-CoA 水解的大而负的 $\Delta G^{\ominus\prime}$(-31.4 kJ·mol^{-1})。

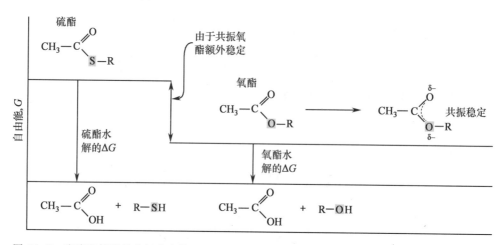

图 16-7 硫酯和氧酯的水解自由能

这两种水解反应的产物具有大约相同的自由能含量(G),但硫酯的自由能含量比氧酯高;因为 O 和 C 原子之间的轨道重叠能在氧酯中起共振稳定,而 S 和 C 原子之间的轨道重叠较差,共振稳定作用很小

概括起来说,对具有大而负的标准自由能变化的水解反应,产物比反应物更稳定,由于下面一个或多个原因:① 反应物中由于静电相斥引起的键张力因电荷分离而缓解,如 ATP 的情况;② 产物因电离而稳定,如 ATP、酰基磷酸和硫酯;③ 产物由于异构化(互变异构化)而稳定,如 PEP;④ 产物通过共振而稳定,例如磷酸肌酸释放的肌酸、酰基磷酸和硫酯释放的羧酸离子,和酸酐或酯键断裂释放的磷酸(Pi)。

(四) ATP 是通过基团转移而不是简单水解提供能量的

在全书多处地方你可以看到 ATP 提供能量的反应或过程,ATP 对这些反应的作用常常像图 16-8A 中那样用一个单箭头示出,表示 ATP 转变为 ADP 和 Pi(或在某些情况,ATP 转变为 AMP 和 PPi)。书写成这种方式,似乎 ATP 的这些反应是简单的水解过程,反应中 H_2O 置换了 Pi(或 PPi),这样容易使人误认为 ATP 依赖型反应是"受 ATP 水解驱动的"。实际上不是这样的,ATP 水解本身通常除了释放热之外并没有什么伴随着,热在等温系统中是不能驱动化学过程的。事实上像图 16-8A 中那样的一个简单反应箭头几乎总是代表一个两步过程(图 16-8B),在此过程中 ATP 分子的一部分,磷酰基、焦磷酰基、腺苷酸部分(AMP)首先被转移到底物分子或酶中的一个氨基酸残基上,变成共价地与底物或酶连接,以提高其自由能含量;然后在第二步中,第一步时被转移的含磷酸部分被置换,产生 Pi、PPi 或 AMP。因此 ATP 共价地参与酶促反应,并把自由能贡献给它。

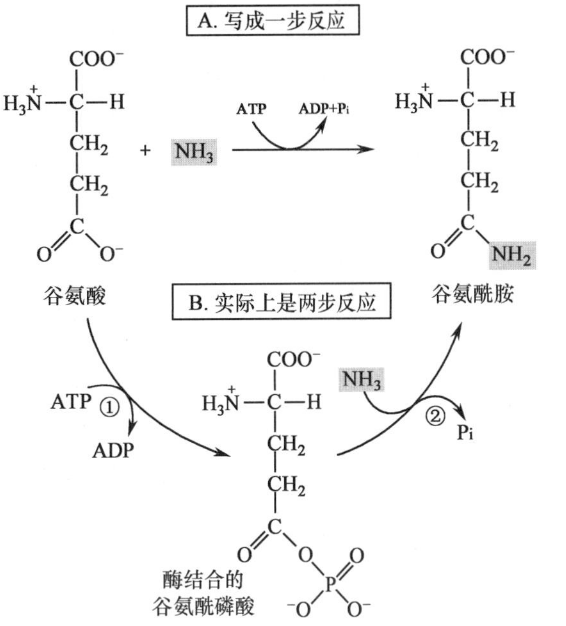

　　然而,某些过程确实涉及 ATP(或 GTP)的直接水解。例如 ATP(或 GTP)的非共价结合,随后水解成 ADP(或 GDP)和 Pi,这给某些往返在两种构象之间的蛋白质提供能量以产生机械运动。这种情况在肌肉收缩(第 4 章)、酶沿着 DNA(第 30 章)或核糖体沿信使 RNA(第 33 章)的移动中出现。螺旋酶(helicase)催化的能量依赖型反应、Rec 蛋白、某些拓扑异构酶(topoisomerase)和其他也涉及磷酐键的直接水解(第 30 章)。在信号传递途径中起作用的 GTP 结合蛋白质直接水解 GTP 以驱动构象变化以终止激素和其他胞外因子触发的信号(第 14 章)。

　　在活生物中发现的磷酸化合物根据它们的水解标准自由能可以大致分成两类(图 16-9)。"高能"化合物是指水解时 $\Delta G^{\ominus\prime}$ 的负值 >-25 kJ·mol^{-1} 的化合物;"低能"化合物水解时 $\Delta G^{\ominus\prime}$ 的负值 <-25 kJ·mol^{-1}。按这一标准,ATP,水解 $\Delta G^{\ominus\prime}$ = -30.5 kJ·mol^{-1},是高能化合物;6-磷酸葡糖,水解 $\Delta G^{\ominus\prime}$ = -13.8 kJ·mol^{-1},是低能化合物。前面曾指出"高能

图 16-8　两步的 ATP 水解

A. ATP 对一个反应的作用常以一步反应示出,但实际上几乎都是二步过程;B. 这里示出的是 ATP 依赖型谷氨酰胺合成酶催化的反应:① 磷酰基从 ATP 转移到谷氨酸,② 磷酰基被 NH_3 置换,以 Pi 释出

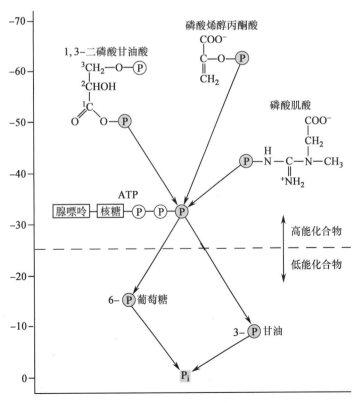

图 16-9　生物磷酸化合物按水解的标准自由能排列

此图示出在细胞条件下激酶催化的磷酰基 Ⓟ 的流动:从高能磷酰基供体经 ATP 到受体分子(如葡萄糖和甘油)以形成它们的低能磷酸衍生物

化合物"和"高能键"的说法是不准确的。但为了简便起见,我们有时仍使用"高能磷酸化合物"术语来表示含有大量的负水解标准自由能的 ATP 和其他磷酸化合物。

从连续反应的自由能变化的加成性(见本章前面)也可以看出,任一磷酸化化合物可以通过把它的合成跟另一个具有更多的负水解自由能的磷酸化化合物的降解相偶联来完成。例如,因为从磷酸烯醇丙酮酸上断裂 Pi 释放的能量比驱动 Pi 跟 ADP 缩合所需的能量更多,所以从 PEP 直接把磷酰基供给 ADP 是热力学上可行的:

$$
\begin{array}{llr}
(1) & PEP + H_2O \longrightarrow 丙酮酸 + Pi & -61.9\ kJ \cdot mol^{-1} \\
(2) & ADP + Pi \longrightarrow ATP + H_2O & +30.5\ kJ \cdot mol^{-1} \\
\hline
总 & PEP + ADP \longrightarrow 丙酮酸 + ATP & -31.4\ kJ \cdot mol^{-1}
\end{array}
$$

注意:当总反应用头两步反应的代数和来表示时,这个总反应实际上是一个不涉及 Pi 的第三个不同的反应;PEP 把磷酰基直接供给 ADP。根据磷酸化合物的水解标准自由能(列于表 16-5),可以把它们描写为具有高、低不同的磷酰基转移势(phosphoryl group transfer potential)的化合物。PEP 的磷酰基转移势为最高,ATP 的磷酰基转移势也很高,6-磷酸葡糖属于低的(图 16-9)。

很多分解代谢是朝着合成高能磷酸化合物的方向进行的,但是它们的形成并不是本身的结束;它们被用来活化一系列化合物,使之进一步化学转化。磷酰基转移给一个化合物有效地把自由能给了它,结果这个化合物在随后的代谢转化中有更多的自由能释放。上面我们描述了磷酰基从 ATP 的转移是如何伴随 6-磷酸葡糖合成的。在下面有关糖代谢的几章中我们会看到葡萄糖的磷酸化是如何激活或"引发"葡萄糖分解代谢反应的,这些反应几乎在每个活细胞中都会发生。因为 ATP 在基团转移势标度尺上的中间位置,它能从分解代谢产生的高能磷酸化合物携带能量到像 ATP 这样的化合物,使它们转变成反应性更高的分子。因此 ATP 在所有的活细胞中被用作普适能量通货。

ATP 有一个更重要的化学特性是它在代谢中起作用的关键,这就是:虽然在水溶液中 ATP 在热力学上是不稳定的,并因此是一个良好的磷酰基供体,但 ATP 在动力学上是稳定的。因为 ATP 磷酐键的非催化断裂要求很高的活化能($200 \sim 400\ kJ \cdot mol^{-1}$),因此它不会自发地把磷酰基供给细胞中的水或其他许许多多的潜在受体。只有当专一的酶存在把活化能降低时,从 ATP 转移磷酰基才会发生。因此细胞能够通过调节各种跟 ATP 作用的酶来调整 ATP 所携带的能量的分配。

(五) ATP 水解生成磷酰基、焦磷酰基和腺苷酰基

ATP 的反应一般是 S_N2 亲核取代(见第 15 章),在取代时亲核剂可以是,醇或羧酸的氧、或肌酸的氮、或精氨酸或组氨酸侧链的氮。ATP 的三个磷酸中的每一个都对亲核攻击敏感(图 16-10),每个攻击位点产生不同类型的产物。

醇对 γ 磷酸的亲核攻击(图 6-10A)置换出 ADP,产生一个新的磷酸酯。用 ^{18}O-标记的反应物研究已

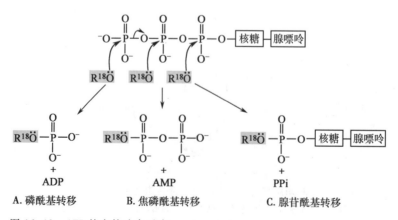

图 16-10　ATP 的亲核攻击反应

证明新化合物中的氧桥是来自醇,不是来自 ATP;因此从 ATP 转移的基团是一个磷酰基($-PO_3^{2-}$),不是磷酸基($-OPO_3^{2-}$)。磷酰基从 ATP 转移到谷氨酸(图 16-8)或转移到葡萄糖都涉及 ATP 分子的 γ 位置受到攻击。

对 ATP 的 β 磷酸位置的攻击置换 AMP,并把焦磷酰基(不是焦磷酸基)转移给攻击中的亲核剂(图 16-10B)。例如,5-磷酸核糖-1-焦磷酸(核苷酸合成的一个关键中间物)的形成是由于核糖的一个-OH 对 ATP 的 β 磷酸进行攻击的结果(第 27 章)。

对 ATP 的 α 磷酸位置的亲核攻击置换 PPi,并以腺苷酰基的形式转移出腺苷酸(5′-AMP)(图 16-10C);此反应称为腺苷酰化[作用](adenylylation)。注意:α-β 磷酐键的水解释放出的自由能(~ 46 kJ·mol^{-1})比 β-γ 磷酐键的水解(~ 31kJ·mol^{-1})大相当多(表 16-5)。此外,作为腺苷酰化的副产品 PPi 被普遍存在的无机焦磷酸酶(inoganic pyrophosphatase)水解成两个 Pi,释放 19 kJ·mol^{-1},从而提供更多的能量"推动"腺苷酰化反应。实际上 ATP 的两个磷酐键在总反应中都被断裂。因此腺苷酰化反应在热力学上是很有利的。当 ATP 的能量被用来驱动特别不利的代谢反应,腺苷酰化作用经常作为能量偶联机制。脂肪酸活化是这种能量偶联策略的一个很好例子。

脂肪酸活化的第一步——或为了产能氧化,或为了用于合成更复杂的脂质——是形成它的硫酯(见第 24 章)。脂肪酸(RCOOH)与辅酶 A 的直接缩合是吸能反应,但脂肪酰-CoA(RCOS-CoA)的形成通过从 ATP 分步除去二个磷酰基被转变为放能反应。第一步,从 ATP 把腺苷酸(AMP)转移到脂肪酸的羧基,形成一个混合酸酐(脂肪酰腺苷酸)并释放出 PPi。第二步,辅酶 A 的巯基取代了腺苷酰基,形成带有脂肪酸的硫酯。这两步的总反应:

$$\text{ATP} + \text{RCOOH} + \text{CoA-SH} + 2\text{H}_2\text{O} \longrightarrow \text{AMP} + 2\text{Pi} + \text{RCOS-CoA} + 2\text{H}^+$$

在能量上相当于 ATP(→AMP+PPi)的放能水解($\Delta G^{\ominus\prime} = -45.6$ kJ·mol^{-1})和脂肪酰-CoA 的吸能形成($\Delta G^{\ominus\prime} = 31.4$ kJ·mol^{-1})。脂肪酰-CoA 的形成由于 PPi 被无机焦磷酸酶水解在能量上变成有利的反应。因此,脂肪酸活化时 ATP 的两个磷酐键都被破裂,得到的 $\Delta G^{\ominus\prime}$ 是这些键裂解的 $\Delta G^{\ominus\prime}$ 的总和或(-45.6 kJ·mol^{-1})+(-19.2 kJ·mol^{-1}):

$$\text{ATP} + 2\text{H}_2\text{O} \longrightarrow \text{AMP} + 2\text{Pi} \quad \Delta G^{\ominus\prime} = -64.8 \text{ kJ·}mol^{-1}$$

氨基酸在聚合成蛋白质之前需要活化,活化是由一套类似的反应完成的,反应中转移 RNA 分子代替辅酶 A(第 33 章)。ATP 断裂成 AMP 和 PPi 的反应似乎有它特殊的意义,例如萤火虫(*Lampyridae* 科的一种甲虫)就是利用 ATP 降解为 AMP 和 PPi 作为闪光的能源。萤火虫的体内含有一种称为虫荧光素(luciferin)的复杂羧酸和虫荧光素酶(luciferase)。闪光的产生需要虫荧光素经酶促反应活化,活化中 ATP 断去 PPi 形成**虫荧光酰腺苷酸**(luciferyl adenylate):

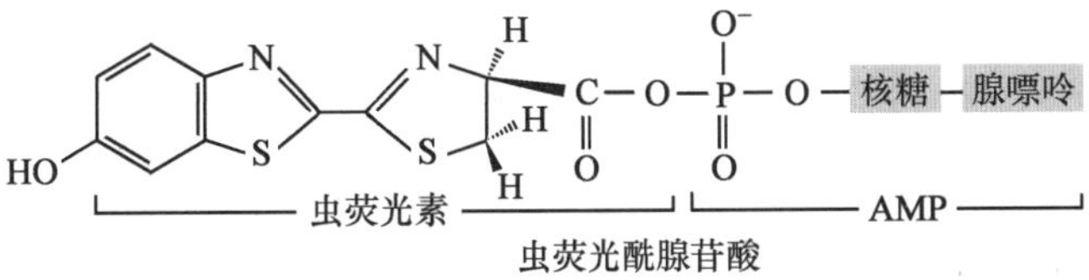

实验室中纯的虫荧光素和虫荧光素酶凭借产生的闪光强度用于测定微量的 ATP。少至几个 pmol(10^{-12} mol)的 ATP 可以用这种方法测出。

(六) ATP 为信息大分子组装、主动运输和肌肉收缩供能

由小分子前体组装成具有规定序列的高分子多聚体(DNA、RNA 和蛋白质)时无论单体的缩合和序列的形成都需要能量(详见第 3 篇)。DNA 和 RNA 合成的前体是核苷三磷酸;聚合时伴随着 α 和 β 磷酸之间的磷酐键断裂和 PPi 的释放(图 16-10)。合成 RNA 时这些反应中被转移到增长中多聚体的部分是腺苷酸(AMP)、鸟苷酸(GMP)、胞苷酸(CMP)或尿苷酸(UMP),合成 DNA 时脱氧核苷酸的情况类似,只是 CMP 换成 TMP。如上面提到的,合成蛋白质时氨基酸的活化涉及 ATP 提供腺苷酰基,在第 33 章我们将

看到蛋白质合成在核糖体上的几步也伴随 GTP 的水解。在所有这些情况,核苷三磷酸降解的放能反应都是与专一序列的多聚体合成的吸能过程相偶联的。

ATP 可以为离子或分子逆浓度梯度的跨膜转运提供能量。转运过程是能量的主要消费者;例如在人的肾和脑中,静止时消耗的能量三分之二以上是用于经钠钾 ATP 酶跨质膜泵送(pumping)Na^+ 和 K^+。Na^+ 和 K^+ 的转运是以 ATP 为磷酰基供体由转运蛋白质交替磷酸化和去磷酸化驱动的。钠钾 ATP 酶的 Na^+-依赖型磷酸化迫使蛋白质构象发生变化。K^+-依赖型的去磷酸化有利于返回原来的构象。转运过程中每次交替都引起 ATP 转化为 ADP 和 Pi,这是 ATP 水解的自由能变化,它驱动蛋白质构象的交替变化,结果是 Na^+ 和 K^+ 的生电泵送(electrogenic pumping)。注意,在这种情况 ATP 共价相互作用是把磷酰基转移到酶,而不是底物上发生的。

在骨骼肌细胞的收缩系统中,肌球蛋白和肌动蛋白是专门把 ATP 的化学能转导为运动能的(见图 4-36)。ATP 与肌球蛋白的一种构象紧密而非共价地结合,使蛋白质保持在那种构象。当肌球蛋白催化跟它结合的 ATP 水解时,ADP 和 Pi 从蛋白质上解离,使蛋白质松弛成第二种构象直至跟另一个 ATP 分子结合。ATP 的结合和随后的水解(被肌球蛋白的 ATP 酶活性)提供致使肌球蛋白头部的构象发生交替变化所需的能量。许多单个的肌球蛋白分子的构象变化引起肌球蛋白原纤维(fibril)沿肌动蛋白丝(filament)滑动(见图 4-35),这种滑动转化为宏观的肌纤维收缩。正如前面注意到的,靠消耗 ATP 产生的机械运动是 ATP 水解本身而不是从 ATP 转移基团作为偶联过程的化学能来源的几种少数情况之一。

（七）核苷酸之间的转磷酸作用在所有类型细胞中存在

在细胞的能量传递中,ATP 起着能量通货和磷酰基供体的作用,但是所有的其他核苷三磷酸(GTP、UTP 和 CTP)以及所有的脱氧核苷三磷酸(dATP、dGTP、dTTP 和 dCTP)在能量上都是与 ATP 相当的。与它们的磷酐键水解相关的标准自由能变化几乎跟 ATP 的相应值是相同的(表 16-5)。这些其他核苷酸有着多种生物学作用,如上面讲到的作为 RNA 和 DNA 的合成前体。因此细胞内这些核苷三磷酸要不断地产生并维持在一定水平,它们是通过磷酰基转移到相应的核苷二磷酸(NDP)和核苷一磷酸(NMP)形成的。

ATP 是在酵解和氧化磷酸化中的分解代谢以及光合细胞中的光合磷酸化产生的主要高能磷酸化合物。有几种酶能把磷酰基从 ATP 转移到其他核苷酸,其中一种存在于所有的细胞(细胞溶胶和线粒体)中,称为**核苷二磷酸激酶**(nucleoside diphosphate kinase)。此酶催化下面的反应:

$$ATP + NDP(dNDP) \longrightarrow ADP + NTP(dNTP)$$

虽然此反应是完全可逆的,但细胞中 [ATP]/[ADP] 之比相对较高,驱动反应向右进行,造成 NTP 和 dNTP 的净形成。此酶实际上催化二步式的磷酰基转移,是一个双置换(乒乓)机制的经典例证(图 16-11 和第 7 章)。首先,磷酰基从 ATP 转移到活性部位 His 残基,生成磷酸-酶中间体,然后,磷酰基从 P-His 残基被转移到受体 NDP。因为此酶对 NDP 的碱基是非专一性的,对 dNDP 和 NDP 的作用效力是同等的;只要有相应的 NDP 并供给 ATP,它能合成所有的 NDP 和 dNDP。

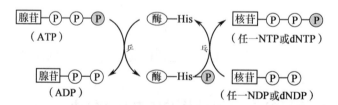

图 16-11　核苷二磷酸激酶的乒乓机制
酶结合它的第一个底物(此例中是 ATP),磷酰基被转移至 His 残基的侧链上。ADP 与酶脱离,另一个核苷(或脱氧核苷)二磷酸取代了 ADP,并通过从磷酸组氨酸残基转移磷酰基被转变为相应的核苷三磷酸

从 ATP 转移磷酰基的结果是 ADP 的积累;例如,当肌肉剧烈收缩时 ADP 积累并干扰 ATP 依赖型的

收缩。在强烈需要 ATP 期间,细胞通过**腺苷酸激酶**(adenylate kinase)的作用降低 ADP 浓度,并同时补充了 ATP:

$$2ADP \xrightleftharpoons{\mathrm{Mg^{2+}}} ATP + AMP \quad \Delta G^{\ominus\prime} \approx 0$$

此反应是完全可逆的,所以结束对 ATP 的强烈需求后,酶能重新利用 AMP,把它转化为 ADP,后者在线粒体内进一步磷酸化为 ATP。一个类似的酶,鸟苷酸激酶,依靠消耗 ATP 把 GMP 转化为 GDP。通过这样的途径,贮存在 ATP 的分解代谢中的能量被用来满足细胞对所有 NTP 和 dNTP 的需求。

磷酸肌酸(phosphocreatine,PCr;见图 16-5)也称肌酸磷酸,它是磷酰基的现成来源,用于从 ADP 快速合成 ATP。虽然神经和肌肉等细胞活动的直接供能物质是 ATP,但它在细胞中的含量很低(只有几个 mmol·L^{-1}),仅够肌肉剧烈活动 1 s 左右。而骨骼肌中 PCr 的浓度约 30 mmol·L^{-1},是 ATP 浓度的近 10 倍;在其他组织如平滑肌、大脑和肾中,PCr 是 5 到 10 mmol·L^{-1}。在**肌酸激酶**(creatine kinase)催化下 PCr 的磷酰基转移给 ADP,生成 ATP。反应式如下:

$$ADP + PCr \xrightleftharpoons{\mathrm{Mg^{2+}}} ATP + Cr \quad \Delta G^{\ominus\prime} = -12.5 \ kJ \cdot mol^{-1}$$

当突然需要能量而把 ATP 耗尽时,PCr 贮库正好通过此反应被用来补充 ATP,这要比经分解代谢途径合成 ATP 的速度快得多。当对能量的需求缓解下来时,分解代谢产生的 ATP 借助肌酸激酶反应用以充实 PCr 贮库。

从 PCr 的含量高和它的磷酰基转移势比 ATP 高可以看出,肌肉活动急需能量的情况下,磷酸肌酸可使 ATP 含量维持在一个高的稳定水平。它可提供给肌肉强烈活动 4~6 s 的能量需要。一般认为,人体肌肉中磷酸肌酸的含量及其再合成的速度是运动员速度素质的物质基础。

在运动后的恢复期,细胞内积累的肌酸(Cr)又由肌酸激酶催化重新合成 PCr,因为肌酸激酶催化的反应是可逆的。ATP 和 Cr 形成 PCr 的反应是细胞代谢反应中接近平衡的一个典型例子(从整体看,细胞内的代谢都是远离平衡的)。此反应的生物学意义在于,它能够随时有效地调整反应物和产物的浓度变化。反应能够进行的原因正是因为其反应物和产物的浓度接近反应的平衡点($\Delta G \approx 0$)。当细胞处于静息状态时,ATP 的浓度较高,反应向合成磷酸肌酸的方向进行。当细胞处于活动状态时,ATP 的浓度下降,反应即转向合成 ATP 的方向进行。因此磷酸肌酸有"ATP 缓冲剂"之称。

一些低等动物门的生物如蟹和龙虾的肌肉中含有**磷酸精氨酸**(phosphoarginine)和其他的 PCr 样分子作为磷酰基的贮库,这些分子总称为**磷酸原**(phosphagen)。磷酸精氨酸或称精氨酸磷酸(arginine phosphate),其结构式如下:

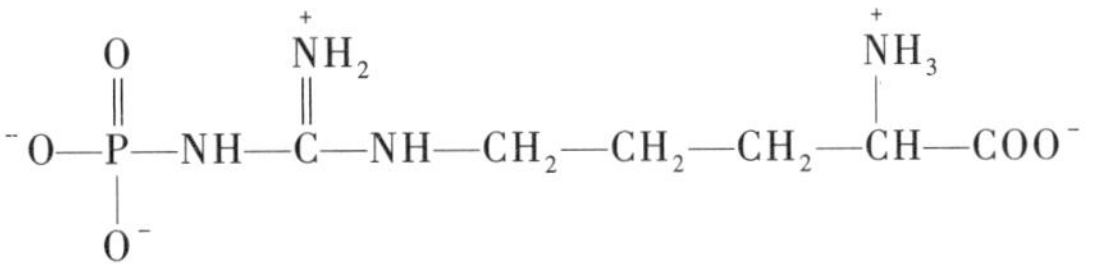

(八) 无机多磷酸是潜在的磷酰基供体

无机多磷酸(inoganic polyphosphate),缩写为 polyP 或 $(P)_n$(这里 n 是正磷酸残基的数目),是由几十或几百个 Pi 残基通过磷酐键连接而成的线型多聚体。此多聚体存在于所有的生物中,在某些细胞中可以积累到相当高的水平。例如酵母液泡中积累的 polyP 量,如果均匀地分布在整个细胞,相当于 200 mmol·L^{-1} 的浓度!(将它与表 16-4 中所列的其他磷酰基供体的浓度进行比较。)

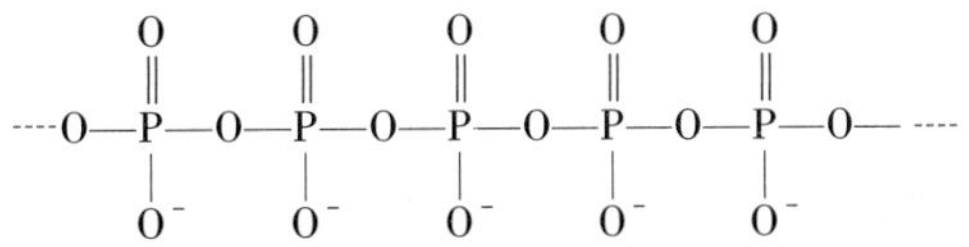

无机多磷酸(polyP)

　　PolyP 的一个潜在作用也是作为磷酸原,磷酰基的贮库,像肌肉中的磷酸肌酸那样用于产生 ATP。PolyP 的磷酰基转移势与 PPi 相近。最短的 polyP,PPi($n=2$),在植物细胞中可作为跨液泡膜的 H^+ 主动转运的能源。植物中至少对一种形式的磷酸果糖激酶,PPi 是磷酰基的供体,是动物和微生物中 ATP 所担当的角色(见第 2 篇糖代谢部分)。火山冷凝物和蒸汽出口处发现高浓度的 polyP,这表明它可能曾在生物前和细胞进化早期作为一种能源。

　　在细菌中**多磷酸激酶-1**(PPK-1)通过酶-结合的 ⑫-His 中间体参与的机制(参见图 16-11)催化下面的可逆反应:

$$\text{ATP} + (\text{P})_n \xrightarrow{\text{Mg}^{2+}} \text{ADP} + (\text{P})_{n+1} \quad \Delta G^{\ominus\prime} = -20 \text{ kJ} \cdot \text{mol}^{-1}$$

多磷酸激酶-2(PPK-2)催化由多磷酸和 GDP(或 ADP)合成 GTP(或 ATP)的可逆反应:

$$\text{GDP} + (\text{P})_{n+1} \xrightarrow{\text{Mg}^{2+}} \text{GTP} + \text{poly}(\text{P})_n$$

PPK-2 的作用被认为主要是朝 GTP 和 ATP 合成方向,而 PPK-1 是朝多磷酸合成方向。PPK-1 和 PPK-2 存在于多种细菌,包括许多病原菌。

　　已经证明,在细菌中高水平的 polyP 促进涉及生物体适应饥饿或其他危及生命状况的基因表达。例如,在 *E. coli* 中当细胞发生氨基酸或 Pi 饥饿时 polyP 则积累,polyP 的积累有利于生命存活。多磷酸激酶基因的缺失降低某些病原细菌对动物组织侵染的能力。因此表明这些多磷酸激酶是开发新的抗微生物药物的合适靶子。

　　酵母的基因没有编码 PPK 样的蛋白质,但有 4 个基因——跟细菌的 PPK 基因无关——是合成多磷酸所必需的。真核生物中多磷酸合成的机制似乎跟细菌中的有很大不同。

（九）ATP 系统的动态平衡

　　前面曾谈到,如果 ATP 的末端磷酰键直接水解成 ADP 和 Pi,它就会以热的形式释出自由能。但如果借酶的作用把 ATP 水解和其他需能反应偶联起来,则水解的自由能可做有用功。活细胞的生命活动中无时无刻不需要能量供应,因此 ATP 必需不断地产生。ATP 的更新是非常快的,一个处于静息状态的人(平均体重 50 kg/人),据估算需要消耗 50 kg/d 的 ATP。在紧张活动的情况下,ATP 的消耗量可达 0.5 kg/min。虽然机体需要如此多的 ATP,但细胞中的周转率能够满足细胞对能量的需求,也即它们在体内总是保持在相应的平衡水平。

　　细胞所处的能量状态可用能荷(energy charge)来表示。**能荷**是指在 ATP-ADP-AMP 系统中含高能磷酸基团的分数,或者说在腺苷酸总池中 ATP 及其当量物(由于肌酸激酶催化 ADP 和 ATP 的相互转化,2ADP 相当 1ATP)所占的 mol 分数:

$$\text{能荷} = \frac{[\text{ATP}] + 1/2[\text{ADP}]}{[\text{ATP}] + [\text{ADP}] + [\text{AMP}]}$$

当细胞中的 ATP 全部转变为 AMP 时,能荷值为"0"。当 AMP 全部转变为 ATP 时,能荷值为"1"。可见能荷值是在 0~1 之间变动。高能荷值对 ATP 的生成途径有抑制作用,但是高能荷可以促进 ATP 的利用,即促进生物体内的合成代谢。已知大多数细胞的能荷值处于 0.80~0.95 之间。此值表明了细胞中 ATP 的产生和利用处在一个相对稳定的平衡状态。

　　细胞内有一系列的调节机制,一方面调节 ATP 的生成以供细胞对能量的需要,另一方面调节 ATP 的利用,维持它处于相对稳定的动态平衡。

　　细胞中 ATP 维持在动态平衡的状态已被用放射性 ^{32}P 标记的磷酸作为探针的实验——测定细胞内 ATP 末端(γ)磷酸基的周转率——所证实。将标记的磷酸注入到活细胞,随后迅速分离出细胞内的 ATP,测定其放射性。实验表明,虽然 ATP 的表观含量并没有发生变化,但它的末端磷酸基已经被放射性 ^{32}P 所标记。而且可以看到 ATP 的放射性和无机磷酸的放射性强度完全一致。^{32}P 取代 ATP γ 磷酸基的速度以肝细胞为例只需要 1~2 min。细菌只需几秒钟。但是在 ATP 分子中跟核糖直接相连的 α 磷酸基的周转率却很慢。

提　要

活细胞是不间断地进行工作的。它们需要能量以维持高度有组织的结构,合成各种细胞成分,产生电流以及很多其他过程。

生物能学是定量研究生物系统中的能量关系和能量转换的学科。生物能转换严格遵守热力学定律。热力学系统一般被分为三种类型:① 隔离系统或称孤立系统;② 封闭系统;③ 开放系统。活细胞就是开放系统,它与其环境既有物质交换又有能量交流,吸收和引导能量以维持自身处于远离平衡态的稳态。

热力学状态函数是指决定一个系统状态的那些性质(物理量)如压力、体积、温度、内能、焓(H)、熵(S)和自由能(G)等。每个状态函数在系统的每一状态都有它的唯一确定值,而此值与达到该状态的途径无关。同样,任何一个状态函数的变化(如 ΔG)只取决于系统的始态和终态,而与状态变化的途径无关。

热是系统和环境之间能量传递的一种形式——微观分子的不规则运动。功是系统和环境之间能量传递的另一种形式——宏观物体的有规则运动。热和功只是转移中的能量,都不是状态函数,不是系统的性质,没有过程发生就没有热和功。

焓,H,是一个反应系统的热含[量]。热含反映了在反应物和产物中化学键数目和种类。当一个化学反应释放热时,被称为放热反应,习惯上 ΔH 为负值;从环境吸收热的反应称为吸热反应,ΔH 为正值。

熵,S,是一个系统中无序度或混乱度的定量表示。当一个反应的产物比反应物更复杂、更混乱时,反应随着熵增进行。

自由能,G,表示在恒温恒压条件下一个反应过程中能够做有用功的能的量。当一个反应伴随着自由能释放时,自由能变化 ΔG 为负值,此反应称为放能反应,能自发进行的反应。吸能反应时,系统获得自由能,ΔG 为正值,为非自发反应。

所有化学反应都受两种力的影响:一个力是趋于获得最稳定的键合状态(用焓,H 表示),另一个是倾向于获得最大的无序度(用熵,S 表示)。一个反应的净驱动力是自由能变化,ΔG,它代表焓和熵因子的总结果:$\Delta G = \Delta H - T\Delta S$。

利用标准生成自由能($\Delta G_f^{\ominus}$)可以计算一个化学反应的标准自由能变($\Delta G^{\ominus}$)。$\Delta G^{\ominus}$ 等于产物 $\Delta G_f^{\ominus}$ 值的总和减去反应物 $\Delta G_f^{\ominus}$ 值的总和。

标准转换自由能变 $\Delta G^{\ominus\prime}$ 是一个给定反应所特有的物理常数,它能从它的反应平衡常数计算获得:$\Delta G^{\ominus\prime} = -RT \ln K_{eq}'$。

实际自由能变 ΔG 是一个变量,它取决于 $\Delta G^{\ominus\prime}$ 以及反应物和产物的浓度:$\Delta G = \Delta G^{\ominus\prime} + RT \ln([产物]/[反应物])$。

当 ΔG 值大而负,反应趋于前向进行;ΔG 值大而正,趋于逆向进行;$\Delta G = 0$,系统处于平衡。一个反应的自由能变与反应所经的途径无关。自由能变化是可以相加的;具有一个共同中间物的连续反应,其净反应的总自由能变化是各个反应的 ΔG 值的总和。

ATP 是分解代谢和合成代谢之间的化学链节,是活细胞中的能量货币。ATP 转化为 ADP 和 Pi 或转化为 AMP 和 PPi 的放能反应与许多吸能反应和过程相偶联。

ATP 的直接水解是构象变化驱动的某些过程中能量的来源(占少数),但一般说能量的来源不是 ATP 水解,而是从 ATP 把磷酰基、焦磷酰基或腺苷酰基转移给底物或酶,酶使 ATP 降解的能量跟底物的吸能转化相偶联。

通过这些基团的转移,ATP 把能量供给合成代谢反应包括信息大分子的合成以及分子和离子的逆浓度梯度和逆电位梯度的跨膜转运。

为了维持 ATP 有高的基团转移势,它的浓度必须通过分解代谢的产能反应保持在远高于平衡浓度之上。

细胞含有其他携有大而负水解自由能的代谢物包括磷酸烯醇丙酮酸、1,3-二磷酸甘油酸和磷酸肌醇。这些高能化合物,如 ATP,具有高的磷酰基转移势。硫酯也具有大的水解自由能。

在所有细胞中都存在的无机多磷酸可作为具有高转移势的磷酰基贮库。

细胞中 $ATP\gamma$ 磷酸基周转率是极其高的,而 ATP 的含量却维持在一个相对稳定的水平,这是一种动态稳定。动态稳定表明 $ATP\gamma$ 磷酸基的消耗和再生速度是相对平衡的。

习　　题

1. 解释下列热力学的术语:(a)系统(体系);(b)状态和状态函数;(c)热和功;(d)内能和焓;(e)热力学第二定律;(f)熵;(g)Gibbs 自由能;(h)$\Delta G^{\ominus}$ 和 $\Delta G^{\ominus\prime}$;(i)可逆过程和不可逆过程;(j)"高能键";(k)磷酸化势和能荷。

2. 用"是"或"否"回答下列说法。如果"否",说明其原因。

(a) 在生物圈内,能量只能从光养生物群落流到异养生物群落,而物质却能在这两类生物之间循环;

(b) 活生物体可利用体内较热部位传递到较冷部位的热来做功;

(c) 当一个系统的熵值降低到最低时,该系统即处于热力学平衡状态;

(d) $\Delta G^{\ominus\prime}$ 值为 0 表明一个反应处于平衡状态;

(e) ATP 水解为 ADP 和 Pi 的反应,$\Delta G^{\ominus\prime}$ 约等于 $\Delta G^{\ominus}$。

3. 怎样判断一个化学反应是否能自发进行?

4. 当反应物和产物的起始浓度为 1 mol·L^{-1} 时。试判断下列反应进行的方向。(利用表 16-5 中的数据)。

(a) 磷酸肌酸+ADP $\Longrightarrow$ ATP+肌酸

(b) 磷酸烯醇式丙酮酸+ADP $\Longrightarrow$ 丙酮酸+ATP

(c) 6-磷酸葡糖+ADP $\Longrightarrow$ ATP+葡萄糖

5. 从 ATP 的结构特点说明 ATP 在能量传递中的作用。

6. 标准状况(25℃,1 atm)下,由 H_2 和 O_2 形成 H_2O 的过程中,如果反应物和产物的起始活度(浓度)为 1.0 单位(1 mol·L^{-1}),求它的标准自由能变 $\Delta G^{\ominus}$。

7. 当磷酸二羟丙酮与 3-磷酸甘油醛互变达到平衡时,[3-磷酸甘油醛]/[磷酸二羟丙酮]=0.047 5,其反应条件是 25℃ 和 pH=7。3-磷酸甘油醛的起始浓度为 3×10^{-6} mol·L^{-1},磷酸二羟丙酮的起始浓度为 2×10^{-4} mol·L^{-1}。求该反应的 $\Delta G^{\ominus\prime}$ 和 $\Delta G'$ 值。

8. 乙酸解离方程式为乙酸 $\Longrightarrow$ 乙酸根$^{-1}$+H$^+$,解离常数 K_a=([乙酸根$^-$][H$^+$])/[乙酸])=1.75×10^{-5}。计算(a)pH=0 和(b)pH=5 时的标准状态的自由能变化(ΔG),(c)pH=5.0 时的 $\Delta G_{解离}$(是指起始浓度为 1 mol·L^{-1} 的某一化合物因电离而引起的每摩尔自由能变化;此化合物的总浓度,[乙酸]+[乙酸根$^-$],仍为 1 mol·L^{-1})。(此题可参看本章参考书目 3)

9. 在延胡索酸酶的催化下苹果酸消去水生成延胡索酸。试计算反应的标准自由能变 $\Delta G^{\ominus\prime}$。

10. 葡糖磷酸变位酶催化的 1-磷酸葡糖和 6-磷酸葡糖互相转化的反应,如果在 25℃ 达到平衡时,6-磷酸葡糖占 95%。试计算 10^{-2} mol·L^{-1}1-磷酸葡糖和 10^{-4} mol·L^{-1}6-磷酸葡糖反应的 $\Delta G'$。

11. 在 25℃ 时,某一酶促反应的平衡常数(K_{eq})为 1。试问:

(a) 反应的 $\Delta G^{\ominus}$ 值是多少?

(b) 无酶存在时,在 25℃ 下 K_{eq} 值是多少?

(c) 如果这个反应产生 H$^+$ 离子,在 25℃ 和 pH 7 时:

(i) K'_{eq} 值将<1、=1,还是>1?

(ii) $\Delta G^{\ominus}$ 是正值还是负值?

(iii) 在标准状况和 pH 7 时,此反应能够自发进行吗?

12. 根据下面测得的反应平衡常数值:

$$6\text{-磷酸葡糖} + H_2O \longrightarrow \text{葡萄糖} + Pi \quad (K'_{eq} = 270)$$

$$ATP + \text{葡萄糖} \longrightarrow ADP + 6\text{-磷酸葡糖} \quad (K'_{eq} = 890)$$

求出 ATP 水解成 ADP 和 Pi 的标准自由能变化值。

13. ATP 水解成 ADP 和 Pi 的 $\Delta G^{\ominus}{}'$ 是 $-30.54~\text{kJ} \cdot \text{mol}^{-1}$。(a)计算此反应的平衡常数;(b)问此反应在细胞内是否处于平衡状态?

14. 在细胞内 ATP 水解的 $\Delta G'$ 值一般是否比 $\Delta G^{\ominus}{}'$ 更负些? 为什么?

15. 利用表 16-5 的数据,计算反应:

$$ATP + \text{丙酮酸} \Longleftrightarrow \text{磷酸烯醇式丙酮酸} + ADP$$

在 25℃ 下的 $\Delta G^{\ominus}{}'$ 和 K'_{eq} 值。如果 ATP 与 ADP 之比为 10 时,求丙酮酸与磷酸烯醇式丙酮酸的平衡比。

16. 利用方程式 16-32 和下表中所列的 25℃ 下 ATP、ADP 和 Pi 的浓度,将 $\Delta G'$ 对 $\ln Q$(质量作用比)作图,观察 [ATP]/[ADP] 比值对 ATP 水解的自由能的影响。该反应的 $\Delta G^{\ominus}{}'$ 是 $-30.5~\text{kJ} \cdot \text{mol}^{-1}$。使用所得的作图解释为什么代谢时要把 [ATP]/[ADP] 之比调高。

	浓度(mmol/L)				
ATP	5	3	1	0.2	5
ADP	0.2	2.2	4.2	5.0	25
Pi	10	12.1	14.1	14.9	10

17. 假设有一个由 A 向 B 的转化反应(A→B),它的 $\Delta G^{\ominus}{}' = 20~\text{kJ} \cdot \text{mol}^{-1}$。

(a) 计算达到平衡时的 [B]/[A] 比值;

(b) 如果 A→B 反应同时与 ATP 水解为 ADP 和 Pi 的反应偶联,总反应是:

$$A + ATP + H_2O \longrightarrow B + ADP + Pi$$

计算此反应达到平衡时的 [产物]/[反应物] 之比值;

(c) 在生理条件下 ATP、ADP 和 Pi 的浓度不可能是 $1~\text{mol} \cdot \text{L}^{-1}$。当 ATP、ADP 和 Pi 的浓度分别为 $8.05~\text{mmol} \cdot \text{L}^{-1}$、$0.93~\text{mmol} \cdot \text{L}^{-1}$ 和 $8.05~\text{mmol} \cdot \text{L}^{-1}$。计算此偶联反应的 [产物]/[反应物] 之比值。

18. 在大鼠肝细胞的细胞溶胶中,温度 37℃,质量作用比 Q:

$$[ATP]/([ADP][Pi]) = 5.33 \times 10^2~\text{L} \cdot \text{mol}^{-1}$$

试计算在大鼠肝细胞中合成 ATP 所需的自由能。

主要参考书目

1. 李庆国,汪和睦,李安之. 分子生物物理学. 北京:高等教育出版社,1992.

2. 王镜岩,朱圣庚,徐长法. 生物化学教程. 北京:高等教育出版社,2008.

3. Segel I H. 生物化学计算(中译本). 吴经才,等译. 北京:科学出版社,1984.

4. Morris J G. 生物学工作者的物理化学(中译本). 王嶽等译. 北京:科学出版社,1981.

5. Wood W B,Wilson J H,Benbow R M,et al. 生物化学习题入门(中译本). 姚仁杰,等译. 北京:北京大学出版社,1987.

6. Zubay G. 生物化学(中译本). 曹凯鸣,等译. 上海:复旦大学出版社,1989.

7. Oxtoby D W,Gillis H P,Nachtrieb N H. Principles of modern chemistry. 4th ed. New York:Saunders college publishing,2002.

8. Nelson D L, Cox M M. Lehninger Principles of Biochemistry. 6th ed. New York:W. H. Freeman and Company,2013.

9. Garrett R H, Grisham C M. Biochemistry. 3rd ed. Boston:Thomson Learning, 2004.

10. Stryer L. Biochemistry,5th ed. New York:W. H. Freeman and company,2006.

11. Hanson R W. The role of ATP in metabolism. Biochemical Education, 1989.

12. Bergethon P R. The Physical Basis of Biochemistry. New York：Springer Verlag，1998.

（王镜岩　徐长法）

网上资源

　习题答案　　　　　自测题

第17章 六碳糖的分解和糖酵解作用

葡萄糖在动物、植物及许多微生物的代谢中占据着核心地位。葡萄糖含有丰富的能量,以高分子质量聚合物如淀粉或糖原的形式存在,从而使细胞能够在维持相对较低的细胞渗透压下储存大量的己糖单元。当能量需要突然增加时,葡萄糖从这些细胞内贮存的聚合物中释放。在有氧条件下,它被彻底氧化成 CO_2 和水,释放出大量自由能形成大量的 ATP。在无氧条件下,葡萄糖分解为丙酮酸,产生 2 分子 ATP,这一过程称为糖酵解作用。

葡萄糖不仅是非常高效的燃料分子,也是多功能的起始物,可以提供大量的生物合成反应中间代谢物。细菌如大肠杆菌(*Escherichia coli*)可以从葡萄糖获得生长所需的氨基酸、核苷酸、辅酶、脂肪酸或其他代谢中间物的碳骨架。在高等植物和动物中,葡萄糖的主要代谢途径为:作为糖或蔗糖被贮存;通过糖酵解途径被氧化为三碳化合物(丙酮酸),产生 ATP 和代谢中间物;通过戊糖磷酸途径被氧化为五碳糖,生成 5-磷酸核糖和 NADPH。

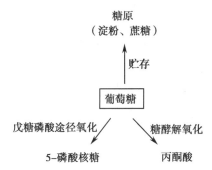

糖酵解(glycolysis)一词来源于希腊语 glykos 的词根,是"甜"的意思。lysis 是"分解"或"解开"的意思。糖酵解过程被认为是生物最古老、最原始获取能量的一种方式。在自然发展过程中出现的大多数较高等生物,虽然进化为利用有氧条件进行生物氧化获取大量的自由能,但仍保留了这种原始的方式。这一系列过程,不但成为生物体共同经历的葡萄糖的分解代谢前期途径,而且有些生物体还利用这一途径在供氧不足的条件下,给机体提供能量,或供应急需要。这一途径也是人们最早阐明的酶促反应系统,也是研究得非常透彻的一个过程。因为这一过程的反应原则以及调节机制,在所有细胞代谢途径中具有普遍意义,所以有必要对此过程作较详细的介绍。此外,其他糖类是怎样进入酵解途径的,也将进行适当的讨论。

一、糖酵解作用的研究历史

发酵(fermentation)是指葡萄糖或其他有机营养物通过无氧呼吸降解获得能量,贮存 ATP。从历史的纪元开始,人们就已经会用酵母菌将葡萄糖发酵成乙醇和 CO_2。在生活实践中,人们发展了酿酒、制作工业酒精以及面包制造业等。这些都是利用酵母菌的发酵过程。虽然人们很早就开始利用"发酵",但是对发酵的研究却只是在 19 世纪后半叶才开始的。

对发酵现象的解释,1854—1864 的 10 年间,Louis Paster 的观点占有统治地位。他认为发酵现象是由微生物引起的,发酵过程以及各种生物过程都离不开一种生命物质所固有的"活力"(vital force)的作用。他称发酵为"不要空气的生命"。

1897 年,Hans Buchner 和 Edward Buchner 兄弟,开始制作不含有细胞的酵母浸出液拟供药用。他们用细沙和酵母一起研磨,加上硅藻土(kieselguhr),用水力压榨机榨出汁液来。取得了汁液后,需要考虑如何防腐的问题。因为他们打算将榨液用于动物实验,选择了不妨碍动物实验的防腐剂,日常惯用的蔗糖。这就是重大发现的开端。酵母菌的榨液居然引起了蔗糖发酵。这是第一次发现没有活酵母存在的发酵现象。从此开始了研究没有活细胞参加的酒精发酵的新纪元。在研究中发现,葡萄糖几乎是全量地按照下面方程式分解为乙醇和 CO_2:

$$C_6H_{12}O_6 \Longrightarrow 2CH_3CH_2OH + 2CO_2$$

葡萄糖　　　　　　　　　乙醇

此外,在发酵液中还发现有微量的甘油。

上述实验中还发现,新鲜酵母的发酵液远不如活酵母菌的发酵能力。用气体测量法测定生成 CO_2 的量来测定发酵的速度。实验表明,活酵母的发酵能力比等当量的榨液大 10~20 倍。如果将酵母榨液搁置起来放一些时候,其发酵能力随时间的延长很快地下降。如果将榨液在 30℃ 条件下干燥,仍能保持发酵能力。氯仿对发酵没有影响。但是若将发酵液加热至 50℃ 以上,便会失效。这些都表明发酵力与酶有关。

对于酵母榨液的作用原理,最早做出贡献的是 Arthur Harden 和 William Young 在 1905 年的工作。他们将新鲜的酵母榨液加到 pH 5~6 的葡萄糖溶液中。如果再加入一些磷酸,发酵就又恢复起来。但这种恢复也只是暂时的。加进去的无机磷酸消失了。游离磷酸的存在量越低,其发酵速度减退得也越快。每次再加入一些磷酸就可以再看到有一阵新的发酵现象出现。

无机磷酸加入到发酵混合液中就很快消失的现象使人们想到可能形成了有机磷酸酯。1905 年,A. Harden 和 W. J. Young 两人果然分离得到了 1,6-二磷酸果糖。如果将人工合成的 1,6-二磷酸果糖加入到发酵液中,它和葡萄糖一样被酵解。这一现象表明了 1,6-二磷酸果糖很可能是发酵过程中的一种过渡产物。随后,Robinson 又分析得到另外一种糖的磷酸酯。经分析证明,它是 6-磷酸葡糖和 6-磷酸果糖的平衡混合物。这两种 6-磷酸己糖加入到酵母液中,都可以被酵解。以上的事实表明,这些磷酸酯是葡萄糖与无机磷酸作用的结果,当时已经测出由葡萄糖磷酸化形成磷酸糖酯的次序可能如下:

葡萄糖　　　　　　　6-磷酸葡糖
(glucose,G)　　　　(glucose-6-phosphate)

6-磷酸果糖　　　　　　1,6-二磷酸果糖
(fructose-6-phosphate)　(fructose-1,6-bisphosphate)

这些磷酸糖酯是怎样形成的? 又是怎样转变成乙醇和 CO_2 的? 阐明这些问题又经历了几十年的光景,通过不同国别科学家的共同努力才得以解决。在阐明发酵机制的过程中,越来越多的证据表明,酵母菌的榨液使葡萄糖发酵的过程和肌肉浸出液利用葡萄糖发生的酵解作用,是几乎完全相似的过程。除去产物有些差异外,其余过程都是一致的。这就更有利于互相参照阐明其全过程的机制。

Harden 和 Young 还发现,酵母榨液经透析后就失去了发酵能力。向透析剩下的液体中加入少量透析液或煮沸过的使酶失活的榨液,发酵能力就得到恢复。这表明,酵母菌榨液包括两类重要物质,一类是不耐热的、不能透析的酶,命名为**发酵酶**(zymase),另一类是耐热的、可以透析的物质,命名为发酵辅酶(cozymase)。发酵作用依靠这两种物质组合而成。发酵酶是催化葡萄糖发酵的。发酵辅酶是酶发挥作用所必需的,后来又进一步证明了发酵辅酶实际是烟酰胺腺嘌呤二核苷酸(NAD,或称辅酶 I)和腺嘌呤核苷酸的混合物、此外还有 ADP、ATP 以及金属离子。

当认清以上这些物质的存在后,将它们分别加入到透析残余物中,对深入探讨发酵机制起到重要的作

用。此外,在实验过程中还发现了许多化学物质具有阻滞发酵进行的作用。这些物质可以导致某些发酵中间产物的积累。这对阐明发酵机制也起到重要的作用。例如,实验证明氟化物(fluoride)抑制发酵液的发酵过程,造成3-磷酸甘油酸和2-磷酸甘油酸的积累。碘乙酸(iodoacetate)造成1,6-二磷酸果糖的积累。这些物质得到明确以后,大大促进了对这些物质产生机制的研究。

以上这些基本的研究,以及随后发现的、肌肉提取液能使葡萄糖发生酵解作用而产生乳酸的研究,都促使20世纪30年代德国生物化学家对酵解的更加深入地研究。贡献最显著的是 Gustav Embden。他提出1,6-二磷酸果糖裂解的形式以及随后的步骤。还有 Otto Meyerhof,他对 Embden 提出的假设作了合理修改,而且研究了酵解作用的能力学。由于他们的重要贡献,从葡萄糖开始至产生丙酮酸的过程常常被称为 Embden-Meyerhof 途径。他们将肌肉中由葡萄糖形成乳酸的过程称之为酵解过程。

此外,在酵解的研究中做出重要贡献的科学家还应举出德国的 Otto Warburg,Garl Neuberg,美国的 Carl Cori 和 Gerty Cori 以及波兰的 J. Parnas 等人。

可以说,糖酵解的各个步骤在20世纪60年代就已经很清楚了。但对糖酵解的深入研究,例如对有关酶的结构与功能的研究,还在不断深入地进行着。

从以上的研究中可以看出,发酵(fermentation)是最早研究的、由酵母菌将葡萄糖转化为酒精的过程。而酵解这一名词最初是来自动物肌肉利用葡萄糖最后转化为乳酸的过程。

但是,经过广泛的研究表明:它们的基本途径都是一致的,只存在极小的差异。除在产物上可能有所差别(例如乙醇和乳酸)外,在不同种属和不同类型细胞之间还可能存在同工酶以及不同的调节方式。当前人们将葡萄糖降解产生丙酮酸这一段过程称为糖酵解过程或酵解过程。

二、糖酵解过程概述

从历史的叙述中,已经可以明了,糖酵解是葡萄糖转变为丙酮酸的一系列反应。酵解过程的生物学意义在于,它是在不需要氧供应的条件下,产生 ATP 的一种供能方式。

在详细探讨酵解的全过程之前,不妨先从葡萄糖骨架的变化得到一些粗略的概念。

对于酵解过程,由葡萄糖经历丙酮酸最后生成乳酸,其碳原子的变化可作如下的概括:

$$C{-}C{-}C{-}C{-}C{-}C \quad \rightarrow \quad C{-}C{-}C+C{-}C{-}C \quad \rightarrow \quad CH_3CH(OH)COO^- + CH_3CH(OH)COO^-$$
$$\underset{1\ \ 2\ \ 3\ \ 4\ \ 5\ \ 6}{} \qquad \underset{1\ \ 2\ \ 3\ \ 4\ \ 5\ \ 6}{}$$

葡萄糖(六碳糖)　　　　　三碳糖　三碳糖　　　　　　乳酸　　　　　　乳酸

对于发酵作用产生的酒精(又简称酒精发酵),其碳原子的变化情况如下:

$$C{-}C{-}C{-}C{-}C{-}C \quad \rightarrow \quad C{-}C{-}C + C{-}C{-}C \quad \rightarrow \quad CH_3{-}CH_2OH + CO_2 + CH_3{-}CH_2OH + CO_2$$
$$\underset{1\ \ 2\ \ 3\ \ 4\ \ 5\ \ 6}{} \qquad \underset{1\ \ 2\ \ 3\ \ \ \ 4\ \ 5\ \ 6}{} \qquad \underset{1\ \ \ \ 2\ \ \ \ \ 3\ \ \ \ 6\ \ \ \ 5\ \ \ \ 4}{}$$

葡萄糖(六碳糖)　　　　　三碳糖　三碳糖　　　　　乙醇　　　　　　乙醇

有了碳骨架变化的概念之后,再来看看酵解和酒精发酵作用,包括其形成 ATP 的反应式。

酵解作用的反应式:

$$C_6H_{12}O_6 + 2Pi + 2ADP \rightarrow 2CH_3CH(OH)COO^- + 2ATP + 2H_2O + 2H^+$$

葡萄糖　　　无机磷酸　　　　乳酸

酒精发酵作用的反应式:

$$C_6H_{12}O_6 + 2Pi + 2ADP \rightarrow 2CH_3CH_2OH + 2ATP + 2H_2O + 2CO_2$$

乙醇

从能量观点出发,可以把酵解过程划分为两个方面。一方面从葡萄糖转变为乳酸是物质的分解过程,其中伴随有自由能的释放。即放能过程。另一方面 ADP 和无机磷酸形成 ATP,则是吸收能量的过程:

葡萄糖→2 乳酸　　$\Delta G_1^{\ominus}{}' = -196.7$ kJ/mol$(-47.0$ kcal/mol$)$（放能过程）

2ADP+2Pi→2ATP+H$_2$O　　$\Delta G_2^{\ominus}{}' = 2\times7.30 = +61.1$ kJ/mol$(+14.6$ kcal/mol$)$（吸能反应）

总括上述能量反应。由葡萄糖形成乳酸过程的总能量变化为：

$$\Delta G_{总}^{\ominus}{}' = \Delta G_1^{\ominus}{}' + \Delta G_2^{\ominus}{}' = -47.0+14.6 = -135.56 \text{ kJ/mol}(-32.4 \text{ kcal/mol})$$

因此，从酵解的总能量变化来考虑，可知这是一个放能过程。其中由形成 ATP 捕获的能量所占释放全部能量的百分比为 14.6/47.4×100% = 31%。但在细胞内，真正的反应物和产物浓度并不是标准状况下的 1.0 mol/L，而是低许多倍。这样计算起来，酵解的实际效益远不只 31%。由于酵解所释放的净能量为 -135.56 kJ/mol(-32.4 kcal/mol)，因此酵解过程实际是一个不可逆的(irreversible)反应过程。但在全部过程中，大多数反应步骤的标准自由能变化差异并不大。因此，这类反应的逆反应也可用于葡萄糖在细胞内的再合成。

应该引起注意的是：糖酵解过程由葡萄糖到所有的中间产物都是以磷酸化合物的形式来实现的。中间产物磷酸化至少有三种意义：① 带有负电荷的磷酸基团使中间产物具有极性，从而使这些产物不易透过脂膜而失散；② 磷酸基团在各反应步骤中，对酶来说，起到信号基团的作用，有利于与酶结合而被催化；③ 磷酸基团经酵解作用后，最终形成 ATP 的末端磷酸基团，因此具有保存能量的作用。

糖酵解过程从葡萄糖到形成丙酮酸共包括 10 步反应，可划分为两个主要阶段。前 5 步为准备阶段，葡萄糖通过磷酸化、异构化裂解为三碳糖。每裂解一个己糖分子，共消耗 2 分子 ATP。使己糖分子的 1,6 位磷酸化。磷酸化的己糖裂解和异构化，最后形成一个共同中间物即 3-磷酸甘油醛。

后 5 步为产生 ATP 的贮能阶段。磷酸三碳糖转变成丙酮酸。每分子三碳糖产生 2 分子 ATP。整个过程需要 10 种酶。这些酶都存在于胞质溶胶中，大部分过程都有 Mg^{2+} 离子作为辅助因子。

三、糖酵解和酒精发酵的全过程图解

前面已经提到，酵解和酒精发酵基本路线完全相同，只是在形成丙酮酸以后才有差异。丙酮酸转化为乳酸时称为酵解；丙酮酸转化为乙醛、乙醇时，称为发酵。图 17-1 列出酵解和发酵化学过程的总貌。关于每步化学反应的机制，将在下一节中详细讨论。

四、糖酵解第一阶段的反应机制

前面已经提到糖酵解的第一阶段是酵解的准备阶段，包括 5 步反应，以下逐步进行讨论。

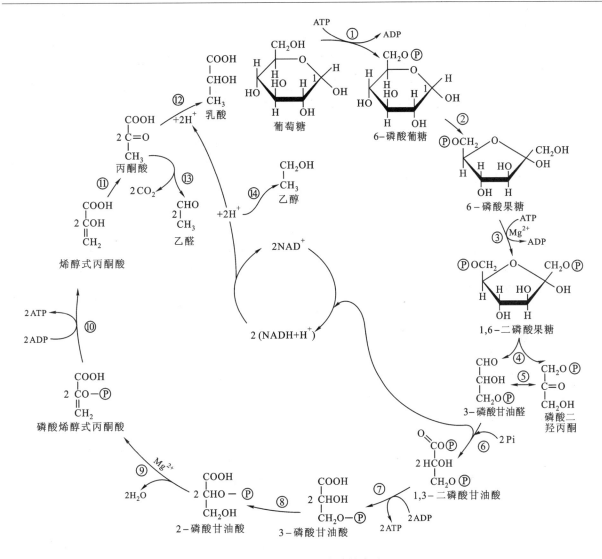

图 17-1　糖酵解和发酵的全过程

注:图中 P 代表磷酰基(磷酸基团),Pi 代表无机磷酸,括号内数字代表催化相应反应的酶如下:① 己糖激酶(hexokinase)或葡萄糖激酶(glucokinase);② 磷酸己糖异构酶(phosphohexose isomerase);③ 磷酸果糖激酶-1(phosphofructokinase 1,PFK1);④ 醛缩酶(aldolase);⑤ 磷酸丙糖异构酶(triose phosphate isomerase);⑥ 磷酸甘油醛脱氢酶(glyceraldehyde phosphate dehydrogenase);⑦ 磷酸甘油酸激酶(phosphoglycerate kinase);⑧ 磷酸甘油酸变位酶(phosphoglycerate mutase);⑨ 烯醇化酶(enolase);⑩ 丙酮酸激酶(pyruvate kinase);⑪ 非酶促反应;⑫ 乳酸脱氢酶(lactate dehydrogenase);⑬ 丙酮酸脱羧酶(pyruvate decarboxylase);⑭ 乙醇脱氢酶(alcohol dehydrogenase)

(一) 葡萄糖的磷酸化

葡萄糖发生酵解作用的第一步是 D-葡萄糖分子在第 6 位的磷酸化,形成 **6-磷酸葡萄糖**(glucose-6-phosphate),可简写为 G6P。这是一个磷酸基团转移的反应,即 ATP 的 γ-磷酸基团在己糖激酶(hexokinase)的催化下,转移到葡萄糖分子上。这个反应必须有 Mg^{2+} 的存在。反应式如下:

葡萄糖与 ATP 的反应机制如下：

ATP   葡萄糖

上图表明,葡萄糖第 6 位碳原子上的羟基[可用 C(6)-OH 或 C6-OH 表示]氧原子上有一孤电子对,它向 Mg^{2+}-ATP 的 γ-磷原子进攻,γ-磷原子之所以具有亲电子性质,主要是由于 2 价 Mg^{2+} 的作用。Mg^{2+} 如图所示,吸引了 ATP 磷酸基团上 2 个 O(氧)的负电荷,使 γ-磷原子更易接受孤电子对的亲核进攻,其结果促使 γ-磷原子与 β-磷原子之间氧桥所共有的电子对向氧原子一方转移,于是 ATP 的 γ-磷酸基团与氧桥断键并与葡萄糖分子结合成 6-磷酸葡糖。

磷酸基团从 ATP 分子转移到葡萄糖分子上的反应其标准自由能变化是 $\Delta G^{\ominus\prime}$(ATP 酸酐键的水解)= -30.54 kJ/mol(-7.3 kcal/mol)。6-磷酸葡糖的磷酸酯水解时标准自由能变化是 $\Delta G^{\ominus\prime} = -13.81$ kJ/mol(-3.3 kcal/mol)。由于能量的损失,使葡萄糖形成 6-磷酸葡糖的反应基本上是不可逆的。这一反应保证了进入细胞的葡萄糖可立即被转化为磷酸化形式。不但为葡萄糖随后的裂解活化了葡萄糖分子,还保证了葡萄糖分子一旦进入细胞就有效地被捕获,不会再透出胞外。

催化葡萄糖形成 6-磷酸葡糖反应的酶称为己糖激酶,因为它所催化的底物不只限于 D-葡萄糖,对其他六碳糖如 D-甘露糖(D-mannose)、D-果糖(D-fructose)、氨基葡萄糖(aminoglucose)都有催化作用,字头"hexo"即表示不专一的"六碳糖"。激酶是能够在 ATP 和任何一种底物之间起催化作用,转移磷酸基团的一类酶。六碳糖激酶存在于所有细胞内。

参与上述反应的 ATP,必须与 Mg^{2+} 形成 Mg^{2+}-ATP 复合物(Mg^{2+}-ATP complex)。未形成复合物的 ATP 分子,对己糖激酶反而有强的竞争性抑制作用。Mg^{2+} 屏蔽了 ATP 磷酸基团的负电荷,使 γ-磷原子更容易接受来自于葡萄糖 C6 位-OH 上孤电子对的亲核进攻。由图 17-2 可看出,在未与葡萄糖结合之前,U 形的己糖激酶分子分成大小不等的两个亚基,处于非活性状态。当与葡萄糖和 Mg^{2+}-ATP 结合后,诱导酶分子构象发生变化,符合诱导契合的理论,即两个亚基相互靠近,恰好使 ATP 分子和葡萄糖 C6 位-OH 靠拢,同时阻断溶剂中水分子进入活性位点水解 ATP。

己糖激酶是一种调节酶。它催化的反应产物 6-磷酸葡糖和 ADP 能使该酶受到变构抑制。但葡糖激酶却不受 6-磷酸葡糖的抑制。它对葡萄糖的米氏常数 K_m（5～10 mmol/L）比己糖激酶的 K_m 值（0.1 mmol/L）大得多。因此当葡糖浓度相当高时,葡糖激酶才起作用。当血液中和肝细胞内游离葡萄糖的浓度增高时,它催化葡糖形成6-磷酸葡糖,该物质是葡萄糖合成糖原的中间物,由肝合成糖原。

随着电泳技术的发展,从动物组织中分离得到 4 种电泳行为不同的己糖激酶,分别称为Ⅰ、Ⅱ、Ⅲ、Ⅳ型。它们在机体的分布情况不同,催化的性质也不完全相同。Ⅰ型主要存在于脑和肾中,Ⅱ型存在于骨骼和心肌中,Ⅲ型存在于肝和肺中,Ⅳ型只存在于肝中。Ⅰ、Ⅱ、Ⅲ型酶大都存在于基本不能合成糖原的组织中。无机磷酸有解除 6-磷酸葡糖和 ADP 对Ⅰ、Ⅱ、Ⅲ型酶抑制的作用。Ⅰ型酶

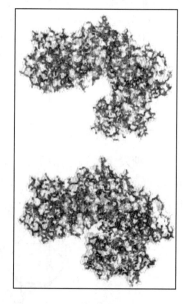

图 17-2 己糖激酶与底物结合产生"诱导契合"构象变化

对无机磷酸最为敏感。这和脑细胞需要保持一定的酵解速度以维持能量的需要有关,只要有少量的无机磷酸存在,就能解除6-磷酸葡糖的抑制作用,使酵解中间物维持在一定水平。Ⅱ型酶由于对无机磷酸远不及Ⅰ型敏感,当肌肉处于静息状态时,并不要求高的酵解速度,而是受6-磷酸葡糖的抑制,使酵解速度保持低的水平。此外,Ⅰ型酶还可由柠檬酸激活。Ⅳ型酶(葡糖激酶)在动力学性质和调节性质方面与其他形式的己糖激酶不同,对葡萄糖有更高的特异性,它的合成受胰岛素(insulin)的诱导,使肝中的酶Ⅳ维持在较高的水平。当肝细胞损伤或患糖尿病时,此酶的合成速度降低,不仅糖的合成受阻碍,糖的降解也受影响。肝细胞内也有专一性不强的己糖激酶,存在于肝细胞线粒体和细胞溶胶两部分。结合于线粒体上的酶,活性较高。肝细胞内己糖激酶的分布受到某些条件的调节,例如6-磷酸葡糖和无机磷酸等。酶的区域性分布,是机体对酶活性调控的一种方式。

(二) 6-磷酸葡糖异构化形成6-磷酸果糖

由6-磷酸葡糖异构化形成6-磷酸果糖的反应式如下:

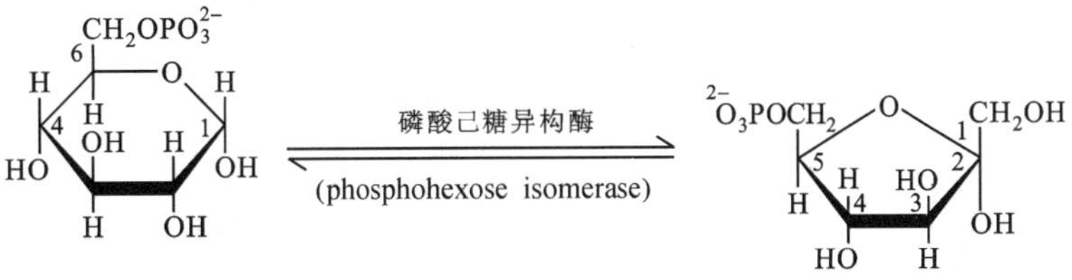

6-磷酸葡糖　　6-磷酸果糖

这一反应的标准自由能变化是极其微小的,$\Delta G^{\ominus\prime}=1.67$ kJ/mol(0.4 kcal/mol)。因此,这一反应是可逆的。在正常情况下,6-磷酸葡糖和6-磷酸果糖保持或接近平衡状态。在这一反应中葡萄糖C1位上的羰基(成环后的半缩醛基),不像C6位上的羟基那样容易磷酸化,所以下一步反应是使葡萄糖分子发生异构化。这就是葡萄糖的羰基从C1位转移到C2位,使葡萄糖分子由醛式转变成酮式的果糖,其C1位上即形成了自由羟基。6-磷酸葡糖和6-磷酸果糖的存在形式都是以环式为主,而异构化反应需以开链形式进行。

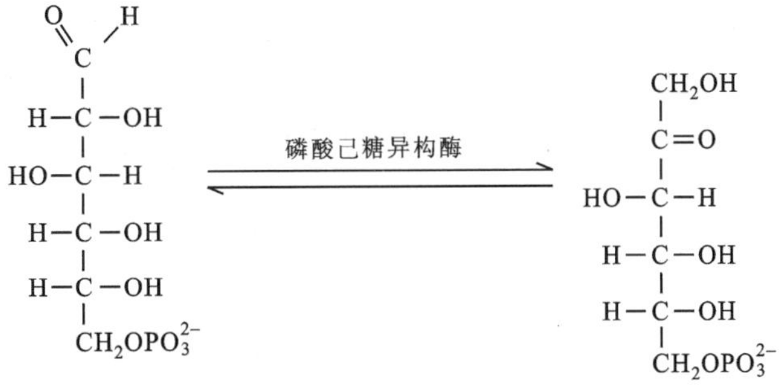

6-磷酸葡糖
(醛糖,aldose)　　6-磷酸果糖
(酮糖,ketose)

异构化形成的6-磷酸果糖随后又形成环状结构。

催化这一反应的酶称为磷酸葡糖异构酶(phosphoglucose isomerase)。当前对该酶的催化机制已作出如下的解释:

从实验获得的信息表明,该酶活性部位的催化残基可能为赖氨酸(Lys)和组氨酸(His)。催化反应的实质包括一般的酶促酸-碱催化机制。如图17-3所示。

图17-3的第1步反应为:酸性催化开环。图中的$-B^+-H$是一例,可代表酶分子上的Lys残基即ε-氨基($\varepsilon-NH_3^+$)吸引O-C1中间的电子对,于是引起断键,开环。

第2步反应为:酶分子上的碱,例如His的咪唑环,取掉C2上的质子(这个质子由于它处在羰基的α位,所以具有酸性)形成了*cis*-烯二醇,(HO—C═C—OH)的中间体。

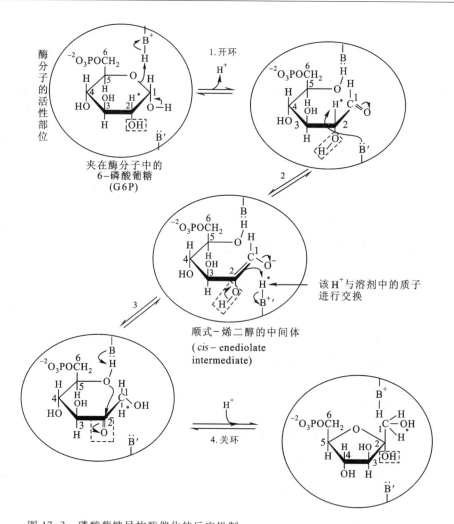

图 17-3　磷酸葡糖异构酶催化的反应机制

外环表示酶分子的活性部位,其中有两个起催化作用的氢基酸残基:B⁺H 代表 Lys,B′代表 His

第 3 步反应为:C1 上质子的取代,是一个全盘的质子转移。被碱性基所吸引的质子是很不稳定的。它迅速地与溶剂的质子进行交换。其结果可以看成:C2 上的质子进行了分子内的质子转移,移到了 C1 位。这个机制曾使用 ^{3}H 进行实验得到证明。

第 4 步反应为:关环,形成最终产物。

磷酸葡糖异构酶有绝对的底物专一性和立体专一性(stereospecificity)。6-磷酸葡糖酸(6-phosphogluconate,6PG)、4-磷酸赤藓糖(erythrose-4-phosphate,E4P)、7-磷酸景天庚酮糖(sedoheptulose-7-phosphate,S7P)等对磷酸葡糖异构酶都是竞争性抑制剂。上述的三种糖类磷酸化合物都是五碳糖磷酸途径(pentosephosphate pathway)的代谢中间物。

(三) 6-磷酸果糖形成 1,6-二磷酸果糖

这一步是糖降解或酒精发酵过程中的第二个磷酸化反应。也是糖酵解过程使用第二个 ATP 分子的反应。6-磷酸果糖被 ATP 进一步磷酸化形成 1,6-二磷酸果糖。该化合物的英文名称为 fructose -1,6-bisphosphate,它的旧名称为 fructose -1,6-diphosphate。把"diphosphate",变为"bisphosphate"的原因:"bisphosphate"表示两个磷酸基团是互相分离的,而"diphosphate"表示两个磷酸基团是相连的。例如腺苷二磷酸的英文名称为"adenosin diphosphate"。腺苷二磷酸中的两个磷酸基团是以酸酐键(anhydride bond)相连的。由 6-磷酸果糖形成 1,6-二磷酸果糖的反应式如下:

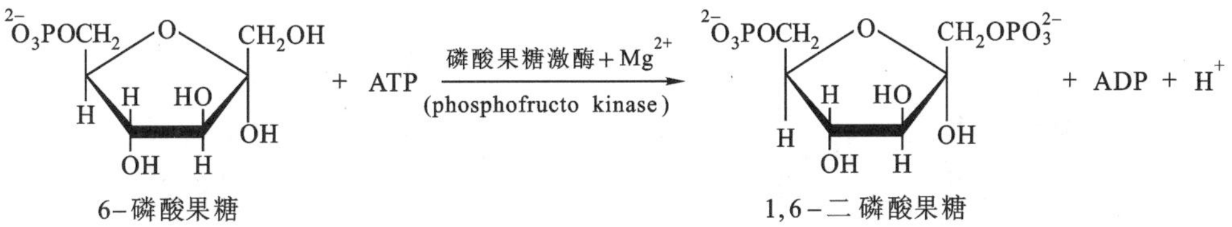

在这一反应中,ATP 酸酐键的水解和 1,6-二磷酸果糖在其碳 1 位上形成磷酯键的两个反应 $\Delta G^{\ominus\prime} = -14.23\ \text{kJ/mol}(-3.4\ \text{kcal/mol})$,因此该反应是不可逆反应。

催化此反应的酶称为磷酸果糖激酶(phosphofructokinase,PFK)。该酶需要 Mg^{2+} 参加反应,其他 2 价金属离子虽然也有一定作用,但以 Mg^{2+} 的作用最为显著。

该酶的催化机制和己糖激酶催化的反应机制基本一致。可用图 17-4 表示:

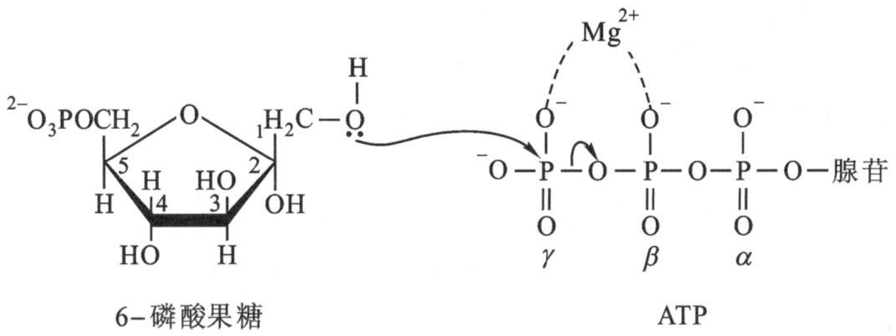

图 17-4　6-磷酸果糖与 ATP 的结合机制

上图表明,6-磷酸果糖第 1 个碳原子上的羟基[C(1)—OH]氧原子的孤电子对向 Mg^{2+}-ATP 的 γ-磷原子进行亲核进攻,导致 γ-磷原子与 β-磷原子之间氧桥的共用电子对向氧原子转移,从而断键,于是 6-磷酸果糖与 γ-磷酸基团结合而形成 1,6-二磷酸果糖。

磷酸果糖激酶是一种变构酶(allosteric enzyme)。它的催化效率很低,糖酵解的速率严格地依赖该酶的活力水平。它是哺乳动物糖酵解途径最重要的调控关键酶,该酶由 4 个亚基组成,是一个四聚体(tetramer)。由肝提取的酶相对分子质量为 340 000。该酶的活性受到许多因素的控制。例如,肝中的磷酸果糖激酶受高浓度 ATP 的抑制。ATP 可降低该酶对 6-磷酸果糖的亲和力。ATP 对该酶的变构效应是由于 ATP 结合到酶的一个特殊的调控部位上,调节部位不同于催化部位。但是 ATP 对该酶的这种变构抑制效应可被 AMP 解除。因此 ATP/AMP 的比例关系对此酶也有明显的调节作用。特别是 H^+ 浓度对该酶活性的影响。当 pH 下降时,H^+ 对该酶有抑制作用。在生物体内这种抑制作用具有重要的生物学意义。因为通过它可以阻止整个酵解途径的继续进行,从而防止乳酸的继续形成;这又可防止血液 pH 的下降,有利于避免酸中毒(acidosis)。

从兔分离得到的磷酸果糖激酶,发现有三种同工酶,分别称为磷酸果糖激酶 A、B、C。同工酶 A 存在于心肌和骨骼中,同工酶 B 存在于肝和红细胞中,同工酶 C 存在于脑中。这三种同工酶对影响酶活力的不同因素反应各异。例如,A 型对磷酸肌酸(phosphocreatine)、柠檬酸和无机磷酸的抑制作用最敏感,B 型对 2,3-二磷酸甘油酸(2,3-bisphosphoglycerate,BPG)的抑制作用最敏感,C 型对腺嘌呤核苷酸的作用最敏感。

通过上述的三个步骤,从葡糖磷酸化开始到形成 1,6-二磷酸果糖,可以说为下一步的分子裂解完成了条件准备。

(四) 1,6-二磷酸果糖转变为 3-磷酸甘油醛和磷酸二羟丙酮

这是一个由六碳糖——1,6-二磷酸果糖裂解为两个三碳糖的反应过程。1,6-二磷酸果糖在**醛缩酶**(aldolase)的作用下发生裂解反应生成一分子磷酸二羟丙酮(dihydroxyacetone phosphate)和一分子 3-磷酸甘油醛(glyceraldehyde-3-phosphate):

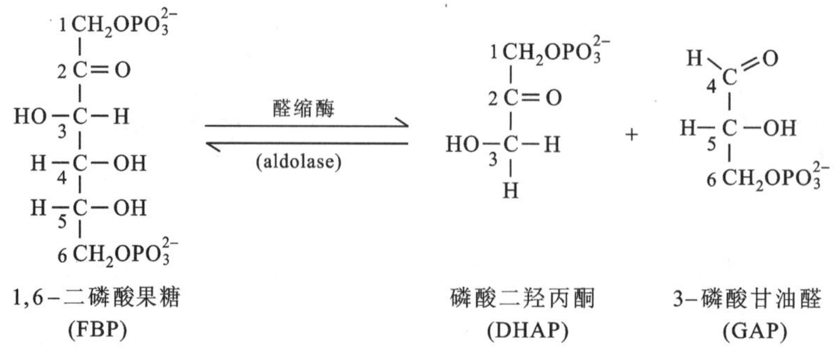

$$
\begin{array}{ccc}
\text{1,6-二磷酸果糖} & \text{磷酸二羟丙酮} & \text{3-磷酸甘油醛} \\
\text{(FBP)} & \text{(DHAP)} & \text{(GAP)}
\end{array}
$$

上述反应的机制请参看第 19 章。前面已经提到,醛缩酶的名称来自于该酶所催化的逆反应。由 1,6-二磷酸果糖裂解为磷酸二羟丙酮和 3-磷酸甘油醛的 $\Delta G^{\ominus\prime}=23.97$ kJ/mol(+5.73 kcal/mol)。可以理解,在标准状况下,这一反应是向缩合的方向,即自右向左进行。但在细胞内的条件下,该反应却是很容易地自左向右进行,即向裂解的方向进行。如果细胞内产生的 1,6-二磷酸果糖的浓度为 0.1 mmol/L,根据计算有 53.9% 即被醛缩酶所裂解。

醛缩酶有两种不同的类型。高等动、植物中的醛缩酶称为 I 型,从肌肉中分离出来的醛缩酶相对分子质量为 160 000,含有 4 个亚基。分子内有数个游离的—SH 基。游离的—SH 基是酶催化活性所必需的。醛缩酶 I 型又有三种同工酶。分别称为醛缩酶 A、B、C。醛缩酶 A 主要存在于肌肉中,醛缩酶 B 主要存在于肝脏,醛缩酶 C 主要存在于脑组织。这三种醛缩酶都由氨基酸组分不同的四个多肽链构成。

第 II 种类型的醛缩酶主要存在于细菌、酵母、真菌以及藻类中。它和第 I 种类型的区别在于,含有 2 价金属离子。通常是 Zn^{2+}、Ca^{2+} 或 Fe^{2+},也需要 K^+。它的相对分子质量约为 65 000,只相当于动、植物中醛缩酶的一半左右。它的催化机制也和 I 型不同。下面重点讨论醛缩酶 I 型的催化步骤。

该酶的催化步骤可分为 5 步,如图 17-5 所示。

图 17-5 表明,醛缩酶类型 I(class I)的第 1 步反应是酶和底物的结合。第 2 步反应是 1,6-二磷酸果糖的羰基与酶活性部位赖氨酸的 ε-氨基发生反应,形成一个亚胺阳离子,即质子化的西佛碱。第 3 步反应 C3 和 C4 发生醇醛断裂形成酶的烯胺(enamine)中间体并释放出 3-磷酸甘油醛(GAP)。亚胺离子比前体羰基的氧原子更容易拉电子,因此 C3 和 C4 间的共价键电子对也被吸引,促使醇醛断裂的催化反应发生。第 4 步是西佛氏碱的烯胺发生互变异构,形成了亚胺阳离子。第 5 步是亚胺水解放出磷酸二羟丙酮后,又形成了游离的酶。

酶分子活性部位的半胱氨酸和组氨酸残基在酶的催化反应中,相当酸和碱的作用。它们有增强质子转移的作用。

(五) 磷酸二羟丙酮转变为 3-磷酸甘油醛

1,6-二磷酸果糖裂解后形成的两分子三碳糖磷酸中,只有 3-磷酸甘油醛能继续进入糖酵解途径,磷酸二羟丙酮必须转变为 3-磷酸甘油醛才能进入糖酵解途径。磷酸丙糖异构酶(triose phosphate isomerase)正是担负这一转变的酶(图 17-6)。在该酶催化下,磷酸二羟丙酮和 3-磷酸甘油醛可以互变,它们之间正是醛酮化合物的互变异构关系,正像 6-磷酸葡糖和 6-磷酸果糖的互变所以可能实现,是因为它们通过一个共同中间体即顺式-单烯二羟负离子中间体(cis-enediolate intermediate)(参看第 19 章代谢中的有机反应机制)

在探讨葡萄糖分子的碳原子和 2 分子 3-磷酸甘油醛碳原子之间的关系中发现,葡萄糖分子的第 3、4 位碳原子形成了 2 分子 3-磷酸甘油醛的醛基碳原子,葡萄糖分子的第 1、6 位碳原子形成了 3-磷酸甘油醛分子上的第 3 位碳原子。

磷酸二羟丙酮和 3-磷酸甘油醛的互变异构关系如图 17-7 所示。

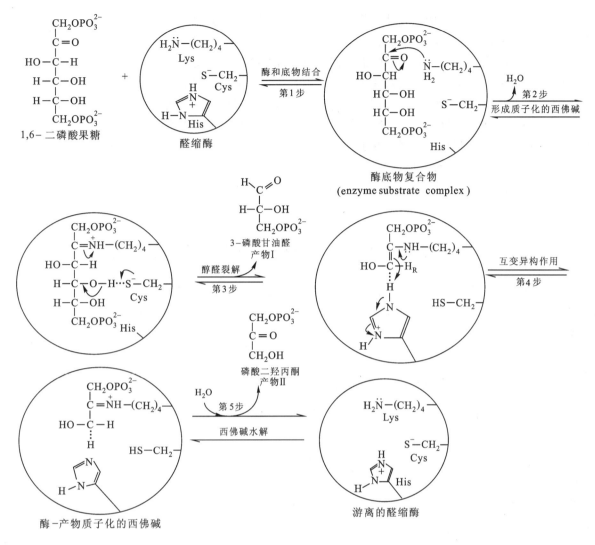

图 17-5　醛缩酶类的反应机制
图中圆圈代表酶的活性部位,圈内赖氨酸(Lys)、组氨酸(His)和半胱氨酸(Cys)三个残基直接参与酶的催化反应

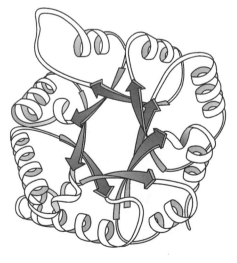

图 17-6　磷酸丙糖异构酶的结构图
8 股 β 折叠链构成中间的中心核,8 股 α 螺旋链与 β
折叠链相对应环绕在外 β 折叠链周围,两种不同型
式的链条以无规肽链相连

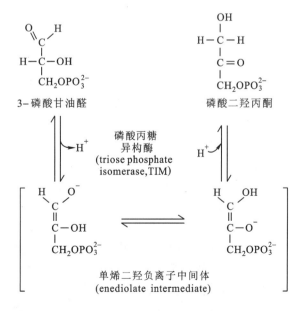

图 17-7　磷酸二羟丙酮和 3-磷酸甘油醛的互变异构关系

实验证明,磷酸丙糖异构酶的活性部位是以谷氨酸(Glu)残基的游离羧基与底物相结合。

磷酸丙糖异构酶的催化反应是极其迅速的,只要酶与底物分子一旦相互碰撞,反应就即刻完成。因此,任何加速磷酸丙糖异构酶催化效率的措施都不能再提高它的反应速度。又由于磷酸二羟丙酮和3-磷酸甘油醛互变异构极其迅速,因此这两种物质总是维持在反应的平衡状态。磷酸二羟丙酮3-磷酸到甘油醛的 $\Delta G^{\ominus\prime}=7.7$ kJ/mol($+1.83$ kcal/mol);在平衡点时,$K=$[3-磷酸甘油醛]/[磷酸二羟丙酮]$=4.73\times 10^{-2}$。由此可见,磷酸二羟丙酮的浓度在平衡点远远超过3-磷酸甘油醛的浓度。但3-磷酸甘油醛不断在糖酵解途径中被消耗,所以磷酸二羟丙酮也就不断地转变为3-磷酸甘油醛。

磷酸丙糖异构酶的相对分子质量为 56 000,它是由 8 股平行的 β 折叠链环抱构成一个中心核。在 β 折叠链周围环绕着与每条折叠相对应的 α 螺旋链,折叠链与 α 螺旋链之间以无规则的卷曲肽链相连接。如图 17-6 所示。

五、酵解第二阶段——放能阶段的反应机制

从前述的 5 步反应完成了糖酵解的准备阶段。酵解的准备阶段包括两个磷酸化步骤由六碳糖裂解为两分子三碳糖,最后都转变为3-磷酸甘油醛。在准备阶段中,并没有从中获得任何能量,与此相反,却消耗了两个 ATP 分子。以下的 5 步反应包括氧化还原反应、磷酸化反应。这些反应正是从3-磷酸甘油醛提取能量形成 ATP 分子的过程。

(一) 3-磷酸甘油醛氧化成 1,3-二磷酸甘油酸

这是糖酵解过程中的第 6 步反应,也是一步重要的反应。因为在 3-磷酸甘油醛的醛基氧化为羧基时,将氧化过程产生的能量贮存到 ATP 的分子中。

3-磷酸甘油醛的氧化和磷酸化是在 3-磷酸甘油醛脱氢酶(glyceraldehyde-3-phosphate dehydrogenase,GAPDH)的催化下将 3-磷酸甘油醛氧化为 1,3-二磷酸甘油酸(1,3-bisphosphoglycerate,1,3-BPG),NAD$^+$ 和无机磷酸(Pi)参与该反应。在此反应中,醛基脱氢并不形成自由的羧基,而是和磷酸形成羧酸酐,这种酐称为酰基磷酸(acylphosphate),是具有高能磷酸基团转移势能的化合物。

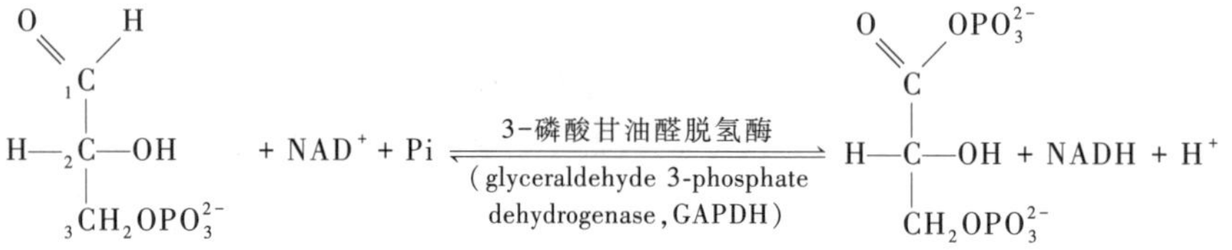

3-磷酸甘油醛的氧化是放能反应,然而,磷酸酐键的形成是非常吸能的反应,两反应相偶联后的 $\Delta G^{\ominus\prime}=+6.28$ kJ/mol($+1.5$ kcal/mol)。这表明,在标准状况下,整个反应是稍吸能的。但是下一步反应又是一个放能反应,这就使该反应可以顺利地进行。

1. 3-磷酸甘油醛脱氢酶的催化机制

3-磷酸甘油醛脱氢酶的反应机制可用图 17-8 表示。该酶的活性部位含有一个带游离巯基(—SH)的半胱氨酸。巯基是亲核体,它以解离形式向作为底物的醛分子中带电正性的羰基碳原子进攻,从而形成一个与酶分子结合着的半缩硫醛(hemithioacetal),这时醛分子上与原来羰基相连的氢原子就以氢负离子(:H$^-$)的形式离开羰基碳原子,也就是离开半缩硫醛,于是形成了还原的 NADH 和硫酯。同时释放出一个 H$^+$。NADH 一旦形成就立即从酶分子上解离下来,而氧化型的 NAD$^+$ 又立即结合到酶分子上。随后磷酸分子又向硫酯进行亲核攻击,形成 1,3-二磷酸甘油酸和游离的酶。和酶结合的硫酯是一种高能中间产物;1,3-二磷酸甘油酸也是一种高能磷酸酯。以上的反应机制可用图 17-8 所示。

从兔肌肉分离出的结晶酶其相对分子质量为 14 000,含有 4 个相同的亚基。每个亚基由 330 个氨基酸残基组成。重金属离子和烷化剂如碘乙酸能抑制酶的活性。这成为推测酶的活性部位是否有巯基的有力证据。

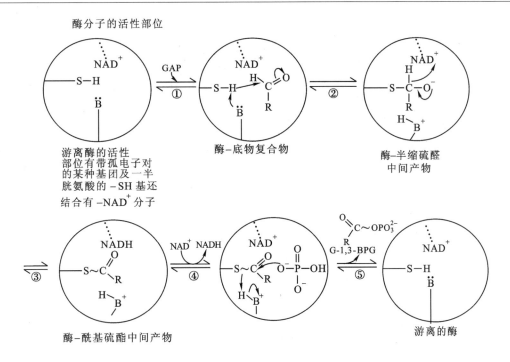

图 17-8   3-磷酸甘油醛脱氢酶的反应机制

① —S—H 的 H 为酸性(即荷正电),酶分子上的 B 的孤电子对向 H 进攻。② —S—H 形成—S: 向醛分子的羰
基 C 进攻形成半缩硫醛中间产物。③ 醛分子与原羰基相连的 H 原子以 H⁻ 形式脱离,而与氧化型的 NAD⁺ 结
合形成 NADH 及硫酯。④ 被还原的 NADH 立即脱离酶分子,同时酶又结合上另一氧化型 NAD⁺。⑤ 磷酸分子
向硫酯进行亲核攻击,使硫酯键断键形成游离的 1,3-二磷酸甘油酸,同时酶又恢复原状

2. 砷酸盐(arsenate)破坏 1,3-二磷酸甘油酸的形成

砷酸盐(AsO_4^{3-})在结构和反应方面都和无机磷酸极为相似,因此,能代替磷酸进攻硫酯中间产物的高
能键,产生 1-砷酸-3-磷酸甘油酸(1-arseno-3-phosphoglycerate)。其结构式如下:

1-砷酸-3-磷酸甘油酸
(1-arseno-3-phosphoglgcerate)

砷酸化合物是很不稳定的化合物。它迅速地进行水解。其结果是:砷酸盐代替磷酸与 3-磷酸甘油醛
结合并氧化,生成的不是 1,3-二磷酸甘油酸,而是 3-磷酸甘油酸反应式如下:

1-砷酸-3-磷酸甘油酸   3-磷酸甘油酸

在砷酸盐存在下,虽然酵解过程照样进行,但是却没有形成高能磷酸键。由 3-磷酸甘油醛氧化释放
的能量,未能与磷酸化作用相偶联而被贮存。因此砷酸盐起着解偶联的作用,即解除了氧化和磷酸化的偶
联作用。

从以上事实得到的启发是,在生物分子的进化中,为什么选择了具有较大动力学稳定性的磷酸基团作

为递能基团,而不是砷酸。

(二) 1,3-二磷酸甘油酸转移高能磷酸基团形成 ATP

这一步反应是糖酵解过程的第 7 步反应,也是糖酵解过程开始收获的阶段。在此过程中产生了第一个 ATP。

Warburg 等人证明,1,3-二磷酸甘油酸(1,3-bisphosphoglycerate,1,3-BPG)在磷酸甘油酸激酶(phosphoglycerate kinase,PGK)的催化下,将其以高能酸酐键连接在碳 1 位[C(1)]上的高能磷酸基团转移到 ADP 分子上形成 ATP 分子。1,3-二磷酸甘油酸则转变为 3-磷酸甘油酸(3-phosphoglycerate,3-PG):

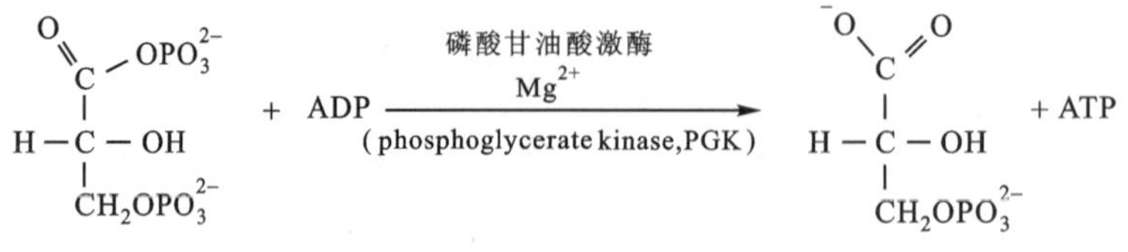

$$
\begin{array}{c}
\text{1,3-二磷酸甘油酸} \\
\text{(1,3-BPG)}
\end{array}
\ +\ \text{ADP}\ \xrightarrow[\text{(phosphoglycerate kinase,PGK)}]{\substack{\text{磷酸甘油酸激酶}\\ \text{Mg}^{2+}}}\
\begin{array}{c}
\text{3-磷酸甘油酸} \\
\text{(3-PG)}
\end{array}
\ +\ \text{ATP}
$$

该反应的 $\Delta G^{\ominus\prime} = -18.83$ kJ/mol(-4.50 kcal/mol),是一个高效地放能反应,因此起到推动前一步反应顺利进行的作用。

磷酸甘油酸激酶分子的外观和己糖激酶极其相似。都由两叶构成,很像钳子,中间有很深的裂缝。活性部位在裂缝的底部。Mg^{2+}-ADP 结合位点在酶的一个结构域中。1,3-二磷酸甘油酸的结合部位在另一个结构域中,二者相距大约 1 nm。当酶与底物结合后,酶的两个结构域合拢,使底物得以在无水的环境中发生反应。这种情况和己糖激酶的作用机制也非常相似。但它们的蛋白质组成却是完全不同的。磷酸甘油酸激酶(PGK)的催化机制可用图 17-9 表示。

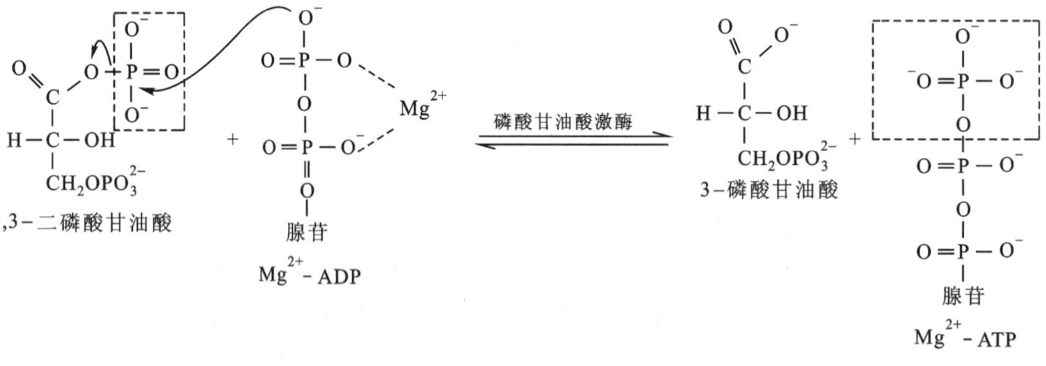

图 17-9　磷酸甘油酸激酶(PGK)的催化机制
在 ADP 和 ATP 分子中的 Mg^{2+} 的位置是假设的,实际上的 Mg^{2+} 位置仍是未知的

由图 17-9 可见,ADP β 磷酸基团的氧原子向 1,3-二磷酸甘油酸 C1 位的磷(P)原子进行亲核攻击,从而生成 ATP 和 3-磷酸甘油酸。

第 6 步和第 7 步反应构成能量偶联的过程,1,3-二磷酸甘油酸是两步反应共同的中间产物:它在第 6 步反应中形成,在第 7 步反应(放能反应)中磷酸基团转移到 ADP。两步反应的总和是:

$$\text{3-磷酸甘油醛} + \text{ADP} + \text{Pi} + \text{NAD}^+ \longrightarrow \text{3-磷酸甘油酸} + \text{ATP} + \text{NADH} + \text{H}^+$$

总反应的 $\Delta G^{\ominus\prime} = -12.5$ kJ/mol,是一个放能反应。细胞内实际自由能变化 ΔG 是由标准自由能变化 $\Delta G^{\ominus\prime}$ 和质量作用比(Q)决定的。对于第 6 步反应:

$$\Delta G = \Delta G^{\ominus\prime} + RT \ln Q$$
$$= \Delta G^{\ominus\prime} + RT \ln \frac{[1,3\text{-二磷酸甘油酸}][NADH]}{[1,3\text{-二磷酸甘油酸}][Pi][NAD^+]}$$

请注意[H^+]不包含在 Q 中。在生物研究中,[H^+]假定为常数(10^{-7} mol/L),$\Delta G^\prime$的定义中也包括此常数。步骤 7 消耗步骤 6 产生的 1,3-二磷酸甘油酸,降低[1,3-二磷酸甘油酸],从而减少整个能量偶联过程的 Q 值。当 Q 值小于 1.0 时,自然对数为负值。如果 Q 很小,对数值可以是 ΔG 变为负值。这一偶联反应在细胞内是可逆的,其结果是在醛基氧化为羧基时释放的能量可以通过 ADP 形成 ATP 的偶联反应而贮存。磷酸基团从底物如 1,3-二磷酸甘油酸转移到 ADP 形成 ATP,这被称为底物水平磷酸化(substrate-level phosphorylation)。

(三) 3-磷酸甘油酸转变为 2-磷酸甘油酸

这一反应是糖酵解过程的第 8 步反应,该反应是由磷酸甘油酸变位酶(phosphoglycerate mutase)催化,$\Delta G^{\ominus\prime} = 4.6$ kJ/mol 的。通常将催化分子内化学基团移位的酶称为变位酶(mutase)。由 3-磷酸甘油酸转变为 2-磷酸甘油酸是为酵解过程的下一步骤准备条件。

磷酸甘油酸变位酶的活性部位结合有一个磷酸基团。当 3-磷酸甘油酸作为酶的底物结合到酶的活性部位后,原来结合在酶活性部位的那个磷酸基团便立即转移到底物分子上,形成一个与酶结合的二磷酸的中间产物,2,3-二磷酸甘油酸(2,3-bisphosphoglycerate,2,3-BPG),这个中间产物又立即使酶分子的活性部位再磷酸化,同时产生游离的 2-磷酸甘油酸。

对上述反应机制的解释曾有以下的实验根据。

(1) 磷酸甘油酸变位酶的催化机制需有 2,3-二磷酸甘油酸作为引物,或者说是必需因素。

(2) 将极少量用 ^{32}P 标记的 2,3-二磷酸甘油酸与酶一起保温发现,具有放射性的磷酸基团标记到酶的组氨酸残基上。

(3) 用 X 射线观察酶的结构发现,在酶的活性部位 His8(第 8 位的组氨酸残基)上有放射性磷标记的磷酸基团。

上面的实验还有力地证明了与磷酸基团结合的残基是酶活性部位中第 8 位的组氨酸。

这里应该提及的是,上述的 2,3-二磷酸甘油酸(2,3-BPG)不只在磷酸甘油酸变位酶的催化过程中起着重要的作用,在红细胞对氧的转运中还起着调节剂的作用。它使脱氧血红蛋白稳定化,从而降低血红蛋白对氧的亲和力。没有它,血红蛋白在通过组织的毛细血管时就很难脱下氧。2,3-二磷酸甘油酸在红细胞中的浓度极高,大约与血红蛋白具有相同的浓度,在其他的细胞中则只存在微量。

2,3-二磷酸甘油酸的合成和降解是糖酵解途径中的一个短支路(short detour)。全部反应可用下式表示:

上述的两步反应几乎都是不可逆的。此外,2,3-二磷酸甘油酸是二磷酸甘油酸变位酶(bisphospho-glycerate mutase)强有力的竞争性抑制剂。2,3-二磷酸甘油酸的浓度不只决定于二磷酸甘油酸变位酶的活力,还决定于 2,3-二磷酸甘油酸磷酸酶(2,3-bisphosphoglycerate phosphatase)的活力。一般将催化磷酸酯水解的酶总称为**磷酸酶**(phosphatase)。

催化 1,3-二磷酸甘油酸转变为 2,3-二磷酸甘油酸的二磷酸甘油酸变位酶的作用机制已了解得很清楚。该变位酶先同时结合 1,3-二磷酸甘油酸和 3-磷酸甘油酸,然后磷酸基团从 1,3-二磷酸甘油酸的 C1 上移位到 3-磷酸甘油酸的 C2 上。从化学计算上看不到 3-磷酸甘油酸的出现,但它却是磷酸基团转移的重要参加者,磷酸基团的转移情况可用图 17-10 表示。

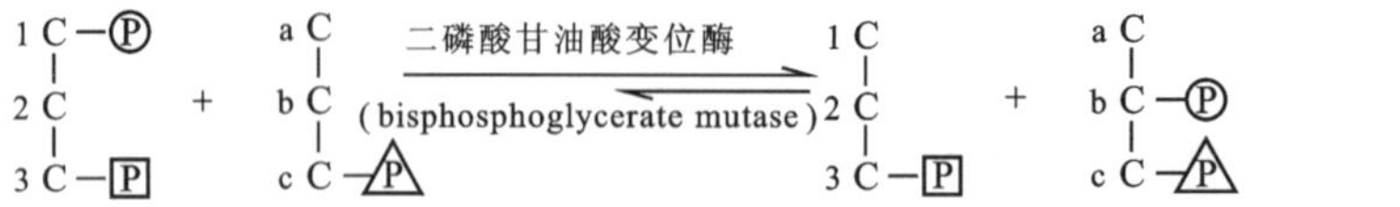

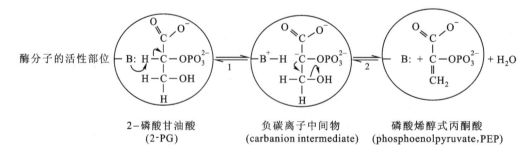

1,3-二磷酸甘油酸　3-磷酸甘油酸　　　　　3-磷酸甘油酸　2,3-二磷酸甘油酸

图 17-10　二磷酸甘油酸变位酶催化的磷酸基团转移反应

Ⓟ、△、Ｐ 代表不同碳原子上的磷酸基因,从不同的图形可看到磷酸基团转移的来龙去脉

(四)　2-磷酸甘油酸脱水生成磷酸烯醇式丙酮酸

这是酵解过程的第 9 步反应。这一反应是**烯醇化酶**(enolase)催化的。

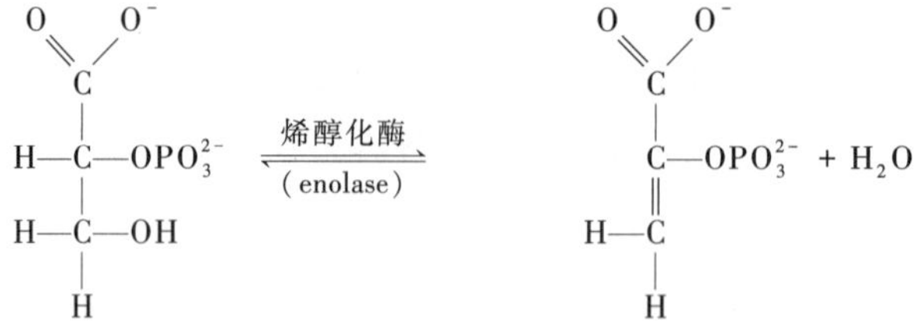

$$
\begin{array}{c}
\text{2-磷酸甘油酸} \\
\text{(2-phosphoglycerate)}
\end{array}
\xrightarrow[\text{(enolase)}]{\text{烯醇化酶}}
\begin{array}{c}
\text{磷酸烯醇式丙酮酸} \\
\text{(phosphoenolpyruvate)} + H_2O
\end{array}
$$

烯醇化酶在与底物结合前先与 2 价阳离子如 Mg^{2+} 或 Mn^{2+} 结合形成一个复合物,才有活性。烯醇化酶的催化作用可用图 17-11 表示。

酶分子的活性部位　　2-磷酸甘油酸　　　　负碳离子中间物　　　　磷酸烯醇式丙酮酸
　　　　　　　　　　　(2-PG)　　　　(carbanion intermediate)　(phosphoenolpyruvate,PEP)

图 17-11　烯醇化酶可能的反应机制

反应 1:酶分子碱性残基用 B:表示它的孤对电子吸引 2-磷酸甘油酸 C2 上的 H 原子,使 C2 成为负碳离子,从而形成负碳离子中间物。反应 2:2-磷酸甘油酸 C(3)上的-OH 基团离开负碳离子中间物,从而形成磷酸烯醇式丙酮酸和一分子水

烯醇化酶分子活性部位碱性残基上的孤电子对吸引 2-磷酸甘油酸第 2 碳原子上的氢原子。形成负碳离子中间产物,于是 2-磷酸甘油酸第 3 碳原子上的-OH 基团即离开负碳离子中间产物,形成磷酸烯醇式丙酮酸。在上述的两步反应中,2-磷酸甘油酸第 2 位碳原子被孤电子对吸引的质子能极迅速地与溶剂中的质子相互交换。而且 2-磷酸甘油酸负碳离子中间产物第 3 碳原子上—OH 基团的消除是比较缓慢

的。因此—OH 的消除速度是 2-磷酸甘油酸脱水形成磷酸烯醇式丙酮酸的限速步骤。用 ^{18}O 标记—OH 基团曾证明,放射性氧(O)从中间产物消除的速度和放射性 O 与溶剂互相交换的速度是相同的。

尽管该反应的标准自由能($\triangle G^{\ominus\prime}=-7.6$ kJ/mol)变化相对较小,但是反应物和产物水解释放磷酰基团产生的标准自由能变化差别很大:2-磷酸甘油酸(低能磷酸酯)水解的标准自由能 $\triangle G^{\ominus\prime}$ 为 -17.6 kJ/mol,磷酸烯醇式丙酮酸(高能磷酸酯)水解的标准自由能 $\triangle G^{\ominus\prime}=-61.9$ kJ/mol。2-磷酸甘油酸失去一分子水使得分子内能量重新排布,从而导致磷酸酯水解的标准自由能增加。

烯醇化酶的相对分子质量为 85 000。氟化物是该酶强烈的抑制剂。其原因是,氟与镁和无机磷酸形成一个复合物,取代天然情况下酶分子上镁离子的位置,从而使酶失活。

(五) 磷酸烯醇式丙酮酸转变为丙酮酸并产生一个 ATP 分子

这是糖酵解过程的第 10 步反应。是由葡萄糖形成丙酮酸的最后一步反应。催化此反应的酶称为**丙酮酸激酶**(pyruvate kinase)。反应式如下:

磷酸烯醇式丙酮酸
(phosphoenolpyruvate)

丙酮酸
(pyruvate)

烯醇磷酸酯具有高的基团转移势能。磷酸基团由磷酸烯醇式丙酮酸转移到 ADP 上同时形成丙酮酸,$\Delta G^{\ominus\prime}=-31.38$ kJ/mol,是一个不可逆、高放能的反应。这是因为磷酸烯醇式丙酮酸水解的 $\Delta G^{\ominus\prime}=-61.9$ kJ/mol,大约一半的能量以 ATP($\Delta G^{\ominus\prime}=-30.5$ kJ/mol)形式贮存起来,剩余的能量用于推动 ATP 合成。

丙酮酸激酶的催化活性需要 2 价阳离子参与,如 Mg^{2+} 和 Mn^{2+}。它是糖酵解途径中的一个重要变构调节酶(regulatory enzyme)。ATP、长链脂肪酸、乙酰-CoA、丙氨酸都对该酶有抑制作用;而 1,6-二磷酸果糖和磷酸烯醇式丙酮酸对该酶都有激活作用。丙酮酸激酶的相对分子质量为 250 000,由四个相对分子质量为 55 000 的亚基构成四聚体。该酶至少有三种不同类型的同工酶。在肝中占优势的称为 L 型。肌肉和脑中占优势的称为 M 型,其他组织中的称为 A 型。这些同工酶结构相似,但调控机制不同。

六、由葡萄糖转变为两分子丙酮酸能量转变的估算

由葡萄糖分解为两分子丙酮酸包括能量的产生可用下面的总反应式表示:

$$葡萄糖 + 2Pi + 2ADP + 2NAD^+ \rightarrow 2 丙酮酸 + 2ATP + 2NADH + 2H^+ + 2H_2O$$

从反应式中可一目了然,从一分子葡萄糖的降解到形成 2 分子丙酮酸的过程,净产生 2 分子 ATP。在酵解过程中,ATP 的消耗和产生可用表 17-1 作一概括;其每步反应的标准自由能和自由能的变化如表 17-2 所示。

表 17-1 酵解过程中 ATP 的消耗和产生

消耗或产生 ATP 的反应	每分子 ATP 葡萄糖 ATP 变化的分子数
葡萄糖→6-磷酸葡糖	-1
6-磷酸果糖→1,6-二磷酸果糖	-1
2×1,3-二磷酸甘油酸→2×3-磷酸甘油酸	+2
2×磷酸烯醇式丙酮酸→2×丙酮酸	+2
总　　计	+2

注:负号(-)代表消耗,正号代表产生。

表 17-2 糖酵解过程中各步反应的能量变化

反应内容	酶	$\Delta G^{\ominus\prime}$ kcal(kJ)/mol	ΔG kcal(kJ)/mol
1. 葡萄糖+ATP→6-磷酸葡糖+ADP+H$^+$	己糖激酶	-0.4 (-16.74)	-8.0 (-33.47)
2. 6-磷酸葡糖→6-磷酸果糖	磷酸己糖异构酶	$+0.4$ $(+1.67)$	-0.6 (-2.51)
3. 6-磷酸果糖+ATP→1,6-二磷酸果糖+ADP+H$^+$	磷酸果糖激酶-1	-3.4 (-14.23)	-5.3 (-22.18)
4. 1,6-二磷酸果糖→磷酸二羟丙酮+3-磷酸甘油醛	醛缩酶	$+5.7$ $(+23.85)$	-0.3 (-1.25)
5. 磷酸二羟丙酮→3-磷酸甘油醛	磷酸丙糖异构酶	$+1.8$ $(+7.53)$	$+0.6$ $(+2.51)$
6. 3-磷酸甘油醛+Pi+NAD$^+$→1,3-二磷酸甘油酸+NADH+H$^+$	磷酸甘油醛脱氢酶	$+1.5$ $(+6.28)$	-0.4 (-1.67)
7. 1,3-二磷酸甘油酸+ADP→3-磷酸甘油酸+ATP	磷酸甘油酸激酶	-4.5 (-18.83)	$+0.3$ $(+1.26)$
8. 3-磷酸甘油酸→2-磷酸甘油酸	磷酸甘油酸变位酶	$+1.1$ $(+4.60)$	$+0.2$ $(+0.84)$
9. 2-磷酸甘油酸→磷酸烯醇式丙酮酸+H$_2$O	烯醇化酶	$+0.4$ $(+1.67)$	-0.8 (-3.35)
10. 磷酸烯醇式丙酮酸+ADP+H$^+$→丙酮酸+ATP	丙酮酸激酶	-7.5 (-31.38)	-4.0 (-16.74)

注:上表中 $\Delta G^{\ominus\prime}$ 和 ΔG 用 kcal/mol 和 kJ/mol 单位表示。实际的自由能变化 ΔG 是在正常生理条件下测得的反应物浓度和标准自由能 $\Delta G^{\ominus\prime}$ 的数据计算所得

上表所示糖酵解各步反应的实际自由能变化,有三项其 ΔG 为正值。其中包括:磷酸丙糖异构酶催化的磷酸二羟丙酮转变为 3-磷酸甘油醛,磷酸甘油酸激酶催化的由 1,3-二磷酸甘油酸和 ADP 形成 3-磷酸甘油酸和 ATP,由磷酸甘油酸变位酶催化的 3-磷酸甘油酸转变为 2-磷酸甘油酸的反应。根据热力学原理,糖酵解过程只有在全部反应的值都为负值时才能进行。这些小的正值表明,细胞内进行着的酵解中间产物的浓度难于准确测得。

七、丙酮酸的去路

从葡萄糖到形成丙酮酸的酵解过程,在生物界都是极其相似的。丙酮酸以后的途径却随着机体所处的条件和发生在什么样的生物体中各不相同。在有氧条件下丙酮酸的转变这里不作讨论,请参看下面的章节,本章只讨论在无氧条件下丙酮酸的去路。

(一) 生成乳酸

动物包括人,在激烈运动时或由于呼吸、循环系统障碍而发生供氧不足时,缺氧的细胞必须用糖酵解产生的 ATP 分子暂时满足对能量的需要。为了使 3-磷酸甘油醛继续氧化,必须提供氧化型的 NAD$^+$。丙酮酸作为 NADH 的受氢体,使细胞在无氧条件下重新生成 NAD$^+$,于是丙酮酸的羰基被还原,生成**乳酸**(lactic acid 或 lactate)。反应式如下所示:

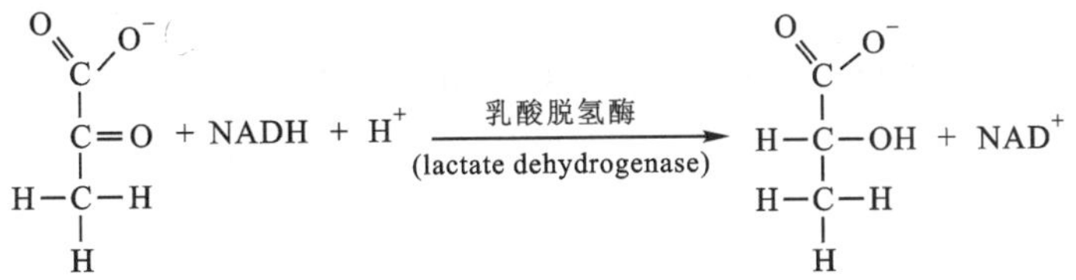

在无氧条件下,每分子葡萄糖代谢形成乳酸的总方程式如下:

$$C_6H_{12}O_6+2ADP+2Pi \longrightarrow 2C_3H_6O_3+2ATP+2H_2O$$

$$\text{葡萄糖} \qquad\qquad\qquad \text{乳酸}$$

由于糖酵解产生等摩尔的 NADH 和丙酮酸,每分子葡萄糖所产生的 NADH 分子,都可通过利用丙酮酸分子而重新被氧化。

催化上述反应的酶称为**乳酸脱氢酶**(lactate dehydrogenase,LDH)。

哺乳动物有两种不同的乳酸脱氢酶亚基。一种是 M 型(或称为 A 型),一种是 H 型(或称为 B 型)。这 2 种亚基类型构成 5 种同工酶:M_4、M_3H、M_2H_2、MH_3、H_4。所有这 5 种同工酶催化相同的反应。但每种同工酶都有对底物(丙酮酸和 NADH 或乳酸和 NAD^+)特有的 K_m 值。M_4 和 M_3H 型对丙酮酸有较小的 K_m 值,也就是较高的亲和力。它们在骨骼肌和其他一些依赖糖酵解获得能量的组织中占优势。相反,MH_3 和 H_4 型对丙酮酸有较大的 K_m 值,即较低的亲和力,它们在需氧的组织中占优势。例如,心肌中是 H_4 型,H_4 型对丙酮酸的亲和力最小。这确保了在心肌中丙酮酸不能转变为乳酸,而有利于丙酮酸脱氢酶(pyruvate dehydrogenase)的催化,使其朝有氧代谢方向进行(参看以后章节)。

乳酸脱氢酶催化 NADH 被丙酮酸氧化为 NAD^+ 的过程,与其他由酶催化的 NADH 的氧化或 NAD^+ 的还原反应都具有绝对的立体专一性(stereospecificity)。在 NADHC(4)上的 Pro-R(A-面)的氢,立体特异地转移到丙酮酸 C(2)位的 re 面,使丙酮酸形成 L-乳酸(也称为 S-乳酸)。这是带一对电子的质子(氢阴离子)的转移。这一氢阴离子是从烟酰胺环的对面(opposite face),直接转移到丙酮酸上的。这种情况和甘油醛磷酸脱氢酶在 3-磷酸甘油醛(GAP)转变为1,3-二磷酸甘油酸的反应中,由 NAD^+ 还原为 NADH+H^+ 的反应方式是一致的,丙酮酸还原的机制,可用图 17-12 表示。

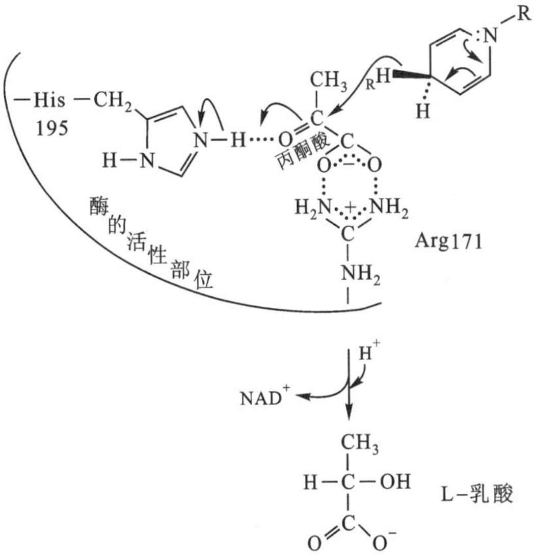

机体血液内乳酸脱氢酶同工酶的比例是比较恒定的。临床上利用测定血液中乳酸脱氢酶同工酶的比例关系作为诊断心肌、肝等疾患的重要指标之一。

图 17-12　乳酸脱氢酶的催化反应机制

图中表明负氢离子从 NADH 直接向丙酮酸羰基转移的情况

生长在厌氧或相对厌氧条件下的许多细菌以乳酸为最终产物。这种以乳酸为终产物的厌氧发酵称为乳酸发酵。乳酸发酵在经济上是非常重要的。人们利用细菌对牛乳中乳糖的发酵生产奶酪、酸奶和其他食品。

(二) 生成乙醇

酵母在无氧条件下,将丙酮酸转变为乙醇和 CO_2。这一过程实际包括两个反应步骤。第一步是丙酮酸脱羧形成乙醛和 CO_2,第二步乙醛由 NADH+H^+ 还原生成乙醇同时产生氧化型 NAD^+。

1. 丙酮酸脱羧形成乙醛

催化这一步反应的酶是**丙酮酸脱羧酶**（pyruvate decarboxylase）。该酶在动物细胞中不存在。它以硫胺素焦磷酸（TPP）为辅酶。TPP 以非共价键和酶紧密结合。

丙酮酸脱羧酶的催化机制可用图 17-13 表示。

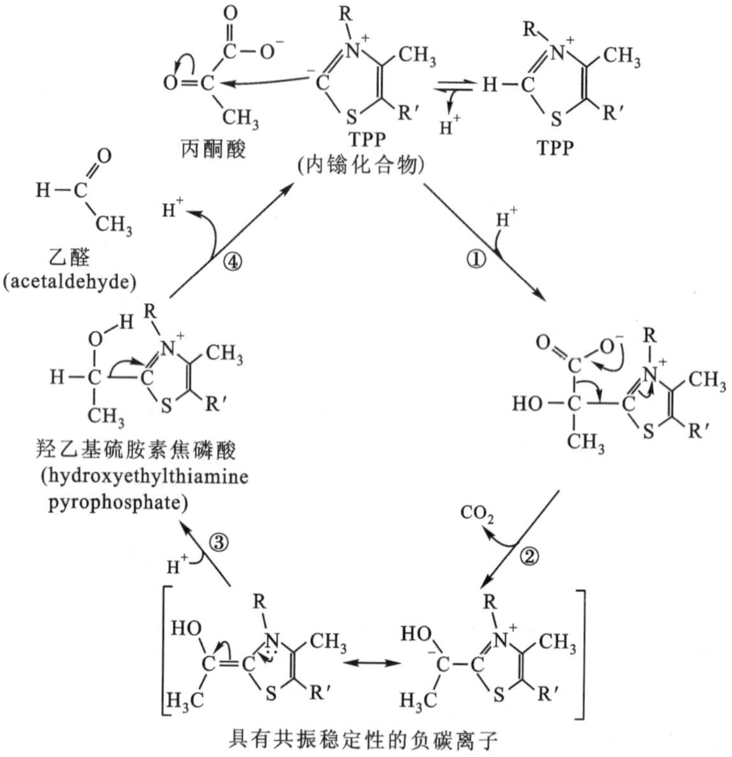

图 17-13　丙酮酸脱羧酶的催化机制
图中表明① TPP 以内鎓化合物形式对丙酮酸的羰基进行亲核攻击；② 羧基以 CO_2 形式脱去形成共振稳定性的负碳离子；③ 负碳离子质子化；④ 脱去 TPP 的内鎓化合物（ylid）和乙醛。注：内鎓化合物是碳和其他元素间既有共价键又有离子键性质的化合物

丙酮酸脱羧酶需要 TPP 是因为丙酮酸为 α-酮酸。它直接脱羧必然在羰基碳原子上产生电负性，羰基碳就形成一个负碳"陷阱"。这是极不稳定的状态，因此是根本不可能的。只有丙酮酸和 TPP 结合，经过图 17-13 所示的①、②、③、④比较稳定的中间过程才可以实现。经过这些过程乃避开了羰基碳形成带负电荷的"陷阱"。

TPP 的活性末端是一个噻唑环（thiazolium ring）。它第 2 碳原子上的氢，由于相邻的 4 价氮原子上正电荷的影响而具有相对酸性。氮原子上的正电荷使质子解离后形成的碳负离子得以稳定。这一两性负碳离子（是一个内鎓离子，见图 17-13 之注）是 TPP 的活性形式。

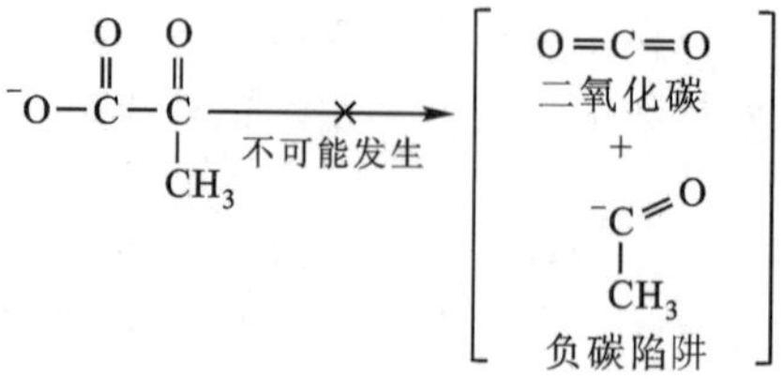

丙酮酸脱羧酶催化的脱羧过程可归纳为 4 个反应步骤：第一步，TPP 的内鎓离子对丙酮酸的羰基碳进行亲核攻击；第二步，释放出 CO_2 并生成一个共振稳定的负碳离子加合物，在这个加合物上 TPP 的噻唑环起着电子陷阱的作用；第三步，负碳离子质子化；第四步，乙醛被释放出又形成游离的活性酶（图 17-13）。

2. 乙醛还原成乙醇同时产生氧化型 NAD⁺

催化这一反应的酶是**乙醇脱氢酶**(alcohol dehydrogenase, ADH)。酵母乙醇脱氢酶(YADH)是含有 4 个亚基的四聚体。每个亚基结合一个 NADH 和一个 Zn^{2+}。Zn^{2+} 的作用是使乙醛的羰基极化,这可使处于反应中的中间态产生的负碳电荷比较稳定,从而对 NADH Pro-R 的氢原子的转移有促进作用。这一氢原子转移到乙醛的 re-面上,从而产生一个氢原子在 Pro-R 位的乙醇分子。如图 17-14 所示:

乙醇发酵有很大的经济意义,在发面、制作面包和馒头,以及酿酒工业中起着关键性的作用。在酿醋工业上,微生物也是先在不需氧条件下形成乙醛而后在有氧条件下氧化为醋。

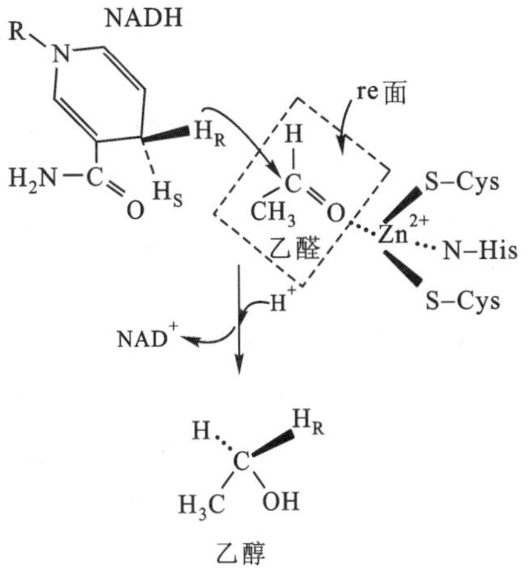

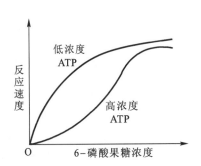

图 17-14　乙醇脱氢酶催化反应机制
图中表明 NADH Pro-R 的负氢离子定向地转移到乙醛的 re 面

八、糖酵解作用的调节

巴斯德在研究酵母的葡糖发酵中发现,在无氧条件下葡萄糖消耗的速率和总量比在有氧条件下高出很多。后来对肌肉的研究也表明,糖酵解速率在无氧和有氧条件下显示很大差异。这种"巴斯德效应(Pasteur effect)"的生化基础仍不清楚。在无氧条件下,糖酵解产生的 ATP(1 分子葡萄糖产生 2 分子 ATP),比在有氧条件下葡萄糖彻底氧化为 CO_2 产生的 ATP(1 分子葡萄糖产生 30 或 32 分子 ATP)要少得多。消耗相等量的葡萄糖,有氧条件下产生的 ATP 是无氧条件下的大约 15 倍。

细胞通过调节葡萄糖在糖酵解途径的流动而获得稳定的 ATP 水平(糖酵解中间物可用于后续生物合成)。对于糖酵解的**短期调控**(short-term regulation),糖酵解速率的调节是通过 ATP 的消耗、NADH 的再生及变构调节酶(己糖激酶、磷酸果糖激酶-1 和丙酮酸激酶)之间的复杂相互作用而实现的。糖酵解速率的调节也依赖于可以反应细胞内 ATP 产出和消耗平衡的关键代谢物浓度的瞬时变化。对于糖酵解的**长期调控**(long-term regulation),糖酵解速率受胰高血糖素、肾上腺素和胰岛素的调控。

(一) 磷酸果糖激酶是关键酶

在代谢途径中,催化基本上不可逆反应的酶所处的部位是控制代谢反应的有力部位。在糖酵解途径中由己糖激酶、磷酸果糖激酶和丙酮酸激酶催化的反应实际都是不可逆反应,因此,这三种酶都具有调节糖酵解途径的作用。它们的活性受到变构效应物(allosteric effectors)可逆地结合以及酶共价修饰的调节。当然这些酶的量还根据代谢情况的需要受到转录的控制。酶的可逆的变构调控,磷酸化作用的调节以及转录的控制根据不同情况可在百万分之一秒、几秒或几小时内发生变化。

6-磷酸葡糖可以进入糖酵解途径或者进入其他代谢途径,包括糖原合成和磷酸戊糖途径。细胞通过磷酸果糖激酶 PFK-1 催化的不可逆反应将葡萄糖送入糖酵解途径。除了它的底物结合位点,该酶有多个别构激活因子或者抑制因子结合的调节位点。ATP 不仅是 PFK-1 的底物,也是糖酵解途径的终产物。当细胞内 ATP 合成速度大于消耗速度,ATP 通过结合到 PFK-1 别构调节位点并降低该酶与 6-磷酸果糖的亲和力,从而抑制 PFK-1 的活性,从图 17-15 可看出,

图 17-15　ATP 对磷酸果糖激酶的变构调节作用表明高浓度 ATP 降低酶和底物的亲和力,从而降低反应速度

高的 ATP 浓度使酶与底物 6-磷酸果糖的结合曲线从双曲线形变为 S 形。当 ATP 的消耗超过合成时,导致 ADP 和 AMP 的浓度增加,它们通过别构调节减弱由 ATP 造成的抑制。当 6-磷酸果糖、ADP、AMP 积累时,这些效应则联合起来产生更高的酶活性。

　　因糖酵解作用不只是在缺氧条件下提供能量,也为生物合成提供碳骨架,因此,碳骨架需要的情况也必然影响酵解作用的速度。柠檬酸对磷酸果糖激酶的抑制作用正具有这种意义。细胞内的柠檬酸含量高,意味着有丰富的生物合成前体存在,葡萄糖无需为提供合成前体而降解,柠檬酸是通过加强 ATP 的抑制效应来抑制磷酸果糖激酶的活性,从而使糖酵解过程减慢。

　　因磷酸果糖激酶是糖酵解作用的限速酶,因此,对此酶的调节是调节酵解作用的关键步骤。

(二) 2,6-二磷酸果糖对酵解的调节作用

2,6-二磷酸果糖(fructose-2,6-bisphosphate,F-2,6-BP)是 1980 年由 Henri-Gery Hers 和 Emile Van Schaftinggen 新发现的酵解过程的调节物。它的结构如下:

$$^{2-}O_3POCH_2 \quad O \quad OPO_3^{2-}$$

2,6-二磷酸果糖
(fructose-2,6-bisphosphate F-2,6-BP)

　　它是磷酸果糖激酶强有力的激动剂。在肝中,2,6-二磷酸果糖提高果糖激酶与 6-磷酸果糖的亲和力并降低 ATP 的抑制效应。2,6-二磷酸果糖对磷酸果糖激酶的激活作用可用图 17-16 表示。

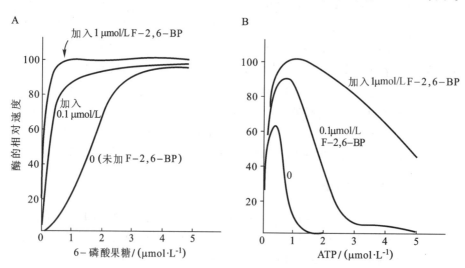

图 17-16　2,6-二磷酸果糖对磷酸果糖激酶的激活作用
　　A. 加入 2,6-二磷酸果糖 1 μmol/L 后,底物浓度对酶的活性影响由图中的 S 形变为双曲线形
　　B. ATP 浓度对酶的抑制效应:当加入不同浓度的 2,6-二磷酸果糖后受到解除

　　实质上 2,6-二磷酸果糖是一个**变构激活剂**(allosteric activator)。它控制磷酸果糖激酶的构象转换,维持构象之间的平衡关系。

　　2,6-二磷酸果糖的形成是由**磷酸果糖激酶-2**(phosphofructokinase-2,PFK2)催化 6-磷酸果糖,使其在 C2 位磷酸化而形成的。磷酸果糖激酶-2 和磷酸果糖激酶(PFK)是两种不同的酶。它们的催化机制不同。2,6-二磷酸果糖的水解也是由一种特殊的磷酸酶,称为**二磷酸果糖磷酸酶-2**(fructose bisphosphatase 2,FBPase 2)催化的。水解的产物是 6-磷酸果糖。有趣的是,这两种酶,即磷酸果糖激酶-2 和二磷酸果糖磷酸酶-2,处于同一条单一的多肽链上,这条多肽链的相对分子质量为 55 000,也可以说这是一个具有双重功能的酶。

6-磷酸果糖有加速 2,6-二磷酸果糖合成的作用,还有抑制该化合物被水解的作用。因此,高的 6-磷酸果糖浓度可导致高浓度 2,6-二磷酸果糖的形成。2,6-二磷酸果糖又进一步激活磷酸果糖激酶。这种过程称为**前馈刺激作用**(feedforward stimulation)。

磷酸果糖激酶-2 和二磷酸果糖磷酸酶-2 的活性由酶分子上一个丝氨酸残基往复地磷酸化所控制(图 17-17)。

如图 17-17 所示,当葡萄糖缺乏时,血液中的**胰高血糖素**(glucagon)启动环 AMP(cyclic AMP)的级联效应,激活 cAMP 依赖的蛋白激酶,从而引起该双重功能酶的磷酸化。酶的共价修饰使二磷酸果糖磷酸酶-2 激活,同时使磷酸果糖激酶-2 受到抑制。结果使 2,6-二磷酸果糖减

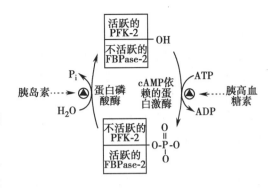

图 17-17　磷酸果糖激酶-2/二磷酸果糖磷酸酶-2 的活性受磷酸化和去磷酸化调节

少,抑制糖酵解。当葡萄糖过剩时,胰岛素激活蛋白磷酸酶的活性,使磷酸基团从酶分子上脱落,激活磷酸果糖激酶-2,2,6-二磷酸果糖的含量于是上升,结果使糖酵解过程加速。这一调控称为协同控制作用(coordinated control)。因激酶和磷酸酶的结构域同处在一条肽链上,使上述协同作用得到加强。

(三) 己糖激酶对糖酵解的调节作用

己糖激酶催化葡萄糖进入糖酵解途径,是另一个调节酶。为什么磷酸果糖激酶是限速酶而不是己糖激酶? 因为 6-磷酸葡糖并不是唯一的糖酵解的中间物,6-磷酸葡糖还可以转变为糖原,还可以经五碳糖磷酸途径(pentose phosphate pathway)进行氧化。己糖激酶有四种同工酶(Ⅰ~Ⅳ),由四个不同的基因编码。肌细胞内的己糖激酶Ⅱ对葡萄糖有高度的亲和性,它在大约 0.1 mmol/L 时处于半饱和状态。因为葡萄糖从血液(葡萄糖浓度为 4~5 mmol/L)进入肌细胞,葡萄糖的浓度足够饱和己糖激酶Ⅱ。肌肉己糖激酶被它的催化产物 6-磷酸葡糖别构抑制。一旦细胞内 6-磷酸葡糖的浓度超过正常水平,己糖激酶便暂时可逆地受到抑制,使得 6-磷酸葡糖产生和消耗的速度达到平衡。

肝和肌肉中存在不同的己糖激酶同工酶,反映了这些器官在糖代谢中的不同作用:肌肉消耗葡萄糖产生能量,而肝产生并重新分配葡萄糖到其他组织。肝中的己糖激酶Ⅳ也称**葡糖激酶**(glucokinase),它在三个重要方面不同于肌肉己糖激酶。

首先,葡糖激酶被半饱和的葡萄糖浓度大约为 10 mmol/L,高于血液中的葡萄糖浓度。由于肝细胞中有效的葡萄糖转运蛋白(GLUT2)保持肝细胞与血液中的葡萄糖浓度相近,葡糖激酶的这种性质使其受到血液葡萄糖的直接调控。当血糖浓度升高时,血液中过量的葡萄糖会被运送到肝,由葡糖激酶催化转化为 6-磷酸葡糖。由于葡糖激酶对于 10 mmol/L 葡萄糖处于不饱和状态,它的活性随葡萄糖浓度上升而增加。

其次,葡糖激酶还受到另外一个核蛋白即**葡糖激酶调节蛋白**(glucokinase regulatory protein)可逆的抑制调节。在高浓度 6-磷酸果糖存在的条件下,该核蛋白与葡糖激酶结合并定位于细胞核内,使葡糖激酶与其他定位于胞质内的糖酵解酶隔离开来,糖酵解受到抑制。当食入糖类,血液葡萄糖浓度升高,葡萄糖被 GLUT2 运送至肝细胞内,由于葡萄糖与 6-磷酸果糖竞争结合葡糖激酶调节蛋白,高浓度的葡萄糖使葡糖激酶与调节蛋白发生解离,葡糖激酶从细胞核内转运至胞质,糖酵解被激活。

最后,葡糖激酶并不受反应产物 6-磷酸葡糖的抑制,而受 6-磷酸果糖的抑制,而 6-磷酸果糖是通过果糖磷酸异构酶的作用与 6-磷酸葡糖达到平衡。因此,当 6-磷酸葡糖的积累引起己糖激酶Ⅰ-Ⅲ被完全抑制时,葡糖激酶仍能够继续发挥作用。

(四) 丙酮酸激酶对糖酵解的调节作用

在脊椎动物中至少发现 3 种丙酮酸激酶同工酶,它们在组织分布和对调节因子的反应上是不同的。

高浓度的 ATP、乙酰辅酶 A 和长链脂肪酸均能够抑制丙酮酸激酶的活性。丙酮酸激酶催化磷酸烯醇式丙酮酸生成 ATP 和丙酮酸。后者是一个共同的代谢中间物,它可进一步被氧化,或用作结构元件。丙酮酸激酶控制着丙酮酸的外流量。1,6-二磷酸果糖对丙酮酸激酶的激活作用,使糖酵解过程的反应中间物能够顺利地往下一步进行。当能量贮存足够时,ATP 对丙酮酸激酶的变构抑制效应使酵解过程减慢。如果血液中的葡萄糖水平下降,激起肝中丙酮酸激酶的磷酸化,使该酶变为不活跃的形式,从而降低了酵解作用的进行,使血糖浓度得以维持正常水平。

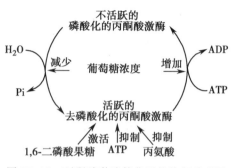

图 17-18　丙酮酸激酶催化活性控制关系图

如图 17-18 所示,丙氨酸对丙酮酸激酶的变构抑制效应,也使酵解过程减慢。丙氨酸是由丙酮酸接受一个氨基形成的,丙氨酸浓度增加意味着丙酮酸作为丙氨酸的前体过量,因此丙氨酸对丙酮酸减慢的抑制效应也是维持代谢动态平衡的一种有效措施。肝丙酮酸激酶同工酶是通过磷酸化和去磷酸化转变其活性。其活跃形式是去磷酸化形式,而磷酸化形式是不活跃形式。当血液中葡萄糖浓度降低时,胰高血糖素释放,cAMP 依赖的蛋白激酶磷酸化肝中的丙酮酸激酶使其失活,从而减慢葡萄糖在肝中作为燃料的使用,节省的葡萄糖被输送至大脑及其他器官。肌肉丙酮酸激酶同工酶不受磷酸化调控。

（五）　5-磷酸木酮糖对糖代谢调节作用

在哺乳动物的肝中,由单磷酸己糖途径产生的 5-磷酸木酮糖能够调节糖酵解途径。随着葡萄糖进入肝并转化为 6-磷酸葡糖,进入糖酵解和单磷酸己糖途径,导致 5-磷酸木酮糖浓度上升。5-磷酸木酮糖激活蛋白磷酸酶 PP2A,使双功能酶 PFK-2/FBPase-2 去磷酸化。去磷酸化激活 PFK-2,抑制 FBPase-2,使 2,6-二磷酸果糖浓度增加,激活糖酵解。

（六）　癌组织中糖代谢紊乱

在癌组织中葡萄糖的摄取和糖酵解的速度比在非癌变组织中快大约 10 倍。因为肿瘤细胞最初缺乏广泛的毛细血管网络提供氧气,处于有限的氧气供应状态,所以比正常细胞摄取更多的葡萄糖,转换为丙酮酸并在重新生成 NADH 时进一步转化成乳酸。糖酵解高速率的原因之一可能是肿瘤细胞中线粒体数目减少,导致线粒体氧化磷酸产生的 ATP 不足,所需要的 ATP 从糖酵解途径中获得。另外,一些肿瘤细胞过度表达几种糖酵解酶,包括线粒体己糖激酶的同工酶,它对 6-磷酸葡糖的反馈抑制不敏感,这种酶可能垄断线粒体中的 ATP,利用它将葡萄糖转化为 6-磷酸葡糖,使细胞继续进行后续的糖酵解反应。低氧诱导的转录因子(HIF-1)作用于 mRNA 合成水平,促进至少 8 种糖酵解酶的合成,为肿瘤细胞在无氧条件下提供了生存能力。

早在 1928 年,德国生化学家 Otto Warburg 第一个发现肿瘤组织中的葡萄糖代谢速率显著高于其他组织。Warburg 纯化和结晶了糖酵解途径中的七个酶。在这些研究中,他建立的生物化学实验方法彻底"变革"了氧化代谢的生化研究,如 Warburg 压力计通过监测气体体积的变化直接检测氧气的消耗量,用于定量测定氧化酶的活性。Otto Warburg 是 20 世纪上半叶最卓越的生物化学家之一,对生物化学的其他研究领域(呼吸作用,光合作用和中间代谢的酶学)也做出了开创性的贡献,并于 1931 年荣获诺贝尔生理和医学奖。

九、其他六碳糖进入糖酵解途径

淀粉和糖原经消化后都转变为葡萄糖进入糖酵解途径。由蔗糖水解产生的果糖,由乳糖水解产生的半乳糖,由糖蛋白等多糖经消化产生的甘露糖都是通过转变成糖酵解途径的中间产物而进入酵解途径。

（一）果糖

在肌肉中，果糖由己糖激酶催化磷酸化形成 6-磷酸果糖。

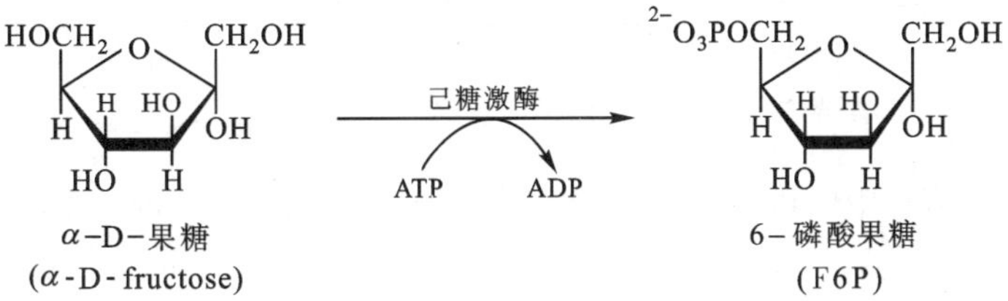

α-D-果糖 → 6-磷酸果糖
（α-D-fructose） （F6P）
（己糖激酶，ATP→ADP）

在肝中，因只含有葡糖激酶，此酶只催化葡萄糖的磷酸化，所以果糖在肝中进入糖酵解途径不能像在肌肉中那么简单，需经过 6 种酶的催化，其转变过程如下。

（1）果糖由**果糖激酶**（fructokinase）催化，在 C1 位磷酸化，消耗 1 个 ATP 分子，形成 1-磷酸果糖（fructose-1-phosphate）。

（2）1-磷酸果糖进行醇、醛裂解形成磷酸二羟丙酮和甘油醛

前面已经提到，醛缩酶有不同类型。肌肉中为 A 型，只对 1,6-二磷酸果糖起作用；肝中为 B 型，也可利用 1-磷酸果糖作为底物。因此 B 型醛缩酶有时也称为 1-磷酸果糖醛缩酶。它催化如下的反应：

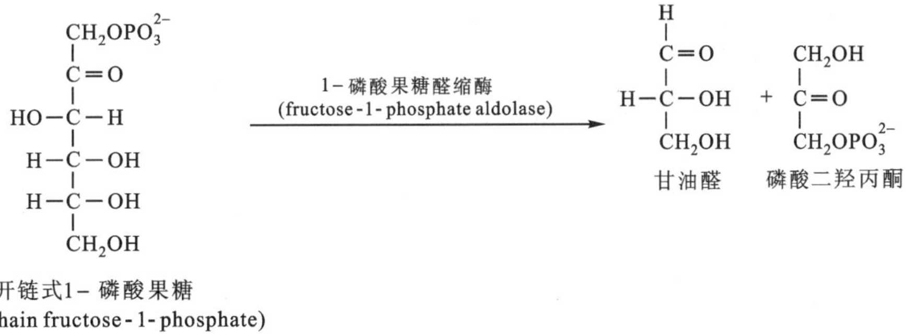

开链式 1-磷酸果糖
（open chain fructose-1-phosphate）
1-磷酸果糖醛缩酶（fructose-1-phosphate aldolase）
→ 甘油醛 + 磷酸二羟丙酮

（3）甘油醛在**甘油醛激酶**（glyceraldehyde kinase）催化下，消耗 1 分子 ATP，形成 3-磷酸甘油醛。反应如下：

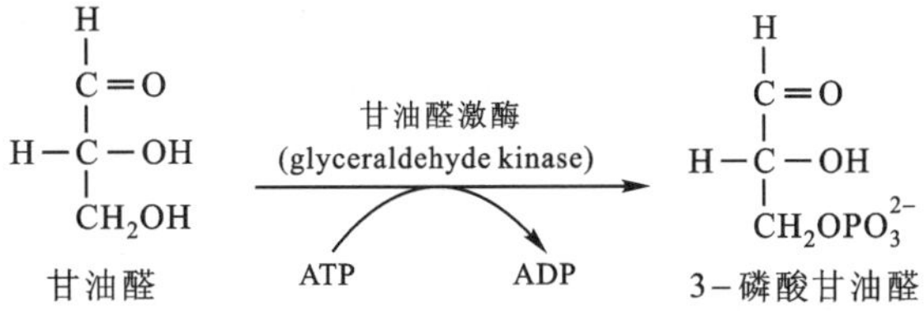

甘油醛 → 3-磷酸甘油醛
（甘油醛激酶 glyceraldehyde kinase，ATP→ADP）

（4）甘油醛还可在**醇脱氢酶**（alcohol dehydrogenase）催化下，由 NADH 还原形成甘油，反应如下：

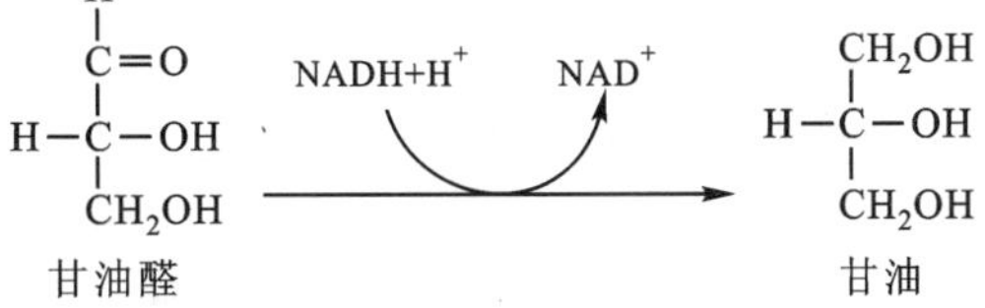

甘油醛 → 甘油
（NADH+H$^+$ → NAD$^+$）

（5）甘油在**甘油激酶**（glycerol kinase）的催化下，消耗 1 分子 ATP，转变为 3-磷酸甘油（glycerol-3-phosphate）：

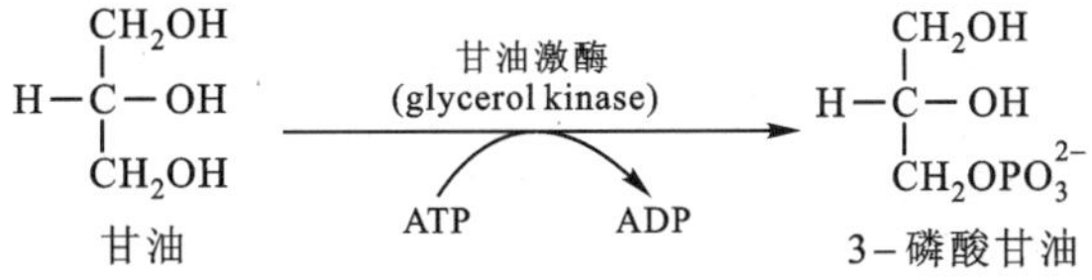

甘油 → 3-磷酸甘油
（甘油激酶 glycerol kinase，ATP→ADP）

（6）3-磷酸甘油在**甘油磷酸脱氢酶**（glycerol phosphate dehydrogenase）催化下，由 NAD$^+$ 氧化，形成磷酸二羟丙酮，反应如下：

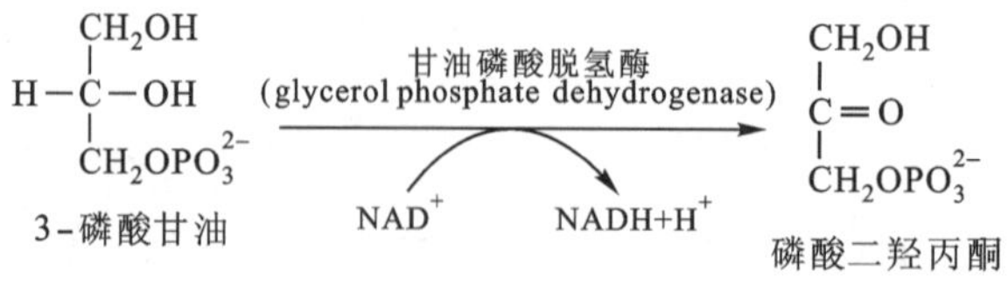

磷酸二羟丙酮经酵解途径中的**磷酸丙糖异构酶**（triosephosphate isomerase）转变为 3-磷酸甘油醛，从而进入糖酵解途径。

临床上，过去认为给病人输入果糖优于葡萄糖。但血中果糖浓度过高超出肝中醛缩酶 B 的正常功能范围，引起 1-磷酸果糖积累，造成肝中无机磷酸的大量消耗以致耗竭，进而使 ATP 浓度下降，于是糖酵解过程加速产生大量乳酸。血中乳酸浓度过高，甚至达到危及生命的地步。

有一种遗传病，称为**果糖不耐症**（fructose intolerance），是由于肝中缺乏 B 型醛缩酶。食入的果糖不能被正常代谢，也造成 1-磷酸果糖积累引起一系列和临床输入果糖同样的症状。这种病人对任何甜味都失去感觉。

（二）半乳糖

1. 半乳糖（galactose）转变为能进入糖酵解途径的中间产物，包括 5 个步骤

（1）半乳糖由**半乳糖激酶**（galactokinase）催化其第一个碳原子 C1 磷酸化，形成 1-磷酸半乳糖（galactose-1-phosphate），也需要消耗 1 分子 ATP。

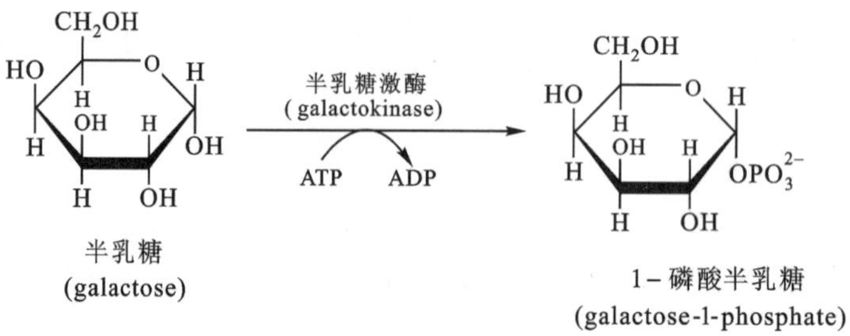

（2）1-磷酸半乳糖形成 UDP-半乳糖（尿苷二磷酸-半乳糖，uridine diphosphate-galactose）。催化此反应的酶称为**尿苷酰转移酶**（uridylyl transferase）。它催化尿苷酰基团从 UDP-葡萄糖分子在焦磷酸键处断裂转移到 1-磷酸半乳糖的磷酸基团上。反应如下：

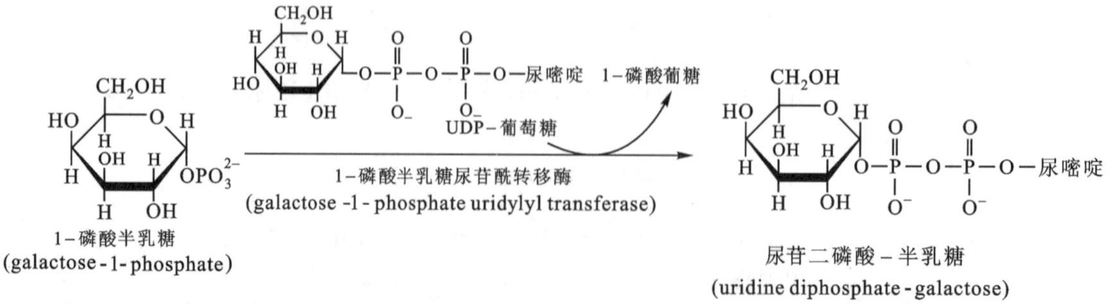

（3）UDP-半乳糖转化为 UDP-葡萄糖。催化此反应的酶称为 UDP-半乳糖 4-差向异构酶（UDP-galactose-4-epimerase）。此酶以 NAD$^+$ 为辅酶。在转变中需经过氧化还原过程。反应如下。

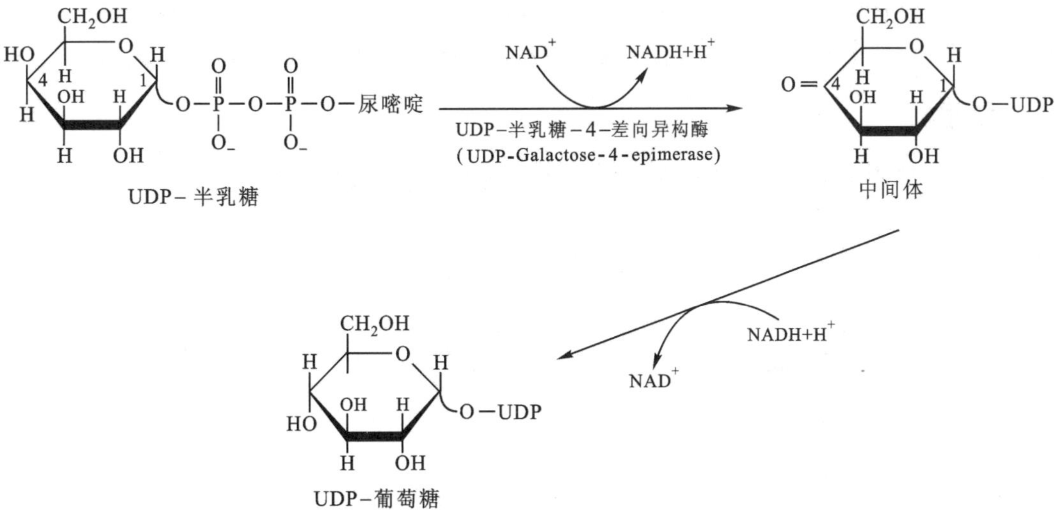

UDP-半乳糖 → UDP-半乳糖-4-差向异构酶（UDP-Galactose-4-epimerase）→ 中间体 → UDP-葡萄糖

（4）UDP-葡萄糖转变为1-磷酸葡糖。催化此反应的酶为 **UDP-葡糖焦磷酸化酶**（UDP-glucose pyrophosphorylase）。反应式如下：

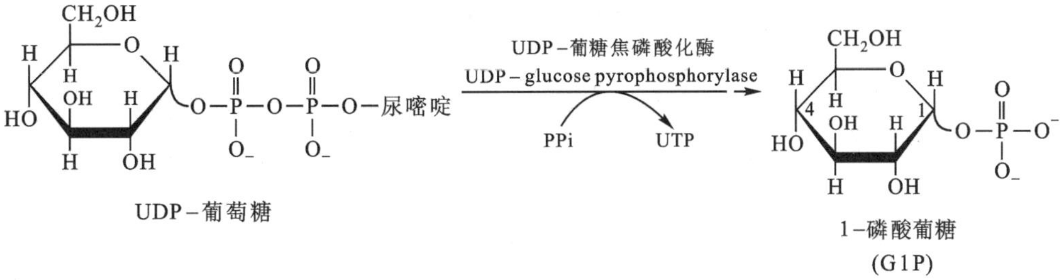

UDP-葡萄糖 → UDP-葡糖焦磷酸化酶（UDP-glucose pyrophosphorylase）→ 1-磷酸葡糖（G1P）

（5）1-磷酸葡糖由**磷酸葡糖变位酶**（phosphoglucomutase）转变为糖酵解过程的中间产物6-磷酸葡糖。反应式如下：

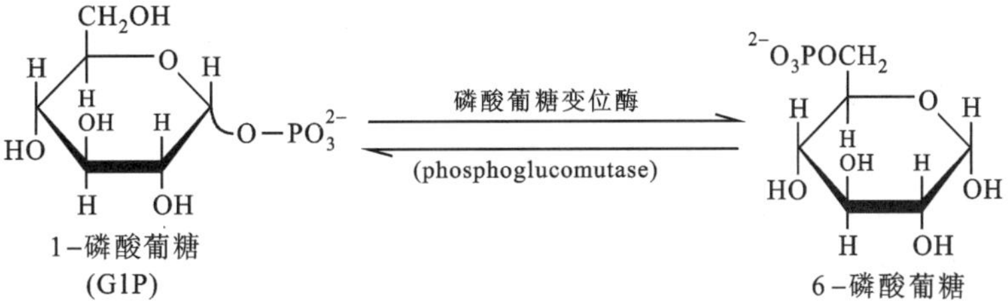

1-磷酸葡糖（G1P）→ 磷酸葡糖变位酶（phosphoglucomutase）→ 6-磷酸葡糖

2. 半乳糖血症

半乳糖血症（galactosemia）是一种遗传病。这种患者体内不能将半乳糖转化为葡萄糖。原因是缺乏1-磷酸半乳糖尿苷酰转移酶，不能使1-磷酸半乳糖转变为UDP-半乳糖。结果使血中半乳糖积累，进一步造成眼睛晶状体半乳糖含量升高。并还原为**半乳糖醇**（galactitol），它的结构如下：

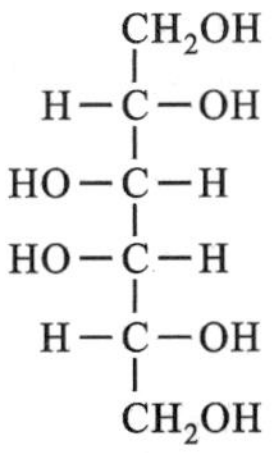

D-半乳糖醇
(D-galactitol)

晶状体内的半乳糖醇最后造成晶状体混浊引起白内障。

半乳糖血症严重的引起生长停滞，智力迟钝，还往往引起肝损伤而致死亡。

治疗措施主要是食用不含半乳糖的饮食。体内合成糖蛋白和糖脂所需的半乳糖,可能在体内由葡萄糖经差向异构酶催化转变成为半乳糖供给合成的需要。因此机体可不摄入半乳糖。

（三） 甘露糖

甘露糖进入糖酵解途径是经过两步反应转变为 6-磷酸果糖。反应如下:

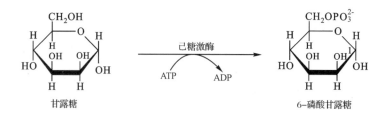

甘露糖　　　　　　　　　　　　　　　　　6-磷酸甘露糖

（1）甘露糖由己糖激酶催化转变为 6-磷酸甘露糖。

（2）6-磷酸甘露糖由**磷酸甘露糖异构酶**(phosphomannose isomerase)催化转变为 6-磷酸果糖(F6P),其催化机制和磷酸葡糖异构酶相似。

提　要

糖酵解过程是生物最古老、最原始获得能量的一种方式。大多数较高等生物虽然进化为利用有氧条件进行生物氧化获取大量的自由能,但仍保留了这种原始的方式。这一过程是生物体共同经历的途径,而且有些生物还利用这一途径在供氧不足时给机体提供能量。

糖酵解作用的定义是:葡萄糖在无氧条件下转变为丙酮酸所经历的一系列反应,在此过程中净生成两个 ATP 分子。

这一过程是最早阐明的酶促反应过程,也是研究得非常透彻的过程。糖酵解作用机制的研究是最富于启发性的科学工作。

酵解过程产生的丙酮酸在无氧条件下由 NADH 还原为乳酸。在高等动物肌肉中糖酵解的最终产物为乳酸,这一过程又称为单纯乳酸发酵(homolactic fermentation)。人们将微生物经过无氧条件产生乳酸的过程称为乳酸发酵,将丙酮酸脱羧形成乙醇的过程称为乙醇发酵。单纯乳酸发酵和乙醇发酵除了在最后步骤不同外,所经历的步骤完全相同。

糖酵解过程共有 10 步反应,可划分为两个阶段,全部在细胞溶胶(胞液)中进行。第一阶段是支付能量的准备阶段,即预先支出阶段,包括 5 步反应。葡萄糖与 2 分子 ATP 反应,通过磷酸化、异构化、第二次磷酸化,形成 1,6-二磷酸果糖。每次磷酸化都需要由 ATP 提供能量。第二阶段是收入阶段,也包括 5 步反应。1,6-二磷酸果糖由醛缩酶裂解为磷酸二羟丙酮和 3-磷酸甘油醛。这两种化合物在丙糖异构酶作用下,很容易互变。在 3-磷酸甘油醛脱氢酶作用下,3-磷酸甘油醛被氧化和磷酸化即与 NAD$^+$ 和 Pi 形成 1,3-二磷酸甘油酸,形成的高能酰基磷酸,具有高的转移势能,在磷酸甘油酸激酶的作用下,生成一分子 ATP 同时产生一分子 3-磷酸甘油酸。随后又在磷酸甘油酸变位酶的催化下,异构化为 2-磷酸甘油酸。后者由烯醇化酶脱氢发生磷酸基团变位和脱水,形成磷酸烯醇式丙酮酸。它是第 2 个高能磷酸基团转移势能的酵解中间物。磷酸烯醇式丙酮酸在丙酮酸激酶的作用下,将高能磷酸基团转移给 ADP 形成另外 1 分子 ATP 和丙酮酸。

催化酵解 10 步反应的酶作用机制都已通过化学、动力学测定并结合 X 射线结构分析基本得到阐明。酵解酶的催化过程表现出严格的立体专一性,其中两种激酶由底物引起酶分子的构象变化,防止了底物上高能磷酸基团向水分子的转移而且直接转移到 ADP 分子上。

糖酵解作用能在无氧条件下继续进行,必须有使 NADH 再被氧化为 NAD$^+$ 的途径。乳酸或乙醇(先脱羧形成乙醛,再由 NADH+H$^+$ 还原成乙醇)的形成解决了 NAD 再生的问题。丙酮酸脱羧形成乙醛由丙酮酸脱羧酶催化。此酶需焦磷酸硫胺素作为辅助因素。催化乙醛还原为乙醇的酶是乙醇脱氢酶。催化丙酮酸形成乳酸的酶是乳酸脱氢酶。

糖酵解过程有三个反应步骤是基本上不可逆的。催化这三步反应的酶是己糖激酶、磷酸果糖激酶和丙酮酸激酶。其中磷酸果糖激酶催化的反应是糖酵解的限速反应。该酶受高浓度 ATP 和柠檬酸的抑制,被 AMP 和 2,6-二磷酸果糖激活。己糖激酶受 6-磷酸葡糖抑制,如果磷酸果糖激酶受到抑制,则 6-磷酸葡糖积累。丙酮酸激酶受 ATP 和丙氨酸引起的变构抑制,受 1,6-二磷酸果糖激活。当机体能荷或糖酵解的中间物积累时,丙酮酸激酶达到活跃顶峰。丙酮酸激酶的活性受磷酸化的调节。血液中葡萄糖水平降低时,激起肝中丙酮酸激酶的磷酸化从而使其活性降低,于是肝中葡萄糖的利用下降,因此,丙酮酸激酶对维持血糖浓度的相对稳定起着调节作用。

己糖激酶和磷酸丙糖异构酶对底物引起的诱导式的配合,使催化反应避开了不需要的副反应,这大大提高了酶的催化效率。

磷酸丙糖异构酶的催化效率是最完善的典型,一旦酶分子与底物接触,在碰撞的瞬间反应已经完成,因此,这种酶促反应是由底物分子的扩散速度调节的。

3-磷酸甘油醛脱氢酶在催化 3-磷酸甘油醛氧化和磷酸化为 1,3-二磷酸甘油酸的过程中,形成一个半缩硫醛中间物,这一硫酯中保存了 3-磷酸甘油醛氧化释放出的部分能量,是一个高能中间物,它接受无机磷酸的攻击而形成具有高能磷酸基团的 1,3-二磷酸甘油酸。砷酸是磷酸的类似物(analog),它使氧化和磷酸化解偶联。

双糖及多糖经消化后形成的单糖主要是葡萄糖,其他的单糖产物还有果糖、半乳糖、甘露糖等。这些单糖都转变为糖酵解的中间物之一而进入糖酵解的共同途径。

习　题

1. 为什么应用蔗糖保存食品而不用葡萄糖?

2. 用 ^{14}C 标记葡萄糖的第一个碳原子,用作糖酵解底物,写出标记碳原子在酵解各个步骤中的位置。

3. 写出从葡萄糖转变为丙酮酸的化学平衡式。

4. 已知 ATP 和 6-磷酸葡糖在 pH 7 和 25℃ 时水解的标准自由能变化 $\Delta G^{\ominus}{}'$ 分别为 -7.3 和 -3.183 kcal/mol,计算己糖激酶催化的葡萄糖和 ATP 反应的 $\Delta G^{\ominus}{}'$ 和 Keq。

5. 由丙酮酸转变为乳酸的标准自由能变化 $\Delta G^{\ominus}{}'=-25.10$ kJ/mol,计算出由葡萄糖转变为乳酸的标准自由能变化。

6. 当葡萄糖的浓度为 5 mmol/L,乳酸的浓度为 0.05 mmol/L,ATP 和 ADP 的浓度都为 2 mmol/L,无机磷酸(Pi)的浓度为 1 mmol/L 时,计算该由葡萄糖转变为乳酸的自由能($\Delta G^{\ominus}{}'$)变化。

7. 参考表 22-2,计算在标准状况下当 [ATP]/[ADP] = 10 时,磷酸烯醇式丙酮酸和丙酮酸的平衡比。

8. 若以 ^{14}C 标记葡萄糖的 C3 作为酵母的底物,经发酵产生 CO_2 和乙醇,试问 ^{14}C 将在何处发现?

9. 总结一下在糖酵解过程中磷酸基团参与了哪些反应,它所参与的反应有何意义?

10. 为什么砷酸是糖酵解作用的毒物?氟化物和碘乙酸对糖酵解过程有什么作用?

11. 总结一下参与糖酵解作用的酶有些什么特点及关键酶受到怎样的调控?

12. 糖酵解过程有哪些金属离子参加反应,它们起什么作用?

13. 概括除葡萄糖以外的其他单糖是如何进入分解代谢的?

主要参考书目

1. 李建武. 生物化学. 北京:北京大学出版社,1990.

2. Stryer L. Biochemistry. 4th ed. New York:W. H. Freeman and Company,1995.

3. Lehnniger A R. Biochemistry. 2nd ed. New York:Worth Publishers. Inc.,1975.

4. Lebioda L,Stec B. Crystal structure of enolase indicates that enolase and pyruvate kinase from a common ancestor. Nature,1988.

5. Nelson D L,Cox M M. Lehnninger 生物化学原理. 3 版. 周海梦,等译. 北京:高等教育出版社,2005.

6. Nelson D L,Cox M M. Lehninger Principles of Biochemistry. 6th ed. New York:W. H. Freeman and Company,2012.

7. Gatenby R,A Gilles R J. Why do cancers have high aerobic glycolysis? Nat.Rev.Cancer,2004.

（王镜岩　秦咏梅）

网上资源

习题答案　　　自测题

第18章 柠檬酸循环

在有氧条件下,由糖酵解过程所产生的丙酮酸将会被继续氧化,经历柠檬酸循环(citric acid cycle)和氧化磷酸化(oxidative phosphorylation)两个阶段后形成 CO_2 和 H_2O,所释放出来的能量用于合成更多的 ATP 分子。这里我们先讨论柠檬酸循环。

为纪念德裔英国科学家 Hans Krebs(1900—1981)在揭示柠檬酸循环方面所做出的卓越贡献,柠檬酸循环也被称为 Krebs 循环。在 1937 年提出柠檬酸循环之前,他还于 1932 年提出过动物体内负责将氨转化为尿素的尿素循环(也被称为鸟氨酸循环)。柠檬酸循环途径的揭示是生命科学领域的一项重大成就,Krebs 因此与发现乙酰辅酶 A 的 Fritz Lipmann 分享了 1953 年的诺贝尔生理学或医学奖。这项发现的独特之处在于它是在像同位素示踪法这样的研究代谢的有效方法建立之前而获得的。

柠檬酸循环发生于原核细胞的细胞质中或真核细胞的线粒体基质中。线粒体具有双层膜,所以细胞质中生成的丙酮酸将先通过外膜上非特异性的孔道蛋白通道进入内外膜间隙,然后由内膜上专一的丙酮酸移位酶转运进入线粒体基质。丙酮酸的转运伴有 H^+ 的同向转运。丙酮酸继而在线粒体基质中通过柠檬酸循环进行脱羧和脱氢:碳原子形成 CO_2,氢原子则随着电子载体 NAD^+ 或 FAD 进入电子传递链并最终被 O_2 接收而形成 H_2O。电子传递过程所释放出的自由能量进而使 ADP 磷酸化形成能量货币 ATP(详见第 19 章)。

柠檬酸循环也是脂肪酸和氨基酸等各种燃料分子完全氧化分解必须经历的途径。同时,柠檬酸循环所形成的一些中间代谢物分子也是合成许多其他重要生物分子的前体(见本书讨论合成代谢的有关章节)。因此,柠檬酸循环为一种**两用代谢途径**(amphibolic pathway),即在生物分子的分解和合成过程中都发挥重要作用,是代谢反应的一个核心通路。

丙酮酸在进入柠檬酸循环之前,需先转化为乙酰辅酶 A(acetyl-CoA)。乙酰辅酶 A 同时也是脂肪酸和部分氨基酸降解的产物。下面先讨论丙酮酸转化为乙酰辅酶 A 的过程。

一、丙酮酸转化成乙酰辅酶 A 的过程

丙酮酸转化为乙酰辅酶 A(乙酰-CoA)涉及四步反应、三种酶、五种辅基,形成一个相对分子质量非常高的**丙酮酸脱氢酶复合体**(pyruvate dehydrogenase complex)。其中的每一种酶皆有多个亚基参与组装。丙酮酸转化为乙酰-CoA 的总反应式如下:

$$\Delta G^{\ominus\prime}=-33.4\,kJ/mol$$

组成丙酮酸脱氢酶复合体的三种酶为:丙酮酸脱氢酶(E_1),二氢硫辛酰转乙酰酶(dihydrolipoyl transacetylase,E_2)和二氢硫辛酰脱氢酶(dihydrolipoyl dehydrogenase,E_3)。从革兰氏阴性细菌中分离到的丙酮酸脱氢酶复合体的相对分子质量约为 4 600 000,大到可在电子显微镜下直接观察到,其直径约为 45 nm,它的核心由 24 个 E_2 亚基构成一个立方体,再有 24 个 E_1 亚基和 12 个 E_3 亚基围绕着 E_2 核心分布。来自真核细胞的这种酶结构更为复杂:它是一个十二面体,其核心为 60 个 E_2 亚基,外围为 60 个 E_1 亚基和 12 个 E_3 亚基,另外还含有约 12 个非催化性的 E_3 结合亚基(过去被称为 X 组分),它似乎帮助 E_3

亚基结合到 E_2 核心,但其具体位置还并不清楚。此外,真核生物的丙酮酸脱氢酶复合体还结合着其特异的丙酮酸脱氢酶激酶和丙酮酸脱氢酶磷酸酶,通过促进磷酸化和去磷酸化 E_1 亚基而分别抑制和激活丙酮酸脱氢酶复合体的生物学活性。

　　丙酮酸脱氢酶复合体催化由丙酮酸形成乙酰-CoA 的全过程,依次需要以下五种辅助因子参与,即焦磷酸硫胺素(thiamine pyrophosphate,TPP)、硫辛酸、辅酶 A、FAD 和 NAD^+。

　　丙酮酸脱氢酶复合体催化反应的全过程如图 18-1 表示。

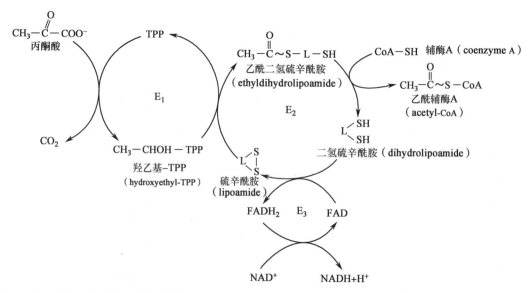

图 18-1　丙酮酸脱氢酶复合体所催化的化学反应

1. 由 E_1 和 E_2 催化的丙酮酸脱羧转变成乙酰基的反应

　　丙酮酸脱氢酶复合体催化丙酮酸转变为乙酰辅酶 A 的第一步反应是由 E_1 亚基催化的脱羧反应。E_1 亚基以 TPP 为辅基,反应分两步进行:

　　E_1 上的辅基 TPP 进攻丙酮酸　　TPP 的噻唑环上位于氮和硫两原子之间的碳原子具有很强的酸性,解离成碳负离子后进攻丙酮酸的羰基碳,形成丙酮酸与 TPP 的加成化合物:

丙酮酸-TPP 加成物紧接着发生脱羧反应,形成羟乙基硫胺素焦磷酸(羟乙基-TPP)。该反应之所以能进行是因为 TPP 环上带正电荷的氮原子起到了电子"陷阱"的作用,使脱羧后形成的羟乙基上产生较稳定的碳负离子:

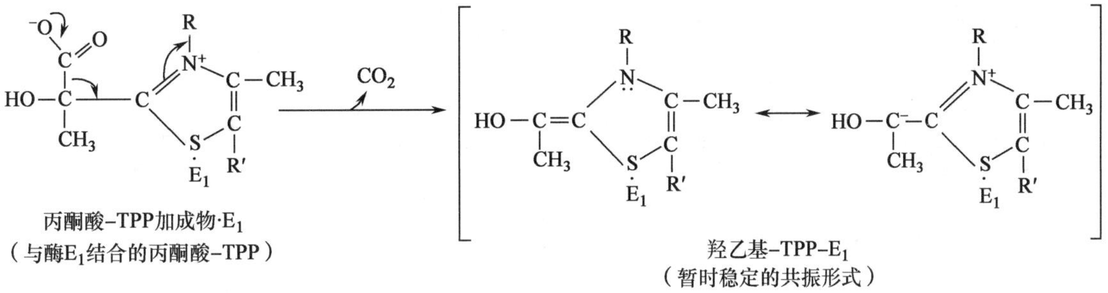

丙酮酸-TPP加成物·E_1
(与酶E_1结合的丙酮酸-TPP)

羟乙基-TPP-E_1
(暂时稳定的共振形式)

羟乙基氧化形成乙酰基　E_1 催化形成的羟乙基-TPP 中间物接着被转移到二氢硫辛酰转乙酰酶 (E_2)。硫辛酸辅基与 E_2 酶分子中一个 Lys 残基的侧链氨基共价连接形成硫辛酰胺。硫辛酰胺辅基的活性基团是一个含有二硫键的环,它能被可逆地还原成二氢硫辛酰胺。羟乙基上的碳负离子进攻硫辛酰胺的二硫键后,TPP 所携带的羟乙基即被氧化为乙酰基,同时硫辛酰胺辅基上的二硫键也被还原成巯基,具体如下图所示。

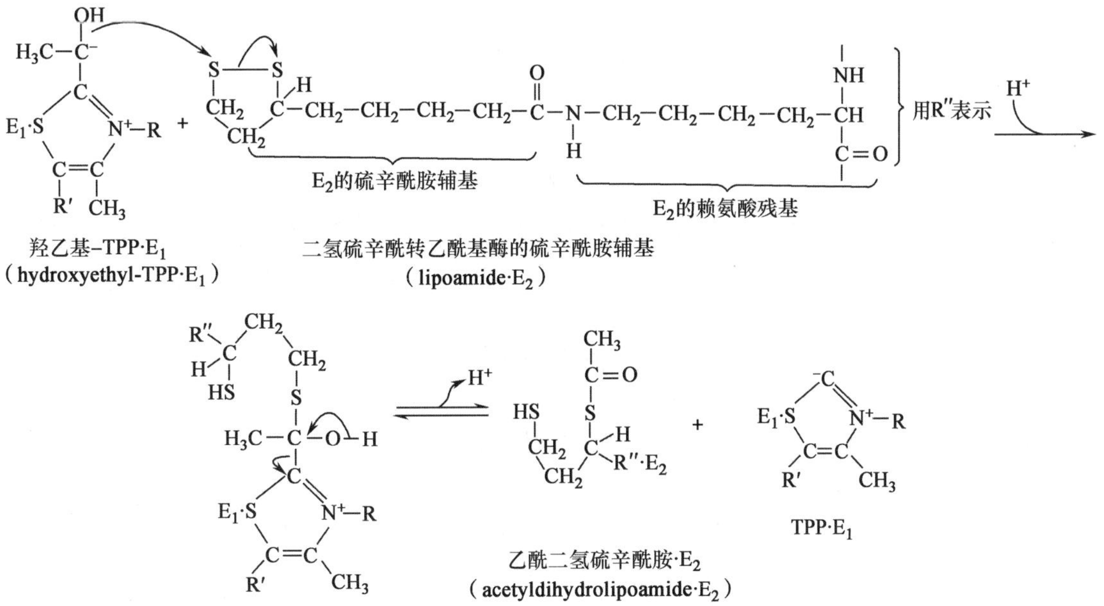

羟乙基-TPP·E_1
(hydroxyethyl-TPP·E_1)

二氢硫辛酰转乙酰基酶的硫辛酰胺辅基
(lipoamide·E_2)

E_2的硫辛酰胺辅基

E_2的赖氨酸残基

用R″表示

乙酰二氢硫辛酰胺·E_2
(acetyldihydrolipoamide·E_2)

TPP·E_1

至此,E_1 亚基恢复原状,可开始新一轮的催化过程。

2. 由 E_2 催化的乙酰基转移到辅酶 A 形成乙酰辅酶 A 的反应

结合在 E_2 亚基上的乙酰基,将由该酶催化转移到辅酶 A 分子上形成乙酰辅酶 A,同时 E_2 亚基上的硫辛酰胺辅基则转变为二氢硫辛酰胺:

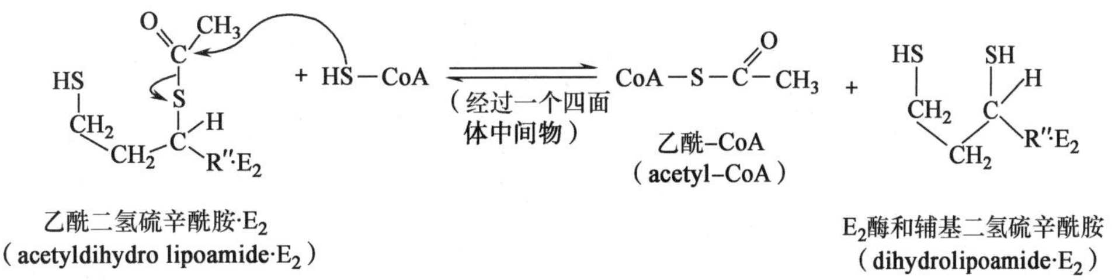

乙酰二氢硫辛酰胺·E_2
(acetyldihydro lipoamide·E_2)

+ HS—CoA

(经过一个四面体中间物)

乙酰-CoA
(acetyl-CoA)

E_2酶和辅基二氢硫辛酰胺
(dihydrolipoamide·E_2)

乙酰辅酶 A 通过其硫酯键保留了高水平的自由能。

3. E₃ 催化 E₂ 中的二氢硫辛酰胺辅基的再氧化

E₃(二氢硫辛酰脱氢酶)的辅基 FAD 及蛋白质分子中的二硫键起着氧化剂的作用,催化 E₂ 中的二氢硫辛酰胺的再氧化,这一催化过程图解如下:

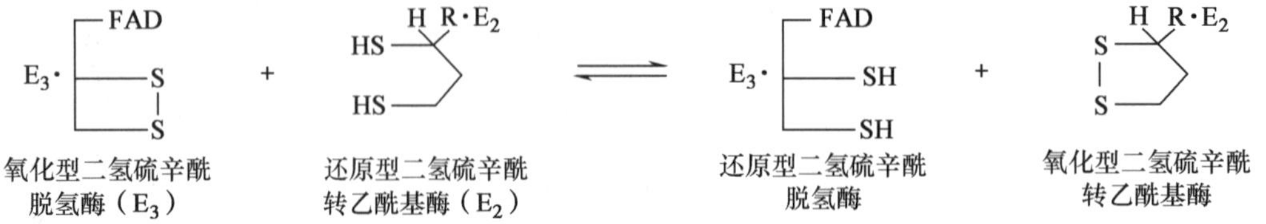

|氧化型二氢硫辛酰
脱氢酶(E₃)|还原型二氢硫辛酰
转乙酰基酶(E₂)|还原型二氢硫辛酰
脱氢酶|氧化型二氢硫辛酰
转乙酰基酶|

这一步标志着 E₂ 酶蛋白分子本身的复原。

4. 还原型 E₃ 亚基的再氧化

还原型 E₃ 需再氧化形成二硫键,是先由其辅基 FAD 接受附近被还原的巯基—SH 上的氢原子形成 FADH₂,接着氢原子又被转移给 NAD⁺,于是 E₃ 也完全恢复成其氧化型。图解反应如下:

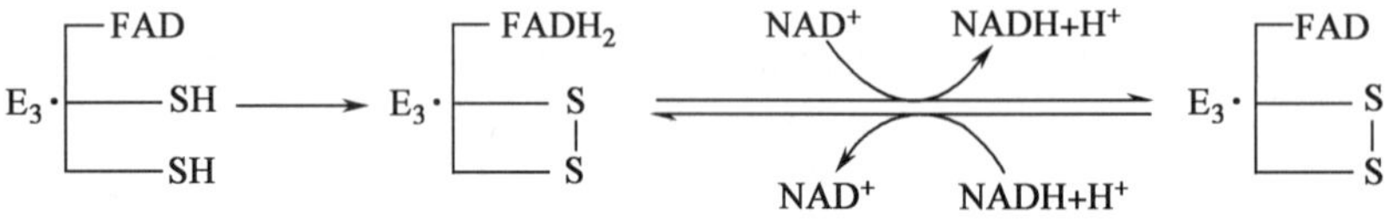

在丙酮酸脱氢酶复合体里,共价连接在 E₂ 亚基上的硫辛酸辅基使得反应过程中的不同中间体无法离开 E₁、E₂ 和 E₃ 三种酶,而是在其活性中心间依次传递,起到了一种**底物通道**(substrate channeling)的作用。

有机砷化物,特别是亚砷酸盐,能与像存在于丙酮酸脱氢酶复合体中的两个相邻巯基发生共价结合而使酶失去催化能力。因此砷化物的毒性既体现于抑制 3-磷酸甘油醛脱氢酶也体现于抑制丙酮酸脱氢酶复合体中的 E₂ 亚基。

二、柠檬酸循环

柠檬酸循环的全貌如图 18-2 所示。它起始于四碳化合物草酰乙酸与乙酰辅酶 A 中的 2 个碳原子之间缩合成含有 6 个碳的柠檬酸的反应。柠檬酸经过异构化后形成异柠檬酸,然后氧化脱氢形成草酰琥珀酸中间体(仍为 6 个碳),后者通过脱羧脱去一个碳形成五碳化合物 α-酮戊二酸。五碳化合物再氧化脱羧形成四碳化合物,后者经过 3 次转化,最后再形成起始的四碳化合物草酰乙酸,完成一次循环。该循环过程中形成一个高能化合物(GTP),并使 FAD 和 NAD⁺ 分别还原成 FADH₂ 和 NADH。

柠檬酸循环可概括为如下 8 步反应。

1. 草酰乙酸与乙酰辅酶 A 缩合形成柠檬酸

催化草酰乙酸与乙酰辅酶 A 缩合的酶为**柠檬酸合酶**(citrate synthase)。柠檬酸合酶的催化过程严格按以下顺序进行:先与草酰乙酸结合,诱发构象变化后才能与乙酰辅酶 A 结合。具体反应式如下:

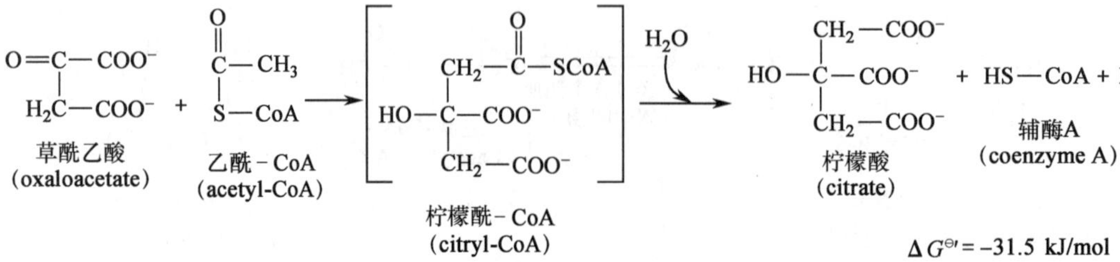

| 草酰乙酸
(oxaloacetate) | 乙酰-CoA
(acetyl-CoA) | 柠檬酰-CoA
(citryl-CoA) | 柠檬酸
(citrate) | 辅酶A
(coenzyme A) |

$$\Delta G^{\ominus\prime} = -31.5 \text{ kJ/mol}$$

结合在酶分子上的柠檬酰辅酶 A 很快就水解形成柠檬酸和辅酶 A。

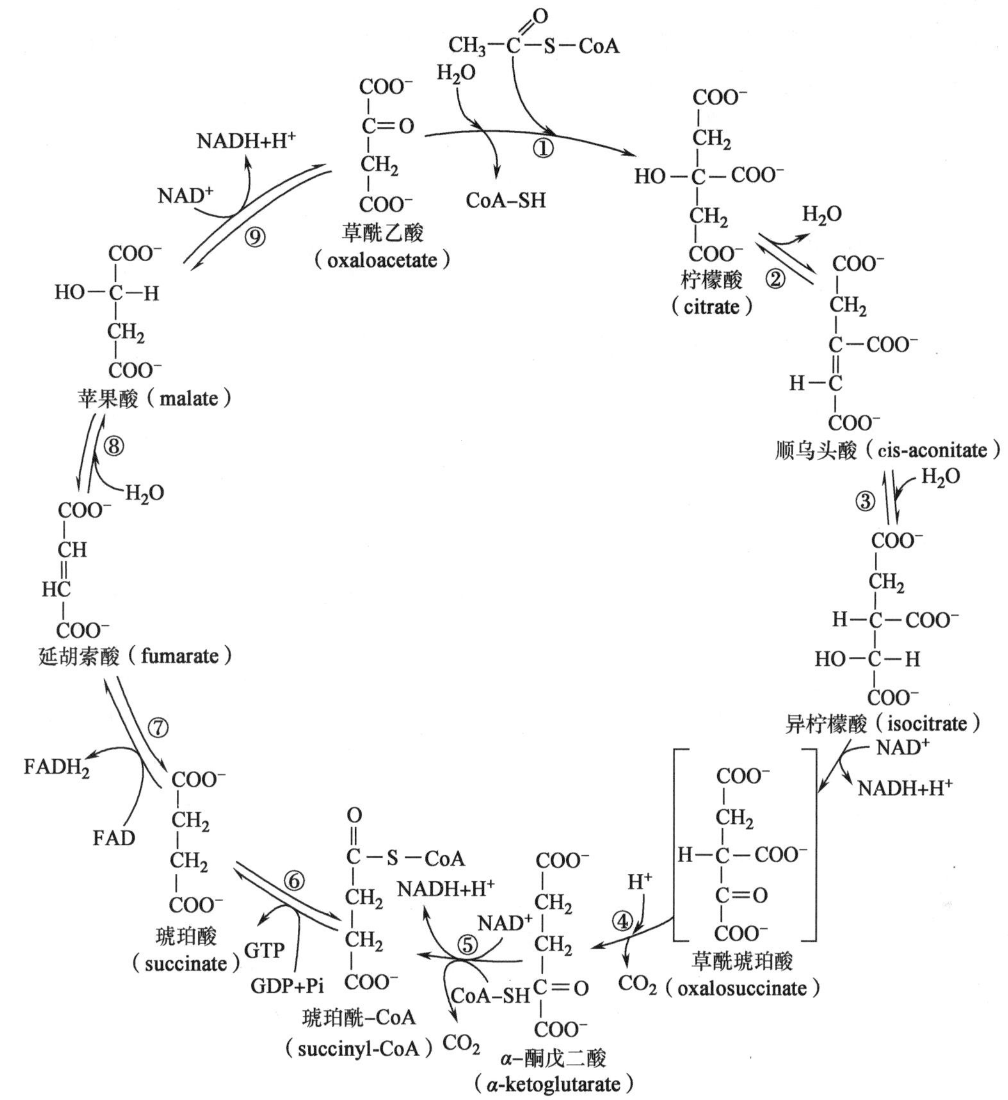

图 18-2　柠檬酸循环全貌

图中数字代表如下酶：①柠檬酸合酶，②和③乌头酸酶，④异柠檬酸脱氢酶，⑤α-酮戊二酸脱氢酶复合体，⑥琥珀酰辅酶 A 合成酶，⑦琥珀酸脱氢酶，⑧延胡索酸酶，⑨苹果酸脱氢酶

　　由氟乙酸形成的氟乙酰辅酶 A 可由柠檬酸合酶催化与草酰乙酸缩合生成氟代柠檬酸（fluorocitrate），取代柠檬酸结合到乌头酸酶上，从而抑制酶的活性。这一特性可用于制造杀虫剂或灭鼠药。有毒植物的叶子大都含有氟乙酸，可作天然杀虫剂。丙酮基辅酶 A（acetonyl-CoA）是乙酰辅酶 A 的类似物，可与柠檬酸合酶结合而抑制其活性，用此法曾测出了乙酰辅酶 A 与酶的结合部位（即活性中心）。上述化合物结构如图 18-3 所示。

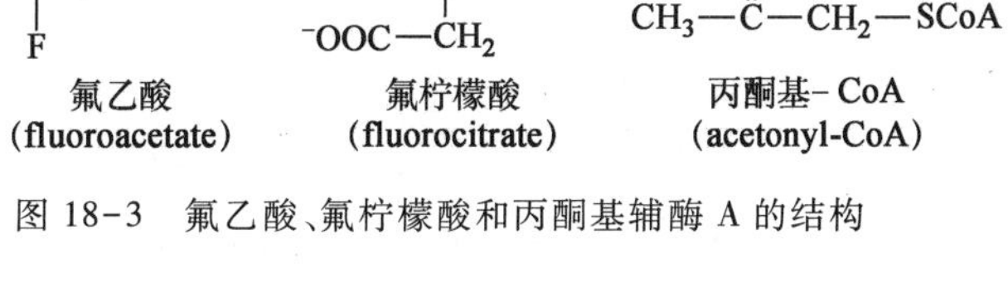

图 18-3　氟乙酸、氟柠檬酸和丙酮基辅酶 A 的结构

2. 柠檬酸异构化形成异柠檬酸

柠檬酸是一种叔醇化合物,它的羟基所处位置不利于柠檬酸的进一步氧化。但异柠檬酸是可以被氧化的仲醇。催化此转变过程的酶为**乌头酸酶**(aconitase;更准确地说应该是乌头酸水合酶),也曾被称为顺乌头酸酶(*cis*-aconitase)。具体反应如下所示:

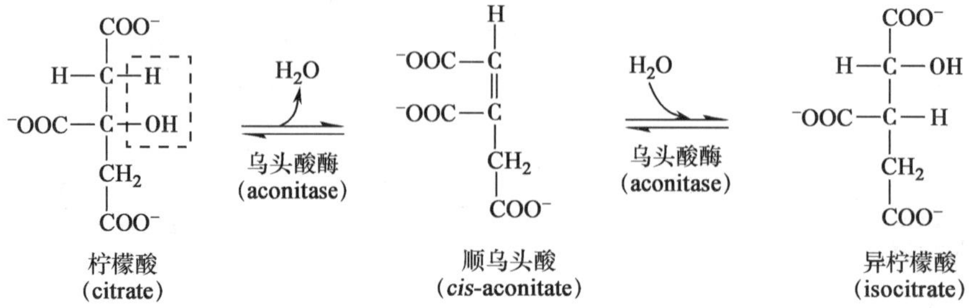

$$\Delta G^{\ominus\prime}=+13.3\ \text{kJ/mol}$$

反应的中间产物顺式乌头酸不与酶分离,其中的 H_2O 可往复地以两种不同的方式与双键结合,分别形成柠檬酸和异柠檬酸。在 pH 7.4 和 25℃的环境中,当反应达到平衡时,只有 10%的异柠檬酸形成。在细胞内,异柠檬酸不断被消耗,因此推动此反应不断地由左向右进行。乌头酸酶含有一个「4Fe -4S」铁硫簇(iron-sulfur cluster),又称铁硫中心,在结合底物、催化脱水和再水合的过程中都起重要作用。乌头酸酶催化的无论是脱水还是水合反应,都具有严格的立体化学专一性。含有铁硫簇的蛋白质被统称为铁硫蛋白或非血红素铁蛋白。

3. 异柠檬酸氧化形成 α-酮戊二酸

异柠檬酸的氧化脱羧反应由**异柠檬酸脱氢酶**(isocitrate dehydrogenase)催化,反应如下所示:

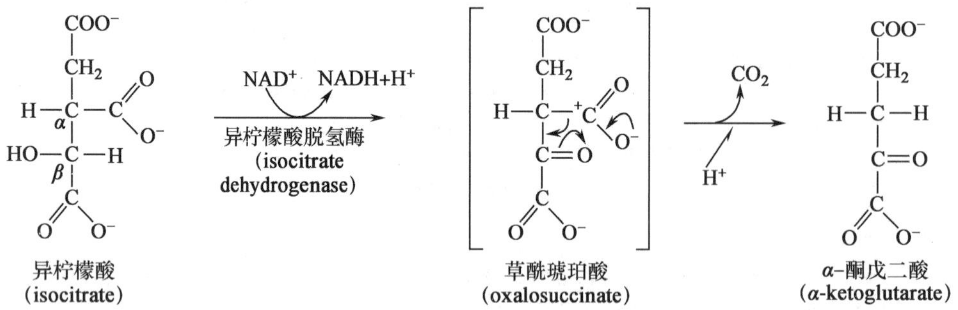

$$\Delta G^{\ominus\prime}=-8.4\ \text{kJ/mol}$$

异柠檬酸脱氢酶在真核细胞中存在两种同工酶形式,一种以 NAD^+ 为辅酶,只存在于线粒体中;一种以 $NADP^+$ 为辅酶,既存在于线粒体中也存在于细胞溶胶中。

经异柠檬酸脱氢酶的催化,一种 β-羟酸(异柠檬酸)被氧化为一种 β-酮酸(α-酮戊二酸),这有利于下一步与羧基相邻的 C—C 键断裂而引发的脱羧反应。这种 C—C 键断裂方式常见于生物化学反应中。这里脱下的羧基碳来源于草酰乙酸,而非乙酰辅酶 A。

由异柠檬酸脱氢酶催化的反应是柠檬酸循环中发生的第一次氧化脱羧反应,产生第一个 CO_2 和 NADH。该酶需要 Mn^{2+} 作为辅因子参与。

4. α-酮戊二酸氧化脱羧形成琥珀酰辅酶 A

这是柠檬酸循环中发生的第二次氧化脱羧反应,产生第二个 CO_2 和第二个 NADH,并形成带有高能硫酯键的琥珀酰辅酶 A。反应由 **α-酮戊二酸脱氢酶复合体**(α-ketoglutarate dehydrogenase complex)催化,如下所示:

$$\Delta G^{\ominus\prime} = -33.12 \ \text{kJ/mol}$$

该酶复合体与丙酮酸脱氢酶复合体极其相似,也由三种酶组成:α-酮戊二酸脱氢酶(E_1)、二氢硫辛酰转琥珀酰酶(E_2)和二氢硫辛酰脱氢酶(E_3)。该复合体所催化反应的机制也与丙酮酸脱氢酶复合体的类似,也需 TPP、硫辛酸、辅酶 A、FAD、NAD^+ 等 5 种辅因子。两种酶复合体的 E_1 的氨基酸序列相似但不相同,因此对底物的专一性不同。它们的 E_2 结构也很相似,而 E_3 则完全相同。这表明它们很可能具有相同的进化起源。

5. 琥珀酰辅酶 A 转化为琥珀酸并伴随底物水平磷酸化反应的发生

琥珀酰辅酶 A 将进一步转化成琥珀酸,由琥珀酰辅酶 A 合成酶(succinyl-CoA synthetase)、或称琥珀酸硫激酶(succinate thiokinase)催化。后面的命名方式反映反方向的催化反应。反应式如下:

$$\Delta G^{\ominus\prime} = -2.9 \text{kJ/mol}$$

琥珀酰辅酶 A 水解的标准自由能为 -36 kJ/mol。由它释放的自由能中有一部分被用于合成 GTP 或 ATP 的磷酸酐键,因此净余的自由能只有大约 -3 kJ/mol。

这是柠檬酸循环中直接产生高能磷酸酐键的唯一步骤。与糖酵解时生成 ATP 的过程类似,也属于底物水平的磷酸化反应。

通过上述柠檬酸循环的 5 步反应,一个乙酰基进入循环,氧化产生了 2 分子 CO_2,同时使 2 分子 NAD^+ 还原为 NADH,还产生了一分子的 GTP 或 ATP。为了使乙酰基在细胞内有效地进行氧化分解,所有的生物体都进化产生了一种循环氧化乙酰基的反应过程。为此,后面的第六、七、八步反应将琥珀酸重新转变为能够接受乙酰基的草酰乙酸而完成一轮的循环。

这里应提起注意的是关于**合酶**(synthase)和**合成酶**(synthetase)在概念上的区别。合酶(如柠檬酸合酶)催化的缩合反应无需 ATP 提供能量,而合成酶(如琥珀酰辅酶 A 合成酶)在催化缩合反应时则需由 ATP 或 GTP 等提供能量。

6. 琥珀酸脱氢形成延胡索酸

琥珀酸脱氢形成延胡索酸(fumarate)的反应由**琥珀酸脱氢酶**(succinate dehydrogenase)催化,如下所示:

$$\Delta G^{\ominus\prime} = +6 \text{kJ/mol}$$

在真核细胞中该酶与线粒体内膜紧密地结合在一起,在原核细胞中则是与细胞质膜结合。它是柠檬酸循环中唯一与膜结合的不溶性酶,属于电子传递呼吸链的一个组分,被称为复合物Ⅱ。其中的一分子辅基 FAD 以共价键与琥珀酸脱氢酶相连,该酶另外还含有三个铁硫中心。从位于琥珀酸分子中间的两个碳原子上各脱掉一个氢原子形成反式的丁烯二酸,即延胡索酸。

丙二酸(malonate)是该酶的一种有效抑制剂,其结构与该酶的底物琥珀酸非常相似,但它与该酶结合后却不能被催化脱氢。

7. 延胡索酸水合形成 L-苹果酸

由延胡索酸水合形成苹果酸的可逆反应由**延胡索酸酶**(fumarase)催化,该酶的全称应为延胡索酸水合酶(fumarate hydratase)。反应如下所示:

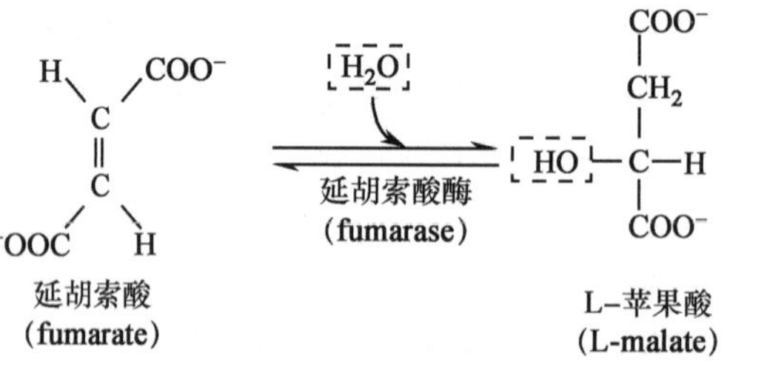

$$\Delta G^{\ominus\prime} = -3.68 \text{ kJ/mol}$$

该酶催化时,具有严格的立体专一性。通过利用重氢标记的水 D_2O 进行的观察表明,该酶催化-OD(即-OH)被严格地加到延胡索酸双键的一侧,而另一个 D 原子则被加到相反的一侧,因此形成的苹果酸只有 L-苹果酸(也就是 S-苹果酸),没有 D-苹果酸。具体过程如下所示:

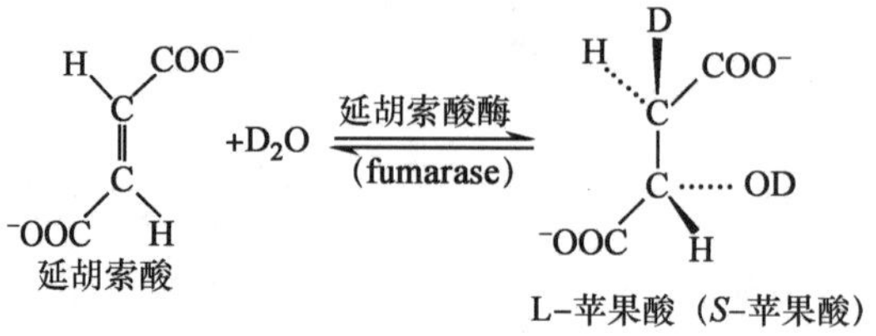

该酶催化的可逆反应同样具有严格的立体专一性,D-苹果酸不能代替 L-苹果酸作为底物。

D-、L-苹果酸的结构式如下:

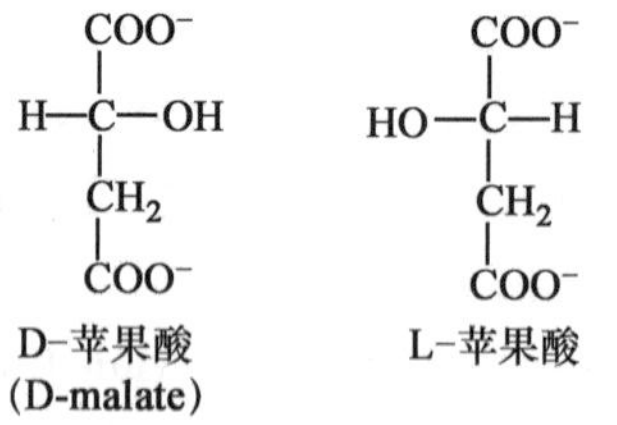

8. 苹果酸氧化形成草酰乙酸

这是柠檬酸循环的最后一步反应,由**苹果酸脱氢酶**(malate dehydrogenase)催化,其辅酶是 NAD^+。反应式如下:

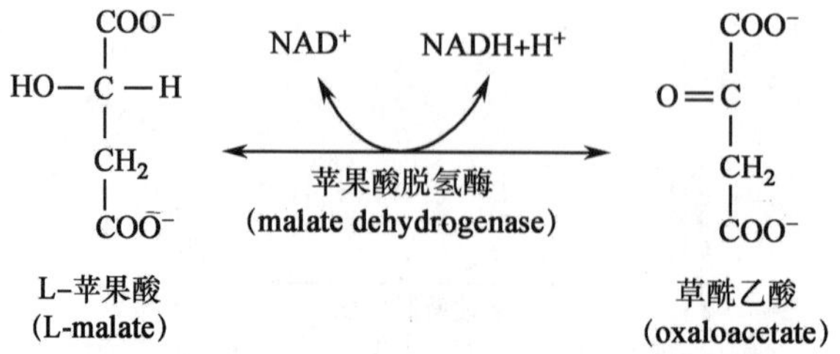

$$\Delta G^{\ominus\prime} = +29.7 \text{ kJ/mol}$$

L-苹果酸的羟基被氧化成羰基。该反应的标准自由能变化为+29.7 kJ/mol,在热力学上是个不利反应,但由于草酰乙酸与乙酰辅酶 A 的缩合反应是高度放能的($\Delta G^{\ominus\prime}$为 -31.5 kJ/mol),同时草酰乙酸也不断被消耗,这使苹果酸氧化为草酰乙酸的反应得以进行。这使一个在热力学上不利的反应被与其相偶联的热力学上的有利反应所推动。由于柠檬酰辅酶 A 的硫酯键水解时的高度放能,使草酰乙酸在低的生理浓度下(小于 10^{-6} mol/L)也可被转变为柠檬酸。

在生物化学反应中所涉及的多种脱氢酶,如苹果酸脱氢酶、乳酸脱氢酶、醇脱氢酶、3-磷酸甘油醛脱氢酶等都以 NAD^+ 作为电子受体,都具有高度的立体专一性。各种脱氢酶虽然结构各异,但它们与 NAD^+ 结合部分的结构域的结构以及结合方式却极为相似。

三、柠檬酸循环的化学总结算

柠檬酸循环涉及的所有化学反应可总结如表 18-1。

表 18-1　柠檬酸循环的全部反应总结表

反应步骤	化学方程式	参加催化的酶	辅助因子	$\Delta G^{\ominus\prime}$（kJ/mol）	$\Delta G^{\prime}$（kJ/mol）	反应类型
1	乙酰-CoA+草酰乙酸+ H_2O→柠檬酸+ CoA—SH+H^+	柠檬酸合酶（citrate synthase）	—	-31.4	负值（不可逆）ΔG	缩合反应（condensation）
2	柠檬酸⇌顺乌头酸	乌头酸酶（aconitase）	Fe-S	$+8.4$	~ 0	脱水反应（dehydration）
3	顺乌头酸+H_2O⇌异柠檬酸	乌头酸酶（aconitase）	Fe-S	-2.1		水合反应（hydration）
4	异柠檬酸+NAD^+⇌ α-酮戊二酸+CO_2+ $NADH$+H^+	异柠檬酸脱氢酶（isocitrate dehydrogenase）	—	-8.4	负值	氧化脱羧反应（oxidative decarboxylation）
5	α-酮戊二酸+NAD^++ CoA—SH→琥珀酰-CoA+ CO_2+$NADH$	α-酮戊二酸脱氢酶复合体（α-ketoglutarate dehydrogenase complex）	硫辛酸（lipoic acid），FAD，TPP	-30.1	负值（不可逆）	氧化脱羧反应（oxidative decarboxylation）
6	琥珀酰-CoA+Pi+GDP ⇌ 琥珀酸+GTP+CoA—SH	琥珀酰-CoA 合成酶（succinyl-CoA synthetase）或称琥珀酰-CoA 硫激酶（succinyl-CoA thiokinase）	—	-3.4	~ 0	底物水平氧化磷酸化（substrate level phosphorylation）
7	琥珀酸+FAD（结合在酶上）⇌延胡索酸+ $FADH_2$（结合在酶上）	琥珀酸脱氢酶（succinate dehydrogenase）	FAD，Fe-S	$+6.0$	~ 0	氧化反应（oxidation）
8	延胡索酸+H_2O⇌ L-苹果酸	延胡索酸酶（fumarase）	—	-3.7	~ 0	水合反应（hydration）
9	L-苹果酸+NAD^+⇌ 草酰乙酸+$NADH$+H^+	苹果酸脱氢酶（malate dehydrogenase）	—	$+29.7$	~ 0	氧化反应（oxidation）

总的化学反应式可总结如下:

乙酰辅酶 A + $3NAD^+$ + FAD + GDP + Pi + $2H_2O$ ⟶

$$2CO_2 + 3NADH + FADH_2 + GTP + 3H^+ + CoA\text{-}SH$$

　　反应式表明,柠檬酸循环的每一次循环都纳入一个乙酰辅酶 A 分子,即两个碳原子,进入循环;同时也有两个碳原子以 CO_2 的形式离开循环。但在每次循环中,离开循环的两个碳原子并非新近进入循环的那两个碳原子。每次循环共发生 4 次氧化反应,使 3 个 NAD^+ 还原成 NADH,1 个 FAD 还原成 $FADH_2$。每次循环也要消耗 2 个 H_2O 分子,产生 1 个 GTP 或 ATP 高能键。虽然无氧分子直接参加反应,但柠檬酸循环只在有氧条件下进行,因为柠檬酸循环所产生的 3 个 NADH 和 1 个 $FADH_2$ 分子中的电子只有通过呼吸链传递给氧分子后才可被重新氧化成 NAD^+ 和 FAD,这样柠檬酸循环中的氧化反应才可重复发生。

　　一个葡萄糖分子经过糖酵解、柠檬酸循环和氧化磷酸化彻底氧化所释放的全部能量大约可产生 32 个 ATP 分子(如图 18-4 所示)。在糖酵解阶段产生 2 分子的 NADH;底物水平磷酸化产生了 4 分子的 ATP,同时在激活六碳糖时也消耗掉了 2 分子的 ATP,所以净产生 2 分子 ATP 分子。糖酵解生成的 2 分子丙酮酸在氧化脱羧时将产生 2 个 NADH。生成的 2 分子乙酰辅酶 A 经过柠檬酸循环后产生 6 个 NADH 和 2 个 $FADH_2$,同时通过底物水平磷酸化还产生 2 个 GTP 或 ATP 分子。

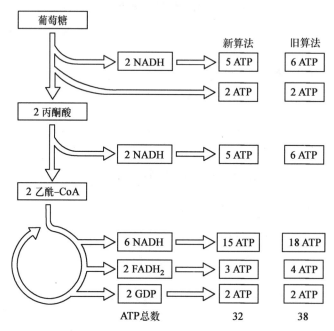

图 18-4　一分子葡萄糖经过糖酵解、柠檬酸循环和氧化磷酸化所释
放的能量可产生 ATP 分子的总结算图

　　根据最新研究结果每分子 NADH 的电子经呼吸链传递并最终与氧结合生成 H_2O 后,所释放的能量可以产生大约 2.5 个 ATP 分子(过去认为是产生 3 个 ATP 分子)。而一个 $FADH_2$ 经过类似的电子传递后所释放的能量可产生大约 1.5 个 ATP 分子(过去认为是产生 2 个 ATP 分子)。另外,细胞溶胶中所产生的 NADH 的电子可以通过两种不同的穿梭途径进入呼吸链,释放的能量可以产生 2.5 或 1.5 个 ATP 分子。以此计算,一个葡萄糖分子完全氧化产生 30~32 个 ATP 分子(根据旧的算法是 36~38 个)。

四、柠檬酸循环的调控

　　柠檬酸循环为细胞生命活动提供能量的过程,受到严格调控。总体而言,底物的可获得性、积累产物的抑制作用(包括上游酶受到的下游产物的变构反馈抑制)决定着循环的运行速率。柠檬酸循环的调节可用图 18-5 加以概括。

　　首先是催化丙酮酸转变为乙酰辅酶 A 的丙酮酸脱氢酶复合体的调节,它决定了进入循环的底物乙酰辅酶 A 的可获得性。该酶复合体的活性可以被 NADH、乙酰辅酶 A、ATP 和脂肪酸变构抑制,以及被 NAD^+、AMP、辅酶 A 等变构激活。

在高等生物体内,该酶复合体的活性还可以通过 E_1 亚基的磷酸化(被抑制)和去磷酸化(被激活)而发生共价修饰调节。高浓度的 ATP 可使与丙酮酸脱氢酶复合体结合的丙酮酸脱氢酶激酶活化,促使 E_1 亚基的磷酸化,导致该酶复合体的活性受到抑制。胰岛素有激活丙酮酸脱氢酶磷酸酶的作用,使酶复合体从被抑制状态转变为被激活的状态。

此外,Ca^{2+} 可以通过抑制丙酮酸脱氢酶激酶和激活丙酮酸脱氢酶磷酸酶而增强丙酮酸脱氢酶复合体的活性。

对柠檬酸循环本身而言,对其运行速率起关键调节作用的酶可能主要是柠檬酸合酶、异柠檬酸脱氢酶和 α-酮戊二酸脱氢酶这三种。它们所催化的反应在生理条件下都远离平衡,即这些化学反应的 ΔG 都是负值,为放能步骤。因此,这三种酶各自所催化的步骤在一定条件下都可能成为限速步骤。

一方面,这些酶的活性受到底物的可获得性调节:高浓度底物使酶充分发挥活性。比如当 NAD^+ 的浓度低时,根据质量作用定律,异柠檬酸脱氢酶和 α-酮戊二酸脱氢酶催化的反应都不能以最高速度进行。这会导致草酰乙酸的浓度过低,从而使柠檬酸循环第一步反应速率减慢。

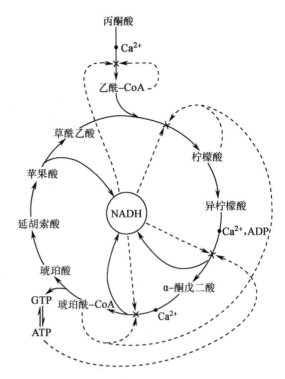

图 18-5　柠檬酸循环的调控

Ca^{2+} 和 ADP 等可以激活("·"表示)多种催化柠檬酸循环中间反应步骤的酶;NADH 和 ATP 等则可抑制(用虚线和"x"表示)多种酶

另一方面,这些酶的活性受到产物积累的调节:当产物浓度高时活性被抑制。比如当琥珀酰辅酶 A 积累时,α-酮戊二酸脱氢酶的活性就会被抑制,同时也抑制柠檬酸合酶的活性。类似地,柠檬酸的积累也会抑制柠檬酸合酶的活性。ATP 作为最终产物也能抑制柠檬酸合酶及异柠檬酸脱氢酶的活性。ATP 对柠檬酸合酶的抑制可被其别构激活剂 ADP 解除。

肌肉收缩的神经化学信号会导致细胞中 Ca^{2+} 浓度的提高,这也意味着对 ATP 需求的增加。研究发现,Ca^{2+} 可以通过激活丙酮酸脱氢酶复合体、异柠檬酸脱氢酶以及 α-酮戊二酸脱氢酶复合体而促进 ATP 的产生。

总之,在柠檬酸循环中的所有中间物的浓度都会依机体对能量的需要情况而调整,以保证这个循环的运转恰好能提供最适量的 ATP。

五、柠檬酸循环在代谢中的双重角色

柠檬酸循环是存在于所有需氧生物机体中的一条核心分解代谢途径,为燃料分子通过氧化提供大量自由能做准备。同时,柠檬酸循环的中间产物也是合成许多生物分子的前体。因此柠檬酸循环具有双重作用。利用柠檬酸循环中间产物可以合成的生物分子包括:葡萄糖、脂质(包括脂肪酸和胆固醇)、氨基酸、卟啉类化合物等,如图 18-6 所示。

为保持柠檬酸循环的正常运转,被合成代谢所消耗的中间产物须及时通过所谓的**添补反应**(anaplerotic reaction)予以补充。最重要的添补反应是由**丙酮酸羧化酶**(pyruvate carboxylase)催化的丙酮酸通过羧化形成草酰乙酸的反应:

$$丙酮酸 + CO_2 \xrightarrow[\substack{丙酮酸羧化酶 \\ (\text{pyruvate carboxylase})}]{\substack{ATP \quad H_2O \quad ADP+Pi}} 草酰乙酸$$

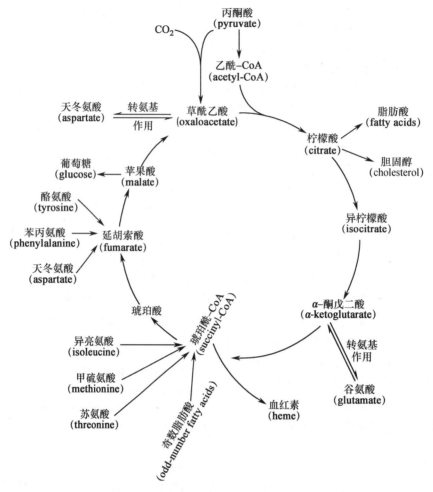

图 18-6　柠檬酸循环既参与分解代谢也参与合成代谢

乙酰辅酶 A 是丙酮酸羧化酶的激活剂。柠檬酸循环的任何一种中间产物的缺乏都会引起乙酰辅酶 A 浓度的升高,从而激活丙酮酸羧化酶,导致草酰乙酸的生成,进而提高整个柠檬酸循环的运行速率。

此外,部分其他燃料分子的氧化降解也会产生柠檬酸循环的中间产物。例如,奇数脂肪酸的氧化,异亮氨酸、甲硫氨酸、缬氨酸和苏氨酸的分解,都可产生琥珀酰辅酶 A;谷氨酸和天冬氨酸通过脱氨基(或转氨基)反应可分别产生 α-酮戊二酸和草酰乙酸。这些过程在补充柠檬酸循环中间代谢物中也起一定作用。

六、乙醛酸途径

植物、部分无脊椎动物以及部分微生物可将两分子的乙酰辅酶 A 通过**乙醛酸途径**(glyoxylate path-way)转变为草酰乙酸。

在植物细胞中,乙醛酸途径(又称乙醛酸循环)是在线粒体和植物所特有的细胞器**乙醛酸循环体**(glyoxysome)中进行的,它是一种特化的过氧化物酶体(peroxisome)。具体过程如图 18-7 所示。

乙醛酸途径的大多数酶与柠檬酸循环中的酶是相同的。在这条途径中,线粒体中的草酰乙酸在天冬氨酸转氨酶的作用下转变为天冬氨酸,然后被运输到乙醛酸循环体中,在乙醛酸循环体中天冬氨酸重新被转变为草酰乙酸。如图 18-7 所示,乙醛酸途径的前两步与柠檬酸循环是重叠的:草酰乙酸与乙酰辅酶 A 缩合形成柠檬酸(图中的第②步),后者经异构化形成异柠檬酸(图中的第③步)。与柠檬酸循环不同的是,乙醛酸循环体中特有的**异柠檬酸裂解酶**(isocitrate lyase)将异柠檬酸裂解为琥珀酸和乙醛酸(图中的第④步)。所产生的琥珀酸即可被转移到线粒体中,然后通过柠檬酸循环途径的酶催化又转变为草酰乙酸(图中的第⑦步)。

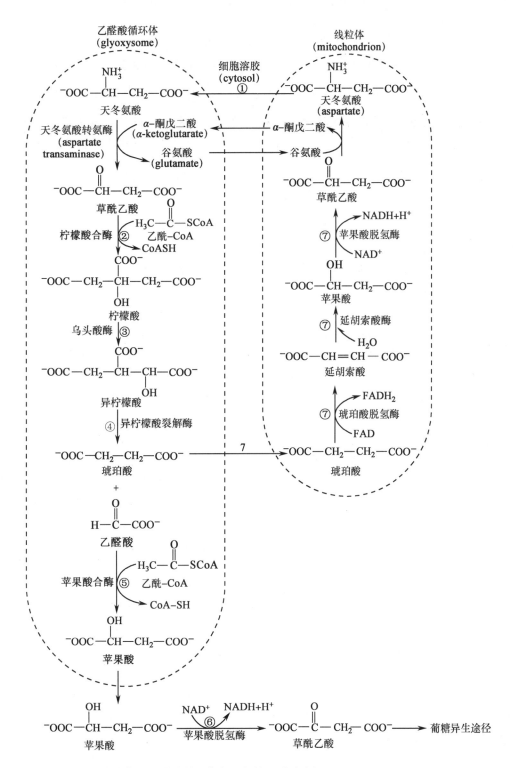

图 18-7　在植物线粒体和乙醛酸循环体中进行的乙醛酸途径

反应步骤如下：① 线粒体中的草酰乙酸转变为天冬氨酸后被转移到乙醛酸循环体，然后再重新转变为草酰乙酸。② 草酰乙酸与乙酰辅酶 A 缩合形成柠檬酸。③ 柠檬酸转变为异柠檬酸。④ 异柠檬酸裂解酶将异柠檬酸裂解为琥珀酸和乙醛酸。⑤ 由苹果酸合酶催化将乙醛酸与乙酰辅酶 A 缩合形成苹果酸。⑥ 苹果酸进入细胞溶胶由苹果酸脱氢酶催化转变为草酰乙酸。后者可通过糖异生途径转变为糖类。⑦ 乙醛酸循环体中的琥珀酸被转移到线粒体后通过柠檬酸循环途径被再转变为草酰乙酸（此图参考 Voet D，Voet J G，Pratt CW，1999）

乙醛酸则通过只存在于乙醛酸循环体中的**苹果酸合酶**(malate synthase)的催化与另一分子乙酰辅酶 A 缩合形成苹果酸(图中的第⑤步)。苹果酸进入细胞溶胶后被苹果酸脱氢酶催化由 NAD^+ 将苹果酸氧化为草酰乙酸(图中的第⑥步),后者可进入葡萄糖异生途径而被转变为葡萄糖。

乙醛酸途径将 2 分子乙酰辅酶 A 转变成草酰乙酸的全过程的总反应式如下:

$$2\ 乙酰辅酶\ A + 2NAD^+ + FAD \longrightarrow 草酰乙酸 + 2\ 辅酶\ A + 2NADH + FADH_2 + 2H^+$$

因此,乙醛酸途径代谢的最终结果是将两分子乙酰辅酶 A 中的四个碳转变成了草酰乙酸(通过苹果酸),而不是像柠檬酸循环中那样被转变为 4 分子的 CO_2。乙醛酸途径的存在使得萌发的种子能将贮存的脂肪转变为糖类。

提　要

柠檬酸循环是所有燃料分子(包括糖、脂质和氨基酸)完全氧化成二氧化碳的共同代谢途径。也同时为大量的生物合成反应提供前体,所以是一种具有双重功能的核心代谢途径。

在有氧的条件下,糖酵解过程生成的最终产物丙酮酸在原核细胞的细胞溶胶内或真核生物的线粒体基质内转化为乙酰辅酶 A,同时将一分子 NAD^+ 还原为 NADH。催化该反应的丙酮酸脱氢酶复合体由三种酶(E_1:丙酮酸脱氢酶;E_2:二氢硫辛酰转乙酰酶;E_3:二氢硫辛酰脱氢酶)、五种辅助因子(焦磷酸硫胺素 TPP、硫辛酸、辅酶 A、FAD 和 NAD^+)组成。脂肪酸分子通过 β 氧化过程转化为乙酰辅酶 A。很多氨基酸脱氨后的碳骨架可以转化为乙酰辅酶 A 或其他柠檬酸循环的中间体。

当乙酰辅酶 A 的二碳单位进入柠檬酸循环时,先在柠檬酸酶的催化下与四碳分子草酰乙酸缩合成六碳分子柠檬酸。柠檬酸在乌头酸酶的催化下发生异构化转变成异柠檬酸。后者在异柠檬酸脱氢酶的催化下发生氧化脱羧反应,转变为 α-酮戊二酸,同时将一分子 NAD^+ 还原为 NADH,并产生一分子 CO_2。α-酮戊二酸在一种与丙酮酸脱氢酶复合体高度同源的 α-酮戊二酸脱氢酶复合体催化下,再发生氧化脱羧,转化为琥珀酰辅酶 A,同时将一分子 NAD^+ 还原为 NADH。琥珀酰辅酶 A 脱去辅酶 A 转变为琥珀酸时发生底物水平磷酸化,形成一分子的 ATP(或 GTP)。琥珀酸在与线粒体内膜(或原核生物的质膜)结合的琥珀酸脱氢酶催化下转变为延胡索酸,同时将一分子的 FAD 还原为 $FADH_2$。在经过一步加水一步脱氢反应并形成一分子 NADH 后,重新生成草酰乙酸分子。由此完成了一个产生了两个 CO_2 分子的循环过程。

尽管柠檬酸循环并不直接消耗氧气,但只有在氧气存在时才可有效运转。因为循环过程中生成的 NADH 和 $FADH_2$ 需要通过电子传递链(即呼吸链)将电子传递给氧气后才可被重新氧化,从而为柠檬酸循环的进一步运转提供必须的电子受体 NAD^+ 和 FAD。

丙酮酸脱氢酶、柠檬酸酶、异柠檬酸脱氢酶和 α-酮戊二酸脱氢酶等皆可通过可逆结合环境中的小分子(如 NADH、ADP、ATP、乙酰辅酶 A、琥珀酰辅酶 A 以及钙离子等)而发生变构调节,使其酶活性升高或降低。因此柠檬酸循环是可以被调控的,其进行快慢取决于细胞的需求。

在部分生物中(包括微生物和发芽的植物种子中),柠檬酸循环中形成的异柠檬酸并不发生氧化脱羧,而是在异柠檬酸裂解酶的催化下裂解为琥珀酸和乙醛酸,后者在苹果酸酶催化下可以继续与一分子的乙酰辅酶 A 缩合形成苹果酸。苹果酸最终可以通过糖异生途径转变为葡萄糖。这就使得植物种子中储存的脂肪可以转变为葡萄糖,为发育早期的植物提供重要的生物合成前体。这种由乙酰辅酶 A 生成苹果酸的途径被称为乙醛酸途径,它是与柠檬酸循环相关联的一种合成代谢途径。

习　题

1. 画出柠檬酸循环概貌图,包括起催化作用的酶和辅助因子。

2. 总结柠檬酸循环在机体代谢中的作用和地位。

3. 用 ^{14}C 标记丙酮酸的甲基碳原子($^{14}CH_3-CO-COO^-$),当其进入柠檬酸循环运转一周后,标记碳原子的命运如何?

4. 写出由乙酰-CoA形成草酰乙酸的反应平衡式。

5. 在标准状况下,苹果酸由 NAD^+ 氧化成草酰乙酸的 $\Delta G^{\ominus\prime} = +29.29\ kJ/mol$。在生理条件下,这一反应却极易由苹果酸向草酰乙酸的方向进行。假定 $[NAD^+]/[NADH] = 8$,$pH = 7$,计算由苹果酸形成草酰乙酸时两种化合物的最低浓度比值应是多少?

6. 当1分子葡萄糖完全转变为 CO_2 时,假设:全部 NADH 和 $FADH_2$ 都氧化产生 ATP,丙酮酸都转变为乙酰-辅酶 A,而且细胞溶胶中的 NADH 都通过苹果酸-天冬氨酸穿梭进入呼吸链。计算通过氧化磷酸化途径和底物水平磷酸化途径各产生的 ATP 的百分比?

7. 阐明丙二酸对柠檬酸循环所产生的效应。

8. 柠檬酸循环为什么必须在有氧条件下才能进行?

9. 如果柠檬酸循环中的某种酶缺乏,新生儿会出现严重的神经疾患。如果从病人的尿中发现有大量的 α-酮戊二酸、琥珀酸和延胡索酸,循环中的哪种酶出现了缺失?

10. 乙酰-CoA 一方面能抑制二氢硫辛酰乙酰基转移酶的作用,另一方面又有激活丙酮酸脱氢酶激酶的作用,请描述这两种不同的调节作用在调控丙酮酸脱氢酶复合体活性时如何才能协调一致?

11. 为满足机体肌肉收缩对 ATP 的需要,细胞内质网中贮存的 Ca^{2+} 被释放到细胞溶胶中,请问柠檬酸循环的运行速率对 Ca^{2+} 的增加会如何应答?

12. 在柠檬酸循环的双重作用中,列举出一些相关的酶及其所催化的反应,并描述它们的关键作用。

主要参考书目

1. Garrett R H,Grisham C M. Biochemistry. 2nd ed. 北京:高等教育出版社,2002.

2. Horton H R,Moran L A,Ochs R S,et al. Principles of Biochemistry. 3rd ed. New York:Prentice Hall,2002.

3. Nelson D L,Cox M L. Lehninger Principles of Biochemistry. 6th ed. New York:W. H. Freeman and Company,2013.

4. Voet D,Voet J G,Pratt C W. Fundamentals of Biochemistry. New York:John Wiley & Sons,1999.

5. Voet D,Voet J G. Biochemistry. 3rd ed. New York:John Wiley & Sons,2004.

6. Stryer L. Biochemistry. 5th ed. New York:W. H. Freeman & Company,2006.

7. Kay J,Weitzman P D J(eds). Krebs' Citric Acid Cycle:Half a Century and Still Turning// Biochemical society symposium 54.London:The Biochemical Society,1987.

8. Mattevi A,de Kok A,Perham R N. The pyruvate dehydrogenase multienzyme complex. Curr Opin Struct Biol,1992,2:877-887.

9. Baldwin J E,Krebs H. The evolution of metabolic cycles. Nature,1981,291:381-382.

10. Remington S J. Structure and mechanism of citrate synthase. Curr Top Cell Regul,1992,33:209-228.

11. Hansford R G. Control of mitochondrial substrate oxidation. Curr Top Bioenerget,1980,10:217-278.

12. Beevers H. The role of the glyoxylate cycle //Stumf P K,Conn E E,et al. The Biochemistry of Plants:A Comprehensive Treatise. New York:Academic Press,1980,117-130.

(王镜岩　昌增益)

网上资源

习题答案　　自测题

第19章 氧化磷酸化作用

非光合作用生物体所需的能量大都来自糖、脂肪、蛋白质等有机物的氧化。生物体内的氧化和自然界的燃烧在化学本质上类似,即最终产物都是水和二氧化碳,所释放的能量也完全相等,但二者所进行的方式却大不相同。糖、脂肪、蛋白质在细胞内的彻底氧化都经过分解代谢实现,代谢物的脱氢伴随辅酶 NAD^+ 或 FAD 的还原。这些携带着氢离子和电子的还原型辅酶 NADH 或 $FADH_2$,将电子传递给氧时,都需经历电子传递过程。有机分子在细胞内氧化分解成二氧化碳和水并释放出能量的过程,被统称为**生物氧化**(biological oxidation)。生物氧化实际上是需氧细胞中的一系列氧化还原反应,所以又称为细胞氧化或细胞呼吸。生物氧化的特点是:在体温条件下进行;依赖酶的催化;有机分子发生一系列的化学变化,在此过程中逐步氧化并释放能量。这种逐步地放能方式,不会引起体温的突然升高,而且可使放出的能量被有效捕获。而有机分子在体外燃烧需要高温,而且能量是被一次性地释放,产生大量的光和热。生物氧化的另一个特点是在氧化过程中产生的能量一般都被贮存在一些特殊的化合物中,如 NAD,FAD 和 ATP。电子由还原型辅酶传递到氧的过程中所释放出的能量,这可用于形成大量的 ATP,这可占全部生物氧化产生能量的绝大部分。例如,一个葡萄糖分子彻底氧化时生成大约 30 个 ATP 分子,其中 26 个是由还原型辅酶氧化得到的。

一、氧化还原电势

氧化磷酸化(oxidative phosphorylation)是指 NADH 和 $FADH_2$ 上的电子通过一系列电子传递载体传递给 O_2,并利用所释放的能量使 ADP 磷酸化形成 ATP 的过程。有机分子中的电子是如何转移和传递的?又是如何与分子氧结合形成水并释放能量的?都是生物氧化作用的关键问题。为了比较深刻地了解生物氧化作用,有必要先复习一下氧化还原电势的概念。

凡是有电子从一种物质转移到另一种物质的化学反应都被称为**氧化还原反应**(oxidation-reduction reactions,又可称为 oxidoreductions 或 redox reactions);换言之,电子转移反应就是氧化还原反应。提供电子的分子称为还原剂(reducing agent 或 reductant),接受电子的分子称为氧化剂(oxidizing agent 或称为 oxidant)。一种还原剂和其失去电子后的氧化剂形式即构成一个氧化还原电子对(reduction-oxidation pairs),简称氧还电对(redox pairs)。

氧化还原反应往往是可逆的,物质失去电子后,称为氧化型,氧化型再得到电子后又成为还原型。可将反应按以下方式书写:

$$A^{n+} + ne^- \rightleftharpoons A \tag{19-1}$$

其中 A^{n+} 为氧化型,即电子受体;A 为还原型,为电子供体;n 为电子数目,e 为电子。A^{n+} 和 A 之间为一氧还电对。

(一) 氧化还原电势

在容器 A 和 B 中分别放入硫酸锌和硫酸铜溶液,如图 19-1 所示。

在盛有硫酸锌的容器中放入锌片,在盛有硫酸铜的容器中放入铜片,两个容器用盐桥连接起来,盐桥为饱和氯化钾溶液与琼脂做成的凝胶。如果用导线将两片金属连接起来,中间串联一检流计(voltmeter),则检流计的指针会立即向一方偏转,表明有电流通过导线。与此同时,锌片开始溶解,而铜片上则有铜沉积上去。这是因为锌失去了两个电子形成锌离子。反应如下:

$$Zn \rightleftharpoons Zn^{2+} + 2e^- \tag{19-2}$$

Zn^{2+}进入溶液中,电子则留在锌片上、锌片上的电子经导线向铜片流动,使硫酸铜溶液中的铜离子在金属铜上与电子结合还原为铜原子而沉积在铜片上。反应如下:

$$Cu^{2+} + 2e^- \Longrightarrow Cu \qquad (19-3)$$

盐桥消除了由于电解质离子迁移(扩散)而引起的扩散电势。以上这种将化学能转变为电能的装置称为化学电池,又称原电池。通常我们把发生氧化反应的电极定义为阳极,把发生还原反应的电极定义为阴极。

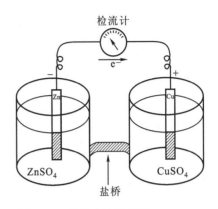

图 19-1 化学电池示意图

从图 19-1 可见,电子流动的方向是从锌电极(阳极)流向铜电极(阴极),电极的方向则相反。从电学观点看,既然电流是从阴极经导线流向阳极,阴极的电势必然高于阳极的电势。因此,从电位高低看,又可把原电池的阴极称为正极,阳极为负极。此外,根据电学惯例,把电池的电动势(ε)规定为正极电势减去负极的电极电势。

在氧化还原反应中,如果反应物的组成原子或离子能提供电子,则该物质称为还原剂;如果能夺得电子,则该反应物称为氧化剂。

以上事例还可作如下的概括和分析:当把一金属电极(electrode)M 放入它的盐溶液即构成一个半电池(half cell),一方面金属 M 表面的一些原子有一种把电子留在金属电极上,而自身以离子 M^{n+} 的形式进入溶液的倾向(金属越活泼,溶液越稀,这种倾向越大);另一方面,盐溶液中的 M^{n+} 又有一种从金属电极 M 表面获得电子而沉淀在金属电极上的倾向(金属越不活泼,浓度越浓,这种倾向越大)。这两种倾向可用如下反应式表示:

$$M \Longrightarrow M^{n+} + ne^- \qquad (19-4)$$

若失去电子的倾向大于获得电子的倾向,结果是金属进入溶液,使金属电极带负电,而靠近金属电极附近的溶液带正电。在金属电极和盐溶液之间即产生电势(electric potential)或称电位,这就是电极电势或称电极势或电极电位。若金属失去电子的倾向小于它的离子获得电子的倾向,在金属和盐溶液之间也产生电极电势,只是金属电极带正电,靠近金属电极附近的溶液带负电。金属电极势除同本金属的性质和金属离子在溶液中的活度(浓度)有关外,还与温度有关。单个电极即半电池的电极电势的绝对值无法直接测量。人们能测量的是由两个电极即两个半电池组成的电动势(简称 ε 或 E)。实际上能够比较和衡量的只能是电极的相对电势。根据国际纯粹和应用化学联合会(International Union of Pure and Applied Chemistry,简称 IUPAC)的建议,通常用一种特定的氢电极作为标准,将所测得的电势称为氢标电势。这种氢电极是由一个镀有铂黑的铂电极,在 25℃ 一大气压的氢压力下,浸于氢离子活度为 1 质量摩尔浓度的溶液中,即 pH = 0(标准状态)而组成的。发生氧化作用的电极为阴极,又称为负极,用"-"表示。发生还原作用的电极即阳极,称为正极,用"+"号表示。如果将锌电极与氢电极构成原电池,则氢电极为正极,锌电极为负极。如果将铜电极与氢电极构成原电池,则氢电极为负极,铜电极为正极。按氢标电势的规定,标准氢电极的电极势为零($E^{\ominus}_{H^+/H_2} = 0$)。原电池的电动势与电极势的关系可用下式表示:

$$\varepsilon = E_{正极} - E_{负极} \qquad (19-5)$$

式中 ε 代表电动势,$E_{正极}$ 和 $E_{负极}$ 分别代表电池正极和负极的电极势。

根据以上公式即可计算出氢锌原电池的电极势。

标准电动势被定义为在反应中各种物质的活度均为 1 质量摩尔浓度时的电动势。用 $\varepsilon^{\ominus}$ 表示。

当电解质溶液活度为 1(质量摩尔浓度)时的电极势称为标准电极势,用 $E^{\ominus}$ 表示。则标准电动势和标准电极的关系是:

$$\varepsilon^{\ominus} = E^{\ominus}_{正极} - E^{\ominus}_{负极} \qquad (19-6)$$

经测量,氢锌电池的标准电动势 $\varepsilon^{\ominus} = 0.763$ V,则

$$0.763 = E^{\ominus}_{H^+/H_2} - E^{\ominus}_{Zn^{2+}/Zn}$$

因根据定义 $E^{\ominus}_{H^+/H_2} = 0$,所以,

$$E^{\ominus}_{Zn^{2+}/Zn} = -0.763 \text{ V}$$

同法测得铜氢电池的电动势为 0.34 V,铜是正极,氢为负极。则

$$0.34 = E^{\ominus}_{Cu^{2+}/Cu} - E^{\ominus}_{H^+/H_2}$$
$$E^{\ominus}_{Cu^{2+}/Cu} = +0.34 \text{ V}$$

从上面测定的数据可看出,锌的标准电极势带有负号,铜的标准电极势带有正号。因此锌的还原能力强,而铜离子的氧化能力强,还原剂失掉电子的倾向(氧化剂得到电子的倾向)称为**氧化还原电势**(oxidation-reduction potential)。

任何一个氧化还原对与标准氢电极组成原电池,都可测定其标准氧化还原电势,并可依上法求出其标准电极势。在实际工作中,由于氢电极使用不便,往往采用一些比较简便稳定的参比电极来代替氢电极,例如甘汞电极。

因铂和金放入溶液中几乎不发生反应,常用于作为指示电极(工作电极)来测定溶液中氧化还原电对的电势,亦即氧化还原电势。如将两个铂电极分别插入铁离子(Fe^{3+})和氢醌(H_2Q)两种溶液中并组成原电池,则 Fe^{3+} 会从铂电极上获得电子还原为 Fe^{2+};氢醌(H_2Q)将电子释放到铂电极上本身氧化形成醌 Q。两种溶液混合后的反应式为:

$$H_2Q + 2Fe^{3+} \Longrightarrow Q + 2H^+ + 2Fe^{2+} \tag{19-7}$$
$$\text{氢醌} \qquad\qquad \text{醌}$$

如果上述反应中 Fe^{3+} 和 Fe^{2+} 的浓度为已知,根据电极势的能斯特方程(Nernst equation)即可算出电极在溶液中的电极势。能斯特方程如下:

$$E_n = E^{\ominus} + RT/nF \cdot \ln[\text{电子受体}]^a / [\text{电子供体}]^b \tag{19-8}$$

式中 E_n 为待测溶液中氧还电对的电极势,$E^{\ominus}$ 为标准电极势。R 为气体常数(8.314 J·L^{-1}·mol^{-1}),T 为 25℃或 298K 的绝对温度,n 为电极上的价数变化(即体系中每摩尔物质给予或接受的电子摩尔数),F 为法拉第常数等于 23 062 Cal/V(卡/伏)又等于 96 494 C/mol(库仑/摩尔)电子,ln 为自然对数。

对于 Fe^{3+}/Fe^{2+} 其电极势的计算公式为:

$$E_n = E^{\ominus} + \frac{RT}{nF}\ln\frac{[Fe^{3+}]^2}{[Fe^{2+}]^2}$$

式中 E_n 为 Fe^{3+}/Fe^{2+} 的电极势,其他符号含意同上。

在很多情况下,氢离子也参与电极上的氧化还原反应。这时溶液的 pH 会直接影响这个体系的氧化还原电势。前述标准氧化还原电势的 pH = 0,而在 pH = 7 的标准生物化学反应条件下测得的**标准氧化还原电势**用 $\varepsilon^{\ominus\prime}$ 或 $E^{\ominus\prime}$ 表示。

生物体系中的电子转移可通过下列 4 种方式进行:

① 以电子形式直接转移。例如 Fe^{2+}-Fe^{3+} 电对可将电子直接转移到 Cu^+-Cu^{2+} 电对:

$$Fe^{2+} + Cu^{2+} \longrightarrow Fe^{3+} + Cu^+ \tag{19-9}$$

② 电子以氢原子的形式转移。氢原子由一个质子(H^+)和一个电子(e^-)组成。这种电子转移可写成:

$$AH_2 \Longrightarrow A + 2e^- + 2H^+ \tag{19-10}$$

AH_2 是氢原子供体，A 是氢原子受体，所以 AH_2 和 A 组成氧还电对，可使另一电子受体 B 以获得氢原子的形式还原：

$$AH_2 + B \longrightarrow A + BH_2 \tag{19-11}$$

③ 电子以氢负离子（ :H^- ）的形式（它带有 2 个电子）从电子供体转移到电子受体（通常为脱氢酶中的 NAD^+ 辅基）上。

④ 有机还原剂直接与氧结合时的电子转移。例如，碳氢化合物氧化形成醇的反应：

$$R{-}CH_3 + 1/2O_2 \longrightarrow R{-}CH_2{-}OH \tag{19-12}$$
$$\text{碳氢化物} \qquad\qquad\qquad \text{醇}$$

此反应式中，碳氢化物是电子供体，氧原子是电子受体。

以上 4 种电子传递方式在细胞中都发生。生物化学中常用"一个**还原当量**"（reducing equivalent）这一名词，指的是参加到氧化还原反应中的是一个电子，不管电子本身（electron per se）以一个氢原子或一个电子形式转移。因此，一个氢负离子为二个还原当量。

生物燃料分子的酶促脱氢反应一般是同时失去两个还原当量，每个氧原子能够接受两个还原当量。

（二） 生物体中某些重要氧还电对的氧化还原电势

生物体内的氧化还原对进行氧化还原反应时，基本原理和化学电池一样。也可以把生物体内的氧化剂和还原剂做成化学电池，无论是有机物，无机物或混合的有机、无机物。任何的氧还电对都有其特定的标准电势（standard potential），用 $\varepsilon^\ominus$ 或 $E^\ominus$ 表示，称标准还原势（standard reduction potential），或标准氧化还原电势（standard oxidation-reduction potential）。生物体内一些重要物质的标准氧化还原电势已经测出，如表 19-1 所示。

表 19-1　生物体中某些氧化还原电对的标准氧化还原电势（$E^{\ominus\prime}$）

氧化还原电对	标准还原势/V
乙酸+CO_2+2H^++2e^- ⟶ 丙酮酸+H_2O	-0.70
琥珀酸+CO_2+2H^++2e^- ⟶ α-酮戊二酸+H_2O	-0.67
乙酸+2H^++2e^- ⟶ 乙醛+H_2O	-0.58
3-磷酸甘油酸+2H^++2e^- ⟶ 3-磷酸甘油醛+H_2O	-0.55
α-酮戊二酸+2H^++2e^- ⟶ 异柠檬酸	-0.38
乙酰-CoA+CO_2+2H^++2e^- ⟶ 丙酮酸+CoA	-0.48
1,3-二磷酸甘油酸+2H^++2e^- ⟶ 3-磷酸甘油醛+Pi	-0.29
硫辛酸+2H^++2e^- ⟶ 二氢硫辛酸	-0.29
S+2H^++2e^- ⟶ H_2S	-0.23
乙醛+2H^++2e^- ⟶ 乙醇	-0.197
丙酮酸+2H^++2e^- ⟶ 乳酸	-0.185
FAD+2H^++2e^- ⟶ $FADH_2$	-0.18*
草酰乙酸+2H^++2e^- ⟶ 苹果酸	-0.166
延胡索酸+2H^++2e^- ⟶ 琥珀酸	-0.031
2H^++2e^- ⟶ H_2	-0.421
乙酰乙酸+2H^++2e^- ⟶ β-羟丁酸	-0.346
胱氨酸+2H^++2e^- ⟶ 2 半胱氨酸	-0.340
NAD^++H^++2e^- ⟶ NADH	-0.32
$NADP^+$+H^++2e^- ⟶ NADPH	-0.32
NADH 脱氢酶（FMN 型）+2H^++2e^- ⟶ NADH 脱氢酶（$FMNH_2$ 型）	-0.30
标准氢电极 $E^\ominus$ = 0.00	

续表

氧化还原电对	标准还原势/V
$CoQ+2H^++2e^-\longrightarrow CoQH_2$	+0.045
细胞色素 $b(ox)+e^-\longrightarrow$细胞色素 $b(red)$	+0.07
细胞色素 $c_1(ox)+e^-\longrightarrow$细胞色素 $c_1(red)$	+0.215
细胞色素 $c(ox)+e^-\longrightarrow$细胞色素 $c(red)$	+0.235
细胞色素 $a(ox)+e^-\longrightarrow$细胞色素 $a(red)$	+0.210
细胞色素 $a_3(ox)+e^-\longrightarrow$细胞色素 $a_3(red)$	+0.385
$1/2O_2+2H^++2e^-\longrightarrow H_2O$	+0.815
$Fe^{3+}+e^-\longrightarrow Fe^{2+}$	+0.77

注：$E^{\ominus}{}'$ 的测定条件为 pH 7.0，25℃，即标准氢电极构成的化学电池的测定值。电子供体和受体的浓度都是 1 mol/L。

* FAD/FADH$_2$ 的测定值仅为辅酶的单独测定值，当辅酶与酶蛋白结合后 $E^{\ominus}{}'$ 在 0.0 到 +0.3 V 之间，随蛋白质而异。

按照传统定义标准还原电势具有较大负值的氧还电对比具有较小负值的氧还电对更倾向于失去电子；换言之，标准还原电势的正值越大的，越倾向于获得电子。例如，异柠檬酸/（α-酮戊二酸+CO_2）电对，其标准还原电势 $E^{\ominus}{}'$ 为 -0.38 V。这个氧还电对倾向于将电子传递给氧还电对 NADH/NAD$^+$，因为后者的 $E^{\ominus}{}'=-0.32$ V，如果有柠檬酸脱氢酶存在，这个电对具有相对的正电势。水/氧电对的标准电势为 +0.82 V，这表明水分子失去电子形成分子氧的倾向性极小。相反，分子氧对电子或氢原子具有极高的亲和力。标准电势的单位是 V。

氧化还原反应对生物体之所以重要，不只是因为生物体内的许多重要反应属于氧化还原反应，更重要的是因为生物体所需的能量基本都来源于体内所进行的氧化还原反应。要了解氧化还原反应和能量之间的关系，还必须弄清楚氧化还原电势和自由能的关系。

（三） 标准还原电势差和自由能变化的关系

前面已经阐明，体系自由能的改变等于体系所做最大功的能量，可用下式表示：

$$-\Delta G = W_{max}$$

式中 ΔG 为体系中自由能的变化，此处应为负值，表示体系自由能减少之量，W_{max} 为最大功。

可以把一个氧化还原反应看成是能做最大功的电池。当通过这个电池的电流为无限小时，它所做的功就是最大。其电动势 $\varepsilon=\Delta E$ 可以测出。因电池所做的功在数值上等于两个电极之间的电动势和电量的乘积。当电池传递的电子为 1 mol（即 6.02×10^{23} 个电子）时，则该电池在标准状态下所做的功可用下式表示：

$$W = n\Delta E^{\ominus}F \qquad (19-13)$$

$\Delta E^{\ominus}$ 为相应反应的标准电极势差，n 为氧化还原反应中传递的电子数目，F 为法拉第常数（96 485 C/mol）。

因以上所做的功为最大功，所以也可以把它看成是自由能的变化，即

$$W_{max} = -\Delta G^{\ominus}{}' = -n\Delta E^{\ominus}{}'F \qquad (19-14)$$

式中各符号含义同上，$-\Delta G^{\ominus}{}'$ 表示体系自由能降低的变化。利用以上公式即可由氧化还原电势差计算出化学反应的自由能变化。

在生物化学反应中，这种自由能变化决定于一个体系转移电子的能力。

（四） 标准电动势和平衡常数的关系

标准电动势和化学反应平衡常数的关系可根据平衡常数和标准自由能的关系以及标准电动势和标准自由能的关系导出。可表示如下：

$$\varepsilon^{\ominus} = \Delta E^{\ominus} = \frac{RT}{nF}\ln K_{eq} = 2.3\frac{RT}{nF}\lg K_{eq} \tag{19-15}$$

式中的对数关系表明电势的微小变化都将引起平衡常数的很大变化。在25℃下若 $n=2$ 时,一个能够进行到99%的反应($K_{eq}=100$)只需118 mV的电势。

在实际反应条件下,如果反应物和产物都不是1 mol,则需根据能斯特方程即(19-8)式求出反应的电动势。

机体中的许多反应都是靠电动势推动的,例如,在细胞膜表面发生的许多反应往往就是靠电势差推动的。细胞或细胞器表面的脂质膜不能使游离电子自由通过,这就形成了一种跨膜的离子梯度,从而产生了电势。跨膜电势即可提供一种能量,驱使膜上的某些反应得以进行。这方面的问题不在此作详细讨论。

二、电子传递和氧化呼吸链

(一) 电子传递过程的总体自由能释放

需氧细胞内糖、脂肪、氨基酸等通过各自的分解途径所形成的还原型辅基,包括NADH和FADH$_2$,通过电子传递途径被重新氧化。还原型辅基分子中的氢原子以质子形式脱下,而其电子则沿着一系列的电子载体传递,最后传递到分子氧,形成离子型氧,后者与质子结合而成水。在电子传递过程中释放出的自由能则使ADP磷酸化生成ATP。

电子传递过程包括电子从还原型辅基通过一系列按照电子亲和力递增顺序排列的电子载体所构成的电子传递链,也称**呼吸链**,传递到氧的过程。这些电子载体都具有氧化还原作用。电子传递和形成ATP过程的偶联即为氧化磷酸化作用。氧化磷酸化作用是电子沿着电子传递链传递释放自由能,并将ADP磷酸化而形成ATP的全过程。

通过电子传递,还原型辅基借助氧分子得以氧化并释放自由能的过程可用下式表示:

$$NADH + H^+ + 1/2O_2 \longrightarrow NAD + H_2O \qquad \Delta G^{\ominus\prime} = -220.07 \text{ kJ/mol}(-52.6 \text{ kcal/mol})$$

$$FADH_2 + 1/2O_2 \longrightarrow FAD + H_2O \qquad \Delta G^{\ominus\prime} = -181.58 \text{ kJ/mol}(-43.4 \text{ kcal/mol})$$

上述反应式既表明还原型辅基的氧化,氧的消耗,又表明在此反应中有水的生成。细胞对其燃料物质的彻底氧化最终形成CO_2和H_2O。CO_2是通过柠檬酸循环形成的;水则是在电子传递过程的最后阶段生成。

上式所标明的标准自由能变化 $\Delta G^{\ominus\prime}$ 显示,NADH或FADH$_2$的氧化,都有大量自由能的释放。表明它们所带的电子对,都具有高的转移势能。它推动电子从还原型辅基顺坡而下,直到转移至分子氧上。这种由电子传递而释放的自由能即可用于合成ATP。当葡萄糖氧化为CO_2时,一分子葡萄糖共生成10个NADH和2个FADH$_2$,它们的总标准自由能为10×(220.07 kJ/mol)+2×(181.58 kJ/mol)=2 563.86 kJ/mol(613 kcal/mol)。在完全燃烧时,一个葡萄糖分子可释放出2 870.23 kJ/mol(686 kcal/mol)的热,因此可推算,葡萄糖分子氧化时所释放自由能的90%都仍贮存在这两种还原型辅基中。

电子传递链存在于原核细胞的质膜上,以及真核细胞线粒体的内膜上。

在电子传递过程中,电子的传递仅发生在相邻的电子载体之间,它的传递方向取决于每种电子载体所具有的还原势的大小。电子传递还伴有H^+从膜一侧到另一侧的定向转移,形成质子的跨膜梯度,从而推动ATP的合成。

前面已经提到,根据各种氧化还原电对的 $E^{\ominus\prime}$ 值,可以判断电子传递的方向,但是必须有催化剂催化,反应才能发生。催化剂的作用并不能改变电子传递的方向。电子的传递方向总是由电负性较强的氧还电对流向具有更强电正性的氧还电对。例如,NADH/NAD$^+$的 $E^{\ominus\prime}=-0.32$ V,还原型细胞色素 c/氧化型细胞

色素 c 的 $E^{\ominus\prime}=+0.235$ V。电子将从 NADH 流向氧化型细胞色素 c。结果使 NADH 氧化为 NAD^+,而氧化型细胞色素 c 还原为还原型细胞色素 c;又因 $H_2O\left/\left(\dfrac{1}{2}O_2\right)\right.$ 电对的 $E^{\ominus\prime}=+0.815$ V,所以电子的流向一定是从还原型细胞色素 c 到氧。电子从电负性流向电正性系统将伴随着自由能的降低。在两个氧还电对之间,当电子从电负性电对流向电正性电对时,标准还原电势之差越大,自由能的释放也越多。如果一对电子从 NADH 转移到氧,它的标准自由能变化可根据公式(19-14)求出:

$$\Delta G^{\ominus\prime}=-nF\Delta E^{\ominus\prime}$$

$NADH/NAD^+$ 电对的标准还原电势 $E^{\ominus\prime}=-0.32$ V,$H_2O\left/\left(\dfrac{1}{2}O_2\right)\right.$ 电对的 $E^{\ominus\prime}=+0.815$ V。n 为转移电子数,F 为法拉第常数 $=23\ 062$ cal/Vmol。$\Delta E^{\ominus\prime}$ 是电子供体和电子受体之间的标准还原电势差。

假设所有参加反应物质的浓度都是 1.0 mol/L、反应条件是 25℃,pH=7。则:

$$\Delta G^{\ominus\prime}=-2\times23\ 062\times[\,0.815-(-0.32)\,]\ \text{kJ}=-219.13\ \text{kJ}\ (-52.35\ \text{kcal})$$

公式 $\Delta G^{\ominus\prime}=-nF\Delta E^{\ominus\prime}$ 对计算电子传递链中的每一步电子传递的标准自由能变化是非常有用的。

(二) 呼吸链概念的建立

呼吸链概念的建立将两个争论多年的学派最后统一起来了。

在 1900 年至 1920 年间,人们曾发现,催化脱氢作用的脱氢酶可以在完全没有氧的条件下,将底物的氢原子脱下,于是产生了氢激活学说。Wieland 提出,氢的激活是生物氧化的关键过程,而氧分子无需激活,即可与被激活的氢原子结合。1913 年 Warburg 发现,极少量的氰化物即能全部抑制组织和细胞对分子氧的利用,而氰化物对于脱氢酶并无抑制作用。氰化物与铁原子可以形成非常稳定的化合物(如铁氰化物),于是提出生物氧化作用需要一种含铁的"氧化酶"来激活分子氧,氧的激活是生物氧化的关键步骤。后来匈牙利的科学工作者 A. Szent-Gyorgyi 将两种学说合并在一起,提出在生物氧化过程中氢的激活和氧的激活都是需要的。还提出在"氧化酶"和脱氢酶之间起电子传递作用的是黄素蛋白类物质。1925 年 David Keilin 提出,细胞色素起着连接两类酶的作用。后来,对生物氧化的研究,越来越多地改用分离提纯的电子传递链不同组分在试管中进行重组研究的方法,为进一步阐明生物氧化机制创造了条件。应该指出,直到现在有关呼吸链电子传递及 ATP 的生成机制还未全部阐明,有待进一步深入研究。

(三) 电子传递链

电子从 NADH 或 $FADH_2$ 传递到 O_2 所经过的一系列电子载体被形象地称为**电子传递链**,或称**呼吸链**(respiratory chain)。这条链主要由蛋白质复合体组成,大致分为 4 个部分,分别称为 NADH-Q 还原酶(NADH-Q reductase)、琥珀酸-Q 还原酶(succinate-Q reductase)、细胞色素还原酶(cytochrome reductase)和细胞色素氧化酶(cytochrome oxidase)。它们的排列顺序和主要特点如图 19-2 和表 19-2 所示。

从表 19-2 中可看出,电子传递酶复合体中的辅基有:黄素(flavins)、铁硫中心(iron-sulfur center)、血红素(hemes)和铜离子(copper ions)等,这些辅基都是电子载体。电子传递通过与酶分子结合的这些辅基来完成。

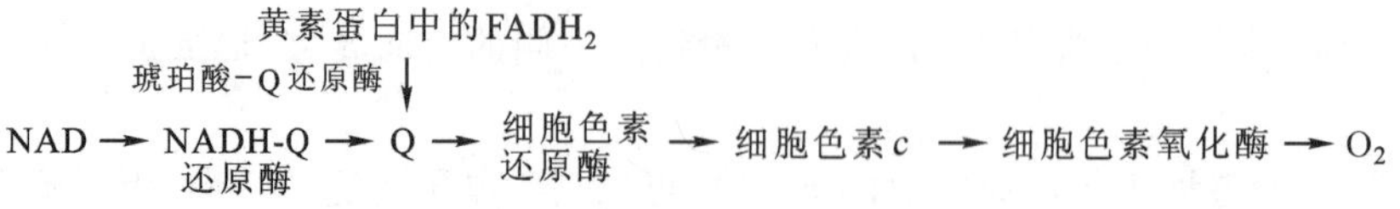

黄素蛋白中的 $FADH_2$
琥珀酸-Q 还原酶↓
NAD → NADH-Q → Q → 细胞色素 → 细胞色素 c → 细胞色素氧化酶 → O_2
　　　　还原酶　　　　还原酶

图 19-2　电子传递链中的电子载体及其顺序

表 19-2　电子传递链中四种复合体的性质

酶复合体		相对分子质量（×10³）	亚基数	辅基	电子供受体		
					线粒体基质侧	线粒体内膜	膜间隙侧
复合体 I	NADH-Q 还原酶	880	46	FMN, Fe-S	NADH	Q	
复合体 II	琥珀酸-Q 还原酶	140	4	FAD, Fe-S	琥珀酸	Q	
复合体 III	细胞色素还原酶	250	11	血红素 b_{562} 血红素 b_{566} 血红素 c_1 Fe-S		QH_2	细胞色素 c
复合体 IV	细胞色素氧化酶	160	13	血红素 a 血红素 a_3 Cu_A 和 Cu_B			细胞色素 c

辅酶 Q（coenzyme-Q），又称泛醌（ubiquinone），简写为 Q。该命名反映它广泛存在于具有呼吸作用的生物体内，故采用了英文"ubiquity"（普遍存在）为字头。它是疏水的醌（quinone）类化合物，在线粒体内膜内部扩散迅速。辅酶 Q 在电子传递链中的作用是将电子从 NADH-Q 还原酶（复合体 I, complex I）和琥珀酸-Q 还原酶（复合体 II）转移到细胞色素还原酶（复合体 III），反应式如下：

$$NADH + Q（氧化型）\longrightarrow NAD^+ + QH_2（还原型）$$
$$\Delta E^{\ominus\prime} = 0.360 \text{ V}, \quad \Delta G^{\ominus\prime} = -69.5 \text{ kJ/mol}$$

细胞色素还原酶（复合体 III）借助于细胞色素 c（cytochrome c），使还原型 QH_2 再氧化，反应式如下：

$$QH_2（还原型）+ 细胞色素 c（氧化型）\longrightarrow Q（氧化型）+ 细胞色素 c（还原型）$$
$$\Delta E^{\ominus\prime} = 0.190 \text{ V}, \quad \Delta G^{\ominus\prime} = -36.7 \text{ kJ/mol}$$

细胞色素氧化酶（复合体 IV）催化氧使还原型细胞色素 c 氧化的反应式如下：

$$还原型细胞色素 c + 1/2 \text{ } O_2 \longrightarrow 氧化型细胞色素 c + H_2O$$
$$\Delta E^{\ominus\prime} = 0.580 \text{ V}, \quad \Delta G^{\ominus\prime} = -112 \text{ kJ/mol}$$

当电子对陆续通过复合体 I、III 和 IV 时，都可释放出足够的自由能，使若干质子发生跨膜转运。复合体 II 的作用是借助 Q 催化 $FADH_2$ 的氧化。反应式如下：

$$FADH_2 + Q（氧化型）\longrightarrow FAD + QH_2（还原型）$$
$$\Delta E^{\ominus}_0 = 0.015 \text{ V}, \Delta G^{\ominus\prime} = -2.9 \text{ kJ/mol}$$

这一步氧化还原反应所释放的自由能不足以使质子跨膜转运，它的作用只是将 $FADH_2$ 的电子脱下并往下传递。

合成 ATP 所需要的自由能就是靠上述 4 种酶复合体将 NADH 或 $FADH_2$ 所携带的电子从标准还原势较低的成员传递到较高的成员所释放的。这个过程的全貌可用图 19-2 表示。

（四）电子传递链详情

1. NADH-Q 还原酶

真核生物的 NADH-Q 还原酶，又称为 **NADH 脱氢酶**（NADH dehydrogenase）或复合体 I，是一个相对分子质量为 880 000 的蛋白质复合体，由大约 46 种不同亚基组成，分别由细胞核和线粒体基因组编码。在电子传递链中共有 3 个质子泵（proton pump），该酶复合体是第一个质子泵。

该酶复合体催化的第一步反应是将 NADH 上的两个高势能电子转移到 FMN 辅基上，使 NADH 氧化，

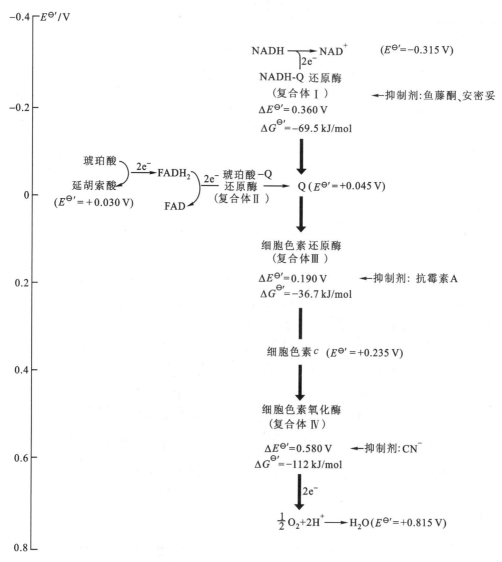

图 19-3　电子传递链部分组分的标准还原势及自由能变化示意图

FMN 还原,反应如下:

$$NADH + H^+ + FMN \longrightarrow FMNH_2 + NAD^+$$

　　FMN 既可接受两个电子形成 $FMNH_2$,又可接受一个电子,或由 $FMNH_2$ 给出一个电子形成一个稳定的半醌中间产物,反应如图 19-4 所示。

　　在 NADH-Q 还原酶复合体上,辅基 $FMNH_2$ 上的电子又转移到铁硫中心上,铁硫中心一般简写为 Fe-S。它是 NADH-Q 还原酶中的第二种辅基。Fe-S 中心与蛋白质相结合形成**铁硫蛋白**,又称非血红素铁蛋白(nonheme iron proteins)。这种铁硫蛋白在生物系统的许多氧化还原反应中起着关键性的电子传递作用。铁硫中心有几种不同的类型,有的只含有一个铁原子[FeS],有的含有两个铁原子[2Fe-2S],有的含有 4 个铁原子[4Fe-4S]。只有一个铁原子的铁硫中心其铁原子以四面体形式与蛋白质的 4 个半胱氨酸残基上的巯基[-SH]配位相连。含有两个铁原子的[2Fe-2S],每个铁原子分别与两个半胱氨酸残基的 -SH 相连,此外每个铁原子还同时与一个无机硫原子相连(该中心共有 2 个无机硫原子)。含有 4 个铁原子的铁硫中心[4Fe-4S],除每个铁原子各与一个半胱氨酸残基的 -SH 相连外,每个铁原子还与 3 个无机硫原子相连(该中心共有 4 个无机硫原子)。三种类型的铁硫中心可用图 19-5 表示。

2. 辅酶 Q

　　辅酶 Q 是一种脂溶性辅酶,存在于线粒体内膜中,可结合到膜蛋白上,也可以游离状态存在。它以不

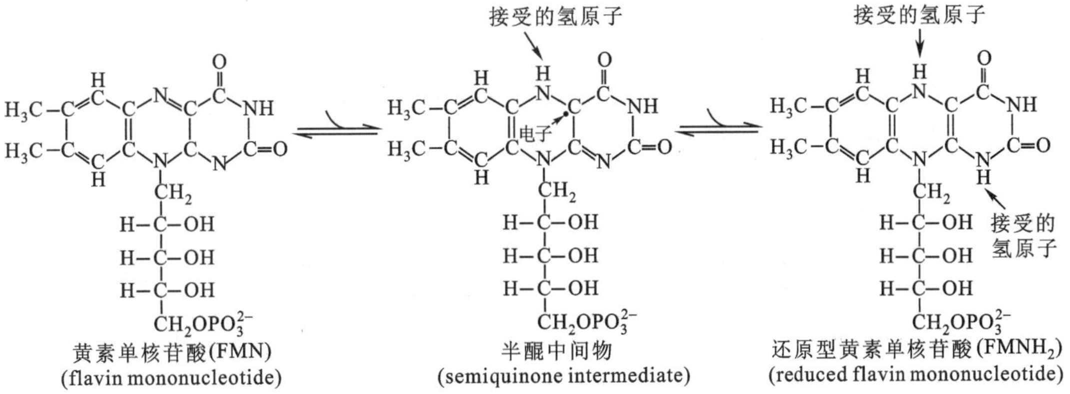

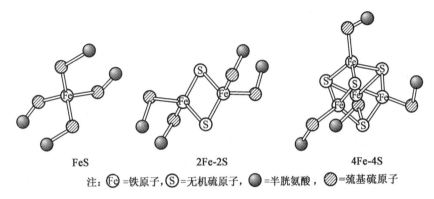

图 19-4　黄素单核苷酸还原过程中形成半醌中间物

图 19-5　三种类型铁硫中心的铁原子与硫原子关系示意图

同的形式在电子传递链中起作用。它不只接受 NADH-Q 还原酶催化脱下的电子和氢原子,还接受线粒体其他黄素酶类脱下的电子和氢原子,包括琥珀酸-Q 还原酶、脂酰-CoA 脱氢酶(acyl-CoA dehydrogenase)等。可以说辅酶 Q 在电子传递链中处于一个重要地位。它在呼吸链中是一种和蛋白质结合不紧密的辅酶。这使它在黄素蛋白和细胞色素之间能够作为一种特殊灵活的电子载体起作用。电子传递复合体和辅酶 Q 等在可流动的线粒体脂双层膜中进行局部扩散和碰撞。

辅酶 Q 中存在一个以异戊二烯(isoprene)为单位构成的碳氢长链,在不同生物中其长度不同。哺乳动物中最常见的是具有 10 个异戊二烯单位的长链,简写为 Q_{10},为了简便也往往省略"10"这个脚注。在非哺乳类动物中可能只有 6～8 个异戊二烯单位。辅酶 Q 的异戊二烯碳氢长链称为类异戊二烯(isoprenoid)链。它的作用是使 Q 成为非极性化合物,使其在线粒体内膜的脂双层中可以迅速扩散。

辅酶 Q 和 FMN 都是 NADH-Q 还原酶的辅酶。辅酶 Q 和 FMN 一样,也能够接受或给出一个或者两个电子,因为它们都能以稳定的半醌形式存在,如图 19-6 所示。

3. 琥珀酸-Q 还原酶

琥珀酸-Q 还原酶(复合体 Ⅱ)是嵌在线粒体内膜中的蛋白质复合体。它就是柠檬酸循环中使琥珀酸氧化为延胡索酸的琥珀酸脱氢酶。FAD 作为该酶的辅基在传递电子时并不与酶分离,只是将电子传递给琥珀酸脱氢酶分子的铁硫中心。这些铁硫中心以 2Fe-2S,3Fe-3S 和 4Fe-4S 形式存在。电子经过铁硫中心又传递给辅酶 Q,从而进入了电子传递链。琥珀酸-Q 还原酶和 NADH 还原酶中的辅酶 Q 辅基已证明具有完全相同的结构和性质。

在琥珀酸-Q 还原酶以及其他黄素酶中,将电子从 $FADH_2$ 转移到辅酶 Q 上的标准氧还电势变化不能产生足够的自由能以驱动质子跨膜转运。这一步反应的重要意义在于,它使得 $FADH_2$ 上的具有相对高转移势能的电子进入电子传递链。

4. 细胞色素还原酶

细胞色素还原酶的名称多种多样,又称复合体 Ⅲ,辅酶 Q-细胞色素 c 还原酶(coenzyme Q-cytochrome

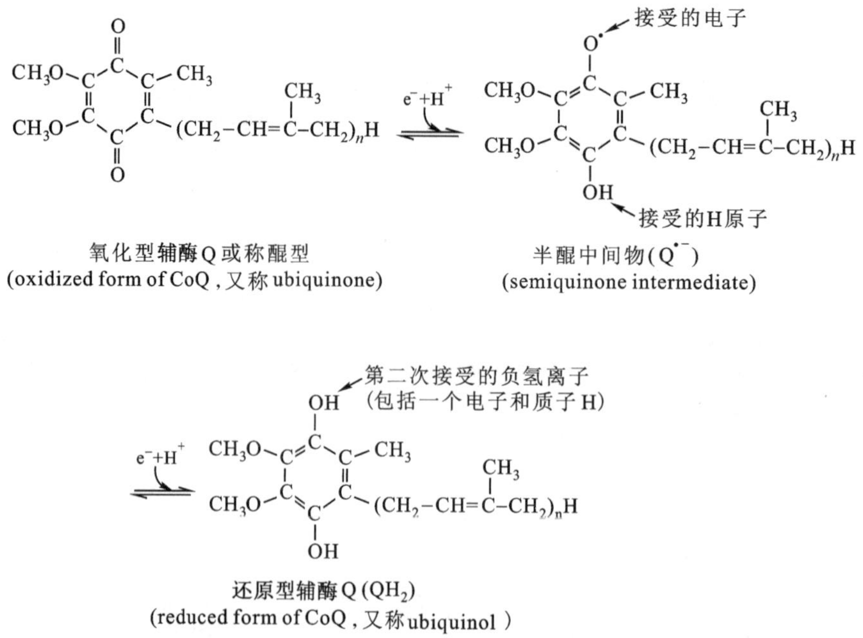

图 19-6　氧化型辅酶 Q 经过半醌中间物形成还原型辅酶 Q

c reductase）、细胞色素 bc_1 复合体（cytochrome bc_1 complex）等。

　　细胞色素是一类含有血红素（heme）辅基的电子传递蛋白质的总称。因含有血红素所以显红色或褐色。细胞色素这一名称也是因为它们有颜色而得名。还原型细胞色素具有明显的可见光光谱吸收现象。可看到 α、β 和 γ 三条光谱吸收带或称 α、β、γ 吸收峰。γ 光谱带又称为索瑞氏（soret）光谱带。α 峰的吸收波长随细胞色素种类的不同而不同。这是区别细胞色素不同种类的重要指标。氧化型的细胞色素看不到有吸收峰的存在。

　　细胞色素在细胞呼吸中的重要作用前面已经提到，是 1925 年 David Keilin 最先发现的。他还根据吸收光谱的不同将细胞色素分为 a、b、c 三类。细胞色素几乎存在于所有的生物体内。只有极少数的专性厌氧微生物（obligate anaerobes）缺乏这类蛋白质。

　　同一种细胞色素又因为其所处的环境不同，其 α 吸收峰的波长位置也有一些差异。例如，细胞色素还原酶（复合体Ⅲ）中的细胞色素 b 含有两个血红素 b 分子：其中一种的最大吸收峰在 562 nm，写作 b_{562} 或 b_H；另一种的最大吸收峰在 566 nm，写作 b_{566} 或 b_L。这两种血红素 b 对电子的亲和力不同，主要是因为环绕它们的蛋白质（结构）不同。琥珀酸-Q 还原酶（复合体Ⅱ）已知含有细胞色素 b_{562}，但并不参与电子传递。细胞色素的可见吸收光谱如图 19-7 所示。

　　不同细胞色素最大吸收峰的位置差异如表 19-3 所示。

表 19-3　不同细胞色素的最大吸收峰位置举例

细胞色素	波长/nm		
	α	β	γ
a	600		439
b_{566}	566		
b_{562}	562	532	429
c	550	521	415
c_1	554	524	418

不同类型的细胞色素中的血红素分子内卟啉环上的取代基团各不相同,这将影响铁原子的氧化还原活性。b型细胞色素的血红素是铁-原卟啉Ⅸ(protoporphyrin Ⅸ)。铁-原卟啉Ⅸ也存在于血红蛋白和肌红蛋白分子中,这种血红素又称为b型血红素。c型细胞色素中的血红素和铁-原卟啉Ⅸ的区别是,血红素上的乙烯基(vinyl groups)通过其双键与蛋白质的半胱氨酸(Cys)的巯基作用,形成硫醚键与蛋白质相连。铁-原卟啉Ⅸ的结构(b型血红素)和细胞色素c类型(c型血红素)的结构如图19-8所示。

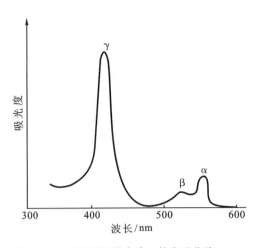

图19-7　还原型细胞色素c的光吸收峰

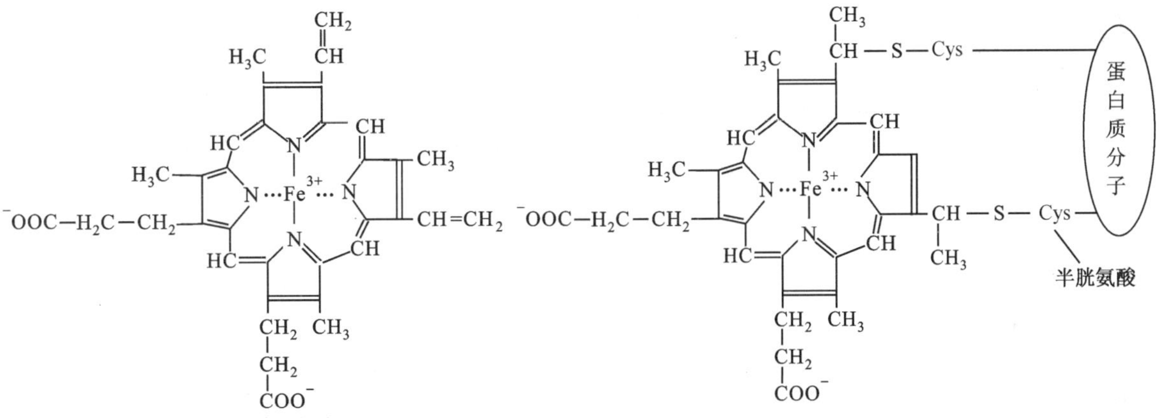

细胞色素还原酶除含有细胞色素b外,还含有2Fe-2S类铁硫蛋白,以及细胞色素c_1。细胞色素b在细胞色素还原酶中以非共价形式结合,而细胞色素c_1则是以共价键与蛋白质相连。细胞色素还原酶的部分结构可用图19-9表示。

b型血红素
即铁-原卟啉Ⅸ的结构

c型血红素

图19-8　b型细胞色素和c型血红素的基本结构及差异

细胞色素还原酶各亚基在线粒体内膜中的排列方式如下:细胞色素c_1和铁硫蛋白(又名Rieske铁硫蛋白)位于线粒体内膜的外表面。根据编码细胞色素b的线粒体DNA序列推测,不同物种来源细胞色素b的多肽链,其氨基酸数目都在380到385之间,并表现出氨基酸序列上的高度一致。细胞色素b的多肽链有9次跨线粒体膜的弯曲,每两个弯曲之间是大于20个氨基酸的以疏水残基占优势的伸展多肽链。它们以稳定的α螺旋形式跨越脂双层膜。细胞色素b中的两个血红素可能是以配位的形式与4个组氨酸(His)残基相连。4个组氨酸残基在肽链中的位置也已经被推测出来。

细胞色素还原酶中血红素辅基的铁原子,在电子传递中发生可逆的Fe^{2+}和Fe^{3+}的价态变化。在电子传递链中细胞色素还原酶的作用是催化电子从QH_2转移到细胞色素c。

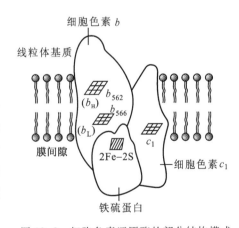

图19-9　细胞色素还原酶的部分结构模式

5. 细胞色素c

细胞色素c 是一种相对分子质量为13 000的球形蛋白质,直径为3.4 nm;它由104个氨基酸构成,为一条单一的多肽链。它是唯一能溶于水的细胞色素。它的氨基酸序列及三维空间结构都已经被测定。是了解最透彻的细胞色素蛋白质。

细胞溶胶中的脱辅基细胞色素 c（apocytochrome c）可以跨过线粒体外膜进入线粒体内外膜间隙，之后，细胞色素 c 合成酶（cytochrome c synthetase），又称细胞色素 c 血红素裂合酶（cytochrome c hemelyase），将血红素与蛋白质分子结合，细胞色素 c 蛋白分子发生构象变化，不再能穿过线粒体外膜，被"锁"在线粒体的内外膜间隙。

细胞色素 c 交互地与细胞色素还原酶（复合体Ⅲ）中的细胞色素 c_1 和细胞色素氧化酶（复合体Ⅳ）接触，起到在复合体Ⅲ和Ⅳ之间传递电子的作用。

复合体Ⅲ中的 QH_2 将电子传递给细胞色素 c 不是简单地一次性完成的，而是分为两个阶段。在第一阶段，QH_2 所具有的两个高势能电子中的一个被转移到细胞色素还原酶的铁硫中心，再经过细胞色素 c_1 传递到细胞色素 c。这样，QH_2 失去了一个电子转变为半醌阴离子，即 $Q^{\cdot-}$。半醌中间体上的电子迅速地通过细胞色素还原酶中靠近细胞溶胶侧的血红素 b_L（b_{566}）转移到对电子具有较高亲和力的靠近线粒体基质侧的血红素 b_H（b_{562}）。半醌阴离子 $Q^{\cdot-}$ 失去电子后形成 Q。Q 在线粒体膜内处于自由流动状态。血红素 b_H 上的电子之后转移到接近细胞溶胶一边的一个 Q 分子上，于是又形成了一个半醌阴离子 $Q^{\cdot-}$。

在第一阶段参与电子转移的 QH_2 通过上述过程将一个电子传递给了细胞色素 c。另外一个电子供给 Q，形成半醌阴离子 $Q^{\cdot-}$。在第二阶段，另一分子 QH_2 通过上述相同的途径，将一个电子转移到细胞色素还原酶的 Fe-S 中心，再经过细胞色素 c_1 传递到细胞色素 c。而这个 QH_2 分子上剩余的一个电子又使它形成了一个新的半醌阴离子 $Q^{\cdot-}$，这个半醌阴离子上的电子又传递给 b_L 和 b_H。这次 b_H 上的电子传递给第一阶段形成的那个半醌阴离子，这就使这个半醌阴离子转变成了 QH_2。

总括起来，两个 QH_2 参与电子传递，使两个细胞色素 c 还原，过程中又产生了一个新的 QH_2 分子。因此整体而言是一个 QH_2 分子的两个电子分别传递给 2 分子细胞色素 c。辅酶 Q 的这种电子传递方式称为 **Q 循环**。上述方式得以使电子由携带两个电子的载体——QH_2 转移给携带一个电子的载体——细胞色素 c。这同时还将 4 个质子从线粒体基质转运到了膜间隙中。上述的电子传递过程可用图 19-10 表示。

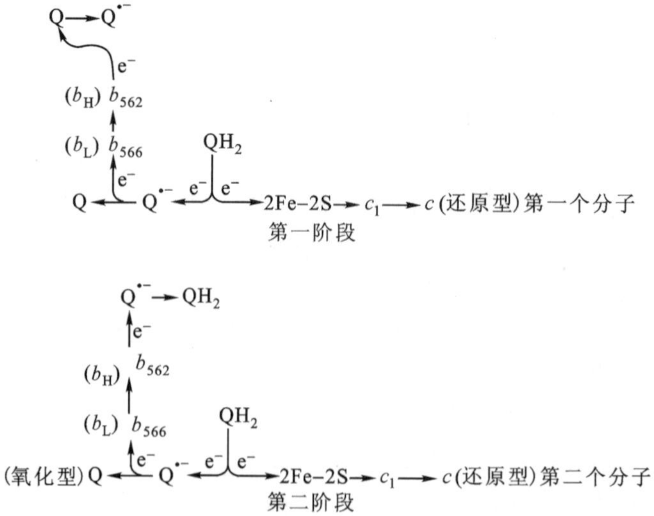

图 19-10 从细胞色素还原酶到细胞色素 c 的 Q 循环电子传递途径

图中表明细胞色素还原酶接受了两个 QH_2 分子上的电子，每个 QH_2 上的一个电子被传递给细胞色素 c 分子；这样，每个 QH_2 带有另一个电子，分别形成两个半醌中间体（$Q^{\cdot-}$）分子。随后，两个半醌中间体上的电子，分别进入另一条传递途径：第一个半醌中间体上的电子经细胞色素 b（$b_{566} \rightarrow b_{562}$）传递给一个氧化型 Q 分子，结果形成一个半醌中间体分子；第二个半醌中间体上的电子也经细胞色素 b（$b_{566} \rightarrow b_{562}$）传递给前面形成的那个半醌中间体分子，结果形成一个新的 QH_2 分子

6. 细胞色素氧化酶

细胞色素氧化酶又称为细胞色素 c 氧化酶(cytochrome c oxidase)或复合体Ⅳ(complex Ⅳ)。

哺乳动物细胞色素氧化酶的相对分子质量大约为 200 000,是嵌在线粒体内膜的跨膜蛋白质复合体,其结构如图 19-11 所示。

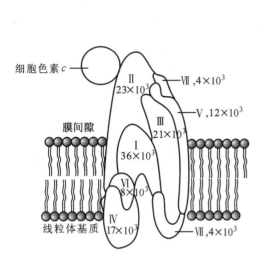

图 19-11　细胞色素氧化酶结构示意图

图中数字表示各亚基的相对分子质量

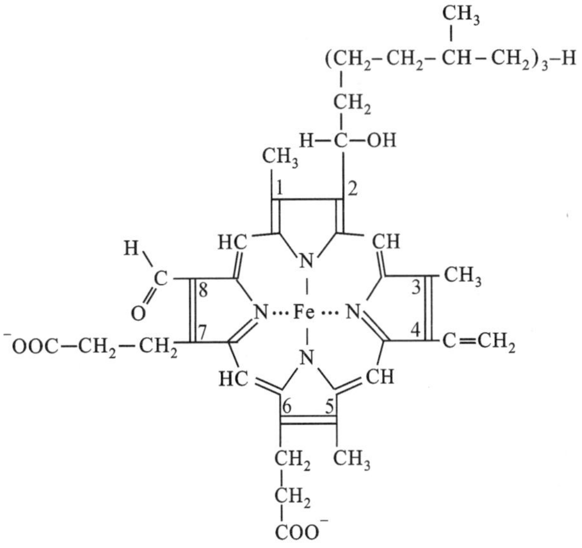

图 19-12　a 型血红素的结构图

a 型血红素(或血红素 A)是细胞色素氧化酶中的铁卟啉分子。它与其他血红素的区别在于,一个甲酰基取代了一个甲基,而且拥有一个长达 17 个碳的碳氢链

哺乳动物细胞色素氧化酶由 13 个亚基构成,分别称为Ⅰ、Ⅱ、Ⅲ…其中最大的和疏水性最强的三个亚基都由线粒体 DNA 编码。这些亚基形成类似于细胞色素 b 的跨膜螺旋。该酶共有 4 个氧化还原活性中心,为两个 a 型血红素和三个铜离子,位于亚基Ⅰ和亚基Ⅱ上。两个血红素分别被称为血红素 a 和血红素 a_3。a 型血红素和其他血红素的不同点于图 19-12 所示:① 由一个甲酰基(formyl group)取代一个甲基,② 由一 15 个碳原子组成的碳氢链取代乙烯基(vinyl group)。血红素和蛋白质以非共价键结合。两个血红素 a 分子虽然在化学结构上完全相同,但因处于细胞色素氧化酶的不同部位,它们具有不同的电子亲和力。三个 Cu 离子中两个为 Cu_A,另一个为 Cu_B,也是由于它们所结合的蛋白质部位不同,其性质也有差异。Cu_A 的势能较低(~ 0.24 V),Cu_B 的势能较高(~ 0.34 V)。血红素 a 位于亚基Ⅰ上,与位于亚基Ⅱ上的两个 Cu_A 接近,血红素 a_3 与 Cu_B 位于亚基Ⅰ上。血色素 a_3 和 Cu_B 之间可能通过一个硫(S)原子相连;铁原子和 Cu_B 原子构成一个双核中心,可能是 O_2 的结合部位,如图 19-13 所示。

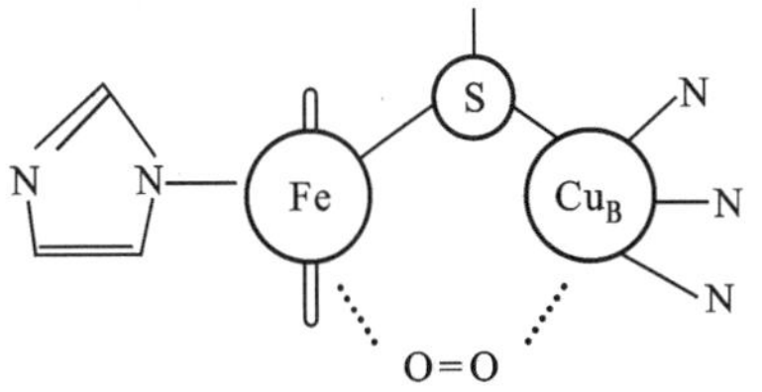

细胞色素氧化酶传递电子的顺序如下:先由还原型细胞色素 c 将所携带的电子传递给 Cu_A 双核中心,然后再传递给血红素 a,最后传给血红素 a_3-Cu_B 中的双核中心。在这里 O_2 经过一系列还原反应最后生成 2 分子 H_2O。

图 19-13　氧(O_2)在细胞色素氧化酶中与细胞色素 a_3 的铁原子和相邻的铜原子(Cu_B)的结合关系示意图

分子氧是一种理想的最终电子受体。它对电子的强亲和力保证了电子传递所需的热力学驱动力。还原型细胞色素 c 的第 1 个电子先传递给 Cu_B,使 Cu^{2+} 还原为 Cu^+;第 2 个电子传递给血红素 a_3 的铁离子,使 Fe^{3+} 还原为 Fe^{2+}。被 Cu_B-a_3 双核中心吸引的氧分别从 Fe^{2+} 和 Cu^+ 上各吸引一个电子形成一种过氧中间体(peroxy intermediate)(图 19-14)。这个中间体再吸引一个电子和两个 H^+ 形成另一个中间体,称为高铁中间体(ferryl intermediate)。在这一中间产物中,一个氧原子以 -2 价形式结合到 +4 价 Fe 原子上。另外一个氧原子则以 HOH 形式结合到 2 价 Cu 原子上。这个高价中间产物又接受一个电子和 2 个 H^+,最后释放出 2 分子 H_2O。这

种结合方式保证了 O_2 在和电子结合的过程中避免产生对细胞有害的超氧化负离子（superoxide anion）O_2^-。这种超氧化负离子 O_2^- 是 O_2 接受一个电子形成的。

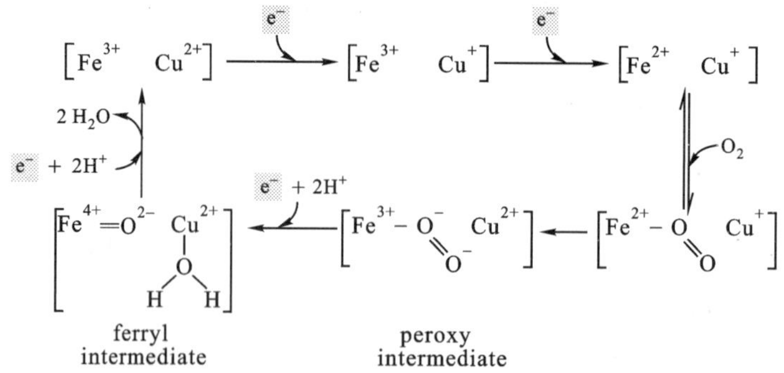

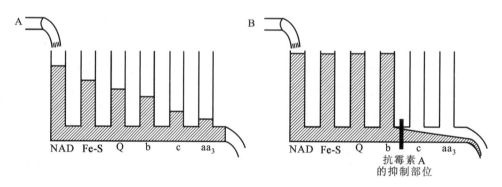

图 19-14　细胞色素氧化酶中的血红素 a_3-Cu_B 双核中心催化氧接受 4 个电子的过程

通过上述电子传递过程最终产生 2 分子 H_2O 的同时，细胞色素氧化酶 a_3-Cu_B 中心的铁原子和铜原子完成一次循环，回到原来的氧化态。

在上述电子传递过程中，从过氧化物中间体到形成水的两步反应中是发生质子跨膜转运的部位，当一对电子流经细胞色素氧化酶时，有 2 个质子跨越线粒体内膜进入到膜间质中。

（五）　电子传递的抑制剂

能够阻断呼吸链中某部位电子传递的物质称为**电子传递抑制剂**。利用专一性抑制剂选择性阻断呼吸链中某个传递步骤，再测定链中各组分的氧化还原态情况，是研究电子传递链顺序的一种重要方法。这种方法的原理正像连通管中的水位图 19-15，越靠近出水口水位越低，从入水口到出水口形成均匀下降的梯度；若连通管中某一环节受阻，则在受阻部位之前的水管将充满水，而在受阻部位之后的水管，因无水补充而将流空。

图 19-15　呼吸链特定部位被抑制后的效果比拟图解

A. 正常呼吸链正像流水在水管中畅流无阻，水面沿流向逐步降低；B. 被阻断后，在阻断部位前面的水管被水充满，后面的则即将流尽

常见的抑制剂有以下几类：

（1）鱼藤酮（rotenone）、安密妥（amytal）、杀粉蝶菌素 A（piericidin A）。它们的作用是阻断 NADH-Q 还原酶中的电子传递，即阻断电子由 NADH 向辅酶 Q 的传递。鱼藤酮是一种极毒的植物来源物质，常用作重要的杀虫剂。这几种抑制剂的结构如下：

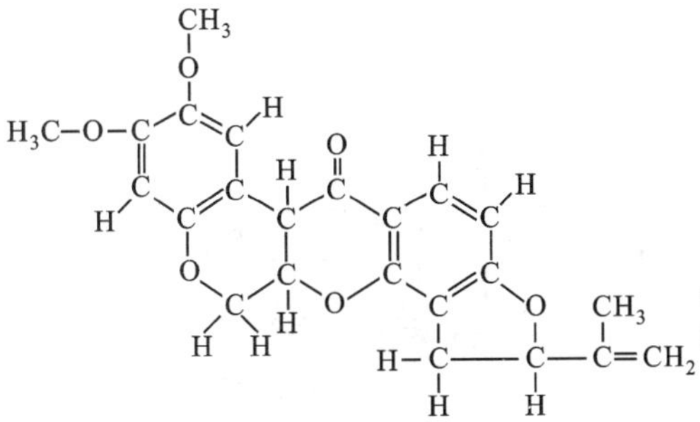

鱼藤酮
(rotenone)

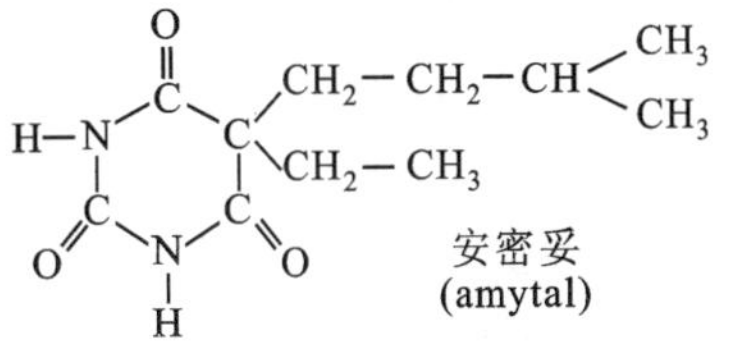

安密妥
(amytal)

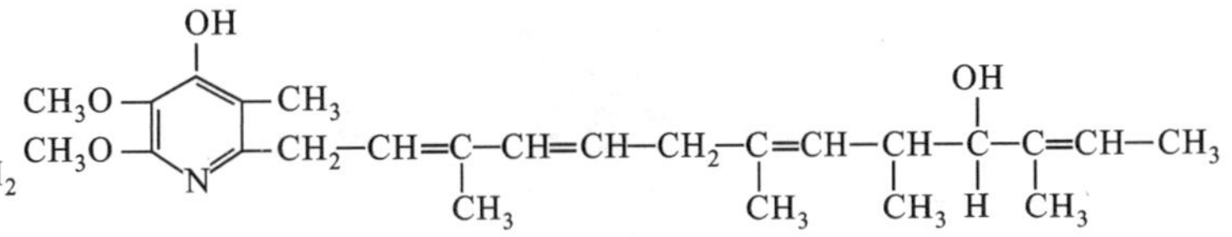

杀粉蝶菌素A
(piericidin A)

(2) 抗霉素 A(antimycin A)。它是从链霉菌(streptomyces griseus)中分离出来的一种抗生素,能干扰细胞色素还原酶中电子从细胞色素 b_H 的传递作用,从而抑制电子从还原型辅酶 Q(QH_2)到细胞色素 c_1 的传递作用。抗霉素 A 的结构如下所示。

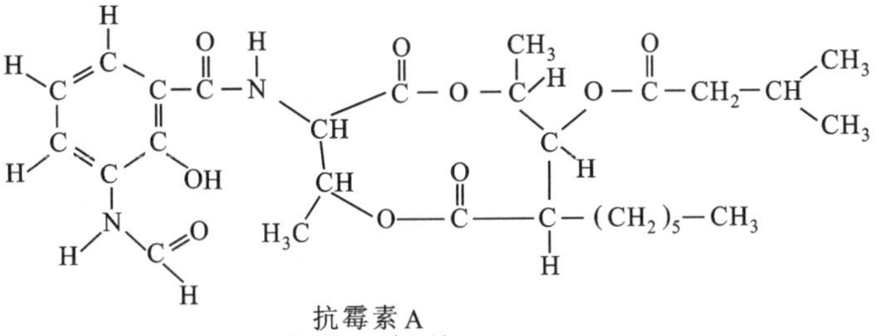

抗霉素A
(antimycin A)

(3) 氰化物(cyanide,CN^-),叠氮化物(azide,N_3^-),一氧化碳(carbon monoxide,CO)。它们都能阻断电子在细胞色素氧化酶中的传递。氰化物和叠氮化物与血红素 a_3 的高铁形式(ferric form)作用,而一氧化碳则是抑制 a_3 的亚铁形式(ferrous form)。

上述各种抑制剂对电子传递链的抑制部位可用图 19-16 表示。

NADH → NADH-Q 还原酶 —‖→ QH_2 —‖→ 细胞色素 c_1 → 细胞色素 c → 细胞色素氧化酶 —‖→ O_2

(NADH-Q 还原酶 —‖→ QH_2:鱼藤酮、安密妥;QH_2 —‖→ 细胞色素 c_1:抗霉素A;细胞色素氧化酶 —‖→ O_2:CN^-、N_3^-、CO)

图 19-16 几种电子传递抑制剂的作用部位

三、氧化磷酸化作用

真核生物中的电子传递和氧化磷酸化都在线粒体内膜上发生。原核生物中的则在细胞质膜上发生。为了阐明真核细胞内氧化磷酸化发生的机制,有必要在讨论氧化磷酸化机制之前对线粒体的结构做一介绍。

(一) 线粒体的结构

线粒体普遍存在于动、植物细胞内。是需氧细胞产生 ATP 的主要部位。不同类型细胞中的线粒体数目和特性不同;其数目可达到数百甚至数千。例如,每个鼠肝细胞大约含有 800 个线粒体。细胞内的线粒体常位于消耗 ATP 的结构附近,或处于细胞进行氧化作用所需燃料例如脂肪滴附近。昆虫飞翔肌细胞的线粒体规则地排列在肌原纤维周围,这有利于细胞对 ATP 的利用。在细胞溶胶中线粒体所占空间的比例相当可观,在肝细胞中占 20%,在心肌细胞中超过 50%。

线粒体的形状随不同细胞而异。例如,褐色脂肪细胞的线粒体呈球状或近似球状,肝细胞的线粒体呈足球状,肾细胞的线粒体呈圆筒状,成纤维细胞的线粒体为线状。酵母细胞线粒体的形状极不规则,且带有长的突起。线粒体的平均长度为 1~2 μm,宽为 0.1~0.5 μm。

线粒体的结构可由图 19-17 表示。

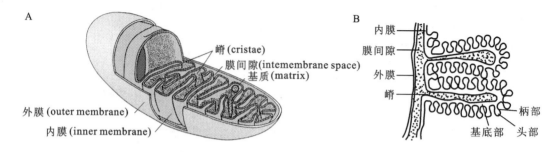

图 19-17　线粒体的结构

A. 线粒体的模式结构　B. 线粒体嵴上的球体示意图

线粒体含有两层膜,及夹在两层膜中间的膜间隙。外膜平滑稍有弹性,大约由一半脂质和一半蛋白质构成,外膜含有线粒体孔道蛋白,构成外膜孔道,能通过相对分子质量小于 4 000~5 000 的物质,包括质子。内膜含有大约 20% 的脂类和 80% 的蛋白质。它的蛋白质含量比细胞的其他任何膜都高。内膜是细胞溶胶和线粒体基质之间的主要屏障。内膜形成许多向内的折叠称为嵴(cristae)。嵴的数目和结构随细胞类型的不同而不同。嵴的存在大大增加了内膜的表面积,增强了它产生 ATP 的能力。肝细胞线粒体内膜的表面积相当于外膜的 5 倍,线粒体内膜的总表面积相当于细胞膜的 17 倍。心脏和骨骼肌线粒体的嵴相当于肝线粒体细胞嵴的 3 倍。这可能反映了肌肉细胞对 ATP 的大量需求。

内膜所包围的空间为胶状的基质(matrix)。线粒体基质的体积和组成随着细胞代谢的变化而变化。通过负染法和电子显微镜观察到线粒体内膜的内表面分布着一层排列规则的球形颗粒(图 19-17B)。球的直径为 8~9 nm,并带有一细柄,长约 5 nm,宽约 3 nm,与嵴相连。这种颗粒为 ATP 合酶。内膜还含有许多涉及电子传递的蛋白质复合体,以及负责物质跨膜运送的转运蛋白(transporters)。因为有些分子,如 ADP、Pi 以及 ATP 等,都不能透过线粒体内膜,这些蛋白质分子使 ADP 和 Pi 从细胞溶胶进入线粒体基质,也使 ATP 等分子从线粒体基质进入到细胞溶胶。占内膜约 20% 的脂主要构成其磷脂双层。这大大降低了内膜对质子的通透性,从而使得形成跨线粒体内膜的质子梯度成为可能。

与细胞溶胶相接触的膜间隙也含有酶类,如腺苷酸激酶(adenylate kinase)等。

可以把线粒体的功能概括为 3 个方面。第一方面是丙酮酸以及脂肪酸等氧化为 CO_2,同时使 NAD^+ 和 FAD 还原为 NADH 和 $FADH_2$。这是发生在线粒体基质或面向基质的内膜蛋白质上。第二方面是电子从 NADH 和 $FADH_2$ 传至 O_2,并同时形成跨膜质子梯度。第三方面是将贮存于电化学质子梯度的能量由内膜上的 ATP 合酶(ATP synthase)复合体合成 ATP。

(二) 氧化磷酸化作用机制

前面着重讨论了电子传递过程及在此过程中自由能的释放,电子从一个 NADH 到 O_2 传递过程的化学反应式为:

$$NADH + H^+ + 1/2\ O_2 \longrightarrow NAD^+ + H_2O$$

这一反应所释放的标准自由能 $\Delta G^{\ominus\prime} = -220.5$ kJ/mol(-52.7 kcal/mol)

下面要讨论的是一个 NADH 分子将电子传递过程中所释放的自由能贮存于 ATP 的过程。全过程大约能合成 3 个分子的 ATP,总反应式为:

$$3ADP + 3Pi \longrightarrow 3ATP + 3H_2O$$

这一吸能反应的标准自由能变化 $\Delta G^{\ominus\prime} = 3×7.3$ kJ/mol $= +91.6$ kJ/mol(+21.9 kcal/mol)

从上面的反应和计算表明,3 个 ATP 分子的形成共劫获了电子由 NADH 传递到氧所释放全部自由能的 42%(21.9/52.7×100%)。

前面已经提到,氧化磷酸化作用和底物水平磷酸化作用有原则的区别。氧化磷酸化作用是指与电子传递链相偶联的由 ADP 形成 ATP 的过程,底物水平的磷酸化是指直接将一个代谢中间产物(例如磷酸烯醇式丙酮酸)上的磷酸基团转移到 ADP 分子上形成 ATP 的过程。

早在 1940 年,S. Ochoa 等人最先测定了呼吸过程中 O_2 的消耗和 ATP 生成的定量关系。用组织匀浆(tissue homogenates)以及组织切片(tissue slices)所开展的研究工作表明,组织利用 O_2 的同时,ATP 含量随之增加,测定放射性同位素标记的无机磷酸进入 ATP 中的量即可得出 ATP 的合成量。实验表明,每消耗 1 个 O 原子合成约 3 个 ATP 分子。这个比例关系称为**磷－氧比**即 P/O 比。P/O 比也可以看作是一对电子通过呼吸链传至 O_2 所产生的 ATP 分子数。从测出的 P/O 比值所得到的假设是,在电子由 NADH 到 O_2 的传递过程中,ATP 可能是在 3 个不同的部位生成的。实验结果也表明,沿电子传递链确实有 3 个部位可以释放足够的能量形成一个 ATP。测量结果表明,$FADH_2$(琥珀酸脱氢酶)的电子通过辅酶 Q 进入电子传递链时,P/O 比值是 2。

1. ATP 合成的部位

前面已经讨论过,ATP 合成利用的是将 NADH 和 $FADH_2$ 上的电子传递给氧的过程中释放出来的自由能。其释放自由能的部位有三处:第 1 个部位是由复合体 I 将 NADH 上的电子传递给辅酶 Q 的过程,第 2 个部位是由复合体 III 将电子由辅酶 Q 传递给细胞色素 c 的过程,第 3 个部位是复合体 IV 将电子从细胞色素 c 传递给氧的过程。后来的研究表明,ATP 的合成是由线粒体内膜上和电子传递完全不同的分子组装体(molecular assembly)执行的。它是一种多亚基复合体,最初被称为线粒体 ATP 酶(mitochondrial ATPase)或称为 H-ATP 酶(H^+-ATPase),因为该酶最初被发现可以水解 ATP。但是它在线粒体内的真正作用是合成 ATP。为强调该酶的实际功能,现在普遍称为 ATP 合酶(ATP synthase),又称为复合体 V(complex V)。ATP 合酶和电子传递酶类(复合体 I ~ IV)完全不同。电子传递所释放出的自由能必须通过一种中间形式才可被 ATP 合酶利用。这种能量的保存和 ATP 合酶对它的利用称为能量偶联(energy coupling)或能量转换(energy transduction)。

2. 能量偶联假说

氧化磷酸化作用与电子传递之间的偶联关系已经不存在任何疑问。但是电子在传递过程中究竟怎样促使 ADP 磷酸化,还有许多未完全阐明的问题。历史上共存在三种主要假说:化学偶联假说(chemical coupling hypothesis)、结构偶联假说(conformational coupling hypothesis)和**化学渗透假说**(chemiosmotic hypothesis)。这三种假说的要点如下:

(1)化学偶联假说 化学偶联假说是 1953 年 Edward Slater 最先提出的。他认为电子传递过程产生一种高能共价中间物。它随后的裂解驱动 ADP 的磷酸化作用。这种例证可见于糖酵解作用中 ATP 的合成。3-磷酸甘油醛被 NAD^+ 氧化释放的能量供给形成 1,3-二磷酸甘油酸的需要。1,3-二磷酸甘油酸是一种具有高能磷酸基团的酰基磷酸化物。它的高能磷酸基团随后在磷酸甘油酸激酶的作用下转移给 ADP 而生成 ATP。虽然在糖酵解作用中可看到这种情况,但是在氧化磷酸化作用中一直未能找到任何一种类似的高能中间产物。

(2)构象偶联假说 这一假说是 1964 年由 Paul Boyer 最先提出的。他认为电子沿电子传递链传递使线粒体内膜某些蛋白质组分发生了构象变化,形成一种高能形式。这种高能形式通过 ATP 的合成而恢复其原来的构象。这一假说和化学偶联假说一样,至今未能找到有力的实验证据。但是在 ATP 合酶的催化过程中仍可能存在某种形式的构象偶联现象。

(3)化学渗透假说 这一假说是 1961 年由英国生物化学家 Peter Mitchell 最先提出的。他认为电子传递释放出自由能和 ATP 合成这两种过程是通过一种跨线粒体内膜的**质子梯度**(proton gradient)而偶联的。也就是,电子传递的自由能驱动 H^+ 从线粒体基质跨过内膜进入到膜间隙,从而形成跨线粒体内膜的 H^+ 电化学梯度(electrochemical H^+ gradient)。这个梯度的电化学电势(electrochemical potential,用 $\Delta\mu H^+$ 来表示)驱动 ATP 的合成。图 19-18 可作为化学渗透假说的示意图。

化学渗透假说可以解释许多关键的实验结果。例如:

① 氧化磷酸化作用的进行需要封闭的线粒体内膜存在。

② 线粒体内膜对 H^+、OH^-、K^+ 和 Cl^- 等离子都是不通透的。

③ 破坏 H^+ 浓度梯度的形成（用解偶联剂或离子载体试剂等）将破坏氧化磷酸化作用的进行。

④ 在分离到的线粒体内膜两侧人工制造一个质子和电化学梯度可导致 ATP 的生成。

Mitchell 因提出化学渗透假说而获得 1978 年的诺贝尔化学奖。迄今虽然能量偶联的具体分子机制尚未完全阐明，但是跨膜质子电化学梯度产生的质子化学电势即 $\Delta\mu H^+$ 和质子跨膜循环在能量偶联中起关键作用的理论已经成为共识。

虽然化学渗透假说能够解释氧化磷酸化过程的大部分问题，但仍有一些问题尚未得到圆满解决。例如 H^+ 究竟是怎样通过电子传递链而被逐出的，当前虽然已经有些设想，但仍无被公认的揭示机制。

（三）质子梯度的形成

电子传递使复合体 I、III 和 IV 推动 H^+ 跨过线粒体内膜到线粒体的间隙（图 19-19），线粒体膜间隙与细胞溶胶相通。H^+ 跨膜流动的结果造成线粒体基质的 H^+ 浓度低于膜间隙。线粒体基质形成负电势，而膜间隙形成正电势，这样产生的电化学梯度即电动势（electro-motive force，emf）称为质子动势或质子动力（protonmotive force，pmf）。其中蕴藏的自由能为 ATP 合成提供动力。

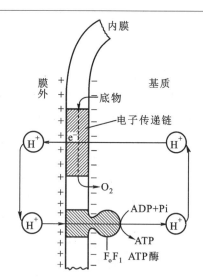

图 19-18　化学渗透假说示意图

图中表明电子传递链是一个 H^+ 离子泵（质子泵）使 H^+ 从线粒体基质排到内膜外，在内膜外面的 H^+ 浓度比膜内高，即形成一种 H^+ 浓度梯度，所产生的电化学电势驱动 H^+ 通过 ATP 合成酶系统的 F_oF_1 ATP 酶分子上的特殊通道回流到线粒体基质，同时释放出自由能与 ATP 的合成相偶联

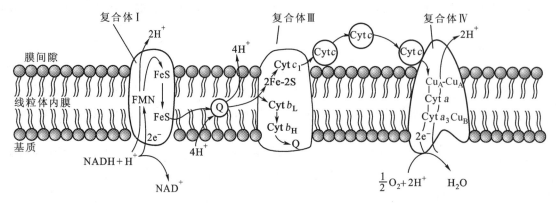

图 19-19　表明电子传递和 H^+ 排出偶联关系的线粒体电子传递链图解

1. 质子泵出是耗能过程

一个质子逆电化学梯度跨过线粒体内膜的自由能变化公式可以表示如下：

$$\Delta G = 2.3\,RT[\,pH（膜内）-pH（膜外）\,] + ZF\,\Delta\Psi$$

式中 Z 为质子上的电荷（包括符号），F 为法拉第（faraday）常数，$\Delta\Psi$ 为跨膜电势差。习惯上当电子从负极转移到正极时，$\Delta\Psi$ 为正值。因为线粒体内膜外的 pH 低于内膜内的 pH，因此质子从线粒体基质转运到膜间隙是逆质子梯度转移，所以是一个耗能过程。而且质子从基质转运出去后使内膜的内表面比外表面电负性更强。一个正离子（阳离子）向外转移必然使其自由能增加，是个耗能过程。如果是一个负离子被转移出去，就会得到完全相反的结果。

2. 质子转移的机制有两种假设

电子传递链的 4 种电子传递复合体中的 3 种复合体即复合体 I、III 和 IV 都被认为和质子转移有密切关系。有关质子主动转移和电子传递产生的自由能如何偶联的机制当前存在两种假设：一种是氧化还原回路机制（redox loop mechanism），另一种是质子泵机制（proton pump mechanism）。

（1）氧化还原回路机制　该机制由 Mitchell 提出。可简称为氧还回路机制。他认为线粒体内膜呼吸链的各个氧化还原中心即 FMN、辅酶 Q、细胞色素以及铁硫中心的排列可能既使电子转移，也使质子转移。前一个被还原的氧还中心被后一个氧还中心再氧化，同时伴随质子的转移，包括质子由基质泵出和在线粒体内膜外的质子回流到基质一边。氧还回路机制可用图 19-20 表示。

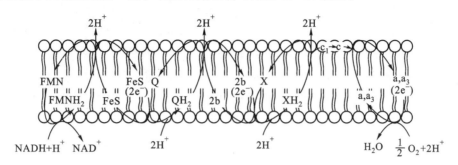

图 19-20　线粒体内电子传递与质子转移相结合的氧还回路机制示意图

FMN 和辅酶 Q 起着（$H^+ + e^-$）载体的作用。铁硫中心和细胞色素是单纯的 e^- 载体，这些组分的排列既能满足电子传递又能伴有 H^+ 的转移。图中的 X 是假想的呼吸链中的第 3 个转移 H^+ 的分子

氧化还原回路机制要求第 1 个氧化还原载体处在还原态时比其氧化态含有更多的氢原子，其第 2 个氧化还原载体在氧化态和还原态时所含的氢原子数没有差异。事实上 FMN 和辅酶 Q 在还原态时确实含有较多的氢原子，因此可以起质子载体和电子载体的双重作用。如果这些中心专一地与细胞色素和铁硫中心这样的纯电子载体进行交换，这种设想的机制是可以成立的。图 19-20 即表示这种交换机制。

这种氧化还原回路机制的主要问题是，呼吸链中只发现 2 种（$H^+ + e^-$）电子载体的存在。而已知最早表明似乎有 3 个部位能转运质子。因此，按此种机制设想必须有另外一个（$H^+ + e^-$）X 载体存在（图 19-20）。

为了解决上述问题，Mitchell 曾提出一种设想，即辅酶 Q 可能在复合体的质子转移中发挥两次作用，通过所谓的 Q 循环。但是 Q 循环不能在复合体Ⅳ中起作用，复合体Ⅳ中没有（$H^+ + e^-$）载体。虽然如此复合体Ⅳ还是被认为在电子传递过程中能将质子从基质"泵"出到膜间隙中。

（2）质子泵机制　这个机制的内容是，电子传递导致复合体的构象变化。质子的转移是氨基酸侧链 pK 值变化产生的结果。构象变化造成氨基酸侧链 pK 值的改变，结果发挥质子泵作用的侧链暴露在外并交替地暴露在线粒体内膜的内侧或外侧，从而使质子发生移位。

当前，以上两种机制虽然各自都有一些旁证，但尚未能在电子传递链本身得到完全令人信服的证据。

质子的跨膜转运和 ATP 形成的机制是复杂的，在电子传递链的不同部位发生的质子转运可能通过不同的机制实现。这正是当前仍旧引人注目的课题。

（3）合成一个 ATP 需要 2~3 个质子跨膜转运　在生理条件下合成一个 ATP 分子所需自由能为 +（40~50）kJ/mol。这个值不可能由一个质子流回到线粒体基质的跨膜驱动力提供，至少需要两个质子的流回。尽管此值很难精确测得，因为被转移到膜间隙的质子还有一部分又漏回基质。但测定的结果表明，每合成一分子 ATP 有 2~3 个质子从膜间隙跨膜转运到基质。

（四）ATP 合成机制

ATP 的合成是由一个蛋白质复合体完成的。这个复合体被称为 **ATP 合酶**（ATP synthase），它由两个主要的单元（unit）构成，如图 19-21 所示。起质子通道作用（proton-conducting）的单元称为 F_o 单元［F_o 右下角的注脚为英文的"o"字母而不是"零"，F_o 中的 o 表示此酶是寡酶素（oligomycin）敏感型的酶］，催化 ATP 合成的单元称为 F_1 单元。因此，ATP 合酶又称为 F_oF_1-ATP 酶（F_oF_1-ATPase）。

研究质子动力如何用于合成 ATP 的实验材料可使用通过超声波制备的亚线粒体结构。

1. 亚线粒体结构

1960 年 Efraim Racker 发现用超声波处理线粒体,可将其嵴打成碎片,这些碎片会自动重新封闭起来形成泡状体。这些泡状体称为亚线粒体泡(submitochondrial vesicles)。这种囊泡的特点是使原有朝向基质侧的线粒体内膜翻转朝外,如图 19-22 所示。

由内膜重新封闭形成的亚线粒体泡仍保有氧化磷酸化作用的功能。在亚线粒体泡的外周可见内膜球体,即 ATP 合酶的 F_1 单元。如果用尿素(urea)或胰蛋白酶(trypsin)处理这些囊泡,则内膜上的 F_1 球状体会从囊泡上脱落。但 F_0 单元仍留在上面。这种处理过的囊泡还保

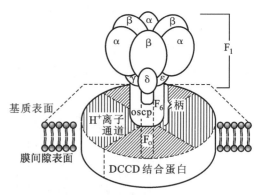

图 19-21　ATP 合酶结构示意图
该酶像一个花朵,F_0 单元是质子通道,F_1 单元是 ATP 的合成部位

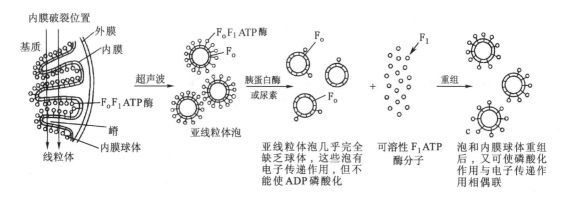

图 19-22　亚线粒体泡的制备及重组示意图
将亚线粒体泡分解成失去磷酸化作用的无球体的部分和可溶性的 F_1 ATP 酶球体部分,然后又重组为具有氧化磷酸化作用的泡,多数亚线粒体泡的膜是内表面翻转向外的线粒体内膜

有电子传递的功能,但却失去了合成 ATP 的功能。而脱落下来的球体却具有催化 ATP 水解的功能。当将 F_1 球体再加回到保有 F_0 的囊泡时,则氧化磷酸化作用又可恢复,即恢复了 ATP 合成的功能。这时又可看到在囊泡周围的 F_1 球体。因此,可以认为 F_1 单元的正常功能是催化 ATP 合成,其水解 ATP 的功能是在缺乏质子梯度的情况下表现出的非正常生理功能。

2. F_1 单元和 F_0 单元的结构

F_1 单元是球状结构,其直径为 8.5~9.0 nm,已知由 5 种不同的亚基组成(表 19-4)。各亚基的化学计量比为 $\alpha_3\beta_3\gamma\delta\varepsilon$,总的相对分子质量为 378 000。用电子显微镜观察到的 F_0F_1 颗粒呈蘑菇状。催化 ATP 合成的部位在 β 亚基上,δ 亚基是 F_1 和 F_0 相连接所必需的。F_0 通过一个大约 5 nm 的柄与 F_1 单元相连。柄包含有两种蛋白质。一种称为寡霉素敏感性赋予蛋白(oligomycin-sensitivity-conferring protein,OSCP)。另一种蛋白质称为偶合因子 6(coupling factor 6,F_6)。

F_0 是跨线粒体内膜的疏水蛋白质复合体。它是质子通道,除上述两种蛋白质外它还包括由 a,b,c 三种亚基组的 $ab_2c_{8\sim15}$ 结构。每个 F_0 单元的 8~15 个相对分子质量为 8 000 的 c 亚基在膜内形成一个环状结构。寡霉素对 ATP 合酶的抑制作用是由于它结合到 ATP 合酶的 F_0 亚基上,从而抑制 H^+ 通过 F_0,有趣的是寡霉素抑制剂并非结合到寡霉素敏感性赋予蛋白上,而是结合在 a 亚基和 c 亚基的相互作用表面上。寡霉素(oligomycin)是一种抗生素,它的结构如下:

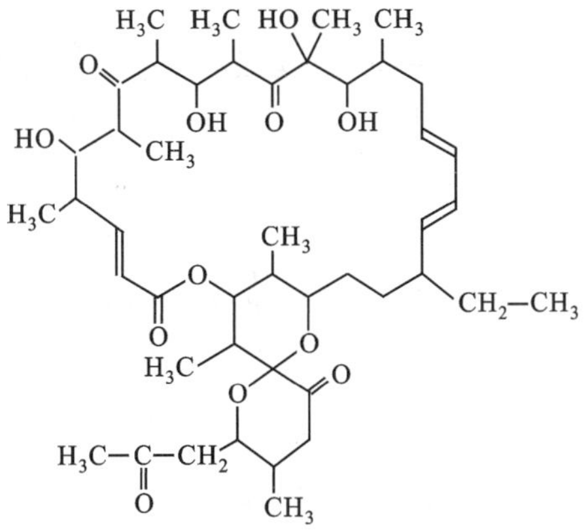

寡霉素 B 的结构式

有一种脂溶性的羧基试剂(carboxyl reagent)称为二环己基碳二亚胺(dicyclohexylcarbodiimide)简称 DCCD,它的结构如下:

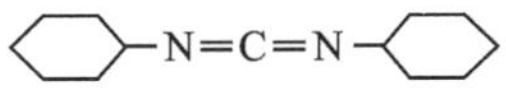

二环己基碳二亚胺(DCCD)

因 DCCD 是一个脂溶性的羧基试剂,F_o 上的 c 亚基与 DCCD 发生反应表明有一个羧基位于脂质环境,即埋藏在膜内。

表 19-4 线粒体 ATP 合酶复合体组分

亚基		相对分子质量	作用	定位
F_1		378 000	含有合成 ATP 的催化部位	线粒体内膜向基质侧的球状体
	α	56 000		
	β	52 000		
	γ	34 000		
	δ	14 000		
	ε	6 000		
F_o		113 000	含有质子通道	跨膜部位
	a	21 000		
	b	12 000		
	c	8 000		
OSCP		23 000		
	F_6	8 000		
F_1 抑制因子(IF_1)		10 000	抑制 ATP 水解	F_oF_1 之间的柄

3. 质子流通过 ATP 合酶时释出与酶牢固结合的 ATP 分子

质子流是如何驱动 ATP 合成的?这个问题一直是科学家感兴趣的课题。一种假设认为最初是能化的质子(energized protons)通过 F_o 质子通道集中到 F_1 的催化部位,在此处质子脱去无机磷酸上的一个氧原子,结果使平衡驱向 ATP 合成。但是用同位素交换实验却证明了在没有质子动力的情况下 ATP 就能有效合成。将 ADP 和无机磷酸加入到含有 $H_2^{18}O$ 的 ATP 合酶中,^{18}O 可通过 ATP 的合成和随后的水解被掺入到无机磷酸分子中。如下式:

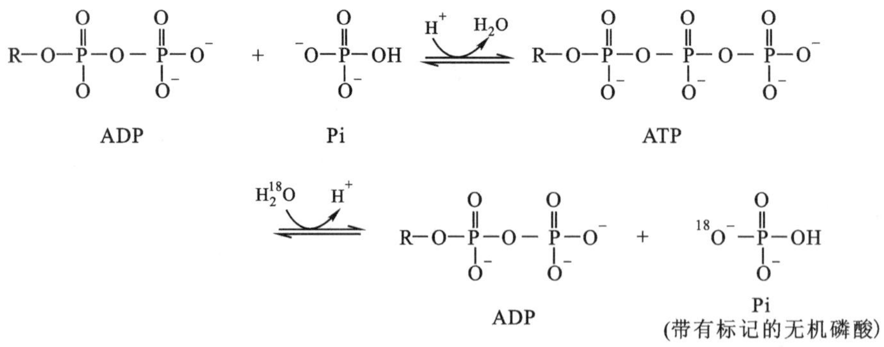

^{18}O 掺入到无机磷酸的速度表明,在没有质子梯度存在的情况下,与 F_1 催化部位结合着的 ATP 和游离的 ADP 处于平衡状态。但是如果没有质子流通过 F_0,合成的 ATP 就不能离开催化部位。因此 Paul Boyer 认为质子梯度的作用并不是形成 ATP,而是使 ATP 从酶分子上释放出来。Paul Boyer 还发现,ATP 合酶分子与 ADP 和 Pi 的结合,有促使 ATP 分子从酶上释放出来的作用。这表明 ATP 合酶分子上的核苷酸(ATP、ADP)结合部位在催化过程中有相互协同的作用。Paul Boyer 对于质子驱动 ATP 合成的机制问题提出"**结合变化机制**"(binding-change mechanism)。这个机制可用图 19-23 表示。

图 19-23　ATP 合酶的结合变化机制示意图

Paul Boyer 提出,在 ATP 合酶上的 3 个 β 亚基尽管氨基酸序列完全相同,但它们的作用在任何一个时间点都是不相同的。其中之一处于"O"(open)状态,即是开放形式,对底物的亲和力极低。另一个处于"L"(loose)状态。这种状态与底物的结合较松弛,对底物没有催化能力。第 3 个处于"T"(tight)状态,与底物结合紧密,并有催化活性。如果在酶分子的"T"部位结合着一个 ATP 分子,又有 ADP 和 Pi 结合到它的"L"部位,这时质子流的能量使"T"部位转变为"O"部位,"L"部位转变为"T"部位,"O"部位转变为"L"部位(图 19-23)。当"T"部位转变为"O"部位时,ATP 就可以解脱下来,同时又使原来结合 ADP 和 Pi 的"L"部位转变成"T"部位并合成新的 ATP 分子。只有当质子流从 F_0 流经 ATP 合酶时才发生"O""L"和"T"状态之间的相互转变。这种构象转变是连续发生的,很可能是通过 γ 亚基与 β 亚基的非对称相互作用实现。

ATP 合酶的作用是由质子动力所驱动的。这种动力实质上是由 pH 梯度和膜电势产生的。某些氨基酸残基在 pH 梯度的条件下可以发生质子化(protonation)或去质子化(deprotonation)。这种在一边的质子化和另一边的去质子化而驱动的一个单方向的反应循环可构成促使 ATP 合成的驱动力。

(五)　氧化磷酸化的解偶联和抑制

正常情况下,电子传递和磷酸化是紧密偶联的。在静止状态(resting state),氧化磷酸化处于最低水平,这时通过线粒体内膜的电化学梯度的大小正好能够阻止质子泵的活动,于是电子传递也就受到抑制。在有些情况下,电子传递和磷酸化作用可被解偶联,可举出以下情况:

1. 特殊试剂的解偶联作用

特殊的化学试剂可干扰氧化磷酸化过程的不同步骤,这是研究氧化磷酸化中间过程的有效方法。不同的化学试剂对氧化磷酸化作用的影响方式不同,可分为三大类,一类称为**解偶联剂**,另一类称为**氧化磷酸化抑制剂**,第三类称为离子载体抑制剂。

(1)解偶联剂(uncoupler)　这类试剂的作用是通过消除跨膜质子梯度而使电子传递和 ATP 形成两个过程分离,不再紧密关联。它们不抑制电子传递过程,使电子传递产生的自由能最终都变为热能。这种试剂使电子传递不再与 ATP 生成偶联,造成过分地消耗氧和燃料底物,但能量得不到贮存。典型的解偶联剂是弱酸性亲脂试剂如 2,4-二硝基苯酚（2,4-dinitrophenol，DNP），它的作用机制可用图 19-24 表示。解偶联剂的作用只抑制氧化磷酸化的 ATP 形成，对底物水平的磷酸化没有影响。

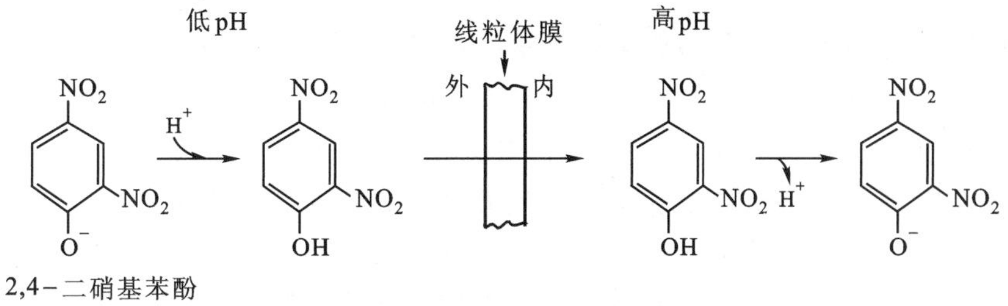

图 19-24　2,4-二硝基苯酚消除跨膜质子梯度的作用机制

在 pH 7 的环境下，2,4-二硝基苯酚以离解的形式存在（　）这种形式不能透过膜，因它是脂不溶性的。在酸性的环境中 2,4-二硝基苯酚接受质子后成为不解离的形式而变为脂溶性的，从而可有效地透过膜，同时将一个质子带入膜内。解偶联剂使膜对 H^+ 的通透性增加，将其带到 H^+ 浓度低的一边。这样就破坏了跨膜质子梯度的形成（参看化学渗透偶联学说），这种破坏 H^+ 梯度而引起解偶联现象的试剂又称质子载体试剂。

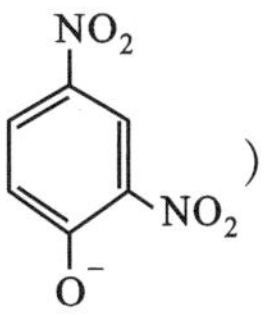

其他一些酸性芳香族化合物如 FCCP（为三氟甲氧基苯腙羰基氰化物，carbonylcyanide-p-trifluoromethoxyphenylhydrazone 的简称）也有同样作用。FCCP 的结构式如图 19-25 所示。

（2）氧化磷酸化抑制剂（inhibitor）　这类试剂的作用特点是既抑制氧的利用也抑制 ATP 的形成，但不直接抑制电子传递链上电子载体的作用。这一点和电子传递抑制剂不同。氧化磷酸化抑制剂的作用是直接干扰 ATP 的生成过程。由于它干扰了由电子传递的高能状态形成 ATP 的过程，结果也使电子传递不能进行。寡霉素（oligomycin）就属于这类抑制剂。寡霉素作用和 2,4-二硝基苯酚（解偶联试剂）作用之不同，可用实验清楚地表明（图 19-26）：当在线粒体悬浮液中，加入寡霉素后，再加入 ADP，不见有刺激呼吸的作用发生，这时若加入 DNP 解偶联试剂，则可看到呼吸作用立即加快，表明寡霉素对利用氧的抑制作用可被解偶联试剂解除。

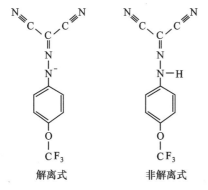

图 19-25　FCCP（三氟甲氧基苯腙羰基氰化物）的结构式

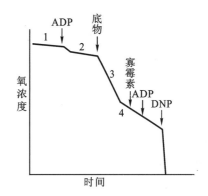

图 19-26　线粒体呼吸时的氧气消耗和 ATP 生成之间的关联，寡霉素对氧消耗的抑制作用，以及 DNP 解除寡霉素的抑制作用

（3）离子载体抑制剂（ionophore）　这是一类脂溶性物质。这种物质能与某些离子结合并作为它们的载体使这些离子能够穿过膜。它和解偶联试剂的区别在于它是除 H^+ 以外其他一价阳离子的载体，例如缬氨霉素（valinomycin）能够结合 K^+ 离子，与 K^+ 形成脂溶性的复合物，于是携带 K^+ 透过膜。如果 K^+ 离子不

与缬氨霉素结合，它透过膜的速度就很低。又如短杆菌肽（gramicidin）可使 K^+、Na^+ 以及其他一些一价阳离子穿过膜。因此，这类抑制剂是通过增加线粒体内膜对一价阳离子的通透性而破坏氧化磷酸化过程的（参看生物膜与物质运送）。

2. 激素控制褐色脂肪线粒体氧化磷酸化解偶联机制使产生热量

电子传递过程所产生的电化学 H^+ 离子梯度受到人为破坏而与 ATP 形成过程解偶联并产生热已如前述。有一种褐色脂肪组织（brown adipose tissue），由含大量甘油三酯和大量线粒体的细胞构成。线粒体内的细胞色素使褐色脂肪呈褐色。人类、新生无毛的哺乳动物和冬眠哺乳动物在颈部和背部都含有褐色脂肪。它的作用是非战栗性产热（nonshivering thermogenesis）。这和由战栗性肌肉收缩或其他活动引起 ATP 水解产热机制不同，褐色脂肪的产热是线粒体氧化磷酸化解偶联的结果。褐色脂肪线粒体内膜上含有一种蛋白质称为产热蛋白（thermogenin），或**解偶联蛋白**（uncoupling protein），这种蛋白质只存在于褐色脂肪的线粒体中，它控制着线粒体内膜对质子的通透性。适应于寒冷生活的动物在褐色脂肪的线粒体内膜蛋白质中含有高达 15% 的产热蛋白。该蛋白质可被游离脂肪酸激活，但被嘌呤核苷酸（如 ADP 和 GDP）抑制。核苷酸类对它的抑制可被游离脂肪酸解除。脂肪酸刺激质子流通过该蛋白质并使氧化磷酸化解偶联从而产生热量。褐色脂肪中游离脂肪酸的产生又受到去甲肾上腺素（norepinephrine）的调节。在去甲肾上腺素的作用下，去甲肾上腺素受体系统合成 cAMP，于是变构激活 cAMP 依赖性蛋白激酶（cAMP-dependent protein kinase），随后激酶又通过磷酸化作用激活激素敏感的甘油三酯酶（hormone-sensitive triacylglycerol lipase），最后被激活的脂酶催化甘油三酯水解产生游离脂肪酸。

（六）　细胞溶胶内的 NADH 的再氧化

细胞溶胶内的 NADH 不能透过线粒体内膜进入线粒体氧化。目前已知可通过两种"穿梭"途径解决这些 NADH 的再氧化问题。一种称为 3-磷酸甘油穿梭途径（glycerol-3-phosphate shuttle），另一种称为**苹果酸–天冬氨酸穿梭途径**（malate-aspartate shuttle）。

1. 3-磷酸甘油穿梭途径

由糖酵解过程产生的 NADH 虽不能穿过线粒体内膜，但是 NADH 上的电子却可以通过该穿梭机制进入到线粒体内膜上的电子传递链。在这里起电子载体作用的即是 3-磷酸甘油。后者所介导的穿梭作用如图 19-27 所示。

图 19-27 中所示的穿梭作用的第 1 步是电子从 NADH 转移到磷酸二羟丙酮形成 3-磷酸甘油。催化这一反应的酶称为 3-磷酸甘油脱氢酶，该反应是在细胞溶胶中进行的。3-磷酸甘油上的电子对然后转移到位于线粒体内膜上的线粒体 3-磷酸甘油脱氢酶（mitochondrial glycerol-3-phosphate dehydrogenase）的辅基 FAD

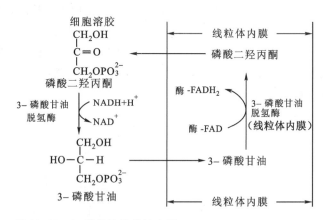

图 19-27　3-磷酸甘油穿梭途径

分子上。3-磷酸甘油转变为磷酸二羟丙酮，FAD 还原为 $FADH_2$。磷酸二羟丙酮被释放到细胞溶胶中，这就使 3-磷酸甘油完成了携带 NADH 电子进入线粒体内膜的使命，并完成了一次穿梭历程。

在线粒体内膜上被还原的 $FADH_2$ 将电子传递给辅酶 Q 使之还原为 QH_2，于是进入了电子传递链，已如前述。

甘油磷酸穿梭途径将 NADH 电子转移进入电子传递链进行氧化磷酸化所利用的电子传递中介体是 FAD 而不是 NAD^+，这就使从 NADH 脱下的电子通过氧化磷酸化最后生成的 ATP 分子数比以 NAD^+ 作为传递体时少大约 1 个 ATP 分子。也就是说细胞溶胶中的 NADH 上的电子通过甘油磷酸穿梭途径转运后形成的 ATP 分子不是 2.5 个，而是 1.5 个。昆虫飞行肌中存在这种穿梭途径。

2. 苹果酸-天冬氨酸穿梭途径

心脏和肝细胞溶胶内的 NADH 的电子进入线粒体是通过苹果酸-天冬氨酸穿梭途径。在这条途径中,NADH 的电子由细胞溶胶的苹果酸脱氢酶(cytoplasmic malate dehydrogenase)催化传递给草酰乙酸使后者转变为苹果酸,同时 NADH 氧化为 NAD^+。苹果酸通过苹果酸-α-酮戊二酸转运蛋白(malate-α-ketoglutarate transporter)穿过线粒体内膜。进入线粒体内的苹果酸在线粒体基质内被 NAD^+ 氧化失去电子又转变为草酰乙酸,形成 NADH。基质内的草酰乙酸并不易透过线粒体内膜,但是由草酰乙酸经过转氨基作用(参看第 25 章)形成的天冬氨酸,通过谷氨酸-天冬氨酸转运蛋白可透过线粒体内膜转移到细胞溶胶侧,随后通过转氨基作用又转变为草酰乙酸。这种穿梭途径和甘油磷酸穿梭途径的差异是它可逆转。由于该反应的可逆性,因此只有当细胞溶胶中的 NADH 和 NAD^+ 之比值比线粒体基质内的比值高时,NADH 才通过这条途径进入线粒体。这条途径的最终结果是将细胞溶胶中的 NADH 所荷电子转移到线粒体基质内,为进入电子传递链创造条件。苹果酸-天冬氨酸穿梭途径可用图 19-28 表示。

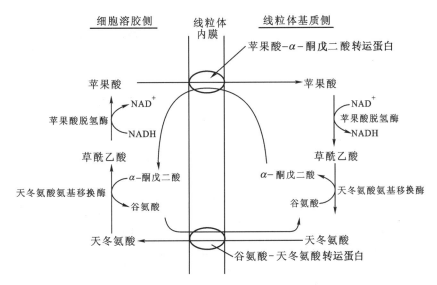

图 19-28   苹果酸-天冬氨酸穿梭示意图

(七) 氧化磷酸化的调控

细胞内电子传递和 ATP 形成的偶联关系是强制性的,ATP 的生成必须以电子传递为前提,而呼吸链上的电子传递也只有在 ATP 被生成时才可发生。完整的线粒体只有当无机磷酸和 ADP 都充分时电子传递速度才能达到最高水平。当缺少 ADP 时,因为缺乏磷酸的受体则不能进行磷酸化作用。[ATP]/[ADP]之比在细胞内对电子传递速度起着重要的调节作用,同时对还原型辅酶的积累和氧化也起调节作用。ADP 作为关键物质对氧化磷酸化作用的调节称为呼吸的**受体控制**(receptor control)。当细胞利用 ATP 做功时,细胞内 ATP 水平迅速下降,同时 ADP 的浓度迅速升高。这无论从热力学或动力学方面都有利于氧化磷酸化的进行。于是 ATP 的合成加速,电子传递也加速,各种辅酶往复的氧化还原反应又活跃起来,底物又不断地被氧化,氧的利用也增加。反之,若 ATP 在细胞内积累时,ADP 的浓度必然很低。这时电子传递变缓或停止,还原型辅酶浓度增加以致不能再接受电子,于是整个呼吸链也受到抑制或停止。因此,氧化磷酸化作用的进行和细胞对 ATP 的需要是相适应的。这种精确的适应正是靠以 ADP 作为关键物质的"受体控制"来实现的。

B. Chance 和 G. R. Williams 曾根据线粒体利用氧的情况观察到呼吸作用的 5 种状态,如图 19-29 所示。

悬浮的线粒体在既无可氧化的底物又无 ADP 情况下的呼吸状态称为状态 I(state I),这时的氧利用率极低。加入 ADP 后的呼吸状态称为状态 II,ADP 刚加入时有一个短暂刺激呼吸的作用。如果既加入 ADP 又加入底物,这时的氧化状态称为状态 III。这时氧的利用速度很快。这种状态一直继续到 ADP

被用尽,再加入 ADP,于是氧的利用又迅速增加,这时的状态称为状态Ⅳ。当氧被耗尽时,线粒体呼吸停止,这时称为状态Ⅴ。在这些状态中,只有状态Ⅳ和Ⅲ经常发生。状态Ⅲ和 ADP 的加入直接相关。这也说明 ADP 对呼吸链的重要调节作用。

受体控制的定量表示法是测定有 ADP 存在时氧的利用速度(状态Ⅲ)和没有 ADP 时氧的利用速度(状态Ⅳ)的比值。

完整的线粒体其受体控制值可高达 10 以上,而受损伤或衰老的线粒体此值可低至 1,这表明电子传递速度和 ATP 的形成已经失去偶联,或只有很少偶联,虽然电子传递仍保持最大速度,但失去了磷酸化作用。

受体控制比值是鉴定分离的线粒体完整状况的指标,比值越高表明线粒体越接近完整。如图 19-30 所示,由 ADP 的浓度改变所导出的氧的消耗可测得 $\Delta ADP/\Delta O$ 的比值,这个比值和 P/O 比正相吻合。

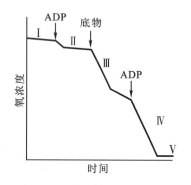

图 19-29 线粒体呼吸的 5 种状态

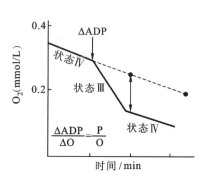

图 19-30 呼吸的受体控制

随着呼吸第Ⅳ状态(没有 ADP)和第Ⅲ状态(过量的 ADP)的互相转变,线粒体的超微结构也相应发生着明显的变化。这些变化是线粒体基质变化所造成的。当缺乏 ADP 时,线粒体的内部分隔完全充满整个线粒体空间,内膜与外膜相接,这种状态称为常态(orthodox state)(图 19-31)。当加入 ADP 后,线粒体处于呼吸活动状态(即第Ⅲ状态)。基质的体积压缩成只有常态体积的 50%,内膜和嵴的折叠变得更密更曲折,这种状态称为紧缩态(condensed state)(图 19-31)。常态和紧缩态的结构相应地反映着线粒体的 ATP 生成系统处于"静止"或"活动"状态。完整的肝细胞内,线粒体处于第Ⅲ状态和第Ⅳ状态之间。ADP 的浓度比较低,不足以使呼吸达到最大速度。当细胞受刺激而活动时,呼吸速度增加,线粒体处于紧缩态,即第Ⅲ种呼吸状态。

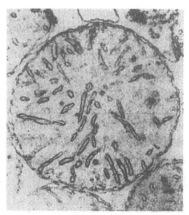

常态("静止态")

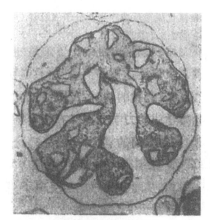

紧缩态("活动态")

图 19-31 线粒体常态和紧缩态的电子显微图

图中表明鼠肝线粒体在静止态(状态Ⅳ)和活动态(状态Ⅲ)的超微结构变化,内膜-基质的结构和体积的显著变化可能和内膜 ADP-ATP 移位酶与 ADP 分子的结合有关

（八）一个葡萄糖分子彻底氧化产生 ATP 分子数的总结算

关于一个葡萄糖分子彻底氧化为水和 CO_2 究竟产生多少 ATP 分子的问题一直受到人们的关注。葡萄糖分解通过糖酵解和柠檬酸循环形成的 ATP 或 GTP 的分子数，根据化学计算可以得到明确的答案。但是氧化磷酸化产生的 ATP 分子数还难以精确计算或测定。因为根据化学渗透学说 P/O 比等无须为整数，也无须为一固定值。根据当前最新测定，在一对电子经 NADH-Q 还原酶、细胞色素还原酶和细胞色素氧化酶传到 O_2 的过程中，从线粒体基质泵出到内膜外的细胞溶胶侧的质子数依次为 4、4 和 2。合成一个 ATP 分子可能是由 3 个 H^+ 通过 ATP 合酶所驱动。还需要一个 H^+ 用于将 ATP 从基质运往膜外细胞溶胶。因此一对电子从 NADH 传至 O_2，所产生的 ATP 分子数是 2.5 个。经由细胞色素还原酶部位进入电子传递链的电子，例如琥珀酸，或细胞溶胶中的 NADH，它们的电子对只产生 1.5 个 ATP 分子。这样，当一分子葡萄糖彻底氧化为 CO_2 和水所得到的 ATP 分子数和过去传统的统计数相比（36 个 ATP）少了 6 个 ATP 分子，成为 30 个。全部的统计列于表 19-5。在这 30 个 ATP 分子中，26 个是由氧化磷酸化作用生成的。

表 19-5　一个葡萄糖分子彻底氧化生成 ATP 分子的统计

反应名称	生成 ATP 分子数
糖酵解作用（在细胞溶胶中进行）	
1. 葡萄糖磷酸化	−1
2. 6-磷酸果糖磷酸化	−1
3. 2 分子 1,3-二磷酸甘油（1,3-BPG）去磷酸化	+2
4. 2 分子磷酸烯醇式丙酮酸去磷酸化	+2
5. 2 分子 3-磷酸甘油醛氧化产生 2 分子 NADH	
2 分子丙酮酸转变为乙酰-CoA 产生 2 分子 NADH（在线粒体中进行）	
柠檬酸循环（在线粒体内进行）	
1. 2 分子琥珀酰-CoA 产生 2 分子 GTP（相当 ATP）	+2
2. 2 分子异柠檬酸氧化产生 2 分子 NADH	
3. 2 分子 α-酮戊二酸氧化产生 2 分子 NADH	
4. 2 分子苹果酸氧化产生 2 分子 NADH	
5. 2 分子琥珀酸氧化产生 2 分子 $FADH_2$	
氧化磷酸化作用（在线粒体内膜进行）	
1. 糖酵解作用中产生的 2 个 NADH 每分子形成 1.5 个 ATP	+3
（NADH 假定通过甘油磷酸穿梭途径转运）	
2. 丙酮酸氧化脱羧反应产生 2 分子 NADH	+5
每分子生成 2.5 个 ATP 分子	
3. 柠檬酸循环形成两分子 $FADH_2$，每分子产生 1.5 个 ATP	+3
4. 异柠檬酸、α-酮戊二酸、苹果酸氧化共产生 6 分子 NADH，	+15
每分子生成 2.5 个 ATP 分子	
总计	+30

注：如果在葡萄糖氧化过程中是通过苹果酸-天冬氨酸穿梭途径运转 NADH，在总结算中还多形成 2 分子 ATP，于是总计形成 32 个 ATP

（九）氧的不完全还原

呼吸链电子传递过程中的几步都可能产生具有很高反应活性的活性氧，如细胞色素还原酶中产生的半醌中间体可能将其电子传给 O_2，形成氧的自由基（oxygen radicals）。一个电子使氧还原形成超氧化物负离子（superoxide anion，$O_2^{\cdot-}$），两个电子使氧还原形成过氧化氢（hydrogen peroxide，H_2O_2），3 个电子使氧还原形成羟自由基（hydroxyl radical，OH·）。反应式如下：

$$O_2 + e^- \longrightarrow O_2^{·-}$$

$$O_2 + 2e^- + 2H^+ \longrightarrow H_2O_2$$

$$O_2 + 3e^- + 3H^+ \longrightarrow H_2O + OH·$$

　　不完全还原形式的氧反应性极强，对机体非常有害。羟自由基是其中最强的氧化剂也是最活跃的诱变剂（mutagen）。这种自由基当机体受到电离辐射时就会产生。生物要存活必须将这些毒性极强的高活性氧转变为活性较小的形式。需氧细胞有几种主要的自我保护机制使机体免受不完全还原氧的侵害。其中最主要的一种方式是通过酶的作用，包括超氧化物歧化酶（superoxide dismutase）、过氧化氢酶（catalase）和过氧化物酶（peroxidase）。

　　使超氧化物阴离子解毒的主要方式是由超氧化物歧化酶将其转变为过氧化氢（H_2O_2）。该酶催化的是一种歧化反应（dismutation reaction），即两个相同的底物形成两种不同的产物，一个超氧化物负离子被氧化，而另一个则被还原。反应如下式：

$$O_2^{·-} + O_2^{·-} + 2H^+ \longrightarrow H_2O_2 + O_2$$

超氧化物歧化酶清除 $O_2^{·-}$ 的可能机制如下所述：

　　红细胞的细胞溶胶中的超氧化物歧化酶的活性部位含有一个铜离子和一个锌离子，因此又称为铜-锌超氧化物歧化酶。这两个离子在催化反应中与酶蛋白侧链的组氨酸（His）残基协同作用。带有负电荷的超氧化物，由于静电作用，被吸引到超氧化物歧化酶的带正电荷的活性部位。这个活性部位正处于球形酶的凹陷底部。在凹陷处的外围由带有负电荷的残基所环绕。超氧化物负离子 $O_2^{·-}$ 与 Cu^{2+} 和精氨酸的胍基（guanido group）相结合，使超氧化物上的一个电子被转移到 2 价铜离子（cupric ion）上形成 1 价的 Cu^+ 和 O_2，后者被释出。第 2 个超氧化物负离子进入酶的活性部位与 1 价的 Cu^+、精氨酸和 H_3O^+ 结合，被结合的 $O_2^{·-}$ 从 Cu^+ 上得到一个电子，从被结合的 H_3O^+ 得到两个质子形成 H_2O_2。于是酶活性部位的 1 价铜离子又恢复到 2 价 Cu^{2+}。反应机制如图 19-32 所示。

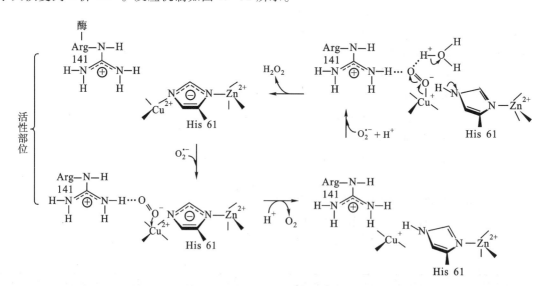

图 19-32　超氧化物歧化酶可能的催化机制，在反应过程中铜离子在 1 价和 2 价之间发生价态变化
在酶与 $O_2^{·-}$ 开始作用时组氨酸残基既与铜离子（Cu^{2+}）相结合也与 Zn^{2+} 相结合，精氨酸的胍基以正电荷吸引 $O_2^{·-}$，经电子转移后释出 O_2，铜离子还原为 Cu^+，与组氨酸暂时分离，当再与另一分子 $O_2^{·-}$ 结合后释出 H_2O_2，酶复原，Cu^+ 氧化为 Cu^{2+} 并恢复与组氨酸结合

　　超氧化物负离子还可通过第二条途径形成过氧化氢。首先是 $O_2^{·-}$ 的质子化，生成过氧羟自由基（hydroperoxyl radical，$HO_2^·$）。它是超氧化物负离子的共轭酸（conjugate acid）。2 分子过氧羟自由基自发

地结合形成过氧化氢。反应如下式：

$$O_2^{\cdot -} + H^+ \longrightarrow HO_2^{\cdot}$$

$$HO_2^{\cdot} + HO_2^{\cdot} \xrightarrow{\text{自发地}} H_2O_2 + O_2$$

无论是由超氧化物负离子或由其他代谢反应生成的过氧化氢都是对机体有害的。机体内由过氧化氢酶将其分解为水和 O_2。反应如下式：

$$2H_2O_2 \xrightarrow{\text{过氧化氢酶}} 2H_2O + O_2$$

过氧化物酶也可以破坏过氧化氢，但需有一个可提供电子的化合物作为电子供体存在，此电子供体用 AH_2 表示。反应如下式：

$$AH_2 + H_2O_2 \xrightarrow{\text{过氧化物酶}} 2H_2O + A$$

谷胱甘肽过氧化物酶（glutathione peroxidase）是一种含硒（selenium）的酶，存在于红细胞内。它与谷胱甘肽的氧化相偶联，催化红细胞内过氧化氢的分解。反应如下式：

$$H_2O_2 + \underset{\substack{\text{谷胱甘肽}\\\text{（还原型）}}}{2GSH} \xrightarrow{\text{谷胱甘肽过氧化物酶}} \underset{\substack{\text{谷胱甘肽}\\\text{（氧化型）}}}{GSSG} + 2H_2O$$

谷胱甘肽过氧化物酶对保护红细胞不受 H_2O_2 的损害是必需的。氧化型的谷胱甘肽在谷胱甘肽还原酶的作用下还原，又生成 GSH。

羟自由基主要由过氧化物负离子与过氧化氢反应生成：

$$O_2^{\cdot -} + H_2O_2 \longrightarrow OH^{\cdot} + OH^{\cdot} + O_2$$

因此清除过氧化物负离子和过氧化氢不只除去了这两种有害的活性氧，还防止了更有害的羟自由基的生成。

虽然机体存在有效的消除自由基的途径，但不可避免地在机体内还会存在一些羟自由基。它们可能参与 3 种主要反应：

① 使金属离子氧化形成高氧化态：

$$OH^{\cdot} + \underset{\text{金属离子}}{M^{n+}} \longrightarrow (MOH)^{n+} \longrightarrow M^{n+} + H_2O$$

② 从 C—H 键中获取一个氢原子，使形成水和有机物自由基（organic radical）。

③ 加到双键上形成二级基团。

由于不完全还原氧造成对人类的危害极大，甚至和癌症、衰老以及其他许多疾病有关，因此有人主张每天服用一些有抗氧化作用的维生素例如维生素 A、C 和 E，对于抗病以及抗衰老或许是有益的。

提　要

氧化磷酸化使 NADH 和 $FADH_2$ 再氧化，并将释放出的能量以 ATP 的形式进行贮存。真核细胞氧化磷酸化在细胞的线粒体内膜上进行，而原核细胞则在细胞质膜上进行。

物质氧化还原电势 E 的大小代表它对电子的亲和力。标准氧还势（$E^{\ominus\prime}$）是在 pH 7 及标准状态下测得的数值，用伏特（V）表示。反应的标准自由能变化在 pH 7 时用 $\Delta G^{\ominus\prime}$ 表示，可从反应物和产物的氧还电势的变化 $\Delta E^{\ominus\prime}$ 计算求得。$\Delta E^{\ominus\prime}$ 为正值的反应，它的 $\Delta G^{\ominus\prime}$ 为负值，这种反应为放能反应。

电子从 NADH 传递到氧是沿着一条电子传递链，也叫呼吸链进行的。这条电子传递链主要包括 4 种蛋白质复合体：NADH-Q 还原酶（复合体 Ⅰ）、琥珀酸-Q 还原酶（复合体 Ⅱ）、细胞色素还原酶（复合体 Ⅲ）和细胞色素氧化酶（复合体 Ⅳ）。它们所利用的电子载体有 FMN、铁硫中心、醌类、血红素基团以及铜离子等。在 NADH-Q 还原酶中电子从 NADH 先转移到 FMN 辅基,形成 $FMNH_2$,再转移到 Fe-S 中心,使其中的铁原子发生 3 价(Fe^{3+})和 2 价(Fe^{2+})的价态变化。电子最后转移到辅酶 Q,使其从氧化型辅酶 Q 转变为还原型的 QH_2。辅酶 Q 是疏水性电子载体,能够在膜内自由地扩散。QH_2 上的电子随后传递给细胞色素还原酶。后者是由细胞色素 b 和 c_1 以及铁硫蛋白构成的复合体。含有血红素的细胞色素,其中的铁原子在传递电子过程中,从 Fe^{3+} 变为 Fe^{2+},当电子再转移到其他组分后铁原子又恢复其 Fe^{3+} 状态。细胞色素还原酶(复合体 Ⅲ)上的电子最后转移到细胞色素 c 上。细胞色素 c 是一个水溶性的周边膜蛋白(peripheral membrane protein),它和辅酶 Q 一样都是传递电子的流动载体。细胞色素 c 接受电子后立即将其传递给细胞色素氧化酶。该酶含有两种细胞色素(细胞色素 a 和 a_3)以及两种铜离子(Cu_A 和 Cu_B)。在电子传递时,铜原子往复地发生 Cu^{2+} 和 Cu^+ 的价态变化。最后细胞色素氧化酶传递 4 个电子到氧分子,形成 2 分子 H_2O。

　　沿电子传递链发生的氧还电势的变化是每一步自由能变化的依据。在 NADH-Q 还原酶、细胞色素还原酶(又称细胞色素 bc_1 复合体)和细胞色素氧化酶催化的三步反应中,自由能的变化足以将 H^+ 离子(质子)从线粒体内膜基质"泵"(pump)出线粒体内膜进入到线粒体的内外膜间隙,于是产生了一种跨内膜的 H^+ 离子梯度。因此,上述三种酶(即三种复合体)的每一种都一个质子泵。质子泵都由电子传递提供驱动力。

　　$FADH_2$ 再氧化为 FAD 时,是将其所带的电子对传递给琥珀酸-Q 还原酶。后者将电子传递给辅酶 Q,电子通过辅酶 Q 进入电子传递链,经进一步传递形成跨膜质子梯度以及合成 ATP 分子。琥珀酸-Q 还原酶本身并没有质子泵的作用。

　　鱼藤酮、安密妥通过抑制 NADH-Q 还原酶抑制电子传递,抗霉素 A 抑制细胞色素还原酶,氰化物(CN^-)、叠氮化物(N_3^-)以及一氧化碳(CO)抑制细胞色素氧化酶。

　　电子流经复合体 Ⅰ、Ⅲ、Ⅳ 时将质子从线粒体内膜的基质侧泵出到细胞溶胶侧。由 pH 梯度和膜电势构成质子动力。这时细胞溶胶侧为酸性,其电性为电正性。当质子从细胞溶胶侧经 ATP 合酶流回到线粒体基质时,则产生驱动力使 ADP 和 Pi 合成 ATP。ATP 合酶由 F_0 和 F_1 两个单元构成。质子流回基质通过 F_0 中的通道,ATP 的合成部位则是在 F_1 单元。与 ATP 合酶紧密结合着的 ATP 分子,当质子流经该酶时被释放出来。

　　一对电子流经 NADH-Q 还原酶所产生的质子动力足够形成 1 个 ATP 分子,流经细胞色素还原酶形成 0.5 个 ATP 分子,流经细胞色素氧化酶形成 1 个 ATP。因此每个 NADH 分子通过氧化磷酸化所产生的 ATP 分子是 2.5 个。而一个 $FADH_2$ 的氧化只形成 1.5 个 ATP 分子。因为它通过辅酶 Q 进入电子传递链上的细胞色素还原酶,细胞溶胶中的 NADH 通过呼吸链一般也形成 1.5 个 ATP 分子。因为它的电子一般是通过甘油磷酸穿梭途径进入电子传递链。一个葡萄糖分子完全氧化为 CO_2 和 H_2O 可产生大约 30 个 ATP 分子。

　　电子传递在正常情况下是与 ATP 的合成强制性偶联的。只有当 ATP 被合成时,电子才可流经电子传递链传递到氧。也只有当 ATP 合成发生时电子的传递才继续进行;如果 ATP 的合成减少,电子传递也随之下降。因此只有当细胞需要 ATP 分子时,电子传递过程才会有效进行。

　　有一些化合物例如 2,4-二硝基苯酚(DNP)属于解偶联试剂。这类试剂使电子传递有效进行,尽管不合成 ATP。因为它们可使 H^+ 离子通过线粒体内膜,从而破坏质子梯度,从而电子传递与 ATP 形成之间的偶联解除了,致使产生的能量只能以热的形式释放。在机体的某些组织例如褐色脂肪组织的线粒体中,电子传递和 ATP 合成也被一种产热蛋白(thermogenin)解偶联。由这种脂肪组织产生的热称为非战栗产热,对新生儿有保护敏感机体组织的作用,对冬眠动物有维持体温的作用。

　　细胞溶胶的 NADH 不能直接跨过线粒体内膜进入线粒体基质进行再氧化。它可通过 3-磷酸甘油穿梭途径再氧化。细胞溶胶的 3-磷酸甘油脱氢酶催化 NADH 氧化,并使磷酸二羟丙酮还原为 3-磷酸甘油。而后又由位于线粒体内膜外侧的 3-磷酸甘油脱氢酶将其转变为磷酸二羟丙酮。该酶以 FAD 为辅助因子。磷酸二羟丙酮可回到细胞溶胶内。在心脏和肝细胞溶胶内 NADH 的再氧化通过苹果酸-天冬氨酸穿梭途径使其电子进入氧化呼吸链。在细胞溶胶中的草酰乙酸由 NADH 还原为苹果酸,通过线粒体内膜上的苹果酸-α-酮戊二酸载体进入线粒体基质。在基质内苹果酸由 NAD^+ 氧化又形成草酰乙酸,而 NAD^+ 则还原为 NADH,结果相当于细胞溶胶中的 NADH 将电子传递给了基质内的 NADH,后者可以进入呼吸链。草酰乙酸通过转氨酶的作用形成天冬氨酸后离开线粒体基质,在细胞溶胶内又通过转氨酶的作用形成草酰乙酸。

习　　题

1. 什么是氧化还原电势? 怎样计算氧化还原电势?

2. 将下列物质按照容易接受电子的顺序加以排列:

 (a) α-酮戊二酸+CO_2 (c) O_2

 (b) 草酰乙酸   (d) $NADP^+$

3. 在电子传递链中各成员的排列顺序根据什么原则?

4. 在一个具有全部细胞功能的哺乳动物细胞匀浆中加入下列不同的底物,当每种底物完全被氧化为 CO_2 和 H_2O 时,能产生多少 ATP 分子?

 (a) 葡萄糖   (e) 磷酸烯醇式丙酮酸

 (b) 丙酮酸   (f) 柠檬酸

 (c) 乳酸   (g) 磷酸二羟丙酮

 (d) 1,6-二磷酸果糖   (h) NADH

5. 在生物化学中 O_2 形成 H_2O 所测得的标准氧化还原电势为 0.82 V,而在化学测定中测得的数值为 1.23 V,这种差异是怎样产生的?

6. 电子传递链和氧化磷酸化之间有何关系?

7. 解释下列的化合物对电子传递和氧化呼吸链有何作用? 当供给充分的底物包括异柠檬酸、Pi、ADP、O_2,并分别加入下列化合物时,估计线粒体中的氧化呼吸链各个成员所处的氧化还原状态。

 (a) DNP   (e) N_3^-

 (b) 鱼藤酮   (f) CO

 (c) 抗霉素 A   (g) 寡霉素

 (d) CN^-

8. 什么是磷/氧比(P/O 比),测定磷/氧比有何意义?

9. P/O 比、每对电子转运质子数之比($H^+/2e^-$)、形成一分子 ATP 所需质子数的比例、将 ATP 转运到细胞溶胶所需质子数之比(P/H^+),它们之间是否有相关性?

10. 计算琥珀酸由 FAD 氧化和由 NAD^+ 氧化的 $\Delta G^{\ominus}{}'$(利用表 19-1 的数据)。设 $FAD//FADH_2$ 氧还电对的 $\Delta E^{\ominus}{}'$ 接近于 0 V。解释为什么在琥珀酸脱氧酶催化的反应中只有 FAD 能作为电子受体而不是 NAD^+?

11. 电子传递链产生的质子电动势为 0.2 V,转运 2、3、4 个质子,温度为 25℃,所得到的有效自由能为多少? 用这些能可合成多少 ATP 分子?

主要参考书目

1. 吉林大学. 物理化学. 北京:人民教育出版社,1979.

2. 王镜岩,朱圣庚,徐长法. 生物化学教程. 北京:高等教育出版社,2008.

3. 郑集,陈钧辉. 普通生物化学. 3 版. 北京:高等教育出版社,1998.

4. Stryer L. Biochemistry. 4th ed. New York:W. H. Freeman and Company,1995.

5. Voet D,Voet J G. Biochemistry. New York:John Wiley and Sons,1990.

6. Stenesh J. Biochemistry. New York:Plenum Press,1998.

7. Roskoski R. Biochemistry. New York:W. B. Saunders Company,1996.

8. Hames B D,Hooper N M,Houghton J D. Instant Notes in Biochemistry. Berlin:Springer,1998.

9. Pedersen P L,L Amzel M. ATP synthases. Journal of Biological Chemistry,1993,(268):9937-9940.

10. Nelson D L,Cox M M. Lehninger Principles of Biochemistry. 6th ed. New York:Worth Publishers,2013.

11.　Fetter J R,Qian J,Shapleigh J,et al. Possible proton relay pathways in cytochrome c oxidase. Proc Natl Acad Sci USA. 1995,(92):1604-1608.

12.　Gray H B,Winkler J R. Electron transfer in proteins. Annu Rev Biochem. 1996,(65):537-561.

13.　Boyer P D. The ATP synthase—a splandid moleeular machine. Annu. Rov. Biochem. 1998,(66):717-749.

14.　Kinosita K J, Yasuda R,Noji H,et al. F$_1$ ATPase:a rotary motor made of a single molecule. cell. 1998,(93):21-24.

15.　Stock D, Losile A G W,Walker J E. Molecular architecture of the rotary motor in ATP synthase. Seience. 1999,(286):1700-1705.

16.　Klinganberg M, Huang S G. Sturcture and function of the ancoupling protein from brown adipose tissue. Biochim. Biophys. Acta. 1999,(1415):271-296.

（王镜岩　昌增益）

网上资源

✍ 自测题

第20章 戊糖磷酸途径

一、戊糖磷酸途径的发现

戊糖磷酸途径(pentose phosphate pathway)又称戊糖支路(pentose shunt)、己糖单磷酸途径(hexose monophosphate pathway)、磷酸葡糖酸途径(phosphogluconate pathway)及戊糖磷酸循环(pentose phosphate cycle)等。这些名称强调的是从磷酸化的六碳糖形成磷酸化的五碳糖。

这条途径的发现是从研究糖酵解过程的观察中开始的。向供研究糖酵解使用的组织匀浆中添加碘乙酸、氟化物等抑制剂,葡萄糖的利用仍在继续。许多现象表明在已发现的糖酵解途径之外,还存在另外未知的糖代谢途径。特别是1931年,Otto Warburg及同事,还有Fritz Lipman发现了6-磷酸葡糖脱氢酶(glucose phosphate dehydrogenase)和6-磷酸葡糖酸脱氢酶(6-phosphogluconate dehydrogenase),这两种酶都促使葡萄糖分子的代谢走向糖酵解以外的未知途径。他们还发现了NADP$^+$(当时称为TPN,是triphosphopyridinenucleotide的缩写,中文名称为三磷酸吡啶核苷酸)是上述两种酶的辅酶。这些发现不只引起人们对这条未知途径的进一步探索,还在酶学、中间代谢以及维生素和辅酶研究的发展中具有重要的历史意义。他们还提出6-磷酸葡糖酸脱氢酶催化6-磷酸葡糖酸氧化脱羧形成的直接产物可能是戊糖磷酸。Frank Dickens继续O.Warburg等人的研究,分离得到许多戊糖磷酸途径的混合中间产物,包括磷酸戊糖酸(phosphopentonic acid)和磷酸己糖酸(phosphohexonic acid)以及其他一些五碳和四碳化合物的磷酸酯等,其中五碳化合物经鉴定证明是戊糖。Frank Dickens还提出了一条6-磷酸葡糖降解新途径的设想。此外,在各种生物体内所发现的五碳糖、六碳糖、七碳糖以及它们的衍生物景天庚酮糖(sedoheptulose)、核糖(ribose)、脱氧核糖(deoxyribose)等,它们的来源不可能从糖酵解途径中得到解释,这些事实也支持有未知的新途径存在,但当时的酶制剂还不可能达到只催化某单一反应的纯度,也缺乏分离和鉴定少量反应产物的方法,因此通过实验和推理所得到的研究结果还有待进一步地验证。

20世纪30年代虽然已发现了戊糖磷酸途径的存在,也认识到这条途径的某些重要性,但由于战争和研究的极大困难,这一课题竟停顿了约10年之久。1953年F. Dickens总结了前人的研究成果,发表在英国的医学杂志上(*British Medical Bulletin*,英国医学公报),这项研究又得到了进一步发展。50年代开始,随着酶分离方法的进展,获得了较纯的酶制剂,大大促进了对一步反应产物的认识。最早分离得到戊糖的是在1951年,D. B. Scott和S. S. Cohen。他们用F. Dickens的酶制剂得到少量的5-磷酸核糖。当时的鉴定手段是用纸层析法和酶促分析法。

同位素标记研究的应用使这条途径得到了进一步的确证,还显示了这条途径存在的普遍性。

在探索戊糖磷酸途径中做出重要贡献的人除了前述的Otto Warburg、Fritz Lipman、Frank Dickens等人外,还应提出Bernard Horecker、Efraim Racker等人。有人也将戊糖磷酸途径称为Warburg-Dickens戊糖磷酸途径。

二、戊糖磷酸途径的主要反应

戊糖磷酸途径是糖代谢的第二条重要途径,它是葡萄糖分解的另外一种机制。这条途径在细胞溶胶内进行,广泛存在于动植物细胞内。

它由一个循环式的反应体系构成。该反应体系的起始物为6-磷酸葡糖,经过氧化分解后产生五碳糖、CO_2、无机磷酸和 **NADPH** 即还原型烟酰胺腺嘌呤二核苷酸磷酸（reduced nicotinamide adenine dinucleotide phosphate，又称还原型辅酶Ⅱ）。NADPH 的结构式如图 20-1 所示。

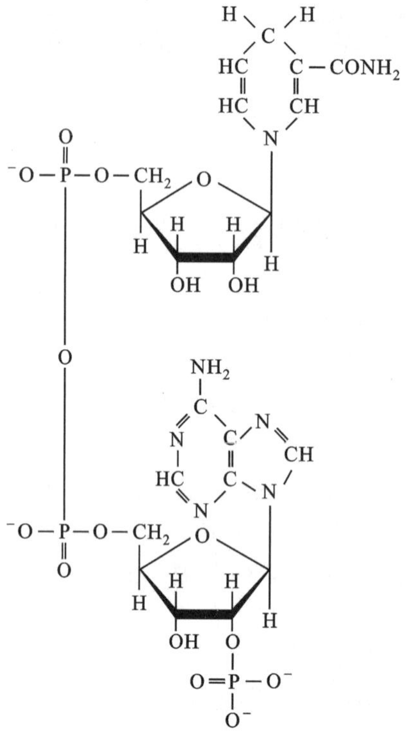

图 20-1 还原型 NADPH 的结构式

戊糖磷酸途径的核心反应可作如下的概括：

$$6\text{-磷酸葡糖} + 2NADP^+ + H_2O \longrightarrow 5\text{-磷酸核酮糖} + 2NADPH + 2H^+ + CO_2$$

一般可将其全部反应划分为两个阶段：氧化阶段（oxidative phase）和非氧化阶段（nonoxidative phase）。

1. 氧化阶段

这个阶段包括六碳糖氧化脱羧形成五碳糖（核酮糖，ribulose）并使 $NADP^+$ 还原形成还原型 NADPH。氧化阶段共包括三步反应：

（1）6-磷酸葡糖在 **6-磷酸葡糖脱氢酶**（glucose-6-phosphate dehydrogenase）的作用下形成 **6-磷酸葡糖酸-δ-内酯**（6-phosphoglucono-δ-lactone）。该反应是分子内第 1 碳（C1）的羧基和第 5 碳（C5）的羟基之间发生酯化作用。酶的催化过程需要辅酶 $NADP^+$ 参加反应。

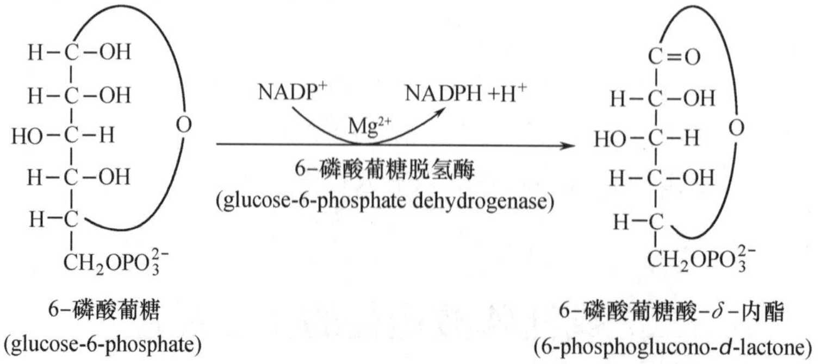

6-磷酸葡糖脱氢酶高度严格地以 $NADP^+$ 为电子受体。以 NAD^+ 为辅酶测得的 K_M 值相当于以 $NADP^+$ 为辅酶的千倍。

（2）6-磷酸葡糖酸-δ-内酯在一个专一**内酯酶**（lactonase）作用下水解，形成 **6-磷酸葡糖酸**（6-

phosphogluconate）。这是戊糖磷酸途径的第 2 步反应：

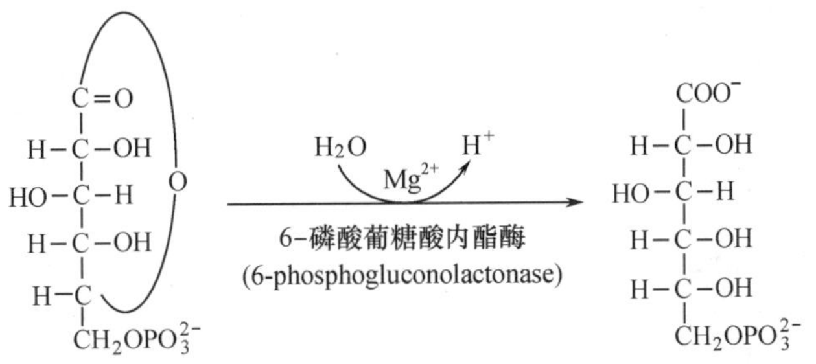

6-磷酸葡糖酸-δ-内酯　　　　　　　　　　　　　　　　6-磷酸葡糖酸
(6-phosphoglucono-δ-lactone)　　　　　　　　　　　(6-phosphogluconate)

（3）6-磷酸葡糖酸在 **6-磷酸葡糖酸脱氢酶**（6-phosphogluconate dehydrogenase）作用下,氧化脱羧形成 **5-磷酸核酮糖**（ribulose-5-phosphate,简称 Ru5P）。这里参与反应的电子受体仍是 $NADP^+$。

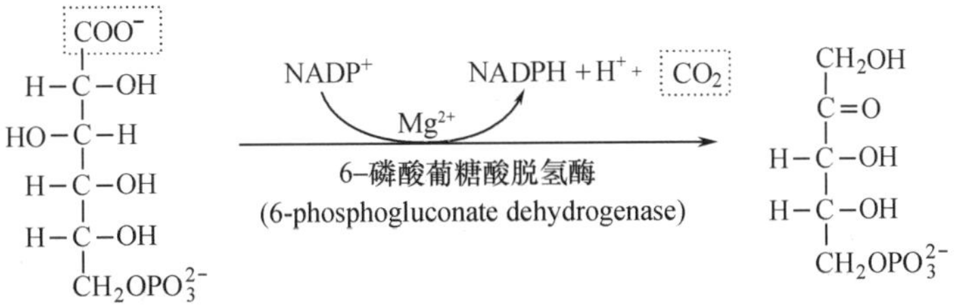

6-磷酸葡糖酸　　　　　　　　　　　　　　　　　　　5-磷酸核酮糖
(6-phosphogluconate)　　　　　　　　　　　　　　　(D-ribulose-5-phosphate)

6-磷酸葡糖酸脱氢酶也是专一地以 $NADP^+$ 为电子受体,催化的反应包括脱氢和脱羧步骤。

2. 非氧化反应阶段

全部戊糖磷酸途径除上述的三步反应外,都是非氧化反应。包括 5-磷酸核酮糖通过形成烯二醇中间步骤,异构化为 **5-磷酸核糖**。5-磷酸核酮糖还通过差向异构形成 **5-磷酸木酮糖**,再通过转酮基反应和转醛基反应,将戊糖磷酸途径与糖酵解途径联系起来,并使 6-磷酸葡糖再生。

（1）5-磷酸核酮糖异构化为 5-磷酸核糖　　5-磷酸核酮糖在其异构酶（ribulose-5-phosphate isomerase）作用下,通过形成烯二醇中间产物,异构化为 5-磷酸核糖（ribose-5-phosphate）：

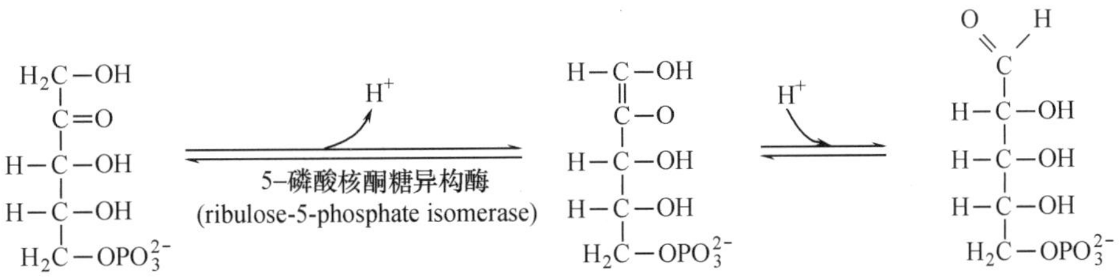

5-磷酸-D-核酮糖　　　　　　　　　烯二醇中间产物　　　　　　　　　5-磷酸-D-核糖
(D-ribulose-5-phosphate)　　　　(enediol intermediate)　　　　(D-ribose-5-phosphate)

上述反应和糖酵解过程中 6-磷酸葡糖转变为 6-磷酸果糖的反应以及磷酸二羟丙酮异构化为 3-磷酸甘油醛的反应都属于酮醛异构化反应。它们都通过烯二醇中间产物步骤。

6-磷酸葡糖通过三步氧化反应和一步异构化反应形成两分子 NADPH 和一分子 5-磷酸核糖。

（2）5-磷酸核酮糖转变为 5-磷酸木酮糖　　5-磷酸核酮糖在其差向异构酶（ribulose-5-phosphate epimerase）作用下转变成 5-磷酸核酮糖的差向异构体（epimer）5-磷酸木酮糖（xylulose-5-phosphate）：

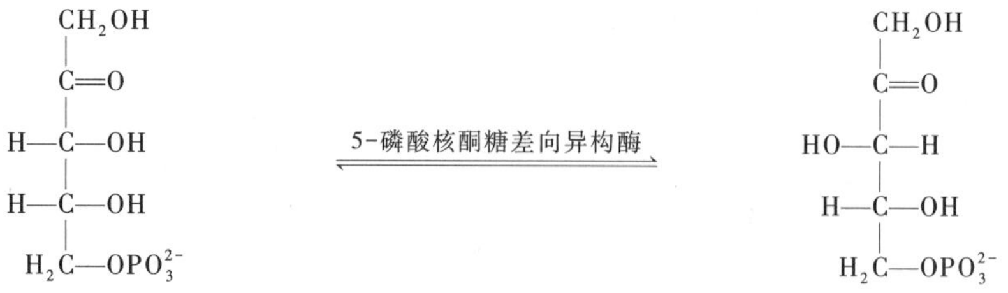

$$\text{CH}_2\text{OH} \quad \xrightarrow{\text{5-磷酸核酮糖差向异构酶}} \quad \text{CH}_2\text{OH}$$

5-磷酸核酮糖
（ribulose-5-phosphate）

5-磷酸木酮糖
（xylulose-5-phosphate）

5-磷酸核酮糖转变为差向异构体 5-磷酸木酮糖具有特别的生物学意义。因为酮糖（ketose）作为**转酮酶**（transketolase）的底物只有当其 C3 位羟基的构型（configuration）相当于木酮糖 C3 的构型时才起作用。核酮糖 C3 位羟基的构型不能满足转酮酶的要求。木酮糖的 C1 和 C2 构成转酮酶转移的基团：

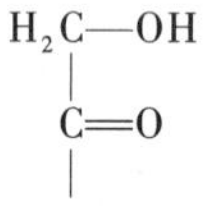

$$\text{H}_2\text{C}-\text{OH}$$
$$|$$
$$\text{C}=\text{O}$$
$$|$$

（3）**5-磷酸木酮糖**与 5-磷酸核糖作用，形成 **7-磷酸景天庚酮糖**和 3-磷酸甘油醛　木酮糖不仅具有转酮酶所要求的结构，还将戊糖磷酸途径与糖酵解途径联成一体。木酮糖经转酮酶的作用，将两碳单位（two-carbon unit）转移到 5-磷酸核糖上。结果木酮糖转变为 3-磷酸甘油醛，同时形成另外一个七碳产物，即 7-磷酸景天庚酮糖（sedoheptulose-7-phosphate）：

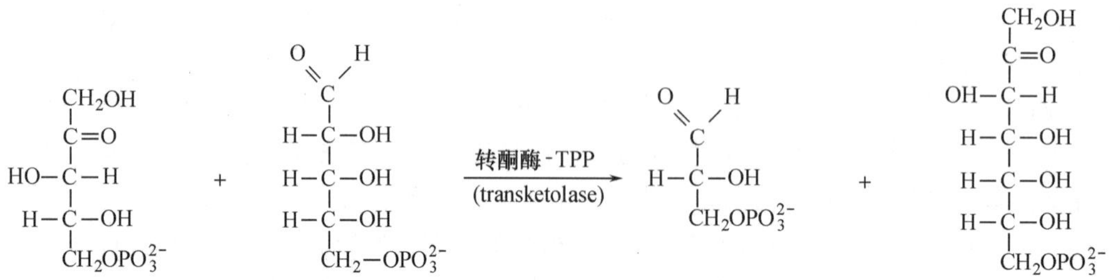

5-磷酸木酮糖
(xylulose-5-phosphate)
　＋　
5-磷酸核糖
(ribose-5-phosphate)
　$\xrightarrow[\text{(transketolase)}]{\text{转酮酶-TPP}}$　
3-磷酸甘油醛
(glyceraldehyde-3-phosphate)
　＋　
7-磷酸景天庚酮糖
(sedoheptulose-7-phosphate)

（4）7-磷酸景天庚酮糖与 3-磷酸甘油醛之间发生转醛基反应，形成 6-磷酸果糖和 **4-磷酸赤藓糖**（erythrose-4-phosphate）　在**转醛酶**（transaldolase）的催化下，将 7-磷酸景天庚酮糖的 3 个碳单位转移给 3-磷酸甘油醛，形成 6-磷酸果糖，剩余的 4 个碳则转变为 4-磷酸赤藓糖。转醛酶催化转移的三碳单位（three-carbon unit），如下所示：

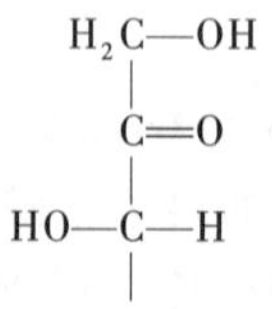

$$\text{H}_2\text{C}-\text{OH}$$
$$|$$
$$\text{C}=\text{O}$$
$$|$$
$$\text{HO}-\text{C}-\text{H}$$
$$|$$

转醛酶催化的全部反应如下：

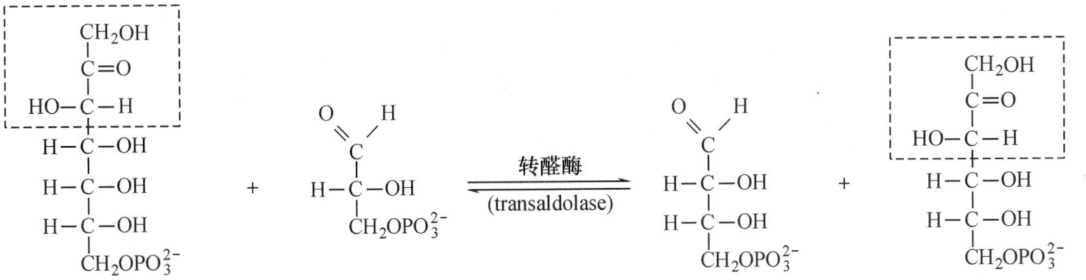

7-磷酸景天庚酮糖　　　　　　　3-磷酸甘油醛　　　　　　　　　　4-磷酸赤藓糖　　　　　　　　6-磷酸果糖
(sedoheptulose-7-phosphate)　　(glyceraldehyde-3-phosphate)　　(erythrose-4-phosphate)　　(fructose-6-phosphate)

（5）5-磷酸木酮糖和 4-磷酸赤藓糖作用形成 3-磷酸甘油醛和 6-磷酸果糖　　这是戊糖磷酸途径的第 2 次转酮基反应。5-磷酸木酮糖和 4-磷酸赤藓糖之间发生转酮基作用,生成糖酵解途径的两个中间产物:3-磷酸甘油醛和 6-磷酸果糖。反应如下:

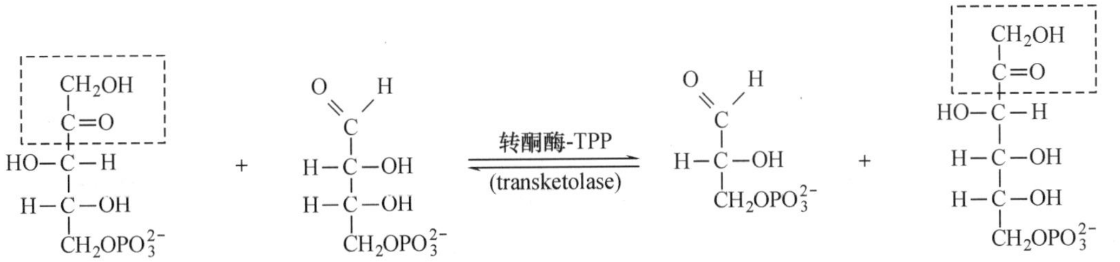

5-磷酸木酮糖　　　　　　　　4-磷酸赤藓糖　　　　　　　　3-磷酸甘油醛　　　　　　　　6-磷酸果糖
(xylulose-5-phosphate)　　(erythrose-4-phosphate)　　(glyceraldehyde-3-phosphate)　　(fructose-6-phosphate)

由前述反应可看出,在转酮酶和转醛酶的作用下,戊糖磷酸途径和糖酵解途径之间的沟通主要是通过下列的碳原子的转换过程:

$$C_5 + C_5 \underset{\text{(transketolase)}}{\overset{\text{转酮酶}}{\rightleftharpoons}} C_3 + C_7$$

$$C_7 + C_3 \underset{\text{(transaldolase)}}{\overset{\text{转醛酶}}{\rightleftharpoons}} C_4 + C_6$$

$$C_5 + C_4 \underset{\text{(transketolase)}}{\overset{\text{转酮酶}}{\rightleftharpoons}} C_3 + C_6$$

这些反应的结果由 3 分子五碳糖可产生 2 分子六碳糖和 1 分子三碳糖。这里提供 2 碳和 3 碳单位的糖永远是酮糖,接受此单位的则永远是醛糖。

通过上述的沟通,可产生更多的 NADPH,使那些需要更多 NADPH 的细胞满足其对还原力的需要。

另一方面,6-磷酸果糖可在磷酸葡糖异构酶(phosphoglucose isomerase) 催化下转变为 6-磷酸葡糖。如果 6 个 6-磷酸葡糖分子通过戊糖磷酸途径后,每个 6-磷酸葡糖分子氧化脱羧失掉一个 CO_2,最后失去了一个 6-磷酸葡糖分子,又生成了 5 个 6-磷酸葡糖分子。全部反应可用下式表示:

$$6\ 6\text{-磷酸葡糖} + 6H_2O + 12NADP^+ \longrightarrow 6CO_2 + 5\ 6\text{-磷酸葡糖} + 12NADPH + Pi$$

由上式可看出通过戊糖磷酸途径使一个 6-磷酸葡糖分子全部氧化为 6 分子 CO_2,并产生 12 个具有强还原力的分子即 12 个 NADPH。但此反应不可能由 1 个 6-磷酸葡糖分子来完成,而是由 6 个 6-磷酸葡糖分子共同作用才能完成全部过程。

戊糖代谢的非氧化阶段,全部反应都是可逆的。这保证了细胞能以极大的灵活性满足自己对糖代谢中间产物以及大量还原力的需求。戊糖磷酸途径的总览以 3 个 6-磷酸葡糖分子为例,如图 20-2 所示。

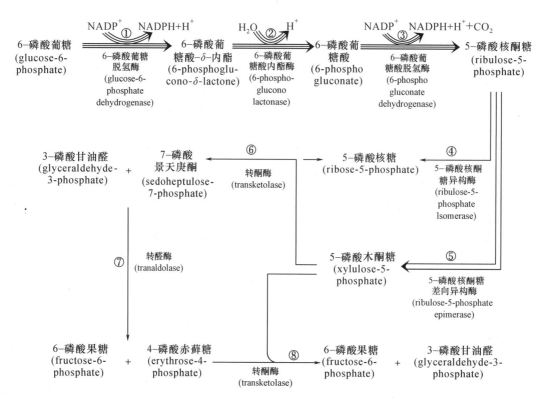

图 20-2　戊糖磷酸途径总览(以 3 分子 6-磷酸葡糖的转变为例)

图中带箭头的线条数表示在将 3 分子 6-磷酸葡糖转变为 3 分子 CO_2、2 分子 6-磷酸果糖、1 分子 3-磷酸甘油醛的 1 次轮回中所参加的分子数。图中还表明 3 分子 6-磷酸葡糖转变为 3 分子 CO_2、2 分子 6-磷酸果糖、1 分子 3-磷酸甘油醛,并将 6 个 $NADP^+$ 转变为 6 个 $NADPH+6H^+$。为了容易理解,在反应箭头中用数字(①~⑧)表示出反应步骤

三、戊糖磷酸途径反应速率的调控

戊糖磷酸途径氧化阶段的第一步反应,即 6-磷酸葡糖脱氢酶催化的 6-磷酸葡糖的脱氢反应,实质上是不可逆的。在生理条件下属于限速反应(rate-limiting reaction),是一个重要的调控点。最重要的调控因子是 $NADP^+$ 的水平。因为 $NADP^+$ 在 6-磷酸葡糖氧化形成 6-磷酸葡糖酸-δ-内酯的反应中起电子受体的作用。形成的还原型 NADPH 与 $NADP^+$ 争相与酶的活性部位结合从而引起酶活性的降低,即竞争性地抑制 6-磷酸葡糖脱氢酶及 6-磷酸葡糖酸脱氢酶的活性。所以 $NADP^+$/NADPH 的比例直接影响 6-磷酸葡糖脱氢酶的活性。从营养充足的大白鼠肝细胞溶胶测得的 $NADP^+$/**NADPH** 的比值大约为 0.014,这个比值比 NAD^+ 和 **NADH** 的比值低若干个数量级。NAD 和 NADH 的比值在完全相同的条件下为 700。0.014 表明 $NADP^+$ 的水平只略高于 NADPH 水平。这表明,$NADP^+$ 的水平对戊糖磷酸途径的氧化阶段具有极明显的效果。只要 $NADP^+$ 的浓度稍高于 NADPH,即能够使酶激活从而保证所产生的 NADPH 及时满足还原性生物合成以及其他方面的需要。所以说 $NADP^+$ 的水平对戊糖磷酸途径在氧化阶段产生 NADPH 的速度和机体在生物合成时对 NADPH 的利用形成偶联关系。

如前所述,转酮酶和转醛酶催化的反应都是可逆反应。因此根据细胞代谢的需要,戊糖磷酸途径和糖酵解途径可以灵活地相互联系。

戊糖磷酸途径中 6-磷酸葡糖的去路,可受到机体对 NADPH、5-磷酸核糖和 ATP 不同需要的调节。可能有 3 种情况。

第 1 种情况是机体对 5-磷酸核糖的需要远远超过对 NADPH 的需要。这种情况可见于细胞分裂期,这时需要由 5-磷酸核糖合成 DNA 的前体——核苷酸。为了满足这种需要,大量的 6-磷酸葡糖通过糖酵

解途径转变为 6-磷酸果糖以及 3-磷酸甘油醛。这时由转酮酶和转醛酶将 2 分子 6-磷酸果糖和 1 分子 3-磷酸甘油醛通过反方向戊糖磷酸途径反应转变为 3 分子 5-磷酸核糖。全部反应的化学计算关系可表示如下：

$$5 \ 6\text{-磷酸葡糖} + ATP \longrightarrow 6 \ 5\text{-磷酸核糖} + ADP + H^+$$

第 2 种情况是机体对 NADPH 的需要和对 5-磷酸核糖的需要处于平衡状态。这时戊糖磷酸途径的氧化阶段处于优势。通过这一阶段形成 2 分子 NADPH 和 1 分子 5-磷酸核糖。这一系列反应的化学计算关系可表示为：

$$6\text{-磷酸葡糖} + 2NADP^+ + H_2O \longrightarrow 5\text{-磷酸核糖} + 2NADPH + 2H^+ + CO_2$$

第 3 种情况是机体需要的 NADPH 远远超过 5-磷酸核糖，于是 6-磷酸葡糖彻底氧化为 CO_2。例如，脂肪组织[①]需要大量的 NADPH 作为还原力来合成脂肪酸(参看第 24 章)。组织对 NADPH 的需要促使以下 3 组反应活跃起来：首先，是由戊糖磷酸途径在氧化阶段形成 2 分子 NADPH 和 1 分子 5-磷酸核糖；第 2 组反应是 5-磷酸核糖由转酮酶和转醛酶转变为 6-磷酸果糖和 3-磷酸甘油醛；第 3 组反应是 6-磷酸果糖和 3-磷酸甘油醛，通过糖异生途径(见第 23 章)形成 6-磷酸葡糖。三组反应全过程的化学计算式可表示如下：

① $6 \ 6\text{-磷酸葡糖} + 12NADP^+ + 6H_2O \longrightarrow 6 \ 5\text{-磷酸核糖} + 12NADPH + 12H^+ + 6CO_2$

② $6 \ 5\text{-磷酸核糖} \longrightarrow 4 \ 6\text{-磷酸果糖} + 2 \ 3\text{-磷酸甘油醛}$

③ $4 \ 6\text{-磷酸果糖} + 2 \ 3\text{-磷酸甘油醛} + H_2O \longrightarrow 5 \ 6\text{-磷酸葡糖} + Pi$

以上 3 种反应的总反应式即是：

$$6\text{-磷酸葡糖} + 12NADP^+ + 7H_2O \longrightarrow 6CO_2 + 12NADPH + 12H^+ + Pi$$

从物质的计量关系上看，1 分子 6-磷酸葡糖可以完全被氧化为 6 分子 CO_2，同时产生 12 个 NADPH。实际上形成的 5-磷酸核糖又通过转酮基、转醛基和糖异生途径中的一些酶的作用转变为 6-磷酸葡糖。

此外，由戊糖磷酸途径形成的 5-磷酸核糖还可转变为丙酮酸。丙酮酸又可进一步氧化产生 ATP，也可用作生物合成中的结构元件。由 5-磷酸核糖形成的 6-磷酸果糖和 3-磷酸甘油醛都可进入糖酵解途径。所以既可产生 ATP 又可产生 NADPH。

四、戊糖磷酸途径的生物学意义

可将戊糖磷酸途径的主要功能概括为以下两个方面：

1. 戊糖磷酸途径是细胞产生还原力(NADPH)的主要途径

生活细胞获得的燃料分子经分解代谢将一部分高潜能的电子通过电子传递链传至 O_2，产生 ATP 提供能量消耗的需要，另一部分高潜能的电子并不产生 ATP，而是以还原力的形式供还原性生物合成的需要。NADPH 分子不只是因为它的核糖单位的第 2 个碳原子上有一个磷酸基团而在结构上区别于 NADH，它的功能在大多数生物化学反应中也和 **NADH** 根本不同。NADH 的作用主要是通过呼吸链提供 ATP 分子，而 **NADPH** 在还原性生物合成中起氢负离子供体的作用。例如，肝、脂肪组织、授乳期的乳腺脂肪酸合成强劲的部位，肝、肾上腺、性腺等胆固醇和固醇类合成的部位都需要 NADPH(参看脂肪酸及胆固醇的生物合成)；还可用于抵消氧自由基造成的损伤在光合作用中戊糖磷酸途径的部分途径参加由 CO_2 合成葡萄糖的途径，由核糖核苷酸转变为脱氧核糖核苷酸等都需要 NADPH。

---

① 脂肪组织的戊糖磷酸途径比肌肉的该途径活跃得多。这是用放射性同位素(^{14}C)分别标记葡萄糖分子的 C1 和 C6 并比较它们在两种组织中的代谢情况(观察 CO_2 的形成)所得到的结果。

在脊椎动物的红细胞(red blood cell)中戊糖磷酸途径酶类的活性也很高。因为在红细胞中戊糖磷酸途径提供的还原力可保证红细胞中的谷胱甘肽(glutathion,GSSG)处于还原状态:

$$\underset{\substack{\text{谷胱甘肽}\\ (\text{glutathione})}}{\text{GSSG}} + \text{NADPH} + \text{H}^+ \xrightarrow[\text{(glutathione reductase)}]{\text{谷胱甘肽还原酶}} \underset{\substack{\text{还原型谷胱甘肽}\\ (\text{reduced glutathione})}}{\text{2GSH}} + \text{NADP}^+$$

红细胞需要大量的还原型谷胱甘肽,一方面红细胞与还原型谷胱甘肽共用—SH 基团来维持其蛋白质结构的完整性;另一方面用于保护脂膜防止被过氧化物、过氧化氢等氧化;再一方面使维持红细胞内血红素的铁原子处于 2 价(Fe^{2+})状态;含有 Fe^{3+} 的高铁血红蛋白(methemoglobin)没有运输氧的功能。NADPH 水平的降低可使蛋白质发生变化,使脂质发生过氧化作用,使红细胞产生高血红素(Fe^{3+})。此外,眼球、角膜组织直接暴露于氧气环境易受氧自由基的侵害,都需要 NADPH 的保护。

有些人群,在我国多发生在南方,在国外多发生在黑人,因遗传缺陷 6-磷酸葡糖脱氢酶,他们的红细胞中 NADPH 浓度达不到需要水平,很容易患贫血症(anemia)。这种病人对具有氧化性的药物例如原奎宁、磺胺类药物(sulfa drugs)以及阿司匹林(aspirin)等药物过敏。他们的氧化红细胞内因缺乏 NADPH 保护而容易破裂,结果造成严重的溶血性贫血症(hemolytic anemia),表现为黄胆、尿呈黑色、血色素下降等症状,严重者甚至因大量红细胞破裂而死亡。

2. 戊糖磷酸途径是细胞内不同结构糖分子的重要来源,并为各种单糖的相互转变提供条件

三碳糖、四碳糖、五碳糖、六碳糖以及七碳糖的碳骨架都是细胞内糖类不同的结构分子,其中核糖及其衍生物作为 ATP、CoA、NAD^+、FAD、RNA 以及 DNA 等重要生物分子的组成部分,都来源于戊糖磷酸途径。核酸等的生物合成在生长、再生的组织例如骨髓、皮肤、小肠黏膜以及癌细胞中,其速度都是极高的,因此需要戊糖磷酸途径迅速地提供原料。

提　要

戊糖磷酸途径主要作用是形成 NADPH 和 5-磷酸核糖。有关作用的酶都存在于细胞溶胶中。NADPH 在还原性生物合成中,例如,脂肪酸和固醇类的合成用于提供还原力。而 5-磷酸核糖及其衍生物则用于合成 RNA、DNA、NAD^+、FAD、ATP 和辅酶 A 等重要生物分子。戊糖磷酸途径由 6-磷酸葡糖脱氢开始形成一个内酯(lacton),内酯水解形成 6-磷酸葡糖酸,紧接着进行氧化脱羧作用产生 5-磷酸核酮糖。$NADP^+$ 在上述的氧化过程中都是电子受体。最后的步骤是 5-磷酸核酮糖发生差向异构由酮糖形式转变为醛糖形式即 5-磷酸核糖。因机体对 5-磷酸核糖的需要量远不及对 NADPH 的需要量,于是借助转酮基和转醛基作用将 5-磷酸核糖转变为 6-磷酸果糖和 3-磷酸甘油醛。这就使戊糖磷酸途径和糖酵解途径连接起来。5-磷酸木酮糖,7-磷酸景天庚酮糖和 4-磷酸赤藓糖,都在相互转变过程中作为中间产物。通过这条途径每分子 6-磷酸葡糖,如果完全氧化为 CO_2 可形成 12 分子 NADPH。如果 5-磷酸核糖的需要量超过对 NADPH 的需要,这时非氧化反应步骤就会相对地更活跃。在这种情况下,6-磷酸果糖和 3-磷酸甘油醛就转变为 5-磷酸核糖而不产生 NADPH。如果相反,由氧化步骤形成的 5-磷酸核糖还可以通过 6-磷酸果糖和 3-磷酸甘油醛转变为丙酮酸。以这种方式,6-磷酸葡糖的 6 个碳原子中的 5 个碳原子参与形成丙酮酸分子,并且产生出 ATP 和 NADPH。戊糖磷酸途径和糖酵解途径之间的穿插作用,使得机体内的 NADPH、ATP、5-磷酸核糖以及丙酮酸等物质可以根据需要保持合理的水平。

习　题

1. 如果在 6-磷酸葡糖的 C2 上作标记,在戊糖磷酸途径的产物 6-磷酸果酸的 C1 和 C3 都得到标记,请绘出标记 C 转变的过程。

2. 用 ^{14}C 标记葡萄糖的 C6 原子,加入到含有戊糖磷酸途径的酶和辅助因子的体系中,请问放射性标记将在何处出现?

3. 用 ^{14}C 标记 5-磷酸核糖的 C1 原子,加入到含有转酮酶、转醛酶、磷酸戊糖差向异构酶、磷酸戊糖异构酶和 3-磷酸甘油醛的溶液中,在 4-磷酸赤藓糖和 6-磷酸果糖中的放射性标记将怎样分布?

4. 写出由 6-磷酸葡糖到 5-磷酸核糖在不产生 NADPH 情况下的化学平衡式。

5. 写出 6-磷酸葡糖在不产生戊糖的情况下产生 NADPH 的化学平衡式?

6. 比较柠檬酸循环途径和戊糖磷酸途径的脱羧反应机制。

7. 戊糖磷酸途径受到怎样的调控?

8. 说明戊糖磷酸途径的生物学意义。

主要参考书目

1. Nelson D L, Cox M M. Lehninger 生物化学原理. 3 版. 周海梦,等译. 北京:高等教育出版社,2005.

2. 王琳芳,杨克恭. 医学分子生物学原理. 北京:高等教育出版社,2001.

3. Nelson D L, Cox M M. Lehninger Principles of Biochemistry. 6th ed. New York:W. H. Freeman and Company, 2012.

4. Greenberg D M. Metabolic Pathways. New York:Academic Press,1960.

5. Roskoski R. Biochemistry. St. Louis:W. B. Saunders Company, 1997:135-138.

6. Hames B D, Hooper N M,Houghton J D. Instant Notes in Biochemistry. Oxford:Bios Scientific Publishers,1997.

7. Zubay, Gecffrey. Biochemistry. 3rd ed. Dubuque:Wm. C. Brown Publishers, 1993:347-376,585-609.

8. Berthon H A, Kuchel P W, Nixon P E. High control coefficient of transketolase in the nonoxidative pentose phosphate pathway of human erythroeytes:NMR, antibody, and computer simulation studies. Biochemistry,1992,31:12 792-12 798.

(王镜岩 秦咏梅)

网上资源

习题答案   自测题

第 21 章　糖异生和糖的其他代谢途径

一、糖异生作用

糖异生即是葡萄糖的异生作用,英文名称为 gluconeogenesis,来源于希腊文:"glykys"是"甜"的意思,"neo"是"新"的意思,"genesis"是"来源"或"产生"的意思。糖异生作用指的是以非糖物质作为前体合成葡萄糖的作用(图 21-1)。非糖物质包括乳酸、丙酮酸、丙酸、甘油以及氨基酸等。糖异生对于人类以及其他动物是绝对需要的途径。例如,人脑以葡萄糖作为主要燃料,对葡萄糖有高度的依赖性。红细胞也需要提供葡萄糖。成人脑每日大约需要 120 g 葡萄糖,占人体对葡萄糖的每日总需要量(约为 160 g)的绝大部分。已知体液中的葡萄糖含量大约为 20 g,从**糖原**(glycogen)可随时提供的葡萄糖大约为 190 g。因此机体在一般情况下,体内的葡萄糖量足够维持一天的需要,但是如果机体处于饥饿状态,则必须由非糖物质转化成葡萄糖提供急需。当机体处于剧烈运动时,也需要由非糖物质及时提供葡萄糖。机体除中枢神经系统(central nervous system)和红细胞需直接提供葡萄糖外,肾髓质(kidney medulla)、睾丸(testes)、眼晶状体等组织也主要利用葡萄糖提供能量。机体必须将血糖维持在一定水平,才能使这些器官及时得到葡萄糖的供应。因此即使每日从摄食得到葡萄糖而且体内有储存的糖原,机体仍需不断从非糖物质合成葡萄糖以保证不间断地将葡萄糖提供给那些主要依赖葡萄糖为能源的组织。

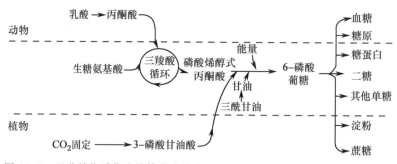

图 21-1　以非糖物质作为前体合成糖类

(一) 糖异生作用的途径

1. 糖异生作用和糖酵解作用的关系

糖异生作用并不是糖酵解作用的直接逆反应。虽然葡萄糖可由丙酮酸合成,其所经历的途径绝大部分是糖酵解过程的逆反应,但并不完全是糖酵解过程的逆反应。糖酵解过程是放能过程。一般在典型的细胞内环境下,由葡萄糖形成丙酮酸的 ΔG 为 -83.68 kJ/mol(-20 kcal/mol)。其中有三步反应是不可逆的。即:① 由己糖激酶催化的葡萄糖和 ATP 形成 6-磷酸葡糖和 ADP,② 由磷酸果糖激酶催化的 6-磷酸果糖和 ATP 形成 1,6-二磷酸果糖和 ADP,③ 由丙酮酸激酶催化的磷酸烯醇式丙酮酸和 ADP 形成丙酮酸和 ATP 的反应。糖异生作用要利用糖酵解过程中的可逆反应步骤必须对上述 3 个不可逆过程采取迂回措施绕道而行。

2. 糖异生对糖酵解的不可逆过程采取的迂回措施

(1) 迂回措施之一:丙酮酸通过草酰乙酸形成磷酸烯醇式丙酮酸。该措施分两步进行:

① 丙酮酸在**丙酮酸羧化酶**(pyruvate carboxylase)催化下,消耗一个 ATP 分子的高能磷酸键形成草酰乙酸。丙酮酸羧化酶含有一个以共价键结合的生物素(biotin)作为辅基。生物素起 CO_2 载体的作用。生物素的末端羧基与酶分子的一个赖氨酸残基的 ε-氨基以酰胺键相连。使生物素和赖氨酸形成丙酮酸羧化酶的一个长摆臂:

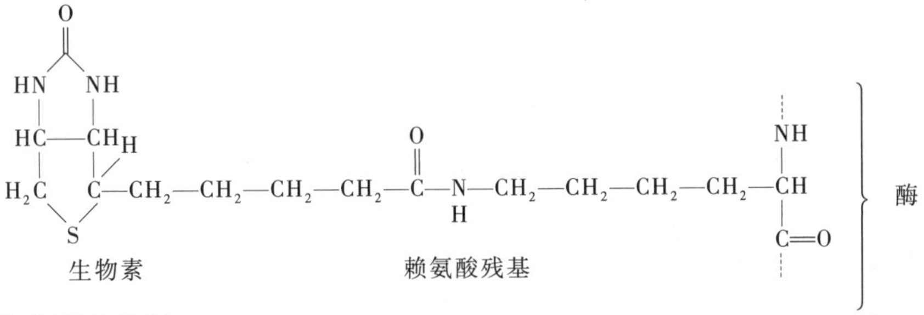

生物素   赖氨酸残基   酶

丙酮酸的羧化分两步进行:

ⓐ 丙酮酸羧化酶在 ATP 参与下与 CO_2 结合使其成为活化的形式。ATP 的水解推动此反应的进行:

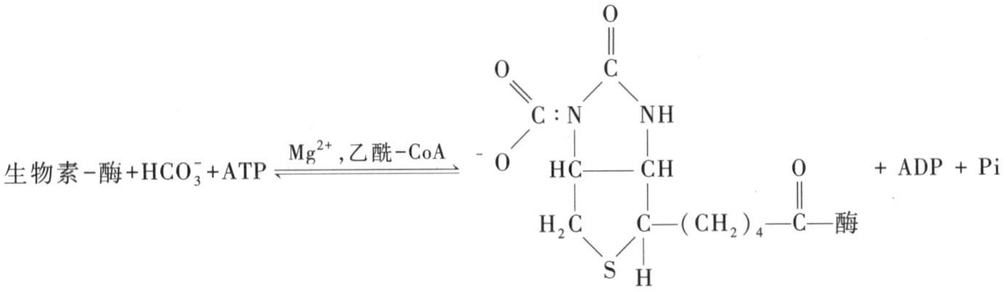

N-1-羧化生物素-酶
(N-1-carboxybiotinyl-enzyme)

上式表明:CO_2 以羧基形式结合到酶辅基生物素环的 N1 原子上,形成活化羧基。此活化羧基水解的 $\Delta G^{\ominus\prime} = -19.7$ kJ/mol(-4.7 kcal/mol)。因此,它的转移不需提供能量。

ⓑ 活化的羧基从羧化生物素转移到烯醇式丙酮酸上形成草酰乙酸:

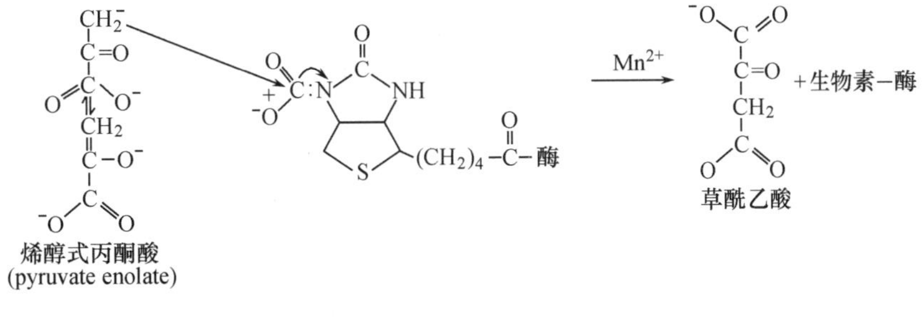

烯醇式丙酮酸   草酰乙酸
(pyruvate enolate)

丙酮酸羧化酶是存在于线粒体基质的酶,由 4 个亚基组成四聚体。每个亚基都与 Mg^{2+} 相结合。每个亚基的相对分子质量为 120 000。乙酰-CoA 是该酶强有力的**别构激活剂**(allosteric activator)。如果该酶不与乙酰-CoA 结合,则生物素不能羧化。

上述的总反应可用下式表示:

$$丙酮酸 + CO_2 + ATP + H_2O \longrightarrow 草酰乙酸 + ADP + Pi + 2H^+$$

② 草酰乙酸在磷酸烯醇式**丙酮酸羧激酶**(phosphoenolpyruvate carboxykinase,PEPCK)催化下,形成磷酸烯醇式丙酮酸。该反应需消耗一个 GTP 分子,反应如下:

草酰乙酸
(oxaloacetate)

磷酸烯醇式丙酮酸
(phosphoenolpyruvate)

磷酸烯醇式丙酮酸羧激酶由一条单一肽链构成,其相对分子质量为740 000。不同生物该酶在亚细胞内的位置不同。例如,在大白鼠和小白鼠的肝细胞,全部存在于细胞溶胶中;在鸟和兔的肝细胞,全部存在于线粒体中;在豚鼠和人类,则比较均匀地分布在线粒体和细胞溶胶中。

应注意的是,在前述反应中的丙酮酸羧化酶是一种线粒体酶,而糖异生作用中导致形成 6-磷酸葡糖的其他酶都是细胞溶胶酶。由丙酮酸羧化形成的草酰乙酸,必须穿过线粒体膜才能作为磷酸烯醇式丙酮酸羧激酶的底物被催化形成磷酸烯醇式丙酮酸。因为细胞不存在直接使草酰乙酸跨膜的运送蛋白,一般情况下,草酰乙酸通过形成苹果酸的途径跨过线粒体膜。草酰乙酸在线粒体内由与 NADH 相连的苹果酸脱氢酶催化,还原为苹果酸,跨过线粒体膜后,又由细胞溶胶中的与 NAD^+ 相连的苹果酸脱氢酶使其再氧化形成草酰乙酸。

总结上述由丙酮酸转变为磷酸烯醇式丙酮酸的反应可表示如下:

$$丙酮酸 + ATP + GTP + H_2O \longrightarrow 磷酸烯醇式丙酮酸 + ADP + GDP + Pi + 2H^+$$

(2)迂回措施之二:1,6-二磷酸果糖在 1,6-二磷酸果糖磷酸酶(fructose-1,6-bisphosphatase)催化下,其 C1 位的磷酸酯键水解形成 6-磷酸果糖。这一反应是放能反应,容易进行:

$$1,6-二磷酸果糖 + H_2O \xrightarrow{1,6-二磷酸果糖磷酸酶} 6-磷酸果糖 + Pi$$

上述反应的特殊意义在于,它避开了糖酵解过程不可能进行的直接逆反应,即形成一个 ATP 分子和 6-磷酸果糖的吸能反应,将其改变为释放无机磷酸的放能反应。

(3)迂回措施之三:6-磷酸葡糖在 6-磷酸葡糖磷酸酶(glucose-6-phosphatase)催化下水解为葡萄糖。

$$6-磷酸葡糖 + H_2O \xrightarrow{6-磷酸葡糖磷酸酶} 葡萄糖 + Pi$$

6-磷酸葡糖磷酸酶是结合在光面内质网膜的一种酶。它的活性需有一种与 Ca^{2+} 结合的稳定蛋白(Ca^{2+}-bindingstabilizing protein)协同作用。6-磷酸葡糖在转变为葡萄糖之前必须先转移到内质网内才能接受 6-磷酸葡糖酶的水解作用;形成的葡萄糖和无机磷酸,通过不同的转运途径又回到细胞溶胶中。

肝、肠和肾细胞内由 6-磷酸葡糖形成的葡萄糖进入血液,对维持血液中葡萄糖(血糖)浓度的平衡起着重要作用。脑和肌肉中不存在 6-磷酸葡糖磷酸酶,因此脑和肌肉细胞不能利用 6-磷酸葡糖形成葡萄糖。在肝中,糖异生作用的主要物质是骨骼肌活动的产物乳酸和丙氨酸。当肌肉紧张活动时形成的乳酸随血流进入肝加工。这有利于减轻肌肉的繁重负担。

上述三步迂回措施实际上是由不同的酶绕过了糖酵解中不可逆的三步反应。糖酵解作用和糖异生作用中酶的差异可用表 21-1 表明。

表 21-1　糖酵解和糖异生反应中的酶的差异

糖酵解作用	糖异生作用
己糖激酶（hexokinase）	6-磷酸葡糖磷酸酶（glucose-6-phosphatase）
磷酸果糖激酶（phosphofructokinase）	1,6-二磷酸果糖磷酸酶（fructose-1,6-bisphosphatase）
丙酮酸激酶（pyruvate kinase）	丙酮酸羧化酶（pyruvate carboxylase）
	磷酸烯醇式丙酮酸羧激酶 （phosphoenolpyruvate carboxykinase）

（二）糖异生途径总览

图 21-2 表明糖异生途径的全过程。为便于理解糖异生途径和糖酵解途径的关系，用糖酵解途径的次序和相反的箭头方向相对比。

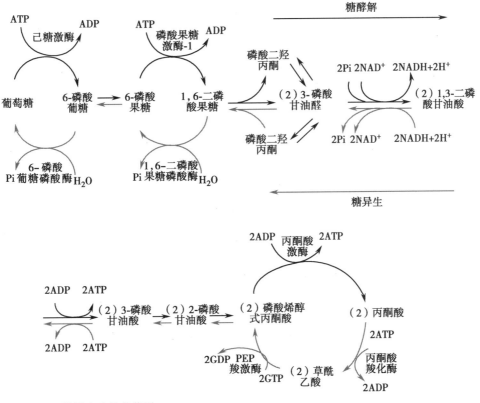

图 21-2　糖异生途径总览图

（三）由丙酮酸形成葡萄糖的能量消耗及意义

由两分子丙酮酸形成一分子葡萄糖的总反应可用下式表示：

$$2 \text{ 丙酮酸} + 4ATP + 2GTP + 2NADH + 6H_2O \longrightarrow 葡萄糖 + 4ADP + 2GDP + Pi + 2NAD^+ + 2H^+$$

上述反应的 $\Delta G^{\ominus\prime} = -37.66$ kJ/mol（-9 kcal/mol）。

若完全走糖酵解的逆反应过程，可推算出如下的反应和能量消耗：

$$2 \text{ 丙酮酸} + 2ATP + 2NADH + 2H_2O \longrightarrow 葡萄糖 + 2ADP + 2Pi + 2NAD^+$$

$\Delta G^{\ominus\prime} = +20$ kcal/mol（反应不可能进行）。

从上述两种不同途径的比较可看到,由葡萄糖经酵解途径形成丙酮酸可产生两个 ATP 分子。由丙酮酸合成葡萄糖需消耗 4 个 ATP 分子和两个 GTP 分子即 6 个高能磷酸键。总算起来,糖异生需消耗 4 个额外的高能键。这 4 个额外的高能磷酸键的能量即用于将不可能逆行的过程转变为可以通行的反应。此外,ATP 分子参加反应可改变反应的平衡常数。已知一个 ATP 分子参加到反应中或与某一反应相偶联可改变其平衡常数的系数为 10^8。如果有 n 个 ATP 分子参与反应,可使反应平衡比改变的系数为 10^{8n}。因此糖异生作用中参与的 4 个额外的 ATP 分子,可使反应的平衡常数的系数变为 10^{32}。这又从另一个角度表明糖异生作用在热力学上是有利的。

（四） 糖异生作用的调节

糖异生作用和糖酵解作用有密切的相互协调关系。如果糖酵解作用活跃,则糖异生作用必受一定限制。如果糖酵解的主要酶受到抑制,则糖异生作用酶的活性就受到促进。这种相互制约又相互协调的关系主要由两种途径不同的酶活性和浓度起作用;因每条途径的酶浓度和活性都是受到调控的。此外底物浓度也起调节作用。葡萄糖的浓度对糖酵解起调节作用。乳酸浓度以及其他葡萄糖前体的浓度对糖异生都起调节作用。无论是糖酵解作用还是糖异生作用都是高度的放能过程,除上述相互协调的关系外,不存在热力学上的调控抑制关系。两种过程都可同时进行,即一方面葡萄糖转变成丙酮酸,另一方面丙酮酸又重新合成葡萄糖。在这种往复转变的过程中,对机体来说,只是净消耗了两个 ATP 分子和两个 GTP 分子。因此,这种循环又有"**无用循环**"(futile cycle)之称。但是,人们不难想象,"无用循环"不可能对机体是毫无意义的。

1. 磷酸果糖激酶(PFK)和 1,6-二磷酸果糖磷酸酶的调节

AMP 对磷酸果糖激酶有激活作用。当 AMP 浓度高时,表明机体需要合成更多的 ATP。AMP 刺激磷酸果糖激酶使糖酵解过程加速,同时 1,6-二磷酸果糖磷酸酶不再促进糖异生作用。ATP 以及柠檬酸对磷酸果糖激酶起抑制作用,当二者的浓度升高时,磷酸果糖激酶受到抑制从而降低糖酵解作用,同时柠檬酸又刺激 1,6-二磷酸果糖磷酸酶,通过它使糖异生作用加速进行。

当饥饿时,机体血糖含量下降,刺激血液中的胰高血糖素水平升高。胰高血糖素有启动 cAMP 级联反应的作用(关于级联反应请参看第 22 章糖原的分解和合成代谢),使二磷酸果糖磷酸酶-2 和磷酸果糖激酶 2 都发生磷酸化,结果导致二磷酸果糖磷酸酶-2 受到激活,同时磷酸果糖激酶 2 受到抑制。磷酸果糖激酶 2 使 6-磷酸果糖转变为 2,6-二磷酸果糖(F-2,6-BP)。2,6-二磷酸果糖是一个信号分子(signal molecule),它对磷酸果糖激酶和 1,6-二磷酸果糖磷酸酶具有协同调控作用。2,6-二磷酸果糖对磷酸果糖激酶具有强烈的激活作用,而对 1,6-二磷酸果糖磷酸酶有抑制作用;而 2,6-二磷酸果糖磷酸酶使 2,6-二磷酸果糖水解形成 6-磷酸果糖。因此可以理解,2,6-二磷酸果糖的水平在饥饿情况下对调节糖酵解和糖异生作用有重要意义。在饱食的条件下,血糖浓度升高,血中胰岛素的水平也升高,这时 2,6-二磷酸果糖的水平也随之升高。由于 2,6-二磷酸果糖对磷酸果糖激酶的激活,和对 1,6-二磷酸果糖磷酸酶的抑制,从而糖酵解过程加速,糖异生作用受到抑制。在饥饿时,低水平的 2,6-二磷酸果糖使糖异生作用处于优势。

2. 丙酮酸激酶、丙酮酸羧化酶和磷酸烯醇式丙酮酸羧激酶之间的调节

在肝中丙酮酸激酶受高浓度 ATP 和丙氨酸的抑制。高浓度的 ATP 和丙氨酸是能荷高和细胞结构元件丰富的信号,因此当 ATP 和丙酮酸等供生物合成所需的中间物充足时,糖酵解作用就受到抑制。催化由丙酮酸作为起始物合成葡萄糖的第一个酶,丙酮酸羧化酶受乙酰-CoA 的激活和 ADP 的抑制,当乙酰-CoA 的含量充分时,丙酮酸羧化酶受到激活从而促进糖异生作用。但如果细胞的供能情况不够充分,ADP 的浓度升高,丙酮酸羧化酶和磷酸烯醇式丙酮酸羧激酶都受到抑制,而使糖异生作用停止进行。因这时的 ATP 水平很低,丙酮酸激酶解除了抑制,于是糖酵解作用又发挥其有效作用。

丙酮酸激酶还受到 1,6-二磷酸果糖的正反馈激活作用,也加速糖酵解作用的进行。

当机体处于饥饿状态时,为首先保证供应脑和肌肉足够的血糖,肝中的丙酮酸激酶受到抑制从而限制了糖酵解作用的进行。因胰高血糖素的分泌加强,进入血液后激活 cAMP 的级联效应使丙酮酸激酶由于磷酸化也失去活性。

（五）乳酸的再利用和可立氏循环

前面已经提到,在激烈运动时,糖酵解作用产生 NADH 的速度超出通过氧化呼吸链再形成 NAD$^+$ 的能力。这时肌肉中酵解过程形成的丙酮酸由乳酸脱氢酶转变为乳酸以使 NAD$^+$ 再生,这样糖酵解作用才能继续提供 ATP。乳酸属于代谢的一种最终产物,除了再转变为丙酮酸外,别无其他去路。肌肉细胞内的乳酸扩散到血液并随着血流进入肝细胞,在肝细胞内通过糖异生途径转变为葡萄糖,又回到血液随血流供应肌肉和脑对葡萄糖的需要。这个循环过程称为**可立氏循环**（Cori cycle）（图 21-3）。

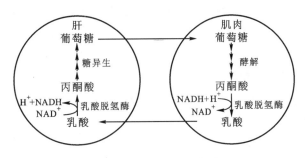

图 21-3 可立氏循环（Cori cycle）示意图

二、葡萄糖的转运

应提起注意的是,葡萄糖出入细胞质膜（palsma membrane）并不是简单的扩散作用,而是靠葡萄糖的特殊运送机构,称为葡糖运载蛋白（glucose transporter）。运载蛋白对葡萄糖的转运速度是简单扩散的 50 000 倍。用红细胞进行的研究对了解细胞的运输机制起到了关键性的作用。红细胞的跨膜运载蛋白往复进行着两种形式的构象变化。在一种构象状态下,这种运载蛋白与葡萄糖的结合部位（glucose-binding site）面向细胞质膜的外面,在另一种构象状态下,其结合部位则面向质膜内面。当面向外面的结合部位与葡萄糖结合后即引起运载蛋白发生构象变化,使结合着的葡萄糖分子从原来面向外的结合部位转移到新形成的面向内的结合部位。这种转换并不是整个蛋白质分子的翻转而只是由于构象变化发生的。葡萄糖分子由于两种不同构象的转换,完成了它的跨膜转移。与向内的结合部位结合着的葡萄糖随即从结合部位解脱下来,游离到红细胞内部。运载蛋白失去葡萄糖分子后,又变回到原来的构象形式。面向细胞内面的结合部位失去活性,又重新形成面向外部的结合部位,完成了运输蛋白转运葡萄糖的一次循环过程,这一运载蛋白又可再接受第 2 个葡萄糖分子进行第 2 次的转运。在一般情况下,葡萄糖的转运是一种顺浓度梯度下降形式的运载方式。如果细胞内的葡萄糖浓度高于胞外,例如,小肠的上皮细胞（intestinal epithelial cells）,则葡萄糖通过相反方向的运载蛋白催化相反方向的运载;即从上皮细胞运载到血液。葡萄糖由质膜外向内的运载和由质膜内向外的运载是由同一运载蛋白往复地进行,还是由不同的运载蛋白执行,目前似乎认识尚未取得完全一致。

葡糖运载蛋白有许多种,在结构和功能上属于一个家族。已发现的葡糖运载蛋白命名为 GLUT 1, GLUT 2, GLUT 3, GLUT 4, GLUT 5 及 GLUT 7 等（GLUT 为 glucose transporter 的缩写）。这类蛋白质由一条约为 500 个氨基酸残基的多肽链构成。它们的共同结构要点是有 12 个跨膜片段,如图 21－4 所示。

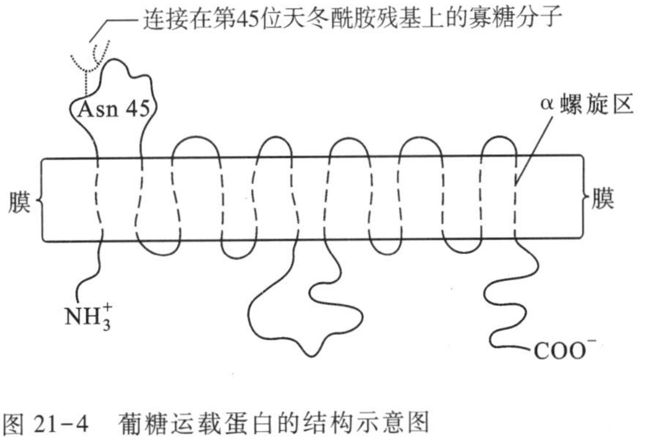

图 21-4 葡糖运载蛋白的结构示意图
虚线表示 α 螺旋区,都是跨膜螺旋

不同的运载成员所起的作用不同。例如:

（1）GLUT 1 和 GLUT 3 几乎存在于所有哺乳动物细胞中,负责基本的葡萄糖摄取:两种运载蛋白对葡萄糖的 K_m 值约为 1 mmol/L。一般血清的葡萄糖浓度为 4~8 mmol/L,因此这两种运载蛋白不断地以稳定的速度转运葡萄糖到细胞内。

（2）GLUT 2 存在于肝和胰腺的 β 细胞:它的特点是对葡萄糖的 K_m 值特别高,可达 15~20 mmol/L;葡萄糖进入该组织的速度和血糖的水平成正比。胰腺依据葡萄糖浓度的高低调整胰岛素的分泌。GLUT 2

的高 K_m 值还保证,只有当葡萄糖非常充足时,才迅速进入肝细胞。当血糖浓度低时,葡萄糖优先进入脑、肌肉以及其他 K_m 值低于肝细胞的组织。

(3) GLUT 4 主要存在于肌肉和脂肪细胞:它的 K_m 值为 5 mmol/L。在摄食充足的情况下,胰岛素作为一种信号使质膜上的 GLUT 4 运载蛋白的数量增加。

(4) GLUT 5 存在于小肠细胞:它是 Na^+ 和葡萄糖的共同运载蛋白(Na^+-glucose symporter),负责从肠腔吸收葡萄糖。这种共同运载蛋白将葡萄糖从肠腔吸收到小肠的上皮细胞。在细胞质膜内侧的 GLUT 5 又将葡萄糖释放到血液中。

(5) GLUT 7 位于内质网膜,运载 6-磷酸葡糖进入内质网内。

三、乙醛酸途径

乙醛酸途径(glyoxylate pathway)又称**乙醛酸循环**(glyoxylate cycle),名称的来源是因为在这个途径中经过一系列反应最终产生乙醛酸。这一途径在动物体内并不存在,只存在于植物和微生物中。它的主要内容实际是通过乙醛酸途径使乙酰-CoA 转变为草酰乙酸从而进入柠檬酸循环。

催化乙醛酸途径的酶既存在于线粒体,也存在于一种为植物膜所特有的亚细胞结构称为乙醛酸循环体(glyoxysome;glyoxisome),特别包括只存在于乙醛酸循环体中的两种酶,即异柠檬酸裂合酶(isocitrate lyase)和苹果酸合酶(malate synthase)。

乙醛酸途径的全过程如图 21-5 所示。从图中可看到通过乙醛酸途径,乙酰-CoA 转变为草酰乙酸。乙醛酸途径开始于草酰乙酸与乙酰-CoA 的缩合。但线粒体中的草酰乙酸不能透过线粒体膜,必须在**天冬氨酸氨基转换酶**(aspartate aminotransferase)作用下接受谷氨酸分子的 α-氨基形成天冬氨酸(aspartate),才能跨跃线粒体膜并进入乙醛酸循环体。在乙醛酸循环体内,天冬氨酸再经天冬氨酸氨基转换酶的作用将氨基转移到 α-酮戊二酸分子上,本身又形成草酰乙酸后,才能与乙酰-CoA 缩合形成柠檬酸。柠檬酸异构化形成异柠檬酸,与柠檬酸循环不同的是异柠檬酸不进行脱羧,而是经异柠檬酸裂合酶裂解为琥珀酸和乙醛酸。乙醛酸与另一分子乙酰-CoA 在苹果酸合酶的催化下缩合形成苹果酸,苹果酸穿过乙醛酸循环体膜进入细胞溶胶,由苹果酸脱氢酶将其氧化为草酰乙酸。细胞溶胶中的草酰乙酸可经糖异生途径转变为葡萄糖。异柠檬酸裂解产生的琥珀酸又可跨膜进入线粒体,通过与柠檬酸循环相同的途径形成草酰乙酸,从而构成乙醛酸途径的一次循环。因此,乙醛酸循环的全部反应可看作是将两个乙酰-CoA 分子转变为一分子琥珀酸,反应式如下:

$$2CH_3COCoA + NAD^+ + 2H_2O \longrightarrow C_4H_6O_4(琥珀酸) + 2CoASH + NADH + H^+$$

乙醛酸循环在植物种子中有特别重要的意义。它使萌发的种子将贮存的三酰甘油(又称甘油三酯,triacyl glycerol)通过乙酰-CoA 转变为葡萄糖。

四、寡糖类的生物合成和分解

(一) 概论

在上册第 9 章糖类中对寡糖(oligosaccharides)已有详细的介绍。它是一类由含有以糖苷键形式相连接的糖分子构成的复杂化合物。已知天然存在的以糖苷键相连接的复杂的寡糖类化合物不下 80 种。其中构成多种形式寡糖的最常见的成分有甘露糖(mannose)、N-乙酰葡糖胺(N-acetyl glucosamine)、N-乙酰胞壁酸(N-acetyl muramic acid)、葡萄糖、岩藻糖(fucose)、半乳糖(galactose)、N-乙酰神经氨酸(N-acetyl neuraminic acid;又名唾液酸,sialic acid)及 N-乙酰半乳糖胺(N-acetyl galactosamine)等。

糖苷键的形成在生理条件下需要提供能量。能量的需要主要是供单糖形成活化形式的 NDP-糖分子

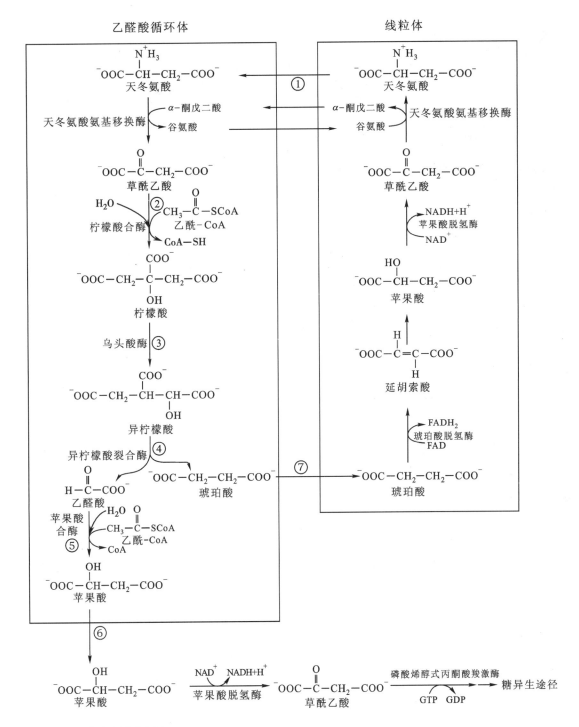

图 21-5　乙醛酸途径示意图

① 线粒体内的草酰乙酸转变为天冬氨酸,跨过线粒体膜进入乙醛酸循环体再转变为草酰乙酸。② 草酰乙酸与乙酰-CoA 缩合形成柠檬酸。③ 乌头酸酶将柠檬酸转变为异柠檬酸。④ 异柠檬酸裂合酶催化异柠檬酸裂解为琥珀酸和乙醛酸。⑤ 苹果酸合酶催化乙醛酸和乙酰-CoA 缩合形成苹果酸。⑥ 苹果酸进入细胞溶胶后,苹果酸脱氢酶将其氧化为草酰乙酸。从而可进入糖异生途径。⑦ 琥珀酸进入线粒体,又通过柠檬酸循环转变为草酰乙酸。(图中表明参与乙醛酸途径的酶既有在线粒体的酶,也有在乙醛酸循环体中的酶。画横线的异柠檬酸裂合酶和苹果酸合酶表示只存在于植物体内)

(核苷酸糖分子,nucleotide sugars)。该反应的标准自由能变化 $\Delta G^{\ominus\prime}=+16\ \text{kJ/mol}\ (3.82\ \text{kcal/mol})$。糖分子异头碳原子上的核苷酸基团很容易离开糖分子,这就促进了与第二个糖分子形成糖苷键。催化形成糖苷键的酶称为糖基转移酶(glycosyl transferases)。反应式可表示如下:

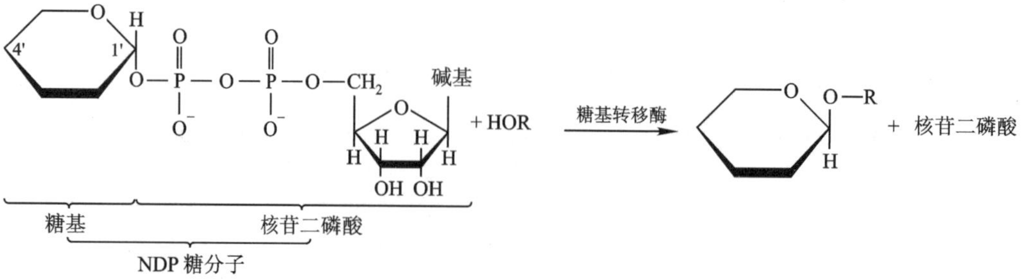

糖基　　核苷二磷酸

NDP 糖分子

参与转移单糖的核苷酸有 UDP(尿苷二磷酸)、GDP(鸟苷二磷酸)、CMP(胞苷酸)等,每一种糖分子只与核苷酸中的一种相结合,如表 21-2 所示。

表 21-2　糖基转移反应中与单糖相应的核苷酸

UDP	GDP	CMP
N-乙酰半乳糖胺(N-acetyl galactosamine)	岩藻糖(fucose)	唾液酸(sialic acid)
N-乙酰葡糖胺(N-acetyl glucosamine)	甘露糖(mannose)	
N-乙酰胞壁酸(N-acetyl muramic acid)		
半乳糖(galactose)		
葡糖醛酸(glucuronic acid)		
木糖(xylose)		

(二)　乳糖的生物合成和分解

1. 乳糖的生物合成

乳糖是寡糖中简单寡糖的代表。因寡糖类的简单寡糖种类繁多,只能举出一例进行讨论。乳糖由半乳糖和葡萄糖以 β-糖苷键相连[β-galactosyl-(1→4)-glucose]。乳糖的生物合成需要活化的半乳糖作为前体,UDP-半乳糖(UDP-galactose)就是其活化形式,用作合成乳糖的前体。UDP-半乳糖来源于 UDP-葡萄糖,是由 UDP-葡萄糖在 **1-磷酸半乳糖尿苷酰转移酶**(galactose-1-phosphate uridylyl transferase)催化下,将尿苷酰基转移给 1-磷酸半乳糖形成的。

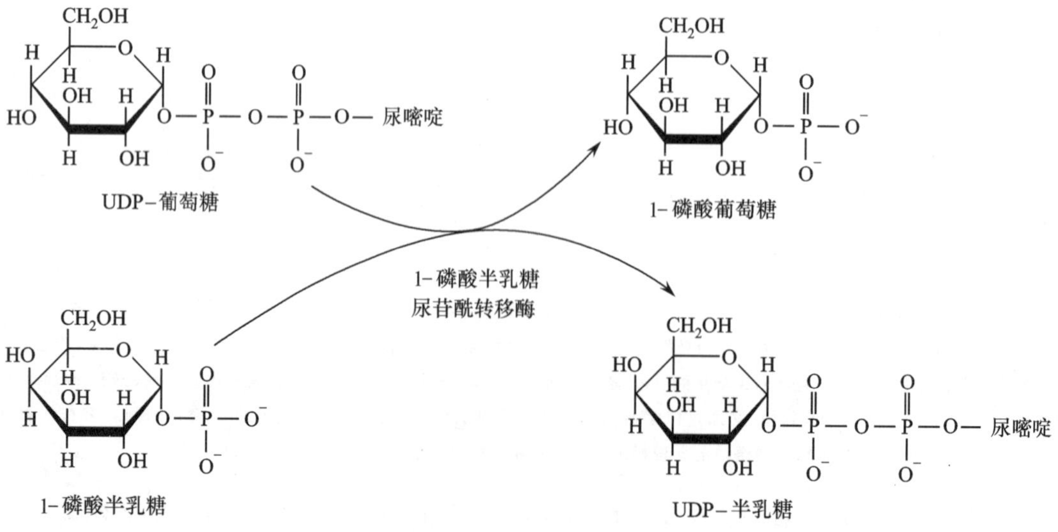

UDP-葡萄糖转变为 UDP-半乳糖对机体的某些生物合成,例如,复杂多糖和糖蛋白的合成起着重要作用。

在哺乳期的乳腺中乳糖合成特别旺盛,其所进行的乳糖合成机制和糖原的合成机制相似。但调节机制却有其特殊性。有一种酶专一地对某种不同底物起不同的催化作用,在某种情况下,可以转变为催化合成乳糖的形式。绝大多数的脊椎动物组织含有一种**半乳糖基转移酶**(galactosyltransferase),这种酶在糖蛋白的合成中起催化 UDP–半乳糖的半乳糖基向 N–乙酰葡糖胺分子上转移的作用。反应式如下:

$$UDP\text{–}D\text{–半乳糖} + N\text{–乙酰–}D\text{–葡糖胺} \longrightarrow D\text{–半乳糖基–}N\text{–乙酰–}D\text{–葡糖胺} + UDP$$

上述反应在乳糖合成中不起作用。起催化作用的半乳糖基转移酶对于以葡萄糖作为半乳糖基受体的催化活性极小。但当雌性哺乳动物一旦生产后,这时乳腺中产生一种 α–乳清蛋白(α-lactalbumin),乳腺中的半乳糖基转移酶随即迅速地与乳清蛋白结合,从而使其专一性立刻发生变化,并以极高的速度将半乳糖基转移到葡萄糖分子上形成乳糖:

$$UDP\text{–}D\text{–半乳糖} + D\text{–葡萄糖} \longrightarrow D\text{–乳糖} + UDP$$

与乳清蛋白结合的半乳糖基转移酶可以说变成了一种新酶,命名为**乳糖合酶**(lactose synthase)。

以上两种情况下的反应式可用图 21-6 表示。

图 21-6　乳糖的生物合成
起催化作用的半乳糖基转移酶随着是否有 α–乳清蛋白存在而表现两种不同的催化作用,其一是在非乳腺组织中,其二是在乳腺中,只有在乳腺中才出现乳糖合酶

也可以认为乳糖合酶由两个亚基组成,即半乳糖基转移酶(或称转半乳糖基酶)和 α–乳清蛋白。后者是乳腺中特有的无催化作用的蛋白质,它的作用就是改变半乳糖基转移酶的催化功能,使之以葡萄糖作为半乳糖基的受体。

乳糖是乳汁中主要的糖。人乳汁含乳糖 5%～7%。牛乳汁含乳糖 4%。乳汁中除含有乳糖外,还含有一种含乳糖的寡糖称为乳糖–N–新四糖,有抑制肺炎双球菌型多糖抗原的作用,从而得以保护婴儿机体的健康。

2. 乳糖的分解代谢

乳糖在消化道内的分解是由**乳糖酶**(lactase)催化的。此酶和其他的一些双糖水解酶,如麦芽糖酶(maltase)、蔗糖酶(sucrase)一样都附着在小肠上皮细胞的外表面上。乳糖被细胞摄取以前必须水解为单糖。微生物水解乳糖不是由乳糖酶催化,而是靠一种 **β–半乳糖苷酶**(β-galactosidase)。乳糖被水解后形

成半乳糖和葡萄糖:

$$乳糖 \xrightarrow[\substack{乳糖酶或\\ \beta-半乳糖苷酶(微生物)}]{H_2O} D-半乳糖 + D-葡萄糖$$

形成的单糖进入小肠上皮细胞再进入血液,由血液送到各种组织,在组织细胞中进行磷酸化并纳入糖酵解途径。

3. 乳糖不耐受症

几乎所有的婴儿和幼儿都能消化乳糖,但到少年或成年之后,有许多人小肠细胞的乳糖酶活性大部分或是全部消失,致使乳糖不能被完全消化或完全不能消化,也不能被小肠吸收。乳糖在小肠腔内会产生很强的渗透效应(osmotic effect)导致流体向小肠内流(inflax);在大肠内,乳糖被细菌转变为有毒物质。因此出现腹胀(abdominal distention)、恶心(nausea)、绞痛(cramping pain)以及腹泻(watery diarrhea)等症状,临床上称为乳糖不耐受症(lactose intolerance)。乳糖酶的消失和遗传有关,可能是常染色体的隐性症状(autosomal recessive trait)。据统计各国患乳糖酶缺失症的人数有很大差异,亚洲人患乳糖酶缺失症的人数多于欧美人。例如,泰国人大约有97%不能耐受乳糖,而丹麦人则只有3%。除北欧外,非洲某些地区的人也很少发生乳糖不耐受症。当前有些国家已经出售用乳糖酶处理过的牛乳,也有乳糖酶制剂出售。

还应提出的是细菌中的 β-半乳糖苷酶是可诱导的酶。大肠杆菌(*E.coli*)能利用乳糖作为唯一的碳源。在乳糖代谢中所必需的酶是 β-半乳糖苷酶,由它将乳糖水解为半乳糖和葡萄糖。一个 *E.coli* 细胞在乳糖上生长,含有数千个 β-半乳糖苷酶分子。但是如果它生长在其他碳源上,例如,葡萄糖或是甘油上,每个 *E.coli* 细胞只含有不到 10 个 β-半乳糖苷酶分子。实验证明,在培养基中的乳糖促进新酶分子的合成从而诱导出大量的 β-半乳糖苷酶,而不是使酶原活化(图 21-7)。

由图 21-7 可看出 β-半乳糖苷酶是一种可诱导酶(inducible enzyme)。和 β-半乳糖苷酶相伴合成的还有两种酶,一种是**半乳糖苷通透酶**(galactoside permease),另一种是**硫代半乳糖苷转乙酰基酶**(thiogalactoside transacetylase)。通透酶对于乳糖跨越细菌的细胞膜是必需的。转乙酰基酶的作用目前尚不清楚。体外实验发现它催化将乙酰基从乙酰-CoA 转移到硫代半乳糖苷的 C6 羟基上。

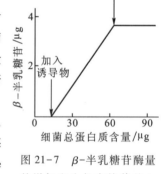

图 21-7 β-半乳糖苷酶量的增加和生长在培养基上 *E.coli* 细胞的增加成平行关系图中的斜率表明,6.6% 的蛋白质是合成的 β-半乳糖苷酶

在 *E.coli* 细胞内,天然的诱导物是**别乳糖**(allolactose)。它是由乳糖经转糖基作用形成。它的结构如下:

1,6别乳糖

别乳糖的合成是由少数已存在的 β-半乳糖苷酶分子催化的。有些 β-半乳糖苷并不是作为 β-半乳糖苷酶的底物而是诱导物,而有些化合物是 β-半乳糖苷酶的底物而不是诱导物例如乳糖;又例如一种称为**异丙基-β-D-硫代半乳糖苷**(isopropylthiogalactoside,IPTG)的化合物,它是一种不参与代谢的诱导物。IPTG 的结构如下:

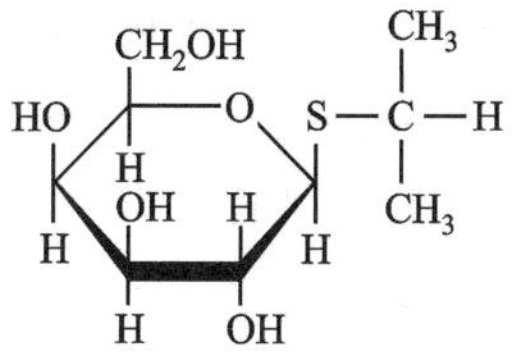

（三）糖蛋白的生物合成

人体内的蛋白质有三分之一以上属于糖蛋白。后者广泛存在于机体的各种组织和细胞中。由于糖蛋白结构上的多样性和复杂性,赋予了这类物质极其广泛的生物功能,也增添了其生物合成的复杂性。关于糖蛋白中肽链部分是在核糖体合成的,将在第 33 章蛋白质的生物合成中作详细介绍。本章只侧重介绍寡糖对多肽链进行的加工过程。关于糖蛋白的某些重要的生物功能请参看第 9 章糖类的有关部分。

1. 糖蛋白糖链生物合成的特点

糖蛋白中 N-糖链的合成是和肽链的生物合成同时进行的,O-糖链的合成是在肽链合成后,对肽链进行修饰加工时将糖基逐个连接上去的。糖链的合成是由糖基作为供体和受体,在**糖基转移酶**(glycosyltransferase)催化下完成的。糖基供体、受体和糖基转移酶之间有相互协调的作用。糖基转移酶将活化的糖基转移到糖基受体上。糖基转移酶对作为供体的糖基和受体都有严格的专一性。因此,糖链中的每个糖苷键都是由专一的糖基转移酶催化形成的。前一个糖基转移酶的产物是后一个糖基转移酶的底物。作为糖基供体的活化单糖最常见的活化形式有核苷二磷酸形式如 UDP-Glc(尿苷二磷酸-葡萄糖)、GDP-Man(鸟苷二磷酸-甘露糖)等,以及**长醇焦磷酸**(dolichol pyrophosphate, DPP)形式,如 DPP-Man、DPP-GlcNAc(长醇焦磷酸-N-乙酰-D-葡萄糖)等。糖蛋白的肽链在糖基化过程中,作为第一个糖基受体的氨基酸残基一般是肽链中特定位点的氨基酸残基。肽链中有许多特定氨基酸残基可作为糖基的接受位点,如天冬酰胺、丝氨酸、苏氨酸、羟赖氨酸、羟脯氨酸和酪氨酸等。糖链延伸时,糖基的受体则是新接上去的糖基。

2. 糖蛋白寡糖部分与多肽链相连接的类型

根据寡糖部分与肽链相接的方式不同可将其概括为三大类:N-连接型,O-连接型和酰胺键型,分述如下:

(1) N-连接型寡糖的要点　N-连接型寡糖(简称 N-连寡糖),是寡糖分子以 β-N-糖苷键的形式与多肽链相连。相连的部分是多肽链的天冬酰胺(Asn)残基。对这一残基的要求是,与该残基相隔的氨基酸必须是丝氨酸(Ser)或苏氨酸(Thr),与该残基相连的氨基酸是除脯氨酸和天冬氨酸以外的任何氨基酸。这段序列的表示应为 Asn-X-Ser 或 Asn-X-Thr。

多肽链的天冬酰胺残基与寡糖的连接形式可表示如图 21-8。

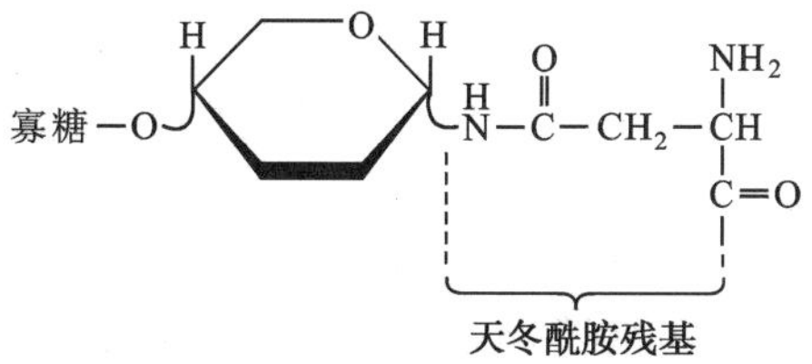

图 21-8　天冬酰胺残基与寡糖的连接形式

N-连接类型的糖链一般由 6 至数 10 个糖基连接而成且都形成分支,称为"天线"。寡糖的糖基组分主要是 N-乙酰氨基葡糖,此外还有半乳糖和甘露糖等。在酸性 N-糖链的末端往往是**唾液酸**(sialic acid, Sia),又称 ***N*-乙酰神经氨酸**(*N*-acetylneuaminic acid)。例如,免疫球蛋白(immunoglobulin)和肽类激素等都含有唾液酸。

　　以 *N*-连接的寡糖中都有一个共同的五糖核心。它由 3 个甘露糖残基和 2 个 *N*-乙酰葡糖胺残基构成。其他附加的糖以不同的形式加在这个核心上,形成各式各样的寡糖,可大致分为高甘露糖型、复杂型和杂合型(详见第 9 章)。图 21-9 举出两例表明它们的结构。

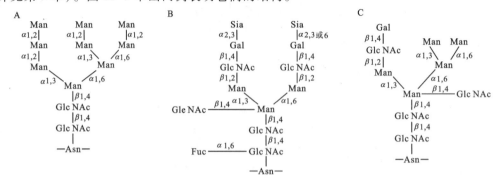

图 21-9　*N*-连接寡糖含有共同的五糖核心

包括 3 个甘露糖和 2 个 *N*-乙酰葡糖胺残基。图中还表明其他的糖分子加在核心上形成各种不同形式的寡糖,其中 A 代表高甘露糖型,B 代表复杂型,C 代表杂合型

Asn:天冬酰胺,Fuc:岩藻糖,Gal:半乳糖,GlcNAc:*N*-乙酰葡糖胺,Sia:唾液酸,Man:甘露糖

　　岩藻糖(6-脱氧-L-半乳糖)是由甘露糖衍生而来的。

　　(2)*O*-连接型寡糖的要点　*O*-连接的寡糖(简称 *O*-连寡糖),是通过 α-*O*-糖苷键与肽链上的丝氨酸或苏氨酸相连如图21-10。

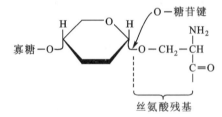

图 21-10　寡糖与肽链 Ser 形成的 α-*O*-糖苷链

　　只有在胶原蛋白(collagens)中,*O*-糖苷键是与 5-羟赖氨酸(5-hydroxylysine)残基相连,如图 21-11。

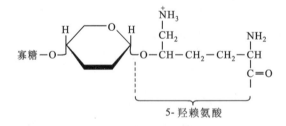

图 21-11　胶原蛋白中寡糖与 5-羟赖氨酸形成的 O 糖苷键

　　O-糖链的结构虽然比 *N*-糖链的简单,但参与连接的糖残基却是多种多样的(参看第 9 章)。糖蛋白中已发现的由两个糖基组成的 *O*-糖链有 4 种:唾液酸 α2,6-*N*-乙酰-D-半乳糖胺 α1-丝氨酸/苏氨酸(SA α2,6-GalNAc α1-Ser/Thr)、半乳糖 β1,3-*N*-乙酰-D-半乳糖胺 α1-丝氨酸/苏氨酸(Gal β1,3-GalNAc α1-Ser/Thr)、*N*-乙酰-D-葡糖胺 β1,3-*N*-乙酰-D-半乳糖胺-丝氨酸/苏氨酸(GlcNAc β1,3-GalNAc α1-Ser/Thr)及 *N*-乙酰-D-半乳糖胺 α1,3-*N*-乙酰-D-半乳糖胺-丝氨酸/苏氨酸(GalNAc α1,3GalNAc α1-Ser/Thr)。含有两个以上糖基的多糖链,主要是由 *O*-乙酰-D-半乳糖胺构成,可将其结构大致划分为 3 个部分:核心、骨架和非还原性末端。*O*-连糖链和 *N*-连糖链的核心不同,*N*-连糖链只有一个共同的五糖核心,而 *O*-连糖链多由于 *N*-乙酰-D-半乳糖胺和半乳糖以及 *N*-乙酰-D-葡糖胺的连接方式不同,而形

成多种形式的糖链核心。最多见的可举出 4 种形式如图 21-12 所示。

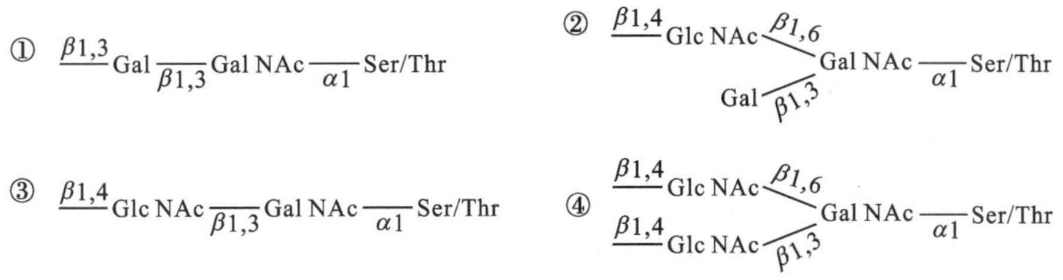

① $\underline{\beta1,3}$ Gal $\underline{\beta1,3}$ Gal NAc $\underline{\alpha1}$ Ser/Thr

② $\underline{\beta1,4}$ Glc NAc $\overset{\beta1,6}{\underset{\beta1,3}{\diagdown}}$ Gal NAc $\underline{\alpha1}$ Ser/Thr
         Gal

③ $\underline{\beta1,4}$ Glc NAc $\underline{\beta1,3}$ Gal NAc $\underline{\alpha1}$ Ser/Thr

④ $\underline{\beta1,4}$ Glc NAc $\overset{\beta1,6}{\underset{\beta1,3}{\diagdown}}$ Gal NAc $\underline{\alpha1}$ Ser/Thr
   $\underline{\beta1,4}$ Glc NAc

图 21-12　最常见的 O-连糖链

　　骨架部分即核心外的延伸部分,O-糖链和 N-糖链的外链基本相似,大多由 Gal-GlcNAc(半乳糖-N-乙酰葡糖胺)二糖单位组成。但 O-糖链骨架的多样性仍是它的一个特点。在有的 O-糖链的骨架上还有分支存在。O-糖链的非还原末端主要是唾液酸(Sia),可以 $\alpha2,6$ 或 $\alpha2,3$ 的连接形式分别与半乳糖或 N-乙酰-D-半乳糖胺相连。此外还有的非还原末端是 HSO_3^-。O-糖链上的分支结构和糖链非还原末端部分的糖基往往在构成复杂的血型抗原中起重要作用。

　　(3)酰胺键型连接的要点　这一类型的寡糖链的非还原端大多是通过甘露糖磷酸乙醇胺间接地和多肽链的末端羧基形成酰胺键而结合(图 21-13);同时寡糖链的还原端又和磷脂酰肌醇中的肌醇分子的 C6 位相连。磷脂酰肌醇有两条脂肪酸链嵌在细胞膜中,因此糖基化的磷脂酰肌醇起着锚(着点)的作用。**糖基磷脂酰肌醇**(glycosylphosphoinositol,GPI)被称为糖基磷酯酰肌醇-锚(着点)。

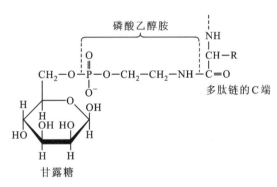

图 21-13　多肽链 C 端与磷酸乙醇胺之间形成酰胺键;多肽链通过磷酸乙醇胺的磷酸基团与甘露糖(寡糖成分)相连

3. 糖蛋白中寡糖链的生物合成

　　前面已经提到糖蛋白的寡糖部分根据其与多肽链连接的形式大致分为三种类型,分别称为 N-连寡糖,O-连寡糖和糖基磷脂酰肌醇锚钩,本章重点讨论 N-连寡糖和 O-连寡糖的生物合成。糖基磷脂酰肌醇只讨论其四糖核心的合成。

　　(1)N-连寡糖的生物合成　N-连寡糖开始合成是在内质网进行,随后又在高尔基体内加工,全部合成可大致分为 4 步进行:① 合成以酯键相连的寡糖前体。② 将前体转移到正在增长着的肽链上。③ 除去前体的某些糖单位。④ 在剩余的寡糖核心上再加入另外的糖分子。

　　N-连寡糖最初形成时是以一种长链多萜醇作为载体,称为**长醇**(dolichol)或多萜醇。长醇含有 14~24 个异戊二烯单元。动物的长醇含有 17~21 个异戊二烯单元,真菌类和植物含有 14~24 个。异戊二烯通过焦磷酸连接到寡糖前体上(图 21-14),因此可以说 N-连寡糖最初是以酯键形式合成前体,脂质组分即是长醇。长醇的 α-异戊二烯单元实际上是饱和形式的醇。长醇显然是起着锚定作用,将正在增长着的寡糖锚定在内质网膜上。在 N-连糖蛋白的生物合成中有酯连寡糖存在,最早是 1972 年由 Armando Parodi 和 Luis Leloir 发现的。他们用大鼠肝的**微粒体**(microsomes)分离出内质网的囊泡片段,将这种囊泡片段与连接在脂质上的带有 C_{14} 标记葡萄糖的寡糖共同保温,可在蛋白质中发现放射性。

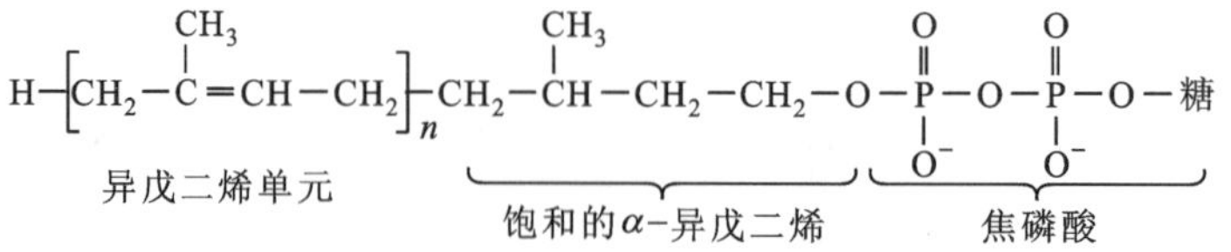

$$H-\left[CH_2-\underset{\underset{CH_3}{|}}{C}=CH-CH_2-\right]_n CH_2-\underset{\underset{CH_3}{|}}{CH}-CH_2-CH_2-O-\underset{\underset{O^-}{\overset{O}{||}}}{P}-O-\underset{\underset{O^-}{\overset{O}{||}}}{P}-O-\text{糖}$$

异戊二烯单元　　　　　　饱和的α-异戊二烯　　焦磷酸

图 21-14　异戊二烯通过焦磷酸连接到寡糖前体上

① N-连寡糖的共同寡糖前体——长醇-焦磷酸-寡糖的合成　长醇-焦磷酸-寡糖(长醇-PP-寡糖)的合成是一步步地将单糖单位加到不断增长的糖酯上,形成一个共同的前体形式(有的作者也称之为核心)。起催化作用的酶是具有高度专一性的糖基转移酶(glycosyl transferase)。每个单糖单位的转移都由专一的糖基转移酶催化。合成共同寡糖前体的全过程如图 21-15 所示。

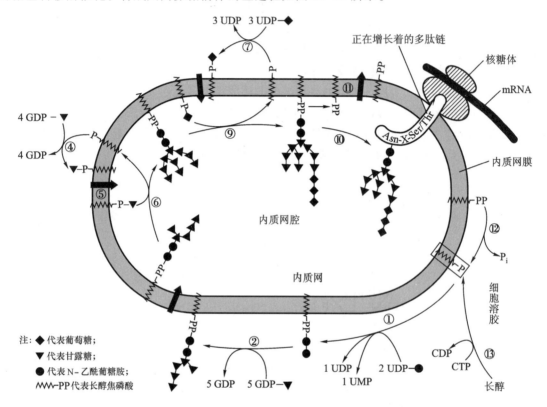

图 21-15　长醇焦磷酸寡糖的合成途径

构成寡糖前体的组分包括 2 分子 N-乙酰-D-葡糖胺(NAcGlc)$_2$,9 分子甘露糖(Man)$_9$和 3 分子葡萄糖(Glc)$_3$。虽然在糖基转移反应中,与核苷酸相连的糖基是最普遍的单糖供体,但仍有一些甘露糖基和葡萄糖基是由长醇-磷酸衍生物提供的。这种对长醇-磷酸-甘露糖的需要是由 Stuart Kornfeld 发现的。他发现,小鼠的一种淋巴瘤(lymphoma)细胞的突变型,不能合成正常的酯连寡糖,结果导致形成的糖酯少于正常糖酯。这种细胞含所有需要的糖基转移酶,但不能合成长醇-磷酸-甘露糖。这是由于在细胞溶胶中由 GDP-甘露糖和长醇-磷酸合成长醇-磷酸-甘露糖的反应被阻断。若将长醇-磷酸-甘露糖提供给细胞,甘露糖分子就能加到不正常的长醇-焦磷酸-寡糖分子上。

如图 21-15 所示,在长醇-PP-寡糖合成中的第①步反应是 2 分子活化的 N-乙酰葡糖胺(UDP-GlcNAc)$_2$,连续加到长醇磷酸上,第 1 个 N-乙酰葡糖胺以 N-乙酰葡糖胺 1-磷酸形式,第 2 个以 N-乙酰葡糖胺形式,结果形成长醇-PP-(N-乙酰葡糖胺)$_2$。第②步反应是 5 个 GDP-甘露糖分子以甘露糖形式加到长醇-PP-N-(乙酰葡糖胺)$_2$分子上形成长醇-PP-N-(乙酰葡糖胺)$_2$-(甘露糖)$_5$。5 个甘露糖残基是由 5 种不同的甘露糖转移酶催化的。这 5 个甘露糖残基形成分支。因前两步反应都是在内质网膜的细胞溶胶侧进行的,两步反应完成后的第③步反应是形成的上述分子进行移位,"翻转"到内质网腔内,但它是如何进行的翻转？尚未阐明。有趣的是长醇-PP-N-(乙酰葡糖胺)$_2$-(甘露糖)$_5$分子的再增长还需从细胞溶胶侧引进下一步反应所需的甘露糖分子。引进甘露糖分子的反应包括全部反应过程中的第④步和第⑤步两步反应。4 个活化的甘露糖分子(GDP-甘露糖)先与长醇磷酸反应形成长醇-磷酸-甘露糖分子,然后进行移位,锚定在长醇磷酸上的甘露糖转移到了内质网腔。第⑥步反应是转入的与长醇-磷酸结合着的甘露糖又转移到需再增长的寡糖核心分子上,使之又增加了 4 个甘露糖残基。催化 4 个甘露糖分子转移的是 4 种不同的甘露糖转移酶。寡糖核心进一步的增长需要 3 个葡萄糖分子。活化的葡萄糖分子(UDP-葡萄糖)与长醇-磷酸反应形成长醇-磷酸-葡萄糖分子成为第⑦步反应。随后又是移位反应,即第⑧步反应,磷酸-葡萄糖部分翻转到内质网腔内。第⑨步反应是 3 分子分别锚定在长醇-磷酸上的葡萄糖残基转移到含有 9 个甘露糖分子的长醇-焦磷酸-N-(乙酰-葡糖胺)$_2$-(甘露糖)$_9$上,使之又多了 3 个葡萄糖残基,于是完成了长醇-焦磷酸-寡糖核心的合成。这时寡糖部分已具备转移到多肽链天冬酰胺残基上的条件。当肽链中出现合乎要求的天冬酰胺分子时(Asn-X-Ser/Thr),就可进行寡糖部分的转移,同时释出的长醇-焦磷酸分子又进行移位将焦磷酸转换到内质网膜的细胞溶胶侧。其后长醇-焦磷酸又失去一个磷酸基团形成长醇-磷酸。从全部反应中可看到长醇-磷酸完成了一次变化多端的长途旅行,最后又回到了原位。

② 长醇-焦磷酸-寡糖的合成过程包含有拓扑变化　从图 21-15 可看出,在长醇-焦磷酸-寡糖的合成过程中包含有中间产物的拓扑变化。图中反应①、②、④和⑦都发生在内质网膜的细胞溶胶侧。这些事实是用内部翻转到外面的粗面内质网囊泡测定的。实验表明各种干扰内质网膜通透性的试剂都能够干扰上述某种反应的进行。图中反应⑥、⑨和⑩都发生在内质网腔内。这是利用**伴刀豆球蛋白 A**(concanavalin A),一种糖结合蛋白质作膜通透实验判断出的。伴刀豆球蛋白 A 若不透入到内质网腔内就不能与反应⑥、⑨和⑩的产物结合。因此,反应②的产物,长醇-PP-N(乙酰葡糖胺)$_2$-(甘露糖)$_5$,反应④的产物,长醇-P-甘露糖和反应⑦的产物长醇-P-葡萄糖都必须穿过内质网膜,改换位置,这就是通过相应的反应③、⑤和⑧使这些产物伸出到内质网腔内,只有这样才能使 N-连寡糖的合成继续下去。目前尚不知这些移位过程的机制。

③ N-连寡糖与蛋白质的结合是在蛋白质合成过程中开始的　这项研究是利用一种能使牛感染产生类似流感症状的病毒称为疱疹性口腔炎病毒(vesicular-stomatitis virus,VSV)进行的。VSV 的外壳是由宿主细胞膜构成的。宿主细胞被病毒感染后,在宿主细胞膜中嵌入了一个单一的病毒糖蛋白称为 VSVG 蛋白(VSVG protein)。因病毒感染几乎是全部侵占了被感染细胞的蛋白质合成机器,正常细胞的高尔基体可合成自身的数百种糖蛋白,一旦细胞被感染后,除合成病毒 G 蛋白外已不再合成自身的蛋白质。因此病毒 G 蛋白的合成就能顺利地进行。

对 VSV 感染细胞的研究表明了,寡糖分子从长醇链上的转移在多肽链合成的进程中就开始了。病毒 G 蛋白的 N-糖基化是由结合在膜上的寡糖转移酶催化的,它能识别肽链上的 Asn-X-Ser/Thr 序列位点。但实际测定表明,在真核细胞糖蛋白中的 Asn-X-Ser/Thr 位点(又称三联序列子)只有三分之一是被 N-糖基化的。根据大量糖蛋白二级结构的预测和对多肽模型糖基化的研究表明,蛋白质中有70%的 Asn-X-Ser/Thr 序列处于 β 转角部位,20%处于 β 折叠片中,10%处于 α 螺旋部位;糖化率高的部位是 β 转角或成环部位。在这些部位的 Asn 的 N-H 基团和 Ser/Thr 的羟基 O 原子容易形成氢键。关于脯氨酸不能占据-X-位,可能是因为它会妨碍 Asn-X-Ser/Thr 所需的某种源于氢键的构象。α 螺旋结构致密,不易容纳长达 3~4 nm 的含有 14 个单糖分子的寡糖前体,故糖化概率很小。如果 X 为半胱氨酸,则容易形成二硫键,而影响糖基化。在十四糖寡糖前体中的 3 个葡萄糖分子是有效转移所必需的。

④ 糖蛋白的加工开始于内质网完成于高尔基体　糖蛋白最初的加工始于内质网,由酶促除去 3 个葡萄糖残基(图 21-16,反应②、③)和一个甘露糖残基(图 21-16,反应④)。随后糖蛋白被裹在由膜形成的囊泡中转移到高尔基体进一步加工。高尔基体由一叠 4~6 或更多个扁平的膜状囊袋(sacs)构成。囊袋的数目随种属而不同。高尔基体的叠层有内面(cis face)和外面(trans face)的不同,每一面都由彼此相连的管道网构成:**内在高尔基体网络**(cis Golgi network)在内质网对面,是蛋白质的入口,蛋白质通过它进入高

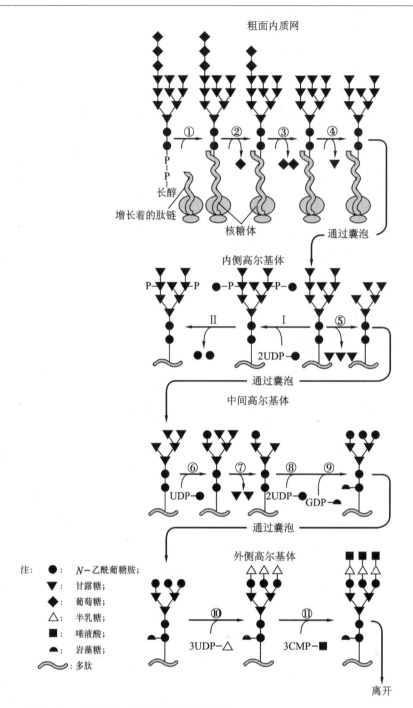

图 21-16　糖蛋白在高尔基体的加工过程

尔基体。**高尔基体外侧网络**（trans Golgi network），是加工过的蛋白质的出口。介于二者之间的高尔基叠层至少含有 3 种不同的囊袋，分别称为内侧的、中间的和外侧的**嵴**（cis，medial and trans cisternae），每一种都含有不同组合的糖蛋白加工酶。在糖蛋白通过内在嵴、中间嵴和外侧嵴的旅途中，甘露糖残基已经过修剪，N-乙酰葡糖胺、半乳糖、岩藻糖以及唾液酸残基都根据需要加到糖蛋白分子上，从而完成它的加工（图 21-16 反应⑤~⑪）。最后，糖蛋白在高尔基体外侧网络分类准备转移到细胞的相关部位。糖蛋白在这些不同部位之间的转移是在**膜泡**（membranous vesicles）中进行的。

　　前面已经提到，N-连糖蛋白的寡糖之间表现出极大的多样性，甚至具有相同多肽链的糖蛋白也能表现出相当明显的微小差异。这种差异可能是由于糖基化不完全或是由于糖基转移酶或糖化酶的专一性差异造成的。最后形成的寡糖部分可大致归纳为 3 类即高甘露糖寡糖、复杂寡糖和杂合寡糖。不同类型的寡糖与它的功能以及与它们的糖蛋白在细胞内的最后定位之间是怎样的关系？还需进行深入研究。现已知溶酶体糖蛋白似乎是高甘露糖型的变种。

⑤ 抑制剂在研究 N-连糖蛋白中起到重要作用 应用能阻断某种专一性糖基化酶的抑制剂研究糖蛋白糖基化的加工过程曾起到重要的推动作用。值得提出的是两种有效的抑制剂。一种是称为衣霉素（tunicamycin）的抗生素，它是一种具有疏水性的 UDP-N-乙酰葡糖胺的类似物。另一种是杆菌肽（bacitracin），它是一种环状多肽，也是一种抗生素。

这两种抗生素都能抑制细菌细胞壁的生物合成。细胞壁的合成过程有脂连寡糖参与。衣霉素阻断由磷酸长醇和 UDP-N-乙酰葡糖胺形成长醇-焦磷酸-寡糖的过程（图 21-15 反应①）。衣霉素类似于这些反应物中的某一种，成为结合到酶分子上的加合物，结合后的解离常数为 7×10^{-9} mol/L。杆菌肽和长醇-焦磷酸形成一种复合物，从而抑制长醇焦磷酸的去磷酸化作用（图 21-15 反应⑫），因此在脂连寡糖前体的形成中起抑制作用。杆菌肽用于临床只抑制细菌细胞壁的合成，不伤害动物细胞，因为杆菌肽不能通过细胞膜，而细菌细胞壁的合成是在细胞膜外进行的。

（2）O-连寡糖的生物合成 O-连寡糖是先合成蛋白质的多肽链，然后合成寡糖链；所以是翻译后加工形成。

黏蛋白生物合成的深入研究，为 O-连寡糖的生物合成程序提供了有力的证据。黏蛋白是由颌下唾液腺分泌的一种 O-连糖蛋白。它的糖链的合成是在高尔基体中进行的。这时 O-寡糖的多肽链已经全部合成。O-寡糖链是由酶促连续地向已完成的多肽链上加入单糖单位构成的（图 21-17）。

O-连寡糖合成的开始是在 N-乙酰半乳糖胺转移酶的催化下，N-乙酰半乳糖胺（GalNAc）从 UDP-GalNAc 上转移到多肽链的丝氨酸或苏氨酸残基上。和 N-连寡糖不同的是：N-连寡糖的糖链是转移到多肽链的一定氨基酸序列上的天冬酰胺残基上；O-连寡糖糖基化的丝氨酸、苏氨酸位点不属于任何一段特定的氨基酸序列，而是和多肽链的二级和三级结构有关。当丝氨酸或苏氨酸的附近含有脯氨酸时，则 α 螺旋结构被 β 折叠片或 β 转角取代从而容易发生 O-连糖基化。O-连糖基化是由相应的糖基转移酶将半乳糖、唾液酸、N-乙酰葡糖胺和岩藻糖根

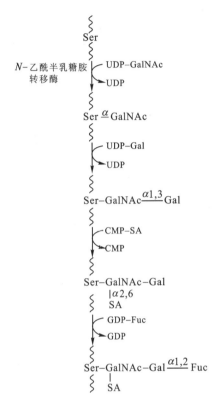

图 21-17 唾液腺 O-连寡糖链糖单位的合成途径示意

GalNAc：N-乙酰-D-半乳糖胺，Gal：半乳糖，SA：唾液酸，Fuc：岩藻糖

据需要逐步地加上去。一般认为 O-糖基化（实际是 O-N-乙酰半乳糖基化）发生于 N-糖基化之后，而且不同糖蛋白 O-糖基化的起始地点并不一致，有的在内质网，有的在内质网-高尔基中间结构，也有的在内侧高尔基体。但外侧糖基的添加都是在高尔基体完成的。将 UDP-N-乙酰半乳糖胺（UDP-GalNAc）的 GalNAc 首先转移到多肽链上的酶称为多肽-O-GalNAc 转移酶。该酶能识别肽链上 Ser 或 Thr 所处的空间构象。

目前已知 O-连寡糖链在合成时也有形成核心。但是它的核心类型较多。至少可举出以下几种类型：

① —O $\xrightarrow{\alpha 1}$ GalNAc $\xrightarrow{\beta 1,3}$ Gal-

② —O—GalNAc $\begin{matrix} \xrightarrow{\beta 1,6} \text{GlcNAc} \\ \xrightarrow{\beta 1,3} \text{Gal} \end{matrix}$

③ —O—GalNAc $\xrightarrow{\beta 1,3}$ GlcNAc

$$④ \quad —O—GalNAc \begin{array}{c} \overset{\beta1,6}{\diagup} GlcNAc \\[6pt] \overset{\beta1,3}{\diagdown} GlcNAc \end{array}$$

$$⑤ \quad —O—GalNAc \xrightarrow{\beta1,6} GlcNAc$$

　　因此 O-糖链的延伸也和 N-糖链相似,都是在核心的基础上逐个添加糖基。催化核心形成的有关的酶有的已鉴定清楚,有的尚未鉴定清楚,此处不作详细介绍。

　　O-连寡糖链的非还原端的基团大致包括 3 种,唾液酸、硫酸和岩藻糖。唾液酸化所需的酶也具有专

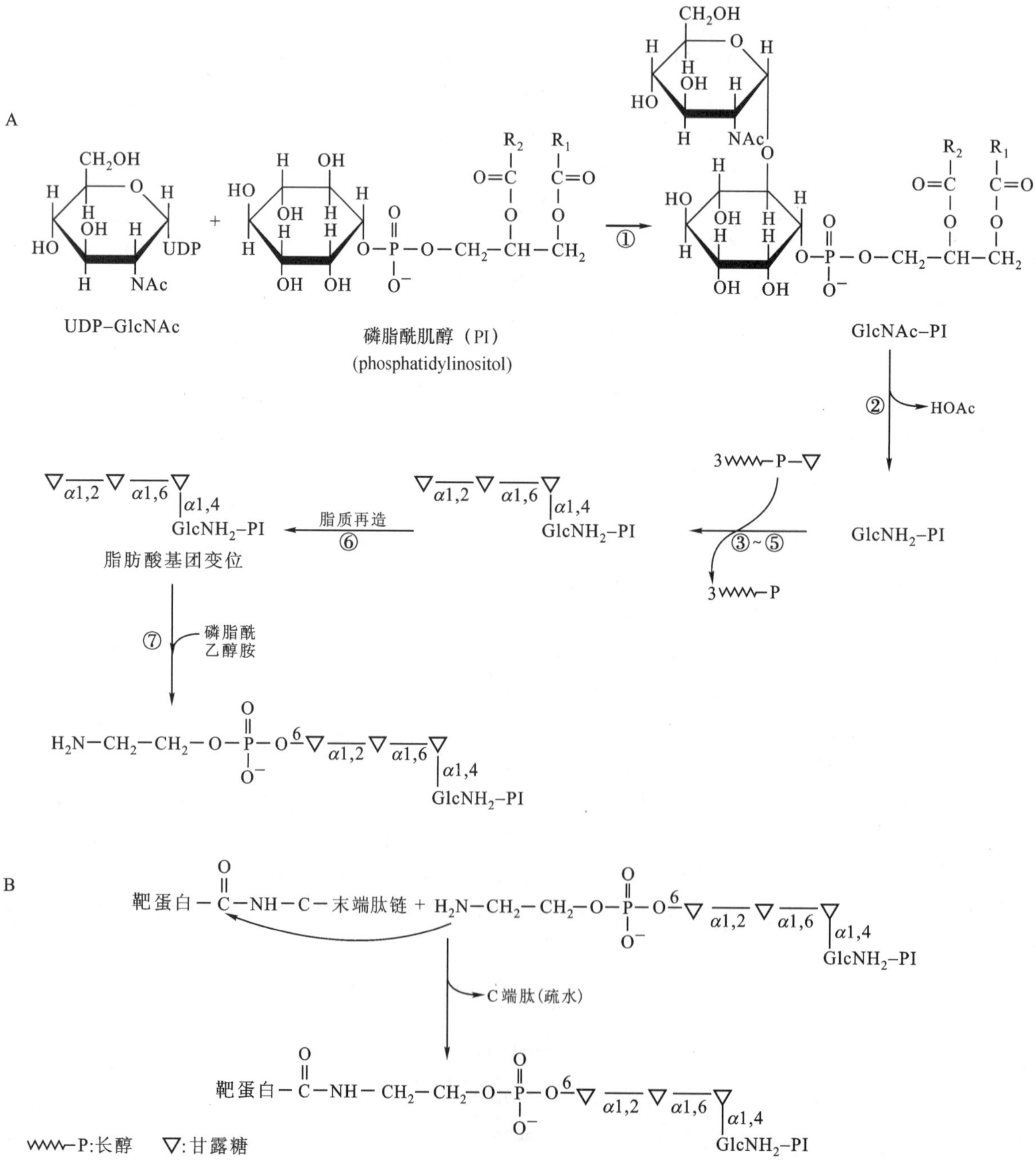

图 21-18　A. 糖基磷脂酰肌醇(GPI)四糖核心的合成途径　B. 靶蛋白的转酰胺基作用导致其 C 端连接到 GPI 锚上

①N-乙酰葡糖胺(GlcNAc)加到磷脂酰肌醇(PI)上;②GlcNAc 脱乙酰化;③~⑤由长醇-P-甘露糖在 3 种不同酶的催化下加入 3 个甘露糖基;⑥在 PI 上的脂质中的脂肪酸变位;⑦磷酸乙醇胺从磷脂酰乙醇胺转移到四糖核心末端甘露糖残基的变位羟基上

一性。硫酸化时，HSO_3^- 基团一般和半乳糖的第 4 位相接。催化此反应的酶是高尔基体中的磺基转移酶。临床上发现肿瘤、炎症等病灶中的黏蛋白硫酸化程度可发生明显的改变。非还原端的 L-岩藻糖基化是血型抗原合成的必需步骤。

（3）糖基磷脂酰肌醇四糖核心的合成　　前面已经提到糖基磷脂酰肌醇（GPI）可将各种蛋白质锚定到真核细胞浆膜的外表面。GPI 连接到蛋白质的羧基端使蛋白质得到依附，得以自由地在细胞膜的外面活动。全部蛋白质除糖脂锚（两条脂肪酸链）外都在细胞的外部空间。许多细胞表面的水解酶类以及黏附素（adhesins），都借助 GPI 锚定在细胞上。

GPI 的核心结构是在内质网膜腔侧由磷脂酰肌醇、UDP-N-乙酰葡糖胺（UDPGlcNAc）、长醇-磷酸-甘露糖（dol-P-man）和磷脂酰乙醇胺合成的。如图 25-18A 所示。

形成的核心随后被修饰加工。根据动物不同的种属以及其附着的蛋白质的不同，加入的糖基也随之变化。GPI-锚的脂肪酸残基的变化也是很大的。这是由于在锚的合成过程中脂质会发生改变。靶蛋白锚定到膜表面是当 GPI 上磷酸乙醇胺的氨基对蛋白质靠近 C 端的专一氨酰基进行亲核攻击时，结果引起转酰胺基作用，在 C 端释放出 20~30 个氨基酸残基的疏水肽链（图 25-18B）。因 GPI 基团是附着在粗面内质网的腔面蛋白质上，由 GPI 锚定的蛋白质得以存在于细胞浆膜的外表面。

（四）糖蛋白糖链的分解代谢

糖蛋白的分解代谢是在溶酶体中进行的。糖蛋白的彻底降解需要蛋白水解酶和糖苷酶的联合作用。N-连糖蛋白的水解先从裸露在糖链外的肽链开始，肽链的降解为 N-糖链的水解提供空间。糖链核心的降解，先被水解的基团往往是岩藻糖，其次水解以 $\beta 1,4$-糖苷键连接的 N-乙酰-葡糖胺。当肽链和糖链分开后，两部分则分别进行水解。糖链上的糖基由不同的外切糖苷酶从非还原端逐个将糖链上的糖基水解脱下，而肽链上剩余的个别 N-乙酰葡糖胺残基则被专一的糖肽水解酶降解。剩下的肽链最后被蛋白水解酶降解。

O-糖蛋白的水解根据糖链的密集程度不同，其多肽链和寡糖链水解的先后也有不同，但也可同时进行。以黏蛋白为例，因含寡糖链较多，一般是先从糖链末端的唾液酸开始水解，随后再从非还原端逐个切除糖单元。多肽链的水解和肽链的暴露情况直接有关。

提　要

糖异生作用指的是由非糖物质例如乳酸、氨基酸、甘油等作为原料合成葡萄糖的作用。糖异生作用对于机体饥饿和激烈运动时不断提供葡萄糖维持血糖水平是非常重要的。脑和红细胞几乎全部依赖血糖提供能源。糖异生作用的绝大多数酶是细胞溶胶酶，只有丙酮酸羧化酶和 6-磷酸葡糖磷酸酶除外，前者位于线粒体基质，后者结合在光面内质网上。

糖异生作用的主要起点可认为是丙酮酸。由丙酮酸转变为葡萄糖，凡在糖酵解过程中的可逆反应都被糖异生作用利用。但遇到糖酵解途径中的不可逆反应则必须绕道而行。以生物素为辅酶的丙酮酸羧化酶和由 GTP 供能的磷酸烯醇式丙酮酸羧激酶催化的反应绕过了丙酮酸激酶催化的不可逆反应。1,6-二磷酸果糖磷酸酶绕过了磷酸果糖激酶催化的不可逆反应。6-磷酸葡糖磷酸酶绕过了己糖激酶催化的反应。糖酵解过程发生于机体的所有细胞，而糖异生作用则主要发生在肝，其次是肾。在线粒体中丙酮酸羧化为草酰乙酸，在细胞溶胶中草酰乙酸又脱羧并磷酸化为磷酸烯醇式丙酮酸。在这些反应中共用去两个高能磷酸键。

糖异生作用和糖酵解作用是互相协调的。当一条途径活跃时，另一条途径的活性就相应降低，磷酸果糖激酶和 1,6-二磷酸果糖磷酸酶是起调控作用的关键酶。当葡萄糖供应丰富时，2,6-二磷酸果糖作为细胞内的分子信号也处于高水平。它活化糖酵解作用并抑制糖异生途径。2,6-二磷酸果糖受到破坏则引起 1,6-二磷酸果糖磷酸酶活性加强，从而加速糖异生作用。胰高血糖素/胰岛素比值升高，也促进糖异生作用加快。丙酮酸激酶和丙酮酸羧化酶所受到的调节使它们同时都不是处于最活跃的状态。别构调节和可逆磷酸化作用都是迅速的。这类调节为转录调节(参看第 34 章)。

乙醛酸循环是植物和微生物特有的反应途径。这个循环除两步由柠檬酸裂合酶和苹果酸合酶催化的反应外,其他的反应都和"柠檬酸循环"相同。乙醛酸循环使 2 个乙酰-CoA 分子转变为 1 分子草酰乙酸,同时使 2 分子 NAD^+ 和 1 分子 FAD 还原。乙醛酸循环在植物种子中有重要意义。它使萌发的种子将贮存的三酰甘油通过乙酰-CoA 转变为葡萄糖;它使植物和微生物能够靠乙醛酸生活。

寡糖由单糖以糖苷键连接而成,种类极多,其组成成分包括甘露糖、N-乙酰葡糖胺、N-乙酰胞壁酸、葡萄糖、果糖、半乳糖、N-乙酰神经氨酸、N-乙酰半乳糖胺等。

以糖苷键相连的最简单的典型寡糖是乳糖。糖蛋白是多肽链与寡糖分子相结合的重要物质。糖蛋白上的寡糖分子是起识别标记作用的重要分子。以"N"糖苷键相连接的糖蛋白其寡糖组分通过 N-糖苷键与蛋白质中具有 Asn-X-Ser/Thr 序列片段的 Asn 相连。以"O"糖苷键连接的糖蛋白,其寡糖部分以 O-糖苷键连接到多肽链的 Ser 或 Thr 残基上;或者在胶原中连接到 5-羟赖氨酸上,糖基化的磷脂酰肌醇-锚蛋白的糖组分通过一个中间的磷酸乙醇胺作为桥连接到蛋白质上,它和多肽链的 C 端氨基酸残基形成一个酰胺键。N-连寡糖的合成,开始于内质网。先是经过多步反应形成一个以酯键连接的前体,它是以长醇焦磷酸连接着一个共有的由 14 个糖残基构成的寡糖核心,即长醇·焦磷酸·寡糖,这一寡糖前体再转移到正在增长着的多肽链上。N-连寡糖的形成和多肽链的延长是同时逐步进行的。未完成的糖蛋白分子随后通过膜泡,被转移到高尔基体的内侧、中间以及外侧嵴,使糖蛋白中的寡糖部分继续加工修饰。这些加工包括加减甘露糖残基以及其他一些单糖分子。加工完的 N-连糖蛋白,在高尔基体外侧嵴根据它们所具有的寡糖特性进行分类并准备通过膜泡迁往其目的部位。N-糖链可分为 3 种主要类型,高甘露糖型、复杂型和杂合型,这 3 种类型都含有一个共同的五糖核心。O-连糖蛋白是在肽链合成的基础上逐步加上糖基的。抗生素的使用有力地推动了对糖蛋白生物合成的研究,使用过的最重要的抗生素有衣霉素和杆菌肽。O-连寡糖部分在高尔基体合成,在相应肽链的 Ser 或 Thr 残基上依次加入所需的单糖单位;Ser/Thr 在肽链中的位置与肽链的二、三级结构有关。糖蛋白的寡糖是一种识别标记,它对糖蛋白的定向投送,细胞-细胞和细胞-抗体识别都具有重要作用。糖基磷脂酰肌醇可将各种不同的蛋白质锚定到真核细胞质膜的外表面,使它们可以在细胞外部空间自由地发挥作用。

习　题

1. 鸡蛋清中有一种对生物素亲和力极高的抗生物素蛋白质。它是含生物素酶的高度专一的抑制剂,请考虑它对下列反应有无影响:

　　(a) 葡萄糖──→丙酮酸　　　　　(b) 丙酮酸──→葡萄糖

　　(c) 5-磷酸核糖──→葡萄糖　　　(d) 丙酮酸──→草酰乙酸

2. 计算从丙酮酸合成葡萄糖需提供多少高能磷酸键?

3. 维持还原型谷胱甘肽[GSH]的浓度为 10 mmol/L,氧化型[GSSG]的浓度为 1 mmol/L,所需的 $NADPH/NADP^+$ 的比例应是多少?(参看第 19 章氧还电势表)

4. 糖酵解、戊糖磷酸途径和糖异生途径之间如何联系?

5. 比较糖醛酸循环和柠檬酸循环。糖醛酸的存在有何特殊意义?

6. 为什么有人不能耐受乳糖,而乳婴却靠乳汁维持生命?

7. 糖蛋白中寡糖与多肽链的连接形式有几种类型?

8. N-连寡糖和 O-连寡糖的生物合成各有何特点?

主要参考书目

1. Nelson D L, Cox M M. Lehninger 生物化学原理. 3 版. 周海梦,等译. 北京:高等教育出版社,2005.

2. Nelson D L, Cox M M. Lehninger Principles of Biochemistry. 6th ed. New York:W. H. Freeman and Company, 2012.

3. 陈惠黎. 糖蛋白寡糖链的生物学功能. 上海:上海医科大学出版社,1997.

4. Greenberg, David M. Metabolic Pathways. New York: Academic Press, 1960.

5. Schatz G, Dobberstein B. Common principles of protein translocation across membranes. Science, 2000, (271): 1519-1525.

6. Varki A, Cummings R, Esko J, et al. Essential Glycobiology. Cold Spring Harbor: Cold Spring Harbor Laboratory Press, 1999.

（王镜岩　秦咏梅）

网上资源

习题答案　　　　自测题

第22章 糖原的分解和生物合成

在第9章中已讨论过糖原(glycogen)和淀粉(starch)都是由葡萄糖分子聚合而成的高聚物,统称为**葡聚糖**(glucan)。糖原是动物细胞中葡萄糖的贮存形式。淀粉是植物体内贮存的多聚葡萄糖。用电子显微镜观察二者都呈聚集的颗粒状。糖原是动物细胞最容易动员的贮存葡萄糖。

葡聚糖中葡萄糖的连接形式有两种:一种是以 α(1→4)糖苷键相连接(也可用 α-1,4-表示);另一种是在多糖分子的分支处,以 α(1→6)糖苷键的形式相连(也可用 α-1,6-表示)。植物淀粉中的支链淀粉(amylopectin)每 24~30 个糖残基有一个分支。糖原比淀粉具有更多的分支,每 8~12 个葡萄糖残基就有一个分支。糖原的连接和分支情况可由图 22-1 表示。

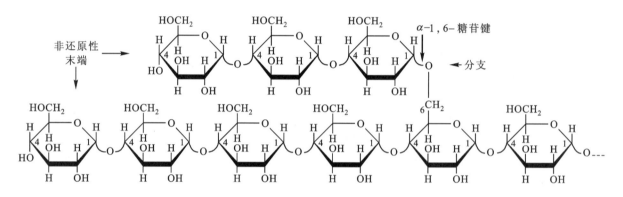

图 22-1 糖原的连接方式和分支方式

一、糖原的生物学意义

糖原的生物学意义就在于它是贮存能量的、容易动员的多糖。当机体细胞中能量充足时,细胞即合成糖原将能量进行贮存;当能量供应不足时,贮存的糖原即降解为葡萄糖从而提供 ATP。因此糖原是生物体所需能量的贮存库。糖原的存在保证了机体最需能量供应的脑和肌肉紧张活动时对能量的需要;同时也保证不间断地供给维持恒定水平的血糖。因为组织所利用葡萄糖直接来源于血糖,如果血糖水平低于正常水平,会严重影响中枢神经系统的正常功能,以致产生休克和死亡。

糖原是葡萄糖的一种高效能的贮存形式。糖原降解的产物是 1-磷酸葡糖(glucose-1-phosphate)。糖原的葡萄糖残基经磷酸化酶催化形成 1-磷酸葡糖所消耗的底物除糖原分子的残基外,就是无机磷酸,没有消耗任何 ATP 分子。而 1-磷酸葡糖在进一步分解前转变为 6-磷酸葡糖也不消耗 ATP 分子。糖原分子 90%降解为 1-磷酸葡糖,其余 10%被水解成为葡萄糖分子。6-磷酸葡糖彻底氧化为 CO_2 和 H_2O 可产生约 31 个 ATP 分子。糖原分子与被水解的葡萄糖分子转变为 6-磷酸葡糖需消耗 1 个 ATP 分子。若贮存一个 6-磷酸葡糖分子也只消耗约 1 个 ATP 稍多的能量。因此,将葡萄糖转变为贮存形式的糖原其效益是很高的,大约可收到 97%的效益。

二、糖原的降解

糖原以颗粒状存在于细胞溶胶中,其颗粒直径大、小不等,10~40 nm。每个颗粒含有的葡萄糖分子可高达 12 万个,这些颗粒中不只含有糖原,还含有催化糖原合成和降解的酶以及调节蛋白(regulatory proteins),使糖原颗粒可随时被动员并可随时形成贮存的糖原颗粒,从两方面确保生命活动所需的能量。一个体重为 70 kg 的人,他体液中的葡萄糖只含有约 160 kJ(约 40 kcal)的能量,而体内的糖原甚至经过一夜饥饿之后所提供的能量还相当体液所含能量的 15 倍(约 2 510 kJ 或 600 kcal)。机体贮存的糖原作为能源大约可供机体 12 h 的需要。

机体贮存糖原的器官主要是肝和肌肉。肝组织内的糖原占肝湿重的 7% ~ 10%;肌肉中的含量占其重量的 1% ~ 2%。因肌肉的总体重量比肝重得多,总算起来肌肉中糖原的贮存量反而超过肝。

机体的贮脂比糖原丰富得多,为什么还要选择糖原作为不可缺少的贮能物质?可能有三重意义。首先肌肉不可能像动员糖原那样迅速地动员贮脂;其次,脂肪的脂肪酸残基不可能在无氧条件下进行分解代谢,再者,动物不能将脂肪酸转变为葡萄糖的前体,因此单纯的脂肪酸代谢不可能维持血糖的正常水平。

血糖(血液中的葡萄糖)水平的稳定对确保细胞执行其正常功能具有重要意义。正常人血糖的水平为每 100 mL 血液含有约 80 mg 葡萄糖,相当 4.5 mmol/L(医院检测的正常指标为 4~6 mmol/L)。饥饿时机体首先动用的是肝糖原,肝糖原可在 1~2 天之内下降至正常含量的 10%。肌肉内糖原的动员不如肝迅速,肌肉的糖原主要提供肌肉运动时的需要;而肝中的糖原在维持血糖水平的稳定中起着重要作用,人(70 kg 体重为例)在晚餐后直至第二天清晨肝能够提供大约 100 g 葡萄糖。

人脑的代谢速度很快,在安静状态它消耗的能量也占全身总能量消耗的 20% 以上。而且脑在正常情况下只利用葡萄糖作为能源,每天的需要量大约为 140 g。脑细胞内也含有少量糖原以及水解、合成和调节糖原代谢的各种酶。

对糖原分解途径的阐明做出卓越贡献的人是 Carl Cori 和 Gerty Cori。他们首先发现正磷酸能使糖原裂解产生 1 - 磷酸葡糖,还对催化**糖原磷酸解**(phosphorolysis)的酶——糖原磷酸化酶(glycogen phosphorylase),进行了分离、纯化,获得了结晶,并对其结构进行了分析,糖原磷酸化酶简称**磷酸化酶**(phosphorylase)催化糖原的降解,反应可表示如下:

$$\text{糖原}(n \text{ 个残基}) + \text{Pi} \underset{}{\overset{\text{磷酸化酶}}{\rightleftharpoons}} \text{糖原}(n-1 \text{ 个残基}) + 1-\text{磷酸葡糖}$$

糖原作为贮存能源在供能前必须先降解为葡萄糖分子。这和植物细胞内的淀粉一样。糖原和淀粉的降解都是从它们的大分子上按照顺序一个个地移去葡萄糖残基。只是催化糖原降解的是糖原磷酸化酶,催化淀粉降解的是**淀粉磷酸化酶**(starch phosphorylase)。虽然它们在某些方面有所差异,但它们催化的都是磷酸解作用。磷酸解作用和水解作用的根本区别在于前者是由正磷酸引起断键反应,而不是由水引起断键反应,正磷酸作为一个基团加到断键的一端。

糖原的降解需要 3 种酶的作用:糖原磷酸化酶(glycogen phosphorylase)、糖原脱支酶(glycogen debranching enzyme)和**磷酸葡糖变位酶**(phosphoglucomutase)。

(一) 糖原磷酸化酶

1. 磷酸化酶催化糖原非还原性末端磷酸解

磷酸化酶催化的特点是,从糖原分子的非还原性末端(nonreducing end)断下一个葡萄糖分子。同时又出现一个新的非还原性末端葡萄糖分子。这样可以连续地将处于末端位置的葡萄糖残基(glucosyl residue)一个个地移去。该酶催化断裂的键是末端葡萄糖残基的第 1 个碳原子(C1)与相邻的那个葡萄糖残基的第 4 个碳原子(C4)之间相连的键,也就是末端葡萄糖基 C1 碳原子和相邻葡萄糖 C4 形成的糖苷键,断键后氧原子仍留在相邻葡萄糖残基的第 4 个碳原子上,如图 22-2 所示。

2. 磷酸化酶催化糖原 1→4 糖苷键磷酸解

糖原磷酸化酶只催化 1→4 糖苷键的磷酸解,因此它只能脱下糖原分子直链部分的葡萄糖残基。实际上磷酸化酶的作用只到糖原的分支点前 4 个葡萄糖残基处即不能再继续进行催化。糖原的继续分解还需其他酶(脱支酶)参与作用。磷酸化酶催化的反应在机体外的实验条件下是可逆的,从两个方向都可以迅速地达到平衡。用蔗糖磷酸化酶,肌肉磷酸化酶等多种磷酸化酶都证实磷酸化酶的作用发生在1-磷酸葡

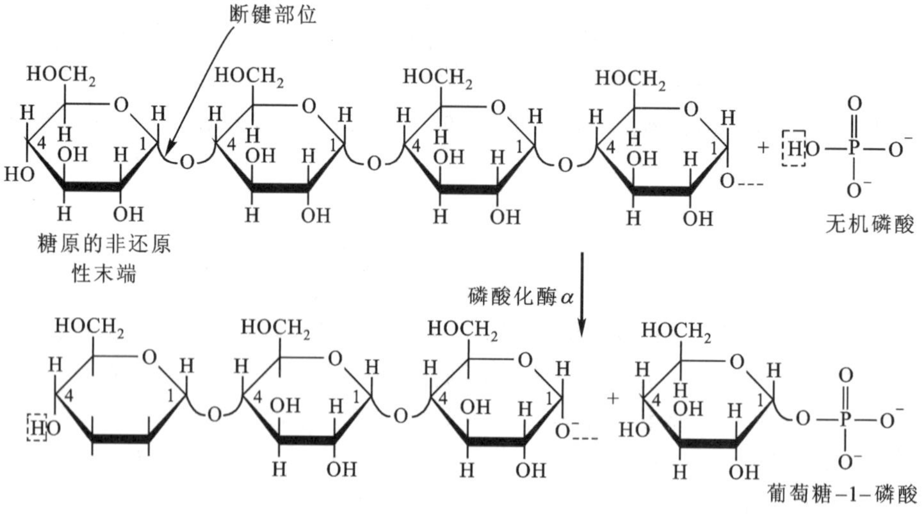

图 22-2　磷酸化酶的作用位点及产物

磷酸化酶催化糖原分子非还原性末端葡萄糖残基上 C1 和相邻葡萄糖残基的 C4 之间的键断裂,正磷酸以

$$HO—P—O^-$$ 形式分解 C1 和 C4 形成的糖苷氧原子之间的键使其断裂,形成-1-磷酸葡糖,其 C1 仍保

留 α 构型

糖的碳和氧之间而不是氧和磷之间。当 pH 为 6.8 时测得的正磷酸和 1-磷酸葡糖的平衡比值(equilibrium ratio)等于 3.6。糖原磷酸解产生 1-磷酸葡糖反应的标准自由能变化($\Delta G^{\ominus\prime}$)很小。因磷酸解的反应是由磷酯键取代糖苷键。这两种键型的转移势能大体相当。但在体内的条件下,无机磷酸与 1-磷酸葡糖浓度之比 $\left(\dfrac{[Pi]}{[1-磷酸葡糖]}\right)$ 往往大于 100,所以磷酸解作用可顺利地沿着糖原分解的方向进行。

　　糖原的降解采用磷酸解而不是水解,具有重要的生物学意义。磷酸解使降解下的葡萄糖分子带上磷酸基团。1-磷酸葡糖不需要能量提供可容易地转变为 6-磷酸葡糖,从而进入糖酵解等葡萄糖的降解途径;如果不是磷酸解而是水解,则所得的水解产物为葡萄糖。后者需要消耗 1 个 ATP 分子才能转变为 6-磷酸葡糖进入糖酵解途径。磷酸解作用对肌肉细胞还有另外的优越性:在生理条件下,磷酸解生成的 1-磷酸葡糖以解离形式存在,而不致扩散到细胞外,而非磷酸化的葡萄糖则可以扩散到胞外。

3. 磷酸化酶的分子结构

　　早在 1938 年 Carl Cori 和 Gerty Cori 就发现有两种磷酸化酶,分别称为**磷酸化酶 a**(phosphorylase a)和**磷酸化酶 b**(phosphorylase b)。对磷酸化酶的结构和功能进行系统研究并做出重要贡献的还应提出 Robert Fletterick 和 Louise Johnson 等人。他们曾用高分辨率 X 射线深入探讨并阐明了磷酸化酶 a 和磷酸化酶 b 的三维结构和作用。

　　磷酸化酶 a 和 b 都是由两个相同亚基构成的二聚体,每个亚基由 842 个氨基酸构成(有的资料报道由 841 个氨基酸构成)。亚基的相对分子质量为 97 000(也有文献报道为 92 000)。磷酸化酶 a 分子每个亚基肽链中的第 14 位丝氨酸(Ser14)残基上的羟基各被一个磷酸基团酯化。而磷酸化酶 b 则缺少这两个磷酸基团。但是两种磷酸化酶的结构是非常相似的。实际上磷酸化酶 a 和磷酸化酶 b 是一种酶的两种不同存在形式。磷酸化酶 a 有催化活性,而磷酸化酶 b 是几乎无活性的形式。若磷酸化酶 b 两个亚基中的 Ser14 被磷酸化就转变为磷酸化酶 a。所以磷酸化酶是以两种可以互相转变的形式存在。而 Ser14 是磷酸化酶 b 转变为磷酸化酶 a 的关键部位。这种对磷酸化酶的**共价修饰作用**(covalent modification)是由专一的酶即**磷酸化酶激酶**(phosphorylase kinase)实现的,而去修饰作用又是由另一种专一的酶即**磷酸酶**(phosphatase)实现的。磷酸化酶是一个重要的调节酶在糖原分解和合成代谢的调节中还将进一步讨论它的作用。

磷酸化酶的三维结构经 X 射线结晶法研究表明,每个亚基都紧密折叠形成两个结构域:氨基端结构域(amino-terminal domain,可简写为 N 端结构域)和羧基端结构域(carboxyl-terminal domain,可简写为 C 端结构域)。氨基端结构域由 1~484 位的氨基酸残基构成已知最大的结构域。C 端结构域由第 485~842 位氨基酸构成。N 端结构域又分为两个亚结构域(subdomain)。一个是界面亚结构域(interface subdomain),由 1~315 位氨基酸残基构成,含有共价修饰部位(covalent modification site),即 Ser 14 别构效应部位(allosteric effector site)以及二聚体内全部亚单位间的接触部位;另一个是糖原结合亚结构域(glycogen binding subdomain)由 316~484 位的氨基酸残基构成。它包含有一个糖原停靠部位(glycogen docking site)。N 端结构域和 C 端结构域合在一起,中间形成一个深的裂缝(deep crevice)。催化部位(catalytic site)即位于这个裂缝中。裂缝的长度大约为 3 nm,它的曲率半径(radius curvature)和糖原相同,此裂缝有保护与隔离催化部位的作用,使催化部位与水的环境隔开,造成有利于磷酸解的环境。裂缝和糖原停靠部位相连。由停靠部位将结合的糖原送到起催化作用的活性部位。

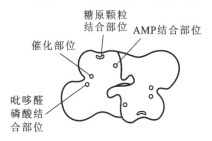

磷酸化酶的催化活性需要**磷酸吡哆醛**(pyridoxal phosphate)作为辅酶。该辅酶结合在磷酸化酶的活性部位上,并将其磷酸基团紧挨着与酶连接着的正磷酸。停靠部位和催化部位之间的距离,适合于磷酸化酶同时接受糖原同一分子的 4~5 个末端葡萄糖残基。实际上该裂缝比较狭窄不但只适合糖原分子,即使是紧靠近分支点的 4 个葡萄糖残基也不能进入。此外,在靠近磷酸化酶两个亚基界面处有一个 AMP 的结合位点。AMP 是磷酸化酶的一个**别构活化剂**(allosteric activator)。这个结合位点距催化部位和糖原结合部位都较远,如图 22-3 所示。

图 22-3 磷酸化酶 b 二聚体示意图
表明各结合部位的相对位置,该图为沿分子二重轴向下观察的情况

4. 磷酸化酶催化的反应机制

前面已经提到磷酸化酶使糖原非还原性末端葡萄糖残基的 C1 与 O 原子(—C—O—)之间的键断裂产生 1-磷酸葡糖并且保留了原来的构象。有一种假设认为,磷酸解作用可能是通过双取代机制(double displacement mechanism)进行的。它包括两步连续的亲核取代。每次都发生构象的翻转(inversion),中间形成一个共价葡萄糖基-酶中间体(covalent glucosyl-enzyme intermediate)。但至今尚未能成功地得到这个假设的"共价中间体"。因此,还不能确切地证明这一假想反应机制的正确性。

第二种磷酸化酶催化机制的设想如图 22-4 所示,是先形成一个由正磷酸、酶和糖原构成的三元(Pi·E·糖原)复合体,随后生成一个被遮掩的**氧鎓离子**(shielded oxonium ion)中间体。断键和随后形成氧鎓离子(oxonium ion)是由无机磷酸引起的糖苷氧的质子化(protonation)协助产生的。

这种氧鎓离子机制得到的支持是:1,5-葡糖酸内酯(1,5-gluconolactone)是磷酸化酶的强力抑制剂。1,5-葡糖酸内酯的结构如下:

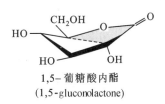

1,5-葡糖酸内酯
(1,5-gluconolactone)

1,5-葡糖酸内酯和推测产生的葡萄糖氧鎓离子具有相同的半椅形构型。很可能这是磷酸化酶活性部位产生的过渡态氧鎓离子的类似物。此外,该机制的设想也与提供的动力学数据以及化学和结构数据都比较吻合。

5. 磷酸吡哆醛是磷酸化酶的必需辅助因子

磷酸化酶的催化作用需要**磷酸吡哆醛**(pyridoxal phosphate,PLP)作为辅助因子。X 射线结构分析表明,磷酸吡哆醛的磷酸基团紧挨着磷酸化酶的活性部位。它以共价键通过**希夫碱**(Schiff base)的形式与酶的第 680 位赖氨酸(Lys 680)相连(图 22-5)。磷酸吡哆醛不只是磷酸化酶的辅助因子,它在**氨基转移作**

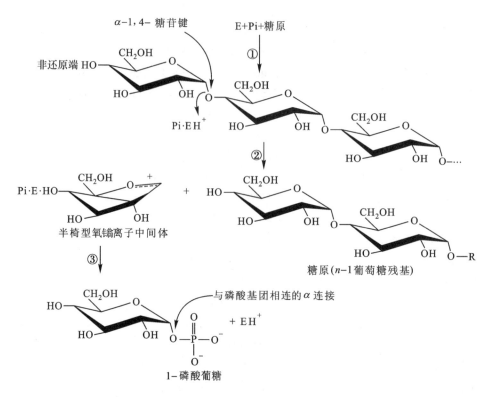

图 22-4   糖原磷酸化酶催化的可能机制

①形成正磷酸·酶·糖原的三元复合物。②糖原末端葡萄糖基形成被遮掩的氧鎓离子中间体。此反应包括有酶参与进行的酸化反应。氧鎓离子(Oxonium ion)具有半椅状构型。③正磷酸与氧鎓离子发生反应并全面保留葡萄糖 C1 的构象形成 α-D-1-磷酸葡糖

用(transamination)中也是一个必需的辅助因子。然而它在不同酶中所起的作用不同,即发挥作用的部位不同。如果用硼氢化钠(NaBH₄)将希夫碱的 —CH=N— 还原为 —CH₂—NH— ,对磷酸化酶的活性并没有影响;但却使氨基酸代谢中的氨基转移酶失去活性。实验证明,磷酸吡哆醛与磷酸化酶活性相关的基团是其磷酸基团,很可能是在酶催化反应中作为酸-碱催化剂(acid-base catalyst)起作用。

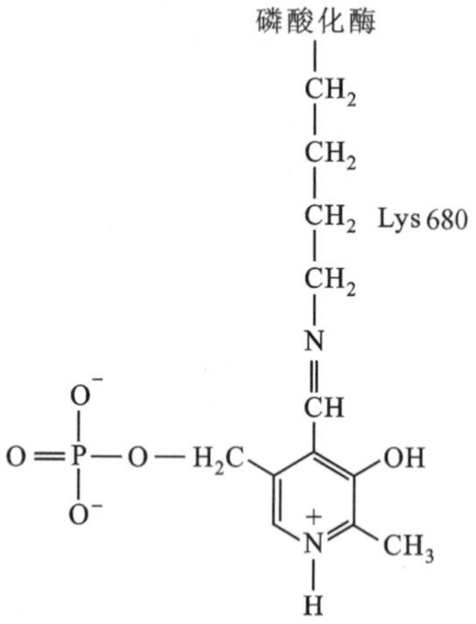

(二) 糖原脱支酶

磷酸化酶催化磷酸解作用,使糖原分子从非还原性末端逐个移去葡萄糖残基直至邻近糖原分子 α(1→6)-糖苷键分支点前 4 个葡萄糖残基处。如此作用,最后形成一个具有许多短分支链的多糖分子称为极限糊精(limit dextrin)。极限糊精的短的分支称为"极限分支"(limit branch),它的进一步分解需要糖原脱支酶(包括糖基转移酶)和磷酸化酶的协同作用,如图 22-6 所示。

一般称为糖原脱支酶的肽链上,实际具有两个起不同催化作用的活性部位;也可以说,同一个肽链上有两种酶存在:一种是起转移葡萄糖残基作用的酶,称为糖基转移酶(glycosyl transferase);另一种是起分解葡萄糖 α(1→6)-糖苷键作用的酶,称为糖原脱支酶,脱支酶又称 α-(1,6)-糖苷酶(α-1,6-glucosidase)。人们往往将糖原脱支酶笼统地看作是一种双重功能酶(bifunctional enzyme)。

当磷酸化酶的作用停止后,糖原脱支酶肽链上的转移葡萄糖残基的活性部位先起催化作用将原来极限分支前面以 α(1→4)连接的三个葡萄糖残基转移到另一个分支的非还原性末端的葡萄糖残基上,或者

图 22-5   磷酸吡哆醛(PLP)与磷酸化酶以希夫碱形式与酶的 Lys 680 共价相连

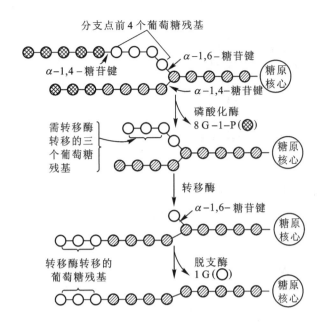

图 22-6　磷酸化酶和糖原脱支酶、糖基转移酶的协同作用示意图

⊗、◐、○：代表糖原分子中处于不同位置的葡萄糖分子

转移到糖原的核心链（core chain）上。通过转移酶的转移作用，一方面形成一个带有 3 个葡萄糖残基的新的 $\alpha(1{\rightarrow}4)$ 糖苷键，另一方面又同时暴露出以 $\alpha(1{\rightarrow}6)$ 糖苷键相连的葡萄糖残基。这个分支点即由脱支酶的另一种催化作用，即分解 $1{\rightarrow}6$-糖苷键的作用将最后的分支点消除。脱支酶脱下 $\alpha(1{\rightarrow}6)$ 连接的葡萄糖残基不是磷酸解作用，是水解作用，其结果是产生一个葡萄糖和以 $\alpha(1{\rightarrow}4)$ 糖苷键相连的葡萄糖残基，于是磷酸化酶又可继续发挥作用。

（三）磷酸葡糖变位酶的作用

由磷酸化酶催化糖原磷酸解的结果，使糖原分子的葡萄糖残基形成 1-磷酸葡糖。后者必须转变成 6-磷酸葡糖才有可能进入代谢主流，参加糖酵解或转变成游离的葡萄糖。担负磷酸基团转移的酶就是磷酸葡糖变位酶。该酶为由 561 个氨基酸残基构成的单体酶（monomeric enzyme）。

用 X 射线进行结构测定，以兔肌肉为材料所得结果表明，具有活性的磷酸葡糖变位酶的活性部位深深地埋藏在酶裂缝的底部。在它的一个丝氨酸残基上带有一个磷酸基团，如图 22-7 所示。

活化的磷酸葡糖变位酶分子，其丝氨酸残基上带有一个磷酸基团。在起催化作用时，酶分子上的磷酸基团转移到 1-磷酸葡糖的第 6 位碳原子的羟基上，形成 1,6-二磷酸葡糖中间体。这时 1,6-二磷酸葡糖 C1 位的磷酸基团又转回到磷酸葡糖变位酶丝氨酸残基原来磷酸基团所处的位置上，于是 1,6-二磷酸葡糖转变成 6-磷酸葡糖，而磷酸葡糖变位酶又恢复其原来带有磷酸基团的活化形式。

磷酸葡糖变位酶的反应和磷酸**甘油酸变位酶**（phosphoglyceromutase）的反应机制很相似。后者在糖酵解过程中将 3-磷酸甘油酸转变为 2-磷酸甘油酸时，中间经过形成 2,3-二磷酸甘油酸（2,3-bisphosphoglycerate）中间体。磷酸葡糖变位酶的磷酸基团与酶的丝氨酸残基相连，而磷酸甘油酸变位酶的磷酸基团与酶的组氨酸残基相连。

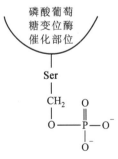

图 22-7　磷酸葡萄糖变位酶催化部位表示酶的催化部位丝氨酸残基上带有一个磷酸基团

酶—CH₂

$\overset{4}{\underset{5}{\boxed{}}}\overset{3}{\underset{1}{N}}\overset{N}{\underset{2}{}}$

$O\!-\!\overset{O}{\underset{O}{P}}\!-\!O^-$

酶—Ser—CH₂—O—$\overset{O}{\underset{O^-}{P}}$—O⁻

磷酸甘油酸变位酶的
磷酸基团与酶的组氨
酸残基(His 8)相连

磷酸葡糖变位酶的磷
酸基团与酶的丝氨酸
残基(Ser)相连

磷酸葡糖变位酶发挥其充分活性(fully active),需有少量的1,6-二磷酸葡糖存在。后者是由**磷酸葡糖激酶**(phosphoglucokinase)提供的,它利用 ATP 催化 1-磷酸葡糖的第 6 位羟基磷酸化形成的。如果 1,6-二磷酸葡糖从磷酸葡糖变位酶分子上脱落,就会发生酶活性的钝化。

(四) 6-磷酸葡糖磷酸酶

6-磷酸葡糖磷酸酶(glucose-6-phosphatase)是专门水解 6-磷酸葡糖的酶。它催化的反应如下:

$$6\text{-磷酸葡糖} + H_2O \xrightarrow{\text{6-磷酸葡糖酶}} \text{葡萄糖} + Pi$$

该酶存在于肝细胞、肾细胞及肠细胞光滑内质网膜的内腔面。脑细胞和肌肉细胞都无此酶。肝的主要功能之一是维持血糖浓度的稳定。肝细胞必需依靠此酶才能维持血糖的相对稳定水平。当机体未进食,例如,处于两餐之间或肌肉运动时以及脑的活动等都使葡萄糖在血液中的浓度降低,于是肝中的 6-磷酸葡糖磷酸酶立即将进入内质网腔的 6-磷酸葡糖水解为游离葡萄糖。游离的葡萄糖能够迅速地扩散出肝细胞进入血流。

6-磷酸葡糖通过转运蛋白(T₁)进入内质网腔,由结合在膜上的 6-磷酸葡糖磷酸酶将其水解,形成的无机磷酸和游离葡萄糖分别通过相关的转运蛋白 T₂(无机磷酸)、T₃(游离葡萄糖)运送到细胞溶胶中。6-磷酸葡糖磷酸酶的活性需要一种钙-结合稳定蛋白(Ca-binding stabilizing Protein)协同作用。图 22-8 表明 6-磷酸葡糖磷酸酶的存在情况及其作用。

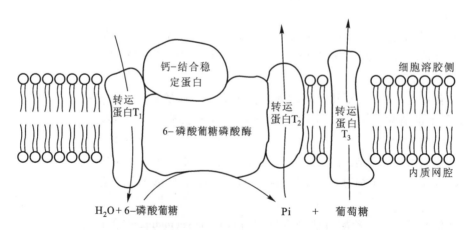

图 22-8　6-磷酸葡糖磷酸酶的存在及作用

6-磷酸葡糖磷酸酶存在于细胞光面内质网膜的内腔面,它的作用共需 5 种蛋白质合作,转运蛋白 T₁ 使 6-磷酸葡糖进入内质网腔,转运蛋白 T₂ 将 Pi 运至细胞溶胶,转运蛋白 T₃ 将葡萄糖运至细胞溶胶。6-磷酸葡糖磷酸酶的活性需有 Ca²⁺-结合稳定蛋白协同作用

三、糖原的生物合成

（一）糖原生物合成的研究经历了缓慢的历程

在糖酵解过程中我们看到葡萄糖如何转变为丙酮酸。在糖异生过程中又看到丙酮酸如何转变为葡萄糖。虽说葡萄糖的分解与合成途径并不完全相同。但由丙酮酸合成葡萄糖除了丙酮酸激酶、磷酸果糖激酶和己糖激酶催化的三个步骤是通过绕道而行外，其他途径也都是糖酵解的逆反应。而糖原的生物合成和分解却走的是完全不同的途径。

最早研究糖原或淀粉的合成曾用 6-磷酸葡糖作为起始物，先用磷酸葡糖变位酶，使其转变为 1-磷酸葡糖。因为 1-磷酸葡糖是糖原降解时由磷酸化酶降解的第一步产物。C.Cori 和 G.Cori 二人曾用磷酸化酶和分支酶从 1-磷酸葡糖成功地合成过糖原，因此开始阶段曾设想糖原磷酸化酶的催化反应是可逆的。虽然在体外（in vitro）该酶的确可催化双向反应。但在体内下，糖原磷酸化酶却只能催化糖原降解的方向。研究糖原合成的许多实验都证明，催化分解糖原的酶不可能进行糖原的合成。例如实验证明，一般在接近中性的 pH 环境下，［无机磷酸］和［1-磷酸葡糖］之比为 3.5～3.6，在这种条件下，磷酸化酶所催化的反应处于平衡状态，但在细胞中，上述的浓度比值变动在 30～100。因此在体内，无机磷酸的浓度远远高于 1-磷酸葡糖，磷酸化酶的反应必然朝向糖原降解的方向进行。实验还观察到，刺激磷酸化酶活性增高的激素，总是使磷酸化酶增强催化磷酸解的活性而促使糖原降解。此外，临床上观察到，麦卡德尔氏病（McArdle's desease）的患者虽然肌肉中缺乏磷酸化酶活性，病人的紧张运动能力有限，但这种病人仍有合成肌肉糖原的能力。上述事实都促使人们考虑糖原的生物合成可能通过与分解完全不相同的途径。

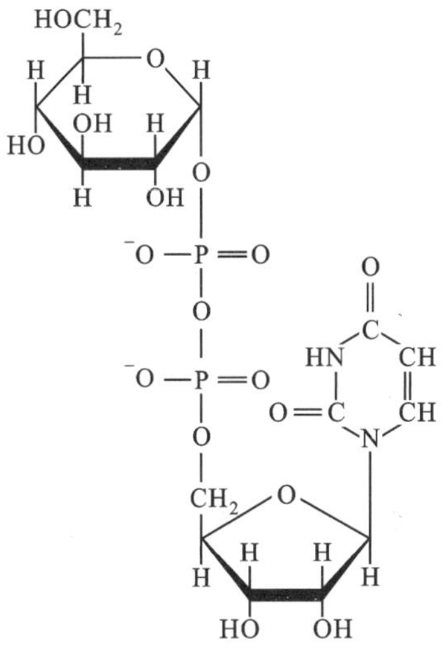

尿苷二磷酸葡萄糖
(uridine diphosphate glucose)
(UDP-葡萄糖)

直至 1957 年，阿根廷生化学家 Luis Leloir 等人终于发现了糖原生物合成的不同途径。他们发现，在糖原生物合成中，糖基的供体并不是 1-磷酸葡糖而是另一种核苷酸的化合物即**尿苷二磷酸葡糖**（uridine diphosphate glucose），简称 UDP-葡萄糖（UDP-glucose）或 UDPG。它的结构式如右图。UDP-葡萄糖作为糖原合成糖基供体的发现打开了糖原合成研究迅速进展的大门。

Leloir 用 1-磷酸葡糖与尿苷三磷酸（uridine triphosphate, UTP）作用，生成 UDP-葡萄糖：

$$1-磷酸葡糖 + UTP \longrightarrow UDP-葡萄糖 + PPi$$

UDP-葡萄糖属于**糖苷**（sugar nucleotide），即一个糖的异头碳通过磷酸二酯键与一个核苷酸相连而被激活的化合物。糖苷是二糖、糖原、淀粉、纤维素或更为复杂的胞外多糖的底物，也是氨基己糖和脱氧己糖产生过程中重要的中间体。糖苷参与生物合成反应是源于它具有以下几种性质：

（1）它们的形成在代谢上是不可逆的，使得以其作为中间物的合成途径具有不可逆性。在细胞中，腺苷三磷酸与 1-磷酸己糖缩合形成糖苷，该反应的自由能变化几乎为零，但是反应释放焦磷酸（PPi）被焦磷酸酶催化水解，释放能量（$\Delta G = -19.2$ kJ/mol）。PPi 水解产生自由能变化（负值）驱动合成反应的进行，这是生物聚合反应中一种常用策略。

（2）尽管糖苷的化学转换过程不涉及核苷酸本身的原子，但是核苷酸部分有许多基团与酶发生非共价相互作用，额外的结合自由能显著增强酶的催化活性。

（3）像磷酸一样，核苷酸基团（例如 UMP 或 AMP）是一个非常好的离去基团，通过激活与其相连的碳原子，促进它的亲核攻击反应。

（4）细胞通过使用核苷酸基团"标记"部分己糖,区分糖苷己糖和磷酸己糖,分别用于糖原合成和糖酵解。

（二）催化糖原合成的三种酶

糖原合成发生于所有动物组织中,但在肝和骨骼肌中尤为显著。在肝中,糖原作为葡萄糖的贮存库,它通过转化为血糖而分布到其他组织中,经己糖激酶(hexokinase)的催化变为 6-磷酸葡糖。为启动糖原合成途径,6-磷酸葡糖在葡糖磷酸变位酶(phosphoglucomutase)的作用下转化为 1-磷酸葡糖。由 1-磷酸葡糖合成糖原还需要 3 种酶参与作用,即 UDP-葡糖焦磷酸化酶(UDP-glucose pyrophosphorylase)、糖原合酶(glycogen synthase)和糖原分支酶(glycogen branching enzyme)。

1. UDP-葡糖焦磷酸化酶

UDP-葡糖焦磷酸化酶催化 1-磷酸葡糖与 UTP 的反应。在此反应中 1-磷酸葡糖分子中磷酸基团带负电荷的氧原子向 UTP 的 α-磷原子进攻,形成 UDPG,如图 22-9 所示。

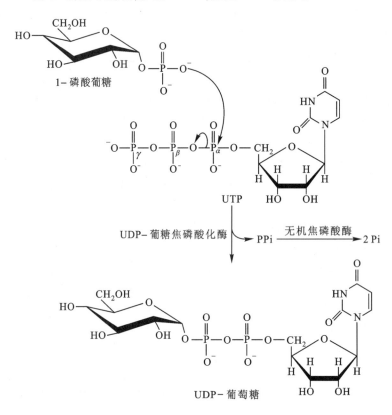

图 22-9　UDP-葡糖焦磷酸化酶催化的反应
1-磷酸葡糖分子中磷酸基团的氧原子向 UTP 分子的 α 磷原子进攻形成 UDP-葡萄糖
(UDPG)和焦磷酸(PPi)(即 UTPr 的 β 和 γ 磷酸基团),PPi 迅速被无机焦磷酸酶水解

图 22-9 表明,UDP-葡糖焦磷酸化酶催化的是 1-磷酸葡糖和 UTP 之间的**磷酸酐交换反应**(phosphoanhydride exchange reaction)。在此反应中,1-磷酸葡糖分子中的磷酸基团因带有负电荷,向 UTP 分子的 α-磷原子进攻,结果 1-磷酸葡糖的磷酸基团取代了 UTP 的 β 和 γ 磷酸基团,与 UTP 的 α-磷酸基团相连,形成 UDP-葡萄糖,而被取代的 β 和 γ 磷酸基团形成焦磷酸(PPi),后者迅速被无机焦磷酸酶(inorganic pyrophosphatase)水解为无机磷酸分子。1-磷酸葡糖与 UTP 形成 UDPG 的反应标准自由能变化($\Delta G^{\ominus\prime}$)接近于零。这一反应本属可逆反应,但因焦磷酸随即被水解,其 $\Delta G^{\ominus\prime}$ 为(-31)~(-25) kJ/mol,致使该反应成为不可逆的单向反应。

核苷三磷酸在反应中裂解产生焦磷酸,这种现象在生物合成中广泛存在。焦磷酸的水解和核苷三磷酸的水解反应相偶联,有力地推动那些在热力学上原来可逆的甚至是吸能的反应向一个方向进行。由 1-

磷酸葡糖和 UTP 形成 UDPG 的反应就是很好的例子。不可逆的焦磷酸的水解推动 UDPG 的合成。许多生物合成反应就是由焦磷酸的水解推动的。高能态的 UDPG 很容易地将其糖基供给糖原的合成。在许多双糖和多糖的生物合成中 UDPG 都起着糖基供体的作用。葡萄糖形成 UDPG 的重要生物学意义就在于它使葡萄糖变为更活泼的活化形式。UDPG 分子中葡萄糖基上的 C1 原子因其羟基被 UDP 二磷酸酯化而活化。

2. 糖原合酶(glycogen synthase)

糖原合酶催化的反应是将 UDPG 上的葡萄糖分子转移到已存在的、糖原分子的某个分支的非还原性末端上。该酶的催化反应如图 22-10 所示。

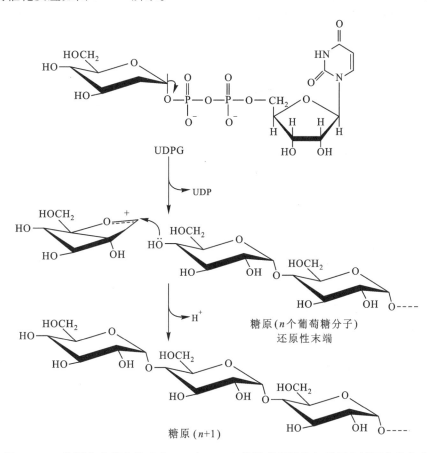

图 22-10　糖原合酶催化的反应——由 UDPG 提供葡萄糖基加到原有糖原某分支非还原性末端,糖基转移中形成一个葡萄糖氧鎓离子中间体

从图 22-10 可看到,糖原合酶催化的结果是 UDPG 分子上的葡萄糖分子的 1 位碳原子与糖原某个分支的非还原末端葡萄糖残基第 4 位碳原子上的羟基形成 α(1→4)糖苷键,使糖原延长了 1 个葡萄糖残基。糖原合酶催化的反应和糖原磷酸化酶以及溶菌酶的催化机制都比较类似,在催化过程中都包含有一个糖基氧鎓离子过渡态,因为该反应也被 1,5-葡糖酸内酯所抑制,它在几何学上与半椅状的氧鎓离子相似。糖原合酶只能催化 1→4 糖苷键的形成,形成的产物只能以直链形式存在,而且它只能催化将葡萄糖残基加到已经具有 4 个以上葡萄糖残基的葡聚糖分子上。糖原合酶不可能从零开始将两个葡萄糖分子互相连起。该酶的催化作用至少需要有“引物”(primer)存在。起引物作用的是一种相对分子质量为 37 000 的特殊蛋白质称为 glycogenin,译为**生糖原蛋白**或糖原引物蛋白,也有译为糖原素的。这种蛋白质分子上带着一个有 α-1,4 葡萄糖单位的寡糖分子。糖原的第 1 个葡萄糖单位以共价键连接到生糖原蛋白的专一酪氨酸残基的酚羟基上。生糖原蛋白具有**自动催化作用**(autocatalysis),可催化大约 8 个葡萄糖单位连续以 1→4 糖苷键相连成链。**自动糖基化**(autoglycosylation)的糖基供体也是 UDP-葡萄糖。在已经合成的 8 个葡萄糖残基的基础上,糖原合酶再继续延长糖基链。糖原合酶只有当它与生糖原蛋白紧紧结合在一起

时才能有效地发挥其催化作用。生糖原蛋白实际上形成了糖原分子的核心(core)。糖原颗粒的数目即取决于生糖原蛋白的分子数目。糖原分子的延长与否,亦即分子的大小,取决于糖原合酶与生糖原蛋白相互之间的作用。糖原合酶一旦与生糖原蛋白脱离,即不再行使其合成作用。

应提起注意的是,糖原合酶这一名称之所以称为"合酶"(synthase)而不是"合成酶"(synthetase),是因为合酶在催化反应中没有 ATP 直接参加反应。如若需要 ATP 直接参加反应,就称为某某合成酶。

糖原合酶是由两个相同亚基构成的二聚体,称为同型二聚体(homodimer)。每个亚基由 737 个氨基酸残基构成,其中含有 9 个丝氨酸残基。这 9 个残基可被蛋白激酶 a 以及其他蛋白激酶催化其磷酸化而使糖原合酶受到不同的抑制。未磷酸化的糖原合酶(即糖原合酶 a)的电荷测定值为 -13,而全部磷酸化的糖原合酶(即糖原合酶 b)其电荷值为 -31。9 个发生磷酸化的部位比较集中在靠近肽链 N 端和 C 端的两个聚簇(cluster)中。它的电荷情况可由图 22-11 表示。

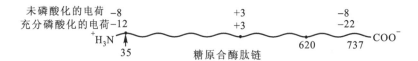

图 22-11   糖原合酶的电荷分布示意图
磷酸化明显地改变酶氨基端和羧基端的电荷值。图中表示酶分子内部的电荷不受磷酸化与否的影响,肽链的 N 端未磷酸化的电荷为 -8,充分磷酸化后则变为 -12,肽链的 C 端未磷酸化的电荷为 -8,充分磷酸化后则变为 -22。图中还表明糖原合酶磷酸化的部位集中在肽链的 N 端区域和 C 端区域

3. 糖原分支酶(glycogen branching enzyme)

糖原合酶只能催化合成 α-1,4 葡萄糖苷键形成直链淀粉。使直链淀粉形成多分支的多聚糖必须有糖原分支酶的协同作用。

糖原分支酶又称淀粉 $1,4 \rightarrow 1,6$-转葡糖基酶(amylo-$1,4 \rightarrow 1,6$-transglycosylase),或称糖基 $4 \rightarrow 6$-转移酶(glycosyl-$4 \rightarrow 6$-transferase)。糖原分支酶的作用包括断开 $\alpha(1 \rightarrow 4)$ 糖苷键并形成 $\alpha(1 \rightarrow 6)$ 糖苷键。糖原分支酶将糖原分子中处于直链状态的葡萄糖残基,从非还原性末端约 7 个葡萄糖残基的片段在 $1 \rightarrow 4$ 连接处切断,然后转移到同一个或其他的糖原分子比较靠内部的某个葡萄糖残基的第 6 个碳原子的羟基上(C6—OH)进行 $1 \rightarrow 6$ 连接。该酶所转移的 6~7 个葡萄糖片段是从至少已经有 11 个葡萄糖残基的直链上断下;而此片段被转移的位置即形成新的分支点。此分支点必须与其他分支点至少有 4 个葡萄糖残基的距离(图 22-12)。

糖原的多分支对机体是非常有利的,它增加了糖原的可溶性,而且增加了非还原性末端的数目,从而大大提高了糖原的分解和合成效率。无论是糖原磷酸化酶或糖原合酶都以非还原性末端基团为作用位点。

对糖原脱支和分支进行比较,可看到它们的明显区别。脱支包括 $\alpha(1 \rightarrow 4)$ 糖苷键的断裂和形成,可以认为只有 $\alpha(1 \rightarrow 6)$ 糖苷键的水解。分支则是 $\alpha(1 \rightarrow 4)$ 糖苷键的断裂和 $\alpha(1 \rightarrow 6)$ 糖苷键的形成。糖原脱支需要两步反应。糖原分支则只需要 1 步反应。这主要决定于系统的热力学效应。$\alpha(1 \rightarrow 4)$ 糖苷键水解的自由能为 -15.5 kJ/mol,而 $\alpha(1 \rightarrow 6)$ 糖苷键仅为 -7.1 kJ/mol。因此 $\alpha(1 \rightarrow 4)$ 糖苷键的水解可以驱动一个 $\alpha(1 \rightarrow 6)$ 糖苷键的合成,若相反的过程则是需能反应。

四、糖原代谢的调控

糖原的合成和分解都是根据机体的需要由一系列的调节机制进行调控。磷酸化酶和糖原合酶的作用都受到严格的调控。当磷酸化酶充分活动时,糖原合酶几乎不起作用;而当糖原合酶活跃时,磷酸化酶又受到抑制。这两种酶受到**效应物**(effectors)的别构调控。这些别构效应物有 ATP、6-磷酸葡糖(G6P)、AMP 等。在肌肉中,糖原磷酸化酶受 AMP 的活化,受 ATP 和 G6P 和葡萄糖的抑制;而糖原合酶却受 G6P

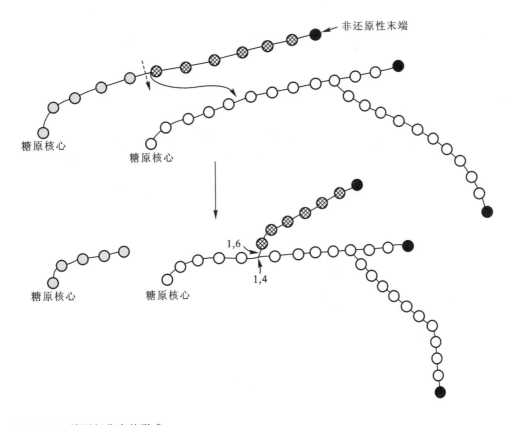

图 22-12　糖原新分支的形成

深黑色代表非还原性末端,浅灰色代表糖基片段转移后留下的葡萄糖基,⊗代表被转移的葡萄糖基,○代表葡萄
糖残基。图中表示在两个糖原分子间糖基片段的转移分支情况

和葡萄糖的活化。当肌肉需要 ATP 时,ATP 的浓度和 G6P 的浓度都处于低水平状态,不能满足肌肉活动的需要,此时的 AMP 浓度必然处于高水平,此时 AMP 刺激糖原磷酸化酶使它活力提高。同时糖原合酶处于抑制状态。反之,当肌肉中的 ATP 浓度和 G6P 浓度处于高水平时,糖原合酶受到激活而磷酸化酶则受到抑制。ATP 对磷酸化酶的抑制作用是由于它与 AMP 竞争性地争夺酶分子上 AMP 的结合部位,阻止磷酸化酶活化所需的多肽片段的活动。下面进一步讨论各种酶受到的相互制约关系。

(一)　糖原磷酸化酶的调节机制

在 20 世纪 30 年代后期,C.Cori 和 G.Cori 发现骨骼的肌肉中糖原磷酸化酶存在两种相互转换形式,有活性的**糖原磷酸化酶 a**(glycogen phosphorylase a)和无活性的**糖原磷酸化酶 b**(glycogen phosphorylase b)。随后,E. W. Sutherland 研究显示,磷酸化酶 b 在静息的肌肉中占主导地位。当肌肉剧烈运动时,无活性的磷酸化酶 b 转变为有活性的磷酸化酶 a,从而导致糖原的快速降解。有活性的磷酸化酶 a 是其两个亚基丝氨酸 14(Ser[14])上的羟基被磷酸化后形成的。无活性的磷酸化酶 b 是 Ser[14]的羟基未磷酸化的形式。骨骼肌中的磷酸化酶 a 和磷酸化酶 b 实际上各自都有两种别构状态(图 22-13)。**蛋白磷酸酶-1**(protein phosphatase-1)又称**磷蛋白磷酸酶-1**(phosphoprotein phospatase-1,PP1)。它的作用是从带有磷酸基团的酶分子上水解下磷酸基团。它和由"激酶"催化的磷酸化作用正好相反。磷酸化作用的动态平衡正是由激酶和 PP1 两种酶的相互作用来维持。PP1 作用的对象有肌肉中糖原磷酸化酶 a,磷酸化酶激酶及糖原代谢中至少两种其他蛋白质。事实上所有酶蛋白分子上被磷酸化了的丝氨酸和苏氨酸残基其磷酸基团的水解都是由蛋白磷酸酶催化的。糖原磷酸化酶 a 在 PP1 催化下脱去磷酸基后转化为磷酸化酶 b。磷酸化酶 b 激酶能通过磷酸化磷酸化酶 b Ser[14]上的羟基,将磷酸化酶 b 转换为 a。AMP 是磷酸化酶 b 的别构活化剂,ATP 使磷酸化酶 a 钝化。在肝中,磷酸化酶 b 不受 AMP 浓度的影响。因此和肌肉不同,肝糖原的降解速度不受细胞能量需求情况的影响。当葡萄糖进入肝细胞后与磷酸化酶 a 变构位点结合引起构象改变,使酶分子 Ser[14] 上的磷酸基团暴露给 PP1,使其能够被水解。葡萄糖分子对糖原磷酸化酶的别构调节可称为葡萄糖传感器(glucose sensor)。这正与肝糖原在维持血糖恒定中的作用相适应。

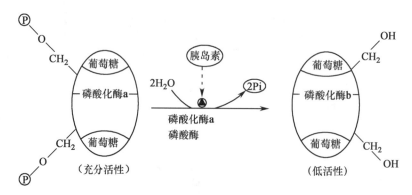

图 22-13   糖原磷酸化酶的别构调节

在肌肉及其他各种组织中,糖原代谢受**肾上腺素**(epinephrine,又称 adrenalin)和**去甲肾上腺素**(norepinephrine,又称 noradrenalin)的调控。

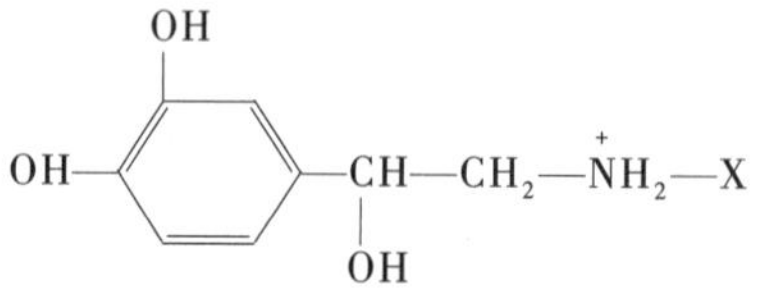

若 X = CH₃,则称为肾上腺素,若 X = H,则称为去甲肾上腺素。

上述的激素作用于细胞表面,刺激**腺苷酸环化酶**(adenylate cyclase)活化。该酶使 ATP 的 α 磷酸基团环化形成 cAMP,同时产生一个焦磷酸分子。腺苷酸环化酶催化的反应可用图 22-14 表示。

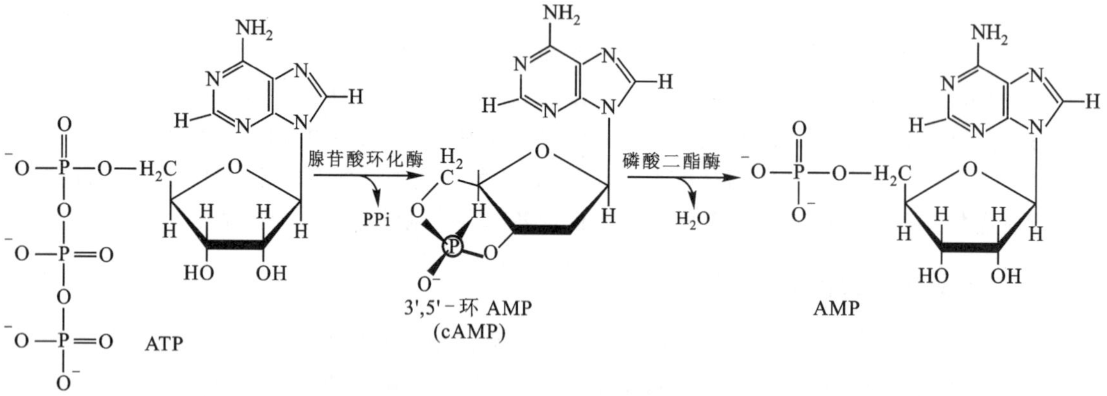

图 22-14   腺苷酸环化酶催化 ATP 形成 AMP

cAMP 经磷酸二酯酶(phosphodiesterase)水解开环形成 AMP

E. W. Sutherland 等于 1957—1958 年发现 cAMP,cAMP 称为细胞的**第二信使**(second messenger),它的作用是作为激素和细胞内的中介物质。肌肉中的肾上腺素或肝中的高血糖素能促进环磷酸腺苷(cAMP)的合成。激素作为一种信息物质与靶细胞上的受体结合后又通过激活一种 G 蛋白(见下节叙述)而激活腺苷酸环化酶,使产生 cAMP。cAMP 又激活 cAMP 依赖性蛋白激酶。当胰高血糖素或肾上腺素使细胞内的 cAMP 浓度升高时,cAMP 依赖性蛋白激酶的活性增加,例如**蛋白激酶 A**(protein kinase A,PKA)是依赖 cAMP 活化的蛋白激酶,PKA 磷酸化并激活磷酸化酶 b 激酶,有活性的磷酸化酶 b 激酶将糖原磷酸化酶 b 转化为 a,促进糖原降解。钙离子结合并激活磷酸化酶 b 激酶,促进糖原磷酸化酶 a 的形成。AMP是由 ATP 水解产生并在收缩肌肉中积累,作为别构活化剂激活磷酸化酶 b,从而加速糖原降解。当 ATP水平充足,ATP 使磷酸化酶 a 钝化。cAMP 可被**磷酸二酯酶**(phosphodiesterase)水解形成 AMP 而失去激素信号的作用。激素的信号可通过一系列连续反应使其作用不断放大。这种连锁放大的反应系统即称为**级联放大作用**(cascade amplification)。激素经受体作用可导致数以百计的 G 蛋白分子活化。每分子活化的 G 蛋白又激活大量的腺苷酸环化酶,从而诱发合成大量的 cAMP。cAMP 浓度的大量增加又大量激活 cAMP 依赖性蛋白激酶,结果引起大量糖原的分解。另一方面,大量 cAMP 激活的 cAMP 依赖性蛋白激酶,又可使大量的糖原合酶磷酸化而失去合成糖原的活性,于是可释放出大量的葡萄糖。肾上腺素具有与胰高血糖素类似的效果,肾上腺素调节的对象是肌肉,而胰高血糖素主要针对肝起作用。由激素作为信号引起的糖原降解过程可归纳为图 22-15。

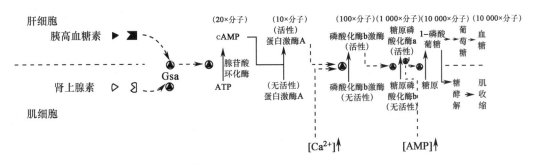

图 22-15　由激素信号引起的糖原降解途径

(二) 糖原合酶的调节机制

糖原合酶和磷酸化酶相似,在生理条件下也以磷酸化和去磷酸化的形式受到别构调节。只是其磷酸化的是无活性形式称为糖原合酶 b,非磷酸化的是活性形式称为糖原合酶 a。这正好与磷酸化酶 a 和 b 的情况相反。糖原合酶有各种残基可被磷酸化。已知至少有 11 种的蛋白激酶可使其磷酸化。最重要的调节激酶是**糖原合酶激酶 3**(glycogen synthase kinase 3,GSK3)。它将磷酸基团分别加到糖原合酶分子的 3 个丝氨酸残基上,产生强烈的抑制作用。但是 GSK3 的作用受到严格的控制,它的作用只能在酪蛋白激酶 Ⅱ(casein kinase Ⅱ,CK Ⅱ)先结合到糖原合酶分子上以后才能行使。因此,GSK3 必须"引发(priming)"才起作用。糖原合酶 b 在生理条件下几乎是完全没有活性的。肝中糖原合酶 b 通过磷蛋白磷酸酶-1(PP1)的去磷酸化作用使其活化。6-磷酸葡糖结合到糖原合酶 b 的一个别构部位,使酶更容易被 PP1 去磷酸化而激活。与葡萄糖调节糖原磷酸化酶活性相似,6-磷酸葡糖可作为糖原合酶的传感器。肌肉中的磷酸酶可能不同于肝。未磷酸化的糖原合酶受到包括磷酸化酶激酶和 PP1 在内的双重环的级联调控(图 22-16)。

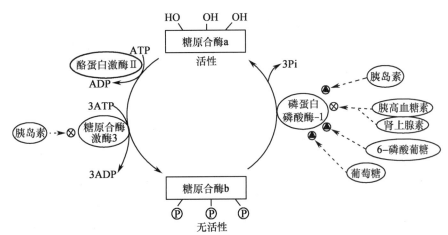

图 22-16　糖原合酶的调节

胰岛素对糖代谢的作用主要是刺激糖原的合成。它的作用途径主要是通过抑制 GSK3 的活性和刺激 PP1 的活性,使糖原合酶以无磷酸化、有活性的糖原合酶 a 的形式存在;同时,它使磷酸化酶激酶和磷酸化酶 a 由于去磷酸化而受到抑制。胰岛素和 6-磷酸葡糖通过提高 PP1 的活性引起糖原合酶去磷酸化,促进糖原的合成;胰高血糖素和肾上腺素通过抑制 PP1 的活性,使糖原合酶以磷酸化的形式存在,抑制糖原的合成。胰岛素的产生是血液中出现血糖升高信号时,由胰岛细胞分泌的。因此,上述的胰岛素对糖原合成的促进作用是在机体摄取的食物被消化后发生的。

（三）G 蛋白及其对激素信号的传递作用

G 蛋白（G protein）全名是 GTP-结合蛋白（GTP-binding protein）,它既与 GTP 结合也与 GDP 结合,是一类信号传递蛋白（signal-transducing protein）,一般由三个不同亚基（α、β、γ）构成异（源）三聚体（heterotrimer）。G 蛋白有许多种,它们的作用各不相同,即有不同的专一性。例如,具有激活作用的 G 蛋白用 G_s 表示（stimulatory G protein）,具有抑制作用的 G 蛋白用 G_i 表示（inhibitory G protein）等。

G 蛋白可广泛地传递由不同激素-受体复合物传来的信号,作用于同样的效应器（effector）,调节其活性。不同类型的细胞以不同的受体结合不同的激素,却诱导激活同样的腺苷酸环化酶。例如,胰高血糖素和肾上腺素结合到不同的受体上,都通过 G 蛋白激活腺苷酸环化酶而产生 cAMP,并由此引发出同样的代谢反应。

胰高血糖素和肾上腺素以及一些其他激素,都以其各自的受体与 G 蛋白中的 G_s 类型结合,并激活 G_s。

当 G_s 处于无活性状态时（未与激素受体结合）,其 α 亚基与 GDP 结合（$G_{s\alpha} \cdot GDP \cdot G_{\beta\gamma}$）,当激素结合到其受体上使受体激活后,$G_s$ 蛋白的 α 亚基发生构象变化,GDP 从 α 亚基上脱下,GTP 取代了 GDP 的位置与 α 亚基结合,同时 β、γ 亚基和 α 亚基分离。与 GTP 结合的 α 亚基即处于激活状态（$G_{s\alpha} \cdot GTP$）,随之又去激活其效应器分子——腺苷酸环化酶,即合成 cAMP。G 蛋白的催化作用是短暂的。因为其 α 亚基上还带有一个能水解 GTP 的 GTP 酶（GTPase）。该酶迅速从 GTP 分子上水解下 γ-磷酸基团,使 α 亚基又恢复到 $G_{s\alpha} \cdot GDP \cdot G_{\beta\gamma}$ 原状而失去活性。

腺苷酸环化酶被 $G_{s\alpha} \cdot GTP$ 激活后,因合成 cAMP 而使其浓度升高,cAMP 的浓度和 $G_{s\alpha} \cdot GTP$ 的浓度成正比关系。$G_{s\alpha} \cdot GTP$ 的浓度又与激素浓度及其与受体的结合密切相关。有关 G 蛋白的作用还将在其他有关章节中讨论。

（四）糖原累积症

糖原累积症（glycogen storage disease）种类很多,主要是由于缺失糖原代谢过程中的某种酶。这种病是由先天性遗传缺欠引起。现将已发现的几种主要糖原累积症其缺欠的酶种类、其受影响的器官及其中糖原含量的情况,糖原结构的情况以及临床症状等列表（表 22-1）如下。

表 22-1　几种遗传性糖原累积症

类型	疾病名称	缺欠酶	受损器官	受损器官糖原含量	糖原结构	临床症状
I 型	von Gierke 病	6-磷酸葡糖酶或运载系统的酶	肝、肾	增加	正常	肝及肾曲管细胞糖原大量沉积,严重低血糖,酮血,高尿酸血,生长发育受影响
II 型	Pompe 病	溶酶体内缺乏 α-1,4-葡糖苷酶	全部器官（全部溶酶体）	大量增加	正常	细胞溶酶体堆积糖原,心脏、呼吸衰竭,通常 2 周岁前致死,血糖正常
III 型	Cori-Forbes 病	脱支酶	全部器官特别是肌肉和肝	增加	外部链缺失或极短	和 I 型情况类似,病情较轻
IV 型	Andersen 病	分支酶（α-1,4→α-1,6）	肝及全部器官	无影响	长支多,分支少	肝进行性硬化,通常 2 周岁前死于肝功能衰竭

续表

类型	疾病名称	缺欠酶	受损器官	受损器官糖原含量	糖原结构	临床症状
V 型	McArdle 病	肌糖原磷酸化酶	肌肉	稍有增加	正常	肌肉痛性痉挛,无法从事剧烈运动,但病人生长发育正常
VI 型	Hers 病	肝糖原磷酸化酶	肝	增加	正常	低血糖,类似 I 型情况,但较轻
VII 型	Tarui 病	磷酸果糖激酶	肌肉	增加	正常	与 V 型相似
VIII 型	——	磷酸化酶激酶	肝	增加	正常	肝略增大,轻度低血糖
IX 型	——	糖原合酶	肝	下降	正常	糖原含量不足

提　要

　　糖原主要是肝和骨骼肌作为容易动员的能量贮存物质,肌肉中糖原的作用主要是供给其连续收缩时能量的不断需要,而肝中的糖原主要用于维持血液中葡萄糖的稳定水平。

　　糖原的降解主要由糖原磷酸化酶和糖原脱支酶联合作用。磷酸化酶从糖原分子的非还原末端依次移去葡萄糖单位。磷酸化(磷酸解)作用脱下的产物为 1-磷酸葡糖。磷酸化酶只能断开糖原分子的 α(1→4)糖苷键,不能断开 α(1→6)糖苷键。实际上在距分支点前 4 个葡萄糖残基处作用已经停止。脱支酶先转移分支点前 3 个葡萄糖残基,暴露出以 1→6 糖苷键与糖原分子相连的葡萄糖残基。1-磷酸葡糖由磷酸葡糖变位酶将其转变为 6-磷酸葡糖。吡哆醛磷酸参与糖原的磷酸解作用。在肝中 6-磷酸葡糖由 6-磷酸葡糖磷酸酶又转变为葡萄糖而进入血液。骨骼肌缺乏 6-磷酸葡糖磷酸酶,而将 6-磷酸葡糖纳入糖酵解及进一步氧化途径产生供肌肉收缩的能量。

　　UDP-葡萄糖由 UDP-葡糖焦磷酸化酶催化利用 UTP 和 1-磷酸葡糖合成。糖原合酶利用 UDP-葡萄糖作为底物合成糖原。糖原合酶每次催化一个葡萄糖残基以 α(1→4)糖苷键的形式加到糖原分子的非还原末端。糖原合酶只能起延长糖原链的作用。糖原起始合成需要一种引物。这种引物称为 glycogenin(生糖原蛋白或称糖原引物蛋白)。生糖原蛋白是一种具有 8 个以 α(1→4)糖苷键相连的葡萄糖单元的特殊蛋白质。由它形成糖原的核心,不断由糖原合酶往上延长糖基分子。糖原分子的分支是由分支酶实现的。分支酶将糖原链上的 α(1→4)糖苷键断裂并将断下的约 7 个葡萄糖残基的一段转移到同一个或其他的糖原分子比较靠内部的位置以 α(1→6)糖苷键予以连接。

　　糖原的降解和合成是完全不相同的两条途径。它们都受到严格而复杂的别构调节和激素调节。

　　磷酸化酶以活化的磷酸化酶 a 和无活性的磷酸化酶 b 两种形式存在。这两种形式在磷酸化酶激酶和 PP1 的作用下互相转变。在骨骼肌中,磷酸化酶 b 由于肌肉的紧张活动产生大量的 AMP 而被激活,活化后形成的磷酸化酶 a 使糖原降解。AMP 的作用又被高浓度的 ATP 和 6-磷酸葡糖取代而使酶在静息的肌肉中失去活性。在肝中,磷酸化酶 b 不受 AMP 浓度的影响。磷酸化酶 a 的活性受葡萄糖浓度的制约。只有当葡萄糖浓度低时方由糖原降解产生葡萄糖。糖原合酶以磷酸化形式,即无活性的 b 形式和去磷酸化的活性形式(a 形式)存在。高浓度的 6-磷酸葡糖可激活静息肌肉中的糖原合酶 b 从而刺激糖原的合成。但当肌肉处于收缩状态时,糖原合酶因 6-磷酸葡糖的浓度降低即失去活性。

　　肾上腺素在骨骼肌中刺激糖原降解。在肝,肾上腺素和胰高血糖素都刺激糖原的降解。激素与细胞质膜受体结合并通过 G 蛋白激活腺苷酸环化酶。腺苷酸环化酶催化由 ATP 合成 cAMP。cAMP 随即激活蛋白激酶 A、cAMP-依赖性蛋白激酶。蛋白激酶 A 又催化激活磷酸化酶激酶,后者又使磷酸化酶 b 磷酸化转变为磷酸化酶 a。蛋白激酶 A 同时使糖原合酶磷酸化而失去活性,亦即由糖原合酶 a 转变为糖原合酶 b。

　　当激素水平降低时,一方面由于已生成的 cAMP 被磷酸二酯酶分解为 5'AMP,从而停止对糖原降解的刺激作用;另一方面又由于磷酸化酶 a 去磷酸化转变为磷酸化酶 b,而使糖原降解停止。又由于 PP1 使糖原合酶去磷酸化而激活。

细胞溶胶中的 Ca^{2+} 水平可直接激活磷酸化酶激酶。磷酸化酶激酶的一个亚基实际上就是钙调蛋白。

胰岛素是胰岛 β 细胞的分泌激素,当血液中葡萄糖浓度升高时,胰岛素在血液中的浓度随之增高从而刺激糖原的合成。胰岛素首先和细胞质膜上的受体结合,受体的自身磷酸化作用使其酪氨酸激酶作用进一步激活,又通过胰岛素敏感蛋白激酶使 PP1 活化;一系列的级联系统使糖原合酶脱去磷酸基团而得到活化。

糖原累积症属遗传缺欠症,种类很多。患者遗传缺失糖原代谢中某种酶的后果造成组织中沉积大量的或结构不正常的糖原。

习　题

1. 写出糖原分子中葡萄糖残基的连接方式。

2. 糖原降解为游离的葡萄糖需要什么酶?

3. 糖原合成需要哪些酶?

4. 从"O"开始合成糖原需要什么条件?

5. 肾上腺素、胰高血糖素对糖原代谢怎样起调节作用?

6. 血糖浓度如何维持相对稳定?

7. 将一肝病患者的糖原样品与正磷酸、磷酸化酶、脱支酶(包括转移酶)共同保温,结果得到 1-磷酸葡糖和葡萄糖的混合物,二者的比值: $\dfrac{1\text{-磷酸葡糖}}{\text{葡萄糖}}=100$,试推测该患者可能缺乏哪种酶?

主要参考书目

1. Nelson D L,Cox M M. Lehninger 生物化学原理. 3 版. 周海梦,等译. 北京:高等教育出版社,2005.

2. Nelson D L,Cox M M. Lehninger Principles of Biochemistry. 6th ed. New York:W. H. Freeman and Company,2012.

3. 王琳芳,杨克恭. 医学分子生物学原理. 北京:高等教育出版社,2001:834-883.

4. Hames B D,Hooper N M,Houghton J D. Instant Notes in Biochemistry. Bios Scientific Publishers,1998:250-257.

5. Smythe C,Cohen P. The discovery of glycogenin and the priming mechanism for glycogen biogenesis. Eur. J. Biochem,1991,(200):625-631.

6. Fischer E H. Protein phosphorylation and cellular regulation Ⅱ. Angew. chem. Int. Ed. 1993,(32):1130-1137.

7. Krebs E G. Protein phosphorylation and cellular regulation I. Biosci. Rep,1993,(13):127-142.

（王镜岩　秦咏梅）

网上资源

习题答案　　　自测题

第23章 光合作用

光合作用（photosynthesis）可简单地概括为含光合色素（主要是叶绿素）的植物细胞和细菌，在日光下利用无机物质（CO_2、H_2O、H_2S）合成有机化合物（$C_6H_{12}O_6$），并释放氧气（O_2）或其他物质（如 S 等）的过程。在第 19 章我们曾看到葡萄糖氧化成 CO_2 和 H_2O 期间，细胞是如何形成 ATP（氧化磷酸化）的。本章将讨论绿色植物是如何进行光合作用的，包括捕光机制、光驱动电子流、ATP 形成（光合磷酸化）和 CO_2 固定等步骤。虽然讨论的重点放在植物叶绿体中的光合作用，但也将涉及某些细菌中的光合过程。因为对较简单的细菌光合系统的结构和功能的了解有助于在分子细节上追踪光能是如何转化为化学能的。此外还要讨论一下光呼吸和 C_4 途径。

一、光合作用的概况

（一）日光是地球上所有生物能的最终来源

光合作用是地球上进行的最大的有机合成反应。每天从太阳到达地球的能量约为 1.5×10^{22} kJ，其中约 1%[1]被绿色植物所吸收。光合生物利用吸收的太阳能合成 ATP 和 NADPH，进而用这些化学能从 CO_2 和 H_2O 制造碳水化合物，同时放 O_2 到大气中。需氧的异养生物（例如人类以及处于黑暗中的植物）利用这样形成的 O_2 把光合作用合成的富能有机产物（燃料，如葡萄糖）分解为 CO_2 和 H_2O，并产生 ATP 以供生命活动的能量之需。CO_2 返回大气被光合生物重新利用。因此，日光几乎[2]是地球上所有生物能的最终来源，也为 CO_2 和 O_2 经生物圈不断地循环提供驱动力（图 23-1）。保持光合生物和异养生物处于一个稳态平衡的生物圈中是维持地球上生态平衡的基础，也是人类可持续发展的基础。

太阳能转化为化学能经常使用 **CO_2 固定**（carbon dioxide fixation）这一术语来表示。据估计，每年地球上约有 10^{11} 吨 CO_2 被固定，其中三分之一主要是由海洋中的光合微生物固定的。因此人类开发利用海洋必须高度注意它的生态平衡问题。

虽然光合作用习惯上用 CO_2 固定来衡量，但是光能（更确切些说由它转化来的化学能）驱动光合细胞中的所有吸能过程，例如无机氮和硫同化成有机形式，它们代表跟绿色植物吸收光能紧密偶联的其他两类代谢转化。

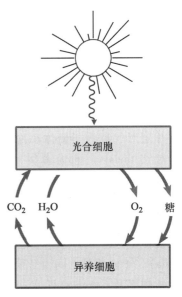

图 23-1 日光是所有生物能的最终来源

（二）光合作用的发现

在实践中人们很早就认识到植物需要光、水和空气。例如，在 6 世纪贾思勰的《齐民要术》中就有"槐，性扇地，其阴下，五谷不植"的说法，显然当时人们已懂得光对植物生长的意义。一般的教科书中把

---

18 世纪的英国化学家 J. Priestley 推为最先发现光合作用的人。1771 年他发现在密闭容器中蜡烛燃烧会"伤害"空气,致使空气不再能助燃,并使放在其中的小鼠窒息。如若在密闭容器中放入一枝薄荷,则"伤害的"空气又能助燃,并能维持小鼠生活;其结论是植物能够净化空气。然而 Priestley 未注意到植物净化空气必须照光,因此,他的实验有时成功(照光),有时失败(不照光)。这一矛盾直至 1779 年荷兰医师 J. Ingenhousz 才确定植物净化空气是依赖于光的,在暗处植物和动物一样会把好的空气变坏。

此后不久,空气的组成弄清楚了,O_2 代替了"净化的"空气,CO_2 代替了"伤害的"空气。1782 年瑞士牧师 J. Senebier 证明了植物在光照时吸收 CO_2,释放 O_2。随着植物学、化学和物理学的发展,实验技术由定性分析到定量测定,因此对光合作用的认识更加深化。在 18 世纪末到 19 世纪中叶这一阶段知道 H_2O 参与光合作用,被吸收的 CO_2 中的碳参与产物的组成,光合作用的产物是糖类,色素特别是叶绿素在这个过程中起着重要的作用,光是推动这个过程的能量来源,这个过程是一个贮能过程等。到了 1860 年左右,对植物中光合作用的认识可以用下面的方程式来概括:

$$CO_2 + H_2O \xrightarrow[\text{叶绿素}]{\text{光}} (CH_2O) + O_2$$

这是一个氧化还原反应,反应中 H_2O 是 CO_2 还原成糖类(CH_2O)的电子供体(以氢形式)。"光合作用"一词是 1897 年才首次出现在教科书上的。上述方程代表了半个多世纪的研究成果。虽然此后光合作用的研究有了很大的发展,取得许多新成果,但是此公式至今还在沿用,只是我们对它的认识内容比百年前详实多了。

(三) 光合作用的场所——叶绿体

虽然能进行光合作用的生物是多种多样的,但从简单的细菌到高大的乔木,它们的光合作用有着很多共同特点,其中重要的一点是光合作用都在膜上发生。在光合原核细胞中光合膜充满细胞内部,在光合真核细胞中光合膜位于称为**叶绿体**(chloroplast)(图 23-2)的大细胞器中。叶绿体是相关植物专一的细胞器家族——**质体**(plastid)——中的一个成员;质体有双层膜(内膜和外膜)包围,能自我繁殖,植物中的大多数生物合成活动都在这里进行。叶绿体的形状因植物种类不同而有很大的差别。特别是藻类差别更大,它们可以是板状、杯状或星状,例如,水棉(*Spirogyra*)的叶绿体是螺旋带状的。在高等植物中叶绿体一般为扁平的椭圆形或双凸透镜形,直径为 4~6 μm,厚为 2~3 μm。细胞中的叶绿体数目因物种、细胞种类和生理状况不同而异。在高等植物的叶肉细胞中一般含有 50~200 个叶绿体,藻类细胞通常只有一个大的叶绿体。

叶绿体的共同特点是一种内膜系统的组织形式,称为**类囊体膜**(thylakoid membrane)。类囊体膜被组织成许多**片层**(lamella),伸展在整个叶绿体中。这些片层形成称为**类囊体小泡**(thylakoid vesicle,来自希腊文 thylakos,意为囊袋)的扁平小囊或圆盘。类囊体小泡的直径为 250~800 nm,厚约为 10 nm,它们以垛叠(stack)的形式存在,称为**基粒**(granum)。一个叶绿体含有 40~60 个基粒,一个基粒由 5~30 个类囊体小泡组成。这些小泡也称基粒片层(grana lamella)。不同基粒之间由片层连接,这些片层穿过叶绿体的**基质**(stroma)即水相部分。这样,叶绿体就有 3 个膜和 3 个区室(图 23-2):外膜、内膜和类囊体膜;由膜隔开的 3 个含水区室,膜间隙(intermembrane space)、基质和类囊体小泡内的空隙,即所谓**类囊体腔**(thylakiod space 或 lumen)。

叶绿体像线粒体一样,外膜对小分子和离子是

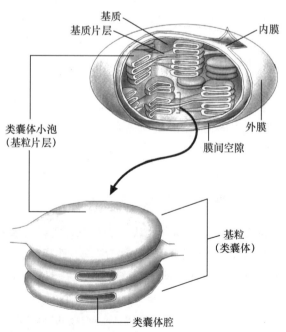

图 23-2   叶绿体解剖图

可通透的;内膜是叶绿体的通透性屏障,含有转运蛋白(transporter)即所谓透性酶(permease),能调节代谢物进、出细胞器。但内、外膜都不含叶绿素,不直接参与光合作用。类囊体膜具有高度特异的脂质组成,像线粒体的内膜,对多数的离子和分子是不通透的。光合作用在类囊体膜上进行,此膜含有许多内在膜蛋白质,捕获光能的叶绿素和其他辅助色素都结合在这些蛋白质上,形成镶嵌在膜上的叶绿素-蛋白质复合体。在下面我们会看到彼此相通并自成一体的类囊体腔在光能转换为ATP形成的过程中起着重要作用。内膜和类囊体之间的基质中含有碳同化所需的大量二磷酸核酮糖羧化酶以及其他酶类,CO_2固定反应就在这里发生。叶绿体像线粒体一样,在它的基质中有一个小基因组(一个环状DNA分子),编码它的某些蛋白质,并利用自己的酶和核糖体合成小基因组编码的蛋白质,表现出相当程度的自主性(autonomy)。但大多数的质体蛋白质仍是由核基因编码的,它们的转录和转译跟其他的核基因一样,所以也称叶绿体为半自主细胞器。

(四) 光合作用的总过程

1. 光合作用可分为光反应和暗反应两个阶段

1937—1939年英国学者R. Hill发现当含叶绿体的叶片提取液被照光时:①放出O_2,②还原了加入介质中的非生物电子接纳体(electron acceptor)。反应如下进行:

$$2H_2O + 2A \xrightarrow[\text{叶绿素}]{\text{光}} 2H_2A + O_2$$

式中A是人工电子接纳体或称 **Hill 试剂**,如Fe^{3+}、醌类、醛类和多种有机染料等。一种染料2, 6-二氯酚靛酚(2, 6-dichlorophenolindophenol),处于氧化态(A)时为蓝色,还原态(AH_2)时为无色,这使得反应容易被追踪:

氧化型 (蓝色)　　　　还原型 (无色)

当叶片提取液加上这种染料在无CO_2存在下照光时,则可观察到提取液由蓝色变为无色,并放出O_2;但置于暗处,则既无O_2放出也无染料被还原(仍为蓝色)。这类反应通称为 **Hill 反应**,它们在正常情况下是热力学上不利的,例如二氯酚靛酚(标准还原电势$E^{\ominus\prime}$为+0.22 V)作为氧化剂比O_2($E^{\ominus\prime}$为+0.82 V)要弱得多,因此平衡远向左边偏移。但 Hill 的发现表明,照光下的叶绿体能驱动热力学上不利的反应。Hill 反应导致数年后 S. Ochoa 发现生物体内这一电子接纳体(上式中A)是$NADP^+$($E^{\ominus\prime}$为-0.32 V)。更有意义的是 Hill 的发现第一次明确地把光合作用总过程区分为两个阶段:第一阶段是光依赖性反应或**光反应**(light reaction),它只有当植物被照光时才能发生;第二阶段是不依赖光的反应或所谓**暗反应**(dark reaction),它是受光反应的产物驱动的(图23-3)。因为把叶绿体悬浮液在无CO_2条件下照光,仍能放O_2,把照了光的叶绿体移到暗处并供给CO_2,即可观测到有净的己糖合成;所以放O_2和CO_2固定是可以暂时分开的,CO_2固定并不直接依赖光。光反应在类囊体膜上进行,叶绿素和其他色素吸收光能,使之转化为高能磷酸化合物

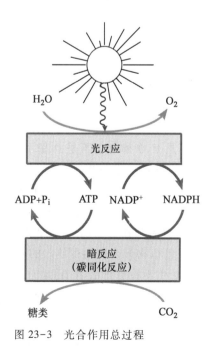

图23-3 光合作用总过程

（ATP）和还原力（NADPH），并放出 O_2。暗反应在基质中进行，利用光反应的产物（ATP 和 NADPH）将 CO_2 还原为三碳糖，并由三碳糖衍生为更复杂的糖类。必须指出，"暗反应"一词并不是指这些反应只在暗处才能发生，其意思只是强调此反应不要求光的直接参与，因此称它为 **碳同化反应**（carbon-assimilation reaction）或 **碳固定反应**（carbon-fixation reaction）更为恰当。其实，从整个过程来看，只有持续的照光，暗反应才能不断地进行。

2. 水是光合还原 $NADP^+$ 的最终电子供体

在绿色植物（和其他的放氧生物）中，水被用作光合产生还原力（reducing power）的最终电子供体（electron donar）。过程的反应式如下：

$$2H_2O + 2NADP^+ + xADP + xPi \xrightarrow{nh\nu} O_2 + 2NADPH + 2H^+ + xATP + xH_2O$$

这里 $nh\nu$ 代表光能（n 是能量 $h\nu$ 的光子的某一数，其中 h 是 Planck 常数，ν 是光的频率）。光能是为使热力学上有利的 H_2O 还原不利的 $NADP^+$（$\Delta E^{\ominus\prime} = -1.136\ V$；$\Delta G^{\ominus\prime} = +219\ kJ/mol\ NADP^+$）所必需的。因此光能的输入，$nh\nu$ 必须超过 $219\ kJ/mol\ NADP^+$。ATP 形成的化学计量决定于在那个细胞和那个时间运作的光合磷酸化（photophosphorylation）图式和以 ATP 产量表示的化学渗透比，ATP/H^+（见后面）。但是 CO_2 固定代谢途径的化学计量是一定的：

$$12NADPH + 12H^+ + 18ATP + 6CO_2 + 12H_2O \longrightarrow C_6H_{12}O_6 + 12NADP^+ + 18ADP + 18Pi$$

3. 光合作用的更一般化方程

20 世纪 30 年代，van Niel 对细菌光合作用进行比较研究后，提出光合作用总过程的更一般化的表示形式：

$$\underset{\text{氢接纳体}}{CO_2} + \underset{\text{氢供体}}{2H_2A} \xrightarrow{\text{光}} \underset{\text{还原态接纳体}}{(CH_2O)} + \underset{\text{氧化态供体}}{2A} + H_2O$$

在光合细菌中氢供体（hydrogen donar；也称给氢体）是多种多样的，例如，绿色和紫色硫细菌利用 H_2S、S 或 SO_3^{2-} 作为氢供体或电子供体；非硫细菌利用 H_2 或其他（如异丙醇、乳酸等）作为氢供体：

$$CO_2 + 2H_2S \xrightarrow[\text{硫细菌}]{\text{光}} (CH_2O) + 2S + H_2O$$

$$CO_2 + 2SO_3^{2-} + H_2O \xrightarrow[\text{硫细菌}]{\text{光}} (CH_2O) + 2SO_3^{2-} + O_2$$

$$CO_2 + 2H_2 \xrightarrow[\text{非硫细菌}]{\text{光}} (CH_2O) + H_2O$$

$$CO_2 + 2CH_3CHOHCH_3 \xrightarrow[\text{非硫细菌}]{\text{光}} (CH_2O) + 2CH_3COCH_3 + H_2O$$

van Niel 发现当 1 分子 CO_2 被同化时，有 2 分子 H_2S 变成了硫；其他光合细菌进行的光合作用也有类似的化学计量关系。可见，光合细菌也是利用光能裂解氢供体，把 CO_2 还原为有机物；与绿色植物不同之点，只是氢供体不是 H_2O，释放的不是 O_2 罢了。事实上，细菌的光合作用与绿色植物的光合作用在进化上是有联系的。属于原核生物的 **蓝细菌**（cyanobacteria），它的光合类型与高等植物的相同，也以 H_2O 作为氢供体，释放 O_2。某些绿藻（真核生物）本来的光合作用与高等植物一样，光解 H_2O，释放 O_2，但在无氧条件下培养数小时后，它们也能变成细菌型的光合作用，利用 H_2 还原 CO_2，而不放 O_2，但一旦遇上 O_2 又立即恢复原来的类型。

4. 光合作用放出的 O_2 全部来自氢供体 H_2O

绿色植物光合作用中放出的 O_2 究竟来自 CO_2 还是 H_2O 的问题，细菌光合作用的研究所提供的间接证据证明，O_2 来自氢供体 H_2O，正如 S 来自 H_2S。1941 年 S. Ruben 和 M. Kamen 用 ^{18}O 标记的 H_2O 和 CO_2 的同位素标记实验给出了直接证据。发现放出的 O_2 中没有一个氧原子是来自 CO_2 的，它们全由氢供体 H_2O 提供：

$$C^{18}O_2 + 2H_2O \xrightarrow{\text{光}} (CH_2^{18}O) + H_2^{18}O + O_2$$

$$CO_2 + 2H_2^{18}O \xrightarrow{\text{光}} (CH_2O) + {}^{18}O_2 + H_2O$$

约占地球大气20%的O_2就是地球上的藻类(许多是单细胞)、高等植物以及蓝细菌在漫长的岁月中光合作用产氧的直接结果。

（五）光合作用所需的光是可见光

1. 光具有波粒二象性

人们获得关于光本质的现代认识,从17世纪牛顿(I. Newton)提出微粒说算起至少也有300多年历史了。目前公认,光具有两重性:波动性和粒子性,即波粒二象性(wave-particle duality)。在一些情况下,光是在空间和时间上以正弦方式振动的一种电磁场(图3-12),在另一些情况下光又是一粒一粒地以光速运动的粒子流。

1900年普朗克(M. Planck)在解释黑体热辐射实验现象时,提出了量子假说。假说的中心思想是辐射能不是连续的,而是以独立的小包(pocket)形式出现。"**量子**(quantum)"一词就是指这些能量小包。这种小包是能量的最小单元,也称为能量子,ε;其大小与辐射频率成正比,即:

$$\varepsilon = h\nu = hc/\lambda$$

此式称为Planck方程。式中h为Planck常数(6.626×10^{-34} J·s 或 4.135 eV·s);ν为频率,单位 s^{-1};c为光速(3.00×10^8 m/s);λ为波长,单位 m。认为辐射物质中能量变化是量子化的,也即发射或吸收辐射能必须是$h\nu$的整数倍(ε、2ε、$3\varepsilon \cdots n\varepsilon$),并且是一份一份地按不连续方式进行的。

1905年爱因斯坦(A. Einstein)在解释光电效应实验现象时,以普朗克量子假说为基础,提出了光子说。认为光是由系列称为光子的能量小包组成,因此光子(photon)就是光能的量子或**光量子**(light quantum)。每一光子的能量也是$\varepsilon = h\nu$,不同频率的光子具有不同的能量。因为频率与波长成反比,所以短波长的光具有更高的能量。一个具有足够能量的光子($h\nu$)被物质中的一个电子吸收时,一部分能量消耗于从物质的束缚中逸出电子所作的外逸功(A),剩余部分的能量转换为外逸电子(称为光电子)的动能($\frac{1}{2}mv^2$)。因此:

$$h\nu = \frac{1}{2}mv^2 + A$$

此式称为爱因斯坦光电效应方程。

2. 光合作用所需的光在可见光光谱范围

顾名思义光合作用是在太阳能推动下进行的。太阳是一个热核装置,它的内层温度高达数百万度,在这里发生巨大的热核聚变。核聚变释放的巨大能量使太阳表面温度维持在6 000 K左右。太阳辐射出电磁光谱的所有成分,但能穿过地球大气层的只有部分红外线、部分紫外线和全部可见光(图23-4)。大部分紫外线被大气层上部的臭氧所吸收,使得地球上的生物免受紫外辐射的伤害。

电磁辐射的速度都是2.998×10^8 m/s,即光速c。但每种辐射的波长是不同的,例如,X射线小于10^{-8} m,而无线电波则在10 m以上,可见光的范围为380~750 nm。光合作用所需的光谱正在可见光范围内。

3. 可见光光谱的能级

光合作用也和一般的光化学反应一样,遵循爱因斯坦的光化学当量定律。如果一个分子只有吸收一个光子的能量($h\nu$)之后才能发生反应,那么1 mol化合物必须吸收N(阿伏伽德罗常数,6.022×10^{23})个光子的能量($Nh\nu$)以启动反应。N个光子,即1 mol光子,称为1 einstein(爱因斯坦);一个einstein的能量$E = Nh\nu$。**光子**和**爱因斯坦**(einstein)都是光化学中使用的光能单位。

根据Planck方程可算出各波长光的能量。例如,可见光红光$\lambda = 700$ nm,它的1个光子的能量$\varepsilon = hc/\lambda = [(6.626 \times 10^{-34}$J·s$)(300 \times 10^8$ m/s$)]/(700 \times 10^{-9}$m$) = 2.84 \times 10^{-19}$J;1个einstein光子的能量$E = N\varepsilon = (2.84 \times 10^{-19}$J/光子$) \times (6.022 \times 10^{23}$光子/einstein$) = 17.1 \times 10^4$ J/einstein 或 1.77 eV/光子(1 eV$ = 1.602 \times 10^{-19}$ J)。

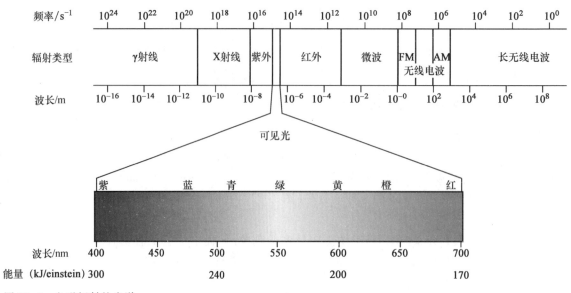

图 23-4 电磁辐射的光谱

可见光紫端 $\lambda = 400$ nm,能量为 29.93×10^4 J/einstein 或 3.10 eV/光子。由此可知,1 mol 可见光的能量约为 $170 \sim 300$ kJ,这几乎比从 ADP 和 Pi 合成 1 mol ATP 所需的能量(30.5 kJ/mol)大一个数量级。

二、叶绿素的光反应性:光吸收

(一) 叶绿素吸收光能供光合作用之需

叶绿素(chlorophyll,Chl)是深绿色的集光色素(light-harvesting pigment)或吸光色素的总称。高等植物和藻类中存在 5 种结构上差别很小的叶绿素,称叶绿素 a、b、c、d 和 e。其中最主要的是叶绿素 a,存在于所有的放氧生物(包括蓝细菌)中。不放氧的光合细菌则含有另一类叶绿素,称为**细菌叶绿素**(bacteriochlorophyll,Bchl)。叶绿素 b 存在于高等植物和绿藻(包括眼虫藻)中。硅藻和褐藻中不存在叶绿素 b,代之以叶绿素 c。红藻中含叶绿素 d。从另两种藻中分离到叶绿素 e。在所有的光合细菌中都含有细菌叶绿素 a,紫色光合细菌如红假单胞菌(*Rhodopseudomonas viridis*)中尚含细菌叶绿素 b。此外还有其他类型的细菌叶绿素存在。

图 23-5A 表示出几种主要类型的叶绿素结构。叶绿素是含镁的四吡咯衍生物,其基本结构与含铁的卟啉化合物血红素(图 4-1)相似,它们都是由原卟啉Ⅸ通过生物合成形成的(第 26 章)。叶绿素在结构上有 4 点与血红素不同:① 在叶绿素分子的共轭环中心被配位的是镁而不是铁;② 连接吡咯环Ⅲ和环Ⅳ的亚甲基桥被取代并与环Ⅲ交联,导致环Ⅴ的形成(为叶绿素所特有),环Ⅴ上有一个羰基和一个甲氧甲酰基(carbomethoxy);③ 在叶绿素 a 和 b 中,其中的一个吡咯环(环Ⅳ)由于加入两个氢而被还原,在细菌叶绿素 a 中,有两个环(环Ⅱ和环Ⅳ)被还原;④ 环Ⅳ的丙酰基侧链被多萜醇(见图 10-24)酯化,在叶绿素 a、b、c 和 d 中多萜醇是**叶绿醇**(phytol),细菌叶绿素 a 中或是叶绿醇或是**牻牛儿牻牛儿醇**(geranylgeraniol),这取决于细菌的种类。叶绿素由于带有长的多萜醇基,使之不溶于水,只溶于乙醇、丙酮、乙醚等有机溶剂。

叶绿素分子中围绕 Mg^{2+} 的是由 5 个杂环构成的一个单、双键交替(共轭系统)的环状多烯结构,在此多烯环面的上下具有离域的 π 电子。π 轨道中电子状态之间的能量差相当于可见光光子的能量,也即两个分子轨道之间的能量差与可见光的能量 $h\nu$ 相当。被吸收的光能用于激发一个电子从一个 π 轨道跃迁到另一个能级较高的 π^* 轨道,因而提高该电子(π^* 电子)向一个适当受体转移的转移势。这种光激发的高压电子传递过程是一个氧化还原反应。净结果是光能转换为氧化还原反应的化学能。因此,叶绿素在光谱的可见光区具有强烈的光吸收,有非常高的摩尔吸光系数 ε(量纲为 $L \cdot mol \cdot cm$),例如,菠菜叶绿素

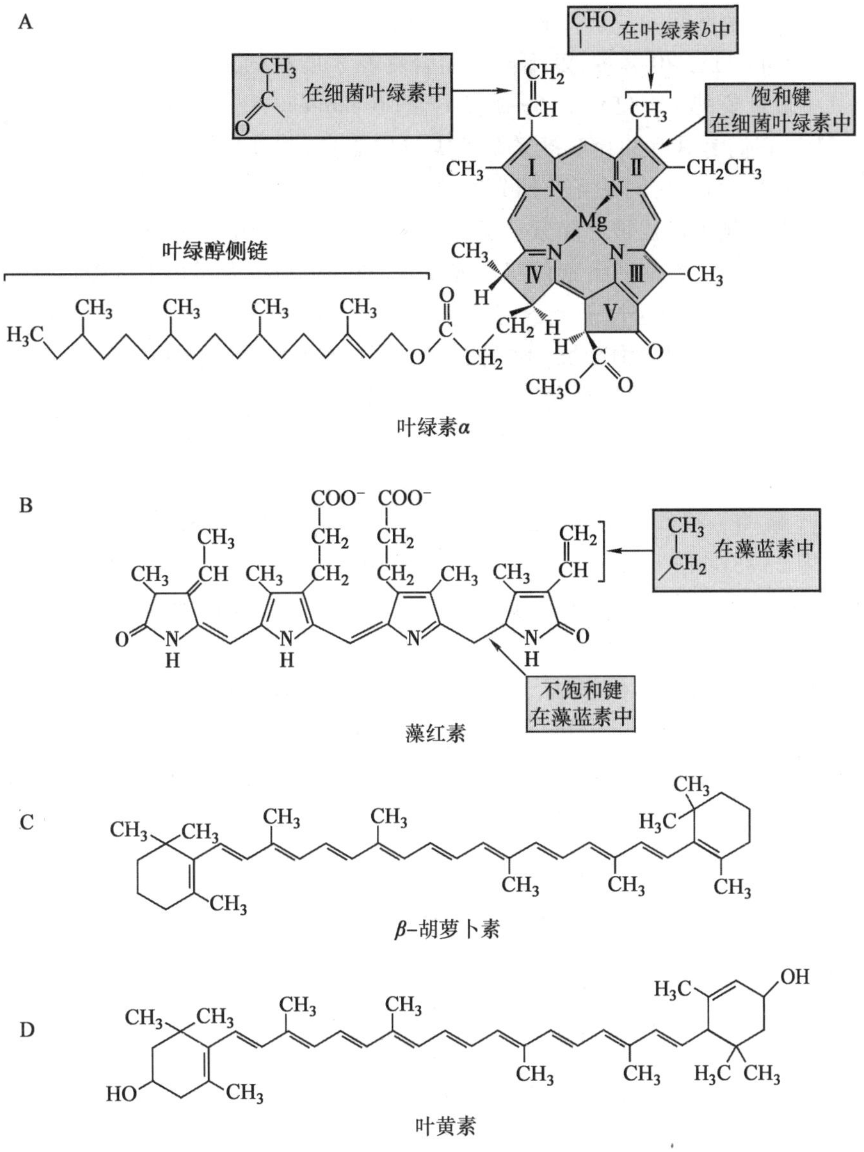

A

[在细菌叶绿素中] CH₃—C=O

CH₂=CH

[CHO 在叶绿素b中]

CH₃

[饱和键 在细菌叶绿素中]

叶绿醇侧链

图 23-5　光合色素的结构

叶绿素a

B

藻红素

[在藻蓝素中] CH₂=CH / CH₃—CH=CH₂

[不饱和键 在藻蓝素中]

C

β-胡萝卜素

D

叶黄素

a 在乙醚中 $\varepsilon = 8.63\times10^4(\lambda = 662\ nm)$，$\varepsilon = 11.2\times10^4(\lambda = 428\ nm)$，菠菜叶绿素 b 在乙醚中 $\varepsilon = 5.61\times10^4$ $(\lambda = 644\ nm)$，$\varepsilon = 15.9\times10^4(\lambda = 452\ nm)$，因此光合作用期间特别适于吸收可见光。

高等植物总是含有叶绿素 a 和 b 两种,含量约为 $2:1$。虽然二者均呈绿色,但它们的吸收光谱仍有差别(图 23-6)。这种差别使它们在可见光区内吸光范围彼此互补,因而拓宽了被吸收的入射能谱。

(二) 辅助集光色素扩展光吸收的范围

除了叶绿素外,集光色素还有类胡萝卜素和藻胆素(某些生物中)。这两类色素和除叶绿素 a 以外的其他叶绿素(b、c、d 等)统称为**辅助[集光]色素**(accessory pigment)。而把叶绿素 a(和细菌叶绿素)列为**主要色素**(primary pigment)。分成主要色素和辅助色素的根据是,叶绿素 a(或细菌叶绿素)吸收最红光端的光,也即主要色素所需的激发能最小。因此从能量角度看,辅助色素收集的光能可以传给主要色素;换言之,叶绿素 a(或细菌叶绿素)分子可作为能量"陷阱"(trap),接受来自吸收了光子的辅助色素分子迁移过来的某种形

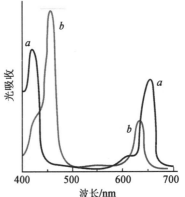

图 23-6　叶绿素 a 和叶绿素 b 的光吸收曲线

式的能量如**激子**(exciton,激发能的量子),直至参与光化学事件。

类胡萝卜素(carotenoid)有 70 多种,以不同的组合存在于所有的光合细胞中。类胡萝卜素可以是黄的、红的或紫的,其中最重要的是橙红色的 **β-胡萝卜素**(β-carotene;图 23-5C)和黄色的**叶黄素**(lutein 或 xanthopyll;图 23-5D),它们是具有共轭双键系统的类异戊二烯(第 13 章)。类胡萝卜素色素吸收不被叶绿素吸收的那些波长的光,因此它们是互补的光受体。

这类色素在叶子中的颜色往往被叶绿素所掩盖,但在深秋季节,叶绿素被破坏后,叶子就显露出它们特有的红、橙、黄的壮丽色彩。类胡萝卜素的吸收光谱在 400~500 nm 范围(图 23-9),吸收的光能可传递给叶绿素 a,用于启动光化学反应。此外,强光下这类色素在保护细胞免遭 O_2 损伤中起重要作用。在光下形成的激发态三线态叶绿素分子,相对寿命较长,不易回复到基态,但当与三线态分子氧(基态)相遇,则很容易使三线态叶绿素分子回到基态,而 O_2 被激发成单线态。单线态 O_2 是一种自由基,对生物体毒性很大。类胡萝卜素能够在三线态叶绿素与 O_2 反应之前就使三线态叶绿素淬灭,同时还能淬灭单线态 O_2。这些淬灭都涉及将类胡萝卜素提高到它的激发态三线态,其能级低于单线态 O_2,并能无伤害地衰变回基态。

蓝细菌(旧称蓝绿藻)和红藻使用**藻胆素**(phycobilin)如**藻红素**(phycoerythrobilin)和**藻蓝素**(phycocyanobilin)(图 23-5B)作为集光色素,在光合作用中起叶绿素 a 的辅助色素作用,所吸收的光能几乎以 100% 的效率传递给叶绿素 a,并优先用于光系统 Ⅱ(见后面)。藻胆素是开链的四吡咯衍生物,具有叶绿素中的共轭多烯系统,但已不是大环结构,也不含 Mg^{2+} 中心。

藻胆素与专一的结合蛋白质共价连结,形成**藻胆蛋白质**(phycobiliprotein)。与藻蓝素和藻红素相应的藻胆蛋白质有**藻蓝蛋白**(phycocyanin,PC)和**藻红蛋白**(phycoerythrin,PE),此外还有一种别藻蓝蛋白(allophycocyanin,AP)。这些藻胆蛋白质缔合成高度有序的复合体,称为**藻胆体**(phycobilisome)(图 23-7)。藻胆体是很大的集装体,含有数百个单体(藻胆蛋白质),M_r 可达数百万。藻胆体结合在类囊体膜的外侧,它是这些微生物中的主要集光结构。

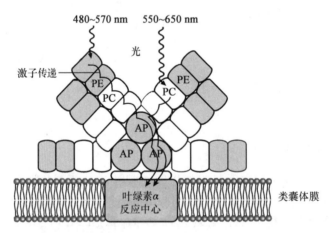

图 23-7 藻胆体的结构

被 PE(藻红蛋白)或 PC(藻蓝蛋白)吸收的光子能量通过别藻蓝蛋白
(AP)传递到反应中心的叶绿素 a

实验测定不同颜色光在促进光合作用方面的效率给出**作用光谱**,它经常被用来鉴定负责光的生物效应的主要色素(图 23-8)。通过捕获不被其他生物所利用的光谱区的光,一个光合生物可以要求有一个独特的生态位(niche)。例如蓝细菌和红藻中的藻胆素(phycobilin)主要吸收 520~630 nm 的光(图 23-9),允许它们占据已被生活在它们上面水中的其他生物的色素或水本身滤去了较低或较高波长光的生态位。

(三) 叶绿素分子在膜上被组织成光合单位

20 世纪 30 年代初,R. Emerson 和 W. Arnold 研究了入射光的量子数(光强度)、存在的叶绿素量和被照光小球藻(chlorella)的放氧量之间的关系,试图测定每一光量子引起的电子转移数(或放氧分子数),即**光合作用的量子产额**(quantum yield of photosynthesis)。他们用重复的短暂闪光激发小球藻悬浮液并测

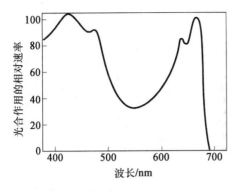

图 23-8　光合作用的作用光谱

光谱图是使用氧电极技术测定丝状光合藻的 O_2 产生获得的;表示在不同波长的恒定光子数照射下光合作用的相对速率。通过跟吸收光谱的比较,可以揭示哪些色素能够把能量引入光合作用

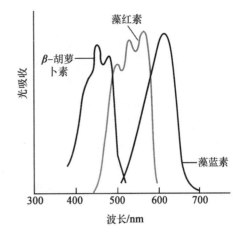

图 23-9　β-胡萝卜素、藻红素和藻蓝素的光吸收曲线

量其放氧量时,发现在 25℃ 时,为了使每次闪光的产氧量达到最高值,在二次闪光之间需要有 20 ms 的黑暗时间。当闪光之间的暗周期小于 20 ms 时,每次闪光的产氧量会降低。这意味着每次闪光生成一种产物,而这种产物必须在第二次闪光到来之前被利用掉。如果第二次闪光到达太早,则吸收的能量主要以热和荧光形式散失。Emerson 和 Arnold 测得了闪光暗周期最佳时的每次闪光的产氧量。但结果使他们感到意外:虽即使用足够强度(至少能使每个叶绿素分子激发一次)的短暂闪光照射,仍约每 2 500 个叶绿素分子才放出一个 O_2 分子。此结果表明不是所有的叶绿素分子都具有光化学反应性的。根据前面的光合作用总方程的化学计量关系算得:每还原一个 CO_2 分子和释放一个 O_2 分子,2 500 个叶绿素分子需要吸收 8 个光量子,进行 8 次光化学反应。平均每 300 个叶绿素分子吸收一个光量子,发生一次光化学反应。因此发展出光合作用是在功能上独立的单位中发生的概念。

光合单位(photosynthetic unit)或**光[合]系统**(photosystem)是一个由 100~300 个叶绿素和其他色素分子组成的天线系统(集光系统)加上一个由一对特殊的叶绿素 a 分子组成的**光化学反应中心**(photochemical reaction center)。例如,在菠菜叶绿体中每个光系统含有 200 个叶绿素分子和 50 个类胡萝分子。一个光合单位中所有的色素分子都能吸收光子,并通过激子转移或共振转移(见下面)快速而有效地把它汇集到反应中心(作用中心),但只有很少几个叶绿素分子参与反应中心,专门负责把汇集来的光能转换为化学能(图 23-10)。因此大多数叶绿素和辅助色素只起一个大的集光天线作用。在此意义上说,大多数叶绿素 a 分子也是一种"辅助色素"。光化学事件发生

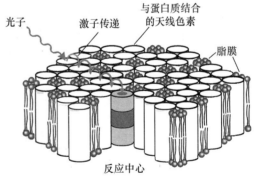

图 23-10　光合单位的结构

在反应中心,在这里叶绿素被氧化成一个**阳离子自由基 Chl·⁺**,其性质作为电子接纳体具有重要的光合作用后果。注意,在这些氧化还原反应中 Mg^{2+} 的价数没有变化。

(四) 叶绿素通过共振(或激子)传递把吸收来的能量汇集到反应中心

当光合色素分子吸收了一个适当能量的光子后,该分子中的一个电子将从低能级提升到一个高能级。这是一个全或无的事件:被吸收的光量子必须含有与电子(e^-)跃迁的能量精确匹配的能量。吸收了一个这样的光子的色素分子转变为**激发态**(excited state),它一般是不稳定的。被提升到高能轨道的电子通常很快回复到低能轨道,激发态分子衰变为稳定的(能量最低)**基态**(ground state),被吸收的量子激发能(excitation enegegy)将以热或光散失或用它做化学功:① 能量通过重新分配给色素分子内部

的原子振动以热散失;② 能量以**荧光**散失,当 e^- 回落到低轨道时,发射荧光光子;但这种情况只见于饱和光强度。由于热力学上的原因(部分激发能消耗于色素分子内的振动),发射的光子(荧光)与激发的光子(吸收的光)相比,波长较长,能量较低;③ 能量通过共振传递或激子传递从一个激发态色素分子转移给邻近的基态色素分子,后者以同样方式继续转移能量直至到达光合反应中心。

共振[能量]传递(resonance energy transfer)和激子传递(exciton transfer)两者相似但又有不同。利用它们实现能量传递的条件是作为供体和受体的色素分子(激发态和基态)之间的能级之差应与激发能的量子相当。**共振传递**是被光激发的分子中高能 e^- 的振动诱导受体分子中的一个电子振动(共振),当原来供体分子中的高能 e^- 返回基态时,受体分子中的这一电子转变为高能态。这种传递机制是 Förster 在 20 世纪 40 年代最先提出的。共振传递是一种非辐射过程,不涉及光子的发射和吸收;共振传递与色素分子之间的距离有关,它适用于长距离(>2 nm)和弱相互作用,能量的供体和受体可以是同种色素分子,如在叶绿素 a 之间,传递效率几乎 100%;也可以是异种的,如在辅助色素和叶绿素 a 之间。**激子传递**是色素分子中被光激发的高能电子在返回原来轨道时发出激子,激发相邻分子中的一个电子,使之成为高能态。这种传递发生在同种色素分子之间,并且仅适用于短距离(<2 nm)和强相互作用的情况。

能量转换(energy transduction)是当激发能传递到反应中心的特殊叶绿素 a 分子对的一个分子时,此分子中的一个电子被提升到高能轨道,显著地改变了这个叶绿素分子的标准还原势 $E^{\ominus\prime}$,成为一个更加有效的电子供体(图 23-11)。也即,因光吸收而具有高能电子的激发态分子是一个很强的电子供体。这个激发态电子供体与它附近的电子接纳体反应,导致光能转换为化学能(还原力,电子传递反应的电势)。光能转化或转换为化学能是光合作用的实质。

叶绿素总是与专一的结合蛋白质缔合,以**集光复合体**(light havesting complex, LHC)的形式存在。在集光复合体中的叶绿素分子与游离的叶绿素分子在光吸收性质上有所区别。被提取的叶绿素分子在体外被光照后,吸收的能量很快地以荧光和热被释放。但完整叶片中的叶绿素分子(或其他天线分子)受光激发后,几乎观察不到荧光现象,而是受激发的叶绿素分子(分子 1)把光能直接传递给邻近的天线分子(图 23-11,步骤❶)。后者(分子 2)变为激发态,而分子 1 返回到基态(步骤❷)。借共振(或激子)传递机制能量传递延续到第 3 个、第 4 个……相继的天线分子,直至光化学反应中心叶绿素 a 分子特殊对的一个分子(基态 Chl)被激发。也即激发态 Chl* 中一个电子被提升到高能轨道(步骤❸)。然后此电子被传递给附近的接纳体分子,后者是电子传递链中的一个成员。反应中心的叶绿素 a 分子变成阳离子自由基 Chl˙⁺(步骤❹),也即具有一个空轨道("电子空穴",图中用+标示),而电子接纳体获得一个负电荷。反应中心叶绿素 a 失去的电子被来自邻近的电子供体的一个电子所取代(步骤❺),而电子供体变成荷正电。这样,光的激发引起电荷分离,启动了氧化还原链的电子流。

三、光驱动的电子流:中心光化学事件

光合作用期间植物叶绿体中的光驱动电子传递是由类囊体膜中的多酶系统完成的。光合作用机制的现代概念来自植物叶绿体和各种细菌和藻类的综合研究。细菌光合复合体分子结构的 X 射线晶体学测定给了我们对光合作用的分子事件很多新的了解。

(一) 光合细菌只有两种类型反应中心中的一种

在发现真核光合细胞的反应中心色素 P700 和 P680 之前,1952 年 L. Duysens 借差光谱法(第 5 章)发现用 870 nm 波长光照射一种称为深红色红螺菌(*Rhodospirillum rubrum*)的紫色[非硫]细菌时,引起该波长的光吸收暂时性降低,也即一种色素被 870 nm 光所"漂白"(退色)。后来(1956 年)B. Kok 和 H. Witt 的研究表明植物叶绿体色素也能被 680 nm 和 700 nm 的光漂白。而且,(非生物的)电子接纳体[Fe(CN)₆]³⁻(高铁氰化物)的加入在无光照下也能引起这些波长处的色素被漂白。这些发现说明色素的漂白是由于光化学反应中心丢失电子。这些色素根据最大的漂白波长被命名为 P870、P680 和 P700。

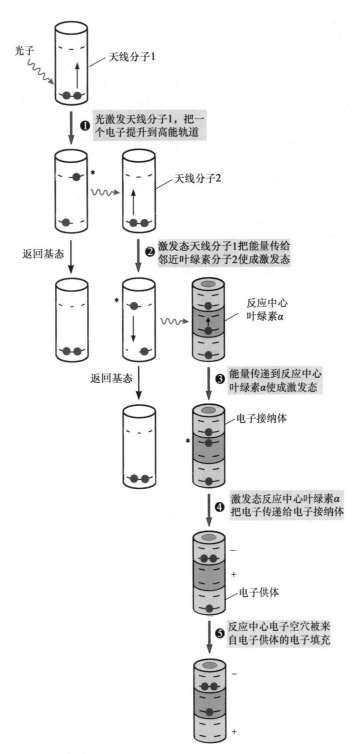

图 23-11　共振（或激子）传递和电子传递

此图说明被吸收的光子引起反应中心的电荷分离。图中步骤❶和❷可在相继
的天线分子之间重复直至到达反应中心；星号 * 表示分子的激发态

光合细菌有着比较简单的光转换机构，它只含两种通用类型的反应中心中的一种。类型Ⅱ（存在于
紫色细菌中）是把电子通过**褐藻素**或称**脱镁叶绿素**（pheophytin；一种失去中心 Mg^{2+} 离子的叶绿素）传递给
醌。类型Ⅰ（存在于绿色硫细菌中）是把电子通过醌传递给铁硫中心。蓝细菌、藻类和高等植物具有两种
光系统（PSⅡ和 PSⅠ），每种都以串联方式起作用。生物化学和生物物理的研究已揭示出细菌反应中心
的许多分子细节，因此被用作植物的更复杂光转换系统的原型。

1. 脱镁叶绿素–醌型反应中心（Ⅱ型反应中心）

紫色细菌中的光合机构由 3 个基本模件（或模块）（module）组成（图 23–12）：① 一个单反应中心（P870），包括围绕它的天线色素系统；② 细胞色素 bc_1 电子传递复合体，它与线粒体电子传递链的复合体Ⅲ相似；③ ATP 合酶（ATP synthase），它也与线粒体的 ATP 合酶相似。光照射驱动电子经过脱镁叶绿素和醌到达细胞色素 bc_1 复合体；通过此复合体后，电子经细胞色素 c_2 返回反应中心，恢复到照光前状态。这种光驱动的循环式电子流为细胞色素 bc_1 复合体泵送质子提供能量。在生成的质子梯度推动下，模件 ATP 合酶产生 ATP，这与线粒体中的情况完全一样（见第 19 章）。

（1）**紫色细菌反应中心的三维结构**　紫色细菌，如绿色红假单胞菌（*Rhodopseudomonas viridis*）和球状红色杆菌（*Rhodobacter sphaeroides*）的反应中心三维结构已根据其 X 射线晶体学资料解得，阐明了脱镁叶绿素–醌（Ⅱ型）反应中心的光转换是如何进行的。*R. viridis* 光系统的反应中心是一个大的蛋白质复合体（M_r $145×10^3$），含 4 个多肽亚基和 13 个辅基或辅因子（图 23–13A，B）。这 4 个多肽亚基分别标为 L（273 个氨基酸残基）、M（323 个残基）、H（258 个残基）和 c 型细胞色素（333 个残基）。L 和 M 亚基每个都由 5 个跨膜的 α 螺旋段组成。H 亚基只含一个跨膜 α 螺旋段，此蛋白质的大部分形成一个球状结构域，处于胞质中（图 23–13）。c 型细胞色素亚基的 N 端氨基酸是 Cys。c 型细胞色素是通过与此 Cys 残基以硫醚键连接的二脂酰甘油上两个脂酰基的疏水链被锚定在膜周质面上（图 23–13C）。13 个辅基是：L 和 M 每个含 2 个细菌叶绿素分子（BChl）和 1 个细菌脱镁叶绿素分子（BPheo）；L 还有 1 个结合的醌分子 Q_A（甲基萘醌），M 含 1 个结合的醌分子 Q_B（泛醌）；L 和 M 一起与一个非血红素 Fe 原子配位；c 型细胞色素亚基含 4 个血红素基。反应中心的光化学活性分子是 **P870**，由 2 个细菌叶绿素分子组成，一个由 M，另一个由 L 供给（图 23–13A）。

（2）**紫色细菌光化学反应中心的电子传递**　*R. viridis* 反应中心的辅基（P870、BChl、Bpheo 和结合醌）在空间上彼此关系是固定的，这有利于光合 e^- 的传递。细菌脱镁叶绿素–醌中心的物理学研究，包括利用短闪光引发光转换和各种分光光度技术追踪通过几个载体的电子流。标为 $(BChl)_2$"特殊对"的一对细菌叶绿素分子是细菌反应中心中起始光化学的部位。如图 23–13B 所示，反应中心的电子传递速度是极快的，在皮秒（ps；$1\ ps = 10^{-12}s$）到微秒（μs）的数量级。照光时，光子被反应中心周围的天线叶绿素分子中的一个所吸收，能量通过激子传递到达反应中心。当这两个细菌叶绿素分子——它们结合得很紧密以致成键轨道是重叠的——吸收一个激子，$(BChl)_2$ 的氧化还原电势移动相当于该光子的能量，使这一特殊对成为很强的电子供体。$(BChl)_2$ 供出一个电子经邻近的细菌叶绿素单体（BChl）到达细菌脱镁叶绿素分子（BPheo）。这里产生两个自由基，一个荷正电的（叶绿素特殊对），一个荷负电的（脱镁叶绿素）：

$$(BChl)_2 + 1\ 激子(h\nu) \longrightarrow (BChl)_2^* \qquad\qquad （激发）$$

$$(BChl)_2^* + BPheo \longrightarrow (BChl)_2^{\cdot+} + BPheo^{\cdot-} \qquad （电荷分离）$$

脱镁叶绿素自由基现在将它的电子传递给紧密结合的醌（Q_A），使 Q_A 转变为半醌自由基，后者立即将额外的电子提供给第二个、疏松结合的醌（Q_B）。两次这样的电子传递使 Q_B 转变为全还原型醌（Q_BH_2），它能在膜双层中自由扩散，并离开反应中心：

$$2\ BPheo^{\cdot-} + 2\ H^+ + Q_B \longrightarrow 2\ BPheo + Q_BH_2 \qquad （醌还原）$$

在它化学键上携有原激发 P870 的光子的部分能量的氢醌（Q_BH_2）进入溶于膜的还原醌库（QH_2 pool），并通过膜双层的脂相移动到邻近的细胞色素 bc_1 复合体（图 23–12C）。

像线粒体中的同源复合体Ⅲ一样，紫色细菌的细胞色素 bc_1 复合体把来自醌醇供体（QH_2）的电子转运给电子接纳体，利用电子传递的能量跨膜泵送质子，产生**质子动势**（proton-motive force）。通过细胞色素 bc_1 复合体的电子流途径很像是通过线粒体复合体Ⅲ的情况（见第 19 章），涉及一个 Q 循环，循环中质子在膜的一侧被吸收，在另一侧被释放。紫色细菌中最终的电子接纳体是空缺电子的 P870，即 $(BChl)_2^{\cdot+}$（见图 23–12A）。电子从细胞色素 bc_1 复合体经过可溶性 c-型细胞色素，即细胞色素 c_2，流动到 P870。电子传递过程完成了循环，使反应中心返回非漂白状态（处于基态），准备从天线叶绿素分子吸收另一激子，启动下一次循环。

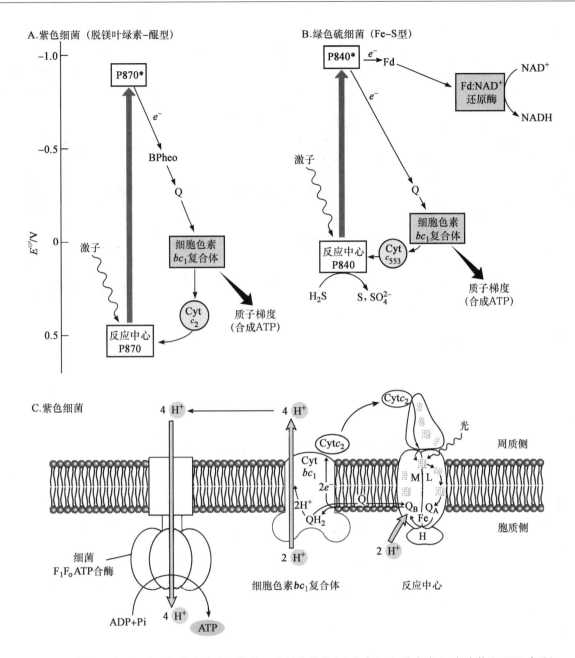

图 23-12 紫色细菌和绿色硫细菌中光合机构的 3 个基本模件（反应中心，细胞色素 bc_1 复合体和 ATP 合酶）

A. 紫色细菌反应中心及其电子传递；B. 绿色硫细菌反应中心及其电子传递；C. 紫色细菌光合电子传递（循环式），质子梯度建立和 ATP 合成

此系统的显著特点是所有的化学反应都在固态中进行，参与反应的分子以正确的反应方位紧密结合在一起。结果是快速而有效的连续反应。

2. Fe-S 型反应中心（Ⅰ型反应中心）

绿色硫细菌中的光合作用与紫色细菌一样也涉及 3 个模件，但光合过程在某些方面有区别，包括涉及一些额外的酶促反应（图 23-12B）。激发引起一个电子从反应中心（P840）经过一个醌载体流动到细胞色素 bc_1 复合体。通过此复合体的电子传递推动质子转运和产生质子动势，用于 ATP 合成，这与紫色细菌和线粒体中的情况是一样的。但是，与紫色细菌中的循环式电子流不同，某些电子从反应中心流动到一个铁硫蛋白，称铁氧还蛋白（ferredoxin，Fd），后者再经过**铁氧还蛋白：NAD⁺ 还原酶**（ferredoxin：NAD reductase）把电子传递给 NAD^+，形成 NADH。从反应中心取来用以还原 NAD^+ 的电子是由 H_2S 氧化成 S，然后氧化成 SO_4^{2-} 所产生的电子所取代，这个反应只限于绿色硫细菌中。细菌引起的 H_2S 氧化类似于放氧植物中的 H_2O 氧化。

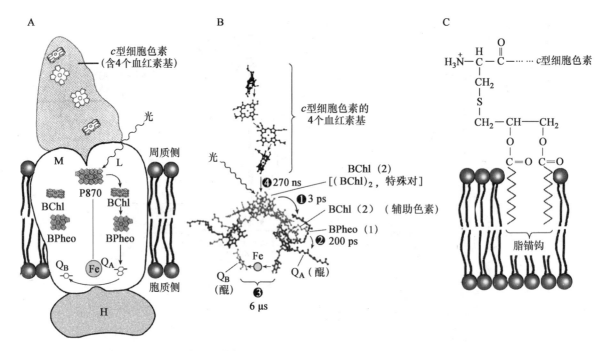

图 23-13　紫色细菌 *R. viridis* 反应中心的结构图解

A. 示出光激活和 e^- 传递途径；B. 略去反应中心蛋白质以露出血红素、叶绿素和醌等辅基之间的空间关系；C. *c* 型细胞色素通过其 N 端 Cys 残基上的二脂酰甘油部分（锚钩）与膜结合

（二）热力学和动力学的因素防止内转换引起的能量散失

反应中心的复杂结构是进化选择的产物，它有利于提高光合作用的效率。激发态 $[(BChl)_2^*]$ 原则上能够通过内转换衰变回基态。这是一个非常迅速的过程（10 ps），被吸收的光子能量转变为热（分子运动）。反应中心的构造正是针对防止这种内转换引起的低效率。反应中心的蛋白质将细菌叶绿素、细菌脱镁叶绿素和醌维持在彼此固定的方位，允许光化学反应实际上在固态中进行（图 23-13A）。这就是光反应高效、快速的原因；这里不存在概率碰撞或随机扩散的问题。从天线叶绿素到反应中心的"特殊对"的激子传递是在不到 100 ps 完成的，效率达 90% 以上。P870 被激发后的 20 ps 内，Bpheo 则得到电子并变成荷负电的自由基；200 ps 后，电子到达醌 Q_A（图 23-13A 和 B）。电子传递的反应不仅快而且在热力学上是"下坡的"；被激发的叶绿素"特殊对" $(BChl)_2^*$ 是一个很好的电子供体（$E^{\ominus\prime} = -1$ V），每次相继的电子传递都是传给 $E^{\ominus\prime}$ 负值小得相当多的接纳体。因此，过程的标准自由能变化是大的负值。$\Delta G^{\ominus\prime} = -nF\Delta E^{\ominus\prime}$（第 16 章），这里 $\Delta E^{\ominus\prime}$ 是下面两个半反应的标准还原电势之差：

$$(BChl)_2^* \longrightarrow (BChl)_2^{\cdot+} + e^- \qquad E^{\ominus\prime} = -1.0 \text{ V}$$

$$Q + 2 H^+ + 2e^- \longrightarrow QH_2 \qquad E^{\ominus\prime} = -0.045 \text{ V}$$

因此，

$$\Delta E^{\ominus\prime} = -0.045 \text{ V} - (-1 \text{ V}) \approx 0.95 \text{ V}$$

$$\Delta G^{\ominus\prime} = -2(96.5 \text{ kJ/V} \cdot \text{mol})(0.95 \text{ V}) = -183 \text{ kJ/mol}$$

快速的动力学和有利的热力学二者的结合使过程成为实际上不可逆和高效率的。过程的总能量产率（贮存于 QH_2 中的光子能量百分数）大于 30%，其余能量以热散失。

（三）生氧光合生物同时具有两种类型的反应中心

现代蓝细菌、藻类和维管植物统称生氧光合生物，它们的光合机器比单反应中心的细菌系统复杂得多，同时含有两种反应中心或两种光系统：**光系统 II（PS II）** 和 **光系统 I（PS I）**。**PS II** 和 **PS I** 很可能是通过两个比较简单的细菌光系统中心的组合进化而来的。这两种系统各有自己类型的光化学反应中心和一套天线色素，有着不同而又互补的功能。PSⅡ含脱镁叶绿素-醌型(Ⅱ型)的反应中心(类似紫色细菌的光系统)，此系统含有大致等量的叶绿素 a 和叶绿素 b 以及其他辅助色素。PSⅠ含铁氧还蛋白型(Ⅰ型)的反应中心(类似绿色硫细菌的光系统)，此系统中叶绿素 a 的含量比叶绿素 b 高。一个菠菜叶绿体的类囊体膜上每种光系统都有数百个之多。

1. P680 和 P700 分别是光系统Ⅱ和光系统Ⅰ的反应中心色素

1943 年 R. Emerson 等人在分析小球藻光合作用的作用光谱时发现了"红降(red drop)"现象。"红降"是指在较短波长(<680 nm)光下，光合的量子效率是恒定的，但在>680 nm 波长的远红光区光合效率则剧烈下降。13 年后(1956 年)他们又发现了所谓 Emerson"增益效应"(enhancement effect)或称双光效应，指出小球藻在>700 nm 光下进行光合作用，量子效率下降，如果在 700 nm 光的背景下补加较短波长的光(<680 nm)，则光合量子效率可增强(图 23-14)。换言之，这两种波长的光是协作的，当两种波长光同时给与时引起的放氧量，比分别给予时的放氧量总和还要大。一个解释是放氧的光合细胞有两个光反应参与：一个光反应利用 700 nm 的波长光，另一个利用 680 nm 或短于 680 nm 的光。两个光反应的发现确立了两个相互合作的色素系统的存在。这些色素系统也称光化学反应系统，简称光系统(photosystem，PS)。光系统就是前面谈到的"光合单位"的具体形式。

与此同时，B. Kok 和 H. Witt 的研究表明，叶绿体色素能被 680 和 700 nm 的光"漂白"；并指出色素被漂白是由于光化学反应中心丢失电子引起的。在叶绿体中 P700 的含量虽很小，仅为植物中叶绿素总量的 0.25%；但是这个含量与"反应中心"(专一的光反应性部位)的概念是一致的。P700 是光系统Ⅰ(PSⅠ)的反应中心色素，其红光端的最大吸收在 700 nm 波长。P680 是光系统Ⅱ(PSⅡ)的反应中心色素，在 680 nm 波长呈现最大红光吸收。P700 和 P680 都是叶绿素 a 分子的二聚体或"特殊对"，它们处于特化的蛋白质复合体中。

2. 叶绿素是以与蛋白质缔合的形式存在于类囊体膜(光合膜)中

用去污剂处理类囊体悬浮液时，膜被溶解，释放出含有叶绿素和蛋白质的复合体。这些复合体是类囊体膜的内在组分。它们的结构组织反映出它们担当着集光复合体(LHC)、PSⅠ复合体或PSⅡ复合体的角色。所有叶绿素都位于这 3 种大分子聚集体中。在 LHC 中叶绿素分子彼此的关系与其他蛋白质复合体的关系以及与膜的关系都是固定的。LHC 是光系统的天线；例如，集光复合体Ⅱ(LHCⅡ)是光系统Ⅱ的主要天线，它的详细结构已用 X 射线晶体学方法解出，LHCⅡ单体结构中含有 3 个跨膜 α 螺旋段、7 个叶绿素 a 分子，5 个叶绿素 b 分子和 2 个叶黄素分子(图 23-15)。作为功能单位的是 LHCⅡ三聚体。

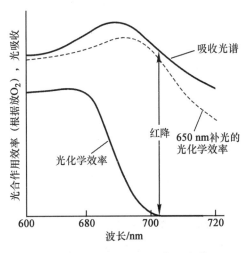

图 23-14 光合作用的光化学作用光谱

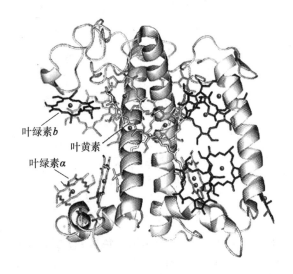

图 23-15 集光复合体Ⅱ(LHCⅡ)单体的图解
功能单位是 LHCⅡ三聚体，共含 9 个跨膜 α 螺旋段、36 个叶绿素分子和 6 个叶黄素分子(引自 Nelson D L，Cox M L. 2013.)

（四）生氧光合生物反应中心的分子构造

1. PS Ⅱ 的分子构造类似紫色细菌反应中心的结构

高等植物、绿藻和蓝细菌的 PSⅡ 含有 20 多个蛋白质亚基,比单中心的光合细菌(如 *R. viridis*)的光系统复杂很多。一种称热长聚球藻(*Thermosynechoccus elongatus*)的嗜热蓝细菌,它的 PSⅡ 结构已被阐明。有趣的是,光系统Ⅱ型和Ⅰ型显示出与 *R. viridis* 的反应中心有很大的相似性,因而证实了生氧光合生物和光合细菌的反应中心之间在进化上是有紧密联系的。

T. elongatus 的 PSⅡ 是一个同源二聚体结构。每个"单体"相对分子质量约 350 000,有着 23 个不同的蛋白质亚基、1 个最大的反应中心亚基对(D1 和 D2)和 2 个含叶绿素的内部天线亚基(CP43 和 CP47),支撑着 D1 和 D2(图 23-16)。CP43 和 CP47 共有 26 个 Chl *a* 分子,激子能量汇集在它们这里,并从这里传递给 P680。PSⅡ"单体"中的蛋白质亚基加起来至少有 34 个跨膜 α 螺旋段,其中 22 个出现在 D1-D2-CP43-CP47"核心"结构上。D1 和 D2 每个都有跨膜 α 螺旋。在结构和功能上,这两个亚基是 *R. viridis* 的反应中心 L 和 M 亚基的直接副本。P680 由一对 Chl *a* 分子组成,D1 和 D2 各贡献一个。D1 和 D2 各自都有 2 个其他 Chl *a* 分子,一个靠近 P680(分别是 Chl$_{D1}$ 和 Chl$_{D2}$),另一个与 CP43/CP47 相互作用(分别是 Chl$_{ZD1}$ 和 Chl$_{ZD2}$)(图 23-16)。2 个等当量的脱镁叶绿素(Pheo)位于 D1 和 D2 上。酪氨酸残基(Tyr$_Z$)是 D1 氨基酸序列中的 Tyr 161。与 D2 紧密结合的是质体醌(plastoquinone)分子 PQ$_A$(质体醌的结合部位是许多商品除草剂的作用位点。除草剂灭杀植物是借助封闭经由细胞色素 b_6f 复合体的电子传递和阻止光合 ATP 形成)。电子从 P680* 流向 Chl$_{D1}$ 并到 Pheo$_{D1}$,然后 Pheo$_{D1}$ 把电子传递给 D2 上的 PQ$_A$,在这里电子再流动到位于 D1 上的第二个质体醌,PQ$_B$。从 PQ$_A$ 和 PQ$_B$ 的电子传递得到位于它们之间的铁原子的协助。在以醌醇(PQH$_2$)形式释放到膜脂相之前,每个进入 PQ$_B$ 部位的质体醌接纳 2 个从水衍生来的电子和 2 个来自基质水相的 H$^+$。因此,还原每个进入 PQ$_B$ 部位的 PQ 需要 2 个光子(1 光子 $E=h\nu$),PSⅡ 催化的总反应的化学计量是:

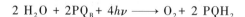

$$2\,H_2O + 2PQ_B + 4h\nu \longrightarrow O_2 + 2\,PQH_2$$

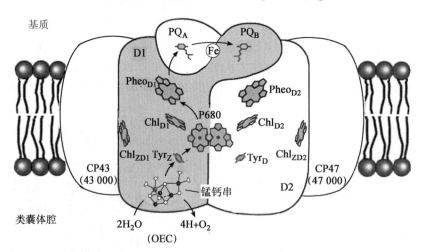

图 23-16　蓝细菌光系统 Ⅱ 的结构

图中示出的是 PSⅡ 复合体的单体形式,它含有两个主要的跨膜蛋白质 D1 和 D2,每个各有一套辅基如 Tyr、P680(D$_1$ 和 D$_2$ 共有)、Chl、Pheo、质体醌(PQ$_A$ 和 PQ$_B$)和 OEC(含锰钙串)等。虽然这两个亚基蛋白近似对称,但发生的电子流只通过两个辅基中的一个(在 D1)

最后 PQ$_B$H$_2$ 中的电子经由**细胞色素 b_6f 复合体**被运送到 PSⅠ(图 23-18,中间)。水氧化产生的电子是使被氧化了的 P680(P680$^+$)恢复到原来的 P680 状态(供下一轮光驱动的电子转运)所需的电子来源。2 分子 H$_2$O 氧化生成 1 分子 O$_2$ 是由**放氧复合体**(oxygen evolving compex, **OEC**;含有 Mn$_4$Ca 串)完成的,OEC 位于 PSⅡD1 亚基的类囊体腔侧。从水中抽取的电子从 OEC 经过 D1 亚基的 Tyr 161(也称为 Tyr$_Z$ 或 Z)被运送到 P680$^+$(详见后面的叙述)。

2. PS I 的分子构造类似紫色细菌反应中心和 PS II 的结构

嗜热蓝细菌 *T. elongates* 的 PS I 结构也已用 X 射线晶体学方法解得，它完善了我们对反应中心结构的看法，证实这些能量转换的内在膜蛋白在结构组织方面的相似性。因为这跟掌握真核生物 PS I 的信息直接相关，所以蓝细菌的 PS I 结构为所有含 P700 的光系统提供了一个通用模型（图 23-17）。

T. elongates PS I 以三叶草型的同源三聚体形式存在。每个"单体"由 12 个不同的蛋白质亚基和 127 个辅因子（辅基）组成；这些辅因子包括 96 个叶绿素 a 分子、2 个叶绿醌、3 个 Fe_4S_4 串、22 个类胡萝卜素和 4 个脂质，它们是该蛋白质复合体的固有组分（图 23-17）。所有对 PS I 功能必需的电子传递辅因子都定位在这 3 个多肽：PsaA 、PsaB 和 PsaC。PsaA 和 PsaB（M_r 均为 83 000）组成反应中心异二聚体，这种结构图案现在看来是光合作用中心的普适形式。PsaA 和 PsaB 各有 11 个跨膜 α 螺旋，每个多肽的 5 个 C 端的 α 螺旋被用作反应中心光合电子传递机器的支架。PsaC 与 PsaA–PsaB 异二聚体在基质侧相互作用。PsaC 携有 2 个 Fe_4S_4 串，FeS_A 和 FeS_B，并与 PsaD 相互作用。它们一起为铁氧还蛋白提供停靠部位（docking site）。PS I 的电子传递系统由 3 对叶绿素分子组成：P700（是一个由 Chl$a$ 和差向异构的 Chla' 组成的杂二聚体）和 2 个额外的 Chl$a$ 对（其中一对标为 A_0），后者介导 e^- 传递到醌型接纳体。*T. elongates* 的醌型接纳体（A_1）是**叶绿醌**（phylloquinone），也称维生素 K_1（见第 13 章）。FeS_X（Fe_4S_4 串）是桥连 PsaA 和 PsaB 的；它的 4 个半胱氨酸配基 2 个来自个 PsaA，另外 2 个来自 PsaB。光化学过程开始于 P700 吸收激子而成 P700*，它具有自然界中最负的还原电势。几乎与此同时发生电子传递和电荷分离（形成 $P700^+ : A_0^-$），接着电子从 A_0 传递到 A_1，然后到 FeS_A，到 FeS_B，再到位于膜"基质"侧的铁氧还蛋白。$P700^+$ 的正电荷和 FeS_A/FeS_B 的 e^- 代表跨膜的电荷分离，这是一个光创造的高能条件（energized condition）。质体蓝素（plastocyanin），或蓝细菌中类囊体腔的细胞色素（细胞色素 c_6），供出一个电子填充 $P700^+$ 的电子空穴。

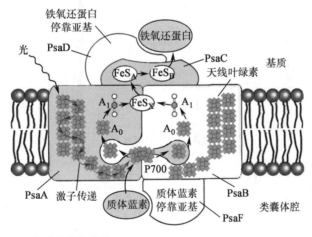

图 23-17   光系统 I 的结构

PS I 反应中心由 PsaA 和 PsaB 两个亚基组成，含 P700、A_0（Chl a 单体）、叶绿醌（A_1）；额外组分：PsaC（FeS_A 和 FeS_B）、PsaD 和 PsaE（基质侧）和 PsaF（类囊体腔侧）

（五） 生氧光合细胞中 PS II 和 PS I 以串联方式起作用

1. 生氧光合电子传递的 Z 图式

生氧光合细胞中由 P680 和 P700 吸收的光能驱动电子从 H_2O 流向 $NADP^+$。从图 23-18 可以看到两个光反应中心（P680 和 P700）是以串联方式起作用的，PS II 光解水和放氧，并把释放的电子送入连接 PS II 和 PS I 的电子传递链；PS I 以 NADPH 形式提供还原力。在电子传递过程中引起质子跨膜泵送和 ATP 合成的作用。H_2O 的氧化和 $NADP^+$ 的还原在类囊体膜上是分开的，氧化在 PS II 进行，还原在 PS I 进行。在这两个光系统之间运载电子的是**质体蓝素**；它是一个一电子载体（one-electron carrier），功能上类似线粒体的细胞色素 c。为了取代自 PS II 经 PS I 到达 $NADP^+$ 的电子，蓝细菌和植物氧化 H_2O（像绿色硫细菌氧化 H_2S），产生 O_2；还原 $NADP^+$ 所需的电子最终来自 H_2O 的氧化，释放的 O_2 是水光解（photolysis）的副产物

(图 23-18,左下方)。这个过程称为**生氧光合作用**(oxygenic photosynthesis)以区别于紫色细菌和绿色硫细菌的不生氧(anoxygenic)光合作用。所有放氧光合细胞都含有 PS II 和 PS I ,只含一个光系统的生物都不能放 O_2。图 23-18 中的图解常称为 **Z 图式**(Z scheme),因为此图总的形式很像是侧着排的 Z 字母。Z 图式概括出两个光系统之间的电子流动的途径和光反应的能量关系。因此,Z 图式按下面方程:

$$2H_2O + 2NADP^+ + 8h\nu \longrightarrow O_2 + 2\ NADPH + 2H^+$$

描绘电子从 H_2O 流到 $NADP^+$ 的完整路线。每吸收两个光子(每个光系统吸收一个),就有一个电子从 H_2O 传递到 $NADP^+$。为形成 1 分子 O_2,要求 4 个电子从 2 个 H_2O 传递给 2 个 $NADP^+$;总共需要吸收 8 个光子,每个光系统吸收 4 个光子。

　　整个光合电子传递是由 3 个跨膜超分子复合体(membrane-spanning supramolecular complex)完成的。这 3 个复合体是 PS II 复合体、细胞色素 b_6f 复合体和 PS I 复合体。

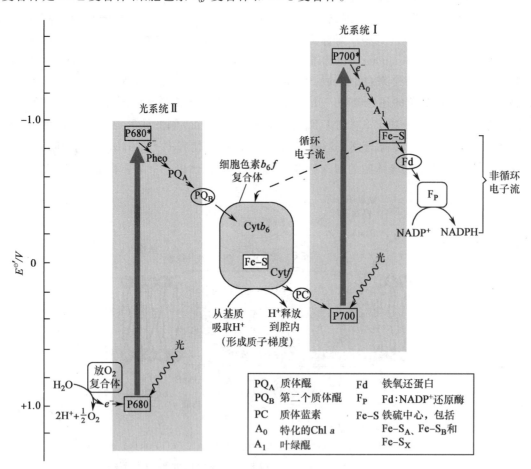

图 23-18　真核光合电子传递的 Z 图式

2. 通过 PS II 的光驱动电子流

　　PS II 和 PS I 的结构和反应中心的光化学机制跟细菌的两个光系统基本相似,但有一些重要的增补(见前面 PS II 和 PS I 的构造部分所述)。光合电子流从 PS II 中的 P680 受光激发生成 P680* 开始。P680* 是一种优秀的电子供体($E^{\ominus'}$ 约为 -1 V),在几个皮秒(ps)内即把一个电子传递到脱镁叶绿素(Pheo),使成阴离子 $Pheo^-$(图 23-18 左上方)。P680* 因失去电子转变为阳离子自由基($P680^{·+}$)。 $Pheo^-$ 很快将额外电子传递给跟蛋白质结合的**质体醌**, PQ_A ; PQ_A 又将电子传递给另一个结合比较疏松的质体醌 PQ_B(相当于线粒体中的 Q)。经两次这样的传递, PQ_B 从 PQ_A 获得两个电子并从基质水相中获得两个质子,变成完全被还原的醌醇(氢醌)形式, PQ_BH_2。在 PS II 中光引发的总反应是:

$$4P680 + 4H^+ + 2\ PQ_B + 4h\nu \rightarrow 4P680^+ + 2PQ_BH_2 \qquad (23-1)$$

Q_BH_2离开 PS II,进入膜中的质体醌库。由于质体醌的疏水性质,它能在膜脂中游动,并因此能把来自 PS II 的电子不断地运送到细胞色素 b_6f 复合体。质体醌不仅起脂溶性二电子载体的作用,而且它和它的还原态(质体醌醇)之间的交替氧化还原,涉及质子的吸收(图 23-19 左侧)。

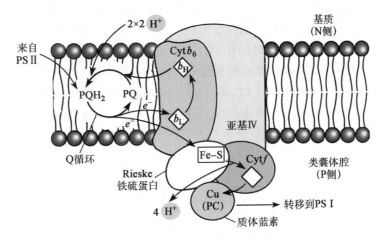

图 23-19 经由细胞色素 b_6f 复合体的电子流和质子流

图中 b_L 和 b_H 分别代表接近类囊体腔侧和基质侧的细胞色素 b 血红素基,分别也称 b_P 和 b_N

3. 通过 PS I 的光驱动电子流

PS I 的反应中心 P700 被激发后的光化学过程形式上类似于 PS II 的。激发态 P700* 立即释放出一个电子,给了接纳体 A_0(一个特殊形式的叶绿素分子,功能上类似 PS II 的脱镁叶绿素),生成 A_0^- 和 P700+(图 23-18,右上方);激发的结果是造成光化学反应中心的电荷分离。P700+ 是一个强氧化剂(P700*/P700 电对的 $E^{\ominus\prime}$约为+0.45 V),很快从质体蓝素(PC)获得一个电子。PC 是一个可溶性的含 Cu 电子传递蛋白质(M_r 10 400),它能在类囊体腔内扩散,穿梭在细胞色素 b_6f 复合体与 PS I 之间转运电子(图 23-19)。当 PC 中的铜原子在 Cu^+ 和 Cu^{2+} 状态之间交替氧化还原时起着电子载体($E^{\ominus\prime}$=+0.32 V)作用。特化的 Chla,A_0^-,是一个格外强的还原剂,很快将它的电子沿一条引导到 NADP+ 的载体链首先传递给**叶绿醌**(A_1),后者又将电子传递给结合在膜上的铁硫蛋白(通过 PS I 中 3 个铁硫中心或铁硫串,Fe-S)。从这里,电子转移到**铁氧还蛋白**(Fd),这是一个与类囊体膜疏松缔合的另一铁硫蛋白。菠菜的铁氧还蛋白(M_r 10 700)含有一个 2Fe-2S 中心(见第 19 章),能进行一电子的氧化和还原反应。Fd 是此载体链上的第四个载体黄素蛋白(flavoprotein,Fp)的直接电子供体。此黄素蛋白也称为**铁氧还蛋白:NADP+氧化还原酶**,催化从还原型铁氧还蛋白(Fd_{red})传递电子给 NADP+:

$$2Fd_{red} + H^+ + NADP^+ \rightarrow 2Fd_{ox} + NADPH$$

此酶与绿色硫细菌的铁氧还蛋白:NAD+还原酶(图 23-12B,上方)是同源的。

前面曾经谈到,PS I 传送电子的辅因子和集光复合体组成一个超分子复合体(含 3 个相同的蛋白质复合体)。在此结构上许多天线叶绿素和类胡萝卜素分子回绕反应中心精确排列。因此反应中心的电子传送辅因子与天线叶绿素是紧密整合的。这种排列允许从天线叶绿素到反应中心进行快速、有效的激子传递。与 PS II 中的单途径电子流不同,在 PS I 中吸收光子引发的电子流是分两条途径进行的(图 23-17)。

(六) 细胞色素 b_6f 复合体连接 PS II 和 PS I

细胞色素 b_6f 复合体(图 23-19)或称**质体醌醇:质体蓝素氧化还原酶**,是一个 M_r 约为 210×10^3 的膜蛋白复合体,PS II 和 PS I 的连接者,也是电子传递和质子转移的偶联者。它很像线粒体的复合体 III;含有一个 b 型细胞色素 b_6(M_r 24 000;内含 2 个参与 Q 循环的血红素基 b_H 和 b_L,和 1 个血红素 X)、一个 IV 亚基、一个 Rieske 铁硫蛋白(19 000)和一个 c 型细胞色素 c_{552}(31 000),常称为细胞色素 f(f 来自拉丁文 frons 或 folium,意思是叶子)。PS II 中的 P680 被激发时暂时贮存在质体醌醇(PQ_BH_2)中的电子经由细胞色素

$b_6 f$ 复合体从 $PQ_B H_2$ 到细胞色素 f，再到可溶性质体蓝素（一种蛋白质），最终传递给 PS I 的 $P700^+$，把它还原为 P700（图 23-18，中间）。

跟线粒体的复合体 III 一样，细胞色素 $b_6 f$ 复合体也把电子从还原型醌——可移动的脂溶性二电子载体（线粒体中是 Q，叶绿体中是 PQ）——传递给水溶性的一电子载体蛋白质（线粒体中是细胞色素 c，叶绿体中是质体蓝素）；其功能也涉及质体醌介导的 Q 循环（参看第 19 章），Q 循环中从 $PQ_B H_2$ 到细胞色素 b_6，一次传递一个电子，转移 2 个质子。Q 循环的结果是质子的跨膜泵送；在叶绿体中质子移动的方向是从基质区室（膜的 N 侧）到类囊体腔（膜的 P 侧），每传递一对电子转移达 4 个质子（图 23-19）。因此，随电子流经由细胞色素 $b_6 f$ 复合体从 PS II 到 PS I 时，将产生一个跨类囊体膜的质子梯度。因为扁平的类囊体腔体积很小，少量质子的流入则对腔内 pH 产生相当大的影响。基质（pH 8）和类囊体腔（pH 5）之间测得的 pH 差（$\Delta pH = 3$）相当于膜两侧 1 000 倍的质子浓度差，这是合成 ATP 的强大驱动力。

（七）水被放氧复合体光解

植物光合作用中传递给 $NADP^+$ 的电子最终来源是水。激发时 PS II 的 $P680^+$ 已把一个电子供给了脱镁叶绿素，它必须获得一个电子以返回到基态，准备捕获下一个光子。原则上，$P680^+$ 所要的电子可以来自任一有机或无机的化合物。为此光合细菌可利用各种电子供体，如乙酸盐、琥珀酸盐、苹果酸盐和硫化物；这取决于特定生态位中可利用的化合物。大约 30 亿年前原始光合细菌（现代蓝细菌的祖先）的进化产生了一个光系统，它能够从一个总是可得到的供体——水中取得电子。在此过程中 2 分子水被裂解，产生 4 个电子，4 个质子和 1 个分子氧：

$$2H_2O \rightarrow 4H^+ + 4e^- + O_2$$

一个可见光光子的能量（$h\nu$）不足以把 H_2O 分子中的键裂解。水的光解反应需要 4 个光子。

从水中抽取的 4 个电子不是直接传递给 $P680^+$，$P680^+$ 一次只能接纳一个电子。但在生物进化中有一个巧妙的分子设计，即**放氧复合体**（OEC），也称**水裂解复合体**（water-splitting complex），它能一次一个地将 4 个电子传递给 $P680^+$（图 23-20A）。$P680^+$ 的直接电子供体是 PS II 反应中心 D1 亚基的 Tyr161 残基（常标为 Z、Tyr_Z 或 Y_Z）。Tyr 残基失去一个质子和一个电子，转变为电中性的 Tyr 自由基，Tyr·：

$$4P680^+ + 4Tyr \rightarrow 4P680 + 4Tyr \cdot + 4H^+ \tag{23-2}$$

Tyr 自由基借助氧化 OEC 中的 $Mn_4 Ca$ 串重新获得丢失的电子和质子。此金属串被证实是 OEC 的活性部位，它的 4 个 Mn 和 1 个 Ca 由 5 个 O 原子桥连（图 23-20B），还有一个放氧所需的 Cl^- 离子是 Ca^{2+} 的配体。每次单电子传递，$Mn_4 Ca$ 串的氧化态增高，4 次单电子传递（每次相当于吸收一个光子）在 $Mn_4 Ca$ 串上产生 4 个正电荷（图 23-20）：

$$4Tyr \cdot + [Mn_4 Ca]^0 \rightarrow 4Tyr + [Mn_4 Ca]^{4+} \tag{23-3}$$

这种状态的 $Mn_4 Ca$ 串可以从 2 个水分子中取得 4 个电子，释放 4 个 H^+ 和 1 个 O_2：

$$[Mn_4 Ca]^{4+} + 2H_2O \rightarrow [Mn_4 Ca]^0 + 4H^+ + O_2 \tag{23-4}$$

由于反应中产生的 4 个质子被释放到类囊体腔中，所以放氧复合体起着一个由电子传递驱动的质子泵作用。方程 23-1 至方程 23-4 这 4 个式子的总和是：

$$2H_2O + 2PQ_B + 4h\nu \rightarrow O_2 + 2PQ_B H_2 \tag{23-5}$$

放氧串的详细结构已经用 X 射线晶体学方法获得。金属串采取椅子形状（图 23-20B）。椅子的座面和腿由 3 个 Mn 离子、1 个 Ca 和 4 个 O 原子组成；第 4 个 Mn 和另一个 O 形成椅子的背。晶体结构中还看到 4 个 H_2O 分子，2 个与一个 Mn 离子缔合，另外 2 个与 Ca 离子缔合。可能这些水分子中的一个或多个是发生氧化产生 O_2 的。这个金属串与类囊体膜腔侧上的一个外周膜蛋白（M_r 33 000）缔合，推测这是稳定 $Mn_4 Ca$ 串的。已知参与水氧化的 Tyr_Z 残基是氢键合的水分子网（包括与 $Mn_4 Ca$ 串缔合的 4 个水分子）的

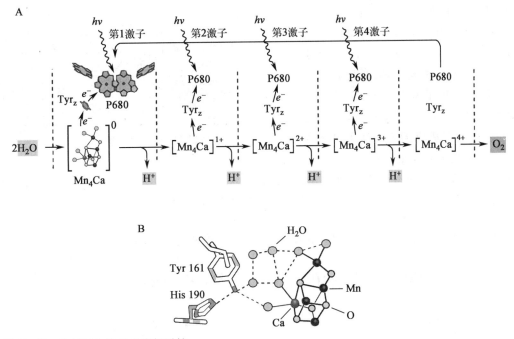

图 23-20 放氧复合体的水光解活性

A. 示出在 PSⅡ 的水裂解复合体中产生四电子氧化剂(Mn_4CaO_5)的过程。每吸收 1 个 hv(激子),锰钙串丢失 1 个 e^-,
相继吸收 4 个 hv,氧化为$[Mn_4Ca]^{4+}$,后者从 2 分子 H_2O 中抽取 4 个 e^-,还原为$[Mn_4Ca]^0$,并释放出 1 个 O_2 和 4 个质
子。B. 示出水裂解复合体的金属中心——Mn_4Ca 串和与之有关的氢键合的 H_2O 分子网和 Tyr_z

一部分;通过 Tyr_z 残基电子可以在水和 PSⅡ 反应中心 $P680^+$ 之间运动。Mn_4Ca 引起水氧化的详细机制仍
不清楚,正在努力研究中。这是生物圈中几个最重要的反应之一,对地球上的生命是关键性的,它涉及崭
新的生物无机化学。多金属中心的结构测定已引出几个合理的和可检验的假设。

(八) PSⅠ和PSⅡ在类囊体膜上的定位

激发 PSⅠ(P700)所需的能量比激发 PSⅡ(P680)所需的能量低(更长的光波长)。如果 PSⅠ 和 PSⅡ
在空间上是邻近的,那么来自 PSⅡ 天线系统的激子就会迁移到 PSⅠ 的反应中心,使 PSⅡ 长期激发不足,
而干扰双反应中心系统的正常运作。但这种激子供应的失衡可以通过类囊体膜上两个光系统的空间分离
来防止(图 23-21)。PSⅡ 几乎无例外地位于类囊体基粒的紧贴垛叠膜中。与 PSⅡ 缔合的集光复合体
(LHCⅡ)是有"黏性"的,介导基粒中相邻膜的紧密结合。PSⅠ 和 ATP 合酶复合体几乎都位于面向基质
的非紧贴的类囊体膜(基质片层)以及基粒顶部和底部的表面,在这里它们可以与基质的内容物包括 ADP
和 NADP$^+$接近,有利于 NADP$^+$还原和 ATP 合成。细胞色素 b_6f 复合体基本上存在于基粒片层中。

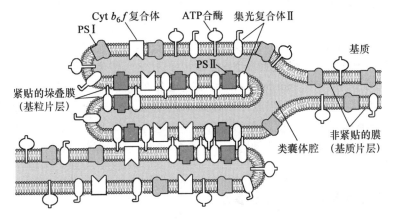

图 23-21 PSⅠ和PSⅡ在类囊体膜上的定位

LHC Ⅱ 跟 PS Ⅱ 和 PS Ⅰ 的缔合取决于光强度和波长,它们能在短时间内发生改变,导致叶绿体内的**状态转变**(state transition)。在状态 1 时,LHC Ⅱ 中的一个关键 Ser 残基不被磷酸化,LHC Ⅱ 与 PS Ⅱ 缔合。在强光或蓝光条件下,PS Ⅱ 吸收的光比 PS Ⅰ 吸收的多,还原质体醌成质体醌醇(PQ_BH_2)的速度要比 PS Ⅰ 能够氧化它的速度快。造成的 PQ_BH_2 积累激活了蛋白激酶,后者通过磷酸化 LHC Ⅱ 上的 Tyr 残基引发向状态 2 转变(图 23-22)。磷酸化使 LHC Ⅱ 与 PS Ⅱ 的相

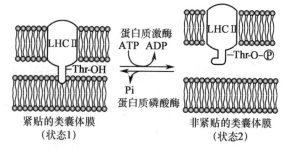

图 23-22　通过状态改变来平衡 PS Ⅰ 和 PS Ⅱ 中的电子流

互作用减弱,某些 LHC Ⅱ 发生解离,并移向基质片层;在这里为 PS Ⅰ 捕捉光子,加速 PQ_BH_2 的氧化,扭转 PS Ⅰ 和 PS Ⅱ 之间电子流的不平衡。在低强度光(红光成分多)如阴影下,PS Ⅰ 氧化 PQ_BH_2 速度比 PS Ⅱ 产生它的速度快,结果 PQ_B 的浓度增加,引发 LHC Ⅱ 去磷酸化而逆转磷酸化影响。

四、光驱动的 ATP 合成:光合磷酸化

植物中两个光系统串联起来的活动把电子从水传送到 $NADP^+$,把部分吸收来的光能转化为 NADPH(图 23-18 右侧)。同时,跨类囊体膜泵送质子,能量转化为电化学势。这一节我们讨论质子梯度驱动的 ATP 合成,ATP 是光依赖反应的另一能量转化产物。

1954 年 D. Arnon 等人发现照光的菠菜叶绿体在光合电子传递过程中由 ADP 和 Pi 形成 ATP。此后又从 A. Frenkel 的工作得到支持,他们在光合细菌的、称**载色体**(chromatophore)的含色素膜性结构中观察到光诱导的 ATP 合成。因此得出结论:被这些生物的光系统捕获的光能有一部分能量转化为 ATP 的磷酸键能。这一光驱动的 ATP 合成过程称为**光合磷酸化**(photophosphorylation),以区别于呼吸性线粒体中的氧化磷酸化。

(一) 质子梯度把电子流和磷酸化偶联起来

前面我们讨论了光合电子传递导致 NADPH(还原力)的产生,NADPH 也是富能的化合物,光合系统捕获的能量一部分就贮存在这里。电子传递的另一结果是把质子从基质跨膜泵送到类囊体腔中,形成跨膜质子梯度。叶绿体中光合电子传递和光合磷酸化的一些性质表明质子梯度所起的作用与线粒体氧化磷酸化中的相同。① 反应中心、电子载体和 ATP 形成酶都位于质子不透性膜——类囊体膜——中,膜必需完整才能支持光合磷酸化;② 光合磷酸化可被促进质子通过类囊体膜的试剂而与电子流解偶联;③ 光合磷酸化可被杀黑星霉素(venturicidin)和类似的试剂所阻断,这些试剂是抑制线粒体的 ATP 合酶由 ADP 和 Pi 合成 ATP 的(第 19 章);④ ATP 的合成是由 CF_0CF_1 复合体催化的。

1966 年 A. Jagendorf 证明了跨类囊体膜(类囊体外是碱性的)的 pH 梯度是合成 ATP 的驱动力。他的早期观察提供了某些最重要的证据,支持 Mitchell 的化学渗透假说。Jagendorf 在暗处 pH 4 的缓冲液中温育叶绿体,温育期间缓冲液慢慢渗入类囊体腔内,使腔内 pH 降低;再向叶绿体的暗悬浮液加入 ADP 和 Pi,并立即将外介质的 pH 升高到 8,瞬间创造一个大的跨膜 pH 梯度。随质子从类囊体腔向外移动到介质,则由 ADP 和 Pi 生成 ATP。因为 ATP 形成是在暗处发生的,并无光能输入,所以这一实验说明跨膜质子梯度是一种高能态,它也像线粒体中的氧化磷酸化能够介导能量转导,把电子传递转化为 ATP 的化学能。

图 23-23 标明,质子跨膜转移(translocation)可以在几个部位发生:一是在放氧复合体,这是由于水光解的结果;二是在细胞色素 b_6f 复合体,当电子通过质体醌库和 Q 循环时由氧化还原反应引起;$NADP^+$ 还原用去的质子也是从类囊体膜的基质侧取走的。目前的看法是每当 1 个电子从 H_2O 流到 $NADP^+$,则 3 个质子被转移。因为 1 个电子传递需要 2 个光子,一个落在 PS Ⅱ,一个落在 PS Ⅰ。平均每一光量子引起 1.5 个质子转移到类囊体腔内。

(二) 光合磷酸化的机制——化学渗透

像线粒体膜一样,类囊体膜的组织也是不对称的,有"正反面"之别。它对 H^+ 离子的被动扩散是一道

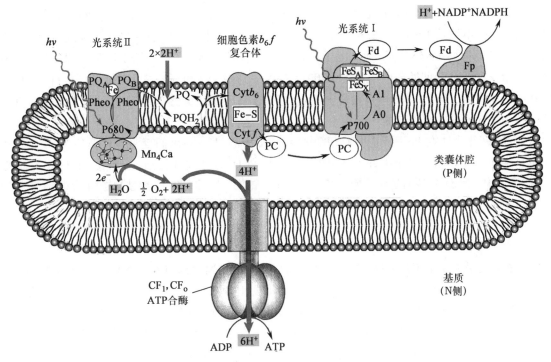

图 23-23　在类囊体中质子流和电子流的线路(光合磷酸化机制)

屏障。因此光合电子传递形成了跨类囊体膜的质子梯度,在类囊体膜内侧(腔内)相对基质来说积累了 H^+ 离子。光合磷酸化跟氧化磷酸化一样,也是通过**化学渗透机制**(chemiosmotic mechanism)进行的。贮存在质子梯度中的能量(ΔG)称为**电化学势**(electrochemical potential)或**电化学梯度**。它由两项组成(见第 14 章和第 19 章):一项是膜电位能($\Delta\psi$ 或 V_m),一项是化学势能(ΔpH)。膜电位(电荷梯度)是由于质子跨膜转移而无相应的反离子伴随的电荷分离造成;化学势即 pH 梯度是由于膜分隔的两个区域内质子浓度差(ΔpH)引起:

$$\Delta G = F\Delta\psi + 2.3RT\Delta pH$$

式中,F 是 Faraday 常数(96 480 $J \cdot V^{-1} \cdot mol^{-1}$),$R$ 是气体常数(8.315 $J \cdot K^{-1} \cdot mol^{-1}$),$T$ 是绝对温度(K = +273℃)。质子梯度的电化学势也可用质子动力来表示。**质子动力**(proton-motive force;Δp)定义为自由能变化(ΔG)除以 Faraday 常数(96.5 $J \cdot V^{-1} \cdot mol^{-1}$):

$$\Delta p = \Delta G/F = \Delta\psi + (2.3 RT/F)\Delta pH$$

在叶绿体中 ΔpH 是主要项;因为类囊体膜对阴离子是可通透的,反离子移动损失了大部分电势能,$\Delta\psi$ 一般仅为 -50 mV 左右;质子浓度差相当于 3 个 pH 单位。这种情况与线粒体相反,后者 $\Delta\psi$ 对质子动力的贡献比 pH 梯度大。在 25℃ 叶绿体中每 mol 质子贮存在 pH 梯度中的能量(计算略去 $\Delta\psi$ 项):

$$\Delta G = -17 \text{ kJ/mol } 或 \Delta p = -170 \text{ mV}$$

因此 12 mol 质子通过类囊体膜相当于贮存约 200 kJ 的能量,此能量足以驱动几个 mol ATP($\Delta G^{\ominus\prime} = 30.5$ kJ/mol)的合成。实验测得,每放出 1 个 O_2 合成约 3 个 ATP。

(三)　循环和非循环光合磷酸化

　　光合电子传递能够以两种方式进行,但它们都导致跨膜质子动势的形成,因此都与 ATP 合成相偶联,并且它们的光合磷酸化机制也是相同的。这两种方式,一种称为循环光合磷酸化,另一种称为非循环光合磷酸化。

　　从 PS Ⅱ 经细胞色素 $b_6 f$ 复合体,再经 PS Ⅰ 到达 $NADP^+$ 的线型电子传递有时称为**非循环电子流**(noncyclic electronic flow),以区别于**循环电子流**,后者以不同程度进行,这主要取决于光条件。非循环途径产生质子梯度和 NADPH;质子梯度用于驱动 ATP 合成,NADPH 用于还原性的生物合成过程。循环电子流仅涉及 PS I,不涉及 PS II(图 23-17)。从 P700$^+$ 到铁氧还蛋白的电子传递不延续到 NADP$^+$,但经由细胞色素 b_6f 复合体回到质体蓝素。(此电子途径相当于绿色硫细菌中的,见于图 23-12B。)然后质体蓝素把电子还给 P700$^+$。可见循环电子流中 P700 丢失电子造成的"电子空穴"不是由衍生自 H$_2$O 经 PS II 传递过来的电子填补,而是 P700 自身被光激发的电子沿循环途径最终返回到 P700$^+$ 的。P700 再把电子传递给铁硫中心(Fe-S),启动新的一轮循环。按此循环途径(图 23-17 中有虚线箭头参与的循环)电子经由细胞色素 b_6f 复合体在 PS I 反应中心(P700)和铁硫中心(Fe-S)之间反复地再循环,每一电子由一个光子的能量推动循环。循环电子流并无 NADPH 的产生和 O$_2$ 的释放,因为它不涉及 PS II,但它伴随着细胞色素 b_6f 复合体(经 Q 循环)的质子泵送和 ADP 的磷酸化(生成 ATP),此过程被称为**循环光合磷酸化**(cyclic photophosphorylation)。循环电子流和光合磷酸化的总方程可简单地表示为:

$$ADP + Pi \xrightarrow{\text{光}} ATP + H_2O$$

循环光合磷酸化的最大速率不及非循环光合磷酸化的 5%。植物通过调节参与 NADP$^+$ 还原和循环光合磷酸化的电子分配,调整光反应中产生的 ATP 和 NADPH 之间的比例,以适应碳同化反应和其他生物合成中对这些产物的需要。在下面"暗反应"一节中将看到碳同化反应(CO$_2$ 固定)所需的 ATP 和 NADPH 的摩尔比为 3:2。

非循环光合磷酸化(noncyclic photophosphorylation)中有 O$_2$ 的释放和 NADP$^+$ 的还原,整个过程图解于图 23-21。在 PS II 和 PS I 处被光子激活的电子从 H$_2$O 传递到 NADP$^+$,同时建立了质子动势(3H$^+$/e^-),驱动 ATP 合成。驱动 4 个电子从 H$_2$O 到 NADPH,至少需要 8 个光子(每个反应中心每转移一个电子需要 1 个光子)。8 个可见光光子的能量足以合成 3 个分子的 ATP 甚至还有余。ATP 的合成不是植物光合作用中唯一的能量转换反应,电子传递最后一步形成的 NADPH 也是富能的。非循环光合磷酸化的总方程是:

$$2H_2O + 8h\nu + 2NADP^+ + \sim3ADP^+ + \sim3Pi \rightarrow O_2 + \sim3ATP + 2NADPH + 2H^+ \qquad (23-6)$$

(四) 叶绿体的 ATP 合酶与线粒体的相似

负责叶绿体中 ATP 合成的酶是一个大的复合体,含有两个功能成分,CF$_o$ 和 CF$_1$(C 表示它位于叶绿体)。CF$_o$ 是一个跨膜的质子孔道,由几个内在膜蛋白组成,CF$_o$ 与线粒体的 F$_o$ 同源。CF$_1$ 是一个外周膜蛋白复合体,在亚基组成、结构和功能方面都很像线粒体的 F$_1$。

叶绿体切片的显微镜观察表明 ATP 合酶复合体像在类囊体外表面[基质侧或 N 侧]的球状物突起;这些复合体相当于突出在线粒体内膜的内表面[基质(matrix)侧或 N 侧]的 ATP 合酶复合体。因此,ATP 合酶的取向和质子泵的方向之间的关系在叶绿体和线粒体中是一样的。在两者场合,ATP 合酶的 F$_1$ 部分都定位在膜的更碱性一侧(N 侧),质子顺它的浓度梯度通过此膜;质子流的方向与 F$_1$ 的关系两者也是相同的:从 P 侧到 N 侧。在细菌如 E. coli 中,ATP 合酶定位在内膜(质膜)的细胞溶胶侧,质子流方向是从细胞壁和内膜之间的膜间间隙(P 侧)到细胞溶胶(N 侧)。

叶绿体 ATP 合酶的机制与线粒体合酶的基本相同。在酶的表面 ADP 和 Pi 容易缩合成 ATP,但释放酶结合的 ATP 要求质子动力。旋转催化相继地使 ATP 合酶的 3 个 β 亚基的各亚基都参与 ATP 合成、ATP 释放和 ADP + Pi 结合(见第 19 章)。

(五) 盐细菌的光合磷酸化

盐细菌或称嗜盐菌(Halobacterium salinarum)是一种现代的古细菌,它捕获太阳能的方式与前面讨论过的光合机制很不相同。这种细菌生活在盐水湖(例如死海、美国的大盐湖)里。这里盐的浓度超过 4 mol/L,高盐浓度是长期蒸发失水的结果。事实上嗜盐菌不能生活在低于 3 mol/L 的 NaCl 溶液中。这些细菌是需氧的,正常情况下利用 O$_2$ 氧化有机燃料分子。然而在盐水湖中 O$_2$ 的溶解度很低,有时氧化性代谢需要以日光作为另一能源加以补充。

盐细菌的质膜含有吸光色素称紫膜质(见图 3-4)。此色素以视黄醛(见第 13 章)作为集光的辅基。当细胞被照光时,结合在紫膜质上的全反式视黄醛吸收一个光子,并发生光异构化(photoisomerization),变成13-顺式视黄醛,使紫膜质发生构象改变。伴随全反式视黄醛的复原质子跨膜泵送到外介质。紫膜质是已知最简单的光驱动质子泵,它的三维结构在暗处和照光后不同。这表明当构象发生变化时,一个协同的系列质子"跳跃(hop)"能够有效地使一个质子跨膜转移。辅基视黄醛是通过一个西佛碱(Schiff's base)与紫膜质的一个 Lys 残基的 ε-氨基相连而被结合的。在暗处西佛碱的 N 原子被质子化,但在光下视黄醛的光异构化降低此基团的 pK_a,把质子释放给邻近的 Asp 残基的 β-COO⁻,引发一个系列质子跳跃,最后质子在膜外表面被释放。

　　形成的电化学势驱动质子通过膜的 ATP 合酶复合体(与线粒体和叶绿体的相似)返回胞内。因此,当 O_2 受限制时嗜盐菌可利用光来补充氧化磷酸化合成 ATP 之不足。但盐细菌不放 O_2,也不进行 NADP⁺ 的还原;因此,它的光能转换机构比蓝细菌或高等植物简单得多。被这个简单蛋白质利用的质子泵机制是许多其他更复杂的离子泵的原型。

（六）光合作用中能量的利用效率

　　从前面非循环光合磷酸化的总方程(式23-6)可以看到光合量子产额(每 mol 光子输入形成的产物量)相当于每吸收 8 mol 光量子产生 1 mol O_2,2 mol NADPH 和 ~3(或 $2\frac{2}{3}$)mol ATP。CO_2 固定成己糖的总化学计量方程是:

$$12\ NADPH + 12\ H^+ + 18\ ATP + 6\ CO_2 + 12\ H_2O \rightarrow C_6H_{12}O_6 + 12\ NADP^+ + 18\ ADP + 18\ Pi \quad (23-7)$$

也即合成 1 mol 己糖需要 12 mol NADPH 和 18 mol ATP。为产生这些 NADPH 和 ATP 需要 48 mol 光子,如果按每 8 mol 光子产生 2 mol ATP 的比率计算,尚需产生额外 2 mol ATP,即再消耗 6 mol 光子。这样合成 2 mol 己糖需要 54 Einstein 光能。按真核光系统所吸收的最低能量光(700 nm 波长)计算,1 Einstein 约为 170 kJ,54 Einstein = 9 180 kJ。根据细胞呼吸逆转,从 CO_2 和 H_2O 合成己糖的标准自由能变化 $\Delta G^{\ominus'}$ 为 +2 870 kJ。因此可算得光合电子传递过程中能量利用效率为(2 870/9 180)×100% = 31%,即光系统吸收的能量 31% 转化为贮存的化学能。

五、暗反应：CO₂固定

（一）CO₂固定与核酮糖二磷酸羧化酶/加氧酶

　　本章一开始,就把光合作用跟 CO_2 固定过程等同起来。这是因为绿色植物光合作用的总结果是由 CO_2 到糖的净合成。事实上能否从 CO_2 到糖的净积累是区分自养生物(光养生物)和异养生物的根本标志。虽然动物也具有能够把 CO_2 连接到有机化合物受体上的酶,但它们不能借这些反应达到有机物质的净积累。例如,脂肪酸生物合成中 CO_2 被共价连接到乙酰-CoA 而形成丙二酸单酰-CoA,但是这样"固定"的 CO_2",在下一步的反应中则被释放(第24章)。

1. CO₂固定是通过循环途径进行的

　　绿色植物在它的叶绿体中含有一个独特的酶促机构,催化 CO_2 转变为简单的还原性有机化合物。这一过程被称为 **CO₂固定**(CO₂ fixation)或**碳固定**,也称为 **CO₂同化**(carbon assimilation)或**碳同化**。CO_2 固定是通过循环途径进行的,途径中关键中间物不断地被再生。此途径最先是在 20 世纪 50 年代初被美国 M. Calvin、A. Benson 和 J. A. Bassham 所阐明;并因此称为 Calvin-Benson 循环,常简称为 **Cavlin 循环**(Calvin cycle),或**光合碳还原循环**。

　　1945 年 Calvin 等人利用单细胞的小球藻(Chlorella)作为实验材料,探索了 CO_2 固定为糖的途径。实验策略是用放射性 ¹⁴C 作为追踪 CO_2 的示踪物,将 ¹⁴C 注入照光的藻悬浮液,此时藻已与正常的 CO_2 进行光合作用。经过预先选定的时间之后,将悬浮液滴入乙醇中,把藻杀死以停止酶促反应。藻中的放射性化合物用双向纸层析(见第 5 章)进行分离,并用放射自显影显示后进行鉴定。照光 60 s 后的放射层析谱非常复杂,无法检出 CO_2 固定的最早中间物是哪个。然而只照光 5 s 的,层析谱则简单得多,发现只有一个显著的斑点,并鉴定出它是 3-磷酸甘油酸。进一步研究表明,实际上检出的 3-磷酸甘油酸是在紧接着 CO_2 加入一个五碳糖(戊糖)之后形成的:

$$CO_2 + 5\text{-碳接纳体} \longrightarrow [6\text{-碳中间物}] \longrightarrow 2,3\text{-磷酸甘油酸}$$

这些实验说明了,光合 CO_2 固定反应中 CO_2 的接纳体是 **1,5-二磷酸核酮糖**(ribulose-1,5-biphosphate),简称 **RuBP**。**3-磷酸甘油酸**(3-PG)是反应中最早的一个中间物。许多植物中这个三碳化合物是第一个稳定的中间物并因此称它们为 **C_3 植物**,与下面叙述的 **C_4 植物**不同。

2. 二磷酸核酮糖羧化酶/加氧酶是由 8 个相同的大亚基和 8 个相同的小亚基组成

催化 CO_2 固定这一关键反应的酶是 **1,5-二磷酸核酮糖羧化酶/加氧酶**(ribulose-1,5-biphosphate carboxylase/oxygenase),简称为 **Rubisco**。此酶的名称反映它既能催化 CO_2 和 RuBP 加成,也能催化 O_2 和 RuBP 反应。Rubisco 的加氧酶活性放在本章后面"光呼吸和 C_4 途径"一节讨论。

自然界中存在 4 种类型的 Rubisco:Ⅰ 型、Ⅱ 型、Ⅲ 型和Ⅳ 型。Ⅰ 型存在于维管植物、藻类和许多光合细菌中,Ⅱ型只限于某些光合细菌。植物 Ⅰ 型 Rubisco 是一个杂多聚体($\alpha_8\beta_8$ 或 L_8S_8),M_r 550×10^3,由 8 个相同的大亚基(M_r 53 000)和 8 个相同的小亚基(M_r 14 000)组成(图 23-24)。大亚基是酶的催化单位,每个大亚基都含催化部位,它能结合底物(CO_2 和 RuBP)和 Mg^{2+}(2 价阳离子,对酶活性是必需的)。小亚基的功能尚不确定,不过没有小亚基的存在,大亚基的活性只有全酶活性的 1%,如果加入小亚基,活性可提高 100 倍,可见小亚基对维持酶活性是必要的;小亚基可能有稳定 L_8S_8 结构的作用,并以某种方式提高酶的催化效率。

Rubisco 大亚基是由叶绿体的基因组或原质体系(plastome)中的基因编码,而小亚基是由核基因组中的基因编码。活性的 Rubisco 杂多聚体的装配是随着小亚基多肽跨过叶绿体膜进入基质后在叶绿体内发生的。植物 Rubisco 具有特别低的转换数,在 25℃ 每秒钟每分子酶仅固定 3 分子 CO_2。为获得高速度的 CO_2 固定,植物需要大量的 Rubisco。事实上,此酶占叶绿体基质中可溶性蛋白质的 50%,可能是生物圈中最丰富的酶之一,据估计地球上 Rubisco 约有 4×10^7 吨。光合细菌 Ⅱ 型 Rubisco 的结构(L_2)比较简单,只含 2 个亚基,这些亚基在许多方面类似植物的大亚基。这种相似性与叶绿体起源的内共生假说是一致的(见第 1 章)。

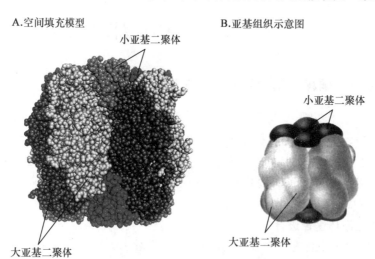

图 23-24 根据 X 射线晶体学揭示的 1,5-二磷酸核酮糖羧化酶的亚基组织

由 4 对交互结合的大亚基二聚体(L_2)排列成八聚体核,此核的两端各有 2 对小亚基二聚体(S_2)或说各有一对 S_4;每个小亚基陷入大亚基之间的裂缝中

3. Rubisco 羧化酶以活性形式和无活性形式存在

Rubisco 以 3 种形式存在:① 无活性形式,标为 E 型;② 经氨[基]甲酰化但无 Mg^{2+} 存在的无活性形式,EC 型;③ 活性形式,ECM 型;经氨甲酰化并在活性部位有 Mg^{2+}。Rubisco 的氨[基]甲酰化(carbamylation)是由于 CO_2 和酶的 Lys 201ε-NH_2 发生加成的结果(生成 ε-NH-COO$^-$ 衍生物)。CO_2 对于

Rubisco 有双重作用：一是作为羧化底物，二是作为活化的辅助因子，用来氨甲酰化的 CO_2（起后一作用）不能作为酶的底物。氨甲酰化反应在微碱性（~pH 8）下能自发进行。Rubisco 氨甲酰化能形成 Mg^{2+} 离子的结合部位，Mg^{2+} 是催化 CO_2 固定反应所必需的。一旦 Mg^{2+} 与 *EC* 结合，Rubisco 则变成活性形式（*ECM* 型）（图 23-25）。被激活的 Rubisco 对 CO_2 的 K_m 为 10 ~ 20 μmol/L。CO_2 在大气中的相对丰度是很低的，约 0.03%。与空气平衡的 CO_2 溶于水溶液的浓度约为 10 μmol/L。

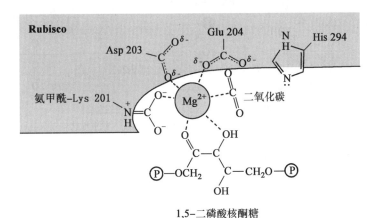

图 23-25　Mg^{2+} 离子在 Rubisco 催化机制中的中心作用

底物 RuBP 与 Rubisco 无活性型 *E* 结合（K_d = 20 nmol/L）比与活性型 *ECM* 的结合（K_m = 20 μmol/L）更牢固。因此 RuBP 也是 Rubisco 活性的强抑制剂。从 Rubisco 的活性部位释放 RuBP 是由 **Rubisco 激活酶**（activase）介导的，它是一个调节蛋白质，能在酶活性部位的附近与 *E* 型 Rubisco 结合，并在 ATP 依赖型反应中促进 RuBP 的释放。然后 Rubisco 经氨甲酰化和 Mg^{2+} 的结合变成活性形式（图 23-26）。Rubisco 激活酶本身间接地受光激活。因此光是 Rubisco 的最终激活剂。

Rubisco 的氨甲酰化形式不受 RuBP 抑制，但天然存在的 1-磷酸 2-羧-阿拉伯醇或 1,5-二磷酸木酮糖是一种强抑制剂。它们的结构类似 Rubisco 反应中的过渡态六碳中间物。这种抑制剂在植物中夜间被积累，翌晨回到光下则从酶上解脱下来，使 Rubisco 重新激活。

4. Rubisco 羧化酶活性催化的反应

业已证明，Rubisco 作为羧化酶催化 CO_2 与 RuBP 的烯二醇中间物（enediolate intermediate）共价连结，形成一个与酶结合的不稳定的六碳中间物——**2-羧-3-酮-D-阿拉伯醇**（2-carboxy-3-keto-D-arabinitol）。此中间物的 C2-C3 键被水解断裂，生成 2 分子 **3-磷酸甘油酸**，后者是 Calvin 循环反应中最早能检测到的中间产物。加入的 CO_2 以这 2 个分子中的一个的羧基形式出现（图 23-26）。Rubisco 作用机制的核心是带有一个 Mg^{2+} 离子的氨甲酰化 Lys 201 侧链。这里 Mg^{2+} 离子起聚集作用，使反应物定向在活性部位的某些基团，并引起 CO_2 分子极化，使之易遭在酶上形成的五碳（RuBP）烯二醇中间物的亲核攻击，生成不稳定的 $β$-酮酸中间物，详见图 23-26。

（二）　经过 Calvin 循环 CO₂ 固定为糖

实现糖的净合成之前，CO_2 固定的直接产物——**3-磷酸甘油酸**（3-PG），还必需进行一系列的转化。糖类中己糖特别是葡萄糖占据中心的地位。葡萄糖是合成纤维素和淀粉这些多糖的构件分子，植物的这些多糖构成生物界中最丰富的有机物质。因此，把葡萄糖看成是 CO_2 固定的主要终产物是有充分理由的。还有，由葡萄糖和果糖构成的蔗糖（二糖）是从叶子转运到其他植物组织的主要碳形式。在非光合组织中蔗糖经水解可通过酵解和 TCA 循环代谢，产生 ATP。在下面的反应方程中以形成 1 分子葡萄糖作为化学计量的基准。

3-磷酸甘油酸转化为己糖这一系列反应（表 23-1）组成了 **Calvin 循环**。这一系列反应实际上是循环的，因为不仅需要糖作为终产物出现，而且五碳接纳体（RuBP）必须再生，使 CO_2 固定能继续进行。表示这种情况的平衡方程可图解式地写为：

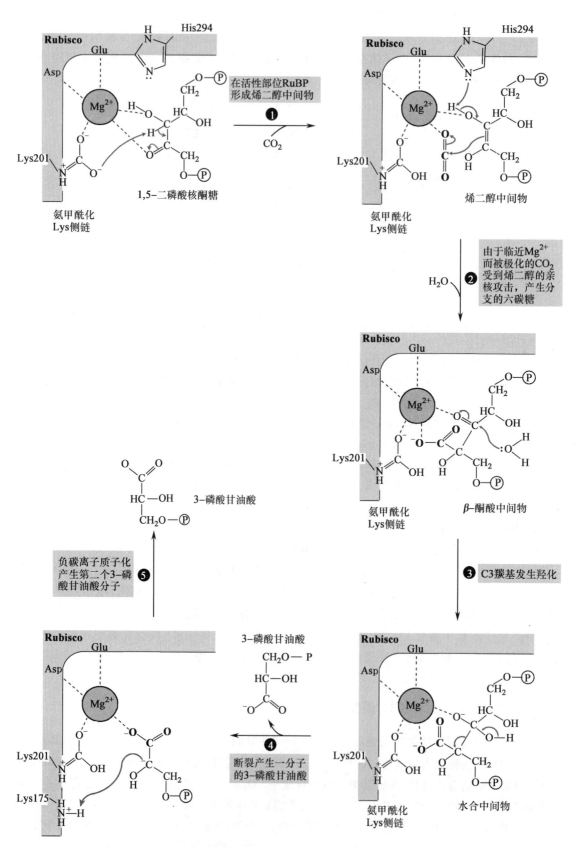

图 23-26　CO_2 同化的机制:Rubisco 的羧化酶活性

$$6C_1 + 6\ C_5 \longrightarrow 12C_3$$

$$12C_3 \longrightarrow 1\ C_6 + 6C_5$$

$$净反应：6C_1 \longrightarrow 1C_6$$

式中 C_1 到 C_6 分别代表一碳到六碳化合物。6 个 C_1（CO_2）与 6 个 C_5（RuBP）缩合生成 12 个 C_3（3-磷酸甘油酸）；12 个 C_3 在 Calvin 循环中经重排形成 1 个 C_6（己糖），并重新生成 6 个 C_5（RuBP）接纳体（图 23-27）。

表 23-1　Calvin 循环中的系列反应[①]

反应	碳平衡
1. 二磷酸核酮糖羧化酶：6 CO_2+6 H_2O+6 RuBP $\longrightarrow$12 3-PG	6(1)+6(5) $\longrightarrow$12(3)
2. 3-磷酸甘油酸激酶：12 3-PG+12 ATP $\longrightarrow$12 1,3-BPG+12 ADP	12(3) $\longrightarrow$12(3)
3. NADP⁺-3-磷酸甘油醛脱氢酶：12 1,3-BPG+12 NADPH $\longrightarrow$ 12 NADP⁺+12 G-3-P+12 Pi	12(3) $\longrightarrow$12(3)
4. 磷酸丙糖异构酶：5 G-3-P $\longrightarrow$5 DHAP	5(3) $\longrightarrow$5(3)
5. 醛缩酶：3 G-3-P+3 DHAP $\longrightarrow$3 FBP	3(3)+3(3) $\longrightarrow$3(6)
6. 1,6-二磷酸果糖酶：3 FBP+3 H_2O $\longrightarrow$3 F-6-P+3 Pi	3(6) $\longrightarrow$3(6)
7. 磷酸葡糖异构酶：1 F-6-P $\longrightarrow$1 G-6-P	1(6) $\longrightarrow$1(6)
8. 磷酸葡糖酶：1 G-6-P+1 H_2O $\longrightarrow$1 葡萄糖+1 Pi	1(6) $\longrightarrow$1(6)
此途径剩下的步骤涉及从剩余的 2 个 F-6-P（12 C），4 个 G-6-P（12 C）和 2 个 DHAP（6 C）再生 6 个 RuBP 接纳体（30 C）	
9. 转羟乙醛酶：2 F-6-P+2 G-3-P $\longrightarrow$2Xu-5-P+2 E-4-P	2(6)+2(3) $\longrightarrow$2(5)+2(4)
10. 醛缩酶：2 E-4-P+2 DHAP $\longrightarrow$2 1,7-二磷酸景天庚酮糖（SBP）	2(4)+2(3) $\longrightarrow$2(7)
11. 二磷酸景天庚酮糖酶：2 SBP+2 H_2O $\longrightarrow$2 S-7-P+2 Pi	2(7) $\longrightarrow$2(7)
12. 转羟乙醛酶：2 S-7-P+2 G-3-P $\longrightarrow$2Xu-5-P+2 R-5-P	2(7)+2(3) $\longrightarrow$4(5)
13. 磷酸戊糖差向异构酶：4Xu-5-P $\longrightarrow$4 Ru-5-P	4(5) $\longrightarrow$4(5)
14. 磷酸戊糖异构酶：2 R-5-P $\longrightarrow$2 Ru-5-P	2(5) $\longrightarrow$2(5)
15. 磷酸核酮糖激酶：6 Ru-5-P+6 ATP $\longrightarrow$6 RuBP+6 ADP	6(5) $\longrightarrow$6(5)
净反应：6 CO_2+18 ATP+12 NADPH+12 H⁺+12 H_2O $\longrightarrow$1 葡萄糖+18 ADP+18 Pi+12 NADP⁺	6(1) $\longrightarrow$1(6)

[①]反应 1 到 15 构成形成 1 分子葡萄糖的循环。表中列出催化每步反应的酶、简明的反应式和总碳数的平衡式。括号中的数字示出底物或产物分子中的碳原子数目。括号前的数字是以化学计量方式指出为提供一个平衡的净反应每步所进行的次数。表中反应物缩写见图 23-28。

介导 Calvin 循环反应的 13 种酶大多数也参与糖酵解（见第 17 章）或戊糖磷酸途径（见第 20 章）。如反应方程（23-7）所指，在此循环代谢中消耗光反应中产生的 NADPH 和 ATP。注意，在己糖形成中消耗的总数 18 个当量的 ATP（表 23-1，反应 2 和 15）：其中 12 个用于从 3-磷酸甘油酸形成 12 当量的 1,3-二磷酸甘油酸（1,3-BPG），这是经过由 **3-磷酸甘油酸激酶** 催化的几个正常糖酵解反应实现的，另外 6 个用于磷酸化 5-磷酸核酮糖（Ru-5-P）以再生 6 个 RuBP。所有 12 个当量的 NADPH 用于反应 3（表 23-1）。植物具有 **NADPH 特异 3-磷酸甘油醛脱氢酶**，此酶对 NADP 的特异性超过对 NAD 的特异性，以及对它的正常进行的反应方向都与糖酵解的同类酶成鲜明对比。

（三）　Calvin 循环反应可以分为 3 个阶段

CO_2 同化为生物分子（图 23-27）的第 1 阶段是碳固定反应（carbon-fixation reaction）；第 2 阶段是 3-磷酸甘油酸还原；第 3 阶段是 RuBP 再生（regeneration）。12 分子磷酸丙糖中的 10 个（30 个碳）用于再生 6 个分子的循环起始物 RuBP（30 个碳）。另 2 个丙糖磷酸分子是光合作用的净产物，能用来制造己糖作为燃料和构建材料，蔗糖作为从叶子转运至非光合组织的主要碳形式，或淀粉作为贮存形式。总之，整个过程是循环的，能不断地把 CO_2 转化为磷酸丙糖和磷酸己糖。6-磷酸果糖（F-6-P）是第 3 阶段中的一个关键性中间物（图 23-28 步骤❻）；它处于导致 RuBP 再生或淀粉合成的分叉点上。从 F-6-P 到 RuBP 的途

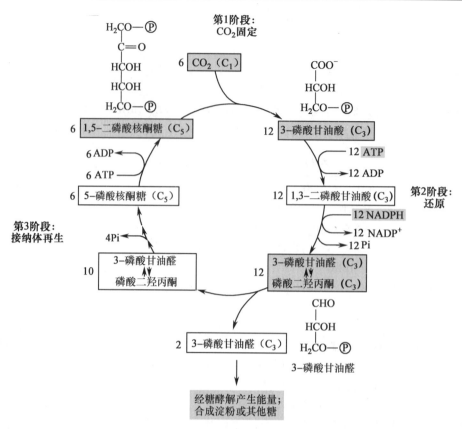

图 23-27　光合生物中 Calvin 循环的 3 个阶段

径有许多反应跟用于动物细胞**磷酸戊糖途径**(见第 20 章)的非氧化性阶段中磷酸戊糖转化为磷酸己糖的反应是相同的。CO_2 光合同化中,基本上是同一套反应(同一套酶)在另一方向运行,把磷酸己糖转化为磷酸戊糖。所有 13 种循环途径的酶(表 23-1)都存在于叶绿体的基质中。

下面讨论中所涉及的反应步骤编号与图 23-28 和表 23-1 中的相同。

1. 第 1 阶段:CO_2 固定为 3-磷酸甘油酸

这部分的内容在前面已经谈到了(参见图 23-26)。反应是由 Rubisco 羧化酶活性催化的,1,5-二磷酸核酮糖(RuBP)是固定反应中 CO_2 的接纳体,过渡态中间物是 β-酮酸,后者水解生成 2 分子 **3-磷酸甘油酸**(图 23-28 步骤❶),3-PG 是 Calvin 循环反应中最早能检测到的中间产物。加入的 CO_2 以这 2 个分子中的一个的羧基形式出现(见图 23-26)。已提出的 Rubisco 作用机制的核心是带有一个 Mg^{2+} 离子的氨甲酰化 Lys 侧链。这里 Mg^{2+} 离子起聚集作用,使反应物定向在活性部位,并引起 CO_2 分子极化,使之容易遭受在酶上形成的五碳(RuBP)烯二醇式中间物的亲核攻击,生成不稳定的六碳中间物,并断裂成 2 分子的 3-PG。

2. 第 2 阶段:3-磷酸甘油酸转变为 3-磷酸甘油醛

第 1 阶段形成的 3-磷酸甘油酸(3-PG)转化为 3-磷酸甘油醛(G-3-P);过程基本上是糖酵解相应步骤的逆转,只有一点不同,即用于 1,3-二磷酸甘油酸还原的核苷酸因子是 NADPH(图 23-27),而不是糖酵解中的 NADH。叶绿体的基质中含有除磷酸甘油酸变位酶外的所有糖酵解酶,基质中的这些酶是叶细胞溶胶中存在的相应酶的同工酶;这两套酶催化相同的反应,但它们是不同基因的产物。

这一阶段的第一步是叶绿体基质的 **3-磷酸甘油酸激酶**催化从 ATP 转移磷酸基到 3-PG,生成 1,3-二磷酸甘油酸(BGP;图 23-28 步骤❷)。第二步是在 **3-磷酸甘油醛脱氢酶**催化的反应中 NADPH 提供电子,生成 G-3-P(步骤❸),**磷酸丙糖异构酶**催化磷酸二羟丙酮(DHAP)互变(步骤❹)。磷酸丙糖在叶绿体中可以转化为淀粉,贮存备用,或者立即外运到细胞溶胶中,转变为蔗糖以便转运到植物的生长区域。在发育的叶片中相当一部分磷酸丙糖经糖酵解途径被降解,为生长提供额外的能量(见图 23-27)。

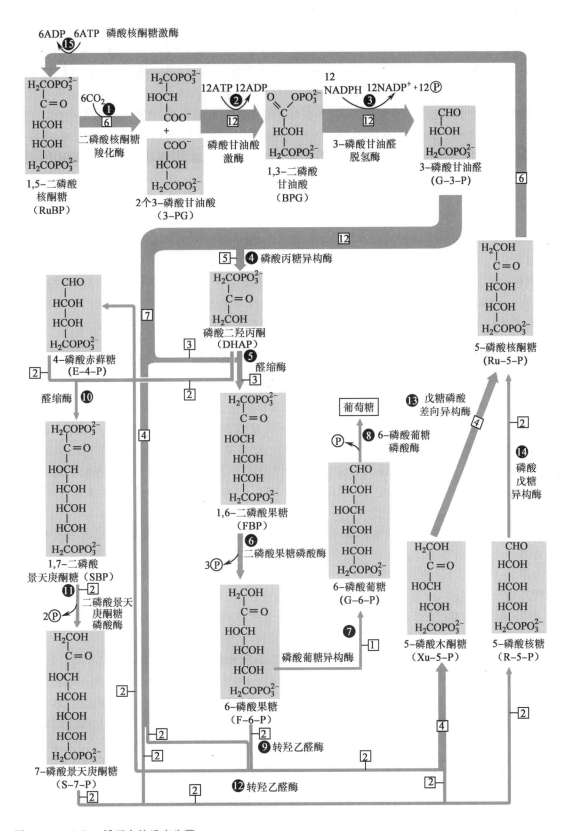

图 23-28　Calvin 循环中的反应步骤

与每步箭头相连的方框中数字表示在产生一分子葡萄糖的一轮循环中参与反应的分子数目。反应顺序的标号与表 23-1 的相同

3. 第 3 阶段：从丙糖磷酸再生 1，5－二磷酸核酮糖

　　RuBP 的再生从磷酸丙糖开始，涉及 G-3-P 和 DHAP 的互变和糖或碳架重排（步骤❾和步骤⓬~⓮），过程中的中间物包括三碳糖、四碳糖、五碳糖、六碳糖和七碳糖。1 分子 1，6-二磷酸果糖经步骤❼和❽转变为葡萄糖，这是 Calvin 图解所希望的净产物。剩下的 30 个碳经反应步骤❾~⓯重新组织成 6 个 RuBP。反应步骤❺和❿是由醛缩酶（aldolase）或转二羟丙酮酶（transaldolase）促进的；此酶催化 3-磷酸甘油醛与磷酸二羟丙酮的可逆缩合，产生 1，6-二磷酸果糖（步骤❺），后者在步骤❻中由二磷酸果糖磷酸酶断裂成 6-磷酸果糖和 Pi，此反应是强放能的，基本上不可逆。它也催化 4-磷酸赤藓糖和磷酸二羟丙酮缩合，产生七碳糖，**1，7-二磷酸景天庚酮糖**（SBP；步骤❿）。步骤❾和⓬由**转羟乙醛酶或转酮醇酶**（transketolase）催化，它含有硫胺素焦磷酸（TPP；见第 13 章）作为辅基，并需要 Mg^{2+}。步骤❾中，转羟乙醛酶催化从磷酸酮糖供体（6-磷酸果糖）将一个羟乙醛基（ketol；—CO—CH_2OH）转给醛糖磷酸接纳体（G-3-P），生成 4-磷酸赤藓糖和 5-磷酸木酮糖。步骤⓫由 **1，7-二磷酸景天庚酮糖磷酸酶**（sedoheptulose bisphosphatase）催化，此磷酸酶为质体所特有；此步骤是途径中第二个不可逆的反应；它的产物是 7-磷酸景天庚酮糖（S-7-P），后者是转羟乙醛酶的底物。在步骤⓬中转羟乙醛酶催化 7-磷酸景天庚酮糖和 3-磷酸甘油醛转变为两个磷酸戊糖（5-磷酸木酮糖和 5-磷酸核糖）的反应。在转羟乙醛酶催化的反应中形成的磷酸戊糖转变为 5-磷酸核酮糖（步骤⓭和⓮）。催化最后一步反应（步骤⓯）的是**磷酸核酮糖激酶**（phosphoribulose kinase），此酶也是植物所特有的，行使植物所特有的功能：把 Ru-5-P 磷酸化为 RuBP。这一步是整个途径中第 3 次耗能的反应，另两次耗能反应在步骤❷和❸。这一净转化说明 6 个 CO_2 固定为 1 个己糖，消耗 18 个 ATP 和 12 个 NADPH（见表 23-1）。

（四）　Calvin 循环中 4 种酶受光的间接激活

　　植物细胞含有线粒体，能进行细胞呼吸，为在暗时提供能量。糖酵解和柠檬酸循环进行的反应是糖的分解，从糖到 CO_2，而 CO_2 固定进行的是糖的合成，从 CO_2 到糖；前者主要是在夜间发生的，后者是在白天进行的。植物体内糖的合成和分解是如何协调控制的？已发现调控主要是通过调节 Calvin 循环来解决的。在这种调节下 Calvin 循环的关键酶的活性与光合产率是一致的。实际上这些酶都间接地对光激活作出反应。当有可利用的光能用以产生 CO_2 固定所需的 ATP 和 NADPH 时，Calvin 循环就运行，暗中不能产生 ATP 和 NADPH 时，CO_2 固定则停止。

　　在前面光反应部分曾讲到，叶绿体的照光导致光驱动的质子跨膜泵入类囊体腔，引起基质和类囊体腔中的 pH 改变。基质的 pH 从 7 升高到 8，并伴随着 Mg^{2+} 从类囊体腔流向基质，使基质中的 $[Mg^{2+}]$ 从 1~3 mmol/L 升至 3~6 mmol/L。几种基质中的酶已进化出利用"告知"有 ATP 和 NADPH 可利用的光诱导条件：在碱性环境和高 $[Mg^{2+}]$ 中这些酶的活性变得更高。例如，氨甲酰赖氨酸的形成对 Rubisco 的激活在碱性 pH 下更快，高基质 $[Mg^{2+}]$ 有利于酶的活性 Mg^{2+} 复合体的形成。1，6-二磷酸果糖磷酸酶要求有 Mg^{2+}，并对 pH 依赖性很强，在叶绿体照光期间 pH 和 $[Mg^{2+}]$ 升高时，酶活性增加 100 多倍。

　　Calvin 循环中 4 种酶受到特殊类型的光调节。**5-磷酸核酮糖激酶**（见表 23-1，反应 15）、**1，6-二磷酸果糖磷酸酶**（反应 6）、**1，7-二磷酸景天庚酮糖磷酸酶**（反应 11）和 **3-磷酸甘油醛脱氢酶**（反应 3）受到两个半胱氨酸残基之间二硫键的光驱动还原而被激活，这两个残基对这些酶的活性是关键的。当 Cys 残基被二硫键连接（处于氧化态）时酶无活性，这是处于暗时的正常情况。照光时，电子流从光系统 I 流到铁氧还蛋白（见图 23-18），后者把电子传递给一个小的、含二硫化物的可溶性蛋白质，**硫氧还蛋白**（thioredoxin），后者存在于**铁氧还蛋白-硫氧还蛋白还原酶**催化的反应中。还原型硫氧还蛋白提供电子以还原那些被光激活的酶的二硫键，这些还原断裂的反应伴随着构象变化而增加酶的活性（图 23-29）。夜间，这 4 种酶的 Cys 残基被重新氧化为二硫化物形式，酶则被钝化，这样 ATP 就不会消耗于 CO_2 同化中。代之以，白天合成和储存的淀粉在夜间被降解，给糖酵解添加燃料。

　　6-磷酸葡糖脱氢酶是氧化性磷酸戊糖途径中的第一个酶，它也受这个光驱动机制的调节，但意义相反。在白天光合作用产生丰富的 NADPH，因而不需要此酶合成 NADPH。当一个关键的二硫键被来自铁氧还蛋白的电子还原此酶则钝化。

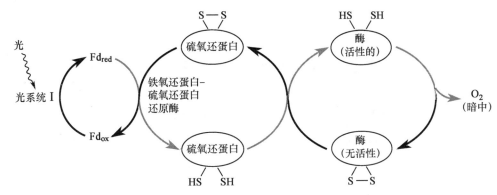

图 23-29　Calvin 循环的几种酶的光激活
图中灰色箭头表示电子流动方向

六、光呼吸和 C₄ 途径

在前面已经讲到,光合细胞在光驱动反应期间裂解 H_2O 产生 O_2,在暗反应(不依赖光的过程)中利用 CO_2,因此整个光合作用期间气体的总变化是 CO_2 的摄取和 O_2 的释放。在暗中植物也进行**线粒体呼吸**,底物氧化成 CO_2,O_2 转化为 H_2O。而且,在植物中还有另一过程,像线粒体一样,消耗 O_2 产生 CO_2,又像光合作用,过程由光驱动。这个过程称为**光呼吸**(photorespiration),这是光合作用的一个高代价的副反应,是由于缺乏专一性的 Rubisco 造成的。

(一)　光呼吸是 Rubisco 加氧酶活性引起的

正如二磷酸核酮糖羧化酶/加氧酶(Rubisco)的名称所指,它还能催化另一反应。分子 O_2 跟 CO_2 竞争活性部位,大约每 3、4 轮一次 Rubisco 催化 O_2 和 RuBP 缩合生成 3-磷酸甘油酸和 **2-磷酸乙醇酸**(2-phosphoglycolate),后者是一个代谢上无用的产物(图 23-30)。Rubisco 与 O_2 反应的结果没有碳的固定,看来是对细胞的一种纯粹的倾向性。要从 2-磷酸乙醇酸解救碳需要消耗相当量的细胞能量,并释放一些先前固定的 CO_2。**Rubisco 加氧酶**反应减小植物的生产率,因为它导致 RuBP 的损失,RuBP 是必需的 CO_2 接纳体。

在进化中产生一条从磷酸乙醇酸抢救碳的途径称为**乙醇酸途径**(glycolate pathway)。此途径把 2 分子的 2-磷酸乙醇酸转化为 1 分子丝氨酸(三碳)和 1 分子 CO_2(图 23-31)。在叶绿体中磷酸酶把 2-磷酸乙醇酸去磷酸为乙醇酸,后者被转移到另一细胞器**过氧化物酶体**(peroxisome),在这里被分子 O_2 氧化,生成的**乙醛酸**(glyoxylate),经转氨作用生成甘氨酸。作为乙醇酸氧化的副产物出现的过氧化氢被移交给过氧化物酶体中的过氧化物酶作无害化处理。甘氨酸从过氧化物酶体转移到线粒体基质中,在这里由甘氨酸脱羧酶复合体进行氧化性脱羧。**甘氨酸脱羧酶复合体**氧化甘氨酸成 CO_2 和 NH_3,并伴随着 NAD^+ 还原成 NADH,剩下的碳从甘氨酸转移到辅因子四氢叶酸。然后四氢叶酸上携带的一碳单位由丝氨酸羟甲基转移酶转移到第二个甘氨酸,产生丝氨酸。由甘氨酸脱羧酶和丝氨酸羟甲基转移酶催化的净反应是:

$$2\ 甘氨酸 + NAD^+ + H_2O \rightarrow 丝氨酸 + CO_2 + NH_3 + NADH + H^+$$

丝氨酸转化为羟丙酮酸,甘油酸,最后是 3-磷酸甘油酸,后者用于再生 1,5-二磷酸核酮糖,完成这一长而昂贵的循环(图 23-31)。

在强日光下通过乙醇酸抢救途径的流量是很大的,产生的 CO_2 大约为通常柠檬酸循环中所有氧化所产生的 5 倍。为产生这样大的流量,线粒体含有大量的甘氨酸脱羧酶复合体:此复合体的 4 个蛋白质构成了豌豆和菠菜植物叶的线粒体基质中所有蛋白质的一半。植物的非光合部分,如马铃薯的块茎,它的甘氨酸脱羧酶复合体的浓度则很低。

与光有关的 Rubisco 加氧酶活性加上乙醇酸抢救途径构成消耗 O_2、产生 CO_2 的过程(图 23-31),因此

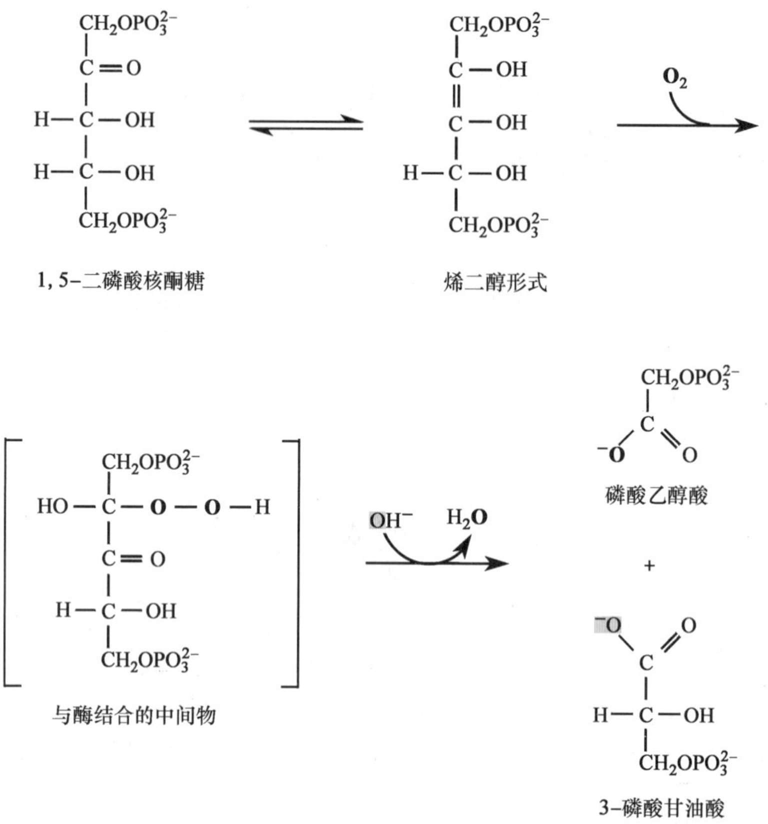

图 23-30   Rubisco 加氧酶活性:O_2 与 RuBP 的加成

称它为**光呼吸**。此途径也许称为**氧化性光合碳循环**(oxidative photosynthetic carbon cycle)或 C_2 **循环**更好些,因为这些名称不会与线粒体呼吸相混淆。与线粒体的呼吸不同 ,"光呼吸"不能保存能量。C_3 植物光合作用固定了的碳(有机碳)相当一部分被光呼吸消耗掉,事实上光呼吸使生物量的净形成减少了 50%以上。这种低效性导致了碳同化过程中进化上的适应性,特别是在热带和亚热带气候下进化过来的禾本科植物如玉米、甘蔗和高粱等,这些植物(称 C_4 植物,见下面)的光合效率比 C_3 植物(如菠菜、小麦和水稻等)高出二倍。Rubisco 的这种明显的低效性和对生物量生产的限制性极大地激励了研究人员用基因工程手段想把它改造成一个更好的酶。

(二) 在 C_4 植物中 CO_2 固定和 Rubisco 活性是分开的

如前所述热带禾本科植物有对付光呼吸的手段(适应性)。应用 CO_2 作为示踪物的研究指出,在这些植物中被标记的第一个有机中间物不是三碳化合物,而是四碳化合物。20 世纪 60 年代澳大利亚学者 M. D. Hatch 和 C. R. Slack 首先发现了这个四碳(4C)产物。CO_2 固定的这一途径被称为 C_4 **途径**或 C_4 **代谢**。利用 C_4 途径的植物称为 C_4 **植物**。C_4 植物一般生长在高强光和高温下,它们具有几个重要的特征:高光合速率、高生长速率、低失水速率和特化了的叶结构。C_4 植物与 C_3 植物的差别主要是吸收 CO_2 的方式不同,C_3 植物中第一步反应就是 CO_2 和 1,5-二磷酸核酮糖缩合成 3-磷酸甘油酸。

C_4 途径并不是代替 Calvin 循环的反应系列,也不是一种净 CO_2 固定的图解,C_4 途径是作为 CO_2 的收集、浓缩和转运的系统;或者说 C_4 途径是在 CO_2 固定成三碳产物 3-磷酸甘油酸之前,暂时把 CO_2 固定成四碳化合物。然后将 CO_2 从氧含量较丰富的叶片表面转运到内部的细胞,这里 O_2 浓度较低,与 CO_2 竞争 Rubisco 反应的能力较弱。因此 C_4 途径是保证 Rubisco 反应离开高氧浓度的细胞区室,以避免或减小光呼吸发生的一种方式。C_4 途径涉及两种类型的细胞:叶肉细胞(mesophyll cell)和维管束鞘细胞(bundle sheath cell),前者是邻接叶片间隙的细胞,后者是环绕维管束组织的细胞(图 23-32)。叶肉细胞在富含 O_2 的叶片表面(间隙)吸收 CO_2,并用它羧化磷酸烯醇丙酮酸(phosphoenopyruvate,PEP)生成草酰乙酸

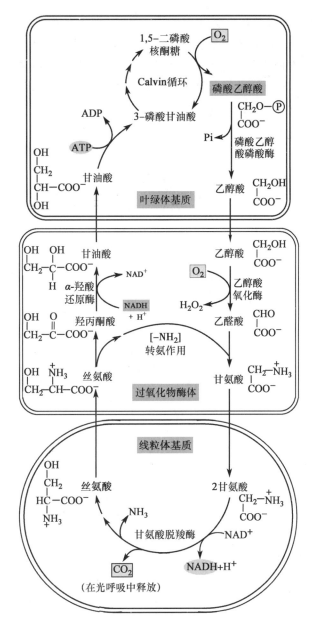

图 23-31   光呼吸中的乙醇酸途径

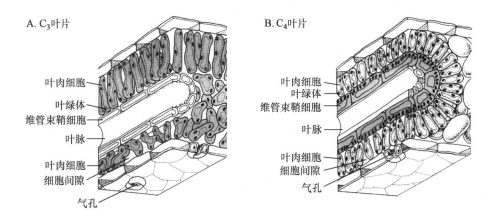

图 23-32 C_3 和 C_4 植物叶片的结构差别

A. C_3 植物的叶肉细胞是 Calvin 循环的光合作用部位；B. C_4 植物先在叶肉细胞中利用 C_4 途径将 CO_2 固定成 4C 化合物，然后这些化合物被运送到维管束鞘细胞，在这里进行 Calvin 循环

（OAA），这一步是在**磷酸烯醇丙酮酸羧化酶**（PEP carboxylase）催化下进行的（图 23-33）。然后被 NADPH 特异的苹果酸脱氢酶还原为苹果酸或通过转氨作用转变为天冬氨酸（后者图中未示出）。四碳的 CO_2 载体（苹果酸或天冬氨酸）通过胞间连丝被转运到邻近的维管束鞘细胞，在这里脱羧生成三碳产物丙酮酸，并释放出 CO_2。CO_2 进入与 C_3 植物中完全相同的 Calvin 循环被固定为有机碳，而丙酮酸返回叶肉细胞，并重新转变为 PEP，准备接受另一个 CO_2（图 23-33）。

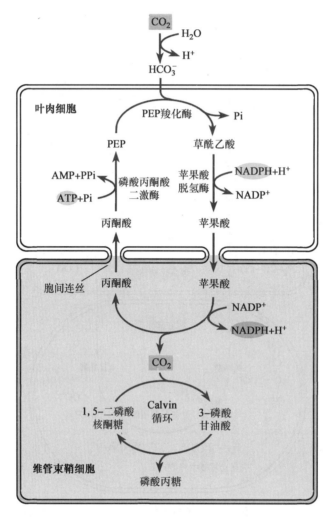

图 23-33　CO_2 固定的 C_4 途径

借苹果酸或天冬氨酸在细胞间转运 1 个 CO_2 需要消耗两个高能磷酸键。这些键能用于丙酮酸的磷酸化，此反应是由**磷酸丙酮酸二激酶**（pyruvate phosphate dikinase）催化的，其产物是 PEP、AMP 和 PPi（焦磷酸）。这是一个唯一的催化一个 ATP 分子的 β- 和 γ-磷酸基同时磷酸化两个不同的底物，使丙酮酸转变为 PEP，Pi 转变为 PPi 的磷酸转移酶（phosphotransferase）。反应机制涉及一个酶磷酸组氨酸中间物。ATP 的 γ-磷酸基被转移给 Pi，而 ATP 的 β-磷酸基与酶–His 发生加成，形成酶–His-P_{β} 复合体：

$$酶–His + AMP_{\alpha}-P_{\beta}-P_{\gamma} + Pi \rightarrow 酶–His-P_{\beta} + AMP_{\alpha} + P_{\gamma}Pi$$

$$酶–His-P_{\beta} + 丙酮酸 \rightarrow PEP + 酶–His$$

$$净反应：ATP + 丙酮酸 + Pi \rightarrow AMP + PEP + Pi$$

磷酸丙酮酸二激酶受一个苏氨酸残基的可逆磷酸化调节，非磷酸化形式是活性酶。有趣的是在此可互变的调节中 ADP 是磷酸基的供体。尽管 C_4 植物每固定一个 CO_2 要比 C_3 植物（每合成一个磷酸丙糖消耗 9 个 ATP）多消耗两个 ATP（两个高能磷酸键），但是在高光强度，高温度的热带条件下，C_4 植物的光合

效率比 C_3 植物高（C_3 植物随温度升高其光呼吸增强，CO_2 固定效率下降）。热带甘蔗种植园代表集光效率的至高点。落在甘蔗园的入射光约 8% 的能量以固定 CO_2 成糖的形式被转变为化学能。对于非栽培植物面积光合效率只有 0.2%。开展光呼吸研究就是想通过控制这个浪费的过程来达到提高农业生产效率的目的。已知的 230 000 种植物中只有 1% 是 C_4 植物，而且大多数是生长在炎热地带。

（三）　CAM 植物中 CO_2 吸收和 Rubisco 作用是暂时被分开的

肉质植物如仙人掌科（Cactaceae）和景天科（Crassulaceae）原本生长在半干旱的热带沙漠环境，它们的 CO_2 吸收和 CO_2 固定在时间上是分开进行的。CO_2（以及 O_2）通过气孔（stomata）进入叶片，水蒸气也是通过开放的气孔逃逸。在非肉质植物中气孔是白天开放，此时光驱动光合细胞固定 CO_2，而夜间关闭。肉质植物在白天炎热时气孔不开放，因为干旱地区任何珍贵水分的丢失，都将是对它们的一种致命打击。因此，这些植物只有在夜间开放气孔，吸收 CO_2，这时温度较低，水分丢失较少。吸入的 CO_2 在 PEP 羧化酶催化下直接与磷酸烯醇丙酮酸（PEP）结合生成草酰乙酸（OAA）。OAA 在苹果酸脱氢酶存在下还原为苹果酸，并在液泡中贮存至天明。在白天苹果酸从液泡中释放出来，经脱羧产生 CO_2 和一个 3C 产物丙酮酸。产生的 CO_2 参与 Calvin 循环并固定成为有机碳。因为此过程涉及有机酸（OAA 和苹果酸），并且是景天科肉质植物所共有的特点，因此被称为**景天酸代谢**（crassulacean acid metabolism，**CAM**）。能进行景天酸代谢的植物称为 **CAM 植物**。在 CAM 植物与 C_4 植物中 CO_2 都是通过 C_4 途径进入 Calvin 循环被固定成糖的。它们之间的主要区别是：CAM 植物中 CO_2 最初的羧化（CO_2 的浓缩或积累）和糖的合成（Calvin 循环）发生在同一细胞内，但时间不同；而 C_4 植物中这些过程发生在同一时间，但空间不同也即发生在两种不同的细胞中。

提　要

光合作用是在藻类和高等植物的叶绿体以及细菌的载色体中进行的；叶绿体是一种有双层膜包裹并充满的膜性碟子（类囊体）结构，内含光合机构。光合作用的光反应直接依赖于光的吸收，引起的光化学是从水中取出电子，并驱动它们通过系列与膜结合的载体，产生 NADPH 和 ATP。光合作用的碳同化反应是利用 NADPH 的电子和 ATP 的能量还原 CO_2 成为有机碳。

可见光的光子（170～300 kJ/mol）具有足够的能量引起光合生物中的光化学反应，并最终导致 ATP 的合成。在植物的光反应中，吸收的光子激发叶绿素分子和其他（辅助）色素分子，它们把这些能量汇集到类囊体膜上的反应中心（叶绿素 a 特殊对）。在反应中心光激发的结果是电荷分离，电荷分离产生强电子供体（还原剂）和强电子接纳体（氧化剂）。

光合细菌只有单一的反应中心；紫色细菌中是脱镁叶绿素–醌型，绿色硫细菌中是 Fe–S 型。紫色细菌反应中心的结构研究提供了有关从激发态叶绿素分子特殊对经由脱镁叶绿素到醌的光驱动电子流方面的资料。电子然后从醌经由细胞色素 bc_1 复合体回到光反应中心。在绿色硫细菌中是另一条途径，把电子从还原型的醌送到 NAD^+。

光合色素在光合膜上被组织成集光复合体（LHC）和光化学反应中心复合体（光系统）。

蓝细菌、藻类和维管植物同时含有两个不同的反应中心或光系统：PSII 和 PSI，它们串联排列。植物光系统 I 把电子从它的激发态反应中心 P700，经由一系列过程传递给铁氧还蛋白，然后铁氧还蛋白把 $NADP^+$ 还原成 NADPH。

植物光系统 II 的反应中心 P680，把电子传递给质体醌，P680 失去的电子由来自水的电子来替代（其他生物中除水外还用其他电子供体）。电子流通过光系统产生 NADPH 和 ATP。循环电子流只产生 ATP，但允许形成的 ATP 和 NADPH 的比例可以改变。PSI 和 PSII 在基粒片层和基质片层之间的定位是可以改变的，并间接地由光强度来控制，使激子在 PSI 和 PSII 之间的分布达到最适程度以捕获有效能量。

H_2O 的光驱动裂解是由含 Mn 和 Ca 的蛋白质复合体（放氧复合体）催化的；产生 O_2。还原型质体醌把电子传递给细胞色素 b_6f 复合体；从这里电子转移到质体蓝素（可溶性电子载体），然后传递给 P700 以替代光激发时丢失的电子。经由细胞色素 b_6f 复合体的电子流驱动质子跨过质膜,产生质子动力(决定于质子梯度),为 ATP 合酶合成 ATP 提供能量。

植物中,水裂解反应和经由细胞色素 b_6f 复合体的电子流都伴随有跨类囊体膜的质子泵送。这样形成的质子动力驱动 ATP 合成,合成是由与线粒体 F_0F_1 复合体类似的 CF_0CF_1 复合体催化的。CF_0CF_1 的催化机制跟线粒体和细菌的 ATP 合酶很相似。由质子梯度驱动的物理旋转伴随有 ATP 的合成,合成部位轮流经过 3 个不同构象态:一个对 ATP 高亲和力,一个对 ADP+Pi 高亲和力,和一个对两个核苷酸都是低亲和力。

高等植物 C_3 途径的光合作用是在叶绿体内进行的。CO_2 同化反应(Calvin 循环)中,光反应阶段产生的 ATP 和 NADPH 用于还原 CO_2 为磷酸丙糖。这些反应分 3 个阶段进行:一是 Rubisco 催化的 CO_2 固定反应;二是生成的 3-磷酸甘油酸还原成 3-磷酸甘油醛;三是 1,5-二磷酸核酮糖从磷酸丙糖再生。

Rubisco 催化 CO_2 和 RuBP 缩合,形成不稳定的二磷酸己糖(β-酮酸中间物),后者裂解成 2 个分子的 3-磷酸甘油酸。生成的 3-磷酸甘油酸去向复杂,一部分被转变为葡萄糖、蔗糖或淀粉;一部分用于重新生成 RuBP。Rubisco 在 Rubisco 激活酶催化下经共价修饰(Lys 201 氨甲酰化)而激活,但天然的过渡态类似物能抑制它;此类似物的浓度夜间升高,白天降低。在第 2 阶段中还原 1 分子 3-磷酸甘油酸为 3-磷酸甘油醛需要 1 分子 ATP 和 1 分子 NADPH。

叶绿体基质中的酶包括转羟乙醛酶和醛缩酶重排磷酸丙糖的碳骨架,产生三、四、五、六和七碳中间物,最后生成磷酸戊糖。磷酸戊糖转变为 1,5-二磷酸核酮糖,完成 Calvin 循环。固定 3 个 CO_2 为 1 个磷酸丙糖的代价是 9 个 ATP 和 6 个 NADPH。它们是由光合作用的光依赖性反应提供的。

Calvin 循环的 4 种酶间接地受光激活,因此在黑暗中处于无活性状态,己糖合成也就不会发生。在黑暗中,细胞需通过糖酵解(即己糖的分解)获取能量。故己糖合成与己糖分解不会同时发生。

在 C_4 植物中 CO_2 最初在外部的叶肉细胞中通过与磷酸烯醇丙酮酸反应被固定,这样产生的 4 碳分子被转运到内部的维管束鞘细胞,在这里释放 CO_2,并用于 Calvin 循环。这些反应组成 C_4 途径。因此 C_4 植物即使在大气 CO_2 浓度很低时,其光合效率仍然很高。

光合作用总是伴随着光呼吸,光呼吸在光下发生,消耗 O_2 并把一部分 1,5-二磷酸核酮糖转变为 CO_2。

习 题

1. 根据放氧测定绿色植物的光合作用速率当用 680 nm 波长的光照射时比用 700 nm 光照射时高,但用这两种光一起照射时给出的光合作用速率比单独使用这两种波长光中的任一种光时高。请解释。

2. 光系统 I 中处于基态的 P700,$E^{\ominus'}$ 为 +0.4 V,当受 700 nm 光激发时转变为 P700*,$E^{\ominus'}$ 为 -1.0 V。在此光反应中 P700 捕获光能的效率是多少?

3. 当光系统 I 在标准条件下吸收 700 nm 红光时 P700 的标准还原电势 $E^{\ominus'}$ 由 +0.4 V 变为 -1.2 V。被吸收的光能有百分之多少以 NADPH($E^{\ominus'}=-0.32$ V)形式被贮存?

4. 在无 ADP 和 Pi 存在下用光照射菠菜叶绿体,然后停止照射(在暗处),加入 ADP 和 Pi。发现在短时间内有 ATP 合成。请解释原因。

5. 如果水的光诱导氧化反应(引起放氧)的 $\Delta G^{\ominus'}$ 为 -25 kJ/mol。光系统 II 中光产生的原初氧化剂的 $E^{\ominus'}$ 值是多少?

6. 在充分照光下,25℃,pH7 的离体叶绿体中 ATP、ADP 和 Pi 的稳态浓度分别为 3 mmol/L、0.1 mmol/L 和 10 mmol/L。(a)在这些条件下,合成 ATP 反应的 ΔG 是多少?(b)在此叶绿体中光诱导的电子传递提供 ATP 合成所需的能量(经过质子动力),在这些条件下合成 ATP 所需的最小电位差(ΔE)是多少?假设每产生 1 分子 ATP 要求 $2e^-$ 通过电子传递链。

7. 如果非循环光合电子传递导致 3H^+/e^- 的跨膜转移,循环光合电子传递导致 2H^+/e^- 的跨膜转移。问:(a)非循环光合磷酸化的和(b)循环光合磷酸化的 ATP 合成效率是多少(以每合成一个 ATP 所需吸收的光子数表示)?(假设 CF_0CF_1 ATP 合酶产生 1ATP/3H^+)。

8. 植物光养生物非循环光合电子传递中 ATP(分子数)/2 e^- 的实际比值并不确定。试计算从光系统 II 到光系统 I 的光合电子传递中 ATP/2e^- 的最大理论比值。假设在细胞条件下,生成 ATP 的 ΔG 为 +50 kJ/mol,并假设 $\Delta E \approx \Delta E^{\ominus'}$。(提示:P680$^+$/P680 电对和 P700$^+$/P700 电对的 $E^{\ominus'}$ 分别为 -0.6 V 和 +0.4 V)。

9. 如果使用碳 1 位上标记^{14}C 的 5-磷酸核酮糖作为暗反应的底物。3-磷酸甘油酸的哪位碳将被标记?

10. 在 1 轮 Calvin 循环中将有 6 μmol ^{14}CO$_2$ 和 6 μmol 未标记的 1,5-二磷酸核酮糖(RuBP)发生反应,产生 1 μmol 6-磷酸葡糖,并重新生成 6 μmol RuBP。问:(a) 在重新生成的 RuBP 中哪两个碳原子将不被标记;(b) 在重新生成的 RuBP 中其他 3 个碳原子各自被标记的百分数是多少?

主要参考书目

1. 沈允钢. 地球上最重要的化学反应——光合作用. 北京:清华大学出版社,2000.

2. 许大全. 光合作用学. 北京:科学出版社, 2013.

3. Hall D O,Rao K K. 光合作用. 3 版,张永平,译. 北京:科学出版社,1984.

4. Garrett R H,Grisham C M. Biochemistry. 5th ed. Belmont:Brooks/Cole, Cengage Learning, 2013.

5. Stryer L. Biochemistry. 6th ed. New York:W. H. Freeman and Company,2007.

6. Nelson D L,Cox M M. Lehninger Principles of Biochemistry. 6th ed. New York:W. H. Freeman and Company,2013.

7. Darnell J, Lodish H,Baltimore D. Molecular Cell Biology. 2nd ed. New York:W. H. Freeman and Company,1990.

8. Das D, Khanna N, Dasgupta C N. Biohydrogen Production. New York:CRC Press,2014.

(徐长法)

网上资源

□ 习题答案　　　☑ 自测题

第 24 章　脂质的代谢

脂肪酸是多数脂质分子的核心组成单元,脂肪酸及其衍生物主要有四种重要功能。其一,磷脂和糖脂是两性分子,它们是生物膜的主要组成成分;其二,脂肪酸以共价键与蛋白质相连,经过修饰的蛋白质被锚定在膜上;其三,脂肪酸是燃料分子,它们以不带电荷的三酰甘油形式贮存起来;其四,脂肪酸衍生物担当着激素及胞内信使的职能。

从表面上看,脂肪酸的分解与合成是两个互为可逆的反应途径,但是实际却不是这样。长链脂肪酸的氧化是动物、许多原生生物和一些细菌获得能量的主要途径。在这个过程中,每次脂肪酸氧化循环移去两个碳原子单位,即产生乙酰-CoA(乙酰辅酶 A),从脂肪酸分子中移走的电子通过线粒体呼吸链,推动 ATP 的合成。乙酰-CoA 经过柠檬酸循环而被彻底氧化为二氧化碳,进一步实现能量储存。长跑运动员在比赛中通过对贮存脂肪的氧化获得足够的能量。脂肪酸氧化给冬眠动物提供代谢所需的能量、热量和水。与脂肪酸降解途径相比,脂肪酸合成使用不同的酶,细胞内发生场所也不同,并以三碳单元中间体,即丙二酰-CoA(丙二酸单酰辅酶 A)为底物,每次合成循环后,脂肪酸碳链增加两碳单位,当脂肪链达 16 碳时,产物离开循环。

在本章中,我们以脊椎动物为例,重点讲述脂肪酸氧化和合成反应及脂质代谢调控机制。

一、三酰甘油的消化、吸收和转运

细胞以 3 种方式获取脂肪酸,其一,来自饮食;其二,细胞内贮存的脂肪;其三,细胞内脂肪酸的从头合成。膳食中的脂质大多是**三酰甘油**(triacylglycerol),或称脂肪(中性脂肪),即由甘油和脂肪酸组成的甘油三酯。脂肪是非极性化合物,以高度还原、无水、惰性的形式存在,脂肪酸氧化产生的能量按同等干重计算比糖类或蛋白质要高出 2 倍以上。

胃产生胃脂肪酶(gastric lipase),它在胃的低 pH 环境中是稳定、有活性的。脂肪的消化实际开始于胃中的胃脂肪酶,彻底的消化是在小肠内由胰分泌的胰脂肪酶(pancreatic lipase)完成。胰脂肪酶消化三酰甘油,使它转化为 2-单酰甘油(2-acylglycerol)和脂肪酸。辅脂肪酶(colipase)是一个小的蛋白质,相对分子质量为 12 000,它产生于胰,是胰脂肪酶活性所必需的。胰液还含有酯酶(esterase),它作用于单酰甘油、胆固醇酯和维生素 A 的酯。另外,胰还分泌磷脂酶(phospholipase),它催化磷脂的 2-酰基的水解。胰脂肪酶对三酰甘油催化的作用点在 1 和 3 位,随之形成 **1,2-二酰甘油**(1,2-diacylglycerol)和 2-单酰甘油(2-acylglycerol),与此同时得到脂肪酸的钠盐和钾盐(肥皂)。肥皂是两亲性的(amphipathic),它既亲水又亲脂,所以可使脂肪乳化。脂肪酶(lipase)与很多蛋白质一样,在一些界面,例如在脂质-水界面中会很快地变性。辅脂肪酶与脂肪酶形成 1∶1 的复合物,可以抑制脂肪酶在界面的变性,并把它固定到脂质-水界面上。

脂质中的磷脂(phospholipid)可被**磷脂酶 A_2**(phospholipase A_2)催化降解,水解发生于 C2 处,产生脂肪酸及相应的溶血磷脂(lysophospholipid)(图 24-1),例如,前述的磷脂酰胆碱,它也是一个强力的"去污剂"。胰磷脂酶 A_2(pancreatic phospholipase A_2)与胰脂肪酶一样,在界面上优先地进行催化反应。对牛的这个酶的 X 射线结构分析表明,该酶的活性部位与**胰凝乳蛋白酶**(chymotrypsin)相像,有一个"凹陷",由一个环和两侧的鳞状片围绕。鳞状片由 21 个表面残基构成。据推断,其侧链伸向磷脂聚合物微团并与之结合。核磁共振测定指出,在这个微团内可能有一构象恰与活性部位互补。胆汁盐包括胆酸、甘氨胆酸和牛磺胆酸,是胆固醇的氧化产物(图 24-2),它的极性端暴露于水构成的外侧,而内侧一端是非极性的。这样就形成一个胶质颗粒,即微团。微团的疏水部分指向内侧,羧基和羟基部分指向外侧,它作为载体把脂肪从小肠腔移送到上皮细胞。小肠对脂肪的吸收即在这里发生。对于游离脂肪酸、单酰甘油和脂溶性维生素,微团也

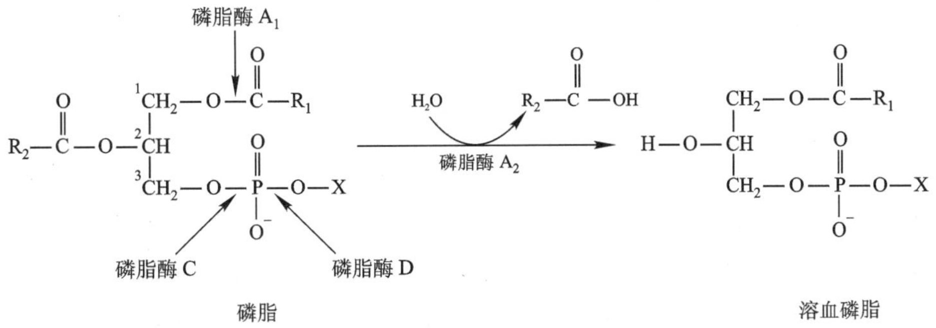

图 24-1 磷脂酶 A_2 水解磷脂于 C2 位,生成溶血磷脂

参与它们的吸收。对胆管堵塞的患者进行检查证实:小肠只吸收了少量的脂肪,在粪便中可看到有较多的脂肪水解产物(脂肪痢)。可以说,胆汁盐不仅有助于脂肪的吸收,而且有助于脂肪消化产物的吸收。

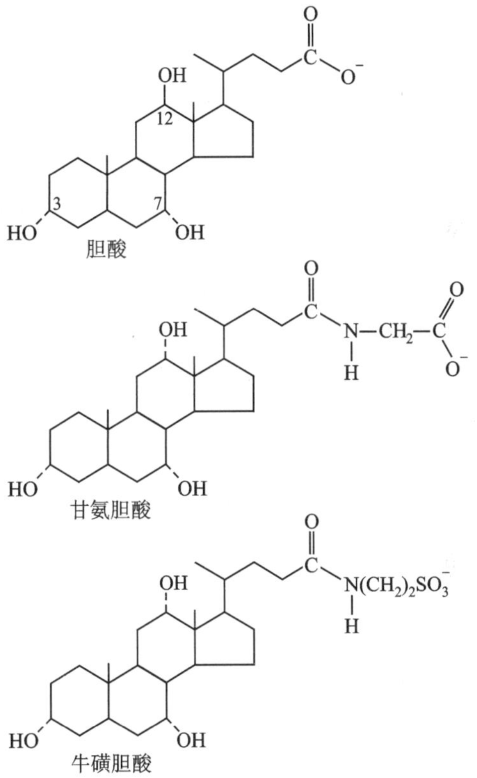

脂肪经消化后的产物脂肪酸和 2-单酰甘油由小肠上皮黏膜细胞吸收后又转化为三酰甘油,后者和蛋白质包装在一起,形成称为**乳糜微粒**(chylomicron)的脂蛋白(lipoprotein)。脂蛋白是一类与脂质结合形成的脂质-蛋白质复合物,根据其密度大小分为乳糜微粒和**极低密度脂蛋白**(very low density lipoprotein,VLDL)、**低密度脂蛋白**(low density lipoprotein,LDL)和**高密度脂蛋白**(high density lipoprotein,HDL)。脱脂形式存在的脂蛋白称为载脂蛋白(apolipoprotein,Apo),主要分 A~E 五类,具有稳定脂蛋白结构、激活脂蛋白代谢酶、识别受体等功能。乳糜微粒从小肠黏膜进入淋巴系统,通过它到血液中,然后被转运到肌肉和脂肪组织。在骨骼肌和脂肪组织的毛细血管中,乳糜微粒表面上的 ApoC-II 载脂蛋白激活脂蛋白脂肪酶(lipoprotein lipase),乳糜微粒中的三酰甘油分解为游离脂肪酸和甘油,脂肪酸被这些组织吸收,甘油被运送到肝和肾,经**甘油激酶**(glycerol kinase)和 3-磷酸甘油脱氢酶(glycerol-3-phosphate dehydrogenase)作用,转化为磷酸二羟丙酮

图 24-2 几种胆汁盐

(dihydroxyacetone phosphate)进入糖酵解途径,或经糖异生途径生成葡萄糖。在肌肉组织中,脂肪酸氧化以供给能量;在脂肪组织中被重新酯化,以三酰甘油形式贮存。在脂肪组织中,脂肪的贮存和释放取决于代谢的需要,它受到血液中激素的调节控制。当机体需要代谢能量时,激素传递这种信息,将脂肪组织中的三酰甘油运送到骨骼肌、心和肾等组织中。在脂肪细胞或甾体生成细胞中,三酰甘油或甾酯被包裹在脂滴内,脂滴表面有一层磷脂膜。脂滴包被蛋白(perilipin)是一种脂滴表面主要的结构蛋白,在基础生理状态下,阻止激素敏感脂肪酶(hormone-sensitive triacylglycerol lipase)接近脂滴。当血液中血糖浓度降低时,机体分泌肾上腺素和胰高血糖素,与其受体结合,激活脂肪细胞细胞质膜中的腺苷酸环化酶(adenylyl cyclase),它以 ATP 为底物催化产生环腺苷酸(cAMP),cAMP 作为胞内第二信使激活依赖 cAMP 的蛋白激酶(PKA)。脂滴包被蛋白在 PKA 作用下被磷酸化,使激素敏感脂肪酶在胞质中发生转位至脂滴表面,同时激素敏感脂肪酶也被 PKA 磷酸化而激活,并催化三酰甘油的水解反应。释放出来的脂肪酸进入血液,由于脂肪酸是水不溶性的,血液中的可溶性的清蛋白(serum albumin)与脂肪酸结合协助其转运,被运送到骨骼肌、心和肾等组织细胞中作为燃料。清蛋白是一个可溶性的相对分子质量为 66 500 的单体蛋白质(monomeric protein),它构成血清蛋白的接近一半。在清蛋白不存在下,游离脂肪酸的最大溶解度为 10^{-6} mol/L。三酰甘油分子中,95%

生物能量贮存于脂肪酸链中,仅 5% 的能量来自甘油。

二、脂肪酸的氧化

(一) 脂肪酸的活化

脂肪酸分解(代谢)发生于原核生物的细胞溶胶及真核生物的线粒体基质中。它在进入线粒体基质前,脂肪酸先与辅酶 A(CoA)形成硫酯键(thioester link)。这个反应是由**脂酰辅酶 A 合酶**(acyl-CoA synthase)(又称脂肪酸硫激酶 1,fatty acid thiokinase 1)催化发生的,此酶存在于线粒体外膜,它起作用时需要消耗一个 ATP。反应的总体是不可逆的。因为生成的 PPi 立即被水解为两分子的 Pi。

$$R - \overset{\overset{O}{\|}}{C} {\overset{\diagdown}{\underset{O^-}{}}} + ATP + HS - CoA \xrightarrow{\text{脂酰 - CoA 合酶}} R - \overset{\overset{O}{\|}}{C} - S - CoA + AMP + PPi$$

（图右下方：无机焦磷酸酶 → 2Pi）

上述的脂酰-CoA 合酶实际是一个"家族",至少有三种,依其底物脂肪酸的链长不同而异。这些酶与内质网或与线粒体膜外膜相连。

用长链脂酰-CoA 合成酶(long-chain acyl-CoA synthetase)对 ^{18}O 标记的软脂酸进行活化发现 AMP 和脂酰-CoA 都为 ^{18}O 所标记。它表明此反应经过一个脂酰腺苷酸混合酸酐(acyladenylate mixed anhydride)中间体,它被 CoA 的巯基进攻,形成硫酯(thioester)的产物。正是由于 ^{18}O 标记了两个产物脂酰-CoA 和 AMP,才证明这个中间体的存在(图 24-3)。这个反应包含着化学键的断裂与合成两个方面。当水解时有较大的负的自由能伴随,所以与反应总体相关的自由能变化接近于零。在细胞内全部反应完成的驱动力是产物焦磷酸(PPi)发生的高度放能的水解(exergonic hydrolysis),这是由广泛存在的无机焦磷酸酶(inorganic pyrophosphatase)的催化实现的。

在一般代谢途径中常发生的是:一个形成高能键的反应是通过 ATP 的一个磷酸酐键的水解产生的,这个反应由 ATP 的第二个磷酸酐键的水解来驱动完成。

脂肪酸的活化是形成脂酰-CoA,它与乙酰辅酶 A 同样是高能化合物。当它被水解成为脂肪酸和 CoA 时,产生很大的负的标准自由能变化($\Delta G^{\ominus\prime} \approx -13$ kJ/mol);而脂酰-CoA 的形成,是靠 ATP 的两个高能键的水解。因为若把脂肪酸直接与辅酶 A(CoA)相连,需吸收能量;但当把脂酰-CoA 的形成与 ATP 的水解相偶联,则脂酰-CoA 的形成便成为释放能量的过程。ATP 的分解分两步进行。以软脂酸(palmitic acid)为例(图 24-4),ATP 的两个磷酸酐键的断裂用以形成软脂酰-CoA。反应的第一步是 ATP 提供腺苷一磷酸(adenylate)从而形成软脂酰腺苷酸,并释出 PPi。这个 PPi 立即被无机焦磷酸酶水解,活化了的脂酰基即转移到辅酶 A 上,形成脂酰-CoA。

以上全部反应,其一是 ATP 的"放能",释出 AMP 和 PPi($\Delta G^{\ominus\prime} = -32.5$ kJ/mol),其二是形成脂酰-CoA 的"吸能"反应($\Delta G^{\ominus\prime} = 31.4$ kJ/mol)。

(二) 脂肪酸转入线粒体

短或中长链的脂酰-CoA 分子(10 个碳原子以下)可容易地渗透通过线粒体内膜,但是更长链的脂酰-CoA 就不能轻易透过其内膜,需要一个特殊的运送机制。这个机制就是长链脂酰-CoA 要与极性的**肉碱**(carnitine)分子结合。肉碱在植物和动物体中均存在。结合反应是由线粒体内膜外存在的**肉碱脂酰移位酶 I**(carnitine acyltransferase I)进行催化发生的。反应使 CoA 基团脱下,肉碱分子进行取代,得到的脂酰肉碱在**肉碱/脂酰肉碱移位酶**(carnitine/acylcarnitine translocase)的催化下,被运送通过线粒体内膜(图 24-5)。这个"膜运输蛋白"通过此种方式即将脂酰肉碱分子送进线粒体基质,然后又把游离肉碱运出。脂酰肉碱一旦进入线粒体基质后,又在**肉碱脂酰移位酶 II** 作用下,释出游离肉碱,肉碱如上述被运

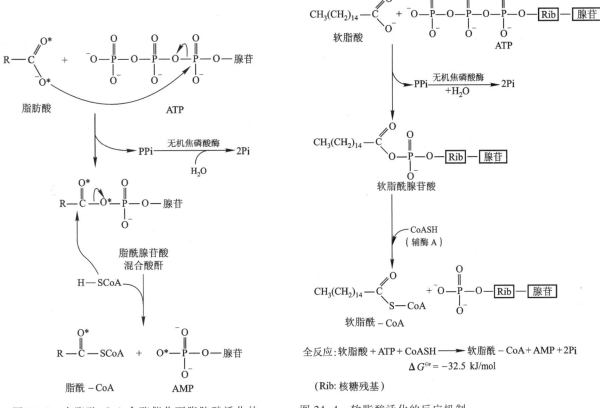

图 24-3 在脂酰-CoA 合酶催化下脂肪酸活化的反应机制

全反应:软脂酸 + ATP + CoASH ⟶ 软脂酰 - CoA + AMP + 2Pi

$\Delta G^{\ominus\prime} = -32.5$ kJ/mol

(Rib: 核糖残基)

图 24-4 软脂酸活化的反应机制

出,同时脂酰基又回到 CoA 上,如此完成了脂酰-CoA 穿过线粒体内膜的“使命”。上述的酶存在于线粒体基质侧(图 24-5)。

脂酰 - CoA　　肉碱 (carnitine)　　辅酶 A　　脂酰肉碱 (acylcarnitine)

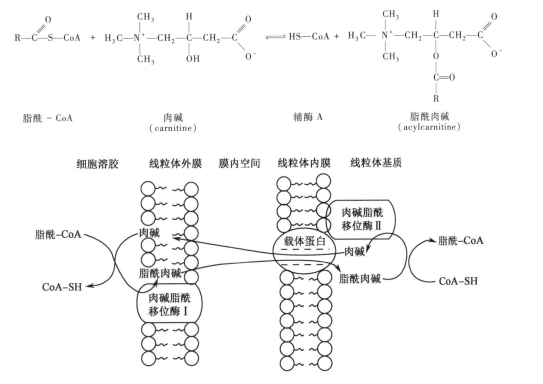

图 24-5 脂酰-CoA 跨线粒体内膜机制

概括起来,脂肪酸在细胞溶胶中被活化,成为脂酰-CoA,它按以下 4 个步骤穿越线粒体内膜进入线粒体基质:

（1）细胞溶胶中的脂酰-CoA 转移到肉碱上,释出 CoA 到细胞溶胶;

（2）经传送系统,上述产物脂酰-肉碱被送进线粒体基质;

（3）在这里,脂酰基转移到来自线粒体的 CoA 分子上;

（4）同时释出的肉碱又回到细胞溶胶中。

这使细胞得以维持分别在细胞溶胶和线粒体基质内的 CoA 库。线粒体的 CoA 库除对脂肪酸氧化起作用外,还在丙酮酸和某些氨基酸的氧化降解中起作用,而细胞溶胶中的 CoA 库则满足脂肪酸生物合成的需要。细胞同样地维持着分别在细胞溶胶和线粒体基质中的 ATP 和 NAD^+ 库。

（三）β 氧化

1. Knoop 的重要发现

对于脂肪酸分解代谢反应机制的探索,自 20 世纪初即已开始,F. Knoop 极为出色的实验(1904)做出了重要贡献。当时研究反应机制的重要手段的放射性同位素尚未出现,Knoop 巧妙地设计出第一个用于生物化学实验的"示踪物"(tracer),他把偶数或奇数碳的脂肪酸分子的末端甲基接上苯基,用这带"示踪物"的脂肪酸喂狗,然后分析排出的尿液,示踪物苯基在体内不被代谢,而以某一特定的有机化合物被排出。

Knoop 发现,把偶数碳原子的脂肪酸己酸(C_6)带上苯基示踪物后喂狗,分析尿液的结果是,苯基以 N-苯乙酰甘氨酸(phenylaceturic acid)(苯乙尿酸)的形式出现。同样,对奇数碳原子的戊酸(C_5)进行实验,结果得到 N-苯甲酰-甘氨酸(hippuric acid)(马尿酸)。他由此推论:脂肪酸氧化每次降解下一个 2 碳单元的片段,氧化是从羧基端的 β-碳原子开始的,释下一个乙酸单元。图 24-6 表示 Knoop 对苯基标记的脂肪酸氧化实验,箭头表示设想的断裂点。

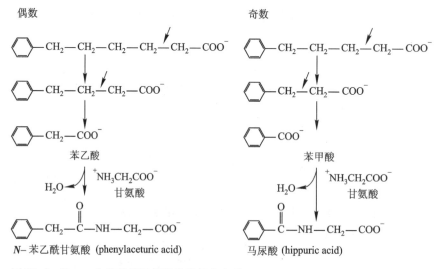

图 24-6   Knoop 的苯基标记的脂肪酸氧化实验
箭头指向是假想的断键处

继 Knoop 精彩的发现之后,近百年的研究工作结果都在支持他的基本论点。即降解始发于羧基端的第二位(β-位)的碳原子,在这一处断裂切掉两个碳原子单元。脂肪酸的降解被命名为 β 氧化(β-oxidation)。这正是 Knoop 的发现。用现时的观点比较 Knoop 的假说,有以下三点差异,即:① 切掉的两个碳原子单元是乙酰-CoA,而不是乙酸分子。② 在反应系列中的中间产物全部都是结合在辅酶 A 上。③ 降解的起始需要 ATP 的水解。

2. 脂肪酸的 β 氧化作用

脂肪酸 β 氧化发生于线粒体中,共有五个步骤,即:
① 活化 (activation);② 氧化 (oxidation);③ 水合
(hydration);④ 氧化(oxidation);⑤ 断裂(cleavage)。

一般常说 β 氧化是四个步骤,即不计脂肪酸的活化
步骤。在进入这 4 步反应的细节前,应把眼光放大一些,
以了解 β 氧化在生物体中的地位和作用。线粒体中的脂
肪酸氧化可看作三个大步骤(图 24-7),第一步是 β 氧
化。以 16 碳的软脂酸为例,经过一系列氧化,每一轮切
下两个碳原子单元即乙酰-CoA。经过 7 轮之后,软脂酸
只残留两个碳原子,即乙酰-CoA。每一个乙酰-CoA 的
形成需要失去 4 个氢原子和两对电子,每步都是在脂酰-
CoA 脱氢酶的作用下发生的。第二个大步骤是 β 氧化形
成的乙酰-CoA(若是软脂酸,共形成 8 个),进入柠檬酸
循环,继续被氧化最后脱出 CO_2。柠檬酸循环也是在线
粒体中发生的。换言之,脂肪酸氧化先是经过它们的独
特途径——**β 氧化**,最后进入生物分子(包括糖、氨基酸
等)的一般氧化途径——柠檬酸循环。第三个大步骤指
的是:前二大步骤中脂肪酸氧化过程产生出还原型的电
子传递分子——NADH 和 $FADH_2$,它们在第三步骤中把
电子送到线粒体呼吸链,经过呼吸链,电子被运送给氧原
子,伴随这个电子的流动,ADP 经磷酸化作用转化为
ATP。脂肪酸氧化中释出的能量就这样转化给了 ATP 分
子(参阅第 19 章"氧化磷酸化作用")。

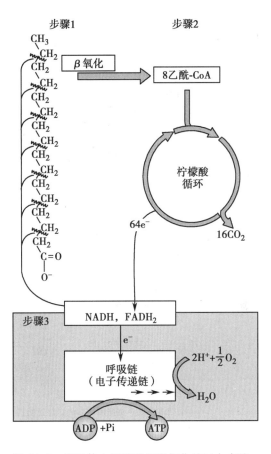

图 24-7   线粒体中脂肪酸彻底氧化的三大步骤

下面将着重详述脂肪酸氧化的第一步骤——β 氧化过程,还将讲述偶数和奇数碳原子的氧化。

(1) β 氧化过程

如前述,脂肪酸氧化若从活化进入线粒体计算共分为 5 步,概括其全部过程如图 24-8 所示。

反应第 1 步活化,已作过详述。脂肪酸在**硫激酶**(thiokinase;又称**脂酰-CoA 合酶**,acyl CoA synthase)
作用下形成脂酰-CoA。第 2 步是脂酰-CoA 的氧化,即脂酰-CoA 的羧基邻位(β-位)被脂酰-CoA 脱氢酶
作用,脱下两个氢原子转化为反式-Δ^2-烯酰-CoA($trans$-Δ^2-enoyl CoA),同时产生 $FADH_2$。第 3 步是反
式-Δ^2-烯酰-CoA 水合形成 3-羟脂酰-CoA,这步反应是在**烯酰-CoA 水合酶**(enoyl CoA hydratase)的作用
下发生的。第 4 步是 L-3-羟脂酰-CoA 在 **L-3-羟脂酰-CoA 脱氢酶**(L-3-hydroxyacyl CoA dehydrogenase)
的作用下转化为 β-酮脂酰-CoA(β-ketoacyl CoA),并产生 NADH。第 5 步是 β-酮脂酰-CoA 受第二个 CoA
的作用发生硫解(thiolysis),断裂为乙酰-CoA 和一个缩短了两个碳原子单元的脂酰-CoA。这步反应是在
β-酮硫解酶(β-keto-thiolase)的催化下进行的。以上反应形成脂肪酸降解的一个循环(round)。其总结
果是脂肪酸链以乙酰-CoA 形式自羧基端脱下两个碳原子单元。缩短了的脂肪酸以脂酰-CoA 形式残
留,又进入下一轮的 β 氧化,如图 24-8 所示,它进入脂酰-CoA 脱氢酶的催化脱氢这一步。如果脂肪酸
是软脂酸(C_{16}),就得转化为软脂酰-CoA 后,经过 7 轮的降解产生 8 个乙酰-CoA 分子,其总反应式可
写为:

$$软脂酰-CoA + 7\ FAD + 7\ CoA \longrightarrow 8\ 乙酰-CoA + 7\ FADH_2 + 7\ NADH + 7\ H^+$$
$$(C_{15}H_{31}-\overset{\overset{\textstyle O}{\|}}{C}-CoA)$$

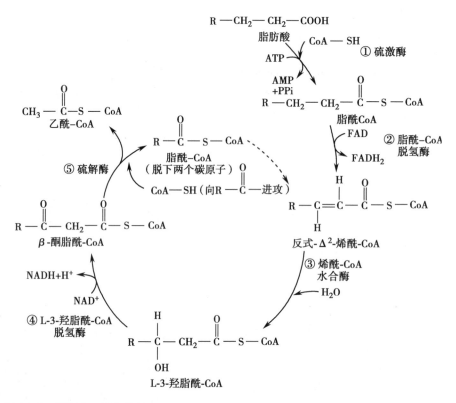

图 24-8　脂肪酸 β 氧化途径

一个循环产生一个脂酰-CoA，它与最初进入循环的起始物脂酰-CoA 相比较，缩短了两个碳原子。这两个碳以乙酰-CoA 的形式释出

（2）脂酰-CoA 脱氢酶

上述 5 步反应中的第 2 步氧化，是脂酰-CoA 脱氢酶催化的反应。它使被活化（第 1 步）的脂酰-CoA 在羧基邻位（β-位）上脱下两个氢原子，转化为反式-Δ^2-烯酰-CoA。脂酰-CoA 脱氢酶存在于线粒体。根据线粒体基质中脂酰-CoA 碳氢链的不同长度（短、中等和长链）而有各自的特异酶，即此类脱氢酶共有 3 种。它们催化反应的作用点是 C_α 和 C_β，即在 C_α 处脱下一个质子，又自 C_β 处脱下一个带有一对电子的质子，两个质子都被 FAD 得到。产物 $FADH_2$ 被线粒体电子传递链再氧化，这个氧化过程是通过一系列的电子传递中间体完成的。电子传递黄素蛋白（electron-transfer flavoprotein，ETF）自 $FADH_2$ 转移一对电子给黄素-硫蛋白（flavo-sulfur protein）。ETF 又名辅酶 Q 氧化还原酶，辅酶 Q 即泛醌，所以 ETF 又名泛醌氧化还原酶（ubiquinone oxidoreductase）。它在脂酰-CoA 的 β 氧化过程中，把辅酶 Q 还原为 QH_2，从而一个接一个地把电子对转移给线粒体电子传递链（图 24-9）。

电子传递链把 O_2 还原成 H_2O，若起始于辅酶 Q 的阶段，结果是每转移一对电子产生 1.5 个 ATP 分子。

（3）脂酰-CoA 脱氢酶缺欠症

新生儿一夜之间突然死亡，称为婴儿猝死综合征（sudden infant death syndrome，SIDS）。此类婴儿至少 10% 表现为中长链脂酰脱氢酶的缺欠。这种遗传病较苯丙酮尿症（phenyl ketonuria，PKU）更为普遍。在食物摄取即后，葡萄糖是主要的能量代谢的底物，过后，当葡萄糖浓度水平降低，脂肪酸氧化的速度随即增高。新生儿的猝死可能因中长链脂酰脱氢酶的缺欠，导致葡萄糖和脂肪酸氧化发生不平衡而产生的后果。

脂酰-CoA 脱氢酶还与牙买加呕吐病（Jamaican vomiting sickness）有关。这是一种惊厥后剧烈呕吐，随后昏迷、死亡的症状，在多数情况下观察到出现低血糖。其病因是由于吃了未熟的西非荔枝果（ackee）所致，这种未熟的浆果含有一种很少见的氨基酸——降糖氨酸 A（hypoglycin A），经代谢可形成甲叉环丙基乙酰-CoA（methylene cyclopropylacetyl-CoA，MCPA-CoA）。它是脂酰-CoA 脱氢酶的一个底物，脂酰-CoA 脱氢酶把它的 C_α 位的质子移去，形成一个中间体，即酶的 FAD 辅基被修饰，这个产物可钝化脂酰-CoA 脱氢酶（图 24-10）。

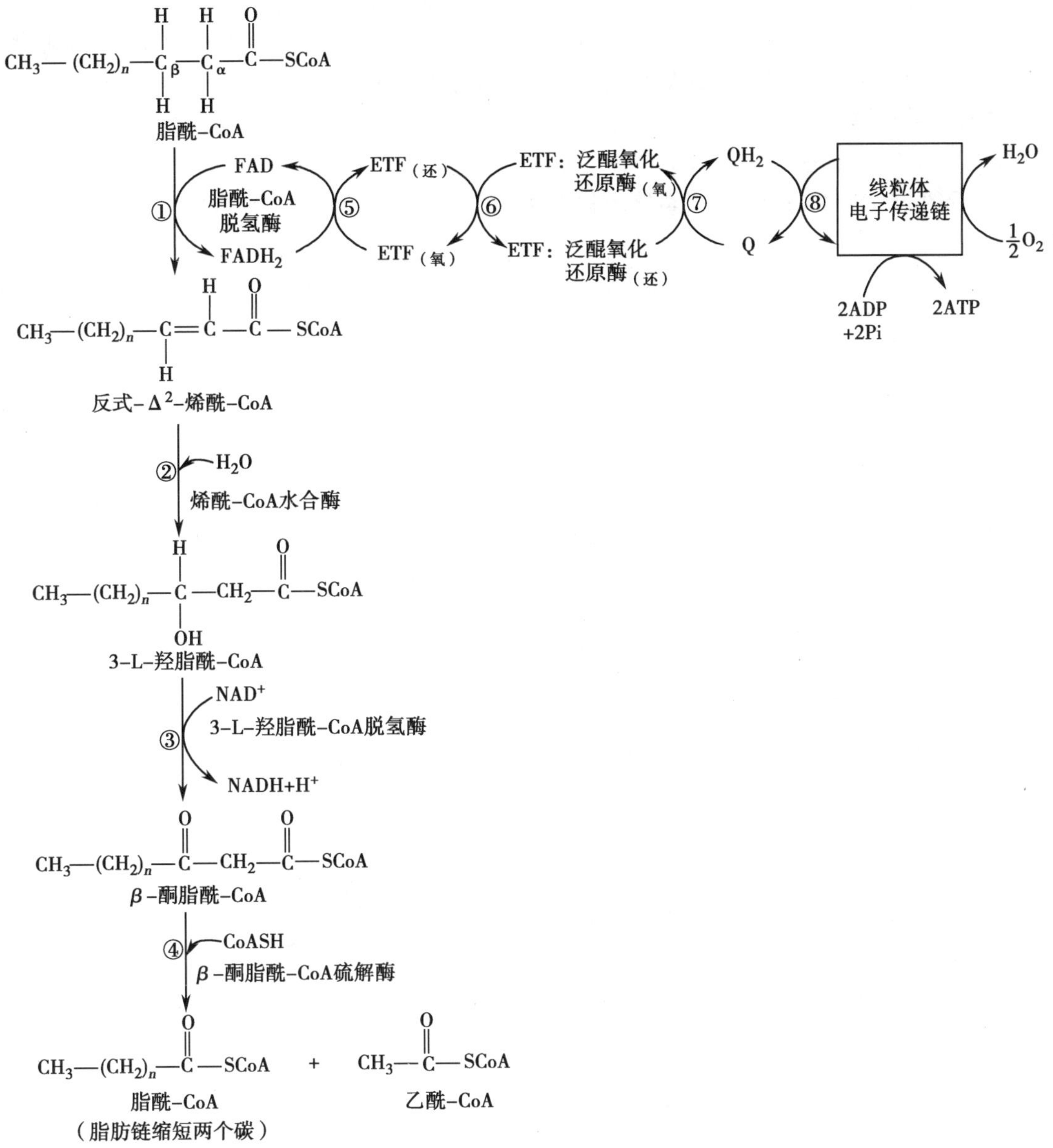

图 24-9 脂肪酸 β 氧化通过脂酰-CoA 脱氢酶与电子传递链相连

（还）:还原型；（氧）:氧化型

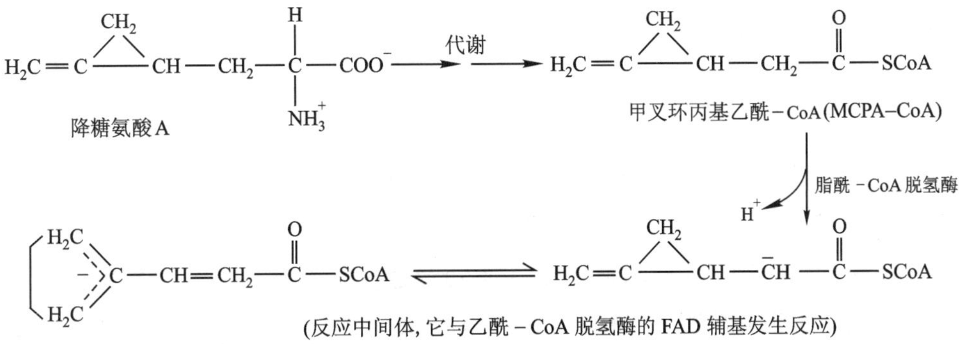

图 24-10 降糖氨酸 A 经代谢反应转化的产物可以钝化脂酰-CoA 脱氢酶

（4）烯酰–CoA 水合酶和 L–3–羟酰–CoA 脱氢酶的催化特点

在 β 氧化的第 3 步反应中烯酰–CoA 水合酶（enoyl-CoA hydratase）对底物的作用是对反式 α,β 双键进行立体特异的加水,形成 L–3–(S)–羟酰–CoA（hydroxyacyl-CoA）。随后,L–3–羟酰–CoA 脱氢酶对二级醇进行氧化得到酮,即形成 β–酮脂酰–CoA,此时使用的氧化剂是 NAD⁺。

（5）硫解酶的反应

脂肪酸氧化最后一步是硫解,形成的产物是乙酰–CoA 和一个新的脂酰–CoA,它一次使起始物缩短两个碳原子,参看图 24-11 中的起始物及最终产物脂酰–CoA。

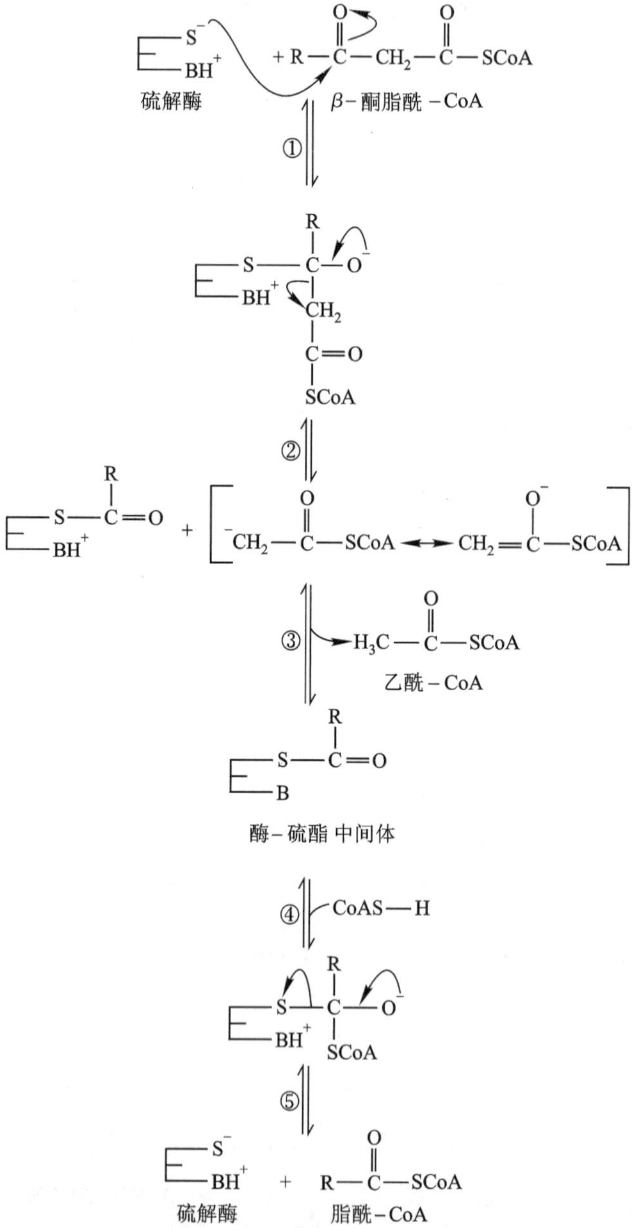

图 24-11　β 氧化最后一步,β–酮脂酰–CoA 硫解酶的催化反应机制
酶的活性中心半胱氨酸残基形成酶-硫酯中间体是关键步骤

硫解酶反应的第一步是使底物 β–酮脂酰–CoA 形成硫酯键。第二步是碳–碳键断裂,形成乙酰–CoA 的负碳离子中间体。这步反应类型为**克莱森酯解**（Claisen ester cleavage）,即克莱森缩合的逆反应。反应的第三步是在酶的作用下,酶持有的羧基对上述中间体提供质子,形成了乙酰–CoA 及酶–硫酯中间体。最后一步是在 CoA–SH 的作用下形成脂酰–CoA。

（四）脂肪酸氧化是高度的放能过程

脂肪酸氧化的功能无疑是产生代谢能。β 氧化每一循环产生 1 个 NADH、1 个 $FADH_2$ 和 1 个乙酰-CoA。乙酰-CoA 进入柠檬酸循环又生成 $FADH_2$ 及 NADH，每 1 分子乙酰-CoA 可产生 10 个 ATP（过去的理论值为 12 个 ATP）；每 1 分子 NADH 被氧化呼吸链氧化产生 2.5 个 ATP（过去的理论值为 3 个 ATP）；每 1 分子 $FADH_2$ 氧化产生 1.5 个 ATP（过去的理论值为 2 个 ATP）。

以软脂酸彻底氧化为例，1 分子软脂酰-CoA（C_{16}-酰基-CoA）需经 β 氧化的 7 个循环，到最后循环时 C_4-酮酰基-CoA 被硫解为两个分子的乙酰-CoA，因此软脂酰-CoA 彻底氧化的化学计算为：

$$1 \ \text{软脂酰-CoA} \longrightarrow 8 \ \text{乙酰-CoA} + 7FADH_2 + 7NADH$$

$$8 \ \text{乙酰-CoA} \sim (8 \times 10) \text{ATP} = 80\text{ATP}$$

$$7FADH_2 \sim (7 \times 1.5) \text{ATP} = 10.5\text{ATP}$$

$$7NADH \sim (7 \times 2.5) \text{ATP} = 17.5\text{ATP}$$

以上总计为 108 个 ATP（软脂酰-CoA 彻底氧化根据过去的理论值计算共产生 131 个 ATP），但软脂酸活化为软脂酰-CoA 时消耗了两个高能磷酸键，净算下来：1 分子软脂酸可生成 106 个 ATP（按过去的理论计算净生成 129 个 ATP）。106 个 ATP 水解的标准自由能为：-30.54 kJ $\times 106 = -3\ 237$ kJ（-773.8 kcal），软脂酸的标准自由能为 $-9\ 790$ kJ（$-2\ 340$ kcal）。所以在标准状态下软脂酸氧化的能量转化率约为 33%（按过去的理论值计算为 40%）。

三、不饱和脂肪酸的氧化

（一）不饱和脂肪酸的氧化

不饱和脂肪酸的氧化也是发生在线粒体中，它的活化和跨越线粒体内膜都与饱和脂肪酸相同，也是经 β 氧化而降解，但它需要另外两个酶：一个是异构酶，一个是还原酶。如图 24-12 所示，油酰-CoA（oleoyl-CoA）的降解与硬脂酰-CoA 的降解在 β 氧化的最初 3 个循环中是完全相同的。其后油酰-CoA 生成 Δ^3-顺式-十二烯酰-CoA，但它对脂酰-CoA 脱氢酶，不是合格的底物。下面一步是对 Δ^3-顺式-十二烯酰-CoA 进行改造，即经**烯酰-CoA 异构酶**（isomerase）催化把它转化为 Δ^2-反式-十二烯酰-CoA（12：Δ^2），成为烯酰-CoA 水合酶的正常底物后，即可继续步上 β 氧化的正路。这样，在油酰-CoA 的 β 氧化中没有脱氢酶参与；与硬脂酰-CoA（18：0）的 β 氧化相比较，它少产出 1 个 $FADH_2$ 和 1.5 个 ATP。烯酰-CoA 异构酶（$M_r = 90\ 000$）从肝的线粒体中曾纯化获得，它对 Δ^3-顺式或 Δ^3-反式的脂酰-CoA 都显示活性，这里的脂酰指的是 6~16 个碳的脂肪酸链。

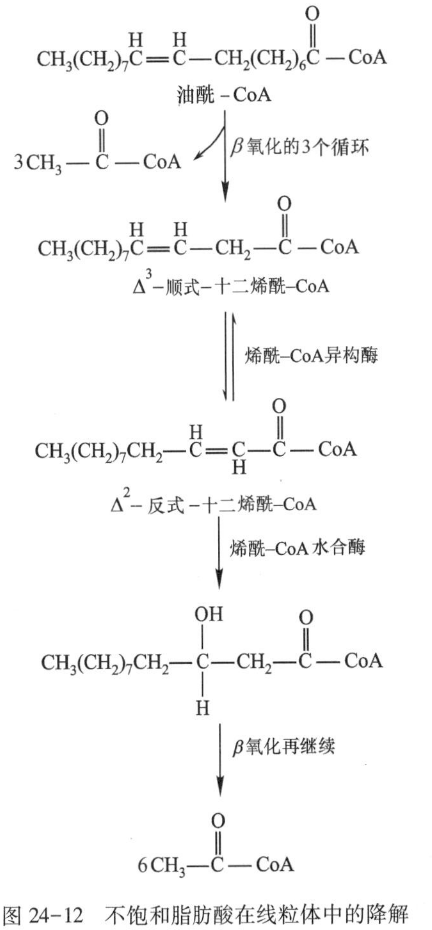

多不饱和脂肪酸也可经 β 氧化而被降解，但它的过程除需要油酰异构酶外，还要有 **2,4-二烯酰-CoA 还原酶**（2,4-dienoyl-CoA reductase）参与。现以亚油酰-CoA（linoleoyl-CoA）[顺式-9，12-十八（碳）二烯酰-CoA]为例，它的 β 氧化最初的 3 个循环与油酰-CoA 相同，形成一个 Δ^3-顺式，Δ^6-顺式不饱和脂肪酸。它同样不属脂酰-CoA 脱氢酶的底物，经烯酰-CoA 异构酶的作用，将 Δ^3-

图 24-12 不饱和脂肪酸在线粒体中的降解

顺式位的双键异构化为 Δ^2-反式位,就可继续进行 β 氧化,生成 Δ^4-顺式-烯酰-CoA。随后,在脂酰-CoA 脱氢酶的催化下生成 Δ^2-反式,Δ^4-顺式-二烯酰-CoA。这个产物在 NADPH 及 2,4-二烯酰-CoA 还原酶的作用下生成 Δ^3-反式烯酰-CoA,又再转化为 Δ^2-反式异构体,此时,按 Δ^2-反式异构体的结构,β 氧化即可继续步上第 4 个循环(图 24-13)。2,4-二烯酰-CoA 还原酶也已自肝中纯化获得,它专一地需要 NADPH;NADH 对它既不是抑制剂,也不是还原剂。

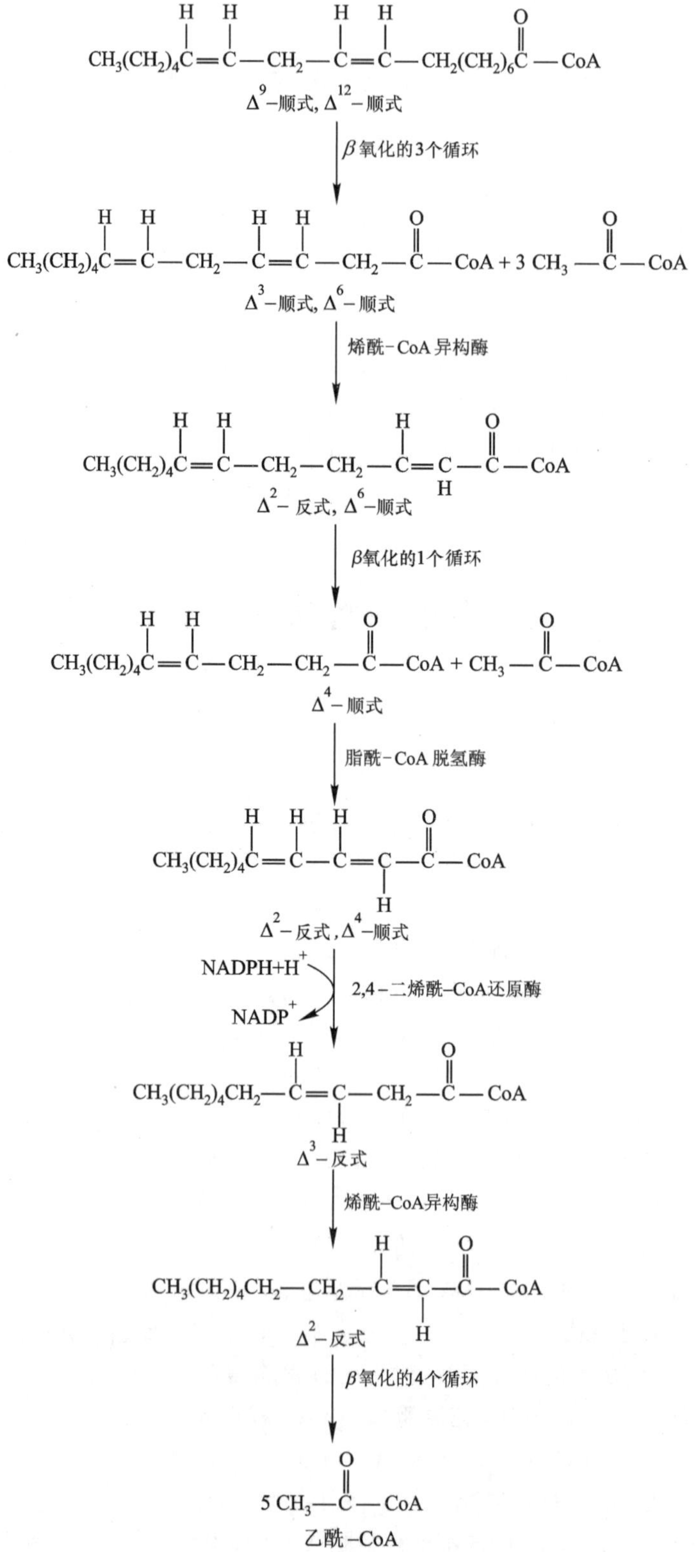

图 24-13 多不饱和脂肪酸在线粒体中的降解

（二） 奇数碳原子脂肪酸的氧化生成丙酰-CoA

1. 奇数碳原子脂肪酸的氧化途径

大多数哺乳动物组织中奇数碳原子的脂肪酸是罕见的，但在反刍动物，如牛、羊中，奇数碳链脂肪酸氧化提供的能量相当于它们所需能量的 25%。具有 17 个碳的直链脂肪酸可经正常的 β 氧化途径，产生 7 个乙酰-CoA 和 1 个丙酰-CoA：

$$CH_3CH_2-\overset{\overset{\displaystyle O}{\|}}{C}-CoA \quad （丙酰-CoA）$$

这种三个碳的酰基-CoA 也是氨基酸缬氨酸及异亮氨酸的降解产物（见第 25 章）。丙酰-CoA 经 3 步酶促反应转化为琥珀酰-CoA（图 24-14）。起始一步的丙酰-CoA 羧化酶催化的反应，需用生物素作为辅助因子。反应第 2 步是在**甲基丙二酰-CoA 消旋酶**（methylmalonyl-CoA racemase）催化下，D-甲基丙二酰-CoA 转化为 L-甲基丙二酰-CoA。最后一步的反应是在需钴胺素（维生素 B_{12}）的酶——**甲基丙二酰-CoA 变位酶**（methylmalonyl-CoA mutase）的作用下，发生一个少见的羧基-CoA 基团转移到甲基并置换一个氢的反应。产物琥珀酰-CoA 可以进入柠檬酸循环进一步进行代谢（参看第 18 章）。

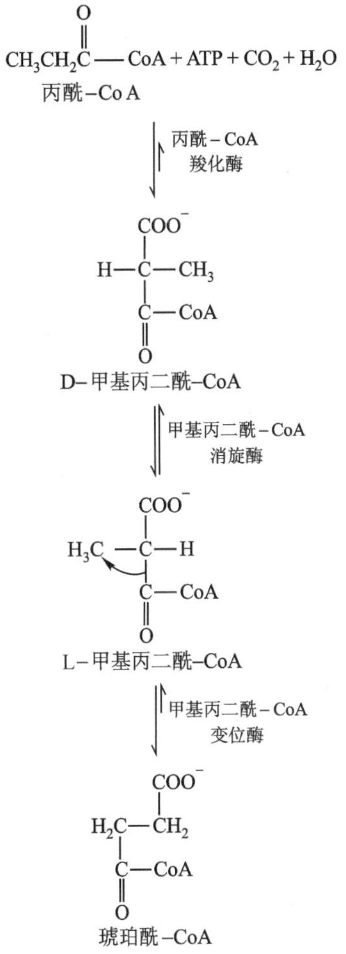

2. 维生素 B_{12} 作为甲基丙二酰-CoA 变位酶辅酶的作用机制

在上述奇数碳原子脂肪酸的氧化中，最后一步反应 L-甲基丙二酰-CoA 在甲基丙二酰-CoA 变位酶作用下转化为琥珀酰-CoA，这一酶促反应必须同时有维生素 B_{12} 作为辅酶存在（下式，A）。维生素 B_{12} 也作为其他酶的辅酶催化以下类型的反应：与相邻的两个碳原子连接的基团，若一个是烷基或取代烷基（X），另一个是 H，它们之间的互换（下式，B）需通过辅酶 B_{12} 的参与。在自然界中此类反应较为稀少。此外参与互换的氢原子并未经与溶剂水混合后移位，也就是说，氢原子并未在有更多氢的环境中在两个碳原子间移位。

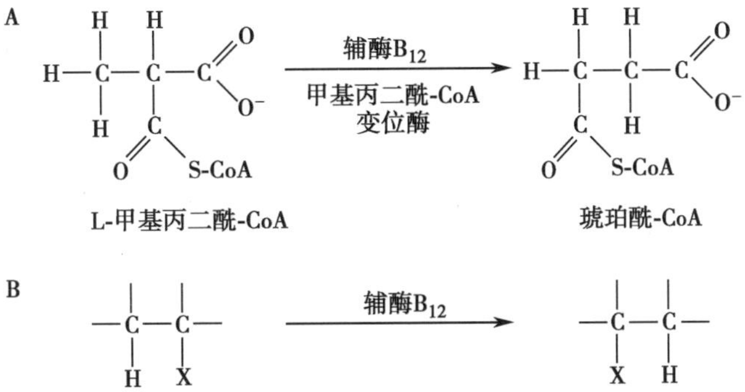

图 24-14　由丙酰-CoA 生成琥珀酰-CoA

辅酶 B_{12} 是维生素 B_{12} 作为辅助因子（cofactor）的形式，它在众多的维生素中是唯一的不仅有一个复杂的含有脱氧腺苷的有机分子，而且与一钴离子（Co^{3+}）相络合，因此又名脱氧腺苷钴胺素（deoxyadenosyl cobalamin），有关它的结构详见本书第 13 章。它参与催化甲基丙二酰变位酶的反应，开始是 5'-脱氧腺苷钴胺素的 Co-C 键的断裂，生成 5'-脱氧腺苷酰游离基及 Co^{2+} 型（图 24-15 的①步）。这个脱氧腺苷酰游离基从底物 L-甲基丙二酰-CoA 分子中取下一个氢原子，形成 5'-脱氧腺苷（②步）。第③步反应是底物

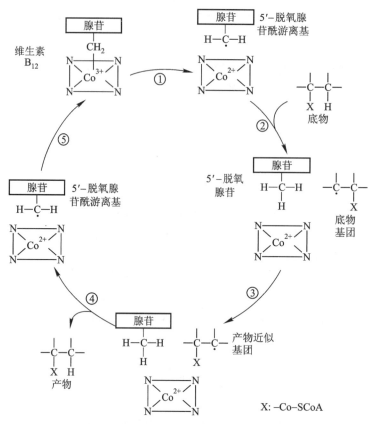

图 24-15　辅酶 B_{12} 的催化反应

游离基 $\overset{\cdot}{\underset{O=C-SCoA}{\overset{CH_2-CH-COO^-}{}}}$ 发生重排,得到一个新的游离基。此时,$(-CO-SCoA)$ 基转移到最后产物的位置上。在反应第②步中,原底物的氢原子转移给 $5'$-脱氧腺苷游离基形成 $5'$-脱氧腺苷。在第④步中,$5'$-脱氧腺苷又把那个底物的氢原子转给产物游离基,自己成为 $5'$-脱氧腺苷游离基,并完成了产物琥珀酰-CoA 的转化。反应第⑤步是 $5'$-脱氧腺苷酰游离基与 Co^{2+} 相接,恢复了辅酶 B_{12} 的结构(图 24-15)。

(三)　过氧化物酶体中脂肪酸的 β 氧化

　　线粒体是动物细胞内脂肪酸氧化的主要场所。除线粒体外,脂肪酸氧化也在过氧化物酶体中进行。动植物中的过氧化物酶体是由单层膜包被的细胞器,含有氧化酶、过氧化物酶和过氧化氢酶。过氧化物酶体中脂肪酸 β 氧化与在线粒体中的反应过程相同,包括 4 个步骤:引入双键(反式-Δ^2)的氧化反应;水被加合到双键上;β-羟脂酰-CoA 被氧化成 β-酮脂酰-CoA;β-酮脂酰-CoA 发生硫解。但是,过氧化物酶体与线粒体中所发生的脂肪酸氧化有不同之处。第一步反应中生成 $FADH_2$ 中的电子被传递给 O_2,产生具有潜在细胞毒性的氧化物 H_2O_2,后者被过氧化氢酶(catalase)水解为 H_2O 和 O_2。由此可见,在过氧化物酶体中,脂肪酸氧化释放的能量并没有以 ATP 形式贮存起来,而是以热的形式释放而被浪费。动物肝细胞中的过氧化物酶体参与脂肪酸氧化,它不含催化柠檬酸循环的酶,因此乙酰-CoA 不能被氧化,需要从过氧化物酶体转运出去。过氧化物酶体催化超长链脂肪酸分解为中长链、短链脂肪酸,再被转运至线粒体中进一步氧化。植物的线粒体因不含脂肪酸 β 氧化所需要的酶,为此植物中的脂肪酸氧化不在线粒体中进行,而在叶片过氧化物酶体中或者种子中的乙醛酸循环体中进行。乙醛酸循环体仅在种子萌发时形成,被认为是一种特化的过氧化物酶体。植物细胞中脂肪酸 β 氧化的作用不是供能,而是利用贮存脂质提供生物合成前体物质。在种子萌发过程中,三酰甘油在脂肪酶的作用下生成脂肪酸,经与过氧化物酶体中相同的 4 个反应，形成乙酰-CoA。乙酰-CoA 通过乙醛酸循环转化为草酰乙酸，经糖异生途径生成葡萄糖。乙醛酸循环体与过氧化物酶体类似，含高浓度的过氧化氢酶，将 β 氧化产生的 H_2O_2 分解为 H_2O 和 O_2。

（四）脂肪酸还可发生 α 或 ω 氧化

尽管 β 氧化是脂肪酸分解代谢的最重要而且占比例最大的途径，某些脂肪酸的 α 氧化对于人类健康还是必不可少的。**植烷酸**（phytanic acid）是膳食中的一个重要的组成成分，它存在于反刍动物的脂肪以及某些食品中。经检测，在某些地方一日摄取的植烷酸为 50~100 mg。由于在 C3 位上有一个甲基取代基，因此植烷酸不属于 β 氧化的第一步反应的脂酰-CoA 脱氢酶的底物。它降解的第一步是由另一个线粒体酶来实现的，即**脂肪酸 α-羟化酶**（fatty acid α-hydroxylase）。反应是在植烷酸的 α-位发生羟基化。羟基化的中间体进一步脱羧，形成**降植烷酸**（pristanic acid）和 CO_2（图 24-16）。降植烷酸经硫激酶（thiokinase）活化形成降植烷酰-CoA。因 C-3 位已不存在甲基，即可进行正常的 β 氧化。对于人类，如若缺欠 α 氧化作用系统，即造成体内植烷酸的积聚，会导致外周神经炎类型的运动失调及视网膜炎等症状。

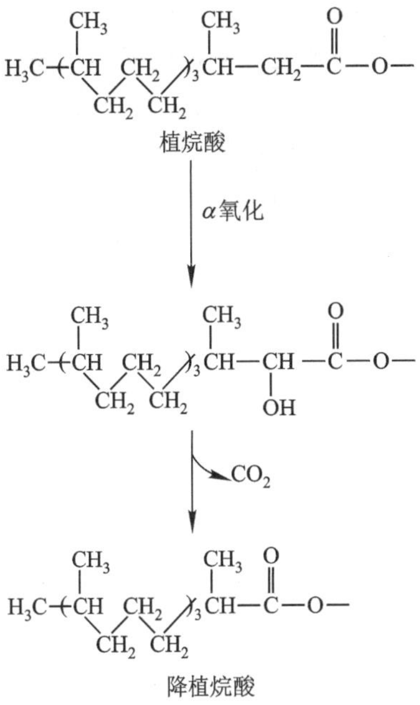

在鼠肝微粒体中观察到一种较少见的脂肪酸氧化途径。这个途径使中长链和长链脂肪酸通过末端甲基，即 C_ω 位的氧化，转变为二羧基酸。催化此反应的酶存在于内质网的微粒体中。

图 24-16 植烷酸的 α 氧化

ω 碳原子的氧化包括羟基化，有细胞色素 P_{450} 参与反应，催化此反应的酶为单加氧酶（monooxygenase），它需要 NADPH 和 O_2 参与反应。羟基即氧化为羧基，两端羧基都可与 CoA 结合，并进行 β 氧化。ω 氧化的底物为长链和中长链脂肪酸。ω 氧化加速了脂肪酸降解的速度。

（五）脂肪酸 β 氧化酶的进化

在真核生物中，脂肪酸 β 氧化可发生在线粒体、过氧化物酶体及乙醛酸循环体中。尽管在不同的亚细胞器中，β 氧化反应过程基本上是相同的，但催化各步反应的酶（同工酶）具有明显差异。这种不同反映这些酶在进化的早期发生了分叉。在动物细胞线粒体中，作用于脂肪酸 β 氧化的酶是由 4 种独立的、可溶的蛋白质彼此聚合组成的**多酶复合体**（multienzyme complex），即前一个酶催化反应的产物成为下一个酶的作用底物。革兰氏阳性菌中 β 氧化酶与这种多酶复合体的结构类似。在过氧化物酶体、乙醛酸循环体及线粒体内膜中，出现了**多功能蛋白**（multifunctional protein，MFP）或称多功能酶，即一种蛋白质（多肽）含有两种或两种以上的酶的活性。过氧化物酶体 MFP 含有烯脂酰-CoA 水合酶和 L-β-羟脂酰-CoA 脱氢酶这两种活性，它类似于革兰氏阴性菌中的双功能蛋白。线粒体内膜上也存在作用于长链脂肪酸的 β 氧化系统，其中一个由两个亚基组成的三功能蛋白（TFP）含有三种酶的活性。植物过氧化物酶体或乙醛酸循环体中的 MFP 含有 4 种酶的活性。因为相关的生物化学反应在一个酶分子上进行，多功能酶比多酶复合体更有效地提高了酶的催化效率，这是生物进化的结果。

四、酮　体

（一）乙酰-CoA 的代谢结局

在肝线粒体中脂肪酸一旦降解,生成的乙酰-CoA 可以有几种代谢结局。最主要的当然是进入柠檬酸循环及进一步的电子传递系统,最终完全氧化为 CO_2 及 H_2O(见第 18 章);其二是作为类固醇的前体,生成胆固醇。它在胆固醇生物合成中是起始化合物。每 3 分子乙酰-CoA 合成一分子**甲羟戊酰-CoA**(β-hydroxy-β-methylglutaryl-CoA,或称 mevalonyl-CoA),它是胆固醇生物合成前两步的反应产物。其三是进入脂肪酸代谢的逆方向,即扮演脂肪酸合成前体的角色;其四是转化为乙酰乙酸,D-β-羟丁酸和丙酮,这三个化合物统称为**酮体**(ketone body)(图 24-17)。其中 β-羟丁酸不是酮,另两个化合物为酮。

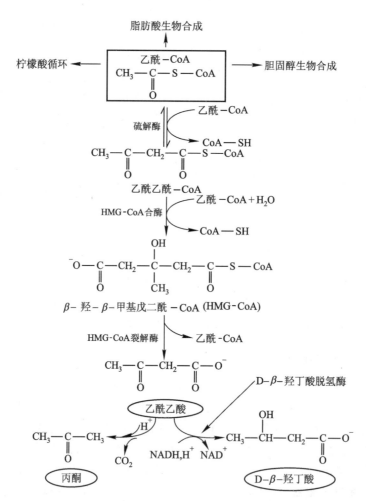

图 24-17　乙酰-CoA 的代谢结局,酮体的生成及其他三种走向

（二）肝中酮体的形成

酮体的合成主要是肝的功能。酮体中丙酮的生成量相当小,生成后即被吸收。乙酰乙酸和 D-β-羟丁酸则经血流进入肝外组织,在那里被氧化,经柠檬酸循环提供更多能量给骨、心肌和肾皮质等组织使用。脑组织一般只用葡萄糖作为燃料,但当饥饿时,葡萄糖供给不足,它可以接受使用乙酰乙酸或 D-β-羟丁酸。

　　在肝的粒体中，决定乙酰-CoA 去向的是草酰乙酸，它带动乙酰-CoA 进入柠檬酸循环，但在某种情况（如饥饿、糖尿病）下，草酰乙酸离开柠檬酸循环，去参与葡萄糖合成。这时草酰乙酸浓度十分低下，乙酰-CoA 进入柠檬酸循环的量也随之变得很少，这有利于进入酮体合成途径。当乙酰-CoA 不经柠檬酸循环被氧化时，由于酮体自肝输出到肝外组织，在肝外组织转变为乙酰-CoA，因此脂肪酸在肝中的氧化仍保持继续进行。

　　如图 24-17 所示，在肝基质中乙酰乙酸（acetoacetate）形成的第 1 步是 2 个分子乙酰-CoA 在硫解酶作用下缩合成为乙酰乙酰-CoA。这是 β 氧化最后一步的逆向反应，只有当乙酰-CoA 水平升高时才发生。第 2 步是乙酰乙酰-CoA 与乙酰-CoA 在 HMG-CoA 合酶催化下，再缩合形成 β-羟-β-甲基戊二酰-CoA（β-hydroxy-β-methylglutaryl-CoA，HMG-CoA）。反应的第 3 步就是 HMG-CoA，在 HMG-CoA 裂解酶（HMG-CoA lyase）催化下的裂解，形成乙酰-CoA 和乙酰乙酸。

　　这样形成的游离乙酰乙酸经线粒体基质酶 **D-β-羟丁酸脱氢酶**（D-β-hydoxybutyrate dehydogenase）作用（需 NADH），被还原为 D-β-羟丁酸。这步反应的酶是立体专一的，它只对 D-异构体有效，与可以催化 L-3-羟脂酰-CoA 的 L-3-羟脂酰-CoA 脱氢酶完全不同，后者是 β 氧化途径中所必需的。乙酰乙酸还可自动脱羧形成丙酮。对于健康的人，由乙酰乙酸脱羧形成丙酮的量是极微少的。

　　严重饥饿或未经治疗的糖尿病人体内可产生大量的乙酰乙酸，其原因是饥饿状态和胰岛素水平过低都会耗尽体内糖的贮存。肝外组织不能从血液中获取充分的葡萄糖，为了取得能量，肝中的糖异生作用就会加速，肝和肌肉中的脂肪酸氧化也同样加速，并同时动员蛋白质的分解。脂肪酸氧化加速产生出大量的乙酰-CoA，糖异生作用使草酰乙酸供应耗尽，而后者又是乙酰-CoA 进入柠檬酸循环所必需的，在此种情况下乙酰-CoA 不能正常地进入柠檬酸循环，而转向生成酮体的方向。这时，血液中出现大量丙酮，它是有毒的。丙酮有挥发性和特殊气味，常可从患者的气息嗅到，可借此对疾患作出诊断。血液中出现的乙酰乙酸和 D-β-羟丁酸使血液 pH 降低，以致发生"**酸中毒**"（acidosis），另外尿中酮体显著增高，这种情况称为"**酮症**"（ketosis），如表 24-1 所示。上述的血液或尿中的酮体过高都可导致昏迷，有时甚至死亡。

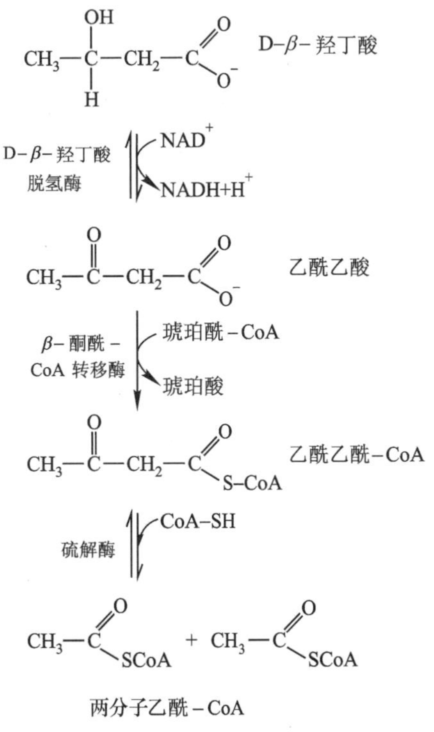

图 24-18　肝外组织使用酮体为燃料

表 24-1　糖尿的酮症中酮体的累集

	尿排泄量/（mg/24 h）	血中浓度/（mg/100 mL）
正常	≤125	<3
严重酮症（未治疗糖尿病）	5 000	90

（三）肝外组织使用酮体作为燃料

　　在肝外组织中，D-β-羟丁酸被 D-β-羟丁酸脱氢酶催化，氧化成为乙酰乙酸。乙酰乙酸与 CoA 相接而被活化，这步反应是由柠檬酸循环中间产物琥珀酰-CoA 供给 CoA。乙酰乙酰-CoA 被硫解酶裂解，生成两个分子的乙酰-CoA，进入柠檬酸循环。如前述，1 分子的乙酰-CoA 可产生 10 个 ATP（理论值为 12 个 ATP），由此提供能量给肝外组织（图 24-18）。

五、脂肪酸代谢的调节

　　脂肪酸 β 氧化的主要调控关键是血液中脂肪酸的供给情况。血液中游离脂肪酸主要来源于三酰甘油的分解，它原是贮存在脂肪组织中，并受激素敏感的三酰甘油脂肪酶的调节。脂肪酸分解代谢与脂肪酸合成是协同地受调控的,如此,它们可防止耗能性的无效循环。

(一) 脂肪酸进入线粒体的调控

虽然血流中的脂肪酸水平适合于脂肪酸的利用,但由于不同种类的细胞对脂肪酸的需要量有很大差别,在细胞内仍需对脂肪酸的代谢进行调控。在细胞内,脂肪酸分解代谢的调控主要是由线粒体控制脂肪酸进入线粒体内。

脂肪酸进入细胞后,在细胞溶胶中,在硫激酶催化下先被 CoA 和 ATP 活化,形成脂酰-CoA:

$$RCOO^- + ATP + CoA \xrightarrow{Mg^{2+}} RCO\text{-}CoA + PPi + AMP$$

脂酰-CoA 进入线粒体的调节是以脂酰-CoA 不能直接进入线粒体为依据。即它必须先转化为脂酰肉碱(acyl carnitine),才可穿越线粒体的内膜。

$$RCO\text{-}CoA + (CH_3)_3N^+\!\!-\!CH_2\!-\!\underset{\underset{OH}{|}}{CH}CH_2COO^- \rightleftharpoons (CH_3)_3N^+\!\!-\!CH_2\!-\!\underset{\underset{\underset{RC=O}{|}}{O}}{CH}CH_2COO^- + CoA$$

脂酰-CoA   肉碱   脂酰肉碱

这个反应是在肉碱酰基移位酶的催化下发生的。至少有三种这样的酶与线粒体联系在一起,其中一个是针对短链脂肪酸的,另两个(移位酶Ⅰ及Ⅱ)是针对长链脂肪酸的。另外,在线粒体内膜有一蛋白质载体,负责运送肉碱,乙酰肉碱及短和长链脂酰肉碱衍生物通过此载体穿越线粒体内膜。脂酰肉碱运进线粒体后就立即受肉碱酰基转移位Ⅱ的作用,发生上面反应式的逆反应,肉碱得以游离,并产生脂酰-CoA。也就是说,在细胞中至少有两个显然不同的脂酰-CoA"库",一个是在细胞溶胶中,另一个是在线粒体中。移位酶Ⅰ及Ⅱ分别占据各自的部位,移位酶Ⅰ在线粒体外膜,移位酶Ⅱ在线粒体内膜,后者面向线粒体基质(参见图 24-5)。

这样安排精致的反应链提供了几种调控脂酰-CoA 氧化降解的可能性。其中主要的调控点是肉碱酰基移位酶Ⅰ,它强烈地受丙二酰-CoA 的抑制。如前所述,丙二酰-CoA 在脂肪酸合成中担负着重要角色。因此,当丙二酰-CoA 处于高水平时,它指向脂肪酸合成,也就妨碍脂肪酸的分解代谢。

(二) 心脏中脂肪酸氧化的调节

在绝大多数组织中,β 氧化的调节是个复杂问题,因为它与脂质生物合成与糖代谢都牵连在一起。在心脏中,脂质合成很少存在,因此脂肪酸氧化的"图形"更为简单。脂肪酸氧化是心脏的主要能源,如若心脏用能减少,柠檬酸循环和氧化磷酸化的活动也随之减弱,导致乙酰-CoA 和 NADH 的积聚。乙酰-CoA 在线粒体中水平增高会抑制硫解酶的活性,也就抑制 β 氧化。NADH 的增高,NAD$^+$ 的缺少,影响了 3-羟脂酰-CoA 脱氢酶,也就妨碍了氧化反应。在心脏中 β 氧化的酶的调节似发生于氧化循环后程,与一般代谢途径的调节发生于起始行程有所不同。

(三) 激素对脂肪酸代谢的调节

在脂肪酸分解代谢的调节中,有两个重要的激素,即胰高血糖素(glucagon)和肾上腺素(epinephrin 或 adrenaline)参与作用。

它们在脂肪酸的存贮部位促进其分解代谢。如前所述,脂肪组织中三酰甘油的水解速度受激素敏感的三酰甘油脂肪酶活性的调节,此酶敏感地受到磷酸化和去磷酸化的调节,而磷酸化和去磷酸化又受到由激素控制的 cAMP 水平的调节。肾上腺素、胰高血糖素都使脂肪组织的 cAMP 含量升高。cAMP 变构激活 cAMP-依赖性蛋白激酶,后者增加三酰甘油脂肪酶磷酸化的水平,从而加速脂肪组织中的脂解(lipolysis)作用,又进一步提高血液中脂肪酸的水平。最终活化其他组织例如肝和肌肉中的 β 氧化途径。在肝中,则生成酮体进入血流代替葡萄糖作为燃料提供给其他组织。cAMP 依赖性蛋白激酶也抑制**乙酰-**

CoA 羧化酶(acetyl CoA carboxylase),它是脂肪酸合成中的一个限速酶,因此 cAMP 依赖性磷酸化作用既刺激脂肪酸的氧化又抑制脂肪酸的合成。

胰岛素和肾上腺素、胰高血糖素的作用相反,胰岛素刺激三酰甘油以及糖原的形成。它还有降低 cAMP 水平的作用,导致去磷酸化从而抑制激素敏感的脂肪酸的活性,于是使供给 β 氧化所需的脂肪酸量减少。胰岛素也激活一些不依赖 cAMP 的蛋白激酶,这些酶使另外一些酶磷酸化,例如乙酰-CoA 羧化酶即由此磷酸化。因此,胰高血糖素和胰岛素的比例在决定脂肪酸代谢的速度和方向中是至关重要的。

脂肪酸氧化另外的控制点是当脂肪酸的合成被激活后,**丙二酰-CoA** 成为肉碱脂酰转移酶 I 强劲的抑制剂。这一抑制将新合成的脂肪酸保留在线粒体外而远离 β 氧化途径。

(四) 根据机体代谢需要的调控

前面已经提到,脂肪酸代谢的调控是根据机体代谢的需要进行的。细胞溶胶中若软脂酰-CoA 过量,则表明机体不再需要更多的软脂酰-CoA,在此情况下,通过抑制脂肪酸合成的酶关闭脂肪酸合成途径,并抑制产生 NADH 的反应。同样,柠檬酸的充足,表明机体对能量的需要能够满足,这正是合成脂肪酸以存贮能量的好时机。从这现象中可以看到:脂肪酸、NADPH 和乙酰-CoA 是合成底物的关键化合物,进一步说明,柠檬酸是在脂肪酸生物合成中执行第一步反应的乙酰-CoA 羧化酶(催化形成丙二酰-CoA)的专一性活化剂。

(五) 长时间膳食的改变导致相关酶水平的调整

须指出,膳食条件长时期改变,会使与脂肪酸代谢相关的酶的水平发生变化。例如,禁食后大鼠肝中脂肪酸合酶及乙酰-CoA 羧化酶的浓度都降低了 4 到 5 倍。当给大鼠以无脂肪饲料,脂肪酸合酶较用正常饲料喂饲的大鼠增高 14 倍。实验证据指出,这些酶的水平是由控制酶的合成速度影响的,而不是其降解速度。mRNA 的合成主要由 DNA 转录的速度进行调控。

六、脂质的生物合成

脂质的功能是多种多样的。在大多数生物中脂肪是能量贮存的主要形式,类脂,特别是磷脂和胆固醇是细胞膜的主要组成成分,起着维持细胞的完整、区隔细胞内部的不同结构的作用。有些特殊的脂质还起着某些特殊作用,例如,激素(如维生素 D 的衍生物性激素)、辅助因子(如维生素 K)、乳化剂(如胆汁盐)、转运体(如多萜醇 dolichol)、发色团(如视黄醛 retinal)及细胞外和细胞内的信使(如白细胞三烯 leukotriene、前列腺素 prostaglandin、血栓烷 thromboxane 以及磷脂酰肌醇 phosphatidylinositol 等),它们多在发生作用的部位或邻近部位产生,属于局部激素。还有膜蛋白的锚钩(anchor)(以共价键相连的异戊二烯基及磷脂酰肌醇)等。因此,有机体合成种种不同脂质的能力是十分重要的。在本节中将着重讨论脂肪在体内的贮存、动员和脂质的生物合成。

(一) 贮存脂肪

前面已经提到脂质,特别是脂肪是动物的主要能量贮存形式,脂质是所有营养物质中单位质量具有最高能量的化合物(38 kJ/g 或 9.0 kcal/g),用它们来贮存能量是最有利的。

我们把贮存的脂肪称之为贮存脂肪(depot fat)或脂肪组织(adipose tissue)。来自膳食的脂肪必须先转化为贮存脂肪。脂肪的贮存和运送是相互联系的过程。当需要脂肪分解代谢提供 ATP 形式的能量时,脂肪酸自脂肪组织转移到肝以便分解。我们把脂肪"仓库"中贮存的脂肪释出游离脂肪酸,并转移到肝的过程称为**动员**(mobilization)。这个过程需要酶的作用。**脂酶**(lipase)和**磷脂酶**(phospholipase)担负着水解脂肪的作用,释出的游离脂肪酸在线粒体中进行分解代谢,甘油则在细胞溶胶中降解。脂肪酸动员是由一系列酶的作用所调控,与糖类动员的情况相像。脂肪酸一旦从**脂肪细胞**(adipocyte、脂肪组织的细胞)中游离释出,它们就渗透穿过膜,与血清清蛋白结合,运送到各种组织。

过度的脂肪动员可导致发展成**脂肪肝**(fatty liver),这时肝被脂肪细胞所浸渗,变成了非功能的脂肪组织。脂肪肝可能因糖尿病而产生,由于胰岛素缺欠不能正常动员葡萄糖,此时就必须使用其他营养物质供给能量。典型的情况是脂质的分解代谢加剧,包括过度的脂肪酸动员和肝中过度的脂肪酸降解,其结果是引起脂肪肝的发生。

脂肪肝的发生还有可能是受化学药品的影响,例如,四氯化碳或吡啶。这些化合物破坏了肝细胞,导致脂肪组织去取代它们,肝的功能就逐步丧失。膳食中缺乏抗脂肪肝剂(lipotropic agent),即胆碱和甲硫氨酸(蛋氨酸)时,因为它们对脂质运送有作用,缺乏也可导致脂肪肝的出现。

已知,胆碱是磷脂酰胆碱(phosphatidyl choline)的组成成分,它的合成需要有丝氨酸提供碳骨架,S-腺苷甲硫氨酸(S-adenosylmethionine,SAM)提供三个甲基。后者是由甲硫氨酸和 ATP 反应形成,它在许多生物化学的甲基化反应中扮演甲基供体的角色。在膳食中甲硫氨酸和胆碱的不足,导致磷脂酰胆碱合成的缺乏,又导致脂蛋白的缺少。前面已提到,脂蛋白是磷脂和蛋白质环绕着胆固醇和三酰甘油的核构成。脂蛋白的脂质来自肝。脂蛋白合成的减弱导致肝中脂质的积聚,结果产生脂肪肝。

(二) 脂肪酸的生物合成

1. 乙酰-CoA 的作用

当有机体需要自膳食获取能量以贮存时,脂肪酸合成就会发生。合成在细胞溶胶中进行,包括脂肪酸链自乙酰-CoA 获得两个碳原子单元,从而增长链长的步骤。随后在需要时,脂肪酸与甘油分子结合形成贮存形式的脂肪。

脂肪酸降解的步骤是氧化移去两个碳原子单位(乙酰-CoA)的过程,不难设想脂肪酸合成或许是降解酶反应步骤简单的逆反应而已。但是实际却不是这样。脂肪酸氧化和降解通过不同的途径,使用不同的酶,发生场所也是在细胞的不同部位,而且有一个重要的三碳单元中间体即**丙二酸单酰辅酶 A**(malonyl-CoA,又简称**丙二酰-CoA**) ,参与脂肪酸合成,它与脂肪酸降解完全无关。

在叙述这个三碳单元的中间体前,先讨论与降解、合成都相关的乙酰-CoA。已知,乙酰-CoA 产生在线粒体中,在丙酮酸脱氢酶复合体的催化下,丙酮酸被转化为乙酰-CoA,另外,在 β 氧化中硫解酶的反应也产生乙酰-CoA。但是在线粒体产生的乙酰-CoA 必须先从线粒体转移到细胞溶胶中,才能参与脂肪酸的合成。然而,线粒体内膜对乙酰-CoA 是不容许穿透的。在这里,有一穿梭机制取代直接的运送,这个机制称为**三羧酸转运体系**(tricarboxylate transport system)(图 24-19),它使用柠檬酸作为乙酰基的载体。在线粒体中,柠檬酸循环的第一步反应是柠檬酸的形成,来自乙酰-CoA 和草酰乙酸。柠檬酸跨过线粒体内膜,在细胞溶胶中,受柠檬酸裂解酶作用而断裂,生成乙酰-CoA 和草酰乙酸:

$$柠檬酸^{3-} + ATP^{4-} + CoA - SH^{4-} \longrightarrow 乙酰 - CoA^{4-} + ADP^{3-} + Pi^{2-} + 草酰乙酸^{2-}$$

草酰乙酸可转向苹果酸或丙酮酸,二者都可以再被运送进入线粒体。在有些条件下,穿梭机制产生出的 NADPH 可用于脂肪酸合成中的还原反应。如果苹果酸回到线粒体,就没有 NADPH 形成。如果苹果酸在苹果酸酶作用下转化为丙酮酸,在细胞溶胶中就有 NADPH 的形式。在后述的步骤中,每产生一分子 NADPH,就有一分子乙酰-CoA 被运送到细胞溶胶中。在脂肪酸合成的总体中,这是重要的一步。举例来说,合成 1 分子软脂酸需要 8 分子乙酰-CoA 和 14 分子 NADPH。将 8 分子乙酰-CoA 自线粒体运送到细胞溶胶,就同时产生 8 分子 NADPH,余下不足的 6 分子 NADPH 可从肝中的戊糖磷酸途径(pentose phosphate pathway)或从脂肪组织中苹果酸酶反应中获得(图 24-19)。

2. 丙二酸单酰-CoA 的形成来自乙酰-CoA 和碳酸氢盐

脂肪酸合成起始于乙酰-CoA 转化成丙二酸单酰-CoA。这步反应是在**乙酰-CoA 羧化酶**作用下实现的,羧化酶反应构成脂肪酸合成的重要步骤。

原核生物,例如,大肠杆菌(*E.coli*)的乙酰-CoA 羧化酶,人们已将其催化不同反应的亚基都分离得

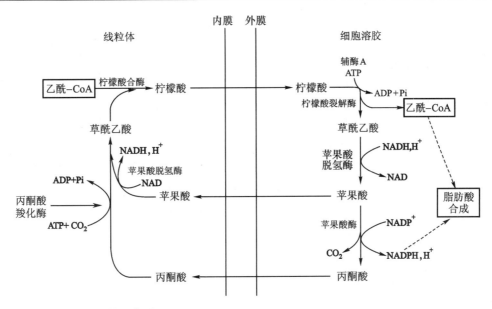

图 24-19　三羧酸转运体系

到。它是 3 种蛋白质的复合体,其一是生物素羧基载体蛋白(biotin carboxyl carrier protein,BCCP),它的作用是生物素的载体。生物素的羧基与这个蛋白质的赖氨酸残基的 ε-氨基以共价连接,形成生物胞素(biocytin;又名羧基生物素酰赖氨酸,carboxy biotinyl lysine)(如图 24-20)。另外两种蛋白质是生物素羧化酶(biotin carboxylase)和转羧酶(trans carboxylase)。在 *E.coli* 中,这个载体蛋白和两个酶的相对分子质量依次为 23 000、98 000(两个亚单位各为 49 000)及 130 000。转羧酶催化由乙酰-CoA 形成丙二酸单酰-CoA 的反应,如图 24-21 所示。

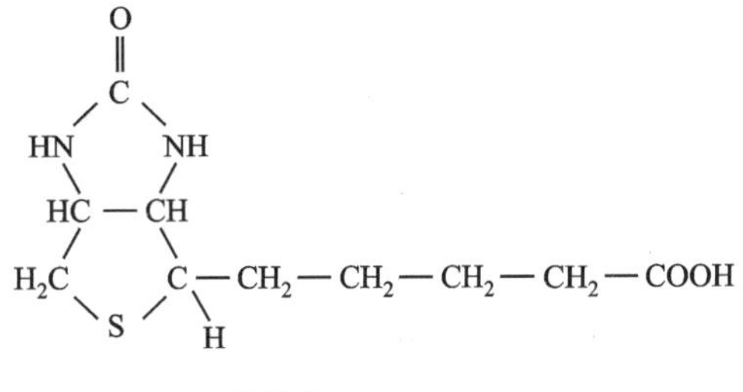

生物素(biotin)

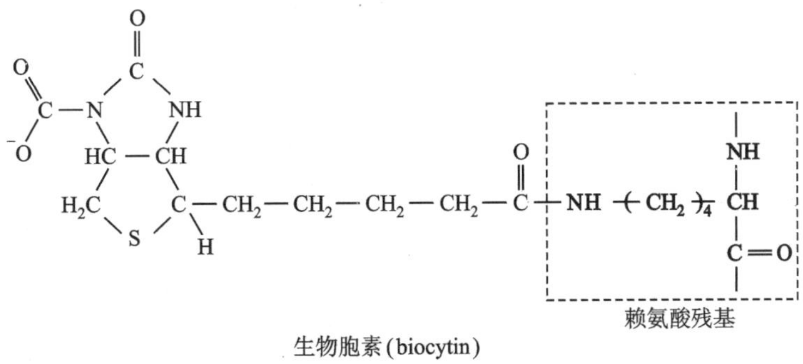

生物胞素(biocytin)　　　　　　　　　　　赖氨酸残基

图 24-20　生物素和生物胞素

真核生物哺乳类和鸟类的乙酰-CoA 羧化酶是两个相同亚单位(相对分子质量各为 260 000)的二聚体,其生物素羧化酶和转羧酶以及生物素羧基载体都在单一的、相对分子质量为 230 000 的肽链上。生物素羧化酶催化的反应如下:

$$\text{BCCP-生物素} + ATP^{4-} + CO_2 + H_2O \longrightarrow \text{BCCP-羧基生物素}^- + ADP^{3-} + Pi^{2-} + 2H^+$$

转羧酶催化的反应是将 BCCP-羧基生物素的活性羧基转移给乙酰-CoA（图 24-21），结果生成丙二酸单酰-CoA。

$$BCCP-生物素^- + 乙酰-CoA^{4-} \longrightarrow 丙二酸单酰-CoA^{5-} + BCCP-生物素$$

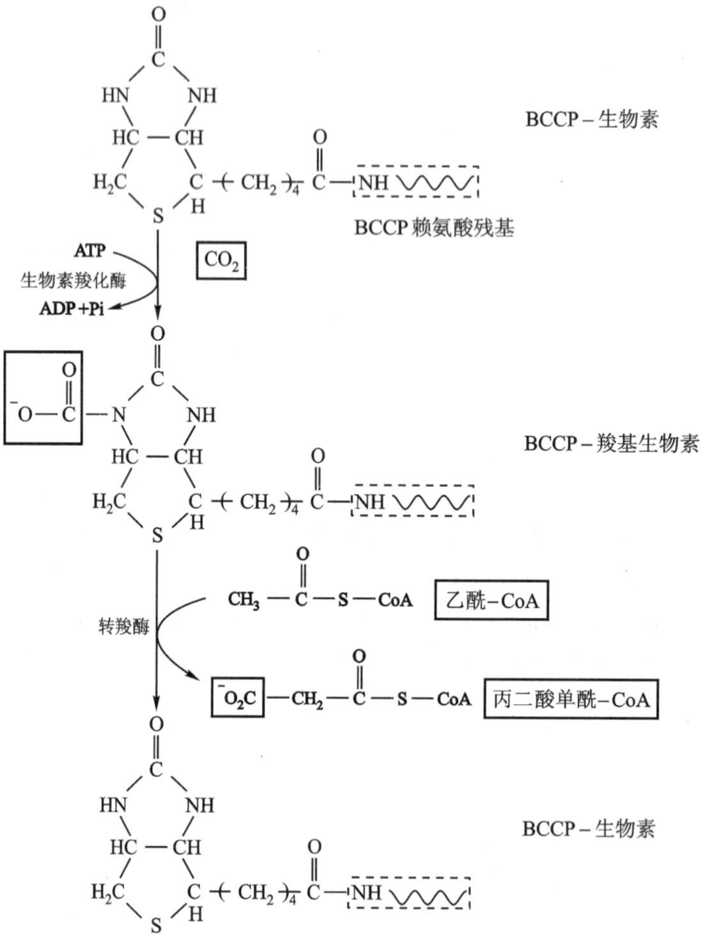

图 24-21   在乙酰-CoA 羧化酶作用下丙二酸单酰-CoA 的形成

3. 脂肪酸合酶

乙酰-CoA 和丙二酸单酰-CoA 准备好之后，脂肪酸合成的下一步反应是脂肪酸合酶复合体的酶促反应。在动物细胞中，脂肪酸合酶复合体包含有 7 种酶活性和一个酰基载体蛋白。

酰基载体蛋白（acyl carrier protein，ACP）是一个相对分子质量低的蛋白质，它在脂肪酸合成中的作用犹如辅酶 A 在脂肪酸降解中的作用。它的辅基是**磷酸泛酰巯基乙胺**（phosphopantetheine），这个辅基的磷酸基团与 ACP 的丝氨酸残基以磷酯键相接，另一端的-SH 基与脂酰基形成硫酯键，这样形成的分子可把脂酰基从一个酶反应转移到另一酶反应，由此即得到"酰基载体蛋白"的名称。在脂肪酸的降解中，同样的磷酸泛酰巯基乙胺又是辅酶 A 的一部分（图 24-22）。这个长链的磷酸泛酰巯基乙胺分子犹如"摆臂"，和丙酮酸脱氢酶复合体的硫辛酰赖氨酸臂（lipoyl lysine arm）相像，它可以把底物在酶复合体上从一处的催化中心转移到另一处。

酰基载体蛋白最初自 E.coli 分离得到。磷酸泛酰巯基乙胺（也可视为 4'-磷酸泛酰氨基乙硫醇）的磷酸基团与蛋白质的第 36 位丝氨酸的羟基酯化相接（图 24-22A）。蛋白质本身含有 77 个氨基酸残基（$M_r = 10\ 000$）。ACP 的装配和脂肪酸合成的酶系因有机体类型而异。在 E.coli 和植物中，脂肪酸合酶由多酶体系构成，它是由不同的 7 种多肽链的聚合体。其中一链是 ACP，其余六链是酶。

在酵母中，脂肪酸合酶也由 ACP 及 6 个酶构成，所不同的是它们定位为两个多功能的多肽链。其中

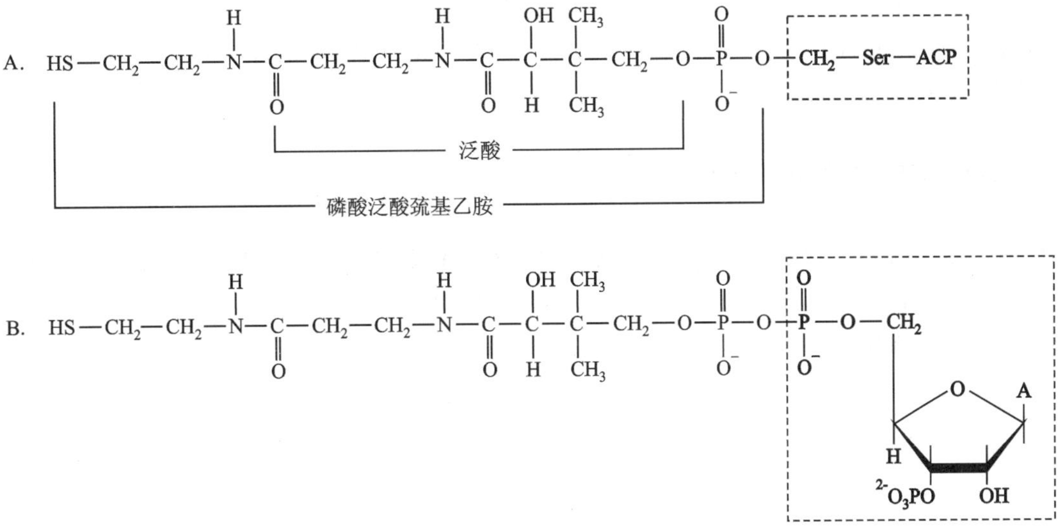

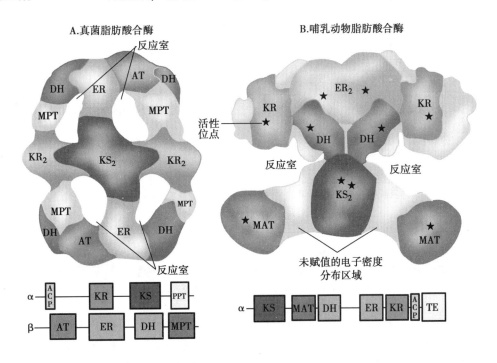

图 24-22　磷酸泛酰巯基乙胺(phosphopantetheine)是 ACP 和辅酶 A 的活性单位

A. ACP 与辅基磷酸泛酰巯基乙胺连接的复合体;B. 辅酶 A 中的磷酸泛酰巯基乙胺单元

之一($M_r = 185\ 000$)具有 ACP 功能和两种酶的活性。另外一链($M_r = 175\ 000$)含有余下的 4 种酶的活性。6 个二聚体组合成为一个大复合体($M_r \approx 2.4 \times 10^6$)(图 24-23)。在动物中,脂肪酸合酶含有 1 个 ACP 和 7 个酶,所有这些酶全都定位于单一的多功能多肽链(图 24-23)。多肽链的邻近区折叠成独特形式,形成不同的酶活性和 ACP 功能区。酶是二聚体,呈现 X 型,含有两个相同的亚单位(每一单位的 $M_r = 260\ 000$)。每一亚单位含有一个脂基载体蛋白(ACP)和 7 个活性酶的催化部位,分别是乙酰-CoA:ACP 转酰酶,丙二酰-CoA:ACP 转酰酶,β-酮酰-ACP 合酶,β-酮酰-ACP 还原酶,β-羟酰-ACP 脱水酶,烯酰-

图 24-23　真核生物脂肪酸合酶的晶体结构

AT:乙酰转移酶;MPT:丙二酰-CoA:ACP 转酰酶;MAT:乙酰-CoA:ACP 转酰酶;TE:软脂酰-ACP 硫酯酶;ACP:酰基载体蛋白;PPT:磷酸泛酰巯基乙胺转移酶;KR:β-酮酰-ACP 还原酶;KS:β-酮酰-ACP 合酶;ER:烯酰-ACP 还原酶;DH:β-羟酰-ACP 脱水酶(A 引自 Jenni,2006;B 引自 Maier,2006)

ACP 还原酶和软脂酰-ACP 硫酯酶。动物体脂肪酸合酶独自多出的酶活性称为软脂酰-ACP 硫酯酶 (palmitoyl-ACP thioesterase)，它催化最后生成的软脂酰-ACP 的水解，转化为软脂酸和 ACP，它是在 16 个碳的脂肪酸链合成以后方显示功能。其他的有机体没有软脂酰-ACP 硫酯酶，而是直接利用软脂酰-ACP。

4. 由脂肪酸合酶催化的各步反应

在动物体中脂肪酸合成包含有以下 7 步反应，最初的 6 步见图 24-24。

① 启动：乙酰-CoA∶ACP 转酰酶；② 装载：丙二酸单酰-CoA∶ACP 转酰酶；③ 缩合：β-酮酰-ACP 合酶；④ 还原：β-酮酰-ACP 还原酶；⑤ 脱水：β-羟酰-ACP 脱水酶；⑥ 还原：烯酰-ACP 还原酶；⑦ 释放：软脂酰-ACP 硫酯酶。

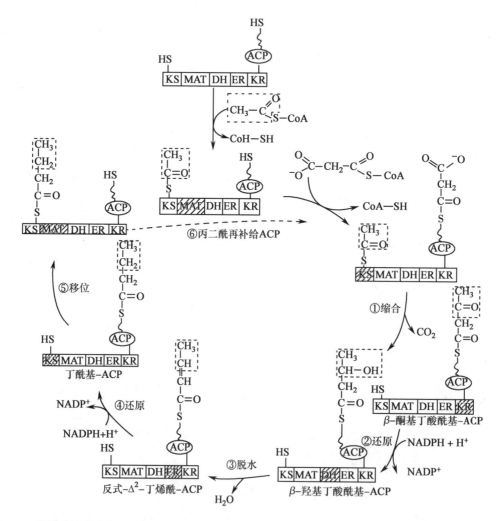

图 24-24 脂肪酸合成途径

KS：β-ketoacyl-ACP synthase，β-酮酰-ACP 合酶；MAT：malonyl/acetyl-CoA-ACP transferase，丙二酰/乙酰-CoA∶ACP 转酰酶；DH：β-hydroxyacyl-ACP dehydratase，β-羟酰 ACP 脱水酶；ER：enoyl-ACP reductase，烯酰-ACP 还原酶；KR：β-keroacyl-ACP reductase，β-酮酰-ACP 还原酶；ACP：anyl canier protein，酰基载体蛋白；▨ 表示该酶的催化活性

（1）启动（priming） "启动"反应是在乙酰-CoA∶ACP 转移酶催化下实现的。反应分两步进行，第 1 步，乙酰-CoA 的乙酰基转移到 ACP（反应 24-1）上，随后第 2 步转移到脂肪酸合酶（HS-合酶）上，形成乙酰合酶（反应 24-2）。但在哺乳动物体内不经过乙酰-ACP 中间体。

$$乙酰\text{-}CoA^{4+} + HS\text{-}ACP \longrightarrow \underset{\text{乙酰-ACP}}{CH_3\overset{\overset{\textstyle O}{\|}}{-}C-S\text{-}ACP^-} + CoA\text{-}SH \qquad (24\text{-}1)$$

$$CH_3-\overset{\overset{O}{\|}}{C}-S-ACP^- + HS-合酶 \longrightarrow CH_3-\overset{\overset{O}{\|}}{C}-S-合酶 + HS-ACP^- \tag{24-2}$$

（2）装载（loading）　丙二酸单酰-CoA-ACP 转酰酶（malonyl-CoA-ACP transacetylase）催化此反应。催化下一步反应的 β-酮酰-ACP 合酶已在等待丙二酸接到 ACP 上，以便"接运"。此反应中 ACP 的游离—SH 基团向丙二酸单酰-CoA 的羰基进攻，形成丙二酸单酰-ACP。"启动"和"装载"这两步反应为下一步缩合准备了两个底物。

$$^-O_2C-CH_2-\overset{\overset{O}{\|}}{C}-S-CoA^{4-} \longrightarrow {}^-O_2C-CH_2-\overset{\overset{O}{\|}}{C}-S-ACP + CoA-SH^{4-}$$

丙二酸单酰-CoA　　　　　　　　　　丙二酸单酰-ACP

（3）缩合（condensation）　上步反应（1）的乙酰基（与酶的-SH 相接）与（2）的丙二酸单酰基（与 ACP 相接）在 β-酮酰-ACP 合酶（β-ketoacyl-ACP synthase）的催化下进行缩合。丙二酸单酰-ACP 的脱羧活化了它的次甲基，CO_2 的丢失也有助于使反应在热力学上有利，而且不可逆行。反应产物是乙酰乙酰基连接到 ACP 上，即乙酰乙酰-ACP。

$$CH_3-\overset{\overset{O}{\|}}{C}-S-合酶 + {}^-O_2C-CH_2-\overset{\overset{O}{\|}}{C}-S-ACP + H^+ \longrightarrow CH_3-\overset{\overset{O}{\|}}{\underset{\beta}{C}}-CH_2-\overset{\overset{O}{\|}}{C}-S-ACP^- + HS-合酶 + CO_2$$

乙酰乙酰-ACP

（4）还原（reduction）　β-酮酰-ACP 还原酶（β-ketoacyl-ACP reductase）的催化反应是脂肪酸合成途径的第一步还原反应，NADPH 作为还原剂参与此反应，产物为 D-构型（β-碳原子成为不对称碳原子），即 D-α,β-羟丁酰-ACP。

$$CH_2-\overset{\overset{O}{\|}}{\underset{\beta}{C}}-CH_2-\overset{\overset{O}{\|}}{C}-S-ACP + NADPH + H^+ \longrightarrow CH_3-\overset{\overset{OH}{|}}{\underset{\beta}{\underset{|}{\underset{H}{C}}}}-\overset{\alpha}{CH_2}-\overset{\overset{O}{\|}}{C}-S-ACP + NADP^+$$

乙酰乙酰-ACP　　　　　　　　　　　　　α,β-羟丁酰-ACP

（5）脱水（dehydration）　脱水反应是在 β-羟酰-ACP 脱水酶（β-hydroxyacyl-ACP dehydrase）的催化下实现的，产物是反式的 α,β-不饱和化合物，即 α,β-反式-丁烯酰-ACP。

$$CH_3-\overset{\overset{OH}{|}}{\underset{|}{\underset{H}{\overset{\beta}{C}}}}-\overset{\alpha}{CH_2}-\overset{\overset{O}{\|}}{C}-S-ACP^- \qquad CH_3-\overset{\overset{H}{|}}{\underset{\alpha}{\underset{|}{\underset{H}{\overset{\beta}{C}}}}}=C-\overset{\overset{O}{\|}}{C}-S-ACP$$

D-β-羟丁酰-ACP　　　　　　　　　　　α,β-反式-丁烯酰-ACP

（6）还原（reduction）　这步反应是脂肪酸合成第一个循环的最后一步，在这步中形成了 4 个碳的脂肪酸，这 4 个碳是由最初 2 分子的两碳的化合物，乙酰-CoA 提供的。这里所说 2 分子的乙酰-CoA 是指在反应第一步（启动）中，一分子乙酰-CoA 转化为乙酰合酶，另一分子是乙酰-CoA 在羧化酶作用下生成丙二酸单酰-CoA，它是反应第二步（装载）的起始物。

此反应为总反应中的第二次还原，同样发生在 β-位上，还原剂也同样是 NADPH。参与反应的酶为烯酰-ACP 还原酶（enoyl-ACP reductase），产物是一个连接在 ACP 上的四碳脂肪酸（丁酰-ACP）。可以说，乙酰基是接受了丙二酸衍生物的二碳原子的片段而增长了碳链的。丁酰 ACP 现在可以进入第二次循环的碳链延伸。第一次循环的乙酰-ACP 由丁酰-ACP 代替，经过（式 24-1）反应与丙二酸单酰-ACP 缩合（反应 3），经过（4）、（5）、（6）的反应得到 6 个碳的脂肪酸与 ACP 相接。如此下去，每一循环碳链即延伸两个碳原子单元。

$$CH_3-\overset{\beta}{\underset{H}{C}}=\overset{\alpha}{\underset{|}{C}}-\overset{HO}{\underset{}{C}}-S-ACP^- + NADPH + H^+ \longrightarrow CH_3-CH_2-CH_2-\overset{O}{\overset{\|}{C}}-S-ACP + NADP^+$$

α,β-反式-丁烯酰-ACP　　　　　　　　　　　　丁酰-ACP

（7）释放（release）

在脂肪酸合成的每一循环中（图 24-24），脂肪酸链延伸了两个碳原子。动物细胞中延伸的程序在到达 16 个碳原子时即行停止，即最终产物形成软脂酰-ACP 时，软脂酰-ACP 硫酯酶（palmitoyl thioesterase）开始作用，软脂酸从脂肪酸合酶复合体中被释放，游离出来。这步酶反应实际是水解反应：

$$软脂酰-ACP^- + H_2O \longrightarrow 软脂酸^- + HS-ACP^-$$

软脂酸若形成更长链的脂肪酸，或引进双键必须接受其他酶系的作用，将在后述。

由于合成的第一次循环生成的是 4 碳原子单位而不是 2 碳原子单位，达到软脂酰（16 碳）进行"释放"反应前，要求进行 7 个轮回的反应，即使用 7 个丙二酸单酰-CoA 分子。软脂酰合成共产生 7 分子水，但在最后一步（释放）反应中要消耗一分子水，即净产生 6 分子水。

合成一分子软脂酸消耗的乙酰-CoA 和丙二酸单乙酰-CoA 的总结果如下式：

$$乙酰-CoA^{4-} + 7\ 丙二酸单酰-CoA^{5-} + 14\ NADPH + 20H^+ \longrightarrow$$
$$软脂酸^- + 7CO_2 + 14NADP^+ + 8CoA-SH^{4-} + 6H_2O$$

7 分子丙二酸单酰-CoA 的形成要求按照下式，即需要 7 分子乙酰-CoA：

$$7\ 乙酰-CoA^{4-} + 7CO_2 + 7ATP^{4-} + 7H^+ \longrightarrow 7\ 丙二酸单酰-CoA^{5-} + 7ADP^{3-} + 7Pi^{2-} + 14H^+$$

综合以上反应式，从起始物乙酰-CoA 到产物软脂酸的化学计量的总反应式为：

$$8\ 乙酰-CoA^{4-} + 7ATP^{4-} + 14NADPH + 6H^+ \longrightarrow$$
$$软脂酸^- + 14NADP^+ + 8CoA-SH^{4-} + 6H_2O + 7ADP^{3-} + 7Pi^{2-}$$

其中用于还原的 NADPH 和 H^+ 来自苹果酸酶反应（图 24-19）及戊糖磷酸途径。

5. 脂肪酸合成途径与 β 氧化的比较

脂肪酸合成途径与脂肪酸降解即 β 氧化的异同可归纳如下：

（1）两条途径的发生场所不同，脂肪酸合成发生于细胞溶胶，降解发生于线粒体。

（2）两条途径中都有一中间体与载体连接，脂肪酸合成中载体为 ACP，降解中的载体则为辅酶 A。

（3）在两个途径中有 4 步反应，从化学上看一条途径的 4 步反应是另一途径的 4 步反应的逆方向，它们所用的酶和辅助因子也不相同。脂肪酸合成中的 4 步反应是：缩合，还原，脱水和还原；在脂肪酸降解中的这 4 步反应是：氧化，水合，氧化和裂解。

（4）两条途径都具有转运机制将线粒体和细胞溶胶沟通起来。在脂肪酸合成中，有三羧酸转运机制，它的功能是运送乙酰-CoA；在脂肪酸降解中，有肉碱载体系统，它的功能是运送脂酰-CoA。

（5）两条途径都以脂肪酸链的逐次、轮番的变化为特色，在脂肪酸合成中，脂肪链获取 2 碳单元而成功地得到延伸，即得自于乙酰-CoA，它必须与丙二酸单酰-CoA 缩合，后者又是乙酰-CoA 衍生而来；在脂肪酸降解中则是使乙酰-CoA 形式的 2 碳单元离去，以实现脂肪链的缩短。

（6）脂肪酸合成时，是从分子的甲基一端开始到羧基为止，即羧基是最后形成的；脂肪酸降解则持相反的方向，羧基的离去开始于第一步。

（7）羟酯基中间体在脂肪酸合成中有着 D-构型，但在脂肪酸降解中则为 L-构型。

$$脂肪酸合成：CH_3-\overset{O}{\overset{\|}{C}}-CH_2-\overset{O}{\overset{\|}{C}}-S-ACP^- \xrightarrow{还原} D-CH_3-\overset{OH}{\underset{}{CH}}-CH_2-\overset{O}{\overset{\|}{C}}-S-ACP^-$$

脂肪酸降解：$CH_3-\overset{\displaystyle H}{\underset{\displaystyle H}{C=C}}-\overset{\displaystyle O}{C}-SCoA \xrightarrow{\text{水合}} L-CH_3-\overset{\displaystyle OH}{CH}-CH_2-\overset{\displaystyle O}{C}-S-CoA$

（8）脂肪酸合成由还原途径构成，需要有 NADPH 参与，脂肪酸降解则由氧化途径构成，需要有 FAD 和 NAD⁺ 参与。

（9）这两个途径的循环，每一循环可延伸或除去两个碳原子单元。以 16 碳脂肪酸为例，不论合成或降解都是进行 7 个轮回为止。

（10）在动物体中，脂肪酸合成用的酶全都设置在单一多肽链上，此多肽链是脂肪酸合酶的一部分。脂肪酸降解的酶以何种程度聚合在一起，这一问题尚未弄清。

6. 脂肪酸碳链的加长和去饱和

已知，在动物体中脂肪酸合成停止在 16 碳脂肪酸即软脂酸而终止，这是正常的脂肪酸合酶作用的终点。更长链的脂肪酸，或不饱和脂肪酸等都是把软脂酸作为前体，需要另外的酶反应形成（图 24-25）。

（1）**碳链的延长** 碳链的延长发生在线粒体和内质网中，细胞不同部位碳链的延长机制有所差异。

线粒体中的延长是独立于脂肪酸合成之外的过程，它是乙酰单元的加成和还原，恰恰是脂肪酸降解过程的逆反应。仅仅是脂肪酸延长最后一步使用了还原剂 NADPH，而脂肪酸降解的最前一步使用了 FAD 为氧化剂（图 24-26）。

光面内质网中的延长是更活跃的，16 碳的软脂酸可延长两个碳原子形成硬脂酸，只是参与的酶有改变，辅酶 A 代替了脂肪酸合成中所用的 ACP。它与软脂酸合成的最后一循环相同，即由已合成的软脂酰-CoA 以丙二酸单酰-CoA 为二碳单元的供体，由 NADPH 和 H⁺ 供氢，经过还原、脱水、再还原的步骤，形成十八碳产物硬脂酰-CoA。

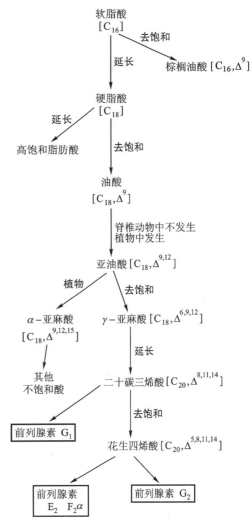

图 24-25 脂肪酸碳链的延长

（2）**碳链的去饱和** 动物体内最常见的两个饱和脂肪酸——软脂酸和硬脂酸是棕榈油酸（16，Δ^9）和油酸（18，Δ^9）的前体（图 24-25）。这两个不饱和脂肪酸都在 Δ^9 位（C9 和 C10 间）有一双键，这个不饱和双键是在**脂肪酰-CoA 去饱和酶**（fatty acyl-CoA desaturase）催化下，经氧化反应引入的。在哺乳动物体内，引入双键的氧化反应需要一个由两种酶和一个细胞色素组成的电子传递体系参与（图 24-27）。但是哺乳动物缺少能够在 C9 位以外引进双键的酶，因此，**亚油酸**（linoleic acid，18，$\Delta^{9,12}$）和**亚麻酸**（linolenic acid，18，$\Delta^{9,12,15}$）不能经生物合成得到，只能通过膳食获取，因此称为**必需脂肪酸**（essential fatty acid）。

上述的去饱和反应所使用的脂酰-CoA 去饱和酶是混合功能氧化酶（mixed-function oxidase）的一例。在此反应中，去饱和酶的两个底物，脂肪酸和 NAD⁺，相继经历两个电子的氧化作用，电子传递包括黄素蛋白（细胞色素 b_5 还原酶）和细胞色素（细胞色素 b_5），二者与脂酰-CoA 去饱和酶全都存在于光面内质网中。分子氧作为电子受体参与反应，但不反映在被氧化的产物中。

哺乳动物肝细胞能够容易地在脂肪酸 Δ^9 位引入双键，但不能在 C10 至甲基末端间再引入第 2 个双键。已于上述，哺乳动物不能合成亚油酸、亚麻酸。但存在于植物中的去饱和酶却可以实现。植物中的这些酶不能直接作用于游离脂肪酸，但可对磷脂类，例如，磷脂酰胆碱含有一个油酸的磷脂，使其油酸链去饱和，成为亚油酸链，以至亚麻酸链。

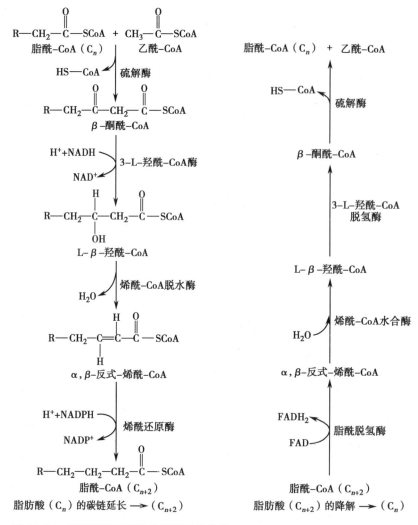

图 24-26 脂肪酸延长和脂肪酸降解的比较

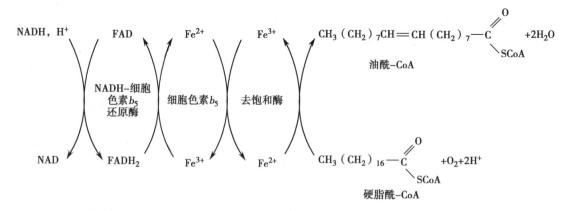

图 24-27 哺乳动物体内脂肪酸去饱和酶(desaturase)的电子传递系统
该系统处于内质网的细胞溶胶侧,2 个水分子的形成通过了 4 个电子反应,其中 2 个电子来自 NADH,2 个电子来自脂肪酸被还原的键

7. 脂肪酸代谢途径的调节

脂肪酸 β 氧化的调节关键是血液中脂肪酸的供给情况。血液中游离脂肪酸主要来源于三酰甘油的分解。贮存在脂肪组织中的三酰甘油受激素敏感的脂肪酶调节。以肝细胞为例,胞质溶胶中形成的脂酰-CoA 有两种主要去向:①在线粒体中进行 β 氧化;②在胞质溶胶中被转化为三酰甘油和其他脂类物质。因此,脂肪酸分解代谢的调控首先是控制脂肪酸进入线粒体内。前面已讨论过的负责脂酰-CoA 转入线粒体的肉碱脂酰移位酶 I,强烈受丙二酸单酰-CoA 的抑制。当动物体内有足量糖类供应时,丙二酸单酰-

CoA 的浓度提高,它指向脂肪酸合成,同时抑制脂肪酸分解。β 氧化途径中的两种酶同样也受调控。当[NADH]/[NAD$^+$]比值提高时,β-羟脂酰-CoA 脱氢酶被抑制。另外,高浓度的乙酰-CoA 抑制硫解酶的活性。当机体处于肌肉强烈收缩或饥饿状态时,细胞内 ATP 浓度下降,AMP 浓度升高,高浓度的 AMP 激活**腺苷酸活化蛋白激酶**(AMP-activated protein kinase,AMPK),AMPK 可磷酸化多种靶标,其中包括乙酰-CoA 羧化酶。乙酰-CoA 羧化酶的磷酸化抑制其活性,丙二酸单酰-CoA 的生成减少,缓解了丙二酸单酰-CoA 对脂酰-CoA 转入线粒体中的抑制作用,允许 β 氧化进行,从而恢复细胞内 ATP 水平。以上讨论的是酶活性的短期调节,酶活性的长期调节是指酶基因在转录水平受到调节。**过氧化物酶体增殖物激活受体**(PPAR)是一类由配体激活的转录因子家族。其中 PPAR α 主要分布于肌肉、脂肪组织和肝。当机体对能量的需求增加时,PPAR α 开启与脂肪酸氧化相关的重要基因的表达,包括肉碱脂酰移位酶 I 、II ,脂酰-CoA 脱氢酶,脂肪酸转运蛋白等。胰高血糖素(glucagon)会使脂肪组织的 cAMP 含量升高,通过 cAMP 和转录因子 CREB 的作用开启脂质分解代谢中某些基因的表达。

当机体内有充足的能量满足其代谢需要时,过量的能量则转化为脂肪酸并以三酰甘油的形式贮存起来。乙酰-CoA 羧化酶催化的反应是脂肪酸生物合成的限速步骤,也是脂肪酸合成中重要的调节位点。在脊椎动物,脂肪酸合成的主要产物即软脂酰-CoA,对该酶起反馈抑制作用,柠檬酸是该酶的别构激活剂。柠檬酸在决定细胞内代谢燃料走向分解利用或贮存方面起着重要作用。当线粒体内的乙酰-CoA 和 ATP 浓度很高时,柠檬酸即从线粒体内转移到细胞溶胶中。随之在柠檬酸裂解酶作用下转变为溶胶中的乙酰-CoA,它起着对乙酰-CoA 羧化酶别构激活的信号作用。乙酰-CoA 羧化酶还可通过共价修饰调控脂肪酸合成。胰高血糖素和肾上腺素使乙酰-CoA 羧化酶磷酸化而抑制其活性,从而减慢脂肪酸的合成速度(图 24-28)。胰岛素则和胰高血糖素、肾上腺素的作用相反,通过诱导乙酰-CoA 羧化酶、脂肪酸合酶,以及柠檬酸裂解酶的合成,从而促进脂肪酸的合成(图 24-28)。乙酰-CoA 羧化酶活化时聚成长丝状,其磷酸化伴随着酶的解聚成单体而失活。

植物和细菌的乙酰-CoA 羧化酶并不受柠檬酸或磷酸化调控。如果脂肪酸合成和氧化同时进行,则构成浪费能源的无效循环。因此,在脂肪酸合成期间,第一个中间产物丙二酸单酰-CoA 关闭 β 氧化反应,这种调控机制显示了将合成和分解途径分割在不同亚细胞器内进行的优势。

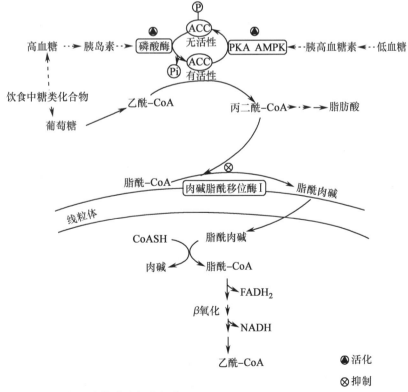

图 24-28　脂肪酸代谢途径的调节
PKA:蛋白激酶 A;AMPK:腺苷酸活化蛋白激酶

（三）脂酰甘油的生物合成

脂酰甘油（acyl glycerols）是由两个前体合成的，它们是**脂酰-CoA**（fatty acyl-CoA）和 **3-磷酸甘油**（glycerol 3-phosphate）。脂酰-CoA 来自脂肪酸的活化，3-磷酸甘油由两条途径形成，其一是糖酵解的中间体磷酸二羟丙酮形成，其二是甘油降解中的一步，即甘油的磷酸化（图 24-29）。

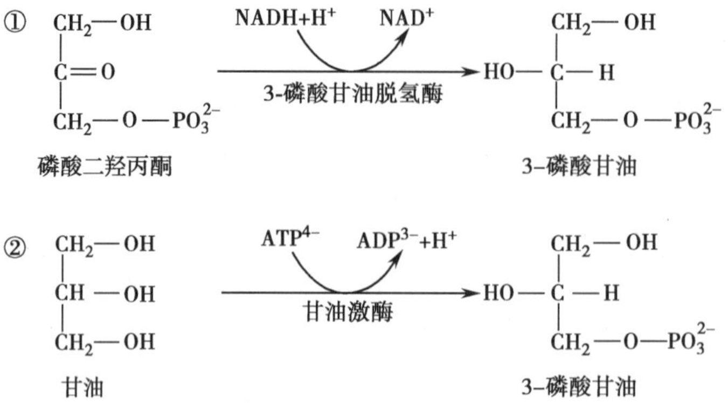

图 24-29   3-磷酸甘油生物合成的两条途径

单酰甘油和二酰甘油是由 3-磷酸甘油与脂酰-CoA 经相继酯化形成的。三酰甘油来自 **1,2-二酰甘油-3-磷酸**（磷脂酸，phosphatidic acid，PA），经 2 步反应生成。第 1 步水解，把磷酸基除去；第 2 步二脂酰甘油再与另一分子脂酰-CoA 反应，即得到产物三酰甘油（图 24-30）。

三酰甘油的合成与降解随当时体内代谢资源需求的改变而被调节，激素对其调节发挥重要作用。例如，胰岛素促进饮食中的糖类和蛋白质转化为三酰甘油。对于患有严重胰岛素分泌或作用缺陷的糖尿病人来讲，因不能将碳水化合物或氨基酸转化为脂肪酸而表现为体重下降，同时，病人体内因乙酰-CoA 的累积导致酮体形成速率增加。三酰甘油同样受胰高血糖素、垂体生长素和肾上腺皮质激素调节。

三酰甘油合成与降解之间的平衡中的另外一个因素是脂肪组织中三酰甘油分解产生的大约 75% 脂肪酸经血液循环到肝，酯化产生三酰甘油，经血液循环并在胞外脂蛋白酶作用下分解为脂肪酸回到脂肪组织，再酯化形成三酰甘油，从而构成**三酰甘油循环**（triacylglycerol cycle），如图 24-31。即使在饥饿状态下，当能量代谢从碳水化合物转向脂肪酸氧化时，这个比率仍然存在。胰高血糖素和肾上腺皮质激素促进脂肪组织中三酰甘油的分解，同时抑制糖酵解、增加糖异生的速率，释放产生的脂肪酸运至骨骼肌中被氧化，提供能量，被肝吸收的脂肪酸不被氧化而酯化为三酰甘油，运回至脂肪组织。

即使在饥饿状态下，三酰甘油在脂肪组织中不断被合成，问题是这一过程中所需的 3-磷酸甘油源于什

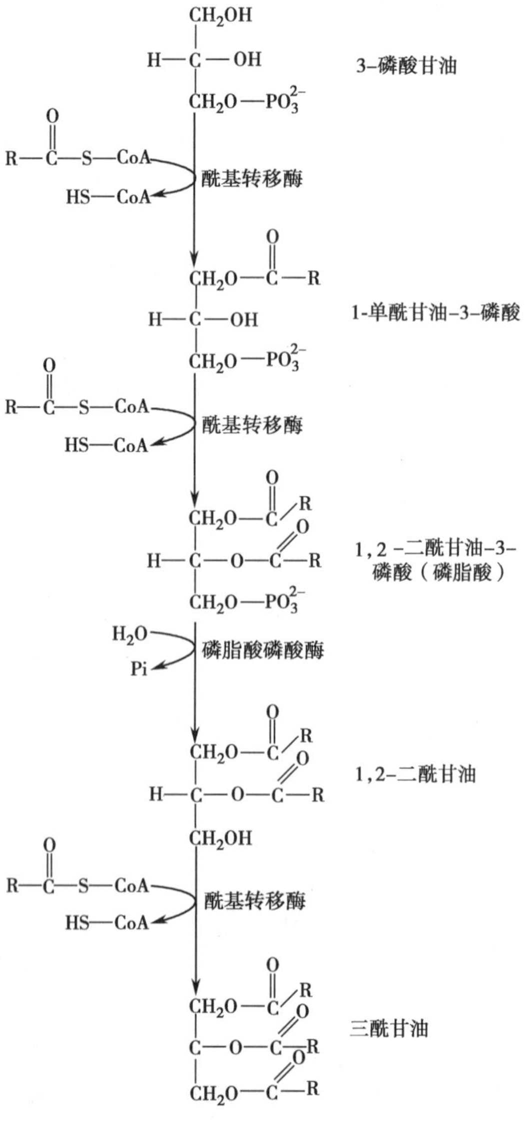

图 24-30   三酰甘油的生物合成

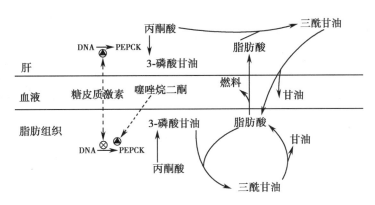

图 24-31 三酰甘油的循环

么？糖酵解途径因被胰高血糖素和肾上腺皮质激素抑制,磷酸二羟丙酮(DHAP)的量减少,脂肪组织本身因缺乏甘油激酶,无法将甘油转化为 3-磷酸甘油。然而,3-磷酸甘油的真正来源是**甘油异生**(glyceroneogenesis)途径,这一途径发现于 20 世纪 60 年代,但很少被人关注,直到最近,发现它与三酰甘油循环密切相关,并在更广泛的意义上来说,它调节脂肪酸和碳水化合物代谢间的平衡。甘油异生被看作是一个缩短的糖异生途径,从丙酮酸到 DHAP,然后由胞浆内依赖 NAD$^+$ 的 3-磷酸甘油脱氢酶催化 DHAP 生成 3-磷酸甘油,用于三酰甘油合成（图 24-32）。甘油异生具有多种功效,例如,在脂肪组织中,它与游离脂肪酸再酯化偶联可控制脂肪酸释放至血液中的速率;在褐色脂肪组织中,这一途径可控制游离脂肪酸被转运至线粒体参与生热作用的速率;对于空腹的人,仅肝中的甘油异生就能支持足够的 3-磷酸甘油的合成,使比例高达 65% 的脂肪酸再酯化形成三酰甘油。在甘油异生通路中起调控作用的是 PEP 羧激酶(PEPCK),PEPCK 在很大程度上调控着三酰甘油在肝和脂肪组织之间的循环。

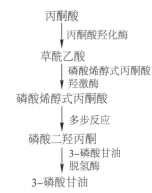

图 24-32 3-磷酸甘油来自甘油异生途径

糖皮质激素如皮质醇(cortisol)通过其受体增加肝细胞中 *PEPCK* 基因的表达,促进糖异生和甘油异生,引起肝中三酰甘油合成和释放（至血液）增加,与此同时,皮质醇抑制脂肪细胞中 *PEPCK* 基因的表达,降低甘油异生,脂肪酸的回收（酯化）减少,导致多的脂肪酸释放至血液中。由此可见,肝和脂肪组织通过对甘油异生以相互、相反的作用方式调节脂质代谢,最终的结果是增加三酰甘油循环的流量。对其关注的另一重要原因是它与 2 型糖尿病的发病机制有关联。骨骼肌是胰岛素作用及胰岛素抵抗的主要部位,也是葡萄糖代谢的重要组织,2 型糖尿病人血液中大量的游离脂肪酸干扰骨骼肌中葡萄糖的利用,提高了胰岛素抵抗性。用于治疗糖尿病的药物噻唑烷二酮(thiazolidinediones,TZD)与糖皮质激素的作用相反,它使游离脂肪酸以三酰甘油形式存在,减少脂肪酸的释放,从而降低血液中游离脂肪酸水平,增加胰岛素敏感性。

（四）磷脂类的生物合成

1. 甘油磷脂(glycerophosphatide)的合成

甘油磷脂是生物膜的重要组成分,因为它有着两亲性的结构,极性头的一端喜欢水性环境,而非极性的脂酰取代基则是亲脂性的。其结果,甘油磷脂分子自动地形成双层结构,这种双层结构是绝大多数膜优势选择的结构特征。甘油磷酸脂的这种两亲性质对它的合成方式有很大影响。脂质合成所包括的绝大多数反应发生在膜结构的表面,与之相关的各种酶本身就具有着两亲性。

（1）甘油磷脂在大肠杆菌中的合成　大肠杆菌有三类重要的甘油磷脂：**磷脂酰乙醇胺**(phosphatidylethanolamine,PE)(75%～85%),**磷脂酰甘油**(phosphatidyl glycerol,PG)(10%～20%)和**二磷脂酰甘油**(diphosphatidyl glycerol)（图 24-33）。这三种甘油磷脂的生物合成途径从开始到 CDP-二酰甘油(CDP-diacylglycerol)（图 24-34）是共通的,自 CDP-二酰甘油以下就分别有各自的途径（图 24-35）。这里

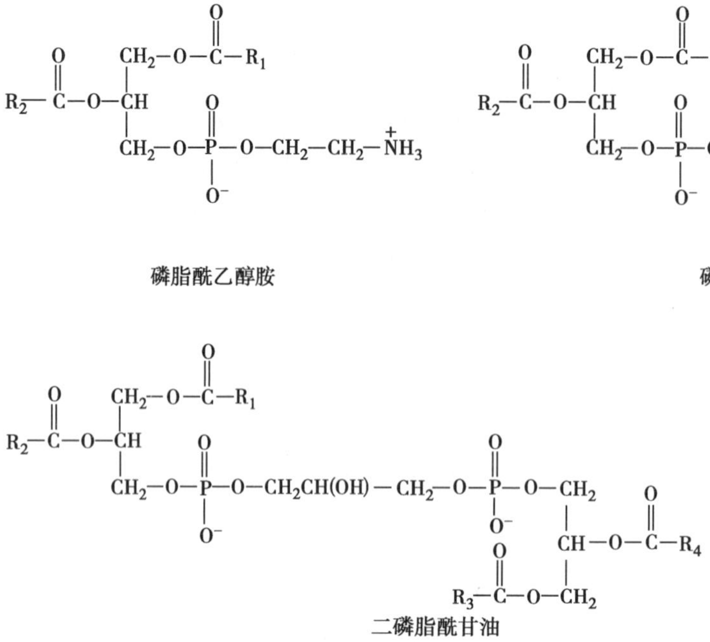

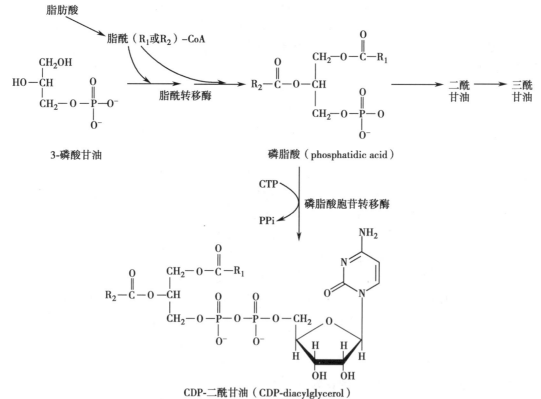

图 24-33 大肠杆菌(*E. coli*)中的三种甘油磷脂

图 24-34 自 3-磷酸甘油和脂肪酸合成 CDP-二酰甘油

说的 CDP 是 5′-胞苷二磷酸(cytidine diphosphate),它经常用作脂质成分的载体,比糖类的载体 UDP 更为普遍,UDP 是尿苷二磷酸(uridine diphosphate)的缩写(图 24-36)。

大肠杆菌中绝大多数与甘油磷脂合成有关的酶都在细胞膜上,第 1 步反应,脂酰-CoA 对 3-磷酸甘油进行酰基化(图 24-34),是在酰基转移酶的催化下实现的。酰基转移酶的催化机制如图 24-37 所示。将 3-磷酸甘油转化为 CDP-二酰甘油是在特定的胞苷转移酶的催化下进行的。这步反应使用了 CTP (cytidine 5′-triphosphate,胞苷三磷酸)作为共底物(cosubstrate)。

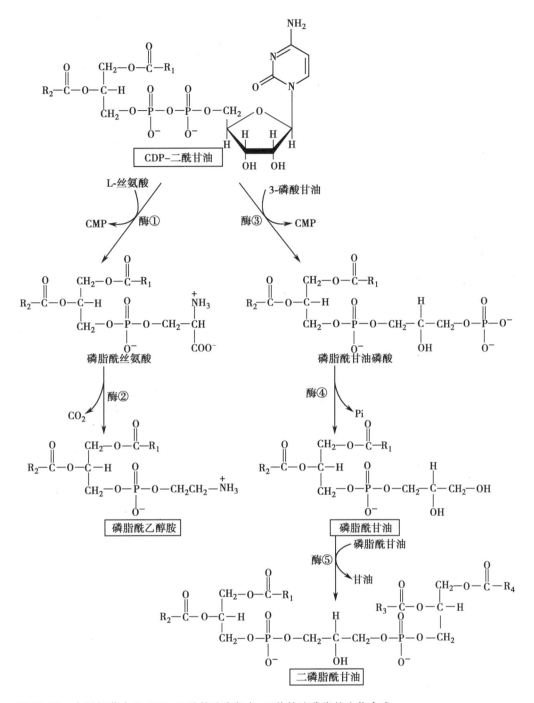

图 24-35　大肠杆菌中以 CDP-二酰甘油为起点,三种甘油磷脂的生物合成

酶①:磷脂酰丝氨酸合酶;酶②:磷脂酰丝氨酸脱羧酶;酶③:磷脂酰甘油磷酸合酶;酶④:磷脂酰甘油磷酸磷酸酶;酶⑤:二磷脂酰甘油合酶

（2）甘油磷脂在真核生物中的合成　　甘油磷脂在真核生物体中的合成较在大肠杆菌中更为复杂。因为真核生物有更多的膜结构,每一结构有着自己的独特功能。而且与大肠杆菌不同,真核生物以三酰甘油形式贮存脂肪酸。

甘油磷脂合成的第一阶段由 3-磷酸甘油形成磷脂酸的反应途径,真核生物与大肠杆菌十分相像(见图 24-34)。主要的差异是有两条附加的途径,即:磷脂酸不是来自 3-磷酸甘油而是来自磷酸二羟丙酮(dihydroxyacetone phosphate,DHAP);另外,磷脂酸的下一步是分解代谢,形成二酰甘油(图 24-35 及图 24-38)。磷脂酸一旦形成,很快转化为二酰甘油或 CDP-二酰甘油,后者将分头进行代谢(图 24-38)。

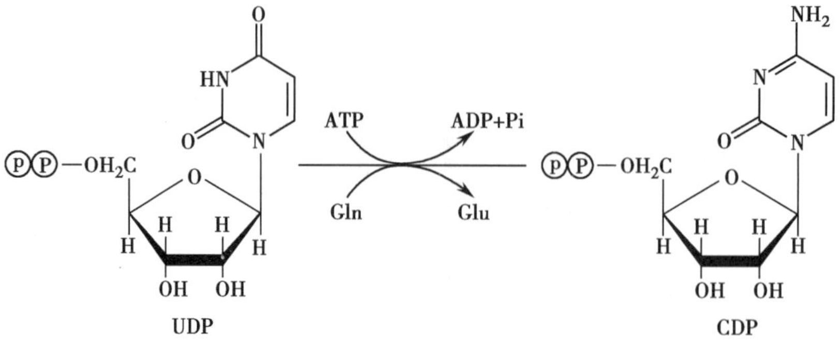

图 24-36　CDP 和 UDP

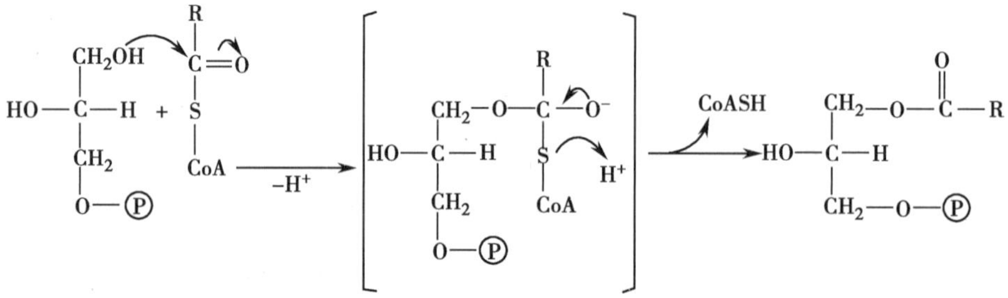

图 24-37　酰基转移酶的作用机制

中性的激活了的(脂)酰基是很易发生作用的,在正四面体中间体中的辅酶 A 是个很好的离去基团,这样的机制在乙酰乙酰-CoA 的形成中也可看到。本反应起始于羟基向酰基-CoA 的亲核进攻,形成正四面体中间体,随后 CoA 即被除去

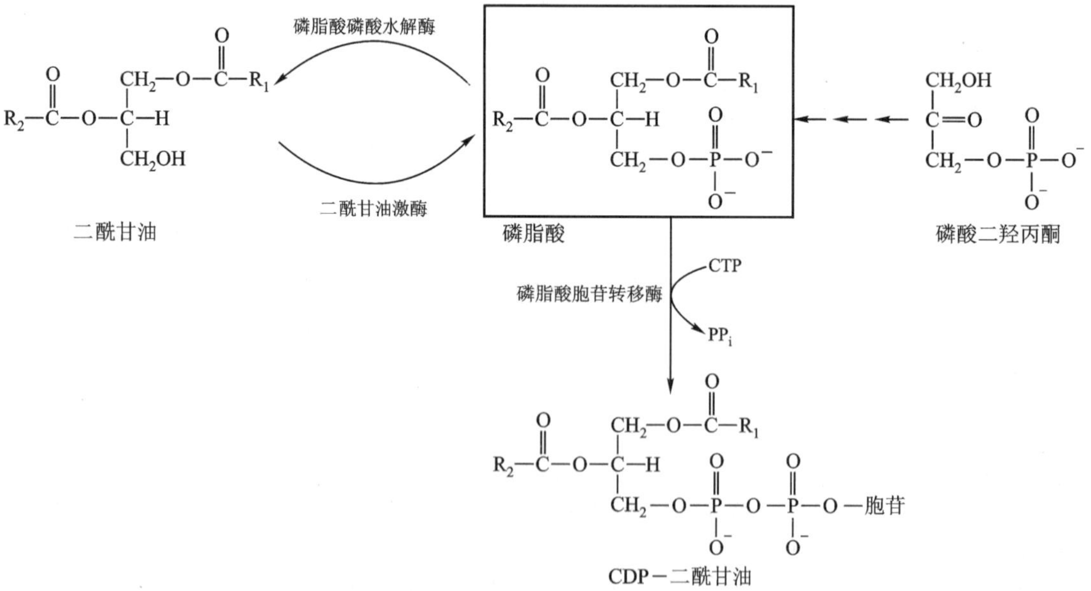

图 24-38　在真核生物中,磷脂酸来自磷酸二羟丙酮,并降解为二酰甘油

2. 二酰甘油是磷脂酰胆碱和磷脂酰乙醇胺合成的关键化合物

磷脂酰胆碱和磷脂酰乙醇胺在数量上是真核生物细胞中最重要的磷脂,它们自二酰甘油衍生而来(图 24-35)。磷脂酰胆碱的生物合成起始于**胆碱**(choline)被运送进入细胞。胆碱是人类膳食中不可缺少的组成分,不能在动物体内生成。胆碱一旦进入细胞,就在胆碱(或乙醇胺)激酶作用下迅速地磷酸化成为磷酸胆碱。这个激酶是细胞溶胶中的一种酶。磷酸胆碱与胞苷三磷酸(CTP)在 **CTP：磷酸胆碱胞苷转移酶**(CTP：phosphocholine cytidyltransferase)作用下转化为 CDP-胆碱。此酶是一"限速"酶,它在细

胞溶胶中无活性,进入内质网后,与膜的磷脂作用后而活化。CDP-胆碱立即与二酰甘油反应,它是受内质网中存在的酶催化发生的。磷脂酰乙醇胺的生物合成是以乙醇胺为起始物,它进行的途径与磷脂酰胆碱相似。

在肝、酵母和细菌中,如假单胞菌(*Pseudomonas*),有一条途径可自磷脂酰乙醇胺转化为磷脂酰胆碱,在此途径中磷脂酰乙醇胺接受来自 S-腺苷甲硫氨酸的甲基化,经过三次同样的反应,乙醇胺的 $-O-CH_2CH_2NH_3^+$ 转化为胆碱的末端 $-OCH_2CH_2\overset{+}{N}(CH_3)_3$(图24-39)。与这三步反应同时发生的,还有磷脂酰胆碱的降解,可产生胆碱,这是肝中唯一产生胆碱的机制。

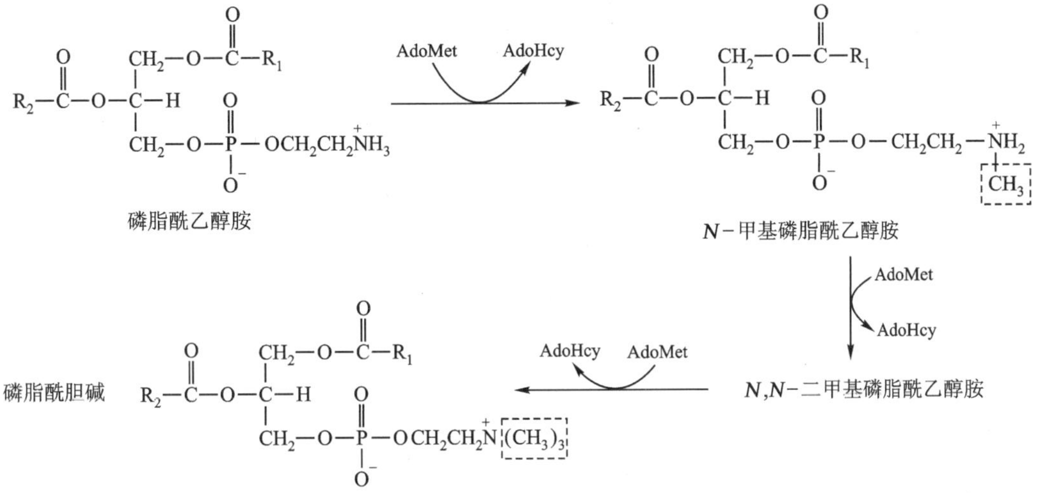

图24-39 磷脂酰乙醇胺到磷脂酰胆碱的转换

AdoMet:S-adenosyl-L-methionine,S-腺苷甲硫氨酸;AdoHcy:S-adenosyl-L-homocysteine,S-腺苷高半胱氨酸

3. 脂肪酸取代可能都在 sn1 和 sn2 位上

肺组织可产生特定的磷脂酰胆碱,即二软脂酰磷脂酰胆碱。软脂酸在此化合物中以软脂酰形式连接在甘油骨架的 sn1 和 sn2 位上(sn 指立体特异编号,stereospecific numbering)。这种磷脂酰胆碱是肺表面活性剂的主要组成成分,它可保持肺泡的表面张力,因此当肺泡中的空气被排除时,肺泡不会折叠塌陷。

二软脂酰磷脂酰胆碱的合成途径可能如图24-40所示。起始物磷脂酰胆碱是由 CDP-胆碱途径生成的,即:① 胆碱在 ATP 作用下转化为磷酸胆碱;② 磷酸胆碱受胞苷三磷酸(CTP)作用形成 CDP-胆碱;③ CDP-胆碱与二脂酰甘油反应得到磷脂酰胆碱。这时形成的磷脂酰胆碱(图24-39)其 sn2 位的脂肪酸常常是不饱和脂肪酸,反应第1步是软脂酰-CoA 在磷脂酶 A2 催化下把原 sn2 位上的不饱和脂肪酸水解脱下,软脂酰胆碱转变为**溶血磷脂酰胆碱**(lysophosphatidylcholine)。第2步是在 1-脂酰甘油磷酸胆碱酰基转移酶(1-acylglycerol phosphocholine acyltransferase)催化下与软脂酰-CoA 反应,生成二软脂酰磷脂酰胆碱。这里,再脂酰基化发生的位置,即脂肪酸残基在甘油骨架上的位置,规律性地都是在 sn1 和 sn2 位上。

由磷脂酰胆碱到二软脂酰磷脂酰胆碱的转变,实际只是发生了脂肪酸残基的转换。通过这种途径改变了原来分子的特性,对机体无疑是一种经济的形成新分子的措施。磷酸胆碱的去脂酰化作用(deacylation)和再脂酰化作用(reacylation)在其他组织中也存在。它提供了一条在 sn1 和 sn2 改换脂肪酸残基以确保生物对特殊分子需要的重要途径。

4. 4,5-二磷酸磷脂酰肌醇

已述,CDP-二酰甘油在原核生物体内的磷脂合成中是一关键的中间体,它在真核生物的线粒体中也可合成磷脂酰甘油和二磷脂酰甘油(见图24-35)。另外 CDP-二酰甘油可导致形成磷脂酰肌醇(图24-41),磷脂酰肌醇约占膜中脂质的5%,它还以 4-磷酸磷脂酰肌醇及 4,5-二磷酸磷脂酰肌醇的形式存在,但浓度较小。这二磷酸衍生物可以在磷脂酶 C 的作用下降解成为 1,4,5-三磷酸肌醇和二酰甘油(图24-

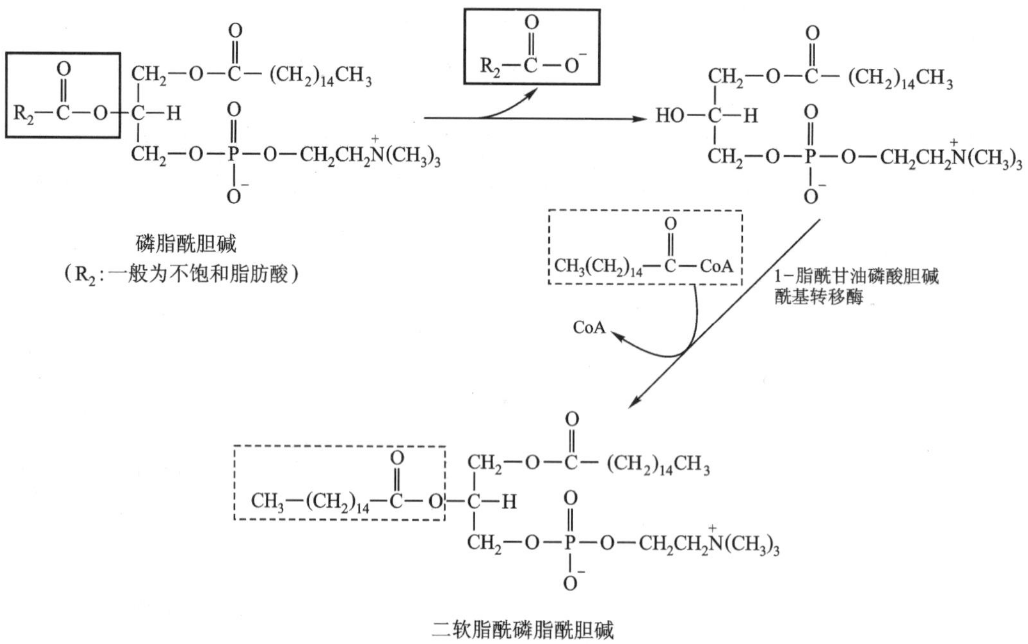

图 24-40　自磷脂酰胆碱转化为二软脂酰磷脂酰胆碱的二步反应

42)。这两种降解产物都有着重要的调节功能。1,4,5-三磷酸肌醇参与钙在细胞内贮存(内质网)的移位,并可引起细胞溶胶钙对各种酶的激活。磷脂酶 C 反应的其他产物,二酰甘油是蛋白激酶 C 的激活剂。蛋白激酶 C 需低浓度的钙和磷脂酰丝氨酸以获得活性。C 是英文 calcium 的字头,它催化许多蛋白质的磷酸化从而改变它们的活性以及它们所介导的生理应答。

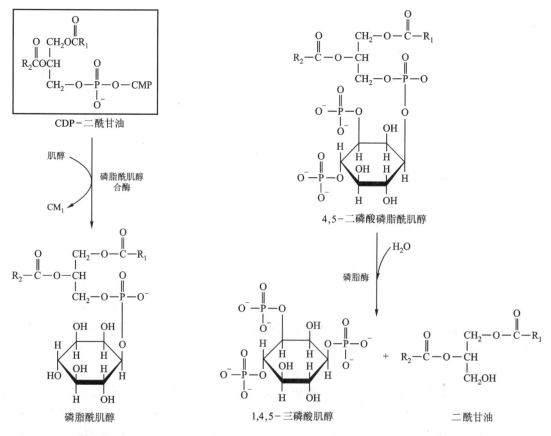

图 24-41　在真核生物体内 CDP-二酰甘油到磷脂酰肌醇的转化

图 24-42　磷脂酶对 4,5-二磷酸磷脂酰肌醇的降解

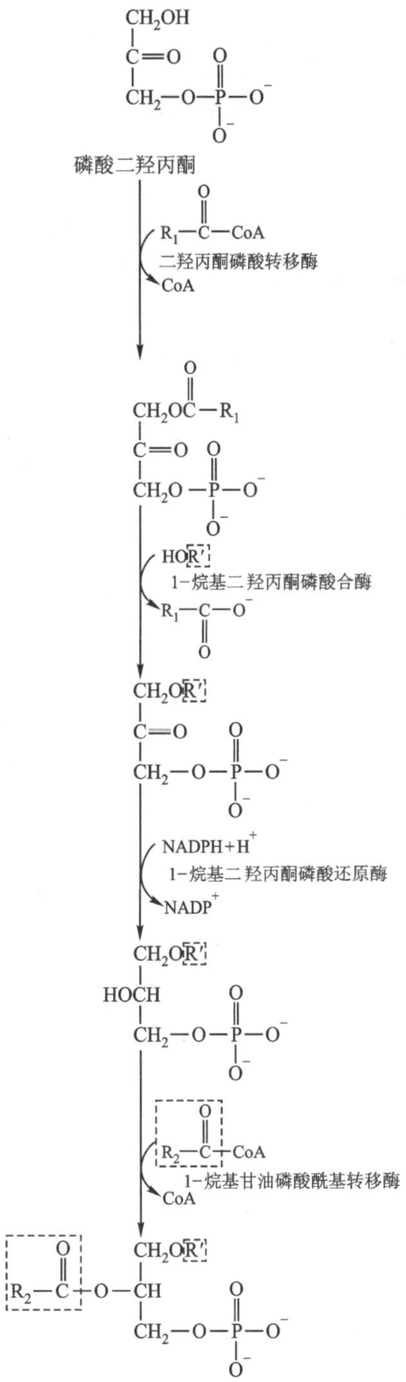

图 24-43　磷脂酸烷基醚的生物合成

5. 烷基和(链)烯基醚(ethers)的生物合成

有些磷脂在它的 sn1 位含有 O-烷基(alkyl)或 O-(链)烯基(alkenyl)而不是以常见的酰酯形式结合。在真核生物体内的这种磷脂酸的烷基脂的合成如图 24-43 所示。合成的最初一步是磷酸二羟丙酮(DHAP)的酰基化,它与磷脂酸合成(图 24-35)相像。紧接的是以由醇衍生的烷基取代 1-酰基。这里进行反应的醇是由脂酰-CoA 被 NADPH 或 NADH 还原生成的。第三步反应是酮的还原,最后一步是 2-羟基脂酰基化。这种磷脂酸的 1-烷基醚衍生物一旦形成,即用来合成其他的磷脂。

某些磷脂酰胆碱的烷基醚有强有力的生物活性,例如,1-烷基-2-乙酰甘油磷酸胆碱(1-alkyl-2-acetylglycero phosphocholine)(图 24-44)是有名的**血小板活化因子**(platelet activating factor,PAF),在极低的水平(10^{-10} mol/L)下使血小板发生集结,它还显示降压功能。

在许多组织中,1-烷基-2-脂酰磷脂酰乙醇胺可被一种内质网膜酶作用而去饱和,这个酶名为 1-烷基-2-脂酰乙醇胺去饱和酶,产物为 1-(链)烯基-2-脂酰磷脂酰乙醇胺,又名**缩醛磷脂**(plasmalogen)(图 24-45)。上述的酶进行反应时需要 O_2,NADH和细胞色素 b_5。这些辅助因子与脂肪酰-CoA 去饱和转化为软脂酰-CoA 时的辅助因子完全相同。在很多组织中缩醛磷脂是少有的组成成分,但在心脏组织中,约有 50% 的磷脂酰乙醇胺在 sn1 位含有(链)烯基醚的结构。含(链)烯基醚键的磷脂可以保护细胞免受单态氧(singlet oxygen)的毒害,这种单态氧当浓度高时可致细胞死亡。

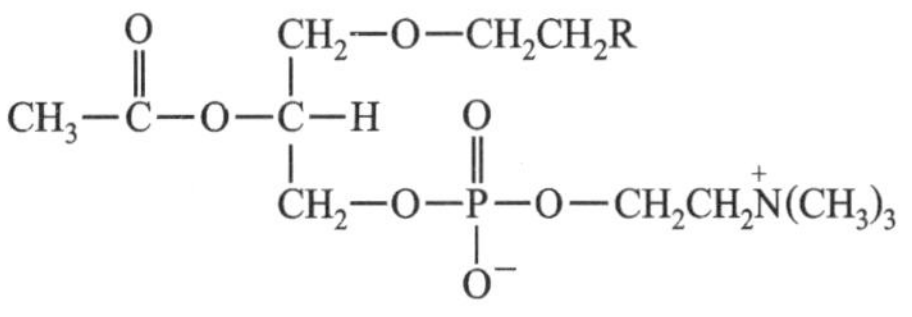

图 24-44　1-烷基-2-乙酰甘油磷酸胆碱

醚脂质(ether lipid)在微生物中也有发现,特别是原生动物和古细菌(archaebacteria)。对水解来说,烷基醚键较烷基酯键更为牢固。这种稳定性可能是古细菌的膜中醚脂质无所不在的原因,古细菌时常经受极度的 pH,盐和温度的影响。

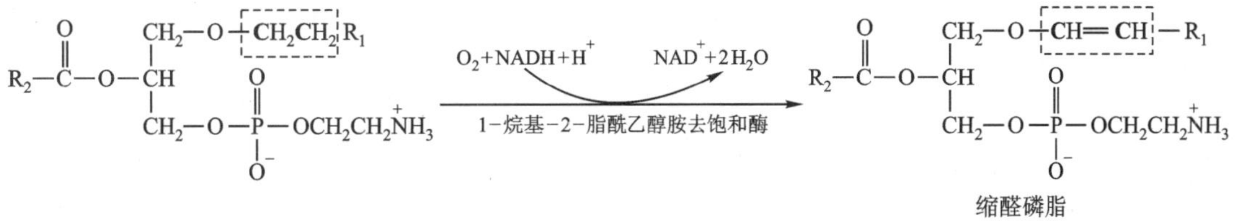

图 24-45　缩醛磷脂的生成

6. 肝中对结构脂质的调控优先于对贮能脂质的调控

虽然目前还不清楚从二酰甘油到磷脂酰胆碱、磷脂酰乙醇胺或三酰甘油的转化(图 24-35)是怎样受调控的,但至少现已了解,在肝中对于组成膜所必需的磷脂酰胆碱、磷脂酰乙醇胺的合成,在适量的三酰甘油合成之前,已经先行得到满足。这三种脂质合成的调控,以及磷脂酰丝氨酸、磷脂酰甘油、二磷脂酰甘油以及肌醇磷脂合成的调控,都密切地与细胞内的膜,包括质膜、内质网膜、高尔基体等的维持、形成和功能有密切关系。

磷脂酰胆碱生物合成的速度主要由 **CTP:磷酸胆碱磷脂酰转移酶**的活力进行调节。后者是两个相同的亚单位组成的二聚体,相对分子质量为 41 720。这个酶存在于细胞溶胶和内质网中,但只有与膜结合的那一部分才具有活性。调节 CTP:磷酸胆碱磷脂酰转移酶(CT)在细胞溶胶和内质网间的分配有以下几种机制:① 很可能是主要的,是一种反馈调节,它基于磷脂酰胆碱在内质网中的浓度。当磷脂酰胆碱在膜内的浓度降低,酶与内质网的结合即增高,随即被激活,并推动磷脂酰胆碱的合成。当磷脂酰胆碱的浓度回到正常水平,磷脂酰转移酶就从内质网释出进入细胞溶胶,变为无活性。② 蛋白激酶使"CT"磷酸化,结果酶自膜脱离(变为无活性);磷酸酶可发生相反效应。有关这个蛋白激酶的本来面目现在还不清楚,但它与 cAMP-依赖性蛋白激酶或蛋白激酶 C 并不相像。③ 脂肪酸推动磷脂酰转移酶与内质网结合,当脂肪酸移去,酶即从内质网释出进入细胞溶胶。④ 最后,磷脂酰胆碱合成的底物之一——二酰甘油也可使磷脂酰转移酶与内质网结合。当脂肪酸量充裕,二脂酰水平也较高,这时不仅对磷脂酰胆碱生物合成提供了底物,而且也会激活磷脂酰转移酶。这些调控酶活性的机制使得肝得以调节磷脂酰胆碱的生物合成,既迅速,又是正反两个方向都可行(图 24-46)。

腺苷酸环化酶(cAMP)介导的反应抑制脂肪酸合成,此种反应也使二酰甘油生物合成下降。二酰甘油的供应可对磷脂酰胆碱、磷脂酰乙醇胺及三酰甘油的生物合成给以限制。当二酰甘油充裕时,膜组成分所必需的磷脂酰胆碱及磷脂酰乙醇胺在贮存能量的三酰甘油获得适当量前,就已先行得到二酰甘油的满足。磷脂酰胆碱合成可因 CDP-胆碱的供给,通过磷脂酰转移酶反应而受到调控。同样 CDP-乙醇胺的供给可调节磷脂酰乙醇胺的合成。当细胞需要的这些磷脂质已得到满足时,过量的二脂酰甘油及脂酰-CoA 就进入转化为三酰甘油的途径。

7. 磷脂类生物合成的最后一步反应发生于内质网的细胞溶胶面

磷脂酰胆碱、磷脂酰乙醇胺、磷脂酰丝氨酸和磷脂酰肌醇的合成,全都发生在内质网的细胞溶胶面和高尔基体膜上(小鼠肝)。与之不同,磷脂酰甘油和二磷脂酰甘油的合成则大部发生在线粒体中。有关这些脂质分布,在膜中有两个问题还留待回答:① 因为磷脂质的合成发生在内质网的细胞溶胶侧;这些磷脂还发现居于双层膜内部的外小叶(outer leaflet)和内小叶(inner leaflet)上,这些磷脂是怎样到达双层膜的小叶的? ② 细胞对这些磷脂是怎样分配和就位的? 是怎样运送磷脂从合成地点到其他膜的? 有关第①问,得从膜蛋白的不对称排列说起,一些完整的膜蛋白可优先地与某些脂质联合。蛋白质的取向影响着脂质的取向。这种不对称分隔的磷脂质能进入外、内小叶是依赖于运送它们的膜内在蛋白质。例如,在不同来源的红细胞发现了一种蛋白质,其相对分子质量为 31 000。它需要 ATP 提供能量,可将不同地点的磷脂酰丝氨酸经过运送中的突然转向的方式,从外小叶转入内小叶。当然这里还有很多问题有待阐明。关于第②问,很可能磷脂质在细胞内是作为膜的一部分被转移的。由于带有特定膜蛋白的膜小泡(membrane vesicle)从内质网出芽并移动穿过细胞溶胶,最后与特定细胞器的膜融合在一起。在小泡表面的特定膜蛋白可能将小泡导向特定的细胞器,或通过相互碰撞(collision)达到相互融合(fusion)。

细胞内脂质运送的另一可能机制是磷脂与真核细胞中细胞溶胶的蛋白质交换。这些蛋白质可以催化磷脂分子在双层膜之间交换。例如,在内质网上的磷脂酰胆碱分子与交换蛋白(exchange protein)相连接的磷脂酰胆碱进行交换。交换蛋白又转移到线粒体,在这里可发生另一种交换。按此机制,磷脂酰胆碱分子即从内质网转移到线粒体。从已经被分离出的交换蛋白表明,有一些对磷脂的极性头部不表现专一性,但其他的却是高度专一的。虽然膜的成长需要脂质转入,但脂质通过这些蛋白质进入膜的效应却很难模拟。但是最低限度可以说,这种蛋白质以交换方式,可以在不同膜上交换脂质使它新生,因为在真核细胞中磷脂质确是在周转着的。

(五) 鞘磷脂和鞘糖脂的生物生成

所有**鞘磷脂**(sphingomyelin)的一般结构都有一个长的脂肪链、一个二级胺和一个醇羟基部分,它的代

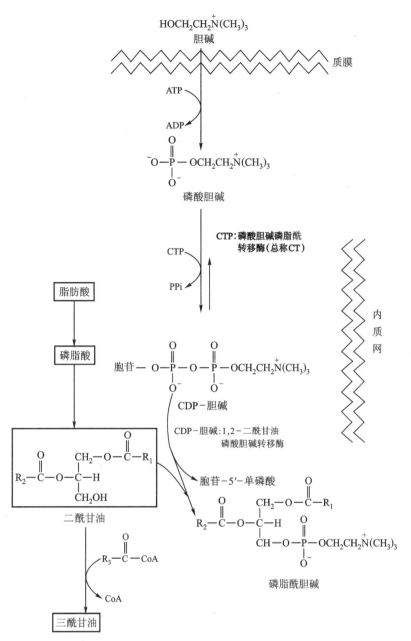

图 24-46 小鼠肝中 CTP∶磷酸胆碱磷脂酰转移酶(CT)的调节

表即鞘氨醇(4-sphingenine)∶

$$CH_3—(CH_2)_{12}—C=C—C—CH—CH_2OH$$

与前述的磷脂质相比较,它代替了甘油分子与不同组分结合,形成鞘磷脂的一般式。这些鞘磷脂的作用如前所述,是所有脊椎动物细胞的组成成分,在髓鞘(myelin sheath)中含量丰富,具有保护和使神经纤维绝缘的作用。它们在红细胞以及血浆脂蛋白中都有存在。

(1)鞘磷脂直接由**神经酰胺**(ceramide)生成 在鞘磷脂中的主要结构是(神经)鞘氨醇,它的生物合成发生在内质网上。最初的起始物软脂酰-CoA 与丝氨酸缩合形成 3-酮鞘氨醇（3-ketosphinganine）。催化此反应的酶称为 **3-酮鞘氨醇合酶**。随后 3-酮衍生物被还原，形成二氢鞘氨醇（sphinganine）。催化此反应的酶称为 **3-酮鞘氨醇还原酶**，它以 NADPH 和 H^+ 为辅助因子。它的氨基部分与一分子脂酰-CoA 反应，形成 N-脂酰-二氢鞘氨醇（N-acyl-sphinganine），再经 FAD 脱氢，形成神经酰胺（图 24-47）。

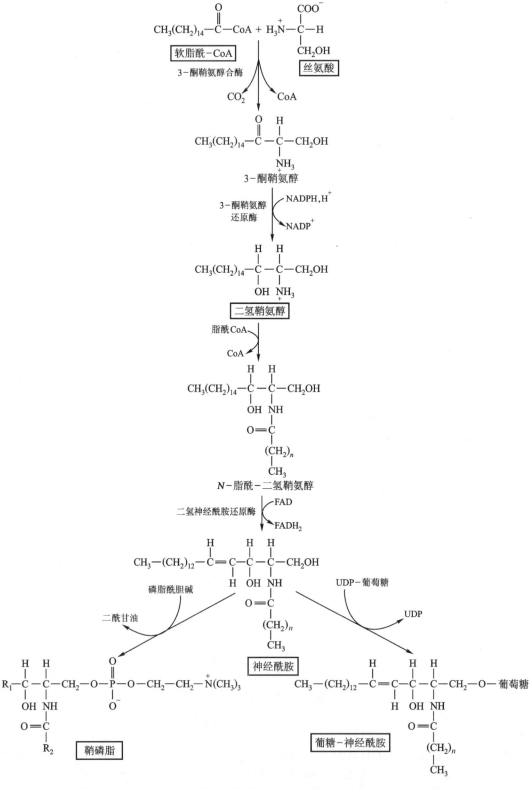

图 24-47　以软脂酰 CoA 和丝氨酸为起始物到鞘磷脂和葡糖-神经酰胺的生物合成路线

鞘磷脂(sphingomyelin)是磷脂酰胆碱转移磷酸胆碱给神经酰胺形成的。磷酸胆碱转移酶位于高尔基体膜的腔侧。

（2）鞘糖脂的生物合成也始于神经酰胺　鞘糖脂(glycosphingolipid)与鞘磷脂都含有鞘氨醇。它们的不同之处是鞘磷脂还含有磷酸胆碱,鞘糖脂则含有糖(单糖、低聚糖或其衍生物)：

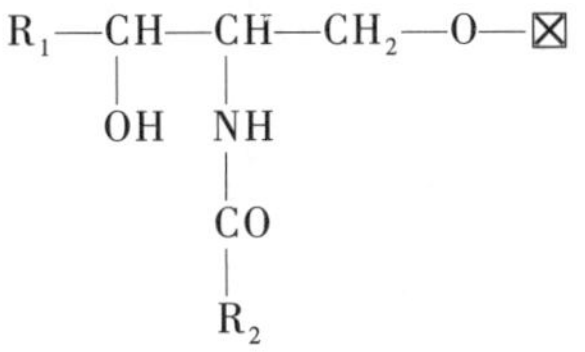

$$R_1\!-\!CH\!-\!CH\!-\!CH_2\!-\!O\!-\!\boxtimes$$

神经酰胺：$\boxtimes = H$

鞘磷脂：$\boxtimes = \textcircled{P}\!-\!CH_2\!-\!CH_2\!-\!\overset{+}{N}(CH_3)_3$

鞘糖脂：$\boxtimes =$ 糖(多为葡萄糖,半乳糖)

鞘糖脂的生物合成在许多地方与 O-连接的糖蛋白的合成相像,糖基二磷酸尿苷,例如,葡糖二磷酸尿苷(uridine-diphosphate-D-glucose, UDP-D-葡萄糖) 为起始物,与神经酰胺反应即形成葡糖-神经酰胺(glucoceramide,也称为葡糖脑苷脂,glucocerebroside)。同样,半乳糖-神经酰胺(半乳糖脑苷脂)也是这样合成的。

神经酰胺 + UDP-D-葡萄糖 $\longrightarrow$ 葡糖-神经酰胺(葡糖脑苷脂)

神经酰胺 + UDP-D-半乳糖 $\longrightarrow$ 半乳糖-神经酰胺(半乳糖脑苷脂)

即糖分子以糖核苷酸的形式转移到受体的脂质分子(神经酰胺)上,参与此反应的酶是糖基转移酶,它们对各个反应是特异的。参与鞘糖脂合成的糖基转移酶的绝大多数存在于高尔基体的空腔一侧。最后,用于鞘糖脂合成的糖核苷酸(如 UDP-葡萄糖),是由位于高尔基体膜上的运送分子使它能够穿过膜进入高尔基体空腔的。有关鞘糖脂合成的路线见图24-48。

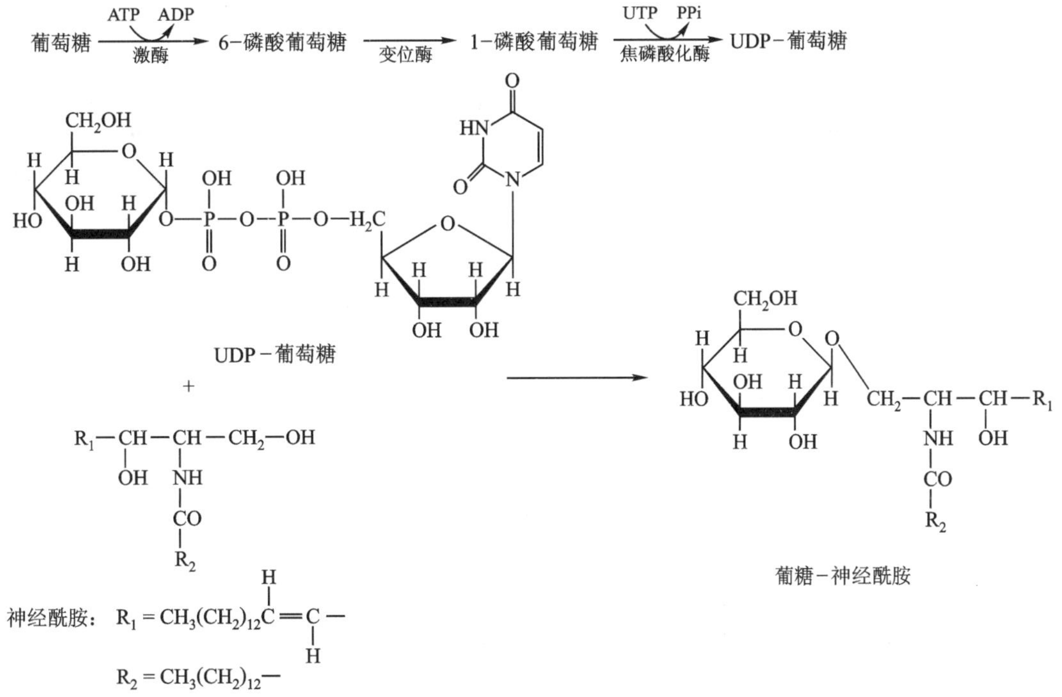

图 24-48　葡糖-神经酰胺的生物合成

各种鞘糖脂的生物合成可概括如图24-49。

（六）类二十烷酸的生物合成

类二十烷酸(类花生酸,eicosanoids)是一族多样化的激素,它们的绝大多数是由 C_{20} 多不饱和脂肪酸——花生四烯酸(arachidonic acid)衍生而来。在一系列的环戊烷酸(cyclopentanoic acid)中最突出的是

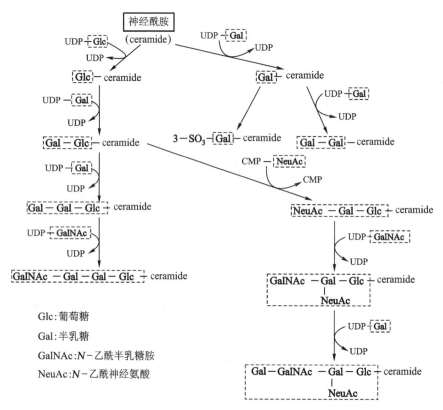

图 24-49　各种鞘糖脂的生物合成概貌

前列腺素(prostaglandin,PG),它以前列腺烷酸(prostanoic acid)为基本骨架。这个酸有一个五元环和两条侧链,无不饱和双键。根据前列腺烷酸的五元环取代基团以及环上有无双键、双键位置等,可将前列腺素(PG)分为九类,即 PGA,B,C,D,E,F,G,H 及 I。体内较多存在的是 PGA,PGE 及 PGF。PGG,PGH 及 PGI 在五元环外还有一含氧的五元并环,因此又称前列环素(prostacyclin)。又根据 R₁ 和 R₂ 两条侧链中双键的数目和位置又分为 1,2,3 类。另外,如第 9 位碳原子上有羟基,根据羟基位于五元环平面的上方或下方,分为 β 及 α 型,天然的前列腺素均为 α 型(图 24-50)。

从图 24-50 一般式可以设想,侧链(R′或 R″)上如有双键,就有一个顺式或反式问题。以 PGE_2 为例,结构测定结果表明 5 和 6 位间的双键为顺式(cis Δ^5),13 和 14 位间为反式(trans Δ^{13}),如右图所示:

与前列腺素很相近的是含氧的类二十烷酸——**血栓烷**(thromboxan)。它在环状结构上与前列腺素不同,血栓烷以噁烷环(oxane ring)代替前列腺素的五元环。以血栓烷 A_2 为例,它的结构如图 24-50 所示。

类二十烷酸类化合物的前体花生四烯酸作为磷脂复合物的一部分贮存于膜中。根据需要,经专一的磷脂酶 A_2 的催化,自磷脂复合物释出。除此之外还有,在磷脂酰肌醇专一的**磷脂酶 C**(phosphatidylinositol-specific phospholipase C)的作用下,磷脂酰肌醇可降解产生二酰甘油及磷酸肌醇(phosphoinositol)。二酰甘油随即在二酰甘油脂酶(diacylglycerol lipase)的催化下被裂解,产生**花生四烯酸**(arachidonic acid)和单酰甘油(monacylglycerol)。二酰甘油还可经另外途径产生花生四烯酸,即经二酰甘油激酶(diacylglycerol kinase)催化形成**磷脂酸**(phosphatidic acid, PA),再经磷脂酶 A_2 催化形成溶血磷脂酸(lysophosphatidic acid)和花生四烯酸。磷脂酶 A_2 催化的花生四烯酸的释出是类二十烷酸化合物生物合成途径的限速步骤。

自花生四烯酸以下的类二十烷酸化合物的合成路线根据产物的结构可分为两路,其一是**环加氧酶途径**(cyclooxygenase pathway),另一个是**线性脂加氧酶途径**(linear lipoxygenase pathway)(图 24-51)。前者

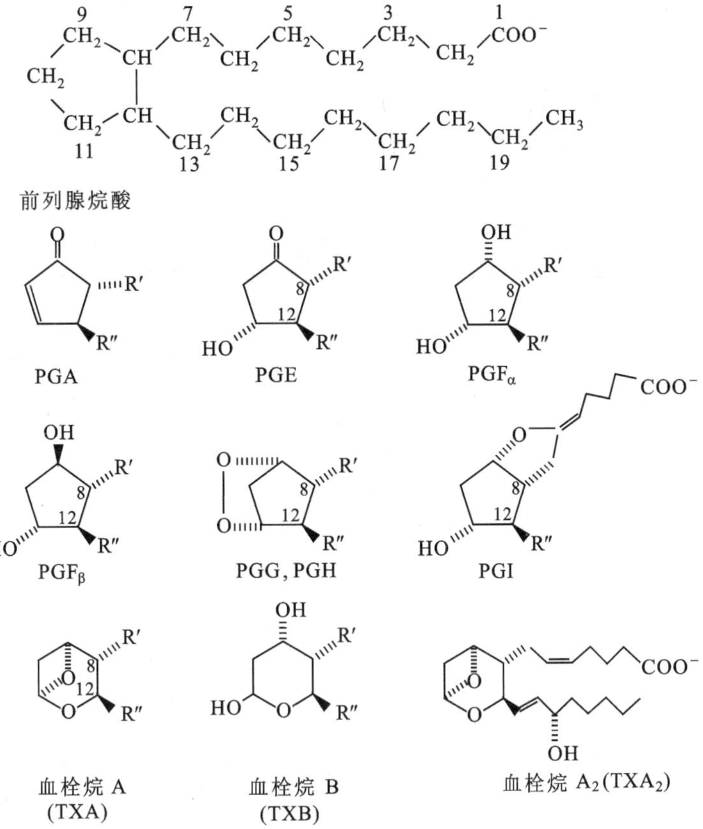

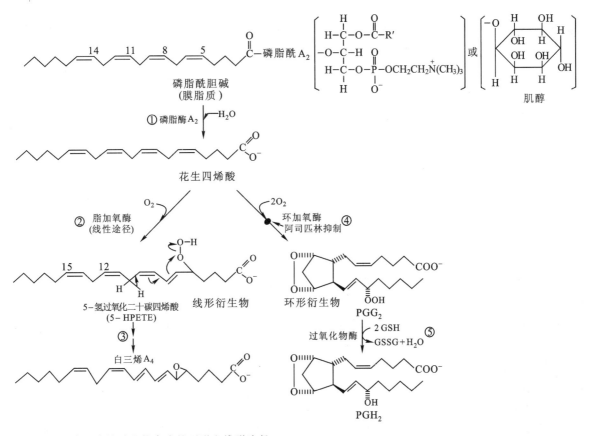

图 24-50　前列腺烷酸、前列腺素及血栓烷的结构

图 24-51　类二十烷酸生物合成的环形和线形途径

的产物为前列腺素(prostaglandins)及其衍生物,如前列环素(prostacyclin,PGI₂)、血栓烷(thromboxan)等,它们都含有五元环。后者的产物是线形白三烯类(leucotrienes),它的英文名用"leuco"作字头是指这类化合物都是从白细胞(leucocyte)分离得到的,有三个双键的三烯及四个双键的四烯。

(1) 环加氧酶途径   前列腺素和血栓烷生物合成的最初一步是花生四烯酸的氧化和关环,产物依次为 PGG₂ 和 PGH₂(前列腺素 G₂ 和前列腺素 H₂),这步反应是在与内质网膜结合的双功能酶——**环加氧酶**也称为**前列腺素内过氧(化)物合酶**(prostaglandin endoperoxide synthase)的催化下实现的。这个酶所以称为"双功能酶",是由于它具有**环加氧酶**(cyclooxygenase)和**过氧化物酶**(peroxidase)的活性。花生四烯酸依次转变化 PGG₂ 及 PGH₂,后者又是其他前列腺素及血栓烷的前体。环加氧酶具有很不寻常的性质,它可以催化自我毁灭。差不多每对 400 个底物催化后,环加氧酶就不可逆转地失活。不论"体内"(in vivo)和"体外"(in vitro)的实验都表现出这样的"自杀性的反应",其化学反应机制现尚不明。

花生四烯酸的氧化是两个分子氧在环加氧酶催化下转化为环状衍生物 PGG₂。这步酶反应受阿司匹林(aspirin)不可逆转的抑制是值得注意的。阿司匹林对酶活性部位的丝氨酸残基乙酰化,导致酶失活,而且不可逆转(图 24-52)。

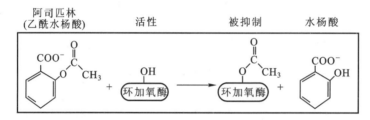

图 24-52   阿司匹林使环加氧酶失活,而且不可逆转

环加氧酶的失活会导致自 PGH₂ 衍生出的三类化合物的形成受抑制,这三类化合物是其他一些前列腺素(如 PGE₂,PGF₂ₐ)、前列环素(如 PGI₂)和血栓烷(如 TXA₂,TXB₂)。阿司匹林对过氧化物酶的活性无作用。众所周知,阿司匹林是著名的具有抗炎作用(anti-inflammatory)药物,其他非类固醇抗炎药物也可抑制环加氧酶,但与阿司匹林不同,它们是非共价性的结合,也不是不可逆转的抑制。

有报告称,每隔一天服用低剂量的阿司匹林,可以降低心肌梗塞、中风猝发的发病率,这种效应估计是对环氧加酶抑制所致。但是阿司匹林是否能够预防、保护心血管疾患,对此还没有完全的定论,解决这个问题还需要进一步的研究。

(2) 自 PGH₂ 转化为其他前列腺素及血栓烷   自 PGH₂ 转化为 PGE₂ 经过一个异构化反应,9 位上的氢与 11 位的氧连接成醇,9 位氧与 9 位碳形成酮(图 24-53)。PGF₂ₐ 的形成则包括着过氧化结构的两个氧全被还原成两个羟基。动脉壁中含有**前列环素合酶**(prostacyclin synthase),它催化 PGH₂ 转化为前列环素,它含有一个新的含氧五元环,这个反应是在 C9 位和 C6 位间形成醚键,产物 PGI₂ 可以水解形成 6-酮 PGF₁ₐ。在**血小板**(thrombocytes)中含有**血栓烷合酶**(thromboxane synthase)。它催化 PGH₂ 形成血栓烷的六元噁烷环,从而形成血栓烷 A₂。这个血栓烷 A₂ 水解,9,11 位的环氧结构转化为两个羟基,即为血栓烷 B₂(图 24-53)。

(3) 线性脂加氧酶途径   **脂加氧酶**(lipoxygenase)对各种类二十烷酸进行催化,在它的 5,12 或 15 位上插入过氧基,产物为 5-氧过氧化二十碳四烯酸(hydroperoxy eicosatetraenoate,HPETE)(见图 24-51)。其中只有过氧基插在 5 位的 5-HPETE 引人注目。它进行脱水反应可形成一个环氧化物名为白三烯 A₄(leukotriene A₄)。下一步是谷胱甘肽(三肽化合物)的巯基与白三烯 A₄ 的 C6 反应,生成硫醚(C-S-C),反应还将环氧基转变为羟基形成白三烯 C₄。白三烯 C₄ 经水解,将原来是三肽(谷胱甘肽)的衍生物转化为二肽衍生物白三烯 D₄。白三烯 D₄ 再水解得到白三烯 E₄,它只有一个甘氨酸侧链。上述的水解反应是放能的,而且是单向的。上述的这些白三烯可以转化为十多种代谢物(图 24-54)。

脂加氧酶存在于白细胞、心、肺、脾、脑等组织,属于混合功能加氧酶。

(4) **缩醛磷脂**(plasmalogen)和血小板活化因子   **缩醛磷脂**的骨架是磷酸甘油酯(phosphoglycerolipid)。在 sn1 位上有一醚键,与 sn3 位相接的是磷酸乙醇胺或磷酸胆碱(见图 24-45 及图 24-55)。缩醛磷脂存

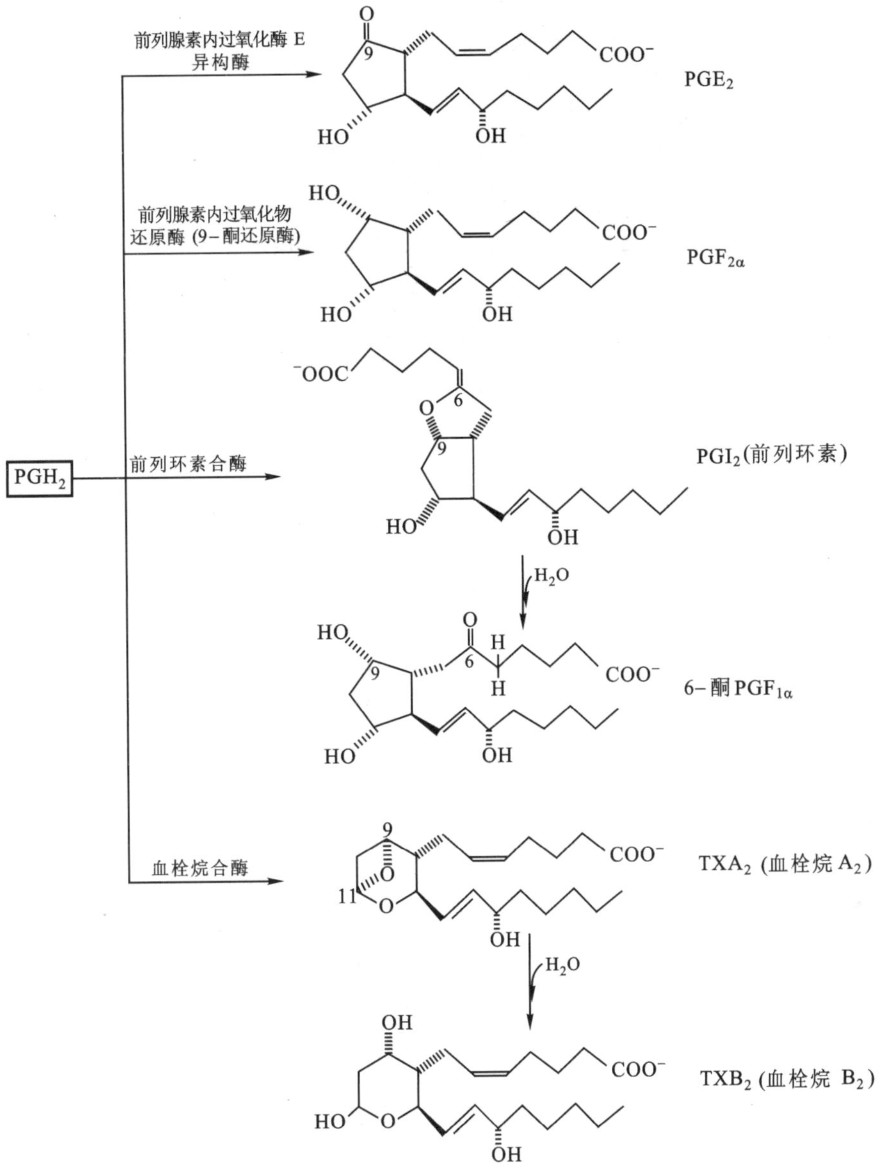

图 24-53　以 PGH$_2$ 为起始物，前列腺素、前列环素及血栓烷的生物合成

在于脑中的生物膜、心、红细胞及其他组织中，含量各异。在人的神经组织中，磷脂的 20% 左右是由缩醛磷脂构成，但在肝中其百分比却少于 1%。缩醛磷脂的生物合成起始于磷酸二羟丙酮的放能酰基化反应（图 24-55）。众所周知，磷酸二羟丙酮是糖酵解、脂肪代谢的重要中间体。长链的脂肪酸链以醇的形式取代其 1 位上的酰基进入磷酸二羟丙酮，形成醚键，再经过 4 步反应，脂肪烷基的侧链与氧邻近的乙基被氧化成双键，最后形成缩醛磷脂。最后一步的氧化是在 O$_2$ 的参与下，经细胞色素 b_5 的催化进行的。这是一步放能、单向性的反应，两个氢被氧化成水脱下。

血小板活化因子（platelet activating factor，PAF）也是一个含醚结构的磷脂，其结构如下式：

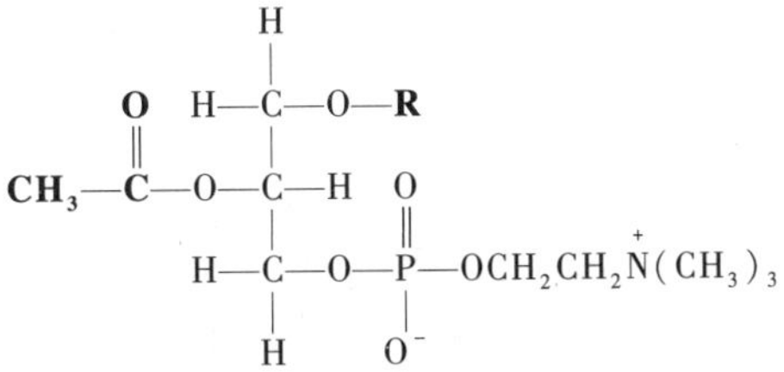

1-烷基-2-乙酰基甘油-3-磷酸胆碱

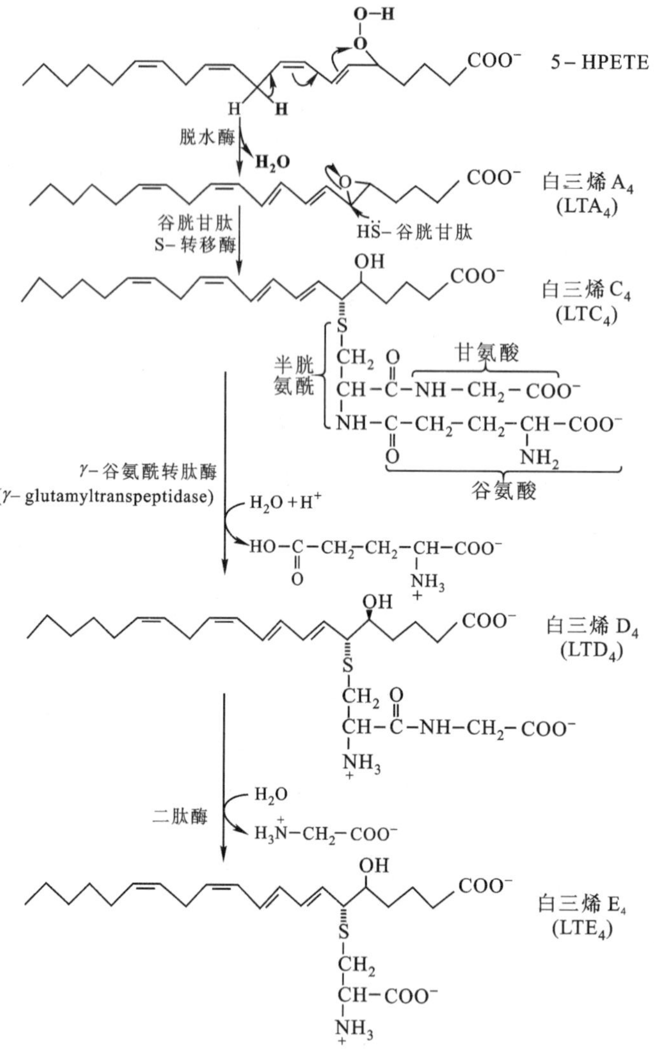

图 24-54   白三烯类化合物自 5-HPETE 的生物合成

对照缩醛磷脂的结构,仅仅是 1 位的烷基与烯基和 2 位的乙酰基与脂酰基之别(与磷酸基相接的可以是乙醇胺,也可以是胆碱)。这个磷脂名为血小板活化因子,是因为它可以促使血小板结粒(granulation)。PAF 还可对肌肉、肝、肾和脑细胞发生作用,对炎症、过敏等起重要作用。这个脂质药物在不同的细胞中都可合成,包括白细胞、血小板、肾细胞及血管内皮。PAF 在 sn2 位上被乙酰基而不是长链的脂酰基酯化是很不平常的。

PAF 是自 1-烷基-2-脂酰基甘油-3-磷酸胆碱(1-alkyl-2-acylglycerol-3-phosphocholine)衍生而来。它的合成途径与本节中前述的磷酸乙醇胺衍生物的合成途径相同。它的合成是根据需要而进行,不是贮存在细胞中。PAF-循环如图 24-56,磷脂酶 A$_2$ 催化 1-烷基-2-脂酰甘油-3-磷酸的水解生成"溶-血小板活化因子"(lyso-PAF),溶-PAF 发生乙酰化生成 PAF。PAF 是个活性物质,它可引发一些生理反应。它被水解转化为溶-PAF,并失活。在溶 PAF 乙酰基转移酶作用下,溶-PAF 又回到 1-烷基-2-脂酰甘油-3-磷酸胆碱。这一循环之后,经适当的刺激又可进行下一循环。PAF 循环的每一步都是放能反应。

(七) 胆固醇的生物合成

胆固醇(cholesterol)是类固醇(steroid)家族中最突出的成员,它是真核生物膜的一个重要组成分,此外,它又是类固醇的重要的另外两类——类固醇激素(steroid hormone)和胆汁酸(bile acid)的前体。胆固醇是自然界存在最丰富的甾醇化合物,是人体的重要脂质物质之一,其结构式如图 24-57 所示。它们结构的特点是含有 4 个烃环合为一体的甾核。这 4 个烃环中有 3 个是六碳环,一个是五碳环。甾核几乎处

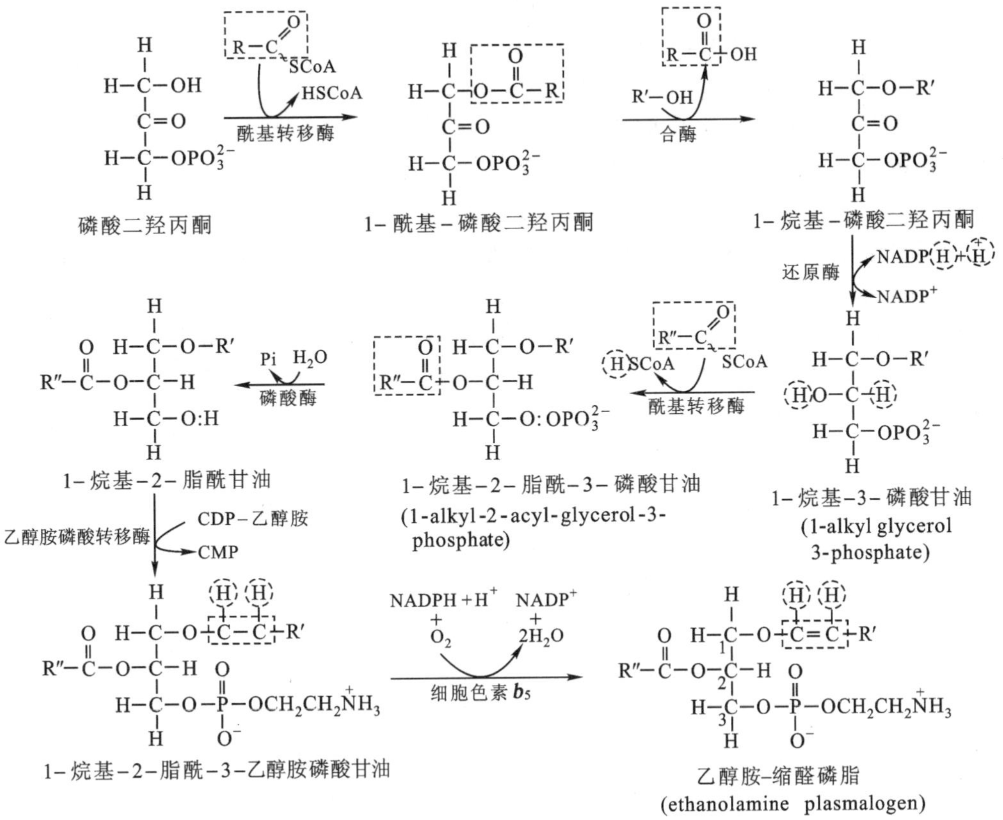

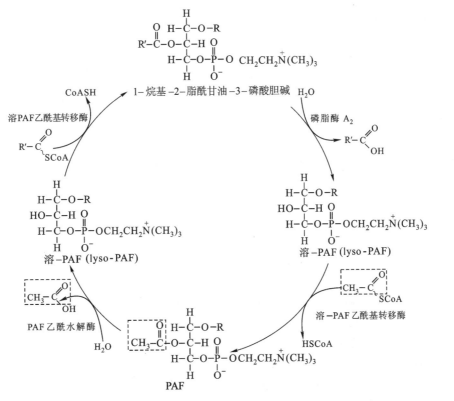

图 24-55　缩醛磷脂的生物合成

图 24-56　血小板活化因子(PAF)循环

于一个平面上,它是相当稳定的,C—C 键不能自由旋转。动物
组织中的主要的胆固醇是两亲性的,它有一个极性头的基团
(在 C3 位上的羟基)和一个非极性的烃结构(甾核和在 C17
位上的烃侧链)。胆固醇来源于简单的五碳化合物异戊二
烯,是膜、血浆脂蛋白的重要组成成分,又是许多具有特殊生
物活性物质的前体,例如,胆汁酸、类固醇激素、维生素 D_3 等
(图 24-28)。胆汁酸是胆固醇降解的最初产物,它在肝中生
成,贮存在胆囊中,并分泌进入小肠。在小肠中它的功能是
使脂质得以溶解使其在小肠脂酶催化下被消化。类固醇激
素在代谢调控中扮演着关键的角色。这些激素有着丰富的
种类,每种激素都与受体蛋白高度专一地相互作用,在适当
的靶组织中影响基因表达。

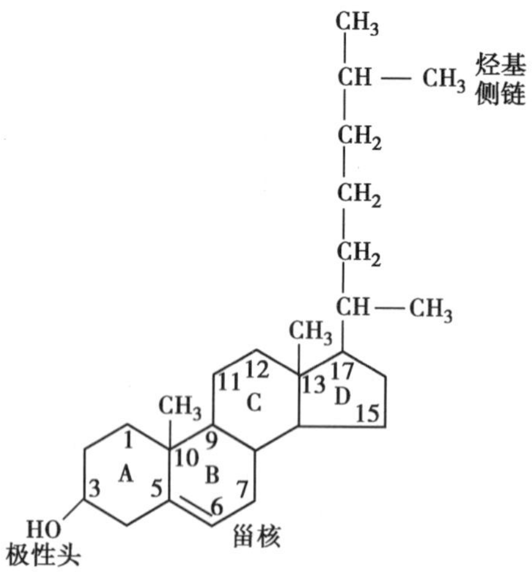

图 24-57 胆固醇的结构

1. 概述

胆固醇的结构早在 1930 年已经测定,1941 年 David
Rittenberg 和 Konrad Bloch 使用重氢标记的乙酸(C^2H_3—COO^-)发现在大鼠和小
鼠中,它是胆固醇的前体,其后发现粗糙脉孢菌(*Neurospora crassa*)中的甾醇——
麦角固醇(ergosterol)的碳骨架全部是自乙酸衍生得来的。到了 1949 年,J. Bonner
和 B. Arreguin 证实 3 个乙酸分子可以结合成为一简单的五碳单位,即为**异戊二烯**
(isoprene)。他们的这一发现与更早些的 Robert Robinson 的预见合拍,Robinson 认为胆固醇是(角)鲨
烯(squalene,三十碳六烯)的环合产物,而这个三十碳六烯可由异戊二烯聚合形成。1952 年 Bloch 和 R.
Langdon 证实了这个(角)鲨烯确实可以转化为胆固醇,他们提出并证实了胆固醇生物合成的途径如图
24-59 所示。

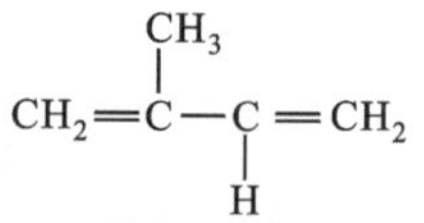

至此,还有两个问题需待解决。即这个类异戊二烯(isoprenoid)的中间产物是什么? 还有,(角)鲨烯
是怎样环合成为胆固醇的? 1953 年 Bloch 和 R. B. Woodward 提出了这个环合的设想,后来对此有了修正。
直到 1956 年,这个未知的类异戊二烯中间产物才经确认,原来是**甲羟戊酸**(mevalonic acid)(见图 24-58)。
甲羟戊酸的发现找到了探寻胆固醇生物合成中未解的中间环节。自此以后,胆固醇生物合成的线路和立
体化学问题得到了详细的阐明。

胆固醇的所有碳原子都是来自乙酰-CoA,它的甲基和羧基碳全部进入类固醇的核中。胆固醇的全生
物合成可分为 5 个阶段:

$$乙酸 \xrightarrow{\text{I}} 甲羟戊酸 \xrightarrow{\text{II}} 异戊二烯衍生物 \xrightarrow{\text{III}} (角)鲨烯 \xrightarrow{\text{IV}} 羊毛固醇 \xrightarrow{\text{V}} 胆固醇$$
$$C_2 \qquad\qquad C_6 \qquad\qquad\qquad C_5 \qquad\qquad\qquad C_{30} \qquad\qquad C_{30} \qquad\qquad C_{27}$$

2. 胆固醇生物合成步骤

(1)步骤 I:甲羟戊酸的合成   甲羟戊酸是胆固醇生物合成的关键中间体,它是由 3 分子乙酰-CoA
合成的(图 24-60)。反应的起始一步是乙酰-CoA 在硫解酶(thiolase)的反向催化下形成乙酰乙酰-CoA。
步骤 I 的最后一步是 3-羟基-3-甲基戊二酰-CoA(3-hydroxy-3-methylglutaryl CoA,HMG-CoA)转化为甲羟
戊酸,这步反应需要 2 分子 NADPH、$2H^+$ 及 HMG-CoA 还原酶的催化作用。这步酶促反应对胆固醇生物合
成既承担任务又起决定反应速度的作用,也是对胆固醇生物合成调控起作用的第一步。此还原酶有着共
价修饰和别构调节两方面的功能。

图 29-61 是 HMG-CoA 和甲羟戊酸的立体构型。

(2)步骤 II:自甲羟戊酸到异戊酰焦磷酸和二甲烯丙基焦磷酸的生成   步骤 II 包括有甲羟戊酸的磷
酸化和脱羧基三步反应(图 24-62),生成异戊酰焦磷酸(isopentenyl pyrophosphate),再一步异构化形成二
甲烯丙基焦磷酸(dimethylallyl pyrophosphate)。第 II 步的合成有 4 种酶参与,**甲羟戊酸激酶**(mevalonate

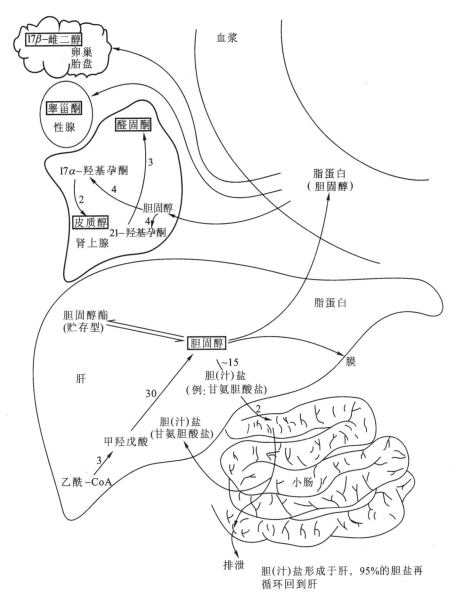

图 24-58　胆固醇和它的一些衍生物的形成

箭头旁数字代表胆固醇合成途径中的步骤数

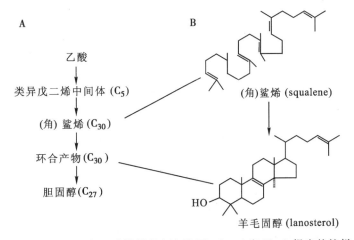

图 24-59　Bloch(1952)设想的(A)及 Woodword 和 Bloch 提出的鲨烯

成环的(B)胆固醇合成路线

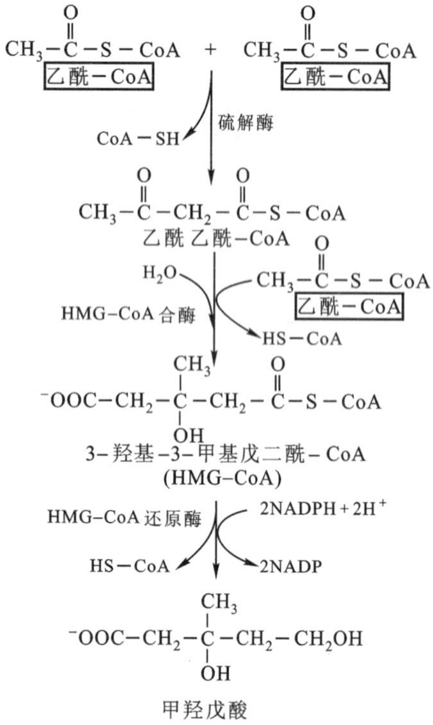

$$CH_3-\overset{\overset{\textstyle O}{\|}}{C}-S-CoA \ + \ CH_3-\overset{\overset{\textstyle O}{\|}}{C}-S-CoA$$

乙酰-CoA　　　　乙酰-CoA

$$\xrightarrow[\text{硫解酶}]{} \ CoA-SH$$

$$CH_3-\overset{\overset{\textstyle O}{\|}}{C}-CH_2-\overset{\overset{\textstyle O}{\|}}{C}-S-CoA$$

乙酰乙酰-CoA

$$\xrightarrow[\text{HMG-CoA 合酶}]{H_2O \quad CH_3-\overset{\overset{\textstyle O}{\|}}{C}-S-CoA}$$

乙酰-CoA　　HS-CoA

$$^-OOC-CH_2-\overset{\overset{\textstyle CH_3}{|}}{\underset{\underset{\textstyle OH}{|}}{C}}-CH_2-\overset{\overset{\textstyle O}{\|}}{C}-S-CoA$$

3-羟基-3-甲基戊二酰-CoA
(HMG-CoA)

$$\xrightarrow[\text{HMG-CoA 还原酶}]{\quad 2NADPH+2H^+} \quad HS-CoA \quad 2NADP$$

$$^-OOC-CH_2-\overset{\overset{\textstyle CH_3}{|}}{\underset{\underset{\textstyle OH}{|}}{C}}-CH_2-CH_2OH$$

甲羟戊酸

图 24-60　步骤 I :3 分子乙酰-CoA 转化为甲羟戊酸

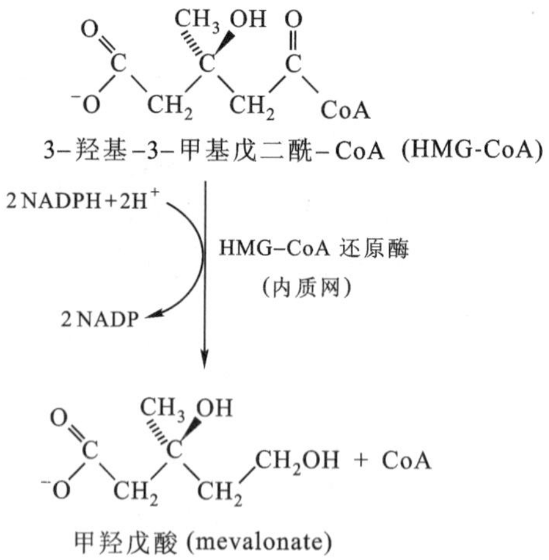

$$\overset{\overset{\textstyle CH_3 \ OH}{| \ |}}{\underset{\underset{\textstyle CH_2 \ CH_2}{| \ |}}{\overset{\overset{\textstyle O}{\|}}{C}\cdots\overset{\overset{\textstyle O}{\|}}{C}}}$$

^-O　　　　　CoA

3-羟基-3-甲基戊二酰-CoA (HMG-CoA)

$$\xrightarrow[\substack{\text{HMG-CoA 还原酶}\\(\text{内质网})}]{2NADPH+2H^+} \quad 2NADP$$

甲羟戊酸 (mevalonate)

图 24-61　HMG-CoA 和甲羟戊酸的结构

kinase)使底物磷酸化,**磷酸甲羟戊酸激酶**(phosphomevalonate kinase)催化第二个磷酸化。二步反应形成产物 **5-焦磷酸甲羟戊酸**(5-pyrophospho mevalonate)。第 3 个酶是 **5-焦磷酸甲羟戊酸脱羧酶**(5-pyrophosphomevalonate decarboxylase),它催化脱羧基反应,并把 C3 位的羟基消除。此脱羧酶可能是在最初由 ATP 对 C3 位羟基磷酸化之后,进行羧基和 C3 位磷酸基的反式消除的,所以形成了异戊酰焦磷酸。此产物可在**异戊烯焦磷酸异构酶**(isopentenyl pyrophosphate isomerase)的催化下转化为 **3,3-二甲烯丙基焦磷酸**(3,3-dimethylallyl pyrophosphate)。这里形成的两种类异戊二烯焦磷酸将共同作为第Ⅲ步的起始物继续进行胆固醇的合成。

(3) 步骤Ⅲ:三十碳(角)鲨烯(squalene)　步骤Ⅲ包含有 6 个异戊二烯焦磷酸衍生物参与的一系列缩合反应(图 24-63)。最初是步骤Ⅱ的产物 3,3-二甲烯丙基焦磷酸与异戊酰焦磷酸进行首尾(1′-4)相接的缩合,生成**牻牛儿焦磷酸**(geranyl pyrophosphate,C_{10}),紧接牻牛儿焦磷酸又与异戊酰焦磷酸再首尾缩合产生**法尼焦磷酸**(farnesyl pyrophosphate,C_{15})。最后 2 分子法尼焦磷酸头与头(1′-1)缩合,形成了 30 碳的开链不饱和烃——(角)鲨烯(图 24-63),步骤Ⅲ需用一分子 NADPH 和 H^+。全部反应共释放出 4 个焦磷酸基团(PPi)。焦磷酸的放能水解是在焦磷酸酶催化下实现的,它对胆固醇合

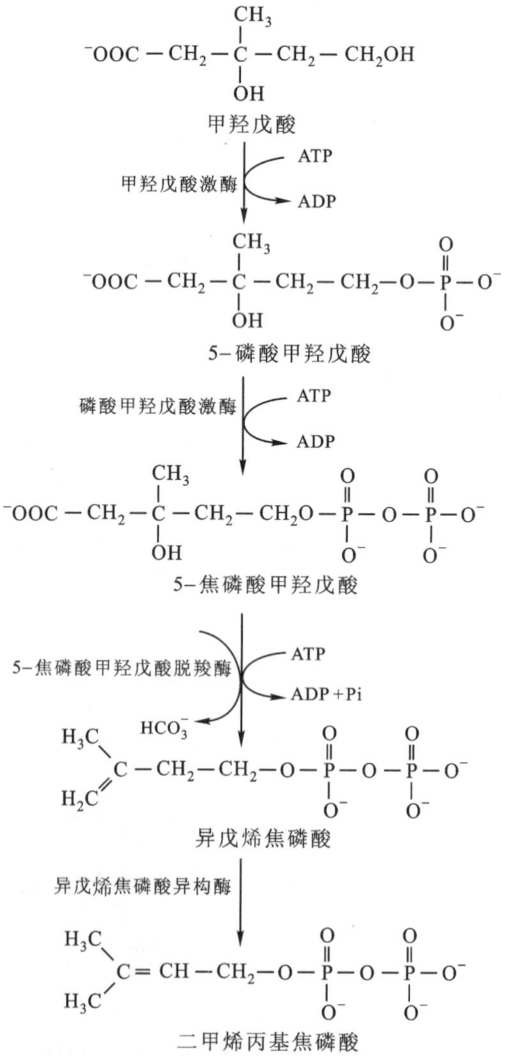

甲羟戊酸

$$\xrightarrow[\text{甲羟戊酸激酶}]{ATP \quad ADP}$$

5-磷酸甲羟戊酸

$$\xrightarrow[\text{磷酸甲羟戊酸激酶}]{ATP \quad ADP}$$

5-焦磷酸甲羟戊酸

$$\xrightarrow[\text{5-焦磷酸甲羟戊酸脱羧酶}]{ATP \quad ADP+Pi \quad HCO_3^-}$$

异戊烯焦磷酸

$$\xrightarrow[\text{异戊烯焦磷酸异构酶}]{}$$

二甲烯丙基焦磷酸

图 24-62　步骤Ⅱ:甲羟戊酸转化为两种类异戊二烯焦磷酸

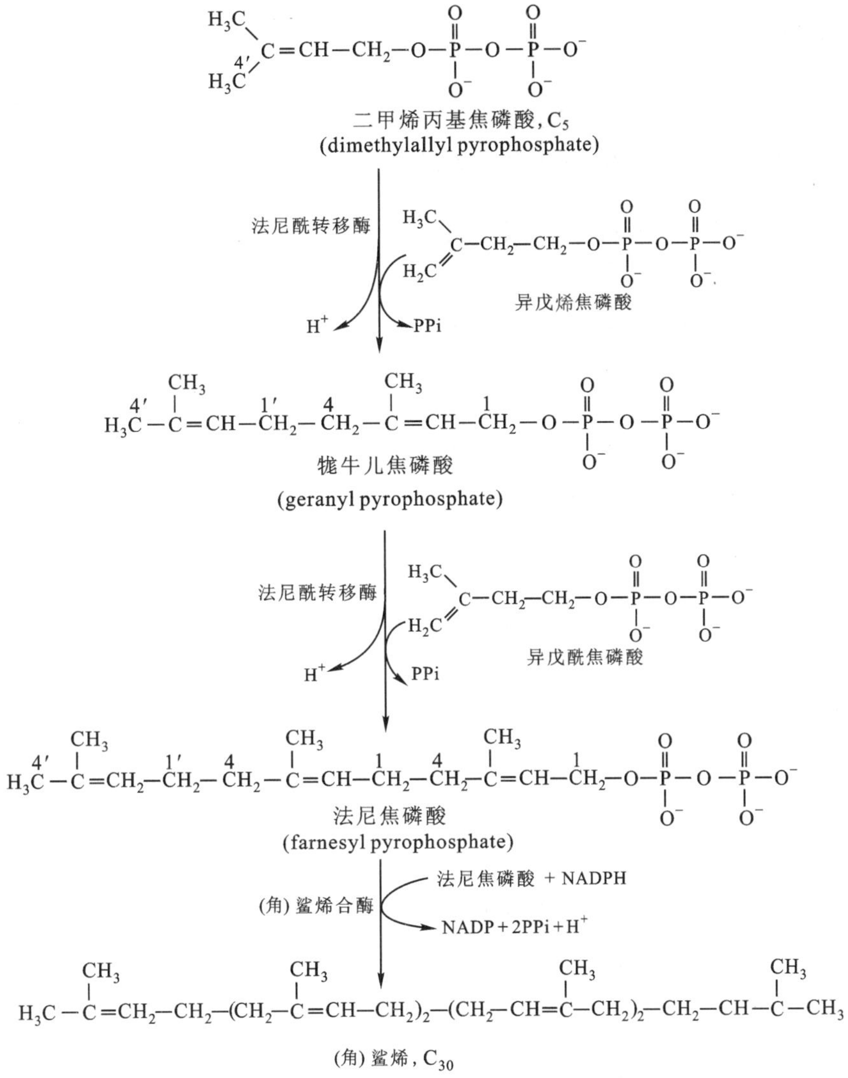

$$H_3C \overset{H_3C}{\underset{4'}{\diagdown}} C = CH - CH_2 - O - P - O - P - O^-$$

二甲烯丙基焦磷酸,C_5
(dimethylallyl pyrophosphate)

法尼酰转移酶

异戊烯焦磷酸

H^+ PPi

牻牛儿焦磷酸
(geranyl pyrophosphate)

法尼酰转移酶

异戊酰焦磷酸

H^+ PPi

法尼焦磷酸
(farnesyl pyrophosphate)

法尼焦磷酸 + NADPH

(角)鲨烯合酶

NADP + 2PPi + H^+

(角)鲨烯,C_{30}

图 24-63　步骤 Ⅲ:自二甲烯丙基焦磷酸合成(角)鲨烯

第 1 步:二甲烯丙基焦磷酸失去 PPi,成为正碳离子[$(CH_3)_2C=CH-CH_2$],它受到异戊酰焦磷酸双键电子的进攻,发生(1′-4)首尾相接的缩合;第 2 步:第 2 步的缩合与第 1 步相像,得到(1′-4)缩合的法尼焦磷酸;第 3 步:2 分子的法尼焦磷酸缩合得到了(角)鲨烯

成提供了驱动力。

（4）步骤 Ⅳ:(角)鲨烯二步环合形成**羊毛固醇**(lanosterol)　30 碳的(角)鲨烯形成后,经过二步反应环合形成羊毛固醇(C_{27}),类固醇的 4 个环的骨架在此搭成(图 24-64)。反应的第 1 步是在**(角)鲨烯单加氧酶**(squalene monooxygenase)的催化下,接受分子氧和 NADPH 形成一个活性的中间体——**(角)鲨烯环氧化物**(squalene-2,3-oxide)。反应的第 2 步是在 **2,3-氧化(角)鲨烯羊毛固醇环化酶**(2,3-oxidosqualene:lanosterol cyclase)的作用下,进行一个闭环,得到羊毛固醇。这步闭环需要电子的协同位移,即来自 4 个双键的电子和两个甲基的位移是协同进行的。“协同”这个名称是指参与反应的任何一方对另一方发生反应是必要而不可缺的,所有各方是自发协同的。从甲羟戊酸到羊毛固醇反应的全部历程约需 10 种酶的参与。

（5）步骤 Ⅴ:自羊毛固醇至胆固醇　在胆固醇生物合成的最后步骤中,羊毛固醇经过约 20 步反应转化为胆固醇,这些反应大多需要 NADH(或 NADPH)及分子氧。可以看到在胆固醇的生物合成过程中要消耗 ATP 供能,部分由焦磷酸水解提供,还需要大量的具有还原力的 NADH 和 NADPH。NADPH 来自苹果酸酶(malic enzyme)的反应和磷酸戊糖途径。苹果酸酶以 NADP$^+$为辅酶催化苹果酸脱氢产生丙酮酸和 NADPH。

　　自羊毛固醇至胆固醇有两条可能的途径(图 24-65),在哺乳动物中的主要途径由一系列的双键还原反应和去甲基反应构成。24 位(Δ^{24})的双键是怎样被还原的? 现在还没有明确定论。另外,在这系列反应中包括有氧化反应,14α-甲基的消除,紧接着是 6 位的氧化和消除两个甲基。最后一步反应是在 7 位脱氢成为 Δ^7 双键。

　　另外,还有一条变更途径,起始于去甲基转化为酵母甾醇(zymosterol),然后 Δ^8 双键发生异构化转变成 Δ^5 双键,生成链甾醇(desmosterol,又称 24-脱氢胆固醇)。最后一步是 Δ^{24} 双键的还原。

　　自羊毛固醇至胆固醇所用的酶全都嵌于内质网膜上。除这些酶外,还发现有两种细胞溶胶蛋白质,它们对膜-联合的反应起催化作用,这个膜-联合反应在把(角)鲨烯转化为胆固醇中起作用。这两个可溶性的蛋白质在胆固醇生物合成中是怎样作用的? 现在还是有待研究的问题。

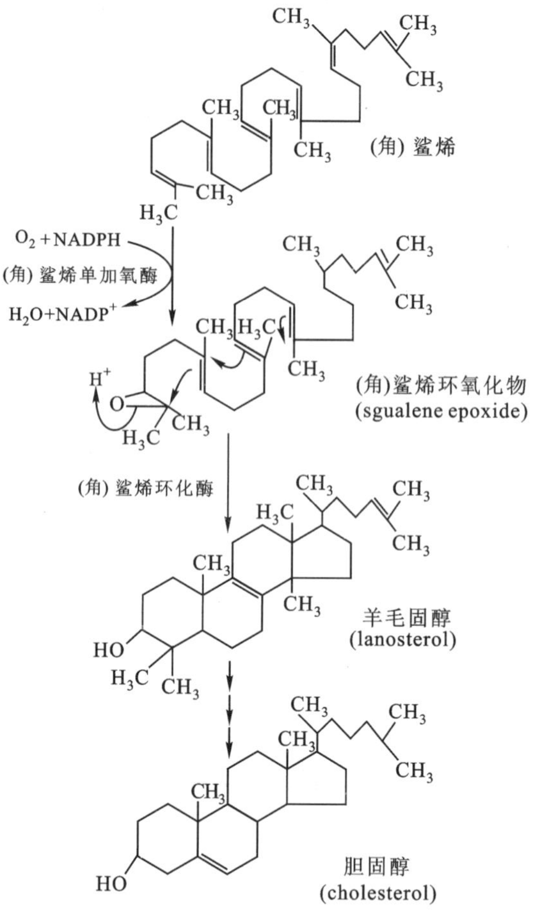

3. 胆固醇合成的调控

　　胆固醇合成是一个复杂的耗能过程。过量的胆固醇不能作为能源,因此,严格调节胆固醇合成以补充食物中摄取的胆固醇对生物体而言是有利的。在哺乳动物中胆固醇合成受细胞内胆固醇含量、ATP 供应及激素(胰岛素和胰高血糖素)调控,限速步骤是 HMG-CoA 还原酶催化的反应(图 24-66)。

图 24-64　步骤 IV 和 V :(角)鲨烯转化为羊毛固醇是 2 步反应;羊毛固醇转化为胆固醇是 20 步反应

　　HMG-CoA 还原酶是一个复杂的调控酶,其酶活性的调节分为短期(short-term)和长期(long-term)两种调节方式。短期调节是指 HMG-CoA 还原酶的磷酸化/去磷酸化导致酶的失活和激活。**单磷酸腺苷活化蛋白激酶**(AMP-dependent protein kinase, AMPK)作为体内的能量检测器,受 AMP/ATP 比值调节。当 ATP 水平降低时,AMPK 被激活使 HMG-CoA 还原酶激酶磷酸化,并使其失活(抑制作用),同样,胰高血糖素引起 HMG-CoA 还原酶磷酸化,抑制胆固醇合成(图 24 - 66);胰岛素激活蛋白磷酸酶(protein phosphatase),导致 HMG-CoA 还原酶去磷酸化(促进作用),促进胆固醇合成(图 24-66)。这些激酶和磷酸酶介导着 HMG-CoA 还原酶活性的短时变化。

　　长期调节是指 HMG-CoA 还原酶基因的转录水平受胞内胆固醇水平的调控。**固醇反应元件结合蛋白**(sterol regulatory element-binding protein,SREBP)是一类重要的转录因子,调节 HMG-CoA 还原酶基因的转录(图 24-67)。SREBP 以蛋白质前体的形式在内质网上合成,以两次跨膜的方式形成发夹结构,其 N 端和 C 端都位于细胞内侧,而内质网侧有一小的肽段称为“调节结构域”(regulatory domain)。当细胞胆固醇和氧甾酮含量丰富时,SREBP 与其裂解激活蛋白 SCAP(SREBP cleavage-activating protein)和胰岛素诱导蛋白(insulin-induced protein,Insig 蛋白)形成复合物锚定在内质网上(图 24-67);相反,当胆固醇和氧甾酮含量显著减少时,SCAP 和 Insig 蛋白作为固醇敏感器能感受这一变化,Insig 蛋白经泛素化降解,分泌蛋白(Sec)护送 SCAP/SREBP 复合物进入高尔基复合体。在高尔基复合体中,SREBP 被蛋白酶水解并释放其“调节结构域”进入细胞核内,且结合在 DNA 的固醇反应元件上,从而促进 HMG-CoA 还原酶的转录(图 24-67)。长期调节还包括对 HMG-CoA 还原酶的降解速度的调控。已知,酶在细胞中的含量决定于酶的合成和降解两方面的速度。HMG-CoA 还原酶的半寿期为 2~4 h,约为内质网中其他蛋白质

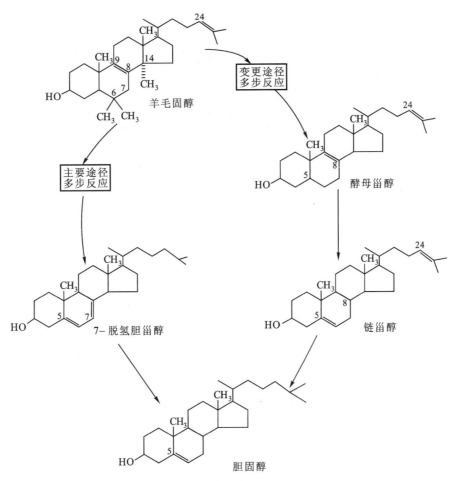

图 24-65　自羊毛固醇到胆固醇的两条途径

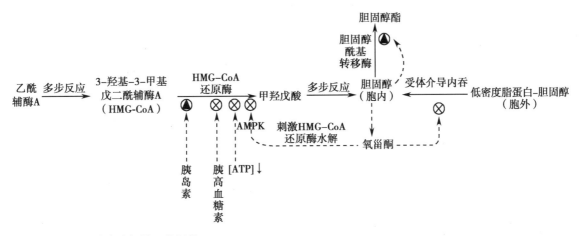

图 24-66　胆固醇合成与转运的调节

半寿期的十分之一。当胆固醇含量丰富时,Insig 蛋白被感应,介导 HMG-CoA 还原酶泛素化降解。换句话说,HMG-CoA 还原酶在细胞内降解得很快。这个还原酶的降解速度又是由胆固醇的供给情况所决定。酶降解的速度与胆固醇在限量供给时相比,要增快约 2 倍。

很长时期,人们认识到血浆中的高胆固醇与心血管疾患(如绝大多数的心脏病、脑溢血等)有着相互关联。绝大多数的血浆胆固醇发生在肝中,因此设想可有药物特异地对胆固醇生物合成给予作用。也就合乎逻辑地设想使 HMG-CoA 还原酶失活或钝化的药物出现,因为这个酶是调节胆固醇合成途径的关键物。人们从真菌中分离出一些代谢物,它们对 HMG-CoA 还原酶有竞争性抑制作用。其中最有效的一

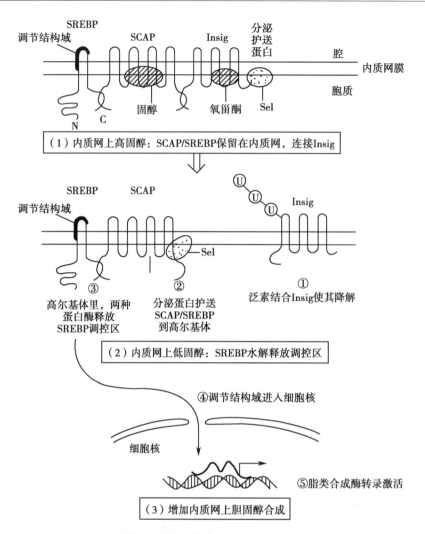

图 24-67   SREBP 调节胆固醇的生物合成

个是 lovastatin。对狗做的实验表明,服用小剂量的这种药物(8 mg/1 kg 体重)可以降低胆固醇在血浆中浓度的 30%。这个药物已被批准用于**高胆固醇血症**(hypercholesterolemia)患者。

(八) 胆固醇转化产物的生物合成

1. 哺乳动物胆固醇代谢概貌

哺乳动物中胆固醇的代谢十分复杂,图 24-68 是一概括的图解,有助于了解它的主要代谢物和内在关系。

虽然机体各组织都能合成胆固醇,但绝大部分是在肝中合成,或自膳食摄取。由小肠黏膜细胞吸收的胆固醇会同三酰甘油、磷脂及在细胞内新合成的某些载脂蛋白共同形成乳糜微粒(chylomicron,CM),CM 经淋巴进入血浆。这个颗粒迅速地受脂蛋白脂酶(lipoprotein lipase)作用而降解,未被降解的残迹又回到肝。作为乳糜微粒中的脂质组成成分和残迹,载脂蛋白实行了与高密度脂蛋白(HDL)的交换。胆固醇在细胞内合成的部位是细胞溶胶和光面内质

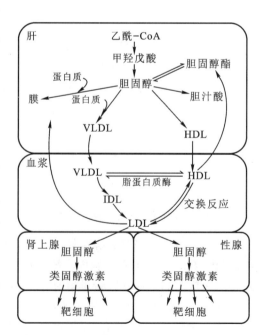

图 24-68   胆固醇的"走向"

网。合成胆固醇的酶系主要存在于细胞溶胶和光面内质网部位。在肝中生成的胆固醇还有一些其他的前途：① 作为血浆脂蛋白中乳糜微粒、高密度脂蛋白(HDL)和极低密度脂蛋白(VLDL)的组成成分分泌进入血浆。② 以胆固醇酯的形式贮存在小滴(droplet)中。③ 用于细胞膜的结构组成。④ 转化为胆(汁)酸或胆汁盐。⑤ 在肾上腺或性腺中转化为多种类固醇激素。现分别介绍如下。

2. 血浆脂蛋白

在人类血浆中脂质的含量和类型主要依据膳食习惯和个体的代谢状况而定。血浆脂蛋白共有五类，它们的组成和密度如表 24-2 所示。

表 24-2　血浆脂蛋白的分类及组成

	乳糜微粒	VLDL	IDL	LDL	HDL
密度/(g·mL⁻¹)	<0.95	0.95~1.006	1.006~1.019	1.019~1.063	1.063~1.210
直径/nm	75~1 200	30~80	25~35	18~25	5~12
组成成分/%(干重)					
蛋白质	1~2	10	18	25	33
三酰甘油	83	50	31	10	8
胆固醇和胆固醇酯	8	22	29	46	30
磷脂类	7	18	22	22	29
载脂蛋白成分					
	A-Ⅰ,A-Ⅱ	B-100	B-100	B-100	A-Ⅰ,A-Ⅱ
	B-48	C-Ⅰ,C-Ⅱ,	C-Ⅰ,C-Ⅱ,		C-Ⅰ,C-Ⅱ,
	C-Ⅰ,C-Ⅱ,	C-Ⅲ	C-Ⅲ		C-Ⅲ
	C-Ⅲ	E	E		D,E

VLDL:极低密度脂蛋白;IDL:中密度脂蛋白;LDL:低密度脂蛋白;HDL:高密度脂蛋白

脂蛋白是球状的,直径小到 5~12 nm,大到 1 200 nm,其大小是依特定的蛋白质和脂质决定的。不论何种类型,脂蛋白的结构都有一球心,它是由三酰甘油或胆固醇酯等中性脂类构成的。球心的外层是由蛋白质、磷脂类和胆固醇构成的"层"包裹着,它们定向地排列着,磷脂类的极性头部朝向脂蛋白的表面,如图 24-69 所示。

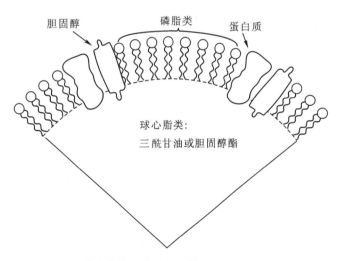

图 24-69　人类血浆脂蛋白的一般结构

脂蛋白颗粒中的蛋白质部分称为**载脂蛋白**(apolipoprotein, apoprotein, apo),现已知的有十余种。颗粒中的蛋白质多以某一种为主。对这些蛋白质曾作了大量研究,包括了解其序列,已知它们有富含疏水的氨基酸区,与磷脂结合十分有利。

脂蛋白的多种组成分是怎样组在一起的? 现在还没有完全阐明。目前的看法认为这些组分是从内质网运送到高尔基体,在这里形成分泌小泡,这些小泡随即与质膜融合,并把这些脂蛋白的组成成分分泌进入血浆。

　　血浆脂蛋白主要在肝和小肠中生成,小鼠 80% 左右的血浆载脂蛋白是在小肠发生的。乳糜微粒的绝大多数组成成分,包括载脂蛋白 A、B-48、磷脂类、胆固醇、胆固醇酯及三酰甘油都是在小肠细胞中制出的。乳糜微粒分泌进入毛细淋巴管,它实际是经大的锁骨下静脉进入血流的,因此绕过了肝。肝是 VLDC 和 HDL 的主要源头,包括 apoA-Ⅰ、apoA-Ⅱ、apoB-100、apoC-Ⅰ、apoC-Ⅱ、apoC-Ⅲ 和 apoE 及脂蛋白的脂质组分。低密度脂蛋白是由 VLDL 制出的,下面将进行讨论。

　　(1) 乳糜微粒(CM)和极低密度脂蛋白(VLDL)运送胆固醇和三酰甘油到其他组织　　**乳糜微粒**(chylomicron)作为三酰甘油及胆固醇酯的运输方式将它们从小肠送到其他组织。VLDL(极低密度脂蛋白)以相似的功能将脂质自肝运到其他组织。这两种富含三酰甘油的颗粒首先受脂蛋白脂肪酶的催化而降解,这是一种细胞外酶,它绝大多数是在脂肪组织的毛细管、心肌和骨骼肌以及乳腺中发生作用。脂蛋白脂肪酶使三酰甘油水解,它受到与乳糜微粒和 VLDL 缔合的 apoC-Ⅱ 的特异作用而被激活。其结果是这个脂肪酶从血浆的这些乳糜微粒等脂蛋白中给心脏和脂肪组织提供脂肪酸。在心脏和脂肪组织中这些脂肪酸又为脂肪酶所用,生成三酰甘油形式的贮能物质。此外,这些脂肪酸还会与清蛋白结合,运送到其他组织。

　　当这些脂蛋白耗尽了它的三酰甘油,颗粒就会缩小。某些表面分子(载脂蛋白、磷脂类)就被输送到 HDL。在小白鼠中,来自乳糜微粒和 VLDL 的"残迹"受肝作用发生分解代谢。在人类也发生这种 VLDL 残迹的分解作用,但是三酰甘油更多是被脂蛋白脂肪酶作用而降解,转向成为中(间)密度脂蛋白(IDL)。这个颗粒又在脂蛋白脂肪酶作用下转化为 LDL,并经胆固醇酯转移蛋白自 HDL 获得胆固醇酯。在人类血浆中,乳糜微粒及其"残迹"清除的半寿期为 4~5 min。VLDL 的清除周期则为 1~3 h。

　　(2) **低密度脂蛋白**(LDL)自血浆转移到肝、肾上腺和脂肪组织　　每日血浆"池"中的低密度脂蛋白(LDL)约有 45% 被转移到肝和肝外组织(特别是肾上腺和脂肪组织)。有关肝外组织吸收 LDL 的机制曾有过大量研究。例如,为研究 LDL 的吸收,使用人类皮肤的成纤维细胞(fibroblast),令其在培养皿中生长,发现 LDL 颗粒与细胞表面的特异受体相结合,这些受体是集聚在质膜的称为包被区(coated region)的部位。质膜的这个区域吞食了 LDL 颗粒,这个过程称为胞吞作用(endocytosis)。经胞吞形成了"包被小泡"(coated vesicle),它导向这些 LDL 与溶酶体融合,LDL 颗粒就在溶酶体脂肪酶和蛋白酶的催化下发生降解。胆固醇或胆固醇衍生物自溶酶体弥散出来,它抑制 HMG-CoA 还原酶的活性,激活**脂酰-CoA:胆固醇酰基转移酶**(ACAT)。ACAT 催化胆固醇酯的合成,产物随即贮存在细胞中。胆固醇(或其衍生物)还抑制 LDL 受体的合成,因此限制了 LDL 的吸收(图 24-70)。

　　LDL 受体是一糖蛋白,含有 839 个氨基酸残基,由 5 个结构域组成(图 24-71)。结构域①是与脂蛋白的结合部位,含有载脂蛋白 apoB-100 和 apoE。结构域②和表皮生长因子(epidermal growth factor,EGF)的前体细胞外结构域的一部分有 35% 的同源,它的功能现尚不明。结构域⑤即细胞溶胶蛋白,对在质膜包被区 LDL 受体的聚集是必需的。一个细胞中的 LDL 受体数目从 15 000 到 70 000,数目的不同基于细胞对胆固醇的要求程度。一旦 LDL 分子结合到受体上后,双方在胞吞作用下迅速内化。

　　对家族性高胆固醇血症(familial hypercholesterolemia)进行研究,发现患者所患的是纯合型(两个缺陷基因)病症。其血浆胆固醇水平显著升高(650~1 000 mg/100 ml),它大部分是由浓度升高的 LDL 运载。结果之一是在身体不同部位的皮肤中出现胆固醇沉积(黄瘤,xanthoma)。更严重的后果是胆固醇沉积在动脉中,导致**动脉粥样硬化**(atherosclerosis),这是很多心血管疾患的预兆。实际上,纯合型家族性高胆固醇血症的患者在十多岁时即表现出心脏病的症状,常常不满 20 岁即因心血管疾患而死亡。另外,杂合型(一正常基因,一缺陷基因)表现有相似的,但较轻的症状。患者的血浆胆固醇在 250~550 mg/100 mL 的范围内。一般说,患者在 40 岁前不显现心脏病突发。家族性高胆固醇血症的杂合型的概率为 1:500,纯合型为 1:1 000 000。

　　有 4 种不同的生物化学突变导致家族性高胆固醇血症。最普通的缺陷(第 1 类)是在内质网中的 LDL 受体合成的突变。第 2 类的突变是把受体传送到高尔基体的缺陷。第 3 类是 LDL 与受体结合的缺陷。第 4 类是在被膜凹陷处胆固醇受体不能聚集。

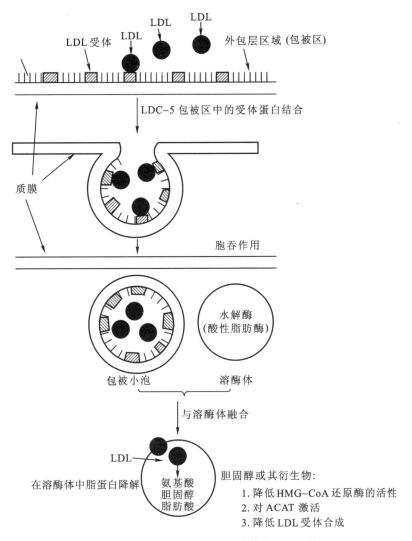

图 24-70　人类皮肤的成纤维细胞中 LDL 的受体介导的吸收

另一相关的病征是酸性脂酶缺乏症（Wolman's disease），它更明确的是 LDL 吸收所必需的受体介导途径的缺陷。酸性脂酶缺乏症是极其罕见的先天性代谢差错。它的特征是在不同组织中胆固醇酯和三酰甘油的积聚，直接的病因是溶酶体中酸性脂肪酶（acid lipase）的完全缺乏，如图 24-70 所示。在正常情况下，胆固醇酯和三酰甘油的分解代谢是由酸性脂肪酶催化实现的。胆固醇酯累积症（cholesterol ester storage disease）是相关病的一种，它的病因是溶酶体中的酸性脂肪酶的活性大大地减低。这种疾病的症状远比酸性脂酶缺乏症要轻，一般到四十岁时才变严重。

对于 LDL 受体和高胆固醇血症研究的重要意义到 1985 年已广为人知，那年，Joseph Goldstein 和 Michael Brown 由于他们的卓越贡献获得了诺贝尔生理学或医学奖。

（3）**高密度脂蛋白**（HDL）可以减少胆固醇沉

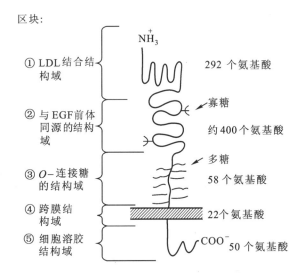

图 24-71　LDL 受体

此受体是一单一蛋白质，具有 5 个结构域区，结构域⑤，即质膜结构域用于使质膜包被区 LDL 受体汇集。一旦 LDL 分子与受体结合，LDL 与受体双方在胞吞作用下迅速内化积,其分解代谢是个复杂过程,在人类血浆中 HDL 的半寿期(5~6 d)较其他脂蛋白要长。当 HDL 自肝分泌进入血浆时,它的外形是圆盘形,几乎不含胆固醇酯。这些新形成的 HDL 颗粒由于胆固醇酯在它上面的积聚形成了球状颗粒。在 HDL 颗粒表面上,由于**卵磷脂∶胆固醇脂酰转移酶**(lecithin∶cholesterol acyl transferase,LCAT)的作用,磷脂酰胆碱(phosphatidylcholine)与胆固醇发生作用生成胆固醇酯。LCAT 是一糖蛋白(糖类含量为 24%),相对分子质量为 59 000。这个酶在血浆中与 HDL 缔合,并被载脂蛋白 apoA - I 活化,后者又是 HDL 的一个组成成分。富含胆固醇脂的 HDL 被运往肝,称为**胆固醇的逆向运输**(reverse cholesterol transport)(图 24 - 72)。

HDL 能结合一种位于肝内和类固醇生成组织被称为 SR-B 的膜受体蛋白,这种受体不诱发胞吞作用,能有选择地把部分胆固醇从 HDL 中转移到细胞中去,然后这种 HDL 再次进入血液循环,从乳糜微粒和 VLDL 残余物中获取更多的脂肪酸。**ATP 结合盒转运子 A1**(ATP binding cassette transport A1,ABCA1)和 ATP 结合盒转运子 G1(ATP binding cassette transport G1,ABCG1)是一类膜蛋白,都含有 ATP 结合位点,通过消耗 ATP 介导蛋白质、类固醇、磷脂等多种物质的跨膜转运。ABCA1 负责胆固醇从细胞流出到缺乏胆固醇的 apoA-I 上,ABCG1 负责胆固醇流出到成熟的 HDL 颗粒上,通过两者的联合作用促进胆固醇的逆向转运(图 24-72)。人类家族性 HDL 缺乏症患者体内的 HDL 含量十分低,Tangier 疾病患者体内几乎检测不到 HDL。这两种遗传性疾病的病因是 ABCA1 蛋白突变所致。HDL 颗粒上的 apoA-I

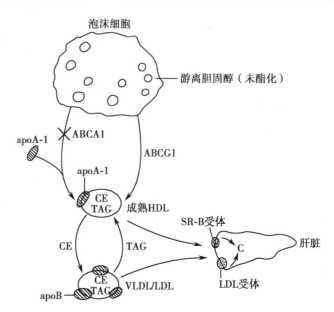

图 24-72　胆固醇的逆向转运

ABCA1 变异是 Tangier 疾病、家族性高密度脂蛋白缺乏症的病因
ABCA1:ATP 结合盒转运子;ABCG1:ATP 结合盒转运子 G1;CE:胆固醇酯;C:胆固醇;TAG:三酰甘油

由于缺少 ABCA1 而不能结合胆固醇,apoA-I 和缺乏胆固醇的 HDL 在血液中被迅速清除。由于 HDL 与冠状动脉疾病发生密切关连,ABCA1 蛋白和 ABCG1 蛋白有可能成为药物调节 HDL 水平的理想靶点。

3. 胆汁酸

从胆固醇向胆汁酸(bile acid)的转化是胆固醇降解最重要的机制。成人每日约有 0.5 g 的胆固醇转化为胆汁酸。对这个过程的调控是由内质网的 7α-羟化酶(7α-hydroxylase)来执行的,它控制着胆固醇到胆汁酸的第一步反应。7α-羟化酶是一族称为"混合功能氧化酶"(mixed function oxidase)的总称。它与分子氧催化底物,产生 H_2O。7α-羟化酶是涉及细胞色素 P450 的酶中的一种。胆固醇的羟基化也需要 NADPH∶细胞色素 P450 还原酶(图 24-73)。7-羟基胆固醇转化为胆酸的过程如图 24-74。这个反应过程包括有 3β-羟基的氧化,双键的异构化,12α-羟化,双键的还原和 3-酮基还原为 3α-羟基。另外加上侧链的羟基化和氧化反应,遂形成胆酸(cholic acid)。它与鹅脱氧胆酸(chenodeoxycholic acid)一起是人体中两个重要的**胆汁酸**(bile acid)。

胆酸的绝大部分都转化为相应的胆盐(bile salt),如图 24-75 所示的甘氨胆酸(glycocholate)。从结构上说,胆汁酸可分为两大类,一类即胆酸,包括脱氧胆酸等,称为游离胆酸;另一类是游离胆酸与甘氨酸或牛磺酸的结合产物,又泛称为胆盐。胆盐对于脂类在小肠中的溶解是关键性的重要物质。

4. 类固醇激素

胆固醇在肾上腺或性腺中转化为诸种类固醇激素是胆固醇转化产物中最为重要的一大类。请参阅本书第 14 章"激素和信号通路"。

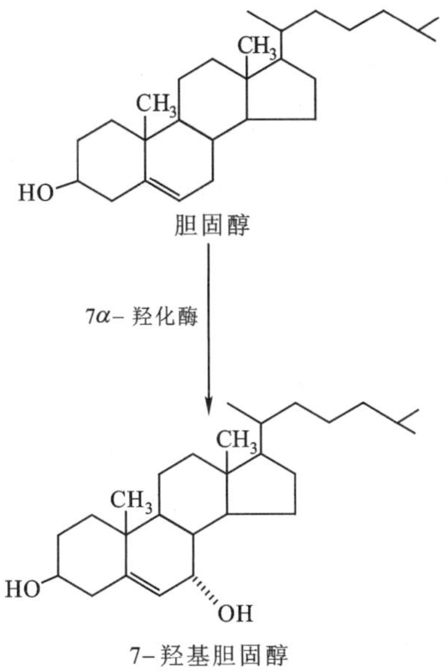

图 24-73　胆固醇的羟基化

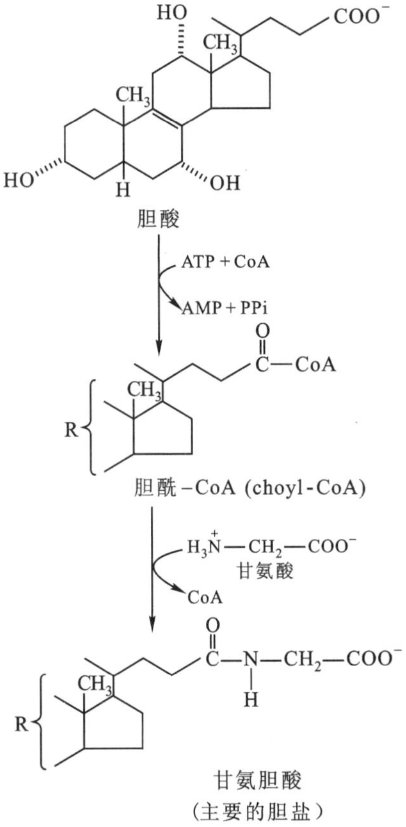

胆酸

胆酰-CoA (choyl-CoA)

甘氨胆酸
（主要的胆盐）

图 24-75　自胆酸到胆盐的转化

甘氨胆酸是胆盐的一种，它在小肠中溶解脂质，又
可被脂（肪）酶降解

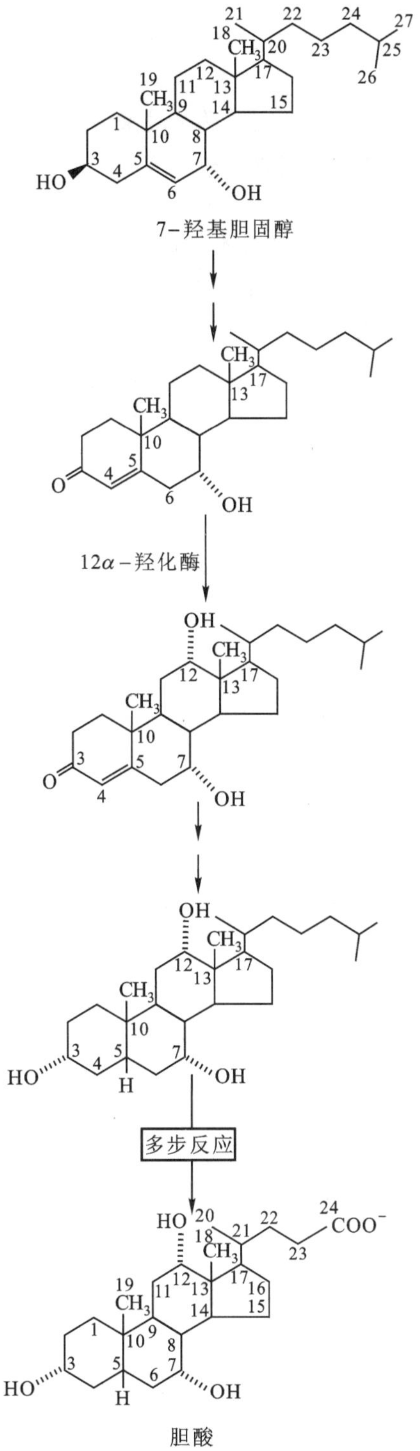

胆酸

图 24-74　自 7-羟基胆固醇转化为胆酸
随着反应进程极性基团的增加，水可溶性也
增高。胆酸的 A、B 二环不复在一平面上，而
是 A/B 顺式构型。构型的转变改进了胆酸的
乳化功能，从而有助于溶解脂质，帮助对它的
消化

提　要

　　脂肪酸分解代谢又称脂肪酸 β 氧化,是指脂肪酸的长链被氧化最终产生 ATP 形式的能量。其过程,简言之是脂肪酸先以它的酰基与-CoA 相连,形成脂酰-CoA 衍生物。随后经过 4 步代谢反应,自脂肪酸的羧基端脱掉两个碳原子单元即乙酰辅酶-CoA 单元。脂肪酸的彻底氧化是上述步骤的多次反复,以软脂酸为例,最终产生 8 个乙酰-CoA,7FADH$_2$,7NADH 和 7H$^+$。一分子软脂酸可生成 106 个 ATP(过去的理论值为 129 个 ATP),相当于-30.54 kJ$\times 106 = -3\,237$ kJ 或 -30.54 kJ$\times 129 = -3\,940$ kJ。

　　脂肪酸分解代谢发生于原核生物的细胞溶胶及真核生物的线粒体基质中。它在进入线粒体前,先与 CoA 以硫酯键连接形成脂酰-CoA 而被活化。

　　线粒体内膜不允许长链脂酰-CoA 穿透,为此它要先经肉碱/脂酰肉碱转移酶催化,形成肉碱衍生物,才可进入线粒体。一旦进入线粒体后又在酶的特异催化下,释出游离肉碱,回归为脂酰-CoA。

　　此后,脂酰-CoA 发生 β 氧化经历 4 步反应。它们是① 脂酰-CoA 被 FAD 氧化形成反式-Δ^2-烯酰-CoA。② 上述烯酰-CoA 经过水合,生成 3-羟脂酰-CoA。③ 3-羟脂酰-CoA 被 NAD$^+$ 氧化,形成酮脂酰-CoA。④ 最后一步是被第二个 CoA 分子硫解,生成乙酰-CoA 及一个减少了两个碳原子的脂酰-CoA。以上反应都需相应酶的催化。

　　脂肪酸的 β 氧化产生的 FADH$_2$ 及 NADH 直接进入氧化磷酸化,乙酰-CoA 则进入柠檬酸循环,并进一步产生 FADH$_2$ 及 NADH。动物体内 β 氧化产生的乙酰-CoA 不能转化为丙酮酸或草酰乙酸,因此也就不能产生葡萄糖。在植物中有另外两种酶可使乙酰-CoA 通过乙醛酸途径(glyoxylate pathway)转化为草酰乙酸。

　　不饱和脂肪酸在它的 β 氧化途径中,需有更多的酶参加反应。例如,棕榈油酸(顺式-Δ^9 C16:7)按正常 β 氧化进行了三个循环之后,形成顺式-Δ^3-烯酰-CoA,这时必得有异构酶参加反应将顺式-Δ^3 构型转化为反式-Δ^2 构型,才可继续沿 β 氧化途径进行。对于偶数碳原子的多不饱和脂肪酸,除异构酶外,还需另外的酶参与。

　　奇数碳原子的脂肪酸在最后的一步循环后,生成乙酰-CoA(两个 C)及丙酰-CoA(三个 C)。

　　脂肪酸的 β 氧化产生的乙酰-CoA,若过量就会转化为乙酰乙酸及 D-3-羟丁酸。后二者与甚少量的转化物丙酮合在一起称为酮体。乙酰乙酸及 D-3-羟丁酸产生于肝,在饥饿或患糖尿病时,它们可以提供选择性燃料给脑组织。

　　脂肪酸分解代谢与生物合成的调控,如若二者不同时发生,将会是"浪费"的。调控的因子是当生物体的能量贮存过量时,令合成进行,分解代谢只要在需能时才发生。肾上腺素和胰高血糖素、胰岛素都参与脂肪酸代谢的调控。

　　生物膜的重要特征是其脂质的双层膜(脂双层)。这些脂质是两亲性的。一般膜脂类是由磷脂类(phospholipid)和糖脂类(glycolipid)构成。磷酸甘油脂类(glycerophospholipid)是磷脂类中的代表,鞘脂类(sphingolipid)则是磷脂类和糖脂类二者兼而有之的代表。磷脂类的分解由 4 种以上的磷脂酶执行,不同酶有不同的攻击点。鞘脂类中又有鞘磷脂(sphingomyelin)与鞘糖脂(sphingoglycolipids)之分,其中鞘糖脂中的脑苷脂(cerebroside)、神经节苷酯(ganglioside)有着重要的生理学和医学意义。如鞘糖脂的分解代谢,最终可生成脂肪酸和长链碱。在代谢途径中,某种重要酶的缺欠都可导致严重的遗传疾患。

　　胆固醇代谢不同于绝大多数生物活性物质,不降解为二氧化碳和水。它仅经过氧化转化为胆汁酸、类固醇激素、维生素 D$_3$ 等。以胆汁酸盐形式进入肠道的胆固醇,一般是在细菌作用下转化为粪固醇或以残量胆固醇排出体外。

　　乙酰-CoA 是脂肪酸分子所有碳原子的唯一来源,它来自糖的氧化分解或氨基酸的分解。这些过程是在线粒体内进行的,但脂肪酸合成的酶却存在于细胞溶胶中。乙酰-CoA 借助柠檬酸-丙酮酸循环自线粒体进入细胞溶胶,即乙酰-CoA 先与草酰乙酸缩合形成柠檬酸,进入细胞溶胶后又裂解形成乙酰-CoA 和草酰乙酸。

脂肪酸生物合成的酶在哺乳动物几乎都在一个大酶复合体内,合成步骤如下:① 启动,乙酰-CoA 经乙酰-ACP 转化为乙酰-合酶。② 装载,丙二酰-CoA 转化为丙二酸单酰 ACP。③ 缩合,乙酰合酶与丙二酸单酰 ACP 缩合形成乙酰乙酰-ACP。④ 还原,将③的产物还原为 β-羟丁酰-ACP。⑤ 脱水,将④的产物脱水为 α,β-反式-丁烯酰-ACP。⑥ 还原,将⑤的产物还原生成丁酰-ACP。至此,每一循环脂肪链延长了两个碳原子。如此循环反复进行,例如生成了 16 个碳的软脂酰-ACP。实行最终一步⑦ 释放,软脂酰-ACP 水解,生成了软脂酸。

脂肪酸碳链的加长和去饱和是指生物合成最终产物为软脂酸,再长链的脂肪酸或不饱和脂肪酸,需要在形成软脂酸后,另加多步酶反应去完成。

磷脂类合成反应几乎是在膜结构表面进行,这是很独特的。其原因是磷脂分子的两亲性。在真核生物中有各样的细胞器与脂类合成相关,最重要的是内质网膜、线粒体和高尔基体。细菌中没有这样的细胞器,脂类合成是在细胞膜。

磷脂质的生物合成是 3-磷酸甘油或磷酸二羟丙酮经酰基化转化为磷脂酸,这是一个"中转作用"的中间体,可进一步经两种途径转化为磷脂,其一是磷脂酸与 CTP 作用,生成 CDP-二酰甘油,它在细菌中可转化为磷脂酰丝氨酸,或磷脂酰甘油,或二磷脂酰甘油。大肠杆菌($E.coli$)中的磷脂主要是磷脂酰乙醇胺。它是磷脂酰丝氨酸经脱羧反应生成的。第二条途径发现于真核生物体中,磷脂酸水解为二酰甘油,后者与 CDP-乙醇胺或 CDP-胆碱反应,生成磷脂酰乙醇胺或磷脂酰胆碱。二酰甘油还有另外别的途径,即与脂酰-CoA 反应生成三酰甘油。

磷脂类的脂酰基团或极性头部可以发生各样反应,或修饰,或交换。它还可被磷脂酶降解。磷脂在膜间的运送是由磷脂交换蛋白推动的。出芽和融合也对脂类在不同膜之间的分配起作用。

在大肠杆菌中,脂肪几乎全被用于磷脂合成,脂肪酸合成的调节发生在合成的起始步。在哺乳动物的肝中,脂肪酸是结构磷脂和能量贮存脂肪三酰甘油的重要前体。结构磷脂对脂肪酸的需要总是比用作能量贮存的脂肪即三酰甘油对脂肪酸的需要先得到满足。

三酰甘油合成速度的调控来自于膳食及生物合成对脂肪的供应情况。磷脂酰胆碱生物合成的调节首先实现于 CTP:磷酸胆碱磷脂酰转移酶催化的反应。该酶在细胞溶胶中无活性,当位移到内质网即被激活。在正常细胞中,其他磷脂酸生物合成的调节现尚不明。

鞘磷脂是真核细胞膜中重要的结构脂类。鞘氨醇经酰基化生成神经酰胺。它与磷脂酰胆碱反应即形成鞘磷脂。神经酰胺还可与活化了的糖类(如 UDP-葡萄糖)作用,转化生成鞘糖脂。对鞘糖脂分解代谢的研究引起对一些遗传性疾病的思考,这些疾患是因一种鞘脂类降解所需酶的缺欠所引起的。

前列腺素和血栓烷统称为类二十烷酸,它们都是以 C_{20} 多不饱和脂肪酸——花生四烯酸为起始物合成的。这两类型化合物的生物活性很不相同。花生四烯酸在前列腺素内在过氧化物合酶催化下转化为 PGH_2,随后,PGH_2 又可转化为 PGE_2,PGF_2,TXA_2 或 PGI_2。另外,花生四烯酸还可转化为羟基花生四烯酸。类二十烷酸是一种局部激素(就地分泌,就地起作用),它与细胞表面的受体结合,而影响细胞的功能。这类受体总是与 GTP 结合蛋白反应,后者可改变第二信使如 cAMP 的合成。

类固醇是四环烷烃,环戊烷多氢菲(perhydrocyclopentano-phenanthrene)的衍生物。它的生物合成开始于 3 分子乙酰-CoA 转化为甲羟戊酸。甲羟戊酸脱羧转化为异戊烯焦磷酸。随后,6 分子异戊烯焦磷酸聚合生成(角)鲨烯,经环化生成羊毛固酮。至此四环烷烃的结构已形成。羊毛固酮再转化即得胆固醇,后者是胆酸,类固醇激素类等的前体。

胆固醇生物合成速度的调节首先由 HMG-CoA 还原酶的活性所决定。这个关键酶又由酶的合成和磷酸化/去磷酸化反应所控制。酶的合成受胆固醇调控,这里讲的胆固醇指的是低密度脂蛋白(LDL)提供给细胞的胆固醇。胆固醇和磷脂类靠脂蛋白运送到血浆取得。脂蛋白是由小肠和肝合成并分泌的。胆固醇合成的部位主要在细胞溶胶和内质网。

脂蛋白有 5 种,即:乳糜微粒、极低密度脂蛋白(VLDL)、低密度脂蛋白(LDL)、高密度脂蛋白(HDL)和中密度脂蛋白(IDL)。在乳糜微粒和 VLDL 中的三酰甘油在血浆脂蛋白脂肪酶的催化下降解,降解产物脂肪酸和单酰甘油主要被心、骨骼及脂肪组织吸收。LDL 与质膜上专一的 LDL 受体结合后经胞吞作用从血浆进入溶酶体。在溶酶体中 LDL 被酶解。

在家族性高胆固醇血症患者体内,专一的 LDL 受体是无活性的。这样,高水平的 LDL 有增加心血管疾患发病率的危险。而高水平的 HDL 却似可防止心血管疾患发生。

胆汁酸是 C_{24} 的羧酸,它是胆固醇在体内的代谢产物。胆固醇的 7α-羟基化是胆汁酸生物合成的第一步,这步反应既是必需的,又是承担限速的。胆汁酸形成后经分泌进入小肠,帮助脂类的溶解和消化。

习 题

1. 说明 Knoop 对脂肪酸氧化的经典实验和结论。比较他的假说与现代 β 氧化学说的异同。

2. 计算 1 分子硬脂酸彻底氧化成 CO_2 及 H_2O 产生的 ATP 分子数,并计算每克硬脂酸彻底氧化产生的自由能。

3. 说明肉碱-酰基转移酶在脂肪酸氧化过程中的作用。

4. 说明辅酶维生素 B_{12} 在奇数碳原子氧化途径中的功能。

5. 说明在植烷酸的氧化中,α 氧化是必然的。

6. 如若膳食中只有肉、蛋和蔬菜,完全排除脂质,会不会发生脂肪酸缺乏症?

7. 患者体内发生脂质异常积聚,经检测,脂质中具有半乳糖-葡萄糖神经酰胺的结构。试问是哪一步酶反应不能正常运行?

8. 试说明"酮尿症"的生化机制。

9. 试解释"三羧酸转运体系"(tricarboxylate transport system)的作用机制和功能。

10. 说明真核生物体内脂肪酸合酶的结构与功能。

11. 试比较脂肪酸合成与脂肪酸 β 氧化的异同。

12. 脂肪酸合成中的碳链延长在线粒体中和在内质网中的机制有何不同?

13. 乙酰-CoA 羧化酶在脂肪酸合成中起着调控作用,试述这个调控的机制。

14. 磷脂的特征是在 C2 位上有一不饱和脂肪酸。举一磷脂的实例,它在 C2 位上是饱和脂肪酸,这样的结构是怎样合成的?

15. 试述以 CDP-二脂酰甘油为起始物,3 种甘油磷脂(磷脂酰乙醇胺、磷脂酰甘油、二磷脂酰甘油)的生物合成路线。

16. "血小板活化因子"(platelet activating factor,PAF)为何物?用磷酸二羟丙酮为原料如何实现它的合成?

17. 试述以软脂酰-CoA 和丝氨酸为起始物,鞘磷脂和葡糖-神经酰胺的生物合成路线。

18. 低剂量的阿司匹林(如隔日一粒)有防止心脏病突发的功能。如每日服用 3~4 粒,为什么反而适得其反?(提示:TXA_2 生成于血小板中,PGI_2 生成于动脉壁上)

19. 培养肝细胞时加入 2-[^{14}C]-乙酸。^{14}C 标记在 HMG-CoA 的什么位置上?

20. 试述酸性脂酶缺乏症的症候和病因。将患者的皮肤的成纤维细胞进行培养,HMG-CoA 的活性是变高还是变低?在培养基中 LDL 受体的数量是增还是减?

21. 乙酰-CoA 如何转化为甲羟戊酸?试述甲羟戊酸转化为(角)鲨烯的立体化学问题。

22. 试综述低密度脂蛋白(LDL)的大体组成、体内的运送和生物功能。

主要参考书目

1. Nelson D L,Cox M M. Lehninger Principles of Biochemistry. 6th ed. New York:W. H. Freeman and Company,2012.

2. Kim K H,Lopez-Casillas F,Bai D H,et al. Role of reversible phosphorylation of acetyl-CoA carboxylase in long-chian fatty acid synthesis. FASEB J,1989,(3):2250-2256.

3. Lands W E. Biosynthesis of Prostaglandins. Ann. Rev. Nutrit,1991,(11):41-60.

4. Rentley R. Molecular Asymmetry in Biology. New York:Academic Press,1970.

5. Eaton S,Bartlett K,Pourfarzam M. Mammalian mitochondrial β-oxidation. Biochem. J,1996,(320):345-257.

6. Rinaldo P,Raymond K,et al. Clinical and biochemical features of fatty acid oxidation disorders. Curt. Opin. Pediatr,1998,(10):615-621.

7. Thorpe C,Kim J J. Structure and mechanism of action of the acyl—CoA dehydrogenases. FASEB J,1995,(9):718-725.

8. Hashimoto T. Peroxisomal β-oxidation:enzymology and molecular Biology. Ann. N. Y. Acad. Sci,1996(804):86-98.

9. Wanders R J, Vreken P, Ferdinandusse S, et al. Peroxisomal fatty acid α-and β-oxidation in humans: enzymology, peroxisomal metabolite transporters and peroxisomal diseases. Biochem Soc Trans, 2001, (29):250-267.

10. Desvergne B, Michalik L, Wahli W. Transcriptional regulation of metabolism. Physiol Rev, 2006, (86):465-514.

11. Maier T, Jenni S, Ban N. Architecture of mammalian fatty acid synthase at 4.5 Å resolution. Science, 2006, (311): 1258-1562.

12. Jenni S, Leibundgut M, Maier T, et al. Architecture of a fungal fatty acid synthase at 5 Å resolution. Science, 2006, (311): 1263-1267.

（王镜岩　秦咏梅）

网上资源

✎ 自测题

第25章 蛋白质降解和氨基酸的分解代谢

一、蛋白质的降解

Henry Borsook 和 Rudolf Schoenheimer 1940 年证明了活细胞的组成成分在不断地转换更新。蛋白质有自己的存活时间,短到几分钟,长到几周。不论何种情况,细胞总是不断地从氨基酸合成蛋白质,又把蛋白质降解为氨基酸。表面看来,这样的变化过程似是一种浪费,实际上它有二重功能,其一是排除那些不正常的蛋白质,它们若一旦积聚,将对细胞有害;其二是通过排除累积过多的酶和调节蛋白(regulatory protein)使细胞代谢的井然有序得以维持。酶的活动能力实际是根据它的合成速度和降解速度决定的。在细胞"经济学"中,控制蛋白质的降解与控制其合成速度是同样重要的。本章将讨论细胞内蛋白质降解及其影响的有关问题。

(一)蛋白质降解的特性

细胞有选择地降解非正常蛋白质,例如,血红蛋白与缬氨酸类似物 α-氨基-β-氯丁酸(α-amino β-clorobutyric acid)结合,得到的产物在网织红细胞(reticulocyte)中的半衰期约为 10 min,而正常血红蛋白可延续红细胞的存活期最终可达 120 d。同样,不稳定的突变株血红蛋白在与此种丁酸衍生物结合之后,即迅速降解。因此,它成了溶血性贫血这种分子疾患的治疗药物。

α-氨基-β-氯丁酸   缬氨酸

细菌也表现有选择性降解。例如,在大肠杆菌(*E.coli*)中 β-半乳糖苷酶的 *amber* 与 *ochre* 突变型,其半衰期仅为几分钟,而广域的这种酶却是绝对稳定的。绝大多数非正常蛋白质很可能基于此种化学修饰或由于这些脆弱分子的不断变性而容易发生降解。它们更多缘起于细胞的活泼环境,而不一定是基于突变,或在转录或翻译时出现的误差,受损蛋白质的降解能力是具选择性的,它是一种自发的再循环机制。它可防止某种物质的形成,否则一旦形成即将妨碍细胞的系列活动。

正常的胞内蛋白质被排除的速度是由它们的个性所决定的。某一蛋白质被排除的速度若为一级反应,表示这个分子被降解是偶然选择的,与其存活寿命无关。在组织中,不同酶的半衰期有着很大差异。以大鼠肝中的酶为例,如表 25-1 所示。

很显然,绝大多数快速降解的酶都居于重要的"代谢控制"位置,而较为稳定的酶在所有生理条件下有着较稳定的催化活性。酶对降解的敏感性很明显的与它们的催化活性以及别构性质密切相关。因此,细胞能有效地对它的环境及代谢需求作出应答。

细胞中蛋白质降解的速度还因它的营养及激素状态而有所不同。在营养被"剥夺"的条件下,细胞提高它的蛋白质降解速度,以维持它的必需营养源,使不可缺的代谢过程得以进行。在大肠杆菌中提高降解速度的机制是一种应激反应。在真核生物中也与大肠杆菌相似,因为正像在大肠杆菌中的那样,提高了的降解速度可被能够阻断蛋白质合成的抗生素所抑制。

蛋白质的周转代谢使种种代谢途径的调节得以容易地实现。

表 25-1 大鼠肝中某些酶的半衰期

酶	半衰期/h
短寿命的酶	
鸟氨酸脱羧酶	0.2
RNA 聚合酶 I	1.3
酪氨酸转氨酶	2.0
酪氨酸水合酶	4.0
磷酸烯醇式丙酮酸羧化酶	5.0
长寿命的酶	
醛缩酶	118
甘油醛磷酸脱氢酶	130
细胞色素 b	130
乳酸脱氢酶	130
细胞色素 c	150

引自 Dice J F,Doldberg A I. Arch. Biochem. Biophys,1975:170-214.

(二) 蛋白质降解的反应机制

真核细胞对于蛋白质降解持有两种体系,一种是**溶酶体的降解机制**(lysosomal mechanism),另一种是 ATP-依赖性的以细胞溶胶为基础的机制,现分别阐述如下。

1. 溶酶体无选择的降解蛋白质

溶酶体是具有单层膜的细胞器,它含有约 50 种水解酶,包括不同种的蛋白酶,称之为**组织蛋白酶** (cathepsin)。溶酶体保持其内部 pH 在 5 左右,而它含有的酶的最适 pH 即是酸性。可以设想这种境况可抵制偶然的溶酶体渗漏从而保护了细胞,因为在细胞溶胶的 pH 下,溶酶体的各种酶大部分都是无活性的。

溶酶体对细胞内各组分的再利用是通过它融合细胞质的膜被点块即自(体吞)噬泡(autophagic vacuole),并随即分解其内容物来实现的。溶酶体还降解一些物质,这些物质是细胞通过**胞吞作用** (endocytosis)来利用的。这就是溶酶体如何处理细胞内组成成分的过程,它近似于降解作用。使用溶酶体的阻断剂曾模拟证明上述过程的存在,例如抗疟药物氯代奎宁(chloroquine):

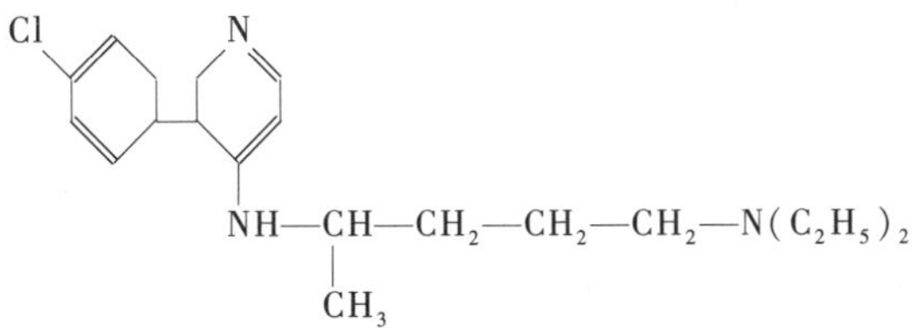

氯代奎宁

它是一种弱碱,以不带电荷形式随意穿透溶酶体,在溶酶体内累积形成带电荷型,因此增高了溶酶体内部的 pH,并阻碍了溶酶体的功能。用氯代奎宁处置细胞可减低它们的蛋白质降解速度。同样地,以组织蛋白酶阻断剂,例如,用一种多肽抗生素——抗蛋白酶(antipain)处置细胞也可降低蛋白质的降解速度。

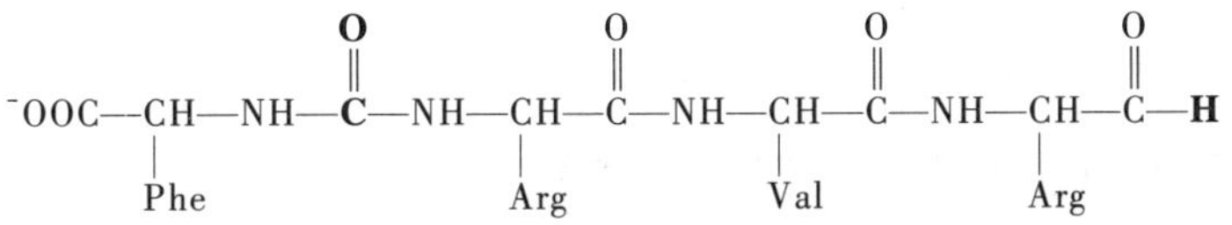

抗蛋白酶(antipain)

溶酶体降解蛋白质是无选择性的。溶酶体抑制剂对于非正常蛋白质或短寿命酶无快速降解的效应。但是,它们可以防止饥饿状态下蛋白质的加速崩溃。

许多正常的和病理的活动经常随伴溶酶体活性的升高。糖尿病会刺激溶酶体的蛋白质分解。同样由于废弃使用神经切除或创伤导致肌肉损毁可引起溶酶体活性的增高。如产后子宫的萎缩,此时这个肌肉器官的质量在 9 d 内从 2 kg 降到 50 g,是此类过程的突出例证。很多慢性炎症,例如类风湿性关节炎(rheumatoid arthritis)等,引起溶酶体酶的细胞外释放,这些释出的酶会损坏周围的组织。

2. 泛素(ubiquitin)给选择降解的蛋白质加以标记

最初设想真核细胞中的蛋白质降解,主要是溶酶体的活动过程。但是,缺少溶酶体的网织红细胞却可选择性地降解非正常蛋白质。

从实验观察得到:在无氧条件下蛋白质的分解受到阻断,从而发现了这里有 **ATP-依赖的蛋白质水解体系**存在。这种现象是热力学上未曾料到的,因为多肽水解是一个放能过程。

对无细胞核的兔网织红细胞体系进行分析,发现了 ATP-依赖的蛋白质的分解需要有**泛素**相伴,泛素最初是一个对其功能不了解的蛋白质。它是一个有 76 个氨基酸残基的蛋白质单体,由于它无所不在(ubiquitous),而且在真核细胞中含量丰富。因而得名"ubiquitin",它以高度保守、氨基酸序列极少变化为特点,在不同种属生物中是同一的,例如,人、蟾蜍、鳟鱼及果蝇属(*Drosophila*)等,又如人与酵母,只有 3 个氨基酸残基不同。因此,泛素几乎是唯一的、适合于某些必需的细胞过程。

被选定降解的蛋白质先加以标记。即以共价键与泛素连接。这个程序的目的是标记氨基酸的激活,它分三步进行(图 25-1):

(1)在一个"需 ATP"的反应中,泛素的羧基端通过硫酯键与**泛素活化酶**(ubiquitin-activating enzyme,E_1)偶联。泛素活化酶的相对分子质量为 105 000,它是两个相同的亚单位形成的二聚体。

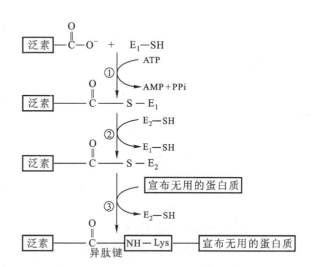

图 25-1　泛素与选择性降解蛋白质的相接

第①步:泛素的羧基在 ATP 水解的推动下,以巯基与 E_1 相接;第②步:活化了的泛素立即与 E_2 的巯基相连接;第③步:在 E_3 的催化下,泛素与宣布无用的蛋白质中的 Lys 的 ε-氨基相接。这就形成了"标记"的蛋白质,它在 UCDEN 催化下发生降解。E_1:泛素活化酶;E_2:泛素载体蛋白质;E_3:泛素-蛋白质连接酶

(2)泛素随即转接到几种小蛋白质(相对分子质量为 25 000~70 000)中的某一小蛋白质的巯基上。这个结合物称为"**泛素-载体蛋白质**"(ubiquitin carrier protein,E_2)。

(3)第三步,**泛素-蛋白质连接酶**(ubiquitin-protein ligase,E_3,相对分子质量约 180 000),将活化了的泛素从 E_2 转移到赖氨酸的 ε-氨基上。这个 NH_2-Lys 是事先已与蛋白质结合了的一个残基。这样,形成了一个**异肽键**(isopeptide bond)。在选择蛋白质发生降解的过程中,E_3 似乎起着关键的作用。在一般情况下是若干个泛素分子与那些宣布无用的蛋白质相连接。而且可能有 20 个泛素分子依次一前一后地与目的蛋白质分子相连接,形成多泛素链,在这里,每一泛素的 Lys 48 都与下一个泛素的 C 端羧基相连,形成异肽键。

这样,泛素连接的蛋白质,即在 ATP-依赖的反应过程中被降解。这个反应过程是由较大的(相对分子质量为 100 000)多蛋白质复合体参与实现。这个复合体名为"**泛素缀合酶**"(ubiquitin-conjugating enzyme,UCDEN)。该酶只对待降解的泛素-连接蛋白质有效。

(三)机体对外源蛋白质的需要及其消化作用

外源蛋白质进入体内,总是先经过水解作用变为小分子的氨基酸,然后才被吸收。高等动物摄入的蛋白质在消化道内消化后形成游离氨基酸,吸收入血液,供给细胞合成自身蛋白质的需要。氨基酸的分解代谢主要在肝进行。同位素示踪法表明,一个体重 70 kg 的人,膳食正常,每天可有 400 g 蛋白质在体内发生变化。其中约有四分之一进行氧化降解或转变为葡萄糖,并由外源蛋白质加以补充;其余四分之三在体内

进行再循环。机体每天由尿以含氮化合物排出的氨基氮为 6~20 g,甚至在未进食蛋白质时也是如此。每天排泄 5 g 氮相当于丢失 30 g 内源蛋白质。

蛋白质在哺乳动物消化道中降解为氨基酸经过一系列的消化过程。食物进入胃后,使胃分泌胃泌素(gastrin),后者刺激胃中壁细胞(parietal cell)分泌盐酸,主细胞(chief cell)分泌胃蛋白酶原(pepsinogen)。胃液的酸性(pH 1.5~2.5)可促使球状蛋白质变性和松散。胃蛋白酶原经自身催化(autocatalysis)作用,脱下 N 端的 42 个氨基酸肽段转变为活性**胃蛋白酶**(pepsin),它催化具有苯丙氨酸、酪氨酸、色氨酸以及亮氨酸、谷氨酸、谷氨酰胺等肽键的断裂,使大分子的蛋白质变为较小分子的多肽。

蛋白质在胃中消化后,连同胃液进入小肠。在胃液的酸性刺激下,小肠分泌肠**促胰液素**(secretin)进入血液,刺激胰腺分泌碳酸进入小肠中和胃酸。食物中的氨基酸刺激十二指肠分泌胰蛋白酶、糜蛋白酶、羧肽酶、氨肽酶等。这些酶也以酶原形式分泌,随后被激活而发挥作用。**胰蛋白酶**被**肠激酶**(enterokinase)激活,胰蛋白酶也有自身催化作用。其酶原从分子的 N 端脱掉一段 6 肽肽段,转变为有活性的酶。胰蛋白酶可水解由赖氨酸、精氨酸的羧基形成的肽键。糜蛋白酶原分子中含有 4 个二硫键,由胰蛋白酶水解断开其酶原中的两个二硫键,并脱掉分子中的两个肽而被激活,形成的活性糜蛋白酶分子,是由二硫键连接着的三段肽链构成的。该酶的作用是水解含有苯丙氨酸、酪氨酸、色氨酸等残基羧基形成的肽键。

肠中还有一种**弹性蛋白酶**(elastase),其特异性最低,能水解缬氨酸、亮氨酸、丝氨酸及丙氨酸等各种脂肪族氨基酸羧基形成的肽键。

经胃蛋白酶、胰蛋白酶、糜蛋白酶及弹性蛋白酶作用后的蛋白质,已变成短链的肽和部分游离氨基酸。短肽又经羧肽酶和氨肽酶的作用,分别从肽段的 C 端和 N 端水解下氨基酸残基。羧肽酶有 A、B 两种,分别称为羧肽酶 A 和羧肽酶 B。羧肽酶 A(相对分子质量为 34 000)主要水解由各种中性氨基酸为羧基端构成的肽键。羧肽酶 B 主要水解由赖氨酸、精氨酸等碱性氨基酸为羧基端构成的肽键。氨肽酶则水解氨基端的肽键。

蛋白质经过上述消化管内各种酶的协同作用,最后全部转变为游离氨基酸。

细胞内蛋白质周转是非常迅速的,蛋白质的半衰期(half-life)可从几分钟到几个星期不等。许多半衰期极短的蛋白质能使细胞迅速地改变代谢条件。许多代谢的关键酶和受严格调节的酶都能够迅速地进行周转。例如,在多胺(polyamine)生物合成中起限速作用的鸟氨酸脱羧酶半衰期短(ornithine decarboxylase);多胺的浓度影响 DNA 的复制、蛋白质的合成和细胞分裂,从而影响细胞的生长速度。RNA 聚合酶 I 决定核糖体 RNA 的合成速度,受激素和营养条件控制的丝氨酸脱氢酶(serine dehydrogenase)、色氨酸氧化酶(tryptophan oxygenase)、酪氨酸氨基转移酶(tyrosine aminotransferase)以及在糖异生作用中催化关键反应的磷酸烯醇式丙酮酸羧激酶(phosphoenolpyruvate carboxykinase)等,所有这些酶都属于周转迅速的蛋白质。

前已述及细胞内催化蛋白质降解的是溶酶体中的各种蛋白质水解酶。细胞内蛋白质的分解机制,还有待深入研究。

氨基酸在细胞内的代谢有多种途径。一种是经生物合成形成蛋白质,一种是进行分解代谢。氨基酸的分解一般总是先脱去氨基,形成的碳骨架——α-酮酸可进行氧化,形成二氧化碳和水,产生 ATP,也可以转化为糖和脂肪。

多数细菌,体内氨基酸的分解不占主要位置,而以氨基酸的合成为主。有些细菌又以氨基酸作为唯一碳源,这类细菌则以氨基酸的分解为主。高等植物随着机体的不断增长需要氨基酸,因此合成过程胜于分解过程。下面主要讨论动物体内氨基酸的分解代谢。

二、氨基酸分解代谢

α-氨基酸的功能除去它是蛋白质的组成单位外,还是能量代谢的物质,又是许多生物体内重要含氮化合物的前体。这些含氮化合物突出的有血红素,生物活性的胺,谷胱甘肽,核苷酸及核苷酸的辅酶等。已于前述,哺乳动物可自代谢物前体合成非必需氨基酸,而必需氨基酸则自膳食中获取。膳食中获取的多余氨基酸既不为后来使用而被贮存,也不被排泄。多余的氨基酸则转化为常见的代谢中间体,例如,丙酮酸、草酰乙酸、α-酮戊二酸等。由此,氨基酸又是葡萄糖、脂肪酸及酮体的前体物,也就是说,它又是代谢过程的"燃料"。

在动物中,氨基酸的氧化代谢主要分为以下三个方面:

(1) 在蛋白质的正常合成及分解代谢条件下,某些蛋白质分解释放的氨基酸不再参与新的蛋白质合成而转入氧化代谢。

(2) 当饮食中含有丰富的蛋白质,氨基酸的摄入超过身体所需,多余的氨基酸会被分解代谢,氨基酸不能被存储。

(3) 在饥饿状态或对于不受控制的糖尿病患者,当糖类是不可用的或被不正确使用时,细胞的蛋白质会作为燃料使用(图 25-2)。

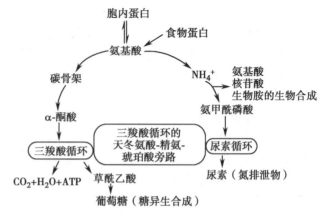

图 25-2　哺乳动物氨基酸的分解代谢途径总览图

在所有这些代谢条件下,氨基酸失去氨基形成氨基酸的"碳骨架",即 α-酮酸。α-酮酸可以被氧化成 CO_2 和水,产生 ATP,提供的三碳和四碳单元通过糖异生途径被转换成葡萄糖,从而为大脑、骨骼肌及其他组织提供燃料。

（一）氨基酸的脱氨基作用

氨基酸分解代谢的第一步常是 α-氨基的脱离。分离出多余的氮,并留下碳骨架进一步降解。

在陆栖哺乳动物中主要排泄出的氮化合物是尿素,它合成的起始步骤是由氨与天冬氨酸作用。后二者主要来自谷氨酸,它又是绝大多数脱氨基反应的产物。下面将讨论 α-氨基怎样结合到 α-酮戊二酸分子上形成谷氨酸的,以及如何转化为天冬氨酸和氨的。

绝大多数氨基酸之脱氨基是出自转氨基作用。氨基酸脱下的氨基转移到一个 α-酮酸上,产生与原氨基酸相应的酮酸和一个新氨基酸,这个反应是在**氨基转移酶**(aminotransferase)的催化下发生的。在此反应中具有优势接受脱下的氨基的是 α-酮戊二酸,新生成的氨基酸为谷氨酸:

$$氨基酸 + α\text{-}酮戊二酸 \Longleftrightarrow α\text{-}酮酸 + 谷氨酸$$

接着,谷氨酸的氨基在第二步的转氨基中转移到草酰乙酸上,形成天冬氨酸:

$$谷氨酸 + 草酰乙酸 \Longleftrightarrow α\text{-}酮戊二酸 + 天冬氨酸$$

当然,并非所有的纯脱氨基作用皆起因于转氨基作用。大部分的脱氨基作用发生于谷氨酸的**氧化脱氨基作用**(oxidative deamination),它是在谷氨酸脱氢酶的催化下发生的,产物为氨。此反应需要有 NAD^+ 或 $NAD(P)^+$ 作为氧化剂参与,并使 α-酮戊二酸得到再生,后者可用于进一步的氨基转移反应。

$$谷氨酸 + NAD(P)^+ + H_2O \Longleftrightarrow α\text{-}酮戊二酸 + NH_3 + NAD(P)H + H^+$$

本节中将讨论氨基转移及氧化脱氨基作用的反应机制。还将讨论某些氨基酸的其他脱氨基反应。

1. 氨基转移反应

氨基转移酶促反应分两步进行。

(1) 任意的氨基酸在氨基转移酶的作用下,把氨基转移到酶分子上,自身形成 α-酮酸。

$$氨基酸 \xrightarrow{氨基转移酶} α\text{-}酮酸$$

(2) 酶分子上的氨基转移到酮酸受体上(例如 α-酮戊二酸),形成产物氨基酸(例如谷氨酸),同时,酶又再生。

氨基转移酶为了携带氨基,需要有 **5′-磷酸吡哆醛**(pyridoxal-5′-phosphate, PLP)参与反应,后者是**吡**

哆醇(维生素 B_6)的衍生物(图 25-3)。PLP 转化为 **5′-磷酸吡哆胺**(pyridoxamine-5′-phosphate,PMP)时,即接受了一个氨基。实际上,PLP 是以共价键与酶相接,即它以醛基与酶分子 Lys 残基的 ε-氨基结合成为**希夫碱**(亚胺型),如下图:

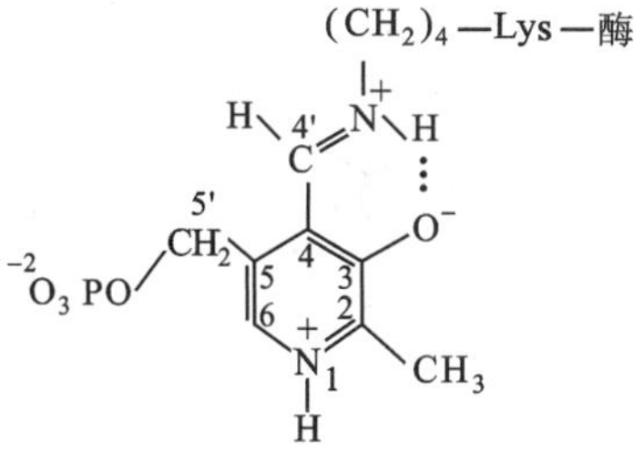

$$(CH_2)_4—Lys—酶$$

亚胺型希夫碱

这个与辅酶的吡啶鎓环(pyridinium ring)共轭的希夫碱左右着辅酶的活性程度。

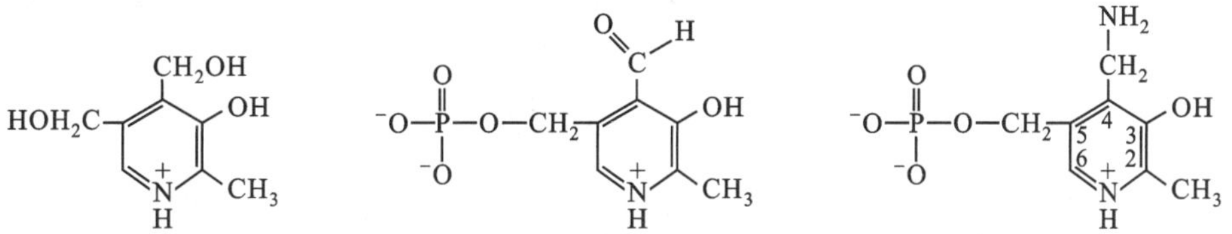

吡哆醇
(pyridoxine)
(维生素 B_6)

磷酸吡哆醛
(pyridoxal phosphate)
(PLP)

磷酸吡哆胺
(pyridoxamine phosphate)
(PMP)

图 25-3　辅酶 5′-磷酸吡哆醛(PLP)和磷酸吡哆胺(PMP)是自吡哆醇(维生素 B_6)衍生形成的

氨基转移酶的反应属于"**乒乓 BiBi 机制**"(Ping Pong BiBi mechanism)——双底物的酶反应机制,它的两个步骤各由三步反应组成,即:

(1) 步骤 I,氨基酸转化为酮酸

① 在氨基转移反应中,氨基酸的亲核氨基向酶-希夫碱的碳原子进攻,形成氨基酸-PLP 希夫碱(醛亚胺,aldimine),与此同时,酶-Lys 残基被释出。

② 由于氨基酸的 α-氢的消除及 PLP 的 C(4′)原子的质子化,形成共振稳定的负碳离子中间体,氨基酸-PLP 希夫碱的 α-酮酸-PMP 希夫碱。

③ α-酮酸-PMP 希夫碱水解,形成 PMP 及 α-酮酸。

(2) 步骤 II,α-酮酸转化为氨基酸

为了完成氨基转移酶的催化循环(catalytic cycle),这里的辅酶必须把 PMP 转化回归为酶-PLP 希夫碱。它包括与上述 3 步反应相同,但方向相反的反应。即:

① Lys 残基的 ε-氨基在氨基转移反应中向氨基酸-PLP 希夫碱进攻,再生成活泼的酶-PLP 希夫碱,与此同时释出新形成的氨基酸。

② α-酮酸-PMP 希夫碱互变异构为氨基酸-PLP 希夫碱。

③ PMP 与 α-酮酸反应形成希夫碱。

本反应的化学计量学可总括为:

$$氨基酸_1 + \alpha\text{-}酮酸_2 \Longleftrightarrow \alpha\text{-}酮酸_1 + 氨基酸_2$$

以上的两个步骤各包括 3 步反应如图 25-4 所示。

仔细究明氨基酸-PLP 希夫碱的结构,可以了解:为什么这个体系被称为"**乐于推出电子的体系**"(eletron pusher's delight)。氨基酸 C_α 原子的三个键(图中的 a、b 和 c)中任何一个的断裂皆可产生一个共轭稳定的 C_α 碳负离子,这个碳负离子的电子都远离 C_α 原子而靠近辅酶的吡啶中质子化的正氮原子。因此可将 PLP 视为起着"**电子槽**"(electric sink)的作用。在氨基转移反应中,这种拉电子的能力可容易地在

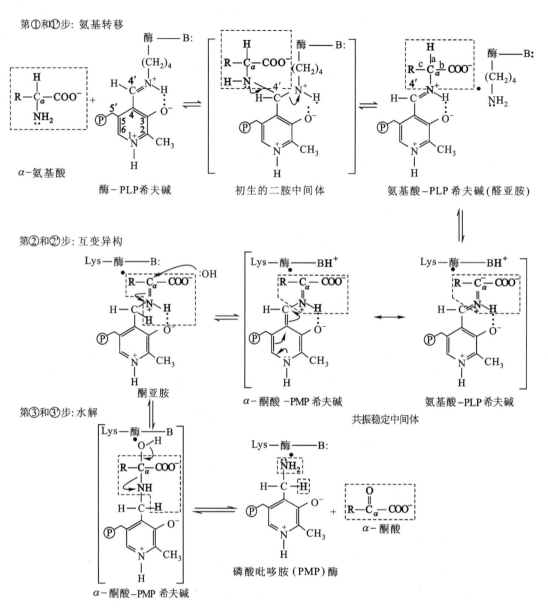

图 25-4　以吡哆醛 5′-磷酸为辅酶的酶催化氨基转移反应的机制

反应步骤 Ⅰ：氨基酸的 α-氨基转移给 PLP 形成 PMP(5′-磷酸吡哆胺)及 α-酮酸。它包括三步反应，即图中的①氨基转移，②互变异构，③水解。反应步骤 Ⅱ：PMP 的氨基转移给另一 α-酮酸，形成 PLP 及一新的氨基酸，它也包括三步反应①'②'③'，实际是步骤 Ⅰ 的三步反应的逆反应

希夫碱的互变异构中移走 α 质子(得自图 25-4 中 a 键的断裂)。PLP 引起的反应还包括 b 键的断裂(氨基酸的脱羧)和 c 键的活化。

　　氨基转移酶因氨基转移反应第一步的底物氨基酸特性不同而异，从而使酶促催化产生了不同的 α-酮酸产物。但氨基转移酶的绝大多数在反应第二步中作为 α-酮酸底物的，仅能是 α-酮戊二酸，或者(少部分的)草酰乙酸，因此只可能产生谷氨酸或天冬氨酸。绝大多数氨基就这样流进而形成谷氨酸或天冬氨酸，它们乃自行受谷氨酸-天冬氨酸氨基转移酶的作用进行如下转化：

谷氨酸 + 草酰乙酸 ⇌ α-酮戊二酸 + 天冬氨酸

谷氨酸氧化脱氨基产生氨，并再生 α-酮戊二酸。α-酮戊二酸又进入另一种氨基反应的途径。在尿素合成中，氨和天冬氨酸扮演着两个氨基受体的角色。

2. 葡萄糖-丙氨酸循环,氨运入肝

与前述转氨基作用规律相反的一个重要例外,是有一组肌肉氨基转移酶,可把丙酮酸当作它们的 α-酮酸底物。即在它们的催化下得到的产物为丙氨酸。这个丙氨酸被释放进入血流,并被传送到肝,在肝中经过转氨基作用产生丙酮酸,又可用于**糖异生作用**(gluconeogenesis)(见第 21 章)。这样形成的葡萄糖又回到肌肉中,在这里又以糖酵解方式降解为丙酮酸。以上称之为**葡萄糖-丙氨酸循环**(glucose-alanine cycle)(图 25-5)。氨基酸最后以氨或天冬氨酸告终,产物即用于尿素的形成。它证明葡萄糖-丙氨酸循环起着将氨运入肝的作用。

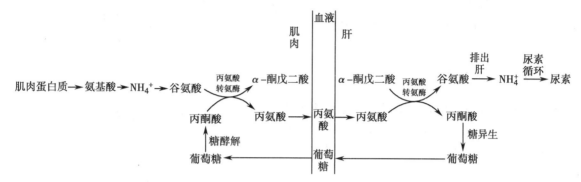

图 25-5　葡萄糖-丙氨酸循环

3. 转氨酶

催化转氨基反应的酶称为**转氨酶**(transaminase),或称氨基转移酶(aminotransferase)。催化氨基酸转氨基的酶种类很多,在动、植物、微生物中分布很广。在动物的心、脑、肾、睾丸以及肝细胞中含量都很高。大多数转氨酶需要 α-酮戊二酸作为氨基的受体,因此它们对两个底物中的一个底物,即 α-酮戊二酸(或谷氨酸)是专一的,而对另外一个底物则无严格的专一性,虽然某种酶对某种氨基酸有较高的活力,但对其他氨基酸也有一定作用。酶的命名是根据其催化活力最大的氨基酸命名,至今已发现有 50 种以上的转氨酶。

动物和高等植物的转氨酶一般只催化 L-氨基酸和 α-酮酸的转氨作用。某些细菌,例如,枯草杆菌(*Bacillus Subtilis*)的转氨酶能催化 D-和 L-两种氨基酸的转氨作用。

转氨酶催化的反应都是可逆的,它们的平衡常数为 1.0 左右,也表明催化的反应可向左、右两个方向进行。但是在生物体内,与转氨作用相偶联的反应是氨基酸的氧化分解作用,例如,谷氨酸的氧化脱氨基作用,这种偶联反应可以促使氨基酸的转氨作用向一个方向进行。

在真核细胞的线粒体和细胞溶胶中都可进行转氨作用。在细胞不同部位的转氨酶,虽然功能相同,但结构和性质并不相同。在猪心细胞线粒体内和线粒体外的天冬氨酸转氨酶,其氨基酸组成和等电点都不相同,但两种转氨酶的相对分子质量都是 90 000,都含有两个大小相同的亚基。

哺乳动物细胞中氨基酸氨基的集合作用是在细胞溶胶中进行的。起催化作用的酶是细胞溶胶中的各种转氨酶,这些酶催化的转氨产物是谷氨酸。谷氨酸通过膜的特殊转运系统进入线粒体基质(matrix),在线粒体基质中,谷氨酸或直接脱氨基,或作为 α-氨基的供体,借助线粒体天冬氨酸转氨酶,将氨基转移给草酰乙酸又形成天冬氨酸。在线粒体内,天冬氨酸是尿素形成时氨基的直接供给者,又是形成腺苷酸代琥珀酸(adenylosuccinate)的重要物质(参看联合脱氨基作用)。

(二) 氧化脱氨基作用:谷氨酸脱氢酶

谷氨酸在线粒体中受谷氨酸脱氢酶作用发生氧化脱氨基反应。这是唯一为人所知的,至少在一些组织中,既可把 NAD^+ 又可把 $NAD(P)^+$ 作为它的氧化还原辅酶的酶。氧化的发生被认为是由于谷氨酸的 C_α 带一对电子的质子转移到 $NAD(P)^+$ 所致。这时,形成 α-亚氨基戊二酸。这个具有亚氨基的中间产物经水解即形成 α-酮戊二酸及氨,见图 25-6。

谷氨酸脱氢酶的相对分子质量为 330 000,在脊椎动物中,此酶由 6 个相同的亚基构成。此酶存在于

线粒体基质中。它是一别构调节酶。在体外的实验中可以见到谷氨酸脱氢酶被 GTP 和 ATP 抑制,被 ADP 激活。因此,认为此类核苷酸在体内起着调节此酶的作用。然而,对于细胞底物及产物浓度的研究却表明,在体内此脱氢酶的作用非常接近平衡状态($\Delta G \approx 0$)。因此,最大的可能是受底物及产物浓度所左右。反应的平衡点表明在动态反应中谷氨酸的形成超过氨的形成(即在上图的反应式中 $\Delta G^{\ominus}{}' \approx 30$ kJ/mol 时)。氨的浓度越高,显示毒性越高,因此这个平衡点在生理学上至关重要,它维护了氨的低浓度。这里产生的氨又转化为尿素(见后节)。

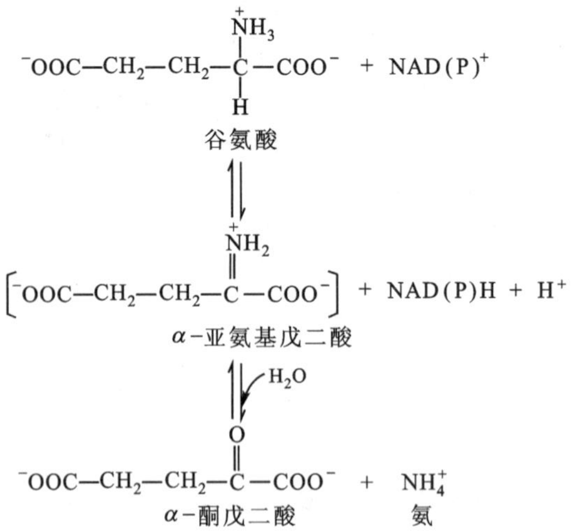

(三) 其他的脱氨基作用

L-氨基酸氧化酶及 D-氨基酸氧化酶是两个非专一性的氨基酸氧化酶,它们把 FAD[而不是 NAD(P)$^+$]作为辅酶,催化 L-及 D-氨基酸的氧化反应。产出的 FADH$_2$ 又被 O$_2$ 再氧化:

$$氨基酸 + FAD + H_2O \longrightarrow \alpha - 酮酸 + NH_3 + FADH_2$$

$$FADH_2 + O_2 \longrightarrow FAD + H_2O_2$$

D-氨基酸氧化酶主要存在于肾中。它的功能是颇为神秘的,因为 D-氨基酸绝大多数是结合在细菌的细胞壁上。

极少数的氨基酸,如丝氨酸及组氨酸之脱氨基是非氧化型的脱氨基作用。

(四) 联合脱氨作用

氨基酸的转氨作用虽然在生物体内普遍存在,但是单靠转氨作用并不能最终脱掉氨基。当前联合脱氨作用(transdeamination)有两个内容:其一是指氨基酸的 α-氨基借助转氨作用,转移到 α-酮戊二酸的分子上,生成相应的 α-酮酸和谷氨酸,然后谷氨酸在谷氨酸脱氢酶的催化下,脱氨基生成 α-酮戊二酸,同时释放出氨(图 25-7)。其二是嘌呤核苷酸的联合脱氨作用,这一过程的内容是:次黄嘌呤核苷酸与天冬氨酸作用形成中间产物**腺苷酸代琥珀酸**(adenylsuccinate),后者在裂合酶的作用下,分裂成腺嘌呤核苷酸和延胡索酸,腺嘌呤核苷酸(腺苷酸)水解后即产生游离氨和次黄嘌呤核苷酸(图 25-8)。

天冬氨酸主要来源于谷氨酸,由草酰乙酸与谷氨酸转氨而来,催化此反应的酶称为谷氨酸-草酰乙酸转氨酶,简称谷草转氨酶,又称为谷氨酸:天冬氨酸转氨酶。从 α-氨基酸开始的联合脱氨反应可概括如图 25-9。

以谷氨酸脱氢酶为中心的联合脱氨作用,虽然在机体内广泛存在,但不是所有组织细胞的主要脱氨方式。骨骼肌、心肌、肝以及脑的脱氨方式可能都是以嘌呤核苷酸循环为主,实验证明脑组织中的氨有 50% 是经嘌呤核苷酸循环产生的。

(五) 氨基酸的脱羧基作用

机体内部分氨基酸可进行脱羧而生成相应的一级胺。催化脱羧反应的酶称为脱羧酶(decarboxylase),这类酶的辅酶为磷酸吡哆醛,其所催化的反应如下:

图 25-6　谷氨酸的氧化脱氨基作用

图 25-7　以谷氨酸脱氢酶为主的联合脱氨基作用

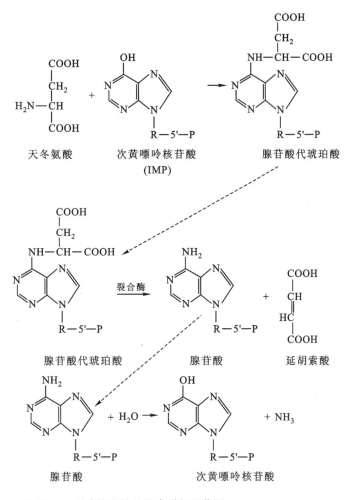

图 25-8　嘌呤核苷酸的联合脱氨基作用

图 25-9　从 α-氨基酸开始通过嘌呤核苷酸循环的联合脱氨基过程

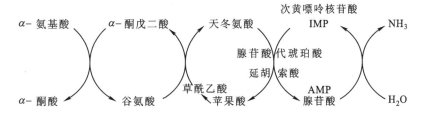

氨基酸脱羧酶的专一性很高,一般是一种氨基酸对应一种脱羧酶,而且只对 L-氨基酸起作用。在脱羧酶中只有组氨酸脱羧酶不需要辅酶。

氨基酸的脱羧反应普遍存在于微生物,高等动、植物组织中。动物的肝、肾、脑中都发现有氨基酸脱羧酶,脑组织中富有 L-谷氨酸脱羧酶,能使 L-谷氨酸脱羧形成 γ-氨基丁酸。氨基酸脱羧后形成的胺,有许多具有重要的生理作用。如上述的 γ-氨基丁酸是重要的神经递质(neurotransmitter)。组氨酸脱羧形成的组胺(histamine)有降低血压的作用,又是胃液分泌的刺激剂。酪氨酸脱羧形成的酪胺(tyramine)有升高血压的作用,这点将在氨基酸与生物活性物质一节中详细讨论。绝大多数胺类是对动物有毒性的。但体内有胺氧化酶,能将胺氧化为醛和氨。醛可进一步氧化成脂肪酸,氨可合成尿素,又可形成新的氨基酸。

(六) 氨的命运

氨基酸经过前述的氧化脱氨基作用、脱酰氨基作用,或经嘌呤核苷酸循环等途径将氨基氮转变为氨。氨对生物机体是毒性物质,特别是高等动物的脑对氨极为敏感,血液中 1% 的氨就可引起中枢神经系统中毒,因此氨的排泄是生物体维持正常生命活动所必需的。

人类氨中毒的症状表现为语言紊乱、视力模糊,机体发生一种特有的震颤,甚至昏迷或死亡。氨对中枢神经系统危害的机制目前尚未完全阐明。已知脑细胞线粒体可将氨与 α-酮戊二酸作用形成谷氨酸:

$$\text{NH}_4^+ + \alpha\text{-酮戊二酸} + \text{NADPH} + \text{H}^+ \longrightarrow \text{谷氨酸} + \text{NADP}^+ + \text{H}_2\text{O}$$

此反应一方面大量消耗了 α-酮戊二酸,从而破坏了柠檬酸循环的正常进行;另一方面,对 NADPH 的大量消耗,严重地影响需要还原力(NADPH+H$^+$)反应的正常进行。

有些微生物可将游离氨用于形成细胞的其他含氮物质。当以某种氨基酸作为氮源时,从氨基酸上脱下的氨,除一部分用于进行生物合成外,多余的氨即排到周围环境中。

某些水生的或海洋动物,如原生动物和线虫以及鱼类、水生两栖类等,都以氨的形式将氨基氮排出体外。这些动物称为**排氨动物**(ammonotelic animal)。

绝大多数陆生动物将脱下的氨转变为尿素。鸟类和陆生的爬虫类,因体内水分有限,它们的排氨方式是形成固体尿酸的悬浮液排出体外。因此鸟类和爬虫类又称为**排尿酸动物**(uricotelic animal)。

有些两栖类处于中间位置,幼虫为排氨动物,如蝌蚪,变态时肝产生出必要的酶,成蛙后,即排泄尿素。

概括地说,生活着的有机体把氨基酸分解代谢产生的氮的多余部分排出体外,有 3 种形式:① 排氨,包括许多水生动物,排泄时需要少量的水;② 排尿素,包括绝大多数陆生脊椎动物;③ 排尿酸,包括鸟类和陆生爬行动物。有些生物在水供应受到限制时,可以从排氨类转变为排尿素类或排尿酸类。

氨   尿素   尿酸

1. 氨的转运

氨的转运主要是通过谷氨酰胺,多数动物细胞内有**谷氨酰胺合成酶**(glutamine synthetase),催化谷氨酸与氨结合而形成谷氨酰胺。

$$\text{NH}_4^+ + \text{谷氨酸} + \text{ATP} \xrightarrow{\text{谷氨酰胺合成酶}} \text{谷氨酰胺} + \text{ADP} + \text{Pi} + \text{H}^+$$

在该反应中形成中间产物谷氨酰-5-磷酸,是一种与酶结合的高能中间产物,是谷氨酸第 5 位的羧基磷酸化的结果,提供磷酸基团的是 ATP。谷氨酰-5-磷酸的磷酯键是活泼键,很容易脱下磷酸基团而与氨结合形成谷氨酰胺。

$$\text{酶} + \begin{array}{c} \overset{+}{H_3N}-\overset{\displaystyle COO^-}{\underset{\displaystyle |}{C}}-H \\ | \\ CH_2 \\ | \\ CH_2 \\ | \\ COO^- \end{array} \quad \xrightarrow[\qquad]{ATP \quad ADP+H^+} \quad \left[\begin{array}{c} \overset{+}{H_3N}-\overset{\displaystyle COO^-}{\underset{\displaystyle |}{C}}-H \\ | \\ CH_2 \\ | \\ CH_2 \\ | \\ C=O \\ | \\ O \\ | \\ ^-O-\overset{\displaystyle ||}{\underset{\displaystyle ||}{P}}-O^- \\ O \end{array} \right]-\text{酶} \quad \xrightarrow[\qquad]{NH_4^+ \quad Pi+H^+} \quad \begin{array}{c} \overset{+}{H_3N}-\overset{\displaystyle COO^-}{\underset{\displaystyle |}{C}}-H \\ | \\ CH_2 \\ | \\ CH_2 \\ | \\ C=O \\ | \\ NH_2 \end{array}$$

谷氨酸

谷氨酰-5-磷酸
（与酶相结合）

谷氨酰胺

谷氨酰胺是中性无毒物质，容易透过细胞膜，是氨的主要运输形式；而谷氨酸带有负电荷，不能透过细胞膜。

谷氨酰胺由血液运送到肝，肝细胞的**谷氨酰胺酶**（glutaminase）又将其分解为谷氨酸和氨。

$$\text{谷氨酰胺} + H_2O \xrightarrow{\text{谷氨酰胺酶}} \text{谷氨酸} + NH_4^+$$

前已述及，肌肉可利用葡萄糖-丙氨酸循环转运氨，将氨送到肝。在肌肉中谷氨酸与丙酮酸进行转氨形成丙氨酸：

$$\text{谷氨酸} + \text{丙酮酸} \xrightarrow[\text{（在肌肉）}]{\text{丙酮酸转氨酶}} \alpha\text{-酮戊二酸} + \text{丙氨酸}$$

丙氨酸在 pH 近于 7 的条件下是中性不带电荷的化合物，通过血液运送到肝，再与 α-酮戊二酸转氨又变为丙酮酸和谷氨酸：

$$\text{丙氨酸} + \alpha\text{-酮戊二酸} \xrightarrow[\text{（在肝）}]{\text{丙氨酸转氨酶}} \text{丙酮酸} + \text{谷氨酸}$$

肌肉中所需的丙酮酸由糖酵解提供，在肝中多余的丙酮酸又可通过糖异生作用转化为葡萄糖。

生物体利用丙氨酸作为从肌肉到肝运送氨的载体，是机体在维持生命活动中遵循经济原则的一种表现。肌肉在紧张活动中既产生大量的氨，又产生大量的丙酮酸，二者都需要运送到肝进一步转化。将丙酮酸与氨转化为丙氨酸，收到一举两得的功效。

2. 氨的排泄

（1）排氨动物由氨基酸的 α-氨基形成的氨，经谷氨酰胺形式运送到排泄部位　例如，鱼类的鳃，经鳃内谷氨酰胺酶分解，游离的氨即借助扩散作用排出体外。

（2）尿素的形成——**尿素循环**（urea cycle）　排尿素动物合成尿素是在肝中进行的，由一个循环机制完成，这一循环称为尿素循环，如图 25-10 所示。

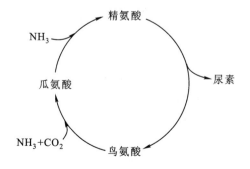

图 25-10　Krebs 和 Henseleit 最早提出的尿素循环

三、尿素的形成

(一) 尿素循环的发现

尿素循环是最早发现的代谢循环,比发现柠檬酸循环还早 5 年。1932 年发现柠檬酸循环的同一人,Hans A. Krebs 和他的学生 Kurt Henseleit 观察到,当往悬浮有肝切片的缓冲液中加入**鸟氨酸**(ornithine)、**瓜氨酸**(citrulline)或精氨酸的任何一种时,都可促使肝切片显著加快尿素的合成,而其他任何氨基酸或含氮化合物都不能起到上述 3 种氨基酸的促进作用。较早人们就已经知道精氨酸可以由精氨酸酶(arginase)水解为鸟氨酸和尿素。

$$精氨酸 + H_2O \xrightarrow{\text{精氨酸酶}} 鸟氨酸 + 尿素$$

Krebs 和 Henseleit 研究了前述 3 种氨基酸的结构关系,发现它们彼此的相关结构,提出鸟氨酸是瓜氨酸的前体,瓜氨酸是精氨酸的前体,它们的相互关系见图 25-10。

在以上实验和分析的基础上,Krebs 提出了尿素循环的设想。在此循环中,鸟氨酸所起的作用类似草酰乙酸在柠檬酸循环中的作用,一分子鸟氨酸和一分子氨及二氧化碳结合形成瓜氨酸。瓜氨酸与另一分子氨结合形成精氨酸。精氨酸水解形成尿素和鸟氨酸完成一次循环。当今公认的尿素循环表示如图 25-11。

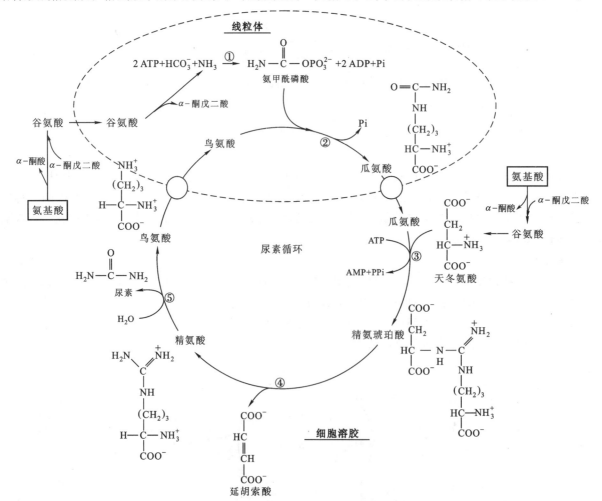

图 25-11 尿素循环部分发生在线粒体,部分发生在细胞溶胶

其通路是分别经鸟氨酸及瓜氨酸在特异的运输体系下穿过线粒体膜实现的。在尿素循环中分布有 5 种酶:①氨甲酰磷酸合成酶;②鸟氨酸氨甲酰基转移酶;③精氨琥珀酸合成酶;④精氨琥珀酸酶;⑤精氨酸酶

（二）尿素循环

尿素是肝中由尿素循环的一系列酶催化形成的。合成的尿素被分泌进入血流,再被肾汇集,从尿中排出。尿素循环的过程可概括为:

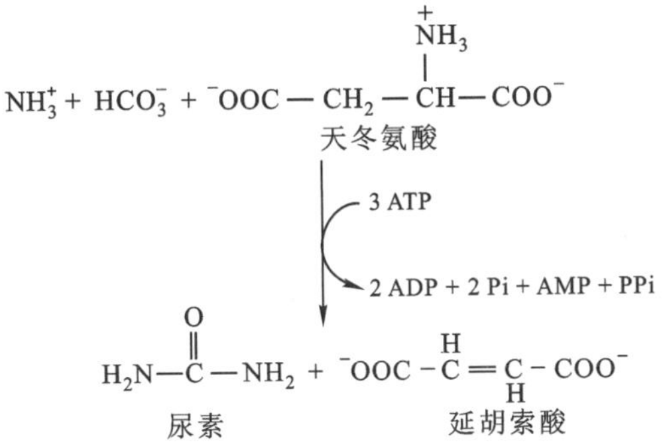

$$NH_4^+ + HCO_3^- + {}^-OOC-CH_2-\overset{\overset{\displaystyle +NH_3}{|}}{CH}-COO^-$$

天冬氨酸

$$\downarrow \quad 3\ ATP$$

$$\searrow 2\ ADP + 2\ Pi + AMP + PPi$$

$$H_2N-\overset{\overset{\displaystyle O}{\|}}{C}-NH_2 + {}^-OOC-\overset{H}{\underset{}{C}}=\overset{}{\underset{H}{C}}-COO^-$$

尿素　　　　　　　延胡索酸

尿素的两个 N 原子来自一个氨分子和一个天冬氨酸分子,其 C 原子则来自 HCO_3^-。在尿素循环中包括有 5 步酶反应,其中 2 步发生在线粒体内,3 步发生在细胞溶胶中(见图 25-11)。下面着重讨论鸟氨酸循环的反应机制:

1. 氨甲酰磷酸合成酶,尿素的第一个氮原子的获取

氨甲酰磷酸合成酶(carbamoyl phosphate synthetase, CPS)严格地说,其实不属于尿素循环的一员。它催化 NH_3 及 HCO_3^- 使之活化并缩合形成氨甲酰磷酸。它是尿素循环的两个含氮底物中的一个。这个反应伴随有两个 ATP 的水解。真核生物中的 CPS 有两类,即:

（1）线粒体的氨甲酰磷酸合成酶 I（CPS I）　用氨作为它的氮给体,参与尿素的生物合成。

（2）细胞溶胶的氨甲酰磷酸合成酶 II（CPS II）　用谷氨酸作为它的氮给体,分担着嘧啶生物合成的任务。

CPS 所催化的反应包含有 3 个步骤(图 25-12): ① HCO_3^- 受 ATP 作用而活化,形成羰基磷酸。② 氨对羰基磷酸进攻,取代磷酸基团形成氨基甲酸酯。③ 受第 2 个 ATP 作用,发生氨基甲酸酯的磷酸化,形成氨甲酰磷酸及 ADP。本反应基本上是不可逆的,它在尿素循环中是限速的一步。

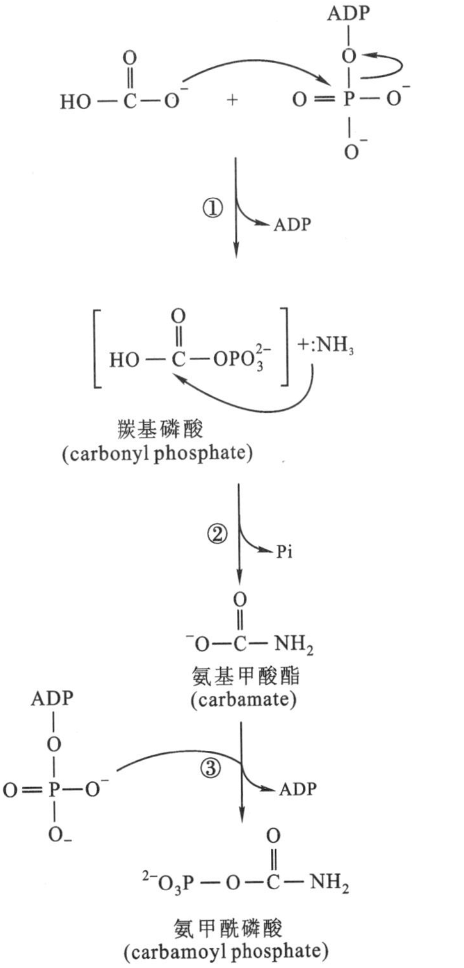

2. 鸟氨酸氨甲酰基转移酶

鸟氨酸氨甲酰基转移酶(ornithine transcarbamoylase)的作用是将氨甲酰磷酸的氨甲酰基转移到**鸟氨酸**(ornithine)上,形成**瓜氨酸**(citrulline),这是尿素循环的第 2 步。此反应发生在线粒体中,而鸟氨酸则产生于细胞溶胶,所以它必须通过一个特异的运送体系进入线粒体。同样地,尿素循环的以后几步皆在细胞溶胶中进行,瓜氨酸就必须从线粒体中脱出(见图 25-11)。

3. 精氨琥珀酸合成酶,尿素第二个氮原子的获取

尿素第 2 个氮原子的获取是在尿素循环的第 3 步反应中实现的,即:在**精氨琥珀酸合成酶**(argininosuccinate synthetase)作用下,瓜氨酸的脲基(ureido group)与天冬

图 25-12　CPS I 酶促反应的机制

①HCO_3^- 被磷酸化而活化,形成一个假设的中间体——羰基磷酸;②NH_3 向羰基磷酸进攻,形成氨基甲酸酯;③氨基甲酸酯受 ATP 作用发生磷酸化反应,产生氨甲酰磷酸

氨酸的氨基进行缩合。反应的机制是瓜氨酸经 ATP 作用,形成瓜氨酸-AMP(citrullyl-AMP)中间体,此时瓜氨酸的脲基氧活化成为脱离基团。这个中间体立即与天冬氨酸的氨基发生置换反应,形成**精氨琥珀酸**(argininosuccinate)(图 25-13)。使用 ^{18}O 标记的瓜氨酸,最后在释出的 AMP 中分离得到了带标记的 AMP。这个实验证明 AMP 与瓜氨酸确实是通过脲基氧以共价联合在一起。

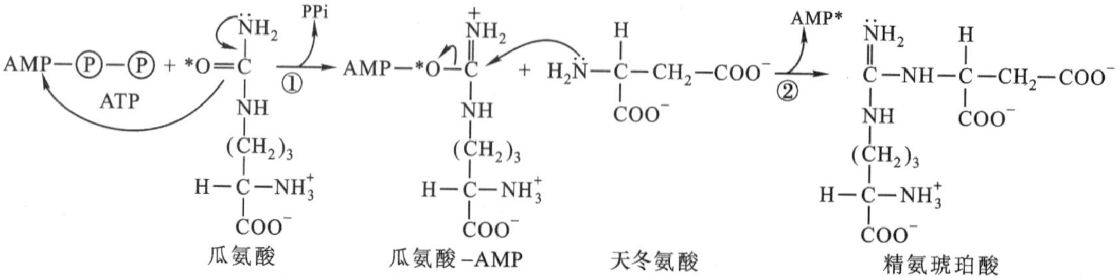

图 25-13　精氨琥珀酸合成酶的催化反应机制
①瓜氨酸的脲基氧由于形成瓜氨酸-AMP 而被活化;②天冬氨酸以其氨基与 AMP 置换,星号(＊)表示用 ^{18}O 标记的氧及相应化合物

4. 精氨琥珀酸酶

精氨琥珀酸形成之后,尿素分子的全部组成成分都已齐备。但是天冬氨酸所提供的氨基仍然连接在天冬氨酸的碳骨架上。这时需要精氨琥珀酸酶的作用,**精氨琥珀酸酶**(argininosuccinase)又称**精氨琥珀酸裂解酶**,在它的催化下,精氨酸与天冬氨酸的碳骨架脱离,脱下的是延胡索酸(见图 25-11 反应④)。精氨酸最终成为尿素的直接前体。请注意,尿素循环与柠檬酸循环之间的沟通,正是通过尿素循环中精氨琥珀酸酶催化形成的延胡索酸和在柠檬酸循环中形成草酰乙酸经转氨基反应形成天冬氨酸而连接在一起的。

5. 精氨酸酶

尿素循环的第 5 步,也是最后一步,是**精氨酸酶**(arginase)催化水解精氨酸产生尿素及再生成鸟氨酸(见图 25-11)。再生成的鸟氨酸又回到线粒体中进入另一轮尿素循环。就这样,尿素循环把两个氨基和一个碳原子转化为非毒性的排泄物尿素。在这个循环中使用了 4 个"高能"磷酸键(3 个 ATP 水解为两个 ADP 及 Pi,一个 AMP 和 PPi,后者并随之迅速水解为 Pi)。上述的两个氨基,其中一个来自氨,另一个来自天冬氨酸;一个碳原子来自 HCO_3^-。在这过程中,能量的消耗大于能量的获取,因为在形成尿素底物时,是需要能量的。但是在谷氨酸脱氢酶催化下,由谷氨酸释出氨的反应中,伴随着 NADH 的形成;在延胡索酸经草酰乙酸转化为天冬氨酸(图 25-14)的过程中,同样也伴有 NADH 生成。在线粒体中对 NADH 再氧化,能产生 $2.5×2=5$ 个 ATP。

（三）尿素循环的调节

线粒体酶之一的氨甲酰磷酸合成酶I承担着尿素循环关键的第一步反应,它被 *N*-乙酰-谷氨酸别构激活。这个代谢物是谷氨酸在 **N-乙酰谷氨酸合酶**(*N*-acetylglutamate synthase)的催化下与乙酰-CoA 合成的。

肝中尿素生成的速度实际上与这个 *N*-乙酰谷氨酸合酶的浓度直接相关。当氨基酸降解速度提高,产生出过量的、必须排出的氮时,尿素的合成增加。氨基酸降解速度增高的"信号"使转氨反应加速从而引起谷氨酸浓度增高。随之又引起 *N*-乙酰谷氨酸合成的增加,又激化了氨甲酰磷酸合成酶,乃至整个尿素循环。

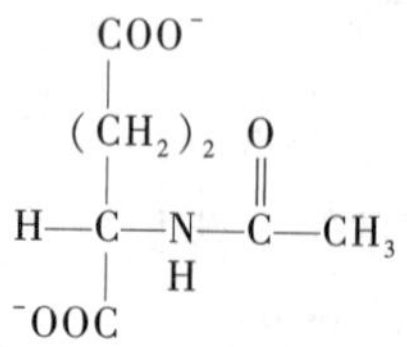

N-乙酰谷氨酸

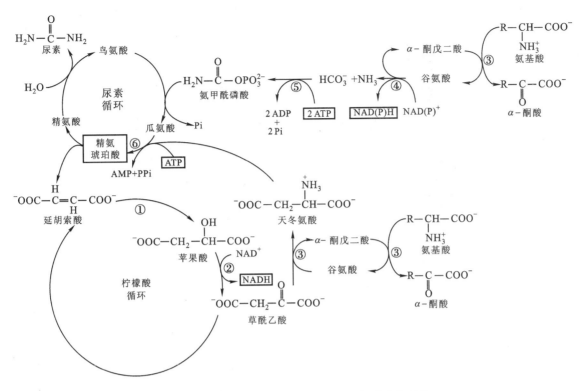

图 25-14　尿素循环与柠檬酸循环的联系是基于精氨琥珀酸的断裂与形成实现的

酶①延胡索酸酶及酶②苹果酸脱氢酶是属于柠檬酸循环的成员。草酰乙酸自柠檬酸循环改道形成天冬氨酸是受酶③氨基转移酶的作用所致。ATP 的水解发生于酶⑤氨甲酰磷酸合成酶I及酶⑥精氨琥珀酸合成酶所催化的两个反应中。在酶④谷氨酸脱氢酶的作用下,由于产生出的 NAD(P)H 及酶②苹果酸脱氢酶的反应中产生出 NADH,经氧化磷酸化作用后又形成 5 个 ATP

　　尿素循环中的其他酶则是由它们的底物所控制。正因为这样,遗传性尿素循环中某些酶的不足,除精氨酸酶以外,都不会因此发生尿素的重大减量(但是任何一种尿素循环酶的完全丧失,都会导致初生儿死亡)。当这些缺欠酶的底物增加时,它会使由于缺欠某种酶引起的某一速度之不足恢复正常。当然,这种欠量底物的增加,不是不需付出的。底物浓度的提升会使尿素循环逆行直至产生氨的各个途径,结果会发生"**高血氨症**"(hyperammonemia)。迄今,氨毒性的根源尚未彻底弄清,氨的高浓度会使"氨清除体系"(ammonia-clearing system)过分耗力,特别是在脑中(尿素循环酶缺欠症状包括有智力迟钝、嗜眠症等)。上述的"氨清除体系"中包含有谷氨酸脱氢酶(反方向工作)及谷氨酰胺合成酶。这个体系可使 α-酮戊二酸及谷氨酸的"蓄池水位"下降,这些蓄池如若耗竭,脑将发生极其敏感的反应。α-酮戊二酸的耗尽,会引发产生能量的柠檬酸循环失速,而谷氨酸既是神经递质,又是 γ-氨基丁酸(GABA)的前体,后者是另一种神经递质。

四、氨基酸碳骨架的氧化途径

　　脊椎动物体内的 20 种氨基酸的碳骨架,由 20 种不同的多酶体系进行氧化分解。虽然氨基酸的氧化分解途径各异,但它们都集中形成 5 种产物而进入柠檬酸循环,最后氧化为 CO_2 和水,图 25-15 表明 20 种氨基酸进入柠檬酸循环的途径。

　　图 25-15 表明,丙氨酸、苏氨酸、丝氨酸、半胱氨酸、甘氨酸、苯丙氨酸、酪氨酸、亮氨酸、赖氨酸及色氨酸共 10 种氨基酸的碳骨架分解后形成乙酰-CoA;精氨酸、组氨酸、谷氨酰胺、脯氨酸及谷氨酸共 5 种氨基酸形成 α-酮戊二酸;异亮氨酸、甲硫氨酸及缬氨酸共 3 种氨基酸变为琥珀酰-CoA;苯丙氨酸、酪氨酸形成延胡索酸;天冬氨酸、天冬酰胺转变为草酰乙酸。因此构成蛋白质的 20 种氨基酸通过转变为乙酰-CoA、α-酮戊二酸、琥珀酰-CoA、延胡索酸以及草酰乙酸这 5 种物质都能进入柠檬酸循环。此外,苯丙氨酸和酪

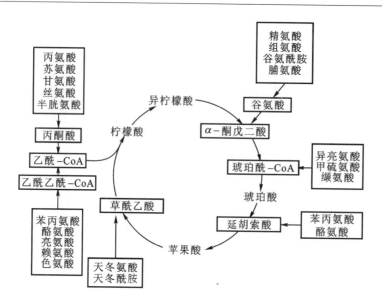

图 25-15　氨基酸碳骨架进入三羧酸循环的途径

氨酸碳骨架的一部分也以乙酰-CoA 的形式进入柠檬酸循环。当氨基酸脱羧形成胺类后,即失去了进入柠檬酸循环的可能性。

氨基酸的分解途径并不是其合成途径的逆转,虽然在分解和合成途径之间也有共同的步骤。氨基酸分解代谢过程中有许多中间产物具有其他生物功能,特别是用作组成细胞其他成分的前体。脊椎动物分解代谢主要是在肝中进行,肾中也比较活跃。肌肉中氨基酸的分解是很少的。

下面将按照氨基酸碳骨架进入柠檬酸循环的入口方式分述其代谢途径。

(一) 形成乙酰-CoA 的途径

乙酰-CoA 是进入柠檬酸循环的主要入口物质,通过形成乙酰-CoA 进入柠檬酸循环的氨基酸又有三条途径:一条是由氨基酸先转变为丙酮酸再形成乙酰-CoA;第二条是经过乙酰乙酰-CoA 再形成乙酰-CoA;第三条是氨基酸直接形成乙酰-CoA(参看图 25-15)。现分述如下。

1. 经丙酮酸到乙酰 CoA 的途径——氨基酸转变为丙酮酸的途径

(1) 丙氨酸　经与 α-酮戊二酸转氨。催化此反应的酶为谷-丙转氨酶,反应如下:

$$L-丙氨酸 + \alpha-酮戊二酸 \xrightleftharpoons[]{谷-丙转氨酶} 丙酮酸 + 谷氨酸$$

(2) 甘氨酸　先转变为丝氨酸,再由丝氨酸转变为丙酮酸。催化甘氨酸转变为丝氨酸的酶称为**丝氨酸转羟甲基酶**(serine transhydroxymethylase),该酶以磷酸吡哆醛为辅基,但其转移的羟甲基以**四氢叶酸**(tetrahydrofolate,THF)为载体,反应如下:

$$甘氨酸 + N^5,N^{10}-甲烯基四氢叶酸 \xrightleftharpoons[Mn^{2+}]{丝氨酸转羟甲基酶} L-丝氨酸 + 四氢叶酸$$

$$(N^5,N^{10}\text{-Methylentetrahydrofolate})$$

丝氨酸和甘氨酸的互变是极为灵活的,因此该反应也是丝氨酸生物合成的重要途径,关于四氢叶酸将在"氨基酸与一碳单位"一节中详述。

甘氨酸的分解代谢不是以形成乙酰-CoA 为主要途径。甘氨酸的重要作用是一碳单位的提供者,在此反应中,同时产生 CO_2 和 NH_4^+。该反应需 NAD^+ 作为氢的传递体,反应如下式:

$$\overset{+}{H_3}N-CH_2-COO^- + THF + NAD^+ \Longleftrightarrow N^5,N^{10}-甲烯 THF + CO_2 + NH_4^+ + NADH + H^+$$

甘氨酸　　　　四氢叶酸

（3）**丝氨酸** 本身脱水、脱氨转变成丙酮酸，催化该反应的酶称为丝氨酸脱水酶。该酶也是磷酸吡哆醛酶类，又称为**丝氨酸-苏氨酸脱水酶**（serine-threonine dehydratase），反应如图 25-16 所示。

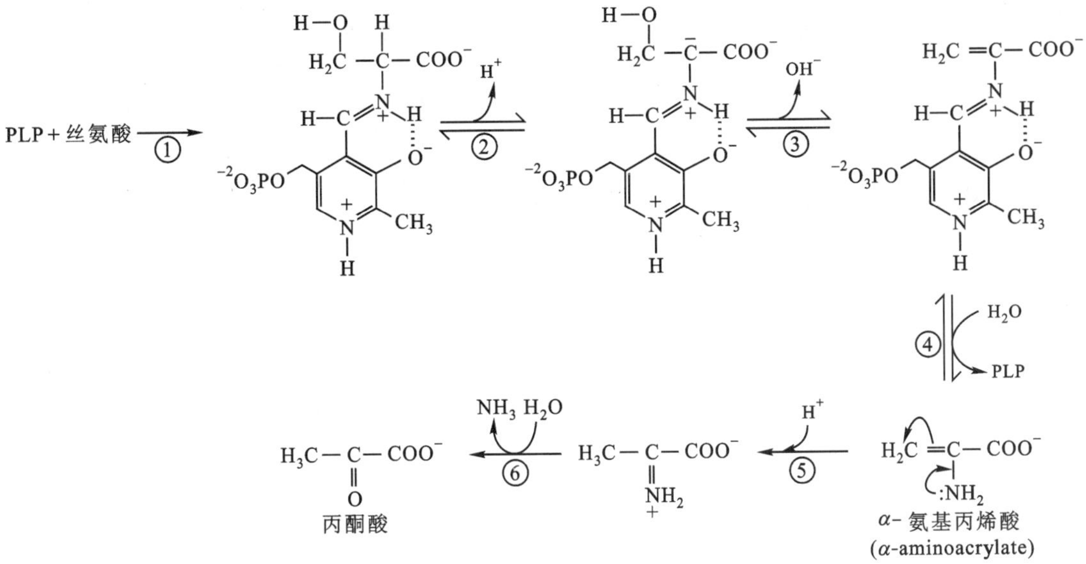

图 25-16 丝氨酸脱水转变为丙酮酸的机制

①丝氨酸与磷酸吡哆醛（PLP）形成希夫碱；②丝氨酸脱下一个 α-H 原子形成共振稳定的负碳离子；③OH⁻ 基的 β-消除；④希夫碱水解，游离出 PLP-酶并产生氨基丙烯酸；⑤非酶促互变异构形成亚胺；⑥非酶促水解形成丙酮酸和氨

（4）**苏氨酸** 由**苏氨酸羟甲基转移酶**（threonine aldolase）催化裂解生成甘氨酸和乙醛（acetaldehyde），后者氧化形成乙酸。乙酸氧化形成乙酰-CoA。甘氨酸形成丙酮酸的途径已如前述，苏氨酸的分解代谢还有两条其他途径，一条是由**丝氨酸-苏氨酸脱水酶**（serine-threonine dehydratase）转变为 α-酮丁酸，另一条是脱氢、脱羧形成氨基丙酮（aminoacetone）。

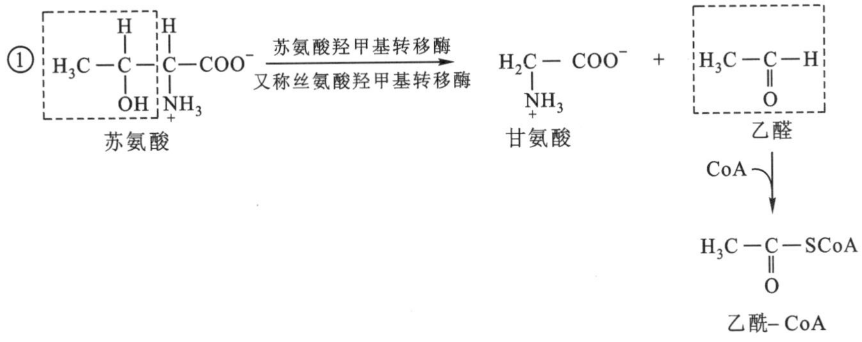

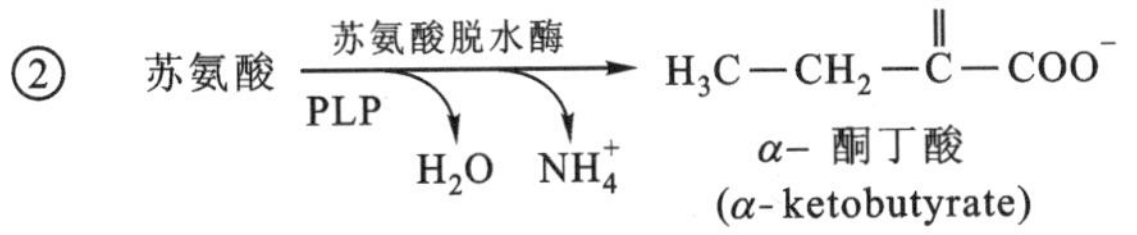

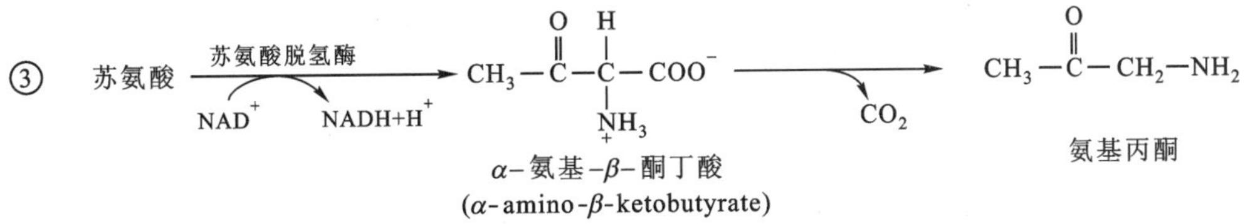

（5）半胱氨酸 形成丙酮酸的途径如图 25-17 所示。

在某些细菌可发生半胱氨酸的加水分解反应。

$$半胱氨酸 + H_2O \xrightarrow[\text{(cysteine desulfhydrase)}]{\text{半胱氨酸脱硫基酶}} 丙酮酸 + NH_3 + H_2S$$

上述 5 种氨基酸经丙酮酸转变为乙酰-CoA 的关系概括如图 25-18。

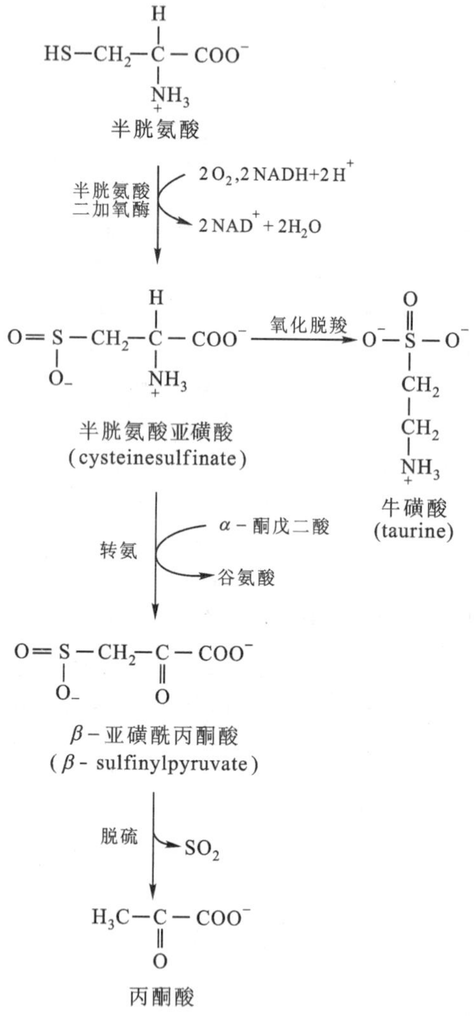

图 25-17 半胱氨酸转为丙酮酸的途径
在动物体内主要分 3 步进行。第 1 个中间产物半胱氨酸亚磺酸是一个分支点。一方面可以形成丙酮酸，另一方面也可形成牛磺酸

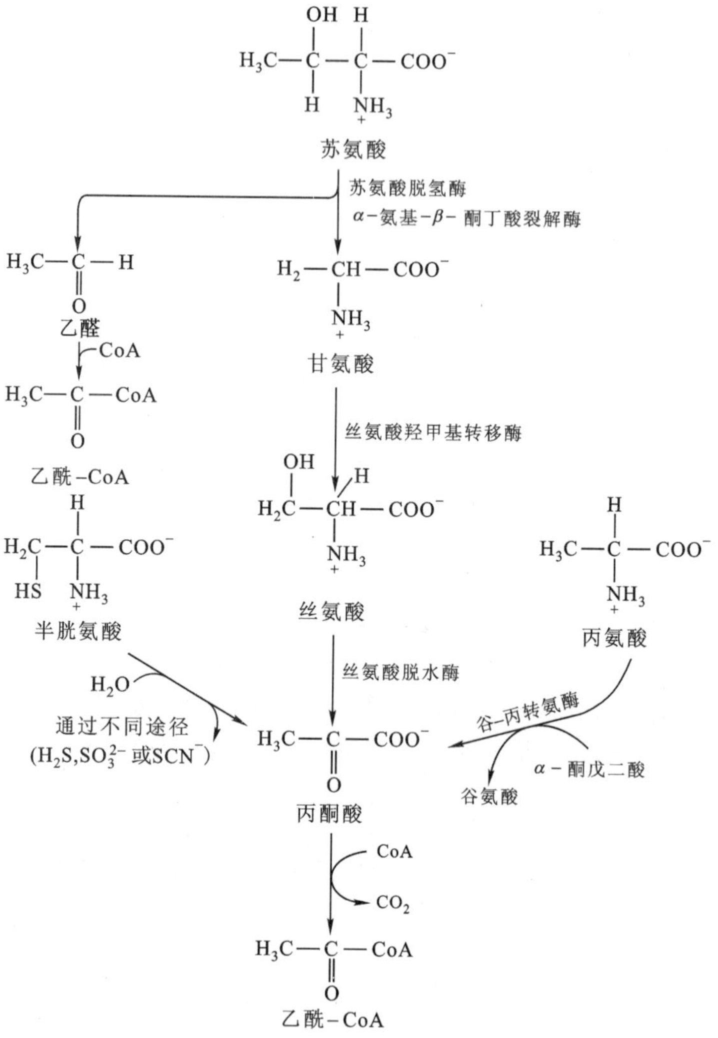

图 25-18 苏氨酸、甘氨酸、丝氨酸、丙氨酸及半胱氨酸5 种氨基酸通过丙酮酸形成乙酰-CoA 的关系图

2. 经乙酰乙酰-CoA 到乙酰-CoA 的途径

通过形成乙酰乙酰-CoA 再形成乙酰-CoA 的氨基酸有苯丙氨酸、酪氨酸、亮氨酸、赖氨酸及色氨酸 5 种氨基酸。它们的转变可概括如图 25-19。

下面分述以上 5 种氨基酸的分解途径：

（1）苯丙氨酸 在分解代谢中先转变为酪氨酸，因此它的分解途径和酪氨酸相同（参看酪氨酸的分解），苯丙氨酸转变为酪氨酸的反应如下：

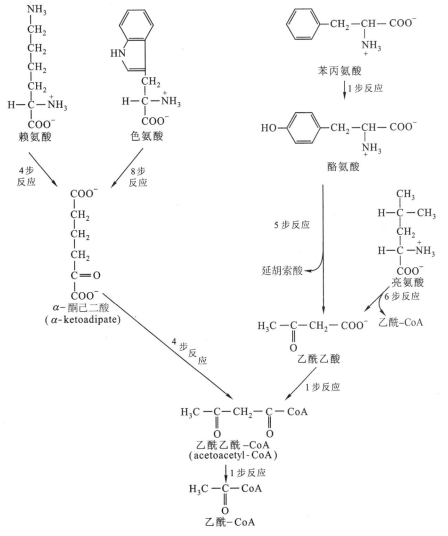

苯 丙 氨 酸 – 4 – 单 加 氧 酶（phenylalanine-4-monooxygenase）又称苯丙氨酸羟化酶（phenylalanine hydoxylase），该酶是一种混合功能酶，它同时催化两个反应，一方面使分子 O_2 中的一个氧原子将底物羟基化，另一方面使另一个氧原子还原为 H_2O。它的辅助因子是四氢生物蝶呤。

图 25-19　通过乙酰乙酰-CoA 途径形成乙酰-CoA 的氨基酸共 5 种：赖氨酸、色氨酸、苯丙氨酸、酪氨酸和亮氨酸

（2）酪氨酸　酪氨酸既可转变为延胡索酸,又可转变为乙酰-CoA。苯丙氨酸和酪氨酸转变为延胡索酸和乙酰乙酰-CoA 的途径如图 25-20 所示。

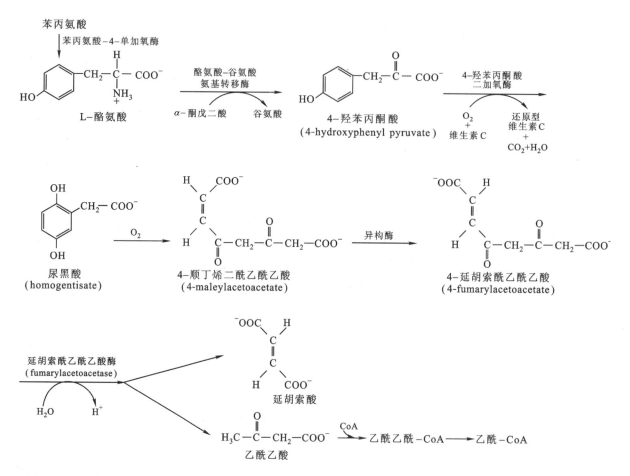

图 25-20　酪氨酸转变为延胡索酸和乙酰乙酰-CoA 的途径

酪氨酸在酪氨酸转氨酶催化下将氨基转移到 α-酮戊二酸上,本身转变为 4-羟苯丙酮酸,后者脱羧形成尿黑酸,并产生 1 个 CO_2。酪氨酸和苯丙氨酸有 4 个碳原子转变为延胡索酸,因此这 2 种氨基酸可通过形成延胡索酸进入柠檬酸循环,除形成 1 个 CO_2 和 4 个碳的延胡索酸外,其余的 4 个碳原子即形成乙酰乙酸,后者经琥珀酰-CoA 的活化形成乙酰乙酰-CoA。

在苯丙氨酸、酪氨酸代谢途径中,有两个酶和分子遗传缺陷症有关,将在本章第七节中讨论。

（3）亮氨酸　先经转氨形成 α-酮酸,再氧化脱羧形成**异戊酰-CoA**（isovaleryl CoA）,后者再经脱氢、羧化、加水,形成六碳 β-羟-β-甲基戊二酰-CoA（β-hydroxy-β-methyl glutaryl CoA）,随后分裂为乙酰-CoA 和乙酰乙酸,后者转变为乙酰乙酰-CoA 已如前述。β-羟-β-甲基戊二酰-CoA 是胆固醇生物合成的前体之一。现将亮氨酸的分解途径概括如图 25-21。

（4）赖氨酸　其转变过程如图 25-22 所示。在复杂的转变过程中,4 个碳原子转变为乙酰乙酰-CoA,其他两个碳原子经脱羧失去。赖氨酸不进行转氨作用。在一条途径中,赖氨酸先与 α-酮戊二酸缩合,形成酵母氨酸（saccharopine）[ε-N（L-戊二酸基-2-）-L-赖氨酸],最后形成乙酰乙酰-CoA。在第二条途径中,赖氨酸的 α-氨基可能被 L-氨基酸氧化酶氧化。两条途径都形成 L-α-氨基己二酸半醛（L-α-aminoadipic semialdehyde）。

（5）色氨酸　其分解路线也颇复杂如图 25-23 所示。色氨酸的 11 个碳原子中的 4 个转变为乙酰乙酰-CoA,另外 3 个转变为丙氨酸,其余的 4 个形成 3 分子 CO_2 和 1 分子甲酸。色氨酸分解的第一步是氧化,形成 N-醛基犬尿氨酸。催化此反应的酶称为色氨酸 2,3-二加氧酶,又名色氨酸吡咯酶（pyrrolase）,该

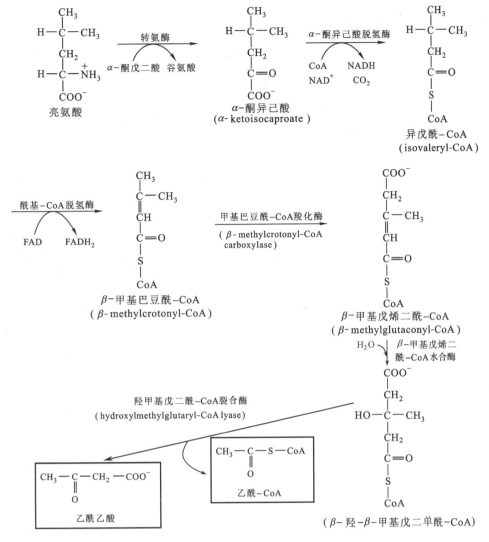

图 25-21　亮氨酸转变为乙酰-CoA 和乙酰乙酸途径

酶含有铜和血红素。人类患色氨酸 2,3-二加氧酶遗传缺陷症,导致智力迟钝。中间产物 3-羟犬尿氨酸在某些昆虫类用作色素的前体称为眼色素(ommochrome)。犬尿氨酸酶催化 3-羟犬尿氨酸的分解,生成丙氨酸和 3-羟邻氨基苯甲酸,该酶含有磷酸吡哆醛。哺乳动物缺乏维生素 B_6 时,在尿中排出大量的犬尿氨酸,中间产物 3-羟邻氨基苯甲酸是尼克酸生物合成的前体。

色氨酸分解代谢的中间产物是许多其他重要物质生物合成的前体,如 **5-羟色胺**(serotonin)是一种神经递质和血管收缩物质,**吲哚乙酸**(indeleacetic acid)是一种植物激素,烟酸又称尼克酸是 NAD 和 NADP 的前体(图 25-24)。

(二) α-酮戊二酸途径

参见图 25-15 所示,经 α-酮戊二酸进入柠檬酸循环的氨基酸有精氨酸、组氨酸、谷氨酰胺、脯氨酸以及谷氨酸 5 种氨基酸。它们的转变关系可概括如图 25-25,其中每个氨基酸的转变扼要分述如下:

1. 精氨酸

在精氨酸酶的作用下,水解形成尿素和鸟氨酸,经鸟氨酸转氨酶的作用,将 δ-氨基转给 α-酮戊二酸,本身转变为谷氨酸 γ-半醛;再经脱氢酶的作用形成谷氨酸,反应步骤参看图 25-26。谷氨酸转氨或氧化脱氨又形成 α-酮戊二酸。

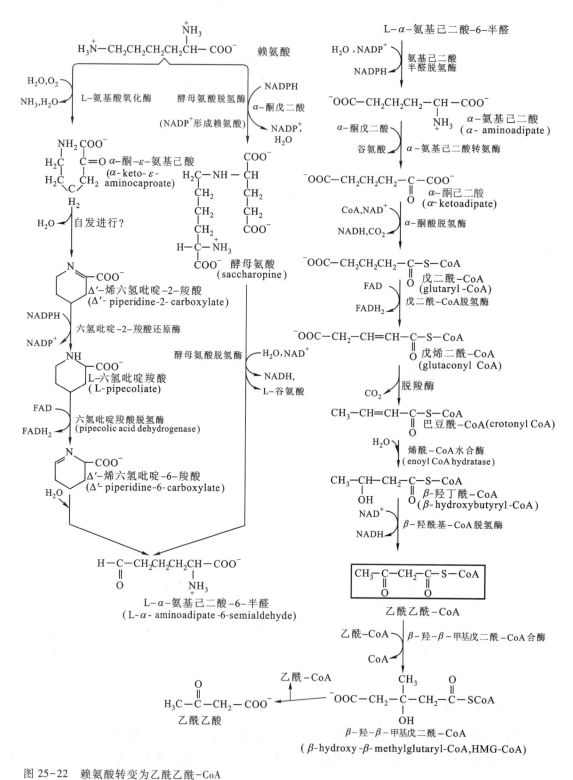

图 25-22   赖氨酸转变为乙酰乙酰-CoA

由赖氨酸变为 α-氨基己二酸半醛有两条不同路线,在肝占优势的是形成中间产物酵母氨酸途径

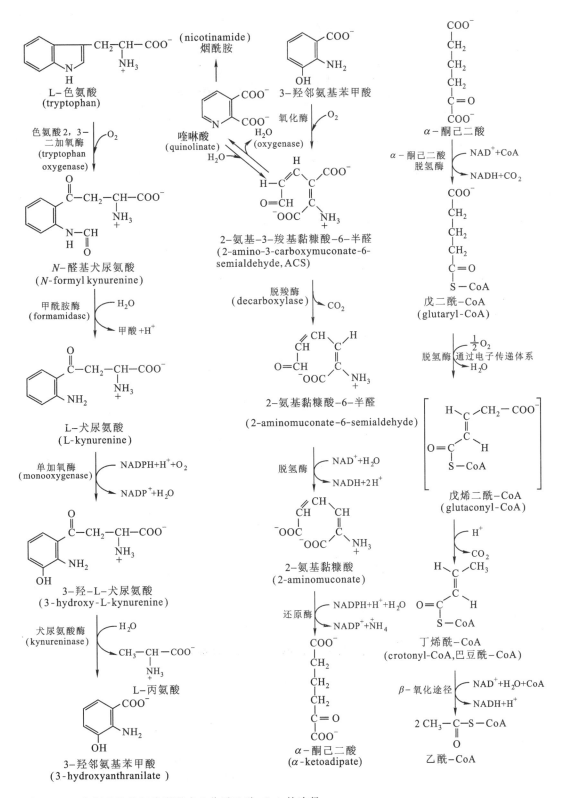

图 25-23　色氨酸的分解代谢形成 2 分子乙酰-CoA 的途径

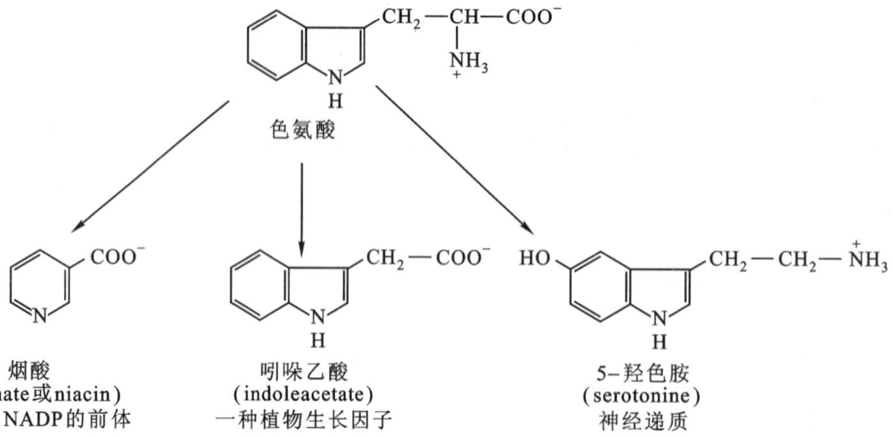

图 25-24 色氨酸的重要衍生物

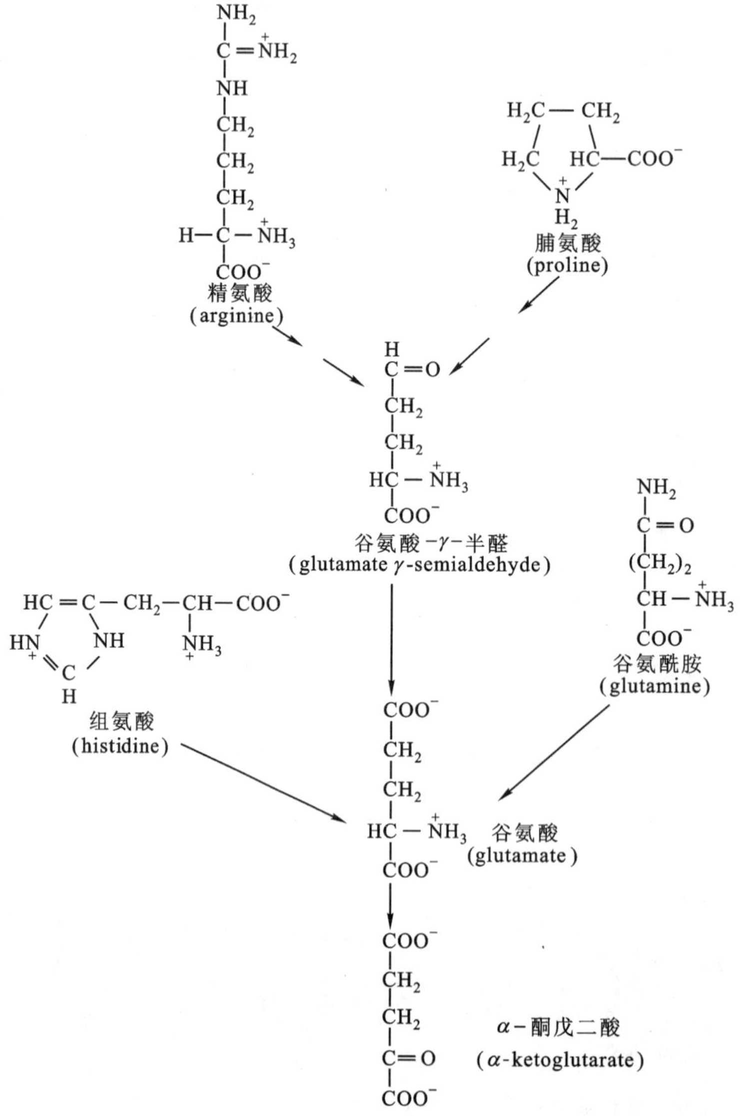

图 25-25 精氨酸、组氨酸、谷氨酰胺、脯氨酸和谷氨酸形成 α-酮戊二酸的途径

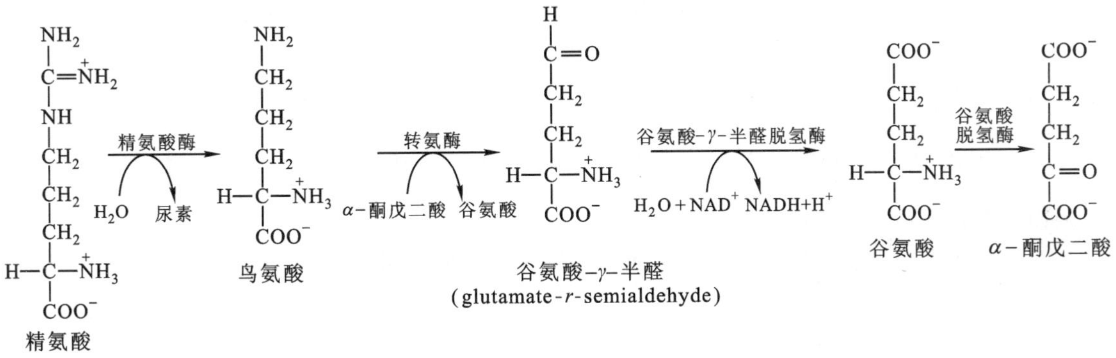

图 25-26　精氨酸形成 α-酮戊二酸的途径

2. 组氨酸

经**组氨酸氨裂合酶**(histidine ammonia lyase)的作用,移去(α,β)一分子 NH_3,转变为**尿刊酸**(urocanic acid),再经**尿刊酸水合酶**(urocanate hydratase)作用,形成 4-咪唑酮-5 丙酸(4-imidazolone-5-propionate),这步转变包括加入水分子和分子内部的氧化还原反应。咪唑酮丙酸酶催化水解使咪唑酮丙酸转变为 N-甲亚氨基谷氨酸(N-formiminoglutamic acid),后者在谷氨酸转甲亚氨酶(glutamate transfermiminase)作用下,将甲亚氨基转移到四氢叶酸的第 5 位 N 原子上,本身转变为谷氨酸。组氨酸转变为谷氨酸的全过程如图 25-27 所示。

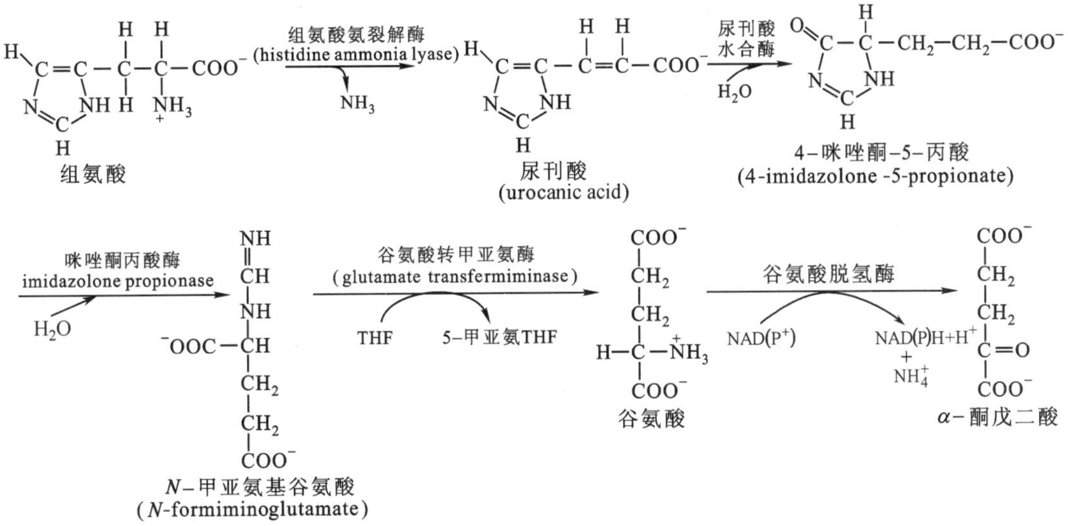

图 25-27　组氨酸形成 α-酮戊二酸的途径

3. 谷氨酰胺

可有三条途径形成谷氨酸,再形成 α-酮戊二酸。

（1）经**谷氨酰胺酶**水解：

$$谷氨酰胺 + H_2O \xrightarrow{\text{谷氨酰胺酶}} 谷氨酸 + NH_3$$

（2）由**谷氨酸合成酶**催化,借助 $NADPH+H^+$ 的还原作用,使 α-酮戊二酸与谷氨酰胺转变为 2 分子谷氨酸：

$$谷氨酰胺 + α\text{-}酮戊二酸 + NADPH + H^+ \xrightarrow{\text{谷氨酸合成酶}} 2\ 谷氨酸 + NADP^+$$

（3）与 α-酮戊二酸的 γ-位羧基转氨形成 α-酮谷酰胺酸（α-ketoglutamic acid），又进而水解形成 α-酮戊二酸和氨：

$$谷氨酰胺 + α-酮戊二酸 \xrightarrow{转酰胺基} H_2N-\overset{\displaystyle O}{\overset{\|}{C}}-CH_2-CH_2-\overset{\displaystyle O}{\overset{\|}{C}}-COO^- + 谷氨酸$$

4. 脯氨酸和羟脯氨酸

如图 25-28 所示，经氧化、加水等步骤形成谷氨酸-γ-半醛，再脱氢形成谷氨酸。

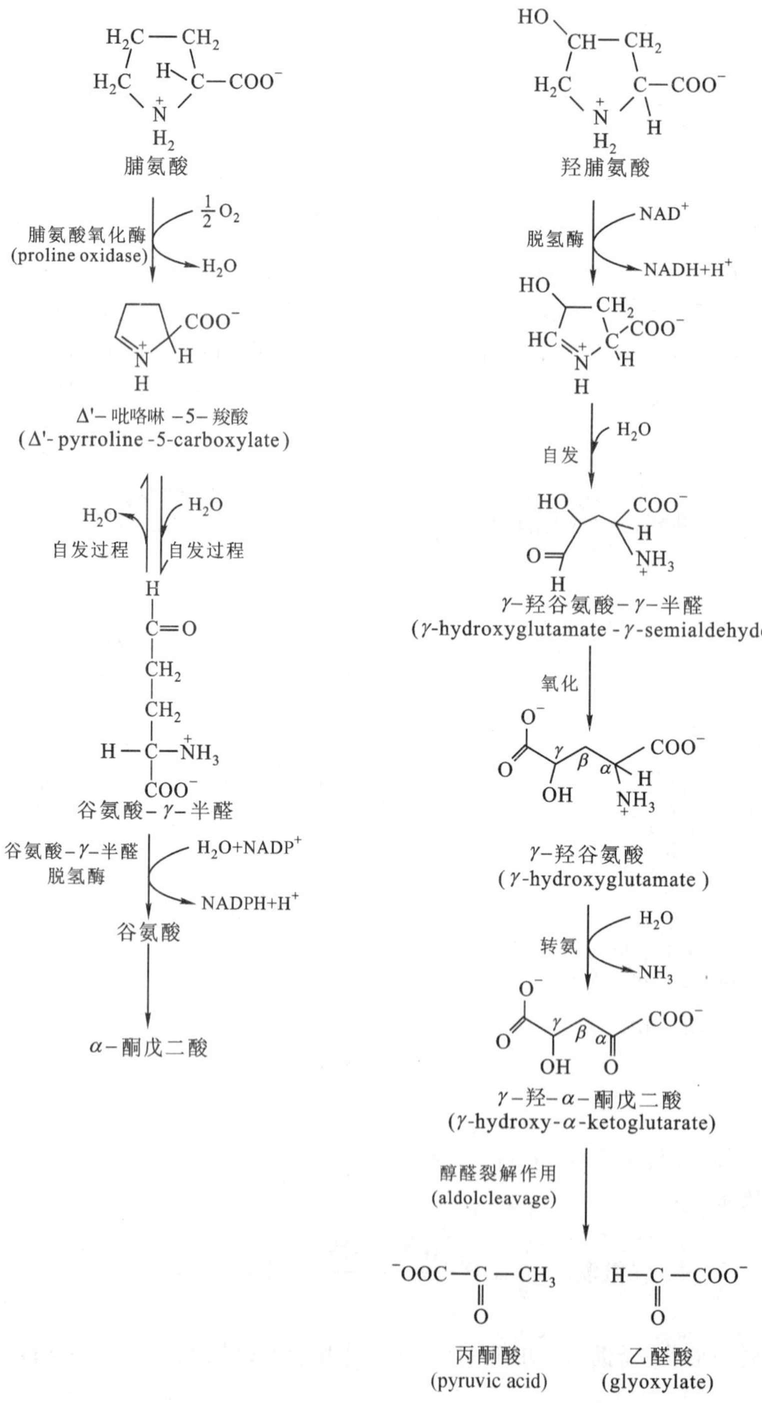

图 25-28　脯氨酸和羟脯氨酸的分解途径

值得提出的是羟脯氨酸的转变与脯氨酸有所不同，它的分解产物是丙酮酸和乙醛酸，参看图 25-28。但在脯氨酸和羟脯氨酸开始分解到形成 γ-羟谷氨酸的过程，二者的分解方式是类似的，脯氨酸则形成谷氨酸。

5. 谷氨酸

经谷氨酸脱氢酶或经转氨都可形成 α-酮戊二酸。

（三）形成琥珀酰-CoA 的途径

甲硫氨酸、异亮氨酸、缬氨酸的碳骨架最后形成丙酰辅酶 A 和甲基-丙二酰辅酶 A，进而转变为琥珀酰辅酶 A，概括如图 25-29。

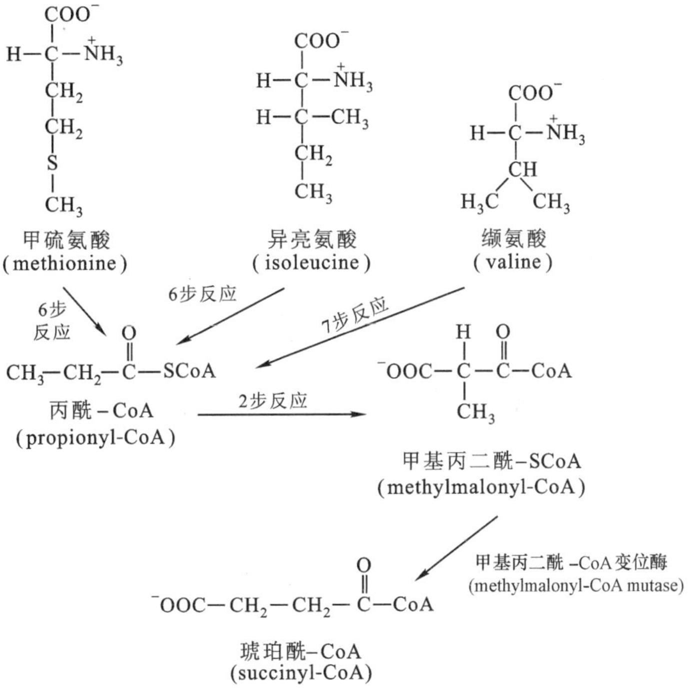

图 25-29　甲硫氨酸、异亮氨酸、缬氨酸转变为琥珀酰-CoA 的途径

1. 甲硫氨酸

甲硫氨酸转变为琥珀酰-CoA 的途径如图 25-30 所示。

2. 异亮氨酸

异亮氨酸转变为琥珀酰-CoA 以及乙酰-CoA 的步骤如图 25-31 所示。

3. 缬氨酸

缬氨酸转变为琥珀酰-CoA 的途径如图 25-32 所示。

（四）形成延胡索酸途径

经延胡索酸进入柠檬酸循环的氨基酸有苯丙氨酸和酪氨酸。这两种氨基酸的分解已在图 25-19 和图 25-20 中表明，在分解过程中，其芳香环的降解通过氧化酶的作用，苯丙氨酸羟化酶为单加氧酶，以四氢蝶呤为还原剂，中间产物 4-延胡索酰乙酰乙酸由延胡索酰乙酰乙酸酶催化，形成两个产物，一个是乙酰乙酸，另一个是延胡索酸。因此，苯丙氨酸和酪氨酸分子都是通过两条途径进入柠檬酸循环的，一条是通过乙酰乙酰-CoA 再形成乙酰-CoA 的途径，另一条则是延胡索酸途径。

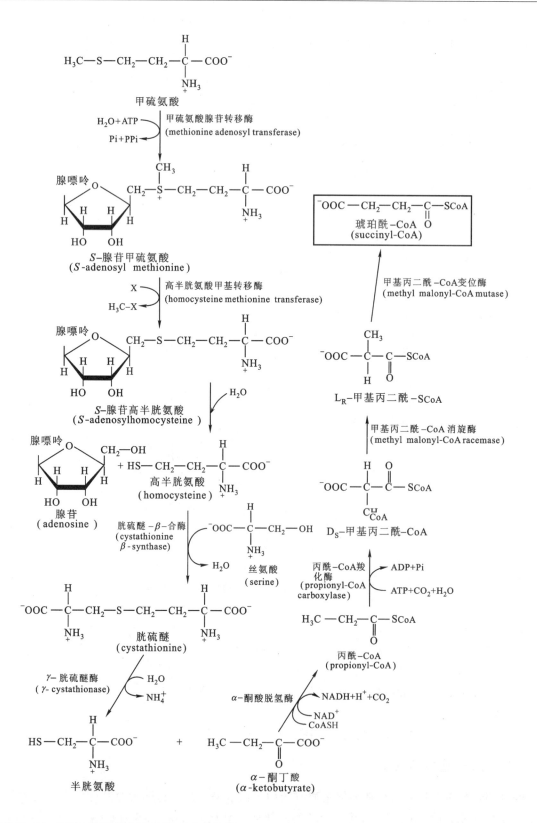

图 25-30 甲硫氨酸转变为琥珀酰-CoA 的途径

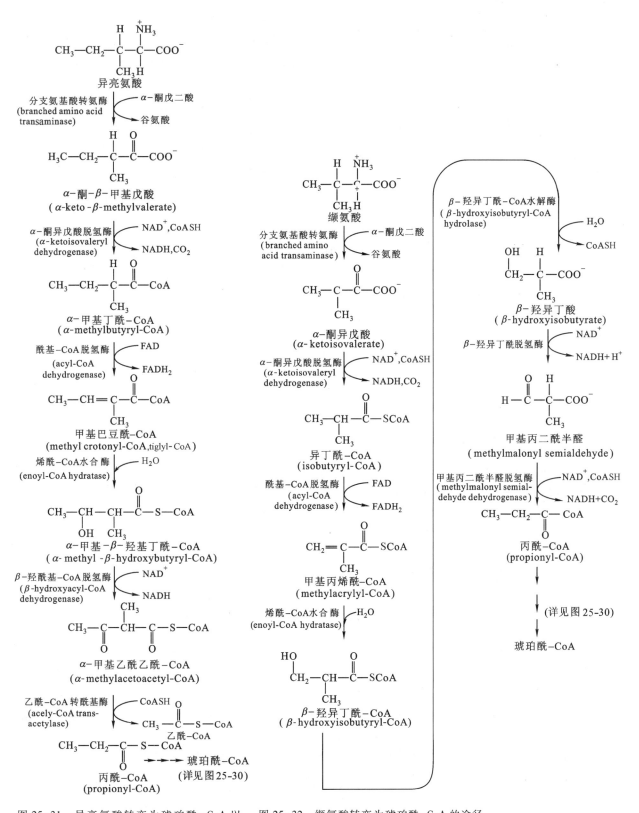

图 25-31　异亮氨酸转变为琥珀酰-CoA 以及乙酰-CoA 的途径

图 25-32　缬氨酸转变为琥珀酰-CoA 的途径

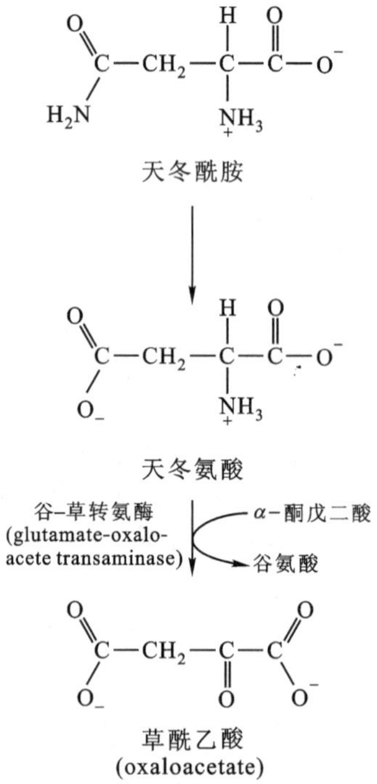

图 25-33   天冬酰胺和天冬氨酸转变为草酰乙酸的途径

（五）形成草酰乙酸途径

天冬酰胺和天冬氨酸可转变为草酰乙酸而进入柠檬酸循环。天冬酰胺先转变为天冬氨酸，然后再经转氨作用而形成草酰乙酸。催化天冬酰胺转变为天冬氨酸和氨的酶称为**天冬酰胺酶**（asparaginase）（图 25-33）。天冬酰胺酶在动、植物组织中分布很广。静脉注射天冬酰胺酶对控制某些白血病人的症状有一定效果，可能是由于该酶能够限制恶性白细胞利用天冬酰胺。

植物和某些微生物的天冬氨酸还可直接脱氨形成延胡索酸。催化此反应的酶为**天冬氨酸氨裂解酶**（aspartate ammonia lyase），该酶在动物组织中不存在。

五、生糖氨基酸和生酮氨基酸

有些氨基酸如苯丙氨酸、酪氨酸、亮氨酸、赖氨酸、色氨酸，在分解过程中转变为乙酰乙酰-CoA，而乙酰乙酰-CoA 在动物的肝中可转变为乙酰乙酸和 β-羟丁酸，因此这 5 种氨基酸称为**生酮氨基酸**（ketogenic amino acid）。糖尿病人的肝所形成的大量酮体，除来源于脂肪酸外，还来源于生酮氨基酸。

凡能形成丙酮酸、α-酮戊二酸、琥珀酸和草酰乙酸的氨基酸都称为**生糖氨基酸**（glycogenic amino acid）。因为这些物质都能导致生成葡萄糖和糖原（参看第 22 章）。

有的氨基酸如苯丙氨酸和酪氨酸，既可生成酮体又可生成糖，因此，称为生酮和生糖氨基酸。

还有些氨基酸如丙氨酸、丝氨酸、半胱氨酸，也可通过形成乙酰-CoA 后进而形成乙酰乙酸，因此，生酮氨基酸和生糖氨基酸的界限并不是非常严格的。

六、由氨基酸衍生的其他重要物质

（一）氨基酸与一碳单位

生物化学中将具有一个碳原子的基团称为"**一碳单位**"（one carbon unit）或"**一碳基团**"（one carbon group）。

生物体内的一碳单位有许多形式,例如:

（1）亚氨甲基—CH ══NH（formimino-）

（2）甲酰基　H—C—（formyl-）

　　　　　　　‖

　　　　　　　O

（3）羟甲基—CH_2OH（hydroxymethyl-）

（4）亚甲基（又称甲叉基）—CH_2—（methylene-）

（5）次甲基（又称为甲川基）—CH ══（methenyl-）

（6）甲基—CH_3（methyl-）

许多氨基酸都可作为一碳单位来源,如甘氨酸、苏氨酸、丝氨酸和组氨酸等。

一碳单位不只与氨基酸代谢密切相关,还参与嘌呤和嘧啶的生物合成以及 S-腺苷甲硫氨酸的生物合成。它是生物体各种化合物甲基化的甲基来源。

许多带有甲基的化合物在生物学上都有重要功能。如肾上腺素、肌酸、卵磷脂等。嘌呤和嘧啶又是合成核酸的重要成分。

一碳单位的转移靠**四氢叶酸**(5,6,7,8-tetrahydrofolic acid),用符号 THF 表示,曾用 HF_4 表示,携带甲基的部位是在 N^5,N^{10}位(参看维生素章叶酸部分)。THF 是一个 6-甲基蝶呤(6-methylpterin)的衍生物,依次与对氨基苯甲酸(p-aminobenzoic acid)和谷氨酸残基相连(图 25-34)。四氢叶酸有附加的 5 个谷氨酸残基与第 1 个谷氨酸残基通过**异肽键**(isopeptide bond)相连,形成多谷氨酸尾部。

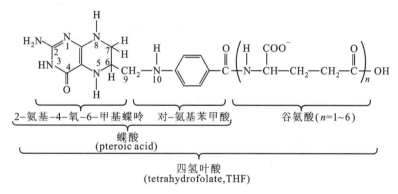

图 25-34　四氢叶酸结构图

一碳单位与 THF 在 N5,N10,或 N5 和 N10 位以共价相连。与 THF 相连的一碳单位可处于不同的氧化水平,如甲酸(formate)、甲醛(formaldehyde)或甲醇(methanol)等,在氧化还原酶的催化下,可以互相转化(图 25-35)。

氨基酸和一碳单位的关系可列举如下:

（1）甘氨酸脱氨基生成乙醛酸后,与 THF 反应生成 N^5,N^{10}-亚甲基 THF。

（2）苏氨酸可分解为甘氨酸和乙醛,所以苏氨酸是通过甘氨酸形成一碳单位。

（3）丝氨酸分子上的 β-碳原子可转移到 THF 上,同时脱去一分子水,生成 N^5,N^{10}-亚甲基 THF（N^5,N^{10}-CH_2-THF）。丝氨酸的 β-碳原子转移后变为甘氨酸。所以丝氨酸既可直接与 THF 作用形成一碳衍生物,又可通过甘氨酸途径形成 N^5,N^{10}-亚甲基 THF。

（4）组氨酸在分解过程中形成亚氨甲酰谷氨酸(N-formimino glutamate)后与 THF 作用,将亚氨甲酰基转移到 THF 上,形成亚氨甲酰 THF,再脱去氨后即形成 N^5,N^{10}-次甲基四氢叶酸。

（5）S-腺苷甲硫氨酸可提供甲基,它是在甲硫氨酸腺苷转移酶(methionine adenosyl transferase) 作用下,由 ATP 和甲硫氨酸合成(图 25-36)。在这个反应中,甲硫氨酸上的硫原子对 ATP 核糖上的 5′碳原子发起亲核进攻,导致三磷酸基被释放,裂解成 PPi 和 Pi,随后,PPi 通过焦磷酸酶的作用进一步裂解。

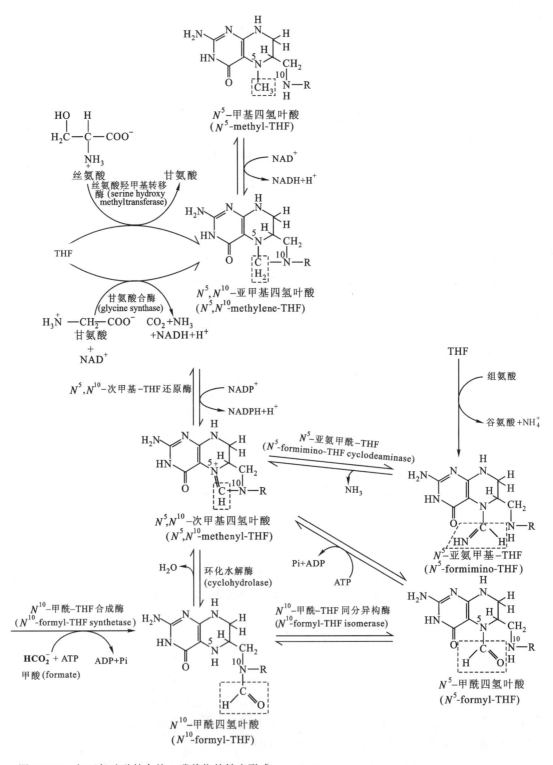

图 25-35 与四氢叶酸结合的一碳单位的转变形式

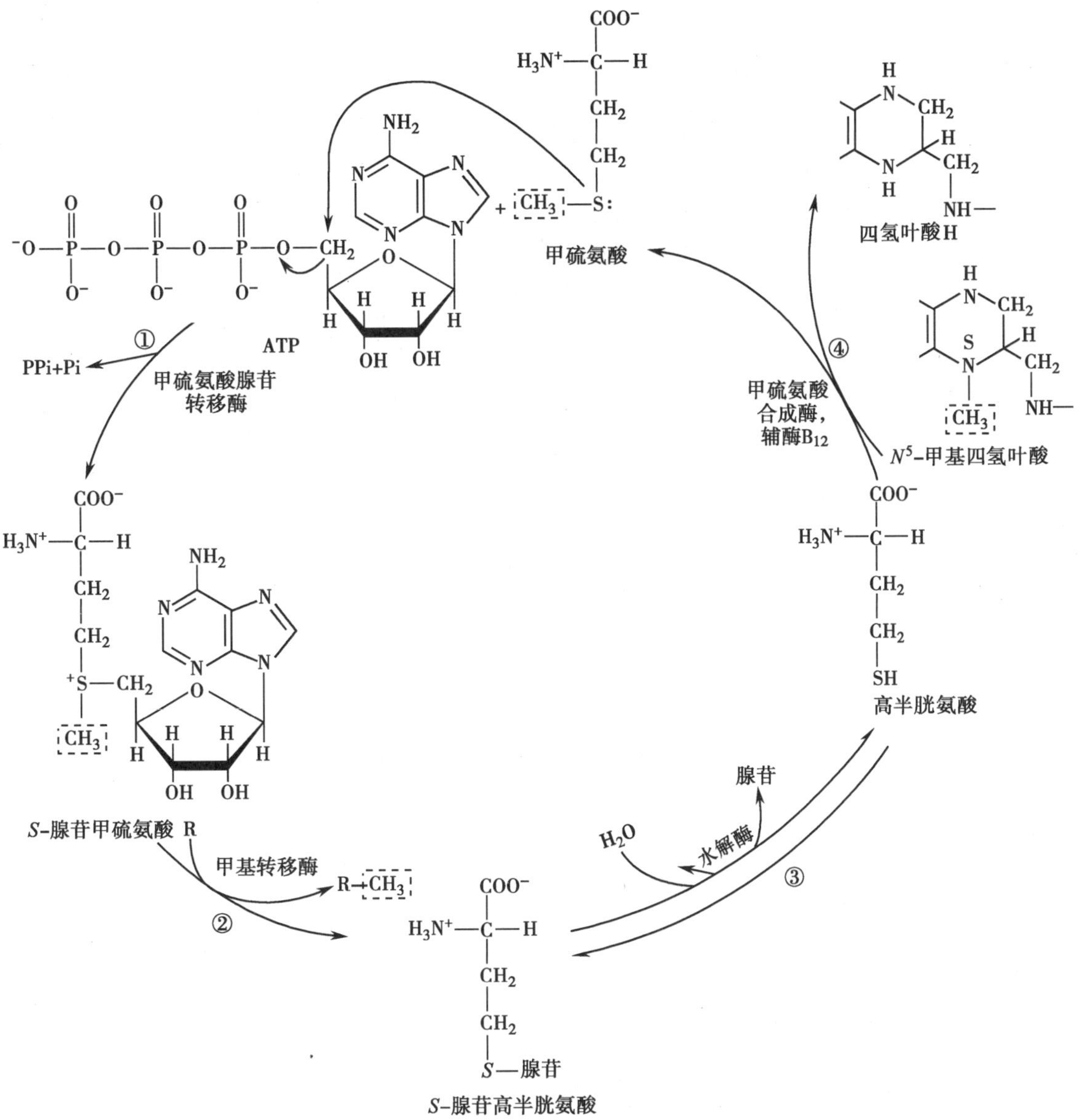

图 25-36　活化甲基循环中蛋氨酸和 S-腺苷甲硫氨酸合成

尽管 N^5-甲基四氢叶酸在 N5 上携带一个甲基,但是其转移势对于体内大多数合成反应是不够的。生物体内合成胆碱、肌酸、肾上腺素等所需的甲基都是由 S-腺苷甲硫氨酸提供。S-腺苷甲硫氨酸是大约 50 种不同甲基受体的供给者。催化甲基转移的酶称为甲基转移酶,脱甲基后的产物是 S-腺苷高半胱氨酸。虽然甲硫氨酸是甲基的供给者,但是,甲硫氨酸的甲基却只能由极少数反应提供,主要途径是从 N^5-甲基四氢叶酸的甲基转移到高半胱氨酸上。

一碳单位还可参与嘌呤和胸腺嘧啶的合成。

如上所述,甲基的转移靠四氢叶酸。叶酸是四氢叶酸的前体。人体所需叶酸来源于食物,因体内没有合成叶酸的酶,而细菌所需叶酸靠自身合成。叶酸分子的组成成分之一是对氨基苯甲酸。常用的磺胺类药物是对氨基苯甲酸的拮抗剂,因此能抑制细菌的生长,而对人体影响不大。抗叶酸药物如三甲氧苄二氨嘧啶(trimethoprim,TMP)等二氢叶酸类似物,能抑制二氢叶酸还原酶的活性从而影响叶酸还原为四氢叶酸。若将甲氧苄氨嘧啶与磺胺药共同使用,可明显增强药力并减少两种药物的用量。这类药物称为"增效剂"。

（二）氨基酸与生物活性物质

有些氨基酸在神经系统活动中起着重要作用,它们本身都属于生物活性物质,此外,生物体在生命活动中还需要由氨基酸合成许多其他生物分子来调节代谢及生命活动。这类生物分子,少量就能发挥明显的生物功能,因此称为生物活性物质。表 25-2 列举了一部分由氨基酸来源的生物分子。

表 25-2 氨基酸来源的生物活性物质

氨基酸	转变产物	生物学作用	备注
甘氨酸	嘌呤碱	核酸及核苷酸成分	与 Gln、Asp、一碳单位 CO_2 共同合成
	肌酸	组织中储能物质	与 Arg、Met 共同合成
	卟啉	血红蛋白及细胞色素等辅基	与琥珀酰-CoA 共同合成
丝氨酸	乙醇胺及胆碱	磷脂成分	胆碱由 Met 提供甲基
	乙酰胆碱	神经递质	
半胱氨酸	牛磺酸	结合胆汁酸成分	
天冬氨酸	嘧啶碱	核酸及核苷酸成分	与 CO_2、Gln 共同合成
谷氨酸	γ-氨基丁酸	抑制性神经递质	
组氨酸	组胺	神经递质	
酪氨酸	儿茶酚胺类	神经递质	肾上腺素由 Met 提供甲基
	甲状腺激素	激素	
	黑色素	皮、发形成黑色	
色氨酸	5-羟色胺	神经递质促进平滑肌收缩	即 N-乙酰-5-甲氧色胺
	退黑素	松果体激素	
	烟酸	维生素 PP	
鸟氨酸	腐胺亚精胺	促进细胞增殖	
天冬氨酸	—	兴奋性神经递质	
谷氨酸	—	兴奋性神经递质	

下面列举几种生物分子的形成机制。

1. 酪氨酸代谢与黑色素(melanin)的形成

酪氨酸在**酪氨酸酶**(tyrosinase)作用下形成二羟苯丙氨酸(dihydroxy phenylalanine,dopa),后者是一辅助底物(cosubstrate),再被同一酶作用形成多巴醌(dopaquinone)又称苯丙氨酸-3,4-醌(phenylalanine-3,4-quinone)。极少量的多巴醌能起到催化作用,酮式的苯丙氨酸 3,4-醌是不稳定物质,自发进行一系列反应形成吲哚 5,6-醌(indole-5,6-quinone),后者聚合形成黑色素(melanin pigment)(图 25-37)。

2. 酪氨酸代谢和肾上腺素、去甲肾上腺素、多巴及多巴胺的形成

肾上腺素和去甲肾上腺素最早发现于肾上腺髓质,其生理功能除对心脏、血管有作用(参看第 14 章激素)外,还发现它们与**多巴**(dopa)、**多巴胺**(dopamine)这些由酪氨酸衍生来的系列物,都在神经系统中起重要作用。它们和神经活动、行为以及大脑皮层的醒觉和睡眠节律等都有关系。

肾上腺素、去甲肾上腺素、多巴及多巴胺由酪氨酸的衍生途径如图 25-38。

肾上腺素(AD)、去甲肾上腺素(NA)、多巴和多巴胺(DA)等统称为**儿茶酚胺**(catecholamine)类物质。

3. 色氨酸代谢与 5-羟色胺及吲哚乙酸

如前所述,5-羟色胺是脊椎动物的一种神经递质,在神经系统中的含量与神经的兴奋和抑制状态有密切关系,也是一种血管收缩素。吲哚乙酸是一种植物生长激素。二者都是由色氨酸形成的,其形成途径如图 25-39 所示。

4. 肌酸和磷酸肌酸的形成

肌酸存在于动物的肌肉、脑和血液。既可以游离形式存在,也可以磷酸化形式存在。后者称为磷酸肌酸。肌酸和磷酸肌酸在贮存和转移磷酸键能中起重要作用(参看第 16 章生物能学)。参与肌酸合成的有 3 种氨基酸:精氨酸、甘氨酸和甲硫氨酸。合成反应如图 25-40 所示。

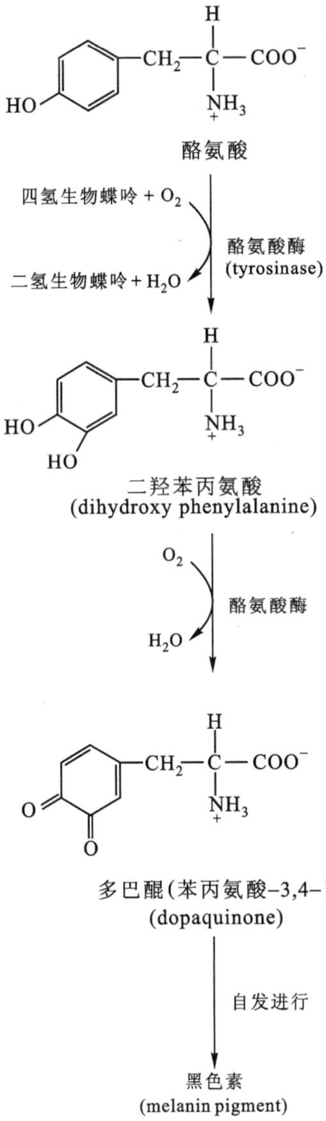

图 25-37 酪氨酸代谢与黑色素的形成

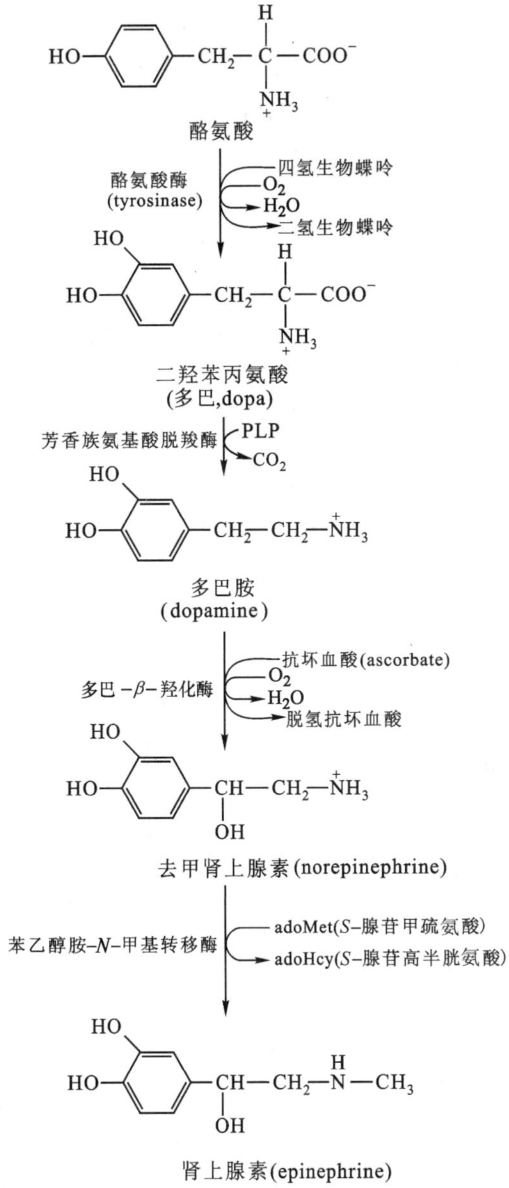

图 25-38 酪氨酸形成多巴、多巴胺、去甲肾上腺素、肾上腺素的途径

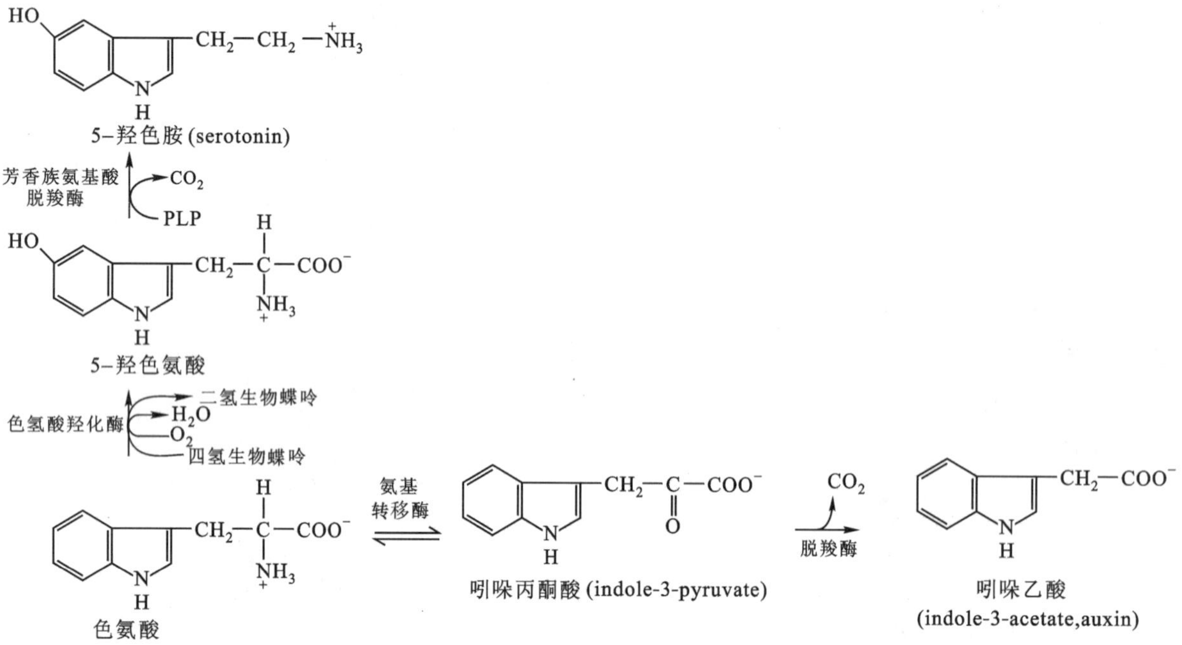

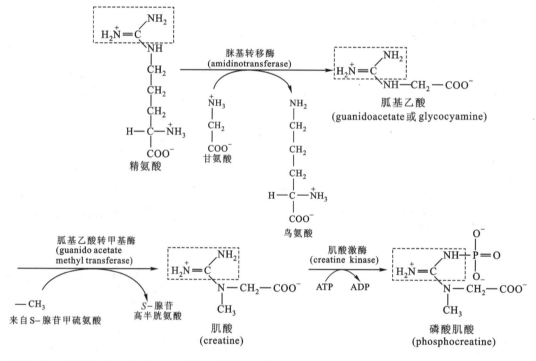

图 25-39 由色氨酸形成 5-羟色胺及吲哚乙酸的途径

图 25-40 精氨酸、甘氨酸、甲硫氨酸形成磷酸肌酸的途径

5. 组胺的形成

肺、肝、胃黏膜的壁细胞、肌肉、乳腺及神经组织都有组胺存在。它是一种强烈的血管舒张物质,浓度过高可引起虚脱。创伤性休克或炎症病变部位都有组胺释放。它还有刺激胃黏膜分泌胃蛋白酶和胃酸的作用。在神经组织中它是感觉神经的一种递质,和周围神经的感觉与传递有密切关系。

组胺是组氨酸脱羧基的产物,它的形成如下式:

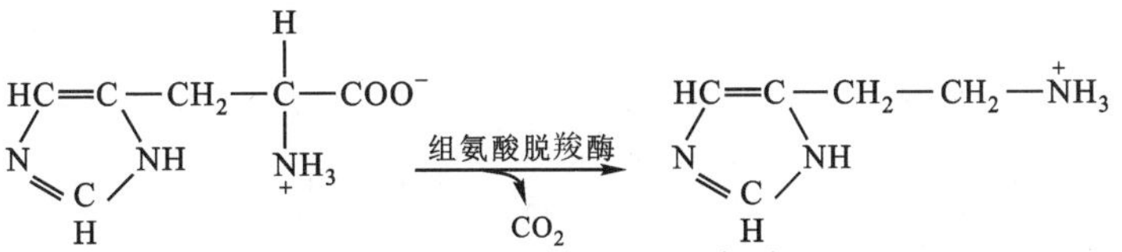

$$HC=C-CH_2-\overset{H}{\underset{+NH_3}{C}}-COO^- \quad \xrightarrow[\text{CO}_2]{\text{组氨酸脱羧酶}} \quad HC=C-CH_2-CH_2-\overset{+}{N}H_3$$

组氨酸　　　　　　　　　　　　　　　　　　　　　组胺
（histamine）

6. 腐胺、精胺、亚精胺（精脒）的形成

腐胺（putrescine）名称的起源是因为它发现于腐败的肉中。它是鸟氨酸脱羧的产物，鸟氨酸来源于精氨酸的水解。

亚精胺（spermidine）和精胺（spermine）名称的来源是因为它们发现于人的精液中。这两种物质在法律上一直用于鉴定犯罪事实。但它们的结构直至 1926 年才弄清。现已知亚精胺、精胺和腐胺广泛存在于各种组织，而且可能具有重要的功能。它们总是与核酸并存，可能在转录和细胞分裂的调节中起作用。

亚精胺来源于腐胺。三者的形成途径如图 25-41 所示。

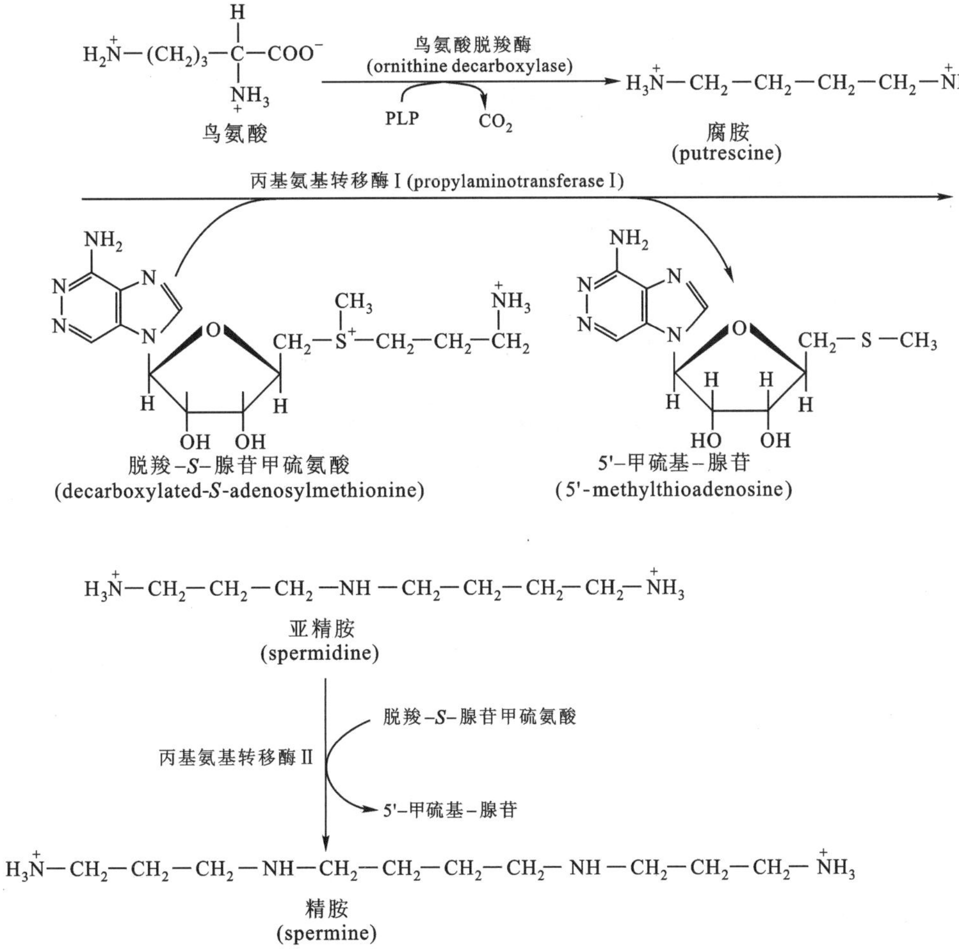

图 25-41　腐胺、亚精胺和精胺的形成途径

亚精胺和精胺的分子中，含有多个氨基，因此又统称多胺（polyamine）。

7. 谷氨酸和 γ-氨基丁酸

谷氨酸在动物脑中含量占全身各组织的首位。在脑和脊髓中是一种广泛存在的具有兴奋作用的神经递质。谷氨酸脱羧形成 **γ-氨基丁酸**（γ-aminobutyric acid，简称 GABA），可增加突触后神经元细胞膜对 Na^+ 的通透性，使神经元细胞膜超极化，从而提高动作电位的启动阈值，因此，是脑组织中具有抑制作用的神经递质。

γ-氨基丁酸的形成途径如下：

$$
\begin{array}{ccc}
\begin{array}{c}
COO^- \\
| \\
H-\overset{+}{C}-NH_3 \\
| \\
CH_2 \\
| \\
CH_2 \\
| \\
COO^-
\end{array}
&
\xrightarrow[\text{（磷酸吡哆醛）}]{\substack{\text{谷氨酸脱羧酶} \\ \text{（glutamate decarboxylase）}}}
&
\begin{array}{c}
CH_2-\overset{+}{N}H_3 \\
| \\
CH_2 \\
| \\
CH_2 \\
| \\
COO^-
\end{array}
+ CO_2
\end{array}
$$

谷氨酸　　　　　　　　　　　　　　　γ-氨基丁酸
　　　　　　　　　　　　　　　　　　（GABA）

γ-氨基丁酸并非氨基酸中唯一的抑制性神经递质,甘氨酸、牛磺酸等也都是不同程度的抑制性神经递质。谷氨酸也并非唯一的兴奋性神经递质,天冬氨酸也有类似的作用。

8. 牛磺酸和半胱氨酸

牛磺酸来源于半胱氨酸氧化脱羧,反应参见图 25-17。牛磺酸是某些胆酸的组分,也被认为是一种抑制性神经递质。

七、氨基酸代谢缺陷症

氨基酸代谢中缺乏某一种酶,都可能引起疾患,这种疾病称为代谢缺陷症。由于某种酶的缺乏,致使该酶的作用物在血或尿中大量出现。这种代谢缺陷属于分子疾病。其病因和 DNA 分子突变有关,往往是先天性的,又称为先天性遗传代谢病。这类先天性代谢缺陷症,大部分发生在婴儿时期,常在幼年就导致死亡,发病的症状表现有智力迟钝、发育不良、周期性呕吐、沉睡、搐溺、共济失调及昏迷等。目前已发现的氨基酸代谢病已达 30 多种。表 25-3 列举一些与先天性氨基酸代谢病有关的酶,以及血或尿中出现的不正常代谢产物。

表 25-3　先天性氨基酸代谢缺陷症

病　名	涉及的氨基酸代谢途径	临床症状	代谢缺陷
精氨酸血和高血氨症（argininemia and hyperammonemia）	精氨酸和尿素循环	智力迟钝,血中出现精氨酸及氨	缺乏精氨酸酶
鸟氨酸血和高血氨症（ornithinemia and hyperammonemia）	尿素循环	新生儿死亡、昏睡、惊厥、智力迟钝	缺乏氨甲酰磷酸合成酶、鸟氨酸脱羧酶
高甘氨酸血症（hyperglycinemia）	甘氨酸	严重的智力迟钝	甘氨酸代谢系统疾患
高组氨酸血症（hyperhistidinemia）	组氨酸	语言缺陷,某些情况有智力迟钝	组氨酸酶缺欠
枫糖尿症（maple syrup urine disease, MSUD, 又称支链酮酸尿症）	异亮氨酸、亮氨酸、缬氨酸	新生儿呕吐、惊厥、死亡,严重的智力迟钝	支链酮酸脱氢酶复合体缺欠
甲基丙二酸血症（methylmalonic acidemia）	异亮氨酸、甲硫氨酸、苏氨酸及缬氨酸	除血中积累甲基丙二酸外,其他症状同上	缺乏甲基丙二酰-CoA、变位酶（有些病人对维生素 B_{12} 治疗有反应）
异戊酸血症（isovaleric acidemia）	亮氨酸	新生儿呕吐、酸中毒、昏睡及昏迷,生存者智力迟钝	缺乏异戊酰-CoA 脱氢酶
高赖氨酸血症（hyperlysinemia）	赖氨酸	智力迟钝,同时某些非中枢神经系统不正常	缺乏赖氨酸-酮戊二酸还原酶
高胱氨酸尿症（homocystinuria）	甲硫氨酸	智力迟钝,眼疾患,血栓栓塞,骨质疏松、骨结构不正常	缺乏胱硫醚-β-合酶

续表

病　名	涉及的氨基酸代谢途径	临床症状	代谢缺陷
苯丙酮尿症和高苯丙氨酸尿症（phenylketonuria and hyperphenylalaninemia）	苯丙氨酸	新生儿呕吐,智力迟钝以及其他神经疾患	缺乏苯丙氨酸-4-单加氧酶
高脯氨酸血症 I 型（hyperprolinemia type I）	脯氨酸	临床检验除血中含有过量脯氨酸外,未发现其他症状	缺乏脯氨酸氧化酶、脯氨酸脱氢酶
尿黑酸症（alkaptonuria）	酪氨酸	尿中含有尿黑酸,在碱性条件下,在空气中变黑。成人皮肤和软骨变黑,发展成关节炎	缺乏尿黑酸氧化酶
白化病（albinism）		最普通的类型是眼皮肤白化,头发变为白色,皮肤呈粉色,惧光,眼睛缺少色素	缺失黑色素细胞的酪氨酸酶

　　上表中值得特别提出的是在苯丙氨酸代谢中由于缺乏苯丙氨酸-4-单加氧酶（phenylalanine-4-monooxygenase）而引起的**苯丙酮尿症**（phenylketonuria,PKU 症）。这种病,在 1 万人中即可发现一人。当机体缺乏这种酶时,苯丙氨酸的正常代谢途径（参见图 25-19,图 25-20）即改变为在正常情况下很少起作用的第二条途径,即苯丙氨酸与 α-酮戊二酸转氨形成苯丙酮酸,聚集在血液中,最后由尿排出体外。这是人们最早认识的一种代谢遗传缺陷症。患者若在儿童时期限制吃含有苯丙氨酸的饮食,可以防止发生智力迟钝。

　　尿黑酸症,是酪氨酸代谢中缺乏尿黑酸氧化酶引起（图 25-42）。这种病人尿中含有尿黑酸,在碱性条件下暴露于氧气中即氧化并聚合成为类似黑色素的物质而使尿显黑色。因此称为**尿黑酸症**（alkaptonuria）,这种病人的结缔组织有不正常的色素沉着。

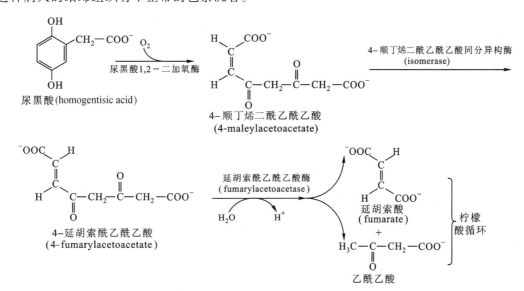

图 25-42　酪氨酸代谢中间产物尿黑酸的氧化分解途径
缺乏尿黑酸·1,2-二加氧酶导致尿黑酸症

　　枫糖尿症（maple syrup urine disease）名称的来源并不是由于尿中有枫糖排出,而是患者的尿有类似枫糖的气味。患者血液及尿中出现大量支链氨基酸（缬氨酸、亮氨酸、异亮氨酸）及其相应酮酸,因此,又称为支链酮酸尿症。患者出生后约一周末出现症状,喂食困难、呕吐、昏睡等,出现广泛的大脑损伤,一般在周岁死亡。

提　要

　　细胞不断地把氨基酸合成为蛋白质,又不断把蛋白质降解为其组成成分——氨基酸。这个过程有二重功能,其一是排除不正常的蛋白质,它们若一旦聚集,将对细胞有害;其二是通过排除积累过多的酶和调节蛋白,使细胞代谢得以秩序井然地进行。对正常蛋白质的降解,细胞是有选择性的。绝大多数的非正常蛋白质很可能基于它们的化学修饰及/或"这些分子被变性"而降解。细胞中蛋白质的降解速度还因它的营养及激素状态而有所差异。

真核细胞对蛋白质的降解有二个体系,一个是溶酶体系,另一个是以细胞溶胶为基础,依赖 ATP 的机制。溶酶体系含有约 50 种水解酶。溶酶体融合细胞中的自噬泡,随即分解其内溶物;溶酶体还能降解一些物质,这些物质是细胞的胞吞作用的目的物。溶酶体降解蛋白质是非选择性的,这个机制有着多样的生理功能。依赖 ATP,以细胞溶胶为基础的机制,又称泛素标记选择性蛋白质降解。有选择性的蛋白质先以共价键与泛素连接,这个程序的目的是"标记"氨基酸的激活,它经过 3 步反应,泛素连接的蛋白质乃在 ATP 依赖的反应中由泛素结合降解酶——专一降解与泛素相接的蛋白质的水解酶催化而被降解。

氨基酸的分解代谢总是先脱去氨基。脱氨基的方式,不同生物不完全相同,氧化脱氨基作用普遍存在于动植物中,非氧化脱氨基作用主要见于微生物。转氨基作用是氨基酸脱去氨基的一种重要方式。不同氨基酸和 α-酮戊二酸的转氨形成谷氨酸在氨基酸的分解代谢中占有重要地位。催化转氨基作用的酶称为转氨酶,以磷酸吡哆醛作为辅基。与转氨作用相偶联的反应有氨基酸的氧化脱氨基作用和嘌呤核苷酸循环。谷氨酸脱氢酶将谷氨酸脱去氨基形成 NH_4^+ 和 α-酮戊二酸。NAD^+ 或 $NADP^+$ 是该反应的电子受体。陆生脊椎动物将脱下的氨合成尿素。嘌呤核苷酸循环将氨基酸的 α 氨基与次黄嘌呤核苷酸结合形成腺嘌呤核苷酸,再经水解脱下氨基形成 NH_4^+。氨的运输形式是形成谷氨酰胺。

尿素的形成通过尿素循环,尿素的直接前体是精氨酸。精氨酸水解形成尿素和鸟氨酸,后者又与由氨、二氧化碳和 ATP 合成的氨甲酰磷酸作用,形成瓜氨酸。瓜氨酸又在天冬氨酸参与下,加入亚氨基形成精氨酸。

氨基酸的碳骨架进行氧化分解时,先形成能够进入柠檬酸循环的化合物。氨基酸可通过 5 条途径进入柠檬酸循环:通过形成乙酰-CoA、α-酮戊二酸、琥珀酰-CoA、延胡索酸和草酰乙酸,大多数氨基酸是生糖氨基酸,两种氨基酸是生酮氨基酸,少数氨基酸既能生糖也能生酮。丙氨酸、丝氨酸、半胱氨酸、甘氨酸、苏氨酸都能转变为丙酮酸。天冬酰胺和天冬氨酸都能转变为草酰乙酸。α-酮戊二酸是谷氨酸以及谷氨酰胺、组氨酸、脯氨酸和精氨酸 5 种氨基酸碳骨架的入口,后 4 种氨基酸都可转变为谷氨酸。琥珀酰-CoA 是甲硫氨酸、异亮氨酸、缬氨酸部分碳原子的入口,这 3 种氨基酸都通过形成甲基丙二酰-CoA 转变为琥珀酰-CoA。亮氨酸可转变为乙酰乙酰-CoA 和乙酰-CoA。酪氨酸和苯丙氨酸通过两条途径进入柠檬酸循环。一条是通过乙酰乙酰-CoA 再形成乙酰-CoA,另一条是延胡索酸途径。

生物体许多重要生物分子都是由氨基酸衍生而来。氨基酸是"一碳单位"的直接提供者。此外氨基酸还是多种生物活性物质的前体,如黑色素、儿茶酚胺、5-羟色胺、γ-氨基丁酸以及肌酸等。

习　题

1. 动物体内有哪些主要的酶参加蛋白质水解反应? 总结这些酶的作用特点。

2. 氨基酸脱氨基后的碳链如何进入柠檬酸循环?

3. 有一种遗传病人,在血浆中异戊酸的含量增高,可能影响了哪种氨基酸的代谢? 如果这种氨基酸及其 α-酮酸在血液中含量是正常的,可能缺乏哪一种酶?

4. 写出苯丙氨酸在排氨动物和排尿素动物体内完全氧化时的平衡式,包括全部活化和能量贮存步骤。

5. 组氨酸分解代谢时,下面标出的原子会出现在谷氨酸的什么位置上?

$$\begin{array}{c}
{}^8COO^- \\
| \\
H_3\overset{+}{N}-\overset{7}{C}-H \\
| \\
{}^6CH_2 \\
| \\
{}^5C \\
\diagup\diagdown \\
HC \quad NH \\
{}^4 \quad {}^1 \\
N={}^2CH \\
{}^3
\end{array}$$

6. 写出丙氨酸转变为乙酰乙酸和尿素的总平衡式。

7. 根据化学计算,在尿素合成中消耗了 4 个高能磷酸键(~P),在此反应中天冬氨酸转变为延胡索酸。假设延胡索酸又转回到天冬氨酸,尿素合成的化学计算结果如何? 消耗了几个高能磷酸键?

8. 用成年大白鼠做同位素示踪实验,得到下面的结果:肌酸分子中的标记原子是由下面所列的一些前体而来,从这样的实验结果设计一条肌酸合成的可能途径。

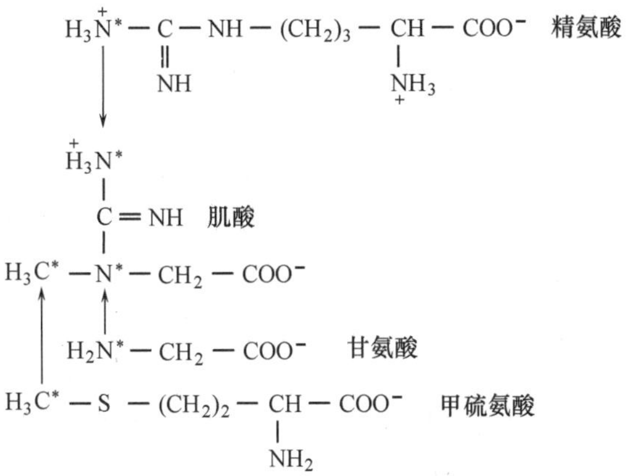

$$\overset{+}{H_3}\overset{*}{N} - \underset{\underset{NH}{\|}}{C} - NH - (CH_2)_3 - \underset{\underset{+}{\overset{NH_3}{|}}}{CH} - COO^- \quad 精氨酸$$

$$\overset{+}{H_3}\overset{*}{N} - \underset{|}{C} = NH \quad 肌酸$$

$$H_3\overset{*}{C} - \overset{*}{N} - CH_2 - COO^-$$

$$H_2\overset{*}{N} - CH_2 - COO^- \quad 甘氨酸$$

$$H_3\overset{*}{C} - S - (CH_2)_2 - \underset{\underset{NH_2}{|}}{CH} - COO^- \quad 甲硫氨酸$$

9. 说明尿素形成的机制和意义。

主要参考书目

1. Nelson D L,Cox M M. Lehninger Principles of Biochemistry. 6th ed. New York:W. H. Freeman and Company,2012.

2. Ciechanover A,Hod Y,Hershko A. Biochem Biophys Res Commun, 2012,(425):565-570.

3. Brusilow S. Urea Cycle Enzymes // The Metabolic & Molecular bases of Inherited Disease. New York:McGraw Hill,2001:1909-1963.

4. Umbarger H E. Amino Acid Biosynthesis and its Regulation . Ann. Rev. Biochem,1978,(47):553-606.

5. Cooper A J. Biochemistry of sulfur-containing amino acids. Ann. Rev. Biochem,1983,(52):187-222.

6. Hermann K M, Somerville R L. Amino Acids:Biosynthesis and genetic regulation. Upper Saddle River:Addison-Wesley,1983.

（王镜岩　秦咏梅）

网上资源

📖 习题答案　　✍ 自测题

第26章 氨基酸的生物合成和生物固氮

一、生物固氮

氮是构成生命物质的基本元素,也是农业生产的基本肥料。尽管分子氮(N_2)占空气的79%,但因 $N \equiv N$ 键非常牢固,高等植物无法直接利用它。只有通过某些微生物把空气中游离的氮固定,转化为含氮化合物后植物方可利用。这种通过微生物将分子氮转化为含氮化合物的过程即称为生物固氮。

生物固氮的研究领域,包括生物固氮机制、共生固氮机制、固氮分子遗传及固氮微生物等等。从1862年发现生物固氮现象到目前为止,生物固氮的研究已有一百多年的历史。以生物固氮机制为主线,可以把这一百年的研究史大致分为三个时期。

第一个时期,从1862年到1960年,大约一百年,是细胞水平时期。在这漫长的历史时期内,生物固氮的研究,是用完整的细胞作为实验材料的。1888年,贝杰林克(Beijerinck)第一个从豆科植物中分离到根瘤菌。从此以后,各种各样的固氮微生物相继被分离鉴定出来。20世纪初期,将圆褐固氮菌、根瘤菌等应用于农业,使一些农作物获得了明显的增产。由于当时实验材料摆脱不了完整的细胞,使生物固氮机制的研究受到了很大的限制,生物固氮机制的研究进展十分缓慢。虽然早在1893年维诺格拉得斯基(Winogradsky)就推测过,NH_3 可能是生物固氮的产物,但是关于生物固氮的产物是不是 NH_3 的问题,一直争论不休。1942年,鲍利斯应用 ^{15}N 实验示踪确定了 NH_3 是生物固氮的产物。

第二个时期,从1960年到1966年,是无细胞水平时期。在这一时期,生物固氮机制的研究,主要是用无细胞抽提液作为实验材料的。首先把固氮菌细胞粉碎,用超速离心分离,除去细胞的残渣碎片,得到无细胞的抽提液。然后,以此抽提液为实验材料,来研究生物固氮机制。

1960年,美国卡纳汉(Carnahan)等人,通过将丙酮酸加到巴氏梭菌的无细胞抽提液中,成功地实现了 N_2 还原成 NH_3 的试验,这一试验的成功,打破了长期以来生物固氮机制的研究摆脱不了完整细胞的困难局面,开辟了用无细胞抽提液研究生物固氮机制的新途径。1962年,莫顿森(Mortenson)等人发现,生物固氮必须有铁氧还蛋白作电子传递体,并从巴氏梭菌中得到了这种蛋白。1964年,哈迪等人直接明确地证明了生物固氮必须有 ATP 的参与。1965年,布伦(Bulen)等人发现,$Na_2S_2O_4$ 可以代替由铁氧还蛋白、氢化酶和 H_2 所组成的电子供体系统。1966年,迪尔沃思(Dilworth)和肖勒霍恩(Schollhorn)同时发现了 C_2H_2 可作为固氮酶的底物,并且创建了一个测定固氮酶活性的新方法——乙炔还原法。

第三个时期,从1966年到目前,是分子水平时期。1966年,布伦等和莫顿森等分别从棕色固氮菌和巴氏梭菌的抽提液中,得到了部分纯化的钼铁蛋白和铁蛋白制剂。1972年,伊迪(Eady)等人从肺炎克氏杆菌中分离到了纯的钼铁蛋白和铁蛋白制剂。固氮酶提纯的成功,得以使固氮酶结构与功能为中心的生物固氮机制的研究进入更本质的阶段。1992年,固氮酶的空间结构得到测定。

自然界中只有少数原核生物能固定原子态的氮。这些原核生物包括在土壤、空气和海洋中的蓝藻(blue-green algae)、一些自养型土壤细菌及豆科植物根瘤的共生固氮菌,能够将空气中的 N_2 还原为 NH_3(NH_4^+)。迄今已知的能固氮的生物属于原核生物,从其固氮类型来说,可分为两大类(图26-1):其一为能独立生存的自生型固氮微生物,种类较多,包括细菌、放线菌类微生物和蓝藻等;其二为与其他植物共生的共生型固氮微生物。所有这些固氮微生物中最重要的是豆科植物的根瘤菌。形成的 NH_4^+,由土壤中的微生物氧化为 NO_2^- 及 NO_3^-,称为**硝化作用**(nitrification)。植物和许多微生物都含有硝酸及亚硝酸还原酶能将 NO_2^- 及 NO_3^- 再还原为 NH_4^+。植物利用它作为合成氨基酸的氮源。动物则利用植物作为氨基酸的来源。

$$\text{固氮微生物} \begin{cases} \text{共生型固氮微生物} \begin{cases} \text{豆科植物(如大豆、花生)的根瘤菌} \\ \text{非豆科植物(如木麻黄属、杨梅属)的根瘤菌} \end{cases} \\ \text{自主型固氮微生物} \begin{cases} \text{厌氧的巴氏梭菌,需氧固氮杆菌,光合细菌,兼性厌氧的克氏杆菌,} \\ \text{厌氧和光合自养的蓝藻,需氧和光合自养的细菌} \end{cases} \end{cases}$$

图 26-1　固氮生物的类型

氮还原为 NH_4^+ 的反应是放能反应:

$$N_2 + 3H_2 \longrightarrow 2NH_3 \quad \Delta G^{\ominus\prime} = -33.5 \text{ kJ/mol}$$

虽然 N_2 是不易参与反应的惰性气体,在机体酶的催化下固氮反应却有极高的活化能促使过程进行。

生物固氮反应是由**固氮酶复合体**(nitrogenase complex)催化完成的。它由两个主要组分构成:**固氮酶还原酶**(dinitrogenase reductase)和**固氮酶**(dinitrogenase)。还原酶又称铁蛋白,相对分子质量 60 000~64 000,具有相同亚基的二聚体,每个亚基含有一个铁硫[4Fe-4S]中心,可接受或给出一个电子,还有两个结合 ATP/ADP 的位点。固氮酶又称铁钼蛋白,相对分子质量 220 000~240 000,由两种不同亚基组成的四聚体($\alpha_2\beta_2$),并含有 2 个钼原子(Mo),32 个铁(Fe)原子和 30 个硫(S)原子。已发现存在一种含钒(V,canadium),而不是含钼的固氮酶。有些固氮菌可产生这两种类型的固氮酶。

固氮酶复合体的还原酶能使电子具有高的还原力。而固氮酶则利用高的还原力电子将 N_2 还原为 NH_3。电子从还原酶到固氮酶的转移需消耗 ATP 分子。固氮酶催化的固氮作用共需要 8 个电子参与反应。由 N_2 还原为 NH_3,需要 6 个电子参与反应,另 2 个电子参与 H_2 的生成:

$$N_2 + 8e^- + 8H^+ \longrightarrow 2NH_3 + H_2$$

生物固氮化学反应的总计量式如下:

$$N_2 + 8e^- + 16ATP + 16H_2O \longrightarrow 2NH_3 + H_2 + 16ADP + 16Pi + 8H^+$$

所需的 8 个高势能电子来自还原型的**铁氧还蛋白**(ferredoxin)。铁氧还蛋白的电子或由叶绿体中的光合系统 I 产生,或是在电子传递的氧化中产生(图 26-2)。固氮酶复合体对 O_2 的抑制作用非常敏感。氧会不可逆地破坏固氮酶组分的结构,因此固氮酶的催化反应需在厌氧环境下进行。在这个过程中 ATP 起着催化作用而不是发挥热动力学效应。ATP 不仅通过水解一个或多个磷酸键提供化学能,而且也能通过非共价键结合的结合能来降低反应活化能。在固氮酶复合体还原酶的反应中,ATP 的结合和水解可引起蛋白质构象发生明显的变化以提供固氮所需的高活化能。ATP 结合到还原酶可使还原电势从 -250 mV 降低到 -400 mV,提高电子转移到固氮酶所需要的还原电势。

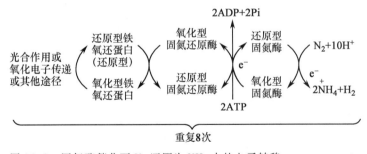

图 26-2　固氮酶催化下 N_2 还原为 NH_3 中的电子转移

二、氨的同化作用——氨通过谷氨酸和谷氨酰胺掺入生物分子

由固氮作用形成的氨是合成氨基酸所需氨基的来源。氨不仅给氨基酸提供氨基,也是其他含氮生物分子的氮源。在将氨引入氨基酸分子中起中介作用的有两个氨基酸,即谷氨酸和谷氨酰胺。通过转氨基作用,谷氨酸提供氨基使之形成许多其他氨基酸。谷氨酰胺的酰胺氮则是生物合成中广泛的氨基提供者。

氨在动物、植物、微生物中都存在的同化途径是通过谷氨酸脱氢酶的作用,使 α-酮戊二酸还原、氨化形成谷氨酸。这一途径虽然普遍存在,但并不是主要的。L-谷氨酸脱氢酶在不同生物种属甚至同一物种不同组织中对辅酶 NADH 或 NADPH 的要求不尽一致,也有的无选择性。L-谷氨酸脱氢酶催化的反应表示如下:

$$\alpha\text{-酮戊二酸} + NH_4^+ + NADPH \longrightarrow L\text{-谷氨酸} + NADP^+ + H_2O$$

在真核细胞中,L-谷氨酸脱氢酶定位于线粒体。反应平衡倾向于反应物的方向,对 NH_4^+ 的 K_M 值相当高(大约为 mmol/L),因而这个反应将 NH_4^+ 引入到氨基酸及其他代谢物中所起的作用不大。谷氨酸脱氢酶在反应中要求 NH_4^+ 的浓度非常高,因此只有当土壤中加入大量的 NH_3 或者在提供高氮的实验条件下,这个反应才能对谷氨酸的产生起到决定性作用。

生物体中最重要的同化氨的途径是**谷氨酰胺合成酶**(glutamine synthetase)催化的由谷氨酸形成谷氨酰胺。该反应发生在酶分子上分 2 步进行。第一步先形成 γ-谷氨酰磷酸,然后由 NH_4^+ 取代其磷酸基团形成谷氨酰胺。

$$谷氨酸 + ATP \longrightarrow \gamma\text{-谷氨酰磷酸} + ADP$$
$$\gamma\text{-谷氨酰磷酸} + NH_4^+ + ATP \longrightarrow 谷氨酰胺 + Pi + H^+$$

总反应式:谷氨酸 + NH_4^+ + ATP $\longrightarrow$ 谷氨酰胺 + ADP + Pi + H^+

谷氨酰胺除了在细菌中吸收 NH_4^+,对哺乳动物机体还有重要的生理作用,它将机体有毒的氨转变为无毒的谷氨酰胺。

在细菌和植物中,谷氨酰胺提供氨基给 α-酮戊二酸,由**谷氨酸合酶**(glutamate synthase,动物体内部存在此酶)催化形成 2 分子谷氨酸:

$$\alpha\text{-酮戊二酸} + 谷氨酰胺 + NADPH + H^+ \longrightarrow 2\ 谷氨酸 + NADP^+$$

在原核生物中,当环境中的氨浓度降低时,谷氨酰胺合成酶和谷氨酸合酶联合作用,谷氨酰胺合成酶可将氨与谷氨酸合成谷氨酰胺,再由谷氨酸合酶催化产生谷氨酸,净反应式表示如下:

$$\alpha\text{-酮戊二酸} + NH_4^+ + NADPH + ATP \rightarrow 谷氨酸 + NADP^+ + ADP + Pi$$

对于大多数原核生物,当 NH_4^+ 的浓度低时,仍可进行由 α-酮戊二酸形成谷氨酸的反应。因为谷氨酰胺合成酶对 NH_4^+ 的 K_M 值远远低于谷氨酸脱氢酶对 NH_4^+ 的 K_M 值。

谷氨酰胺合成酶由 12 个相同的亚基组成,每个亚基的相对分子质量为 50 000。它受到别构效应、共价修饰以及反馈效应的多重调节。而且各种抑制效应对酶的抑制可以加合。因此该酶对控制谷氨酰胺的水平起着关键作用。

三、氨基酸的生物合成

人和其他动物不具备合成蛋白质中全部氨基酸的途径,因此他们必须从食物中获得自身不能合成的氨基酸,这些氨基酸称为**必需氨基酸**(essential amino acids)。这一名称来源用大白鼠所作的实验。若在喂饲大白鼠的膳食中缺乏苯丙氨酸、赖氨酸、异亮氨酸、亮氨酸、甲硫氨酸、苏氨酸、色氨酸、缬氨酸、组氨酸或精氨酸(对幼小动物需要)等 10 种氨基酸的任何一种,动物都不能正常生长,由此得名。凡机体能自己合成的氨基酸称为**非必需氨基酸**(nonessential amino acids)。人类和大白鼠的必需氨基酸是相同的。高等植物有能力合成自己所需的全部氨基酸,而且既可利用氨又可利用硝酸根作为合成氨基酸的氮源。微生物合成氨基酸的能力有很大差异,例如,大肠杆菌可合成全部所需氨基酸,而乳酸菌却需从外界获取某些氨基酸。

虽然生物合成氨基酸的能力有种种差异,但仍可总结出氨基酸生物合成的某些共性。本章将讨论它们的共性以及构成蛋白质 20 种氨基酸的各种合成途径。

氨基酸生物合成的研究,大多数以微生物作为材料。这不仅因为取材方便,最大的优越性是比较容易地将遗传和生物化学技术结合起来。应用遗传突变技术可获得在合成氨基酸方面具有各种特点的遗传突变株。例如,某个突变株在某种氨基酸合成过程中缺乏某一种酶,则该氨基酸合成过程就在这缺乏酶的一步受阻,这时全部合成反应就停留在这缺失酶的步骤上,而使前一步反应的产物大量积累。在突变株微生物的培养基中就可测出此积累产物的浓度大大提高。又例如,某种突变株有合成某一种氨基酸的特殊能力,则该突变株即可为研究这种氨基酸的合成途径提供便利条件。

若将氨基酸的生物合成反应步骤用下列反应式表示:

$$A \xrightarrow{\text{酶 I}} B \xrightarrow{\text{酶 II}} C \xrightarrow{\text{酶 III}} D \xrightarrow{\text{酶 IV}} E \xrightarrow{\text{酶 V}} F$$

式中 A 代表某种氨基酸生物合成前体物质,B、C、D、E、F 代表不同的中间产物,酶(I、II、III、IV、V)代表不同的酶,F 代表最终产物,即某种氨基酸。

突变株微生物的同一种氨基酸的正常合成路线在发生变异的步骤受阻可用下式表示:

$$A \xrightarrow{\text{酶 I}} B \xrightarrow{\text{酶 II}} C \xrightarrow[\text{酶 III 缺失}]{\not\parallel} D \xrightarrow{\text{酶 IV}} E \xrightarrow{\text{酶 V}} F$$

中间物积累　D、E、F 都不产生

上式表明当酶 III 缺失时,此突变株培养基中即大量积累中间产物 C。通过对中间产物 C 的测定,即可判断氨基酸(F)的一个中间代谢环节。

用上述材料和方法阐明的氨基酸合成途径,还需用其他生物材料弄清不同生物合成氨基酸的特殊性。

讨论氨基酸的生物合成,首先要说明的是:它的碳骨架是怎样形成的? 氮是经怎样的途径进入的?

概括地说,在生物合成中,各种氨基酸碳骨架的形成,源起于代谢的几条"主要干线"(柠檬酸循环、糖酵解以及磷酸戊糖途径等)中的关键中间体。根据生物合成起始物——代谢中间体的不同,可将氨基酸的生物合成途径归纳为六族,将在下面分族讨论。它们的氨基基团多来自谷氨酸的转氨基反应。

氨基酸生物合成分族情况如图 26-3 所示。氨基酸生物合成的概貌如图 26-4 所示。

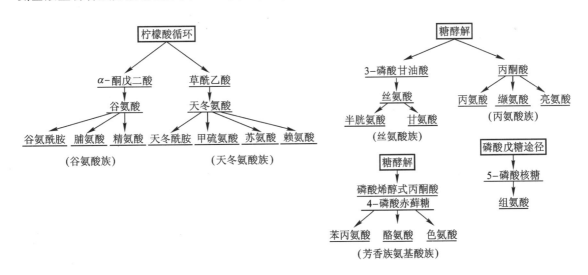

图 26-3　氨基酸生物合成的分族情况

(一) 由 α-酮戊二酸形成的氨基酸——谷氨酸、谷氨酰胺、脯氨酸、精氨酸、赖氨酸

这些氨基酸的生物合成都以 α-酮戊二酸为前体,即它们都是由 α-酮戊二酸衍生而来,下面分述它们的生物合成。

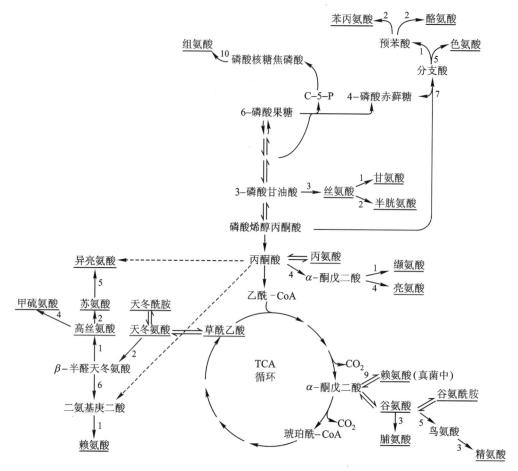

图 26-4　20 种氨基酸的生物合成概貌 (各氨基酸全为 L-型)

图为蛋白质中的 20 种氨基酸生物合成的概貌。氨基酸生物合成与相关的柠檬酸循环, 糖酵解及磷酸戊糖途径。图中画出了一些重要的中间物, 丙酮酸起始的两条虚线指向二氨基庚二酸 (diaminopimelate, DAP), 及异亮氨酸, 表示丙酮酸为这两个化合物的某侧链之碳源做出贡献。请注意, 赖氨酸的生物合成是独特的, 它有着两条完全不同的途径。图中数字表明通过的反应步骤数

1. 谷氨酸的生物合成

α-酮戊二酸和氨基酸经转氨酶的作用即形成谷氨酸。α-酮戊二酸与游离氨可在谷氨酸脱氢酶的催化下发生还原氨基化而形成谷氨酸。反应式如下:

$$\alpha\text{-酮戊二酸} + NH_4^+ + NADH(\text{或 }NADPH) + H^+ \underset{}{\overset{\text{谷氨酸脱氢酶}}{\rightleftharpoons}} \text{谷氨酸} + NAD^+(\text{或 }NADP^+) + H_2O$$

这种反应在自然界并不普遍, 植物、蕈类以及细菌只有当环境中的 NH_4^+ 浓度很高时才由此途径形成谷氨酸。在动物的细胞中, 过多的 NH_4^+ 也可通过这一途径形成谷氨酸, 再由谷氨酰胺合成酶催化转变为谷氨酰胺。谷氨酸脱氢酶和谷氨酰胺合成酶在脑中的含量都相当高。当然由形成谷氨酰胺而消除 NH_4^+ 的作用可能比由 α-酮戊二酸形成谷氨酸更为重要。

L-谷氨酸脱氢酶在动物体内可利用 $NAD^+/NADH$ 和 $NADP^+/NADPH$ 两类辅酶, 利用 NAD^+ 作辅酶的酶一般是催化谷氨酸脱氨基转变为 α-酮戊二酸。无论利用哪种辅酶的 L-谷氨酸脱氢酶, 都能催化可逆反应。

实验表明: 植物、微生物、蕈类的谷氨酸氨基一般并非来源于游离氨, 而是来源于谷氨酰胺的酰胺基。后面还将进一步讨论。

2. 谷氨酰胺的生物合成

由 α-酮戊二酸先经转氨基作用形成 L-谷氨酸已如上述, 再经**谷氨酰胺合成酶** (glutamate synthetase) 催化由 L-谷氨酸形成 L-谷氨酰胺。这一过程需 ATP 提供能量。

谷氨酰胺合成酶是催化氨转变为有机含氮物的主要酶。该酶活性受到机体对含氮物需要情况的灵活控制。

从大肠杆菌中获得的谷氨酰胺合成酶的结构以及其调控机制都已经得到阐明。该酶由 12 个相同的亚基对称排列成两个六面体环棱柱状结构。每个亚基的相对分子质量为 51 600。它的活性受到复杂的反馈控制系统以及共价修饰调控。有 9 种含氮物以不同程度对该酶发生反馈别构抑制效应。每一种都有自己与酶的结合部位。这 9 种含氮物是:6-磷酸氨基葡糖、色氨酸、丙氨酸、甘氨酸、丝氨酸、组氨酸、胞苷三磷酸、AMP 及氨甲酰磷酸。除甘氨酸、丙氨酸、丝氨酸外,所有上述其他含氮物的氮都直接来源于谷氨酰胺,而且都是由谷氨酰胺导出的反应最终产物。虽然丙氨酸、丝氨酸和甘氨酸的氨基也来源于谷氨酰胺,但都不是反应系列的最终产物。在培养细胞时检测培养液中丙氨酸、丝氨酸和甘氨酸含量的高低,却可作为了解氮源供给情况的鉴定指标。

谷氨酰胺合成酶的调节机制,可作为氨基酸生物合成调控机制复杂性的典型,将在氨基酸生物合成的调控中讨论。

前已述及,α-酮戊二酸直接与氨由谷氨酸脱氢酶催化还原反应,合成谷氨酸的途径,在自然界并不普遍。在一般情况下最普遍的合成谷氨酸的途径是在**谷氨酸合酶**(glutamate synthase)催化下,α-酮戊二酸接受 L-谷氨酰胺的酰胺基形成谷氨酸的反应。在这个反应中实际上形成了两个谷氨酸分子。

虽然经这种形式合成谷氨酸从能量观点看并不经济。因为由谷氨酸形成谷氨酰胺需要消耗 ATP 如前所示。但这种方式有很多优越性。由谷氨酰胺合成酶催化的酰胺基的形成可在 NH_4^+ 浓度极低的条件下进行,而由谷氨酸脱氢酶催化的反应却需要很高的 NH_4^+ 浓度。以大肠杆菌(E.coli)为例,其谷氨酸脱氢酶所催化的反应,以 NH_4^+ 计算,K_m 值为 1.1 mmol,而谷氨酰胺合成酶的 K_m 值仅为 0.2 mmol。因此谷氨酰胺合成酶所催化的反应方向更倾向于脱去酰胺基。一般在自然条件下 NH_4^+ 的浓度不会很高。所以由谷氨酰胺提供酰胺基使 α-酮戊二酸形成谷氨酸的可能性是最大的。α-酮戊二酸、谷氨酸和谷氨酰胺的合成关系如图 26-5 所示。

谷氨酸合酶的氢供给者(hydrogen donor)随不同来源的酶而异。细菌以 NADPH 为供氢体,有些蕈类以 NADH 为供氢体。植物则有两种类型。有一种对还原型"**铁氧还蛋白**"(reduced ferredoxin)是特异的,另一种,体外试验表明需要 NADPH 或 NADH。因为在土壤中,NH_4^+ 的浓度常是不高的,因此在植物中氨基的形成是在低浓度下进行的,而 α-酮戊二

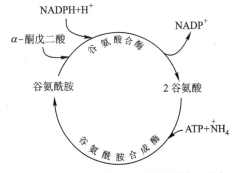

图 26-5 由 α-酮戊二酸、谷氨酰胺和谷氨酸形成关系图

酸的氨基化则需由谷氨酰胺的酰胺基提供。

3. 脯氨酸的生物合成

L-脯氨酸的合成步骤如图 26-6 所示。由 α-酮戊二酸先形成谷氨酸。后者在谷氨酸激酶催化下由 ATP 提供磷酸基团形成谷氨酰磷酸，又在谷氨酸脱氢酶作用下将谷氨酸的 γ-羧基还原形成 γ-半醛谷氨酸（glutamic-γ-semialdehyde），然后自发环化形成五元环化合物 5-羧酸-Δ'二氢吡咯（Δ'-pyrroline-5-carboxylate），再由二氢吡咯还原酶催化还原形成脯氨酸。

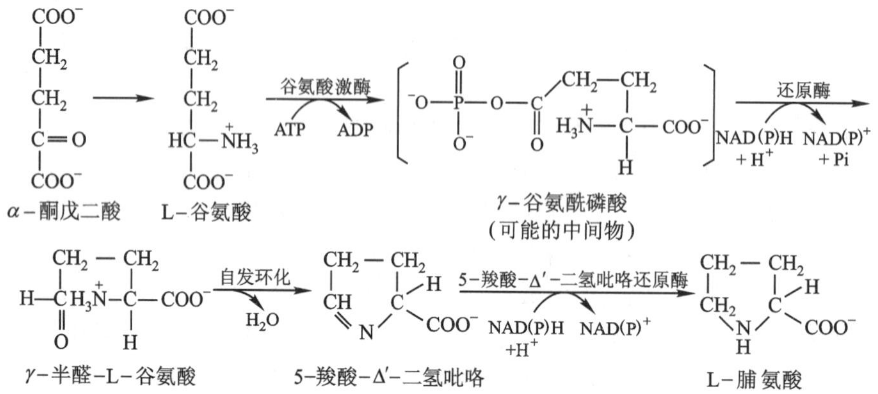

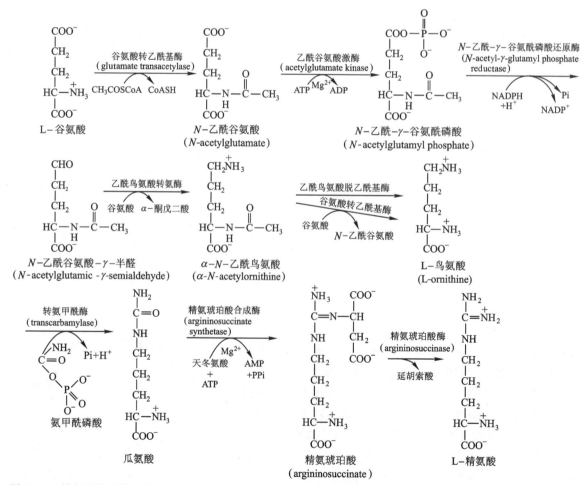

图 26-6 L-脯氨酸的合成途径

4. L-精氨酸的生物合成

精氨酸的生物合成如图 26-7 所示，它是由谷氨酸经过许多步骤形成。谷氨酸先在转乙酰基酶催化

图 26-7 精氨酸的生物合成途径

下,转化为 N-乙酰谷氨酸(N-acetylglutamate),再经激酶作用由 ATP 上转移一个高能磷酸基团,形成N-乙酰-γ-谷氨酰磷酸(N-acetyl-γ-glutamyl phosphate),再经以 NADPH 为辅酶的还原酶作用,形成 N-乙酰谷氨酸-γ-半醛(N-acetylglutamic-γ-semialdehyde),又经转氨酶作用,自谷氨酸分子转移一个 α-氨基,形成 α-N-乙酰鸟氨酸(α-N-acetyl ornithine),经酶促脱去乙酰基(脱乙酰基作用或转乙酰基作用),形成 L-鸟氨酸,接受由转氨甲酰酶催化,自氨甲酰磷酸转移的氨甲酰基先形成 L-瓜氨酸,L-瓜氨酸在合成酶的催化下,与 L-天冬氨酸结合(需 Mg^{2+}离子,同时 ATP ⟶AMP+PPi),形成精氨琥珀酸,精氨琥珀酸在裂解酶的作用下,形成精氨酸,同时产生延胡索酸。

谷氨酸 α-氨基的乙酰化,可使氨基受到保护,以利于羧酸的活化和还原,并防止发生环化作用,使反应向形成精氨酸的方向进行。乙酰基可通过谷氨酸转乙酰基酶的作用,在全部合成反应中得到保护。

精氨酸不只是构成蛋白质的组分,也是尿素形成的前体物质(请参看尿素的形成)。

5. 赖氨酸的生物合成

L-赖氨酸的生物合成在不同生物体内有完全不同的两条途径。蕈类(和眼虫)L-赖氨酸的合成以α-酮戊二酸为起始物。图 26-8 表明蕈类(和眼虫)由 α-酮戊二酸合成 L-赖氨酸的途径。细菌和绿色植物则是通过丙酮酸和天冬氨酸途径(参看天冬氨酸族的生物合成,图 26-9)。

α-酮戊二酸有 5 个碳原子。而赖氨酸有 6 个碳原子。因此,α-酮戊二酸形成赖氨酸需延长碳链。第一步是 α-酮戊二酸在**高柠檬酸合酶**(homocitrate synthase)的催化下,与乙酰辅酶 A 作用,形成高柠檬酸,高柠檬酸在脱水酶催化下脱水形成**顺-高乌头酸**(cis-homoaconitate),再由水化酶催化形成高异柠檬酸(homoisocitrate),然后在脱氢酶催化下脱氢,形成 **α-酮己二酸**(α-ketoadipate)。该反应所需辅酶为 NAD$^+$,反应过程中还脱去羧基。

由 α-酮戊二酸形成 α-酮己二酸所经过的碳链延长过程和柠檬酸循环中草酰乙酸转变为 α-酮戊二酸以及在亮氨酸生物合成中碳链延长过程都基本相同。不同处是 α-酮戊二酸的 α-羧基是由草酰乙酸的β-羧基形成,不是转来的乙酰基。以上表明这些 α-酮酸碳链的延长都遵循一般 α-酮酸碳链延长的规律。

α-酮戊二酸的形成提供了赖氨酸的碳骨架结构,下一步的变化是 δ-羧基的还原。羧基的活化需 ATP 参与反应,可能形成酸酐和 AMP 的复合物,即 δ-腺苷-α-氨基己二酸,这和脯氨酸以及鸟氨酸生物合成中的羧基活化机制不同。δ-腺苷-α-氨基己二酸在其还原酶的催化下,以 NADPH 为辅酶还原,同时释放出腺苷基团形成 α-氨基己二酸-δ-半醛(α-aminoadipic-δ-semialdehyde)。己醛基团一旦形成,在 α-氨基己二酸-δ-半醛-谷氨酸还原酶作用下,即与谷氨酸在氨基部位缩合。这是一个需 NADPH 的还原缩合反应。缩合后形成 ε-N(2-戊二酸)-赖氨酸(saccharopine)。后者在 ε'-N(2-戊二酸)-赖氨酸脱氢酶作用下,再氧化裂解形成 L-赖氨酸和 α-酮戊二酸。此反应专一地以 NAD$^+$为辅酶。上述的两步反应,实际是一种氨基转移反应。它和以磷酸吡哆醛为辅酶的氨基转移反应方式完全不同。

(二) 由草酰乙酸形成的氨基酸——天冬氨酸、天冬酰胺、甲硫氨酸、苏氨酸、赖氨酸(细菌、植物)、异亮氨酸

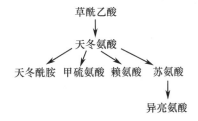

1. 天冬氨酸的生物合成

L-天冬氨酸是由草酰乙酸接受由谷氨酸转来的氨基形式。催化这一反应的酶称为谷-草转氨酶或称天冬氨酸-谷氨酸转氨酶。天冬氨酸的合成途径如下所示:

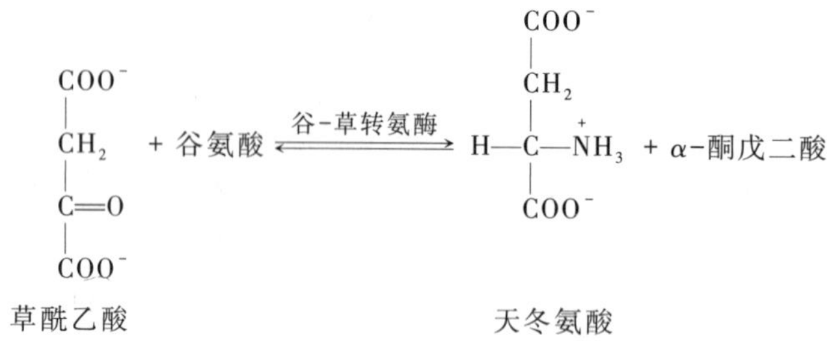

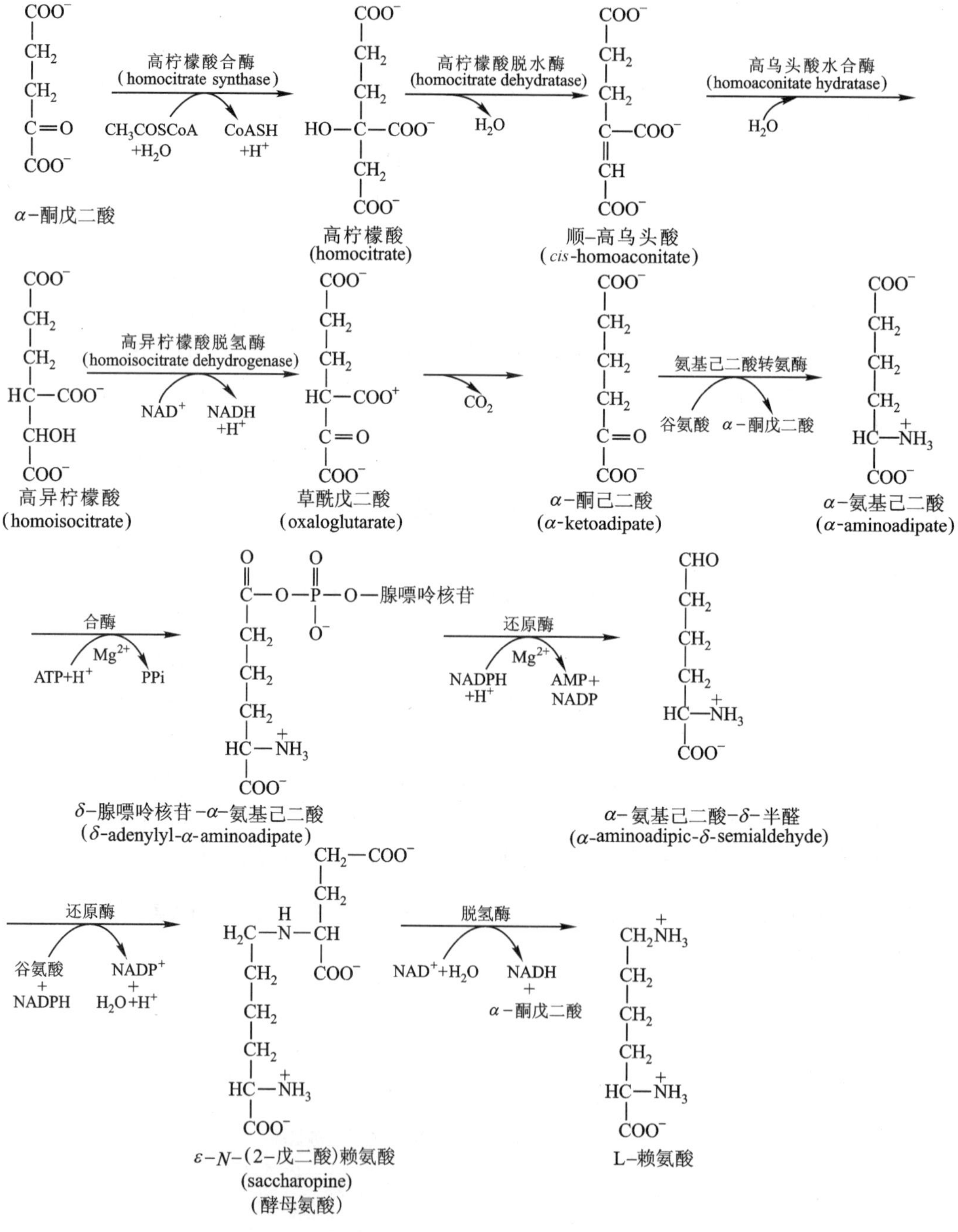

草酰乙酸 + 谷氨酸 ⇌（谷-草转氨酶）天冬氨酸 + α-酮戊二酸

α-酮戊二酸 →（高柠檬酸合酶 homocitrate synthase，CH₃COSCoA+H₂O → CoASH+H⁺）高柠檬酸（homocitrate）→（高柠檬酸脱水酶 homocitrate dehydratase，H₂O）顺-高乌头酸（cis-homoaconitate）→（高乌头酸水合酶 homoaconitate hydratase，H₂O）

高异柠檬酸（homoisocitrate）→（高异柠檬酸脱氢酶 homoisocitrate dehydrogenase，NAD⁺ → NADH+H⁺）草酰戊二酸（oxaloglutarate）→（CO₂）α-酮己二酸（α-ketoadipate）→（氨基己二酸转氨酶，谷氨酸 → α-酮戊二酸）α-氨基己二酸（α-aminoadipate）

→（合酶，Mg²⁺，ATP+H⁺ → PPi）δ-腺嘌呤核苷-α-氨基己二酸（δ-adenylyl-α-aminoadipate）→（还原酶，Mg²⁺，NADPH+H⁺ → AMP+NADP）α-氨基己二酸-δ-半醛（α-aminoadipic-δ-semialdehyde）

→（还原酶，谷氨酸+NADPH → NADP⁺+H₂O+H⁺）ε-N-(2-戊二酸)赖氨酸（saccharopine）（酵母氨酸）→（脱氢酶，NAD⁺+H₂O → NADH+α-酮戊二酸）L-赖氨酸

图 26-8　蕈类和眼虫 L-赖氨酸的生物合成途径

2. 天冬酰胺的生物合成

哺乳动物天冬酰胺的合成可能都是在天冬氨酸的 β-羧基上转移一个谷氨酰胺的酰胺基而成。催化该反应的酶称为**天冬酰胺合成酶**（asparagine synthetase），需 ATP 参与作用。ATP 在反应中降解为 AMP 和

PPi。天冬酰胺的合成反应可用下式表示：

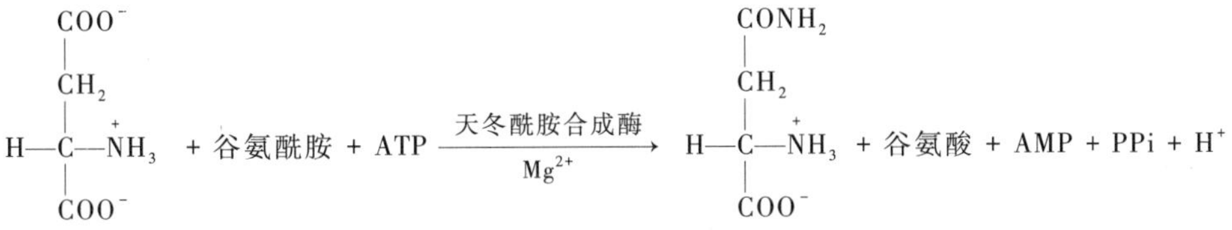

$$
\underset{\text{L-天冬氨酸}}{\begin{array}{c} COO^- \\ | \\ CH_2 \\ | \\ H-C-\overset{+}{N}H_3 \\ | \\ COO^- \end{array}} + 谷氨酰胺 + ATP \xrightarrow[\text{Mg}^{2+}]{\text{天冬酰胺合成酶}} \underset{\text{天冬酰胺}}{\begin{array}{c} CONH_2 \\ | \\ CH_2 \\ | \\ H-C-\overset{+}{N}H_3 \\ | \\ COO^- \end{array}} + 谷氨酸 + AMP + PPi + H^+
$$

该反应可能在酰胺基断裂时形成一个酶和氨基结合的中间产物。

除上述的天冬酰胺合成途径外,在细菌则有另外一种由 $\overset{+}{N}H_4$ 提供酰胺基氮源的合成途径。这一途径也伴有 ATP 降解为 AMP 和 PPi 的反应。

$$
\underset{\text{L-天冬氨酸}}{\begin{array}{c} COO^- \\ | \\ CH_2 \\ | \\ H-C-\overset{+}{N}H_3 \\ | \\ COO^- \end{array}} + NH_4 + ATP \xrightarrow{\text{天冬酰胺合成酶}} \underset{\text{天冬酰胺}}{\begin{array}{c} CONH_2 \\ | \\ CH_2 \\ | \\ H-C-\overset{+}{N}H_3 \\ | \\ COO^- \end{array}} + AMP + PPi
$$

在这个反应中,也可能包括一个形成与酶结合的 β-天冬酰腺苷酸(β-aspartyladenylate)中间物的步骤。

催化上述两种形成天冬酰胺的酶都称为天冬酰胺合成酶(asparagen synthetase),它们区别在于一种催化酰基的断裂,另一种则对游离氨有高的亲和力。

天冬酰胺和谷氨酰胺合成的机制有许多类似之处,主要的不同是在谷氨酰胺合成反应中 ATP 转变成 ADP 和 Pi,天冬酰胺合成反应中 ATP 则形成 AMP 和 PPi。在机体内催化 PPi 水解为 2Pi 的酶是焦磷酸酶。这一水解反应可释放约 34 kJ 能,因此,天冬酰胺的合成反应比谷氨酰胺的合成反应更易于进行。

3. 细菌和植物 L-赖氨酸的生物合成

由 L-天冬氨酸作为起始物的 L-赖氨酸合成途径如图 26-9 所示。首先要使 L-天冬氨酸的 β-羧基还原。该反应需 ATP 活化羧基。催化此反应的酶称为**天冬氨酸激酶**(aspartokinase)。羧基活化后,形成天冬氨酰-β-磷酸(aspartyl-β-phosphate)。这一还原反应和谷氨酸羧基的还原以及 3-磷酸甘油酸还原为 3-磷酸甘油醛的情况都很相似。再由天冬氨酸-β-半醛脱氢酶催化逆反应,使天冬氨酰-β-磷酸还原。参与天冬氨酸还原反应的辅酶是 NADPH。还原的产物是天冬氨酸-γ-半醛。天冬氨酸-γ-半醛与丙酮酸缩合形成一环状化合物称为 2,3-二氢吡啶-2,6-二羧酸(2,3-dihydropyridine 2,6-dicarboxylate)。因此,也可将植物 L-赖氨酸的合成看作是起始于丙酮酸和天冬氨酸。催化天冬氨酸-γ-半醛和丙酮酸缩合的酶称为 2,3-二氢吡啶-2,6-二羧酸合酶。该酶受赖氨酸抑制。2,3-二氢吡啶-2,6-二羧酸由以 NADPH 为辅酶的脱氢酶还原为 Δ'-哌啶-2,6-二羧酸(又称 2,3,4,5-四氢吡啶-2,6-二羧酸)。该二羧酸与琥珀酰-CoA 作用形成 N-琥珀酰-2-氨基-6-酮庚二酸(N-Succinyl-2-amino-6-keto-L-pimelate)。在有些生物由乙酰基代替琥珀酰基。6-酮基通过与谷氨酸的转氨基作用而形成氨基,使 N-琥珀酰-2-氨基-6-酮庚二酸转变为 N-琥珀酰-L,L-2,6-二氨基庚二酸。在琥珀酰-二氨基庚二酸脱琥珀酸酶的作用下,脱去琥珀酸形成 L,L-2,6-二氨基庚二酸或称 L-α,ε-二氨基庚二酸。在二氨基庚二酸差向异构酶的作用下,形成消旋-α,ε-二氨基庚二酸(meso-α,ε-diaminopimelate)。再经二氨基庚二酸脱羧酶的作用。脱去羧基形成 L-赖氨酸。

4. 甲硫氨酸的生物合成

甲硫氨酸的生物合成如图 26-10 及图 26-11 所示,由天冬氨酸的羧基还原,此反应有 ATP 参与。它活化了羧基并提供一个磷酸基,形成天冬氨酰磷酸。反应进一步形成天冬氨酸-β-半醛。以上反应过程与细菌及植物合成 L-赖氨酸的一段过程完全相同。天冬氨酸-β-半醛以 NADPH 为辅酶,在脱氢酶作用下还原形成 **L-高丝氨酸**(L-homoserine)。由 L-高丝氨酸转化为甲硫氨酸的途径不止一种。它的酰基化也有不同方式。在绿色植物形成 O-磷酰高丝氨酸。一般从高丝氨酸转变为酰基高丝氨酸,进而转

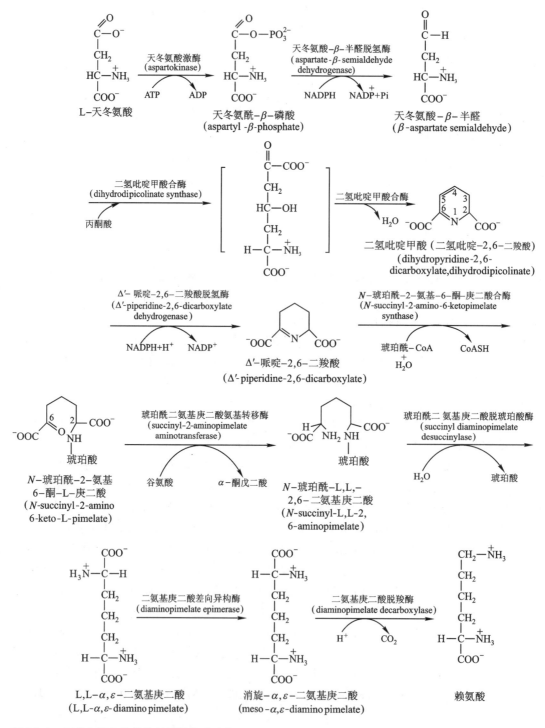

图 26-9　细菌和绿色植物赖氨酸的合成途径

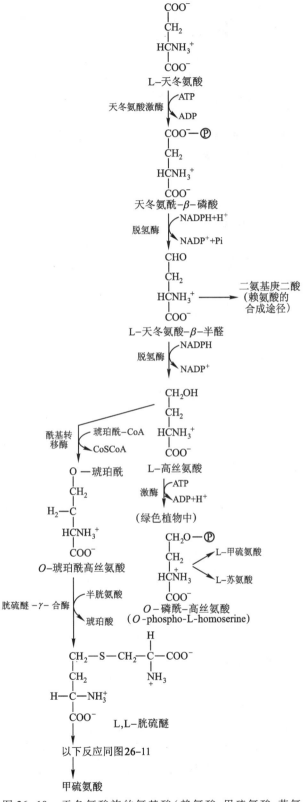

图 26-10　天冬氨酸族的氨基酸(赖氨酸、甲硫氨酸、苏氨酸)共同经历的合成途径

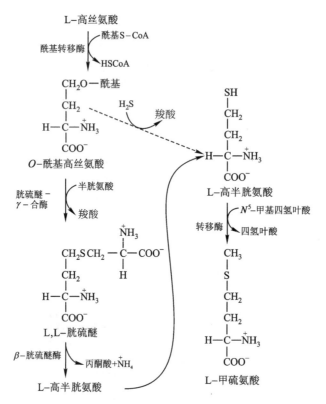

图 26-11　甲硫氨酸的合成,最后一步的 L-高半胱氨酸转
变为甲硫氨酸还有依赖维生素 B_{12} 的另一途径

变为 L-高半胱氨酸。转变为 L-高半胱氨酸也有不同路线。在细菌中,是在**胱硫醚-γ-合酶**(cystathionine-γ-synthase)催化下,与半胱氨酸作用形成 L,L-胱硫醚(L, L cystathionine)。后者又在 β-胱硫醚酶(β-cystathionase)作用下,形成 L-高半胱氨酸。另外的途径是 O-琥珀酰基高丝氨酸在硫水解酶(sulfhydrolase)作用下与 H_2S 作用直接生成 L-高半胱氨酸(图中虚线标示),接着 L-高半胱氨酸在转移酶(tranferase)催化下,接受 N^5-甲基四氢叶酸的甲基,生成 L-甲硫氨酸。高丝氨酸还可在酰基转移酶作用下与琥珀酰基结合形成 O-琥珀酰基高丝氨酸,又在胱硫醚-γ-合酶催化下由半胱氨酸替下琥珀酰基形成胱硫醚,又在胱硫醚-β-裂解酶作用下,脱出丙酮酸和氨形成高半胱氨酸再由 N^5-甲基四氢叶酸提供甲基,由转移酶催化形成甲硫氨酸。

5. 苏氨酸的生物合成

苏氨酸的合成,从 L-天冬氨酸开始,直到形成 L-高丝氨酸,与甲硫氨酸的合成步骤是完全相同的(图 26-10)。L-高丝氨酸在其激酶作用下在羟基位置转移 ATP 上的一个磷酸基团形成 O-磷酰-L-高丝氨酸(O-phospho-L-homoserine),再经苏氨酸合酶作用,水解下磷酸基团形成苏氨酸(图 26-12)。

纵观上述 L-赖氨酸、L-甲硫氨酸、L-苏氨酸的合成,可看出这三种氨基酸有一段共同的合成途径,由 L-天冬氨酸为共同起点都需经过 β-羧基的还原,形成的天冬氨酸-β-半醛是一个分支点化合物,L-赖氨酸的合成即由此物质分道,甲硫氨酸和苏氨酸的合成还共同经过 L-高丝氨酸再分道,L-高丝氨酸也是分支点化合物(见图 26-10)。

6. 异亮氨酸的生物合成

异亮氨酸的 6 个碳原子有 4 个来自天冬氨酸,只有 2 个来自丙酮酸,所以一般将异亮氨酸的合成列入天冬氨酸类型。在异亮氨酸合成过程中有 4 种酶和缬氨酸合成中的酶是相同的,而缬氨酸的合成属于丙酮酸衍生类型,因此异亮氨酸的生物合成也可视为丙酮酸衍生类型。鉴于异亮氨酸和缬氨酸生物合成中

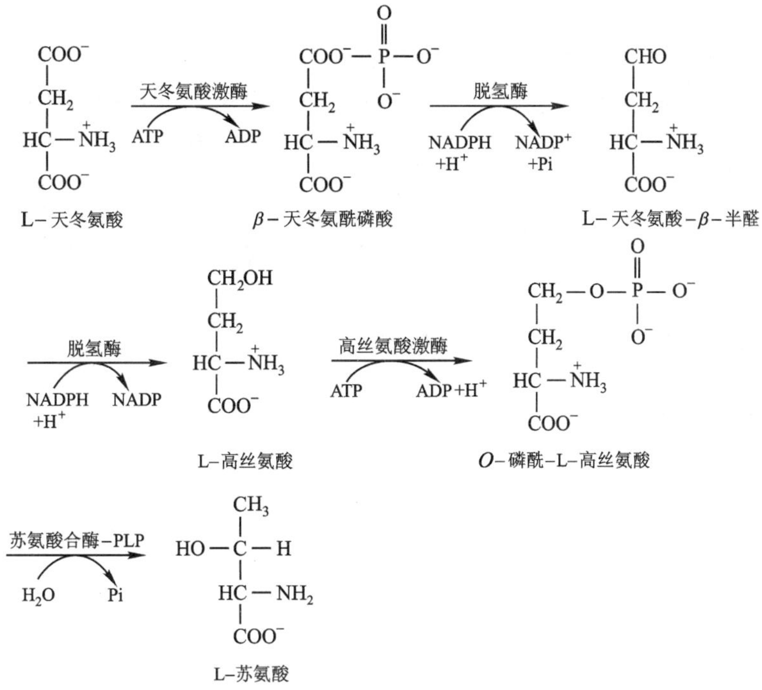

图 26-12　L-苏氨酸的生物合成

4 种酶的相同,异亮氨酸的合成途径和缬氨酸共同讨论(图 26-13)异亮氨酸和缬氨酸的合成途径。

(三) 丙酮酸族的生物合成:L-丙氨酸、L-缬氨酸、L-亮氨酸

由丙酮酸形成的氨基酸有 L-丙氨酸、L-缬氨酸、L-亮氨酸,还为异亮氨酸的合成提供两个碳原子,为赖氨酸的合成提供两个或 3 个碳原子(图 26-8 及图 26-9 赖氨酸的生物合成)。因异亮氨酸和缬氨酸生物合成途径的平行关系,本节将一并讨论其合成途径。

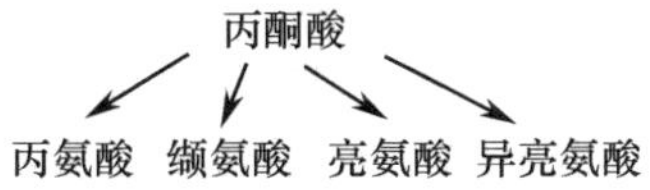

1. 丙氨酸的生物合成

丙氨酸是丙酮酸与谷氨酸在谷-丙转氨酶的作用下形成的,如图 26-14 所示。

丙氨酸的合成没有反馈抑制效应。机体细胞内可找到许多丙氨酸库。又因转氨酶的作用是可逆的,丙酮酸和丙氨酸可根据需要而互相转换。

2. 缬氨酸和异亮氨酸的生物合成

缬氨酸和异亮氨酸的生物合成如图 26-13 所示。这两种氨基酸的第一步是相应地由丙酮酸和丁酮酸与活性乙醛基缩合。活性乙醛基可能是乙醛基与 α-羟乙基硫胺素焦磷酸结合的产物。醛基是由丙酮酸脱羧而成。缩合后所形成的产物是相应的 α-乙酰-α-羟酸。形成的两种化合物进行甲基、乙基的自动位移,产物经脱水后形成缬氨酸和异亮氨酸的相应酮酸,再经转氨作用形成缬氨酸和异亮氨酸。

3. 亮氨酸的生物合成

亮氨酸的合成途径从丙酮酸开始直至形成 α-酮异戊酸和 L-缬氨酸以及异亮氨酸的合成途径完全相同(参看图 26-13,L-缬氨酸的生物合成)。α-酮异戊酸(α-ketoisovalerate)在 **α-异丙基苹果酸合酶**(α-isopropyl malate synthase)作用下,由乙酰-CoA 转来酰基形成 α-异丙基苹果酸,后者在(同分)异构酶作用下形成 β-异丙基苹果酸。再经以 NAD^+ 为辅助因子的脱氢酶作用形成 α-酮异己酸。后者再由亮氨酸转氨酶催化与谷氨酸转氨形成 L-亮氨酸(图 26-15)。

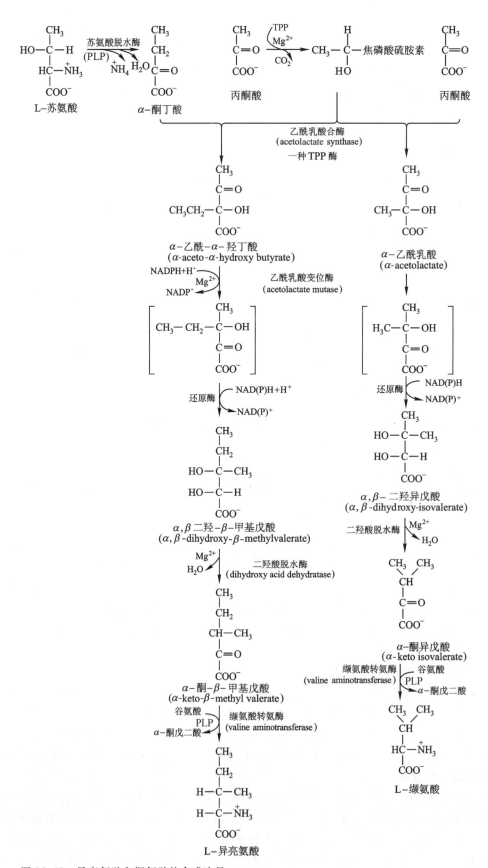

图 26-13　异亮氨酸和缬氨酸的合成途径

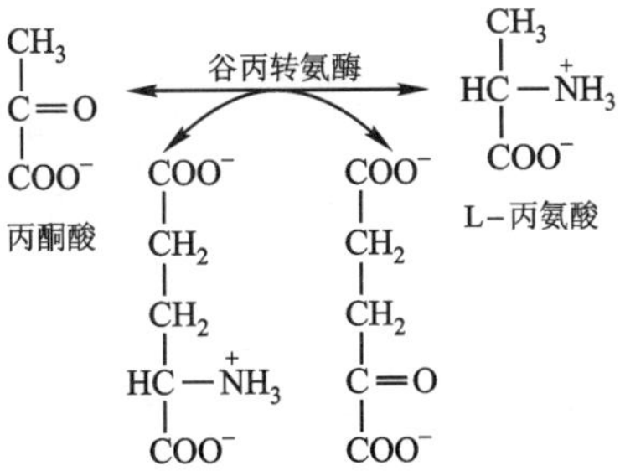

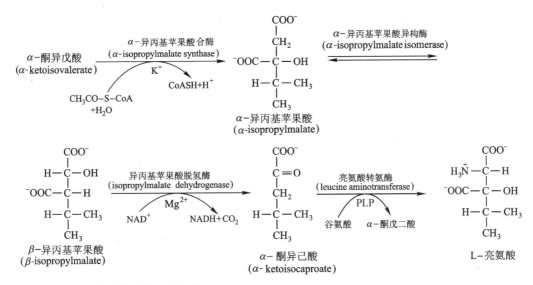

图 26-14　丙氨酸的生物合成

图 26-15　L-亮氨酸的生物合成途径

（四）丝氨酸族的生物合成：L-丝氨酸、L-甘氨酸、L-半胱氨酸的生物合成及固硫作用

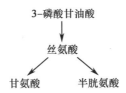

1. 丝氨酸和甘氨酸的生物合成

如图 26-16 所示,这两种氨基酸合成的第一步,是由糖酵解过程的中间产物 3-磷酸甘油酸作为起始物质,它的 α-羟基在磷酸甘油酸脱氢酶催化下,由 NAD^+ 脱氢形成 3-磷酸羟基丙酮酸,后者再经磷酸丝氨酸转氨酶催化由谷氨酸转来氨基形成 3-磷酸丝氨酸。在磷酸丝氨酸磷酸酶(phosphoserine phosphatase)的作用下脱去磷酸,即形成 L-丝氨酸。L-丝氨酸在**丝氨酸转羟甲基酶**(serine hydroxymethyltransferase)的作用下,脱去羟甲基,即形成甘氨酸,丝氨酸转羟甲基酶的辅酶是四氢叶酸。

2. 半胱氨酸的生物合成

半胱氨酸生物合成中的关键是硫氢基的来源,在大多数植物和微生物,其硫氢基主要来源于硫酸,可能还原为某种硫化物,这一过程相当复杂,迄今了解很少。在动物体内,硫氢基团主要来源于高半胱氨酸。

大多数植物和微生物的半胱氨酸合成途径如图 26-17 所示。起始步骤是乙酰-CoA 的乙酰基转移到丝氨酸上,形成 O-乙酰丝氨酸。催化这一反应的酶为丝氨酸转乙酰基酶。O-乙酰丝氨酸将 β-丙氨酸基团

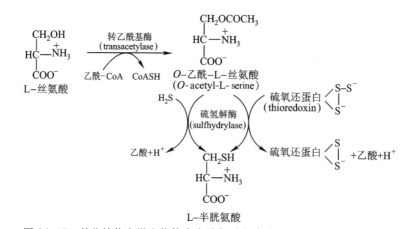

图 26-16 丝氨酸和甘氨酸的生物合成途径

图 26-17 某些植物和微生物体内半胱氨酸的合成途径

部分($-CH_2-CHNH_3-COO^-$)提供给与酶结合的硫氢基团而形成 L-半胱氨酸。

关于硫酸的还原问题即由 SO_4^{2-} 还原为 H_2S 的过程,目前所了解的首先是通过硫酸与 ATP 作用形成活化形式,即 **5′-磷酸腺嘌呤硫酸**(adenosine-5′-phosphosulfate,APS),催化这一反应的酶称为**腺苷硫酸焦磷酸化酶**(adenylylsulfate pyrophosphorylase),该化合物又在 **5′-磷酸腺嘌呤硫酸激酶**(APS-激酶)的作用下,再从另一分子 ATP 上接受一磷酸基团形成 **5′-磷酸-3-磷酸腺嘌呤硫酸**(3-phosphoadenosine-5′-phosphosulfate,PAPS)(图 26-18)。

在动物体内半胱氨酸的直接前体为丝氨酸和高半胱氨酸。后者也是甲硫氨酸生物合成的一个中间产物,也可称为前体(见图 26-10 及 26-11 甲硫氨酸的生物合成途径)

丝氨酸和高半胱氨酸在胱硫醚 β-合酶作用下,形成 L-胱硫醚,后者在胱硫醚-γ-水解酶(胱硫醚-γ-裂合酶)作用下,分解为 α-酮丁酸、NH_4^+ 和 L-半胱氨酸(图 26-19)。

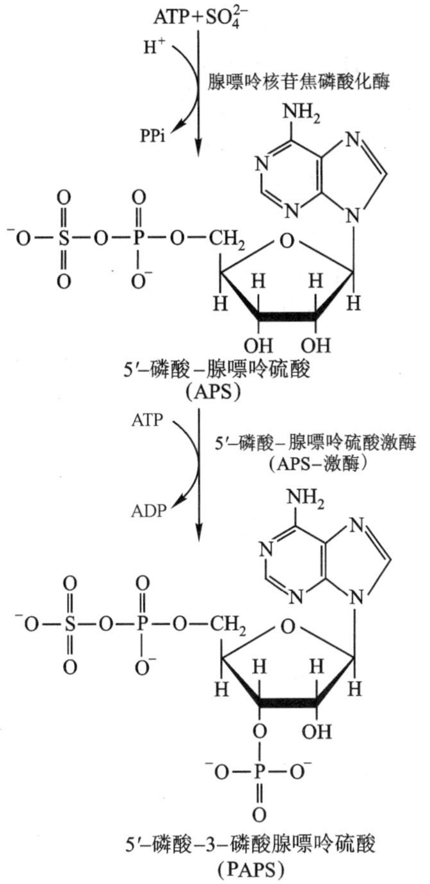

ATP+SO$_4^{2-}$

H$^+$

腺嘌呤核苷焦磷酸化酶

PPi

5′-磷酸-腺嘌呤硫酸
(APS)

ATP

5′-磷酸-腺嘌呤硫酸激酶
(APS-激酶)

ADP

5′-磷酸-3-磷酸腺嘌呤硫酸
(PAPS)

图 26-18 硫酸还原过程中所形成的活性中间

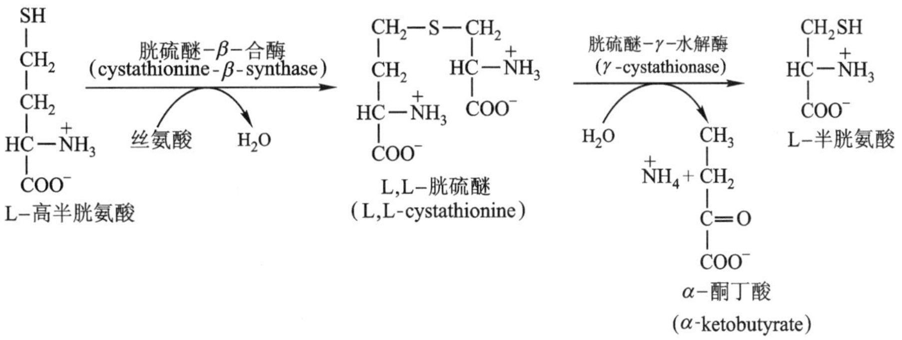

L-高半胱氨酸

胱硫醚-β-合酶
(cystathionine-β-synthase)

丝氨酸 → H$_2$O

L,L-胱硫醚
(L,L-cystathionine)

胱硫醚-γ-水解酶
(γ-cystathionase)

H$_2$O

α-酮丁酸
(α-ketobutyrate)

L-半胱氨酸

图 26-19 动物体内半胱氨酸的合成途径

（五）芳香族氨基酸及组氨酸的生物合成

1. 苯丙氨酸、酪氨酸及色氨酸的生物合成

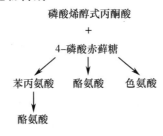

磷酸烯醇式丙酮酸
+
4-磷酸赤藓糖

苯丙氨酸　　酪氨酸　　色氨酸

酪氨酸

芳香族氨基酸包括苯丙氨酸、酪氨酸、色氨酸,只能由植物和微生物合成。这 3 种氨基酸的合成途径有 7 步是共同的。合成的起始物是 4-磷酸赤藓糖(erythrose 4-phosphate)(戊糖磷酸途径的中间产物)和糖酵解过程的一个中间产物——磷酸烯醇式丙酮酸(phosphoenolpyruvate)。二者缩合形成一个七碳酮糖开链磷酸化合物,称为 7-磷酸-3-脱氧-α-阿拉伯庚酮糖酸(3 deoxy-α-arabinoheptulosonate-7-phosphate, DAHP),再经脱磷酸环化,形成苯环后又脱水、加氢形成**莽草酸**(shikimate)。可以把莽草酸看作合成此 3 种芳香族氨基酸的共同前体,因此可将芳香族氨基酸合成相同的一段过程称为莽草酸途径。这一途径指的是以莽草酸为起始物直至形成分支酸的一段过程。具体步骤如图 26-20 所示。**分支酸**(chorismate)是芳香族氨基酸合成途径的分支点。在分支酸以后即分为两条途径。其中一条是形成苯丙氨酸和酪氨酸,另一条是形成色氨酸。

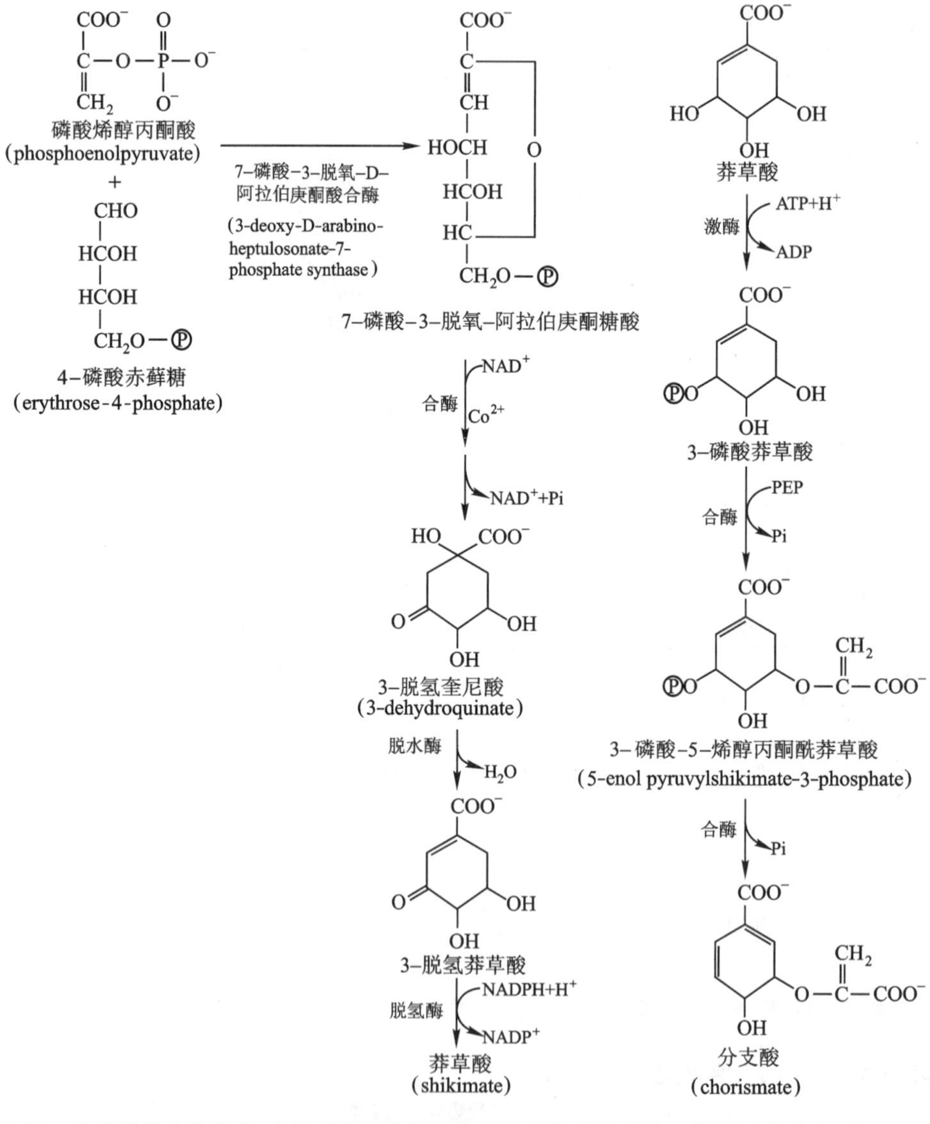

图 26-20 分支酸的生物合成,它的成环导致芳香族氨基酸的形成,例如,苯丙氨酸、色氨酸
Ⓟ 代表磷酸基团,PEP 代表烯醇式丙酮酸磷酸

(1) 由分支酸形成苯丙氨酸和酪氨酸

如图 26-21 所示,分支酸在**分支酸变位酶**(chorismate mutase)作用下,转变为**预苯酸**(prephenate),经脱水、脱羧后形成苯丙酮酸(phenylpyruvate),后者在转氨酶作用下,与谷氨酸进行转氨形成苯丙氨酸。

预苯酸经氧化脱羧作用形成对-羟苯丙酮酸,再由谷氨酸进行转氨即形成酪氨酸。

虽然苯丙氨酸和酪氨酸都以预苯酸作为由分支酸转变的第一步反应,但它们的合成确实是通过两条

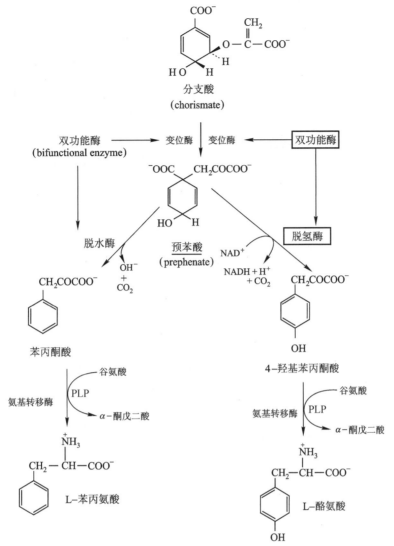

图 26-21　L-苯丙氨酸和 L-酪氨酸的生物合成,它们都来自分支酸,经过预苯酸后,步向两条不同途径

不同的途径。分支酸形成苯丙酮酸经过两个步骤,都是由一个酶催化的,称为分支酸变位酶 P-预苯酸脱水酶(chorismate mutase P-prephenate dehydratase)。该酶先将分支酸转变为预苯酸。酶蛋白和预苯酸结合在一起,由同一酶脱水、脱羧,将预苯酸转化为苯丙酮酸。催化形成 4-羟苯丙酮酸是另外一个酶,称为 NAD⁺依赖性分支酸变位酶 T-预苯酸脱氢酶(NAD dependent chorismate T-prephenate dehydrogenase)。它催化分支酸形成 4-羟苯丙酮酸也是先形成与它结合在一起的预苯酸中间产物再脱氢,脱羟(图 26-21),形成 4-羟苯丙酮酸。

预苯酸无论转变为苯丙酮酸或 4-羟苯丙酮酸都需脱去羧基同时脱水或脱氢。这一步骤也可视为"成环"即形成芳香环的最后步骤。

酪氨酸的生物合成除上述途径外,还可由苯丙氨酸羟基化而形成。催化此反应的酶称为**苯丙氨酸羟化酶**(phenylalanine hydroxylase)又称 **4-单加氧酶苯丙氨酸**。

有些人遗传缺欠苯丙氨酸羟化酶而产生苯丙酮酸尿症。

(2) 由分支酸形成色氨酸

如图 26-22 所示,由分支酸形成色氨酸的第①步是形成**邻-氨基苯甲酸**(anthranilate)。这一步是在**氨基苯甲酸合酶**(anthranilate synthase)作用下,需谷氨酰胺的酰胺基团提供氨基,同时以丙酮酸形式脱去分支酸的烯醇式丙酮酸侧链。第②步是邻-氨基苯甲酸在氨基苯甲酸磷酸核糖转移酶(anthranilate-phosphoribosyl transferase)作用下,将 1′-焦磷酸-5′-磷酸核糖(PRPP)的 5′-磷酸核糖部分转移到邻-氨基

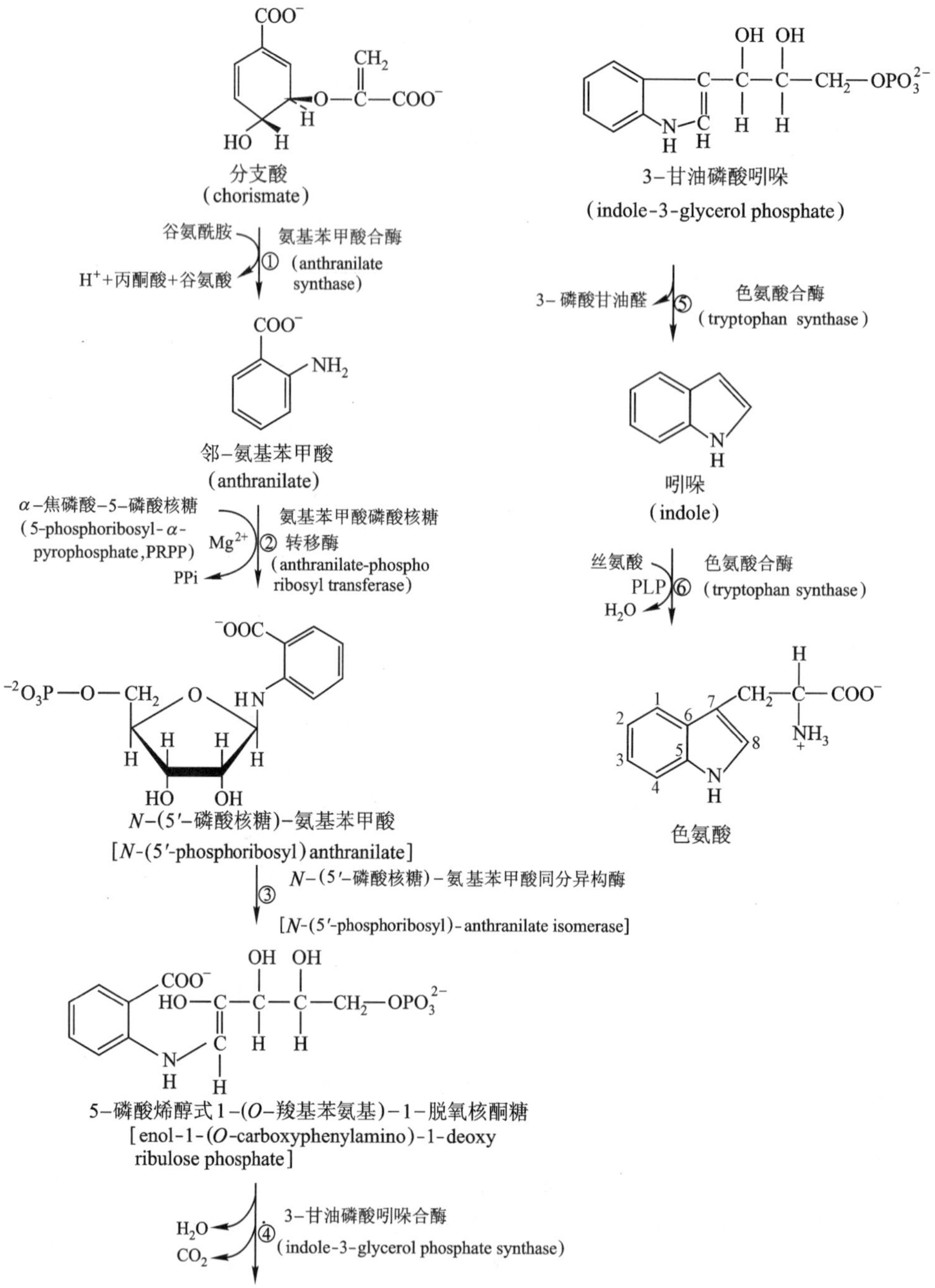

图 26-22   由分支酸形成色氨酸的途径

色氨酸①⑥的 C 来源于烯醇式丙酮酸,②、③、④、⑤ C 来源于 4-磷酸赤藓糖,⑦、⑧ C 来源于 5-磷酸核糖 α-焦磷
酸,N 来源于谷氨酰胺的酰胺基

苯甲酸的氨基上,同时脱掉一个焦磷酸分子,形成 N-5′-磷酸核糖-氨基苯甲酸[N-(5′-phosphoribosyl)
anthranilate]。核糖的 C_1 和 C_2 为吲哚环的形成提供两个碳原子。第③步的转变是在同分异构酶作用下,
核糖的呋喃环被打开进行互变异构,转变为烯醇式 1-(O-羧基苯氨基)-1-脱氧 5′-磷酸核酮糖[enol-1-(O-
carboxyphenylamino)-1-deoxyribulose-5′-phosphate]。又在 3-甘油磷酸吲哚合酶(Indole-3-glycerol phosphate
synthase)作用下环化,形成 3-甘油磷酸吲哚。3-甘油磷酸吲哚在色氨酸合酶催化下脱掉 3-磷酸甘油醛形成
吲哚(indole),在同一酶作用下与丝氨酸结合,脱去水,形成色氨酸。

通过上述的合成反应,总览一下色氨酸碳原子和氮原子的来源可以看到,吲哚环上苯环的 C_1 和 C_6 来
源于磷酸烯醇式丙酮酸,C_2、C_3、C_4、C_5 来源于 4-磷酸赤藓糖。色氨酸吲哚环的氮原子来源于谷氨酰胺的
酰胺氮,吲哚环的 C_7 和 C_8 来源于 PRPP,色氨酸的侧链部分来源于丝氨酸(图 26-22)。

2. 组氨酸的生物合成

组氨酸的酶促合成有 9 种酶参与催化,并经过 9 步特殊反应,如图 26-23。

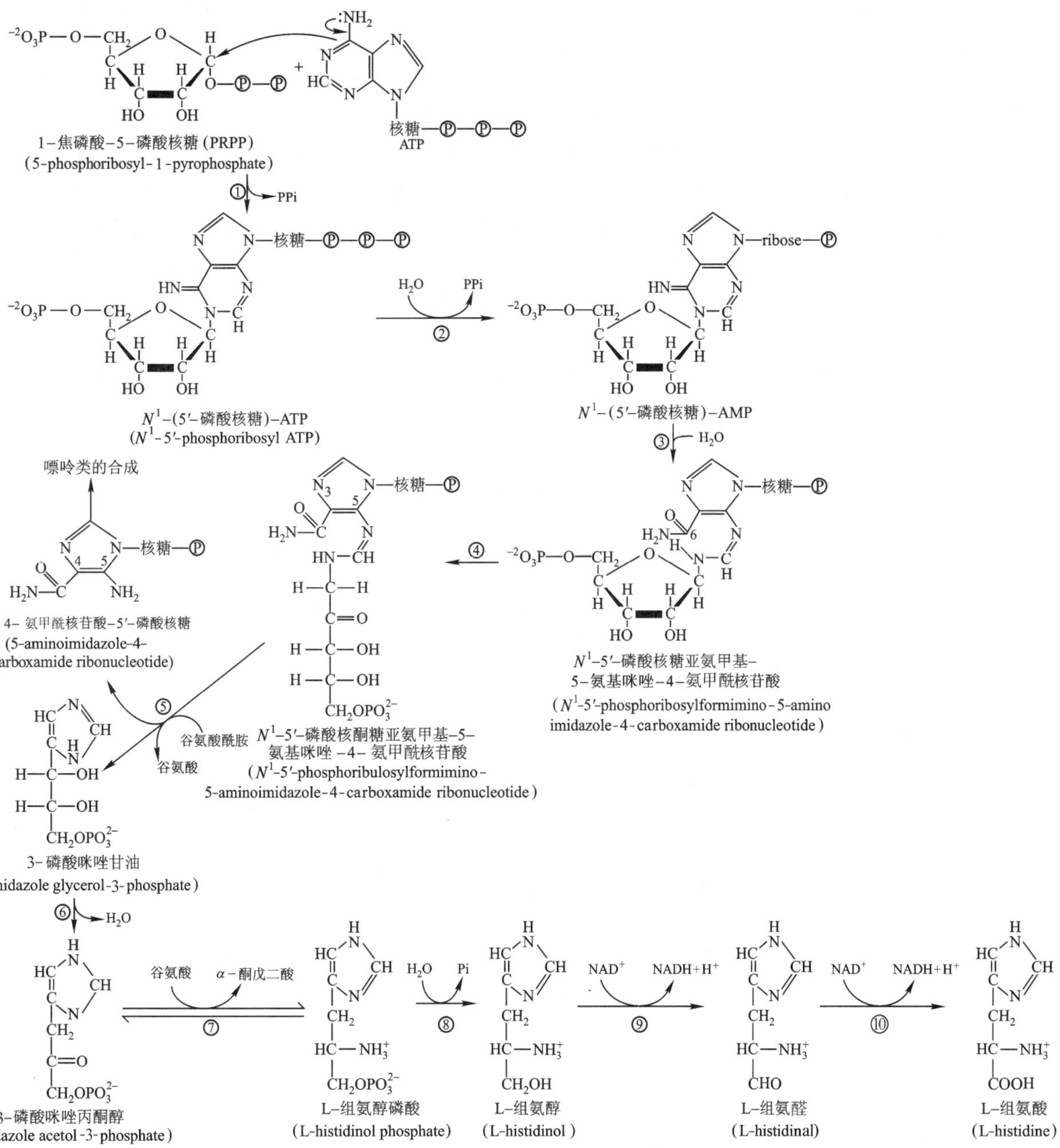

图 26-23　组氨酸的生物合成

图中①ATP 磷酸核糖转移酶(ATP phosphoribosyl transferase),②焦磷酸水解酶(pyrophosphohydrolase),③磷酸核糖-AMP 环化水解酶(phosphoribosyl-AMP cyclohydrolase),④亚氨甲基-5-氨基咪唑-4-羧酰胺核苷酸磷酸核糖同分异构酶(phosphoribosylformimino-5-aminoimidazole carboxamide ribonucleotide isomerase),⑤谷氨酰胺酰氨基转移酶(glutamine aminotransferase),⑥咪唑甘油磷酸脱水酶(imidazole glycerol phosphate dehydrogenase),⑦L-组氨醇磷酸氨基转移酶(L-histidinol phosphate aminotransferase),⑧L-组氨醇磷酸磷酸酶(L-histidinol phosphate phosphatase),⑨组氨醇脱氢酶(histidinol dehydrogenase)⑩组氨醛脱氢酶(histidinal dehydrogenase)

组氨酸合成的第 1 步是 1'-焦磷酸-5'-磷酸核糖(PRPP)的 5'-磷酸核糖部分转移到 ATP 分子上,与 ATP 嘌呤环的第一个氮原子形成以 N-糖苷键(N-glycosyl linkage)相连的化合物 N^1-(5'-磷酸核糖)-ATP。第 2 步,上述化合物 ATP 部分水解除掉一个焦磷酸分子形成 N^1-(5'-磷酸核糖)-AMP。该化合物的 C_6 与一亚氨离子(iminium ion)相连,亚氨离子有强烈吸收电子的作用,因此容易受水的亲核攻击。第

3 步,在磷酸核糖-AMP 解环酶(cyclohydrolase)作用下,上述 N^1-(5′-磷酸核糖)-AMP 的嘌呤环在 C_6 和 N_1 之间被打开,形成 N^1-(5′-磷酸核糖亚氨甲基)-5-氨基咪唑-4-羧酰胺核苷酸(N^1-5′-phosphoribosylformimino-5-aminoimidazole-4-carboxamide ribonucleotide)。第 4 步,由同分异构酶打开核糖的呋喃环,将其转变为酮糖,形成 N^1-(5′-磷酸核酮糖亚氨甲基)-5-氨基咪唑-4-羧酰胺核苷酸。即分子内的核糖转变为核酮糖(ribulose)。第 5 步,由谷氨酰胺酰氨基转移酶催化形成咪唑甘油磷酸和 5′-磷酸核糖-4-羧酰胺-5-氨基咪唑核苷酸。后者是嘌呤核苷酸生物合成的中间产物。参加组氨酸合成的是咪唑甘油磷酸。在第 5 步中,谷氨酰胺的酰胺基可能在酶的活性部位短暂地以 NH_3 的形式攻击亚氨甲基的碳原子,使亚氨甲基键断裂,并紧接着环化形成咪唑环。谷氨酰胺的酰胺氮即进入了组氨酸咪唑环 N_1 的位置。咪唑环的 N_2、C_5 来源于起始步骤中 ATP 的嘌呤环,咪唑甘油磷酸其余的 5 个碳原子都来源于 PRPP。第 6 步,咪唑甘油磷酸脱水酶催化脱水,生成的烯醇式产物互变异构形成**咪唑丙酮醇磷酸**(imidazole acetol phosphate)。第 7 步,需谷氨酸的组氨醇磷酸氨基转移酶将谷氨酸的氨基转移到咪唑丙酮醇磷酸上,形成 L-组氨醇磷酸。第 8 步,组氨醇磷酸磷酸酶将上述磷酸酯水解生成 L-组氨醇。第 9 步是由需 NAD^+ 的组氨醇脱氢酶将 L-组氨醇连续脱氢,第一次脱氢形成 L-组氨醛,第二次则生成 L-组氨酸。

四、氨基酸生物合成的调节

氨基酸的生物合成,根据机体的需要情况有严格的调节机制。不同氨基酸的调节机制不同,甚至不同机体同一种氨基酸的调节机制也不同。当前研究得透彻的是大肠杆菌、鼠伤寒沙门氏杆菌(Salmonella typhimurium),对其 20 种氨基酸合成的调节机制都做过比较深入的研究。但从其他细菌、真菌以及植物中得到的结果,与上述两种机体的调节机制往往有很大差异,本节着重讨论以大肠杆菌作为主要材料所得到的一些一般调节规律。

氨基酸合成既可通过调节酶活性或代谢过程中的代谢物,又可通过调节酶的生成量实现调节。最有效的调节是通过合成过程的终端产物抑制其反应系列中第一个酶的活性,亦即通过**别构效应**(allosteric effect)调节第一个酶的生成物。

(一) 通过终端产物对氨基酸生物合成的抑制

可概括为以下几种形式:

1. 简单的终端产物抑制可用下式表示:

$$A \xrightarrow{\ominus} B \longrightarrow C \longrightarrow D \longrightarrow E$$

终端产物 E 抑制合成途径中第一个酶的活性,例如,由苏氨酸合成异亮氨酸,后者即是苏氨酸脱氨酶(threonine deaminase)的反馈抑制物(见图 26-13)。

2. 不同终端产物对共经合成途径的协同抑制(concerted end product inhibition)

$$A \overset{\ominus}{\underset{\ominus}{\longrightarrow}} B \longrightarrow C \longrightarrow D \overset{\ominus}{\underset{\ominus}{\longrightarrow}} \begin{matrix} E \\ F \longrightarrow G \longrightarrow H \end{matrix}$$

终端产物 E 和 H 既抑制在合成过程中共经途径的第一个酶,也抑制在分道后第一个产物的合成酶。例如,谷氨酸形成谷氨酰胺第 1 步反应中起催化作用的酶,即谷氨酰胺合酶(参看本章第一节,α-酮戊二酸形成谷氨酰胺)受到 8 种产物的反馈抑制。

3. 不同分支产物对多个同工酶的特殊抑制——酶的多重性抑制（enzyme multiplicity）

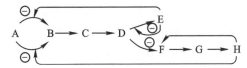

A 形成 B 由两个酶分别合成，两个酶分别受不同分支产物的特殊控制。两个分支产物又分别抑制其分道后第一个产物 E 和 F 的形成。例如，由 4-磷酸赤藓糖和磷酸烯醇式丙酮酸形成 3 种芳香族氨基酸的途径（图 26-24）。

4. 连续产物抑制（sequential end product inhibition），又称连续反馈控制（sequential feedback control）或逐步反馈抑制（step feedback inhibition）

终端产物 E 和 H 只分别抑制分道后自己途径中第一个酶的作用。共经途径的终端产物 D 抑制全合成过程第一个酶的作用。这种抑制的特点是由于 E 对 e 酶的抑制致使 D 产物增加，D 的增加促使反应向 D→F→G→H 方向进行，而使产物 H 增加，又对 f 酶产生抑制，结果也造成 D 物质的积累，D 物质反馈抑制 a 酶的作用，而使 A→B 的速度减慢。枯草杆菌（*Bacillus subtilis*）中芳香族氨基酸生物合成的反馈抑制即属这种类型。苯丙氨酸、酪氨酸、色氨酸分支途径的第一步都分别受各自终产物的抑制。如果 3 种终端产物都过量，则分支酸即行积累。分支点中间产物积累的结果，使共经途径催化第一步反应的酶受到反馈抑制，从而抑制 4-磷酸赤藓糖和磷酸烯醇式丙酮酸的缩合反应（见图 26-24）。

由天冬氨酸生成赖氨酸、甲硫氨酸、异亮氨酸的过程也出现有各种类型的抑制现象（图 26-25）。

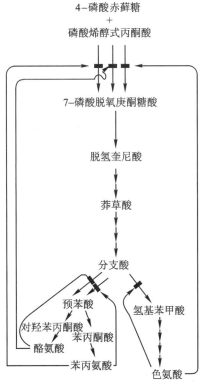

图 26-24　苯丙氨酸、色氨酸、酪氨酸
合成的连续产物抑制

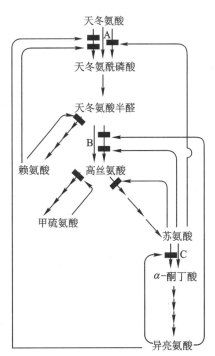

图 26-25　赖氨酸、甲硫氨酸、异亮氨酸
合成的连续产物抑制

催化谷氨酸与氨结合形成谷氨酰胺的谷氨酰胺合成酶受 Ala、Gly 和至少 6 种谷氨酸代谢的终产物的别构抑制调节。每种抑制剂单独作用时只能产生部分的抑制作用。只有当所有 8 种抑制剂同时作用的时候才能完全抑制这个酶。这种调控机制可连续调节谷氨酸水平以满足瞬时代谢的需要。在 *E.coil* 这样的肠道细菌中,谷氨酰胺合成酶的调控是极其复杂的。这种酶含有 12 个相对分子质量为 50 000 的相同亚基,并且可以通过别构作用和共价修饰进行调节。除了别构调节,位于酶活性部位的 Tyr[397] 的腺苷酰化作用(加入 AMP)也能产生抑制效应。

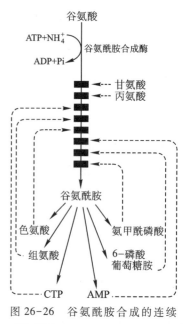

图 26-26　谷氨酰胺合成的连续产物抑制

这种共价修饰提高了别构抑制剂的敏感度,随着亚基的腺苷酰化增加,其活性逐渐降低。不论是腺苷酰化反应还是脱腺苷酰化反应,都是一种复杂的与谷氨酸、α-酮戊二酸、ATP 以及 Pi 浓度水平相关的酶级联反应,它们均可被**腺苷酰转移酶**(adenylyltransferase)所催化。腺苷酰转移酶的活性可通过结合到一种称为 P_{II} 的调节蛋白质上而进行调节,P_{II} 的活性则又是被 P_{II} 的一个 Tyr 残基的尿苷酰化共价修饰所调节。腺苷酰转移酶复合物与尿苷酰化的 P_{II}(P_{II}-UMP)结合可引起谷氨酰胺合成酶的腺苷酰化。P_{II} 的尿苷酰化和脱尿苷酰化都是由**尿苷酰转移酶**(uridylyltransferase)催化的。尿苷酰化可以被谷氨酸和 Pi 结合到尿苷转移酶所抑制,也可被 α-酮戊二酸和 ATP 结合到 P_{II} 所激活。

这种调控并没有就此终止,尿苷酰化的 P_{II} 也可以介导编码谷氨酰胺合成酶基因的转录激活,最终使细胞中该酶的浓度增加。同样脱尿苷酰化的 P_{II} 会使谷氨酰胺合成酶基因的转录水平下降。这种机制涉及一种 P_{II} 与其他蛋白相互作用的机制,这些蛋白与基因调控相关。这种复杂机制的总效应就是当存在高浓度的谷氨酰胺时,谷氨酰胺合成酶的活件降低;而谷氨酰胺浓度降低以及同时存在 α-酮戊二酸和 ATP 时,谷氨酰胺合成酶的活性升高。这种多层次的调控就决定了谷氨酰胺的合成的敏锐应答受控于细胞的需要。

并不是所有氨基酸的生物合成都受最终产物的反馈抑制,丙氨酸、天冬氨酸、谷氨酸就是例外。这 3 种氨基酸靠与其相对应的酮酸的可逆反应维持平衡。这 3 种氨基酸是中心代谢环节的关键中间产物。

甘氨酸的合成酶也不受最终产物抑制,此酶可能受到一碳单位和四氢叶酸的调节。

(二)通过酶生成量的改变调节氨基酸的生物合成

酶生成量的控制主要是通过有关酶编码基因活性的改变。当某种氨基酸的合成能够提供超过需要量的产物时,则该合成途径酶的编码基因即受到抑制;而当合成产物浓度下降时,有关编码基因则解除抑制,从而合成增加产物浓度所需要的酶。有关酶基因的调控问题请参考第 39 章。

在氨基酸的合成途径中,有些酶能够受到细胞合成量的控制,这种酶称为**阻遏酶**(repressible enzyme)。例如,在大肠杆菌由天冬氨酸衍生的几种氨基酸的合成过程中(图 26-25),标有 A、B、C 的 3 种酶都不属于变构酶,这些酶属于阻遏酶,它们的调控靠细胞对其合成速度的改变。当甲硫氨酸的量足够时,同工酶 A 和 B 都受到阻遏。同样当异亮氨酸的合成足够时同工酶 C 的合成速度就受到阻遏。靠阻遏与**去阻遏**(derepression)调控氨基酸的生物合成一般比别构调控缓慢。

因 20 种氨基酸在蛋白质生物合成中都需以准确的比例提供需要,因此生物机体不仅有个别氨基酸合成的调控机制,而且有使各种氨基酸在合成中相互协调(coordination)的调控机制。在生长迅速的细菌中,这种机制比电子计算机还要完善。

五、氨基酸转化为其他氨基酸及其他代谢物

某些氨基酸,除了它是蛋白质的组成单元外,还可成为一些重要生物分子的前体。这些分子包括一些

核苷酸、核苷酸辅酶、血红素、各种激素、神经介质、氧化氮及谷胱甘肽等。本节将介绍氧化氮、谷胱甘肽、肌酸、卟啉及血红素、短杆菌肽等是如何从氨基酸转化形成的。有关核苷酸、核苷酸辅酶将在有关章节介绍。

（一）氧化氮的形成

氧化氮（nitric oxide，NO）最近被发现在脊椎动物体内是一种重要的信息分子。它在信号传导过程中起重要作用。它是由精氨酸在**氧化氮合酶**（nitric oxide synthase，NOS）催化下形成的，产物是氧化氮和瓜氨酸，反应如下式：

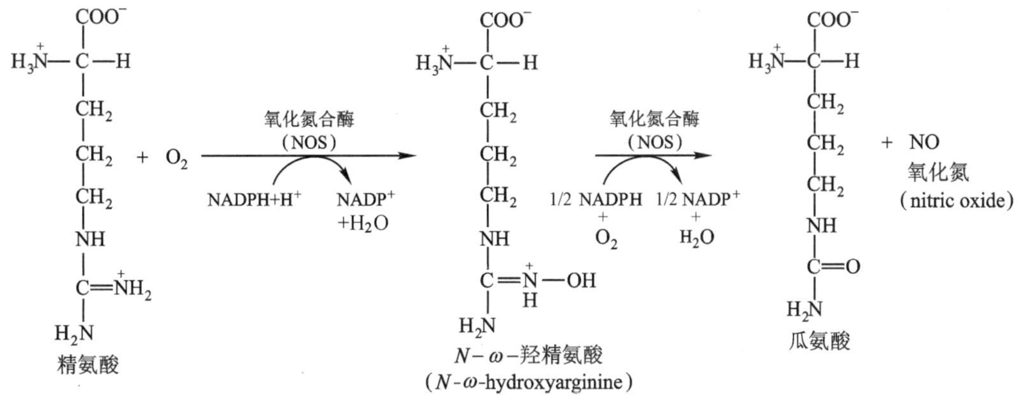

以上的反应，实际上是一复杂反应。反应中还原型的 NADPH 和 O_2 都需要。对这两种物质的需要表明氧化氮合酶（NOS）可能类似于细胞色素 P450。后者在催化羟基化反应中有活化分子氧的作用。实验证明，氧化氮合酶的 cDNA 序列自羧基端有一半与 P450 加氧酶（oxygenases）的序列相似。特别是在结合部位，二者都有黄素（flavins）和 NADPH 的结合部位。氧化氮可自由地跨膜扩散。因它非常活跃，其存在时间极短，甚至少于几秒钟。一氧化氮非常适合于在细胞内部以及在细胞之间作为瞬间的信号分子。

（二）谷胱甘肽

谷胱甘肽（glutathion）含有巯基（—SH），能保护血液中的红细胞不受氧化损伤、维持血红素中半胱氨酸处于还原态。正常情况下，还原型谷胱甘肽（GSH）与氧化型谷胱苷肽（GSSG）之比为 500∶1 以上。在运动细胞中谷胱甘肽的含量很高（约 5 mol/L），因此谷胱甘肽可起到—SH“缓冲剂”（sulfhydryl buffer）的作用。

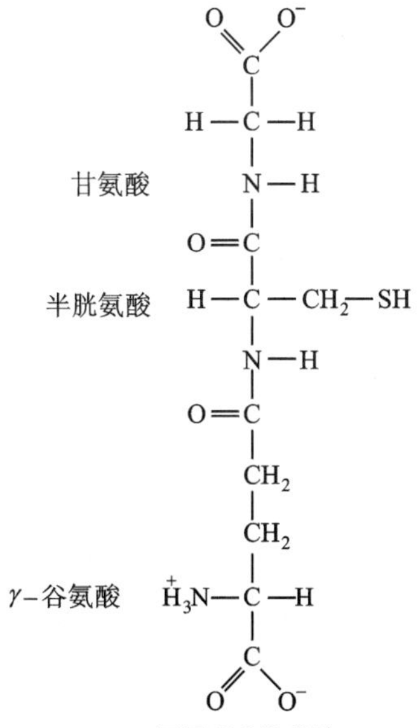

还原型谷胱甘肽
（γ-谷氨酰半胱氨酰甘氨酸）

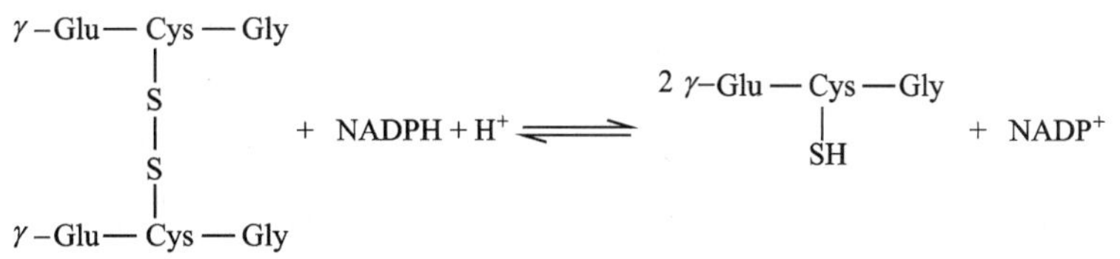

氧化型谷胱甘肽
(GSSG)

还原型谷胱甘肽
(GSH)

还原型谷胱甘肽与过氧化氢或其他有机氧化物反应还可起到解毒作用。

谷胱甘肽还参与氨基酸的转运,Meister A 首先提出 γ-谷氨酰循环,解释了谷胱甘肽在氨基酸跨膜转运中的机制(图 26-27)。

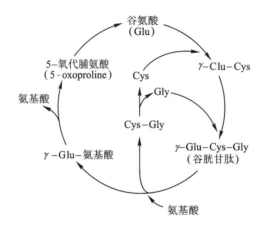

图 26-27　谷胱甘肽在氨基酸跨膜转运的作用机制

谷胱甘肽通过 γ-谷氨酰循环完成氨基酸的跨膜运转,氨基酸以 γ-谷氨酰衍生物(γ-glutamyl derivative)的形式,从一个细胞转移到另一个细胞,谷胱甘肽与氨基酸形成 γ-谷氨酰氨基酸的反应发生于细胞质膜的外表面。循环中所有其他反应都在细胞溶胶内进行

在此循环中存在一个与膜结合的酶,称为 γ-谷氨酰转肽酶(γ-glutamyl transpeptidase)。该酶的催化作用是使谷胱甘肽分子上的 γ-谷氨酰基转移到任何一个氨基酸上,形成 γ-谷氨酰氨基酸:

$$γ\text{-Glu}\text{—}Cys\text{—}Gly \xrightarrow[\underset{\text{氨基酸}\quad Cys\text{-}Gly}{}]{\text{γ-谷氨酰转肽酶}} γ\text{-Glu}\text{—}\overset{\overset{O}{\|}}{C}\text{—}\underset{\underset{H}{|}}{N}\text{—}\overset{\overset{H}{|}}{\underset{\underset{R}{|}}{C}}\text{—}COO^-$$

γ-谷氨酰氨基酸

该酶的催化部位在细胞膜外侧(肾细胞)。谷胱甘肽能跨过质膜进行上述反应,形成的 γ-谷氨酰氨基酸被其他器官的细胞吸收并环化形成 5-氧代脯氨酸(5-oxoproline)。同时将被运转的氨基酸释出:

$$γ\text{-谷氨酰氨基酸} \xrightarrow[\underset{\text{氨基酸}}{}]{\substack{\text{γ-谷氨酰环化转移酶}\\(\text{γ-glutamyl cyclotransferase})}} \text{5-氧代脯氨酸 (5-oxoproline)}$$

5-氧代脯氨酸在 5-氧代脯氨酸酶作用下水解开环又形成谷氨酸。该反应为需能反应。

$$\text{5-氧代脯氨酸} \xrightarrow[\underset{ATP+2H_2O \quad ADP+Pi}{}]{\substack{\text{5-氧代脯氨酸酶}\\(\text{5-oxoprolinase})}} {}^-OOC\text{—}\overset{\overset{+}{\overset{NH_3}{|}}}{\underset{\underset{H}{|}}{C}}\text{—}CH_2\text{—}CH_2\text{—}COO^-$$

谷氨酸

谷胱甘肽生物合成的第 1 步是谷氨酸的 γ-羧基和半胱氨酸的氨基之间形成肽键。催化此反应的酶称为 γ-谷氨酰半胱氨酸合成酶。该肽键的形成需要由 ATP 先将 γ-羧基活化,形成 γ-谷氨酰磷酸,活化了的 γ-羧基易于接受半胱氨酸氨基的进攻,形成肽键,同时脱去磷酸,该反应受谷胱甘肽的反馈抑制。

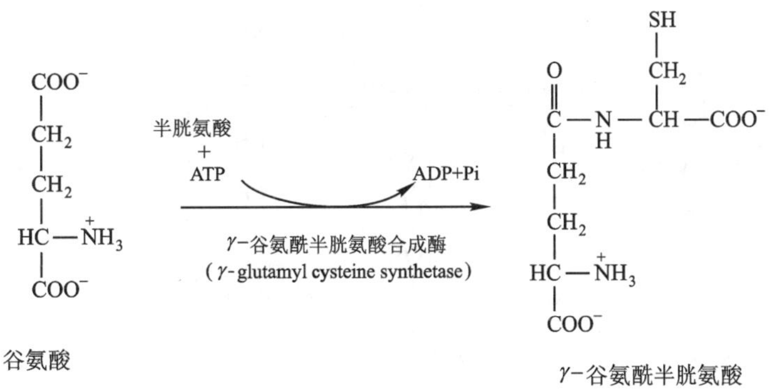

谷氨酸   γ-谷氨酰半胱氨酸

谷胱甘肽合成的第二步是 γ-谷氨酰半胱氨酸分子中半胱氨酸部分的羧基与甘氨酸的氨基之间形成肽键。催化此反应的酶称为谷胱甘肽合成酶,反应的机制和上述肽键的形成基本上相同,在 ATP 参与下使半胱氨酸的羧基活化,而易于接受甘氨酸氨基的进攻。

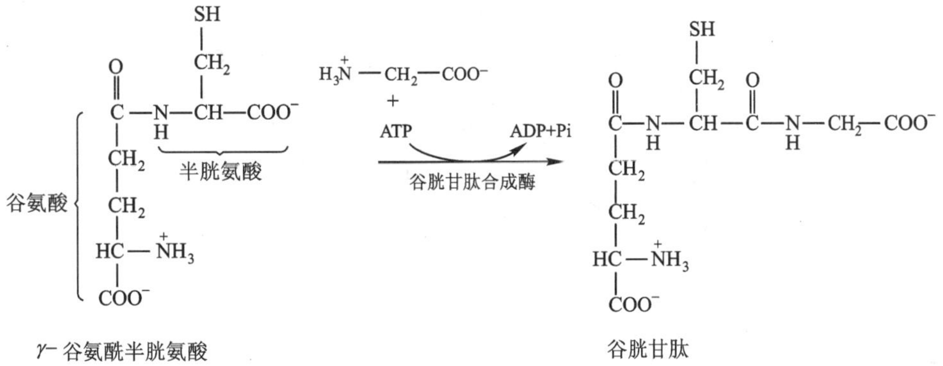

γ-谷氨酰半胱氨酸   谷胱甘肽

(三) 肌酸的生物合成

肌酸(creatine)可形成磷酸肌酸在肌肉和神经的贮能中占有重要地位(参看第 16 章生物能学)。

肌酸的生物合成是由甘氨酸、精氨酸、甲硫氨酸形成。精氨酸提供胍基(guanidino group),甲硫氨酸提供甲基,其合成步骤可表示如图 26-28。

(四) 卟啉、血红素的生物合成

1. 卟啉(porphyrin)是从琥珀酰-CoA 及甘氨酸衍生而来

(1) 自甘氨酸形成 δ-氨基-γ-酮戊酸(δ-aminolevulinate,ALA) 甘氨酸在与琥珀酰辅酶 A 缩合前先与 δ-氨基-γ-酮戊酸合成酶的辅酶磷酸吡哆醛结合,形成一个中间产物 α-氨基-β-酮己二酸,然后脱羧而成 δ-氨基-γ-酮戊酸。

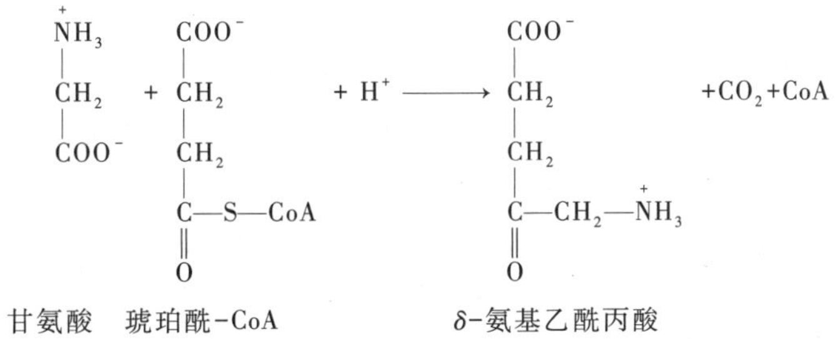

甘氨酸   琥珀酰-CoA   δ-氨基乙酰丙酸

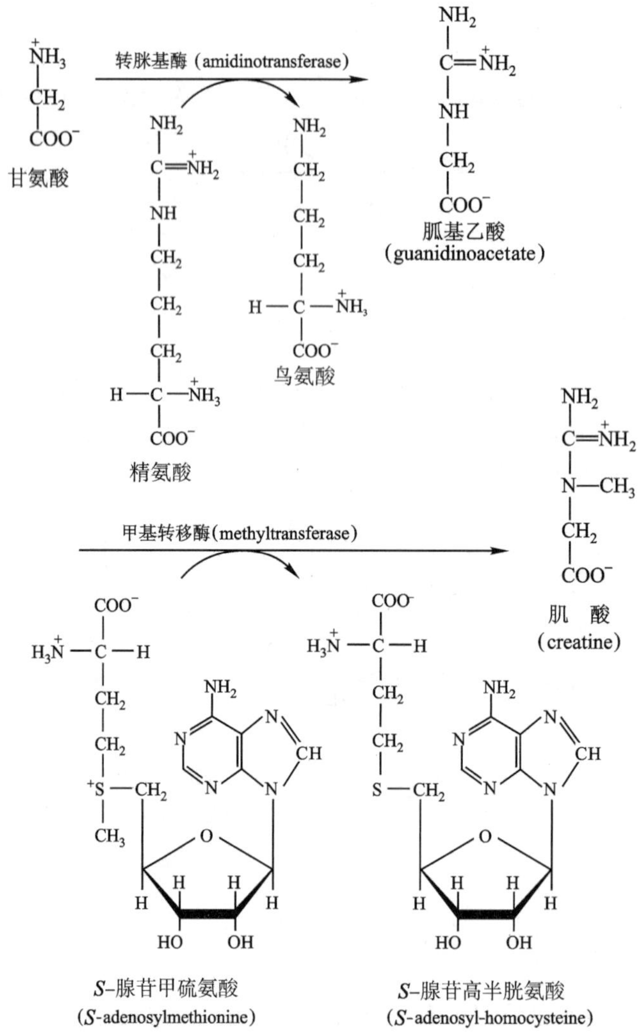

图 26-28 肌酸的生物合成

其反应机制如图 26-29 所示。

（2）自 δ-氨基-γ-酮戊酸生成胆色素原（porphobilinogen，PBG） 在细胞溶胶中，两分子 δ-氨基乙酰丙酸缩合形成一分子胆色素原，这是第二个中间产物。催化此反应的酶 δ-氨基乙酰丙酸脱水酶（δ-aminolevulinate dehydrase）。催化过程经过两分子 δ-氨基-γ-酮戊酸间的醇醛缩合反应，加合物的脱水以及环化等反应最后形成胆色素原。以上反应都是在与酶结合的状态下进行。

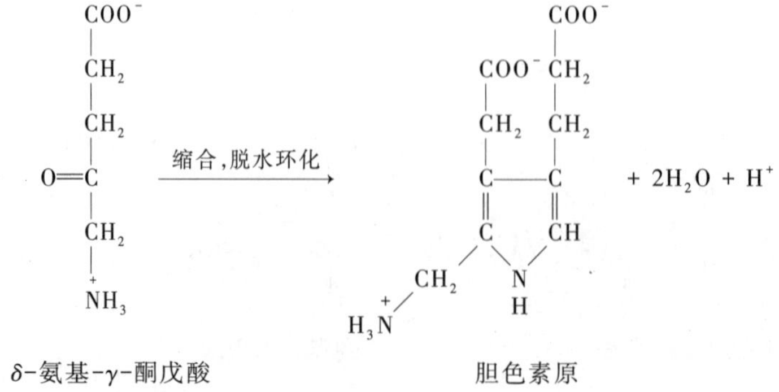

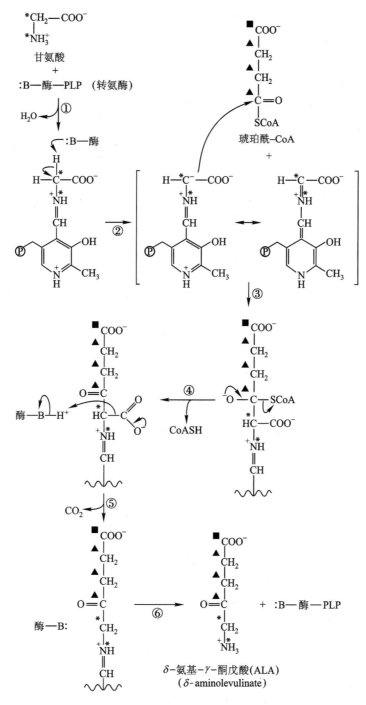

图 26-29　卟啉合成过程中甘氨酸与琥珀酰-CoA 形成中间产物 δ-氨基-γ-酮戊酸的反应机制
①甘氨酸在酶促催化下发生转氨基反应,辅因子为吡哆醛磷酸(PLP);②PLP 使碳负离子的形成得到稳定;③C—C
键的形成;④CoA 的释出;⑤PLP 希夫碱易化脱羧反应,⑥发生转亚氨基作用,产生 δ-氨基-γ-酮戊酸(ALA)同时
PLP 酶又得到再生。■、▲、∗为 C 和 N 原子来源的标记

全部过程可表示如图 26-30。

（3）胆色素原是吡咯化合物的母体　4 分子胆色素原在胆色素原脱氨酶(porphobilinogendeaminase)
催化下,缩合形成一线型四吡咯(tetrapyrrole),即聚吡咯基甲烷(polypyrrole methane)。每一缩合即形成一
个乙烯桥,同时失去一铵离子。仔细考察可以看到这个四吡咯中的氮和碳原子来源于甘氨酸,其他则来自
琥珀酰-CoA,其反应机制见图 26-31。

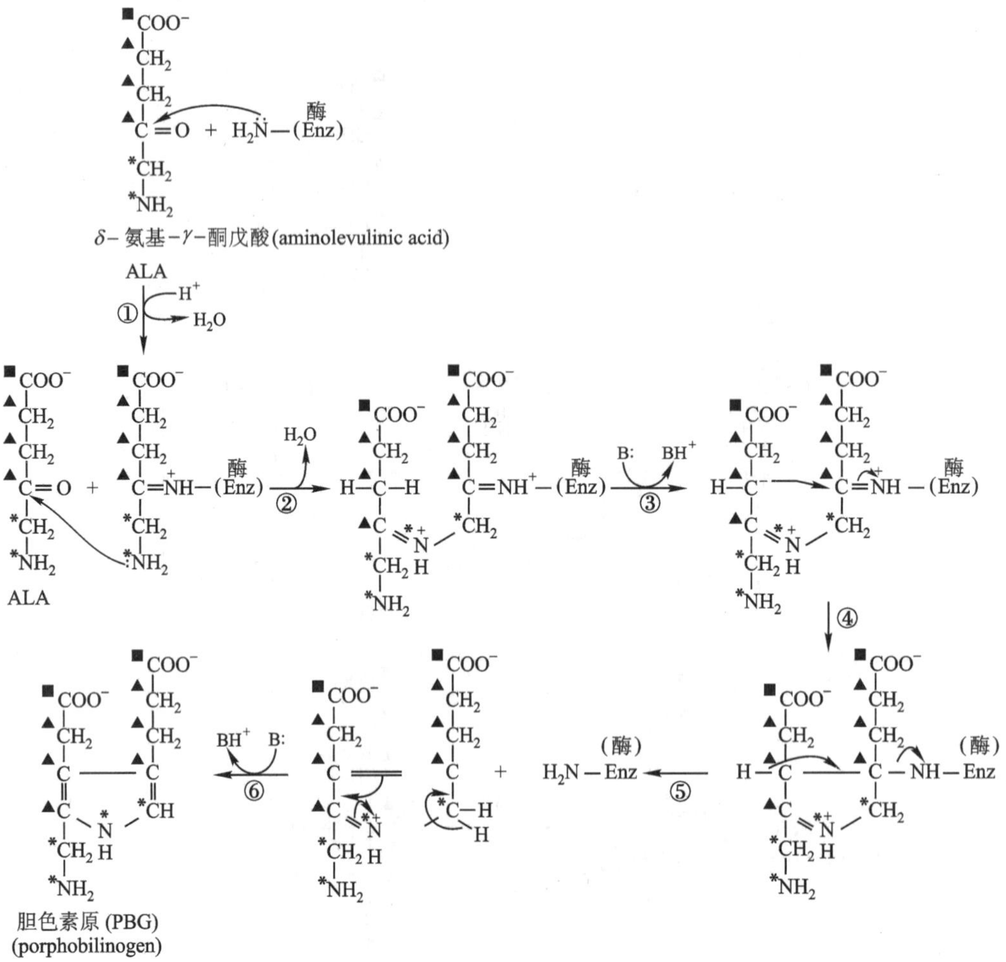

图 26-30　由 δ-氨基-γ-酮戊酸（ALA）合成胆色素原

图中所示反应包括①形成希夫碱；②形成第二个希夫碱；③形成 α-负碳离子（carbanion）与希夫碱反应；④以羟醛（aldol）形式缩合而环化；⑤消除酶的 NH_2 基团；⑥互变异构化，形成胆色素原

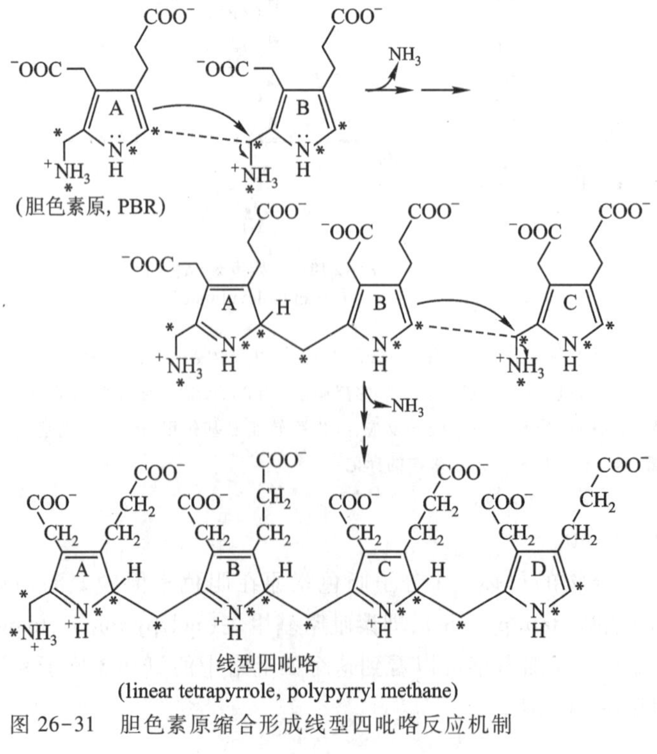

图 26-31　胆色素原缩合形成线型四吡咯反应机制

（4）线型四吡咯的环化　如果没有其他酶存在，线型四吡咯可自行环化，形成尿卟啉原Ⅰ（uroporphyrinogenⅠ）。该化合物的结构特点如图 26-32 所示。它的四个吡咯环内的双键以两个对称平面彼此对称；侧链的乙酸和丙酸基都以该分子的中心互相对称，尿卟啉原Ⅰ并不是血红素的前体，它的前体是尿卟啉原Ⅲ，后者是由胆色素原脱氨酶和**尿卟啉原Ⅲ同合酶**（uroporphyrinogenⅢ cosynthase）共同作用形成的，它的结构如图 26-33 所示。尿卟啉原Ⅲ和尿卟啉原Ⅰ的区别在于第 4 个吡咯环（D 环）上的乙酸基和丙酸基侧链位置相反，因此失去以分子对称中心的对称关系。此侧链异位是由于辅合成酶催化四吡咯 D 环双键的互变异构后环化产生的。胆色素原（PBG）合成尿卟啉原Ⅲ的过程如图 26-34 所示，图中参与反应的与**胆色素原脱氨酶**（porphobilinogen deaminase）结合的辅助因子——联吡咯甲烷是由胆色素原脱氢酶自己用两个胆色素原预先合成的。

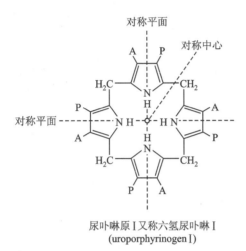

尿卟啉原Ⅰ又称六氢尿卟啉Ⅰ
(uroporphyrinogenⅠ)

图 26-32　尿卟啉原Ⅰ（nroporphyiogenⅠ）的结构
图中 A 代表乙酸基；P 代表丙酸基。吡咯核双键以两个对称平面对称，乙酸基和丙酸基侧链以对称中心对称

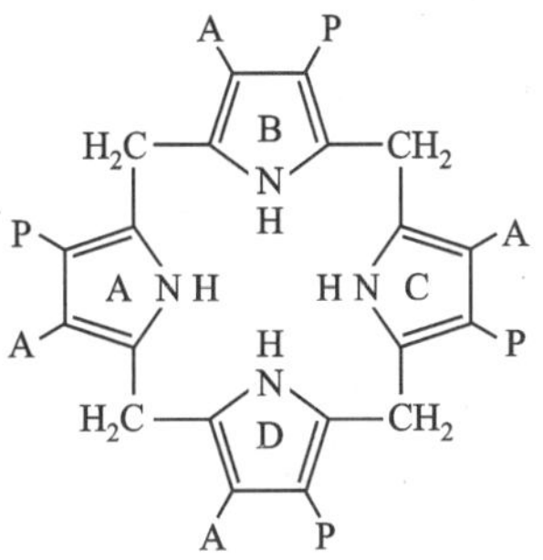

图 26-33　尿卟啉原Ⅲ（uroporphyrinogenⅢ）
与尿卟啉原Ⅰ的结构（见图 26-32）的区别仅在于一个吡咯环上的侧链，乙酸基和丙酸基的位置不同，图中 A 代表乙酸基；P 代表丙酸基

尿卟啉原Ⅲ在一系列酶的催化下，经粪卟啉原Ⅲ（coproporphyrinogenⅢ）（图 26-35），在原卟啉Ⅸ氧化酶作用下转变为原卟啉原Ⅸ（protoporphyrinogen Ⅸ）（图 26-36），在亚铁螯合酶（ferrochelatase）催化下，亚铁原子掺入原卟啉Ⅸ形成血红素，它的结构如图 26-37 所示。

2. 血红素（heme）生物合成的历程

δ-氨基-γ-酮戊酸（ALA）的合成完成于线粒体中。它从线粒体脱出转化为胆色素原（PBG）。由胆色素原脱氨酶催化，4 个分子的 PBG 缩合脱氨又羧基化形成线型羟基甲基后胆色素原，然后在**尿卟啉原Ⅲ同合酶**（uroporphyrinogenⅢ cosynthase）的作用下形成尿卟啉原Ⅲ（uroporphyrinogen Ⅲ），它在尿卟啉原Ⅲ脱羧酶的作用下形成血红素的前体粪卟啉原Ⅲ（coproporphyrinogenⅢ）（图 26-35）。接着对吡咯环取代基的氧化作用产生原卟啉Ⅸ（protoporphyrinⅨ）。这三步反应是伴随反应物又返回线粒体发生的。与吡咯环相接的亚甲基（methylene）被氧化后，产生原卟啉原Ⅸ（protoporphyrinogen Ⅸ）。亚铁螯合酶催化下，对原卟啉Ⅸ螯合 Fe^{2+} 离子，得到血红素（heme）。血红素合成的全过程如图 26-38 所示。图中 A 为乙基（—CH_2—CH_3），D 为丙酰基（—CH_2—CH_2—COO^-），M 为甲基（—CH_3）V 为乙烯基（—CH =CH_2）。

粪卟啉原Ⅲ在生物合成的地位十分重要，除血红素外，它还是生成叶绿素，维生素 B_{12} 及 siro-血红素的中间体，从它出发，经原卟啉Ⅸ，若螯合 Fe^{2+} 得（正铁）血红素（protoheme），它是血红素的前体。若螯合 Mg^{2+}，则得到 Mg^{2+}原卟啉Ⅸ（Mg protoporphyrinⅨ），它是叶绿素的前体。从尿卟啉原走向另一途径，可生成维生素 B_{12} 等。

应附带提及的是，铁卟啉或血红蛋白血红素降解后的产物为 Fe^{2+} 和胆红素（bilirubin）。后者是一线型开链四吡咯衍生物，结构如图 26-39 所示。

临床上由于血红素合成的某种酶缺失，而引起卟啉化合物或前体物堆积，称为卟啉症（porphyria），这

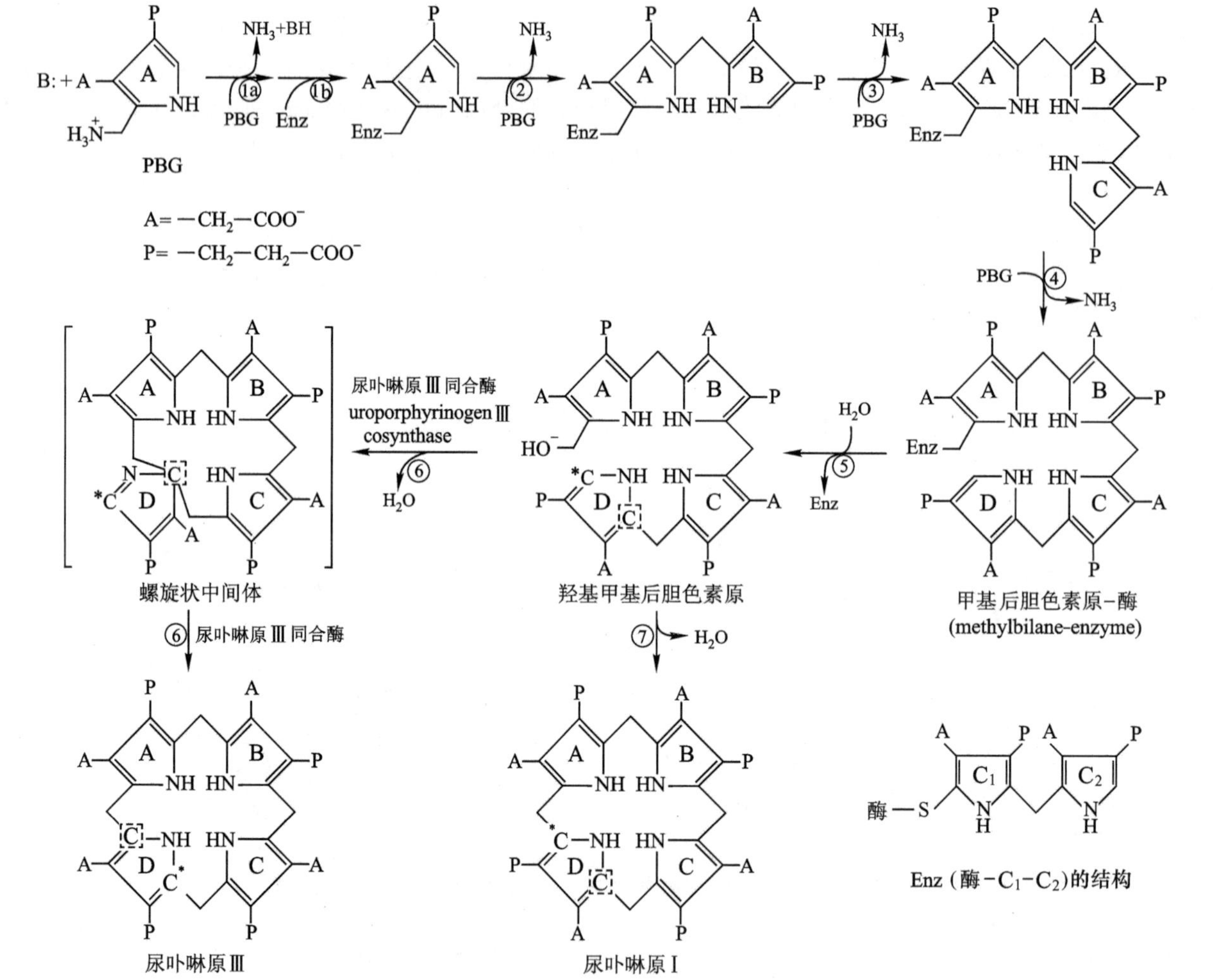

A= —CH₂—COO⁻
$A= -CH_2-COO^-$

$P= -CH_2-CH_2-COO^-$

图 26-34 从胆色素原(PBG)合成尿卟啉原Ⅲ的过程

①a由一般碱催化脱氨形成亚甲吡咯烯啉(methylene pyrrolinene)中间体，①b与胆色素原脱氨酶-联吡咯甲烷(E-C₁-C₂)相结合。(②~④)第二，三，四 PBG 连续加成并脱氨形成甲基-后胆色素原-酶-C₁-C₂，每次的反应过程重复 1a 和 1b。⑤甲基后胆色素原-酶-C₁-C₂ 水解形成羟基甲基后胆色素原，并脱下酶-C₁-C₂。⑥由胆色素原脱氨酶和尿卟啉原Ⅲ同合酶催化经螺旋状中间体，转化为尿卟啉原Ⅲ ⑦羟基甲基后胆色素原还可自动环合，形成尿卟啉原Ⅰ

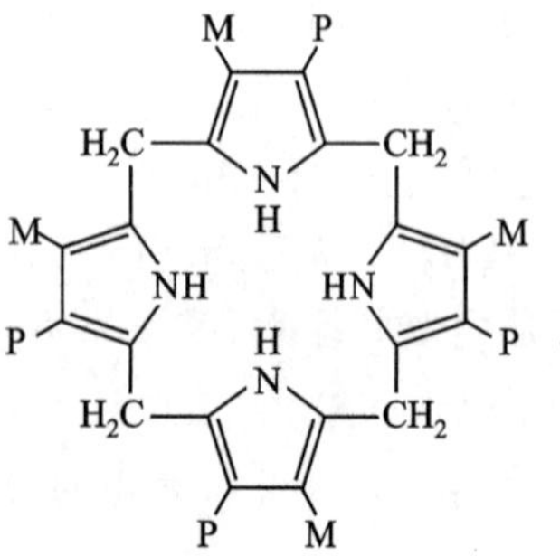

图 26-35 粪卟啉原Ⅲ的
结构

图中 M 代表甲基；P 代表丙酸基

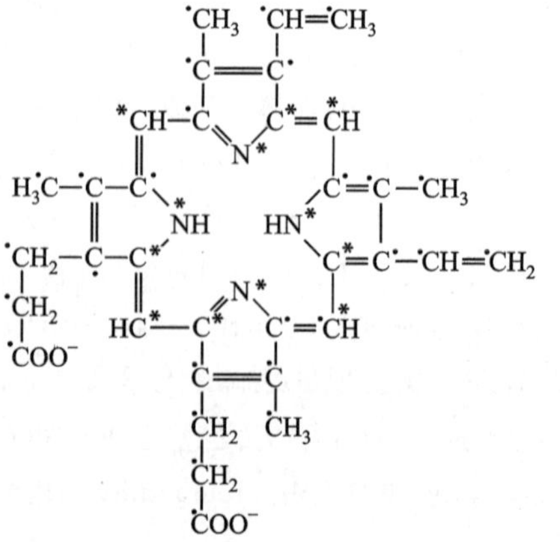

图 26-36 原卟啉Ⅸ的结构 ˙C 代表来源于琥珀酰辅酶
A 的碳原子

C*，N* 代表来源于甘氨酸的碳原子和氮原子

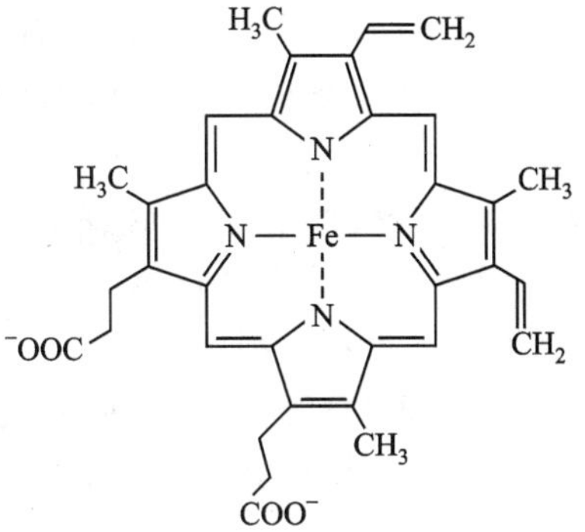

图 26-37 血红素(heme)的结构

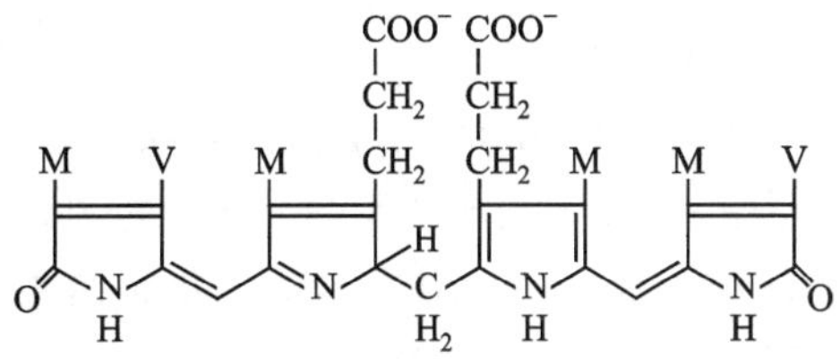

图 26-38 胆红素的结构(bilirubin)

图中 M 代表甲基(—CH₃);V 代表乙烯基(—CH=CH₂)

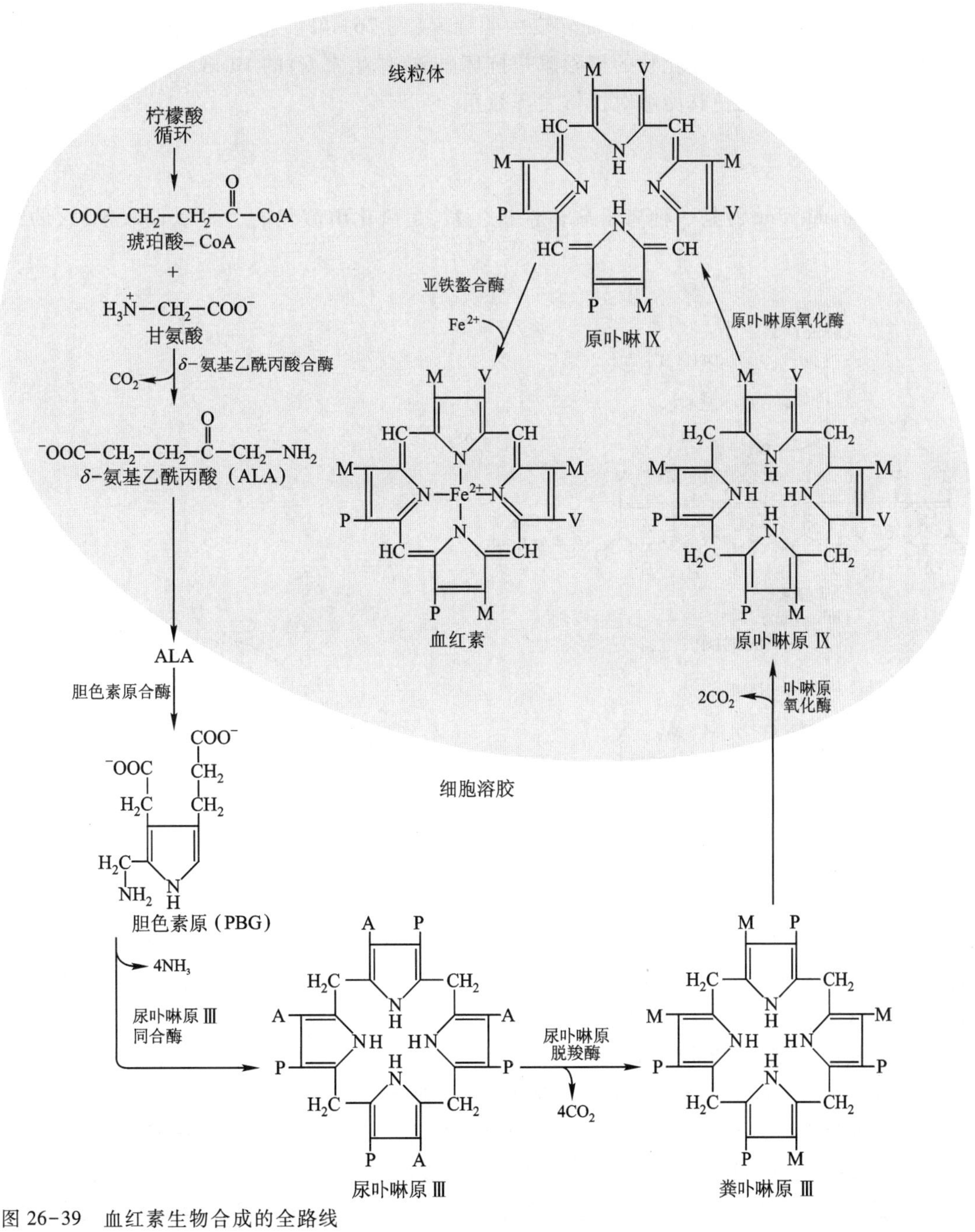

图 26-39 血红素生物合成的全路线

种病属于遗传病。如缺乏尿卟啉原Ⅲ同合酶,则尿卟啉原Ⅰ在红细胞中积累,尿中含有大量尿卟啉原Ⅰ和粪卟啉原Ⅰ并呈红色,牙齿在紫外光下有强的荧光,皮肤对阳光过敏。另一种类型卟啉症是肝细胞中积累胆色素原而且出现周期性的精神和行为失常。

正常人的红细胞寿命大约为 120 天,衰老的红细胞随血流进入脾降解,血红蛋白脱辅基蛋白质(apoprotein)被水解为氨基酸,血红素则转变为胆红素。后者与血清清蛋白结合形成复合体被转移到肝,形成胆红素二葡糖苷酸(bilirubin diglucuronide)被分泌到胆汁中,而铁原子则可被再利用。

黄胆(Jaundice)表现为血液中胆红素浓度升高,并且皮肤和眼球变黄。黄疸的产生有几种可能,红细胞的过分破裂,肝功能的损坏或机械性胆道梗阻都可导致黄疸。测定血液中的结合胆红素和非结合胆红素的浓度比例有助于疾病的诊断。

血红素降解的第 1 步是形成胆绿素,它比胆红素有更好的溶解度,而哺乳动物却选择了胆红素,其重要原因是胆红素对机体是非常有效的**抗氧化剂**(antioxidant)。它可消除**过氧羟自由基**(hydroperoxy radical,HO_2)。每分子可结合 2 分子 HO_2 而转变为胆绿素(图 26-40),它又可还原为胆红素。按浓度计算,胆红素与清蛋白结合后对过氧化物的消除率是抗坏血酸(维生素 C)的 10 倍。由此可以看到在自然选择中,代谢途径的分解产物也使其能够对机体发挥效用。

(五) 短杆菌肽 S

短杆菌肽 S(gramicidin S)是一种离子载体性抗生素,是氧化磷酸化的一种氧偶联剂,它的结构如图 26-41 所示。

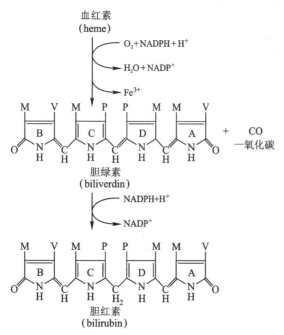

图 26-40 血红素的降解

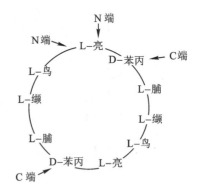

图 26-41 短杆菌肽 S 的结构

短杆菌肽 S 是一个环状 10 肽,是由两条五肽链头尾相接构成。它以酶为模板逐步合成,不需要 mRNA 和核糖体参加(参看第 38 章蛋白质的生物合成)。它的合成是由两个酶体系完成的,其中两个酶中的一个酶具有催化合成和作为模板的双重功能。

在合成过程中氨基酸的活化不需要氨基乙酰 tRNA 参加反应。

催化短杆菌肽的多酶体系中的两个酶,用 E_I 和 E_{II} 表示。E_I 的相对分子质量为 280 000,称为重链。E_{II} 相对分子质量为 100 000,称为轻链。短杆菌肽 S 的合成可划分为 5 个步骤。详见图 26-42。

反应包括氨基酸在相应酶作用下的活化、硫酯化和消旋。E_{II} 能使苯丙氨酸消旋并与之结合形成硫酯键,E_{II} 只与 D-Phe 结合。E_I 则可同时与短杆菌肽所需的其他 4 个氨基酸结合,无论与 E_I 或 E_{II} 形成硫酯键都是由氨基酰基腺苷酸（aminoacyl adenylates）与之作用。短杆菌肽 S 合成时氨基酸的活化包括两步如下：

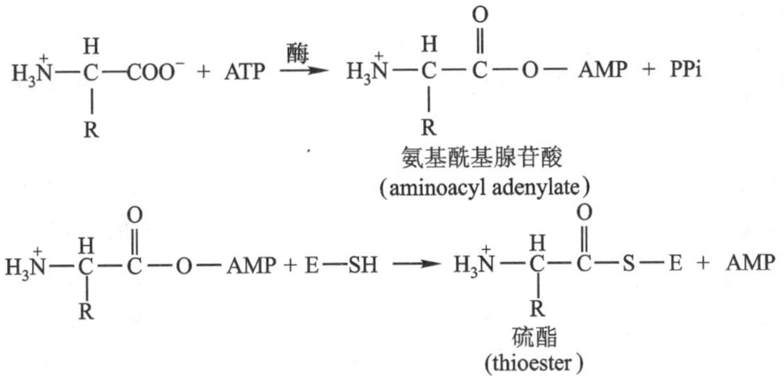

$$H_3\overset{+}{N}-\underset{R}{\overset{H}{C}}-COO^- + ATP \xrightarrow{\text{酶}} H_3\overset{+}{N}-\underset{R}{\overset{H}{C}}-\overset{O}{\overset{\|}{C}}-O-AMP + PPi$$

氨基酰基腺苷酸
(aminoacyl adenylate)

$$H_3\overset{+}{N}-\underset{R}{\overset{H}{C}}-\overset{O}{\overset{\|}{C}}-O-AMP + E-SH \longrightarrow H_3\overset{+}{N}-\underset{R}{\overset{H}{C}}-\overset{O}{\overset{\|}{C}}-S-E + AMP$$

硫酯
(thioester)

合成的下一步是活化的氨基酸结合到酶的轻链 E_I（D-Phe）和重链 E_{II}（Pro$_2$、Val、Orn、Leu）上。

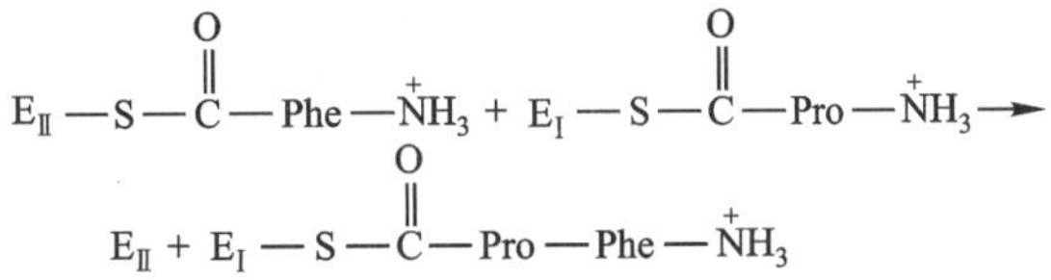

$$E_{II}-S-\overset{O}{\overset{\|}{C}}-Phe-\overset{+}{N}H_3 + E_I-S-\overset{O}{\overset{\|}{C}}-Pro-\overset{+}{N}H_3 \longrightarrow$$

$$E_{II} + E_I-S-\overset{O}{\overset{\|}{C}}-Pro-Phe-\overset{+}{N}H_3$$

苯丙氨酸残基被消旋，并转移到重链的泛酰巯基乙胺长臂上。其余的所有步骤都在 E_I 上进行。

在 E_I 分子上以共价相连的长臂 **4′-磷酸泛酰巯基乙胺**（4′-phosphopantetheine），可视为该酶的辅基。与脂肪酸生物合成中酰基载体蛋白的作用相似，E_I 能以准确的顺序活化合成短杆菌肽 S 所需的 4 个氨基酸，并按一定顺序同时结合到 E_I 上。由 E_{II} 将 Phe 转移到 E_I 结合着的 Pro 上形成一个二肽 Pro-Phe，然后由 4′-磷酸泛酰巯基乙胺臂将其转送到下一个与 E_I 以硫酯键相连的 Val 的游离氨基上形成三肽链（-Val-Pro-Phe-NH$_2$），同时在第一位上的—SH 基被空出来。

如上依次转移连接下一个氨基酸直至形成五肽，两个五肽头尾相接形成环状十肽。相接反应也是在酶分子 E_I 上进行的。其全部合成方式见图 26-42。

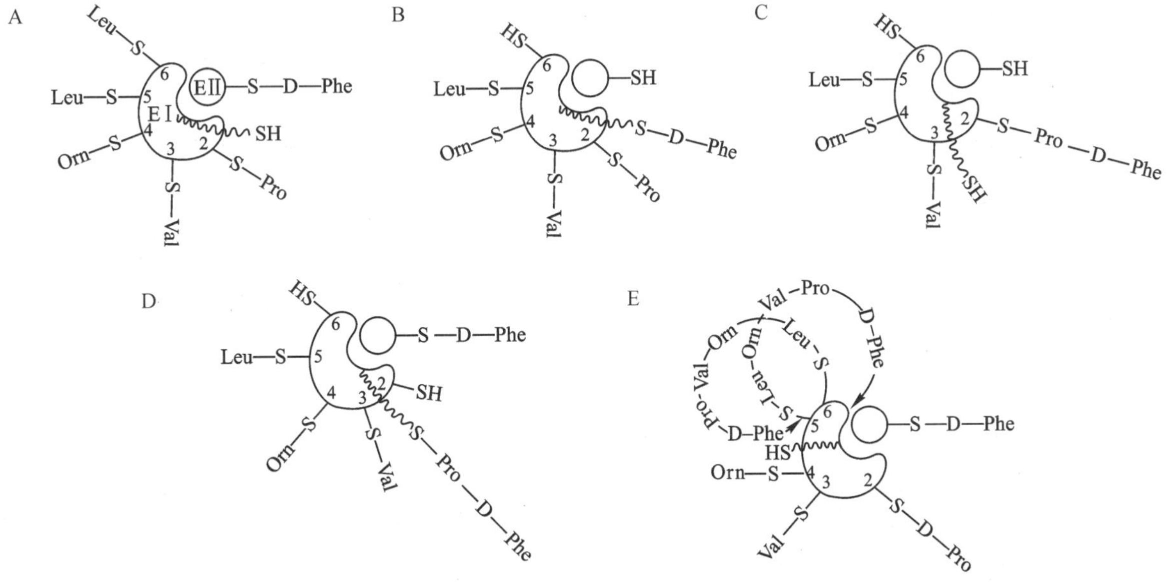

图 26-42　在蛋白质模板上形成短杆菌肽 S 的可能机制

A. 活化的氨基酸以硫酯键分别结合到酶体系的轻链和重链上，苯丙氨酸残基与轻链结合被消旋并转移到重链的泛酰巯基乙胺臂上。B. 苯丙氨酰基从泛酰巯基乙胺臂上转移到脯氨酰残基上形成第一个肽键。C. 苯丙氨酰-脯氨酰残基转移到泛酰巯基乙胺的游离巯基上，同时轻链接受另外一个已被消旋的苯丙氨酰基。D. 苯丙氨酰-脯氨酰残基转移到缬氨酰残基上。E. 形成的五肽被转移到"等候"部位 6 上，第二个五肽也同时合成并与第一个五肽缩合形成短杆菌肽 S，游离的泛酰巯基乙胺臂又为下一个肽的合成做好准备许多寡肽其链长在有 15 个氨基酸残基以下的,几乎都是通过上述类似的方式合成。

(六) D-氨基酸的形成

许多生物体内既含有 L-氨基酸,也含有 D-氨基酸。例如,微生物的细胞壁以及许多肽类的抗生素都含有 D-氨基酸。

D-氨基酸的来源大多是由 L-氨基酸通过**消旋酶**(racemase)的作用形成。D-氨基酸一旦形成就立即掺入到肽链中。细菌细胞壁的 D-丙氨酸就是由 L-丙氨酸经消旋酶作用形成的。丙氨酸消旋酶以磷酸吡哆醛为辅助因子。L-丙氨酸转变为 D-丙氨酸后,立即形成 D-丙氨酰-D-丙氨酸二肽,消旋酶催化的反应是需能反应。形成的二肽随后即将其 D-氨基酸掺入到细菌细胞壁的**肽聚糖**(peptidoglycan)分子中。到现在为止,还没有发现一种含 D-氨基酸的肽在其形成时直接以游离的 D-氨基酸作为合成肽的底物。

提　要

不同生物合成氨基酸的能力不同,合成氨基酸的种类也有很大差异。机体维持正常生长所必需,而又不能自己合成,需从外界摄取的氨基酸称为必需氨基酸。凡能自己合成的为非必需氨基酸。人和大白鼠需 10 种必需氨基酸。研究氨基酸生物合成大多用微生物的遗传突变株,使突变株在氨基酸的某个合成环节上产生缺失,造成某种中间物的积累,从而判明各个中间代谢环节。当前 20 种氨基酸的生物合成途径已得到基本阐明。

在生物合成中,氨基酸的各种碳骨架起源于代谢的几条主要途径,即柠檬酸循环,糖酵解及戊糖磷酸途径。因此,可将这几条途径中与氨基酸合成密切相关的几种化合物看作氨基酸生物合成的起始物。氮的来源起始于无机氮,如 N_2,NH_3。N_2 的转化是经生物固氮,NH_3 的转化是经同化作用。氨基酸生物合成可按碳来源于柠檬酸循环、糖酵解、戊糖磷酸途径划分为若干类型。

α-酮戊二酸衍生类型包括谷氨酸、谷氨酰胺、甲硫氨酸、苏氨酸、异亮氨酸及赖氨酸(以草酰乙酸为底物)提供碳原子。

3-磷酸甘油酸衍生类型包括丝氨酸、半胱氨酸、甘氨酸。

芳香族氨基酸——苯丙氨酸、酪氨酸、色氨酸生物合成的起始物为 4-磷酸赤藓糖和磷酸烯醇式丙酮酸。色氨酸还需要磷酸核糖焦磷酸(PRPP)以及丝氨酸参与合成反应。

组氨酸的生物合成需要 PRPP 以及 ATP 的 N—C 基团。因此,组氨酸的合成也可认为是嘌呤核苷酸代谢的一个分支。

氨基酸的生物合成根据需要有严格的调控机制,调控机制中最有效的是通过合成过程的终产物抑制反应系列中第一个酶的活性。

有许多重要的生物活性物质来源于氨基酸,如氧化氮、谷胱甘肽、肌酸、卟啉及短杆菌肽 S 等。D-氨基酸大多是由 L-氨基酸经过消旋酶作用形成的。

习　题

1. 哪些氨基酸对人体是必需氨基酸?为什么有些氨基酸称为非必需氨基酸?
2. 写出由葡萄糖合成丙氨酸的总平衡式。
3. 在氨基酸生物合成中哪些氨基酸和柠檬酸循环有联系?哪些氨基酸和糖酵解过程以及磷酸五碳糖途径有直接联系?
4. 在下列的每个转变中是哪种叶酸的中间产物参与反应?
   (a) 甘氨酸——→丝氨酸(四氢叶酸)
   (b) 组氨酸——→谷氨酰胺(四氢叶酸)
   (c) 高半胱氨酸——→甲硫氨酸(N^5-甲基四氢叶酸)
5. 芳香族氨基酸生物合成的共同前体是什么?它们以哪种中间产物作为合成路线的分支点?

6. 缺乏苯丙氨酸羟化酶(苯丙氨酸单加氧酶)的病人为什么出现苯丙酮酸尿症?

7. 从漂白过的面粉中有时可分离到一种甲硫氨酸衍生物——甲硫氨酸亚砜亚胺(methionine sulfoximine),它的结构如下:

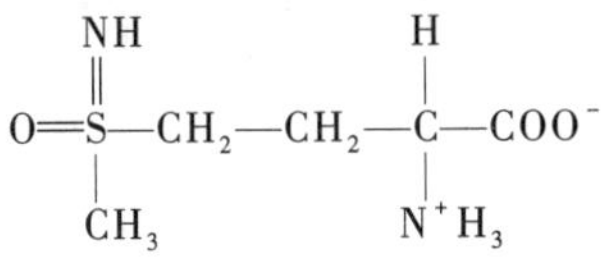

$$O=\overset{\overset{NH}{\|}}{\underset{CH_3}{S}}-CH_2-CH_2-\overset{\overset{H}{|}}{\underset{N^+H_3}{C}}-COO^-$$

甲硫氨酸亚砜亚胺

它可引起机体抽搐,是谷氨酰胺合成酶的强烈抑制剂。请提出这一抑制剂可能的作用机制?

8. 由 N_2 到血红素(heme)在氮的流程中有哪些中间产物?

主要参考书目

1. Stryer L. Biochemistry. 4th ed. New York:W. H. Freeman and Company,1995.

2. Lehnninger A R. Biochemistry. 2nd ed. New York:Worth Publishers. Inc.1975.

3. Lebioda L,Stec B. Crystal structure of enolase indicates that enolase and pyruvate kinase from a common ancester. Nature,1988.

4. Nelson D L,Cox M M. Lehninger 生物化学原理. 3 版. 周海梦,等译. 北京:高等教育出版社, 2005.

5. Nelson D L, Cox M M. Lehninger Principles of Biochemistry. 6th ed. New York:W. H. Freeman and Company,2012.

6. Herrmann K M,Somerville R L(Eds.). Amino Acids:Biosynthesis and genetic regulation. Addison-Wesley,1983.

7. Frey P A, Hegeman A D. Enzymatic Reaction Mechanism. New York:Oxford University Press,2007.

8. Richards N G J, Kilberg M S. Asparagine synthetase chemotherapy. Annu.Rev.Biochem, 2006,75:629-654.

(王镜岩 秦咏梅)

网上资源

习题答案   自测题

第 27 章 核酸的降解和核苷酸代谢

核酸的基本结构单位是核苷酸。遗传信息的复制、重组、转录和各种加工变化均需通过核酸代谢才得以实现，而核酸代谢则与核苷酸代谢紧密关联。细胞内存在许多游离的核苷酸，它们几乎参与细胞的所有生化过程。总结起来，核苷酸有以下几个方面的作用：核苷酸是核酸生物合成的前体。ATP 是生物新陈代谢通用的能量载体；GTP 是推动某些重要生命过程的能量供体。核苷酸衍生物是许多生物合成反应的活性中间物。例如，UDP-葡萄糖和 CDP-二脂酰甘油分别是糖原和磷酸甘油酯合成的中间物。腺苷酸和腺苷是重要辅酶和辅助因子（烟酰胺核苷酸、黄素腺嘌呤二核苷酸、辅酶 A、辅酶 B_{12} 和 S-腺苷甲硫氨酸）的组分。核苷酸作为信号分子，在调节细胞功能和基因表达中起重要作用。例如 cAMP 和 cGMP 是信号转导的第二信使；腺苷酰基、尿苷酰基是酶活性调节的共价修饰基团；ATP 在蛋白质激酶作用下给出磷酸基以调节蛋白质活性；$_{(P)P}G_{PP}$ 是细菌在氨基酸饥饿时调节生长的效应分子。

核酸降解产生核苷酸，核苷酸还能进一步分解。在生物体内，核苷酸可由少数化合物从头合成（*de novo*）。核苷酸的生物合成受反馈调节。核酸的分解产物核苷和碱基还可以通过补救途径（salvage pathway）加以再利用。核苷酸代谢和氨基酸代谢相互关系密切，它们的合成有共同的氨供体和一碳供体，也有类似的代谢产物；有些核苷酸参与氨基酸的合成，有些氨基酸参与核苷酸的合成，从而推测在早期代谢途径形成时两者是相伴而成的。核苷酸代谢还与其他物质代谢相关联，如有些辅酶含有腺苷酸，是由ATP 供给。核苷酸是重要生命分子，其代谢异常将造成疾病。

一、核酸和核苷酸的分解代谢

动物和异养型微生物可以分泌消化酶类来分解食物或体外的核蛋白和核酸类物质，以获得各种核苷酸。核苷酸水解脱去磷酸而生成核苷，核苷再分解生成嘌呤碱或嘧啶碱和戊糖。核苷酸及其水解产物均可被细胞吸收和利用。植物一般不能消化体外的有机物质。但所有生物的细胞都含有与核酸代谢有关的酶类，能够分解细胞内各种核酸，促使外界入侵核酸或胞内无用核酸的分解。在体内，核酸的水解产物戊糖可参加戊糖代谢，嘌呤碱和嘧啶碱还可以进一步分解。核酸的分解过程如下：

$$核酸 \xrightarrow[\text{(磷酸二酯酶)}]{\text{核酸酶}} 核苷酸 \xrightarrow[\text{(磷酸单酯酶)}]{\text{核苷酸酶}} 核苷+磷酸 \xrightleftharpoons[]{\text{核苷磷酸化酶}} 嘌呤碱和嘧啶碱+1-磷酸戊糖$$

（一）核酸的降解

核酸是由许多核苷酸以 $3',5'$-磷酸二酯键连接而成的大分子化合物。核酸分解代谢的第一步是水解连接核苷酸之间的磷酸二酯键，生成低级多核苷酸或单核苷酸。在生物体内有许多磷酸二酯酶可以催化这一解聚作用。作用于核酸的磷酸二酯酶称为核酸酶。水解核糖核酸的称核糖核酸酶（RNase），水解脱氧核糖核酸的称脱氧核糖核酸酶（DNase）。核糖核酸酶和脱氧核糖核酸酶中能够水解核酸分子内磷酸二酯键的酶又称为**内切核酸酶**（endonuclease），从核酸链的一端逐步水解下核苷酸的酶称为**外切核酸酶**（exonuclease）。

细胞中 DNA 的含量是相当恒定的，而 RNA 的含量却有显著变化。但是，令人惊异的是脱氧核糖核酸酶含量在相当众多的细胞中却是很高的。推测这种脱氧核糖核酸酶的可能生物学功能在于消除异常的、无用的或外来的 DNA，以维持细胞遗传性的稳定；或是用于细胞凋亡和自溶。总之，细胞核酸，无论是DNA 或 RNA，都不是永恒不变的，细胞的各种核酸酶参与了核酸的代谢。

（二）核苷酸的分解

核苷酸水解下磷酸即成为核苷。生物体内广泛存在的磷酸单酯酶或核苷酸酶可以催化这个反应。非特异性的磷酸单酯酶对一切核苷酸都能作用，无论磷酸基在核苷的 2′、3′ 或 5′ 位置上都可被水解下来。某些特异性强的磷酸单酯酶只能水解 3′-核苷酸或 5′-核苷酸，则分别称为 3′-核苷酸酶或 5′-核苷酸酶。

核苷经**核苷酶**（nucleosidase）作用分解为嘌呤碱或嘧啶碱和戊糖。分解核苷的酶有两类。一类是**核苷磷酸化酶**（nucleoside phosphorylase），另一类是**核苷水解酶**（nucleoside hydrolase）。前者分解核苷生成含氮碱和戊糖的磷酸酯，后者生成含氮碱和戊糖：

$$核苷 + 磷酸 \xrightleftharpoons{核苷磷酸化酶} 嘌呤碱或嘧啶碱 + 戊糖-1-磷酸$$

$$核苷 + H_2O \xrightarrow{核苷水解酶} 嘌呤碱或嘧啶碱 + 戊糖$$

核苷磷酸化酶存在比较广泛，其所催化的反应是可逆的。核苷水解酶主要是存在于植物和微生物体内，并且只能对核糖核苷作用，对脱氧核糖核苷没有作用，反应是不可逆的。它们对作用底物常具有一定的特异性。

核苷酸的降解产物嘌呤碱和嘧啶碱还可以继续分解。

（三）嘌呤碱的分解

不同种类的生物分解嘌呤碱的能力不一样，因而代谢产物亦各不相同。人和猿类及一些排尿酸的动物（如鸟类，某些爬行类和昆虫等）以尿酸作为嘌呤碱代谢的最终产物。其他多种生物则还能进一步分解尿酸，形成不同的代谢产物，直至最后分解成二氧化碳和氨。

嘌呤碱的分解首先是在各种脱氨酶的作用下水解脱去氨基。腺嘌呤和鸟嘌呤水解脱氨分别生成次黄嘌呤和黄嘌呤。脱氨反应也可以在核苷或核苷酸的水平上进行。在动物组织中**腺嘌呤脱氨酶**（adenine deaminase）的含量极少，而**腺嘌呤核苷脱氨酶**（adenosine deaminase）和**腺嘌呤核苷酸脱氨酶**（adenylate deaminase）的活性较高，因此，腺嘌呤的脱氨分解可在其核苷和核苷酸的水平上发生，然后再水解生成次黄嘌呤。它们的关系如下：

$$\text{腺嘌呤核苷酸} \atop \text{（腺嘌呤核苷）} \xrightarrow[H_2O, -NH_3]{\text{腺嘌呤核苷酸（核苷）脱氨酶}} \text{次黄嘌呤核苷酸} \atop \text{（次黄嘌呤核苷）}$$

次黄嘌呤核苷酸 $\xrightarrow[\substack{H_2O \searrow Pi}]{核苷酸酶}$ 次黄嘌呤核苷 $\xrightarrow[\substack{Pi \searrow 核糖-1-P}]{核苷磷酸化酶}$ 次黄嘌呤

鸟嘌呤脱氨酶（guanine deaminase）的分布较广，鸟嘌呤的脱氨分解主要是在该酶的作用下进行的：

$$鸟嘌呤 + H_2O \xrightarrow{鸟嘌呤脱氨酶} 黄嘌呤 + NH_3$$

次黄嘌呤和黄嘌呤在黄嘌呤氧化酶（xanthine oxidase）的作用下氧化生成尿酸：

$$次黄嘌呤 + O_2 + H_2O \xrightarrow{黄嘌呤氧化酶} 黄嘌呤 + H_2O$$

$$黄嘌呤 + O_2 + H_2O \xrightarrow{黄嘌呤氧化酶} 尿酸 + H_2O$$

黄嘌呤氧化酶是一种复合黄素酶，它由 2 个相同的亚基所组成。每一个亚基的 M_r 为 145 000，含有一个 FAD，一个钼辅因子和两个不同的铁-硫中心（Fe/S Ⅰ 和 Ⅱ）。黄嘌呤（或次黄嘌呤）的氧化是一个极其复杂的过程，它要求分子氧作为电子受体，还原产物是过氧化氢，进入尿酸的氧来自水。当底物与酶结合后，Mo(Ⅵ) 被还原成 Mo(Ⅳ)，电子经过铁硫中心和黄素等一系列转移步骤而传递给分子氧，并与氢离子形成过氧化氢，被还原的 Mo(Ⅳ) 则再氧化成 Mo(Ⅵ)。产物过氧化氢随即被过氧化氢酶所分解，生成氧和水。

结构与次黄嘌呤很相似的**别嘌呤醇**(allopurinol)对黄嘌呤氧化酶有很强的抑制作用。所以有时用它治疗痛风。该病是由于尿酸在体内过量积累而引起的。经别嘌呤醇治疗的患者排泄黄嘌呤和次黄嘌呤以代替尿酸。别嘌呤醇可被黄嘌呤氧化酶氧化成**别黄嘌呤**(alloxanthine),它与酶活性中心的 Mo(Ⅳ)牢固结合,从而使 Mo(Ⅳ)不易被氧化转变成 Mo(Ⅵ)。这种底物类似物经酶作用后成为酶的灭活物,称为自杀作用物(suicide substrate)。别嘌呤醇转变成别黄嘌呤的反应如下:

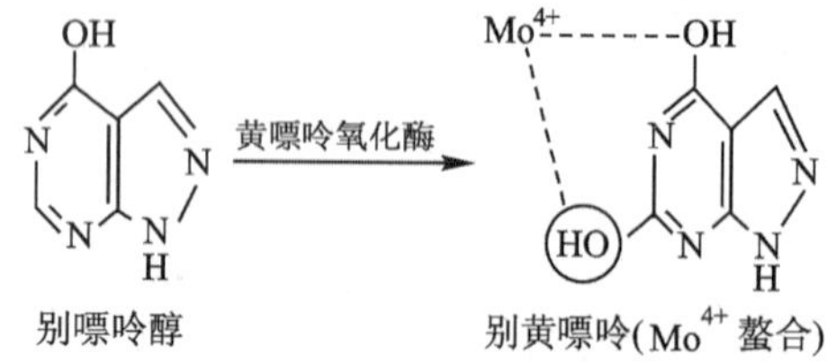

别嘌呤醇 ——黄嘌呤氧化酶——→ 别黄嘌呤(Mo^{4+}螯合)

如前所述,尿酸的进一步分解代谢随不同种类生物而异。人和猿类缺乏分解尿酸的能力。鸟类等排尿酸动物不仅可将嘌呤碱分解成尿酸,还可以把大量其他含氮代谢物转变成尿酸,再排出体外。然而大多数种类的生物能够继续分解尿酸。尿酸在尿酸氧化酶(urate oxidase)的作用下被氧化,同时脱掉二氧化碳,而生成尿囊素(allantoin)。尿酸氧化酶是一种铜酶,它以氧作为直接电子受体,产生过氧化氢。

尿酸 + 2H$_2$O + O$_2$ ——尿酸氧化酶——→ 尿囊素 + CO$_2$ + H$_2$O$_2$

尿囊素是除人及猿类以外其他哺乳类嘌呤代谢的排泄物。也就是说,它们分解尿酸到尿囊素为止。其他多数种类生物则含有尿囊素酶(allantoinase),能水解尿囊素生成尿囊酸(allantoic acid):

尿囊素 + H$_2$O ——尿囊素酶——→ 尿囊酸

尿囊酸是某些硬骨鱼的嘌呤碱代谢排泄物。尿囊酸在尿囊酸酶(allantoicase)作用下水解生成尿素和乙醛酸:

尿囊酸 + H$_2$O ——尿囊酸酶——→ 2 尿素 + 乙醛酸

尿素是多数鱼类及两栖类的嘌呤碱代谢排泄物。然而,某些低等动物还能将尿素分解成氨和二氧化碳再排出体外。

植物和微生物体内嘌呤碱代谢的途径大致与动物相似。植物体内广泛存在着尿囊素酶、尿囊酸酶和脲酶等;嘌呤碱代谢的中间产物,如尿囊素和尿囊酸等也在多种植物中大量存在。微生物一般能分解嘌呤碱类物质,生成氨、二氧化碳以及一些有机酸,如甲酸、乙酸、乳酸等。现将嘌呤碱的分解过程总结如图 27-1。

(四) 嘧啶碱的分解

核苷酸的分解产物嘧啶碱可以在生物体内进一步被分解。不同种类生物对嘧啶碱的分解过程也不完全一样。一般具有氨基的嘧啶需要先水解脱去氨基,如胞嘧啶脱氨生成尿嘧啶:

胞嘧啶 + H$_2$O ——胞嘧啶脱氨酶——→ 尿嘧啶 + NH$_3$

在人和某些动物体内其脱氨过程也可能是在核苷或核苷酸的水平上进行的。

尿嘧啶经还原生成二氢尿嘧啶,并水解使环开裂,然后水解生成二氧化碳、氨和 β-丙氨酸;β-丙氨酸经转氨作用脱去氨基后还可参加有机酸代谢:

尿嘧啶 + NAD(P)H + H$^+$ ⇌二氢尿嘧啶脱氢酶⇌ 二氢尿嘧啶 + NAD(P)$^+$

二氢尿嘧啶 + H$_2$O ⇌二氢嘧啶酶⇌ β-脲基丙酸

β-脲基丙酸 + H$_2$O ——脲基丙酸酶——→ β-丙氨酸 + CO$_2$ + NH$_3$

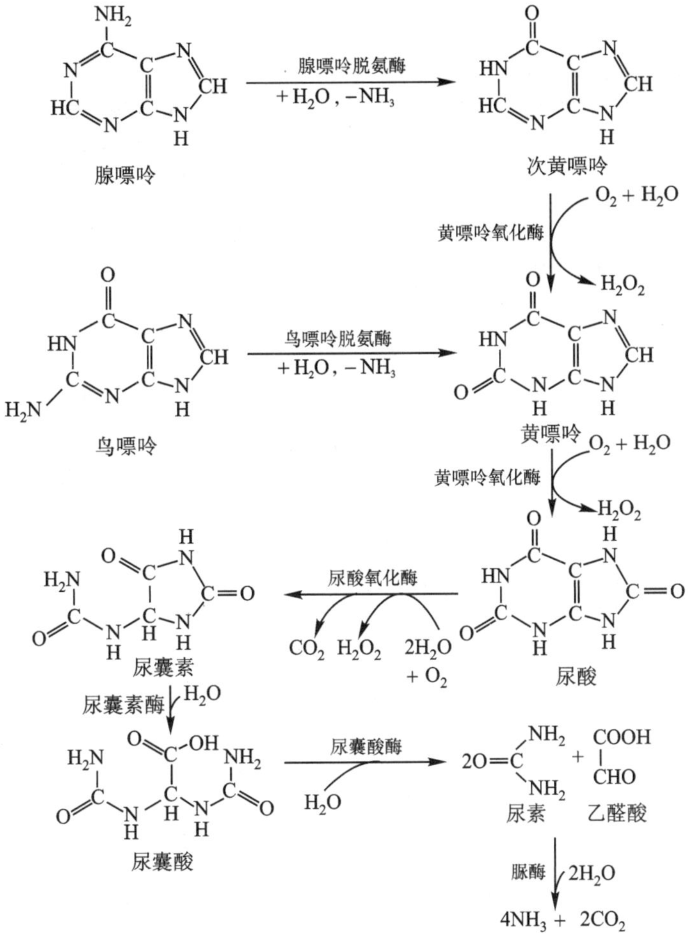

图 27-1 嘌呤碱的分解代谢

胸腺嘧啶的分解与尿嘧啶相似,其分解过程如下:

$$\text{胸腺嘧啶} + NAD(P)H + H^+ \xrightarrow{\text{二氢胸腺嘧啶脱氢酶}} \text{二氢胸腺嘧啶} + NAD(P)^+$$

$$\text{二氢胸腺嘧啶} + H_2O \xrightarrow{\text{二氢嘧啶酶}} \beta\text{-脲基异丁酸}$$

$$\beta\text{-脲基异丁酸} + H_2O \xrightarrow{\text{脲基丙酸酶}} \beta\text{-氨基异丁酸} + CO_2 + NH_3$$

现将嘧啶碱的分解途径总结如图 27-2。

二、核苷酸的生物合成

无论动物、植物或微生物,通常都能用少数简单化合物合成各种嘌呤和嘧啶核苷酸,而且合成途径基本相同。从而表明,核苷酸的生物合成途径可能是生命起源早期形成的古老代谢途径之一。

(一) 嘌呤核糖核苷酸的合成

用同位素标记的化合物做实验,证明生物体内能利用二氧化碳、甲酸盐、谷氨酰胺、天冬氨酸和甘氨酸作为合成嘌呤环的前体。嘌呤环中的第 1 位氮来自天冬氨酸的氨基,第 3 位及第 9 位氮来自谷氨酰胺的酰胺基。第 2 及第 8 位碳来自 N^{10}-甲酰四氢叶酸,甲酰基由甲酸盐供给;第 6 位碳来自二氧化碳;而第 4 位碳、第 5 位碳及第 7 位氮则来自甘氨酸。这些关系如图 27-3 所示。

目前关于嘌呤碱的合成途径已经了解得比较清楚。生物体内不是先合成嘌呤碱,再与核糖和磷酸结

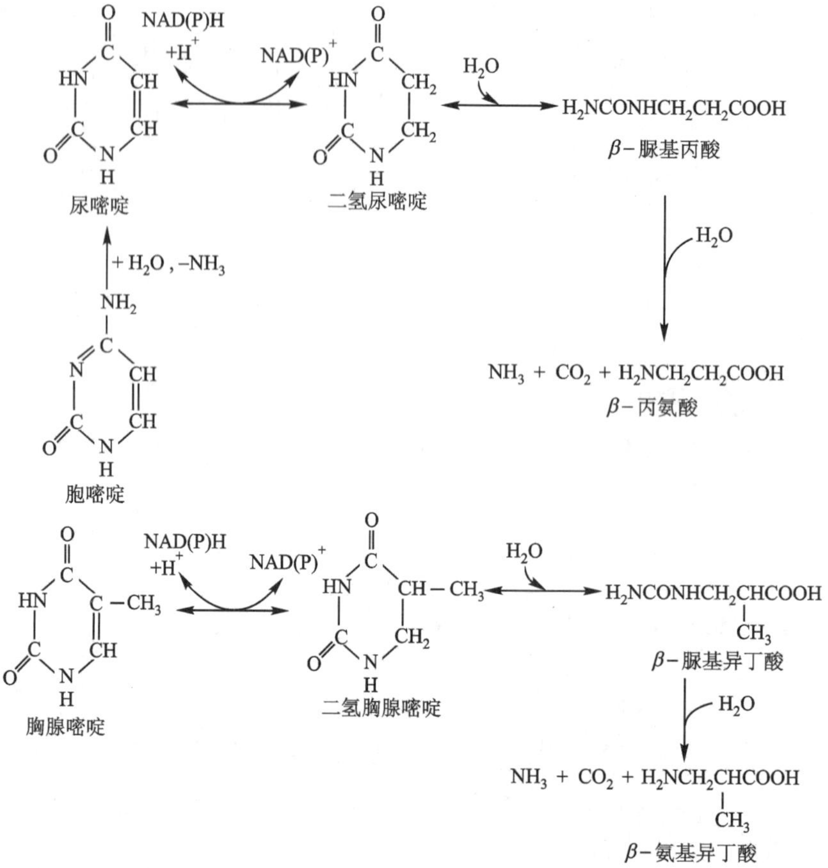

图 27-2　嘧啶碱的分解代谢

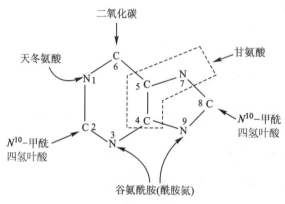

二氧化碳

天冬氨酸

甘氨酸

N_1　C_6

$5\ C$　N_7

$8\ C$　N^{10}-甲酰
四氢叶酸

N^{10}-甲酰
四氢叶酸
$C\ 2$　N_3　$4\ C$　$9\ N$

谷氨酰胺(酰胺氮)

图 27-3　嘌呤环的元素来源

合成核苷酸,而是从 5-磷酸核糖焦磷酸开始,经过一系列酶促反应,生成次黄嘌呤核苷酸,然后再转变为其他嘌呤核苷酸。

1. 次黄嘌呤核苷酸的合成

次黄嘌呤核苷酸的酶促合成过程,主要是以鸽肝的酶系统为材料研究清楚的。以后在其他动物、植物和微生物中也找到有类似的酶和中间产物,由此推测它们的合成过程也大致相同。

次黄嘌呤核苷酸的合成是一系列连续的酶促反应过程,首先是由 **5-磷酸核糖焦磷酸**(5-phosphoribosyl pyrophosphate)供给核苷酸的磷酸核糖部分,在其上再完成嘌呤环的装配。在体内,5-磷酸核糖焦磷酸可由 5-磷酸核糖与 ATP 作用产生。催化这一反应的酶称为**磷酸核糖焦磷酸激酶**(phosphoribosyl pyrophosphokinase)。在此反应中 ATP 的焦磷酸基是作为一个单位直接转移到 5-磷酸核糖分子的第一位碳的羟基上。

$$5\text{-磷酸核糖} + ATP \underset{Mg^{2+}}{\overset{\text{焦磷酸激酶}}{\rightleftharpoons}} 5\text{-磷酸核糖焦磷酸} + AMP$$

次黄嘌呤核苷酸的合成过程共有十步反应,可分成两个阶段。在第一阶段的反应中,由5-磷酸核糖焦磷酸与谷氨酰胺反应生成 **5-磷酸核糖胺**(5-phosphoribosylamine),再与甘氨酸结合,经甲酰化和转移谷氨酰胺的氮原子,然后闭环生成 5-**氨基咪唑核糖核苷酸**(5-aminoimidazole ribonucleotide),至此形成了嘌呤的咪唑环。第二阶段的反应则由 5-氨基咪唑核糖核苷酸羧化,进一步获得天冬氨酸的氨基,再甲酰化,最后脱水闭环生成次黄嘌呤核苷酸。现依次叙述如下。

(1) 第一阶段的反应   5-磷酸核糖焦磷酸可与谷氨酰胺反应生成 5-磷酸核糖胺、谷氨酸和无机焦磷酸盐(反应 27-1)。催化这一步骤的酶为谷氨酰胺磷酸核糖焦磷酸酰胺转移酶(Gln-PRPP amidotransferase)。也就在这一步,使原来的 α-构型核糖化合物变为 β-构型。因为 5-磷酸核糖焦磷酸具有 α-构型,而 5-磷酸核糖胺则具有 β-构型。

$$5\text{-磷酸核糖焦磷酸} + \text{谷氨酰胺} + H_2O \underset{Mg^{2+}}{\overset{\text{酰胺转移酶}}{\longrightarrow}} 5\text{-磷酸核糖胺} + \text{谷氨酸} + PPi \qquad (27\text{-}1)$$

5-磷酸核糖胺和甘氨酸在有 ATP 供给能量的情况下,合成为 **甘氨酰胺核糖核苷酸**(glycinamide ribonucleotide,GAR),同时 ATP 分解成 ADP 和正磷酸盐(反应 27-2)。这一步骤是由 **甘氨酰胺核糖核苷酸合成酶**(GAY synthetase)所催化,反应是可逆的。

$$5\text{-磷酸核糖胺} + \text{甘氨酸} + ATP \underset{Mg^{2+}}{\overset{\text{合成酶}}{\rightleftharpoons}} \text{甘氨酰胺核糖核苷酸} + ADP + Pi \qquad (27\text{-}2)$$

甘氨酰胺核糖核苷酸经甲酰化生成 **甲酰甘氨酰胺核糖核苷酸**(formylglycinamide ribonucleotide,FGAR)。在此处甲酰基的供体为 N^{10}-**甲酰四氢叶酸**(N^{10}-formyltetrahydrofolate)(反应 27-3)。催化这个甲酰化反应的酶为 **甘氨酰胺核糖核苷酸转甲酰基酶**(FGAR transformylase)。在体内,N^{10}-甲酰四氢叶酸的甲酰基可由甲酸供给。在酶的催化下,甲酸经 ATP 活化并以甲酰基形式转移给四氢叶酸生成 N^{10}-甲酰四氢叶酸(N^{10}-formyltetrahydrofolate)。

$$\text{甘氨酰胺核糖核苷酸} + N^{10}\text{-甲酰四氢叶酸} + H_2O \underset{Mg^{2+}}{\overset{\text{转甲酰基酶}}{\rightleftharpoons}}$$
$$\text{甲酰甘氨酰胺核糖核苷酸} + \text{四氢叶酸} \qquad (27\text{-}3)$$

甲酰甘氨酰胺核糖核苷酸在有谷氨酰胺供给酰胺基并有 ATP 存在时,转变成甲酰甘氨脒核糖核苷酸(formylglycinamidine ribonucleotide,FGAM)。谷氨酰胺脱去酰胺基后生成谷氨酸,ATP 则分解成 ADP 和正磷酸盐(反应 27-4)。促进这个反应的酶为 **甲酰甘氨脒核糖核苷酸合成酶**(FGAM synthetase)。

$$\text{甲酰甘氨酰胺核糖核苷酸} + \text{谷氨酰胺} + ATP + H_2O \overset{\text{合成酶}}{\longrightarrow}$$
$$\text{甲酰甘氨脒核糖核苷酸} + \text{谷氨酸} + ADP + Pi \qquad (27\text{-}4)$$

这一步反应可被抗生素 **重氮丝氨酸**(azaserine)和 6-**重氮-5-氧-L-正亮氨酸**(6-diazo-5-oxo-L-norleucine)不可逆地抑制。这两种抗生素与谷氨酰胺有类似的结构:

$$\underset{\text{谷氨酰胺}}{\underset{}{HO-\overset{O}{\overset{\|}{C}}-\overset{NH_2}{\overset{|}{C}H}-CH_2-CH_2-\overset{O}{\overset{\|}{C}}-NH_2}}$$

$$\underset{\text{重氮丝氨酸}}{\underset{}{HO-\overset{O}{\overset{\|}{C}}-\overset{NH_2}{\overset{|}{C}H}-CH_2-O-\overset{O}{\overset{\|}{C}}-CHN_2}}$$

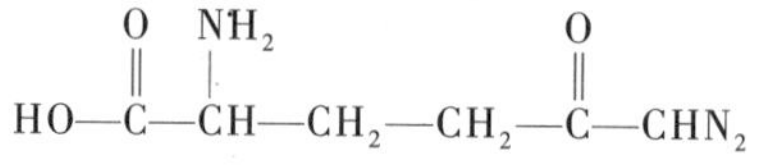

$$O \quad NH_2 \qquad\qquad O$$
$$HO—\overset{\|}{C}—CH—CH_2—CH_2—\overset{\|}{C}—CHN_2$$

6-重氮-5-氧-L-正亮氨酸

其他有谷氨酰胺参与的反应,如 5-磷酸核糖胺的合成等,也受重氮丝氨酸和 6-重氮-5-氧-L-正亮氨酸的抑制。这些抗生素虽有抗癌作用,但副作用大,临床上不宜使用。

在有 ATP 存在时,甲酰甘氨脒核糖核苷酸经氨基咪唑核糖核苷酸合成酶(AIR synthetase)的作用转变成 **5-氨基咪唑核糖核苷酸**(5-aminoimidazole ribonucleotide,AIR)。这个作用可被镁离子和钾离子激活。反应式如下:

$$甲酰甘氨脒核糖核苷酸 + ATP \xrightarrow[Mg^{2+},K^+]{合成酶} 5\text{-}氨基咪唑核糖核苷酸 + ADP + Pi \qquad (27\text{-}5)$$

(2)第二阶段的反应 在咪唑环上进一步完成嘌呤第二个环。首先加入一个羧基,生成**羧基氨基咪唑核糖核苷酸**(carboxyaminoimidazole ribonucleotide,CAIR)。此过程与一般羧化反应不同,无需生物素,而是由溶液中的碳酸氢盐经 ATP 磷酸化所激活,随即加在咪唑环的氨基上,然后经分子重排转移至咪唑环的第四位上(反应 27-6)。催化前一反应的酶为 N^5-CAIR 合成酶;催化后一反应的酶为 N^5-CAIR 变位酶。但在哺乳动物中这步却无需 ATP,碳酸氢根直接与咪唑环上的氨基反应,然后转移到环上,因此被认为由羧化酶所催化。可能不同生物的反应略有差异。

$$5\text{-}氨基咪唑核糖核苷酸 + HCO_3^- + ATP \xrightarrow{合成酶} N^5\text{-}羧基氨基咪唑核糖核苷酸 + ADP + Pi$$

$$N^5\text{-}羧基氨基咪唑核糖核苷酸 \xrightarrow{变位酶} 5\text{-}氨基-4\text{-}羧基-咪唑核糖核苷酸 \qquad (27\text{-}6)$$

在有 ATP 存在时,5-氨基-4-羧基-咪唑核糖核苷酸与天冬氨酸缩合生成 N-琥珀酸(基)-5-氨基咪唑-4-羧酰胺核糖核苷酸(N-succino-5-aminoimidazole-4-carboxamide ribonucleotide,SAICAR)(反应 27-7)。反应由 SAICAR 合成酶所催化的。该分子进而脱去延胡索酸,生成 **5-氨基咪唑-4-羧酰胺核糖核苷酸**(5-aminoimidazole-4-carboxamide ribonucleotide,AICAR)(反应 27-8)。现已了解这个酶同时具有分解**腺苷酸(基)琥珀酸**(adenylosuccinate)的活力,因此称为腺苷酸琥珀酸裂合酶(adenylosuccinate lyase)或 SAICAR 裂合酶。

$$5\text{-}氨基-4\text{-}羧基-咪唑核糖核苷酸 + 天冬氨酸 + ATP \xrightarrow{合成酶}$$

$$N\text{-}琥珀酸-5\text{-}氨基咪唑-4\text{-}羧酰胺核糖核苷酸 + ADP + Pi \qquad (27\text{-}7)$$

$$N\text{-}琥珀酸-5\text{-}氨基咪唑-4\text{-}羧酰胺核糖核苷酸 \xrightarrow{裂合酶}$$

$$5\text{-}氨基咪唑-4\text{-}羧酰胺核糖核苷酸 + 延胡索酸 \qquad (27\text{-}8)$$

在以 N^{10}-甲酰四氢叶酸供给甲酰基的情况下,5-氨基咪唑-4-羧酰胺核糖核苷酸经甲酰化生成 **5-甲酰胺基咪唑-4-羧酰胺核糖核苷酸**(5-formamidoimidazole-4-carboxamide ribonucleotide,FAICAR)(反应 27-9)。催化这个反应的酶是 **AICAR 转甲酰基酶**(AICAR transformylase)。

$$5\text{-}氨基咪唑-4\text{-}羧酰胺核糖核苷酸 + N^{10}\text{-}甲酰四氢叶酸 \xrightarrow{转甲酰基酶}$$

$$5\text{-}甲酰胺基咪唑-4\text{-}羧酰胺核糖核苷酸 + 四氢叶酸 \qquad (27\text{-}9)$$

5-甲酰胺基咪唑-4-羧酰胺核糖核苷酸在**次黄嘌呤核苷酸合酶**(IMP synthase)作用下脱水环化,形成**次黄嘌呤核苷酸**(inosinate,IMP),这一步无需 ATP 供给能量。

$$5\text{-}甲酰胺基咪唑-4\text{-}羧酰胺核糖核苷酸 \xrightarrow{合酶} 次黄嘌呤核苷酸 + H_2O \qquad (27\text{-}10)$$

现将次黄嘌呤核苷酸全部酶促合成过程总结如图 27-4。

次黄嘌呤核苷酸合成过程的个别反应可能是可逆的,但整个过程是不可逆的。合成过程共消耗 7 个高能磷酸键以推动反应的完成,这些高能磷酸键都是由 ATP 供给的。第一步反应由谷氨酰胺的酰胺取代 5-磷酸核糖焦磷酸的焦磷酸基,脱下的焦磷酸随即被水解。其后包括五步需要 ATP 的合成酶催化的反

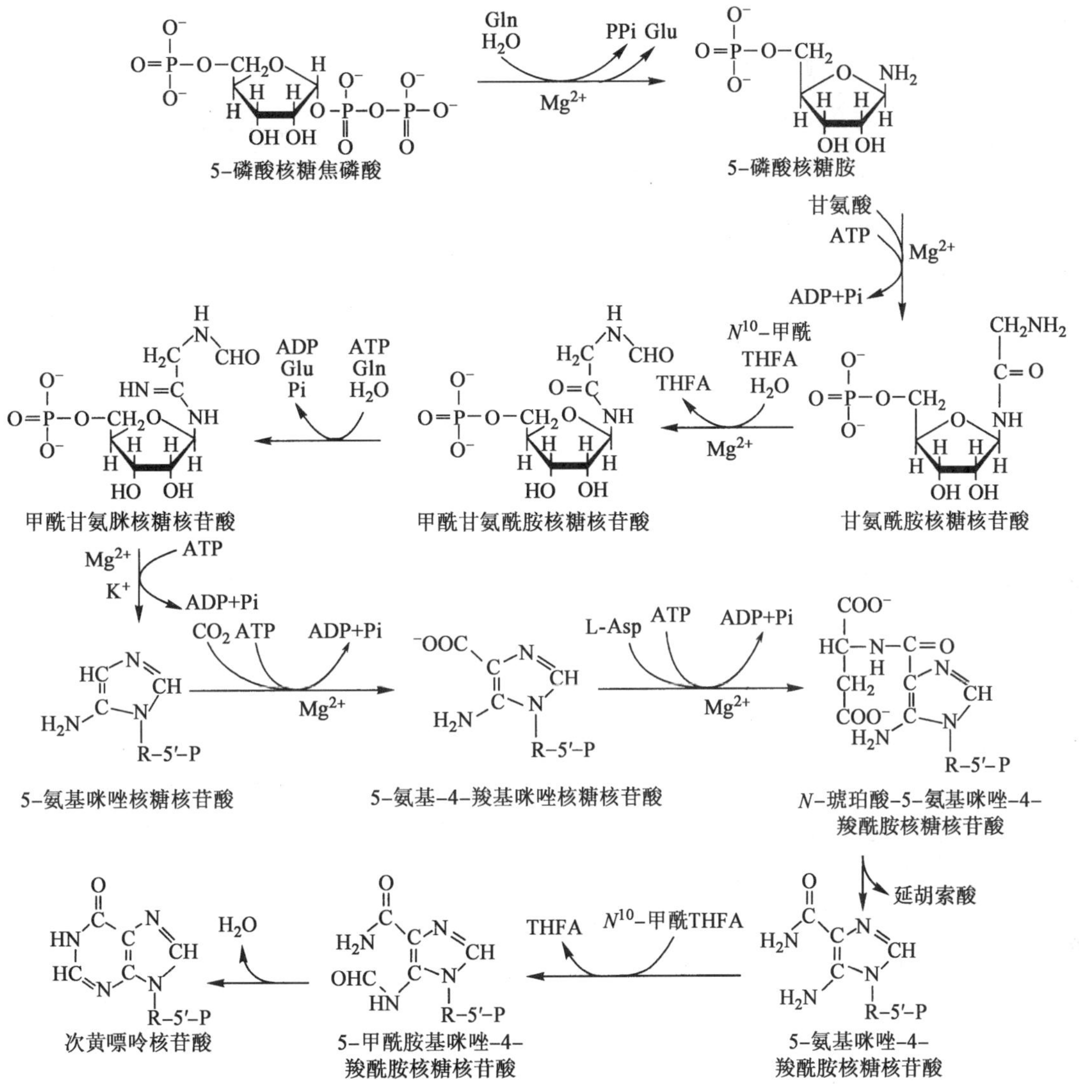

图 27-4　次黄嘌呤核苷酸的合成途径

应,两步由 N^{10}-甲酰四氢叶酸供给甲酰基的转甲酰基反应和两步裂合酶催化的反应。正如色氨酸合成组氨酸的生物合成,次黄嘌呤核苷酸合成途径的酶在细胞中组成一个大的多酶复合物(multienzyme complex)。这就使一个酶促反应的产物直接进入下一个反应,防止了中间产物被扩散丢失,也防止了不稳定中间产物的分解。在真核生物中还发现几个酶融合成一条多功能的肽链,而且它们催化的反应可以是非连续的步骤。例如,反应(27-2)、(27-3)和(27-5),反应(27-9)和(27-10)分别由单个的多功能酶所催化。此外,催化反应(27-7)的酶还具有使羧基变位的酶活性。多功能酶使反应产物由一个活性中心经隧道直达第二个活性中心,比多酶复合物有更高效率。

2. 腺嘌呤核苷酸的合成

生物体内由次黄嘌呤核苷酸氨基化生成腺嘌呤核苷酸,共分两步进行:次黄嘌呤核苷酸在 GTP 供给能量的条件下与天冬氨酸合成**腺苷酸琥珀酸**(adenylosuccinic acid),GTP 则分解成 GDP 和正磷酸盐。这个反应是由**腺苷酸琥珀酸合成酶**(adenylosuccinate synthetase)所催化的。中间产物腺苷酸琥珀酸随即在腺苷酸琥珀酸裂合酶的催化下分解成腺嘌呤核苷酸和延胡索酸。反应过程如下所示:

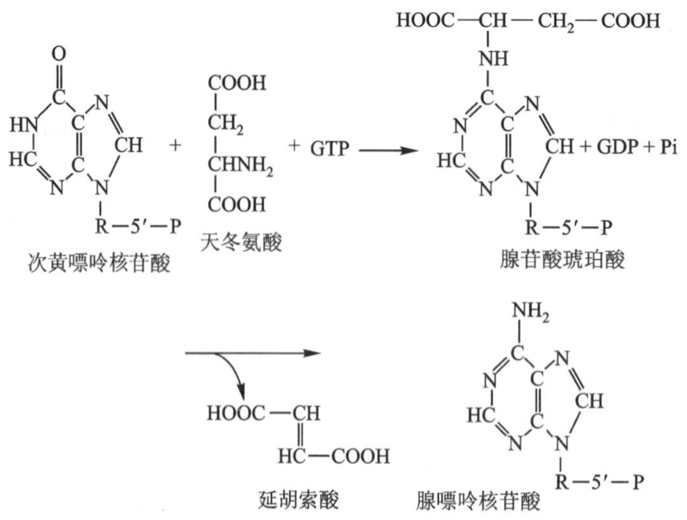

次黄嘌呤核苷酸 + 天冬氨酸 + GTP → 腺苷酸琥珀酸 + GDP + Pi

→ 延胡索酸 + 腺嘌呤核苷酸

此过程与次黄嘌呤核苷酸生物合成的反应(27-7)和(27-8)十分类似,所不同的是在反应(27-7)中由 ATP 供给能量,在此则由 GTP 供给能量。腺苷酸的合成需由 GTP 供给能量,使腺苷酸与鸟苷酸的水平得以协调,鸟苷酸水平低时腺苷酸的合成受阻,只有当鸟苷酸水平高时才能大量合成腺苷酸。

3. 鸟嘌呤核苷酸的合成

次黄嘌呤核苷酸经氧化生成黄嘌呤核苷酸。反应由**次黄嘌呤核苷酸脱氢酶**(inosine-5'-phosphate dehydrogenase)所催化,并需要 NAD^+ 作为辅酶和钾离子激活。黄嘌呤核苷酸再经氨基化即生成鸟嘌呤核苷酸。细菌直接以氨作为氨基供体;动物细胞则以谷氨酰胺的酰胺基作为氨基供体。氨基化时需要 ATP 供给能量。促使黄嘌呤核苷酸氨基化生成鸟嘌呤核苷酸的酶称为**鸟嘌呤核苷酸合成酶**(guanylate synthetase)。鸟苷酸的合成需要 ATP 提供能量,正如腺苷酸合成需要 GTP 提供能量一样,起着协调两种核苷酸水平的作用。值得注意的是,在此 ATP 以 AMP 而不是磷酸基活化黄嘌呤的羟基,使其氨基化,焦磷酸随后分解,通过消耗两个高能磷酸键来推动反应的完成。

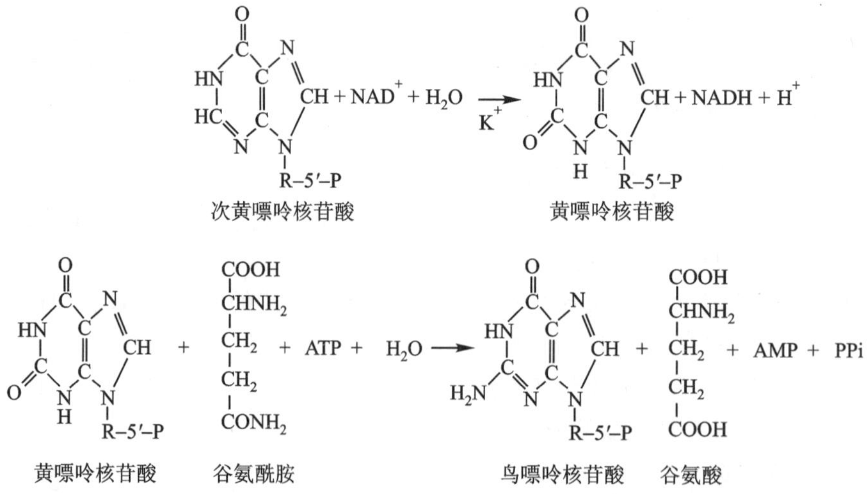

次黄嘌呤核苷酸 + NAD^+ + H_2O → (K⁺) 黄嘌呤核苷酸 + NADH + H^+

黄嘌呤核苷酸 + 谷氨酰胺 + ATP + H_2O → 鸟嘌呤核苷酸 + 谷氨酸 + AMP + PPi

4. 由嘌呤碱和核苷合成核苷酸

生物体内除能以简单前体物质"从头合成"(de novo synthesis)核苷酸外,尚能由已有的碱基和核苷合成核苷酸,这是对核苷酸代谢的一种"回收"途径或称"补救"(salvage)途径,以便更经济地利用已有的成分。

前已提到,核苷磷酸化酶所催化的转核糖基反应是可逆的。在特异的核苷磷酸化酶作用下,各种碱基可与 1-磷酸核糖反应生成核苷:

$$\text{碱基} + \text{1-磷酸核糖} \xrightleftharpoons[]{\text{核苷磷酸化酶}} \text{核苷} + \text{Pi}$$

由此所产生的核苷在适当的磷酸激酶(phosphokinase)作用下,由 ATP 供给磷酸基,即形成核苷酸:

$$\text{核苷} + \text{ATP} \xrightleftharpoons[]{\text{核苷激酶}} \text{核苷酸} + \text{ADP}$$

但在生物体内,除**腺苷激酶**(adenosine kinase)外,缺乏其他嘌呤核苷的激酶。显然,在嘌呤类物质的再利用过程中,核苷激酶途径即使不能完全排除,也是不重要的。

另一更为重要的途径是,嘌呤碱与 5-磷酸核糖焦磷酸在**磷酸核糖转移酶**(phosphoribosyl transferase, PRT),或称为**核苷酸焦磷酸化酶**(nucleotide pyrophosphorylase)的作用下形成嘌呤核苷酸。已经分离出两种具有不同特异性的酶:腺嘌呤磷酸核糖转移酶(APRT)催化形成腺嘌呤核苷酸;次黄嘌呤-鸟嘌呤磷酸核糖转移酶(HGPRT)催化形成次黄嘌呤核苷酸和鸟嘌呤核苷酸。嘌呤核苷则可先分解成嘌呤碱,再与 5-磷酸核糖焦磷酸反应,而形成核苷酸。

$$\text{腺嘌呤} + \text{5-磷酸核糖焦磷酸} \xrightleftharpoons[]{\text{磷酸核糖转移酶}} \text{腺嘌呤核苷酸} + \text{PPi}$$

$$\underset{\text{(或鸟嘌呤)}}{\text{次黄嘌呤}} + \text{5-磷酸核糖焦磷酸} \xrightleftharpoons[]{\text{磷酸核糖转移酶}} \underset{\text{(鸟嘌呤核苷酸)}}{\text{次黄嘌呤核苷酸}} + \text{PPi}$$

Lesch-Nyhan 综合征是一种与 X 染色体连锁的遗传代谢病,患者先天性缺乏次黄嘌呤-鸟嘌呤磷酸核糖转移酶。这种缺陷是伴性的隐性遗传性状,主要见于男性儿童,发病多在 2 岁左右。由于鸟嘌呤和次黄嘌呤回收途径的障碍,导致过量产生尿酸。嘌呤核苷酸的从头合成和回收途径之间通常存在协调和平衡。5-磷酸核糖焦磷酸是回收途径的主要底物,失去 HGPRT 活性导致 5-磷酸核糖焦磷酸大量积累,引起嘌呤核苷酸合成的增加。结果大量积累尿酸,并造成肾结石和痛风。这些症状可通过别嘌呤醇对黄嘌呤氧化酶的抑制而得到缓解。Lesch-Nyhan 综合征更严重的后果是招致神经系统损伤,例如痉挛、智力发育迟缓、高度攻击性与破坏性的行为以及自残肢体。别嘌呤醇可以缓解尿酸积累和痛风,但对神经疾病症状无效。这表明,回收途径障碍在发育过程中造成了神经系统不可逆的损伤。

5. 嘌呤核苷酸生物合成的调节

嘌呤核苷酸的从头合成受其两个终产物腺苷酸和鸟苷酸的反馈控制。主要控制点有三个。第一个控制点在合成途径的第一步反应,即氨基被转移到 5-磷酸核糖焦磷酸上以形成 5-磷酸核糖胺。催化该反应的酶是一种变构酶,它可被终产物 IMP、AMP 和 GMP 所抑制。因此,无论是 IMP、AMP 或是 GMP 的过量积累均会导致由 PRPP 开始的合成途径第一步反应的抑制。5-磷酸核糖焦磷酸是合成反应的最初底物,它的合成也受产物的反馈抑制。5-磷酸核糖焦磷酸是由 5-磷酸核糖和 ATP 在磷酸核糖焦磷酸激酶作用下合成的。它受 IMP、ADP 和 GDP 核苷酸的抑制。另两个控制点分别位于次黄苷酸后分支途径的第一步反应,这就使得 GMP 过量的变构效应仅抑制其自身的形成,而不影响 AMP 的形成。反之,AMP 的积累抑制其自身的形成,而不影响 GMP 的生物合成。大肠杆菌中嘌呤核苷酸生物合成的反馈控制机制如图 27-5 所示。不同生物的调节方式略有不同。

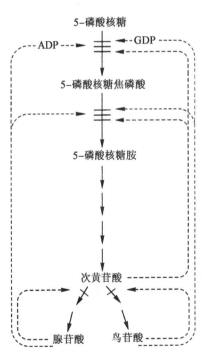

图 27-5　嘌呤核苷酸生物合成的反馈控制机制

（二）嘧啶核糖核苷酸的合成

嘧啶核苷酸的嘧啶环是由氨甲酰磷酸和天冬氨酸合成的（图 27-6）。

与嘌呤核苷酸不同，在合成嘧啶核苷酸时首先形成嘧啶环，再与磷酸核糖结合成为乳清苷酸（orotidine-5′-phosphate），然后生成尿嘧啶核苷酸。其他嘧啶核苷酸则由尿嘧啶核苷酸转变而成。

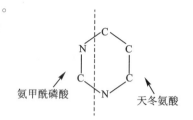

图 27-6　嘧啶环的来源

1. 尿嘧啶核苷酸的合成

首先，由**氨甲酰磷酸**（carbamyl phosphate）与天冬氨酸合成**氨甲酰天冬氨酸**（carbamyl aspartate），闭环并被氧化生成**乳清酸**（orotic acid）。乳清酸与 5-磷酸核糖焦磷酸作用生成乳清苷酸，脱羧后就成为尿嘧啶核苷酸。

真核生物有两类**氨甲酰磷酸合成酶**（carbamyl phosphate synthetase）。酶 I 存在于线粒体，参与尿素合成；酶 II 存在于细胞质，参与嘧啶环的合成。用于形成嘧啶环的氨甲酰磷酸需由谷氨酰胺作为氨基的供体，与 HCO_3^- 和 ATP 反应，每合成 1 分子氨甲酰磷酸消耗 2 分子 ATP。细菌则只有一类氨甲酰磷酸合成酶。合成反应如下：

$$\text{谷氨酰胺} + 2\text{ATP} + \text{HCO}_3^- + \text{H}_2\text{O} \xrightarrow{\text{氨甲酰磷酸合成酶}} \text{氨甲酰磷酸} + 2\text{ADP} + \text{Pi} + \text{谷氨酸} \qquad (27\text{-}11)$$

氨甲酰磷酸在**天冬氨酸转氨甲酰酶**（aspartate carbamyl transferase）的作用下，将氨甲酰部分转移至天冬氨酸的 α-氨基上，形成氨甲酰天冬氨酸。

$$\text{氨甲酰磷酸} + \text{天冬氨酸} \xrightleftharpoons{\text{转氨甲酰酶}} \text{氨甲酰天冬氨酸} + \text{Pi} \qquad (27\text{-}12)$$

氨甲酰天冬氨酸通过可逆的环化脱水作用转变成二氢乳清酸（dihydroorotic acid）。催化这一步骤的酶为**二氢乳清酸酶**（dihydroorotase）。

$$\text{氨甲酰天冬氨酸} \xrightleftharpoons{\text{二氢乳清酸酶}} \text{二氢乳清酸} + \text{H}_2\text{O} \qquad (27\text{-}13)$$

二氢乳清酸随后在**二氢乳清酸脱氢酶**（dihydroorotate dehydrogenase）催化下被氧化成乳清酸。该酶是一含铁的黄素酶。在以氧作为电子受体时生成过氧化氢，烟酰胺腺嘌呤二核苷酸可代替氧被还原。

$$\text{二氢乳清酸} + \text{NAD}^+ \xrightleftharpoons[\text{Fe,FMN}]{\text{二氢乳清酸脱氢酶}} \text{乳清酸} + \text{NADH} + \text{H}^+ \qquad (27\text{-}14)$$

乳清酸是合成尿嘧啶核苷酸的重要中间产物，至此已形成嘧啶环，而后再和 5-磷酸核糖相连接。催化乳清酸与 5-磷酸核糖焦磷酸作用生成乳清苷酸的酶，称为**乳清酸磷酸核糖转移酶**（orotate phosphoribosyl transferase）。反应是可逆的。镁离子可活化此反应。

$$\text{乳清酸} + 5\text{-磷酸核糖焦磷酸} \xrightleftharpoons[\text{Mg}^{2+}]{\text{磷酸核糖转移酶}} \text{乳清苷酸} + \text{PPi} \qquad (27\text{-}15)$$

乳清苷酸在**乳清苷酸脱羧酶**（orotidylic acid decarboxylase）作用下脱去羧基，即生成尿嘧啶核苷酸。

$$\text{乳清苷酸} \xrightarrow{\text{脱羧酶}} \text{尿嘧啶核苷酸} + \text{CO}_2 \qquad (27\text{-}16)$$

尿嘧啶核苷酸的酶促合成过程总结如图 27-7。

与次黄嘌呤核苷酸的生物合成相似，在动物中尿嘧啶核苷酸合成途径前三个酶（氨甲酰磷酸合成酶 II、天冬氨酸转氨甲酰酶和二氢乳清酸酶）组成一个多功能酶，缩写为 CAD。它由三个相同的多肽链亚基（各自 M_r 为 230 000）组成，每一亚基都包含全部三个反应的活性中心。最后两步反应的酶也融合成一条多肽链，简称为 UMP 合成酶。当这个酶有缺陷时，即患乳清酸尿症。患者需在饮食中提供尿苷或胞苷，或抑制氨甲酰磷酸合成酶 II，以减少乳清酸的合成。

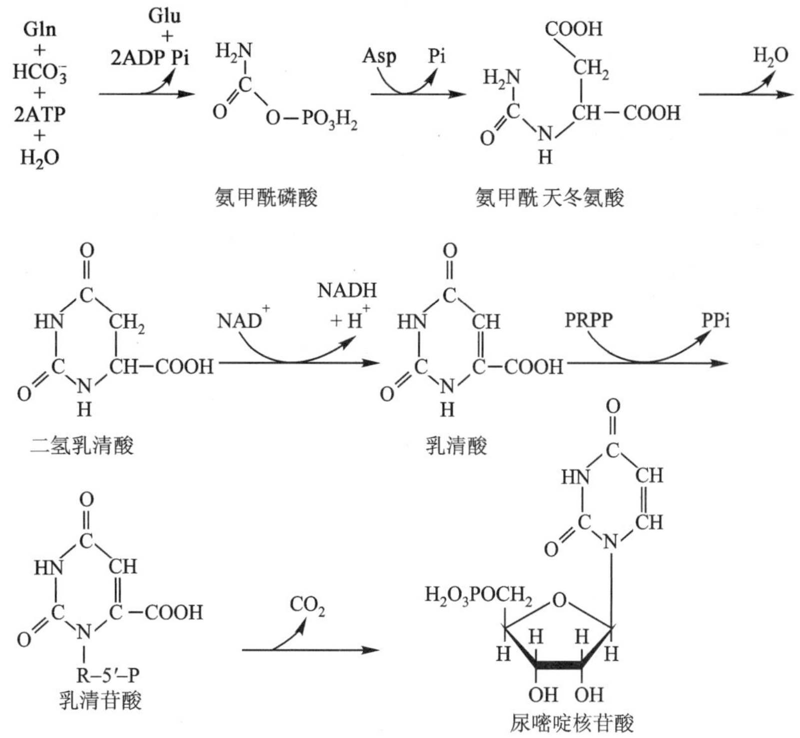

图 27-7　尿嘧啶核苷酸的合成途径

2. 胞嘧啶核苷酸的合成

由尿嘧啶核苷酸转变为胞嘧啶核苷酸是在尿嘧啶核苷三磷酸的水平上进行的。尿嘧啶核苷三磷酸可以由尿嘧啶核苷酸在相应的激酶作用下经 ATP 转移磷酸基而生成。催化尿嘧啶核苷酸转变为尿嘧啶核苷二磷酸的酶为特异的尿嘧啶核苷酸激酶(uridine-5′-phosphate kinase)。催化尿嘧啶核苷二磷酸转变为尿嘧啶核苷三磷酸的酶为特异性较广的核苷二磷酸激酶(nucleoside diphosphokinase)。

$$UMP + ATP \underset{Mg^{2+}}{\overset{尿嘧啶核苷酸激酶}{\rightleftharpoons}} UDP + ADP$$

$$UDP + ATP \underset{Mg^{2+}}{\overset{核苷二磷酸激酶}{\rightleftharpoons}} UTP + ADP$$

尿嘧啶、尿嘧啶核苷和尿嘧啶核苷酸都不能氨基化变成相应的胞嘧啶化合物,只有尿嘧啶核苷三磷酸才能氨基化生成胞嘧啶核苷三磷酸。在细菌中尿嘧啶核苷三磷酸可以直接与氨作用;动物组织则需要由谷氨酰胺供给氨基。反应要由 ATP 供给能量。催化此反应的酶为 CTP 合成酶(CTP synthetase)。反应式如下:

$$UTP + 谷氨酰胺 + ATP + H_2O \xrightarrow{CTP\,合成酶} CTP + 谷氨酸 + ADP + Pi$$

3. 由嘧啶碱和核苷合成核苷酸

生物体对外源的或核苷酸代谢产生的嘧啶碱和核苷可以重新利用。在嘌呤核苷酸的(回收或补救)途径中,主要是通过磷酸核糖转移酶反应,直接由碱基形成核苷酸;然而**嘧啶核苷激酶**(pyrimidine nucleoside kinase)在嘧啶的回收(补救)途径中却起着重要作用。例如,尿嘧啶转变为尿嘧啶核苷酸可以通过两种方式进行:① 尿嘧啶与 5-磷酸核糖焦磷酸反应;② 尿嘧啶与 1-磷酸核糖反应产生尿嘧啶核苷,后者在尿苷激酶作用下被磷酸化而形成尿嘧啶核苷酸。反应式如下:

$$尿嘧啶 + 5-磷酸核糖焦磷酸 \underset{}{\overset{UMP\,磷酸核糖转移酶}{\rightleftharpoons}} 尿嘧啶核苷酸 + PPi$$

$$尿嘧啶 + 1-磷酸核糖 \underset{}{\overset{尿苷磷酸化酶}{\rightleftharpoons}} 尿嘧啶核苷 + Pi$$

$$\text{尿嘧啶核苷 + ATP} \xrightleftharpoons[\text{Mg}^{2+}]{\text{尿苷激酶}} \text{尿嘧啶核苷酸 + ADP}$$

胞嘧啶不能直接与 5-磷酸核糖焦磷酸反应,而是通过激酶途径生成胞嘧啶核苷酸。尿苷激酶也能催化胞苷被 ATP 磷酸化而形成胞嘧啶核苷酸。

$$\text{胞嘧啶核苷 + ATP} \xrightleftharpoons[\text{Mg}^{2+}]{\text{尿苷激酶}} \text{胞嘧啶核苷酸 + ADP}$$

4. 嘧啶核苷酸生物合成的调节

细菌的嘧啶核苷酸合成主要通过对天冬氨酸转氨甲酰酶(ATCase)活性的控制来进行的。该酶是一个调节酶,由六个催化亚基和六个调节亚基所组成。大肠杆菌对 ATCase 调节的效应物是终产物 CTP(图 27-8),当全部调节亚基都未与 CTP 结合时酶活性最高。CTP 积累并结合于调节亚基,通过变构效应使催化亚基由活性构象转变为无活性构象。ATP 能够阻止 CTP 诱导酶构象的变化。但在另一些细菌中,变构效应物则是 UTP。

在动物中,ATCase 不是调节酶,嘧啶核苷酸生物合成的控制点是氨甲酰磷酸合成酶Ⅱ(CPSⅡ),它受 UDP 和 UTP 的反馈抑制。由此可见,嘧啶核苷酸生物合成受产物的反馈控制,但生物不同具体机制不尽相同。

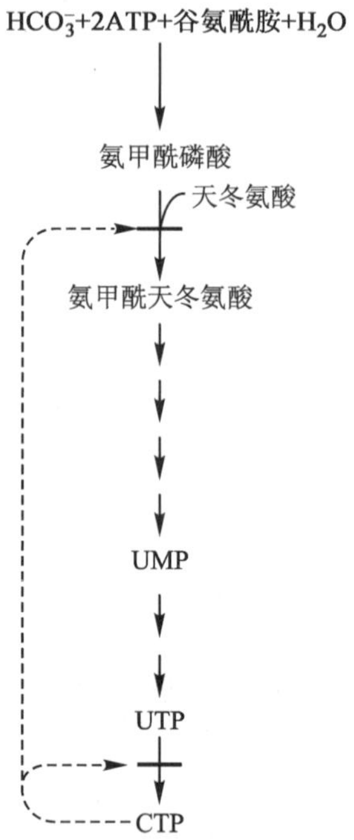

(三) 核苷一磷酸转变为核苷三磷酸

许多核苷酸参与的反应常是以核苷三磷酸的形式进行的,细胞内核苷一磷酸可以转变为核苷三磷酸。催化 AMP 磷酸化为 ADP 的酶称为腺苷酸激酶:

$$\text{ATP + AMP} \rightleftharpoons \text{2ADP}$$

由此形成的 ADP 经过酵解或者氧化磷酸化(或光合磷酸化)而转变成 ATP。

图 27-8　大肠杆菌嘧啶核苷酸生物合成的调节

四种核苷(或脱氧核苷)一磷酸可以分别在对碱基特异而对糖不特异的**核苷一磷酸激酶**(nucleoside monophosphate kinase)作用下,由 ATP 供给磷酸基,而转变成核苷(或脱氧核苷)二磷酸。从动物和细菌中已分别提取出 AMP 激酶、GMP 激酶、UMP 激酶、CMP 激酶和 dTMP 激酶,可以催化这类反应。反应如下:

$$\text{ATP + NMP} \rightleftharpoons \text{ADP + NDP}$$

核苷二磷酸与核苷三磷酸可在**核苷二磷酸激酶**(nucleoside diphosphokinase)作用下相互转变。核苷二磷酸激酶的特异性很低,如以 X 和 Y 代表几种核糖核苷和脱氧核糖核苷,它可催化下列反应:

$$\text{XDP + YTP} \rightleftharpoons \text{XTP + YDP}$$

(四) 脱氧核糖核苷酸的合成

脱氧核糖核苷酸是脱氧核糖核酸合成的前体。此外,某些脱氧核糖核苷酸衍生物在代谢中还起着重要作用。如 dTDP-鼠李糖可由 dTDP-葡萄糖还原而成;dTDP-葡萄糖还可转化成 dTDP-半乳糖。

生物体内脱氧核糖核苷酸可以由核糖核苷酸还原形成。腺嘌呤、鸟嘌呤和胞嘧啶核糖核苷酸经还原,将其中核糖第二位碳原子上的氧脱去,即成为相应的脱氧核糖核苷酸。胸腺嘧啶脱氧核糖核苷酸的形成则需要经过两个步骤,首先由尿嘧啶核糖核苷酸还原形成尿嘧啶脱氧核糖核苷酸,然后尿嘧啶再经甲基化转变成胸腺嘧啶。

1. 核糖核苷酸的还原

在生物体内,腺嘌呤、鸟嘌呤、胞嘧啶和尿嘧啶四种核糖核苷酸均可被还原成相应的脱氧核糖核苷酸。

由细菌和动物组织中已分别提取出催化此还原反应的酶体系。核糖核苷酸还原酶由催化亚基 R1 和自由基产生亚基 R2 所组成，它们分开时没有酶的活性，只有合在一起并有镁离子存在时才形成有催化活性的酶。R1 亚基含有两条相同的多肽链（α_2），每条多肽链上有两个变构调节位点和一对参与还原反应的硫氢基。R2 亚基也含有两条相同的多肽链（β_2），每条多肽链上有一个酪氨酰自由基和一个铁中心。铁中心含有两个铁（Fe^{3+}）离子，由氧（O^{2-}）离子桥连在一起，其功能是产生和稳定酪氨酰自由基。R1 与 R2 亚基的交界处形成催化反应的活性位点。酪氨酰自由基经芳香族氨基酸使活性位点上产生另一自由基，激活底物 NDP，从而发动单电子转移反应，导致 R1 亚基上一对巯基（—SH）被氧化，同时核糖核苷酸上 $2'$-羟基被氢取代生成脱氧核糖核苷酸和水。通常核糖核苷酸是在核糖二磷酸的水平被还原的，4 种 NDP（即 ADP、GDP、UDP 和 CDP）是还原反应的底物。ATP、dATP、dGTP、dTTP 是还原酶的变构效应物。大肠杆菌核糖核苷酸还原酶的结构如图 27-9 所示。

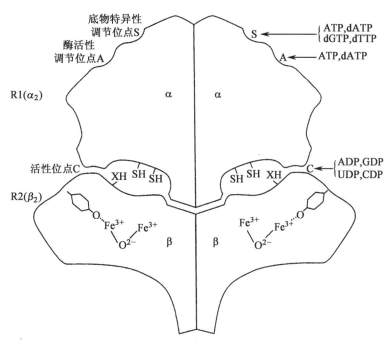

图 27-9　大肠杆菌核糖核苷酸还原酶

　　目前已发现的核糖核苷酸还原酶可分为四种类型，它们的区别是在于提供活性位点自由基的基团和用于产生它的辅助因子不同。以上所述的酶属于类型 I，其代表为大肠杆菌的酶，在酪氨酸自由基被淬灭后要求氧进行再生，因此必须在有氧环境下才具有功能。类型 II 的酶发现于其他微生物，它含有 **5′-脱氧腺苷钴胺素**（5′-deoxyadenosylcobalamin），而不是双核铁中心（binuclear iron center）。类型 III 核糖核苷酸还原酶适应于厌氧环境下反应，大肠杆菌除类型 I 的酶外，还含有类型 III 的酶。该酶含有**铁硫簇**（iron-sulfur cluster），其结构有别于类型 I 的双核铁中心，并且活化要求 NADPH 和 S-腺苷甲硫氨酸。它以核苷三磷酸作为底物，而不是通常的核苷二磷酸。类型 IV 核糖核苷酸还原酶含有**双核锰中心**（binuclear manganese center），它存在于某些微生物中。生物在进化过程中产生不同种类核糖核苷酸还原酶，使得不同环境下均能合成 DNA 的前体，它们基本过程和机制又完全相同，反映了该反应在核苷酸代谢中的重要性。

　　核糖核苷酸还原酶催化反应的自由基机制最初是由 J. Stubbe 于 1990 年提出来的。研究主要以大肠杆菌的酶为对象进行，但后来在其他来源的酶中也证实存在同样的自由基反应。大致过程为：反应开始时大肠杆菌还原酶 R2 亚基上 Cys[439] 的 H 原子被 Tyr[122] 自由基的孤电子所置换，Cys 生成高活性的硫自由基。它吸引底物 NDP 上 C_3-H，因而产生 3′-碳自由基。该自由基促使 C_2'-OH 从 R1 亚基上的一个 Cys 获得 H^+ 并脱 H_2O，产生 C_2' 阳离子。然后从另一个 Cys 上获得氢负离子，C_2' 位被还原，同时 R1 亚基的 Cys[225] 和 Cys[462] 被氧化形成二硫键。C_3' 自由基再次从 Cys[439] 捕获氢原子，生成的 dNDP 离开酶。酶的二硫键由还原型硫氧还蛋白（或谷氧还蛋白）所还原。自由基反应机制见图 27-10。需要指出的是，该图已简

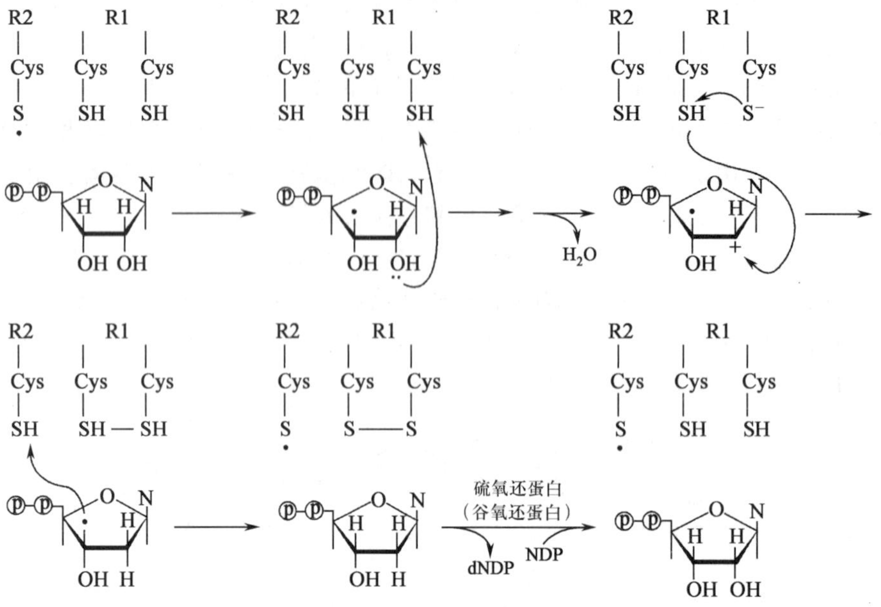

图 27-10 核糖核苷酸还原的自由基机制

① 大肠杆菌核糖核苷酸还原酶 R2 亚基 Cys^{439} 在 Tyr^{122} 自由基作用下形成硫自由基,从而导致底物 NDP 上 $C_{3'}$-H 被除去,并产生 $C_{3'}$ 自由基。② $C_{3'}$ 自由基有助于 $C_{2'}$ 自 R1 亚基 Cys 处获取 H^+,脱去 H_2O,形成 $C_{2'}$ 阳离子。③ $C_{2'}$ 再获两个单电子和 H^+,从而被还原,R1 亚基的 Cys^{225} 和 Cys^{462} 上 2 个 SH 被氧化成二硫键。④ $C_{3'}$ 自由基使 Cys^{439} 再次生成硫自由基,NDP 还原成 dNDP。⑤ 生成的产物 dNDP 离开酶,新的底物 NDP 进入酶活性中心,R1 亚基的二硫键被还原型硫氧还蛋白(或谷氧还蛋白)还原成两个巯基

化了整个反应过程,只表明了酶与底物自由基的转化。

核糖核苷酸被酶还原成脱氧核糖核苷酸需要提供两个氢原子,酶失去两个氢原子后需要氢供体使其恢复,氢的最终给体是 NADPH,其间经氢携带蛋白(hydrogen carrying protein)再转移给还原酶,再传递到四种底物核苷酸上。**硫氧还蛋白**(thioredoxin)是一种广泛参与氧化还原反应的小分子蛋白质,它含有一对巯基,给出两个氢后即成为氧化型或二硫化物型,在硫氧还蛋白还原酶催化下被 NADPH 所还原。硫氧还蛋白还原酶是一种含 FAD 的黄素酶。另一种氢携带蛋白**谷氧还蛋白**(glutaredoxin),也能起同样传递氢的作用。谷氧还蛋白还原酶结合两分子的谷胱甘肽(GSH,氧化型为 GSSG),可以还原谷氧还蛋白。谷胱甘肽还原酶也是一种黄素酶,它从 NADPH 获得氢,并还原谷胱甘肽。它们传递的关系如图 27-11 所示。

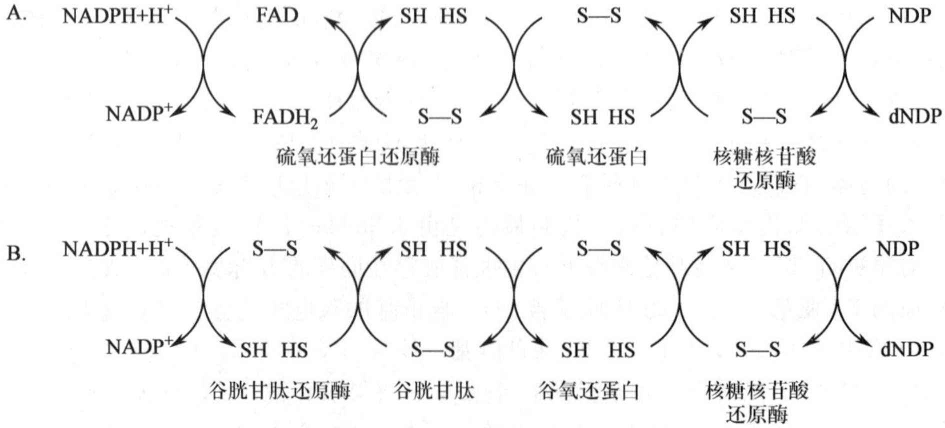

图 27-11 核糖核苷酸还原为脱氧核糖核苷酸的氢和电子传递过程

由于核糖核苷酸还原反应极为重要,核糖核苷酸还原酶受到两方面的精确调节:一是核糖核苷酸和脱氧核苷酸供求关系的调节;二是四种脱氧核苷二磷酸之间维持平衡。核糖核苷酸还原酶 R1 有两个酶活性调节位点和两个底物特异性调节位点。前一位点可根据细胞内核糖核苷酸和脱氧核糖核苷酸水平打开或关闭酶的整个活性;后一位点是用于选择底物,使四种核苷酸获得协调。DNA 合成的前体是 dATP、dGTP、dTTP 和 dCTP 四种 dNTP,dATP 的浓度可以作为反映四种 dNTP 水平的指标。ATP 的浓度则反映了核糖核苷酸和供能的水平。当 ATP 结合于酶活性调节位点时,酶被激活,dATP 结合时酶被抑制。换言之,前者是酶活性的正效应物,后者是负效应物,它们竞争同一位点。效应物与酶结合,改变酶的结构,从而影响酶的活性。dATP 过量存在,与核糖核苷酸还原酶结合,促使有活性的 $\alpha_2\beta_2$ 聚合成无活性的环状 $\alpha_4\beta_4$。$\alpha_4\beta_4$ 的结构如图 27-12 所示。

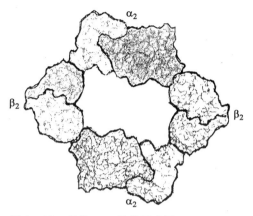

图 27-12　环状 $\alpha_4\beta_4$ 结构示意图

底物特异性调节位点可被 ATP、dATP、dGTP 和 dTTP 结合,酶的底物特异性决定于上述四种核苷酸何者结合在调节位点上。如果 ATP 或 dATP 结合在调节位点上,还原酶优先结合嘧啶核苷酸底物(UDP 或 CDP),并使其还原为 dUDP 和 dCDP。dTTP 结合,促进 GDP 还原,但抑制 UDP 和 CDP 还原。dGTP 结合,促进 ADP 还原,但抑制 UDP、CDP 和 GDP 还原。这种错综复杂的关系使得四种脱氧核糖核苷酸得以达到平衡。

2. 胸腺嘧啶核苷酸的合成

胸腺嘧啶核苷酸(dTMP)是脱氧核糖核酸的组成部分,它是由尿嘧啶脱氧核糖核苷酸(dUMP)经甲基化而生成。催化尿嘧啶脱氧核糖核苷酸甲基化的酶称为**胸腺嘧啶核苷酸合酶**(thymidylate synthase)。甲基的供体是 N^5,N^{10}-亚甲基四氢叶酸(N^5,N^{10}-methylenetetrahydrofolate)。N^5,N^{10}-亚甲基四氢叶酸给出亚甲基并使其还原成甲基,自身即变成二氢叶酸。二氢叶酸再经二氢叶酸还原酶催化,由还原型烟酰胺腺嘌呤二核苷酸磷酸供给氢,而被还原成四氢叶酸。如果有亚甲基的供体,例如丝氨酸存在时,四氢叶酸可获得亚甲基而转变成 N^5,N^{10}-亚甲基四氢叶酸。其反应过程如下:

尿嘧啶脱氧核糖核苷酸(dUMP) $\xrightarrow[\text{胸腺嘧啶核苷酸合酶}]{N^5,N^{10}\text{-亚甲基四氢叶酸} \rightarrow \text{二氢叶酸}}$ 胸腺嘧啶核苷酸(dTMP)

$$7,8\text{-二氢叶酸} + NADPH + H^+ \xrightleftharpoons{\text{二氢叶酸还原酶}} 5,6,7,8\text{-四氢叶酸} + NADP^+$$

$$\text{丝氨酸} + \text{四氢叶酸} \xrightleftharpoons{\text{丝氨酸羟甲基转移酶}} \text{甘氨酸} + N^5,N^{10}\text{-亚甲基四氢叶酸} + H_2O$$

叶酸的衍生物四氢叶酸是一碳单位的载体,它在嘌呤和嘧啶核苷酸的生物合成中起着重要的作用。某些叶酸的结构类似物,如**氨基蝶呤**(aminopterin)、**氨甲蝶呤**(methotrexate)等,能与二氢叶酸还原酶牢固结合,结果阻止了四氢叶酸的生成,从而抑制了它参与的各种一碳单位转移反应。氨甲蝶呤等的主要作用点是胸腺嘧啶核苷酸合成中的一碳单位转移反应。它们的结构式如下:

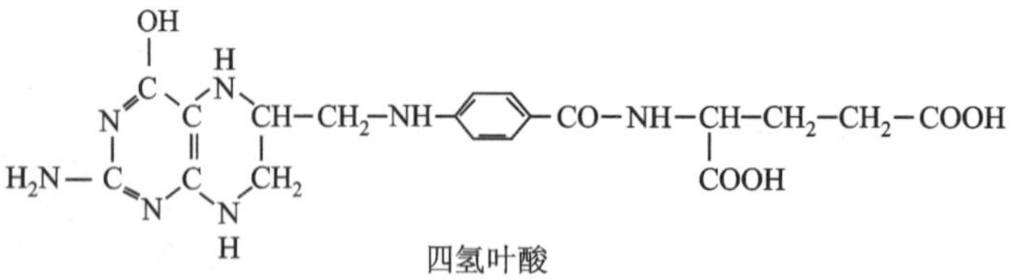

$$OH$$

四氢叶酸

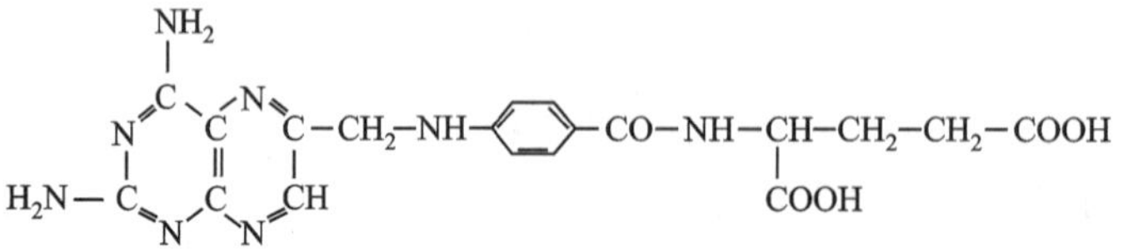

$$NH_2$$

氨基蝶呤

$$NH_2 \quad CH_3$$

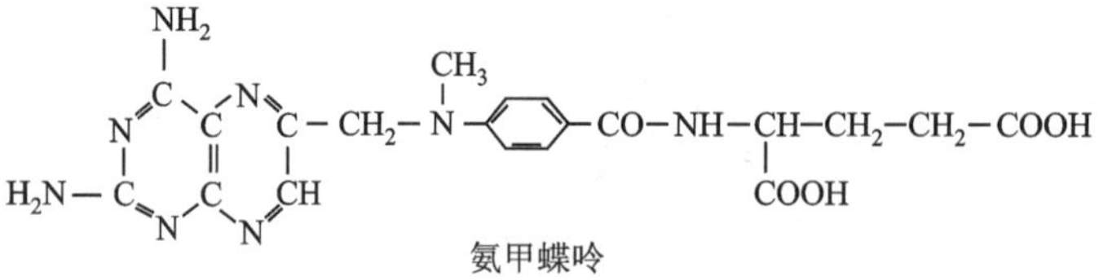

氨甲蝶呤

氨甲蝶呤是一类重要的抗肿瘤药物,它对急性白血病、绒毛膜上皮癌等有一定疗效。这类药物能够抑制肿瘤细胞核酸的合成,但对正常细胞亦有影响,故毒性较大,限制了在临床上的运用。但作为二氢叶酸还原酶特异抑制剂,在实验室可用于配制选择培养基,筛选抗性基因或鉴定胸腺嘧啶核苷激酶基因,十分有用。

5-氟尿嘧啶在临床上是有用的抗肿瘤药物。它在体内能转化为**氟脱氧尿苷酸**(fluorodeoxyuridylate,FdUMP),作为 dUMP 的类似物,与胸苷酸合酶发生不可逆的结合,成为自杀性抑制物。胸苷酸合酶和二氢叶酸还原酶常被选作设计抗肿瘤药物的靶位点。

至于合成胸腺嘧啶核苷酸时所需要的底物尿嘧啶脱氧核苷酸,可以由尿嘧啶核苷二磷酸还原成尿嘧啶脱氧核苷二磷酸,经磷酸化成为尿嘧啶脱氧核苷三磷酸,再经**尿嘧啶脱氧核苷三磷酸酶**(dUTPase)转变成尿嘧啶脱氧核苷一磷酸。另一条途径是由胞嘧啶脱氧核苷三磷酸脱氨,经尿嘧啶脱氧核苷三磷酸再转变成尿嘧啶脱氧核苷酸。何者为主在不同生物体内可能不一样。**胸苷酸**(thymidylate)的合成途径如下:

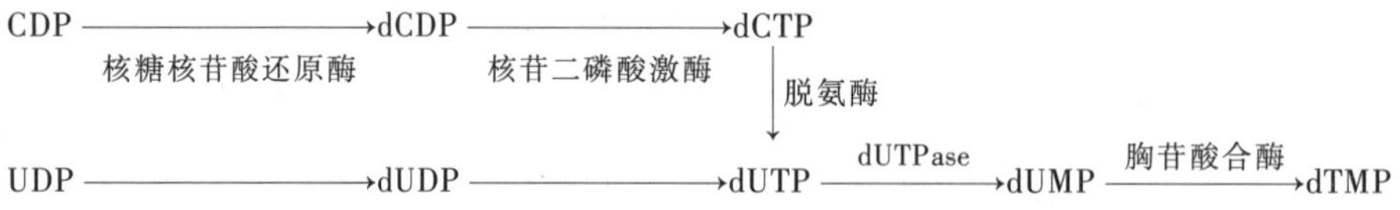

CDP ——————→ dCDP ——————→ dCTP
　　核糖核苷酸还原酶　　核苷二磷酸激酶　　│脱氨酶
　　　　　　　　　　　　　　　　　　　　　↓
UDP ——————→ dUDP ——————→ dUTP —dUTPase→ dUMP —胸苷酸合酶→ dTMP

为防止尿苷酸掺入 DNA,细胞内尿嘧啶脱氧核苷三磷酸一生成即被 dUTPase 转变成尿嘧啶脱氧核苷一磷酸,保持尿嘧啶脱氧核苷三磷酸在一个很低的水平。dUTPase 是一种焦磷酸酶,它从 dUTP 上水解 PPi。

3. 由碱基和脱氧核苷合成脱氧核苷酸

脱氧核糖核苷酸也能利用已有的碱基和核苷进行合成。但体内不存在相应于磷酸核糖转移酶的磷酸脱氧核糖转移酶途径;四种脱氧核糖核苷可以分别在特异的脱氧核糖核苷激酶和 ATP 作用下,被磷酸化而形成相应的脱氧核糖核苷酸。脱氧核糖核苷则由碱基和脱氧核糖-1-磷酸,在嘌呤或嘧啶核苷磷酸化酶的催化下形成。微生物体内存在的**核苷脱氧核糖基转移酶**(nucleoside deoxyribosyl transferase),还可以使碱基与脱氧核糖核苷之间互相转变。例如,胸腺嘧啶与脱氧腺苷可转变成脱氧胸苷与腺嘌呤,反应式如下:

$$胸腺嘧啶 + 脱氧腺苷 \underset{}{\overset{脱氧核糖基转移酶}{\rightleftharpoons}} 脱氧胸苷 + 腺嘌呤$$

根据以上所述,可将核苷酸的合成总结如图 27-13 所示。

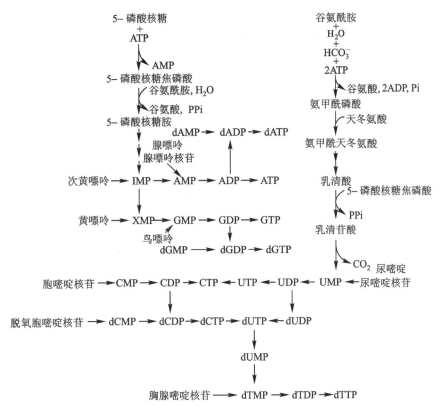

图 27-13 　核苷酸的生物合成

三、辅酶核苷酸的生物合成

生物体内尚有多种核苷酸衍生物作为辅酶而起作用。其中重要的有:烟酰胺腺嘌呤二核苷酸、烟酰胺腺嘌呤二核苷酸磷酸、黄素单核苷酸、黄素腺嘌呤二核苷酸及辅酶 A。这几种辅酶核苷酸可在体内自由存在。现将其生物合成途径分别叙述如下。

（一）烟酰胺核苷酸的合成

烟酰胺腺嘌呤二核苷酸（即辅酶 I 、NAD 或 DPN）和烟酰胺腺嘌呤二核苷酸磷酸（辅酶 II , NADP 或 TPN）是含有烟酰胺的两种腺嘌呤核苷酸的衍生物。它们为脱氢酶的辅酶，在生物氧化还原系统中起着氢传递体的作用。烟酰胺腺嘌呤二核苷酸由一分子烟酰胺核苷酸（NMN）和一分子腺嘌呤核苷酸连接而成。烟酰胺腺嘌呤二核苷酸磷酸则在腺苷酸核糖的 2′-羟基上多一个磷酸基。烟酰胺核苷酸的结构和作用见维生素和辅酶一章。

由烟酸合成烟酰胺腺嘌呤二核苷酸需要经过三步反应。烟酸先与 5-磷酸核糖焦磷酸反应产生烟酸单核苷酸;催化该反应的酶称为**烟酸单核苷酸焦磷酸化酶**（nicotinate mononucleotide pyrophosphorylase）。在 5-磷酸核糖焦磷酸中,焦磷酸部分为 α-构型,而在 NAD 中,核糖与烟酰胺之间的连接为 β-构型,因此认为可能在这一步发生构型的变化。第二步为烟酸单核苷酸与三磷酸腺苷在**脱酰胺-NAD 焦磷酸化酶**（deamido-NAD pyrophosphorylase）催化下进行缩合。最后,**烟酸腺嘌呤二核苷酸**（脱酰胺-NAD）酰胺化形成**烟酰胺腺嘌呤二核苷酸**。催化该反应的酶称为 **NAD 合成酶**（NAD synthetase）,并且需要谷氨酰胺作为酰胺氮的供体。

$$烟酸 + 5\text{-磷酸核糖焦磷酸} \xrightleftharpoons[]{\substack{烟酸单核苷酸\\焦磷酸化酶}} 烟酸单核苷酸 + PPi$$

$$烟酸单核苷酸 + ATP \xrightleftharpoons[]{\substack{脱酰胺\text{-}NAD\\焦磷酸化酶}} 脱酰胺\text{-}NAD + PPi$$

$$脱酰胺-NAD + 谷氨酰胺 + ATP \xrightleftharpoons[合成酶]{NAD} NAD + 谷氨酸 + AMP + PPi$$

烟酰胺腺嘌呤二核苷酸磷酸是由 NAD 经磷酸化转变而成。**NAD 激酶**（NAD-kinase）催化 NAD 与 ATP 反应生成 NADP。

$$NAD^+ + ATP \xrightarrow{NAD 激酶} NADP + ADP$$

（二）黄素核苷酸的合成

黄素核苷酸是核黄素的衍生物,通常又称为异咯嗪核苷酸,共有两种:黄素单核苷酸（异咯嗪单核苷酸,FMN）和黄素腺嘌呤二核苷酸（异咯嗪腺嘌呤二核苷酸,FAD）。它们是许多氧化还原酶的辅基;以其异咯嗪部分的氧化还原而参与传递氢和电子的作用。FMN 由 6,7-二甲基异咯嗪核醇和磷酸所组成。FAD 由一分子 FMN 和一分子腺苷酸联结而成。其结构式和作用参看维生素和辅酶一章。

动物、植物和微生物均能利用核黄素以合成黄素核苷酸。核黄素的来源见维生素和辅酶一章。核黄素在**黄素激酶**（flavokinase）的催化下与 ATP 反应生成 5'-磷酸核黄素,即异咯嗪单核苷酸。

$$核黄素 + ATP \xrightarrow[Mg^{2+}]{黄素激酶} FMN + ADP$$

FMN 又在 **FAD 焦磷酸化酶**（FAD pyrophosphorylase）的作用下与 ATP 反应而生成 FAD。反应是可逆的。在此反应中所释放的焦磷酸完全来自 ATP。

$$FMN + ATP \xrightleftharpoons{FAD 焦磷酸化酶} FAD + PPi$$

（三）辅酶 A 的合成

辅酶 A 分子中含有腺苷酸、泛酸、巯基乙胺和磷酸,它们连接的方式是 3-磷酸-ADP-泛酰-巯基乙胺。辅酶 A 是酰基转移酶的辅酶。关于辅酶 A 的结构和作用以及泛酸的来源等见维生素和辅酶一章。

从泛酸开始合成辅酶 A,其主要合成途径如下:

第一步,在**泛酸激酶**（pantothenate kinase）催化下泛酸与 ATP 反应形成 **4'-磷酸泛酸**（4'-phosphopantothenate）。该激酶已从动物、细菌和酵母中分别提取得到。

$$泛酸 + ATP \xrightarrow{激酶} 4'-磷酸泛酸 + ADP$$

下一步反应为:4'-磷酸泛酸与半胱氨酸缩合产生 **4'-磷酸泛酰半胱氨酸**（4'-phosphopantothenoylcysteine）。催化此反应的酶称为**磷酸泛酰半胱氨酸合成酶**（phosphopantothenylcysteine synthetase）。从细菌中提取得到的合成酶必须以 CTP 供给能量,但从动物系统中提得的合成酶可用其他核苷三磷酸来代替 CTP。

$$4'-磷酸泛酸 + 半胱氨酸 \xrightarrow[CTP 或 ATP]{合成酶} 4'-磷酸泛酰半胱氨酸$$

所生成的 4'-磷酸泛酰半胱氨酸在**磷酸泛酰半胱氨酸脱羧酶**（phosphopantothenoylcysteine decarboxylase）的催化下脱去羧基,转变成 **4'-磷酸泛酰巯基乙胺**（phosphopantetheine）。

$$4'-磷酸泛酰半胱氨酸 \xrightarrow{脱羧酶} 4'-磷酸泛酰巯基乙胺 + CO_2$$

4'-磷酸泛酰巯基乙胺可与 ATP 缩合形成脱磷酸辅酶 A（dephospho-CoA）,并释放出无机焦磷酸。这是辅酶 A 生物合成过程中唯一的可逆反应;催化该反应的酶为**脱磷酸辅酶 A 焦磷酸化酶**（dephospho-CoA pyrophosphorylase）。

$$4'-磷酸泛酰巯基乙胺 + ATP \xrightleftharpoons{焦磷酸化酶} 脱磷酸辅酶 A + PPi$$

最后,脱磷酸辅酶 A 在**脱磷酸辅酶 A 激酶**(dephospho-CoA kinase)催化下,被磷酸化而形成辅酶 A,磷酸基的供体必须是 ATP,并且在有半胱氨酸时酶活性最大。

$$\text{脱磷酸辅酶 A} + \text{ATP} \xrightarrow{\text{激酶}} \text{辅酶 A} + \text{ADP}$$

提　要

核苷酸是一类在代谢上极为重要的物质。核苷酸是核酸生物合成的前体。ATP 是生物通用的能量载体。核苷酸衍生物是许多生物合成反应的中间物。腺苷酸和腺苷是重要辅酶和辅助因子的组分。某些核苷酸还是调节细胞功能和基因表达的信号分子。

核酸在核酸酶的作用下水解产生寡聚核苷酸和单核苷酸。水解核酸链内磷酸二酯键的酶称为内切核酸酶,包括作用于 RNA 的核糖核酸酶和作用于 DNA 的脱氧核糖核酸酶。某些内切核酸酶具有较高的特异性。在细菌中存在一类能识别和水解外源 DNA 的内切核酸酶,称为限制性内切酶。从多核苷酸链的 5′端或 3′端逐个水解下单核苷酸的酶称为外切核酸酶。有的磷酸二酯酶特异性较低,既能作用于核糖核酸链,又能作用于脱氧核糖核酸链。

核苷酸在核苷酸酶作用下水解成核苷和磷酸。核苷又可被核苷酶分解成嘌呤碱和嘧啶碱以及糖。嘌呤碱和嘧啶碱还可进一步分解。腺嘌呤和鸟嘌呤经脱氨和氧化后生成尿酸。尿酸再分解成一系列产物(尿囊素、尿囊酸、尿素和乙醛酸等)。各类生物对尿酸的代谢能力不同。人体内尿酸过量积累引起痛风,可用次黄嘌呤类似物别嘌呤醇治疗。胞嘧啶脱氨后生成尿嘧啶。胸腺嘧啶和尿嘧啶可被还原后再分解。

无论动物、植物或微生物,通常都能由一些简单的前体物质合成嘌呤和嘧啶核苷酸。嘌呤核苷酸的合成不是先形成嘌呤环,再与核糖和磷酸结合成核苷酸,而是从 5-磷酸核糖焦磷酸开始,经过一系列酶促反应,生成次黄嘌呤核苷酸,然后再转变成腺嘌呤核苷酸和鸟嘌呤核苷酸。嘧啶核苷酸则相反,须先形成嘧啶环,再与磷酸核糖结合成为乳清苷酸,然后生成尿嘧啶核苷酸。其他嘧啶核苷酸是由尿嘧啶核苷酸转变而来的。尿嘧啶核苷三磷酸经氨基化后即成为胞嘧啶核苷三磷酸。嘌呤核苷酸和嘧啶核苷酸合成途径的一些酶常形成多功能复合酶或多功能多肽。核苷酸生物合成存在反馈控制调节。

外源的或降解产生的碱基和核苷,可被生物体重新利用。嘌呤碱的再利用主要是通过磷酸核糖转移酶的反应,直接由碱基和 5-磷酸核糖焦磷酸生成核苷酸。嘧啶碱除上述与 5-磷酸核糖焦磷酸反应外,尚能与 1-磷酸核糖反应生成核苷,然后在核苷激酶作用下被磷酸化而生成核苷酸。胸腺嘧啶核苷和脱氧胞嘧啶核苷亦可在相应核苷激酶作用下生成脱氧核糖核苷酸。先天性缺乏次黄嘌呤-鸟嘌呤磷酸核糖转移酶会造成 Lesch-Nyhan 综合征。

四种核苷(或脱氧核苷)一磷酸可以分别在特异的核苷一磷酸激酶作用下,由 ATP 供给磷酸基,而转变成相应的核苷(或脱氧核苷)二磷酸。核苷二磷酸和核苷三磷酸可在核苷二磷酸激酶的作用下互相转变。核苷二磷酸激酶的特异性很低,与核酸有关的所有核苷(包括脱氧核苷)二磷酸和三磷酸均可在该酶作用下作为磷酸基的受体和供体。

腺嘌呤、鸟嘌呤、胞嘧啶和尿嘧啶核苷二磷酸在核糖核苷酸还原酶系的作用下,可被还原成相应的脱氧核糖核苷二磷酸。该酶系包括硫氧还蛋白、硫氧还蛋白还原酶以及核糖核苷酸还原酶。谷氧还蛋白、谷氧还蛋白还原酶、谷胱甘肽还原酶可取代硫氧还蛋白和硫氧还蛋白还原酶。核糖核苷酸较为稳定,自由基机制可以说明何以核糖 C_2'-OH 能够发生脱氧反应。核糖核苷酸还原酶的催化亚基有两个调节位点,酶活性调节位点和底物特异性调节位点。胸腺嘧啶脱氧核糖核苷酸的形成需经过两个步骤,首先由尿嘧啶核糖核苷酸还原形成尿嘧啶脱氧核糖核苷酸,然后尿嘧啶再经甲基化转变成胸腺嘧啶。

某些重要的辅酶,如烟酰胺核苷酸、黄素核苷酸和辅酶 A 等,它们的分子结构中包含有腺苷酸部分。这几种辅酶的合成亦与核苷酸代谢有关。

习　题

1. 细胞内游离核苷酸有何重要生物功能?

2. 催化核酸水解的酶有哪几类？参与核苷酸分解的酶有哪几类？

3. 核酸有无营养价值？如果供给动物缺乏核酸的食物，动物能否生存？

4. 为什么别嘌呤醇能治疗痛风？过量服用别嘌呤醇可能会造成什么代谢紊乱？

5. 举例说明两个"自杀作用物"的原理。

6. 比较不同生物分解嘌呤碱能力的差异，从中能总结出什么规律？

7. 分解尿嘧啶和胸腺嘧啶的酶是同一套酶，还是不同的酶？

8. 生物分解嘌呤碱和嘧啶碱需要消耗 ATP，还是产生 ATP？

9. 说明嘌呤环上各个原子的来源。装配一个嘌呤环共需要消耗多少个 ATP 分子？

10. 试比较原核生物和真核生物嘌呤核苷酸合成途径可能的差别。

11. 合成次黄嘌呤核苷酸的酶组成多酶复合物，在真核生物有些融合为多功能蛋白，试说明其生物学意义？

12. 由次黄嘌呤核苷酸转变为腺嘌呤核苷酸和鸟嘌呤核苷酸都有氨基化反应，两者氨基来源有何不同，能量供给有何差别？

13. 嘌呤碱和核苷的回收途径以何者为主？

14. 何谓 Lesch-Nyhan 综合征？如何治疗？

15. 嘌呤核苷酸生物合成的反馈控制点有哪几个？

16. 分析 6-巯基嘌呤（次黄嘌呤的类似物）和氮鸟嘌呤（鸟嘌呤的类似物）进入体内后可能的转变途径和作用机制。

17. 嘧啶环的合成与嘌呤环的合成有何异同？

18. UMP 合成酶发生缺陷的患者可表现出什么症状？如何治疗？

19. 嘧啶碱和核苷的回收主要通过什么途径？

20. 细菌和动物的嘧啶核苷酸生物合成调节有何差别？

21. 试比较核苷一磷酸激酶和核苷二磷酸激酶的特异性。

22. 说明下面抗代谢物抑制核苷酸生物合成的原理和主要作用点。

　　重氮丝氨酸　　6-重氮-5-氧-正亮氨酸　　氨基蝶呤　　氨甲蝶呤　　5-氟尿嘧啶

23. 说明核糖核苷酸还原的自由基机制。

24. 比较核糖核苷酸还原过程中硫氧还蛋白和谷氧还蛋白传递氢和电子的异同。

25. 解释核糖核苷酸还原酶的调节机制。

26. 胸腺嘧啶核苷酸合酶促使亚甲基给 dUMP，然后使其甲基化，为什么？

27. 请解释为什么在含胸苷和氨甲蝶呤的培养基中正常细胞即死亡，而胸苷酸合酶有缺陷的突变菌株却能存活生长。

28. 尿苷酸需在不同磷酸化水平上转变为其他核苷酸，如 UTP 氨基化为 CTP，UDP 还原为 dUDP，dUMP 甲基化为 dTMP，dUTP 水解焦磷酸为 dUMP，这是为什么？

29. 哪些辅酶含有核苷酸？它们合成的共同步骤是什么？

30. 试分析为什么在一些不同类型的辅酶和辅因子中都含有腺苷酸或腺苷。

主要参考书目

1. Nelson D L, Cox M M. Lehninger Principles of Biochemistry. 6th ed. New York：W. H. Freeman and Company, 2013.

2. Berg J M, Tymozko J L, Stryer L. Biochemistry. 7th ed. New York：W. H. Freeman and Company, 2010.

3. Garrett R H, Grisham C M. Biochemistry. 4th ed. Orlando：Thomson Learning, 2009.

4. Voet D, Voet J G, Pratt C W. Biochemistry. 4th ed. New York：John Wiley & Sons, 2010.

5. McKee T, McKee J R. Biochemistry：The Molecular Basis of Life. 4th ed. Oxford：Oxford University Press Inc, 2008.

6. 王镜岩, 朱圣庚, 徐长法. 生物化学教程. 北京：高等教育出版社, 2008.

（朱圣庚）

网上资源

　习题答案　　　　　　自测题

第 28 章　新陈代谢的调节控制

新陈代谢是生物机体一切生命活动的基础。新陈代谢包括物质代谢、能量代谢和信息代谢三个方面。任何系统的物质变化总伴有能量变化,而物质变化和能量变化又总表现出其组织结构相对无序和有序的变更。系统的这种无序和有序变化可以通过称为"熵"的热力学函数进行度量。熵标志着一个系统的混乱程度,或者说无组织程度。熵越大,系统越混乱;反之熵越小,系统的有组织程度就越高。信息也可以作为系统组织程度的量度,获得信息便意味着混乱程度或者不确定程度的减少,也就是说它的组织程度提高。在物理学的计算公式中,信息与熵只差一个符号,因此可以说信息就是负熵。生物机体不断与环境交换物质,摄取能量,输入负熵,从而得以构建和维持其复杂的组织结构;一旦这种关系破坏,死亡便到来,生物就解体了。

细胞是生物机体的结构和功能单位。细胞由四类生物大分子(多糖、脂质、蛋白质和核酸)、有机分子、无机盐和水所组成。在细胞内同时进行着上千种生化反应,这些反应错综复杂却有条不紊,当细胞内外环境发生改变时能适时调整,维持着细胞的生理稳态。**代谢调节**(metabolic regulation)是指在代谢途径通量(flux)发生改变时,使有关代谢物浓度得以保持其稳态的机制。代谢控制(metabolic control)是指改变代谢途径的通量,以适应环境变化的机制。也就是说,代谢调节是对代谢物浓度变化的节制;**代谢控制**是对代谢途径通量的管控。两者合起来简称为调控,或者就称为调节。代谢的"自调节"是生命的重要特征之一。新陈代谢的调节控制机制是生物在长期进化过程中建立和完善的。

前面几章我们分别叙述了各类物质的代谢过程,以及在这些物质代谢过程中能量和信息的变化。实际上,生物机体的新陈代谢是一个完整统一的过程,并且存在复杂的自我调节机制。本章首先介绍细胞代谢调节控制的基本原理。然后分别介绍在分子、细胞和整体三个水平上的代谢调节控制机制。最后举例介绍代谢紊乱造成的疾病和防治途径。

一、细胞代谢调节控制的基本原理

生物界,包括人类、动物、植物和微生物,其结构特征和生活方式多种多样,千变万化。然而,它们的新陈代谢有着共同的基本途径和调控机制。这也表明地球上的生物有统一的起源。

细胞从环境中取得物质和能量,用以构建自身的组成结构,同时分解已有的成分,获得能量和前体,加以再利用,并将不被利用的代谢产物排出细胞。细胞是如何经济有效地转化各类物质的? 如何维持代谢稳态的? 这里就细胞代谢调节总的原则和方略作一概述。

(一) 代谢途径相互联系形成网络

细胞内有数百种小分子在代谢中起着关键的作用,由它们构成了各种特异的生物大分子。如果这些分子各自单独进行代谢而互不相关,那么代谢反应将变得无比庞杂,以至细胞无法容纳。细胞代谢的原则和方略是,将各类物质分别纳入各自的共同代谢途径,通过少数种类的反应,例如,氧化还原、基团转移、水解合成、基团脱加及异构反应等,以转化种类繁多的分子。连续的反应称为代谢途径,不同的代谢途径可通过交叉点上共同的中间代谢物而相互转化,使各代谢途径得以沟通,形成经济有效、运转良好的**代谢网络**通路。其中三个最关键的中间代谢物是:6-磷酸葡萄糖、丙酮酸和乙酰辅酶 A。

细胞内 4 类主要生物分子:糖、脂类、蛋白质和核酸在代谢过程中相互转化,密切相关,在代谢部分已有介绍。在此需强调指出,柠檬酸循环不仅是各类物质共同的代谢途径,而且也是它们之间相互联系的渠道。现将 4 类物质的主要代谢关系总结如图 28-1。

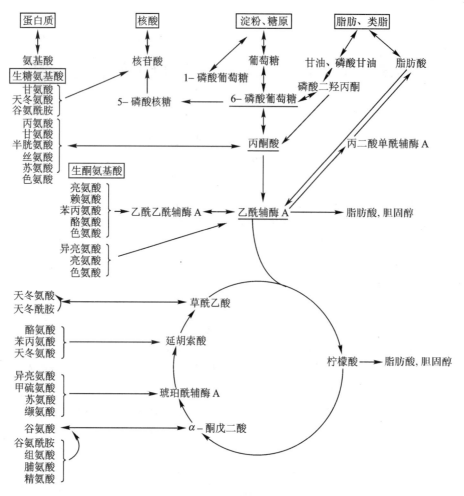

图 28-1　糖、脂质、蛋白质及核酸代谢的相互关系示意图

不同代谢途径之间虽然相互沟通，但它们各自存在调节与控制，转化是有节制的。各代谢途径相互协同配合，形成调节网络。

（二）代谢保持动力学的稳态

细胞和机体通常都处于**动力学的稳态**（dynamic steady state）。在正常生理条件下，机体的组成和各代谢途径的运行保持不变。机体摄入营养物，排出废弃物，消耗自由能并以热能形式释放体外。所消耗的自由能主要用于对抗熵的作用力。也就是说，机体通过增加环境的熵来维持**体内的稳态**（homeostasis）。如若在生物发育过程，或是环境发生重大变化，代谢格局也将随之改变，从一种稳态转变为另一种稳态。

动力学稳态是指代谢途径的物流（flow）处于稳定状态，代谢物的生成与消耗速率相等，其浓度保持不变。稳态与物流速率（即通量）的大小或是否变动无关，在稳态条件下各代谢物浓度恒定，使代谢得以平稳进行。在两步反应中

$$A \xrightarrow{V_1} S \xrightarrow{V_2} P$$

当 $V_1 = V_2$，$[S]$ 即保持不变。现以 ATP 为例来说明代谢稳态。ATP 是生物通用能量载体，广泛参与各种产能和需能反应；ATP 又是能量水平的标记，在代谢调节中起重要作用。因此，细胞充分供应并保持其浓度恒定。通常利用 ATP 的酶其 K_m 值在 $0.1 \sim 1$ mmol·L^{-1} 之间，正常细胞 ATP 的浓度为 $5 \sim 10$ mmol·L^{-1}，明显大于 K_m 值（常在 10 倍以上）。昆虫和鸟类在起飞时，或运动员在开始奔跑时，肌肉细胞对 ATP 的需求瞬间增加数十倍，甚至上百倍。在这种情况下，氧的供应跟不上机体对 ATP 的急需，于是迅速通过增强葡萄糖酵解等途径加大对 ATP 的供应，然而细胞中 ATP 和其他许多代谢物的浓度却并无显著变化。

生物机体的种种代谢调节控制机制是在进化过程中获得的。机体在进化中积累的有用信息很大一部分用于编码调控机制。人类大约有 4 000 个基因编码调节蛋白,约占基因组的 12%,其中包括各种转录因子、细胞因子、受体、信号蛋白,以及超过 500 种的蛋白质激酶。越是高等生物,其代谢调控机制越复杂。

(三) 代谢调节点常是远离平衡的反应

一切可逆反应,只要有足够时间,都能自发达到平衡。在平衡点,正向和逆向反应速率相等,自由能的变化 ΔG 为零。处于动力学稳态的细胞内,代谢途径的多数反应接近平衡。当反应接近平衡时,较小的底物或产物浓度变化可以引起较大的净物流速率变化,并且自由能的变化也较小。这就是说,接近平衡的反应易于使物流平稳;而远离平衡的反应,消耗的自由能较大,故常为调节点。

"接近"平衡的标准是什么?通常用**质量作用比**(mass-action ratio)**Q 值**和平衡常数 K'_{eg} 进行比较来判断。在下列反应中:

$$A + B \rightleftharpoons C + D$$

$$Q = \frac{[C][D]}{[A][B]}$$

Q 是细胞内产物浓度乘积被底物浓度乘积相除的数值。当 Q 值和平衡常数 K'_{eg} 的比值不超过 2 个数量级,即不超过 100 时,就可认为反应接近平衡。一个反应的平衡常数是固定的,但质量作用比则在不同细胞、不同状态下可以有较大差别。

在细胞内远离平衡的反应常是一些释放高能的反应,例如一些利用 ATP 和其他高能化谷物的酶促反应,其逆反应接近于零,在稳态条件下该正向反应的速率也就代表了整个代谢途径物流的速率。因此,这些反应也就成为代谢的调节点。从糖的酵解途径来看,共有 10 步反应,其中己糖激酶、磷酸果糖激酶和丙酮酸激酶催化的反应均为调节点,这 3 个酶也就是调节酶。

综上所述,远离平衡的反应适于作为调节点,这是由于:① 远离平衡的反应可看作单向或接近单向的反应,其速率与代谢途径的速率直接相关联;② 远离平衡的反应通常都是释放高能的反应,或利用 ATP 和其他高能化合物,或本身即是高能化合物,机体必需对其节制;③ 远离平衡的反应通常都是一些对机体十分重要的反应,它们涉及高能释放,并且常位于代谢途径的关键位置(起点或终点),故而机体严格限制其速率,有关的酶也大多是调节酶。单向、高能、受限制,这三点正符合代谢调节点的基本要求。自然选择压力使催化该反应的酶在进化过程中获得调节功能,成为调节酶。

(四) 代谢控制分析

最早研究代谢控制并取得显著成果的科学家是 Louis Pasteur。1861 年,Pasteur 发现将酵母培养物从有氧转变为无氧条件,葡萄糖的消耗量随即增加 10 倍以上。这一现象被称为"巴斯德效应"。现在知道,有氧对酵解的抑制是通过腺苷酸系统作用的。有氧条件下能够产生较多的 ATP,无氧时细胞增加酵解过程,以维持 ATP 的稳定供应,从而使葡萄糖的消耗增加。在其后的一个半世纪时间里,代谢研究取得巨大进展,弄清楚了各类物质的代谢途径,也弄清楚了代谢的调节控制机制。

"单一限速步骤"假说(single rate-limiting step hypothesis)曾在相当长一段时间内被广泛接受。该假说认为代谢途径的物流速率由系列反应中速率最小的反应(步骤)所决定。在当时实验条件下,要想在完整细胞或无细胞提取液中精确测定酶和底物浓度殊不容易。直到 20 世纪 70 年代基因克隆技术兴起,利用克隆技术可以增加基因拷贝数以提高酶的浓度;也可以在提取液中添加提纯的酶,或是用酶的激活剂和抑制剂控制酶的活性;底物浓度也可以用许多生化方法测定,实验技术的突破为代谢分析提供可能。实验结果却令人大感意外。曾以为磷酸果糖激酶(PFK-1)是酵解途径的限速步骤,但是将该酶浓度提高五倍,酵解物流速度提高还不到 10%。对其他代谢途径的检验结果也与"限速步骤"假设不一致。早在 1973 年 Kacser 等人就提出影响通量的有诸多因素,而不是单独一步反应。次年 Heinrich 等人阐述了代谢控制分析的基本原理。然而,当时对 Heinrich 和 Kacser 等人的观点并不重视,及至实验揭示了"限速步骤"假说的局限性,才使该学说获得普遍关注。

代谢控制分析(metabolic control analysis,MCA)将研究对象看作是由代谢反应步骤和代谢途径组成的代谢系统,因此应对整个系统进行分析,不能局限于个别反应,并认为代谢通量的控制是由组成代谢途径各个步骤及其相互关系决定的,随环境改变而改变。MCA 不仅对代谢控制作了数学推导,而且还可以通过实验进行验证。许多实验与 MCA 预期结果一致或接近一致,然而迄今仍有一些代谢途径过于复杂,尚未分析清楚。

MCA 理论有三个基本参数可用来描述代谢途径对环境变化的反应性。**通量控制系数 C**(flux control coefficient,C)用以表示代谢途径中每个酶对调节代谢物流速的相对贡献。通量(flux,J)是指物流的速率,改变酶量引起代谢通量的相对变化之比,可以得到 C 值。例如,在大鼠肝提取液的酵解途径中己糖激酶的通量控制系数为 0.79,PFK-1 为 0.21,磷酸己糖异构酶为 0.0。C 值不是常数,它随代谢系统底物和效应物浓度的改变而不同;C 值可以是负数,如有分支途径,分支途径的酶对主干途径的通量就起负作用,如图 28-2 所示。无论是直线途径或是分支途径,各酶 C 值的总和必为 1,因为我们将代谢的整体控制定义为 1。

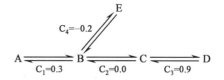

图28-2   分支代谢途径的通量控制系数 C

弹性系数 ε(elasticity coefficient,ε)用以定量表示代谢途径中单个酶对代谢物或效应物(effector)浓度的反应性,也就是说反应速率变化与代谢物或效应物浓度变化之比,它是酶固有的动力学性质函数。对于具有典型 Michaelis-Menten 动力学性质的酶来说,底物浓度对反应速率所作的曲线为一双曲线(见第 7 章酶促反应的底物饱和曲线)。曲线上各点的斜率即为弹性系数 ε,当底物浓度较低时(如 0.1 K_m),底物浓度稍微增加可引起酶活性的相应增加,ε 接近于 1.0;而当底物浓度较高时(如 10 K_m),底物浓度稍微增加,对酶活性几乎没有影响,ε 接近于 0.0。具有变构效应的酶,ε 可以大于 1,但不能超过 Hill 系数,因此在 1.0 与 4.0 之间。

反应系数 R(response coefficient,R)表示外部控制物(outside controller)对流经代谢途径通量的影响。所谓外部控制物是指激素、生长因子或其他细胞因子。通过实验可以测定改变激素等外部化学调节因子浓度(P)时代谢途径通量发生的变化,从而获得 R。三个系数 C、ε 和 R 之间彼此相关:外部控制物总是通过代谢途径的某一环节(某一酶)而对通量发生控制的,因此 R 是 C 的函数;而该酶受控制因子的影响,故也是 ε 的函数,由此得到下列关系式。

$$R = C \cdot \varepsilon$$

总和原理(代谢途径各步反应酶的 C 值总和为 1)和各参数相关性原理(R 为 C 和 ε 的乘积)是 MCA 的两个基本原理。运用 MCA 进行实验,不仅弄清楚了许多代谢途径的调控机制,而且在利用生物技术改造机体代谢,即代谢工程中,也取得许多重大成果。然而,MCA 也有其局限性,它主要基于对酶活性和动力学性质分析,有时酶浓度的影响并不明显,而且通量控制系数只在测定条件下有效,随着系统状态变化而变化,其预测值的作用有限。因此 MCA 还需进一步研究改进。

(五) 代谢的协同调节

上面提到,细胞和机体各代谢途径存在调节控制机制。当环境改变时可通过控制代谢途径通量改变代谢格局;调节机制使代谢途径维持在稳态。然而,细胞和机体是一个整体,各代谢途径彼此沟通,其调控也是相互协调,使代谢得以恰到好处的进行。代谢的协同调节表现为各代谢途径(包括分解途径和合成途径)间的协调配合,各组织器官间的分工合作以及不同调控机制间的协作互补。

生物体内的代谢反应都是由酶催化的。任何催化剂,包括酶在内,仅能改变化学反应的速率,并不能改变化学反应的平衡点。因此,它对正反应和逆反应起着同样的促进作用。代谢途径中大量生化反应都是可逆的。然而,实际上整个代谢过程是单向的,分解代谢和合成代谢各有其自身的途径。在分解代谢和合成代谢途径中,许多反应的酶是相同的,但是某些关键部位的正反应和逆反应往往是由两种不同的酶所催化,一种酶催化正向反应,另一种酶催化逆向反应。因此,这些反应被称为**相对立的单向反应**(opposing unidirectional reaction）。这种分开机制可使生物合成和分解途径或者正向反应和逆向反应分别处于热力学最有利状态。生物合成是一个吸能反应（endergonic reaction），它通过与一定数量 ATP 的水解相偶联而得以进行。分解则是放能反应（exergonic reaction）。这些吸能反应和放能反应均远离平衡点，从而保证了反应的单向进行。另一方面，分解代谢和合成代谢的单向性也有利于对它们的调节控制。例如，哺乳动物肝脏可以在糖原被耗尽并且无食物葡萄糖来源时，由丙酮酸经葡糖异生途径转化为葡萄糖，以维持血糖稳定，供脑和其他组织所需，丙酮酸可以由乳酸、丙氨酸和甘油等物质转变而成。葡糖异生有 11 步反应，糖酵解有 10 步反应，两者间有 7 步反应是可逆的，由相同的酶所催化。糖酵解有 3 步放能反应基本上是不可逆的，催化这 3 步反应的酶为己糖激酶、PFK-1 和丙酮酸激酶。葡糖异生绕过对应的 3 步不可逆反应，取代的 4 步反应也有较大的负 $\Delta G'$ 值。这些单向的放能反应也正是代谢的调节点，催化的酶也都是调节酶，受代谢物和效应物的调节。糖酵解和葡糖异生途径见图 28-3。

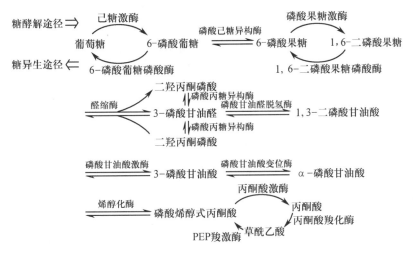

图 28-3　糖酵解和糖异生途径
糖酵解有 10 步反应，糖异生有 11 步反应，其中 7 步可逆反应的酶两者共有。糖酵解有 3 步单向放能反应，在糖异生中对应有 4 步反应，为两代谢途径的重要调节点

　　生物机体的代谢有时一种反应由不止一种酶催化，多种酶催化同一种反应称为同工酶（isozyme）。这些酶的催化功能虽然相同，但酶学性质不同，调节功能也不同，分布在不同的组织分别起着不同的作用。人类的己糖激酶同工酶共有 4 种，分别称为 I 至 IV 型，由不同基因编码。肌细胞由血液获得的葡萄糖主要用作肌肉收缩的能源。肌细胞有 I 至 III 型己糖激酶，这 3 种同工酶性质相近，对葡萄糖的亲和力都很高（如肌细胞占优势的 II 型 V_m 值为 0.1 mmol）。血液中的葡萄糖浓度通常为 4～5 mmol，当血液与肌细胞糖浓度达到平衡时，足以使己糖激酶饱和，酶的活性为最大，而且血糖浓度的波动实际上对酶活性的影响不大。己糖激酶 I 至 III 均为变构酶，其产物 6-磷酸葡萄糖浓度升高将会有效抑制酶活性，从而使反应维持在一定的稳态。

　　肝细胞承担着维持血糖浓度稳定的功能，其己糖激酶为 IV 型，K_m 值高达约 10 mM。高效的葡萄糖运输系统使肝细胞与血液间糖浓度迅速达到平衡，此时的糖浓度低于酶的半饱和值，故而血糖浓度可以直接影响肝细胞己糖激酶的活性。餐后血糖浓度升高，己糖激酶 IV 活性随之升高，该酶不受产物 6-磷酸葡萄糖的抑制，糖酵解途径通量因之而增加，己糖激酶 IV 受其特异的调节蛋白（regulatory protein）抑制，该调节蛋白为肝细胞特有并固着于核内，在变构效应物 6-磷酸果糖存在下己糖激酶从胞液移至核内与调节蛋白牢固结合。葡萄糖是 6-磷酸果糖的竞争结合物，在正常血糖浓度下 6-磷酸果糖的作用受竞争抑制；当血糖浓度低于正常值时，葡萄糖被 6-磷酸果糖所替代，己糖激酶 IV 活性被抑制，肝不再与其他器官竞争消耗葡萄糖。

　　葡糖异生或糖原分解产生的 6-磷酸葡萄糖需经 6-磷酸葡萄糖酶（G6 Pase）水解，生成葡萄糖才能进入血液。6-磷酸葡萄糖酶是一种复合膜蛋白，固定在内质网的内膜上，包括水解酶和 3 种转运蛋白，分别负责 6-磷酸葡萄糖(T_1)、无机磷酸盐(T_2)和葡萄糖(T_3)的运输。底物 6-磷酸葡萄糖由胞液经 T_1 运送到内质网腔,水解后产物磷酸盐和葡萄糖经 T_2 和 T_3 送回胞液。己糖激酶和 6-磷酸葡萄糖酶被分隔在细胞的不同部位,可用以控制该两途径通量并防止葡萄糖磷酸化和去磷酸循环反应,即所谓底物循环(substrate cycling)的无谓耗能反应。同样原因,糖异生第一步反应的酶丙酮酸羧化酶位于线粒体的基质,底物丙酮酸可以自由进出线粒体,产物草酰乙酸没有进出线粒体的通道,需要转变成苹果酸(通过苹果酸脱氢酶逆反应)和天冬氨酸(转氨酶反应)才能穿过线粒体膜,进入胞液后再转变回草酰乙酸,防止底物循环还可以经由其他途径,例如对立反应的交互调节,其中一种反应有活性,另一种则被抑制,反之亦然。

　　激素可以调节酶的活性,也可以在转录水平上调节酶的生成。高血糖促进胰岛素分泌,胰岛素与受体结合经信号转导激活磷脂酰肌醇 3-激酶(PI3 kinase),从而催化磷脂酰肌醇(4,5)二磷酸(PIP_2)转变为磷脂酰肌醇(3,4,5)三磷酸(PIP_3),PIP_3 能够抑制 G6Pase 活性。另一方面,胰岛素信号途径还能抑制 G6Pase 基因的转录。低血糖则促进胰高血糖素的分泌,胰高血糖素经 cAMP 信号途径增强 G6Pase 基因的转录。此外,G6Pase 还需要 Ca^{2+} 结合稳定蛋白(Ca^{2+}-binding stabilizing protein)活化,因此受 Ca^{2+} 信号调节。己糖激酶和 6-磷酸葡萄糖酶受不同调控机制的协同作用见图 28-4。

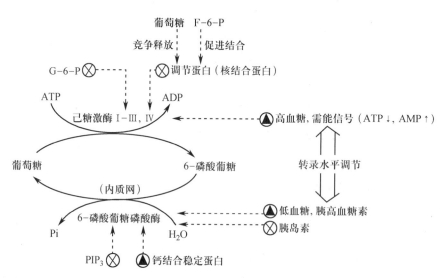

图 28-4　己糖激酶和 6-磷酸葡糖磷酸酶的调节
🔺 激活作用;⊗ 抑制作用

　　6-磷酸果糖激酶(PFK-1)和 1,6-二磷酸果糖酶(FBPase-1)分别是催化糖酵解和糖异生关键步骤反应的酶,这两个酶也都是变构酶。ADP 和 AMP 对磷酸果糖激酶有激活作用,而 AMP 对 1,6-二磷酸果糖酶则起抑制作用。ADP 和 AMP 浓度高表明细胞需要加速 ATP 的合成,因此增强糖酵解并抑制糖异生。与此类似,柠檬酸和 ATP 对 6-磷酸果糖激酶起抑制作用,从而抑制糖酵解;柠檬酸对 1,6 二磷酸果糖酶起激活作用,促进糖异生。6-磷酸果糖激酶和 1,6-二磷酸果糖酶还受激素通过信号分子 2,6-二磷酸果糖(F-2,6-BP)进行的协同调节。6-磷酸果糖在磷酸果糖激酶-2(PFK-2)催化下与 ATP 反应产生信号分子 2,6-二磷酸果糖,后者在 2,6-二磷酸果糖酶(FBPase-2)催化下水解重新生成 6-磷酸果糖。值得指出的是,PFK-2 和 FBPase-2 是同一个双功能蛋白质的两种酶活性,当酶蛋白在依赖 cAMP 的蛋白激酶(PKA)催化下被磷酸化,呈现 FBPase-2 活性;经磷蛋白磷酸酶作用去掉磷酸基,则呈现 PFK-2 活性。胰高血糖素可产生 cAMP,激活 PKA。胰岛素的作用相反,促进磷蛋白磷酸酶活性。前者降低 F-2,6-BP 浓度,抑制糖酵解,促进葡糖异生;后者增加 F-2,6-BP 浓度,增强糖酵解,抑制葡糖异生。磷酸果糖激酶和 1,6-二磷酸果糖酶的交互调节见图 28-5。

　　同样,丙酮酸激酶、丙酮酸羧化酶和磷酸烯醇式丙酮酸羧激酶都是调节点的变构酶。高浓度 ATP、乙酰-CoA 和丙氨酸反映细胞能量和氨基酸丰富,因而糖酵解受到抑制。丙酮酸激酶还受到代谢物 1,6-二

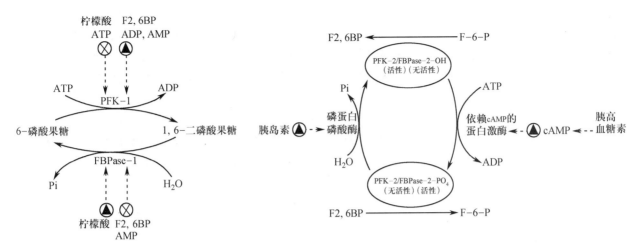

图 28-5 磷酸果糖激酶和果糖 1,6-二磷酸酶的交互调节

🔺 激活作用;⊗ 抑制作用

磷酸果糖的正反馈激活。丙酮酸激酶至少有三个同工酶,肝丙酮酸激酶(L 型)在 PKA 催化下被磷酸化而失活,磷蛋白磷酸酶(PP)使其水解去磷酸基而恢复活性并受变构调节。PKA 受胰高血糖素诱导产生的 cAMP 激活。前面提到糖异生第一步反应的酶丙酮酸羧化酶位于线粒体的基质,受 ADP 变构抑制,为乙酰-CoA 激活。磷酸烯醇式丙酮酸羧激酶在线粒体和胞液内都有,受 ADP 抑制。这 3 个酶的调节见图 28-6。

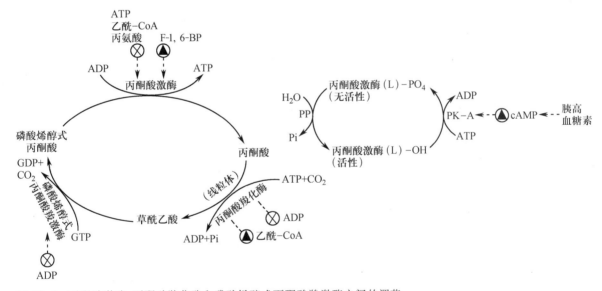

图 28-6 丙酮酸激酶、丙酮酸羧化酶和磷酸烯醇式丙酮酸羧激酶之间的调节

🔺 激活作用;⊗ 抑制作用

二、酶活性和酶量的调节

生物体内的各种代谢变化都是由酶驱动的。酶有两种功能:其一,催化各种生化反应,是生物催化剂;其二,调节和控制代谢的速度、方向和途径,是新陈代谢的调节物。虽说酶并不改变反应的热力学性质,但却能从动力学上使本来不易发生的反应得以进行。酶对正反应和逆反应起着同样的促进作用,这是对单个反应来说的,酶对代谢过程的调节控制是由于:① 酶使吸能反应与放能反应相偶联,因而能推动吸能反应的完成;② 代谢途径由系列酶所催化,中间产物迅速被除去,并不积累;③ 反应在酶或酶复合物的表面进行,往往直到终产物才脱离,成为定向的过程。"酶水平"的调节是代谢最基本、最关键的调节。酶调节

主要有两种方式:一种是通过激活或抑制以改变细胞内已有酶分子的催化活性;另一种是通过影响酶分子的合成或降解,以改变酶分子存在的量。虽然,代谢底物和代谢产物都对代谢反应有影响。质量作用定律表明,反应速度与反应物的摩尔浓度乘积成正比。因此,增加代谢底物的浓度,将促进正向反应;反之,增加代谢产物的浓度,将促进逆向反应。代谢物的调节也属于分子水平的调节,然而代谢物的调节是十分有限的,主要受到酶的调节。

酶活性的调节主要包括酶的抑制和激活作用、变构效应、共价修饰和酶切激活等方式。而酶的合成则涉及基因表达调控。本节侧重介绍酶促反应的前馈和反馈、能荷的调节、级联反应、酶切激活、共价修饰以及酶量的调节。

(一) 酶活性的变构调节:前馈和反馈

前馈(feedforward)和**反馈**(feedback)这两个术语来自电子工程学。前者意思是"输入对输出的影响",后者意思是"输出对输入的影响"。这里分别借用来说明代谢底物和代谢产物对代谢过程的作用。前馈或反馈又可分为正作用和负作用两种。凡反应物能使代谢过程速度加快者,称为正作用;反之,则称为负作用。下面图解表明前馈和反馈,S 代表底物,有 S_0、$S_1 \cdots S_n$ 等先后出现的各种底物;E 代表酶,有 E_0、$E_1 \cdots E_n$ 等先后出现的不同的酶;"+"表示激活作用,"-"表示抑制作用。无论是前馈还是反馈都是变构效应,代谢底物和代谢产物在这里起效应物的作用(图 28-7)。

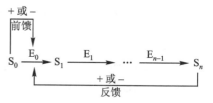

图 28-7　酶促反应的前馈和反馈

通常,代谢底物对代谢反应具有促进作用。在代谢途径中前面的底物对其后某一催化反应的调节酶起激活作用,称为正前馈作用。正前馈的例子很多,例如,二磷酸果糖对磷酸烯醇式丙酮酸羧化酶的激活作用是正前馈作用。在某些特殊的情况下,为避免代谢途径的过分拥挤,当代谢底物过量存在时,对代谢过程亦可呈负前馈作用。此时过量的代谢底物可以转向另外的途径。例如,高浓度的乙酰辅酶 A 是乙酰辅酶 A 羧化酶的变构抑制剂,因而避免丙二酸单酰辅酶 A 过多合成。

代谢产物对代谢过程的调节即为反馈调节。当生物合成或分解代谢产物大量积累时,产物对代谢途径第一步反应的酶或关键步骤的酶活性发生抑制作用,这就是反馈抑制。反馈抑制可以节省代谢物和能量,有重要生物学意义,因而广泛存在于各代谢途径。代谢产物对酶活性的调节,不仅表现为反馈抑制,也可以表现为对酶的反馈激活。磷酸烯醇式丙酮酸通过羧化反应,形成草酰乙酸,这是复杂分支代谢的共同第一步。由草酰乙酸可以转变成各种氨基酸和核苷酸。另一方面,草酰乙酸还可以促使乙酰辅酶 A 通过柠檬酸循环而被氧化。草酰乙酸作为合成氨基酸和核苷酸的前体物质,能被产物连续地进行反馈抑制。即当嘧啶核苷酸积累时,其合成途径第一步反应的酶受到抑制,这就导致天冬氨酸的积累,进而对磷酸烯醇式丙酮酸羧化酶的活性产生反馈抑制。然而,对于柠檬酸循环中柠檬酸的合成,又必需有草酰乙酸参加,从而对磷酸烯醇式丙酮酸羧化酶产生了三种正调节:① 嘧啶核苷酸的反馈激活;② 乙酰辅酶 A 的反馈激活;③ 前体二磷酸果糖的前馈激活。此外,乙酰辅酶 A 还能增加磷酸烯醇式丙酮酸羧化酶对嘧啶核苷酸的亲和力,从而促进了它们的反馈激活效应。这样,通过错综复杂的调节系统,就能使磷酸烯醇式丙酮酸羧化反应处于最适当的水平(图 28-8)。

(二) 产能反应与需能反应的调节

细胞内许多代谢反应受到能量状态的调节。ATP是通用的能量载体,ADP 是形成 ATP 的磷酸受体。

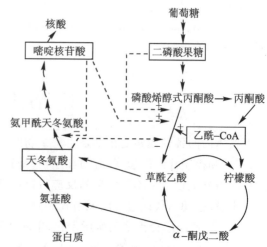

图 28-8　磷酸烯醇式丙酮酸羧化反应的调节控制

ATP、ADP 和无机磷酸盐广泛参与细胞的各种能量代谢。通常产能反应与 ADP 的磷酸化相偶联,需能反应则与 ATP 高能磷酸键的水解相偶联。因此 ATP 与 ADP 和 Pi 的浓度比值 $[ATP]/\{[ADP][Pi]\}$,成为细胞能量状态的一种指标,被称作 ATP 系统的**质量作用比**(mass-action ratio)。在正常状态下,该比值是很高的,ATP-ADP 系统总是充分被磷酸化。这使 ADP 的浓度变得非常低,远不足以使氧化磷酸化达到最大速度。此时 ATP 的合成速度足够用来维持细胞的一般需要。但当某些需要 ATP 的细胞活动突然增加时,ATP 迅速分解成 ADP 和磷酸盐,从而降低 $[ATP]/\{[ADP][Pi]\}$ 比值。ADP 浓度的增加即能自动增加电子传递和氧化磷酸化的速度,从而加速由 ADP 合成 ATP 的反应。该过程一直持续到 $[ATP]/\{[ADP][Pi]\}$ 比值返回正常的高水平,于是氧化磷酸化的速度再次降低。

　　正常情况时,细胞有机物氧化速度的调节极其灵敏和精确,ATP、ADP 和磷酸盐不仅是代谢反应的底物和产物,可以通过质量作用效应而调节能量代谢,而且更重要的还是许多重要调节酶的变构效应物。例如,在糖酵解、柠檬酸循环和氧化磷酸化途径中,ATP 是抑制效应物,ADP、AMP 和磷酸盐是激活效应物。因此,他们浓度发生任何变化都将迅速引起相应调节酶活性的改变。它们对调节酶的作用见图 28-9。

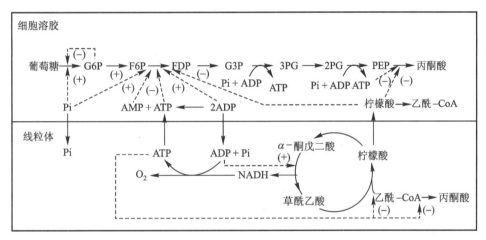

图 28-9　糖酵解与柠檬酸循环途径的调节

　　Atkinson 建议以**能荷**来表示细胞的能量状态。能荷的定义为在总的腺苷酸系统中(即 ATP、ADP 和 AMP 之和)所负荷的高能磷酸基数量:

$$能荷 = \frac{[ATP]+1/2[ADP]}{[ATP]+[ADP]+[AMP]}$$

当所有腺苷酸充分磷酸化为 ATP 时,能荷值为 1.0;如所有腺苷酸"卸空"成为 AMP 时,能荷则等于零。正常情况下细胞的能荷大约为 0.9,变动范围为 0.85~0.95。能荷是腺苷酸总池中 ATP 或其当量物质量的分数;由于 AMP 激酶催化二分子 ADP 转化成一分子 ATP 和一分子 AMP,故 ADP 只相当于 1/2 ATP。在某些条件下,能荷值可作为细胞产能和需能代谢过程间变构调节的信号。

(三) 酶活性的特异激活和抑制

　　酶活性受到多种离子和有机分子的影响,尤其是特异的蛋白质激活剂和抑制剂在酶活性的调节中起重要作用。例如,钙调蛋白,它能感受细胞内 Ca^{2+} 浓度的变化,当钙的水平升高时即激活许多种相关蛋白质。

　　蛋白水解酶也许是生命起源早期就出现的酶,自有蛋白质世界就有蛋白酶。蛋白酶进化至今已成为最庞大的酶家族,其中包括**丝氨酸蛋白酶**、**半胱氨酸蛋白酶**、**金属蛋白酶**和**酸性蛋白酶** 4 个主要家族,它们广泛参与各种重要生理过程,并有各类特异的激活剂和抑制剂精确调节其功能。**凝血系统**的大多组分都是丝氨酸蛋白酶,凝血因子Ⅷ(抗血友病因子)和凝血因子 V 本身不是蛋白酶,而是**丝氨酸蛋白酶激活剂**。它们通过级联激活,促使血纤维蛋白原转变为血纤维蛋白,在伤口处造成血液凝固。一旦出现血液栓塞,则由溶栓系统将其水解,该系统也由丝氨酸蛋白酶所组成,并受丝氨酸蛋白酶抑制剂的抑制。凝血与溶栓之间的平衡和调节,依赖于诸多丝氨酸蛋白酶激活剂和抑制剂的作用。血浆中还含有 α_1-抗胰蛋白酶,它与抗凝血酶Ⅲ均属于**丝氨酸蛋白酶抑制剂**(serpin)家族,但二者的特异性不同。α_1-**抗胰蛋白酶**这一名称并不恰当,其实它主要抑制弹性蛋白酶。外伤常引起血浆中 α_1-抗胰蛋白酶活性的增加,用以抵消中性白细胞在受刺激后过量产生的弹性蛋白酶。类似例子,不胜枚举。

还有一些调节酶,其催化活性是由调节亚基来控制的。如蛋白激酶 A,在激素引发产生胞内信使 cAMP 后,抑制亚基脱离酶而使之活化。

(四) 酶原激活、共价修饰和级联反应

不少蛋白质在合成之初并无活性,需将一个或少数几个特异肽键切开后才被活化。最为熟知的例子是消化酶的激活,胃和胰腺合成的蛋白酶,如胃蛋白酶、糜蛋白酶、胰蛋白酶、羧肽酶及弹性蛋白酶等,都是以酶原的形式存在,分泌到消化管后才被酶切激活。

与酶类似,有些蛋白质激素以无活性前体形式被合成。例如,胰岛素是由胰岛素原经蛋白酶除去一段 C 肽才被激活。一些多肽激素,如垂体激素,其前体经蛋白酶加工,切成许多小肽,才成为有活性激素。

纤维状的**胶原蛋白**(collagen)是皮肤和骨骼的主要成分,它的前体是可溶性的**前胶原蛋白**(procollagen)。动物变态涉及胶原蛋白的分解,在此过程中无活性的胶原酶原在变态的一定时间转变为有活性的胶原酶。

前面已经提过,凝血过程是由一个系列凝血因子连续激活引起的。凝血因子都是一些丝氨酸蛋白酶或其激活剂,由此构成蛋白酶解激活的级联反应。通过级联反应,一方面能够对外伤作出瞬间放大效应;另一方面也便于调节,能够有效控制凝血的速度和进程。凝血的级联系统如图 28-10 所示。

酶的可逆共价修饰是调节酶活性的重要方式。其中最重要、最普遍的调节是对靶蛋白的磷酸化。催化此反应的酶称为蛋白激酶,由 ATP 供给磷酸基和能量,磷酸基转移到靶蛋白特异的丝氨酸、苏氨酸或酪氨酸残基上。蛋白的脱磷酸是由磷蛋白磷酸酶催化水解反应将其脱下。磷酸化和脱磷酸分别由不同酶促反应来完成,以便于对反应的控制。磷酸化反应,具有高度放大效

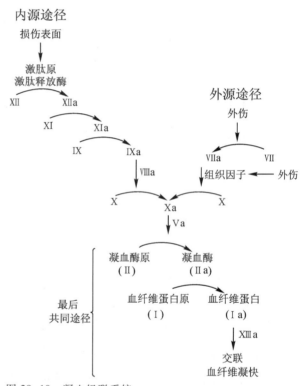

图 28-10   凝血级联系统

应。一个活化的激酶能够在很短时间内催化数百个靶蛋白的磷酸化,新被激活的激酶又能激活下一个激酶,由此引起级联激活,信号呈指数递增,迅速达到生理效果。酶的磷酸化和脱磷酸作用,主要在真核生物细胞信号转导途径中进行。

腺苷酰化和脱腺苷酰作用(adenylylation and deadenylylation)则是细菌中共价修饰调节酶活性的另一种重要方式,其中以大肠杆菌谷氨酰胺合成酶(GS)研究得比较清楚。谷氨酰胺合成酶催化谷氨酸、NH_4^+ 和 ATP 合成谷氨酰胺。它由 12 个完全相同的亚基(亚基 M_r 为 50 000),有规则地排列成两层六角环的结构,每个亚基含有与底物反应的催化部位和结合效应物的别构部位。此外各个亚基的酪氨酸残基上还能进行可逆的腺苷酰基化,完全腺苷酰化可结合 12 个 AMP,完全和部分腺苷酰化的酶是低活性的,只有全部脱腺苷酰的酶才是高活性的。该酶在氮的中间代谢中起着关键的作用,通过调节氮代谢而影响细胞的许多反应。谷氨酰胺的酰胺基是合成 AMP、CTP、色氨酸、组氨酸、氨甲酰磷酸及葡萄糖胺-6-磷酸等化合物氮的来源;它的氨基可通过转氨反应为甘氨酸和丙氨酸提供氮源。谷氨酰胺合成酶

活性受到上述 8 种终产物的积累反馈抑制,并且在腺苷酰化后提高了对这些反馈抑制剂的敏感性,致使酶分子具有对多种信号敏感反应的调节特性(图 28-11)。

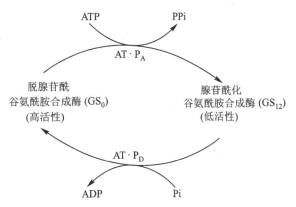

图 28-11　谷氨酰胺合成酶的活性通过可逆共价修饰进行调节

AT·P_A 腺苷酰转移酶与调节蛋白 P_A 的复合物;AT·P_D 腺苷酰转移酶与调节蛋白 P_D 的复合物;GS_0 完全脱腺苷酰的谷氨酰胺合成酶;GS_{12} 12 个亚基全部腺苷酰化的谷氨酰胺合成酶

腺苷酰化酶的 AMP 单位来自 ATP;共价结合的 AMP 单位可通过磷酸解而脱去,并产生 ADP。这两个反应都是由**腺苷酰转移酶**(adenylyl transferase,AT)催化完成的。腺苷酰转移酶的特异性是由调节蛋白 P 所控制,该调节蛋白以两种形式存在,分别称为 P_A 和 P_D。P_A 与腺苷酰转移酶的复合物催化谷氨酰胺合成酶的腺苷酰化反应;P_D 与腺苷酰转移酶的复合物则催化脱腺苷酰反应。而调节蛋白 P 本身又受到尿苷酰化和脱尿苷酰的可逆共价修饰。P_A 通过尿苷酰化而转变成 P_D,催化该反应的酶为**尿苷酰转移酶**(uridyl transferase),酶活性受 ATP 和 α-酮戊二酸激活,并受谷氨酰胺抑制。P_D 的尿苷酰基可被酶水解下来。

调节蛋白 P 通过尿苷酰化和脱尿苷酰反应而改变其调节作用的特异性:

$$P_A + 2UTP \xrightarrow{\text{尿苷酰转移酶}} P_D + 2PPi$$

$$P_D + 2H_2O \xrightarrow{\text{水解酶}} P_A + 2UMP$$

(五) 酶量的调节

在一定的反应条件下,酶活性取决于酶分子的数量。酶活性的调节通常都是快速的、可逆的,随着细胞内外环境的变化而发生适应性的改变。酶数量的变化则比较缓慢,但较为持久。酶的数量是酶的生成和酶的降解两方面作用的结果。酶的生成可分为两类:一类随细胞生长和蛋白质合成而生成,并以相对恒定的水平存在于细胞内,这类酶称为组成酶(constitutive enzyme);另一类只在细胞需要时才生成,称为**可调酶**(regulated enzyme)。酶的降解也同样存在相对恒定和有选择的两类。详细机制请参阅基因表达调节一章。

原核细胞结构比较简单,基因组携带的遗传信息也较少,酶生成的调节远没有真核细胞那样复杂。有些细菌,如大肠杆菌,生长迅速,10 多分钟即能繁殖一代。原核细胞没有细胞核和其他细胞器,转录和翻译可以同时进行,适应于快速生长的需要,往往正在延伸中的 mRNA 链上就已合成出多肽链。因此,原核细胞基因表达调节的特点是简单、快速、高效,并且以转录水平的调节为主。原核细胞有些分解代谢的酶可被底物诱导生成;有些生物合成的酶可被产物阻遏不再生成。

1961 年,法国科学家 J. L. Monod 和 F. Jacob 在研究大肠杆菌乳糖代谢酶的诱导生成时发表"蛋白质合成中的遗传调节机制"一文,提出操纵子(operon)学说,开创了基因调节研究领域。1965 年因此项研究而获诺贝尔生理学或医学奖。操纵子学说认为,功能相关的基因组成一个转录单位,有一个控制部位,称为**操纵基因**(operator),受调节基因产物**阻遏蛋白**(repressor)的调节。乳糖操纵子共有三个结构基因,分别编码**β-半乳糖苷酶**(β-glactosidase,lac Z)、**β-半乳糖苷透性酶**(β-glactoside permease,lacY)和**β-硫代半乳糖苷乙酰基转移酶**(β-thioglactoside transacetylase)。阻遏蛋白结合在操纵基因上,阻止结构基因表达。当有乳糖存在时,乳糖作为**诱导物**(inducer)与阻遏蛋白结合,使其从操纵基因上脱落下来,全部结构基因转录形成一条**多顺反子 mRNA**(polycistronic mRNA),这样,乳糖便诱导产生乳糖代谢的酶。

一些催化生物合成的酶,其操纵子的**阻遏蛋白**单独并无活性,只有和生物合成的产物作为**辅阻遏物**(corepressor)相结合才能结合到操纵基因上,阻止结构基因的表达。由此可见,酶的诱导和酶的阻遏都可通过操纵子进行调节。

　　后来知道,操纵子的控制部位还有一个作用位点,称为启动子(promoter),是 RNA 聚合酶结合并起始转录的位点。此外,受葡萄糖降解物阻遏的操纵子还有一个 cAMP–CAP 复合物的结合位点,**cAMP**与其受体蛋白(cAMP receptor protein,CAP)结合才能使启动子活化。当培养基中存在葡萄糖时,葡萄糖的降解物活化磷酸二酯酶,水解 cAMP,使许多分解代谢酶的基因不能转录,因此而优先利用葡萄糖。其实,原核生物的基因只有一部分组成操纵子,基因表达的调节还有许多其他的方式,操纵子只是其中重要的一种。

　　真核生物结构复杂,核结构使转录和翻译在时间和空间上被分开;基因组远比原核生物为大,含有较高比例的表达调节信息。其表达调节的特点是:复杂、多样、精确;表现为多级调节系统,即在染色质、基因组、转录、转录后加工、翻译、翻译后加工、运输和定位等水平均可进行调节。仅以转录水平的调节而言,其复杂性就已超出想象。真核生物基因不组成操纵子,每个基因单独表达。在启动子部位或上游存在多个特殊序列的反应元件和调节因子结合位点,许多转录因子可以与其结合。多种蛋白激酶和蛋白磷酸酶可以使转录因子激活或失活;还有许多蛋白质辅助因子可以调节这些转录因子的活性。当细胞环境发生变化时,通过神经递质、激素或其他各种信号分子作用于受体,经过信号途径而影响转录因子,从而精确、有效的调节转录和酶的生成。

三、细胞对代谢途径的分隔与控制

　　细胞具有精细的结构,真核生物的细胞还具有由膜包围的各种细胞器,如核、内质网、线粒体、高尔基体和溶酶体等。组成细胞结构的基本生物大分子彼此特异地结合而成为超分子复合物,再由这些复合物装配成细胞本身的结构和细胞器。生物大分子装配所需的信息可能完全包含在大分子内,例如,多聚体酶、多酶复合物、核糖体、剪接体和简单的病毒颗粒等,所有这些结构都是由大分子相互作用的自由能状态所决定。但也有一些细胞结构装配所需信息除大分子携带外,还必须由先存结构提供,例如染色体、细胞壁和膜等。这种装配是在原有结构的基础上加入新的成分,原有结构对装配起着指导作用。蛋白质在合成后立即定位于细胞的特定部位,各类酶也同样在细胞中有各自的空间分布,或是与细胞的某些结构(膜、颗粒或纤维)相结合,或是存在于细胞溶胶内。因此,酶催化的代谢反应得以有条不紊、各不相扰地进行,而且能够相互协调和制约,受到精确的调节。

(一) 细胞结构和酶的区域化分布

　　原核细胞,包括支原体、细菌和蓝藻,其细胞分化较低,有些细菌质膜有凹陷。真核细胞,无论是单细胞的原生动物和酵母,或是多细胞的动、植物,其细胞均具有核、胞质和细胞器,细胞内膜结构比较复杂。另一类介于真细菌和真核生物之间的生物机体,称为古细菌,其某些生化特征类似于真核细胞,但并无细胞核等结构。现在以动物的肝细胞为例,按照它的电镜切面图,绘制简明细胞图解如图 28–12。

　　无论是原核细胞还是真核细胞,各代谢途径的酶和酶复合物分布于膜结构或胞内各分化区域,以使代谢有条不紊、彼此协调的进行。现仍以动物细胞为例,把糖、脂质、蛋白质及核酸代谢的相互关系,用图解来表示(图 28–13)。在这个图解中,表明了细胞质膜内侧和细胞质膜外侧的物质交换,用"来回箭头"表示。细胞质近质膜处进行酵解和脂肪酸的生物合成,在颗粒型内质网膜上进行蛋白质的生物合成。细胞核、核仁和有孔核膜的附近,表示出DNA 和各种 RNA。线粒体内进行柠檬酸循环、电子传递和氧化磷酸化,以及脂肪酸的 β 氧化。线粒体膜内侧和细胞质之间也有物质交换,也用"来回箭头"表示。真核细胞内某些酶的区域化分布总结于表 28–1。

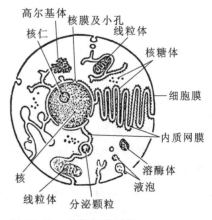

图 28–12　动物细胞图解

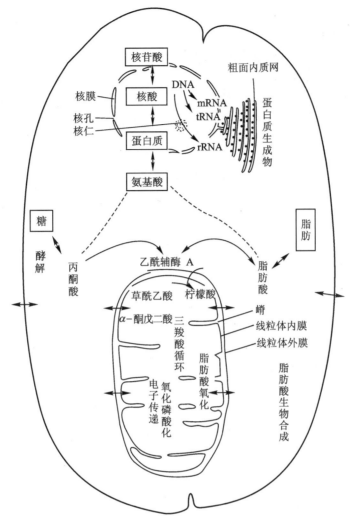

图 28-13　动物细胞结构和各类物质代谢的联系图解

表 28-1　真核细胞内某些酶的区域化分布

酶或酶系	所在区域	酶或酶系	所在区域
糖酵解酶系	细胞溶胶	氨基酸的分解和合成酶系	细胞溶胶
柠檬酸循环	线粒体	氨基酸氧化酶类	线粒体
氧化磷酸化	线粒体	尿素合成酶系	线粒体和细胞溶胶
光合磷酸化	叶绿体	核苷酸分解和合成	细胞溶胶
磷酸戊糖途径酶系	细胞溶胶	蛋白质合成酶系	粗面内质网
糖异生途径酶系	细胞溶胶、线粒体和内质网	DNA 聚合酶	细胞核
糖原的分解和合成酶系	细胞溶胶和内质网	RNA 聚合酶	细胞核
脂肪酸 β 氧化酶系	线粒体	水解酶类	溶酶体
脂肪酸合成酶系	细胞溶胶		

（二）细胞膜结构对代谢的调节

　　膜结构既是细胞结构的基本形式,也是生命活动的主要结构基础。在真核细胞中膜结构占细胞干重的 70%~80% 左右,除质膜外还有广泛的内膜系统,将细胞分隔成许多特殊区域,形成各种细胞器。原核细胞缺乏内膜系统,但某些细胞的质膜内陷形成**中体**或**质膜体**(mesosome)。各种膜结构对代谢的调节和

控制作用有以下几种形式:

1. 控制跨膜离子浓度梯度和电位梯度

由于生物膜的选择通透性,造成膜两侧的离子浓度梯度和电位梯度。因此当离子逆浓度梯度转移时,需要消耗自由能;而离子沿浓度梯度转移时,则释放自由能。膜的三种最基本功能:物质运输、能量转换和信息传递无不与离子和电位梯度的产生和控制机制有关。细菌质膜和线粒体内膜可利用质子浓度梯度的势能合成 ATP 和吸收磷酸根等物质。在动物细胞以及某些植物、真菌和细菌的细胞中,Na^+ 离子流可驱动氨基酸和糖的主动运输。神经肌肉的兴奋传导则与跨膜离子流产生膜电位有关。此外,Ca^{2+} 是重要的胞内信使,通过控制质膜、内质网膜和线粒体内膜的 Ca^{2+} 通道蛋白,可以调节细胞不同区域的代谢功能。例如,在静息的骨骼肌中,肌浆 Ca^{2+} 浓度为 $10^{-8} \sim 10^{-7}$ mol/L,大量的 Ca^{2+} 被贮存在肌浆网中(浓度达 10^{-3} mol/L)。当肌膜兴奋时,它的去极化作用传导到肌浆网,使其中 Ca^{2+} 迅速释放,肌浆 Ca^{2+} 浓度上升到 10^{-5} mol/L,从而触发肌肉收缩。收缩过后,肌浆中的 Ca^{2+} 又被肌浆网的钙泵利用水解 ATP 释放的能量主动吸收进入肌浆网中,恢复并维持这两区域的 Ca^{2+} 浓度。

2. 控制细胞和细胞器的物质运输

细胞膜由于具有高度的选择透性,使细胞不断从外界环境中吸收有用的营养成分,并排出代谢废物,维持了细胞恒定的内环境,细胞代谢得以顺利进行。细胞器同样需要吸收代谢底物,转移出代谢产物。细胞膜和细胞器膜中的运输系统担负着与周围环境的物质交换。通过运输系统可以控制底物进入细胞或细胞器,从而调节细胞内该物质的代谢。实验证明,葡萄糖进入肌肉和脂肪细胞的运输是它们利用葡萄糖的限速过程。胰岛素可以促进肌肉及脂肪细胞对葡萄糖的主动运输,这也是它能降低血糖、促进肌肉和脂肪细胞中糖的利用、糖原合成和糖转变为脂肪的重要因素。某些载体在代谢底物运入细胞器中起着关键作用。

3. 膜与酶的可逆结合

有些酶能可逆地与膜结合,并以其膜结合型和可溶型的互变来影响酶的性质和调节酶活性。这类酶称为**双关酶**(ambiguous enzyme),以区别于膜上固有的组成酶。双关酶以代谢状态变动的应答迅速,调节灵敏,是细胞代谢调节的一种重要方式。就目前所知这类酶大多是代谢途径中关键的酶或调节酶。例如,糖酵解途径中的己糖激酶、磷酸果糖激酶、醛缩酶及 3-磷酸甘油醛脱氢酶;氨基酸代谢的谷氨酸脱氢酶、酪氨酸氧化酶,以及一些参与共价修饰的蛋白激酶、蛋白磷酸酯酶等。

双关酶与膜结合和溶解状态的构象不同,其理化性质和动力学参数也都有差异。如己糖激酶的两种类型对 ATP 的 K_m 值不同,可溶性酶的 K_m 为 0.035 mmol/L,与线粒体外膜结合的酶 K_m 为 0.1 mmol/L。细胞内 ATP 浓度的变化还可通过酶的双关性,调节酶与膜的结合。ATP 浓度在 0.035~0.1 mmol/L,有利于己糖激酶结合于膜上;ATP 浓度大于 0.1 mmol/L,酶便从膜上脱落下来,成为可溶性酶。ATP 经消耗,浓度下降,酶又结合到膜上。膜结合酶是高活性的,使糖的有氧分解得以高效进行,但当 ATP 量积累过多时,酶以低活性的可溶型形式存在,限制了糖的有氧分解代谢的进行,如此周而复始循环变化。此外,己糖激酶的产物 6-磷酸葡萄糖又是酶的反馈抑制物,其两种类型的 K_i 值也不同。结合于线粒体外膜的己糖激酶其对 6-磷酸葡萄糖的 K_i 为 0.035 mmol/L;可溶性酶的 K_i 为 0.007 mmol/L,因此该酶的不同状态受到不同水平的反馈抑制。

双关酶很易受一些因素的影响,离子、代谢物或调节物的存在都会影响酶与膜的结合。激素能够调节这些具双关性的酶的行为,改变两种类型酶的比例。实验表明,己糖激酶与线粒体的结合需要胰岛素,而肾上腺素则有相反效应。

(三) 信号途径对代谢的调节

细胞能够对外部信号作出反应,这是细胞得以生存的必要机制。外部信号包括物理信号(如光、声波、机械接触等)和化学信号(无机分子和生物分子),由受体接受,再转化为细胞反应。通常信号分子无需进入细胞,在作用于受体后即引起细胞内的化学变化,称为信号转导(signal transduction)。常见的受体有 6 类:① **G 蛋白偶联受体**(G protein-coupled receptor);② **受体酪氨酸激酶**(receptor tyrosine kinase);③ **受体鸟苷酸环化酶**(receptor guanylyl cyclase);④ **门控离子通道**(gated ion channel);⑤ **黏附受体**

（adhesion receptor）；⑥ **核受体**（nuclear receptor）。信号转导产生第二信使（cAMP、cGMP、二酰甘油、IP$_3$和Ca^{2+}等），激活蛋白激酶（PKA、PKG、PKC等），导致磷酸化级联反应；有些信号转导不经第二信使，直接激活蛋白激活引起信号传递的级联反应。信号途径对代谢的调节，一般情况下，或是直接激活（或抑制）代谢反应的酶；或是通过影响转录因子，在转录水平上调节基因的表达。细节请参阅信号途径和转录调节等有关章节。

四、机体在整体水平上对细胞代谢的调节控制

前面三节分别介绍了底物水平、酶水平和细胞水平的代谢调节。随着生物的进化，代谢调节机制也跟着得到发展。多细胞生物增强了细胞间的信息交流，发展了化学信号分子对各类细胞代谢的调节。动物机体的神经系统和神经调节也随着不断发展而完善起来。激素调节是比神经调节较为原始的一种调节方式，但二者都体现了机体水平的代谢调节。无论是激素调节或是神经调节，都作用于细胞并通过信号转导系统而发挥作用。从分子水平来看，激素和神经递质并无本质的区别，调节肽即是神经组织及内分泌组织均可产生和释放并起着同样作用的化学信号分子。实际上单细胞生物就需要对环境信号做出应答，在细胞之间进行通讯，协调彼此的行为。

（一）　激素和递质对代谢的调节

细胞产生的信号分子（即内源配体），包括激素、神经递质和调节肽等，在释放后可以三种方式作用于膜受体，即**自分泌**（autocrine）、**旁分泌**（paracrine）和**内分泌**（endocrine）。自分泌的信号分子作用于分泌细胞自身，如神经末梢分泌的递质可作用于前突触膜的递质受体，以进行反馈调节。旁分泌的产物或经细胞外液或经细胞间隙接头（gap junction）局部作用于邻近细胞，如神经组织和内脏器官分泌的调节肽。内分泌的产物则在释放后经血液流到特定器官作用于靶细胞受体。一些小的非极性信号分子，如一氧化氮（NO）和甾类激素等，直接透过脂双层膜，在细胞内与受体结合，调节细胞代谢，或进入核内调节基因表达。但一些大的极性信号分子不能进入细胞，仅作用于质膜受体，经受体介导将信号传给胞内，称为跨膜信号传递（transmembrane signalling）或信号转导（signal transduction）。

细胞质膜上激素和递质的受体可分为四大类：第一类受体是依赖于**神经递质**的**离子通道**（neurotransmitter-dependent channel），或称为配体门控离子通道，例如**烟碱型乙酰胆碱受体**（nAChR）、**γ-氨基丁酸受体**（GABA·）、**谷氨酸受体**（GluR）等，多数为寡聚体蛋白质，并含有受体亚基。第二类受体与膜上**信号转导蛋白**（GTP结合蛋白或G蛋白）相偶联，例如，**肾上腺素能α受体、肾上腺素能β受体**和**毒蕈碱型乙酰胆碱受体**（mAChR）等。它们多为单链多肽，跨膜部分蛇形来回弯曲，共有7段α螺旋（seven-transmembrane-helix，7TM）。当与激素或神经递质结合后，经G蛋白将信息转给效应器，产生第二信使，才能激活细胞内有关的酶系统。第三类则包括一些生长因子的受体，例如，**表皮生长因子**（EGF）**受体、血小板衍生的生长因子**（PDGF）**受体、成纤维细胞生长因子**（FGF）**受体**以及**胰岛素受体**等。它们的主要特点是具有**酪氨酸蛋白激酶**（TPK）活性，或能结合具有酪氨酸蛋白激酶活性的蛋白质。当它们与各自相应的生长因子结合后，该酶活性即被激活，从而构成信号转导的重要环节。第四类受体具有鸟苷酸环化酶活性，如心钠素（atrial natriuretic factor，ANF）受体当血容量增加大时，心房细胞产生心钠素，随血液流至肾可激活集合导管细胞的鸟苷酸环化酶，使产生cGMP，并促进Na$^+$和水的排出。

现在已经分离出多种G蛋白，它们分别介导不同的信号转导系统（表28-2）。对腺苷酸环化酶起调节作用的G蛋白有两种：G$_s$和G$_i$，分别为**偶联刺激性（stimulatory）受体**（如肾上腺素能β受体）和**抑制性（inhibitory）受体**（如肾上腺素能α受体和毒蕈碱型乙酰胆碱受体）。前者促进cAMP生成；后者抑制cAMP生成。作用于磷酸肌醇系统的G蛋白称为G$_p$。刺激视网膜cGMP磷酸二脂酶的转导蛋白称为G$_t$。还有一些其他的G蛋白。所有这些G蛋白都是由α、β和γ三个亚基组成，迄今已知α亚基有21种，β亚基5种，γ亚基11种，使G蛋白富有多样性。不同种类G蛋白的α亚基都有鸟苷酸结合区，可与GDP结合。当受体与其相应配体结合后，诱导α亚基构象变化，在GTP-GDP交换因子（GTP-GDP exchange factor，GEF）促进下发生GDP与GTP变换，此步骤需要Mg^{2+}。GTP的结合导致α亚基与β、γ亚基分开，α

亚基激活并作用于效应器,产生胞内信使,引起各种细胞反应。α 亚基有 GTP 酶活性,在 Mg^{2+} 存在下水解 GTP,产生 GDP,使 α 亚基复合物失活并重新与 β、γ 亚基结合。该过程可简单用反应式表示如下:

$$\underset{|}{G_{\alpha\beta\gamma}} + GTP \underset{\text{配体-受体}}{\overset{}{\rightleftharpoons}} G_\alpha \cdot GTP + G_{\beta\gamma} + GDP$$
$$GDP \qquad\qquad\qquad (活性)$$

G 蛋白的 α 亚基可被共价修饰而改变活性。某些细菌毒素,如**霍乱毒素**(cholera),催化其依赖 NAD 的**腺二磷核糖基化**(ADP-ribosylated),使 NAD 的腺二磷核糖基转移到 $G_{s\alpha}$ 的精氨酸残基上,结果抑制 GTP 酶活性,加强 GTP 对 G 蛋白的活化,从而导致腺苷酸环化酶持续活化,肠表皮细胞内 cAMP 水平保持升高,引起大量 Na^+ 和水外流到肠腔造成严重腹泻。相反,**百日咳毒素**(pertussis)催化 $G_{i\alpha}$ 的半胱氨酸腺二磷核糖基化,阻断激素和 GTP 对 G_i 的活化,使之丧失抑制功能。

表 28-2　G 蛋白介导的生理效应

信号分子	受体	G 蛋白	效应器	生理效应
肾上腺素	β-肾上腺素能受体	G_s	腺苷酸环化酶	糖原分解
5-羟色胺	5-羟色胺受体	G_s	腺苷酸环化酶	记忆和学习
光	视紫质	G_t(转导素)	cGMP 磷酸二酯酶	视觉兴奋
气味剂	嗅觉受体	G_{olf}	腺苷酸环化酶	嗅觉
fMet 肽	趋化因子受体	G_q	磷脂酶 C	趋化
乙酰胆碱	毒蕈碱受体	G_i	抑制腺苷酸环化酶 活化钾通道	起搏变慢

磷酸肌醇系统是不经过腺苷酸环化酶的另一信使系统。当毒蕈碱型乙酰胆碱受体、肾上腺素能 α 受体、组胺受体、5-羟色胺受体、多肽激素受体以及生长因子受体与其激素或递质结合时,能通过 G 蛋白活化效应器磷脂酶 C,引起特异**磷脂酰肌醇二磷酸**(PIP_2)的水解,产生肌醇三磷酸(IP_3)和二(脂)酰甘油(DAG)。由这两种物质作为第二信使,导致胞内游离 Ca^{2+} 浓度瞬间增加,蛋白激酶 C 活化,以及**鸟苷酸环化酶**活化等一系列级联反应。

Ca^{2+} 是一种广泛存在的胞内信使,对细胞反应起着重要的调节作用。通常动物细胞溶胶中游离 Ca^{2+} 的浓度很低($\leqslant 10^{-7}$ mol/L),与细胞外的浓度($\geqslant 10^{-3}$ mol/L)相差一千倍以上。这是由于质膜上存在的 Ca^{2+} 泵,由 ATP 供给能量将 Ca^{2+} 排到细胞外;内质网膜和线粒体内膜结合的 Ca^{2+} 泵能够摄取大量的 Ca^{2+}。此外,某些小分子(如磷酸盐)和大分子(如钙调蛋白,CaM),亦能结合游离的 Ca^{2+}。上述受体的活化,都将导致胞内游离 Ca^{2+} 增加,或是从胞外跨膜流入胞内,或是从胞内 Ca^{2+} 储库释放到胞液。对神经细胞,似乎主要是前者;而对肝、胰、血小板、平滑肌及腺细胞等,受体活化首先引起质膜磷脂酰肌醇的水解,生成的肌醇三磷酸扩散到胞质,诱发 Ca^{2+} 从胞内储库(主要是内质网)释放,这过程称为 Ca^{2+} 动员(Ca^{2+}-mobilization),造成 Ca^{2+} 浓度的瞬间增加。已知许多酶和蛋白质依赖 Ca^{2+}/CaM,其中包括几种蛋白激酶、磷酸酯酶、核苷酸环化酶、Ca^{2+}-ATP 酶泵、离子通道蛋白和肌肉收缩蛋白等。

蛋白激酶 C(PKC)是一种依赖 Ca^{2+} 的蛋白激酶。正常条件下,蛋白激酶 C 以无活性形式存在于胞液中,对 Ca^{2+} 不敏感;当细胞受刺激后,磷脂酰肌醇二磷酸水解,质膜上瞬时二酰甘油积累,同时胞内 Ca^{2+} 浓度增加,促使蛋白激酶 C 由胞质转移到含磷脂的质膜内表面。在二酰甘油和磷脂(主要是磷脂酰丝氨酸,PS)的共同作用下,大大提高了酶对 Ca^{2+} 的敏感性,因而使蛋白激酶 C 活化。蛋白激酶 C 由一条多肽链组成。它可以引起许多底物蛋白质丝氨酸或苏氨酸残基磷酸化,其中包括各种受体、膜蛋白、收缩蛋白、细胞骨架蛋白、核蛋白和酶类等,从而影响细胞代谢、生长和分化。

二酰甘油在 α-脂肪酸水解酶或磷脂酰肌醇二磷酸在磷脂酶 A 作用下产生花生四烯酸,后者可转化为各种前列腺素。它们能激活鸟苷酸环化酶(GC),使 cGMP 浓度升高。cGMP 通过激活多种酶及依赖于 cGMP 的蛋白激酶而发挥生理效应。依赖于 cGMP 的蛋白激酶即蛋白激酶 G(PKG),它由两条相同的肽链组成,与 cGMP 结合后被活化,而二聚体并不解离。蛋白激酶 G 对底物蛋白质的磷酸化方式与蛋白激酶 A 类似,但二者的激活剂和抑制剂以及活性调节作用不一样,推测它们的天然底物也不相同。

上述蛋白激酶 A、蛋白激酶 C 和蛋白激酶 G 都属于丝氨酸/苏氨酸蛋白激酶,酪氨酸蛋白激酶(TPK)则发现较晚。目前已知的酪氨酸蛋白激酶有三类:第一类是生长因子受体,第二类是某些癌基因产物,第三类是正常细胞中非受体的酪氨酸蛋白激酶。在正常细胞中酪氨酸蛋白激酶的活性很低,但在生长旺盛、迅速分裂的细胞和癌细胞中却非常高,许多事实表明,蛋白质酪氨酸的磷酸化是细胞增殖的信号,并与细胞癌变有关。因此,这类酶的研究始终受到人们的极大关注。

生长因子(growth factor),可促使某些种类的细胞生长,并有多种效应,其受体为单条肽链,可分成三个结构域:质膜外侧 N 端肽段,常有糖基化部位;中间为疏水性跨膜区;质膜内侧 C 端肽段具有**受体酪氨酸激酶**活性(recepter tyrosine kinase,RTK)。如前所述,配体和偶联 G 蛋白的受体结合,通过三级结构的改变而活化 G 蛋白;生长因子与其受体的结合则通过二聚化,即四级结构的改变而活化受体酪氨酸激酶。二聚化使受体在胞质部分的两条肽链交互磷酸化,成为靶蛋白的结合位点,并引发底物蛋白质的磷酸化。胰岛素的受体与此略有不同,其受体是一种跨膜糖蛋白,由 4 条多肽链组成,即 $\alpha_2\beta_2$。α 亚基全部在胞外,含胰岛素结合部位;β 亚基的 N 端在质膜外侧,以二硫键与 α 亚基结合,经一跨膜区段,其含酪氨酸激酶活性的 C 端位于质膜内侧。胰岛素受体虽以四个亚基聚体形式存在,但其受体酪氨酸激酶活性仍需在与胰岛素结合后才被激活。

受体酪氨酸激酶的活化一方面可激活某些酶,如磷脂酶 C 和脂质激酶,导致产生第二信使。另一方面通过蛋白激酶级联反应,最后激活转录因子,从而影响细胞周期。在受体酪氨酸激酶引发的信号级联反应中,首先与受体磷酸化位点相结合的为生长因子受体结合蛋白(growth factor receptor-binding protein,Grb),例如 Grb 2。Grb 是一类含有 **Src 同源域**(Src homology,SH)的蛋白质,起**衔接蛋白**(adaptor protein)的作用。Grb 2 有一个 SH2 结构域,可识别和结合在受体磷酸酪氨酸位点;还有 2 个 SH3 结构域,可结合富含脯氨酸区的蛋白质,如 **SOS 蛋白**(son of sevenless protein)。该蛋白是一类**鸟苷酸交换因子**(guanine-nucleotide exchange factor,GEF),可与信号转导蛋白 Ras 结合,并使 Ras 的 GDP 被 GTP 取代。Ras 是一类小的单链 G 类蛋白,通过异戊二烯基锚定在膜上,它能结合鸟苷酸,具有 GTPase 活性。GDP 被 GTP 取代并被活化,从而可激活 Ser/Thr 激酶系统,最后通过磷酸化激活**促分裂原活化蛋白激酶**(mitogen-activated protein kinase,MAPK),它在细胞质或进入核内激活转录因子,以调节基因转录活性。Ras 家族包含多个亚家族,如 Rab、Rac、Ran 和 Rho 等,它们可以与不同激酶系统连接,从而导致不同的效应。

某些细胞因子受体其自身并无蛋白激酶活性,例如 **γ 干扰素**(interferon-γ,IFN-γ)。当细胞因子与受体结合后即发生二聚化,并激活一种酪氨酸激酶 **JAK**(just another kinase;Janus kinase)。该激酶进而激活信号转导及转录活化蛋白 STAT(signal transducer and activator),磷酸化的 **STAT** 形成二聚体并进入核内调节转录。JAK 有多种,STAK 也有 7 种以上,它们可转导不同信号,**Ras-MAPK** 信号转导途径和 JAK-STAT 途径见图 28-14 所示。

受体酶是多种多样的。**一氧化氮**(NO)受体是一种**鸟苷酸环化酶**,它含有一个血红素基团,存在于细胞质内。NO 具有不成对的电子,因此是一种自由基气体。研究表明,它在信号转导中起着十分重要的信使作用。在生物体内,NO 由精氨酸经复杂的反应产生,催化此反应的酶是**一氧化氮合酶**(nitric oxide synthase,NOS)。NO 的合成需要 NADPH 和 O_2,产物有瓜氨酸,反应式如下:

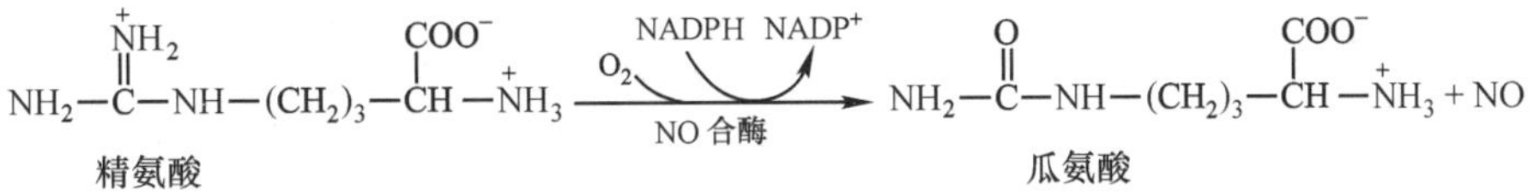

NO 是非极性的小分子,容易穿过质膜,从产生的细胞扩散到邻近的细胞中,与鸟苷酸环化酶的血红素结合,并激活酶产生 cGMP。在心脏,cGMP 促使 Ca^{2+} 离子泵将 Ca^{2+} 从细胞溶胶中排出,从而使心肌松弛。当冠状动脉梗塞,心脏因缺氧收缩引起疼痛,服用硝酸甘油片剂可缓解心绞痛。NO 十分不稳定,它产生后只在数秒钟内作用,随即被氧化生成亚硝酸或硝酸盐。硝基血管舒张药物能在几小时内不断分解产生 NO,因而能够使心肌持续松弛。NO 具有十分广泛的生理作用,它对免疫反应、胚胎发育、心血管系统及神经信号传递等过程都起着重要的调节作用。它的大部分作用都是通过依赖于 cGMP 的蛋白激酶(**PKG**)途径而发生的。

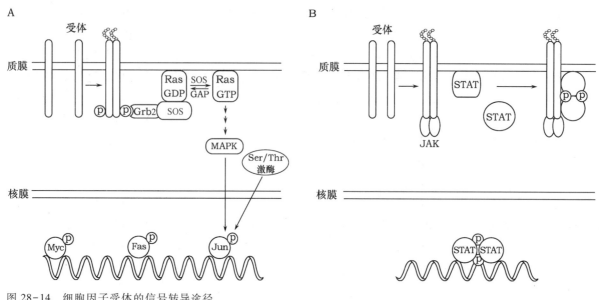

图 28-14　细胞因子受体的信号转导途径

A. Ras-MAPK 途径；B. JAK-STAT 途径

R. F.Furchgott、L. J. Ignarro 和 F. Murad 因发现一氧化氮传递信号的机制而获得 1998 年诺贝尔生理学或医学奖。

受体与信号转导系统是当前分子生物学和医学最热门的研究课题之一，美国科学家 R. Axel 和 L. Buck 发现家鼠嗅觉基因超家族。哺乳类动物大约有 1 000 个编码嗅觉受体的基因（占基因总数的 3%）。Axel 和 Buck 的发现有助于揭示嗅觉的本质，因而获 2004 年诺贝尔生理学或医学奖。实际上近年来连续多次的诺贝尔奖均奖励这一研究领域的科学发现。例如，2000 年诺贝尔生理学或医学奖授予神经系统信号转导的研究，2001 年授予细胞周期调节的研究，2002 年授予器官发育和细胞程序性死亡的研究，2003 年诺贝尔化学奖授予发现水通道和离子通道的科学家，2011 年诺贝尔化学奖授予肾上腺素受体的研究，2012 年诺贝尔化学奖授予 G 蛋白偶联受体的研究。信号途径的研究连续获得多项诺贝尔奖，充分表明这一研究领域的重要性。

（二）　神经对代谢的调节

神经细胞，或称为**神经元**（neuron），可以接受、处理和转导信号。有关的信号通过电兴奋传导波作为**动作电位**（action potential）或**神经脉冲**（nerve impulse）而沿着神经元的质膜迅速传播。神经元的电信号依赖于离子通过膜通道引起的膜电位变化。Na^+-K^+ 泵由分解 ATP 获得的能量不断排出 Na^+ 和吸收 K^+，因而使细胞内 Na^+ 浓度远低于胞外，而 K^+ 浓度则远高于胞外，从而贮存大量能量以驱使离子运动。在静息神经元中，膜的 K^+ 选择渗漏通道使 K^+ 的透性远大于其他离子，因而静息电位，即静止条件下的膜电位约为 -60 mV，接近于 K^+ 的平衡电位 -75 mV。动作电位是由**电位门控离子通道**（voltage-gated ion channel），主要是 Na^+ 通道的暂时打开而产生的。具有许多 Na^+ 通道的膜由于瞬间刺激而局部去极化，某些通道迅即被打开，使 Na^+ 得以进入细胞。带正电荷的离子流进一步使膜去极化，该过程以自我扩增的方式继续下去，直到膜电位由静息值达到 +30 mV。此时 Na^+ 流的净电化学驱动为零，细胞处于一种新的休止状态。随后由于 Na^+ 通道的自动失活而关闭，在 Na^+-K^+ 泵的作用下膜电位逐渐恢复原先的静息值。许多类型的神经元（并非全部，哺乳类有髓鞘的轴突即是例外）由于质膜存在门控 K^+ 通道而加速恢复。

门控离子通道有两类：一类是电位门控通道；一类是**配体门控通道**（ligand-gated channel）。电位门控通道，如 Na^+ 通道、K^+ 通道和 Ca^{2+} 通道，它们由一条肽链组成，但分成多个主结构域和亚结构域，跨膜部分形成 α 螺旋，中央部分为离子通道。配体门控通道即由化学信号激活而开放的离子通道，如乙酰胆碱受体通道、氨基酸受体通道、单胺类受体通道和 Ca^{2+} 激活的 K^+ 通道等，主要是**神经递质**（neurotransmitter）控制的通道。Ca^{2+} 作为细胞内信使亦能激活通道受体。它们通常由多个亚基所组成，除受体亚基外即是通道本身。两种类型门控通道的作用方式见图 28-15。

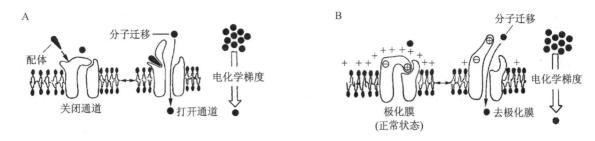

图 28-15 两种类型门控离子通道示意图

A. 配体门控通道:在与胞外配体结合时打开;B. 电位门控通道:在膜去极化时打开

神经元之间或神经元与靶细胞(如肌肉细胞)之间的接触部位称为**突触**(synapse)。现在知道,某些神经元之间的突触可以直接传递电信号,称为电突触;但大多数突触以神经递质来转导信号,称为化学突触。神经递质贮存于轴突末梢的**突触泡**(synaptic vesicle)内。当神经脉冲到达末梢时,膜电位降低(去极化)造成暂时打开前突触膜(presynaptic membrane)的电位门控 Ca^{2+} 通道。由于细胞外的 Ca^{2+} 浓度远大于细胞内游离 Ca^{2+} 浓度,Ca^{2+} 大量流入神经末梢(终末),刺激突触泡与前突触膜融合,神经递质被释放到突触裂隙(cleft)内。游离 Ca^{2+} 浓度的升高是短暂的,因为 Ca^{2+} 结合蛋白、隔离 Ca^{2+} 的小泡和线粒体能迅速摄取进入末梢的 Ca^{2+}。神经递质经扩散到达**突触后细胞**(postsynaptic cell),并与其膜受体相结合。神经递质的受体有两类:一类是配体门控离子通道,它将化学信号又重新转变为电信号;另一类受体通过信号转导产生胞内信使,以调节细胞代谢,最后引起各种生理效应。存在于突触裂隙的神经递质即被分解,或被分泌它的前突触膜重吸收。

神经递质的种类很多,除乙酰胆碱外还有各种单胺类、氨基酸和肽类等,有些是兴奋性的,有些是抑制性的。例如,骨骼肌细胞膜的乙酰胆碱受体是一种单价阳离子通道,对 Na^+ 和 K^+ 有较小的选择性。当乙酰胆碱与其结合后即被打开,在细胞膜去极化达到阈值时触发动作电位,因而属于兴奋性作用。而 γ-氨基丁酸(GABA)受体则介导抑制性作用,它打开时允许小的负离子(主要是 Cl^-)通过,而正离子是不可通过的,Cl^- 的浓度在细胞外大于细胞内,相应于 Cl^- 的平衡电位接近于正常静息电位或更负一些。当 Cl^- 通道打开时,膜电位即保持在非常负的甚至超极化的值上,使膜难于去极化,因此难于使细胞兴奋。

不同神经递质有不同类型的受体,同一神经递质也可能有不同类型的受体。例如,乙酰胆碱作用于骨骼肌细胞和心肌细胞引起截然相反的效应,前者是兴奋性的,后者是抑制性的,因为二者的受体不同。乙酰胆碱作用于骨骼肌细胞受体,打开的是阳离子(Na^+)通道,从而引起动作电位传播和肌肉收缩,如图 28-16 所示。然而在心肌细胞由于是另一类型的乙酰胆碱受体,即与 G 蛋白偶联的受体,其结果却引起心肌松弛。

神经内分泌系统(neuroendocrine system)在高等动物代谢的协同调节中起着重要作用。内分泌系统受神经系统调

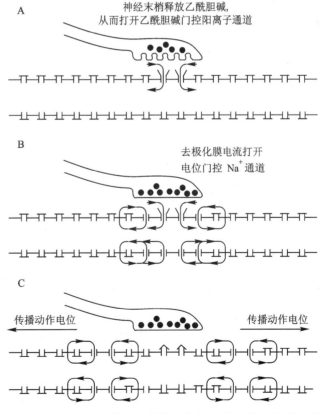

图 28-16 图解表示在神经肌肉接头处由乙酰胆碱打开离子通道

A. 神经末梢释放乙酰胆碱;B. 细胞膜去极化触发动作电位;C. 传播动作电位

节控制;反之,神经系统也受内分泌系统的调节控制。已知下丘脑能分泌**神经激素**(neurohormone)调节垂体功能。其后发现一些分布在脑和各脏器的神经细胞也能分泌胺类和肽类神经激素。实际上,激素与神经递质在本质上很相似,有些甚至兼有两者功能。例如,肾上腺素(epinephrine)和去甲肾上腺素(norephrine)在肝和肌肉组织中可作为激素调节能源物质的代谢,而在脑和平滑肌的神经肌肉接头却可作为神经递质。最近还发现某些免疫细胞也能分泌激素。因此产生神经—内分泌—免疫网络学说,认为三者之间关系密切,共同构成对机体的调节网络。

(三) 各器官间代谢的协调

人体和哺乳动物的各种器官分别执行不同功能,其代谢也各有特点。然而,机体是一个整体,各器官组织的代谢必然存在相互沟通和协调。

1. 肝加工和转运营养物

肝是人体和哺乳动物的重要器官,是营养物(糖、脂类和蛋白质)加工和转运的中心。食物在小肠消化和吸收后由血液首先运送到肝,在肝进行适当加工,成为燃料(易于利用的能源物质)和生物合成的前体,再运往其他组织。肝犹如一个仓库,营养物丰富时贮存起来;缺乏时由肝供给。前面曾经提到,血液中葡萄糖浓度高时可迅速进入肝细胞,由于肝己糖激酶Ⅳ的 K_m 值很高并且不受产物 G-6-P 的变构抑制,因此可以持续快速将葡萄糖转变为 G-6-P。G-6-P 有多种去向,可以在磷酸基变位后合成糖原,也可以进入戊糖磷酸途径,还可以通过糖酵解进入柠檬酸循环,转化为脂类和氨基酸。但当血糖浓度降低时,可以由糖原产生葡萄糖;也可以由葡糖异生产生葡萄糖,以维持血糖浓度稳定。从小肠中吸收的其他糖类,如果糖、半乳糖、甘露糖等,也都需要在肝转变为葡萄糖才运送给各种组织利用。

肝还有许多其他重要功能。由门静脉收集从腹腔流来的血液进入肝,其中的有害物质和微生物都需要在肝中解毒和清除。肝的血流量很大,约占心输出量的四分之一,在机体失血时可从肝内静脉窦排出较多血,以补偿血量的不足。血浆蛋白、各种凝血因子也是在肝内合成,多余的氮通过合成尿素排出体外。肝合成和分泌胆汁,帮助消化和吸收脂类物质,并且是脂类运输的枢纽。脂类消化吸收后,一部分进入肝,大部由淋巴系统运至脂肪组织贮存起来。肝是体内脂肪酸、胆固醇、磷脂合成的主要器官之一。在饥饿时,贮存的体脂可先被运送到肝,然后进行分解。肝是多种维生素贮存和代谢的场所,也是激素代谢的场所。

2. 肌肉利用 ATP 做机械功

肌肉的主要功能是利用 ATP 的能量收缩做功。ATP 是许多代谢反应的底物、产物和效应物,因此必须保持浓度恒定。**磷酸肌酸**(phosphocreatine)水解的 $\Delta G^{\ominus\prime} = -43.1$ kJ/mol,ATP 水解下一个磷酸基成 ADP 的 $\Delta G^{\ominus\prime} = -30.5$ kJ/mol,因此磷酸肌酸很容易将高能磷酸基团转移给 ADP 产生 ATP。在肌肉中磷酸肌酸的含量是 ATP 的 4 倍,足以维持 4~6 s 肌肉运动的急需。

骨骼肌以脂肪酸、酮体和葡萄糖作为能源物质。静止状态的肌肉主要利用脂肪组织提供的游离脂肪酸,肝提供的酮体作为能源。通过氧化和降解产生乙酰-CoA,然后进入柠檬酸循环,氧化成 CO_2。同时,由氧化磷酸化传递电子给 O_2 产生能量合成 ATP。轻度运动时,除脂肪酸和酮体外还利用血液中的葡萄糖。葡萄糖经糖酵解转变成乙酰-CoA,再进入柠檬酸循环和氧化磷酸化。剧烈运动要求大量供应 ATP,此时血液所能提供的 O_2 和能源物质已不能满足需要。于是贮存的肌糖原被分解,通过酵解产生乳酸。乳酸能够较快获得需要增加的 ATP,以补充有氧氧化所产生的 ATP。肾上腺素能够极大促进血糖和肌糖原的利用,这是由于肾上腺素既能促进肝糖原释放葡萄糖,又促进肌糖原的分解。

肌糖原的贮量不多(约为肌肉总量的 1%),而且积累的乳酸使肌肉中的 pH 下降,肌肉的效率也随之降低。乳酸由血液运送到肝,在那里重新转变为葡萄糖。在最剧烈运动时可以利用磷酸肌酸产生 ATP,休整时再用 ATP 恢复产生磷酸肌酸。正反应和逆反应是由两个肌酸激酶同工酶所催化,细胞溶胶的同工酶(cCK)催化生成 ATP,线粒体的同工酶(mCK)催化生成磷酸肌酸。

$$\text{磷酸肌酸} + \text{ADP} \underset{\text{肌酸激酶（mCK）}}{\overset{\text{肌酸激酶（cCK）}}{\rightleftharpoons}} \text{肌酸} + \text{ATP}$$

3. 脑利用能量传递电脉冲以加工信息

脑是人体和哺乳动物神经系统的高级部位。成年人脑占人体重的2%，即$1.2 \sim 1.6$ kg，拥有约1 000亿（10^{11}）个神经细胞。神经信息是以电脉冲的形式编码的，因此脑消耗的能量大部分用于传递电脉冲。脑通常只能利用葡萄糖作为能源，自身贮存的糖原极少，主要依靠从血液中取得葡萄糖。葡萄糖经糖酵解、柠檬酸循环和氧化磷酸化而被彻底氧化，并产生ATP。在静息时人体消耗O_2的20%、葡萄糖的25%用于脑的能量消耗。但是在血糖供应不足时，脑也能利用β-羟丁酸氧化产生乙酰-CoA，这使得在饥饿情况下由肝产生的酮体（β-羟丁酸是酮体的一种）也能够维持脑的能量供应。

4. 血液运送氧、代谢物和激素

血液将机体所有器官组织连在一起，使各组织在代谢上彼此互补和协调。血液从小肠吸收营养物运送到肝，再到其他组织；并从各组织收集废弃物送到肝进行处理，再由肾排出体外。氧从肺进入血液送往各组织，而继续呼吸产生的CO_2也由血液带到肺运到体外。同时，血液还携带激素至各组织，与靶细胞受体结合，激素信号或是调节酶活性，或是调节基因表达。

人体血液约有5到6 L，其中一半体积由三种细胞所占据。红细胞（erythrocytes）无细胞核，也无线粒体，胞内充满血红蛋白，主要用于携带O_2和CO_2。白细胞（leukocytes）有多种类型，主要起免疫作用。血小板（platelets）的功能是帮助血凝。血液的液体部分称为血浆。血凝后离心去掉沉淀即为血清，也即血浆除去凝血固体成分后的液体，其中含有各种溶质，包括血浆蛋白。血液通过毛细血管与各类组织的细胞交换O_2和CO_2、营养物与废弃物，各类信号分子分别与靶细胞作用，甚至大分子激素也能渗出毛细血管外作用于靶细胞。然而血液与脑之间存在血脑屏障，用于防止有害物质侵入脑组织。**血脑屏障**包括血-脑、血-脑脊液、脑脊液-脑三类屏障。血脑屏障与脑部血管壁的特殊结构有关，在脑部血管内皮细胞重叠覆盖，无孔隙，外有基膜包被，并有星状胶质细胞附着其上。脂溶性或中性小分子可以通过质膜，因此O_2和CO_2能够扩散进出，大分子、药物和有害物质却无法进入脑部细胞，而葡萄糖、短链脂肪酸和某些特殊分子则借助特异载体来运送。

血液细胞由骨髓和脾脏产生，血浆蛋白大部分分子由肝产生，免疫球蛋白由浆细胞产生。激素来自内分泌腺或神经内分泌细胞，许多酶来自消化腺和其他组织。血液与各类组织都有密切关系。

五、代谢紊乱造成疾病

新陈代谢，包括物质代谢、能量代谢和信息代谢，都必须按规律有条不紊的进行，任何代谢物的缺失，任何代谢途径的酶发生缺陷，或是代谢途径之间的不协调都会造成**代谢紊乱**，导致疾病。这里仅举例说明物质代谢和能量代谢紊乱造成的疾病。有关信息代谢放在基因表达章节中介绍。

（一）糖尿病与胰岛素

糖尿病（diabetes）是一种较常见的糖代谢紊乱疾病，其主要特征是高血糖。在临床上主要可分为两类：类型1是**胰岛素依赖型**糖尿病（insulin-dependent diabetes mellitus, IDDM）；类型2是**非胰岛素依赖型**糖尿病（non-insulin-dependent diabetes mellitus, NIDDM）。无论是类型1或类型2都有明显的遗传因素影响，

1/4~1/2 患者存在糖尿病家族史。但也有环境因素的影响。类型 1 型患者往往存在免疫系统异常,如曾经感染过**柯萨奇病毒**、**风疹病毒**和**腮腺病毒**,从而导致自身免疫反应,破坏产生胰岛素的 β 细胞。类型 2 患者常因进食过多、体力活动太少导致肥胖,遗传易感性个体易患此疾病。从患病机制上来看,类型 1 糖尿病是由于胰岛素产生和分泌不足;类型 2 糖尿病是由于胰岛素作用受阻,因而类型 2 又称为**胰岛素抵抗糖尿病**(insulin-resistant diabetes)。

　　类型 1 糖尿病多见于年轻人,在糖尿病患者中所占比例较少,检测血液除血糖高这一特征指标外还往往伴有胰岛素或 C 肽水平低,口服降糖药效果不好,需用胰岛素治疗。该病起因大多为自身免疫破坏胰岛 β 细胞所致,故而**胰岛细胞抗体**(ICA)、**胰岛素自身抗体**(IAA)和**谷氨酸脱羧酶抗体**(GAD)是诊断类型 1 糖尿病免疫异常的三项特征指标。自身免疫病较难治愈,类型 1 糖尿病往往需要终身治疗和护理。

　　类型 2 糖尿病人多见于老年人,比例较高,发病缓慢早期易于忽视。该病常伴有肥胖、高血脂、高血压、动脉粥样硬化等症状。其起因有多种:胰岛素突变失效、受体突变失效或是胰岛素信号途径某环节失效,现已发现多种有关基因突变,如胰岛素基因、胰岛素受体基因、葡糖激酶基因等。糖代谢紊乱的病因很复杂,有时可能并非胰岛素的原因,例如胰高血糖素分泌过量,或其他因素也能造成高血糖。因此,糖尿病的治疗不能单纯依赖胰岛素,还要从多方面考虑。

　　糖尿病患者,无论是类型 1 或是类型 2,不能有效利用血液中的葡萄糖,因此造成血糖升高。任何时间血糖超过 11.1 mmol/L,空腹血糖超过 7.0 mmol/L,餐后 2 小时血糖超过 11.1 mmol/L 即可以判断为糖尿糖。当血液中葡萄糖浓度超过肾糖阈(8.9~10.0 mmol/L),葡萄糖就会从尿中排出。糖尿病患者必须严格控制饮食,限制糖类的摄入,再配合药物治疗。

　　血液中葡萄糖不能被很好利用,脂肪酸就成为主要能源物质,从而使糖尿病患者在肝中脂肪酸过量但不能完全氧化。由于 β 氧化产生高 $[NADH]/[NAD^+]$ 比,从而抑制了柠檬酸循环,乙酰-CoA 不能完全经柠檬酸循环彻底氧化,由此造成乙酰-CoA 积累,并形成酮体(β-羟丁酸、乙酰乙酸和丙酮)。丙酮具有挥发性,使某些糖尿病患者吐出气体带有类似醉酒的气味。血液中带有过量酮体称为**酮血症**(ketonemia),酮体出现在尿中称**酮尿症**(ketonuria)。酮体具有酸性,过量时会造成**酮症酸中毒**,必须及时采取措施予以缓解和治疗。

（二）　肥胖病与脂代谢紊乱

　　当前,超重和**肥胖**(obesity)在我国及至全球都是一个挑战健康的严重问题。摄入超过所需热量的食物,多余部分就会以脂肪形式贮存在体内;主要贮存在脂肪组织内。常常用**体重指数**(bady mass index, BMI)来衡量人体重量是否正常,BMI 为体重(kg)/身高平方(m²)。正常人群 BMI 应为 18.5~25 kg/m²,BMI 在 25~30 kg/m² 为超重,30 kg/m² 以上即为肥胖。肥胖往往会带来许多疾病,例如类型 2 糖尿病、心血管疾病、中风以及某些癌症。

　　脂肪组织分布在皮下、腹腔、内脏周围、颈和肩胛等部位。脂肪组织不仅是分解、合成和贮存脂肪的组织,而且还具有重要的内分泌功能。进食行为和脂类代谢都受到激素和中枢神经系的调节。20 世纪 90 年代初最早发现**瘦素**(leptin),其后进一步发现脂肪组织能产生肽类激素,如**脂肪细胞因子**(adipocytokine)亦即**脂肪素**(adipokine)等。脂肪素可通过自分泌、旁分泌或内分泌,将脂肪组织贮存足够数量脂肪(TAG)的信息传递给有关组织,以抑制食欲、增加耗能、减少贮存。瘦素是其中一种,由 167 个氨基酸组成,可作用于下丘脑以减少食欲。破坏小鼠瘦素基因,小鼠即变得进食无节制,躯体肥胖;注射瘦素,小鼠食欲下降,躯体消瘦。瘦素受体主要在**下丘脑**调节进食行为的区域中表达,瘦素带来脂肪充足的信息,于是脑部释放厌食神经肽,并通过迷走神经系统增加血压和心率,促进棕色脂肪组线粒体解偶联产热。

（三）　长期禁食和饥饿造成的代谢紊乱

　　健康成年人体内可以动用的能源贮备物有三类:首要的能源贮备物是三酰甘油(TAG),主要贮存在脂肪组织,约占体重的 20% 以上;其次是蛋白质,贮存在肌肉,约占体重 6%~9%;然后是糖原,贮存在肌肉和肝,约占体重的0.16% ~ 0.33%。正在进行的葡萄糖、脂肪酸和三酰甘油只占体重的0.03%以下。在这些能源物质(或称为燃料)中最易利用的是葡萄糖,因此饥饿时最先动用的能源贮备物是肌糖原和肝糖原,然后才是脂肪组织的三酰甘油和肌肉的蛋白质。

进食后食物在小肠被消化、吸收,血糖随之升高。2小时后血糖浓度下降,于是肝动员肝糖原,释放葡萄糖。同时,三酰甘油的合成受抑制。进食后4小时血糖进一步减少,胰岛素分泌减慢,胰高血糖素分泌增加,这些激素信号从脂肪组织中动员贮存的脂肪,开始成为肌肉和肝的主要能源。脂肪组织输送脂肪酸和甘油到肝,分别进行β氧化和糖异生。由于糖异生消耗草酰乙酸,降低了柠檬酸循环的重要成分,因而阻止了乙酰-CoA进入柠檬酸循环,使得乙酰-CoA被大量积累,并转变为酮体。酮体在肾被排出体外。为了向脑组提供葡萄糖,肝降解某些蛋白质,生糖氨基酸经脱氨或转氨,碳骨架转变为葡萄糖,氨则合成尿素,由肾排出体外。肌肉组织降解非关键的蛋白质,然后输送到肝,生糖或生酮。利用蛋白质作为能源,对机体来说显然代价过高,非必要不会如此。再者,血糖不足时脑组织也可以利用短链脂肪酸和β-羟丁酸,这对于维持脑的能源供应十分重要。

进食行为和对能源物质的消耗与贮存都受到神经和激素的调节。下丘脑有两个与进食行为有关的区域,一个是饱中枢(satiety center),位于腹内侧核(ventromedial nucleus);另一个饿中枢(hunger center),位于外侧区(lateral area)。这两个中枢的神经信号分别作用于下丘脑拱状核(arcuate nucleus)的两类神经元,以控制摄食和代谢。一类称为开胃(促进食欲)神经元(orexigenic neurons),可产生和释放神经肽 Y(NPY),NPY一方面将信号传给脑,另一方面通过血液传给消化器管,从而促进摄食。另一类为厌食神经元(unorexigenic neurons),可产生α-促黑素(α-MSH),其作用导致拒绝进食,瘦素还可以在下丘脑通过信号转导途径促进α-促黑素的产生。

从进化的观点来看,瘦素的作用未必完全是为了减肥,虽然当今我们有可能利用瘦素来减肥。瘦素的实际功能很可能是一种对饥饿的调节反应。动物在自然界经常会挨饿,在饥饿时需要对其活动和代谢加以调整。营养不足可使瘦素水平下降,导致一系列节能反应。在下丘脑,瘦素水平的下降可减少甲状腺激素的产生(基础代谢变慢),减少性激素的产生(阻止繁殖),并且增加糖皮质激素的产生(动员体内产能贮备物)。通过减少能量消耗和充分利用内源性能量贮备,使动物渡过营养不足的艰难时期。从另一方面来看,肥胖对动物十分有害,在进化过程中产生防止过度肥胖的瘦素也是十分必要的。因此,防止肥胖和饥饿时节能应是瘦素的两个彼此相关的功能。

提　要

细胞代谢包括物质代谢、能量代谢和信息代谢三个方面。活细胞不断与环境交换物质,摄取能量,输入负熵,从而得以构建和维持其复杂的组织结构,进行各种生命活动。新陈代谢是一切生命活动的基础。生命物质主要有蛋白质、核酸、糖、脂质以及一些有机小分子,在这些物质代谢过程中同时进行着能量和信息的代谢。生物机体的新陈代谢是一个完整统一的过程,存在复杂的调节控制机制。代谢调节是对代谢物浓度变化的节制,以维持其稳定。代谢控制是对代谢途径通量的管控,以适应内外环境的变化。生物机体在分子、细胞和整体三个水平上进行代谢调节控制。

多糖、蛋白质和核酸都是高聚物,它们分别由少数种类的单糖、氨基酸和核苷酸所组成。脂质分子也能聚集成超分子结构。这些物质的代谢途径是相互联系的。细胞代谢的原则是将各类物质分别纳入各自的共同代谢途径,不同途径间可通过交叉点上的中间代谢物而相互沟通和相互转化。最关键的中间代谢物是:6-磷酸葡萄糖、丙酮酸和乙酰辅酶A。由此使各代谢途径形成网络。

细胞和机体通常都处于动力学的稳态,代谢物的生成和消耗速率相等,浓度保持相对不变。ATP是通用能量载体,又是能量水平的标记,在代谢调节中起重要作用。代谢调节点常是远离平衡的反应。代谢控制分析有三个重要参数:通量控制系数 C,弹性系数 ε 和反应系数 R。总和原理和相关性原理是代谢控制分析的基本原理。不同代谢途径、不同器官、不同调控机制之间均存在协同调节。糖酵解和糖异生之间有 7 步反应是可逆的,3 处不可逆反应为各自的调节点,在酶活性和酶生成上都受到调节。

　　生物体内的代谢反应都是由酶所催化和调节的。酶的调节包括酶活性的调节和酶含量的调节,前者又分为变构效应,酶的特异激活和抑制以及共价修饰等几种方式;后者则受合成和降解两方面的影响。代谢底物和代谢产物对代谢过程调节酶(变构酶)活性的调节作用分别称为前馈和反馈,这种作用或是激活(正作用),或是抑制(负作用)。ATP、ADP和磷酸盐广泛参与各种产能和需能反应,它们不仅通过质量作用效应而调节能量代谢,而且还是许多重要调节酶的变构效应物。能荷的定义为在总的腺苷酸系统中(ATP、ADP和AMP之和)所负荷的高能磷酸基数量(ATP加1/2ADP)。能荷值可作为细胞产能和需能代谢过程间变构调节的信号。凝血是由一系列凝血因子经级联激活引起的反应,凝血因子大多为丝氨酸蛋白酶。其间受到特异激活剂和抑制剂的精确调节。溶栓过程也是由丝氨酸蛋白酶的酶解级联反应引起的。酶原和激素原由蛋白酶酶解而激活。级联反应导致原始信号的放大,可于瞬间激活,并易于调节控制。

　　细胞具有精细的结构。各类酶在细胞中有各自的空间分布,因而使不同代谢途径分别在细胞的不同部位进行。细胞膜结构对代谢的调控作用主要有:控制跨膜离子浓度梯度和电位梯度,控制物质运输,与酶的可逆结合影响酶的性质和活性。细胞能对外部信号作出反应。外部信号作用于受体而引起细胞内的化学变化称为信号转导,并经信号途径而调节酶的活性和基因表达。

　　在整体水平上的神经调节和激素调节是在进化过程中发展和完善起来的调节机制,它们仍然需通过酶和基因的调节而起作用。激素、递质和调节肽作用于膜受体,经信号转导蛋白(G蛋白)而引起效应器的反应,或是改变膜透性,或是产生胞内信使导致酶的连续激活。生长因子的受体自身具有酪氨酸蛋白激酶活性,成为信号转导的重要环节。另一类受体自身具有鸟苷酸环化酶活性。有些受体不在质膜上,而分布在胞质内,如一氧化氮受体和某些核受体。

　　神经元传导电信号依赖于离子通过膜通道引起的膜电位变化。有两类门控离子通道:电位门控离子通道和配体门控离子通道。前者在膜去极化时打开,因而产生动作电位;后者由神经递质所打开,使化学信号又转变为电信号。神经递质和激素没有本质上的差别。有些神经细胞也能分泌胺类和肽类激素。最近发现神经、内分泌和免疫系统间存在密切关系。因此提出神经-内分泌-免疫网络学说。

　　各器官间在代谢上相互协调。肝加工和转运营养物,从小肠消化、吸收的营养物先送到肝,然后再分送各组织。肌肉利用ATP作机械功,并以脂肪酸、酮体和葡萄糖作为能源物质,必要时可以分解和利用肌糖原、磷酸肌酸和非关键的蛋白质。脑利用能量传递电脉冲,在静息时人体消耗 O_2 的20%、消耗葡萄糖的25%用于脑的能量供应,必要时也能利用 β-羟丁酸作为能源物质。血液运送氧、代谢物和激素,血液将所有器官连在一起。

　　代谢紊乱即造成疾病。糖尿病以高血糖为主要特征。有2类糖尿病:一类是胰岛素依赖型;另一类是非胰岛素依赖型。前者是由于胰岛素产生和分泌不足,可能因自身免疫破坏胰岛 β 细胞所致。后者是由胰岛素作用受阻。糖尿病患者不能很好利用血液中葡萄糖,易造成酮血症、酮尿症和酮症酸中毒,并常伴有许多其他疾病。

　　超重和肥胖严重危害健康。脂肪组织不仅是分解、合成和贮存脂肪的组织,而且还是重要的内分泌组织。脂肪组织在有足够脂肪时合成和分泌脂肪素,以抑制食欲、增加耗能、减少贮存。瘦素是其中重要的一种。瘦素作用于下丘脑,促进有关神经细胞合成和释放厌食神经肽,并通过迷走神经促进棕色脂肪组织解偶联产热。

　　长期禁食和饥饿将造成代谢紊乱。正常能源贮备物有三类,三酰甘油(脂肪组织)、蛋白质(肌肉组织)和糖原(肝和肌肉)。在无食物来源和肝糖原已耗尽时脂肪组织的三酰甘油和肌肉蛋白质便成为主要能源。大量利用脂肪酸会产生酮体。大量降解蛋白质也会生酮,而且会影响蛋白质更新,给机体带来损害。下丘脑存在饱中枢和饿中枢,拱状核的神经元可以分别合成促进食欲的神经肽Y和抑制食欲的 α-促黑素,用以调节进食行为和能量的消耗。瘦素既有防止肥胖又有在饥饿时节能的功能,对机体十分重要。

习　题

1. 物质代谢、能量代谢和信息代谢三者之间有何关系?

2. 什么是代谢调节? 什么是代谢控制?

3. 何谓代谢网络? 代谢途径之间是如何沟通的?

4. 6-磷酸葡糖、丙酮酸和乙酰-CoA 分别可沟通哪些代谢途径?

5. 何谓代谢动力学稳态?

6. 为什么利用 ATP 的酶其 K_m 值常在 0.1 mM ~1 mM 之间?

7. 为什么代谢调节点常为远离平衡的反应?

8. 反应接近平衡的标准是什么?

9. 何谓巴斯德效应? 其机制是什么?

10. "单一限速步骤"假说是否正确? 为什么?

11. 为什么代谢途径各酶的通量控制系数 C 之总和必为 1?

12. 为什么 $R = C \cdot \varepsilon$?

13. 何谓相对立的单向反应? 其中每一个单独的反应是否可逆?

14. 何谓同工酶? 其生物学意义是什么?

15. 比较己糖激酶Ⅰ~Ⅲ和己糖激酶Ⅳ酶学性质的异同。

16. 何谓底物循环? 举例说明生物如何防止底物循环。

17. IP_3 和 PIP_3 分别代表什么化合物? 其生物学作用是否相同?

18. 催化糖异生的酶分布在哪里? 这种分布有何生物学意义?

19. PFK-2 是一种双功能酶,分析两种酶活性之间的关系。

20. 丙酮酸激酶 L 型和 M 型酶学性质有何差异?

21. 举例说明酶促反应的前馈和反馈,有何生物学意义?

22. 何谓能荷? 它是如何调节代谢的?

23. 何谓级联反应? 有哪些方式可以形成级联反应?

24. 试简要说明凝血级联反应中的各步反应。

25. 谷氨酰胺合成酶是如何通过共价修饰进行调节的?

26. 何谓诱导酶? 何谓阻遏酶? 其调节机制是否相同?

27. 何谓操纵子?

28. 比较原核生物和真核生物酶生成调节的异同。

29. 代谢途径有关酶的区域化有何意义? 为什么有些途径的酶分布在细胞的不同区域? 有何意义?

30. 为什么说,膜的三种基本功能都与离子和电位梯度的产生有关?

31. 举例说明膜的运输对代谢的调节作用。

32. 膜与酶的可逆结合如何调节代谢?

33. 常见的受体有哪几类?

34. 何谓信号转导?

35. 激素和递质在本质上有何区别?

36. 什么是 G 蛋白? 主要有哪几类?

37. 为什么硝酸甘油可缓解心绞痛?

38. 试比较电位门控通道和配体门控通道的异同。

39. 简要说明神经系统与内分泌系统的关系。

40. 肝的主要功能是什么?

41. 说明肌肉乳酸的来源和去处。

42. 为什么脑组织需要消耗大量 O_2 和葡萄糖?

43. 简要说明血脑屏障。

44. 糖尿病主要可分几类? 其病因是什么?

45. 瘦素的主要功能是什么?

46. 严重饥饿会造成哪些代谢紊乱？

主要参考书目

1. 王镜岩,朱圣庚,徐长法. 生物化学教程. 北京:高等教育出版社,2008.

2. Nelson D L,Cox M M. Lehninger Principles of Biochemistry. 6th ed. New York：W. H. Freeman and Company,2012.

3. Berg J,Tymoczko J,Stryer L. Biochemistry. 7th ed. New York：W. H. Freeman and Company,2010.

4. Alberts B,Johnson A,Lewis J,et al. Molecular Biology of the Cell. 5th ed. New York&London：Garland Publishing,2008.

（朱圣庚）

网上资源

自测题

第29章 基因和染色体

生物功能由生物不同层次的结构所决定。生物不同层次的结构则是由生物大分子装配而成(图 29-1)。四类生物大分子中,蛋白质是主要的生物功能分子,它参与所有的生命活动过程,并在其中起着主导作用。核酸包括 DNA 和 RNA,是主要的遗传信息携带分子。DNA 贮存和传递遗传信息;RNA 使遗传信息得以表达。多糖和脂质化合物协助蛋白质完成其功能。脂质化合物与蛋白质构成生物膜,形成细胞的基本结构。核酸能够自我复制,蛋白质的合成由核酸所控制,多糖和脂质化合物由蛋白质作为酶催化合成。因此,生物的形态结构可通过核酸的自复制和生物大分子的自装配而完成。单独生物分子本身并不显示生命现象,一切生命现象均产生于生物分子的相互作用之中,其中 DNA、RNA 和蛋白质起着决定的作用。

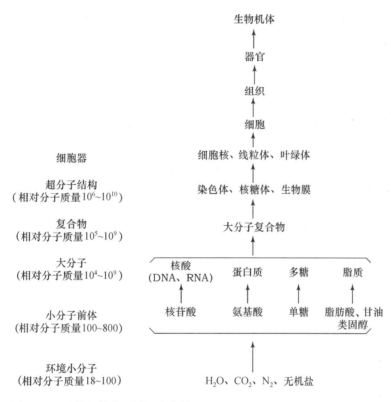

图 29-1 生物机体的不同层次结构

子代细胞来自亲代细胞,细胞结构的某些特征可作为**先存结构**(pre-existing structure)被传递下来,在子代细胞的形成中起指导作用,因此也携带一定的遗传信息。例如,细胞膜可按原有的成分和结构生长;染色质的修饰可指导子代细胞染色质以同样方式修饰;细胞内的淀粉粒可保持其特殊的花纹;某些蛋白质的折叠方式可使新生肽按同样方式折叠等。然而,决定生物大分子的遗传信息主要编码在核酸分子上,表现为特定的核苷酸序列。

经过半个多世纪的努力,遗传学、生物化学和分子生物学在 20 世纪揭示了基因的本质和作用机理。基因被定义为:在染色体上占有一定位置、通过表达对表型有专一效应、并可突变成等位型式的遗传单位。也就是说,基因是编码多肽链和 RNA 的一段 DNA。如上所述,遗传信息主要贮存在基因(DNA)中,但是染色质修饰和 RNA 引起的基因沉默等性状改变也可以遗传,于是产生和发展了表观遗传学。表观遗传学研究不涉及 DNA 序列变化的、可遗传的、表观改变的规律。由此可见，表观遗传学研究的是基因之外的遗传机理，它是遗传学的一个分支，是基因理论的补充。

一、基因概念的演变

遗传学是生物科学的一门核心分支学科。遗传学发展迅速，其思想对生物科学各分支学科都起着指导作用。遗传学从一开始就充满争议，并贯穿于整个发展过程。基因是遗传学最基本的概念，不同时期存在不同的理解。生物化学从分子水平上研究基因，揭示其化学本质和作用机制，生物化学与遗传学的观念是一致的。

（一） 孟德尔的遗传因子假说

在 19 世纪中叶，尚无系统的遗传理论，也缺乏有效研究遗传的方法和技术。有关研究仅限于对亲代和子代特征的观察，或是进行动、植物杂交试验和统计学分析。由于生物的复杂性，在生物学实验中选材和设计实验就无比重要。当时多数杂交试验在选材上都不够严谨，研究的性状也并不都合适，所得结果认为杂交子代的特征介于双亲之间，还有学者认为子代性状接近于群体的平均值，这似乎与"**融合遗传**（blending inheritance）"的观点一致。"融合遗传"认为，子代遗传物质是由亲代遗传物质"融合"而成。在 19 世纪比较流行的遗传观点还有拉马克（Lamarck）的"**获得性遗传**"和希波克拉底（Hippocrates）的"**泛生论**"。达尔文于 1859 年出版了他的举世名著《物种起源》，自此达尔文的名字便和"自然选择"与"进化论"联系在一起了。达尔文进化论的最大缺陷是未能提出令人信服的遗传学说。达尔文用"融合遗传"的观点来解释子代的遗传特征，用"获得性遗传"来说明环境的影响，并试图用"泛生论"来阐明遗传机制，这是全书最糟糕的部分。然而，那时并无更好的遗传理论可供达尔文采用。

孟德尔最早从豌豆杂交试验中发现遗传的一些基本规律，因此认为他奠定了遗传学的基础是很恰当的。孟德尔的豌豆杂交试验十分严谨、仔细，工作量也非常大，远不是同时代杂交试验可以与之相比的。从 1856 年开始，孟德尔采用 34 个豌豆品系，挑选 7 对区分明显的性状，反复进行杂交试验，对所收集的成千上万个杂交后代种子全部进行统计学分析，而不像同时代科学家那样人为有选择的分析，他的工作在同时代是独一无二的。孟德尔于 1865 年在"布隆自然历史学会"上宣读了他的论文"植物杂交试验"，其中总结了他所发现的遗传规律。次年该论文在学会的刊物上发表。

孟德尔的主要功绩在于：第一，他通过豌豆杂交试验证明遗传性状是由独立存在的遗传因子所决定，因此否定了"融合遗传"，确立了"**颗粒遗传**（particulate inheritance）"的思想。第二，他发现遗传因子有**显性**（dominant）和**隐性**（recessive）之分。决定一个遗传性状（如高矮）的遗传因子有一对，其中一个来自父本，另一个来自母本。子代的两个遗传因子可以是相同的（都是高的或都是矮的），也可以是不同的（一个高因子和一个矮因子）；当两个不同遗传因子在一起时，其中一个掩盖另一个的表现。第三，他发现遗传因子由亲代传递给子代有两条原理，后来被称为**分离定律**（law of segregation）和**自由组合定律**（law of independent assortment）。就是说，在形成生殖细胞时，决定任何性状的一对遗传因子总是彼此分开进入不同卵或精子中；生殖细胞含有决定不同性状的整套遗传因子，其中有些来自父本，有些来自母本，这种组合是随机的。

为什么孟德尔能够取得如此巨大的科学成就？孟德尔虽然是一位虔诚的修道士，但却受过良好的自然科学训练，他在维也纳大学学习了物理学、化学、动物学、昆虫学、植物学、古生物学和数学，还当过多位教授的助手。他工作执著，思想敏锐，善于抓住问题的关键。他对实验体系的选择是十分出色的，他曾强调取材必需有助于研究的目的。例如植物学家 Nägeli 曾建议孟德尔用山柳菊属的野鹰草作杂交试验，认为也许可以揭示出某些隐匿的性状，孟德尔作了尝试随即摒弃了这种材料，因为野鹰草由于无融合生殖（孤雌生殖）而不能显示有性生殖的遗传规律。

很可惜，孟德尔的杂交试验和遗传理论不被当时的学术界所接受。孟德尔的研究成果被埋没了 35 年，直到 1900 年由三位科学家几乎同时重新发现了他的学术著作。多数学者认为，19 世纪中叶孟德尔的工作不被理解,是由于当时的时机尚不成熟,无论是本学科还是邻近学科都缺少对他学说支持的证据,也没有科学家获得与他工作类似的成果。进入 20 世纪,遗传学兴起的时机成熟了,重新认识孟德尔的工作便成为遗传学发展的开始。

(二) 摩尔根的基因学说和染色体理论

重新发现孟德尔 1866 年论文的三位植物学家,H. de Vries、C. Correns 和 E. von Tschermak,都曾从事植物杂交研究,在解释杂交结果并据以推导遗传规律的过程中看到孟德尔的原始论文,他们都认识到了孟德尔工作的重要意义。Correns 和 Tschermak 曾做过豌豆杂交试验,从孟德尔的理论中受到启发,深信其正确。de Vries 在 19 世纪后期曾用玉米进行杂交试验,观察到了显性和性状分离现象,并得到 3∶1 的比例;其后又对 30 多个其他物种和变种进行杂交试验,也得到类似的结果。他的杂交试验和理论观点基本与孟德尔一致。三位科学家同时推崇孟德尔的论文,足以引起学术界广泛的关注。但是,在一段时间内(1900年—1910 年),许多生物学家仍对这种新的遗传理论抱着反对或怀疑的态度。

孟德尔遗传理论的支持者和反对者之间展开热烈的争论。在刊物上、在各种学术会议上、甚至在私下的会见和信件中,彼此针锋相对、互不相让。一些科学家重复孟德尔的豌豆杂交试验,或者另外设计试验,以求验证孟德尔遗传理论是否正确。学术争论是推动学科发展的最好方式,在争论中遗传学得到迅速发展。1909 年 W. L. Johannsen 提出**基因**(gene)这个名词,表示遗传物质的最小功能单位,用来取代孟德尔所称的遗传因子,并提出**基因型**(genotype)和**表型**(phenotype)这样两个术语,前者表示生物的基因成分,后者是这些基因所表现的性状。在争论中不少学者混淆了"遗传因子"和"表现性状"之间的区别,由此造成概念上的混乱,Johannsen 的定义对理解孟德尔遗传理论有重要意义。

1910 年初,摩尔根(T. H. Morgan)和他的助手从饲养的红眼果蝇中发现一只白眼雄性果蝇,这是一种**突变型**(mutant),正常的红眼为**野生型**(wild type)。让这个突变的雄果蝇与正常(红眼)雌果蝇交配,所得子代都是正常的红眼果蝇;如果让杂交子代之间交配,白眼性状又再次出现,然而总是存在于雄果蝇中,雌性极为偶见;如果接着让突变雄果蝇与杂交子一代交配,那么在后代中一半雄性、一半雌性为白眼。这种结果只能用孟德尔遗传原理来解释。于是摩尔根和他的学生们由孟德尔遗传理论的反对者一变而成为积极的支持者。摩尔根是一位非常杰出的科学家,他通过自己的试验证明孟德尔理论正确之后便不遗余力的宣扬孟德尔遗传理论。10 年论战,孟德尔的遗传理论终于成为主流的遗传学,并被冠以孟德尔的名字,以示对这位遗传学奠基者的尊敬。当然,对孟德尔或摩尔根理论的反对者和怀疑者还是有的,事实上任何理论在任何时候都有反对者,有些是因为理论本身不完善,有些是过于自信自己创立或自己支持的理论,有些则是根本不懂自己反对的理论。

摩尔根对遗传学的贡献十分巨大,他和他的同事发展了孟德尔的"颗粒遗传"的思想,首次用实验证明染色体是基因(相当于孟德尔的遗传因子)的载体,基因位于染色体的特定**座位**(loci)上。摩尔根小组发现了伴性性状、连锁定律和上百个果蝇基因,对这些基因的性质和效应进行了广泛的研究。摩尔根小组还创立了遗传的染色体理论。摩尔根认为,两条同源染色体联会时发生部分交换,产生基因间重组,这种重组程度是它们空间分隔距离的量度,从而可以通过测定基因重组频率或染色体变异的遗传效应构建出基因的连锁图,即基因在染色体上的线性排列图。1915 年摩尔根与他的合作者出版了具有划时代意义的著作《孟德尔遗传机理》,稍后又出版了《遗传的物质基础》(1919)和《基因论》(1926),这些著作对遗传学的发展意义深远。1933 年摩尔根获诺贝尔生理学或医学奖。

细胞学和遗传学是生物学关系密切的两个分支学科。19 世纪 30 年代末建立细胞学说,认识到所有生物都是由细胞组成的。其后,通过对细胞染色体的观察知道,配子(精子和卵)的染色体数目是体细胞的一半,有丝分裂将复制后的染色体平均分配给子代细胞,减数分裂则只分配给配子一半染色体,通过受精才使两个配子的染色体合并。在显微镜下还观察到染色体发生缺失、易位、倒位和重复等异常现象,而机体也同时会有性状的变异。这些研究结果使一些细胞学家相信染色体与遗传有关。1903 年 W. S. Sutton 首先提出遗传因子位于染色体上这一概念,并认为染色体的行为可以构成孟德尔遗传定律的物质基础。摩尔根用实验证明了细胞学家的臆测,他发现伴性性状说明决定这些性状的基因位于性染色体上,终于将细胞学和遗传学结合起来,产生了细胞遗传学。摩尔根小组花费大量时间找出果蝇基因的连锁群,绘制染色体图,进而建立了染色体遗传学。

摩尔根的影响远不止遗传学。摩尔根原先是实验胚胎学家,对"突变"极感兴趣,对达尔文以连续变异作为进化原始材料的观点抱有怀疑。他曾用多种动物进行诱变实验,从 1908 年开始选用果蝇进行实验,终于获得成功。他的学生 H. J. Muller 由于研究 X 射线对突变率的影响而获 1946 年诺贝尔生理学或医学奖,也与摩尔根思想的影响有关。摩尔根用他的基因学说使"发育–遗传–进化"三个学科联系在一起。事实上没有一个生物学的分支学科与发育、遗传和进化无关,基因学说已成为生物学所有分支学科的指导思想。有生物学家说:"19 世纪是达尔文的世纪",那么,20 世纪对生物学影响最大的科学家是谁?可以说,前半个世纪是摩尔根,后半个世纪是沃森(J. D. Watson)和克里克(F. Crick)。前半个世纪从生物学(遗传学)角度研究基因的存在和作用;后半个世纪从分子水平(生物化学和分子生物学角度)研究基因的本质,研究基因如何编码、如何传递和表达遗传信息。

(三) 基因是编码多肽链和 RNA 的一段 DNA

随着遗传学的发展,基因这个术语广泛被生物学各分支学科所使用,同时也普遍被提问基因的化学本质是什么?细胞学和生物化学同为遗传学的重要基础学科。细胞学揭示了基因载体染色体的行为,因而有助于了解基因的生物学作用。生物化学是沟通化学与遗传学之间的桥梁,研究基因的分子结构和基因作用的化学过程,则有赖于生物化学。

虽然 J. F. Miescher 在 1868 年就已提取出 DNA,然而直到 1944 年 O. T. Avery 证明 DNA 是细菌性状的转化因子才被重视。1952 年 A. Hershey 和 M. Chase 用放射性同位素标记实验证明,噬菌体感染宿主时只有 DNA 进入细菌细胞,从而真正认识到 DNA 是遗传物质。在此之前已经知道,代谢障碍与基因突变有关,1945 年 G. W. Beadle 和 E. L. Tatum 据此提出"一个基因一种酶"的假设。Watson 和 Crick 受量子论奠基者 N. Bohr 的学生 M. Delbrück 的影响,深信遗传信息编码在染色体的遗传物质上,当他们知道遗传物质是 DNA 后就把注意力集中到了这类物质。他们从 M. Wilkins 处获得 DNA 的 X 射线衍射图,根据 DNA 的化学性质和作为遗传物质可能的作用方式,经过不懈努力,构建出 DNA 分子双螺旋结构模型。该模型阐明了遗传物质的分子结构和复制机制,在此基础上诞生了分子生物学。20 世纪的分子生物学实质上就是基因的分子生物学。

按照 Watson 和 Crick 的设想,遗传信息贮存在 DNA 分子中,经复制而由亲代传递给子代,在子代经 RNA 指导蛋白质的合成,从而表现出各种生命特征。Crick 在 1958 年将之总结为分子生物学的**中心法则**(dogma),即"DNA →RNA →蛋白质"。按照此设想,基因也就是 DNA 分子的一个片段。法则的意思是无需证明而必须遵循的规则。中心法则虽然逐渐为大家所接受,然而始终争议不断。1961 年 F. Jacob 和 J. Monod 提出操纵子学说,并论证了 mRNA 的功能。其后认识到基因有启动子和各种调节元件。1966 年 M. W. Nirenburg 等破译了遗传密码。于是基因被定义为一段核苷酸序列。20 世纪 70 年代建立 DNA 克隆技术,兴起了基因工程,至此基因已不仅仅是一个纯理论上的概念,而且是实实在在可以操作的遗传物质。在一段时间内"基因学说"似乎已经十分"完美",但在随后的研究中却不断受到新发现的冲击,有关基因的概念也在不断改变。

1977 年 F. Sanger 测定 φX174 噬菌体 DNA 序列发现基因可以是重叠的,因此不能简单将基因等同于一段 DNA。同年,R. J. Roberts 和 P. A. Sharp 分别发现真核生物的基因是断裂的,由**内含子**(intron)将编码序列的**外显子**(exon)分割开。其后发现 RNA 在加工过程可以发生**选择性剪接**(alternative splicing),产生**异型体**(isoform)多肽链。这就是说,"一个基因一种酶""一个基因一条多链肽"的观点是不准确的。20 世纪 80 年代还发现,除 tRNA、rRNA 和 mRNA 负责蛋白质合成外,还存在许多具有催化功能、调节功能和其他功能的 RNA,表明有些基因的终产物是这些有特殊功能的 RNA。那么,现在应该如何定义基因?综上所说,基因是指携带编码多肽链和 RNA 遗传信息的一段 DNA,而不是简单指一段核苷酸序列或 DNA。表观遗传学证明染色体修饰和 RNA 引起的基因沉默也能遗传,但表观遗传学研究基因之外的遗传,并不涉及基因概念。简言之,基因是一段编码 DNA,研究基因不能仅研究其物理载体,更重要的是了解其编码的遗传信息。

二、基因和基因组的结构

基因组也就是整套基因的意思。通常基因组是指细胞或病毒整套染色体基因,细胞器基因组需注明是什么细胞器。原核生物和真核生物的基因和基因组有显著差别。

（一） 原核生物的基因和基因组结构

原核生物染色体 DNA 和真核生物细胞器 DNA 通常都是双链环状分子,极少数为线状分子。病毒可看作游离的染色体,其基因组或为 DNA(单链或双链,线状或环状),或为 RNA(正链、负链或双链,线状或环状)。原核生物基因组的结构有如下特点:① 基因组较小,大部分为编码序列,单拷贝(rRNA 基因为多拷贝),间隔序列和调节序列所占比例较小;② 基因编码序列连续,无内含子;③ 功能相关的基因组成操纵子;④ 重复序列极少、较短。

表 29-1 列出几种原核生物和病毒的基因组大小和基因数,平均每个基因大小为 1 000~1 500 bp。基因组较大的细菌,如黄色黏球菌的基因组(9.4×10^6 bp),其大小已接近酿酒酵母(1.21×10^7 bp);基因数前者约为 8 000,后者为 5 800,已超过后者。生殖道支原体是目前已知能独立生活的最小原核生物,其基因组大小为 0.580×10^6 bp,基因数为 473。据推测,能够独立生活的原始细胞可能最低基因数为 256 个。

表 29-1　原核生物和病毒的基因组大小和基因数

生物	基因数	基因组大小(bp)
MS2 噬菌体(ssRNA phage)	3	3 569
φX174 噬菌体(scDNA phage)	11	5 386
λ 噬菌体(dsDNA phage)	66	48 502
痘苗病毒(*Vaccinia virus*)	206	1.86×10^5
生殖道支原体(*Mycoplasma genitalium*)	473	0.580×10^6
沙眼衣原体(*Chlamydia trachomatis*)	894	1.04×10^6
普氏立克次体(*Rickattsia prowazekii*)	834	1.11×10^6
布氏疏螺旋体(*Borrelia burgdorferi*)	853	0.911×10^6
幽门螺杆菌(*Helicobacter pylori*)	1 590	1.66×10^6
詹氏甲烷球菌(*Methanococcus jannaschii*)	1 738	1.66×10^6
流感嗜血杆菌(*Hacmophilus influenzae*)	1 760	1.83×10^6
闪烁古生球菌(*Archaeoglobus fulgidus*)	2 436	2.18×10^6
腾冲嗜热厌氧菌(*Thermoanaerobacter tengcongensis*)	2 588	2.68×10^6
枯草芽孢杆菌(*Bacillus subtilis*)	4 100	4.2×10^6
大肠杆菌(*Escherichia coli*)	4 400	4.6×10^6
天蓝色放线菌(*Streptomyces coelicolor*)	7 846	8.6×10^6
黄色黏球菌(*Myxococcus xanthus*)	8 000	9.4×10^6

原核生物的染色体 DNA 小于 10 Mb(10×10^6 bp),除链霉菌和疏螺旋体为双链线状 DNA 外,一般都是双链环状分子。原核生物基因组以操纵子为转录单位,每个操纵子有转录的控制部位,受调节基因产物的调节(详见基因表达调节)。大肠杆菌有 2 584 个操纵子,其中 73% 只含一个基因,16.6% 含 2 个基因,4.6% 含 3 个基因,6% 含 4 个或 4 个以上基因。染色体外的基因或基因组称为质粒,质粒通常为双链环状 DNA,少数为线状分子。有些质粒并不携带对宿主有益的遗传信息,其仅有的功能就在于可自身繁殖。线粒体 DNA(mtDNA)通常为环状分子,一个线粒体可以有多个分子,低等生物的线粒体 DNA 大小和形状变

动较大,在 18~400 kb 之间,环状或线状。植物的 mtDNA 较大,在 120 kb 以上,甚至高达 2 400 kb,一般为环状,少数为线状。后生动物的 mtDNA 大小为 15~40 kb,为环状分子。在进化过程中不断有线粒体基因移至核染色体内。人的 mtDNA 为 16.6 kb,环状分子。不同植物的叶绿体 DNA(cpDNA)较为一致,为 120~217 kb,环状分子,一个叶绿体常含多个 DNA 分子。

　　病毒基因组因其起源和复制方式不同而有较大差异,多样性是其特征之一。选择压力使病毒基因组被压缩,基因间隔区很小或没有。有些病毒基因相互重叠:① 一个基因是另一个基因的一部分,即同一阅读框架,但起始或终止氨基酸不同;② 一个基因在另一个基因编码区内,但阅读框架不同;③ 两个基因部分重叠,阅读框架不同;④ 一个基因的起始信号在另一个基因的终止信号内。

(二) 真核生物的基因和基因组结构

　　真核生物包括单细胞的真菌(如酵母)与原生生物(原生动物、黏菌、藻类)和多细胞的植物、真菌和动物。其基因组结构的特点是:① 基因组较大(>10 Mb),间隔序列和调节序列所占比例大;② 通常基因的编码序列不连续,编码的外显子被非编码的内含子序列分割开;③ 功能相关基因不组成操纵子,分散在各染色体中;④ 存在较大比例各种重复序列。真核生物基因组大小及基因数见表 29-2。

表 29-2　真核生物的基因组大小和基因数

生物	大约基因数	基因组大小(bp)
酿酒酵母(*Saccharomyces cerevisiae*)	5 800	$1.21×10^7$
嗜热四膜虫(*Tetrahymena thermophila*)	27 000	$1.25×10^8$
秀丽隐杆线虫(*Caenorhabditis elegans*)	20 000	$1.03×10^8$
黑腹果蝇(*Drosophila melanogaster*)	14 700	$1.80×10^8$
玻璃海鞘(*Ciona intestinalis*)	16 000	$1.60×10^8$
河豚(*Fugu rubripes*)	22 000	$3.93×10^8$
小鼠(*Mus musculus*)	27 000	$2.60×10^9$
人类(*Homo sapiens*)	30 000	$3.20×10^9$
拟南芥菜(*Arabidopsis thaliana*)	26 500	$1.20×10^8$
亚洲稻(*Oryza sativa*)	45 000	$4.66×10^8$
玉米(*Zea mays*)	45 000	$2.20×10^9$
烟草(*Nicotiana tabacum*)	43 000	$4.50×10^9$

　　人类单倍体(22+X+Y)基因组 DNA 大小为 $3.20×10^9$ bp,包含大约 3 万个基因,其中编码蛋白质的基因 21 000 个,已知 RNA(包括 tRNA、rRNA、snoRNA、snRNA、miRNA 和 antiRNA 等)基因 8 800 个。蛋白质基因大约只占基因组 DNA 的 25%,编码序列约占 1.2%,23.8% 为基因的各类调节序列、内含子序列和假基因;RNA 基因有些位于内含子,有些位于基因间隔区。上述数据只能给出一个大致的情况,不同实验室报导的数据出入颇大,而且随着研究的深入,有关概念和数据也在不断改变。

　　真核生物的基因存在内含子(intron)和各类调节元件,因此比原核生物基因要大得多。不同基因间差别极大。最大的基因为肌养蛋白(dystrophin)基因,位于 X 染色体,达 2.5 Mb($2.5×10^6$ bp),编码约 3 700 个氨基酸的蛋白质多肽链(~500 kDa)。该基因共有 79 个外显子(exon),实际上其编码序列仅 11 058 bp,不到基因的 0.5%。最大的蛋白质为肌联蛋白(titin),约含 27 000 个氨基酸(~3.2 MDa),其基因约 250 kb,位于 Y 染色体,是外显子最多的基因,共 178 个外显子。而组蛋白基因无内含子,H1、H4、H2B、H3 和 H2A 基因串联在一起,构成基因簇(gene cluster),其大小约为 6 000~7 000 bp,多拷贝分散存在。真核生物基因启动子的上游、下游或内含子中常存在**增强子**(enhancer),可结合调节蛋白促进基因的转录;有时还存在负的调控序列,称为**沉默子**(silencer)。增强子和沉默子具有远距离效应,**绝缘子**(silencer)可防止远距离增强子和沉默子的作用。在启动子附近存在各类**调节元件**(regulation element)。基因的下游为**终止子**(terminator),是转录的终止信号。真核生物的基因结构如图 29-2 所示。

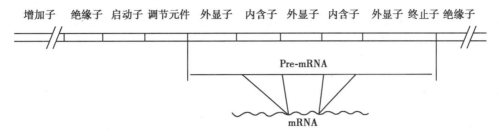

图 29-2　真核生物基因示意图

　　真核生物基因组 DNA 有较大量的重复序列。重复序列可分为两类：一类序列较短（<10 bp），拷贝数可达上百万（10^6），称为**高度重复序列**（highly repetitive sequence），约占基因组的 3%；另一类序列有长（>100 bp）有短（<100 bp），拷贝数从几十到数十万，称为**中度重复序列**（moderately repetitive sequence），约占基因组的 50%。高度重复 DNA 又称为**卫星 DNA**（satellite DNA），因其碱基组成与主体 DNA 有较大差别，将细胞 DNA 切成碎片进行氯化铯密度梯度离心时，由于密度不同而与主体 DNA 分开，形成卫星条带。这类 DNA 组成特别，可能与某些特殊功能有关，仅存在于基因组的**着丝点**（centromere）和端粒（telomere）等位点。前者是细胞有丝分裂时纺锤丝的固着点；后者是线状染色体 DNA 的末端结构，起着保护 DNA 末端和完成 DNA 复制的作用。中度重复 DNA 包括多拷贝基因（如组蛋白、tRNA、rRNA 基因）、调节序列、**倍增片段**（segmental duplication）以及大量各类转座子。

　　真核生物基因组中还存在许多基因家族，或称为**多基因家族**（multigene family）。基因家族是由一个祖先基因经重复和突变，形成若干序列相似、其编码产物结构和功能相近的基因群。例如，哺乳动物基因组的组蛋白、珠蛋白、免疫球蛋白、肌动蛋白、胶原蛋白、热激蛋白等基因家族。基因家族与**基因簇**（gene cluster）是两个不同的概念，前者在进化上具有亲缘关系；后者指在位置上彼此排列在一起。基因簇的成员可以是同一家族，也可以不是同一家族。原核生物的基因簇常组成操纵子；真核生物的基因簇不组成操纵子，簇内各个基因分别有其启动和调节转录的序列。

三、染色体的结构

　　细胞学研究发现，在有丝分裂和减数分裂期的细胞核中呈现一些对染料着色深的结构实体，称为**染色体**（chromosome）。摩尔根依据染色体的遗传行为证明其为基因载体。染色体这一术语除特指细胞核中着色深的结构实体外，也被用来泛指病毒、细菌、真核生物细胞核和细胞器中遗传信息的载体。细胞化学分析表明，染色体由 DNA、蛋白质、少量 RNA 和无机离子所组成。许多实验都证明，基因是 DNA 的一个片段。从细菌或动、植物组织中提取的 DNA 总是伴有蛋白质，也说明在细胞内 DNA 是与蛋白质一起存在的。真核生物分裂间期的细胞核看不到染色体，DNA 和组蛋白及其他蛋白质复合物以丝状结构存在，称为**染色质**（chromatin）。组成染色体或染色质的 DNA 是一条细长的分子，其直径约为 2 nm，大肠杆菌染色体 DNA 长约 1.56 mm，人类 46 个染色体的 DNA 如果头尾相连长达 2 m。如此细长的分子，如果散开必将因纠结而极易断裂。现在知道，染色体或染色质 DNA 具有不同层次特殊的螺旋和折叠结构，以保证行使其复制、修复、重组、转录以及平均分配给子代细胞的复杂功能。

（一）染色体不同层次的结构

　　生物体内核酸常与蛋白质结合形成复合物，并具有复杂的高级结构。通常将遗传信息的载体统称为染色体，染色体的组成物质称为染色质，也就是基因组 DNA 与蛋白质的复合物。染色质具有不同层次的结构得以组装成染色体。DNA 分子十分细长，将它与蛋白质一起组装到有限的空间中需要高度组织，这种组装可以用**压缩比**（compression ratio）来表示。所谓压缩比是指 DNA 分子长度与组装后特定结构长度之比。原核生物无细胞核结构，但 DNA 与蛋白质仍有复杂结构，DNA 被压缩在拟核之内。真核细胞在间期并不呈现着色深的染色体实体,而以染色质形式存在,它具有各种功能如进行复制、重组和转录,其压缩比在 1 000~2 000 之间。在有丝分裂期间,染色质进一步凝缩组装成染色体,以便于将遗传物质分配到子代细胞。此时 DNA 压缩比达 8 000~10 000,提高 5~10 倍。表 29-3 列出一些生物体中 DNA 分子长度和其组装空间的大小。

表 29-3　DNA 与其组装空间的大小

种类	外形	大小	DNA 类型	DNA 长度	压缩比
噬菌体 fd	丝状	0.006 μm×0.85 μm	单链环状 DNA	6.4 kb=2 μm	2.4
腺病毒	二十面体	0.07 μm(直径)	双链线状 DNA	35.0 kb=11 μm	157
大肠杆菌	圆筒	1.7 μm×0.65 μm	双链环状 DNA	$4.2×10^3$ kb=1.3 mm	1 000~1 500
线粒体(人类)	椭圆体	3.0 μm×0.5 μm	双链环状 DNA	16.0 kb=50 μm	16.7
细胞核(人类)	球形	6 μm(直径)	双链线状 DNA(23 对)	$6×10^6$ kb=2 m	8 000~10 000

　　病毒基因组较小,通常只有几个至几十个基因。**病毒颗粒**(virion)主要由核酸(DNA 或 RNA)和蛋白质组成。在病毒颗粒中,核酸位于内部,蛋白质包裹着核酸。蛋白质外壳称为衣壳(capsid),衣壳由许多蛋白质亚基构成,称为**原聚体**(protomer)。由核酸和衣壳形成螺旋对称或二十面体对称的**核衣壳**(nucleocapsid)。有些病毒还有脂蛋白和糖蛋白的**被膜**(envelope)。病毒侵染的遗传信息由核酸携带,蛋白质的作用主要有两个方面:一是保护核酸免受损伤;二是选择和侵染宿主。有些病毒蛋白质还有辅助完成病毒生活史的功能,如酶、引物蛋白、运动蛋白等。病毒可看作是游离的染色体,但适应于游离和感染机制,病毒颗粒结构有许多特化,不同于细胞染色体。在进入宿主细胞后,原核细胞的噬菌体 DNA 行为相当于染色体外基因质粒;真核细胞的病毒 DNA 也能组装成核小体。

　　细菌中基因组 DNA 与碱性蛋白和非碱性蛋白作用,能够产生区域化的结构,但比较简单。真核生物有细胞核,染色体形成复杂的分层次的螺旋和折叠结构。

(二)　细菌拟核的结构

　　虽然细菌没有细胞核结构,其遗传物质也不显示真核细胞染色体的形态特征,但细菌染色体 DNA 也并非完全散开的,它在细胞内盘绕形成致密体,称为**拟核**(nucleoid),约占细胞体积的三分之一。细菌的基因组 DNA 为环状双链分子,其上也结合了一些小的碱性蛋白,与组蛋白类似,称为 HU 蛋白。但 HU 蛋白为二聚体(M_r 19 000),与 DNA 的结合并不牢固,随结合随脱落。在电子显微镜下,大肠杆菌 DNA 显示组成许多突环,即超螺旋结构域(supercoiled domain),它们固着在质膜内表面一个或多个点上。如果在超螺旋结构域中产生一个切口,该突环即呈松弛态,但邻近结构域仍为超螺旋,表明存在拓扑束缚(图 29-3)。通常大肠杆菌 DNA 呈负超螺旋,每 200 bp 负一圈($\sigma=-0.05$)。DNA 的附着点为蛋白质和膜(可能还有 RNA 参与作用)构成的核心,或称为**支架**(scaffold)结构。大肠杆菌大约有 500 个突环,平均每个突环约 10 000 bp,每个突环相当于一个转录单位。DNA 的复制可以通过附着点,实际上附着点在复制时可以发生移动。

　　细菌基因组 DNA 分子长度约为拟核长度的 1 000~1 500 倍,其压缩比与真核细胞活性染色质的压缩比较相近。大肠杆菌和其他原核细胞基因组是以拟核的形式存在并行使它的各种功能,在复制后直接分配到子代细胞中,无需凝缩成染色体再分配。大肠杆菌生长最快时 15 min 即分裂一次。也就是说,大肠杆菌染色体 DNA 几乎随时都在进行复制和转录,拟核的简单结构与其快速的复制和转录相适应。真核细胞有丝分裂十分复杂,完成一次分裂需要数小时,甚至几个月。其染色体的复杂结构以及有丝分裂机制使得真核细胞携带的遗信息比原核细胞大数百至数千倍,但其遗传信息传递的精确度却比原核细胞大三、四个数量级。

　　无论是细菌还是真核细胞,染色体 DNA 都处于负超螺旋,这种状态有助于染色体(染色质)的结构稳定和执行功能。但适应于高温(>80℃)的细菌,其 DNA 为正超螺旋。

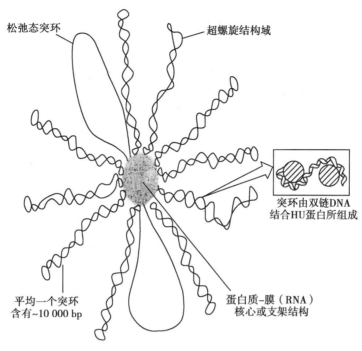

图 29-3 细菌拟核的突环结构

（三）真核生物染色体的结构

真核生物的染色体具有不同层次的螺旋和折叠结构,压缩比高达 10 000。在细胞分裂间期,基因组 DNA 以比较展开的染色质形式存在,并可根据所执行的功能调整其结构。染色质可以分为两类:**常染色质**(euchromatin)和**异染色质**(heterochromatin)。染色质的基本结构单位是**核小体**(nucleosome)。

1. 常染色质和异染色质

早期研究发现,在光学显微镜下可以看到染色体的各区段被染料不同程度着色,表明染色体各区段的结构有差别,从而可以区分常染色质和异染色质两类组分。异染色质的着色深,致密;常染色质则相反。进一步研究了解到,间期的染色体展开为染色质。其中,常染色质结构比较疏松,因此结合染料较少,转录活性主要存在于该类染色质;异染色质结构紧密,结合染料多,极少转录活性。

常染色质 DNA 相对比较伸展,压缩比较低(1 000~2 000),主要为单拷贝和中等重复序列,是基因活跃表达区域,其表达受各种调节因子的作用。异染色质 DNA 有更多的螺旋和折叠,压缩比较高(接近染色体)。这部分 DNA 复制落后于常染色质,除混杂其中的少数基因外大多不能转录。着丝粒、端粒、次缢痕以及染色体的某些节段 DNA 大多是由短的高度重复序列所组成,这部分形成**组成型异染色质**(constitutive heterochromatin),它们虽缺少表达活性然而却具有染色体不可或缺的功能。另一些染色质区域随细胞分化而进一步螺旋化和折叠,通过压缩以封闭基因活性,称为**功能型异染色质**(functional heterochromatin)。例如,哺乳动物雄性个体细胞的性染色体一条为 X 染色体,一条为 Y 染色体;雌性个体细胞的性染色体为两条 X 染色体。在个体发育早期,雌性细胞两条 X 染色体中的一条随机发生异染色质化,其活性被永久封闭。这一过程使雄性和雌性个体细胞的 X 染色体基因活性相等,称为性分化的**剂量补偿效应**(dosage compensation)。

2. 核小体的结构

核小体是真核细胞染色质的基本结构单位,无论是常染色质还是异染色质,它都是由 DNA 盘绕组蛋白核心所构成。1974 年 R. D. Kornberg 根据电镜观察和 X 射线衍射等资料,阐明了核小体的结构。Kornberg 发现**组蛋白 H3** 和 **H4** 在溶液中以四聚体$(H3-H4)_2$形式存在,**组蛋白 H2A** 和 **H2B** 也能形成二聚体和寡聚体。他用$(H3-H4)_2$和 H2A-H2B 寡聚体与 DNA 重建染色质,其 X 射线衍射图谱与天然染色质相同。据此他提出，每一**组蛋白八聚体**（H2A、H2B、H3、H4 各 2 分子）构成核小体的核心，DNA 盘绕其上。**H1** 可能以另外的方式结合在核小体的 DNA 之上。由此 DNA 与组蛋白结合形成一串直径为 11 nm 的念珠状细丝，平均每个核小体的 DNA 约 200 bp。

用**微球菌核酸酶**（micrococcal nuclease，MNase）消化染色质，随着作用时间的延长得到的 DNA 片段逐渐缩短，最初可得到 200 bp 的片段；进一步消化可得到带有 H1 的核小体，DNA 片段长度约为 165 bp；充分消化释放出 H1，只剩下核小体的核心颗粒，由 146～147 bp 的 DNA 和八聚体组蛋白所组成。该核心颗粒的 X 射线结构分析表明，它由 B-DNA 以左手超螺旋在组蛋白八聚体上绕 1.65 圈。DNA 在组蛋白核心上左手盘绕可以剩余 DNA 产生负超螺旋，每组装一个核小体，DNA 的连环数变化为 −1.2。核小体之间连接（link）DNA 短至 8 bp，长至 114 bp，一般为 20～60 bp。DNA 进入和离开核小体的位置在同一侧。组蛋白 H1 结合在 DNA 进出口处，使核小体结构更为紧凑（图 29-4）。

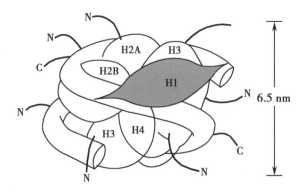

图 29-4　组蛋白 H1 结合在 165 bp DNA 的核小体上

从低等到高等真核生物，其组蛋白结构均十分保守。共有五种组蛋白，相对分子质量都较小，并有较高比例的碱性氨基酸，不同物种的组蛋白略有差别（牛组蛋白的成分见表 29-4）。核小体的八聚体核心结构由 H2A、H2B、H3、H4 四种组蛋白各 2 分子组成。这四种组蛋白结构十分相似，表明它们有共同的起源。尤以 H3 和 H4 的保守性最强。牛的 H3 和豌豆的序列只差 4 个氨基酸，鲤鱼和牛只差 1 个氨基酸；牛的 H4 和豌豆 H4 只差 2 个氨基酸。这四种组蛋白的中心区均为 α 螺旋，两侧各以突环与短的 α 螺旋相连，由 3 个 α 螺旋构成**折叠结构域**。N 端为富含碱性氨基酸的柔性尾巴，带正电荷，伸出核小体之外；C 端序列较短，碱性氨基酸少，大部分疏水氨基酸分布在 C 端，只有 H2A 的 C 端较长伸出在外。组蛋白还存在一些**变异体**（variant），可被置换到核小体内。4 种组蛋白的尾区有许多可被修饰的基团，通过修饰（如乙酰化、甲基化等）影响与 DNA 的亲和力。核小体组蛋白的置换和修饰可控制染色质的结构和活性。

表 29-4　牛组蛋白的组成成分

组蛋白	残基数目	相对分子质量	Arg(%)	Lys(%)	组蛋白	残基数目	相对分子质量	Arg(%)	Lys(%)
H1	223	21 130	11.3	29.5	H3	135	15 273	13.3	19.6
H2A	129	13 960	19.3	10.9	H4	102	11 236	13.7	10.8
H2B	125	13 774	16.4	16.0					

在水溶液中，H2A 和 H2B 中心区螺旋彼此靠近，形成异二聚体 H2A-H2B。H3 和 H4 以类似方式形成四聚体（H3-H4）₂。核小体由组蛋白聚合体和 DNA 依次结合自组装而成。首先，由（H3-H4）₂四聚体与 DNA 结合；然后再结合两个 H2A-H2B 二聚体；DNA 在八聚体上盘绕约 1 又 2/3 圈。DNA 组装成核小体使其长度压缩 7 倍。在核小体中，DNA 双螺旋以浅沟以及靠近浅沟的磷酸二酯键与组蛋白八聚体接触，借大量氢键（约 40 个）维系着 DNA 与八聚体间的结合。氢键主要在蛋白质肽键和磷酸二酯键的氧原子间形成，只有七个氢键是由蛋白质侧链和位于浅沟的碱基所形成。组蛋白碱性氨基酸的正电荷对 DNA 磷酸基负电荷的影响，减小 DNA 核苷酸间排斥力，使 DNA 在组蛋白八聚体上易于弯曲。由此可见，核小体的作用不是识别和传递碱基序列所携带的遗传信息，而是维持染色质（染色体）的基本结构。

核小体是否有相位，即核小体在 DNA 序列上是否存在精确取相或**定位**（positioning）？这个问题争议颇多。从目前研究的结果来看，核小体的位置不依赖于特殊 DNA 序列，但 DNA 序列对核小体装配有一定影响。首先，核小体存在于染色质的各个部位；然而基因内比基因间核小体更多，启动子区最少。激活因子活化基因促进其转录时，启动子区某些核小体即被移去。说明核小体在染色质各部位的分布并不均匀，而且是动态的。分析大量核小体 DNA 的序列并未发现有特殊的或专一的序列;但是频繁出现 A-T 碱基对的二核苷酸或三核苷酸,其间隔为 10 bp。当 AA/AT/TT 位于浅沟并接触组蛋白八聚体,而 GG/GC/CC 位于螺旋的对侧,即核小体外缘时,DNA 最易在组蛋白核心上盘绕。这是因为 DNA 盘绕使分子弯曲,接触组蛋白的内圈将会被压缩,而 A-T 碱基对显然较易被压缩。大约 50% 以上的核小体中都可找到成簇间隔约 10 bp 的 A-T 二核苷酸,不过 A-T 碱基对不能连续超过 8 个 bp,超过将使 DNA 分子变僵硬。

DNA 复制时亲代 DNA 核小体被解开,复制后子代 DNA 迅速装配成核小体。实际上 DNA 在修复、重组和转录时都需要解开核小体,然后再重新装配。DNA 在执行其功能时需要与各类蛋白质相互作用,因此必需移开核小体。移开的方式有两种,一是移动(moving),即 DNA 与组蛋白八聚体之间相对运动;另一是解开重组装,DNA 暂时脱开组蛋白八聚体。移动包括 DNA 与组蛋白接触的内侧转向外侧,称为旋转(rotation);或者组蛋白核心沿 DNA 分子滑动,称为平移(translation)。无论是移动或是解开再组装都需要蛋白质辅助因子的帮助,这些辅助因子起着分子伴侣的作用,称为**组蛋白分子伴侣**(histone chaperone)。例如,**染色质装配因子 1**(chromatin assembly factor 1)和**抗沉默功能 1**(anti-silencing function 1)是两种位于复制叉的装配因子。

在染色质的某一区域进行核小体组装时,往往在边界处优先投放组蛋白聚体,装配出第一个核小体,其后依次组装核小体就比较顺利。还有一些其他优先组装核小体的区域。另一方面,染色质的某些区域不存在核小体,该区域 DNA 片段存在特殊排除组装的序列。无论是优先组装的序列,或是排除组装的序列,都不能被核小体识别,但可以被**核小体装配蛋白**(nucleosome assembly protein,NAP)所识别,在其帮助下避开某些序列,在合适的位置下装配核小体。

3. 染色质的高级结构

DNA 在组蛋白八聚体上盘绕形成念珠状核小体长链(直径 11 nm),这是第一级组装。在电子显微镜下可以看到成串的核小体,还可看到 30 nm 的**纤丝**(fiber)和更高级结构。核小体组蛋白的尾巴带有正电荷,与邻近核小体组蛋白表面的负电荷相互吸引,使核小体彼此贴近;H1 同时结合盘绕在组蛋白核心上的两处 DNA,使核小体更为紧凑。分子扭力使核小体链进一步螺旋化,每圈 6 个核小体,使 DNA 又被压缩 6 倍。DNA 形成 30 nm 纤丝是第二级组装。有两个模型可用来说明纤丝的结构:一个称为**螺线管**(solenoid);另一称为**锯齿状**(zigzag)。两者的主要差别在于核小体在螺旋圈上的排列,前者 6 个核小体连续排列成一圈,连接 DNA 位于螺线管内缘;后者两两相对,连接 DNA 通过管的中轴(见图 29-5)。

染色质的更高级结构目前还不十分清楚。可能是借助某些能识别特殊序列的 DNA 结合蛋白(非组蛋白),使纤丝 DNA 的某些位点被固定在核的骨架(nuclear scaffold)蛋白上,形成**纤丝突环**(fiber loop)。每个突环约为 20~100 kb(平均 75 kb),其中含有多个相关基因,例如 5 种组蛋白基因常位于同一突环内。一种比较流行的模型认为,由染色质纤丝组成突环(loop),再由突环组成**玫瑰花结**(rosette),进而组成**螺旋圈**(coil),由螺旋圈形成**染色单体**(chromatid)。该模型见图 29-5 所示。很可能不同物种的染色体,或是同一物种不同状态下的染色体,或是同一染色体的不同区域,其高级结构均有所不同。模型只是提供一种设想。

纤丝与支架蛋白结合的 DNA 区域大部分是 A 和 T,覆盖数百 bp,称**支架联结区**(scaffold association region,SAR)。其分布密度与染色体的带状图形有关。染色质蛋白,除上述组蛋白、拓扑异构酶和组蛋白伴侣外,还有一类蛋白质与染色体的组装和压缩有关,称为**染色体结构维持蛋白**(structural maintenance of chromosome,SMC)。SMC 家族有许多成员,其中包括**黏结蛋白**(cohesin)和**凝聚蛋白**(condensin)。SMC 蛋白的多肽长链中间为铰链区,两侧为 α 螺旋,通过回折两个 α 螺旋被此盘绕形成半月形的**卷曲螺旋**(coiled-coil)。其二聚体或是构成闭环,或是头尾相连成连锁体。黏结蛋白二聚体形成闭环,将复制后的姊妹染色单体锁在一起,直到细胞分裂要求两者分开。凝聚蛋白则形成连锁体将纤丝捆绑在核骨架上,形成突环(玫瑰花结)。捆绑还离需要其他一些**连接蛋白**(connector)参与作用,并且需要水解 ATP 以提供能量。

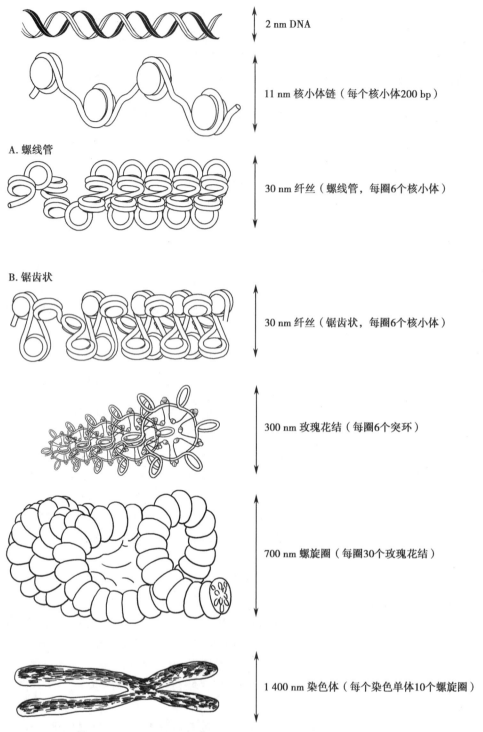

图 29-5　真核生物染色体不同层次结构示意图

四、染色质重塑

染色质的结构改变称为**染色质重塑**（chromatin remodeling）。染色质是遗传信息载体，遗传信息的贮存、传递和表达都与染色质有关。编码蛋白质和功能 RNA 的遗传信息（基因携带的遗传信息）主要贮存在染色质的 DNA 中；而染色质重塑的某些变化也能被遗传，影响后代基因表达，构成表观遗传学的基础。染色质重塑主要涉及核小体组成和结构的改变、核小体相位的改变和由此导致的染色质高级结构的改变。

（一）组蛋白变异和修饰

核小体组蛋白的改变包括组蛋白变异体的置换和组蛋白尾部的修饰两个方面。

1. 组蛋白变异体改变核小体的功能

组蛋白十分保守,真核生物的核小体通常都由一些非常类似的组蛋白所组成,但是也存在少数组蛋白的变异体。在染色质的某些特殊区域,或染色质处于某些特殊状态下,核小体的一种正常组蛋白可被其变异体所取代,从而给染色质的该区域带上标志,或是给予该区域特殊功能。例如,**H2AX** 是 H2A 的变异体,比较广泛的分布在真核生物的核小体中。当染色质 DNA 断裂时,尤其是双链断裂,邻近断口处的 H2AX 便被磷酸化。磷酸化发生在 H2AX 的一个 Ser 残基上,该 Ser 残基于 H2A 中并不存在。磷酸化的 H2AX 可被 DNA 修复酶所特异识别,因此而将修复酶引到 DNA 损伤处进行修复。

另一个是组蛋白 H3 的变异体 **CENP-A**,在染色体着丝粒区域的核小体中 H3 被它取代。组蛋白 H3 与 CENP-A 的折叠区完全相同,但是后者有较长的 N 端尾巴。因此,着丝粒区域核小体的核心结构可能并无变化,但 CENP-A 的 N 端长尾可被**动原体**(kinetochore)的蛋白 **CENP-C** 所结合,并由此组成着丝粒。

目前已知,除了组蛋白 H4 外,其余所有组蛋白都存在变异体。组蛋白变异体的功能见表 29-5。

表 29-5　组蛋白变异体的功能

组蛋白变异体	功能	组蛋白变异体	功能
组蛋白 H3.3	转录激活	组蛋白 macroH2A	X 染色体失活,转录阻遏
组蛋白 CENP-A	组装着丝粒	组蛋白 H2ABBD	转录激活
组蛋白 H2AX	DNA 修复和重组	组蛋白 spH2B	组装染色质
组蛋白 H2AZ	基因表达,染色体分离		

2. 组蛋白修饰

组蛋白的共价修饰主要发生在尾部,较为常见的有甲基化、乙酰化和磷酸化,有时还发生**泛素化**(ubiquitylation)、**苏素化**(sumoylation)和 **ADP-核糖基化**(ADP-ribosylation)。N 端尾区的赖氨酸(K)常被乙酰基或甲基所修饰,乙酰基可中和 ε-氨基的正电荷;甲基则仍保持正电荷,并可同时被单个、两个或三个甲基所修饰。精氨酸(R)则可被单个或两个甲基所修饰。丝氨酸(S)、苏氨酸(T)还可能有酪氨酸(Y)被磷酸修饰,从而导入负电荷。核心区有时也能被修饰,如 H3 的 K79 和 H4 的 K59 被甲基化。泛素一般位于 C 端尾部。表 29-6 列出已知组蛋白 N 端尾部的一些修饰位点。

表 29-6　组蛋白 N 端尾部的修饰位点

组蛋白	磷酸化	甲基化	乙酰化
H2A	S1		K4、K5
H2B	S14		K5、K12、K15
H3	T3、S10、T11、S28	K4、K9、R17、K27、K36、K79(核心区)	K4、K9、K14、K18、K23、K27
H4	S1	R3、K20、K59(核心区)	K5、K8、K12、K16

组蛋白是强碱性蛋白,DNA 则呈强酸性,因此广泛的乙酰化可以降低组蛋白正电荷,减弱与 DNA 磷酸基的作用,便于核小体的组装。新合成的组蛋白常以某种方式乙酰化,而在组装成核小体后乙酰基即被除去。还可以看到,无活性的基因通常并不被乙酰化,活性的基因乙酰化程度较高。

核小体组蛋白的尾部垂挂在核小体表面,正好可用来接收和给出信号,借以调节染色质各区段的功能。组蛋白尾部存在众多可被修饰的位点,修饰基团的加入或除去,可影响核小体的结构,尤为重要的是给了核小体特殊的标志。例如,组蛋白 H4 的 N 端上第 8 和 16 位赖氨酸乙酰化,可成为基因表达的起点;然而第 5 和 12 位赖氨酸的乙酰化则有不同的含义,它们是在 H4 新合成后即被乙酰化以便结合 DNA 后组装新的核小体。又如,组蛋白 H3 第 4、36 或 79 位赖氨酸的甲基化与基因表达有关;而第 9 或 27 位赖氨酸的甲基化却与转录阻遏关联。这表明,组蛋白修饰可以形成或改变染色质某些特殊功能区域。据此产生

"**组蛋白密码**(histone code)"假说,认为组蛋白各位点的修饰提供一种生物密码,可用于决定染色质各区域的功能,这种密码是由细胞内一些特殊蛋白质所书写、解读和删除的。

染色质的基本结构单位是核小体,染色质重塑也以**核小体重塑**(nucleosome remodeling)为基础。核小体组蛋白修饰引起核小体重塑,包括改变核小体的电荷分布,改变组蛋白八聚体的结构,改变组蛋白八聚体与 DNA 的空间关系,也改变了核小体的表面标志。核小体的结构改变可被细胞蛋白质或蛋白质复合物所识别,从而给予染色质新的功能,如促进转录;也可能再通过招募一些蛋白质而促进染色质的新功能。

一些重要的蛋白结构域能够识别经修饰的组蛋白,如**同源调节域**(bromodomain)、**染色质结构修饰域**(chromodomain)、**TUDOR 结构域**以及 **PHD**(plant homeodomain)**锌指**等。含同源调节域的蛋白质能识别乙酰化组蛋白尾巴,后三者识别甲基化组蛋白尾巴。与上述蛋白不同,含 **SANT 结构域**的蛋白识别未经修饰的组蛋白。组蛋白修饰位点不止一个,而细胞中也存在一些蛋白质含有不止一个上述结构域,这些结构域组合在一起,就可以识别不同修饰的组蛋白。例如,一种蛋白质含 PHD 锌指,可识别第 4 位赖氨酸甲基化的组蛋白 H3,其相邻的结构域为同源调节域,可识别乙酰化组蛋白。

当识别蛋白与核小体结合后,接着很可能是又招募一些酶去修饰下一个核小体。组蛋白修饰酶通常含有可识别经修饰的组蛋白,它修饰的组蛋白又可被另外的修饰酶所识别,然后依次完成组蛋白各位点的修饰。核小体重塑复合物具有一个或多个含识别结构域的亚基,可以修饰组蛋白并进一步招募修饰酶。某些调节转录的蛋白质也含有识别结构域,例如**转录因子 TFⅡD** 就含有同源调节域,它识别乙酰化的组蛋白,并通过进一步乙酰化而增强转录活性。而在建立异染色质中起重要作用的一些蛋白质中却发现存在染色质组构修饰域,这类结构域识别甲基化组蛋白,并可导致基因转录被阻遏。

3. 组蛋白修饰酶

组蛋白修饰是一个动态过程。通过核小体重塑而赋予一段染色质区新的功能或改变其原有的功能。而核小体组蛋白的修饰是由特异的酶催化的。**组蛋白乙酰转移酶**(histone acetyltransferase, HAT)催化乙酰基加到组蛋白上;**组蛋白脱乙酰酶**(histone deacetylase, HDAc)催化修饰的组蛋白脱去乙酰基。与此类似,**组蛋白甲基转移酶**(histone methyltransferase, HMT)加甲基到组蛋白上;**组蛋白脱甲基酶**(histone demethylase, HDM)脱去修饰组蛋白的甲基。催化同一反应的酶有许多种,或是选择不同的组蛋白,或是对同一组蛋白不同位点某一氨基酸具有特异性。不同的修饰往往对核小体功能有不同效果。

组蛋白修饰酶往往是十分大的多蛋白复合物的一个组分,复合物的其他组分在招募各种酶到 DNA 的特殊区段中分别起着各自的作用。表 29-7 列出了一些已知的组蛋白修饰酶。

表 29-7　组蛋白修饰酶

名称	亚基数	催化亚基	结合组蛋白的结构域	靶组蛋白
组蛋白乙酰转移酶复合物				
SAGA	15	Gcn5	同源调节域,染色质结构修饰域	H3 和 H2B
PCAF	11	PCAF	同源调节域	H3 和 H4
NuA3	5	Sas3	PHD 锌指	H3
NuA4	6	Esa1	染色质结构修饰域,SANT,PHD 锌指	H4 和 H2A
P300/CBP	1	P300/CBP	同源调节域,PHD 锌指	H2A、H2B、H3 和 H4
组蛋白脱乙酰酶复合物				
NuRD	9	HDAC1/HDAC2	染色质结构修饰域,PHD 锌指	
SlR2 复合物	3	Sir2		
Rpd3(大)	12	Rpd3	PHD 锌指	
Rpd3(小)	5	Rpd3	染色质结构修饰域,PHD 锌指	
组蛋白甲基转移酶				
SET1				H3K4

名称	亚基数	催化亚基	结合组蛋白的结构域	靶组蛋白
SUV39/CLR4			染色质结构修饰域	H3K9
SET2				H3K36
DOT1				H3K79
PRMT				H3R3
SET9/SUV4-20				H4K20
组蛋白脱甲基酶				
LSD1			PHD 锌指,SANT 结构域	H3K4
JHDM1			PHD 锌指	H3K36
JHDM3			PHD 锌指,TUDOR 结构域	H3K9 和 36

（二）DNA 的修饰

　　DNA 可被甲基化。与组蛋白甲基化不同,DNA 甲基化后即失去转录活性,而组蛋白甲基化可失活,也可活化,视甲基化位置而定。在基因沉默或异染色质化区段,组蛋白 H3K9 甲基化,DNA 也被甲基化。催化此赖氨酸甲基化的酶是含 **SET 结构域**的组蛋白甲基转移酶,称作 **Suv39h1**。在此之前先要由 HDAC 脱去 H3K9 上的乙酰基,然后才能甲基化。甲基化的 H3K9 随即招募**异染色质蛋白 1**(heterochromatin protein 1,HP1),该蛋白质通过染色质结构修饰域与甲基化的 H3K9 结合,并活化 **DNA 甲基转移酶**(DNA methyltransferase,DNMT)。DNA 甲基化和组蛋白甲基化可以相互强化,甲基化组蛋白能够招募 DNA 甲基转移酶,而有些组蛋白甲基转移酶能够识别甲基化 CpG。

　　DNA 甲基化是 DNA 修饰的主要方式,通常甲基位于 **CpG 岛**胞嘧啶的第 5 位碳上。哺乳动物基因组 DNA 的 5mC 占胞嘧啶总量的 2%～7%,约 70% 的 5mC 位于基因组的 CpG 二核苷酸。所谓 CpG 岛(CpG island)是指基因 5′ 端调控区成串存在的 CpG 二核苷酸,长达 500～1 000 bp,大约 56% 的结构基因含有 CpG 岛。DNA 甲基化的甲基供体是 S-腺苷甲硫氨酸(SAM),由 DNMT1 所催化,反应如下:

胞嘧啶（C）　　　　　　5-甲基胞嘧啶（5mC）

1. DNA 甲基化引起基因沉默和异染色质化

　　DNA 修饰是基因活性的一种调节方式。转录活性区的 CpG 岛一般是未甲基化的;DNA 甲基化使基因沉默和异染色质化。沉默基因重新激活需要除去甲基,催化 DNA 脱甲基的反应(DNA demethylation)比较复杂,可能涉及碱基切除修复(base excision repair)。DNA 甲基化并非基因沉默的原因,而是借以使基因长期失活的途径。催化 DNA 甲基化的酶有两类:一类是维持性的(maintenance),即在 DNA 复制后以旧链为模板使新链甲基化,将半甲基化 DNA(semimethylated DNA)转变成全甲基化 DNA(homomethylated DNA),如上述 DNMT1。另一类是全新的(de novo),在新的位点使 DNA 甲基化,如 DNMT3a 和 DNMT3b。指导全新甲基化位点的信息可能来自以下几方面:① DNA 本身具有的特殊序列;② 由非编码 RNA 引导 DNA 甲基化;③ 在染色体区段内组蛋白修饰引导 DNA 甲基化。

　　DNA 成串 CpG 二核苷酸的胞嘧啶被甲基化,改变了 DNA 的构象,使 DNA 结构更紧缩,螺旋加深,一些调控元件的碱基序列缩入深沟内,无法被转录因子识别。同时,DNA 甲基化也引起组蛋白修饰和异染色质化,这种结构改变可被一些蛋白质和蛋白质复合物所识别,因而在细胞分裂过程中得以保持下去。实际上,染色质各区段的结构是一个不断改变的动态过程,以适应完成不同功能的需要,DNA 甲基化在转录的长期活性调节中起重要作用。

2. 性别决定和剂量补偿

在性染色体决定性别的生物中,雌性与雄性个体细胞常染色体数量是相同的,但是性染色体数量不同。例如,性染色体为 XY 型的生物,雌性为 2 个 X 染色体,雄性为 1 个 X 一个为 Y。我们知道,常染色体数量异常往往是致死的突变,而雌性 X 染色体连锁的基因是雄性的 2 倍,它们能够同样正常生存和代谢,因此必定存在某种机制用以补偿雌、雄细胞 X 染色体连锁基因数量的不同,使雌性和雄性细胞基因表达产物达到同样水平,这种机制称为**剂量补偿效应**(dosage compensation effect)。有两种不同的剂量补偿方式,一种是调节基因活性,使雌、雄细胞表达水平一样;另一种是将两个 X 染色体中的一个关闭掉。

果蝇以第一种方式进行剂量补偿。果蝇产生一种非编码 RNA 称为 **roX RNA**,以此来调节雄性细胞 X 染色体的基因活性。该 RNA 与 MSL 蛋白组成**剂量补偿复合物**(dosage compensation complex,DCC),使雄性细胞 X 染色体组蛋白乙酰化和磷酸化,因而核小体松开,转录活性提高一倍,与雌性细胞 2 个 X 染色体的转录活性持平。

哺乳动物以第二种方式进行剂量补偿。在雌性哺乳动物胚胎发育早期,细胞的 2 个 X 染色体随机关闭一个,被关闭的 X 染色体凝缩成致密的**巴氏小体**(Barr body)。有些体细胞的巴氏小体来源于父本 X 染色体,有些则来源于母本,因此雌性个体是**嵌合体**(mosaic)。X 染色体的失活从 **X 失活中心**(X inactivation center,XIC)开始,然后扩展使 X 染色体大部分基因失活。在 **XIC 基因**附近有另一基因,编码 **X 失活特异转录物**(X inactive specific transcripts,XIST),这种非编码 RNA 称为 **XIST RNA**,人类为 17 kb,小鼠为 15kb。可能在 XIST RNA 作用下关闭了 X 染色体的大部分基因。雌性体细胞失活的 X 染色体在有丝分裂过程中仍维持其 DNA 甲基化和组蛋白修饰,只在形成生殖细胞时才清除其标记。

3. 基因组印记

哺乳动物来自双亲的等位基因有些只有一方有活性,或是父源的有活性,或是母源的有活性,另一方则失活。也就是说这些等位基因是半合子,即功能上的单倍体。失活的基因带有印记,其 DNA 被甲基化、组蛋白被修饰,故而称为**基因组印记**(genomic imprinting)。基因组印记显示出表观遗传学的特征。哺乳动物已知的这类印记基因有 100~200 个。最早发现的印记基因是小鼠的**胰岛素样生长因子**(insulin-like growth factor,IGF)基因 *Igf2*。当敲除父本 *Igf2* 时,出生小鼠个小,并且检查不出有 IGF2 表达;然而敲除母本 *Igf2* 则表达完全正常。这说明小鼠的母本 *Igf2* 不表达,分析表明其 DNA 和组蛋白被修饰。在 *Igf2* 下游还有另一个基因 ***H19***,该基因不编码蛋白,所产生的 RNA 参与调节胎儿的生长和发育。*Igf2* 是母源印记,父源表达;*H19* 则相反,是父源印记,母源表达。

Igf2 和 *H19* 两基因的印记控制区(imprinting control region,ICR)位于两基因间的区域,其间存在多个 CpG 岛,父本和母本的甲基化不同,称为差异甲基化区(differentially methylated region,DMR)。正是父本和母本印记控制区的差异甲基化,才使双亲来源的等位基因表达不同。母本印记控制区甲基化,使 CCCTC 结合因子(CCCTC-binding factor,CTCF)结合其上,阻断了 *H19* 基因下游增强子对 *Igf2* 基因的促进作用,*Igf2* 基因不表达,*H19* 表达。父本印记控制区不甲基化,CTCF 不与其结合,导致 *Igf2* 表达,*H19* 不表达。CTCF 是具有 11 个锌指结构域的 DNA 结合蛋白质,它识别 DNA 的 3 个 CCCTC 重复序列,可以阻断增强子的作用,是一种绝缘蛋白。它在 X 染色体的失活中也起重要作用。同样,各类印记基因往往都成簇存在,由一个共同的印记控制区所控制,控制区含有成串的 CpG 岛,通过差异甲基化而使来自双亲的等位基因区别表达。

为什么有些来自双亲的等位基因只有一方有活性,另一方被关闭?R. L. Trivers 提出"亲本–后代冲突论(parent-offspring conflict)"来解释基因组印记现象。他认为雌性哺乳动物在怀孕期间胎儿力图从母体更快更多的吸收养分;而母体为了自身的需要、也为了防止胎儿生长过快造成出生困难,将限制胎儿吸收过多养分。父本基因则支持胎儿的快速生长。其间需要综合协调,基因组印记就是为此进行协调的。其实,父本和母本基因进化的选择标准并不完全一样,将基因传递给后代必定会有矛盾,需要加以协调,其间的矛盾并不限于母体和胎儿在养分上的争夺,需要从更广的范围来考虑这种协调。

（三）染色质重塑和基因表达调节

染色质结构的改变通常与其执行的功能相适应,因此可以说染色质重塑是基因表达在染色质水平的调节。上面介绍了基因沉默、剂量补偿和基因组印记,这些涉及基因表达较长期的调节;短期的调节依赖于各种转录因子和反式作用因子的与基因调控区的作用,因此首先要使染色质疏松,使 DNA 能够接触调节蛋白或调节复合物。增加 DNA 特殊序列与 DNA 结合蛋白可接触性(accessibility)的途径有二,一是移动核小体,另一是释放核小体。

松开核小体,挪开组蛋白核心,将核小体沿 DNA 移动(包括 DNA 分子旋转和平移),都需要作用力,以断开 DNA 与组蛋白之间的氢键。染色质重塑是在依赖于 ATP 的染色质重塑复合物(ATP-dependent chromatin remodeling complexes)作用下进行的。复合物含有 ATPase,水解 ATP 以提供重塑所需能量。所有重塑复合物中的 ATPase 亚基都属于同一个蛋白质超家族的成员,其下可再分成若干亚家族。目前已知的重塑复合物有 4 类:SWI/SNF、ISWI、CHD 和 INO80/SWR1,各有一些结构类似、功能相近的成员。由于这些复合物最初是从酵母、果蝇等生物中发现的,最初了解到的相关性状并不反映实际的作用机制,因此命名并不确切,而有其历史的原因。

SWI/SNF 是指来源于 *swi* 和 *snf* 基因变异体编码的重塑复合物,*swi* 是**交配型转换基因**(mating type switching);*snf* 是**蔗糖不发酵基因**(sucrose nonfermenting),其突变体不能利用蔗糖作为碳源。SWI/SNF 的作用并不是解开组蛋白八聚体,而是通过形成中间体使靶核小体在 DNA 原位重建,或是将八聚体移至别处。与 SWI/SNF 不同,ISWI(imitation switch)不释放组蛋白八聚体,它通过水解 ATP 获得的能量推动八聚体沿 DNA 移动。SWI/SNF 复合物通常使转录被激活,而 ISWI 复合物起着阻遏蛋白的作用,当核小体移到启动子区就阻止转录进行。

CHD(chromodomain helicase DNA-binding)亦是起阻遏作用。在人类该家族成员为 NuRD(nucleosome remodeling deacetylase),它使染色质重塑并使组蛋白脱乙酰化。INO80/SWR1 除染色体重塑功能外还具有组蛋白交换功能,能用组蛋白突变体替代组蛋白八聚体中的成分。它参与染色质复制、修复和转录的调节。

五、基因的进化

生物进化是宇宙进化的一部分。宇宙物质、能量和信息的分布是不均匀的,因此产生由不均一趋向均一的"力"和在"力"的推动下发生的"物质流""能量流""信息流"。在趋向均一的"洪流"中出现了局部更加不均一的"复杂系统"。生命机体借助环境的熵增而获得负熵;并通过大量淘汰不适应的生物而获得进化。

什么是生命?美国航空航天局为搜索外星生命所下的定义是:生命是能够经历达尔文进化的一种自我维持的化学系统。这一定义可代表当前学术界对生命的主流共识。生命的化学系统包括生物大分子(蛋白质、核酸、多糖和脂质化合物)、少数种类的有机分子和生命必需的无机盐及水,自我维持即是指自复制、自组装和自调节。指导生命系统自复制、自组装和自调节的遗传信息以基因为载体,编码在一段 DNA(或 RNA)分子上。经历达尔文进化,提高了生命系统自复制、自组装和自调节的能力,积累了遗传信息。所以,生物进化,也就是基因的进化,归根到底是遗传信息的进化。

所有生命活动都有其分子基础,生物进化同样以生物分子的进化为基础,但其生物学意义却需要在生物不同层次上体现。基因的进化可分为三步:首先是发生遗传变异,包括突变和重组;然后是大量繁殖;从而才得以产生遗传漂变和自然选择,使变异体世代相传下去。中性变异的漂变增加了机体的多样性;自然选择使机体获得适应性。适应是相对的,在一定环境条件下的"有益"性状,换一种环境条件也许会成为"无益"甚至是"有害"的。自然选择是对生物群体表型的选择,然而经过选择传递下来的是生物群体的基因型。

本节主要从分子水平讨论生物进化,并且侧重于进化机制,因此先介绍进化热力学和动力学以及生命起源,再介绍生物的进化机制,最后介绍基因进化和表观遗传进化。

(一) 进化热力学和动力学

20 世纪数理科学从各个领域渗入生命科学,从而导致生物学的重大变革。1932 年量子论的先驱 N. Bohr 在题为"生命和光"(Life and Light)的演讲中指出,量子物理学以统计概率取代了一对一的因果关系。生物学也会如此。他认为生物学也将像物理学一样,当它运用了新的概念和新的研究方法时,就能上升到新的认识水平。受 Bohr 的影响,一批很有造诣的数理科学家转向生物学研究。但是生物系统的不断进化,与热力学原理表明的孤立系统趋向退化的结论相矛盾,这成为沟通物理学与生物学的一大障碍。另一位量子理论的奠基者 E. Schrödinger 1945 年在《什么是生命?》一书中提出,生命有机体为了摆脱死亡唯一的办法就是从环境中吸取负熵。负熵的概念指明了跨越热力学障碍的途径。

经典热力学研究的是平衡态和可逆过程,它对熵趋向极大值的论断是就孤立系统而言。然而生命运动有赖于和外界不断地进行物质、能量和信息的交流,所以要用开放系统、非平衡态或称之为**不可逆过程的热力学**来研究。在接近平衡态区域,由于系统不均匀性产生作用"力",推动物质粒子、能量和熵"流"动,"力"与"流"之间存在线性关系。然而在远离平衡区时,运动方程是非线性的,而且必然存在耗散。随着偏离平衡参量的增大,非线性方程的解一再出现分岔,最终将导致混沌。离平衡点越远,结构也越复杂。当达到某一临界点附近时,微小的扰动也会被放大,使系统进入不稳定状态。然后又会跃迁到一个新的具有更大耗散、更大熵输出的稳定状态。Prigogine 学派的**进化热力学**能解释许多生物进化现象。

生物进化是一个在动力学控制下的开放系统热力学过程。生命系统借助能流和熵流而维持其远离平衡的定态,从无序的环境中获得有序,产生生命和组织,并从一种有序的结构跃变为另一种有序度更高的结构。当一个生物种群在进化中取得成功,却有更多种群趋向绝灭,这就是生物进化付出的代价。

生物进化动力学和热力学研究表明,物种是一种相对的稳定态。它是由于存在环境隔离和生殖隔离而保持一个共有基因库的生物类群,因此物种间是不连续的,以此抵消了有性生殖带来的遗传不稳定性。生物进化既有个体和种群层次上的小进化;又有种以上的大进化。物种是大进化的基本单位。物种的存在体现了生物与环境间的复杂关系。物种绝灭表明,物种不能在一定范围内始终保持稳定和延续;新物种形成和新生态关系的建立表明,生物与环境之间从不平衡又达到新的平衡。

当前数理科学家与生物学家正合作致力于生命复杂系统进化模型的研究,通过设定初态和演化规则,以推导出各种动态过程。新的数学模型认为,自然界存在的各种复杂结构和过程,都可以归结为由大量基本组成单元的简单相互作用所引起。人们期望通过这类研究可以揭示生物分子的进化历程和进化机制,从而有助于对生物进化规律的理论认识。

(二) 生命的起源:化学进化和"RNA 世界"学说

1. 前生命期的化学进化

早在 1924 年,苏联科学家奥巴林(А. И. Опарин)就对生命如何在古代原始海洋中从有机物产生的化学进化过程作了说明。1953 年在 Urey 实验室工作的 S. L. Miller 模拟古老地球的"大气"和"海洋",在烧瓶中由甲烷、氨、氢和水汽经连续放电,产生许多种氨基酸,从而为**前生命期**(prebiotic stage)地球上的**化学进化**提供了证据。现在认为,地球大约形成于 46.5 亿年前,至 42 亿年前成为稳定的表面分布大片海洋的星球,通过海底火山喷发、空中雷电和天外来星溅落等途径,产生含碳、氢、氧、氮、磷、硫等元素的有机分子,包括各种糖、有机酸、氨基酸和核苷酸。在供能条件下,氨基酸和核苷酸发生聚合反应。故此 42 亿~40 亿年前即为前生命的化学进化时期。

化学进化可分为三个阶段:① 从自然界存在的无机和有机分子产生出生命机体重要的糖、有机酸、氨基酸、核苷酸等生物分子;② 从生物小分子产生高聚大分子;③ 从一般高聚大分子产生能自我复制的生物大分子。Miller 之后一些科学家从陨石、火山岩、雷击区土壤中都找到氨基酸和核苷酸等分子,在实验室或自然界也找到过氨基酸和核苷酸的聚合物。但是,自然界产生的生物分子数量太少,浓度太稀,生命是如何开始的? 早在1871年达尔文曾这样写道:"生命最早很可能在一个热的小的池子里面"。后来,这个"热的小池子"被称做"原始汤"。蒸发浓缩可以促进小分子聚合为大分子,黏土、岩石的表面也能吸附小分子并催化小分子的聚合反应。尤其在某些岩石的孔径内,能够有效促进小分子的聚合。

所有生命机体都能进行新陈代谢,代谢途径是如何形成的? 先有代谢反应途径,再有催化反应的酶? 还是先有催化反应的酶,再有反应途径? 科学家发现在自然界没有酶也能完成酵解反应,因此相信先有途径后有酶。自然界产生各类生化分子,这些分子可以进行种种反应,原始的生物利用这些反应进行代谢物的分解和合成,原始生物的一些蛋白质可以分别在不同程度上促进这些反应,经过长期进化这些蛋白质成为专一催化反应的酶。

手性是如何形成的? 这是生命起源研究必然要涉及的问题。生物体内的糖都是D型,氨基酸都是L型,然而自然界化学合成的都是消旋混合物。即使存在某种拆分机制将对映异构体分开,在水溶液里也难以抵挡自发的外消旋作用。因此手性的出现应是代谢反应或生物合成的结果。如上所述,代谢反应在产生专一的酶之前就已存在,并且可以由无机催化剂促进反应。酶可以产生手性,无机催化剂也可以产生手性,例如在岩石表面进行合成反应,它或许只允许某种构型的化合物参与反应,也只合成某种构型的化合物。生物大分子对其前体小分子的构型是有严格要求的,如果混入错误构型的前体就将破坏生物大分子的构象。因此,生物大分子选择了适合其需要的前体分子合成途径。

2. "RNA世界"假说

生物体内DNA和RNA的合成都需要蛋白质的催化,而蛋白质的合成又需核酸的指令,那么生命起源的初期先形成核酸还是先形成蛋白质? 这类似于"先有鸡还是先有蛋"的问题。1981年Cech发现RNA具有催化功能,称之为核酶。既然RNA能像DNA一样携带和复制遗传信息,又能像蛋白质一样催化生化反应,可以设想生命起源最早出现的应是RNA,而不是DNA和蛋白质。因而W. Gilbert于1986年提出了"RNA世界"的假说,认为生命起源于早期存在的RNA世界,蛋白质和DNA世界是在此之后产生的。"RNA世界"的假说显得十分合理,因此被广泛接受。然而争论仍然很多。RNA不稳定,在碱性溶液中RNA的水解速度是DNA的10^6倍,一些科学家怀疑如此不稳定的RNA何以能构成生命起源的世界。其实RNA在中性偏酸性溶液中还是比较稳定的,RNA在实验操作中极易降解是由于广泛存在分解RNA的酶所致。通过实验室进化已获得各种功能的RNA,包括合成核苷酸前体和进行RNA复制的核酶,从而证明了RNA世界的存在。

"RNA世界"假说的提出是生命起源研究的一个里程碑。形成RNA世界的核心过程是RNA的自我复制。在前生命期化学进化太杂乱无章,虽能产生RNA的某些前体,但似乎不能直接聚合生成RNA,原因在于:① 前体量太少,尤其缺乏嘧啶核苷酸,而且存在种类太多;② 核糖核苷酸的聚合可产生$2',5'-$、$3',5'-$和$5',5'-$磷酸二酯键各种连接的混合结构,而不是单一的规则结构;③ 核糖存在D型和L型两种手性异构体,在RNA中核苷酸的糖为D型,若生长链的末端加入一个L型的核苷酸就会产生"对映异构体交叉抑制"(enantiomeric cross-inhibition)。对此科学家提出了一种新的设想,认为在"RNA世界"之前可能存在一个"前RNA世界"。这种前RNA(pre-RNA)分子的自发合成可能没有RNA那么困难,但其催化和复制能力也不如RNA,它只是作为一种过渡,以便为RNA世界的起源做好准备。

一种可能的pre-RNA分子称为肽核酸(peptide nucleic acid,PNA),它具有类似多肽的非手性链骨架,不带电荷,能够形成双螺旋。另外,它还可以与RNA(或DNA链)形成稳定的互补结构。这类分子的骨架是由$N-$(2-氨基乙基)甘氨酸单体聚合而成,碱基通过亚甲基羧基附着其上。值得注意的是,在当年Miller-Urey的实验中就发现还原性大气经放电可以产生$N-$(2-氨基乙基)甘氨酸。另一种可能的pre-RNA是苏糖核酸(threose nucleic acid,TNA)。苏糖是自然界仅有的两种四碳糖之一,其单体只能按$3',2'-$磷酸二酯键方式连接,无过多异构体问题。现在还不知道生命起源早期出现的pre-RNA究竟是什么,也许出现不止一种pre-RNA分子。总之,存在"pre-RNA世界"的假设是合理的。TNA和PNA的分子结构如图29-6所示。

在化学进化阶段,所有有机物都是自生自灭的,包括核苷酸的随机聚合物和氨基酸的随机聚合物在内。由 pre-RNA 或 RNA 构成的核酶可促进其前体底物分子的合成并促进其自我复制,使 pre-RNA 或 RNA 得以扩增。然而,复制免不了引入错误。如果自我复制能力只限于特定结构,任何变异都将使其失去这种能力,该 pre-RNA 或 RNA 仍然避免不了自生自灭的命运。只有当更一般的自我复制核酶出现,即不仅能复制其自身,还能复制其变异体,也就开始了达尔文式进化,这意味着生命的开始。合成底物、复制自身、复制变异体这三项也许在 pre-RNA 世界就已完成,但更可能的是在建立 RNA 世界中完成的。换句话说,生命起源于 RNA 世界。

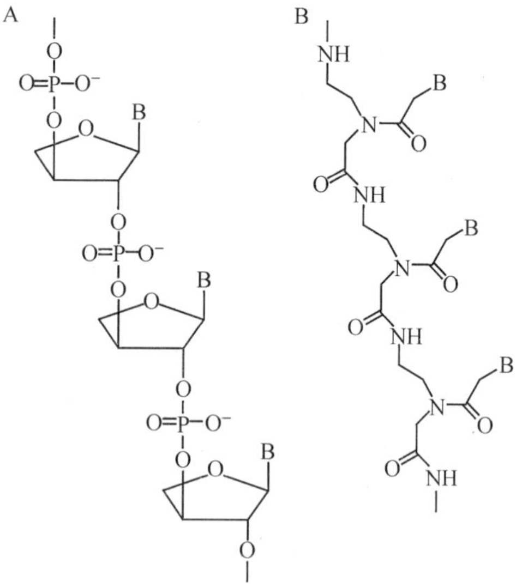

进入 RNA 世界,RNA 的核酶功能不断被扩展,RNA 链也随之被修饰和加入辅基,以适应新的功能需要。也许最初氨基酸是作为辅基加到 RNA 链上的。由于氨基酸和多肽显著提高了酶的催化功能,核糖核蛋白(ribonucleoprotein,RNP)世界得到了发展。随后大部分催化功能逐渐由 RNA 转移给了蛋白质。蛋白质世界的出现有三个条件:① 合成氨基酸底物;② 形成合成蛋白质的装置;

图 29-6   TNA 和 PNA 的分子结构
A. TNA;B. PNA

③ 进化出一套适宜的遗传密码。实验室进化得到的核酶可以催化完成上述各种反应。近年核糖体晶体结构获得高分辨率的解析,揭示了 RNA 世界维持至今仍积极参与蛋白质合成的面貌。

在 RNA 世界里并不排斥蛋白质(多肽)和 DNA 的存在。很可能在出现氨基酸、核糖核苷酸和脱氧核糖核苷酸后,这三类前体分子的高聚物也就随之出现了。肽核酸甚至在 RNA 世界前就出现了,但是其中的多肽只是氨基乙基甘氨酸一种成分的高聚物。随机聚合的多肽和 RNA 形成复合物,其中多肽可能有某些功能,但不能重复产生。在 RNA 世界里,RNA 具有自我复制和催化反应的能力,因而超越所有生物分子,是独一无二的,它能够遗传和进化、能够改变其他生物分子。脱氧核糖核苷酸的结构与核糖核苷酸类似,因此可以掺入 RNA 分子中,成为混合分子,因其结构稳定,久而久之贮存和传递遗传信息的任务就转交给了 DNA。氨基酸带有各种功能基团,因此蛋白质能够执行不同的生命功能,一旦产生遗传密码,RNA 能够控制蛋白质的合成,"RNA 世界"就转变成"三驾并驱的世界"。

3. 遗传密码的起源和进化

遗传密码的起源和进化是一个备受瞩目的问题。早在 1967 年 C. Woese 就提出假说,认为遗传密码产生的基础是氨基酸与三联体核苷酸之间可能存在某种化学匹配关系,即具有亲和力。Crick 则反对这种观点,认为密码起源于"冻结的偶然事件"。这一争论一直持续至今。最近有科学家提出,识别氨基酸密码的序列与其对应氨基酸之间有一定的相关性,至少对某些氨基酸(例如精氨酸)是如此。另一些科学家则反对,认为实验无统计学意义。生命的起源和进化,包括遗传密码的起源和进化,是一个极为复杂的过程,决不能简单归之为立体化学的相互作用,也不是纯属偶然,这里既有概率也有自然选择的作用。

随着 RNA 世界的进化,积累的遗传信息增多,储存在 RNA 基因组中"渐感不便"。于是更稳定的双链 DNA 便被用作基因组,以储存更多的遗传信息。所以主张蛋白质世界的出现先于 DNA 世界,有两个理由:① 合成 DNA 的底物脱氧核苷酸是由核糖核苷酸还原产生的,迄今未找到能还原核苷酸的核酶,而蛋白质的核苷酸还原酶能催化此反应;② 现今细胞所有的 RNA(除了 tRNA)都与蛋白质形成复合物,说明自早期 RNA 世界保留至今的 RNA 都是与蛋白质一起进化的。tRNA 携带氨基酸,也许是最早参与蛋白质生物合成的分子。

由 RNA 世界转变成 RNP 世界和 DNA 世界,生命世界变得更为复杂,更为多样化。在此基础上出现了细胞,开始向单细胞和多细胞机体进化。

（三）生物的进化：驱动力、多样性和适应性

从地球形成水球至今 42 亿年间，分子进化（包括化学进化和生命进化）约占 7 亿年，多细胞生物进化也约 7 亿年，中间 28 亿年只存在单细胞生物（包括原核和真物生物）的进化。在漫长的生物进化过程中，是什么力量推动着生物进化？是什么机制控制着生物进化的方向和速度？生物的多样性和适应性是如何形成的？

20 世纪 40 年代以来，生物学获得了空前迅猛的发展，进化理论也日新月异。它吸取了分子遗传学、发育学、生态学、古生物学和生物统计学的研究成果，在各个研究方向上形成了严谨、定量的理论体系，揭示了物种形成和大绝灭、大进化和小进化、进化趋势和进化速率、大分子构造与进化关系、中性漂变与自组织等从宏观到微观的进化现象和规律。然而各学派间观点对立，争论十分激烈，也许没有一个学科领域的学术争论是如此持续和针锋相对。其实，无论分子驱动学说、中性漂变学说还是自然选择学说，或者断续平衡论与灾变论，都是根据事实总结得出的学说和理论，它们必然反映了一定范围或层次的进化规律。也许在消除各学说局限性的基础上，就有可能建立统一的进化理论。从生物化学与分子生物学的角度来看，生物进化大致可归纳出以下一些要点：

1. 进化由生物分子相互作用所驱动

进化是生命运动的基本特征。一切生命运动都是由生物分子，即核酸（DNA、RNA）、蛋白质和其他生物分子以特定关系相互作用所形成，生物进化也是如此。生命系统的自组织特征表现为，可依赖于能量耗散和负熵输入使系统由一种定态跃进为另一种有序度更高的定态。生物不同层次的结构都是由生物分子自组装而成，更高层次的结构是在较低层次结构的基础上产生的，并有更高层次的功能和生物学意义。生物合成和形态发生都是生物在进化过程中产生的，因此一定程度上可反映生物进化的历史进程。总之，生物进化是由开放系统热力学所支持并受动力学束缚的生物分子相互作用所驱动。

2. 进化改进性状，也改进了进化能力

生物在进化过程中不仅改进了性状，也改进了进化能力，也就是说，生物的遗传结构能够影响子代性状的多样性、适应性及进化潜力。生物进化有赖于变异，可遗传的变异是进化的源泉，没有变异就没有进化。按照经典遗传学的观点，变异完全是随机的，并且否定有获得性遗传。然而，进化总是在原有遗传结构基础上进行的。达尔文和综合进化论或多或少忽略了生物内在因素对适应进化的作用，自然选择的作用被夸大了。现在知道，生物的遗传结构具有减小突变危害的机制，并将进化过程中获得的遗传信息分别贮存在各种结构和调控单元内，通过重组可以产生新的优化组合。变异具有随机性，但也有一定的非随机性。生物控制变异的机制也就是进化的内因，它能一定程度上影响进化的方向。生物经长期进化获得的遗传信息，促使其进化总的趋势是向更高级、更复杂、多样化、增加适应性和进化潜力方向演变。

3. 达尔文进化论的最大挑战来自中性漂变理论

基于对蛋白质和核酸分子进化变异的比较研究，木村资生（Motoo Kimura）于 1968 年提出分子水平的进化速率可能是近似恒定的。其后，他在《分子进化的中性理论》一书中对此作了详细的论述，认为蛋白质和核酸序列的改变绝大部分在选择上是中性的。中性等位基因的替换率是一个恒定的概率，可以证明该概率即为等位基因的突变率。中性理论虽然承认自然选择在表型（形态、生理、行为和生态的特征）进化中的作用，但否认自然选择在分子进化中的作用，认为生物大分子进化的主要因素是突变的随机固定。

从分子层次上看，绝大多数突变都是选择中性的，有显著表型效应的突变很少发生。在基因编码序列中，每一个密码子有 9 种替换突变，64 个密码子中共有 576 种替换，其中同义替换 138 种，占 24.0%；近义替换（替换的氨基酸性质相近）184 种，占 32.0%，两者相加超过一半。而且蛋白质许多部位氨基酸替换都不影响其功能。再者，高等动、植物基因组 DNA 中，编码序列只占 1%，存在大量重复序列和间隔序列，绝大多数突变发生在非编码区 DNA 上。与表型进化速率相比，蛋白质和核酸分子的进化速率甚高，而且相对恒定。这就表明相当大部分的突变与表型无关。换句话说分子进化速率与表型进化速度不"匹配"。

在所有可能出现的突变中,有一部分突变是有害的,携带这些突变者即被自然选择所淘汰;另一些是有益的,它的数量极少,因此对总的进化速率作用很小。

通常用于度量自然选择的参数是适合度,即基因型繁殖的相对概率。为了运算的方便,可将生殖效能最高的基因型适合度值定为 1,适合度常用 W 表示。另一个度量是选择系数(selection coefficient),用 s 表示,定义 $s = 1 - W$,用以度量一个基因适合度的降低。所谓选择中性,不能简单理解为"无利也无害",而是指它们的变化主要是由于漂变而不是自然选择。这取决于两个因素:一是种群有效大小(指具有生殖能力的个体数量);另一个是选择系数 s。自然选择是否起作用,不仅取决于 s 值,还取决于种群大小。如若种群很小,不足以排除偶然因素的影响,基因频率的变化仍然是一个随机漂变过程,选择几乎不起作用,即可视为选择中性。

木村对中性突变频率的变化作了数学推算。大多数中性或接近中性的突变,在经历几代的漂变中随机地绝灭了;只有很少突变经过很长时间,才能扩散到整个种群而被固定下来。设 K 为分子进化速率,时间可以是年或世代。在有 N 个二倍体随机交配群中,

$$K = 2Nux$$

这里 u 是单位时间(与 K 同一个单位)内每个配子的突变率,x 是一个中性等位基因最后固定的概率。假定等位基因是中性的,群体内所有该基因固定的概率都一样,可以得出 x 为 $1/2N$,代入上式得到

$$K = 2Nu\,\frac{1}{2N} = u$$

即中性等位基因的进化率就是它们的突变率,与群体大小和任何其他参数无关。这个结果虽然简明,却非常重要。

根据分子进化中性学说,生物大分子进化速度是恒定的,因此存在所谓的分子钟(molecular clock),即蛋白质和核酸分子进化改变量(替换数)可作为生物进化时间的度量。检测是否存在分子钟就以可判断中性学说是否正确。许多科学家为此进行了大量的比较研究,所得结果甚不一致,争议颇多。例如有人比较了 18 种脊椎动物(从鱼类到哺乳动物)的 4 种蛋白质(血红蛋白的 α 与 β、细胞色素 c 和血肽 A)序列,经统计学检验表明它们的分子进化速率无论以年计算或以世代计算都不是恒定的,由此怀疑分子钟的存在。许多学者认为分子钟是有事实依据的,不能简单否定,尽管存在不少例外,而且分子进化率的变动大于预期值;然而对许多不同生物的许多同源大分子研究表明,在相当长时间内平均进化速率仍十分恒定,分子进化似有规律可循。如果考虑到在长期进化过程中不可避免会受到各种因素的影响,大分子在不同时期以不同速率进化,也就不足为奇了。

4. 获得性可以遗传

长期以来遗传学家认为起决定作用的遗传物质是染色体和 DNA,因此否定获得性遗传。20 世纪 80 年代后开始重新认识 RNA,动摇了 DNA 中心的观点。其实,在分子水平上已有不少实验证据表明获得性可以遗传。当然,并不是所有后天获得的性状都能传递给后代,对于多细胞生物来说必须通过生殖细胞才能遗传。最常见的获得性遗传现象有以下几类:① 先存结构的指导作用;② 基因的表达方式,如血清型的转变;③ 由 RNA 携带新的遗传信息,如 RNA 干扰可通过 RNA 复制酶扩增并传递给后代。后天获得的性状对基因变异进行选择,从而影响变异的方向;RNA 携带的遗传信息也可以通过逆转座子成为新的基因。

5. 小进化、大进化和协同进化

进化可以是少数分子或基因逐渐变异,即小进化;或者是一大群分子和基因组突然爆发变异,即量子式的飞跃或大进化。过去对小进化机制研究较多,对大进化机制的了解则是近年间才发展起来的。目前已知至少有三种情况会造成大突变。第一,转座子或逆转座子的活跃转座,打破了基因组的稳定性,造成大量基因突变。真核生物尤以逆转座子更为重要,如酵母的 Ty 因子、果蝇的 Copia、玉米的 Bs I 和人类的 Alu 序列等。第二,结构基因的变异只影响单个基因产物,而调节基因或控制元件的变异却影响一系列基因产物。控制个体发育的基因往往是一些编码转录因子的基因,它们在生物进化历史中必然起过重大作

用。第三,美国科学家 S. Lingest 通过实验观察果蝇的变异与进化,当降低热激蛋白 Hsp 90 在体内的水平时,其后代畸形的数量明显增多。这表明热激蛋白能使许多突变蛋白仍按正常方式折叠,但热激蛋白自身活性降低立即爆发出众多原被掩盖的突变。

国内外科学家都已证明,生物体内关系密切的分子通常呈协同进化(coevolution),例如配体和受体、底物和酶、相互传递信号的蛋白质,它们之间的进化速率大致相同。因为这些分子带来的性状相关联,它们受到相同的影响和选择压力。L. M. Van Valen 借用 L. Carroll 童话故事中红皇后的话:“必须快跑才能留在原位”,原意是用于说明物种间的生态关系:所有物种都在进化,为了保持与其他物种之间的关系,也必须发生相应进化。这里用来说明的生物分子之间的相互关系也是如此。生物分子发生变异往往不是用来改进性状,而是维持其功能,即保持与相关分子的相互识别和作用。这就是红皇后假说。

新的大分子或其基因需借助变异和自然选择才能产生并不断完善其功能。但在经历漫长的进化岁月后,基本上已无改进的余地,例如原核生物和真核生物的持家基因便是如此。参与糖酵解的磷酸丙糖异构酶也许是最古老的酶之一,原核生物与真核生物该酶的变化不多,说明在 20 亿年的进化中已无大的改进。基因频率随机“涨落”,而使某些等位基因或被删除,或被固定,并在自然选择压力下束缚着分子的保守区。自然选择并不能完全淘汰隐性有害基因,中性漂变则能够彻底将其排除。由此可见,分子驱动、中性漂变和自然选择对分子进化各起不同的作用,并且不同时期的作用也不完全相同。

通过不同层次的研究才有可能揭示生物进化规律,深刻了解进化机制。生物化学与分子生物学在技术上的突破,以空前的高速度积累了大量生物分子的结构资料,从而为阐明生物分子进化历程和进化机理奠定了基础,为建立统一的生物进化理论作出了重大贡献。

(四) 基因和基因组的进化

上面提到,“RNA 世界”假说认为基因起源于“RNA 世界”。现今参与蛋白质合成的 RNA 有三类,mRNA、rRNA 和 tRNA,分别起模板、组装和适配的作用。可作为模板的 RNA、具有催化肽酰转移酶活性的 RNA 以及能携带氨基酸的 L 形 RNA,在 RNA 世界里都能够产生。问题是,作为“适配器(adaptor)”的 L 形 RNA,一端是“反密码子”,另一端挂上对应的氨基酸,这种对应关系是如何确定的? 也就是说,密码表是如何编制的? 正如前面“遗传密码的起源和进化”中提到的,“反密码子”的极性与氨基酸大小和极性之间的关系未必是一对一那么简单,然而有可能存在某种倾向,也即不同氨基酸各有其出现的机率。这种概率经过漂变和选择才固定下来,成为当今生物统一的密码表。遗传密码的起源是“RNA 世界”向“三驾并驱世界”转化的关键。

“中心法则”告诉我们,遗传信息流是从 DNA 到 RNA,再到蛋白质,进入蛋白质后不再转移。一些科学家对此有怀疑,试图找出“逆翻译”的信息流,一度以为朊病毒的存在即是“逆翻译”的例证。但是这些科学家寻找“逆翻译”信息流的努力都失败了,因为自然界并不存在识别多肽链序列并予以编码的系统。很可能当初基因的起源就不是按多肽链来编码核苷酸链,而是按核苷酸链序列经“翻译系统”合成多肽链,如果所产生多肽链表现出有益的生物性状,核苷酸链就被选择下来成为基因。最初的基因可能是 RNA,以后才转变为 DNA,实际上迄今仍在某些情况下以 RNA 作为基因。

生物在进化过程中复杂性与多样性不断增加,新的基因在不断形成。根据对细菌和支原体基本功能的分析,现今细胞最核心的持家基因(house-keeping gene)数为 256 个,主要是编码重要代谢途径的酶和某些结构蛋白。原始细胞的基因数或许更少,估计至少要 100 多个基因。迄今所知,新的基因形成方式有三种:一是基因通过倍增和歧化,从而产生新的基因;二是由基因模块(外显子)改组,往往产生一些多功能基因;三是由 RNA 逆转录产生逆基因,或由逆序列再进化形成新的基因。

DNA 重组可产生重复基因或重复序列,新的基因往往起源于这些重复序列。所有基因都各有其自身的功能,当基因结构发生改变(突变或重排)时,可能失去原有的功能,并获得新的功能。自然选择压力将束缚单拷贝基因,使其不能转变为新的基因,因为这种转变会失去基因原有的功能。基因发生重复,这种束缚就被解除。此时一个拷贝的基因发生改变,还有另一拷贝的基因维持原有的功能。

许多基因以基因家族的形式存在,它们排列成簇(cluster),编码某些结构与功能相近的蛋白质,组成蛋白质家族。这些略有不同的蛋白质往往在机体发育不同阶段和不同分化组织中表达。在高等动植物中此现象尤为显著。序列分析表明，它们是从一个共同的祖先，经基因重复和歧化而来。

生物的复杂性，生物的适应能力，生物进化位置的高低，并不简单取决于基因数目的多少。前面曾经介绍，线虫有 20 000 个基因，比线虫更复杂的果蝇只有 15 000 个基因，远比线虫和果蝇更复杂的人类也只有 30 000 个基因。实际上基本持家基因只有 256 个，果蝇的 15 000 个基因已包含控制表达和发育的各类调节基因。重要的是对基因的解读，也就是基因表达在时间上和空间上的多级调控。高等生物和低等生物在基因表达多级调控系统上的差异远大于基因数的差异。

（五）表观遗传对生物进化的作用

一切可遗传的变异，包括表观遗传修饰，都会对生物进化发生作用。表观遗传修饰能够影响染色质的结构，也影响染色质的功能，从而增加了机体表型的多样性和适应性。但是研究表观遗传机制的时间不长，表观遗传学是从 20 世纪 80 年代才兴起的，许多问题未弄清楚，对表观遗传在生物进化中有何作用，也争议颇多。

有科学家利用拟南芥这种模式植物进行表观遗传的详细分析，他们选择来自同一母株的 10 株拟南芥，进行 30 代自交，然后测定 DNA 甲基化谱，并与祖先比较。平均每株基因组有 3×10^6 个甲基化的胞嘧啶，大部分修饰位点是一样的，但有 6% 的位点发生改变。每株大约有 3 万个表观遗传突变，是基因突变的 1 000 倍。拟南芥经 30 代，共产生 3 万个表观遗传突变，平均每代 1 000 个。实际上，表观遗传突变较不稳定，有些突变经几代后又恢复原状，也许在强大选择压力下才可以保持下去。另一个与基因突变的不同是，表观突变并不是随机的，往往每次都发生在基因组的同一位置。再有，表观遗传修饰可以在基因组大片段范围内发生，同时影响数个基因。综上所述，表观遗传突变发生频率高、受环境影响大、对表型更加重要；然而效应时间短，对生物长期进化的作用可能十分有限。

表观遗传对进化的作用，可能对于不同生物、不同性状甚至不同环境，都不相同。我国科学家研究推动人类大脑容量进化的表观遗传时发现，与神经系统发育有关的基因 *CENP-J*，其 5' 端调控区的甲基化水平明显低于其他灵长类（黑猩猩、长臂猿和猕猴），相应转录水平有较大提高。其间的具体过程还有待进一步深入研究，但人类大脑进化和认知能力提高的表观遗传显然是一个十分重要的研究领域。

表观遗传对生物进化的作用不仅有重大理论意义，也有重大实践意义。许多危害人类的疾病，如肿瘤、冠心病、退行性老年痴呆症等也都与之有关。因此，学术界对此十分关注。

提　要

生物功能由生物不同层次结构所决定，而不同层次结构则由生物大分子装配而成。蛋白质是主要的生物功能分子。核酸包括 DNA 和 RNA，是主要的遗传信息携带分子。多糖和脂质化合物协助蛋白质完成其功能。脂质化合物与蛋白质构成生物膜，形成细胞的基本结构。一切生命现象均产生于生物分子的相互作用之中。先存结构在子代细胞形成中起指导作用，因此也携带一定的遗传信息。基因是编码多肽链和 RNA 的一段 DNA。研究基因之外的遗传机理称为表观遗传学。

基因的概念在不断演变中。早期孟德尔用豌豆进行杂交试验，在此基础上提出遗传因子假说。他否定了"融合遗传"，确立了"颗粒遗传"思想，发现遗传因子的显性和隐性之分，还发现遗传的分离和自由组合定律。孟德尔的遗传理论被埋没 35 年，直到 1900 年被学术界重新发现。1909 年约翰森最早提出基因这个术语。摩尔根研究果蝇的杂交，建立基因学说和染色体理论，他发现性连锁现象以及通过重组绘制基因连锁图。此后，遗传学进入分子水平的研究阶段。Watson 和 Crick 提出 DNA 双螺旋结构模型，奠定了分子生物学的基础。中心法则归纳出遗传信息流从 DNA 到 RNA，再到蛋白质。20 世纪 70 年代初，基因操作技术得到突破，开创基因和基因组研究的新时期。

原核生物基因组结构的特点：① 基因组较小，大部分为编码序列；② 基因无内含子；③ 相关基因组成操纵子;④ 重复序列少、较短。病毒基因组可看作游离的基因,变化较大,或是 DNA,或是 RNA;单链或双链,线状或环状;有些病毒基因相互重叠。细菌和细胞器基因组一般为双链环状分子,少数为线状。

真核生物基因组特点:① 基因组较大;② 基因有内含子;③ 不组成操纵子;④ 重复序列多。人类基因组大小为 $3.2×10^9$ bp。包含约 3 万个基因,占基因组长度25%,其中编码序列只占 1.2%。调节序列包括增强子、沉默子、绝缘子、启动子和各类调节元件。高度重复序列如着丝点、端粒等;中等重复序列如多拷贝基因和基因家族以及调节元件。

染色体是真核细胞有丝分裂期由基因组 DNA 致密组装而成的易染色实体,也可泛指各类生物的基因组。组成染色体的物质称为染色质,有不同层次结构,使 DNA 具有不同的压缩比。细菌 DNA 与蛋白质组成拟核,含有多个突环,即超螺旋结构域,相当于转录单位。其 DNA 呈负超螺旋。

真核生物染色体有不同层次的螺旋和折叠,压缩达 10 000,间期以染色质形式存在。染色质分常染色质和异染色质,常染色质结构较疏松,是转录活性区;异染色质结构致密,又分为组成型异染色质和功能型异染色质。核小体是染色质的基本结构单位,由 DNA 和组蛋白八聚体(H2A、H2B、H3、H4)$_2$所组成。DNA 以左手螺旋绕组蛋白八聚体 1.65 圈,DNA 为负超螺旋,长 146～147 bp,连接 DNA 长 20～60 bp,核小体 DNA 平均为 200 bp。组蛋白富含碱性氨基酸,结构保守,中心区为 α 螺旋构成的折叠结构域,N 端碱性氨基酸较多伸出核小体外,C 端疏水氨基酸较多。组蛋白变异体或被修饰都会影响染色质结构和功能。

核小体组装先由(H3-H4)$_2$四聚体与 DNA 结合,再加入 2 个 H2A-H2B 二聚体,然后 DNA 盘绕八聚体 1 又 2/3 圈,长度压缩 7 倍。H1 位于连接 DNA 靠近核小体的入口处。电荷和氢键在稳定核小体中起重要作用。核小体在染色质各部位的分布并不均匀,但未发现有相位的专一序列,而间隔为 10 bp 出现于浅沟的 AA/AT/TT 二核苷酸序列易于 DNA 对组蛋白的盘绕。DNA 在执行其复制、修复和转录等功能时需要解开核小体,完成功能后重新装配。DNA 在组蛋白上的旋转、平移和脱开都需要组蛋白分子伴侣帮助。核小体装配蛋白能够识别 DNA 序列,在合适的位置装配核小体。

念珠状核小体链直径为 11 nm,是第一级组装;核小体链螺旋化,每圈 6 个核小体,称螺线管,或 6 个核小体两两相对称为锯齿状,此 30 nm 纤丝为第二级组装;纤丝以某些位点固定在核骨架上形成突环,每个突环 20～100 kb,再组成 300 nm 的玫瑰花结螺旋,为第三级组装;进而组成 700 nm 的螺旋圈,为第四级组装。染色单体即由螺旋圈所组成。支架蛋白结合的 DNA 区为支架联结区(SAR),捆绑染色质丝的蛋白质为染色体结构维持蛋白(SMC)和连接蛋白。

染色质的结构改变称为染色质重塑。核小体重塑是染色质重塑的基础。核小体重塑包括组蛋白被变异体置换、组蛋白修饰和 DNA 甲基化。核小体结构改变招致许多特殊功能的蛋白质结合其上,使染色质各类功能得以完成。DNA 甲基化具有长期效应,可导致基因沉默和异染色质化,并与剂量补偿和基因组印记有关。DNA 在核小体上旋转、平移或是解开,都增加了 DNA 的可接触性,是基因表达调节的重要环节。染色质重塑需要解开组蛋白与 DNA 间的作用力,依赖于 ATP 的染色质重塑复合物水解 ATP 以提供能量。

生物进化是一个受动力学束缚的开放系统热力学过程。在前生命期的化学进化过程中由无机分子产生有机分子,由小分子产生大分子,由随机合成的大分子产生自我复制的大分子,一旦出现自我复制的大分子,一种能经历达尔文进化的自我维持的化学系统就产生了。自然界产生有机分子,也产生了有机分子化学反应途径,这些途径由催化剂所催化,先是无机催化剂,然后是有机催化剂,手性是由催化剂决定的。"RNA 世界"假说认为最早出现的具有自我复制能力的生物大分子是 RNA。遗传密码的出现由"RNA 世界"转为"三驾并驱的世界"。

生物进化由生物大分子相互作用所驱动。生物在进化过程中也提高了进化能力。中性漂变理论认为在分子水平上的变异多数是中性的,不受选择的作用,在长期漂变过程中随机绝灭,只有很少数被固定下来,在生物进化中起主要作用的是中性漂变,而不是自然选择。分子进化中性学说认为生物大分子进化速度是恒定的,称为分子钟。基因表达的方式受环境影响发生改变,如经生殖细胞可以传给后代,因此获得性可以遗传。个别基因的进化可称为小进化,一组基因的进化称为大进化,相关基因受同样的影响可以表现为协同进化。突破各学说的局限性,有可能建立一个统一的进化理论。

新基因的产生有三种方式:一是基因倍增和歧化;二是基因模块改组;三是 RNA 逆转录。生物进化不仅是基因数的增加,尤为重要的是基因表达时空调节的进化。

表观遗传突变频率高,受环境影响大,对表型更加重要,但其作用时间短,可能对生物长期进化作用有限。不同性状的影响可能不同。因其对人类许多疾病有关,因而受关注。

习　题

1. 何谓遗传信息,亲代细胞如何将遗传信息传递给子代细胞?

2. 简要叙述生物大分子系统的自复制、自组装和自调节。

3. 为什么说先存结构携带一定的遗传信息?

4. 简要比较遗传学和表观遗传学的异同。

5. 基因概念经历了哪些演变?

6. 孟德尔对遗传学的主要贡献有哪些? 为什么他的学说被埋没达 35 年?

7. 摩尔根对遗传学主要有哪些贡献? 摩尔根的基因与孟德尔的遗传因子是否完全一致?

8. 什么是基因? 如何看待"一个基因一条多肽链"的学说?

9. 为什么说 Watson 和 Crick 提出 DNA 分子双螺旋结构模型奠定了分子生物学基础?

10. 为什么说 DNA 重组技术导致分子生物学第二次革命?

11. 什么是分子生物学的"中心法则"? 如何看待其意义和局限性?

12. 原核生物的基因组有何特点?

13. 为什么病毒基因组如此多种多样?

14. 真核生物基因组有何特点?

15. 图示真核生物基因的结构。

16. 基因家族和基因簇这两个概念有何异同?

17. 染色体 DNA 压缩比是什么意思? 有何意义?

18. 简述细菌拟核的结构。

19. 何谓常染色质和异染色质? 何谓组成型异染色质和功能型异染色质?

20. 试述核小体的基本结构。低等真核生物和高等真核生物核小体结构是否一样? 说明什么?

21. 组蛋白结构有何特点?

22. 简述核小体组装的基本过程。是否存在精确定位?

23. 简述真核生物染色质不同层次的结构。

24. 何谓染色质重塑?

25. 举例说明核小体组蛋白变异体置换引起染色质结构与功能的改变。

26. 组蛋白有哪些种类修饰? 由哪些酶催化?

27. DNA 甲基化有哪些酶催化?

28. 何谓剂量补偿? 何谓基因组印记? 两者有何异同?

29. 染色质重塑与基因表达调节有何关系?

30. 如何理解生物进化是动力学控制下的开放系统热力学过程?

31. 代谢反应、手性和遗传密码,是生命起源的三个关键问题,三者之间有何关联? 你如何看待这三个问题?

32. 你如何看待"RNA 世界"学说?

33. 有实验室测定反密码子与氨基酸之间亲和力,两者之间似存在亲和力,但又不能找出确切对应关系,你如何看待这类实验?

34. 如何看生物进化的驱动力、多样性和适应性?

35. 表观遗传学与获得性遗传学说的观点是否完全一致?

36. 什么是小进化、大进化和协同进化? 用中性漂变学说和自然选择学说能否加以说明?

37. 你如何看待表观遗传对生物进化的可能作用?

主要参考书目

1. 王镜岩，朱圣庚，徐长法. 生物化学教程. 北京：高等教育出版社,2008.

2. 张昀. 生物进化. 北京：北京大学出版社,1998.

3. Nelson D L, Cox M M. Lehninger Principles of Biochemistry. 6th ed. New York：W. H. Freeman and Company,2012.

4. Watson J D, Baker T A, Bell S P, et al. Molecular Biology of the Gene. 7th ed. San Francisco：Pearson Education,2013.

5. Krebs J E, Kilpatrick S T, Goldstein E S. Lewin's Genes XI. Boston：Jones and Bartlett Publishers,2013.

（朱圣庚）

网上资源

✎ 自测题

第 30 章　DNA 的复制和修复

现代生物学已充分证明,DNA 是生物遗传的主要物质基础。生物机体的遗传信息以密码的形式编码在 DNA 分子上,表现为特定的核苷酸排列顺序,并通过 DNA 的复制(replication)由亲代传递给子代。在后代的生长发育过程中,遗传信息自 DNA 转录(transcription)给 RNA,然后翻译(translation)成特异的蛋白质,以执行各种生命功能,使后代表现出与亲代相似的遗传性状,即遗传信息的表达(expression)。DNA 分子虽然十分稳定,但在机体生命活动过程中不可避免会受到各种物理、化学和生物因素的作用,遭到损伤,而机体具有修复机制,在一定程度上可以使其复原。

一、DNA 的复制

原核生物每个细胞只含有一个染色体,真核生物每个细胞常含有多个染色体。在细胞增殖周期的一定阶段整个染色体组都将发生精确的复制,随后以染色体为单位把复制的基因组分配到两个子代细胞中去。一旦复制完成,就可发动细胞分裂;细胞分裂结束后,又可开始新的一轮 DNA 复制。

染色体外的遗传因子,包括原核生物的质粒、真核生物的细胞器以及细胞内共生或寄生生物的 DNA,它们也在细胞周期内复制。质粒或是受染色体复制的控制,与染色体复制同步,每个细胞只有一个或少数几个拷贝,因此称为单拷贝质粒;或是不受染色体复制的控制,在细胞分裂间期随时都可进行,每个细胞含有许多拷贝(通常在 20 个以上),称为多拷贝质粒。细胞器 DNA 的复制受细胞器组成成分的控制,细胞器可与细菌类似进行分裂。上述不同 DNA 的复制方式和调节机制虽有不同,但基本生物化学过程是一致的。

由于 DNA 是遗传信息的载体,在合成 DNA 时决定其结构特异性的遗传信息只能来自其本身,因此必须由原来存在的分子为模板来合成新的分子,即进行**自我复制**(self-replication)。细胞内存在极为复杂的系统,以确保 DNA 复制的正确进行,并纠正可能出现的误差。本节将着重介绍 DNA 的**半保留复制**(semi-conservative replication)、复制的单位和酶系、复制的**半不连续性**(semidiscontinuity)、复制的**拓扑学**(topology)、**复制体**(replisome)结构和复制的调控机理等。

(一) DNA 的半保留复制

DNA 由两条螺旋盘绕的多核苷酸链所组成,两条链通过碱基对之间的氢键连接在一起,所以这两条链是互补的。一条链上的核苷酸排列顺序决定了另一条链上的核苷酸排列顺序。由此可见,DNA 分子的每一条链都含有合成它的互补链所必需的全部遗传信息。Watson 和 Crick 在提出 DNA 双螺旋结构模型时即推测,在复制过程中碱基间氢键需先破裂并使双链解开,然后每条链可作为模板在其上合成新的互补链(图 30-1)。在此过程中,每个子代分子的一条链来自亲代 DNA,另一条链则是新合成的,这种方式称为半保留复制。

1958 年 M. Meselson 和 F. Stahl 利用氮的同位素 ^{15}N 标记大肠杆菌 DNA,首先证明了 DNA 的半保留复制。他们让大肠杆菌在以 $^{15}NH_4Cl$ 为唯一氮源的培养基中生长,经过连续培养 12 代,使所有 DNA 分子标记上 ^{15}N。^{15}N-DNA 的密度比普通 ^{14}N-DNA 的密度大,在**氯化铯密度梯度离心**(CsCl density gradient centrifugation)时,这两种 DNA 形成位置不同的区带(zone)。如果将 ^{15}N 标记的大肠杆菌转移到普通培养基(含 ^{14}N 的氮源)中培养,经过一代之后,所有 DNA 的密度都介于 ^{15}N-DNA 和 ^{14}N-DNA 之间,即形成了 DNA 分子的一半含 ^{15}N,另一半含 ^{14}N 的杂合分子。两代后,^{14}N 分子和 ^{14}N-^{15}N 杂合分子等量出现。若再继续培养,可以看到 ^{14}N-DNA 分子增多。当把 ^{14}N-^{15}N 杂合分子加热时,它们分开成 ^{14}N 链和 ^{15}N 链。这就充分证明了,在 DNA 复制时原来的 DNA 分子可被分成两个亚单位,分别构成子代分子的一半,这些亚单位经过许多代复制仍然保持着完整性(图 30-2)。

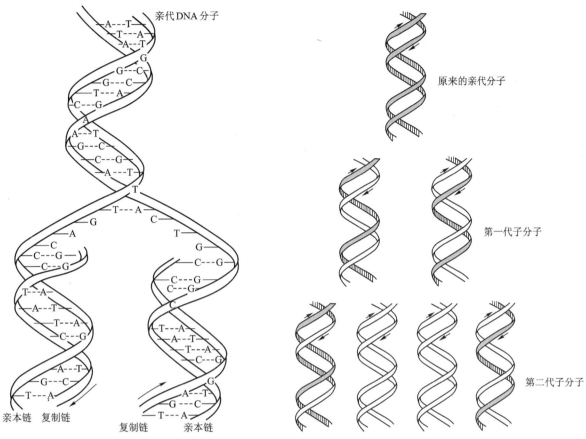

图 30-1 Watson 和 Crick 提出的 DNA 双螺旋复制模型

双螺旋 DNA 分子在复制时两条链需解开,每条链作为模板,在其上合成出新的互补链

图 30-2 DNA 的半保留复制

第一代子分子含有一条亲代的链(用黑色表示),与另一条新合成的链(用白色表示)配对。在以后的连续复制过程中,原来亲代的两条链仍然保持完整

在这以后,用不同生物材料做了类似的实验,都证实了 DNA 复制的半保留方式。然而,这类实验所研究的复制中 DNA 在提取过程中已被断裂成许多片段,得到的信息只涉及 DNA 复制前和复制后的状态。1963 年 J. Cairns 用**放射自显影**(autoradiography)的方法第一次观察到完整的正在复制的大肠杆菌染色体 DNA。他将 ^{3}H-脱氧胸苷标记大肠杆菌 DNA,然后用溶菌酶把细胞壁消化掉,使完整的染色体 DNA 释放出来,铺在一张透析膜上,在暗处用感光乳胶覆盖于干燥了的膜表面,放置若干星期。在这期间 ^{3}H 由于放射性衰变而放出 β 粒子,使乳胶曝光生成银粒。显影以后银粒黑点轨迹勾画出 DNA 分子的形状,黑点数目代表了 ^{3}H 在 DNA 分子中的密度。把显影后的片子放在光学显影镜下就可以观察到大肠杆菌染色体的全貌。借助这种方法,Cairns 阐明了大肠杆菌染色体 DNA 是一个环状分子,并以半保留的方式进行复制(图 30-3)。

半保留的复制,即子代 DNA 分子中仅保留一条亲代链,另一条链则是新合成的,这是双链 DNA 普遍的复制机制。即使是单链 DNA 分子,在其复制过程中通常也总是要先形成双链

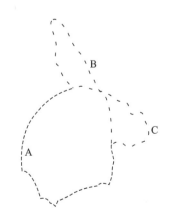

图 30-3 复制中的大肠杆菌染色体放射自显影图

^{3}H-胸苷掺入大肠杆菌 DNA,经过将近两代时间。非复制部分(C)银粒子密度较低,由一股放射性链和一股非放射性链构成。已复制的部分约占整个染色体的三分之二,其中一条双链(B)仅一股链是标记的;另一条双链(A)的两股链都是标记的,银粒子密度为二者的两倍。染色体全长约为 1 100 μm

的复制型（RF）。半保留复制要求亲代 DNA 的两条链解开,各自作为模板,通过碱基配对的法则,合成出另一条互补链。在这里,碱基配对是核酸分子间传递信息的结构基础。无论是复制、转录或逆转录,在形成双链螺旋分子时都是通过碱基配对来完成的。需要指出的是,碱基、核苷或核苷酸单体之间并不形成碱基对,但是在形成双链螺旋时由于空间结构的关系而构成特殊的碱基对。

（二）DNA 的复制起点和复制方式

基因组能独立进行复制的单位称为**复制子**（replicon）。每个复制子都含有控制复制起始的**起点**（origin）,可能还有终止复制的**终点**（terminus）。复制是在起始阶段进行控制的,一旦复制开始,它即继续下去,直到整个复制子完成复制或复制受阻。

原核生物的染色体和质粒,真核生物的细胞器 DNA 都是环状双链分子。实验表明,它们都在一个固定的起点开始复制,复制方向大多是双向的（bidirectional）,即形成两个**复制叉**（replication fork）或生长点（growing point）,分别向两侧进行复制;也有一些是单向的（unidirectional）,只形成一个复制叉或生长点（图 30-4）。通常复制是对称的,两条链同时进行复制;有些则是不对称的,一条链复制后再进行另一条链的复制。DNA 在复制叉处两条链解开,各自合成其互补链,在电子显微镜下可以看到形如眼的结构,环状 DNA 的复制眼形成希腊字母 θ 形结构（图 30-5）。

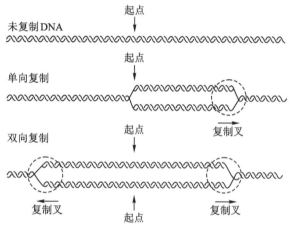

图 30-4　DNA 的双向或单向复制

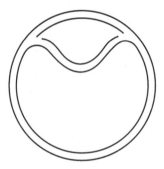

图 30-5　环状 DNA 的复制眼形成 θ 结构

真核生物染色体 DNA 是线性双链分子,含有许多复制起点,因此是**多复制子**（multireplicon）。病毒 DNA 有多种多样,或是环状分子,或是线性分子,或是双链,或是单链。每一个病毒基因组 DNA 分子是一个复制子,它们的复制方式也是多种多样的:双向的,或是单向的;对称的,或是不对称的。有些病毒线性 DNA 分子在侵入细胞后可转变成环状分子,而另一些线性 DNA 分子的复制起点在末端。

在一个生长的群体中多数细胞的染色体都处在复制过程中,因此离复制起点越近的基因出现频率越高,越远的基因出现频率越低。将大肠杆菌提取出来的 DNA 切成大约 1% 染色体长度的片段,通过分子杂交的方法测定各基因片段的频率,结果表明 ori C 位于基因图谱的 ilv 位点处（83 分附近）。一旦复制开始以后,复制叉向两侧以相等速度向前移动,两个复制叉在起点 180° 的 trp 位点处（33 分附近）相会合（图 30-6）。

通过放射自显影的实验可以判断 DNA 的复制是双向进行的,还是单向进行的。在复制开始时,先用低放射性的 ^{3}H-脱氧胸苷标记大肠杆菌。经数分钟后,再转移到含有高放射性的 ^{3}H-脱氧胸苷培养基中继续进行标记。这样,在放射自显影图像上,复制起始区的放射性标记密度比较低,感光还原的银颗粒密度就较低;继续合成区标记密度较高,银颗粒密度也就较高。若是单向复制,银颗粒的密度分布应是一端低,一端高。若是双向复制,则应是中间密度低,两端密度高。由大肠杆菌所获得的放射自显影图像都是两端密,中间稀,这就清楚证明了大肠杆菌染色体 DNA 是双向复制的（图 30-7）。

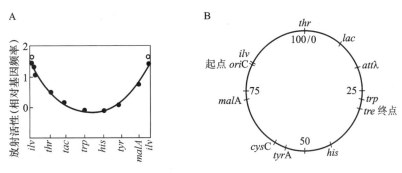

图 30-6　大肠杆菌复制起点和终点在基因图谱上的位置

A. DNA 复制起点的测定；B. 复制起点和终点的位置

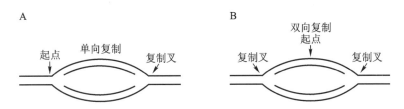

图 30-7　单向和双向复制的放射自显影示意图

A. 单向复制；B. 双向复制

　　大肠杆菌和其他几种革兰氏阴性细菌以及酵母的 DNA 复制起始区已被克隆并测定了它们的核苷酸顺序。从质粒中分离出带有抗药性基因（例如氨苄青霉素的抗性基因 *amp*ʳ）的限制片段，它是不能自主复制的。如用同一种限制性酶处理大肠杆菌的染色体 DNA，经 DNA 连接酶加以连接后转化大肠杆菌，筛选抗氨苄青霉素的**转化子**（transformant），在这些转化细胞中的重组质粒含有大肠杆菌的复制起点（*ori* C）。克隆的复制起始区可用来研究复制的控制机制。

　　含有 *ori* C 区 1 000 bp 的重组质粒在大肠杆菌中的复制行为与细菌染色体一样，受到严紧控制，每个细胞只有 1~2 个拷贝。用核酸外切酶缩短 *ori* C 克隆片段的大小，最后得 245 bp 的基本功能区，携带它的质粒依然能自主复制，但拷贝数可增加到 20 以上，这说明决定拷贝数和发动复制的作用是由不同序列控制的。

　　鼠伤寒沙门氏菌（*Salmonella typhimurium*）的起点位于一段 296 bp 的 DNA 片段上，与大肠杆菌的起点相比，它们之间的相似序列达 86%。其他的细菌，即使亲缘较远的细菌，其起点在大肠杆菌中亦能进行复制。看来起始区的结构是很保守的。比较已知序列的起始区，发现它们都含有一系列对称排列的**反向重复**（inverted repeats）和某些短的成簇的保守序列，这些序列的意义还不完全清楚。

　　有些种类 DNA 的复制是不对称的，两个复制叉或两条亲本链并不同时进行复制。有一种单向复制的特殊方式，称为**滚环**（rolling circle）式。噬菌体 φX 174 DNA 是环状单链分子。它在复制过程中首先形成共价闭环的双链分子（复制型），然后其正链由 A 蛋白在特定位置切开，游离出一个 3′-OH 末端，A 蛋白连在 5′-磷酸基末端。随后，在 **DNA 聚合酶**（DNA polymerase）催化下，以环状负链为模板，从正链的 3′-OH 末端加入脱氧核苷酸，使链不断延长，通过滚动而合成出新的正链。合成一圈后，露出切口序列，A 蛋白再次将其切开，并连在切出的 5′-磷酸基末端，游离出单位长度噬菌体环状单链 DNA 分子。实验证明，某些双链 DNA 的合成也可以通过滚环的方式进行。例如，噬菌体 λ 复制的后期以及非洲爪蟾（*Xenopus*）卵母细胞中 rRNA 基因的扩增都是以这种方式进行的。

　　另一种单向复制的特殊方式称为**替代环**（displacement loop）或 **D 环**（D-loop）式。线粒体 DNA 的复制采取这种方式（纤毛虫的线粒体 DNA 为线性分子，其复制方式与此不同）。双链环在固定点解开进行复制，但两条链的合成是高度不对称的，一条链先复制，另一条链保持单链而被取代，在电镜下可以看到呈 D 环形状。待一条链复制到一定程度，露出另一链的复制起点，另一条链才开始复制。这表明复制起点是以一条链为模板起始合成 DNA 的一段序列;两条链的起点并不总在同一点上,当两条链的起点分开一定距离时就产生 D 环复制。叶绿体 DNA 的复制也采取 D 环的方式,双链环两条链的起点不在同一位置,但同时在起点处解开双链,进行 D 环复制,故称为 2D 环复制。DNA 的不同复制方式见图 30-8。

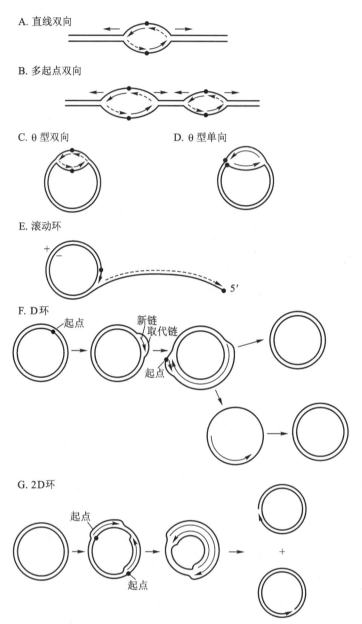

图 30-8　DNA 的不同复制方式

　　利用放射自显影的方法测定,细菌 DNA 的复制叉移动速度大约每分钟 50 000 bp。大肠杆菌染色体完成复制需要 40 min。但是在丰富培养基中,大肠杆菌每 20 min 即可分裂一次。实验分析结果表明,复制叉前进的速度是比较恒定的,复制速度实际取决于起始频率。在丰富的培养基中,大肠杆菌染色体一轮复制尚未完成,起点已开始第二轮的复制,因此一个染色体可以不只 2 个生长点(图 30-9)。

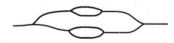

图 30-9　大肠杆菌的多复制叉染色体 DNA

　　真核生物染色体 DNA 的复制叉移动速度比原核生物慢得多,这是由于真核生物的染色体具有复杂的高级结构,复制时需要解开**核小体**(nucleosome),复制后又需重新形成核小体。它们的复制叉移动速度为

1 000~3 000 bp/min。高等真核生物一般复制单位长度是 100~200 kb,低等真核生物要小一些,每一复制单位在 30~60 min 内复制完毕。由于各复制子发动复制的时间有先后,就整个细胞而言,通常完成染色体复制的时间要用 6~8 h。

（三）DNA 聚合反应和有关的酶

DNA 由脱氧核糖核苷酸聚合而成。与 DNA 聚合反应有关的酶包括多种 DNA 聚合酶和 DNA 连接酶。

1. DNA 的聚合反应和聚合酶

1956 年 A. Kornberg 等首先从大肠杆菌提取液中发现 DNA 聚合酶。其后从不同的生物中都找到有这种酶。用提纯的酶制剂作实验表明,在有适量 DNA 和镁离子存在时,该酶能催化四种脱氧核糖核苷三磷酸合成 DNA,所合成的 DNA 具有与天然 DNA 同样的化学结构和物理化学性质。dATP、dGTP、dCTP 和 dTTP 四种脱氧核糖核苷三磷酸缺一不可;它们不能被相应的二磷酸或一磷酸化合物所取代,也不能被核糖核苷酸所取代。在 DNA 聚合酶催化下,脱氧核糖核苷酸被加到 DNA 链的末端,同时释放出无机焦磷酸。DNA 的聚合反应可表示如下:

$$
\begin{array}{c}
n_1\mathrm{dATP} \\
+ \\
n_2\mathrm{dGTP} \\
+ \\
n_3\mathrm{dCTP} \\
+ \\
n_4\mathrm{dTTP}
\end{array}
+ \mathrm{DNA}
\underset{\mathrm{Mg}^{2+}}{\overset{\text{DNA 聚合酶}}{\rightleftharpoons}}
\left[
\begin{array}{c}
\mathrm{dAMP} \\
| \\
\mathrm{dGMP} \\
| \\
\mathrm{dCMP} \\
| \\
\mathrm{dTMP}
\end{array}
\right]
\text{——DNA} + (n_1 + n_2 + n_3 + n_4)\,\mathrm{PPi}
$$

在 DNA 聚合酶催化的链延长反应中,链的游离 3′-羟基对进入的脱氧核糖核苷三磷酸 α 磷原子发生亲核攻击,从而形成 3′,5′-磷酸二酯键并脱下焦磷酸(图 30-10)。形成磷酸二酯键所需的能量来自 α- 与 β-磷酸基之间高能键的裂解。聚合反应是可逆的;但随后焦磷酸的水解可推动反应的完成。DNA 链由 5′向 3′方向延长。DNA 聚合酶只能催化脱氧核糖核苷酸加到已有核酸链的游离 3′-羟基上,而不能使脱氧核糖核苷酸自身发生聚合,也就是说,它需要**引物链**(primer strand)的存在。加入核苷酸的种类则由模板链所决定。

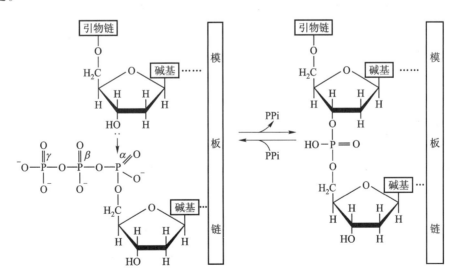

图 30-10   DNA 聚合酶催化的链延长反应

与生物小分子的合成不同,**信息大分子**(informational macromolecule)的合成除需要底物、能量和酶外,还需要**模板**(template)。DNA 聚合酶催化的反应是按模板的指令(instruction)进行的。只有当进入的核苷酸碱基能与模板链的碱基形成 Watson-Crick 类型的碱基对时,才能在该酶催化下形成磷酸二酯键。因此,DNA 聚合酶是一种模板指导的酶。加入各种不同生物来源的 DNA 作模板,可以同样引起和促进新的 DNA 的酶促合成,而且产物 DNA 的性质不取决于聚合酶的来源,也与四种核苷酸前体的相对比例无关,而仅仅取决于所加进去的模板 DNA。产物 DNA 与作为模板的双螺旋 DNA 具有相同的碱基组成,这说明在 DNA 聚合酶作用下,模板 DNA 的两条链都能进行复制。

DNA 的体外酶促合成必须加入少量的 DNA 才能进行。由于 DNA 在提取过程中常受到机械切力或酶的作用,从而引起磷酸二酯键的断裂。在一条链上失去一个磷酸二酯键称为**切口**(nick),失去一段单链称为**缺口**(gap)。显露出 3′-羟基的核酸链可作为引物,链延长的信息来自对应的互补链。由此可见,在 DNA 聚合酶反应中,加入的 DNA 同时起两者作用:一条链作为引物,另一条作为模板(图 30–11)。

综上所述,DNA 聚合酶的反应特点为:① 以四种脱氧核糖核苷三磷酸作底物,② 反应需要接受模板的指导,③ 反应需要有引物 3′-羟基存在,④ DNA 链的生长方向为 5′→3′,⑤ 产物 DNA 的性质与模板相同。这就表明了 DNA 聚合酶合成的产物是模板的复制物。

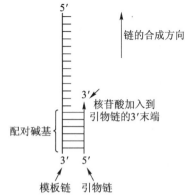

图 30–11   DNA 酶促合成的引物链和模板链

2. 大肠杆菌 DNA 聚合酶

大肠杆菌中共含有五种不同的 DNA 聚合酶,它们分别称为 DNA 聚合酶 I、II、III、IV 和 V。

(1) **DNA 聚合酶 I**   Kornberg 等最初从大肠杆菌中分离出来的酶称为 DNA 聚合酶 I 或 Kornberg 酶。DNA 聚合酶 I 已得到高度纯化,从 100 kg 大肠杆菌中可以分离得到约 500 mg 纯化的酶。DNA 聚合酶 I 的相对分子质量为 103 000,由一条单一多肽链组成。多肽链中含有两个二价金属离子(镁或锌),参与聚合反应。酶分子形状像球体,直径约 6.5 nm,为 DNA 直径的三倍左右。每个大肠杆菌细胞约有 400 个分子的 DNA 聚合酶 I。

当有底物和模板存在时,DNA 聚合酶 I 可使脱氧核糖核苷酸逐个地加到具有 3′-OH 末端的多核苷酸链上。与其他种类的 DNA 聚合酶一样,DNA 聚合酶 I 只能在已有核酸链上延伸链,而不能从无到有开始 DNA 链的合成,也就是说,它催化的反应需要有引物链(DNA 链或 RNA 链)的存在。在 37℃ 条件下,每分子 DNA 聚合酶 I 每分钟可以催化约 1 000 个核苷酸的聚合。

DNA 聚合酶 I 是一个多功能酶。它可以催化以下的反应:① 通过核苷酸聚合反应,使 DNA 链沿 5′→3′方向延长(DNA 聚合酶活性);② 由 3′端水解 DNA 链(3′→5′外切核酸酶活性);③ 由 5′端水解 DNA 链(5′→3′外切核酸酶活性);④ 由 3′端使 DNA 链发生焦磷酸解;⑤ 无机焦磷酸盐与脱氧核糖核苷三磷酸之间的焦磷酸基交换。焦磷酸解是聚合反应的逆反应,焦磷酸交换反应则是由前两个反应连续重复多次引起的。因此,实际上 DNA 聚合酶 I 仅兼有聚合酶、3′→5′外切核酸酶和 5′→3′外切核酸酶的活性。在酶的活性中心,与这些功能有关的结合位置分布得十分精巧。

若用蛋白水解酶将 DNA 聚合酶 I 作有限水解,可以得到相对分子质量为 68 000 和 35 000 的两个片段。大的片段具有聚合酶和 3′→5′外切核酸酶活性,小的片段具有 5′→3′外切核酸酶活性。聚合酶和 3′→5′外切酶活性紧密结合在一起,表明两者间有着重要的内在联系(图 30–12)。

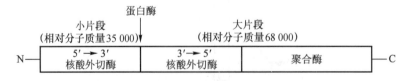

图 30–12   DNA 聚合酶 I 的酶切片段

DNA 聚合酶 I 被蛋白酶切开得到的大片段称为 **Klenow 片段**,X 射线晶体学研究揭示它有两个明显的裂隙,彼此接近垂直。其中一个裂隙为双链 DNA 的结合位点;另一裂隙为聚合反应的催化位点,两个金属离子结合其上并可分别与生长链 3′-OH 的氧和底物核苷三磷酸的三个磷形成配位键而促进聚合反应。3′→5′核酸外切酶位点十分靠近聚合酶位点,合成链的 3′端可在其间摆动(图 30–13)。其他种类的 DNA 聚合酶往往无 5′→3′外切核酸酶活性,但有 3′→5′外切核酸酶活性,其空间结构与 Klenow 片段类似,相当于右手形状。实际上不仅是 DNA 聚合酶 I,右手结构是所有核酸聚合酶的共同特征。

当核酸落入核酸聚合酶拇指与指形结构和掌形结构间的凹槽时,引起构象改变,使核酸合成链的 3′端正好位于催化位点。聚合酶所以能够辨别进入的底物核苷酸,是因为凹槽空间只允许底物与模板之间形成 Watson-Crick 类型的**碱基配对**。非配对碱基因空间位置不适合而不能进行聚合反应,这就保证了新合成的链严格按模板链的互补碱基顺序进行聚合。在这里,酶对底物进行了专一性的核对。然而错配的碱基仍然不可避免地会出现。例如,碱基的瞬时互变异构即可造成不正常碱基配对。DNA 聚合酶的 3′→5′外切核酸酶活性能切除单链 DNA 的 3′末端核苷酸,而对双链 DNA 不起作用,故不能形成碱基对的错配核苷酸可被该酶水解下来。3′→5′外切核酸酶活性被认为起着**校对功能**(proofreading function),它能切除聚合过

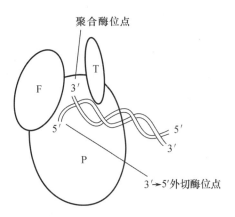

图 30-13   DNA 聚合酶 I 大片段(Klenow 片段)的结构

P. 掌形结构区, F. 指形结构区, T. 拇指结构区

程中的错配碱基。由此可见,DNA 复制过程中碱基配对要受到双重核对:聚合酶的选择作用和 3′→5′外切酶的校对作用。在无 3′→5′外切酶的校对功能时,DNA 聚合酶 I 掺入核苷酸的错误率为 10^{-5};具有校对功能后,错误率降低至 $5×10^{-7}$。体内 DNA 修复系统进一步降低 DNA 复制的错误率。

DNA 聚合酶 I 尚具有 5′→3′外切核酸酶活性,它只作用于双链 DNA 的碱基配对部分,从 5′末端水解下核苷酸或寡核苷酸。因而该酶被认为在切除由紫外线照射而形成的嘧啶二聚体(pyrimidine dimer)中起着重要作用。DNA 半不连续合成中冈崎片段 5′端 RNA 引物的切除也有赖于这个外切酶。

(2) DNA 聚合酶 II 和 III   DNA 聚合酶 I 发现后,随着对其性质的逐步了解,增加了对该酶是否真是细胞 DNA 复制酶的怀疑。首先,该酶合成 DNA 的速度太慢,只及细胞内 DNA 复制速度的百分之一。其次,它的**持续合成能力**(processivity)较低,细胞内 DNA 的复制不会如此频繁中断。第三,遗传学分析表明,许多基因突变都会影响 DNA 的复制,但都与 DNA 聚合酶 I 无关。1969 年 P. DeLucia 和 J. Cairns 分离到一株大肠菌变异株,它的 DNA 聚合酶 I 活性极低,只为野生型的 0.5%~1%,这一变异株称为 *pol* A1 或 *pol* A⁻。该变异株可以像它的亲代株一样以正常速度繁殖,但是对紫外线、X 射线和化学诱变剂甲基磺酸甲酯等敏感性高,容易变异和死亡。这表明 DNA 聚合酶 I 不是复制酶,而是修复酶。后来证明,它在 DNA 复制过程中起着取代 RNA 引物、参与局部修复的作用。

由于 *pol* A1 变异株中 DNA 聚合酶 I 的聚合反应活力很低,因此是寻找其他聚合酶的适宜材料。T. Kornberg 在 1970 年分离出了另外一种聚合酶,称为 DNA 聚合酶 II。该酶由一条相对分子质量为 88 000 的多肽链组成,活力比 DNA 聚合酶 I 高,若以每分子酶每分钟促进核苷酸掺入 DNA 的转化率计算,约为 2 400 个/min 核苷酸。每个大肠杆菌细胞约含有 100 个 DNA 聚合酶 II 分子。它也是以四种脱氧核糖核苷三磷酸为底物,从 5′→3′方向合成 DNA,并需要带有缺口的双链 DNA 作为模板-引物,缺口不能过大,否则活性将会降低。反应需 Mg^{2+} 和 NH_4^+ 激活。DNA 聚合酶 II 具有 3′→5′外切核酸酶活性,但无 5′→3′外切酶活力。已分离到一株大肠杆菌变异株(*pol* B1),它的 DNA 聚合酶 II 活力只有正常菌株的 0.1%,但仍然以正常速度生长,表明 DNA 聚合酶 II 也不是复制酶,而是一种修复酶。

1971 年 M.Gefter 分离到一种聚合酶,称为 DNA 聚合酶 III。它是由多个亚基组成的蛋白质,现在认为它是大肠杆菌细胞内真正负责重新合成 DNA 的**复制酶**(replicase)。经诱变处理,分离到一些大肠杆菌温度敏感条件致死变异株。*dna* E(*pol* C)基因的温度敏感株在适宜温度(30℃)下,DNA 能正常复制;当培养温度上升到限制温度(45℃)时,DNA 的合成立即停止。亦已鉴定该位点编码 DNA 聚合酶 III 的 α 亚基。从这种变异株中分离出来的 DNA 聚合酶 III 是对温度敏感的,而聚合酶 I 和 II 则不敏感。虽然每个大肠杆菌细胞只有 10~20 个 DNA 聚合酶 III 分子,然而它催化的合成速度达到了体内 DNA 合成的速度。DNA 聚合酶 III 的许多性质都表明,它就是 DNA 的复制酶。

DNA 聚合酶 I、II 和 III 的基本性质总结于表 30-1。DNA 聚合酶 III 的亚基很容易解离,在分离酶的过

程中常得到不同的组分,对每一组分的作用也还不十分清楚,因此要区分酶的组成成分和辅助因子是比较困难的。现认为 **DNA 聚合酶Ⅲ**的全酶(holoenzyme)由 α、β、γ、δ、δ′、ε、θ、τ、χ 和 ψ 10 种亚基所组成,含有金属离子。其中 α 亚基的相对分子质量为 130 000,具有 5′→3′方向合成 DNA 的催化活性。ε 亚基具有 3′→5′外切核酸酶活性,起校对作用,可提高聚合酶Ⅲ复制 DNA 的保真性。θ 亚基可能起组建的作用。由 α、ε 和 θ 三种亚基组成全酶的核心酶(core enzyme)。

表 30-1　大肠杆菌三种 DNA 聚合酶的性质比较

	DNA 聚合酶Ⅰ	DNA 聚合酶Ⅱ	DNA 聚合酶Ⅲ
结构基因 *	pol A	pol B(din A)	pol C(dna E)
不同种类亚基数目	1	1	10
相对分子质量	103 000	88 000	130 000 *
3′→5′外切核酸酶	+	+	+
5′→3′外切核酸酶	+	−	−
聚合速度(核苷酸/min)	1 000~1 200	2 400	15 000~60 000
持续合成能力	3~200	1 500	≥500 000
功能	切除引物,修复	修复	复制

　　* 对于多亚基酶,这里仅列出聚合活性亚基的结构基因和相对分子质量。

　　DNA 聚合酶Ⅲ为异二聚体(heterologous dimer),它使 DNA 解开的双链可以同时进行复制,但二聚化的两个聚合酶亚基种类并不完全相同,在这里 τ 亚基起着促使核心酶二聚化的作用。β 亚基的功能犹如夹子:两个 β 亚基夹住 DNA 分子并可向前滑动,使聚合酶在完成复制前不再脱离 DNA,从而提高了酶的持续合成能力(图 30-14)。γ 亚基与另 4 个亚基构成 γ 复合物(γδδ′χψ),具有依赖 DNA 的 ATP 酶活性,其主要功能是帮助 β 亚基夹住 DNA 以及其后卸下来,故称为夹子**安装器**(clamp-loader)。DNA 聚合酶Ⅲ的亚基组成列于表 30-2,其全酶的结构如图 30-15 所示。DNA 聚合酶Ⅲ的复杂亚基结构使其具有更高的**忠实性**(fidelity)、**协同性**(cooperativity)和**持续性**

图 30-14　DNA 聚合酶Ⅲ两个 β 亚基夹住 DNA

(processivity)。如无校对功能,DNA 聚合酶Ⅲ的核苷酸掺入错误率为 $7×10^{-6}$,具有校对功能后降低至 $5×10^{-9}$。各亚基的功能相互协调,全酶可以持续完成整个染色体 DNA 的合成。

表 30-2　DNA 聚合酶Ⅲ全酶的亚基组成

亚基	相对分子质量	亚基数目	基因	亚基功能	
α	129 900	2	pol C(dna E)	聚合活性	
ε	27 500	2	dna Q(mut D)	3′→5′外切酶校对功能	核心酶
θ	8 600	2	hol E	组建核心酶	
τ	71 100	2	dna X	核心酶二聚化,稳定与模板结合	
γ	47 500	1	dna X*	形成 γ 复合物,依赖 DNA 的 ATP 酶,	
δ	38 700	1	hol A	可与 β 亚基结合,打开夹子	
δ′	36 900	1	hol B	安装夹子	夹子安装器
χ	16 600	1	hol C	与 SSB 相互作用	
ψ	15 200	1	hol D	与 γ 和 χ 相互作用	
β	40 600	4	dna N	两个 β 亚基形成滑动夹子,以提高酶的持续合成能力	

　　γ 亚基由 τ 亚基基因的一部分所编码,τ 亚基氨基端 80% 与 γ 亚基具有相同的氨基酸序列。

　　(3) DNA 聚合酶Ⅳ和 Ⅴ　DNA 聚合酶Ⅳ和 Ⅴ 是在 1999 年才被发现的,它们涉及 DNA 的**易错修复**(error-prone repair)。当 DNA 受到较严重损伤时,即可诱导产生这两个酶,它们在遇到 DNA 损伤部分时并不像一般的 DNA 聚合酶那样的无法产生正确碱基配对而停止聚合反应。该两酶能进行跨越损伤的合成(translesion synthesis,TLS),却使修复缺乏准确性(accuracy),因而出现高突变率。编码 DNA 聚合酶Ⅳ

的基因是 *din B*。编码 DNA 聚合酶 V 的基因是 *umu C* 和 *umu D*。基因 *umu D* 产物 Umu D 被裂解产生较短的 Umu D′，两个 Umu D′ 与一个 Umu C 形成复合物，成为 DNA 聚合酶 V。高突变率虽会使许多细胞变异或死亡，但至少可以克服复制障碍，使某些突变的细胞得以存活。

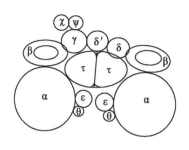

图 30-15　DNA 聚合酶Ⅲ异二聚体的亚基结构示意图

在 γ 复合物帮助下，β 夹子夹住模板与引物双链并与核心酶结合，开始 DNA 复制

3. DNA 连接酶

DNA 聚合酶只能催化多核苷酸链的延长反应，不能使链之间连接。环状 DNA 的复制表明，必定存在一种酶，能催化链的两个末端之间形成共价连接。1967 年不同实验室同时发现了 **DNA 连接酶**（DNA ligase）。这个酶催化双链 DNA 切口处的 5′-磷酸基和 3′-羟基生成磷酸二酯键。大肠杆菌 DNA 连接酶要求断开的两条链由互补链将它们聚在一起，形成双螺旋结构。它不能将两条游离的 DNA 链连接起来。T4 DNA 连接酶不仅能在模板链上连接 DNA 和 DNA 链之间的切口，而且能连接无单链黏性末端的平头（blunt）双链 DNA。

连接反应需要能量供给。大肠杆菌和其他细菌的 DNA 连接酶以烟酰胺腺嘌呤二核苷酸（NAD^+）作为能量来源，动物细胞和噬菌体的连接酶则以腺苷三磷酸（ATP）作为能量来源。反应分三步进行。首先由 NAD^+ 或 ATP 与酶反应，形成腺苷酰化的酶（酶-AMP 复合物），其中 AMP 的磷酸基与酶的赖氨酸之 ε-氨基以磷酰胺键相结合。然后酶将 AMP 转移给 DNA 切口处的 5′-磷酸基，以焦磷酸键的形式活化，形成 AMP-DNA。最后通过相邻的 3′-OH 对活化的磷原子发生亲核攻击，生成 3′,5′-磷酸二酯键，同时释放出 AMP（图 30-16）。

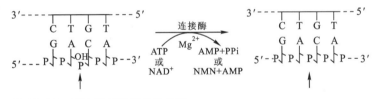

图 30-16　DNA 连接酶催化的反应

大肠杆菌 DNA 连接酶是一条相对分子质量为 74 000 的多肽。连接酶缺陷的大肠杆菌变异株中 DNA 片段积累，对紫外线敏感性增加。DNA 连接酶在 DNA 的复制、修复和重组等过程中均起重要的作用。

（四）DNA 的半不连续复制

在体内，DNA 的两条链都能作为模板，同时合成出两条新的互补链。由于 DNA 分子的两条链是反向平行的，一条链的走向为 5′→3′，另一条链为 3′→5′。但是，所有已知 DNA 聚合酶的合成方向都是 5′→3′，而不是 3′→5′。这就很难理解，DNA 在复制时两条链如何能够同时作为模板合成其互补链。为了解决这个矛盾，日本学者冈崎等提出了 DNA 的不连续复制模型，认为 3′→5′ 走向合成的 DNA 实际上是由许多 5′→3′ 方向的 DNA 片段连接起来的（图 30-17）。

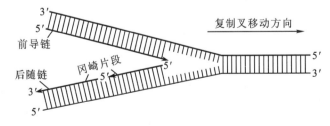

图 30-17　DNA 的一条链以不连续方式合成

1968 年，冈崎等用 ^{3}H-脱氧胸苷标记噬菌体 T4 感染的大肠杆菌，然后通过碱性密度梯度离心法分离标记的 DNA 产物，发现短时间内首先合成的是较短的 DNA 片段，接着出现较大的分子，最初出现的 DNA 片段长度约为 1 000 个核苷酸，一般称为 **冈崎片段**（Okazaki fragment）。用 DNA 连接酶变异的温度敏感株进行实验，在连接酶不起作用的温度下，便有大量 DNA 片段积累。这些实验都说明在 DNA 复制过程中首先合成较短的片段，然后再由连接酶连成大分子 DNA。

　　从大肠杆菌中分离出冈崎片段之后,许多实验室的研究进一步证明,DNA 的不连续合成不只限于细菌,真核生物染色体 DNA 的复制也是如此。细菌的冈崎片段长度为 1 000~2 000 个核苷酸,相当于一个顺反子(cistron),即基因的大小;真核生物的冈崎片段长度为 100~200 个核苷酸,相当于一个核小体 DNA 的大小。冈崎等最初的实验不能判断 DNA 链的不连续合成只发生在一条链上,还是两条链都如此,对冈崎片段进行测定,结果测得的数量远超过新合成 DNA 的一半,似乎两条链都是不连续的。后来发现这是由于尿嘧啶取代胸腺嘧啶掺入 DNA 所造成的假象。DNA 中的尿嘧啶可被尿嘧啶-DNA-糖苷酶(uracil-DNA-glycosidase)切除,随后该处的磷酸二酯键断裂,在此过程中也会产生一些类似冈崎片段的 DNA 片段。用缺乏糖苷酶的大肠杆菌变异株(ung^-)进行实验时,DNA 的尿嘧啶将不再被切除,新合成 DNA 大约有一半放射性标记出现于冈崎片段中,另一半直接进入长的 DNA 链。由此可见,当 DNA 复制时,一条链是连续的,另一条链是不连续的,因此称为**半不连续复制**(semidiscontinuous replication)。

　　以复制叉向前移动的方向为标准,一条模板链是 3′→5′走向,在其上 DNA 能以 5′→3′方向连续合成,称为**前导链**(leading strand);另一条模板链是 5′→3′走向,在其上 DNA 也是从 5′→3′方向合成,但是与复制叉移动的方向正好相反,所以随着复制叉的移动,形成许多不连续的片段,最后连成一条完整的 DNA 链,该链称为**后随链**(lagging strand)。由于 DNA 复制酶系不易从 DNA 模板上解离下来,因此前导链的合成通常是连续的。但是有很多因素会影响到前导链的连续性,例如,模板链的损伤、复制因子和底物的供应不足等,都会引起前导链复制中断并重新起始。

　　在用大肠杆菌提取液进行 DNA 合成的实验表明,冈崎片段的合成除需要四种脱氧核糖核苷酸外,还需要四种核糖核苷酸(ATP、GTP、CTP 和 UTP)。通过对新合成的 DNA 片段进行分析,发现它们以共价键连着一小段 RNA 链。用专一的核酸酶水解证明,RNA 链位于 DNA 片段的 5′端。这些实验有力地说明了,冈崎片段的合成需要 RNA 引物。RNA 引物是在 DNA 模板链的一定部位合成并互补于 DNA 链,合成方向也是 5′→3′,催化该反应的酶称为**引发酶**(primase)。引物的长度通常为几个核苷酸至十多个核苷酸,DNA 聚合酶Ⅲ可在其上聚合脱氧核糖核苷酸,直至完成冈崎片段的合成。RNA 引物的消除和缺口的填补是由 DNA 聚合酶Ⅰ来完成的。最后由 DNA 连接酶将冈崎片段连成长链。

　　随着研究的深入,人们对 DNA 复制机制的复杂性也有了进一步的认识。生物体为什么要用如此复杂的机制来复制 DNA 呢? 主要是为了保持 DNA 复制的高度忠实性。假定观察到的生物自发突变都是由 DNA 复制时碱基对的错配引起的,则可估计出大肠杆菌复制时每个碱基配对错误的频率为 $10^{-10} \sim 10^{-9}$。实际上还存在其他来源的变异和修复机制,生物的突变频率往往比这个数值还低。这是令人惊异的高保真系统。从热力学的角度考虑,碱基对的错配使双螺旋结构不稳定,因而给出正的自由能值,但由此计算的碱基对错误频率大约在 10^{-2}。DNA 聚合酶对底物的选择作用和 3′→5′外切核酸酶的校对作用分别使错配频率下降 10^{-2},因而达 10^{-6}。这是一般 DNA 聚合酶在体外合成 DNA 时所能达到的水平。在体内,复制叉的复杂结构进一步提高了复制的准确性;修复系统可以检查出错配碱基和 DNA 的各种损伤并加以修正,从而使变异率下降到更低的水平(对生物进化适宜的水平)。

　　由此可以理解,为什么 DNA 聚合酶需要引物,而 RNA 聚合酶则不需要;为什么冈崎片段要以 RNA 为引物,而最后又要切除 RNA,并以 DNA 链来取代 RNA 链。DNA 聚合酶具有校对功能,它在每引入一个核苷酸后都要复查一次,碱基配对无误才继续往下聚合。它不能从无到有合成新的链,这是因为在未核实前一个核苷酸处于正确配对状态,是不会进行聚合反应的。RNA 聚合酶没有精确的校对功能,不需要引物。RNA 引物都是重新开始合成的,它的错配可能性大,在完成引物功能后即将它删除,而代之以高保真的 DNA 链。

(五) DNA 复制的拓扑性质

　　核酸的**拓扑结构**(topology,拓扑学或拓扑结构)是指核酸分子结构的空间关系。拓扑学是近代数学的一个分支,它研究曲线或曲面的空间关系和内在数学性质,而不考虑它们的度量(大小、形状等)。两条互相缠绕的双螺旋核酸分子表现出许多拓扑学的关系。在 DNA 的复制、重组、转录和装配等过程中无不牵涉到其拓扑结构的转变。DNA 在复制时,首先需要将两条链解开,因而会产生扭曲张力。早期曾认为

DNA 分子可通过旋转而消除这种张力。然而一条很长的 DNA 双螺旋分子进行高速的旋转,这是不可思议的。通过对 DNA 的拓扑结构和拓扑异构酶的研究,现在已能较好了解 DNA 在复制时双链是如何解开的。

1966 年 Vinograd 和 Lebowitz 在研究闭环 DNA 的空间关系时提出了以下公式:

$$\alpha = \beta + \tau$$

其中 α 为双链闭环中两条链的**互绕数**(intertwining number),或称为**拓扑连环数**(topological linking number);β 为 DNA 构象所应有的**螺旋数**(helical turn)或**扭转数**(twisting number);τ 为**超螺旋数**(superhelical turn),亦即**缠绕数**(writhing number)。当双链闭环的两条链保持连续时,α 值不变。β 值只与 DNA 分子的碱基对数目和构象有关,B 型 DNA 的 β 值为碱基对数目除以 10.4。α 值减 β 值之差即为超螺旋数 τ。α 值必定是整数,β 值与 τ 值不一定是整数。α 与 β 的正负表示螺旋方向,右手螺旋为正,左手螺旋为负;τ 的正负则表示 α 大于还是小于 β,即双链闭环的螺旋圈数增加还是减少。

超螺旋数目是以整个环状 DNA 分子为单位的,为便于比较,需引入另一个概念,**比超螺旋**(specific superhelix),或称为**超螺旋密度**(superhelical density),以符号 σ 来表示:

$$\sigma = \frac{\alpha - \beta}{\beta}$$

生物体内的 DNA 分子通常处于负超螺旋状态。从热力学上考虑,超螺旋 DNA 处于较高的自由能状态,因此,如果 DNA 的一条链有一个切口,它即自发转变成松弛状态。负超螺旋状态有利于 DNA 两条链地解开,而 DNA 的许多生物功能都需要解开双链才能进行,生物体内可通过 DNA 不同的负超螺旋结构来控制其功能状态。除连环数不同外其他性质均相同的 DNA 分子称为**拓扑异构体**(topological isomer),引起拓扑异构反应的酶称为**拓扑异构酶**(topoisomerase)。DNA 拓扑异构酶通过改变 DNA 的 α 值来影响其拓扑结构。拓扑异构酶可分为两类:类型 I 的酶能使 DNA 的一条链发生断裂和再连接,反应无需供给能量;类型 II 的酶能使 DNA 的两条链同时发生断裂和再连接,当它引入超螺旋时需要由 ATP 供给能量。

类型 I 拓扑异构酶首先在大肠杆菌中发现。过去称为 **ω 蛋白**,或**切口封闭酶**(nick-closing enzyme),现在统一称为拓扑异构酶 I,是相对分子质量为 97 000 的一条多肽链,由基因 *top A* 所编码。该基因突变将导致 DNA 负超螺旋水平的增加,并影响到转录活性。拓扑异构酶 I 只能消除负超螺旋,对正超螺旋无作用,每次作用改变的 α 值为 +1。除消除负超螺旋外,拓扑异构酶 I 还能引起 DNA 其他的拓扑转变,例如,单链环形成拓扑结和互补单链环形成环状双链。

当大肠杆菌的拓扑异构酶 I 与 DNA 作用时,DNA 的一条链断裂,其 5'-磷酸基与酶的酪氨酸羟基形成酯键。在此发生的是磷酸二酯键的转移反应,由 DNA 转移到蛋白质。随后使 DNA 链重新连接,即磷酸二酯键又由蛋白质转到 DNA。整个过程并不发生键的不可逆水解,没有能量的丢失。因此 DNA 链的断裂和再连接并不需要外界供给能量。由于酶与 DNA 相结合,DNA 链并不能自由转动,超螺旋 DNA 的扭曲张力不会自动消失。但是酶分子可牵引另一条链通过切口,然后使断链重新连接,从而改变 DNA 的连环数和超螺旋数。拓扑异构酶 I 只能消除负超螺旋,说明该酶只能按一个方向牵引 DNA 链。大肠杆菌细胞内还有另一种类型 I 的拓扑异构酶,称为拓扑异构酶 III,其性质与拓扑异构酶 I 相似,功能可能也相同。

细菌的 **DNA 旋转酶**(gyrase)是一种类型 II 的拓扑异构酶,称为拓扑异构酶 II,它可连续引入负超螺旋到同一个共价闭和环状 DNA 分子中去,每分钟引入大约 100 个负超螺旋。反应需要由 ATP 供给能量。在无 ATP 存在时,旋转酶可松弛负超螺旋,但不作用于正超螺旋,而且松弛负超螺旋的速度比引入负超螺旋的速度慢 10 倍。大肠杆菌旋转酶由两条相对分子质量为 105 000 的 A 亚基和两条相对分子质量为 95 000 的 B 亚基所组成,即 A_2B_2,整个酶的相对分子质量为 400 000。这两个亚基分别由基因 *gyr A* 和 *gyr B* 所编码。对抗生素抗性突变的分析表明,*gyr A* 是抗**萘啶酮酸**(nalidixic acid)和**奥啉酸**(oxolinic acid)突变的位点;*gyr B* 是抗**香豆霉素 A1**(coumermycin A1)和**新生霉素**(novobiocin)突变的位点。这些抗生素均能抑制复制,因而推测 DNA 旋转酶对 DNA 的合成是必需的。

图 30-18 说明了旋转酶的作用机制。当酶结合到 DNA 分子上时,可同时使两条链交错断裂,交错 4 个碱基对。2 个 A 亚基通过酪氨酸分别与断链 5'-磷酸基结合,在酶构象改变的牵引下,DNA 双链穿过切

口,然后断裂的 2 条链又重新连接。每次反应改变的连环数为 -2。ATP 水解产生的能量用来恢复酶的构象,从而可进行下一次循环。新生霉素通过抑制 ATP 与 B 亚基的结合而干扰依赖 ATP 的反应。萘啶酮酸则抑制 A 亚基的功能。大肠杆菌有两种类型Ⅱ的拓扑异构酶,除拓扑异构酶Ⅱ外,还有拓扑异构酶Ⅳ,该酶的功能可能为分离环状 DNA 复制后形成的**连锁体**(catenane)。

真核生物的细胞也有类型Ⅰ和类型Ⅱ拓扑异构酶。拓扑异构酶Ⅰ和Ⅲ均属于类型Ⅰ。与原核生物的拓扑异构酶Ⅰ不同,真核生物的拓扑异构酶Ⅰ既能消除负超螺旋,又能消除正超螺旋。真核生物拓扑异构酶Ⅲ只消除负超螺旋,而且活性较弱。真核生物两种类型Ⅱ拓

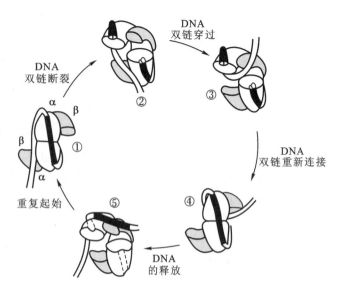

图 30-18   拓扑异构酶Ⅱ作用机制示意图

扑异构酶分别称为拓扑异构酶Ⅱ α 和Ⅱ β,它们能够消除正超螺旋和负超螺旋,但不能导入负超螺旋。真核生物染色体 DNA 的负超螺旋可能是在 DNA 盘绕组蛋白核心时扭曲张力使未与组蛋白结合的 DNA 部分形成正超螺旋,随后正超螺旋即被拓扑异构酶消除。

拓扑异构酶Ⅰ和Ⅱ广泛存在于原核生物和真核生物。细胞内的定位分析表明,拓扑异构酶Ⅰ主要集中在活性转录区,与转录有关。拓扑异构酶Ⅱ分布在染色质骨架蛋白和核基质部位,与复制有关。原核生物拓扑异构酶Ⅱ可引入负超螺旋,拓扑异构酶Ⅰ可减少负超螺旋。真核生物略有不同,但均在它们协同作用下控制着 DNA 的拓扑结构。复制时需要较高水平的负超螺旋,复制结束后需要降低负超螺旋水平,以便在活性染色质部位进行转录。拓扑异构酶在重组、修复和其他 DNA 的转变方面也起着重要的作用。

DNA 拓扑异构酶引入负超螺旋,可以消除复制叉前进时带来的扭曲张力,从而促进双链地解开。而将 DNA 两条链解开,则有赖于 DNA **解旋酶**(helicase)。这类酶能通过水解 ATP 获得能量来解开双链,每解开一对碱基,需要水解 2 分子 ATP 转变成 ADP 和磷酸盐。分解 ATP 的活力要有单链 DNA 的存在。如双链 DNA 中有单链末端或缺口,解旋酶即可结合于单链部分,然后向双链方向移动。大肠杆菌有许多种解旋酶,其中解旋酶Ⅰ、Ⅱ和Ⅲ可以沿着模板链的 5′→3′ 方向移动,而 rep 蛋白则沿 3′→5′ 方向移动。过去以为在 DNA 复制中,这两种解旋酶的配合作用推动着 DNA 双链地解开。但是上述酶经诱变并不影响细胞复制。曾经分离出一些大肠杆菌 DNA 复制温度敏感突变株。其中一株当培养温度由 30℃ 上升到 40℃,DNA 复制立即停止,分析表明 *dna B* 基因发生温度敏感突变。该基因产物 Dna B 是一种解旋酶,可沿 DNA 链 5′→3′ 方向移动,由 ATP 供给能量。这就证明,该解旋酶参与 DNA 的复制,其余的可能参与修复过程。

解开的两条单链随即被单链结合蛋白(single-strand binding protein,SSB)所覆盖。大肠杆菌的 SSB 蛋白相对分子质量为 75 600,由 4 个相同亚基所组成。过去这类蛋白曾被称为**解链蛋白**(unwinding protein)、**熔解蛋白**(melting protein)、**螺旋去稳定蛋白**(helix destabilizing protein)等。值得指出的是,这一蛋白实际并非 DNA 解链蛋白,它的功能在于稳定 DNA 解开的单链,阻止复性和保护单链部分不被核酸酶降解。原核生物的 SSB 蛋白与 DNA 的结合表现出明显的协同效应,当第一个蛋白结合后,其后蛋白的结合能力可提高 10^3 倍。因此一旦结合反应开始后,它即迅速扩展,直至全部单链 DNA 都被 SSB 蛋白覆盖。从真核生物中分离到的 SSB 蛋白没有表现出这种协同效应,可能它们的作用方式有所不同。

(六) DNA 的复制过程

大肠杆菌染色体 DNA 的复制过程可分为三个阶段:起始、延伸和终止。其间的反应和参与作用的酶与辅助因子各有不同。在 DNA 合成的生长点(growth point),即复制叉上,分布着各种各样与复制有关的

酶和蛋白质因子,它们构成的多蛋白复合体称为**复制体**(replisome)。DNA 复制的阶段表现在其复制体结构的变化。

1. 复制的起始

大肠杆菌的复制起点称为 *ori C*,由 245 个 bp 构成,其序列和控制元件在细菌复制起点中十分保守。关键序列在于两组短的重复:三个 13 bp 的序列和四个 9 bp 序列(图 30-19)。

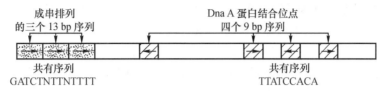

图 30-19　大肠杆菌复制起点成串排列的重复序列

复制起点上四个 9 bp 重复序列为 Dna A 蛋白的结合位点,20~40 个 Dna A 蛋白各带一个 ATP 结合在此位点上,并聚集在一起,DNA 缠绕其上,形成**起始复合物**(initial complex)。HU 蛋白是细菌的类组蛋白,可与 DNA 结合,促使双链 DNA 弯曲。受其影响,邻近三个成串富含 AT 的 13 bp 序列被变性,成为**开链复合物**(open complex),所需能量由 ATP 供给。Dna B(解旋酶)六聚体随即在 Dna C 帮助下结合于**解链区**(un-

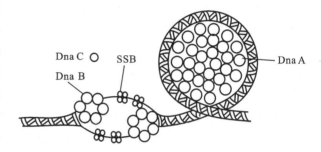

图 30-20　大肠杆菌复制起点在起始阶段的结构模型

wound region),借助水解 ATP 产生的能量沿 DNA 链 5′→3′方向移动,解开 DNA 的双链,此时构成前**引发复合物**(prepriming complex)。DNA 双链地解开还需要 DNA 旋转酶(拓扑异构酶Ⅱ)和单链结合蛋白(SSB),前者可消除解旋酶产生的拓扑张力,后者保护单链并防止恢复双链(图 30-20)。复制的起始,要求 DNA 呈负超螺旋,并且起点附近的基因处于转录状态。这是因为 Dna A 只能与负超螺旋的 DNA 相结合。RNA 聚合酶对复制起始的作用可能是因其在起点邻近处合成 RNA,可形成 RNA 突环(R-loop),影响起点的结构,因而有利于 Dna A 的作用。与复制起始有关的酶和蛋白质辅助因子列于表 30-3。

表 30-3　大肠杆菌起点与复制起始有关的酶与辅助因子

蛋白质	相对分子质量	亚基数目	功能
Dna A	52 000	1	识别起点序列,在起点特异位置解开双链
Dna B	300 000	6	解开 DNA 双链
Dna C	174 000	6	帮助 Dna B 结合于起点
HU	19 000	2	类组蛋白,DNA 结合蛋白,促进起始
引物合成酶(Dna G)	60 000	1	合成 RNA 引物和单链 DNA
单链结合蛋白(SSB)	75 600	4	结合单链 DNA
RNA 聚合酶	454 000	5	促进 Dna A 活性
DNA 旋转酶(拓扑异构酶Ⅱ)	400 000	4	释放 DNA 解链过程产生的扭曲张力
Dam 甲基化酶	32 000	1	使起点 GATC 序列的腺嘌呤甲基化

DNA 复制的调节发生在起始阶段,一旦开始复制,如无意外受阻,就能一直进行到完成。现在知道,DNA 复制的发动与 DNA 甲基化以及与细菌质膜的相互作用有关。在 245 bp 的 *ori C* 位点中总共有 11 个 4 bp 回文序列 GATC,Dam 甲基化酶可使该序列中腺嘌呤第 6 位 N 甲基化。当 DNA 完成复制后,*ori C* 的亲代链保持甲基化,新合成的链则未甲基化,因此是**半甲基化 DNA**(hemimethylated DNA)。半甲基化的起点不能发生复制的起始,直到 Dam 甲基化酶使起点全甲基化。然而,起点处 GATC 位点在复制后一直保

持半甲基化状态,约经过 13 min 才再甲基化。这点很特殊,基因组其余部位的 GATC 在复制后通常很快(<1.5 min)就能再甲基化。只有与 *ori C* 靠近的 *dna A* 基因启动子的再甲基化需要同样的延迟期。当 *dna A* 启动子处于半甲基化时,转录被阻遏,从而降低了 Dna A 蛋白的水平。此时起点本身是无活性的,并且关键性起始蛋白 Dna A 的产生也受到阻遏。

什么原因造成 *ori C* 和 *dna A* 位点再甲基化的延迟? 实验表明,半甲基化的 *ori C* DNA(*dna A* 基因位于起点附近)可与细胞膜结合,但全甲基化的就不能结合。推测有可能因 *ori C* 与膜结合而阻碍了 Dam 甲基化酶对其 GATC 位点的甲基化,也抑制了 Dna A 蛋白与起点的结合。这种结合使得正在复制中的 DNA 可随着细胞膜的生长而被移向细胞的两半部分。只在此过程完成后,DNA 的起点才从膜上脱落下来,并被甲基化,于是又开始新一轮的复制起始。在延迟期内细胞得以完成有关的功能。复制起始的调节还涉及 Dna A 蛋白活性的循环变化;它与 ATP 结合为活性形式,随之结合到起点上,ATP 被缓慢水解;它与 ADP 结合为无活性形式。膜磷脂可以促进 Dna A 的 ADP 被 ATP 置换。调节的许多细节还不清楚,但上述实验结果为了解调节机制提供了线索。

2. 复制的延伸

复制的延伸阶段同时进行前导链和后随链的合成。这两条链合成的基本反应相同,并且都由 DNA 聚合酶Ⅲ所催化;但两条链的合成也有差别,前者持续合成,后者分段合成,因此参与的蛋白质因子也有不同。复制起点解开后形成两个复制叉,即可进行双向复制。前导链开始合成后通常都一直继续下去。先由引发酶(Dna G 蛋白)在起点处合成一段 RNA 引物,前导链的引物一般比冈崎片段的引物略长一些,为 10~60 个核苷酸。某些质粒和线粒体的 DNA 由 RNA 聚合酶合成引物,其长度可以更长。随后 DNA 聚合酶Ⅲ即在引物上加入脱氧核糖核苷酸。前导链的合成与复制叉的移动保持同步。

后随链的合成是分段进行的,需要不断合成冈崎片段的 RNA 引物,然后由 DNA 聚合酶Ⅲ加入脱氧核糖核苷酸。后随链合成的复杂性在于如何保持它与前导链合成的协调一致。由于 DNA 的两条互补链方向相反,为使后随链能与前导链被同一个 DNA 聚合酶Ⅲ不对称二聚体所合成,后随链必须绕成一个突环(loop),如图 30-21 所示。合成冈崎片段需要 DNA 聚合酶Ⅲ不断与模板脱开,然后在新的位置又与模板结合。这一作用是由 β 夹子和 γ 复合物(β 夹子装卸器)来完成的。

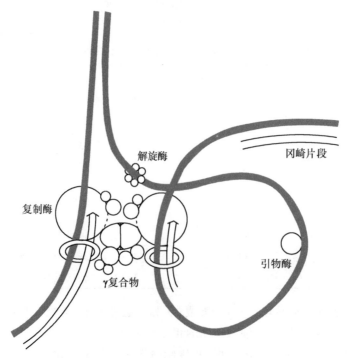

图 30-21 大肠杆菌复制体结构示意图

■■■■:亲代 DNA 链;   ⟹:新合成 DNA 链

当引物酶在适当位置合成出 RNA 引物后，β 夹子的两个亚基即在 γ 复合物（γδδ′Xψ）帮助下将引物与模板双链夹住，并与聚合酶核心酶结合。β 亚基的二聚体形成一个环，套在双链分子上，使聚合酶得以束缚在双链上滑动。完成冈崎片段合成后，β 夹子即从 DNA 双链上拆卸下来，此过程仍然依赖于 γ 复合物的帮助。β 夹子与 γ 复合物的 δ 亚基以及核心酶的 α 亚基都有高的亲和力，二者的结合位点也相同，但随着 β 夹子状态的改变，对二者亲和力大小发生改变，推动其功能循环。当 β 夹子在溶液中时，它趋向于和 γ 复合物结合。γ 复合物使环状 β 夹子的一处亚基界面被打开，并将开环 β 夹子带到模板/引物前端，通过水解 ATP 提供的能量使 β 夹子夹住双链。然后 β 夹子发生构象变化，与 γ 复合物脱离，而与聚合酶核心酶结合。一旦冈崎片段合成结束，它又脱开核心酶与 γ 复合物结合，并在其帮助下开环脱落，此过程同样需由 ATP 提供能量。由此使 β 夹子得以反复循环使用。

Dna B 有两个功能，其一是解旋酶，以解开 DNA 的双螺旋；另一是活化引物酶，促使其合成 RNA 引物。由 Dna B 解旋酶和 Dna G 引物合成酶构成了复制体的一个基本功能单位，称为**引发体**（primosome）。在某些噬菌体 DNA 的复制过程中，引发体还包括一些辅助蛋白质，例如 φX 174，它含有 6 个前引发蛋白（prepriming protein）：Dna B、Dna C、Dna T、Pri A、Pri B 和 Pri C。Pri A 可识别引发体装配位点，与 Pri B 和 Pri C 一起结合其上，然后由 Dna T 引入 Dna B 和 Dna C，该多蛋白复合体称为**前引发体**（preprimosome），加入 Dna G 后组成引发体。Dna T、Pri A、Pri B 和 Pri C 过去也曾称作 i、n、n′和 n″蛋白。无论是哪一种引发体，都能依赖 ATP 沿复制叉运动方向在 DNA 链上移动，并合成冈崎片段的 RNA 引物。引物的合成方向与复制叉前进的方向正好相反。DNA 聚合酶Ⅲ在模板链上合成冈崎片段，遇到上一个冈崎片时即停止合成，β 亚基随即脱开 DNA 链。可能正是此停顿成为合成 RNA 引物的信号，由引物酶沿反方向合成引物，并被 β 夹子带到核心酶上，开始又一个冈崎片段的合成。

复制体的蛋白质与 DNA 之间的移动是相对的，过去认为是聚合酶复合物沿 DNA 分子运动，实际上是聚合酶复合物推动 DNA 运动，全部染色体 DNA 经过复制装置就可以完成一轮复制。

3. 复制的终止

细菌环状染色体的两个复制叉向前推移，最后在**终止区**（terminus region）相遇并停止复制，该区含有多个约 22 bp 的**终止子**（terminator）位点。大肠杆菌有 6 个终止子位点，分别称为 ter A～ter F。与 ter 位点结合的蛋白质称为 Tus（terminus utilization substance）。**Tus-ter 复合物**只能够阻止一个方向的复制叉前移，即不让对侧复制叉超过中点后过量复制。在正常情况下，两个复制叉前移的速度是相等的，到达终止区后就都停止复制；然而如果其中一个复制叉前移受阻，另一个复制叉复制过半后，就受到对侧 Tus-ter 复合物的阻挡，以便等待前一复制叉的会合。这就是说，终止子的功能对于复制来说并不是必需的，它只是使环状染色体的两半边各自复制。因为两半边的基因方向也正好是相反的，如果让复制叉超过中点后继续复制就可能与转录方向对撞。

两个复制叉在终止区相遇而停止复制，复制体解体，其间仍有 50～100 bp 未被复制。其后两条亲代链解开，通过修复方式填补空缺。此时两环状染色体互相缠绕，成为连锁体（catenane）。此连锁体在细胞分裂前必须解开，否则将导致细胞分裂失败，细胞可能因此死亡。大肠杆菌分开连锁环需要拓扑异构酶Ⅳ（属于类型Ⅱ拓扑异构酶）参与作用。该酶两个亚基分别由基因 *par C* 和 *par E* 编码。每次作用可以使 DNA 两链断开和再连接，因而使两个连锁的闭环双链 DNA 彼此解开（图 30-22）。其他环状染色体，包括某些真核生物病毒，其复制的终止相可能以类似的方式进行。

（七）真核生物 DNA 的复制

真核生物的 DNA 通常都与组蛋白构成核小体，组蛋白核心为 H2A、H2B、H3 和 H4 各两分子组成的八聚体，DNA 在其上绕 1.65 圈，约 146 bp。组蛋白 H1 结合在进出核小体之间的连接 DNA 上，核小体连接 DNA 长度随不同生物或不同基因区而变化。通常每一核小体 DNA 的长度在 156～260 bp 之间变动，平均为 200 bp。由于 DNA 以左手螺旋方向绕在组蛋白核心上，每形成一个核小体大致相当于引入 1.2 个负超螺旋。真核生物 DNA 复制的冈崎片段长约 200 bp，相当于一个核小体 DNA 的长度。

真核生物染色体有多个复制起点。酵母的复制起点已被克隆。它们称为**自主复制序列**（autonomously

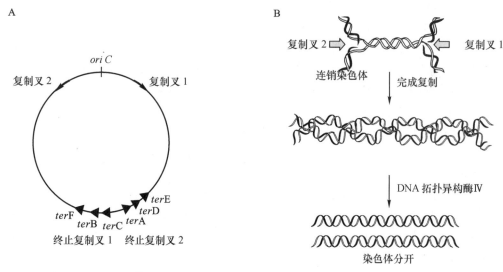

图 30-22　大肠杆菌染色体复制的终止

A. ter 位点在染色体上的位置；B. DNA 拓扑异构酶Ⅳ使连锁环状染色体解开

replicating sequence，ARS），或**复制基因**（replicator）。酵母的 ARS 元件大约为 150 bp，含有几个基本的保守序列。单倍体酵母有 16 个染色体，其基因组约有 400 个复制基因。在起点上有一个由 6 个蛋白质组成，相对分子质量约为 400 000 的**起点识别复合物**（origin recognition complex，ORC）。它与 DNA 的结合要求有 ATP 参与。一些蛋白质与 ORC 作用，并调节其功能，从而影响着细胞周期。

5-氟脱氧尿苷（floxuridine）能够抑制胸腺嘧啶核苷酸的合成，因而是 DNA 合成的强烈抑制剂。用 5-氟脱氧尿苷处理真核生物的培养细胞以抑制 DNA 的合成，随后加入 ^{3}H-脱氧胸苷就可以使 DNA 复制同步化。复制中的 DNA 放射自显影图像在电子显微镜下观察，可以看到很多复制眼，每个复制眼都有独立的起点，并呈双向延长。哺乳动物的复制子大多在 100～200 kb 之间。果蝇或酵母的复制子比较小，平均为 40 kb。

真核生物 DNA 的复制速度比原核生物慢，基因组比原核生物大，然而真核生物染色体 DNA 上有许多复制起点，它们可以分段进行复制。例如，细菌 DNA 复制叉的移动速度为 50 000 bp/min，哺乳类动物复制叉移动速度实际仅 1 000～3 000 bp/min，相差约 20～50 倍，然而哺乳类动物的复制子只有细菌的几十分之一，所以从每个复制单位而言，复制所需时间在同一数量级。真核生物与原核生物染色体 DNA 的复制还有一个明显的区别是：真核生物染色体在全部复制完成之前起点不再重新开始复制；而在快速生长的原核生物中，起点可以不断重新发动复制。真核生物在快速生长时，往往采用更多的复制起点。例如，黑腹果蝇的早期胚胎细胞中相邻两复制起点的平均距离为 7.9 kb，培养的成体细胞中复制起点的平均距离为40 kb，说明成体细胞只利用一部分复制起点。

真核生物有多种 DNA 聚合酶。从哺乳动物细胞中分出的 DNA 聚合酶多达 15 种，主要有 5 种，分别以 α、β、γ、δ、ε 来命名。它们的性质列于表 30-4。真核生物 DNA 聚合酶和细菌 DNA 聚合酶的基本性质相同，均以 4 种脱氧核糖核苷三磷酸为底物，需 Mg^{2+} 激活，聚合时必须有模板和引物 3′-OH 存在，链的延伸方向为 5′→3′。

细胞核染色体的复制由 DNA 聚合酶 α 和 DNA 聚合酶 δ 及 ε 共同完成。DNA 聚合酶 α 为多亚基酶，其中两个亚基具有 RNA 引物合成酶活性，另两个亚基具有 DNA 聚合酶活性，无外切酶活性的亚基。因该酶具有合成引物的能力，过去以为它的功能是合成后随链，但是它无校正功能，很难解释真核生物 DNA 复制何以具有高度忠实性。现在认为它的功能只是合成引物，但它在合成一小段约 10 个核苷酸的 RNA 链后还可聚合 20～30 个多聚脱氧核糖核苷酸，称为起始 DNA（initiator DNA，iDNA）。DNA 聚合酶 α/引物酶的持续合成能力较低，合成一段 iDNA 后即脱落，而由 DNA 聚合酶 δ 和 ε 完成染色体 DNA 的复制，此过程称为聚合酶转换（polymerase switching）。推测在复制叉上由 DNA 聚合酶 α 合成引物；两个 DNA 聚合酶 δ

表 30-4　哺乳动物的 DNA 聚合酶 *

	DNA 聚合酶 α（Ⅰ）	DNA 聚合酶 β（Ⅳ）	DNA 聚合酶 γ（M）	DNA 聚合酶 δ（Ⅲ）	DNA 聚合酶 ε（Ⅱ）
定位	细胞核	细胞核	线粒体	细胞核	细胞核
亚基数目	4	1	2	4	4
外切酶活性	无	无	$3'\rightarrow5'$外切酶	$3'\rightarrow5'$外切酶	$3'\rightarrow5'$外切酶
引物合成酶活性	有	无	无	无	无
持续合成能力	低	低	高	有 PCNA 时高	高
抑制剂	蚜肠霉素	双脱氧 TTP	双脱氧 TTP	蚜肠霉素	蚜肠霉素
功能	引物合成	修复	线粒体 DNA 复制和修复	核 DNA 复制和修复	核 DNA 复制和修复

* 酵母相应 DNA 聚合酶以括弧内罗马数字和 M 表示。

分别合成前导链和后随链。DNA 聚合酶 δ 及 ε 与一种称为**增殖细胞核抗原**（proliferating cell nuclear antigen，PCNA）的复制因子相结合,该因子相对分子质量为 29 000。PCNA 相当于大肠杆菌 DNA 聚合酶Ⅲ的 β 亚基,但由 3 个亚基组成,它能形成环状夹子,极大增加聚合酶的持续合成能力。RNA 引物被 RNase H1 和 MF-1 核酸酶水解,然后由 DNA 聚合酶 ε 填补缺口,DNA 连接酶Ⅰ将片段相连接。DNA 聚合酶 β 是修复酶。DNA 聚合酶 γ 是线粒体的 DNA 合成酶。

在真核生物的 DNA 复制中,另有两个蛋白质复合物参与作用。RP-A 是真核生物的单链 DNA 结合蛋白,相当于大肠杆菌的 SSB 蛋白。RF-C 是夹子安装器（clamp loader）,相当于大肠杆菌的 γ 复合物,帮助 PCNA 因子安装到双链上以及拆下来,它还促进复制体的装配。与细菌类似,真核生物复制起始需安装解旋酶,真核生物解旋酶是一类异六聚复合物,称为微小染色体维持蛋白（MCM）,其安装需要 ORC。现将细菌和真核生物复制体的组成总结于表 30-5。

表 30-5　细菌和真核生物复制体的组成

组成成分	细菌	真核生物
复制酶	DNA 聚合酶Ⅲ全酶	DNA 聚合酶 α/DNA 聚合酶 δ
进行性因子	β 夹子	PCNA
定位因子	γ 复合物	RF-C
引物合成酶	Dna G	DNA 聚合酶 α（引物合成酶）
去除引物的酶	RNase H 和 DNA 聚合酶Ⅰ	RNase H1 和 MF-1（$5'\rightarrow3'$外切核酸酶）
后随链修复酶	DNA 聚合酶Ⅰ和 DNA 连接酶	DNA 聚合酶 ε 和 DNA 连接酶Ⅰ
解旋酶	Dna B（定位需要 Dna C）	MCM 复合物
安装解旋酶/引物酶	DnaC	ORC
消除拓扑张力的酶	旋转酶	拓扑异构酶Ⅱ
单链结合蛋白	SSB	RP-A

真核生物线性染色体的两个末端具有特殊的结构,称为端粒（telomere）,它是由许多成串短的重复序列所组成。该重复序列中通常一条链上富含 G（G-rich）,而其互补链上富含 C（C-rich）。例如,原生动物四膜虫端粒的重复单位为 TTGGGG（仅列一条链的序列）；人的端粒为 TTAGGG。TG 链常比 AC 链更长些,形成 $3'$ 单链末端。端粒的功能为稳定染色体末端结构,防止染色体间末端连接,并可补偿后随链 $5'$ 端在消除 RNA 引物后造成的空缺。原核生物的染色体是环状的,其 $5'$ 最末端冈崎片段的 RNA 引物被除去后可借助另半圈 DNA 链向前延伸来填补。但是真核生物线性染色体在复制后,不能像原核生物那样填补 $5'$ 端的空缺,从而会使 $5'$ 端序列因此而缩短。真核生物通过形成端粒结构来解决这个问题。复制使端粒 $5'$ 端缩短,而**端粒酶**（telomerase）可外加重复单位到 $5'$ 端上,结果维持端粒一定长度。

端粒酶是一种含有 RNA 链的逆转录酶,它以所含 RNA 为模板来合成 DNA 端粒结构。通常端粒酶含有约 150 个碱基的 RNA 链,其中含 1 个半拷贝的端粒重复单位的模板。如四膜虫端粒酶的 RNA 为 159 个碱基的分子,含有 CAACCCCAA 序列。端粒酶可结合到端粒的 3′ 端上,RNA 模板的 5′ 端识别 DNA 的 3′ 端碱基并相互配对,以 RNA 链为模板使 DNA 链延伸,合成一个重复单位后酶再向前移动一个单位(图 30-23)。端粒的 3′ 单链末端又可回折作为引物,合成其互补链。

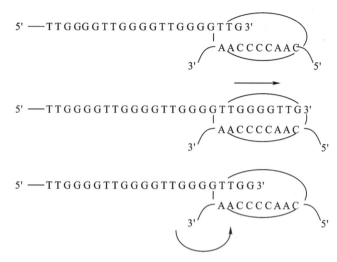

图 30-23　端粒酶以自身携带的 RNA 为模板合成 DNA 的 3′ 端

在动物的生殖细胞中,由于端粒酶的存在,端粒一直保持着一定的长度。体细胞随着分化而失去端粒酶活性,主要是因为编码该催化亚基的基因表达受到了阻遏。在缺乏端粒酶活性时,细胞连续分裂将使端粒不断缩短,短到一定程度即引起细胞生长停止或凋亡。组织培养的细胞证明,端粒在决定细胞的寿命中起重要作用,经过多代培养老化的细胞端粒变短,染色体也变得不稳定。然而,主要的肿瘤细胞中均发现存在端粒酶活性,因此设想端粒酶可作为抗癌治疗的靶位点。

真核生物 DNA 复制的调节远比原核生物更为复杂。真核生物的细胞有多条染色体,每一染色体上有多个复制起点,所以是多复制子。它们的复制存在时间上的控制,并不是所有起点都在同一时间被激活,而是有先有后。复制时间与染色质结构、DNA 甲基化以及转录活性有关。通常活性区先复制,异染色质区晚复制。复制是双向的,相邻两复制起点形成的复制叉相遇后借助拓扑异构酶而使子代分子分开。真核生物似乎没有复制终止子。染色体复制在一个细胞周期中只发生一次,这一机制被认为是**复制许可因子**(replication licensing factor)所控制。该因子为复制起始所必需,但一旦复制起始后它即被灭活或降解。由于该因子不能通过核膜,只能经有丝分裂在重建核结构时才能进入核内并作用于染色体的复制起点。这使其仅在有丝分裂后期才能与复制起点相互作用。

真核生物的细胞周期可分为 DNA 合成前期(G_1 期)、DNA 合成期(S 期)、DNA 合成后期(G_2 期)和有丝分裂期(M 期)等四个时相(图 30-24)。间期的细胞(包括 G_1、S 和 G_2 期)进行着复杂的生物化学变化,为 M 期进行准备,生物大分子和细胞器都在此时先后进行倍增。G_1 期合成 DNA 复制所要求的蛋白质和 RNA,其中包括合成底物和 DNA 复制的酶系、辅助因子和起始因子等。在具备了 DNA 合成的必要条件后,细胞 DNA 才开始复制。DNA 复制完成后即进入有丝分裂的准备期(G_2 期)。S、G_2 和 M 期长短相对比较恒定,G_1 期变动较大。

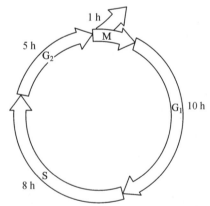

图 30-24　哺乳动物培养细胞各周期阶段的持续时间

在细胞分裂后,一部分细胞可再进入 G_1 期,开始第二个周期;另一些细胞失去了分裂的能力,或者进行分化,或者进入静止状态即 G_0 期。成年动物组织大部分细胞处于 G_0 期。G_0 期细胞一旦解除对增殖的抑制,即又进入细胞周期的 G_1 期。细胞周期受 **cdk-周期蛋白**复合物的控制,cdk(cyclin-dependent kinase)为依赖于周期蛋白的激酶。在这里有关蛋白质的磷酸化和去磷酸化起着重要的调节作用。详细内容参看细胞周期调节部分。

二、DNA 的损伤修复

DNA 在复制过程中可能产生错配。DNA 重组、病毒基因的整合,常常会局部破坏 DNA 的双螺旋结构。某些物理化学因子,如紫外线、电离辐射和化学诱变剂等,都能作用于 DNA,受到破坏的可能是 DNA 的碱基、糖或是磷酸二酯键。总之,DNA 的正常双螺旋结构遭到破坏,就可能影响其功能,从而引起生物突变,甚而导致死亡。然而在一定条件下,生物机体能使其 DNA 的损伤得到修复。这种修复是生物在长期进化过程中获得的一种保护功能。目前已知,细胞对 DNA 损伤的修复系统有五种:**错配修复**(mismatch repair)、**直接修复**(direct repair)、**切除修复**(excision repair)、**重组修复**(recombination repair)和**易错修复**(error-prone repair)。

(一)错配修复

早在 1895 年,Alfred Warthin 的女佣告诉他,她将得癌症而早死,因为她家庭中许多人都死于癌症。不久她的预感得到应验,她死于子宫癌。Warthin 对她的家族进行了研究,发现确实存在高发癌症的倾向;许多成员患结肠癌、胃癌或子宫癌。其后的研究表明,这是一种遗传性疾病,称为遗传性非息肉结肠直肠癌(hereditary nonpolyposis colorectal cancer,HNPCC)或 **Lynch** 综合征。现在了解到 HNPCC 是由于 DNA 错配修复有缺陷而造成的。人类的两个基因,即 ***hMSH2*** 和 ***hMLH1***,发生突变被认为是导致癌症的主要遗传诱因。

DNA 的错配修复机制是在对大肠杆菌的研究中被阐明的。错配修复需分辨新旧链,否则如果模板链被校正,错配就会被固定。细菌借助半甲基化 DNA 而区分"旧"链和"新"链。**Dam 甲基化酶**可使 DNA 的 GATC 序列中腺嘌呤 N6 位甲基化。复制后 DNA 在短期内(数分钟)保持半甲基化的 GATC 序列,一旦发现错配碱基,即将未甲基化链的一段核苷酸切除,并以甲基化链为模板进行修复合成。

大肠杆菌参与错配修复的蛋白质至少有 12 种,其功能或者是区分两条链,或者是进行修复合成,其中几个特有的蛋白由 *mut* 基因编码。**Mut S** 二聚体识别并结合到 DNA 的错配碱基部位,**Mut L** 二聚体与之结合。二者组成的复合物可沿 DNA 双链向前移动,DNA 由此形成突环,水解 ATP 提供所需能量,直至遇到 GATC 序列为止。随后 Mut H 内切核酸酶结合到 Mut SL 上,并在未甲基化链 GATC 位点的 5′端切开。如果切开处位于错配碱基的 3′侧,由外切核酸酶Ⅰ或外切核酸酶 X 沿 3′→5′方向切除核酸链;如果切开处位于 5′侧,由外切核酸酶Ⅶ或 Rec J 沿 5′→3′方向切除核酸链。在此切除链的过程中,解旋酶Ⅱ和 SSB 帮助链地解开。切除的链可长达 1 000 个核苷酸以上,直到将错配碱基切除(图 30-25)。新的 DNA 链由 DNA 聚合酶Ⅲ和 DNA 连接酶合成并连接。为了校正一个错配碱基,启动如此复杂的修复机制,由此可以看出维持基因信息的完整性对于生物是何等重要。

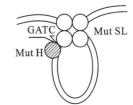

图 30-25　大肠杆菌 DNA 的错配修复

真核生物的 DNA 错配修复机制与原核生物相似,也存在 Mut S 和 Mut L 同源的蛋白质,分别称为 **MSH**(Mut S homolog)和 **MLH**(Mut L homolog)。但是,真核生物没有 Mut H 的同源物,并且不靠半甲基化的 GATC 来区别"旧链"和"新链"。最近的研究表明,人的 Mut S 类似物(MSH)可与复制体的滑动夹子(PCNA)相互作用,推测它可紧附其上,随着复制过程检查错配。后随链冈崎片段间的断开处就相当于 Mut H 的切口,由外切酶自此逐个切下核苷酸直至切除错配碱基。前导链则能自 3′端生长点切除核苷酸,然后由聚合酶和连接酶填补缺口。这就是说真核生物是在 DNA 复制过程中进行错配修复,一旦发现错配即从新合成的链上加以切除。

(二)直接修复

紫外线照射可以使 DNA 分子中同一条链两相邻胸腺嘧啶碱基之间形成二聚体(TT)。这种二聚体是由两个胸腺嘧啶碱基以共价键连接成环丁烷的结构而形成(图 30-26)。其他嘧啶碱基之间也能形成类似的二聚体(CT、CC),但数量较少。嘧啶二聚体的形成,影响了 DNA 的双螺旋结构,使其复制和转录功能均受到阻碍。

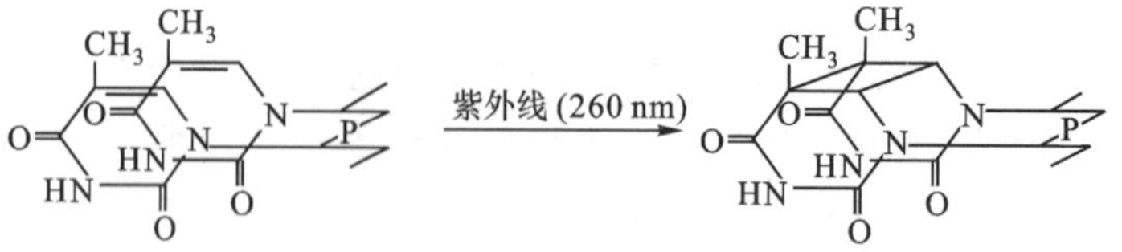

图 30-26 胸腺嘧啶二聚体的形成

胸腺嘧啶二聚体的形成和修复机制研究得最多,也最清楚。其修复有多种类型,常见的有**光复活修复**(photoreactivation repair)和**暗修复**(dark repair)。最早发现细菌在紫外线照射后立即用可见光照射,可以显著提高细菌存活率。稍后一些时间了解到光复活的机制是可见光(最有效波长为 400 nm 左右)激活了**光复活酶**(photoreactivating enzyme),它能分解由于紫外线照射而形成的嘧啶二聚体(图 30-27)。

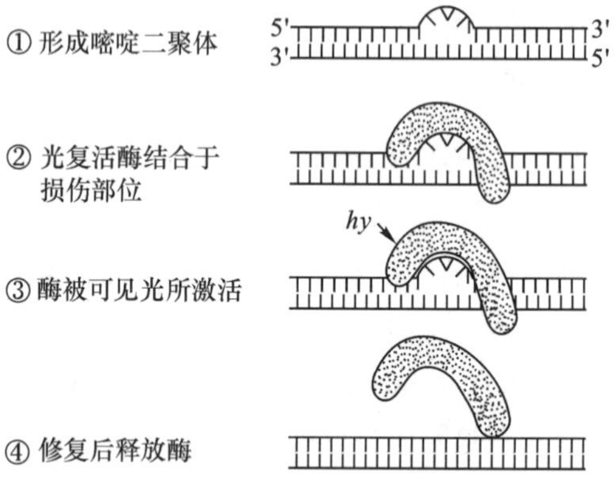

光复活作用是一种高度专一的直接修复方式。它只作用于紫外线引起的 DNA 嘧啶二聚体。光复活酶在生物界分布很广,从低等单细胞生物一直到鸟类都有,而高等的哺乳类却没有。这种修复方式在植物中特别重要。

图 30-27 紫外线损伤的光复活过程

高等动物更重要的是暗修复,即切除含嘧啶二聚体的核酸链,然后再修复合成。

另一种直接修复的例子是 O^6-甲基鸟嘌呤的修复。在烷化剂作用下碱基可被烷基化,并改变了碱基配对的性质。甲基化的鸟嘌呤在 O^6-甲基鸟嘌呤-DNA **甲基转移酶**(O^6-methylguanine-DNA methyltransferase)作用下,可将甲基转移到酶自身的半胱氨酸残基上。甲基转移酶因此而失活,但却成为其自身基因和另一些修复酶基因转录的活化物,促进它们的表达。

(三) 切除修复

所谓切除修复,即是在一系列酶的作用下,将 DNA 分子中受损伤部分切除掉,并以完整的那一条链为模板,合成出切去的部分,然后使 DNA 恢复正常结构的过程。这是比较普遍的修复机制,它对多种损伤均能起修复作用。切除修复包括两个过程:一是由细胞内特异的酶找到 DNA 的损伤部位,切除含有损伤结构的核酸链;二是修复合成并连接。

细胞内有许多种特异的 **DNA 糖基化酶**(glycosylase),它们能识别 DNA 中不正常的碱基,而水解其与糖的连接键。例如,电离辐射和化学反应剂可以产生自由基和强氧化剂($OH^·$、O^{-2} 和 H_2O_2 等),它们作用于 DNA 使鸟嘌呤氧化,形成 7,8-二氢-8-羟鸟嘌呤(OXOG),因其既可与腺嘌呤又可与胞嘧啶配对,故为强诱变剂。很可能电离辐射和强氧化剂的致癌作用与产生 OXOG 有关。体内特异的糖基化酶可识别并除去 OXOG。烷化剂可使碱基烷基化,如甲基磺酸甲酯(MMS)作用于 DNA 引起鸟嘌呤第 7 位氮原子或腺嘌呤第 3 位氮原子甲基化。烷基腺嘌呤 DNA 糖基化酶可除去烷基化的碱基,包括 3-甲基腺嘌呤、7-甲基鸟嘌呤和 7-甲基次黄嘌呤。DNA 的胞嘧啶脱氨产生尿嘧啶,可被尿嘧啶-DNA 糖基化酶除去。经修饰的碱基因不能参与碱基配对而被排除双螺旋结构之外,糖基化酶沿 DNA 浅沟移动,遇到异常碱基随即将其切除。已从人的细胞核内分出 8 种特异的 DNA 糖基化酶。

DNA 切除碱基的部位为**无嘌呤**(apurinic)或**无嘧啶位点**(apyrimidinic site),简称为 AP 位点。一旦 AP 位点形成后,即有 AP 内切核酸酶在 AP 位点附近将 DNA 链切开。不同 AP 内切核酸酶的作用方式不同,或在 5′端切开,或在 3′端切开。然后外切核酸酶将包括 AP 位点在内的 DNA 链切除。DNA 聚合酶 I 兼有聚合酸和外切酶活性,它使 DNA 链 3′端延伸以填补空缺,而后由 DNA 连接酶将链连上。在 AP 位点处必须切除若干核苷酸后才能进行修复合成,细胞内没有酶能在 AP 位点处直接将碱基插入,因为 DNA 合成的前体物质是核苷酸而不是碱基。

通常只有单个碱基缺陷才以**碱基切除修复**(base-excision repair)方式进行修复。如果 DNA 损伤造成 DNA 螺旋结构较大变形,则需要以**核苷酸切除修复**(nucleotide-excision repair)方式进行修复。最常见的是短片段的修复(short-patch repair),只有多处发生严重的损伤才会诱导长片段修复(long-patch repair)。损伤链由**切除酶**(excinuclease)切除。该酶也是一种内切核酸酶,但在链的损伤部位两侧同时切开,与一般的内切核酸酶不同。编码此酶的基因是 *uvr*,酶由多个亚基组成。大肠杆菌切除酶 ABC 包括三种亚基:Uvr A(相对分子质量 104 000)、Uvr B(相对分子质量 78 000)和 Uvr C(相对分子质量 68 000)。由 Uvr A 和 Uvr B 蛋白组成复合物(AB),它寻找并结合在损伤部位。Uvr A 随即解离(此步需要 ATP),留下 Uvr B 与 DNA 牢固结合。然后 Uvr C 蛋白结合到 Uvr B 上,Uvr B 切开损伤部位 3′端距离 3~4 个核苷酸的磷酸二酯键,Uvr C 切开 5′端 7 个核苷酸磷酸二酯键。结果 12~13 个核苷酸片段(决定于损伤碱基是 1 个还是 2 个)在 Uvr D 解旋酶帮助下被除去,空缺由 DNA 聚合酶Ⅰ和 DNA 连接酶填补。人类和其他真核生物的酶水解损伤部位 3′端第 6 个磷酸二酯键以及 5′端第 22 个磷酸二酯键,切除 27~29 个核苷酸片段,然后用 DNA 聚合酶 ε 和 DNA 连接酶填补空缺。

切除酶可以识别多种 DNA 损伤,包括紫外线引起的嘧啶二聚体、碱基的加合物(如 DNA 暴露于烟雾中形成的苯并芘鸟嘌呤)和其他各种反应物等。真核生物具有功能上类似的切除酶,但在亚基结构上与原核生物并不相同。在转录过程中,RNA 聚合酶遇到模板链的损伤部位,将无法识别而停止转录,此时可招致核苷酸切除酶系统进行修复,称为**转录偶联的修复**(transcription-coupled repair)。转录偶联修复广泛存在于原核和真核生物中。切除修复过程可总结如图 30-28 所示。

细胞切除修复系统和癌症的发生也有一定的关系。有一种称为**着色性干皮病**(xeroderma pigmentosa)的遗传病,这种病患者对日光或紫外线特别敏感,往往容易出现皮肤癌。经分析表明,共有 7 个称为 *XP* 的基因与此有关,它们突变将导致着色性干皮病,这些基因都是编码与核苷酸切除修复有关的酶。这说明切除修复系统的障碍可能是癌症发生的一个原因。

DNA 的两条链序列互补,这就是说两条链编码的信息相同,当一条链受到损伤时可以用另一条链为模板进行修复。但

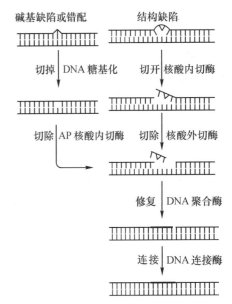

图 30-28 DNA 损伤的切除修复过程

在有些情况下无法为修复提供正确的模板,例如:双链断裂、双链交联、模板链遭损伤、单链损伤而无正常互补链等。当复制又遇到未修复的 DNA 损伤时,正常复制过程受阻,这种情况将导致重组修复或易错修复。

(四)重组修复

上述切除修复过程发生在 DNA 复制之前,因此又称为复制前修复。然而,当 DNA 发动复制时尚未修复的损伤部位也可以先复制再修复。例如,含有嘧啶二聚体、烷基化引起的交联和其他结构损伤的 DNA 仍然可以进行复制,当复制酶系在损伤部位无法通过碱基配对合成子代 DNA 链时,它就跳过损伤部位,在下一个冈崎片段的起始位置或前导链的相应位置上重新合成引物和 DNA 链,结果子代链在损伤相对应处留下缺口。这种遗传信息有缺损的子代 DNA 分子可通过遗传重组而加以弥补,即从同源 DNA 的母链上将相应核苷酸序列片段移至子链缺口处,然后用再合成的序列来补上母链的空缺(图 30-29)。此过程称为重组修复,因为发生在复制之后,又称为**复制后修复**(post-replication repair)。

在重组修复过程中,DNA 链的损伤并未除去。在进行第二轮复制时,留在母链上的损伤仍会给复制带来困难,复制经过损伤部位时所产生的缺口还需通过同样的重组过程来弥补,直至损伤被切除修复所消

除。但是,随着复制的不断进行,若干代后,即使损伤始终未从亲代链中除去,而在后代细胞群中也已被稀释,实际上消除了损伤对群体的影响。

参与重组修复的酶系统包括与重组有关的主要酶类以及修复合成的酶类。重组基因 *rec A* 编码一种相对分子质量为 38 000 的蛋白质,它具有交换 DNA 链的活力。基因 *rec BCD* 编码多功能酶 **Rec BCD**,具有解旋酶、核酸酶和 ATP 酶活性,使 DNA 在重组位点产生 3′ 单链,为重组和重组修复所必需。修复合成需要 DNA 聚合酶和连接酶,其作用如前所述。

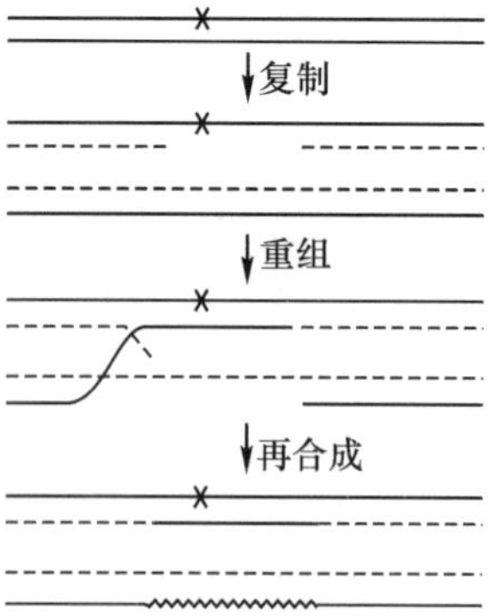

重组修复机制的缺陷,有可能导致癌症。业已发现,妇女的 *Brca 1* 和 *Brca 2* 两个基因如果有缺陷,80% 的概率可能会发生乳腺癌。实验表明,这两个基因编码的蛋白质 BRCA1 和 BRCA2 可以与重组蛋白质 Rad 51 相作用,很可能是参与重组修复过程。

图 30-29 重组修复的过程 × 表示 DNA 链受损伤的部位,虚线表示通过复制新合成的 DNA 链,锯齿线表示重组后缺口处再合成的 DNA 链

(五) 应急反应和易错修复

前面介绍的 DNA 损伤修复可以不经诱导而发生。这类损伤通常发生在双链 DNA 的一条链上,可以利用另一条链的信息指导损伤链的修复。然而有些 DNA 的损伤十分严重,例如双链断裂、双链交联、损伤链的对应链不存在或不正常等,造成这类损伤的原因可能是紫外或电离辐射、氧化、交联剂或烷化剂作用,前述修复途径无法对此进行修复。此时细胞抑制复制并应急产生一系列复杂的诱导效应,称为应急反应(SOS response)。SOS 反应包括诱导 DNA 损伤修复、诱变效应、细胞分裂的抑制以及溶原性细菌释放噬菌体等。细胞的癌变也与 SOS 易错修复有关。噬菌体逃离宿主细胞虽非细胞的应急反应,却是噬菌体的应急反应。

早在 20 世纪 50 年代中,Weigle 就发现用紫外线照射过的 λ 噬菌体感染事先经低剂量紫外线照射的大肠杆菌,存活的噬菌体数便大为增加,而且存活的噬菌体中出现较多的突变型(Weigle 效应)。如果感染的是未经照射的细菌,那么存活率和变异率都较低。可见这些效应是经紫外线照射后诱导产生的。

SOS 反应诱导的修复系统包括**避免差错的修复**(error free repair,又称免错修复或无差错修复)和**易错修复**(error prone repair)两类。错配修复、直接修复、切除修复和重组修复能够识别 DNA 的损伤或错配碱基而加以消除,在它们的修复过程中并不引入错配碱基,因此属于避免差错的修复。SOS 反应能诱导切除修复和重组修复中某些关键酶和蛋白质的产生,使这些酶和蛋白质在细胞内的含量升高,从而加强切除修复和重组修复的能力。此外,SOS 反应还能诱导产生缺乏校对功能的 DNA 聚合酶,它能**跨越损伤**进行**合成**(translesion synthesis,TLS)而避免了细胞死亡,可是却带来了高的 DNA 变异率。SOS 的诱变效应与此有关。

DNA 聚合酶 I 具有 3′ 外切核酸酶活性而表现出校对功能,它在 DNA 损伤部位进行复制时,由于新合成链的核苷酸不能和模板链的碱基配对而被切除,再次引入的核苷酸如还不能配对仍将被切除,这样 DNA 聚合酶就会在原地打转而不前进,或是脱落下来使 DNA 链的合成中止。SOS 诱导产生 DNA 聚合酶 IV 和 V,它们不具有 3′ 外切核酸酶校正功能,于是在 DNA 链的损伤部位引入任意核苷酸,使 DNA 合成仍能继续前进。在此情况下允许错配可增加存活的机会。

SOS 反应使细菌的细胞分裂受到抑制,结果长成丝状体。其生理意义可能是在 DNA 复制受到阻碍的情况下避免因细胞分裂而产生不含 DNA 的细胞,或者使细胞有更多进行重组修复的机会。

现在知道,SOS 反应是由 Rec A 蛋白和 Lex A 阻遏物相互作用引起的。Rec A 蛋白不仅在同源重组中起重要作用,而且它也是 SOS 反应最初发动的因子。在有单链 DNA 和 ATP 存在时,**Rec A 蛋白**被激活而促进 **Lex A** 自身的蛋白水解酶活性,**Rec A** 被称为**辅蛋白酶**(coprotease)。Lex A 蛋白(相对分子质量为 22 700)是许多基因的阻遏物。当它被 Rec A 激活自身的蛋白水解酶活性后自我分解,使一系列基因得以表达,其中包括紫外线损伤的修复基因 *uvr A*,*uvr B*、*uvr C*(分别编码切除酶的亚基),以及 *rec A* 和 *lex A* 基因本身,此外还有编码单链结合蛋白的基因 *ssb*,与 λ 噬菌体 DNA 整合有关的基因 *him A*,与诱变作用有关的基因 *umu DC*(编码 DNA 聚合酶 V)和 *din B*(编码 DNA 聚合酶 IV),与细胞分裂有关的基因 *sul A*、*ruv* 和 *lon* 以及一些功能还不清楚的基因 *din D*、*F* 等。SOS 反应的机制见图 30-30。

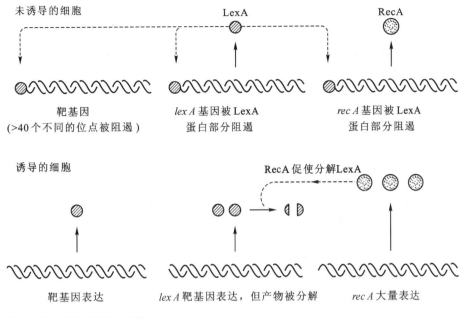

图 30-30　SOS 反应的机制

　　SOS 反应广泛存在于原核生物和真核生物,它是生物在不利环境中求得生存的一种基本功能。SOS 反应主要包括两个方面:DNA 修复和导致变异。在一般环境中突变常是不利的,可是在 DNA 受到损伤和复制被抑制的特殊条件下生物发生突变将有利于它的生存和进化。然而,另一方面,大多数能在细菌中诱导产生 **SOS 反应**的作用剂,对高等动物都是致癌的:如 X 射线、紫外线、烷化剂及黄曲霉毒素等。而某些不能致癌的诱变剂却并不引起 SOS 反应,如 5-溴尿嘧啶。因此猜测,癌变可能是通过 SOS 反应诱变造成的。目前有关致癌物的一些简便检测方法即是根据 SOS 反应原理而设计的。

三、DNA 的突变

　　DNA 作为遗传物质有三个基本功能:一是通过复制将遗传信息由亲代传递给子代;二是进行转录使遗传信息在子代得以表达;三是产生变异为进化提供基础。变异是 DNA 的核苷酸序列改变的结果,它包括由于 DNA 损伤和错配得不到修复而引起的突变,以及由于不同 DNA 分子之间片段的交换而引起的遗传重组。

(一) 突变的类型

　　DNA 的编码序列发生改变就会引起**突变**或死亡,死亡是致死突变的结果。改变单个核苷酸的突变称位点突变。已知突变有以下几种类型:

1. 碱基对的置换(substitution)

　　碱基对置换包括两种类型:一种称为**转换**(transition),即两种嘧啶之间或两种嘌呤之间互换,这种置换方式最为常见。另一种称为**颠换**(transversion),是在嘌呤与嘧啶之间的发生互换,较为少见。易错修复可以发生颠换。由于密码的简并性,突变使核苷酸序列改变但不改变蛋白质的序列,称为沉默突变(silent mutation)。三联体密码子发生突变导致蛋白质中原有氨基酸被另一种氨基酸取代,称为错义突变(missense mutation)。当氨基酸密码子变为终止密码子时,称为无义突变(nonsense mutation),它导致翻译提前结束而常使产物失活。

2. 移码突变(frameshift mutation)

　　由于一个或多个非三整倍数的**核苷酸插入**(insertion)或**缺失**(deletion),而使编码区该位点后的密码阅读框架改变,导致其后氨基酸都发生错误,如出现终止密码子则使翻译提前结束,该突变常会使基因产物完全失活。

3. 大片段的缺失(deletion)和重复(repetition)

缺失的核苷酸可以达十几至几千碱基对。

(二)诱变剂的作用

在自然条件下发生的突变称为**自发突变**(spontaneous mutation)。自发的突变率是非常低的,大肠杆菌和果蝇的基因突变率都在 10^{-10} 左右。能够提高突变率的物理或化学因子称为**诱变剂**(mutagen)。紫外线的高能量可以使相邻嘧啶之间双键打开形成二聚体,包括产生环丁烷结构和 6-4 光产物(6-4 photoproduct),即一个嘧啶的第 6 位碳原子与相邻嘧啶第 4 位碳原子间的连接,并使 DNA 产生弯曲(bend)和**纽结**(kink)。电离辐射(如 X 射线、γ 射线等)的作用比较复杂,除射线直接效应外还可以通过水在电离时所形成的自由基起作用(间接效应)。DNA 可以出现双链断裂或单链断裂,大剂量照射时还会有碱基的破坏。紫外线和电离辐射都是强的诱变剂。最常见的化学诱变剂有以下几类:

1. 碱基类似物(base analog)

与 DNA 正常碱基结构类似的化合物,能在 DNA 复制时取代正常碱基掺入并与互补链上碱基配对。但是这些类似物易发生**互变异构**(tautomerization),在复制时改变配对的碱基,于是引起碱基对的置换。通常碱基类似物引起的置换是转换,而不是颠换。

5-溴尿嘧啶(BU)是胸腺嘧啶的类似物,在一般情况下它以酮式(keto)结构存在,能与腺嘌呤配对;但它有时以烯醇式(enol)结构存在,与鸟嘌呤配对(图 30-31)。胸腺嘧啶也有酮式和烯醇式互变异构现象,但其烯醇式发生率极低。而 5-溴尿嘧啶中由于溴原子负电性很强,其烯醇式发生率要高得多,因此显著提高了诱变的能力。结果使 AT 对转变为 GC 对;而在相反的情况下使 GC 对转变成 AT 对。

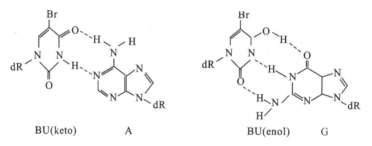

图 30-31   5-溴尿嘧啶的酮式和烯醇式具有不同配对性质

2-氨基嘌呤(AP)是腺嘌呤的类似物,正常状态下与胸腺嘧啶配对,但以罕见的亚氨基状态存在时却与胞嘧啶配对(图 30-32)。因此,它能引起 AT 对转换为 GC 对,以及 GC 对转换为 AT 对。

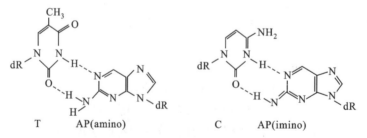

图 30-32   2-氨基嘌呤的不同配对性质

2. 碱基的修饰剂(base modifier)

某些化学诱变剂通过对 DNA 碱基的修饰作用,而改变其配对性质。例如,亚硝酸能脱去碱基上的氨基。腺嘌呤脱氨后成为次黄嘌呤(I),它与胞嘧啶配对,而不是与原来的胸腺嘧啶配对。胞嘧啶脱氨后成为尿嘧啶,它成为与腺嘌呤配对的碱基。鸟嘌呤脱氨后成为黄嘌呤(X),它仍与胞嘧啶配对,因此经过 DNA 复制后即恢复正常,并不引起碱基对置换。

羟胺（NH₂OH）与碱基作用十分特异，它只与胞嘧啶作用，生成 4-羟胺胞嘧啶（HC），而与腺嘌呤配对，结果 GC 对变为 AT 对（图 30-33）。

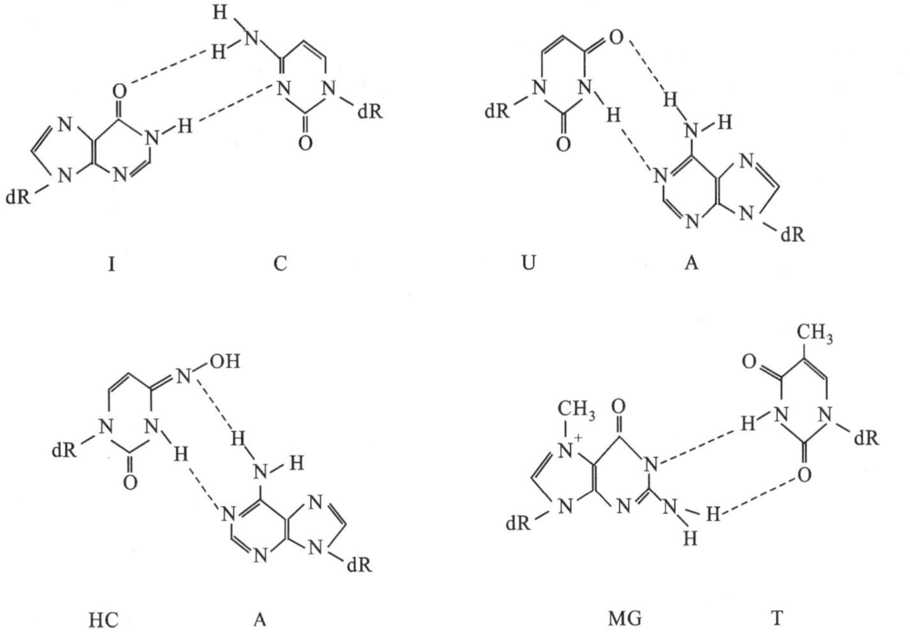

I　　　　　C　　　　　　　　U　　　　　A

HC　　　　　A　　　　　　　　MG　　　　　T

图 30-33　化学修饰剂改变碱基的配对性质

烷化剂（alkylating agent）是极强的化学诱变剂，其中较常见的包括**氮芥**（nitrogen mustard）、**硫芥**（sulfur mustard）、**乙基甲烷磺酸**（ethyl methane sulfonate，EMS）、**乙基乙烷磺酸**（ethylethane sulfonate，EES）和**亚硝基胍**（nitrosoguanidine，NTG）等。烷化剂使 DNA 碱基上的氮原子烷基化，最常见的是鸟嘌呤上第 7 位氮原子的烷基化，引起分子电荷分布的变化而改变碱基配对性质，如 7-甲基鸟嘌呤（MG）与胸腺嘧啶配对（图 30-33）。氮芥是二（氯乙基）胺的衍生物，硫芥是二（氯乙基）硫醚，它们的双功能基能同时与 DNA 同一条链或两条不同链上鸟嘌呤相连。DNA 两条链的交联阻止了正常的修复，因此交联剂往往是强致癌剂。亚硝基胍在适宜条件下可使 DNA 复制叉部位出现多个紧相靠近的成簇突变，因此精确控制培养条件和加入亚硝基胍的时间与剂量可选择性地使细胞 DNA 特殊片段发生突变。烷化后的嘌呤和脱氧核糖结合的糖苷键变得不稳定，容易使嘌呤脱落。氧化也能使其破坏并被水解掉。

3. 嵌入染料（intercalating dye）

一些扁平的稠环分子，例如**吖啶橙**（acridine）、**原黄素**（proflavine）、**溴化乙锭**（ethidium bromide）等染料，可以插入到 DNA 的碱基对之间，故称为嵌入染料。这些扁平分子插入 DNA 后将碱基对间的距离撑大约一倍，正好占据了一个碱基对的位置。嵌入染料插入碱基重复位点处可造成两条链错位。在 DNA 复制时，新合成的链或者增加核苷酸插入，或者使核苷酸缺失，结果造成移码突变。其可能的机制如图 30-34 所示。

（三）诱变剂和致癌剂的检测

医学和分子生物学的研究表明，人类癌症的发生是由于控制细胞分裂的基因发生突变，或是致瘤病毒核酸的入侵，原癌基因成为癌基因，抑癌基因失去抑制细胞恶性生长的能力所致。细胞生长失控就形成肿瘤，能转移的恶性肿瘤称为癌。因此，细胞癌变与修复机制的受损坏以及突变率的提高有关。

由于食品、日用品和环境中存在的诱变剂和致癌剂对人类健康十分有害，需要有效的方法将它们检测出

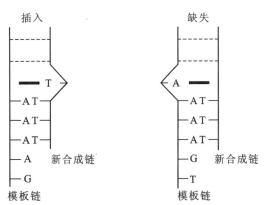

图 30-34　嵌入染料插入 DNA 引起移码突变的可能机制（嵌入染料以粗短线表示）

来。B. Ames 发明了一种简易检测诱变剂的方法,称为 **Ames 试验**(Ames test)。该方法采用鼠伤寒沙门氏杆菌(*Salmonella typhimurium*)的营养缺陷型菌株,其组氨酸生物合成途径一个酶的基因发生突变而使酶失活,将该菌与待测物置于无组氨酸的平皿培养基中培养,如果待测物具有诱变作用,就可使营养缺陷型细菌因恢复突变而产生菌落,根据菌落的多少可判断诱变力的强弱。

大肠杆菌的 SOS 反应可以使处于溶原状态的 λ 噬菌体被激活,从而裂解宿主细胞产生噬菌斑。通常引起细菌 SOS 反应的化合物对高等动物都是致癌的。R. Devoret 根据此原理,利用溶原菌被诱导产生噬菌斑的方法来检测致癌剂,大大简化了检测方法。由 Ames 试验和动物试验的结果发现,致癌物质中 90% 都有诱变作用,而诱变剂中 90% 有致癌作用。不少化合物需在体内经过代谢活化才有诱变或致癌作用,在测试时可将待测物与肝提取物一起保温,使其转化,这样可使潜在的诱变剂和致癌剂也能被检测出来。

提　要

亲代传递给子代的遗传信息以密码的形式编码在 DNA 分子上,表现为特定的核苷酸序列。细胞 DNA 能够精确复制,并对损伤进行修复,而 DNA 序列的改变即为突变。

DNA 分子具有双螺旋结构,复制时一条链来自亲代,另一条链通过碱基配对重新合成,称为半保留复制。DNA 复制有固定起点;双向或单向;有多种方式。催化 DNA 合成的酶为 DNA 聚合酶,该酶以 4 种 dNTP 为底物,需要模板和引物,由 5' 向 3' 方向合成。大肠杆菌有 5 种 DNA 聚合酶(Ⅰ 至 Ⅴ)。DNA 聚合酶 Ⅰ 为多功能酶,具有聚合酶、3'→5' 外切核酸酶和 5'→3' 外切核酸酶活性,除聚合反应外还具有校正和切除引物或损伤链的功能。DNA 聚合酶 Ⅱ 有聚合和校正功能,但不能由 5' 端外切。DNA 聚合酶 Ⅰ 和 Ⅱ 都是修复酶,DNA 聚合酶 Ⅲ 才是复制酶。

DNA 聚合酶 Ⅲ 具有 10 个亚基,其中 α、ε、θ 构成聚合酶的核心酶,α 催化聚合反应,ε 起校正作用,θ 起组建作用。τ_2 使核心酶二聚化,并与 γ 复合物(γδδ'χψ)构成夹子安装器,操纵夹子 β 的装卸。由于 γ 复合物的不对称性,DNA 聚合酶 Ⅲ 是异二聚体。这些复杂的亚基使酶具有更高的忠实性、协同性和持续性。DNA 聚合酶 Ⅳ 和 Ⅴ 都是易错修复酶,无校正功能。DNA 连接酶以 NAD^+ 或 ATP 提供能量,使 DNA 片段之间形成磷酸二酯键。DNA 复制的两条链走向不同,链的合成方向与复制叉移动方向一致的为连续合成,不一致需分段合成,因此是半不连续复制。

闭环 DNA 和两端固定的 DNA 具有拓扑关系式:$\alpha = \beta + \tau$。α 为 DNA 两条链的拓扑连环数,β 为螺旋数,τ 为超螺旋数。以 σ 表示比超螺旋,$\sigma = (\alpha - \beta)/\beta$。DNA 复制时解(螺)旋酶解开双链,由旋转酶(拓扑异构酶 Ⅱ)消除扭曲张力,SSB 保护解开的单链。复制起始由 Dna A 识别起点(*ori C*),解开双链,Dna B(解旋酶)在 Dna C 帮助下结合于解链区,借助水解 ATP 产生的能量向前移动。RNA 聚合酶合成 RNA,形成 RNA 突环,有利于 Dna A 的作用。随后 DNA 聚合酶 Ⅲ 开始复制。细菌环状 DNA 两个复制叉在含有多个终止子的终止区相遇,复制体解体,由修复酶填补空缺。然后,拓扑异构酶 Ⅳ 分开连锁环。复制起点有 11 个 4 bp 的回文序列 GATC,其中 A 第 6 位 $-NH_2$ 被甲基化,DNA 复制使其成为半甲基化,从而附着在细胞膜上,并抑制 Dna A 的转录和新一轮的复制起始。正在复制的 DNA 随膜的生长而分开,间隔一定时间,半甲基化 GATC 被全甲基化,新一轮 DNA 复制得以重新开始。

真核生物染色体 DNA 为多复制子。真核生物 DNA 聚合酶有 15 种,主要有 5 种,分别为 DNA 聚合酶 α、β、γ、δ 和 ε。DNA 聚合酶 α 的功能是合成引物、β 是修复酶、γ 是线粒体 DNA 的复制、δ 是前导链和滞后链的合成、而 ε 则是引物空缺的填补。真核生物 DNA 的复制与原核生物基本类似,差别在于真核生染色体 DNA 有端粒结构,端粒酶以所含 RNA 为模板合成端粒 DNA。此外,DNA 复制受细胞周期调节。

DNA 的损伤修复主要有五种:错配修复、直接修复、切除修复、重组修复和应急修复。大肠杆菌参与错配修复的蛋白质至少有 12 种,主要由 Mut S 二聚体识别错配碱基对并与 Mut L 二聚体一起结合其上,Mut SL 四聚体借助水解 ATP 提供的能量沿 DNA 向前移动,DNA 形成突环,直至遇到 GATC 序列,由 Mut H 在该序列未甲基化的 5' 端切开。然后,由外切酶切除单链,DNA 聚合酶 Ⅲ 合成新链,DNA 连接酶连上。真核生物有类似 Mut S 和 Mut L 的蛋白质因子 MSH 和 MLH,可以识别错配碱基,但依赖复制体除去错配碱基。直接修复是由酶切开紫外线造成的嘧啶二聚体,或由酶除去化学修饰基团。切除修复由特异的 DNA 糖基化酶将异常碱基切除,然后由 AP 内切核酸酶在 AP 位点附近将链切开,外切酶除去 AP 链,然后经修复酶和连接酶加以修复。重组修复是复制后修复。当复制酶遇到未修复的损伤部位无法通过碱基配对合成子代链时,可以跳过损伤部位,结果留下缺口。复制后从同源 DNA 母链上通过重组将相应片段补上缺口,然后用再合成的序列补上母链空缺。原来的损伤处依然有待修复。应急(SOS)修复又称为诱导修复或易错修复。当 DNA 严重受损(双链断裂、交联或损伤链无完整的对应链),复制无法进行,通过诱导产生无校对功能的 DNA 聚合酶,使复制得以完成,却导致高突变率。

基因突变包括碱基置换、移码突变和大片段序列的删除与重复。通常诱变剂有:① 碱基类似物;② 碱基修饰剂;③ 嵌入染料。细胞癌变与某些基因的突变有关。Ames 试验利用细菌营养缺陷型突变株的恢复突变检测诱变剂。Devoret 试验利用细菌噬菌体溶原株的 SOS 反应检测致癌剂。这些检测方法在食品和环境的安全性检查中十分有用。

习　　题

1. 生物的遗传信息如何由亲代传递给子代?

2. 何谓 DNA 的半保留复制? 是否所有 DNA 的复制都以半保留的方式进行? [双链 DNA 通常都以半保留方式复制]

3. 若使 ^{15}N 标记的大肠杆菌在 ^{14}N 培养基中生长三代,其 ^{14}N-DNA 分子与 ^{14}N,^{15}N-杂合 DNA 分子之比应为多少? 若经变性密度梯度离心,其 ^{14}N 单链与 ^{15}N 单链之比应为多少?

4. 何谓复制子,何谓复制叉,何谓复制体? 三者有何关系?

5. 在丰富的培养基中大肠杆菌染色体 DNA 有几个复制叉?

6. 大肠杆菌染色体 DNA 大小为 $4.6×10^6$ bp,复制叉移动速度为 60 000 bp/min,复制起点发动复制后需相隔 13 min 才能再次发动复制,若细胞分裂过程 DNA 照常复制,而复制起始、终止及转换过程等共需 5 min,问完成全部染色体复制需要多少时间? 细胞倍增需要多少时间?

7. 比较 DNA 聚合酶 Ⅰ、Ⅱ 和 Ⅲ 性质的异同。DNA 聚合酶 Ⅳ 和 Ⅴ 的功能是什么? 有何生物学意义?

8. DNA 复制的精确性、持续性和协同性是通过怎样的机制实现的?

9. 何谓 DNA 的半不连续复制? 试述冈崎片段合成的过程。

10. 若天然双链闭环 DNA(cccDNA)的比超螺旋(σ)为 -0.05,复制时解旋酶将双链撑开,如果反应系统中无旋转酶,当比超螺旋达到 $+0.05$ 时,DNA 的扭曲张力将阻止双链解开,此时已解开的双链占 DNA 分子的百分数是多少?

11. 何谓拓扑异构体? 试比较类型 Ⅰ 和类型 Ⅱ 拓扑异构酶作用机制的异同。

12. 简单叙述大肠杆菌 ori C 的结构特点,这些结构有何生物学意思?

13. 参与大肠杆菌染色体复制起始的酶和辅助因子主要有哪些? 它们各起何作用?

14. 绘制简图表示大肠杆菌复制体的结构。

15. 何谓复制终止子? 它的生物学意思是什么?

16. 为什么闭环双链 DNA 复制后会形成连锁体? 连锁体是如何解开的?

17. 比较真核生物和原核生物染色体 DNA 复制的异同。

18. 真核生物 DNA 聚合酶有哪几种? 它们主要功能是什么?

19. 真核生物 DNA 复制时在合成 iDNA 后为什么要进行聚合酶转换? 有何生物学意义?

20. 真核生物染色体 DNA 的端粒有何功能? 它是如何合成的?

21. 何谓复制许可因子? 它有何功能?

22. 生物借助什么机制来维持低突变率?

23. 哪些因素能引起 DNA 损伤? 生物机体是如何修复的?

24. 何谓错配修复? 为什么原核生物可通过半甲基化 GATC 序列来区别"旧"链和"新"链,而真核生物则不能? 真核生物是如何纠正错配的?

25. 为什么哺乳动物没有光复活作用? 哺乳类动物通过何种作用修复紫外线造成的 DNA 损伤?

26. 何谓转录偶联的修复? 它有何生物学意义?

27. 什么是应急反应(SOS)和易错修复? 它们之间是什么关系?

28. 何谓突变? 突变有哪几种类型? 突变与细胞癌变有何关系?

29. DNA 复制时前导链和后随链发生错配的概率是否相等？两条链错配修复的概率是否相等？

30. 为什么引起 SOS 反应的化合物通常都是致癌剂？

31. 试述 Ames 试验的原理。比较 Devoret 试验和 Ames 试验的异同。

主要参考书目

1. 王镜岩, 朱圣庚, 徐长法. 生物化学教程. 北京：高等教育出版社, 2008.

2. Voet D, Voet J G, Pratt C W. Fundamentals of Biochemistry. 3rd ed. New York：John Wiley & Sons, 2008.

3. Nelson D L, Cox M M. Lehninger Principles of Biochemistry. 6th ed. New York：W. H. Freeman, 2012.

4. Berg J, Tymoczko J, Stryer L. Biochemistry. 7th ed. New York：W. H. Freeman, 2010.

5. Krebs J E, Kilpatrick S T, Goldstein E S. Lewin's Genes XI. Boston：Jones & Bartlett Publishers, 2013.

6. Watson J D, Baker T A, Bell S P, et al. Molecular Biology of the Gene. 7th ed. San Francisco：Pearson Education, 2013.

（朱圣庚）

网上资源

习题答案　　　　自测题

第 31 章 DNA 的重组

DNA 分子内或分子间发生遗传信息的重新组合，称为**遗传重组**（genetic recombination），或者**基因重排**（gene rearrangement）。重组产物称为**重组体 DNA**（recombinant DNA）。DNA 的重组广泛存在于各类生物。真核生物基因组间重组多发生在**减数分裂**（meiosis）时同源染色体之间的交换（crossover）。细菌及噬菌体的基因组为单倍体，来自不同个体两组 DNA 之间可通过多种形式进行遗传重组。

DNA 重组对生物进化起着关键的作用。生物进化以不断产生可遗传的变异为基础。首先有突变和重组，由此产生可遗传的变异，然后才有遗传漂变和自然选择，才有进化。可遗传变异的根本原因是突变。然而，突变的概率很低，而且多数突变是中性的或有害的。如果生物只有突变没有重组，在积累具有选择优势的突变同时不可避免积累许多难以摆脱的不利突变，有利突变将随不利突变一起被淘汰，新的优良基因就不可能出现。重组的意义在于，它能迅速增加群体的遗传多样性；使有利突变与不利突变分开；通过优化组合积累有意义的遗传信息。此外，DNA 重组还参与许多重要的生物学过程。它为 DNA 损伤或复制障碍提供修复机制；某些基因表达过程受 DNA 重组的调节；有些生物发育过程也受其控制。DNA 重组包括**同源重组**（homologous recombination）、**特异位点重组**（site-specific recombination）和**转座重组**（transpositional recombination）等类型，以下分别予以介绍。

一、同 源 重 组

同源重组又称为**一般性重组**（general recombination），它是由两条具有同源区的 DNA 分子，通过配对、链的断裂和再连接，而产生**片段交换**（crossing over）的过程。同源重组的最初证据来自细胞遗传学对减数分裂时染色体行为的研究。真核生物在形成配子时，细胞染色体进行一次复制，细胞核进行两次分裂，由此从双倍体细胞产生单倍体细胞，故称为减数分裂。在减数分裂前期，参与联会（synapsis）的同源染色体实际上已复制形成两条姊妹染色单体，从而出现由四条染色单体构成的**四联体**（tetrad）。在四联体的某些位置，非姊妹染色单体之间可以发生交换。光学显微镜可看到联会复合体中存在**染色体交叉**（chiasma）现象。Holliday 对遗传重组的可能机制成功提出了一个模型予以说明。在分子水平上了解重组过程是在细菌的研究中加以解决的。

（一）Holliday 模型

Robin Holliday 于 1964 年提出一个模型，对于认识同源重组起了十分重要的作用（图 31-1）。在这一模型中，关键步骤有四个：① 两个同源染色体 DNA 排列整齐；② 一个 DNA 的一条链裂断并与另一个 DNA 对应的链连接，形成的连接分子（joint molecule）称为 Holliday 中间体（intermediate）；③ 通过**分支移动**（branch migration）产生**异源双链**（heteroduplex）DNA；④ Holliday 中间体切开并修复，形成两个双链重组体 DNA。切开的方式不同，所得到的重组产物也不同。如果切开的链与原来断裂的是同一条链（见 Holliday 模型左边的产物），重组体含有一段异源双链区，其两侧来自同一亲本 DNA，称为**片段重组体**（patch recombinant）。但如切开的链并非原来断裂的链（模型右边产物），重组体异源双链区的两侧来自不同亲本 DNA，称为**剪接重组体**（splice recombinant）。

Holliday 模型能够较好解释同源重组现象，但也存在问题。该模型认为进行重组的两个 DNA 分子在开始时需要在对应链相同位置上发生断裂。DNA 分子单链断裂是经常发生的事，但很难设想两个分子何以能在同一位置发生断裂。M. Meselson 和 C. Radding 对此提出了修正意见，他们认为同源 DNA 分子中只有一个分子发生单链断裂，随后单链入侵另一 DNA 分子的同源区，造成链的置换，被置换的链再切断并与最初断链连接,即形成 Holliday 中间体。但是更多的事实表明,重组是由双链断裂所启动。现在认为,同源重组是减数分裂的原因,而不是减数分裂的结果。DNA 分子双链断裂才能与同源分子发生链的交换,借以将同源染色体分配到子代细胞中去。因此,双链断裂启动重组,也启动了减数分裂。

　　DNA 同源重组是一个十分精确的过程,哪怕只有一个核苷酸的差错都会造成基因失活。同源重组的分子基础是链间的配对,通过碱基配对才能找到正确位置,进行链的交换。当两同源 DNA 分子之一发生双链断裂,经核酸酶和解旋酶作用,产生具有 3′端的单链,它在另一 DNA 分子的同源区寻找互补链并与之配对。相对应的链则被置换出来,与原来断裂的链配对。经修复合成和链的再连接,形成两个交叉,而不是单链交换时形成的一个交叉。值得注意的是,在两交叉之间,由交换和分支移动产生的是异源双链,而由修复合成产生的是同源双链(图 31-2)。实验表明,两 DNA 分子必需具有 75 bp 以上的同源区才能发生同源重组,同源区小于此数值将显著降低重组率。

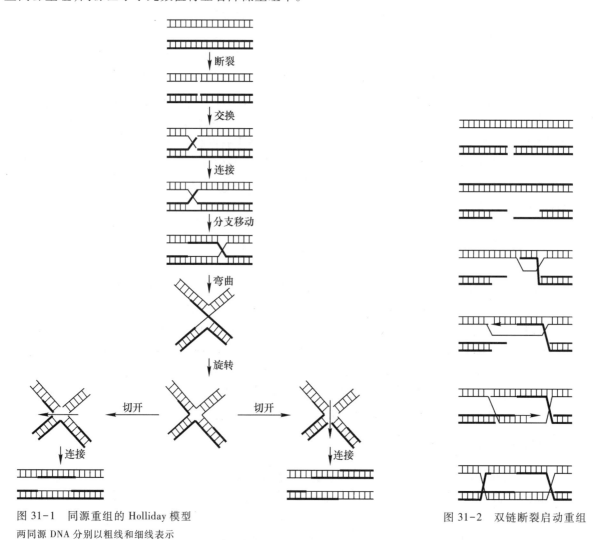

图 31-1　同源重组的 Holliday 模型
两同源 DNA 分别以粗线和细线表示

图 31-2　双链断裂启动重组

　　在不同生物体内同源重组的具体过程可以有许多变化,但基本步骤大致相同。同源性并不意味序列完全相同。两 DNA 分子只要含有一段碱基序列大体类似的同源区,即使相互间略有差异,仍然可以发生重组。同源重组是最基本的重组方式,它参与各种重要的生物学过程。复制、重组和重组修复三个过程是密切相关的,许多有关的酶和辅助因子也都是共用的。同源重组也在基因的加工、整合和转化中起着重要的作用。

(二) 细菌的基因转移与重组

　　细菌可以通过多种途径进行细胞间基因转移,并通过基因重组以适应随时改变的环境。这种遗传信息的流动不仅发生在种内,也发生在种间,甚至与高等动植物细胞之间也存在横向遗传传递(horizontal genetic transmission)。例如,从人体内寄生的细菌基因组中可以找到确定属于人类的基因。被转移的基因称为外基因子(exogenote),如果与内源基因组或称内基因子(endogenote)的一部分同源,就成为部分二倍体(partial diploid),这种情况下可以发生同源重组。细菌的基因转移主要有四种机制:**接合**(conjugation)、**转化**(transformation)、**转导**(transduction)和**细胞融合**(cell fusion)。进入受体细胞(recipient cell)的外源基因通常有四种结果:降解、暂时保留、与内源基因置换和发生整合。

1. 细菌的接合作用

细菌的细胞相互接触时遗传信息可以由一个细胞转移到另一个细胞,称为接合作用。供体细胞被定义为雄性,受体细胞为雌性。通过接合而转移 DNA 的能力是由**接合质粒**(conjugative plasmid)提供的,与接合功能有关的蛋白质均由接合质粒所编码。能够促使染色体基因转移的接合质粒称为致育因子(fertility factor),简称为性因子或 F 因子。大肠杆菌 F 质粒(F 因子)是研究得最多,也是研究得最清楚的一种接合质粒。

F 质粒是双链闭环的大质粒,总长约 100 kb,复制起点为 *ori V*。F 质粒可以在细胞内游离存在,也可以整合到宿主染色体内,因此属于**附加体**(episome)。其与转移有关的基因(*tra*)占据质粒的三分之一(~33 kb),称为转移区,包括编码 **F 性菌毛**(F pilus)、稳定接合配对、转移的起始和调节等,总共约 40 个基因。*tra A* 编码性菌毛单个亚基蛋白(pilin),由菌毛蛋白聚合形成中空管状的性菌毛,它的修饰和装配至少还要 12 个另外的 *tra* 基因参与作用。每一个 F 阳性(F^+)细胞大约有 2~3 条性菌毛。

接合过程由供体细胞 F 性菌毛接触受体细胞表面所启动。供体细胞不会与其他含 F 因子的细胞相接触,因为 *tra S* 和 *tra T* 基因编码**表面排斥蛋白**(surface exclusion protein),阻止同为 F^+ 细胞之间的相互作用。F^+ 细胞的性菌毛固着 F 阴性(F^-)细胞后,即通过回缩与拆装(disassemble)使两细胞彼此靠近。F^+ 细菌性菌毛的功能是识别和联结阴性细菌,它不是 DNA 转移的通道。DNA 转移需要 F^+ 细胞的 Tra D 蛋白,它是一种内膜蛋白,可提供或成为转移的通道。Tra I 在 Tra Y 的帮助下结合到转移起点 *ori T* 上,切开一条链,并与 5′端形成共价连接。Tra I 兼有切口酶(nickase)和解旋酶的活性。游离的 5′端由此导入受体细胞。单链进入受体细胞后即合成出其互补链,结果 F^- 细胞转变为 F^+ 细胞。给体细胞留下的 F 质粒单链也合成出互补链。当整合在染色体 DNA 中的 F 质粒启动接合过程时,质粒转移起点被切开,其前导链引导染色体 DNA 单链转移。大肠杆菌全部染色体完成转移的时间约 100 min,其间配对的细胞如受外力作用而分开,转移的 DNA 即被打断,根据转移基因所需时间可以确定该基因在环状染色体上的位置,绘制出染色体的基因图。

给体单链 DNA 进入受体细菌后转变为双链形式,并可与受体染色体发生重组。外源基因的插入需要在两端分别形成交叉连接,即发生两个位点的重组。因此接合可以在细菌之间交换遗传物质。整合 F 因子的大肠杆菌菌株具有较**高频率的重组**(high-frequency recombination),称为 Hfr 菌株。F 因子可以整合在染色体不同位置,由此而得到不同的 Hfr 菌株,它们从不同位点开始转移基因。

整合的 F 因子引导染色体转移往往不能使受体细胞转变为 F^+ 细胞。因为发生转移时,F 因子在转移起点(*ori T*)处切开单链,其 5′端前导链引导染色体转移,F 因子的转移区(*tra* 基因)直至最后才转入,然而染色体很长,随时都会断裂而中止转移。整合的 F 因子可被切割出来,有时不精确切割使 F 因子带有若干宿主染色体基因,此时称为 F′因子。使 F′细胞与 F^- 细胞杂交,供体部分染色体基因随 F′因子一起进入受体细胞,无需整合就可以表达,实际上形成部分二倍体,此时受体细胞也变成 F′。细胞基因的这种转移过程称为性导(sexduction)。

2. 细菌的遗传转化

遗传转化(genetic transformation)是指细菌品系由于吸收了外源 DNA(转化因子)而发生遗传性状改变的现象。具有摄取周围环境中游离 DNA 分子能力的细菌细胞称为**感受态细胞**(competent cell)。很多细菌在自然条件下就有吸收外源 DNA 的能力(如固氮菌、链球菌、芽孢杆菌、奈氏球菌及嗜血杆菌等),虽然感受态经常是瞬时的,与特定的生理状态有关。

转化过程涉及细菌染色体上 10 多个基因编码的功能。例如,**感受态因子**(competence factor)、与膜联结的 DNA 结合蛋白(membrane-associated DNA binding protein)、**自溶素**(autolysin)以及多种核酸酶(nuclease)均参与感受态的形成。感受态因子可诱导与感受态有关蛋白的表达,其中包括自溶素,它使细胞表面的 DNA 结合蛋白和核酸酶裸露出来。当游离 DNA 与细胞表面 DNA 结合蛋白相结合后,核酸酶使其中一条链降解,另一条链则被吸收,并与感受态特异蛋白相结合,然后转移到染色体,与染色体 DNA 重组。不同细菌的转化途径不完全相同,也有细菌能吸收双链 DNA。细菌广泛存在自然转化现象,表明这是细菌遗传信息转移和重组的一种重要方式。

有些细菌在自然条件下不发生转化或转化效率很低,但在实验室中可以人工促使转化。例如大肠杆菌,用高浓度 Ca^{2+} 处理,可诱导细胞成为感受态,重组质粒得以高效转化。人工转化的机制目前还不十分清楚,可能与增加细胞通透性有关。实际上在自然条件下,除接合质粒外,一些小质粒也能在大肠杆菌细胞间转移,表明存在质粒穿过细胞被膜的途径。

3. 细菌的转导

转导(transduction)是通过噬菌体将细菌基因从供体转移到受体细胞的过程。转导有两种类型:普遍性转导(generalized transduction),是指宿主基因组任意位置的一段 DNA 组装到成熟噬菌体颗粒内而被带入受体菌;局限性转导(specialized transduction),某些温和噬菌体在装配病毒颗粒时将宿主染色体整合部位的 DNA 切割下来取代病毒 DNA。在上述两种类型中,转导噬菌体均为缺陷型,因为都有噬菌体基因被宿主基因所取代。缺陷型噬菌体仍然能将颗粒内 DNA 导入受体菌,前宿主的基因进入受体菌后即可与染色体 DNA 发生重组。

4. 细菌的细胞融合

在有些细菌的种属中可发生由细胞质膜融合导致的基因转移和重组。在实验室中,用溶菌酶除去细菌细胞壁的肽聚糖,使之成为原生质体,可人工促进原生质体的融合,由此使两菌株的 DNA 发生广泛的重组。

(三) 重组有关的酶

已经分离并鉴定了原核生物和真核生物促进同源重组各步骤有关的酶,研究最多的还是大肠杆菌的酶。在大肠杆菌中,Rec A 蛋白参与重组是最关键的步骤。Rec A 有两个主要的功能:诱发 SOS 反应和促进 DNA **单链**的**同化**(assimilation)。所谓单链同化即是指单链与同源双链分子发生链的交换,从而使重组过程中 DNA 配对、形成 Holliday 中间体和分支移动等步骤得以产生。当 Rec A 与 DNA 单链结合时,数千 Rec A 单体协同聚集在单链上,形成**螺旋状纤丝**(helical filament)。Rec F、Rec O 和 Rec R 蛋白调节 Rec A 纤丝的装配和拆卸。Rec A 蛋白相对分子质量为 38 000,它与单链 DNA 结合形成的螺旋纤丝每圈含六个单体,螺旋直径 10 nm,碱基间距 0.5 nm。此复合物可以与双链 DNA 作用,部分解旋以便阅读碱基序列,迅速扫描寻找与单链互补的序列。互补序列一旦被找到,双链进一步被解旋以允许转换碱基配对,使单链与双链中的互补链配对,同源链被置换出来(图 31-3)。链的交换速度大约为 6 bp/s,交换沿单链 $5'→3'$ 方向进行,直至交换终止,在此过程中由 Rec A 水解 ATP 提供反应所需能量。

任何部位的单链 DNA 都能借助 Rec A 蛋白与同源双链 DNA 进行链的交换。单链 DNA 可以由许多途径产生,Rec BCD 酶是产生参与重组的 DNA 单链主要途径。该酶的亚基分别由基因 *rec B*、*rec C* 和 *rec D* 编码。Rec BCD 酶具有三种酶活性:① 依赖于 ATP 的外切核酸酶活性;② 可被 ATP 增强的内切核酸酶活性;③ ATP 依赖的解旋酶活性。当 DNA 分子断裂时,它即结合在其游离端,使 DNA 双链解旋并降解,解旋所需能量由 ATP 水解供给。及至酶移动到 chi 位点($5'$-GCTGGTGG-$3'$),在其 $3'$ 侧 4~6 个核苷酸处将链切开,产生具有 $3'$ 端的游离单链。随后单链可参与重组各步骤。大肠杆菌基因组共有 1 009 个 chi 位点,分布在 DNA 各部位,平均 5 kb 有一个,成为重组热点。

由于 DNA 分子具有螺旋结构,在持续进行链的交换时需要两 DNA 分子发生旋转。Rec A 能够介导单链绕入另一 DNA 分子,并水解 ATP。一旦 Holliday 中间体形成,即由 Ruv A 和 Ruv B 蛋白促进异源双链的形成。Ruv A 蛋白能够识别 **Holliday 联结体**(junction)的交叉点,Ruv A 四聚体结合其上形成四方平面的构象,使得分支点易于移动,Ruv A 还帮助 Ruv B 六聚体环结合在双链 DNA 上,位于交叉点上游。Ruv B

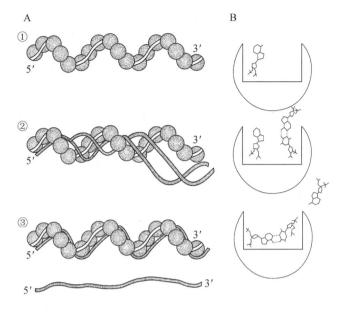

图 31-3　Rec A 蛋白介导的 DNA 链交换模型

A. DNA 链交换的侧面观：①Rec A 蛋白与单链 DNA 结合；②复合物与同
源双链 DNA 结合；③入侵单链与双链中的互补链配对，同源链被置换出
来。B. DNA 链交换过程 Rec A 蛋白的横切面

是一种解旋酶,通过水解 ATP 而推动分支移动(图31-
4)。Ruv AB 复合物的移动速度为 10~20 bp/s。

同源重组最后由 Ruv C 将 Holliday 联结体切开,
并由 DNA 聚合酶和 DNA 连接酶进行修复合成。Ruv
C 是一种内切核酸酶,特异识别 Holliday 联结体并将
其切开。它识别不对称的四核苷酸 ATTG,此序列因
而成为切开 Holliday 联结体的热点,并决定结果是片
段重组还是剪接重组,即异源双链区两侧来自同一分
子还是不同分子。相当于原核生物与重组有关酶的
对应物也已在真核生物中发现。在酿酒酵母中的 *rad
51* 基因与大肠杆菌 *rec A* 基因同源,二者的功能有
关。该基因突变造成双链断裂积累,并且无法形成正
常的联会复合物。但此蛋白质不能在体外与单链
DNA 形成纤丝,表明原核生物与真核生物的同源重
组机制可能有所不同。

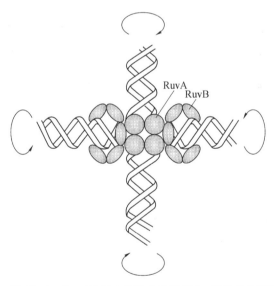

图 31-4　Ruv AB 复合物结合于 Holliday 联结体的模型

二、特异位点重组

特异位点重组广泛存在于各类细胞中,起着各种不同的特殊作用。它们的作用包括某些基因表达的
调节,发育过程中程序性 DNA 重排,以及有些病毒和质粒 DNA 的整合与切除等。此过程往往发生在一个
特定的短的(20~200 bp)DNA 序列内(重组位点),并且有特异的酶(重组酶)和辅助因子对其识别和作
用。特异位点重组的结果决定于重组位点的位置和方向。如果重组位点以相反方向存在于同一 DNA 分
子上,重组结果发生倒位。重组位点以相同方向存在于同一 DNA 分子上,重组发生切除;在不同分子上,
重组发生整合,即前一反应的逆过程(图 31-5)。重组酶通常由 4 个相同的亚基组成,它作用于两个重组
位点的 4 条链上,使 DNA 链断开产生 3′-磷酸基与 5′-羟基,3′-磷酸基与酶形成**磷酸酪氨酸**(phosphoty-

rosine)或**磷酸丝氨酸**(phosphoserine)酯键。这种暂时的蛋白质-DNA 连接可以在 DNA 链再连接时无需提供能量。重组的两个 DNA 分子,首先断裂相同序列的两条链,交错连接,此时形成中间联结体;然后另两条链断裂并交错连接,使联结体分开。有些重组酶使 4 条链同时断裂并再连接,而不产生中间物。本节简要介绍噬菌体 DNA 的整合与切除、细菌的特异重组和免疫球蛋白基因重排。

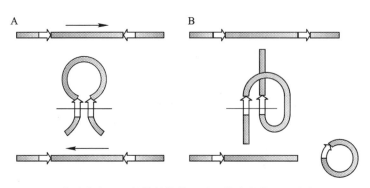

图 31-5 特异位点重组的结果依赖于重组位点的位置和方向

重组位点以白箭头表示。A. 重组位点反方向位于同一 DNA 分子,重组结果发生倒位。B. 重组位点同方向位于同一 DNA 分子,重组发生切除;位于不同分子,重组发生整合

(一) λ 噬菌体 DNA 的整合与切除

最早研究清楚的特异位点重组系统是 λ 噬菌体 DNA 在宿主染色体上的整合与切除。λ 噬菌体 DNA 进入宿主大肠杆菌细胞后存在溶原和裂解两条途径,二者的最初过程是相同的,都要求早期基因的表达,为溶原和裂解途径的歧化做好准备。两种生活周期的选择取决于 CI 和 Cro 蛋白相互拮抗的结果。CI 蛋白抑制除自身外所有噬菌体基因的转录,如果 CI 蛋白占优势,溶原状态就得到建立和维持。Cro 蛋白抑制 cI 基因的转录,它占优势噬菌体即进入繁殖周期,并导致宿主细胞裂解。λ 噬菌体的整合发生在噬菌体和宿主染色体的特定位点,因此是一种特异位点重组。整合的原噬菌体随宿主染色体一起复制并传递给后代。但在紫外线照射或升温等因素诱导下,原噬菌体可被切除下来,进入裂解途径,释放出噬菌体颗粒。

λ 噬菌体与宿主的**特异重组位点**(recombination site)称为**附着位点**(attachment site)。删除实验确定噬菌体的附着位点(*att P*)长度为 240 bp,细菌相应的附着位点(*att B*)只有 23 bp,二者含有共同的核心序列 15 bp(O 区)。噬菌体 *att P* 位点的序列以 POP'表示,细菌 *att B* 位点以 BOB'表示。整合需要的**重组酶**(recombinase)由 λ 噬菌体编码,称为 **λ 整合酶**(λ integrase, Int),此外还需要由宿主编码的**整合宿主因子**(integration host factor, IHF)协助作用。整合酶作用于 POP'和 BOB'序列,分别交错 7 bp 将两 DNA 分子切开,然后交互再连接,噬菌体 DNA 被整合,其两侧形成新的重组附着位点 BOP'和 POB',无需 ATP 提供能量(图 31-6)。整合酶的作用机制类似于拓扑异构酶 I,它催化磷酸基转移反应,

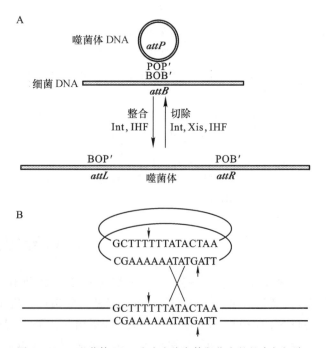

图 31-6 λ 噬菌体 DNA 在宿主染色体靶位点的整合与切除

噬菌体的附着位点(*att P*)与细菌附着位点(*att B*)之间有 15 bp 共同的序列(O),整合后在被整合噬菌体 DNA 两侧产生两个新的附着位点(*att R* 和 *att L*)。A. 整合和切除过程;B. 共同的核心序列

而不是水解反应,故无能量丢失。在切除反应中,需要将原噬菌体两侧附着位点联结到一起,因此除 Int 和 IHF 外,还需要噬菌体编码的 Xis 蛋白参与作用。

(二) 细菌的特异位点重组

鼠伤寒沙门氏杆菌(*Salmonella typhimurium*)由鞭毛蛋白引起的 H 抗原有两种,分别为 H1 鞭毛蛋白和 H2 鞭毛蛋白。从单菌落的沙门氏菌中经常能出现少数呈另一 H 抗原的细菌细胞,这种现象称为**鞭毛相转变**(phase variation)。遗传分析表明,这种抗原相位的改变是由一段 995 bp 的 DNA,称为 **H 片段**(H segment),发生倒位所决定。

H 片段的两端为 14 bp 特异重组位点(hix),其方向相反,发生重组后可使 H 片段倒位。H 片段上有两个启动子(P),其一驱动 *hin* 基因表达;另一取向与 H2 和 *rH1* 基因一致时驱动这两基因表达,倒位后 H2 和 *rH1* 基因不表达。*hin* 基因编码特异的重组酶,即**倒位酶**(invertase) Hin。该酶为相对分子质量为 22 000亚基的二聚体,分别结合在两个 *hix* 位点上,并由辅助因子 **Fis**(factor for inversion stimulation)促使 DNA 弯曲而将两 *hix* 位点联结在一起,DNA 片段经断裂和再连接而发生倒位。*rH1* 表达产物为 H1 阻遏蛋白,当 *H2* 基因表达时,*H1* 基因被阻遏;反之,*H2* 基因不表达时,*H1* 基因才得以表达(图 31-7)。

噬菌体 Mu 的 G 片段,**噬菌体 P1** 的 C 片段,分别由倒位酶 Gin 和 Cin 控制发生倒位,并决定噬菌体的宿主范围,其作用机制与沙门氏菌鞭毛相转变类似。Hin、Gin 和 Cin 与转座子 Tn3 解离酶结构同源,属于同一家族。

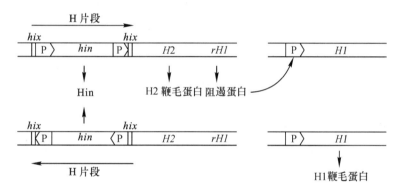

图 31-7　沙门氏菌 H 片段倒位决定鞭毛相转变

hix 为 14 bp 的反向重复序列,它们之间的 H 片段可在 Hin 控制下进行特异位点重组(倒位)。H 片段上有两个启动子,其一驱动 *hin* 基因表达,另一正向时驱动 *H2* 和 *rH1* 基因表达,反向(倒位)时 *H2* 和 *rH1* 不表达。*rH1* 为 H1 阻遏蛋白基因,P 代表启动子

(三) 免疫球蛋白基因的重排

脊椎动物和人的淋巴细胞在其成熟过程中抗体基因的重排,是有关基因重排研究中一个最重要的实例。按照 F. M. Burnet 的**克隆选择学说**,每一个浆细胞只能产生一种或几种抗体,无数由淋巴细胞分化而来的浆细胞就能产生无数种类的抗体分子。抗体分子也即**免疫球蛋白**(Ig),由两条轻链(L 链)和两条重链(H 链)组成,它们分别由三个独立的基因家族(gene family)所编码,其中两个编码轻链(κ 和 λ),一个编码重链。小鼠的 κ、λ 和重链基因分别位于第 6、16 和 12 号染色体上。决定轻链的基因家族上各有 L、V、J、C 四类基因片段。L 代表**前导片段**(leader segment),V 代表**可变片段**(variable segment),J 代表**连接片段**(joining segment),C 代表**恒定片段**(constant segment)。决定重链的基因家族上共有 L、V、D、J、C 五类基因片段,其中 D 代表**多样性片段**(diversity segment)。在 J 和 C 片段之间存在**增强子**(enhancer)。

抗体基因在进化过程中可通过倍增和歧化来增加其数量,在同一种系(germ line)中基因数目有较大变动,因此难于确定。抗体各链基因的 V 片段约有数百个,J 片段 4~6 个。小鼠 λ 链基因 V 片段数异常少,可能是其在过去曾遭剧变而丢失大部分的 V 片段。轻链的恒定区只 1 个,但 λ 链每个 J 片段都与其本身 C 片段相连。重链基因除 V 片段和 J 片段外,还有 10~30 个 D 片段,并有多个恒定区(C 片段)以决定

抗体的效应功能,即抗体的类型和亚类型。小鼠 IgH 的基因恒定区存在 8 个 C 片段。人的 IgH 基因恒定区 C 片段依次为:C_μ、C_δ、$C_{\gamma3}$、$C_{\gamma1}$、ψ_ε、$C_{\alpha1}$、ψ_γ、$C_{\gamma2}$、$C_{\gamma4}$、C_ε、$C_{\alpha2}$(其中 $\psi\varepsilon$ 和 $\psi\gamma$ 是两个无活性的假基因),它们分别表达产生免疫球蛋白 IgM、IgD、IgG3、IgG1、IgA1、IgG2、IgG4、IgE 和 IgA2。小鼠和人种系抗体基因片段的排列如图 31-8 所示。

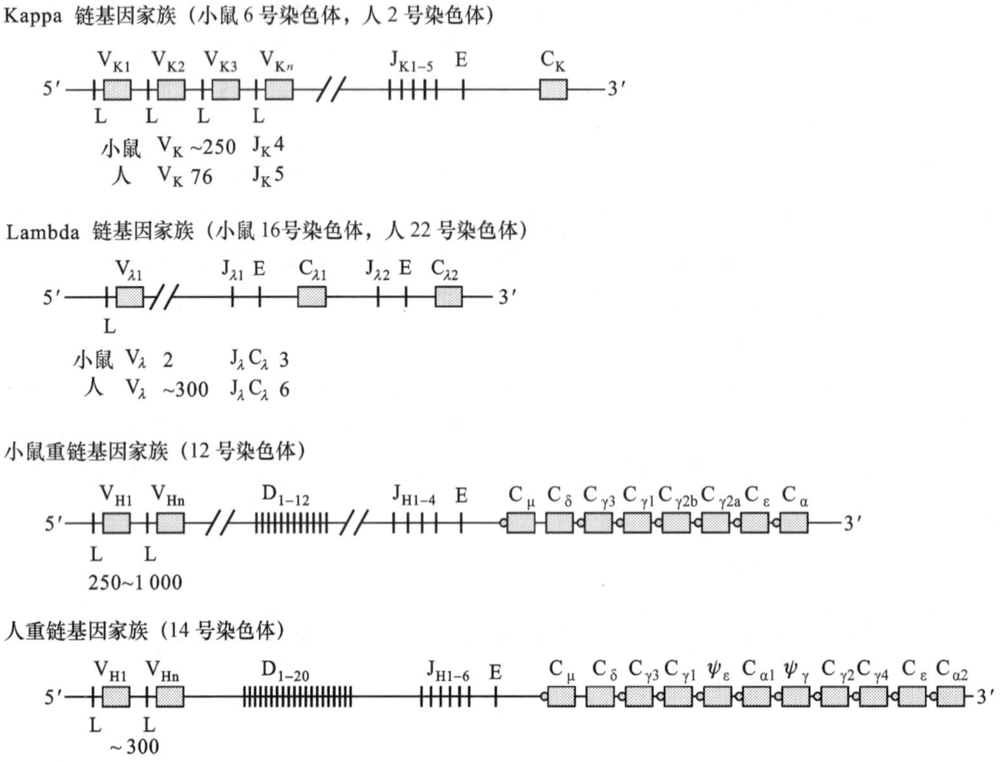

图 31-8　种系免疫球蛋白基因家族片段的排列

L 代表前导片段,V 代表可变片段,J 代表连接片段,D 代表多样性片段,C 代表恒定片段,E 代表增强子,C 片段前的 ○ 代表类型转换位点

　　除淋巴细胞外,所有细胞免疫球蛋白基因族的结构都是相同的,称为种系结构。只有骨髓干细胞在分化为成熟 B 淋巴细胞的过程中才出现免疫球蛋白基因的**体细胞重排**(somatic rearrangement)。利根川进(S. Tonegawa)揭示了抗体基因重排机制,因而获得 1987 年诺贝尔生理学或医学奖。在 B 细胞分化过程中,免疫球蛋白基因重排具有严格的顺序,第一次重排发生在前 B 细胞中,最先由编码免疫球蛋白重链的基因家族片段参与重排,使在种系中相互分离的片段经重排后连接在一起,称为 **V-D-J 连接**。其间,D 片段与 J 片段先连接,接着 V 片段加到 D-J 上,形成 V-D-J 复合体。重排中选择的片段是随机的,片段之间序列在重排中被删除。重链重排后接着是轻链 κ 链基因重排,形成 **V-J 复合体**。只有 κ 链基因重排失败,才发动 λ 链基因重排,故抗体中大部分轻链是 κ 链,λ 链只占少部分。淋巴细胞在繁殖过程中还发生体细胞突变,以增加抗体的多样性。

　　单个 B 淋巴细胞只产生一种抗体基因,因此是**单特异性**的(mono specific)。由于淋巴细胞是二倍体,因而 H 链、κ 链和 λ 链都有两个等位基因家族,然而重排表现出**等位基因排斥**(allelic exclusion),即两个等位基因中只发生一个等位基因重排。二者之中何者重排是随机的,但只要一个等位基因发生重排,另一等位基因即受到抑制,不再发生重排。轻链基因重排还表现出**同型性排斥**(isotypic exclusion),即 κ 链和 λ 链基因只有一种轻链基因发生重排。等位排斥和同型性排斥的可能机制为重排基因的产物对未重排基因具有抑制作用。

　　重链(IgH)基因的 V-D-J 重排和轻链(IgL)基因的 V-J 重排均发生在特异位点上。在 V 片段的下游,J 片段的上游以及 D 片段的两侧均存在保守的**重组信号序列**(recombination signal sequence,RSS)。该信号序列都由一个共同的回文七核苷酸(CACAGTG)和一个共同的富含 A 的九核苷酸(ACAAAAACC),

中间为固定长度的间隔序列,或为 12 bp,或为 23 bp。间隔长度也是一种识别信号,重组只发生在间隔为
12 bp 与间隔为 23 bp 的不同信号序列之间,称为 12-23 规则。重链基因 V 片段的信号序列间隔为 23 bp,
D 片段两侧信号序列间隔为 12 bp,J 片段信号序列的间隔为 23 bp,而且信号序列总是以七核苷酸一端与
基因片段相连,间隔为 12 与 23 两信号序列的方向相反。因此,在 V-D-J 连接中不会发生连接错误。同
样,在轻链基因中,V 片段和 J 片段与不同信号序列相连,只能在它们之间发生连接(图 31-9)。

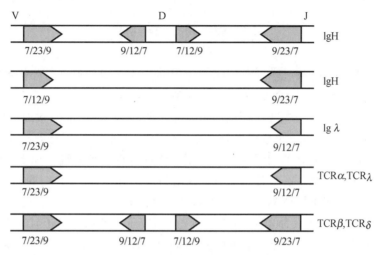

图 31-9　在 V(D)J 重组中被识别的重组信号序列

免疫球蛋白(Ig)和 T 细胞受体(TCR)基因片段的各对重组信号序列(RSS)以反相
存在,保守的最初识别位点为九核苷酸 ACAAAAACC,七核苷酸↓CACAGTG 为切
割位点,间隔序列或 12,或 23 个核苷酸,重组只发生在间隔为 12bp 与间隔为 23bp
的信号序列之间

促使重排的重组酶基因 rag(recombination activating
gene)共有两个,分别产生蛋白质 RAG1 和 RAG2。RAG1
识别信号序列,包括 12/23 间隔以及七核苷酸和九核苷酸
信号,然后 RAG2 加入复合物。RAG1/RAG2 复合物在接
头的一条链上切开一个缺刻,形成 3′-OH 和 5′-P 端。游
离的 3′-OH 基对双链的另一条链磷酸酯键发生攻击,在基
因片段末端形成发夹结构。然后由另外的酶进一步将发夹
结构切开。单链切开的位置往往不是原来通过转酯反应连
接的位置,多出的核苷酸称为 P 核苷酸。末端可以被外切
酶删除一些核苷酸;也可以由脱氧核苷酸转移酶外加一些
核苷酸,称为 N 核苷酸。最后两基因片段填平补齐并连
接。此过程由 DNA 双链断裂的修复系统来完成,称为**非同
源末端连接**(non-homologous end-joining,NHEJ)。在接头处
随机插入和删除若干核苷酸可以增加抗体基因的多样性,然
而插入或删除核苷酸的总数如不是 3 的倍数,就将改变阅读
框架而使抗体基因失活,或许这是为增加抗体多样性所付出
的代价。抗体基因片段的连接过程如图 31-10 所示。

抗体重链和轻链基因重排后转录成初级 mRNA 前体,经
加工修饰产生成熟的 mRNA 并翻译成免疫球蛋白。第二次
重排发生在成熟 B 细胞经抗原刺激后,这次重排出现重链基

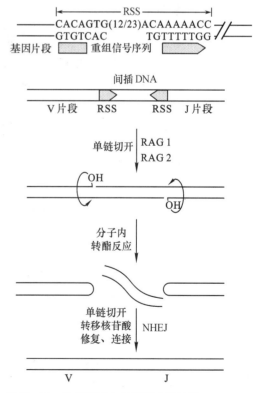

图 31-10　免疫球蛋白的基因重排过程

因改变恒定区,即类型转换,其抗原特异性不变。B 细胞分化至此称为浆细胞,它的特点是可以大量分泌抗体,
并且是单特异性的抗体。重链基因 C 片段的转换发生在**转换区**(switch region,S 区),该区位于 C 片段的 5′端,S

区内存在成串的重复序列,转换即 Sμ 与各 S 位点间的重组。C$_\delta$ 片段前无 S 区,故 IgM 与 IgD 通常都共表达。

T 淋巴细胞的受体有两类,一类是 $\alpha\beta$ 受体,一类是 $\gamma\delta$ 受体。$\gamma\delta$ 受体只存在于缺失 α、β 链的 T 细胞和发育早期的 T 细胞;$\alpha\beta$ 受体出现于成熟的 T 细胞,是主要的 T 细胞受体。它们的基因重排与抗体基因重排十分类似,也存在 β 链与 γ 链的 V-D-J 连接和 α 链与 δ 链的 V-J 连接。

抗体和 T 细胞受体基因重排与转座子的转座机制十分类似,推测他们可能是由古代转座子演变而来的。

三、转 座 重 组

转座因子(transposable element)是一种可以由染色体的一个位置转移到另外位置的遗传因子,也就是一段可以发生转座(transposition)的 DNA,又称为**转座子**(transposon)。转座的位置通常或多或少是随机的。当转座子插入一个基因内时,该基因即失活,如果是重要的基因就可能导致细胞死亡。因此转座必须受到控制,而且频率都很低。转座子对基因组而言是一个不稳定因素,它可导致宿主序列删除、倒位或易位,并且其在基因组中成为"可移动的同源区",位于不同位点的两个拷贝转座子之间可以发生交互重组,从而造成基因组不同形式的重排。有些转座子与基因组的关系犹如寄生,它们的功能只是为了自身的扩增与繁衍,因此被称为是"自私的"DNA(selfish DNA,又称自在 DNA)。

早在 20 世纪 40 年代,美国遗传学家 B. McClintock 在研究玉米的遗传因子时发现,某些基因活性受到一些能在不同染色体间转移的**控制因子**(controlling element)所决定。这一发现与当时传统的遗传学观点相抵触,因而不被学术界所普遍接受。直到 60 年代后期,美国青年细菌学家 J. Shapiro 在大肠杆菌中发现一种由**插入序列**(insertion sequence,IS)所引起的多效突变,之后又在不同实验室发现一系列可转移的抗药性转座子,才重新引起人们重视。1983 年 McClintock 被授予诺贝尔生理学或医学奖,距离她公布玉米控制因子的时间已有 32 年之久。

(一)细菌的转座因子

细菌的转座因子有两类:一类为插入序列(IS),是简单的转座子,除转座所需基因外不携带任何标记基因,它的存在只能借助插入位点有关基因的失活来判断,或者通过分子杂交和测序来检测。另一类是复杂转座子(Tn),除转座酶(transposase)基因外还携带各种标记基因,因而易于检测其存在。

1. 插入序列

插入序列是最小的转座因子。所有插入序列的两端都有反向重复(inverted repeat),反向重复为转座酶识别所需,通常重复序列长度为 15~25 bp。重复序列有时只是类似,并非完全相同。当插入序列转座时,宿主靶部位双链被交错切开,经修复后插入序列两侧形成短的**正向重复**(direct repeat)。靶序列通常是任意的,但交错切开的长度,也就是正向重复的长度是固定的,一般常见到的正向重复为 5 bp 和 9 bp。常可根据末端重复来确定插入序列的位置。表 31-1 列出几种较常见的插入序列结构和性质。例如,通常标准大肠杆菌菌株中含有 8 个拷贝 *IS1*,5 个拷贝 *IS2*。只存在于转座子中的插入序列称为类 IS 因子。

表 31-1 一些插入序列的结构和性质

插入序列	长度/bp	两侧正向重复/bp	末端反向重复/bp	靶部位的选择
IS 因子				
IS1	768	9	23	随机
IS2	1 327	5	41	热点
IS3	1 428	11~13	18	AAAN$_{20}$TTT
IS4	1 195	4	16	热点
类 IS 因子				
IS10R	1 329	9	22	NGCTNAGCN
IS50R	1 531	9	9	热点
IS90R	1 057	9	18	随机

转座频率随不同转座因子而异,通常每一世代的转座频率为 10^{-4} 至 10^{-3},而自发突变的频率为 10^{-7} 至 10^{-5},因此二者可以相区分。IS 被精确切除而使基因恢复活性的频率更低,约为 10^{-10} 至 10^{-6}。

2. 转座子

转座子除编码转座功能有关的基因外还携带抗性或其他标记基因。转座子按其结构又分为两类:一类为**组合因子**(composite element),由个别模件组合而成,通常包括两个插入序列作为两臂,中间为标记基因。另一类为**复合因子**(complex element),含有转座酶基因、**解离酶**(resolvase)基因以及标记基因,两端为反向重复,不含插入序列。

组合型的转座子很可能是通过一个插入序列的拷贝插在附近区域而形成的。两个插入序列中间夹着一段序列即可构成一个转座单位。每个插入序列两端为反向重复,因此,无论两插入序列处于正向还是反向位置,作为转座单位其两端均有可被转座酶识别的反向重复序列。如果两个插入序列正好位于抗性基因两侧,该转座单位携带的性状对宿主细胞是有利的,因而具有选择优势。组合转座子的两个插入序列以正向或反向(更常见)位于两端,它们的序列可以不完全相同,有时只有一个插入序列具有转座活性,另一个已在多次传代中失去活性。组合转座子的结构如下:

复合型的转座子以转座酶基因取代插入序列。*TnA* 家族即属于这一类型的转座子,其中包括 *Tn3*、*Tn1*、*Tn1000*(过去称为 $\gamma\delta$)和 *Tn501* 等。它们的两端通常有 38 bp 的反向重复,两侧为 5 bp 的正向靶序列。*Tn3* 转座子中 *tnp A* 基因编码产物为 1 021 个氨基酸的转座酶,相对分子质量为 120 000。*tnp R* 基因编码一个 185 个氨基酸的蛋白质,相对分子质量为 23 000。它有两个功能:一是其作为解离酶,促使转座中间产物拆开;另一是作为阻遏蛋白,调节 *tnp A* 和 *tnp R* 两个基因的表达。解离的控制位点称为 res,它位于左右转录单位间的 163 bp 富含 AT 区。该区共有三个长 30~40 bp 的同源序列,Tnp R 蛋白即可结合其上。*Tn3* 的结构如下:

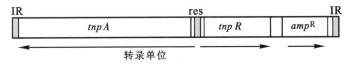

现将几种主要的转座子列于表 31-2。

表 31-2 一些转座子的结构和性质

转座子	长度/bp	遗传标记	末端结构		两侧正向重复/bp	靶部位的选择
组合转座子(Ⅰ类)						
Tn10	9 300	*tet*^R	*IS10R* *IS10L*(低活性)	反向,2.5% 差异	9	NGCTNAGCN
Tn5	5 700	*kan*^R	*IS10R* *IS10L*(低活性)	反向,差 1 bp	9	热点
Tn903	3 100	*kan*^R	*IS903*	反向,相同	9	随机
Tn9	2 500	*cam*^R	*IS1*	正向,相同	9	随机
复合转座子(Ⅱ类)						
Tn3	4 957	*amp*^R	38 bp		5	区域优先
Tn1	5 000	*amp*^R	38 bp		5	区域优先
Tn1000($\gamma\delta$)	5 800	*amp*^R	37 bp		5	区域优先
Tn501	8 200	*Hg*^R	38 bp		5	—

3. 转座过程与效应

转座酶能够识别转座子的末端反向重复序列并且在其 3′ 端切开,同时在靶部位交错切开两条单链,由转座酶将转座子两末端联在一起,称为**联会复合物**(synapsis complex),或称为**转座体**(transposo-some)。靶位点的 5′ 突出端与转座子的 3′ 端连接,形成 Shapiro 中间体。不同种类转座子形成与靶序列连接中间体的过程大致相同;随后步骤各不一样。按其转座过程是否发生复制,可分为**非复制转座**(nonreplicative transposition)和**复制转座**(replicative transposition)两类。非复制转座又称为**保留性转座**(conservative transposition),转座子从原来位置上切除下来转入新的位置,其两条链均被保留。复制转座则在形成靶部位与转座子连接中间体后即进行复制。通过复制使原来位置与新的靶部位各有一个转座子,其一条链是原有的,另一条链是新合成的。复制转座使给体与受体分子连在一起,成为**共整合体**(cointegrate),因此下一步必须通过重组将二者拆开。非复制转座与复制转座过程见图 31-11。

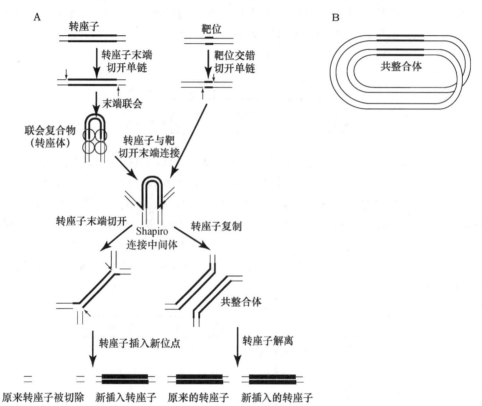

图 31-11　转座过程示意图
A. 非复制转座与复制转座的基本过程;B. 共整合体的结构

所有转座因子都有在基因组中增加其拷贝数的能力。此过程可以借助两种方式来完成:一是通过转座过程的复制(复制转座);另一是从染色体已完成复制的部位转到尚未复制的部位,然后随着染色体而复制。非复制转座的转座因子只能借后一种方式来扩增。

共整合体含有两个拷贝的转座子,故可通过同源重组将连接的两部分分开。但是借助 Rec A 蛋白拆分效率较低。转座子编码的解离酶可在解离区(res)进行重组,极大提高解离效率。解离酶是一种重组酶,它所催化 DNA 链的断开和再连接并不需要供给能量。当它在 res 位点断开两条链时,解离酶以共价键连在键的 5′ 端。链的断裂发生在一个短的回文对称区:

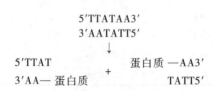

这种情况与 λ 噬菌体 DNA 特异位点重组十分相似。λ 噬菌体整合位点 att 的核心序列与 res 位点有 15 bp 序列类似，其中 10 bp 相同。该序列为：

$$\downarrow$$

res GATAATTTATAATAT

$$\downarrow$$

att GCTTTTTTATACTAA

不同种类的转座子可能以不同的方式进行转座。*IS1*、*IS903* 通常以非复制的方式转座，*TnA* 家族总是以复制的方式转座，另一些转座子可以视不同情况而用两种方式之一进行转座。转座子有各种类型和亚类型，转座作用也是多种多样的。

转座因子首先因其可导致突变而被认识。它插入基因后，使基因突变失活，这是转座作用最直接的效应。当转座因子自发插入细菌的操纵子时，即可阻止它所在基因的转录和翻译；并且由于转座因子带有终止子，它的插入将影响到操纵子中其后基因的表达，因而表现出极性（polarity），也即方向性。由此构成的负突变只有在插入因子被切除后才能恢复。转座因子的存在，往往会引起宿主染色体 DNA 重组，是基因突变和重排的重要原因。转座因子也可通过其自身或调控因子而影响邻近基因的表达，从而改变宿主的表型。

（二）真核生物的转座因子

最早发现能转移的遗传因子是玉米转座子，它对染色体基因能引起不稳定，具有诱变效应，因而影响其遗传性状，故称为控制因子。其后发现真核生物广泛存在各种转座因子。真核生物的转座因子与原核生物转座因子十分相似：转座依赖于转座酶，转座因子的两端有被转座酶识别的反向重复序列；转座的靶位点是随机的；靶位点交错切开，插入转座因子后经修复形成两侧正向重复序列。但是二者在结构和性质上也有一些差别。原核生物的转录和翻译几乎是同时进行的，真核生物由于核结构的存在而使此两过程在空间上和时间上都被分隔开了。因此，真核生物细胞内只要存在转座酶，任何具有该酶识别的反向重复末端的片段均可发生转移，而无需由被转移序列自身编码这些酶。这就可以说明，为什么真核生物的转座因子家族中只保留少数拷贝具有编码转座酶的活性，而多数拷贝中发生程度不同的删除，失去转座酶基因活性，但保留了两端的反向重复序列。原核生物的转座酶主要作用于产生它的转座因子，表现出**顺式显性**（*cis* dominance），真核生物则无此特性，这也是二者最明显的差别。

玉米中研究得比较清楚的控制因子有三个系统，**激活-解离系统**（activator-dissociation system，Ac-Ds），**抑制-促进-增变系统**（suppressor-promoter-mutator，Spm）和**斑点系统**（dotted，Dt）。激活因子 Ac 和解离因子 Ds 是属于同一家族的控制因子。Ac 是**自主因子**（autonomous element），它编码有活性的转座酶，能自主发生转座。Ds 是**非自主因子**（nonautonomous element），它与 Ac 同源，只是不同程度缺失了中间序列，从而丢失转座酶的功能。Ds 的存在能抑制邻近基因的表达。它本身不能转座，但有 Ac 存在时由 Ac 的转座酶以反式作用使其激活而转移到新的位置。真核生物转座因子通常以非复制方式转座，而且总是只转移到邻近的位置。玉米的 Ds 因子插入新靶位点后，原来位置上即失去 Ds 因子，结果可造成染色体断裂或重排，由此引起显性基因丢失，隐性基因得以表达。

Spm 和 En 因子除个别碱基不同外，二者基本一样，均为自主因子；其对应的非自主因子为 dSpm（defective Spm），即有缺陷的 Spm 因子。该家族的因子发生转座时可使靶位点的基因或被抑制，或被促进，这决定于插入的位置。插入的位置如果在一个基因的内含子中，可以在转录后通过**剪接**（splicing）除去。此外，Spm 产生被称为 TnpA 的蛋白可以起**抑制因子**（suppressor）的作用，因其能结合在靶部位，阻止转录的进行。插入的位置如在一个基因附近，由于转座因子所携带增强子（enhancer）的影响，促进了靶位点基因的表达，Spm 缩写的含意也源于此。现将玉米几种主要转座因子的性质列于表 31-3。

果蝇中也存在几种转座因子家族。**P 因子**是在对果蝇**杂种不育**（hybrid dysgenesis）现象的研究中发现的。黑腹果蝇的某些品系中含有 40~50 个 P 因子，而其他品系缺少 P 因子。自主的 P 因子为 2.9 kb，两端为 31 bp 的反向重复,优先的靶位点是 GGCCAGAC,两侧产生 8 bp 的正向重复。大约三分之二的 P 因子是缺陷的,中间序列有不同程度的删除,成为非自主因子。

表 31-3　玉米转座因子的性质

自主因子	非自主因子	反向末端重复	靶位点正向重复
Ac(activator)4.5 kb	Ds(dissociation)	11 bp	8 bp
Mp(modulator)			
Spm(suppressor-promoter-mutator)8.3 kb	dSpm	13 bp	3 bp
En(enhancer)			
斑点(dotted)	未取名	—	—

　　杂种不育只发生在 P 品系雄性与 M 品系雌性果蝇之间。P 品系果蝇染色体携带 P 因子,M 品系不含 P 因子。当 P 雄性与 M 雌性果蝇杂交时,子一代体细胞是正常的,生殖细胞则发育不全,因而无后代。研究表明,P 因子在体细胞和生殖细胞中 mRNA 前体的剪接方式不同。在其前体中共有 3 个内含子,体细胞的剪接保留了第 3 个内含子,因为有一蛋白质结合其上,阻止该内含子的剪接。由此翻译的产物是一个相对分子质量为 66 000 的蛋白质,它是转座反应的阻遏蛋白。而在生殖细胞中可以剪接除去全部内含子,包括内含子 3,翻译产物相对分子质量为 87 000 的转座酶。二者的这一差别,使得 P 因子在体细胞中不能发生转座,而在生殖细胞中转座十分活跃。转座因子插入新的位点可引起突变,原来位置失去转座因子造成染色体断裂,两者均带来有害的效果。如果改变交配亲本品系就不会造成后代不育。M 雄性与 M 雌性果蝇交配,二者都不携带 P 因子,当然不会有 P 因子转座。P 雄性或 M 雄性与 P 雌性果蝇交配,因 P 雌性果蝇卵中存在抑制 P 因子活性转座酶合成的蛋白质,从而阻遏 P 因子的转座。这是一种细胞质效应,由细胞质中存在的相对分子质量 66 000 的蛋白质所致。

　　杂种不育在物种形成中可能是一个重要环节。如果某个地区的种群由转座因子造成杂种不育系,另一些因子在别的地区造成不同的系统。它们之间在遗传上将被隔开,并且进一步分离。多个杂种不育系统就可能造成相互不配对,并导致物种形成。

　　由 RNA 介导的转座子称为逆转座子,它由 RNA 经逆转录产生 cDNA,再插入到染色体 DNA 中去而成。真核生物基因组中存在数量甚多的逆转座子,这部分将在下一章中介绍。

提　要

　　DNA 作为遗传物质,具有保守性、变异性和流动性。DNA 重组增加了基因和基因组的多样性,使有利突变和有害突变分离,通过优化组合积累有意义的遗传信息。DNA 重组还参与许多重要的生物学过程:DNA 的复制与修复,基因表达与细胞功能的调节,生物发育与进化等。DNA 重组主要有同源重组、特异位点重组和转座重组三种方式。

　　同源重组是最基本的重组方式,它通过链的断裂和再连接,在两 DNA 分子同源序列间进行单链或双链片段的交换。Holliday 模型可以较好说明同源重组过程。其基本环节是在两同源 DNA 分子间对应部位单链断裂、交换连接、分支移动及切开修复。然而,实际上同源重组是由 DNA 两条链断裂启动的,它们分别与另一 DNA 同源区配对,再发生链的交换连接。

　　细菌可以通过接合、转化、转导和细胞融合四种方式发生基因转移。接合作用有关蛋白质由接合质粒上各转移基因(tra)编码。DNA 的一条链发生转移,随后再合成互补链。DNA 的转化由多个基因编码的蛋白质参与作用,通常也是仅吸收一条链,但有时双链 DNA 片段也能穿越细胞膜。噬菌体转导分普遍性转导和局限性转导两种类型。在某些因素的作用下细菌细胞可以发生融合。外源基因经上述过程进入宿主细胞后,即可与宿主基因发生同源重组。

　　细菌参与 DNA 同源重组的酶和辅助因子至少有数十种,许多酶和辅助因子与 DNA 复制和修复是共用的。最关键的是 Rec A 蛋白,它能诱发 SOS 反应和促进 DNA 单链同化。许多 Rec A 与单链 DNA 结合形成螺旋纤丝,每圈含 6 个单体。此复合物可与双链 DNA 作用,在找到同源区后即使单链与互补链配对,而将同源链置换出来。Rec BCD 具有三种酶活性:依赖于 ATP 的外切核酸酶,可被 ATP 增强的内切核酸酶以及需要 ATP 的解螺旋酶。它遇到 chi 位点可在其下游切出 3′ 端的游离单链。Ruv B 是一种解螺旋酶,在 Ruv A 的帮助下推动分支移动。Ruv C 可切开同源重组的中间体。已发现真核生物有相应的酶。

特异位点重组发生在特定位点内,并有特异的酶(重组酶)参与作用。如果重组位点反向存在于同一 DNA 分子,重组产生倒位;重组位点正向存在于同一 DNA 分子,重组发生切除;存在于不同分子,重组发生整合。重组酶通常由 4 个亚基组成,可以与 DNA 磷酸基形成酪氨酸或丝氨酸酯键。

λ 噬菌体 DNA 的整合和切除是一种特异位点重组。噬菌体的重组位点 att P 与大肠杆菌的重组位点 att B 之间有 15 bp 核心序列相同。在整合酶(Int)、整合宿主因子(IHF)作用下发生整合;切除还需 Xis 蛋白参与作用。

沙门氏杆菌鞭毛的相转变由基因组 H 片段倒位所决定。H 片段的重组位点 hix 为 14 bp 的反向重复序列,倒位酶 Hin 在辅助因子 Fis 帮助下使 H 片段发生倒位。

免疫球蛋白基因在淋巴细胞发育过程发生两次特异位点重组。首先是重链基因发生 V-D-J 重排,然后轻链(κ 或 λ)基因发生 V-J 重排。RAG1/RAG2 复合物识别信号序列,包括 12/23 间隔以及七核苷酸和九核苷酸,并在七核苷酸末端切开单链,形成发夹结构,然后连接基因片段,并填平补齐缺口。在此过程可随机插入和删除若干核苷酸以增加抗体基因多样性。第二次重排发生在成熟 B 细胞经抗原刺激后,由重链基因改变恒定片段,使抗体类型转换,但特异性不变。T 淋巴细胞受体基因也有类似的重组过程。

转座因子可以从染色体的一个位点转移到另一个位点。细菌的转座因子包括插入序列、组合型和复合型转座子。转座因子含有编码转座酶的基因,两端为反向重复,两侧为正向重复。插入序列不含标记基因,只能根据其对靶位点基因插入失活或检测序列来判断它的存在。组合型转座子由两个插入序列中间夹一个标记基因所组成。复合型转座子不含插入序列但有转座酶基因、解离酶基因和标记基因。

转座过程可分为非复制转座和复制转座两种类型。借助转座酶将转座子两末端切开单链,并将靶位点交错切开单链,使二者连接。非复制转座将转座子两末端另一条单链也切开,转座子连到新的靶位点。复制转座经复制形成共整合体,然后由解离酶通过重组使两部分解开。解离酶既起重组酶的作用,也是一种阻遏蛋白。

转座因子具有不稳定诱变效应。转座可引起靶位点基因失活,并有极性即方向性。转座因子插入靶位点还可影响邻近基因的表达。转座因子作为可移动的同源区,通过重组造成基因组断裂、重复、删除、倒位及易位等一系列重排。

真核生物转座因子与原核生物类似。由于核结构的存在,转录和翻译被分隔开,顺式显性作用不复存在。真核生物转座因子家族通常只保留少部分成员具有转座酶基因活性,多数有不同程度删除,因此同一家族可分为自主因子和非自主因子两类。

玉米的转座因子主要有三个系统:激活-解离系统(As-Ds),抑制-促进-增变系统(Spm-dSpm)和斑点系统(dotted)。Ac 是自主因子,能自主转座。Ds 是非自主因子,其转座依赖于 Ac 的存在。Ds 能抑制邻近基因的表达,其转座往往会引起染色体断裂和重排,并由于显性基因的丢失而使隐性基因得以表达。Spm/dSpm 因子插入新的位点可使靶位点基因或受抑制,或被促进,决定于插入在靶基因外显子中还是在基因附近位置。

果蝇的 P 因子能引起杂种不育。当 P 品系雄性和 M 品系雌性果蝇交配时,子一代(F_1)体细胞正常,生殖细胞发育不全,因而无后代。P 品系含有 P 因子,M 品系不含 P 因子。P 因子转录产物在体细胞中剪接留下内含子 3,翻译产物是转座的阻遏蛋白;生殖细胞中剪接正常,翻译产物是转座酶,结果使得 P 因子在生殖细胞中活跃转座,造成有害后果。P 品系的细胞质含有 P 因子转座的阻遏蛋白,因此 P 品系的雌性果蝇与 P 品系或 M 品系的雄性果蝇交配均不会产生不育后代。杂种不育在物种形成中可能起重要作用。

习　　题

1. DNA 重组有何生物学意义？是否可以说没有 DNA 重组就没有生物进化？

2. 试分析 DNA 复制、修复和重组三者之间关系。

3. DNA 重组可分为哪几种类型？它们的主要特点是什么？

4. 什么是同源重组？它有何功能？

5. 简要说明 Holliday 模型。Holliday 模型有何不足之处？现在对此模型有何修正和补充。

6. 细菌基因转移有哪几种方式？它们有何生物学意义？

7. 参与同源重组主要的酶和辅助因子有哪些？简要说明其作用机制。

8. 何谓特异位点重组？其作用特点是什么？

9. 说明 λ 噬菌体 DNA 的整合和切除过程。

10. 何谓鞭毛相转变？它如何控制鞭毛基因的表达？

11. 试总结免疫球蛋白基因重组的规则。

12. 免疫球蛋白基因重组信号序列有何特征？何谓 12-23 规则？

13. 免疫球蛋白基因重组过程中产生的 P 核苷酸和 N 核苷酸是如何来的？它们产生的意义和需要付出的代价是什么？

14. 何谓非同源末端连接？叙述它的基本过程。

15. 比较免疫球蛋白和 T 细胞受体基因重排的异同？

16. 何谓转座重组？它有何生物学意义？

17. 细菌的转座因子有几种？它们的结构有何特点？

18. 何谓联会复合物（转座体）？何谓 Shapiro 中间体？何谓共整合体？它们之间有何关系？是否所有种类转座子在转座过程中都会产生三者？

19. 为什么真核生物转座因子可分为自主因子和非自主因子？它们转座的生物效应是否相同？

20. 比较玉米的 Ac-Ds 系统和 Spm-dSpm 系统的特点。

21. 果蝇 P 因子在杂种不育中起何作用？杂种不育与物种形成有何关系？

主要参考书目

1. 王镜岩，朱圣庚，徐长法. 生物化学教程. 北京：高等教育出版社，2008.

2. Voet D, Voet J G, Pratt C W. Fundamentals of Biochemistry. 3rd ed. New York：John Wiley & Sons，2008.

3. Nelson D L, Cox M M. Lehninger Principles of Biochemistry. 6th ed. New York：W. H. Freeman，2012.

4. Berg J, Tymoczko J, Stryer L. Biochemistry. 7th ed. New York：W. H. Freeman，2010.

5. Krebs J E, Kilpatrick S T, Goldstein E S. Lewin's Genes XI. Boston：Jones & Bartlett Publishers，2013.

6. Watson J D, Baker T A, Bell S P, et al. Molecular Biology of the Gene. 7th ed. San Francisco：Pearson Education，2013.

（朱圣庚）

网上资源

自测题

第32章 RNA的生物合成和加工

贮存于DNA中的遗传信息需通过转录和翻译而得到表达。在转录过程中,RNA聚合酶以DNA的一条链作为模板,通过碱基配对的方式合成出与模板链互补的RNA。最初转录的RNA产物通常都需要经过一系列加工和修饰才能成为成熟的RNA分子。RNA所携带的遗传信息也可以用于指导RNA或DNA的合成,前一过程即RNA复制,后一过程为逆转录。RNA的信息加工和各种细胞功能的发现,已使RNA研究成为生命科学最活跃的研究领域之一。

一、DNA指导下RNA的合成

RNA链的转录起始于DNA模板的特定起点,并在下游终点处终止。此转录区域称为转录单位。一个转录单位可以是一个基因,也可以是多个基因。基因是遗传物质的最小功能单位,相当于DNA的一个片段。它通过转录对表型有专一性的效应。基因的转录是有选择性的,随着细胞的不同生长发育阶段和细胞内外条件的改变而转录不同的基因。转录的起始由DNA的**启动子**(promoter)控制,终止位点则称为**终止子**(terminator)。转录是通过DNA指导的RNA聚合酶来实现的,现在已从各种原核生物和真核生物中分离到了这种聚合酶。通过提纯的酶在体外对DNA进行选择性的转录,基本上搞清楚了转录的机制。

(一) DNA指导的RNA聚合酶

1960年至1961年,由微生物和动物细胞中分别分离得到DNA指导的**RNA聚合酶**(DNA-directed RNA polymerase),该酶需要以4种核糖核苷三磷酸(NTP)作为底物,并需要适当的DNA作为模板,Mg^{2+}能促进聚合反应。RNA链的合成方向也是$5'→3'$,第一个核苷酸带有3个磷酸基,其后每加入一个核苷酸脱去一个焦磷酸,形成磷酸二酯键,反应是可逆的,但焦磷酸的分解可推动反应趋向聚合。与DNA聚合酶不同,RNA聚合酶无需引物,它能直接在模板上合成RNA链。

$$\begin{matrix} n_1dATP \\ + \\ n_2dGTP \\ + \\ n_3dCTP \\ + \\ n_4dUTP \end{matrix} \xrightarrow[\text{DNA, Mg}^{2+}\text{或 Mn}^{2+}]{\text{DNA 指导的 RNA 聚合酶}} RNA + (n_1+n_2+n_3+n_4)PPi$$

在体外,RNA聚合酶能使DNA的两条链同时进行转录;但在体内DNA两条链中仅有一条链可用于转录,或者某些区域以这条链转录,另一些区域以另一条链转录。用于转录的链称为模板链,或负链(-链);对应的链为编码链,即正链(+链)。编码链与转录出来的RNA链碱基序列一样,只是以尿嘧啶取代胸腺嘧啶,它不能作为转录的模板,只能进行复制。RNA在体外转录时失去控制机制,使两条链同样进行转录,这种不正常情况被认为可能是由于DNA在制备过程因断裂而失去控制序列,或RNA聚合酶在分离时丢失起始亚基σ引起的。分子杂交实验表明,合成的RNA只与模板DNA形成杂交体,而与其他DNA不能产生杂交。

在RNA聚合酶催化的反应中,天然(双链)DNA作为模板比变性(单链)DNA更为有效。这表明RNA聚合酶对模板的利用与DNA聚合酶有所不同。DNA在复制时,首先需要将两条链解开,DNA聚合酶才能将它们作为模板,以半保留的方式形成两个子代分子。转录时无需将DNA双链完全解开,RNA聚合酶能够局部解开 DNA 的两条链,并以其中一条链作为模板,在其上合成出互补的 RNA 链,DNA 经转录后仍以**全保留的方式**(conservative mode)保持双螺旋结构,已合成的 RNA 链则离开 DNA 链(图 32-1)。

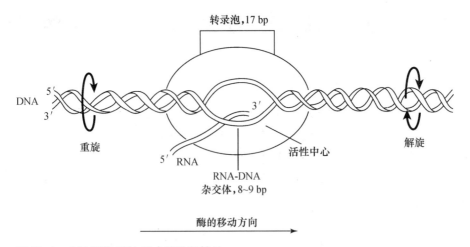

图 32-1   大肠杆菌 RNA 聚合酶进行转录

大肠杆菌的 **RNA 聚合酶全酶**(holoenzyme)相对分子质量 465 000,由五个亚基($\alpha_2\beta\beta'\sigma$)组成,还含有两个镁离子,它们与 β' 亚基相结合。没有 σ 亚基的酶($\alpha_2\beta\beta'\omega$)叫**核心酶**(core enzyme)。核心酶只能使已开始合成的 RNA 链延长,但不具有起始合成 RNA 的能力。这就是说,在开始合成 RNA 链时必须有 σ 亚基参与作用,因此称 σ 亚基为起始亚基。此外,在全酶制剂中还存在一种相对分子质量较小的成分,称为 ω 亚基。各亚基的大小和功能列于表 32-1。每个大肠杆菌细胞含有 13 000 个酶分子。RNA 聚合酶的转录速度在 37℃约为 40~50 个核苷酸/s,与多肽链的合成速度(15 个氨基酸/s)相当,但远比 DNA 的合成速度(800 bp/s)慢。

表 32-1   大肠杆菌 RNA 聚合酶各亚基的性质和功能

亚基	基因	相对分子质量	亚基数目	功能
α	rpo A	37 000	2	酶的装配 与启动子上游元件的活化因子结合
β	rpo B	151 000	1	结合核苷酸底物 催化磷酸二酯键形成 } 催化中心
β'	rpo C	155 000	1	与模板 DNA 结合
σ	rpo D	32 000~92 000	1	识别启动子 促进转录的起始
ω	rpo Z	9 000	1	组建,调节

已有多种细菌、噬菌体和真核生物的 RNA 聚合酶用 X 射线测定了它们的晶体结构,T7 噬菌体 RNA 聚合酶虽为一条多肽链,但其空间结构仍与原核和真核生物类似。酶的形状有如一个多突起椭球体,长达 16 nm。最大的两个亚基 β 和 β' 由不同的基因编码,但它们的结构与功能十分相似,推测它们在进化上有共同的起源。β 和 β' 亚基犹如螃蟹的前螯,活性中心位于两个亚基底部界面处。α 亚基在酶的另一端,其 C 端结构域(C-terminal domain,CTD)与 DNA 接触,它与酶的组装以及转录起始有关。ω 亚基与酶的组建和功能调节有关。σ 亚基窄而长,分 4 个区,位于核心酶表面。例如,大肠杆菌一般基因转录共用的起始因子 σ^{70},以其 2 区与启动子的 -10 序列结合并解开双螺旋,4 区与 -35 序列结合,1 区与 3 区的某些部位带有强的负电荷,前者可抑制 σ 亚基与 DNA 的结合,后者可堵住酶的 RNA 通道,两者均起调节作用。全酶各亚基相对位置如图 32-2 所示。

RNA 聚合酶的活性中心有多个通道。β 和 β' 亚基间的裂缝为 DNA 入口的通道。进入活性中心的

DNA 遇到的蛋白质壁产生转折,促使双链解开,模板链和非模板链经分开的两通道而于出口处重新形成双螺旋。RNA 链在模板链上不断合成,并经 RNA 出口通道离开酶。核苷三磷酸由底物入口通道到达 RNA 链的生长点(图 32-3)。在 Mg^{2+} 的帮助下,RNA 链 3′-OH 的氧对底物 NTP α-PO_4 的磷原子发动亲核攻击,形成磷酸二酯键,并释放出焦磷酸。σ^{70} 亚基游离存在时并不与 DNA 的启动子结合,因其 N 端部位回折封闭了 2 和 4 区与启动子结合的活性部位,只有当 σ^{70} 与核心酶结合时才暴露出该活性部位。

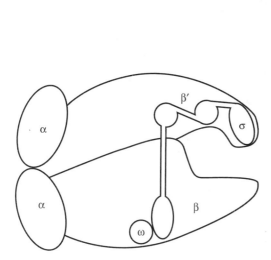

图 32-2 大肠杆菌 RNA 聚合酶的亚基结构

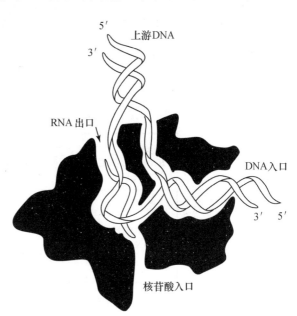

图 32-3 DNA 在活性部位转折并使双链解开

转录反应可分为三个阶段:转录的起始、延伸和终止。起始阶段又可分为三步。首先 RNA 聚合酶在 σ 亚基引导下识别并结合到启动子上,启动子的-10 和-35 区由 σ 亚基识别,上游序列则由 α 亚基识别。此时全酶与 DNA 形成**闭合型复合物**(closed complex)。然后,复合物由闭合型转变为**开放型**(open complex)。DNA 双链被局部解开,形成**转录泡**(transcription bubble),酶的构象也发生改变,β 和 β′亚基牢固夹住 DNA 直至转录结束,σ 亚基的 N 端部分离开 DNA 入口,方便 DNA 的移动。最后,酶的催化中心按照模板链的碱基选择与其配对的底物核苷酸,形成二酯键并脱下焦磷酸。第一个核苷酸通常为腺苷酸(或鸟苷酸)。最初产生不超过 10 个核苷酸的 RNA 链即被释放,称为流产起始(abortive initiation),也许这只是一种转录前的试探。在转录条件合适,转录物超过 10 个核苷酸之后,转录才进入延伸阶段。随着 σ 亚基脱离核心酶,后者也就离开启动子,起始阶段至此结束。

在延伸阶段,随着核心酶沿 DNA 分子向前移动,解链区也跟着移动,新生 RNA 链得以不断生长。在解链区 RNA 与 DNA 模板链形成杂交体,其后 DNA 恢复双螺旋结构,RNA 被置换出来。有时转录会突然受阻,例如遇到 DNA 受损或进入核苷酸类似物,核心酶的移动随即停止,此种情况称为熄火(stall)。当除去受阻因素以后,核心酶为恢复转录需后退若干核苷酸,在辅助因子(大肠杆菌为 GreA 和 GreB,真核生物为 TFⅡS)帮助下切除一段 RNA,在新产生的 3′-OH 上继续 RNA 链的生长。最后,RNA 聚合酶在 Nus A 因子(亚基)帮助下识别转录终止信号,停止转录,酶与 RNA 链离开模板,DNA 恢复双螺旋结构(图 32-4)。

σ 因子(σ 亚基)的功能在于引导 RNA 聚合酶稳定地结合到 DNA 启动子上。单独核心酶也能与 DNA 结合。β′亚基是一碱性蛋白、与酸性 DNA 之间可借静电引力结合;β 亚基也可借疏水相互作用与 DNA 结合,但是此种结合与 DNA 的特殊序列无关,DNA 仍保持其双链形式。σ 因子的存在导致 RNA 聚合酶与 DNA 一般序列和启动子序列的亲和力产生很大不同,极大降低了酶与一般序列的结合常数和停留时间,同时又大大增加了酶与启动子的结合常数和停留时间。大肠杆菌 RNA 聚合酶核心酶和一般序列的结合常数为 10^9(mol/L)$^{-1}$,停留的半寿期约 60 min。当 σ 因子与核心酶结合后,与 DNA 一般序列的结合常数

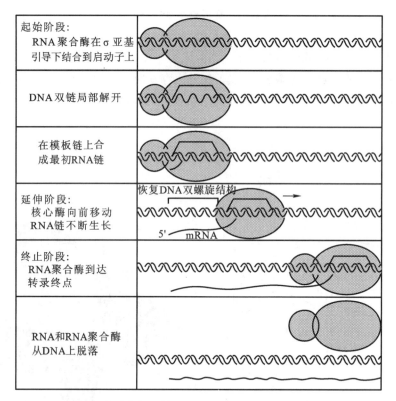

图 32-4　RNA 聚合酶催化的转录过程

为 10^5，半寿期小于 1 s；而与 DNA 启动子的结合常数达到 10^{12}，半寿期为数小时，二者结合常数相差约 10^7。这只是一个平均数，因为酶与不同基因启动子的亲和力并不一样，它们的结合常数变动范围在 10^{12}～10^6。受亲和力影响，起始频率也各不相同，rRNA 基因启动频率为每秒一次，lac I 启动频率为每 30 min 一次。

　　全酶可通过扩散与 DNA 任意部位结合，这种结合是疏松的，并且是可逆的。随后酶结合的 DNA 迅速被置换。DNA 置换显然比酶从 DNA 上脱落下来再经扩散结合到另外部位要快得多。全酶不断改变与 DNA 的结合部位，直到遇上启动子序列，随即由疏松结合转变为牢固结合，并且 DNA 双链被局部解开。

　　不同的 σ 因子识别不同类型的启动子，可借以调节基因的转录。大肠杆菌一般基因由 σ^{70} 因子所识别，其他 σ 因子可介导特殊基因的协同表达，例如识别应激反应有关基因的因子为 σ^S，热休克（heat shock）蛋白基因的因子为 σ^{32}，利用不同氮源有关基因的因子为 σ^{54}，某些不利环境下反应有关基因为 σ^E，以及与鞭毛运动有关基因的因子为 σ^F（表 32-2）。一些噬菌体（如 T4 噬菌体）编码自身的 σ 因子，这些 σ 因子使宿主细胞的核心酶被用于转录噬菌体的基因；另一些噬菌体（如 T3，T7）合成自己的 RNA 聚合酶。这类聚合酶仅为一条相对分子质量小于 100 000 的单链多肽，也无 σ 亚基，但对自身 DNA 的启动子具有高度专一型和高的转录效率，在 37℃ 转录速度可达 200 个核苷酸/s，相当于细菌转录速度的 3～4 倍。

表 32-2　大肠杆菌 RNA 聚合酶的起始亚基及其识别的启动子序列

基因	亚基	−35 序列	间隔	−10 序列	功能
rpoD	σ^{70}	TTGACA	16～18 bp	TATAAT	一般基因转录
rpoN	σ^{54}	CTGGNA	6 pb	TTGCA	不同氮源利用
rpoS	$\sigma^{38}(\sigma^S)$	TTGACA	16～18 bp	TATAAT	应激反应
rpoH	σ^{32}	CCCTTGAA	13～15 bp	CCCGATNT	热休克
rpoF	$\sigma^{28}(\sigma^F)$	CTAAA	15 bp	GCCGATAA	靶毛合成和趋化作用
rpoE	$\sigma^{24}(\sigma^E)$	GAA	16 bp	YCTGA	极端环境
fecl	$\sigma^{18}(\sigma^{Fecl})$				柠檬酸铁的转运

过去以为 RNA 聚合酶无校对功能,实际上无论是 DNA、RNA 或蛋白质的合成都有校对功能,并能对错误加以纠正,只不过 RNA 聚合酶的校对作用十分有限。RNA 聚合酶可以在两个水平上进行校对。一是借**焦磷酸解**(pyrophosphorolysis)除去错误掺入的核苷酸,这是聚合反应的逆反应。由于 RNA 聚合酶在遇到错配核苷酸时停留时间比正常核苷酸为长,故给予了切除的机会。另一种校对机制是聚合酶发生熄火,酶向后退,切除一段 RNA(包括错配碱基),然后再重新开始转录。

真核生物的基因组远比原核生物大,它们的 RNA 聚合酶也更为复杂。真核生物 RNA 聚合酶主要有三类,相对分子质量都在 500 000 左右,通常都有 10~15 个亚基,并含有二价金属离子。原核生物 RNA 聚合酶的亚基(除 σ 亚基)在真核生物的酶中都有其对应物。利用 **α-鹅膏蕈碱**(α-amanitine)的抑制作用可将真核生物三类 RNA 聚合酶区分开;RNA 聚合酶 I 对鹅膏蕈碱不敏感,RNA 聚合酶 II 可被低浓度 α-鹅膏蕈碱(10^{-9}~10^{-8} mol/L)所抑制,RNA 聚合酶 III 只被高浓度 α-鹅膏蕈碱(10^{-5}~10^{-4} mol/L)所抑制。α-鹅膏蕈碱是一种毒蕈(鬼笔鹅膏 *Amanita phalloides*)产生的八肽化合物,对真核生物有较大毒性,但对细菌的 RNA 聚合酶只有微弱的抑制作用。

真核生物 RNA 聚合酶 I 转录 45S rRNA 前体,经转录后加工产生 5.8S RNA、18S rRNA 和 28S rRNA。RNA 聚合酶 II 转录所有 mRNA 前体和大多数核内小 RNA(snRNA)。RNA 聚合酶 III 转录 tRNA、5S rRNA、U6 snRNA 和胞质小 RNA(scRNA)等小分子转录物。真核生物 RNA 聚合酶中没有细菌 σ 因子的对应物,必须借助各种转录因子才能选择和结合到启动子上。因此真核生物转录反应可分为四个阶段:装配、起始、延伸和终止。真核生物 RNA 聚合酶的种类和性质列于表 32-3。

表 32-3　真核生物 RNA 聚合酶的种类和性质

酶的种类	功能	对抑制物的敏感性
RNA 聚合酶 I	转录 45S rRNA 前体,经加工产生 5.8S rRNA、18S rRNA 和 28S rRNA。	对 α-鹅膏蕈碱不敏感
RNA 聚合物 II	转录所有编码蛋白质的基因和大多数核内小 RNA	对 α-鹅膏蕈碱敏感
RNA 聚合物 III	转录小 RNA 的基因,包括 tRNA、5S rRNA、U6 snRNA 和 scRNA	对 α-鹅膏蕈碱中等敏感

除了上述细胞核 RNA 聚合酶外,还分离到线粒体和叶绿体 RNA 聚合酶,它们分别转录线粒体和叶绿体的基因组。线粒体和叶绿体的 RNA 聚合酶不同于细胞核的 RNA 聚合酶,它们的结构比较简单,类似于细菌的 RNA 聚合酶,能催化所有种类 RNA 的生物合成,并被原核生物 RNA 聚合酶的抑制物利福平等抑制。

(二) 启动子和转录因子

启动子是指 RNA 聚合酶识别、结合和开始转录的一段 DNA 序列。**转录因子**(transcription factor)则是 RNA 聚合酶在特异启动子上起始转录所需要的作用因子。

利用**足迹法**(footprint)和 DNA 测序法可以确定启动子的核心序列。所谓足迹法即是将 DNA 起始转录的限制片段分离出来,加 RNA 聚合酶使之结合。利用 DNA 酶进行部分水解,与酶结合的部位被保护而不水解,其余部位水解成长短不同的片断,经凝胶电泳即可测出酶所结合的部位(图 32-5)。

习惯上 DNA 的序列按其转录的 RNA 链(有义链,正链)来书写,由左到右相当于 5′到 3′方向。转录单位的起点(start point)核苷酸为+1,从转录的近端(proximal)向远端(distal)计数。转录起点的左侧为上游(upstream),用负的数码来表示,起点前一个核苷酸为-1。起点后为下游(downstream),即转录区。通过比较已知启动子的结构,可寻找出它们的**共有序列**(consensus sequence)。大肠杆菌基因组为 4.7×10^6 bp,为避免

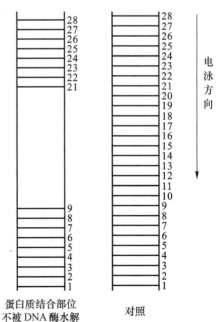

蛋白质结合部位　　　对照
不被 DNA 酶水解

电泳方向

图 32-5　足迹法测定 DNA 上蛋白质的结合部位

假信号的出现,估计信号序列最短必须有 12 bp($4^{12}=1.68\times10^7$,略大于基因组)。信号序列并不一定要连续,因为分开距离的本身也是一种信号。从起点上游约-10 序列处找到 6 bp 的保守序列 TATAAT,称为 Pribnow 框(box)或称为-10 序列。实际位置在不同启动子中略有变动。该保守序列各碱基出现的统计频率为:

$$T_{80}A_{95}T_{45}A_{60}A_{50}T_{96}$$

若将上述片段提纯,RNA 聚合酶不能与之再结合,因此必定另外还有序列为 RNA 聚合酶识别和结合所必需。在-10 序列的上游又找到一个保守序列 TTGACA,其中心约为-35 位置,称为识别区或-35 序列。各碱基出现的频率如下:

$$T_{82}T_{84}G_{78}A_{65}C_{54}A_{45}$$

利用定位诱变技术使启动子发生突变可获得有关共有序列功能的信息。-35 序列的突变将降低 RNA 聚合酶与启动子结合的速度,但不影响转录起点附近 DNA 双链解开;而-10 序列的突变不影响 RNA 聚合酶与启动子结合的速度,可是会降低双链解开速度。由此可见,-35 序列提供了 RNA 聚合酶识别的信号,-10 序列则有助于 DNA 局部双链解开,-10 序列含有较多的 A-T 碱基对,因而双链分开所需能量也较低。启动子共有序列的功能见图 32-6。启动子的结构是不对称的,它决定了转录的方向。

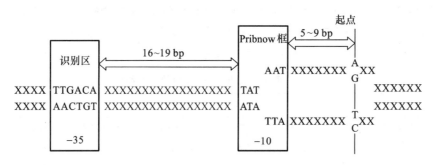

图 32-6　启动子共有序列的功能

启动子-35 序列以及-10 序列正好位于双螺旋 DNA 的同一侧。它们之间距离的改变将影响 σ 因子的作用力而改变起始效率。启动子的序列是多种多样的,尽管分成两个保守位点是最为常见的结构,最弱的启动子完全没有-35 序列,转录速度几近乎零,必须在另外的激活蛋白帮助下 RNA 聚合酶才能结合。转录调节因子,包括激活因子和抑制因子,其在 DNA 上的结合位点(应答元件)或是在启动子内,或是在启动子附近,也可能在上游。

真核生物对应于三类 RNA 聚合酶,其启动子也有三类。真核生物的启动子由转录因子而不是 RNA 聚合酶所识别,多种转录因子和 RNA 聚合酶在起点上首先形成前**起始复合物**(preinitiation complex)而后进行转录。启动子通常由一些短的保守的序列所组成,它们被适当种类的**辅助因子**(ancillary factor)识别。RNA 聚合酶 I 和 III 的启动子种类有限,对其识别所需辅助因子的数量也较少。RNA 聚合酶 II 的启动子序列多种多样,基本上由各种顺式作用元件(cis-acting element)组合而成,它们分散在转录起点上游大约 200 bp 的范围内。某些元件和其识别因子是各类启动子共有的;有些元件和因子是特异的,只存在于某些种类的基因,常见于发育和分化的控制基因。参与 RNA 聚合酶 II 转录起始的各类因子数目很大,可分为三类:**通用因子**(general factor)、**上游因子**(upstream factor)和**可诱导因子**(inducible factor)。

类别 I(class I)启动子控制 rRNA 基因的转录,由 RNA 聚合酶 I 催化。该类基因有许多拷贝,往往成簇存在。类别 I 启动子由两部分(bipartite)保守序列所组成。其一为**核心启动子**(core promoter)位于转录起点附近,从-45 至+20;另一为**上游控制元件**(upstream control element,UCE)位于-180 至-107。两部分都有富含 GC 的区域。RNA 聚合酶 I 对其转录需要两种因子参与作用。UBF1 是一条相对分子质量为 97 000 的多肽链,可结合在上游控制元件富含 GC 区。随后 SL1 因子转移到核心启动子上。SL1 因子是一个异四聚体蛋白,它含有一个另两类 RNA 聚合酶起始转录也需要的蛋白 TBP 和 3 个特异的转录辅助因子 TAF I。在 SL1 因子介导下 RNA 聚合酶 I 结合在转录起点上并开始转录。SL1 因子起着定位的作用,有些类似于细菌的 σ 因子。类别 I 启动子的结构与转录因子的结合位置见图 32-7。

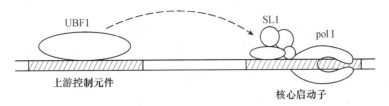

图 32-7　类别 Ⅰ 启动子的结构与相应转录因子的结合位置

类别 Ⅱ（class Ⅱ）或 RNA 聚合酶 Ⅱ 启动子涉及众多编码蛋白质的基因表达的控制。该类型启动子包含五类控制元件：**基本启动子**（basal promoter）、**起始子**（initiator）、**上游元件**（upstream element）、**下游元件**（downstream element）、有时还有各种**应答元件**（response element）。这些元件的不同组合，再加上其他序列的变化，构成了数量十分庞大的各种启动子。它们受相应转录因子的识别和作用。其中有些是组成型的，可在各类细胞中存在；有些是诱导型的，在时序、空间和各种内外条件调节下产生。

基本启动子序列为 -25 至 -30 左右的 7 bp 保守区，其碱基频率为：

$$T_{82}A_{97}T_{93}A_{85}(A_{63},T_{37})A_{82}(A_{60},T_{37})$$

这一共有序列称为 TATA 框（TATA box）或 Goldberg-Hogness 框，序列中全为 A-T 碱基对，仅少数启动子中含有一个 G-C 对，其功能与 RNA 聚合酶的定位有关，DNA 双链在此解开并决定转录的起点位置。失去 TATA 框，转录将在许多位点上开始。

作用于基本启动子上的辅助因子称为**通用（转录）因子**（general transcription factor, GTF），或**基本转录因子**（basal transcription factor），它们为任何细胞类别 Ⅱ 启动子起始转录所必需，以 TF Ⅱ X 来表示，其中 X 按发现先后次序用英文字母定名。目前已知至少有 6 种以上通用因子参与作用。最先结合到 TATA 框上的因子是 TF Ⅱ D，它是一种寡聚蛋白，包含 TATA 结合蛋白（TATA-binding protein，**TBP**）和多种 **TBP 相联因子**（TBP-associated factor，**TAF**），起定位因子的作用。TBP 结合于 DNA 的小沟，使 DNA 弯曲成约 80°，有助于双链解开。TAF 具有特异性，作用类别 Ⅱ 启动子的因子为 TAF Ⅱ，含有不同 TAF Ⅱ 的 TF Ⅱ D 可以识别不同的启动子。其后 TF Ⅱ A 结合其上，它有两个亚基，其作用为稳定 TF Ⅱ D 与启动子的结合，并且活化 TF Ⅱ D 中的 TBP。然后结合 TF Ⅱ B，它有两结构域，其一结合 TBP，另一功能为引进 TF Ⅱ F/pol Ⅱ 复合物。TF Ⅱ F 可与 RNA 聚合酶 Ⅱ（pol Ⅱ）形成复合物。TF Ⅱ F 由两个亚基所组成。较大的亚基 RAP74 具有依赖 ATP 的 DNA 解旋酶活性，可能参与起点的解链；较小的亚基 RAP38 能与 RNA 聚合酶 Ⅱ 牢固结合。TF Ⅱ D 也可和 RNA 聚合酶 Ⅱ C 端结构域（CTD）直接相互作用，从而使 RNA 聚合酶 Ⅱ 定位于转录起点，并促进其作用。在聚合酶存在下 TF Ⅱ E 进入结合位点，后者又引入 TF Ⅱ H 并提高其活性。TF Ⅱ E 和 TF Ⅱ H 均为多亚基蛋白质，TF Ⅱ E 有 2 个亚基，TF Ⅱ H 有 9 个亚基。TF Ⅱ H 是最大最复杂的转录因子，具有多种酶活性，包括 ATP 酶、解旋酶和激酶。它借助水解 ATP 获得能量参与启动子的解链，使闭合型转化为开放型；其激酶活性促使 RNA 聚合酶 Ⅱ 催化亚基**羧基端结构域**（carboxyl terminal domain，CTD）多个位点磷酸化，起始复合物构象改变而进行转录；并使聚合酶在开始 RNA 链合成后脱离起始复合物。TF Ⅱ H 除参与转录外还参与 DNA 损伤修复。在起始阶段结束后大部分基本转录因子均被清除，只保留 TF Ⅱ H 与另一些**延伸因子**（elongation factor，EF）参与下一步作用。现将通用转录因子归纳列于表 32-4。

表 32-4　RNA 聚合酶 Ⅱ 的通用转录因子

通用转录因子	亚基数	功能
TF Ⅱ D（TBP, TAFs）	1	特异识别 TATA box
TF Ⅱ A	3	稳定 TF Ⅱ D 与启动子的结合，活化 TBP
TF Ⅱ B	1	引入 TF Ⅱ F/DNA 聚合酶 Ⅱ 复合物结合到 TBP 上
TF Ⅱ E	2	引入和调节 TF Ⅱ H，具有 ATP 酶和解旋酶活性
TF Ⅱ F	2	与 RNA 聚合酶 Ⅱ 形成复合物
TF Ⅱ H	12	启动子解链，RNA 聚合酶 Ⅱ CTD 磷酸化，转录因子的清除，修复

　　TATA 框是 RNA 聚合酶Ⅱ和通用因子形成前起始复合物的主要装配点。前起始复合物覆盖了转录的起点,在该起点处有一保守序列称起始子(initiator,Inr),其共有序列如下:

$$\overset{+1}{PyPyANTAPyPy}$$

其中 Py 为嘧啶碱(C 或 T),N 为任意碱基,A 为转录的起点。能够准确进行转录的最小序列元件称为核心启动子,核心启动子包括 TATA 框和起始子。有些启动子无 TATA 框,有些无起始子,或二者均无。如果无 TATA 框(TATA-less),核心启动子由起始子和下游元件(AGAC)组成。如 TATA 框和起始子都无,则通过结合于上游元件上的激活因子介导并装配起始复合物。RNA 聚合酶Ⅱ与通用转录因子在启动子上的装配过程如图 32-8 所示。

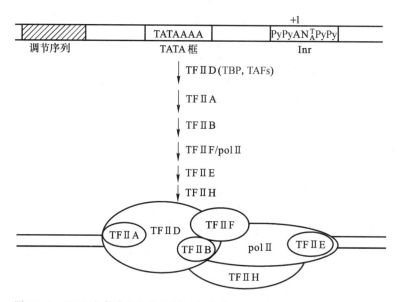

图 32-8　RNA 聚合酶Ⅱ和转录因子在启动子上的装配

　　上述基本启动子和转录因子对于 RNA 聚合酶Ⅱ的转录是必要的,但不是足够的,它们单独只能给出微弱的效率,而要达到适宜水平的转录还需要许多附加序列,作为影响 RNA 聚合酶Ⅱ活性的转录调节因子结合位点,这些附加序列或围绕 **TATA 框**,或位于起始子的上、下游,或在基本启动子的上游。通常一个序列元件可以被不止一种转录调节因子所识别,有些因子存在于所有细胞,有些因子只存在一定种类的细胞和发育时期。普遍存在的上游元件有 **CAAT 框**、**GC 框**和**八聚体**(octamer)**框**等。识别上游元件的转录调节因子称为上游因子或**转录辅助因子**(transcription ancillary factor)。CAAT 框的共有序列是 GC-CAATCT,与其相互作用的因子有 CTF 家族的成员 CP1、CP2 和核因子 NF-1。GC 框的共有序列为 GGGCGG 和 CCGCCC,后者是前者的反向序列,识别该序列的因子为 Sp1。八聚体框含有 8 bp,其共有序列为 ATGCAAAT,它的识别因子为 Oct-1 和 Oct-2,前者普遍存在,后者只存在 B 淋巴细胞中。所有这些激活因子都需要通过所谓**中介复合物**(mediator complex)才能作用于 RNA 聚合酶Ⅱ,帮助形成起始复合物,并稳定其与启动子的结合,以提高转录活性。中介复合物由许多亚基所组成,它们分别识别不同的激活因子。

　　在真核生物中,与细胞类型和发育阶段相关的基因表达,主要通过转录因子的重新合成来进行调节的,因此是长期的过程。对外界刺激的快速反应则主要通过**转录激活物**(transcription activator)的可诱导调节。细菌细胞调节蛋白的活性以变构调节为主;真核生物诱导调节则以共价修饰为基本机制,由此产生的转录激活因子与靶基因上应答元件相作用。例如,**热休克效应元件 HSE** 的共有序列可被**热休克因子 HSF** 识别和作用;**血清效应元件 SRE** 的共有序列可被**血清效应因子 SRF** 识别和作用;γ-**干扰素的效应元件 IGRE** 的共有序列可被信号转导及**转录活化蛋白**(signal transducer and activator of transcription,STAT)识别和作用。它们的活性受因子磷酸化和脱磷酸化的调节。

　　类别Ⅲ(class Ⅲ)启动子为 RNA 聚合酶Ⅲ所识别。其中,5S rRNA 和 tRNA 以及胞质小 RNA 基因的启动子位于转录起点下游,也即在基因内部;核内小 RNA 基因的启动子在转录起点的上游,与通常的启动子类似。无论是上游启动子,还是下游启动子,都由一些为转录因子所识别的元件所组成,在转录因子的指引下 RNA 聚合酶Ⅲ方始结合其上。基因内启动子最初是在鉴定爪蟾 5S rRNA 基因启动子的序列时发现的,在此之前总以为启动子都是在转录起点的上游。通过删除实验发现,转录起点上游序列对转录无影响,然而切除基因内+55 至+80 位置,转录即停止。这就表明,启动子位置在该区域内。其后用系统碱基诱变的方法,在该区内找到 3 个敏感区,其碱基改变会显著降低启动子的功能。它们分别称为**框架 A**(box A)、**中间元件**(intermediate element)和**框架 C**(box C)。用类似的方法从腺病毒 VA RNA 和 tRNA 基因中找到两个控制元件,分别为框架 A 和框架 B(图 32-9)。

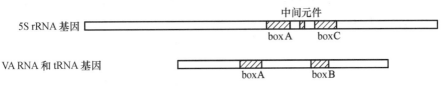

图 32-9　由 RNA 聚合酶Ⅲ转录的基因内启动子

上述两类基因内启动子各含有两个框架序列,分别被 3 种转录因子所识别。因子 TFⅢA 是一种锌指蛋白。TFⅢB 含有 TBP 和另两种辅助蛋白质。TFⅢC 是一个大的蛋白质复合物($M_r>500\ 000$),有至少 5 个亚基,其大小与 RNA 聚合酶相当。类别Ⅲ启动子,如 5S rRNA 基因的启动子,先由 TFⅢA 结合在框架 A 上,然后促使 TFⅢC 结合,后者又使 TFⅢB 结合到转录起点附近,并引导 RNA 聚合酶Ⅲ结合在起点上。TFⅢA 和 TFⅢC 是**装配因子**(assembly factor);TFⅢB 才是真正的**起始因子**(initiation factor)。TFⅢB 的功能是使 RNA 聚合酶正确定位,起**"定位因子"**(positioning factor)的作用。另一类别Ⅲ的启动子,如 tRNA 基因的启动子,由 TFⅢC 识别框架 B,其结合区域包括框架 A 和框架 B,然后依次引导 TFⅢB 和 RNA 聚合酶结合。如前所述,TBP 也存在于其他类别启动子的转录因子中,它能直接与 RNA 聚合酶相互作用并定位于启动子上。

有些类型启动子,如 snRNA 基因的启动子,位于转录起点上游。这类启动子含有 3 个上游元件(图 32-10)。在 RNA 聚合酶Ⅲ的上游启动子中,只要靠近起点存在 TATA 元件,就能起始转录。然而 PSE 和 OCT 元件的存在将会增加转录效率。PSE 表示**近侧序列元件**(proximal sequence element),OCT 表示**八聚体基序**(octamer motif),它们各自被有关因子识别和

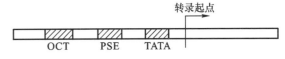

图 32-10　RNA 聚合酶Ⅲ的上游启动子

结合。有些 snRNA 的基因由 RNA 聚合酶Ⅱ转录;其余 snRNA 的基因由 RNA 聚合酶Ⅲ转录。然而这二者的启动子都存在上述 3 个上游元件(TATA、PSE、OCT)。究竟是由聚合酶Ⅱ还是聚合酶Ⅲ转录,似乎是由 TATA 框的序列所决定。关键的 TATA 元件由包含 TBP 的转录因子所识别,TBP 又与其他辅助蛋白质结合,其中有些是对聚合酶Ⅲ启动子特异的蛋白质。由 TBP 和 TAF 的功能使 RNA 聚合酶Ⅲ正确定位于起点。

(三) 链的延伸和延伸因子

转录的起始阶段包括酶和转录因子在启动子上装配、局部解旋(打开双链)和起始转录。在转录开始后转录复合物改变构象,沿 DNA 向前移动,启动子被清空,转录进入延伸阶段。原核生物的转录依赖于 RNA 聚合酶,进入延伸阶段后 σ 亚基脱落,随后代之以 Nus 亚基。细菌的 RNA 聚合酶 α 亚基 C 端结构域(CTD)为细长柔性结构,可直接与 DNA 接触,可能在酶移动中起重要作用。

真核生物延伸阶段除 RNA 聚合酶外有诸多延伸因子参与作用,这些延伸因子的主要作用是阻止转录的暂停或终止(表 32-5)。

表 32-5   RNA 聚合酶 Ⅱ 的延伸因子

转录因子	亚基数	相对分子质量(M_r)	功能
ELL	1	80 000	
pTEFb	2	43 000,124 000	磷酸化 RNA 聚合酶的 C 端结构域
SII(TFⅡS)	1	38 000	
延伸蛋白(SⅢ)	3	15 000,18 000,110 000	

真核生物 RNA 聚合酶主要亚基与原核生物十分类似,此外还有许多亚基与诸多转录因子相互作用。RNA 聚合酶 Ⅱ 的最大亚基 RBP1 十分类似细菌 RNA 聚合酶的 α 亚基,其 C 端结构域(CTD)为一长的羧基端尾巴,具有许多七氨基酸(YSPTSPS)重复序列。酵母 RBP1 的 CTD 具有 27 个重复序列(严格一致的有 18 个)。小鼠和人类的 CTD 有 52 个重复序列(严格一致的有 21 个)。转录起始 CTD 被磷酸化,聚合酶随即离开启动子,并有诸多延伸因子与酶结合,转录进入延伸阶段。转录结束,延伸因子解离,CTD 去磷酸化,在终止因子帮助下转录终止。

(四) 终止子和终止因子

细菌和真核生物转录一旦起始,通常都能继续下去,直至转录完成而终止。但在转录的延伸阶段 RNA 聚合酶遇到障碍会停顿和受阻,酶脱离模板即终止。真核生物中有一些能与酶结合的延伸因子(elongation factor),可抑制停顿(如延伸蛋白 elongin)和防止受阻(如 TEFb、TFⅡs)。转录结束,RNA 聚合酶和 RNA 转录产物即被释放。

提供转录停止信号的 DNA 序列称为终止子,协助 RNA 聚合酶识别终止信号的辅助因子(蛋白质)则称为终止因子(termination factor)。有些终止子的作用可被特异的因子所阻止,使酶得以越过终止子继续转录,这称为通读(readthrough)。这类引起抗终止作用的蛋白质称为抗终止因子(anti-termination factor)。

在转录过程中,RNA 聚合酶沿着模板链向前移动,它所感受的终止信号来自正在转录的序列,即终止信号应位于已转录的序列中。所有原核生物的终止子在终止点之前均有一个回文结构,其产生的 RNA 可形成茎环结构(发夹结构)。该结构可使 RNA 聚合酶减慢移动或暂停合成。然而,RNA 产生具有发夹型的二级结构远比终止信号为多,如果酶所遇到的不是终止序列,它将继续移动并进行转录。

大肠杆菌存在两类终止子:一类称为不依赖于 rho(ρ)的终止子,即内在终止子或简单终止子;另一类称为依赖于 rho(ρ)的终止子。简单终止子回文对称区通常有一段富含 G-C 的序列,在终点前还有一系列 A 核苷酸(约有 6 个),其转录为 RNA 时形成 RNA 上发夹结构后的一系列 U 核苷酸。由 rU-dA 组成的 RNA-DNA 杂交分子具有特别弱的碱基配对结构。当聚合酶暂停时,RNA-DNA 杂交分子即在 rU-dA 弱键结合的末端区解开。

依赖于 rho(ρ)的终止子必须在 rho(ρ)因子存在时才发生终止作用。依赖于 rho 的终止子结构特点是胞苷酸含量高,可能存在短的回文结构,但不含富有 G-C 区,短的回文结构之后也无寡聚 A。依赖于 rho 的终止子在细菌染色体中少见,而在噬菌体中广泛存在。不依赖于 rho 的终止子转录物形成的发夹结构见图 32-11。

rho 因子是一种相对分子质量约为 275 000 的六聚体蛋白质,在有 RNA 存在时它能水解腺苷三磷酸,即具依赖于 RNA 的 ATPase 活力。由此推测,rho 结合在新产生的 RNA 链上,借助水解 ATP 获得的能量推动其沿着 RNA 链移动。RNA 聚合酶遇到终止子时发生暂停,使 rho 得以追上酶。rho 与酶相互作用,造成释放 RNA,并使 RNA 聚合酶与该因子一起从 DNA 上脱落下来。体外实验发现 rho 具有 RNA-DNA 解旋酶(helicase)活力,进一步说明了该因子的作用机制。

正如 RNA 聚合酶识别启动子需要有 σ 因子一样,识别终止子也

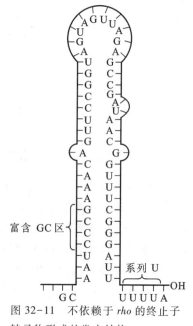

图 32-11   不依赖于 rho 的终止子转录物形成的发夹结构

需要一些特殊的辅助因子。已知 nus 位点与终止功能有关,其中包括:nus A、nus B、nus E 和 nus G。Nus A 因子可提高终止效率,可能是由于它能促进 RNA 聚合酶在终止子位置上的停顿。Nus E 也就是核糖体蛋白 S10,作为核糖体蛋白和终止功能间有何关系尚不清楚。Nus B 和 S10 形成二聚体,作用于 RNA 聚合酶,促进酶对终止子的识别。Nus G 与诸 Nus 因子和 RNA 聚合酶形成复合物的装配有关。

Nus 因子是在研究 N 蛋白抗终止作用时发现的,名称也由此而来(nus 是 N utilization substance 的缩写)。抗终止作用主要见于某些噬菌体的时序控制。λ 噬菌体**前早期**(immediate early)基因的产物 N 蛋白是一种抗终止因子,它与 RNA 聚合酶作用阻止其在终止子处停止转录,从而发生通读,**后早期**(delayed early)基因得以表达。因此,后早期基因的表达是由于 RNA 链的延长所致。N 蛋白阻止不依赖于 rho 的终止子作用,仅有 Nus A 因子就已足够;然而 N 蛋白阻止依赖于 rho 的终止子作用,要求有 4 种 Nus 因子的参与。后早期基因的产物 Q 蛋白也是一种抗终止因子,它能使晚期基因得以表达。**Q 蛋白**的作用与 **N 蛋白**类似。

Nus A 可与 RNA 聚合酶的核心酶结合,形成 $\alpha_2\beta\beta'\omega$ Nus A 复合物。当 σ 因子存在时,它可取代 Nus A,形成 $\alpha_2\beta\beta'\omega\sigma$。此全酶($\alpha_2\beta\beta'\omega\sigma$)可识别并结合到启动子上。σ 因子完成起始功能后即脱落下来,由核心酶($\alpha_2\beta\beta'\omega$)合成 RNA。然后 Nus A 结合到核心酶上,由 Nus A 识别终止子序列。转录终止后,RNA 聚合酶脱离模板,Nus A 又被 σ 所取代,由此形成 RNA 聚合酶起始复合物和终止复合物两种形式的循环。因此 Nus 因子也可以看作是 RNA 聚合酶的亚基。

有关真核生物转录的终止信号和终止过程了解甚少。实验表明,RNA 聚合酶 II 的转录产物是在 3' 端切断,然后腺苷酸化,而并无终止作用。但在病毒 SV40 的 DNA 中仍可检测到类似细菌不依赖于 rho 的 t 位点,在发夹结构后有一段 U 序列。RNA 聚合酶 I 和 RNA 聚合酶 III 转录产物末端常有连续的 U,有的为 2 个、有的 3 个、甚至 4 个 U。显然,仅仅连续 U 的本身不足以成为终止信号。在细菌终止子中为 5 个 U,而真核生物常仅 2 个 U。很可能 U 序列附近的特殊序列结构在终止反应中起重要作用。

(五) 转录的调节控制

细胞基因的表达,即由 DNA 转录成 RNA 再翻译成蛋白质的过程,存在严格的调节控制。在细胞的生长、发育和分化过程中,遗传信息的表达可按一定时间程序发生变化,而且随着细胞内外环境条件的改变而加以调整,这就是**时序调节**(temporal regulation)和**适应调节**(adaptive regulation)。在这里,转录水平的调控是关键的环节,因为遗传信息的表达首先涉及的是转录过程。尤其是原核生物,转录和翻译几乎同时进行,转录水平的调控就显得更为重要。

法国生物化学家 Monod 和 Jacob 对大肠杆菌酶产生的诱导和阻遏现象进行深入研究后,提出了**操纵子结构模型**(operon structural model)。所谓操纵子即是指细菌基因表达和调控的单位,它包括**结构基因、调节基因**(regulatory gene)和由调节基因产物所识别的控制序列。通常在功能上彼此有关的编码基因串联在一起,有共同的启动子并受**操纵基因**(operator)的控制。当调节基因的产物**阻遏蛋白**(repressor protein)与操纵基因结合后,即可阻止其邻近启动子起始转录。阻遏蛋白的作用属于负调控。但调节基因的产物可以是负调节(抑制)因子,也可以是正调节(激活)因子。

真核生物的转录调节与原核生物相比,有相似之处,也有显著的不同。其间主要差别为:① 原核生物某些功能相关的基因组成操纵子,作为基因表达和调节的单位。真核生物不组成操纵子,每个基因都有自己的基本启动子和调节元件,单独进行转录;但相关基因间也存在**协同调节**(cooperative regulation),拥有共同顺式作用元件(调控序列)和反式因子(调节蛋白)的基因组成**基因群**(gene battery)。② 原核生物只有少数种类的调节元件,包括激活蛋白和阻遏蛋白的结合位点,它们常与启动子重叠或在其附近。真核生物为数众多的调节元件包括组成型元件、可诱导元件、增强子和沉默子,分散在核心启动子的上游,它们由许多短的共有序列所组成,并能各自结合反式因子,作用于基因。③ 无论是原核生物或是真核生物,其转录受反式调节因子(激活因子或抑制因子)所调节,这种调节可在两个水平上进行,一方面是调节因子的生物合成(数量的调节),另一方面是它们的变构或共价修饰(活性的调节)。原核生物以负调节为主,调节因子活性常受变构效应调节;真核生物以正调节为主,调节因子常受共价修饰,主要是磷酸化的调节。

④ 真核生物具有染色质结构,基因活化首先需要改变染色质的状态,使转录因子能够接触 DNA,此过程称为**染色质重塑**(chromatin remodeling)。这一过程只是使基因转录成为可能;转录的实现还有赖于顺式作用元件、反式作用因子与 RNA 聚合酶的相互作用。染色质水平的调节在原核生物中不存在,它涉及真核生物发育与细胞分化等长期(long term)的调节;DNA 水平的调节属于短期(short term)的调节,基本与原核生物相似。

转录调节的具体机制请见基因表达调控有关章节。

(六) RNA 生物合成的抑制剂

某些核酸代谢的拮抗物和抗生素能抑制核苷酸或核酸的生物合成,因此被用作治疗疾病的药物,特别是抗病毒和抗肿瘤药物,而在临床上得到广泛应用。在实验室中研究核酸的代谢也常要用到这些抑制剂。按照作用性质的不同,RNA 生物合成的抑制剂可分为三类:一类是嘌呤和嘧啶类似物,它们能抑制核酸前体的合成或破坏核酸功能;第二类是通过与 DNA 结合而改变模板的功能;第三类则是与 RNA 聚合酶结合而影响其活力。现分别举例说明如下:

1. 嘌呤和嘧啶类似物

有些人工合成的碱基类似物(analogue)能够抑制和干扰核酸的合成。其中重要的如:**6-巯基嘌呤**(6-mercaptopurine)、**硫鸟嘌呤**(thioguanine)、**2,6-二氨基嘌呤**(2,6-diaminopurine)、**8-氮鸟嘌呤**(8-azaguanine)、**5-氟尿嘧啶**(5-fluorouracil)以及**氮尿嘧啶**(azauracil)等。这些碱基类似物进入体内后需要转变成相应的核苷酸,才表现出抑制作用。在体内至少有两方面的作用:它们或者作为**抗代谢物**(antimetabolite),直接抑制核苷酸生物合成有关的酶类;或者通过掺入到核酸分子中去,形成异常的 DNA 或 RNA,从而影响核酸的功能并导致突变。

例如,6-巯基嘌呤进入体内后,在酶催化下与 5-磷酸核糖焦磷酸反应,转变成巯基嘌呤核苷酸,然后在核苷酸水平上阻断体内嘌呤核苷酸的生物合成。具体的作用部位可能有两个:一是抑制次黄嘌呤核苷酸转变为腺嘌呤核苷酸和鸟嘌呤核苷酸;另一是通过反馈抑制阻止 5-磷酸核糖焦磷酸与谷氨酰胺反应生成 5-磷酸核糖胺。6-巯基嘌呤是重要的抗癌药物,临床上用于治疗急性白血病和绒毛膜上皮癌等。又如 8-氮鸟嘌呤在形成核苷酸后,除能抑制嘌呤核苷酸的生物合成外,尚能显著地掺入到 RNA 中去,有时也有少量掺入 DNA。8-氮鸟嘌呤对蛋白质合成的抑制作用,可能与它构成不正常的 RNA 有关。6-氮尿嘧啶在体内则先转变成核苷然后再转变成核苷酸,后者对乳清苷酸脱羧酶有明显的抑制作用;而其核苷三磷酸则能抑制 DNA 指导的 RNA 聚合酶。通常氮尿嘧啶并不掺入 RNA。

嘧啶的卤素化合物常能掺入到核酸中,造成不正常的核酸分子。5-氟尿嘧啶能掺入 RNA,但不能掺入 DNA。5-氯、5-溴、5-碘尿嘧啶均能取代胸腺嘧啶掺入到 DNA 中去。这是因为氟的范德华半径为 0.135 nm,与氢的范德华半径 0.120 nm 相近似,故氟尿嘧啶类似于尿嘧啶;而胸腺嘧啶中甲基的范德华半径为 0.202 nm,氯为 0.180 nm,溴为 0.195 nm,碘为 0.215 nm,尿嘧啶的氯、溴、碘取代物均类似于胸腺嘧啶。但三者间也有差别,以溴的范德华半径与甲基最为相近,因而溴尿嘧啶最易掺入 DNA。溴尿嘧啶掺入 DNA 中能与腺嘌呤配对,但它通过互变异构而形成较罕见的烯醇式时,却能和鸟嘌呤配对,因此造成碱基配对错误。某些卤素取代的嘧啶类似物也是常见的抗癌药物,其中以 5-氟尿嘧啶较为重要,它进入体内后能先转变成核糖核苷酸(F-UMP),再转变成脱氧核糖核苷酸(F-dUMP),后者能抑制胸腺嘧啶核苷酸合成酶。在正常细胞内,5-氟尿嘧啶能被分解为 α-氟-β-氨基丙酸,但在癌细胞内则否。这可能是 5-氟尿嘧啶具有选择性抑制癌细胞生长的原因之一。

2. DNA 模板功能的抑制物

有一些化合物由于能够与 DNA 结合,使 DNA 失去模板功能,从而抑制其复制和转录,并致诱变。某些重要的抗癌和抗病毒药物属于这一类抑制物。现举一些例子说明其作用原理。

烷化剂(alkylating agent),如氮芥[nitrogen mustard,为二(氯乙基)胺的衍生物]、磺酸酯(sulfonate)、氮丙啶(aziridine)或乙烯亚胺(ethylenimine)类的衍生物等,它们带有一个或多个活性烷基,能使 DNA 烷基化。烷基化位置主要发生在鸟嘌呤碱基的 N7 上,腺嘌呤的 N1、N3 和 N7 以及胞嘧啶的 N1 也有少量被烷基化。鸟嘌呤烷基化后不稳定,易被水解脱落下来,留下的空隙可能干扰 DNA 复制或引起错误碱基的掺入。带有双功能基团的烷化剂(即有两个活性基团的烷化剂)能同时与 DNA 的两条链作用,使双链间发生交联(cross-link),从而抑制其模板功能。磷酸基也可以被烷基化,这样形成的磷酸三酯是不稳定的,可以导致 DNA 链断裂。

通常烷化剂都具有较大毒性,能引起细胞突变和致癌作用。有些烷化剂因能较有选择性地杀死肿瘤细胞而在临床上用于治疗恶性肿瘤。例如,**环磷酰胺**(cyclophosphamide)在体外几乎无毒性,肿瘤细胞有较高磷酰胺酶活性,使其水解成活泼氮芥,因而可用于治疗多种癌症。再如,**苯丁酸氮芥**(chlorambucil)因含有酸性基团,不易进入正常细胞;而癌细胞酵解作用旺盛,大量积累乳酸,pH 较低,故容易进入癌细胞。环磷酰胺与苯丁酸氮芥的结构式如下:

$$ClCH_2CH_2 \diagdown N-P=O \diagup NH-CH_2 \\ ClCH_2CH_2 \diagup \qquad O-CH_2 \diagup CH_2$$

环磷酰胺

$$ClCH_2CH_2 \diagdown N- \bigcirc -CH_2CH_2CH_2COOH \\ ClCH_2CH_2 \diagup$$

苯丁酸氮芥

放线菌素有抗菌和抗癌作用,临床上应用很广泛。放线菌素 D 含有一个**吩噁嗪酮稠环**(phenoxazone)和两个五肽环。它能与 DNA 发生非共价结合,其吩噁嗪酮稠环部分插入 DNA 的邻近两 G-C 碱基对之间,双链上两个鸟嘌呤的 2-氨基分别与环肽 L-苏氨酸残基的羰基氧形成氢键,两个环肽则位于 DNA 双螺旋的"浅沟"上,如同阻遏蛋白一样抑制 DNA 的模板功能。低浓度(1 mmol/L)的放线菌素 D 即可有效地抑制 DNA 指导的 RNA 的合成,也就是说阻止遗传信息的转录;但对 DNA 的复制,则必须在较高浓度(10 mmol/L)下才有抑制作用。在实验室中,常用它来研究核酸的生物合成。

某些具有扁平芳香族发色团的染料,可插入双链 DNA 相邻碱基对之间,因而称为**嵌入染料**(intercalative dye)。嵌入剂通常含有**吖啶**(acridine)或**菲啶**(phenanthridine)环,它们与碱基对差不多大小,插入后使 DNA 在复制中缺失或增添一个核苷酸,从而导致移码突变。吖啶类染料有**原黄素**(proflavine)、**吖啶黄**(acridine yellow)、**吖啶橙**(acridine orange)等。它们也能抑制 RNA 链的起始以及质粒复制。**溴化乙锭**(ethidium bromide)常用于检测 DNA 和 RNA,是一种高灵敏的荧光试剂,与 DNA 结合后荧光效率增强。这类化合物的结构式如下:

原黄素

吖啶黄

吖啶橙

溴化乙锭

3. RNA 聚合酶的抑制物

有些抗生素或化学药物,由于能够抑制 RNA 聚合酶,因而抑制 RNA 的合成。例如,**利福霉素**(rifamycin)是 1957 年分离得到的一族抗生素,它能强烈抑制革兰氏阳性菌和结核杆菌,对革兰氏阴性菌的抑制作用较弱。随后进行了对利福霉素结构改造工作。1962 年获得半合成的利福霉素 B 衍生物**利福平**(rifampicin),它可供口服,且具有广谱的抗菌作用,对结核杆菌有高效,并能杀死麻风杆菌,在体外有抗病毒作用。许多实验说明,利福霉素及其同类化合物的作用机制与前类抗生素不同,它们不作用于 DNA,而主要是特异地抑制细菌 RNA 聚合酶的活性。

α-鹅膏蕈碱是从**毒蕈**(鬼笔鹅膏 *Amanita phalloides*)中分离出来的一种八肽化合物。它抑制真核生物 RNA 聚合酶,但对细菌 RNA 聚合酶的抑制作用极为微弱。α-鹅膏蕈碱的结构式如下:

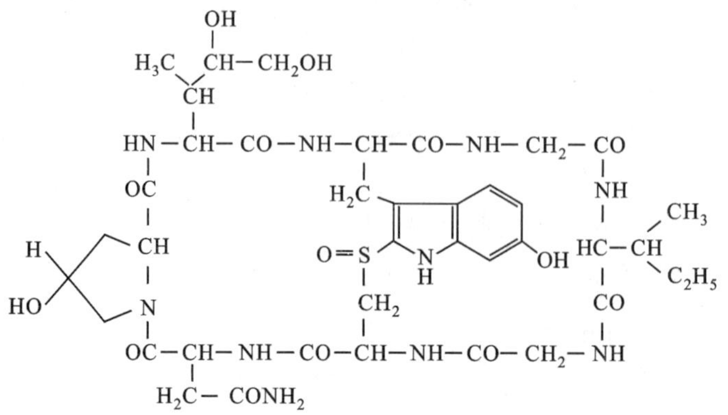

二、RNA 的转录后加工

在细胞内,由 RNA 聚合酶合成的**原初转录物**(primary transcript)往往需要经过一系列的变化,包括链的裂解、5′端与 3′端的切除、末端特殊结构的形成、核苷的修饰和糖苷键的改变以及剪接和编辑等信息加工过程,始能转变为成熟的 RNA 分子。此过程总称之为 RNA 的成熟,或称为**转录后加工**(post-transcriptional processing)。原核生物的 mRNA 一经转录通常立即进行翻译,除少数例外,一般不进行转录后加工。但稳定的 RNA(tRNA 和 rRNA)都要经过一系列加工才能成为有活性的分子。真核生物由于存在细胞核结构,转录与翻译在时间上和空间上都被分隔开来,其 mRNA 前体的加工极为复杂。而且真核生物的大多数基因都被**居间序列**(intervening sequence),即**内含子**(intron),所分隔而成为**断裂基因**(interrupted gene),在转录后需通过**剪接**(splicing)使编码区成为连续序列。在真核生物中还能通过不同的加工方式,表达出不同的信息,即**选择性基因**(alternative gene)。因此,对于真核生物来讲,RNA 的加工尤为重要。

(一) 原核生物中 RNA 的加工

在原核生物中,rRNA 的基因与某些 tRNA 的基因组成混合操纵子。其余 tRNA 基因也成簇存在,并与编码蛋白质的基因组成操纵子。它们在形成多顺反子转录物后,经断链成为 rRNA 和 tRNA 的前体,然后进一步加工成熟。

1. 原核生物 rRNA 前体的加工

大肠杆菌共有 7 个 rRNA 的转录单位,它们分散在基因组的各处。每个转录单位由 16S rRNA、23S rRNA、5S rRNA 以及一个或几个 tRNA 的基因所组成。16S rRNA 与 23S rRNA 的基因之间常插入 1 个或 2 个 tRNA 的基因,有时在 3′端 5S rRNA 的基因之后还有 1 个或 2 个 tRNA 的基因。rRNA 的基因原初转录物的沉降常数为 30S,相对分子质量为 2.1×10^6,约含 6 500 个核苷酸,5′端为 pppA。由于在原核生物中 rRNA 的加工往往与转录同时进行,因此不易得到完整的前体。从 RNaseⅢ 缺陷型大肠杆菌中分离到 30S rRNA 前体(P30)。RNaseⅢ 是一种负责 RNA 加工的内切核酸酶,它的识别部位为特定的 RNA 双螺旋区,在茎部相对的两切割位点间相差 2 bp。16S rRNA 和 23S rRNA 前体的两侧序列互补,形成茎环结构,经 RNaseⅢ 切割产生 16S 和 23S rRNA 前体 P16 和 P23。5S rRNA 前体 P5 在 RNase E 作用下产生的,它可识别 P5 两端形成的茎环结构。P5、P16 和 P23 两端的多余附加序列需进一步由核酸酶切除。可能 rRNA 前体需先经甲基化修饰,再被内切核酸酶和外切核酸酶切割(图 32-12)。不同细菌 rRNA 前体的加工过程并不完全相同,但基本过程类似。

原核生物 rRNA 含有多个甲基化修饰成分,包括甲基化碱基和甲基化核糖,尤其常见的是 2′-甲基核糖。16S rRNA 含有约 10 个甲基,23S rRNA 约 20 个甲基,其中 $N^4, 2'-O$-二甲基胞苷(m^4Cm)是 16S rRNA

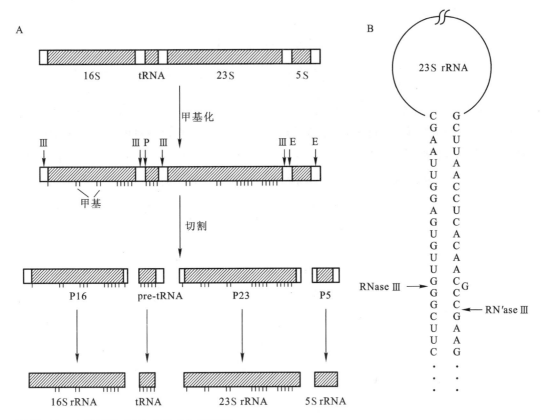

图 32-12　大肠杆菌 rRNA 前体的加工过程

特有的成分。一般 5S rRNA 中无修饰成分,不进行甲基化反应。

2. 原核生物 tRNA 前体的加工

大肠杆菌染色体基因组共有 tRNA 的基因约 60 个。这个数字远大于按变偶假说所要求的反密码子数,也就是说,某些反密码子可以不止一个 tRNA 分子,或某些 tRNA 基因不止一个拷贝。tRNA 的基因大多成簇存在,或与 rRNA 基因,或与编码蛋白质的基因组成混合转录单位。tRNA 前体的加工包括:① 由内切核酸酶在 tRNA 两端切断(cutting);② 由外切核酸酶逐个切去多余序列进行修剪(trimming);③ 核苷酸的修饰和异构化;④ 在 tRNA 3′端加上胞苷酸-胞苷酸-腺苷酸(-CCA)。

与 DNA 限制性内切酶不同,RNA 内切核酸酶不能识别特异的序列,它所识别的是加工部位的空间结构。大肠杆菌 RNase P 是一类切断 tRNA 5′端的加工酶,属于内切核酸酶性质。差不多所有大肠杆菌及其噬菌体 tRNA 前体都是在该酶作用下切出成熟的 tRNA 5′端。因此,这个 5′-内切核酸酶是 tRNA 的 5′成熟酶。RNase P 是一个很特殊的酶,它含有蛋白质和 RNA 两部分。RNA 链由 375 个核苷酸组成(相对分子质量约 130 000),蛋白质多肽链的相对分子质量仅 20 000。在某些条件下(提高 Mg^{2+} 浓度或加入多胺类物质),RNase P 中的 RNA 单独也能切断 tRNA 前体的 5′端序列。RNase P 中的 RNA 称为 M1 RNA。有关 RNA 的催化功能,后面还将进一步讨论。

加工 tRNA 前体 3′端的序列还需要另外的内切核酸酶,例如 RNase F,它从靠近 3′端处切断前体分子。为了得到成熟的 3′端,需要有外切核酸酶进一步进行修剪,直至 tRNA 的 3′端。负责修剪的外切核酸酶可能主要为 **RNase D**。这个酶由相对分子质量为 38 000 的单一多肽链所组成,具有严格的选择活性。实验表明它识别的是整个 tRNA 结构,而不是 3′端的特异序列。由此可见,RNase D 是 tRNA 的 3′端成熟酶。

所有成熟 tRNA 分子的 3′端都有 CCA_{OH} 结构,它对于接受氨酰基的活性是必要的。细菌的 tRNA 前体存在两类不同的 3′端序列。一类其自身具有 CCA 三核苷酸,位于成熟 tRNA 序列与 3′端附加序列之间,当附加序列被切除后即显露出该末端结构;另一类其自身并无 CCA 序列,当前体切除 3′端附加序列后,必须在 **tRNA 核苷酰转移酶**(nucleotidyl transferase)催化下由 CTP 和 ATP 供给胞苷酸和腺苷酸,反应式如下：

$$\text{tRNA} + \text{CTP} \rightarrow \text{tRNA-C} + \text{PPi}$$

$$\text{tRNA-C} + \text{CTP} \rightarrow \text{tRNA-CC} + \text{PPi}$$

$$\text{tRNA-CC} + \text{ATP} \rightarrow \text{tRNA-CCA} + \text{PPi}$$

成熟的 tRNA 分子中存在众多的修饰成分，其中包括各种甲基化碱基和假尿嘧啶核苷。tRNA 修饰酶具有高度特异性；每一种修饰核苷都有催化其生成的修饰酶。tRNA 甲基化酶对碱基及 tRNA 序列均有严格要求，甲基供体一般为 S-腺苷甲硫氨酸（SAM），反应如下：

$$\text{tRNA} + \text{SAM} \rightarrow \text{甲基-tRNA} + S\text{-腺苷高半胱氨酸}$$

tRNA 假尿嘧啶核苷合酶催化尿苷的糖苷键发生移位反应，由尿嘧啶的 N1 变为 C5。

细菌 tRNA 前体的加工如图 32-13 所示。

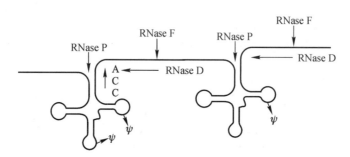

图 32-13　tRNA 前体分子的加工

↓表示内切核酸酶的作用；←表示外切核酸酶的作用；↑表示核苷酰转移酶的作用；↘表示异构化酶的作用

3. 原核生物 mRNA 前体的加工

细菌中用于指导蛋白质合成的 mRNA 大多不需要加工，一经转录即可直接进行翻译。但也有少数多顺反子 mRNA 需通过内切核酸酶切成较小的单位，然后再进行翻译。例如，核糖体大亚基蛋白 L10 和 L7/L12 与 RNA 聚合酶 β 和 β′亚基的基因组成混合操纵子，它在转录出多顺反子 mRNA 后需通过 **RNase Ⅲ** 将核糖体蛋白质与聚合酶亚基的 mRNA 切开，然后再各自进行翻译。核糖体蛋白质的合成必须对应于 rRNA 的合成水平，并且与细胞的生长速度相适应。细胞内 RNA 聚合酶的合成水平则要低得多。将二者 mRNA 切开，有利于各自的翻译调控。

（二）真核生物中 RNA 的一般加工

真核生物 rRNA 和 tRNA 前体的加工过程与原核生物有些相似；然而其 mRNA 前体必须经复杂的加工过程，这与原核生物大不相同。真核生物大多数基因含有居间序列，需在转录后的加工过程中予以切除。由于这方面研究的进展极为迅速，故留在后面单独进行讨论。

1. 真核生物 rRNA 前体的加工

真核生物的核糖体比原核生物的核糖体更大，结构也更复杂。其核糖体的小亚基含有一条 16S～18S rRNA；大亚基除 26S～28S rRNA 和 5S rRNA 外，还含有一条原核生物中所没有的 5.8S rRNA。真核生物 rRNA 基因拷贝数较多，通常在几十到几千之间。rRNA 基因成簇排列在一起，由 16S～18S、5.8S 和 26S～28S rRNA 基因组成一个转录单位，彼此被间隔区分开，由 RNA 聚合酶 Ⅰ 转录产生一个长的 rRNA 前体。不同生物的 rRNA 前体大小不同。哺乳类动物 18S、5.8S 和 28S rRNA 基因转录产生 45S rRNA 前体。果蝇 18S、5.8S 和 28S rRNA 基因的转录产物为 38S rRNA 前体。酵母 17S、5.8S 和 26S rRNA 基因的转录产物为 37S 的 rRNA 前体。

在真核生物中 5S rRNA 基因也是成簇排列的，中间隔以不被转录的区域。它由 RNA 聚合酶 Ⅲ 转录，经过适当加工即与 28S rRNA 和 5.8S rRNA 以及有关蛋白质一起组成核糖体的大亚基。18S rRNA 与有关蛋白质则组成小亚基。核仁是 rRNA 合成、加工和装配成核糖体的场所。然后它们通过核孔再转移到细胞质中参与核糖体循环。

rRNA 在成熟过程中可被甲基化,主要的甲基化位置也在核糖 2′-羟基上。真核生物 rRNA 的甲基化程度比原核生物 rRNA 的甲基化程度高。例如,哺乳类细胞的 18S 和 28S rRNA 分别含甲基约 43 和 74 个,大约 2% 的核苷酸被甲基化,相当于细菌 rRNA 甲基化程度的 3 倍。与原核生物类似,真核生物 rRNA 前体也是先甲基化,然后再被切割。现在知道,真核生物 rRNA 前体的甲基化、**假尿苷酸化**(pseudouridyla-tion)和切割是由**核仁小 RNA**(small nucleolar RNA,snoRNA)指导的。真核细胞的核仁中存在种类甚多的 **snoRNA**,从酵母和人类细胞中已发现有上百种。含有 **C 框**(AUGAUGA)和 **D 框**(CUGA)的 snoRNA 可借助互补序列识别 rRNA 前体中进行甲基化(2′OMe)和切割的位点;含 **H 框**(ANANNA)和 **ACA 框**的 snoRNA 可识别假尿苷酸化的位点。酵母 rRNA 中假尿苷酸有 43 个,以及众多的甲基化位点,依靠 snoRNA 才能精确加工(图 32-14)。

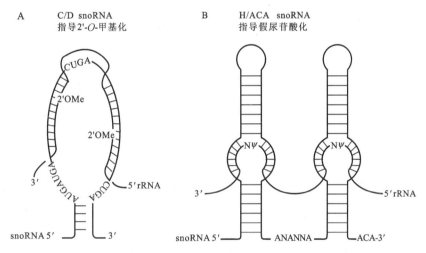

图 32-14　snoRNA 指导 rRNA 前体特异位点的修饰

多数真核生物的 rRNA 基因不存在内含子。有些 rRNA 基因含有内含子但并不转录。例如,果蝇的 285 个 rRNA 基因中有约三分之一含有内含子,它们均不转录。四膜虫(*Tetrahymena*)的核 rRNA 基因和酵母线粒体 rRNA 基因含有内含子,它们的转录产物可自动切去内含子序列。

线粒体和叶绿体 rRNA 基因的排列方式和转录后加工过程一般都与原核生物的 rRNA 基因类似。

2. 真核生物 tRNA 前体的加工

真核生物 tRNA 基因的数目比原核生物 tRNA 基因的数目要大得多。例如,大肠杆菌基因组约有 60 个 tRNA 基因,啤酒酵母有 320～400 个,果蝇 850 个,爪蟾 1 150 个,而人体细胞则有 1 300 个。真核生物的 tRNA 基因也成簇排列,并且被间隔区所分开。tRNA 基因由 RNA 聚合酶Ⅲ转录,转录产物为 4.5S 或稍大的 tRNA 前体,相当于 100 个左右的核苷酸。成熟的 tRNA 分子为 4S,约 70～80 个核苷酸。前体分子在 tRNA 的 5′端和 3′端都有附加的序列,需由内切核酸酶和外切酶加以切除。与原核生物类似的 **RNase P** 可切除 5′端的附加序列,但是真核生物 RNase P 中的 RNA 单独并无切割活性。3′端附加序列的切除需要多种内切核酸酶和外切核酸酶的作用。

真核生物 tRNA 前体的 3′端不含 CCA 序列,成熟 tRNA 3′端的 CCA 是后加上去的,由核苷酰转移酶催化,CTP 和 ATP 供给胞苷酰和腺苷酰基。tRNA 的修饰成分由特异的修饰酶所催化。真核生物的 tRNA 除含有修饰碱基外,还有 2′-O-甲基核糖,其含量约为核苷酸的百分之一。具有居间序列的 tRNA 前体还须将这部分序列切掉。

3. 真核生物 mRNA 前体的一般加工

真核生物编码蛋白质的基因以单个基因作为转录单位,其转录产物为单顺反子 mRNA。大多数蛋白质基因存在居间序列,需在转录后加工过程中切除。由于细胞核结构将转录和翻译过程分隔开,mRNA 前体在核中需经过一系列复杂的加工过程并转移到细胞质中才能表现出翻译功能,因此它的调控序列变得更为复杂,半寿期也更长。mRNA 的原初转录物在核内加工过程中形成分子大小不等的中间物,称为**核内不均一 RNA**(heterogeneous nuclear RNA,**hnRNA**),它们在核内迅速合成和降解,半寿期很短,比细胞质 mRNA 更不稳定。不同细胞类型 hnRNA 半寿期不同,从几分钟至 1 h 左右;而细胞质 mRNA 的半寿期一般在 1~10 h。神经细胞 mRNA 最长半寿期可达数年,甚至终生。

hnRNA 分子大小分布极不均一,最大的沉降系数可达 100S 以上,一般在 30S~40S 间。哺乳类动物 hnRNA 平均链长在 8 000~10 000 个核苷酸之间,而细胞质 mRNA 平均链长为 1 800~2 000 核苷酸。由于 hnRNA 代谢转换率极高,而稳定性 RNA 则较低,用同位素脉冲标记技术,即短期加入同位素标记前体随即除去并用非标记前体取代,可追踪 hnRNA 的去向。用这样的方法测定总 hnRNA 中只有一小部分的分子可加工转变成 mRNA,对哺乳类细胞来说大约为 5%。考虑到 hnRNA 分子大小约为 mRNA 的 4~5 倍,粗略计算加工的 hnRNA 中约 25% 转变成 mRNA。

由 hnRNA 转变成 mRNA 的加工过程包括:① 5′端形成特殊的**帽子结构**($m^7G5′ppp5′NmpNp-$),② 在链的 3′端切断并加上多聚腺苷酸(poly A)尾巴,③ 通过剪接除去内含子序列,④ 链内部核苷被甲基化。

(1)5′端加帽　真核生物的 mRNA 都有 5′端帽子结构。该特殊结构亦存在于 hnRNA 中,它可能在转录的早期就已形成。原初转录的巨大 hnRNA 分子 5′端为三磷酸嘌呤核苷(pppPu),转录起始后不久从 5′端三磷酸脱去一个磷酸,然后与 GTP 反应生成 5′,5′-三磷酸相连的键,并释放出焦磷酸,最后以 *S*-腺苷蛋氨酸(SAM)进行甲基化产生所谓的帽子结构,反应如下:

$$pppN_1pN_2p\text{-}RNA \rightarrow ppN_1pN_2p\text{-}RNA + Pi \tag{32-1}$$

$$ppN_1pN_2p\text{-}RNA + GTP \rightarrow G5′ppp5′N_1pN_2p\text{-}RNA + PPi \tag{32-2}$$

$$G5′ppp5′N_1pN_2p\text{-}RNA + SAM \rightarrow m^7G5′ppp5′N_1pN_2p\text{-}RNA + S\text{-腺苷高半胱氨酸} \tag{32-3}$$

$$m^7G5′ppp5′N_1pN_2p\text{-}RNA + SAM \rightarrow m^7G5′ppp5′N_1mpN_2p\text{-}RNA + S\text{-腺苷高半胱氨酸} \tag{32-4}$$

催化反应(32-1)的酶为 **RNA 三磷酸酯酶**,催化反应(32-2)的酶为 **mRNA 鸟苷酰转移酶**,催化反应(32-3)的酶为 **mRNA(鸟嘌呤-7)甲基转移酶**,催化反应(32-4)的酶为 **mRNA(核苷-2′)甲基转移酶**。不同生物体内,由于甲基化程度的不同,可以形成几种不同形式的帽子。有些帽子结构仅形成 7-甲基鸟苷三磷酸 m^7Gppp,被称为 Cap O 型;有些在 m^7Gppp 之后的 N1 核苷甚至 N2 核苷的核糖 2′-OH 基上也被甲基化,分别称为 Cap Ⅰ型和 Cap Ⅱ型。

上述加帽酶结合在 pol Ⅱ 的 CTD 上,及至 RNA 链合成约 30 nt 随即暂停,等待加帽酶完成一系列加帽反应。加帽酶完成加帽后脱离 CTD,帽子通过另一**帽结合复合物**(cap-binding complex,CBC)仍拴在 CTD 上,RNA 链形成**突环**(loop)。如若新生 RNA 链不被加帽,外切酶从 5′端切除 RNA,pol Ⅱ 和转录因子随之脱落。新生 RNA 链加帽后转录**再起始**(reinitiation),完成 RNA 的转录,末端断开并加上聚腺苷酸。

5′端帽子的功能并未完全清楚,一般认为它能保护 RNA 转录物,并给出 5′端标记,有助于剪接、运输和翻译各类功能复合物的识别,以协助完成这些功能。RNA 加帽后边转录边加工,在转录过程中完成剪接。成熟的 mRNA 从核内转运到细胞质,成为蛋白质合成的模板。帽子结构对 mRNA 的翻译功能很重要,若用化学方法除去 m^7G 的珠蛋白 mRNA 在麦胚无细胞系统中不能有效翻译。5′-脱氧-5′-异丁酰基腺苷是腺苷高半胱氨酸的类似物,它能强烈抑制劳氏肉瘤的生长,这是因为该抑制剂可抑制 mRNA(鸟嘌呤-7)甲基转移酶活力,从而阻止帽子的形成。

(2)3′端的产生和多聚腺苷酸化　真核生物 mRNA 的 3′端通常都有 20~200 个腺苷酸残基,构成多聚腺苷酸的尾部结构。但也有例外,如组蛋白、呼肠孤病毒和不少植物病毒的 mRNA 并没有多聚腺苷酸。核内 hnRNA 的 3′端也有多聚腺苷酸,表明加尾过程早在核内已完成。hnRNA 中的多聚腺苷酸比 mRNA 的略长,平均长度为 150~200 个核苷酸。

实验表明,RNA 聚合酶 Ⅱ 的转录产物是在 3′端切断,然后**多聚腺苷酸化**(polyadenylation)。高等真核生物(酵母除外)的细胞和病毒 mRNA 在靠近 3′端区都有一段非常保守的序列 AAUAAA,这一序列离多聚腺苷酸加入位点的距离不一,大致在 11~30 个核苷酸范围内。将病毒转录单位的该段序列删除后,原来位置上就不再发生切断和多聚腺苷酸化。一般认为,这一序列为链的切断和多聚腺苷酸化提供了某种信号。

hnRNA 链的切断可能是由 RNase Ⅲ 完成的。多聚腺苷酸化则由**多聚腺苷酸聚合酶**(poly(A) polymerase)所催化,该酶以带 3′-OH 基的 RNA 为受体,ATP 作供体,需 Mg^{2+} 或 Mn^{2+}。此外,还需十多个蛋白质参与作用,协助切割和多聚腺苷酸化。

多聚腺苷酸化可被类似物 3′-脱氧腺苷,即**冬虫夏草素**(cordycepin)所阻止。这是一种多聚腺苷酸化的特异抑制剂;它并不影响 hnRNA 的转录,但在加入该抑制剂时,即可阻止细胞质中出现新的 mRNA。另一方面,珠蛋白 mRNA 上的多聚腺苷酸尾巴被除去后,仍然能在麦胚无细胞系统中翻译,显示该尾部结构并非翻译所必需。然而除去多聚腺苷酸尾巴的 mRNA 稳定性较差,可被体内有关酶所降解,翻译效率下降。当 mRNA 由细胞核转移到细胞质中时,其多聚腺苷酸尾部常有不同程度的缩短。由此可见,多聚腺苷酸尾巴至少可以起某种缓冲作用,防止外切核酸酶对 mRNA 信息序列的降解作用。

(3) mRNA 的内部甲基化 真核生物 mRNA 分子内部往往有甲基化的碱基,主要是 N^6-甲基腺嘌呤(m^6A)。这类修饰成分在 hnRNA 中已经存在。不过也有一些真核生物细胞和病毒 mRNA 中并不存在 N^6-甲基腺嘌呤,似乎这个修饰成分对翻译功能不是必要的。据推测,它可能对 mRNA 前体的加工起识别作用。

(三) RNA 的剪接、编辑和再编码

大多数真核基因都是断裂基因,但也有少数编码蛋白质的基因以及一些 tRNA 和 rRNA 基因是连续的。断裂基因的转录产物需通过剪接,去除插入部分(即内含子),使编码区(外显子)成为连续序列。这是基因表达调控的一个重要环节。内含子具有多种多样的结构,剪接机制也是多种多样的。有些内含子可以催化**自我剪接**(self-splicing),有些内含子需在**剪接体**(spliceosome)作用下才能剪接。RNA 编码序列的改变称为**编辑**(editing)。RNA 编码和读码方式的改变称为**再编码**(recoding)。由于存在**选择性剪接**(alterative splicing)、编辑和再编码,一个基因可以产生多种蛋白质。

1. RNA 的剪接

1977 年 R. J. Roberts 和 P. A. Sharp 分别发现**断裂基因**(interrupted gene)。当用 RNA 与其转录的模板 DNA 分子杂交时,RNA 链取代 DNA 双链中对应的链,形成 **R 环**(R-loop)。Roberts 等用腺病毒(Ad2)纤维(fiber)mRNA 与病毒 DNA 限制片段杂交,然后用电子显微镜观察 R 环的结构,结果令人惊异的发现 mRNA 的 5′端与其余部分分别与不同 DNA 限制片段形成杂交。Sharp 等用腺病毒六邻体(hexon)mRNA 与 DNA 杂交,在电子显微镜下也看到 mRNA 5′端不与同一 DNA 片段杂交(图 32-15)。这说明腺病毒 mRNA 5′前导序列与其余序列由基因组不同部位转录而来。其后研究进一步了解到真核生物基因大部分都是不连续的,插进去序列称为**居间序列**(intervening sequence,又称间插序列),需在转录后通过 RNA 剪接加以切除。1978 年 W. Gilbert 将断裂基因中经转录被剪接除去的序列称为**内含子**(intron);而在成熟 RNA 产物中出现的序列称为**外显子**(exon)。Roberts 和 Sharp 由于发现断裂基因以及其后有关 RNA 剪接研究中的贡献而获 1993 年诺贝尔生理学或医学奖。

图 32-15 腺病毒-2 晚期 mRNA 与互补 DNA 片段形成 R-突环示意图

A. 腺病毒-2 纤维 mRNA 与两 DNA 片段形成杂交体;B. 腺病毒-2 六邻体 mRNA 与互补 DNA 片段形成 R-突环,5′和 3′端游离在外

——DNA 链;……RNA 链

　　真核生物的外显子一般为 100~200 nt,多数长度小于 1 000 nt;内含子长度变化较大,从 50~20 000 nt,甚至大于 100 000 nt。较高等的真核生物有更多的内含子序列。内含子主要通过 RNA 核酶催化两次转酯反应而切除,少数由酶切除。Pre-mRNA 含有多个内含子,一般为依次剪接,但有些内含子具有增强或抑制剪接的序列,前者可优先剪接,后者延迟剪接。RNA 剪接是一个十分精确的过程,不能有一个核苷酸的差错,关键在于对内含子 5′ 和 3′ 剪接位点的精确识别。许多 U-系列核内小 RNA 和蛋白质(snRNP)组成**剪接体**(spliceosome),参与剪接的识别、空间组装和催化反应。参与剪接体的蛋白大约有 40~50 种,其中 SR 蛋白在剪接体的组装和剪接反应中起核心作用。SR 蛋白家族含有许多成员,其结构特点为:N 端有一至两个 RNA 识别基序,C 端结构域富含丝氨酸(S)和精氨酸(R)。N 端结构域使其识别并结合到 RNA 的特殊序列上;C 端结构域有助于蛋白质-蛋白质相互作用。剪接体还与 RNA 聚合酶的 CTD 相连,表明 RNA 加工与转录之间的协同关系。

　　迄今所知,RNA 的剪接共有 4 种方式:**类型Ⅰ自我剪接**(group Ⅰ self-splicing),**类型Ⅱ自我剪接**(group Ⅱ self-splicing),**核 mRNA 剪接体的剪接**(nuclear mRNA spliceosomal splicing),**核 tRNA 的酶促剪接**(nuclear tRNA enzymatic splicing)。它们的剪接过程如图 32-16 所示。

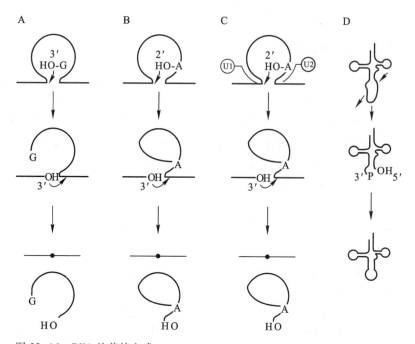

图 32-16　RNA 的剪接方式

A. 类型Ⅰ自我剪接;B. 类型Ⅱ自我剪接;C. 核 mRNA 剪接体的剪接;D. 核 tRNA 的酶促剪接

　　(1) 类型Ⅰ自我剪接　1981 年 T. Cech 在研究四膜虫(*Tetrahymena thermophila*)rRNA 前体剪接过程中发现,此类剪接无需蛋白质的酶参与作用,它可自我催化完成。Cech 称这种具有催化功能的 RNA 为**核酶**(ribozyme)。由于发现核酶,1989 年 T. Cech 和 S. Altman 共同获诺贝尔化学奖。Altman 的贡献是发现 RNase P 中的 M1 RNA 单独也有催化功能。

　　四膜虫的大核含有大量经扩增的 rRNA 的基因(rDNA),这些 rDNA 以回文二聚体的形式构成微染色体。每一个回文二聚体由两个同样的转录单位所组成,其转录产物为 35S rRNA 前体。35S rRNA 含 6 400 个核苷酸,经加工生成 17S、5.8S 和 26S rRNA。某些品系的四膜虫在其 26S rRNA 的基因中有一个内含子,长 413 bp。35S rRNA前体需经过剪接以切除内含子序列。此剪接过程只需要 1 价和 2 价阳离子以及鸟苷酸(或鸟苷)存在即能自发进行,无需酶催化和供给能量。剪接实际上是磷酸酯的转移反应,如图 32-17 所示。

　　鸟苷酸(或鸟苷)在此起着辅助因子的作用,它提供了游离的 3′-羟基,从而使内含子的 5′-磷酸基转移其上。紧接着发生第二次类似的转酯反应,由第一个外显子产生的 3′-羟基攻击第二个外显子的 5′-磷

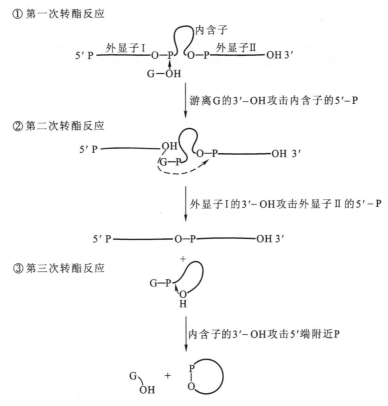

图 32-17　四膜虫 rRNA 前体的剪接过程

酸基。因为在磷酸酯的转移过程中并不发生水解作用,磷酸酯键的能量被贮存起来,由此可以解释为什么反应不需要供给能量。在两次转酯反应中产生的线状内含子片段可以发生环化。这是由于内含子分子的3′-羟基攻击 5′端第 15 个核苷酸处的磷酸基,引起第三次磷酸基转移反应所致,结果形成一个环状分子和一小段 15 聚核苷酸。环状内含子还具有自我切割和转酯反应,最后产生 395 个核苷酸的线形分子,称为L-19。它不再自我切割,但可以催化适当 RNA 底物的水解和转酯反应。

类型 I 自我剪接的内含子分布很广,存在于真核生物的细胞器(线粒体和叶绿体)基因,低等真核生物核的 rRNA 基因,以及细菌和噬菌体的个别基因中。这类内含子含有某些特殊序列,它的**内含子指导序列**(intron guide sequence,**IGS**)GGAGGG 可与左侧外显子末端的 CUCUCU 序列配对,整个内含子包括 IGS在内共有 9 个碱基配对区,其中 P、Q、R、S 四个序列十分保守,其核酶活性与该内含子 RNA 所形成特定的折叠有关(图 32-18)。

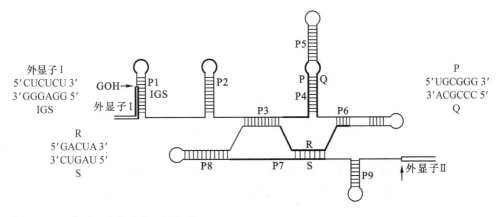

图 32-18　类型 I 内含子的二级结构

粗黑线为保守序列;双线为外显子

（2）类型 Ⅱ 自我剪接　类型 Ⅱ 内含子本身也具有催化功能,能够自我完成剪接。它与类型 Ⅰ 内含子自我剪接的差别在于转酯反应无需游离鸟苷酸(或鸟苷)发动,而是由内含子靠近 3′ 端的腺苷酸 2′-羟基攻击 5′-磷酸基引起的。经过两次转酯反应,内含子成为套索(lariat)结构被切除,两个外显子得以连接在一起(图 32-19)。类型 Ⅱ 内含子只见于某些真菌线粒体和植物叶绿体基因。

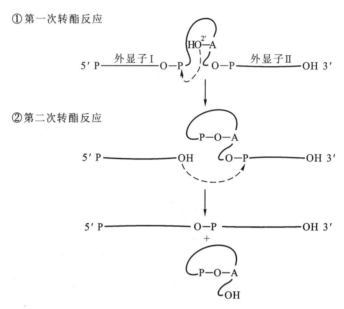

图 32-19　类型 Ⅱ 内含子的自我剪接

类型 Ⅱ 内含子的结构更复杂,也更保守,这也是这类内含子存在受局限的重要原因之一。该内含子有 6 个螺旋区,其中螺旋区 Ⅰ 有两个**外显子结合位点**(exon binding site,**EBS**),可以与左侧外显子的**内含子结合位点**(intron binding site,**IBS**)配对。内含子靠近 3′ 端有一保守序列 CUGAC,其上 A 的 2′-OH 可与末端 5′-P 形成磷酸酯键。由于已有两个磷酸酯键,此反应较弱,对核酶的要求也就比较高。类型 Ⅱ 内含子的自我剪接活性有赖于其二级结构和进一步折叠,如图 32-20 所示。

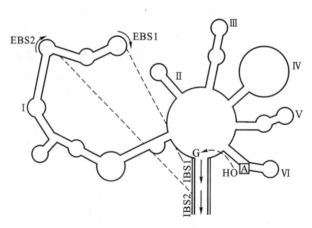

图 32-20　类型 Ⅱ 内含子的二级结构

（3）hnRNA 的剪接　真核生物编码蛋白质的核基因含有数目巨大的内含子,它们占据了所有内含子的绝大部分。这些内含子的左端(5′ 端)均为 GT,右端(3′ 端)均为 AG,此称为 **GT-AG 规则**(对应于 RNA 为 GU-AG)。此规则不适合于线粒体和叶绿体基因的内含子,也不适合于 tRNA 和 rRNA 核基因的内含子。根据大量资料分析的结果,脊椎动物、酵母和植物 mRNA 前体(hnRNA)的内含子具有以下的保守结构:

脊椎动物	AG GUAAGU ——→←—— UNCU ^G_AAC ——————— (Py)$_{10-15}$ ——— NCAG G
酵母	GUAAGU ——→←—— UNCU AAC ——————————— PyAG
植物	AG GUAAGU ——→←—— 富含 UA 的序列 ——————— UGCAG GU

细胞核内存在许多种类的小分子 RNA,其大小在 100 ~ 300 个核苷酸,称为**核内小 RNA**(small nuclear RNA,snRNA)。U 系列的 snRNA 中尿嘧啶含量较高,因而得名。这些小 RNA 通常都与多肽或蛋白质相结合,形成核糖核蛋白(RNP)。每一 snRNA 与数个或十多个蛋白质结合,称为 snRNP。U1、U2、U4、U5、U6 snRNP 参与 hnRNA 的剪接;U3 snRNP 参与 rRNA 前体的加工。**剪接体**(spliceosome)为在被剪接 RNA 上由上述 5 种 U 系列 snRNP 与数十种**剪接因子**(splicing factor)和调节因子(regulator)蛋白质所组成的复合物,沉降常数为 50S ~ 60S,呈有突起的椭球体。剪接体是在 RNA 剪接位点上由 U1、U2、U4、U5、U6 snRNP 以及一些**剪接因子**(splicing factor,SF)逐步装配而成。hnRNA 的剪接过程与类型 II 内含子 RNA 的剪接十分相似,其差别在于前者由剪接体完成,后者由内含子自我催化完成。

U1 snRNA 的 5′端序列与 hnRNA 内含子 5′剪接点处的序列互补,因而可以结合其上。**U2 辅助因子**(U2 auxiliary factor,**U2AF**)随后结合在分支点下游嘧啶(Py)区。某些**剪接和调节因子**(splicing factor & regulator,SR)将 U1 snRNP 和 U2 AF 连在一起,组成 **E 复合物**(early presplicing complex)。U2 snRNA 含有与分支点互补的序列,在其辅助因子帮助下结合其上,E 复合物转变为 **A 复合物**(A presplicing complex)。**U4 与 U6 和 U5 snRNP** 三聚体进入 A 复合物后形成 **B1 复合物**,此时复合物已包含剪接所需成分,故已组成剪接体。U1 snRNP 随后被释放,从而腾出空间,使 U5 snRNP 得以从外显子转到内含子,U6 结合到 5′剪接点上,构成 **B2 复合物**。关键步骤是释放 U4 snRNP,U4 与 U6 的解离需由 ATP 供给能量。U6 活性受 U4 封闭,因此 U4 脱离后 U6 即可和 U2 碱基配对,并自身回折形成发夹结构,构成类似于 II 型内含子的催化中心,形成 **C1 复合物**。U5 snRNP 可以识别两外显子的剪接点并与之结合,形成 **C2 复合物**。在 U6/U2 催化下完成两次转酯反应使两个外显子连接在一起,剪接过程如图 32-21 所示。

上述 GT-AG 内含子见于绝大多数 hnRNA 的编码基因,但有少数内含子与此不同,而以 AT 开头和 AC 结尾,称为 AT-AC 内含子。前者为主要内含子,后者为次要内含子。参与次要内含子剪接体的成分也有不同,除保留 U5 snRNP 外,以 U11 snRNP 和 U12 snRNP 取代 U1 和 U2,分别识别内含子的 5′剪接点和分支点,以 **U4atac** 和 **U6atac** 取代 U4 和 U6,通过类似方式催化转酯反应。

由于核 mRNA 前体的剪接与类型 II 内含子的自我剪接基本相同,推测 snRNA 可能是从类型 II 内含子演变而来。核 mRNA 前体的含内子数目如此庞大,在进化过程中很难设想可以保持其核酶的结构,唯一可行的途径是将 II 型内含子的催化功能转交某些小 RNA 和辅助蛋白,以专司其职。迄今仍可从 snRNA 中看到与 II 型内含子结构域的一些类似之处。

(4) 核内 tRNA 前体的酶促剪接　酵母 tRNA 前体的剪接机制研究得比较清楚。酵母基因组共有约 400 个 tRNA 基因,含有内含子的基因仅占十分之一。内含子的长度从 14~46 bp 不等,它们之间并无保守序列。推测切除内含子的酶识别的仅是共同的二级结构,而不是共同的序列。通常内含子插入到靠近反密码子处,与反密码子碱基配对,反密码子环不再存在,代之以插入的内含子环(图 32-22)。

研究 tRNA 前体在无细胞提取液中的剪接过程表明,反应分两步进行。第一步是由一个特殊内切核酸酶断裂磷酸二酯键,切去插入序列,反应不需要 ATP。第二步由 RNA 连接酶催化使切开的两部分共价连接,需要 ATP 供给能量。内切核酸酶断裂 tRNA 前体,产生 tRNA 的两个半分子和一个线状内含子分子。它们的 5′端均为羟基;3′端为 2′,3′-环状磷酸基。两个半分子 tRNA 通过碱基对仍然维系在一起。在有激酶和 ATP 存在时,5′-羟基可转变成 5′-磷酸基。2′,3′-环状磷酸基在环磷酸二酯酶催化下被打开,形成 2′-磷酸基和 3′-羟基。

连接反应(ligation reaction)需先由 ATP 活化连接酶,形成腺苷酸化蛋白质。AMP 的磷酸基以共价键连接在酶蛋白质的氨基上。然后 AMP 被转移到 tRNA 半分子的 5′-磷酸基上,形成焦磷酸键连接。在 tRNA 另一半分子 3′-羟基攻击下 AMP 被取代,产生 5′,3′-磷酸二酯键。此时多余的 2′-磷酸基被磷酸酯酶所除去。整个剪接过程如图 32-23 所示。

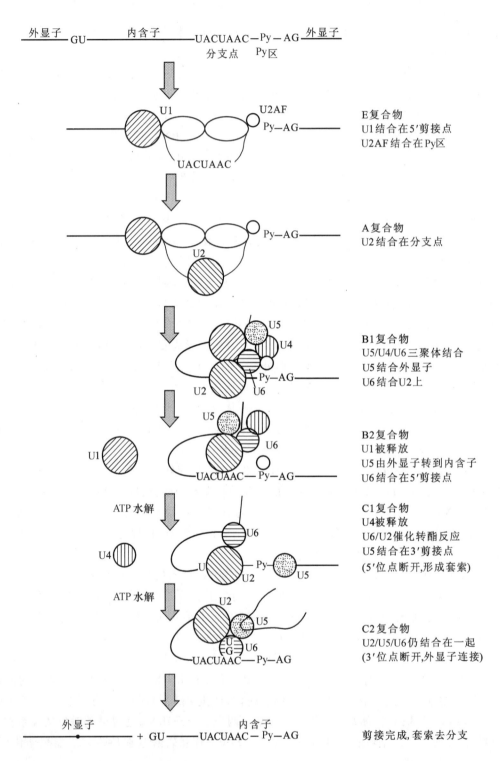

图 32-21　hnRNA 的剪接过程

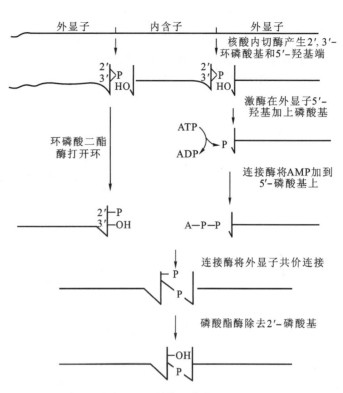

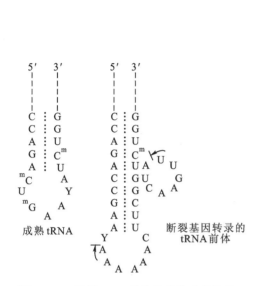

图 32-22　酵母 tRNA 前体剪接前后的结构
GAA 为反密码子；|← →|：内含子

图 32-23　酵母和植物 tRNA 前体的剪接过程

植物和哺乳动物 tRNA 前体被内切核酸酶断裂时也产生 2′,3′-环磷酸。植物的剪接过程与酵母类似。哺乳动物的反应则有些差别。HeLa(人)细胞的连接酶可将 RNA 的 2′,3′-环磷酸基直接与 5′-羟基端连接。因此,当 tRNA 前体被内切核酸酶除去内含子后,两个 tRNA 半分子可直接由 RNA 连接酶催化连接,无需末端基的转变。

(5) **反式剪接**与**选择性剪接**　　上述四类剪接均为分子内剪接,即顺式剪接。但生物体内还存在分子间的剪接,即反式剪接。如果一个 RNA 分子具有 5′剪接点,另一分子具有 3′剪接点,它们又靠得很近,就可以发生反式剪接。结果使一分子 5′剪接点上游序列与另一分子 3′剪接点下游序列连在一起,被切除的序列(相当于内含子)形成类似套索的 Y 形结构。分支点形成不稳定的磷酸三酯,随即水解脱去分支。反式剪接较为少见。一个研究较多的反式剪接例子是锥虫的 mRNA,其众多 mRNA 的 5′端有一共同的 35 个碱基长的前导序列。该前导序列并非由各个转录单位的上游所编码,而是来自一些重复单位的转录产物(图 32-24)。给出 35 碱基前导序列的 RNA 称为 **SL RNA**(spliced leader RNA)。在其他生物中也发现有个别反式剪接现象。

一个基因的转录产物在不同的发育阶段、分化细胞和生理状态下,通过不同的剪接方式,可以得到不同的 mRNA 和翻译产物,称为**选择性剪接**(alternative splicing)。所产生的多个蛋白质即为**同源体**(isoform)。例如,α 原肌球蛋白基因可得到 10 个不同蛋白质产物。肌钙蛋白可产生 64 个蛋白质同源体。果蝇的性分化是由一系列基因产物相互作用的结果,通过关键基因转录物的选择性剪接决定了雄性和雌性的差别。选择性剪接广泛存在,在基因表达的调节控制中起了十分重要的作用。

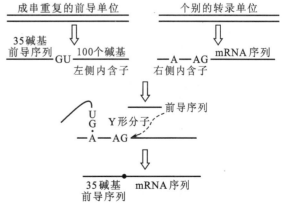

图 32-24　锥虫 mRNA 前导序列的反式剪接

　　选择性剪接可以有许多种方式进行,归纳起来有以下 4 种:① 剪接产物缺失一个或几个外显子;② 剪接产物保留一个或几个内含子作为外显子的编码序列;③ 外显子中存在 5′剪接点或 3′剪接点,从而部分缺失该外显子;④ 内含子中存在 5′剪接点或 3′剪接点,从而使部分内含子变为编码序列。由于转录的起点不同以及 mRNA 前体 3′端聚腺苷酸位点不同,增加了最后成熟 mRNA 的种类。图 32-25 列出各种选择性剪接的方式。

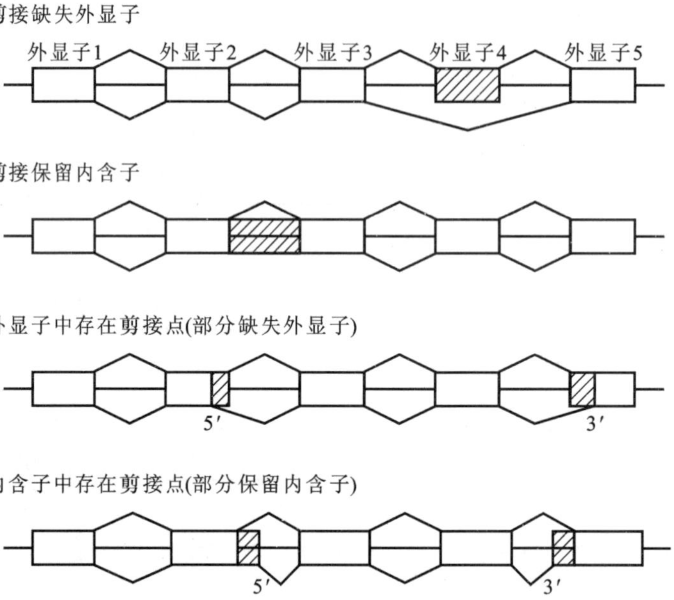

①剪接缺失外显子

　　外显子1　　外显子2　　外显子3　　外显子4　　外显子5

②剪接保留内含子

③外显子中存在剪接点(部分缺失外显子)

　　5′　　　　　　　　　　　　　　　　3′

④内含子中存在剪接点(部分保留内含子)

　　5′　　　　　　　　　　　　　　　　3′

图 32-25　选择性剪接示意图

　　现以**降钙素**(calcitonin)的 mRNA 前体为例,说明具选择性剪接的机制。降钙素基因有 6 个外显子。它的原初转录物 3′端有两个 poly(A)位点,其一显现于甲状腺中,另一显现于脑中。在甲状腺中,通过剪接产生降钙素 mRNA,它包括外显子 1~4。在脑中剪接去除降钙素外显子(外显子 4),产生**降钙素基因相关肽**(calcitonin-gene-related peptide,**CGRP**)mRNA。同一基因在不同组织中由于在剪接激活蛋白和抑制蛋白影响下加工的不同而得到两种不同的激素(图 32-26)。

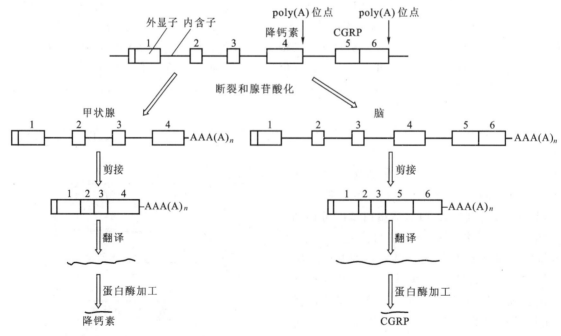

图 32-26　降钙素基因转录物的选择性加工

（6）RNA 剪接的生物学意义   RNA 剪接现象的发现,给生物学家带来了一系列令人困惑的疑问。为什么生物机体要先转录内含子,然后将其切除? RNA 剪接的耗费是巨大的,其收益是什么? 内含子由何而来? 为什么内含子主要见于真核生物? 内含子序列有无生物功能? 围绕这些问题曾提出不少设想,争论很大,迄今尚无定论。这里仅提出一些看法,以供思考。

首先需要指出的是,RNA 剪接是生物机体在进化历史中形成的,是进化的结果。基因与基因产物蛋白质都是由一些构造元件即**模块**(module)装配而成。从已有资料的分析中发现,约半数的基因其外显子与蛋白质结构域、亚结构域或基序有很好的对应关系。例如,免疫球蛋白基因的外显子十分精确地相当于蛋白质折叠的结构域。再有血红蛋白基因有 3 个外显子,而其蛋白质分子的三维结构显示有 4 个亚结构域,第一个外显子对应于蛋白质第一个亚结构域,第二个外显子对应于中间第 2、3 个亚结构域,第三个外显子对应于第 4 个亚结构域。而且还发现豆科植物的**豆血红蛋白**(leghemoglobin)基因有 4 个外显子,正好对应于蛋白质的 4 个亚结构域。这就是说,结合血红素的两个亚结构域外显子在豆血红蛋白基因中是精确分开的,而在动物相应的基因中合并为一个外显子。类似的例子还很多。但是另有约半数的基因不能找出外显子与蛋白质结构域的对应关系;这毫不奇怪,因为在漫长的进化历程中由于变异而将使模块的边界逐渐模糊以至完全消失。由于内含子和外显子的存在,使得外显子的重新组合即**外显子改组**(exon shuffling)成为形成新基因的重要方式,这极大加快了进化速度。

其次,RNA 剪接是基因表达调节的重要环节。RNA 转录后通过剪接而抽提有用信息,形成连续的编码序列,并可通过选择性剪接而控制生物机体生长发育。因此,这是真核生物遗传信息精确调节和控制的方式之一。

第三,如上所述,基因由模块装配而成,模块间的间隔序列也就演变成为内含子,因此外显子和内含子有着同样古老的历史。而现今存在的几类内含子也各有其起源和进化历史,从它们的剪接方式和分布(表 32-6)可以大致推测其起源时间。Ⅰ 型内含子能够自我剪接,并且分布极广,从蓝细菌、噬菌体到低等真核生物 rRNA 基因和高等真核生物的细胞器基因都有,估计它出现于 35 亿年前。Ⅱ 型自我剪接的内含子也许与 Ⅰ 型内含子同时或稍后出现。核 tRNA 前体的内含子应在真细菌和真核生物分化之前出现,也就是说 17 亿年前。而核 mRNA 前体的内含子应在真核生物出现之后,大约 7 亿～10 亿年前出现。另一方面,某些 Ⅰ 型内含子含有编码内切核酸酶的序列,它们可以如同转座子一般在基因组内由一位点转移到另一位点;Ⅱ 型内含子含有内切核酸酶或逆转录酶的编码序列,可以如同转座子和逆转座子一般扩散。这是内含子横向转移的过程。

表 32-6   内含子的剪接方式与分布

剪接方式	真细菌	古细菌	真核生物		
			细胞核	线粒体	叶绿体
Ⅰ 型自我剪接	蓝细菌 Leu-tRNA 大肠杆菌 T 偶数噬菌体(td、nrd、sunY 基因) 枯草芽孢杆菌 SPO1 噬菌体		原生动物、真菌、藻类 rRNA 的基因	mRNA、rRNA	mRNA、rRNA Leu-tRNA
Ⅱ 型自我剪接				mRNA	mRNA、tRNA
核 mRNA 前体依赖剪接体的剪接			mRNA		
核 tRNA 的酶促剪接		tRNA、rRNA	tRNA		

第四,RNA 剪接主要存在于真核生物,原核生物极为少见,但并非完全没有。一种合理的解释是原核生物为适应快速生长的需要,在进化过程中已将内含子丢掉。事实上,快速生长的单细胞真核生物,如酵母,其编码基因也几乎没有内含子。然而,内含子的存在使同源重组 DNA 分子间链的断裂和再连接可以

发生在内含子中,避免了在重组过程中由于错位而造成基因失活,因而促进了重组。内含子增加了基因组的复杂性,可成为新的编码序列。尤其重要的是,当基因内由突变产生新的 5′ 或 3′ 剪接点时,旧的剪接依然存在,使生物机体不因突变而失去原有的蛋白质。许多突变是有害的,有益突变只是极少数,新旧蛋白质并存使机体能在长时间内对它们进行选择,只有对生物机体有益的突变才被固定下来。

第五,外显子和内含子是相对的,有些内含子具有编码序列,能够产生蛋白质或功能 RNA。前面提到 I 型内含子能产生内切核酸酶,II 型内含子能产生内切核酸酶或逆转录酶,以帮助内含子转移。也有些 I 型和 II 型内含子能产生**成熟酶**(maturase),帮助内含子自身折叠,促进自我剪接。许多核仁小 RNA 是由内含子产生的。上述内含子在表达时就成为外显子。再者,许多内含子对基因表达有一定影响,也就是说它们编码了某些基因表达的调控信息。因此,不能将内含子看成是无用的序列。

2. RNA 的编辑

1986 年 R. Benne 等在研究锥虫线粒体 DNA 时发现,其细胞色素氧化酶亚基 II(*co* II)基因与酵母或人的相应基因比较存在一个 −1 的移码突变,然而酶的功能又是正常的。进一步对比 *co* II 基因与其转录物的序列,发现转录物在移码突变位点附近有 4 个不被基因 DNA 编码的额外尿苷酸,正好纠正了基因的移码突变(图 32-27)。由于用分子杂交技术在线粒体内找不到第二个 *co* II 基因,所以认为这些尿苷酸是在转录中或转录后插进去的。他们将这种改变 RNA 编码序列的方式称为 RNA 编辑。

DNA 正链序列	GA	G	A A
mRNA 序列	GAU	UGU	AUA
	*	* *	*
蛋白质序列	Asp	Cys	Ile

图 32-27　锥虫 *co* II 基因与其表达产物的序列比较
* 标出插入核苷酸的位置

继 Benne 等人的工作之后,又有一些实验室陆续在多种生物中发现 RNA 的编辑,其中包括 U 的插入和删除,C、A 和 G 的插入,C 被 U 取代或 U 被 C 取代,A 转变为 I 等方式(表 32-7)。在锥虫线粒体细胞色素氧化酶亚基 III(coIII)中,来自原始基因的遗传信息只占成熟 mRNA 的 45%,而 55% 的遗传信息来自RNA 编辑。还发现副黏病毒的 P 基因在插入 G 的编辑中,由于插入数量的不同引起阅读框架改变,一个 mRNA 前体的编辑产物可以产生多种蛋白质。

表 32-7　RNA 编辑的不同类型和分布

编辑类型	机制	存在
U 的插入与删除	gRNA 指导的反应	锥虫线粒体 mRNA
C,A 或 U 的插入		多头绒孢菌线粒体 mRNA 和 rRNA
G 的插入	RNA 聚合酶重复转录	副黏病毒的 *P* 基因
C 转变为 U	酶促脱氨	哺乳类肠的 apoB mRNA
C 转变为 U 或 U 转变为 C	脱氨或氨基化	植物线粒体 mRNA 和 rRNA
		牛心线粒体 tRNA
A 转变为 I	脱氨	脑谷氨酸受体亚基 mRNA

B. Blum 等揭示了 RNA 编辑中插入尿苷酸的机制。他们从线粒体中分离出一些长约 60 个核苷酸的RNA,与被编辑 mRNA 前体序列互补,可作为编辑的模板,称为**指导 RNA**(guide RNA,**gRNA**)。gRNA 由另外的编码基因转录而来。编辑通常沿 mRNA 由 3′ 端向 5′ 端方向进行,当 gRNA 与 mRNA 配对而遇到不配对的核苷酸时,即以 gRNA 为模板在 mRNA 前体中插入和删除尿苷酸。此编辑过程由 20S 的酶复合物所催化,其中包括**内切核酸酶**、末端**尿苷酰转移酶**(terminal uridyl transferase,TUTase)和 **RNA 连接酶**,编辑过程如图 32-28 所示。由内切酶在不配对处将待编辑的 RNA(pre-edited RNA)切开,末端尿苷酸转移酶以 UTP 为底物转移尿苷酸到切开的 3′ 端上,或由外切酶除去 RNA 中多余的尿苷酸,然后经 RNA 连接

酶使断口连上。至于多头绒孢菌(*Physarum polycephalum*)线粒体 mRNA 和 rRNA 的编辑插入 C、A 和 U,是否也由 gRNA 所导致,目前还不清楚。

哺乳类动物的**载脂蛋白 B**(Apolipoprotein B,Apo B)按大小可分为 Apo B100 和 Apo B48 两种,二者是同一基因的产物。人的 Apo B100(M_r 512 000)在肝中合成;Apo B48(M_r 241 000)在小肠中合成。在小肠细胞中 Apo B mRNA 前体于特定位置上一个 C 脱氨变成 U,原来编码谷氨酸的密码子 CAA 变成终止密码子 UAA,从而引起翻译提前结束。研究表明,编辑位点附近一段序列(约 26 个碱基)很重要,推测**编辑酶**(editing enzyme)识别并结合其上,然后脱去一定位置上 C 的氨基。

尤为引人瞩目的是脑受体离子通道亚基 mRNA 的编辑。脑进行学习和记忆的快速兴奋突触反应以及建立并维持突触可塑性通路均与受体离子通道有关。大鼠脑谷氨酸受体通道蛋白有 6 个亚基,其中三个亚基的 mRNA 能发生编辑,使一个谷氨酰胺的密码子变成精氨酸的密码子,以此控制神经递质引起的离子流。在受体的另一位置上,还发生一个精氨酸密码子转变成甘氨酸密码子。这些变化都涉及腺嘌呤的脱氨反应。腺苷脱氨酶作用于双链 RNA 区上的 A 使其变为 I(次黄嘌呤)。I 的碱基配对行为与 G 相当,因此改变了 mRNA 翻译的蛋白质性质。编辑酶能够特异识别编辑位点的茎环结构,其作用十分精确(图 32-29)。同样的事件也发生在 5-羟色胺受体的 mRNA。

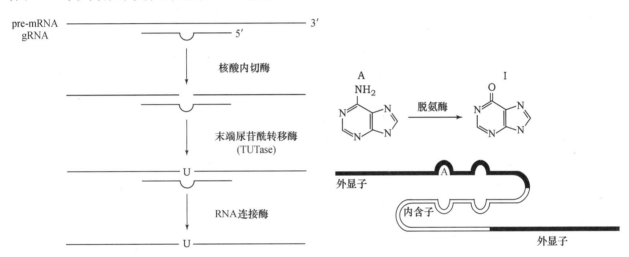

图 32-28　在 gRNA 指导下 pre-mRNA 的编辑过程　　　　　图 32-29　在内含子指导下 pre-mRNA 的脱氨反应

RNA 的编辑有何生物学意义? 首先,从锥虫线粒体 mRNA 编辑和其他的例子中可以看到,RNA 编辑可以消除突变的危害。甚至某些基因在突变过程中丢失达一半以上的遗传信息都可借 gRNA 一一加以补足。令人费解的是何以 RNA 编辑恰好可以纠正基因突变带来的损害? 合乎逻辑的推理是 RNA 原来就是多变的,它能通过分子内和分子间反应产生种种 RNA 重排或由酶进行修饰,如果有 RNA 或酶引起 mRNA 众多变异中的一种恰好补救了基因突变引起的灾难,自然选择就将这种变异固定下来,成为 RNA 编辑。其次,RNA 编辑增加了基因产物的多样性,由同一基因转录物经编辑可以表达出多种同源体蛋白质。第三,RNA 编辑还和生物发育与分化有关,是基因调控的一种重要方式。第四,RNA 编辑还可能使基因产物获得新的结构和功能,有利于生物进化。

3. RNA 的再编码

过去一直以为编码在 mRNA 上的遗传信息是以固定的方式进行译码的,然而并不尽然。日益积累的事实表明,在某些情况下可以用不同的方式译码,也就是说改变了原来编码的含义,称为**再编码**(recoding)。由于基因的错义、无义和移码突变,使基因降低或失去活性。校正 tRNA 通常是一些变异的 tRNA,它们或是反密码子环碱基发生改变,或是决定 tRNA 特异性即个性的碱基发生改变,从而改变了译码规则,故而使错误的编码信息受到校正。校正 tRNA 在错义或无义突变的位置上引入一个与原来氨基酸相同或性质相近的氨基酸,因而恢复或部分恢复基因编码蛋白质的活性,并通过阅读一个**二联体**(doublet)密码子或**四联体**(quadruplet)密码子而消除-1 移码或+1 移码的效应。这是 RNA 再编码的一种重要方式。有时 rRNA 的突变也有助于消除移码突变的影响。

在蛋白质合成过程中核糖体按照 mRNA 上三联体阅读框架移动，另两个可能的阅读框架是不含有用遗传信息的。然而，核糖体遇到某些 mRNA 可在翻译的一定位点上发生"打嗝"或"跳跃"，由此改变阅读框架。此过程称为核糖体移码，或**程序性阅读框架移位**（programmed reading frame shift），简单称为**翻译移码**（translational frameshifting）。翻译移码可能与 mRNA 的高级结构有关。这一机制可以使一个 mRNA 产生两个或更多相互有关但是不同的蛋白质，也可以借以调节蛋白质的合成。

（四）RNA 生物功能的多样性

按照传统的观点，RNA 只是基因表达的中间物，主要功能是控制蛋白质的生物合成。上世纪 80 年代初发现 RNA 也具有催化功能，称之为核酶，从而破除了"酶一定是蛋白质"的传统观点，也破除了"RNA 的功能只是控制蛋白质的合成"这一传统观点。此后 RNA 的重要功能不断有新的发现。归纳起来，RNA 的主要功能有以下几个方面：

第一，RNA 在遗传信息的翻译中起着决定的作用。蛋白质生物合成是生物机体最复杂也是最重要的代谢过程，三类 RNA 共同承担并完成这一过程。rRNA 起着装配（assembler）作用，tRNA 起着信息转换（adaptor）的作用，mRNA 起信使（messenger）的作用。蛋白质是在核糖体上合成的。按照传统的观点，催化肽键形成的肽基转移酶活性应归之于核糖体上一个或几个蛋白质。1992 年，H. F. Holler 等证明，该活性是由大亚基 rRNA 所催化，而核糖体蛋白质被认为只起辅助作用。2000 年在多个实验室共同努力下，核糖体小亚基和大亚基高分辨率的结构已被揭示，在蛋白质合成的活性中心只有 rRNA，核糖体蛋白质位于外周，从结构角度证明了蛋白质是由 RNA 控制合成的。

第二，RNA 具有重要的催化功能和其他持家功能。20 世纪 80 年代初由 Cech 和 Altman 首先发现 RNA 有催化功能。随后陆续发现一些噬菌体、类病毒（viroid）、拟病毒（virusoid）和卫星 RNA 在复制过程中能够自我切割和环化。自然界存在的核酶多数催化自身加工反应。催化分子间反应的核酶通常都与蛋白质结合，形成核糖核蛋白复合物，如 RNase P、1,4-α-葡聚糖分支酶、马铃薯邻苯二酚氧化酶、端粒酶等。从这些复合物中分离出的 RNA，有些单独即具催化活性，多数单独无催化活性。生物体内一些非常重要的 RNA-蛋白质颗粒，如核糖体、剪接体、编辑体等也可以看成是核酶的复合物。RNA 的持家功能包括形成细胞的结构成分，如原核和真核生物染色体的结构 RNA，噬菌体的**装配 RNA**（packaging RNA，**pRNA**）等。

第三，RNA 转录后加工和修饰依赖于各类小 RNA 和其蛋白质复合物。RNA 转录后加工十分复杂，除少数比较简单的过程可以直接由酶完成外，通常都要由一些特殊的 RNA 参与作用。它们或选择加工部位，或完成加工反应，并且这些 RNA 常与蛋白质形成复合物，如 UsnRNP。近年来发现核仁中存在大量小 RNA（snoRNA），它们与 rRNA 前体的加工有关，包括断裂、甲基化、假尿嘧啶核苷的形成。另一特点是，snoRNA 不是由其单独的基因所编码，而是由切除的内含子片段加工而成。有关 RNA 的信息加工，前面已有介绍，这里不再重复。

第四，RNA 对基因表达和细胞功能具有重要调节作用。**反义 RNA**（antisense RNA）可通过与靶部位序列互补而与之结合，或直接阻止其功能，或改变靶部位构象而影响其功能。早期发现的 **micRNA**（mRNA interfering complementary RNA）可调节 mRNA 的翻译。一般 micRNA 结合于 mRNA 的 5′端，但也有结合于 3′端的。近年来发现一系列 **siRNA**（small interfering RNA）和 **miRNA**（microRNA），前者用于对付入侵基因或基因的不正常表达，使之沉默；后者调节机体生长发育过程中的基因表达。例如，线虫 *C.elegans* 的 *lin*4 RNA 可结合于 *lin*14 和 *lin*28 mRNA 的 3′非翻译区，影响其翻译功能，*lin*14 和 *lin*28 基因均与控制幼虫发育有关。

细胞应激反应涉及一系列细胞功能和基因表达的调节。大肠杆菌在氧应力诱导下产生一种稳定的小 RNA，称为 OxyS RNA，它可激活或阻遏 40 多种基因的表达，其中包括转录调节因子 Fh1A 和起始因子 σ^s 的基因，并且还具有抗诱变作用。

较早就发现 RNA 在个体发育和组织分化中起重要调节作用。例如，异配动物的性决定和剂量补偿可由 RNA 进行调节。果蝇和哺乳动物雌性细胞带有两条 X 染色体,雄性细胞带有一条 X 染色体和一条 Y 染色体。果蝇通过活化雄性细胞的 X 染色体,使其转录水平达到雌性细胞两条 X 染色体的转录水平,这种活化作用是由 X 染色体编码的 **roX1 RNA** 所调节。哺乳动物采取另一种**剂量补偿机制**,在发育早期雌性细胞两条 X 染色体中的一条随机失活,以浓缩的异染色质小体形式存在,由此使雌性细胞 X 连锁基因表达水平与雄性细胞相当。X 染色体失活的起始和维持均由 **Xist RNA** 介导,该 RNA 是从失活 X 染色体上所产生。

第五,RNA 在生物的进化中起重要作用。RNA 进化的研究一直是一个十分活跃的领域。核酶的发现表明 RNA 既是信息分子,又是功能分子,生命起源早期可能首先出现的是 RNA。据此 W. Gilbert 提出"RNA 世界"的假说,这对"DNA 中心"的观点是一次有力的冲击。如果说生物大分子的合成在一定程度上反映了它们的演化历史,那么 RNA 就是最具复杂演化历史的生物大分子,它的转录后加工远比任何一类大分子合成后加工都更复杂。从 RNA 的剪接过程中可以推测到蛋白质及基因由模块构筑的演化历程。剪接和编辑可以降低基因突变的危害,增加遗传信息的多样性,促进生物进化。RNA 也可能是某些获得性遗传的分子基础。

逆转座子是基因组的不稳定因素,它们能够促进基因组的流动性,并在进化中成为形成新的基因和调控元件的种子。上述许多问题目前还知道不多,有待更深入研究。

(五) RNA 的降解

基因表达可在不同水平上进行调节。RNA 降解是涉及基因表达的一个重要环节。rRNA 和 tRNA 是稳定的 RNA,其更新率较低;mRNA 是不稳定 RNA,其更新率非常高。因为 mRNA 与其编码基因的表达活性直接有关,不同的 mRNA 需要以不同速度进行降解。对于一个基因产物仅短暂需要的 mRNA,其半寿期只有几分钟,甚至几秒钟。然而,细胞对基因产物如果恒定需要,其 mRNA 将在细胞的许多世代中都是稳定的。脊椎动物细胞 mRNA 的平均半寿期约为 3 h,细胞每一世代中各类 mRNA 约周转 10 次。细菌 mRNA 的半寿期大约只有 1.5 min,以适应快速生长和对环境作出快速反应的要求。

在所有细胞中都存在各种核糖核酸酶,可以降解 RNA。但由核糖外切核酸酶按 5′→3′方向降解 RNA 较为常见,虽然 3′→5′核糖外切核酸酶也存在。在细菌中,通常 mRNA 还未转录完,已有核糖体跟着结合上去进行翻译,经过几轮翻译,mRNA 即被降解。具有不依赖于 *rho* 因子终止子的 mRNA 其末端可形成发夹结构,因而具有对降解的稳定性。类似的发夹结构可以使多顺反子 mRNA 的某些部分变得更加稳定。在真核细胞中,3′多聚腺苷酸尾巴对许多 mRNA 的稳定性十分重要。真核生物 mRNA 降解的主要途径首先是 poly(A) 尾巴的缩短。去腺苷酸化既能诱发 5′端脱掉帽子结构,然后由 5′→3′方向降解 RNA;也能直接由 3′→5′方向降解 mRNA。

三、RNA 指导下 RNA 和 DNA 的合成

核糖核酸(RNA)在遗传信息表达和调节中的重要作用已如上述。在有些生物中,核糖核酸也可以是遗传信息的基本携带者,并能通过复制而合成出与其自身相同的分子。例如,某些 RNA 病毒,当它侵入寄主细胞后可借助于**复制酶**(replicase)(RNA 指导的 RNA 聚合酶)而进行病毒 RNA 的复制。遗传信息还可以从 RNA 传递给 DNA,即以 RNA 为模板借助逆转录酶(RNA 指导的 DNA 聚合酶)合成 DNA。

(一) RNA 的复制

从感染 RNA 病毒的细胞中可以分离出 RNA 复制酶。这种酶以病毒 RNA 作模板,在有 4 种核苷三磷酸和镁离子存在时合成出互补链,最后产生病毒 RNA。用复制产物去感染细胞,能产生正常的病毒。可见,病毒的全部遗传信息,包括合成病毒**外壳蛋白质**(coat protein)和各种有关酶的信息均贮存在被复制的 RNA 之中。

1. 噬菌体 Qβ RNA 的复制

复制酶的模板特异性很高,它只识别病毒自身的 RNA,而对宿主细胞和其他与病毒无关的 RNA 均无反应。例如,噬菌体 Qβ 的复制酶只能以 Qβ RNA 作模板,而代用与其类似的噬菌体 MS2、R17 和 f2RNA 或其他 RNA 都不行。

噬菌体 Qβ 是一种直径为 20 nm 的正二十面体小噬菌体,含 30% 的 RNA,其余为蛋白质。RNA 为相对分子质量 1.5×10^6 的单链分子,由约 4 500 个核苷酸组成,含有编码 3~4 个蛋白质分子的基因。其有关蛋白质为:成熟蛋白(A 或 A_2 蛋白)、外壳蛋白和复制酶 β 亚基。Qβ 还含有另一特异蛋白质称之为 A_1,它是完整病毒的次要组分。氨基酸序列分析表明,A_1 蛋白 N 端氨基酸序列与外壳蛋白一致。推测编码 A_1 蛋白的 RNA 序列具有两个终止位点,在第一个位点终止时仅产生外壳蛋白,但如通读过去直到第二个终止位点,这样就产生 A_1 蛋白。Qβ 的基因次序是:

5′端-成熟蛋白-外壳蛋白(或 A_1 蛋白)-复制酶 β 亚基-3′端

Qβ 复制酶有 4 个亚基,噬菌体 RNA 只编码其中的 β 亚基,另外 3 个亚基(α、γ 和 δ)则来自宿主细胞。现已证明,α 是核糖体的蛋白质 S1。γ 和 δ 是宿主细胞蛋白质合成系统中的肽链延长因子 EF-Tu 和 EF-Ts。它们的性质和功能总结于表 32-8。

表 32-8　Qβ 复制酶亚基的性质和功能

亚基名称	相对分子质量	来源	功能
I (α)	65 000	宿主细胞核糖体的蛋白质 S1	与噬菌体 Qβ RNA 结合
II (β)	65 000	噬菌体感染后合成	聚合反应中磷酸二酯键形成的活性中心
III (γ)	45 000	宿主细胞的 EF-Tu 因子	与底物结合,识别模板并选择底物
IV (δ)	35 000	宿主细胞的 EF-Ts 因子	稳定 α、γ 亚基结构

当噬菌体 Qβ 的 RNA 侵入大肠杆菌细胞后,其 RNA 可以直接进行蛋白质的合成。通常将具有 mRNA 功能的链称为正链,而它的互补链为负链;故噬菌体 Qβ RNA 为正链。在噬菌体特异的复制酶装配好后不久,就被吸附到正链 RNA 的 3′端,以正链为模板合成出负链 RNA,直至合成进程结束,负链从模板上释放。同样的酶又吸附到负链 RNA 的 3′端,并以负链为模板合成正链(图 32-30)。所以两条链都是由

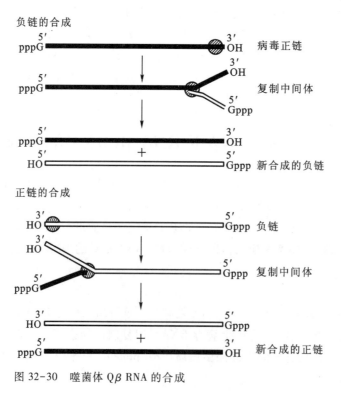

图 32-30　噬菌体 Qβ RNA 的合成

$5'→3'$ 方向延长。在最适宜条件下,无论正链或负链的合成速度均为每秒 35 个核苷酸。

噬菌体 RNA 通过回折形成大量短的双螺旋区,在此二级结构基础上还可形成紧密的三级结构。噬菌体 RNA 的高级结构参与翻译的调节控制。当噬菌体 RNA 处于天然高级结构状态时,成熟蛋白质基因的起始区处于折叠结构之中,无法与核糖体结合,因而被关闭。只有刚完成复制的噬菌体 RNA,成熟蛋白质基因的起始区才能接受核糖体,进行成熟蛋白质的翻译。同样,RNA 复制酶亚基的合成起始区与外壳蛋白质基因部分序列碱基配对,核糖体能直接启动外壳蛋白合成,但不能直接启动 RNA 复制酶亚基的合成。只有当外壳蛋白合成过程中核糖体使双链结构打开,RNA 复制酶亚基的起始区才能接受核糖体,并开始复制酶亚基的合成(图 32-31)。通过这种方式可以控制各种蛋白质合成的时间和合成的量。

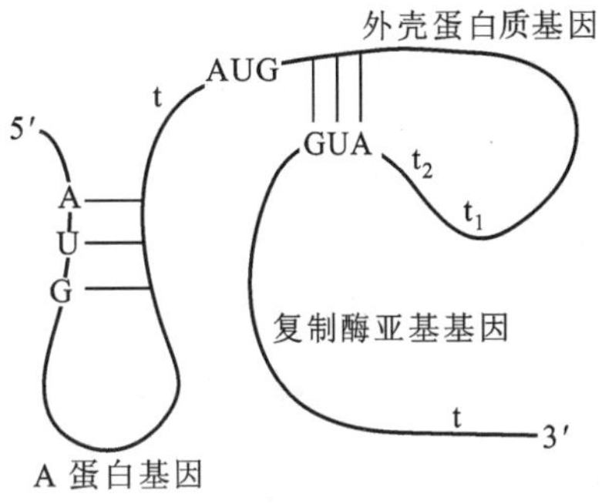

图 32-31　Qβ RNA 翻译和复制的自我调节
A 蛋白质基因和复制酶亚基基因的起始区可通过碱基配对形成双螺旋,AUG 是起始密码子。外壳蛋白质基因有两个终止位点,t_1 和 t_2。刚复制的 Qβ RNA 可启动 A 蛋白质的合成,复制酶亚基的合成有赖于外壳蛋白的合成

当以正链为模板合成负链时,除需要复制酶外,还需要两个来自宿主细胞的蛋白质因子,称为 HFI 和 HFII。但是,由负链为模板合成正链时并不需要这两个因子。在感染后期,噬菌体 RNA 大量合成,这时正链 RNA 的合成远超过负链 RNA 的合成,其原因就是宿主的蛋白质因子起了限速作用。

进化的压力使病毒具有极高的复制效率,精确的识别和控制机制,并且尽量依赖宿主的条件。病毒的一个显著特点是,它的各组成成分常具有多种复杂的功能。例如,Qβ 复制酶不仅能将噬菌体 RNA 与大量存在于宿主细胞的 RNA 区别开来,特异地催化噬菌体 RNA 的复制;而且还能强力地抑制核糖体结合到 Qβ 的 RNA 上,起蛋白质合成阻遏物的作用,这在病毒复制的早期有重要意义。再如,作为病毒颗粒结构组分的外壳蛋白,同时又是复制酶合成的调节(阻遏)蛋白,因此感染后期当外壳蛋白的需要达到高潮时,复制酶的合成即大大降低。

2. 病毒 RNA 复制的主要方式

RNA 病毒的种类很多,其复制方式也是多种多样的,归纳起来可以分成以下几类:

(1) 病毒含有正链 RNA　进入宿主细胞后首先合成复制酶(以及有关蛋白质),然后在复制酶作用下进行病毒 RNA 的复制,最后由病毒 RNA 和蛋白质装配成病毒颗粒。噬菌体 Qβ 和**脊髓灰质炎病毒**(poliovirus)即是这种类型的代表。脊髓灰质炎病毒是一种**小 RNA 病毒**(picornavirus)。它感染细胞后,病毒 RNA 即与宿主核糖体结合,产生一条长的多肽链,在宿主蛋白酶的作用下水解成 6 个蛋白质,其中包括 1 个复制酶,4 个外壳蛋白和 1 个功能还不清楚的蛋白质。在形成复制酶后病毒 RNA 才开始复制。

(2) 病毒含有负链 RNA 和复制酶　例如,**狂犬病病毒**(rabies virus)和**马水疱性口炎病毒**(vesicular-stomatitis virus)。这类病毒侵入细胞后,借助于病毒带进去的复制酶合成出正链 RNA,再以正链 RNA 为模板,合成病毒蛋白质和复制病毒 RNA。

(3) 病毒含有双链 RNA 和复制酶　例如,**呼肠孤病毒**(reovirus)。这类病毒以双链 RNA 为模板,在病毒复制酶的作用下通过不对称的转录,合成出正链 RNA,并以正链 RNA 为模板翻译成病毒蛋白质。然后再合成病毒负链 RNA,形成双链 RNA 分子。

(4) 致癌 RNA 病毒　主要包括**白血病病毒**(leukemia virus)和**肉瘤病毒**(sarcoma virus)等逆转录病毒。它们的复制需经过 DNA 前病毒阶段,由逆转录酶所催化。这类病毒的复制过程,后面再予详细介绍。

不同类型的 RNA 病毒产生 mRNA 的机制大致可分为 4 类(图 32-32)。由病毒 mRNA 合成各种病毒蛋白质,再进行病毒基因组的复制和病毒装配。因此病毒 mRNA 的合成在病毒复制过程中处于核心地位。

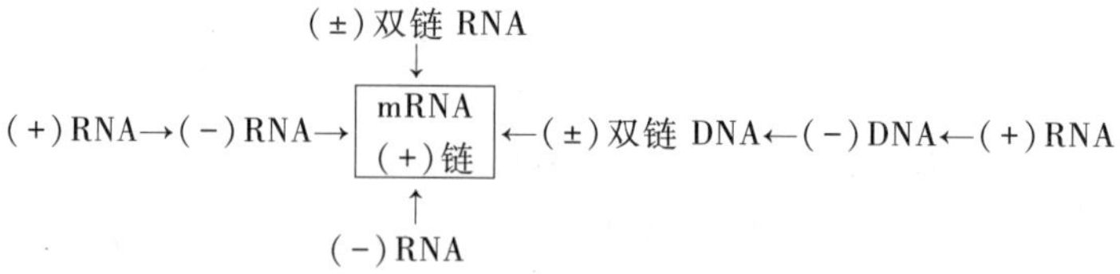

$$(\pm)\text{双链 RNA}$$
$$\downarrow$$
$$(+)\text{RNA}\rightarrow(-)\text{RNA}\rightarrow\boxed{\begin{array}{c}\text{mRNA}\\(+)\text{链}\end{array}}\leftarrow(\pm)\text{双链 DNA}\leftarrow(-)\text{DNA}\leftarrow(+)\text{RNA}$$
$$\uparrow$$
$$(-)\text{RNA}$$

图 32-32　RNA 病毒合成 mRNA 的不同途径

（二）RNA 的逆转录

以 RNA 为模板、即按照 RNA 中的核苷酸序列合成 DNA，这与通常转录过程中遗传信息流从 DNA 到 RNA 的方向相反，故称为**逆转录**（reverse transcription）。催化逆转录反应的酶最初是在致癌 RNA 病毒中发现的。

1. 逆转录酶的发现

1970 年，Temin、Mizufani 以及 Baltimore 分别从致癌 RNA 病毒中发现**逆转录酶**（reverse transcriptase），这就有力证明了 Temin 的**前病毒学说**（provirus theory）。

致癌 RNA 病毒是一大群能引起鸟类、哺乳类等动物白血病和肉瘤以及其他肿瘤的病毒。这类病毒侵染细胞后并不引起细胞死亡，却可以使细胞发生恶性转化。Temin 等注意到致癌 RNA 病毒的复制行为与一般 RNA 病毒不同，用特异的抑制物（放线菌素 D）能抑制致癌 RNA 病毒的复制，但不能抑制一般 RNA 病毒的复制。已经知道放线菌素 D 专门抑制以 DNA 为模板的反应，可见致癌 RNA 病毒的复制过程必然涉及 DNA。Temin 于 1964 年提出了前病毒的假设，认为致癌 RNA 病毒的复制需经过一个 DNA 中间体（即前病毒），此 DNA 中间体可部分或全部整合（integration）到细胞 DNA 中，并随细胞增殖而传递至子代细胞。细胞的恶性转化就是由前病毒引起的。前病毒学说的一个关键，即是认为遗传信息可以由 RNA 传递给 DNA。这种观点虽然能解释一些现象，但却不能被当时生物学界所接受；因为按照传统的"中心法则"，遗传信息的传递只能由 DNA 到 RNA 然后再到蛋白质，是一种单向进行的过程。为了证明前病毒学说，促使 Temin 等人努力去寻找逆转录酶。

Bader 用嘌呤霉素（puromycin）抑制静止细胞的蛋白质合成，发现这种细胞仍然能感染劳氏肉瘤病毒（RSV，一种致癌 RNA 病毒），说明有关的酶不是感染后在细胞中合成的，而是在病毒中早已存在并由病毒带进细胞的。在这之后陆续报道在病毒粒子中发现有 DNA 聚合酶或 RNA 聚合酶存在。以上结果推动了 Temin 等以及 Baltimore 从致癌 RNA 病毒中寻找合成前病毒的酶，终于在 1970 年分别在劳氏肉瘤病毒和鼠白血病病毒（MLV）中找到了逆转录酶。这一发现具有重要的理论意义和实践意义。它表明不能把"中心法则"绝对化，遗传信息也可以从 RNA 传递到 DNA，从而冲破了传统观念的束缚。它还促进了分子生物学、生物化学和病毒学的研究，为肿瘤的防治提供了新的线索。逆转录酶现已成为研究这些学科的有力工具。Temin 和 Baltimore 于 1975 年因发现逆转录酶而获诺贝尔生理学与医学奖。

2. 逆转录酶的性质

禽类成髓细胞瘤病毒的逆转录酶由一个 α 亚基和一个 β 亚基所组成。α 亚基的相对分子质量为 65 000，它是由相对分子质量为 90 000 的 β 亚基加工产物。鼠类白血病病毒的逆转录酶由一条多肽链组成，相对分子质量为 84 000。该酶由 *pol* 基因所编码。正如所有 DNA 和 RNA 聚合酶一样，逆转录酶亦含有二价金属离子。

逆转录酶催化的 DNA 合成反应以 4 种脱氧核苷三磷酸作为底物，要求有模板和引物，此外还需要适当浓度的二价阳离子（Mg^{2+} 和 Mn^{2+}）和还原剂（以保护酶蛋白中的巯基），DNA 链的延长方向为 $5'\rightarrow3'$。这些性质都与 DNA 聚合酶相类似。当以其自身病毒 RNA 作为模板时，该酶表现出最大的逆转录活力，但是带有适当引物的任何种类 RNA 都能作为合成 DNA 的模板。引物可以是寡聚脱氧核糖核苷酸，也可以是寡聚核糖核苷酸，但必须与模板互补，并且具有游离 3'-OH 末端，其长度至少要有 4 个核苷酸。实验室常用该酶合成 mRNA 的 cDNA。

现在知道,逆转录酶是一种多功能酶,它兼有 3 种酶的活力。① 它可以利用 RNA 作模板,在其上合成出一条互补的 DNA 链,形成 RNA-DNA 杂合分子(RNA 指导的 DNA 聚合酶活力);② 它还可以在新合成的 DNA 链上合成另一条互补 DNA 链,形成双链 DNA 分子(DNA 指导的 DNA 聚合酶活力);③ 除了聚合酶活力外,它尚有核糖核酸酶 H 的活力,专门水解 RNA-DNA 杂合分子中的 RNA。

3. 逆转录病毒的基因组

所有已知的致癌 RNA 病毒都含有逆转录酶,因此被称为**逆转录病毒**(retrovirus)。这类病毒的基因组通常是由两条相同的(+)RNA 链所组成,在 RNA 分子靠近 5′端附近区域以氢键结合在一起,因此在各类病毒中是独特的二倍体。基因组 RNA 的两端具有同样的序列,成为正向重复。5′端有帽子结构($m^7G^{5′}ppp^{5′}N-$),3′端有多聚腺苷酸,与一般真核生物 mRNA 相似。(+)RNA 靠近 5′端处还通过碱基配对带有 1 分子宿主 tRNA,以作为逆转录的引物。某些鸟类逆转录病毒携带的是 $tRNA^{Trp}$,鼠类是 $tRNA^{Pro}$,人**嗜 T 淋巴细胞病毒**(human T lymphotropic virus, HTLV)也是 $tRNA^{Pro}$,而**获得性免疫缺损综合征**(acquired immunodeficiency syndrome, AIDS)病毒是 $tRNA^{Lys}$。

典型的逆转录病毒 RNA 基因组长约 7000~10 000 个核苷酸,携带 3 个基因:*gag*、*pol* 和 *env*。*gag* 和 *pol* 通常翻译成一条长的多肽链,由病毒的蛋白酶切成 6 个蛋白。*gag*(group associated antigen)基因编码病毒颗粒内的核心蛋白,包括基质(matrix, MA)、衣壳(capsid, CA)和核衣壳(nucleocapsid, NC)3 个蛋白。*pol* 基因编码蛋白酶、整合酶(integrase)和逆转录酶。许多逆转录酶含有 α 和 β 两个亚基,α 亚基是由 β 亚基被蛋白酶切去 C 端后形成的;也有只含一条多肽链。*env* 基因编码**被膜**(envelope)蛋白,其 RNA 经剪接后翻译成一条多肽链,由蛋白酶切成两个蛋白,即**表面蛋白**(surface protein, SU)和**跨膜蛋白**(transmembrane, TM)。

劳氏肉瘤病毒的 RNA 基因组还有第 4 个基因(*src*),为病毒携带的**癌基因**(v-onc),仅与转化宿主细胞有关,对病毒自身繁殖并非必需。目前已知肉瘤病毒携带的癌基因编码一种酪氨酸蛋白激酶,它的高表达造成细胞分裂失控。人嗜 T 淋巴细胞病毒和获得性免疫缺损综合征病毒的基因组更为复杂,除 *gag*、*pol* 和 *env* 基因外,还有多个开放阅读框架,编码不同功能的蛋白质。其中有些框架序列被内含子分开,需要经过剪接才能翻译。图 32-33 显示某些逆转病毒的基因组。

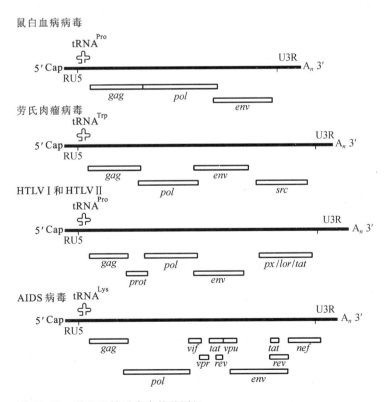

图 32-33　某些逆转录病毒的基因组

▭ 开放阅读框架,其中有些阅读框架被内含子分开

4. 逆转录的过程

逆转录病毒的生活周期十分复杂。借助于病毒颗粒的表面蛋白和跨膜蛋白,使病毒与宿主细胞相融合,病毒颗粒所携带的基因组 RNA 以及逆转录和整合所需要的引物(tRNA)和酶(逆转录酶、整合酶)得以进入宿主细胞内。在细胞质内发生病毒 RNA 的逆转录,由 cDNA 进入细胞核,在整合酶帮助下整合到宿主染色体 DNA 内,成为**前病毒**(provirus)。前病毒可随宿主染色体 DNA 一起复制和转录。只有整合的前病毒 DNA 转录的 mRNA 才能翻译产生病毒蛋白质,刚进入细胞的病毒 RNA 是无翻译活性的。因此,逆转录和整合所需的酶必须由病毒颗粒所携带。由此可见,在逆转录病毒生活周期中最关键的是逆转录过程。

逆转录过程可分为十步反应,其中需要经过逆转录酶两次转换模板(或称为两次跳跃)。首先,由结合在靠近 5′ 端**引物结合位点**(primer-binding site,PBS)的 tRNA 作为引物,在逆转录酶作用下合成 **U5**(unique to the 5′ end)和 **R**(repeat)区的互补序列。第二步,由逆转录酶的 RNase H 将模板 RNA 的 U5 和 R 区水解掉。第三步,新合成的(−)链 DNA 3′ 端 R 区与模板 RNA 3′ 端的 R 区配对,这是第一次逆转录酶转换模板(跳跃)。第四步,(−)链 DNA 继续延长。第五步,模板 RNA 的 U3(unique to the 3′ end)、R 和 poly(A)$_n$ 被水解掉,5′ 端也开始被水解,保留 3′ 端附近的**多聚嘌呤片段**(poly purine tract,PPT)作为合成(+)链 DNA 的引物。第六步,(+)链 DNA 开始合成。第七步,引物 tRNA 被降解掉。第八步,(+)链 DNA 与(−)链 DNA 在 PBS 位点处配对,酶第二次转换模板(跳跃)。第九步,继续合成双链 DNA。第十步,两末端序列重复合成形成**长末端重复序列**(long terminal repeat,LTR)。全部过程如图 32−34 所示。

逆转录产生的线型双链 cDNA 进入核内即可发生整合。逆转录病毒 DNA 的整合机制与转座子的转座过程类似。前病毒的两端 LTR 各失去 2 bp,两侧形成 4~6 bp 的正向重复。逆转录病毒 RNA 是从整合的前病毒 DNA 上经转录而来。它们转运到胞质,在那里进行翻译。基因组 RNA 和病毒蛋白质转移到质膜,经装配通过出芽的方式形成新的病毒颗粒(图 32−35)。

5. 逆转录的生物学意义

病毒只是游离的基因或基因组,这就是说病毒 RNA 的逆转录过程是细胞所具有的,而并不仅限于病毒,虽然最初逆转录过程是从病毒中发现的。其后发现众多的逆转座子,表明逆转录过程在细胞中频繁发生。但是在一般的细胞中并无可觉察的逆转录酶活性。其实端粒酶就是一种逆转录酶,其活性只存在于胚胎和肿瘤细胞中。可能细胞的逆转录酶只在一定条件下才能表达,这也是细胞染色体遗传信息得以保持相对稳定的一个原因。

逆转录过程的发现,对中心法则是一次冲击,并且扩充了其内容。DNA 和 RNA 之间遗传信息流虽以双向箭头来表示,但并不是所有 DNA 的遗传信息都能传递给 RNA,而且传递受到严格的调节控制;而遗传信息从 RNA 传递给 DNA 更受限制。它们之间的相互关系正是遗传、发育和进化的核心问题之一。

逆转录病毒能够转导宿主的染色体 DNA 序列。通过重组,前病毒 DNA 可以与宿主染色体 DNA 组合在一起,由此产生的病毒有时以宿主的一段 DNA 序列取代了自身的基因片段,故而是复制有缺陷的,不能依靠自身完成感染周期。逆转录病毒的二倍体基因组对于细胞 DNA 序列的转导十分重要。由于二倍体的存在,一个基因组发生重组,造成功能上的缺陷;另一个仍是正常的,可提供所失去的病毒功能。如果重组病毒携带了宿主控制细胞生长分裂的原癌基因,使其以异常高的水平表达,或经突变失去了调节机制,就成为癌基因。逆转录过程的发现,有助于人们对 RNA 病毒致癌机制的了解,并对防治肿瘤提供了重要线索和途径。

1983 年发现**人类免疫缺陷病毒**(human immune deficiency virus,HIV),它是一类逆转录病毒,其 RNA 基因组中除一般常见基因外,还有一些特殊的基因,使其表现出不寻常的行为。通常逆转录病毒侵入细胞后并不杀死宿主细胞,而是发生病毒基因组的整合,带有癌基因的病毒可引起宿主细胞转化。但是 HIV 却不同,它感染(主要是 T 淋巴细胞)后即杀死细胞,造成宿主机体免疫系统损伤,引起艾滋病(AIDS)。根据艾滋病的起因和逆转录过程已设计和研制了一批治疗药物。药物作用的靶部位主要选择对逆转录病

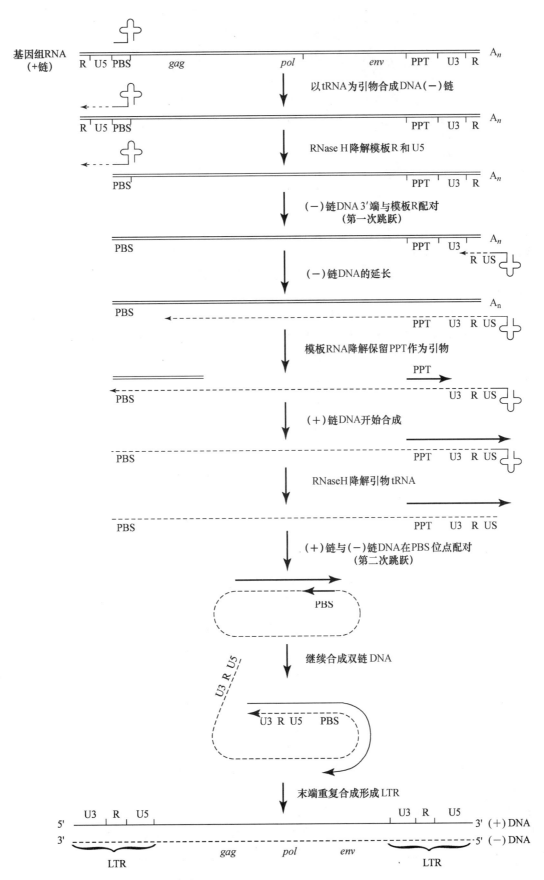

图 32-34　逆转录病毒 DNA 的合成

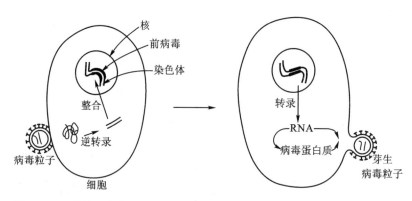

图 32-35 逆转录病毒的生活周期

毒特异的逆转录酶和蛋白酶,其中治疗效果较好的有**叠氮胸苷**(3′-azido-2′,3′-dideoxythymidine,AZT)和**双脱氧肌苷**(2′,3′-dideoxyinosine,DDI)。AZT 原设计作为抗肿瘤药物,临床试验发现它抗肿瘤的效果很不理想,但是意外发现它对 AIDS 有很好疗效。当 AZT 被 T 淋巴细胞吸收后,即转变为 AZT 三磷酸,而 HIV 的逆转录酶对 AZT 三磷酸有很高亲和力,从而竞争性抑制了酶对 dTTP 的结合。当 AZT 加入到 DNA 链生长的 3′端时,病毒 DNA 链的合成迅即终止。AZT 对 T 淋巴细胞的毒性不大,因为细胞 DNA 聚合酶对其亲和力较低。然而对骨髓细胞却有较大毒性,尤其是红细胞的祖细胞,因此采用 AZT 治疗常会引起贫血,这是该类药物的缺点。DDI 具有类似的作用机制。AZT 和 DDI 的结构式如下:

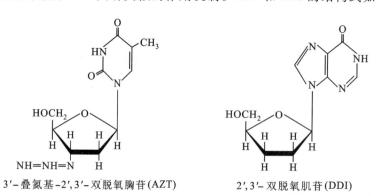

3′-叠氮基-2′,3′-双脱氧胸苷(AZT)   2′,3′-双脱氧肌苷(DDI)

嗜肝 DNA 病毒(Hepadnavirus),如**乙型肝炎病毒**(Hepatitis B virus),在复制周期中也需经过逆转录的步骤。乙型肝炎病毒的基因组是一个带缺口的环状 DNA 分子,其大小为 3 200 bp。病毒粒子中携带有 DNA 聚合酶(即逆转录酶)和蛋白质引物。当细胞感染乙型肝炎病毒后,基因组 DNA 的缺口即由 DNA 聚合酶所填补,从而形成闭环分子,然后转录产生(+)链 RNA。RNA 被装配到核壳内,在那里进行逆转录,最后加上外壳成为成熟的病毒粒子。由此可见,嗜肝 DNA 病毒的复制过程与逆转录病毒很相像,二者均有逆转录的阶段。但它们之间也有明显的差别:① 嗜肝 DNA 病毒含 DNA,其复制过程为 DNA→RNA→DNA;逆转录病毒含 RNA,其复制过程为 RNA→DNA→RNA;② 嗜肝 DNA 病毒以蛋白质作为合成(-)链 DNA 的引物;逆转录病毒则以 tRNA 作为合成(-)链 DNA 的引物;③ 在复制过程中,逆转录病毒的前病毒 DNA 形成长末端重复序列;嗜肝 DNA 病毒则否;④ 逆转录病毒能有效地将其前病毒 DNA 整合到细胞 DNA 中去,嗜肝 DNA 病毒只能低频随机整合。这可能与嗜肝 DNA 病毒缺乏长末端重复序列和整合酶有关。

逆转录病毒和嗜肝 DNA 病毒严重危害人类健康并给畜牧业造成损失,然而将它们进行改造,也可以成为向细胞内引入外源遗传信息的有效工具。尤其是逆转录病毒,经过改建,它能成为理想的信息载体,用于肿瘤和遗传病等的基因治疗。在这方面,已取得了令人鼓舞的初步成功。

（三）逆转座子的种类和作用机制

真核生物的基因组内存在大量分散的重复序列,使基因组变得极为庞大。现在知道,基因组的分散重复序列主要是由一些**移动因子**(mobile element)所组成。DNA 重组一章已对转座子作了介绍。另一类移动因子因其在转座过程中需要以 RNA 为中间体,经逆转录再分散到基因组中,故称之为**逆转座子**(retroposon)。过去曾将逆转座子看成是一些无用的、"自私的"、进入进化死端的 DNA,认为它们只不过被杂乱堆放在基因组内。最近有关逆转座子活动和作用的一些发现表明,这一观点并不正确;逆转座子可能在基因组结构动态变化中起着关键的作用,故有深入研究的必要。

1. 逆转座子的结构特点

逆转座作用的关键酶为逆转录酶和整合酶。自身编码逆转录酶和/或整合酶的非传染性转座因子称为**逆转录转座子**(retrotransposon)。按其结构特征可分为两类:一类具有与逆转录病毒类似的长末端重复(LTR)结构,并含 *gag* 和 *pol* 基因,但无被膜蛋白基因 *env*,不形成细胞外相。这类中包括酵母的 Ty 因子,果蝇的 copia 和 gypsy,玉米的 Bs1,啮齿类的 LAP,人类的 THE1。另一类不具有 LTR,但有 3′poly(A),其中心编码区含有与 *gag* 和 *pol* 类似的序列,5′端常被截短,其中包括果蝇的 I 因子,哺乳类的**长分散因子**(又称长散在元件,long interspersed element,LINE)L1 和线粒体质粒等。它们的结构如图 32-36 所示。

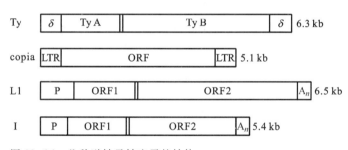

图 32-36　几种逆转录转座子的结构

另一方面,真核生物由于转录和翻译在空间上和时间上均被分隔开,逆转座有关的酶并不一定需要由移动因子自身编码,可以由其他基因通过反式作用供给。因此,几乎所有种类的细胞 RNA 都能产生其逆转座序列。自身不编码逆转录酶的逆转座子,包括由 RNA 聚合酶 II 转录物(各种 mRNA 和 snRNA)形成的逆基因和逆假基因;由 RNA 聚合酶 III 转录物(tRNA、4.5S RNA、7SK RNA、7SL RNA、Alu 序列等)形成的**短分散因子**(又称短散在元件,short interspersed element,SINE)。它们的共同结构特点是无内含子,无重复末端,通常有 3′poly(A),5′端或 3′端可能被截短。

2. 逆转座子的转座作用

一般认为逆转座子插入基因组的位点是随机的,但实际上它仍有一定程度的选择,并非完全任意。某些有关序列有较高的整合频率,具体机制目前还不清楚。

逆转录转座子自身能编码整合酶,它们整合部位的两侧有固定长度的正向重复,表明整合酶能交错切开靶序列,整合后通过复制而使靶序列倍增。通常整合酶对靶序列并无严格选择,但交错切开的长度是固定的。然而,逆基因和逆假基因两侧的正向重复长度却不固定,最短为零,最长可达 41 bp,不像是由整合酶交错切开而成,很可能是随机插入染色体 DNA 的断裂部位,再由连接酶接上。DNA 富含 AT 区最易断裂,由此可以理解为什么该区是插入热点。许多逆转座子具有 3′poly(A)结构,它在整合中可能起一定作用。另外,活性基因 5′端上游的 **DNase I 超敏感区**是染色体 DNA 暴露的部位,易于和各种因子接触,也是较易整合的部位。

人类的 **Alu 家族**与 **7SL RNA**(信号识别颗粒的 RNA)的两端序列高度同源,其中间和 3′端为连续的 A。当 7SL RNA 发夹结构的中间部分被切除后再连接,即构成 Alu 序列。人类 Alu 序列常以二聚体(或四聚体)形式存在;灵长类和啮齿类常为单体。它们内部都有 RNA 聚合酶 III 启动子。RNA 聚合酶 III 转录终止于 oligo(U),U_n 回折与 A_n 配对可引发 cDNA 的合成。Alu 序列可能以这种方式得以大量扩增。在人类单倍体基因组中它的拷贝数可达 50 万以上,是拷贝数最多的一种逆转座子。实验表明,Alu RNA 的二级结构为其逆转座所必需。

3. 逆转座子的生物学意义

逆转座子广泛分布于真核生物的基因组中,必将对真核生物基因组的功能带来影响。归纳起来可能有以下几方面的作用:

(1) 逆转座子对基因表达的影响　逆转录转座子的两个 LTR 包括 U3、R 和 U5 序列。U3 区含增强子以及转录起始信号,U5 区含有 poly(A) 加工信号。左 LTR 可启动自身基因的表达,右 LTR 可启动邻近宿主基因的表达。逆转录转座子编码有关逆转座作用的酶,它们可造成细胞内 RNA 的逆转座作用。一般的逆转座子不编码逆转座的酶,它们只有顺式作用,对宿主基因表达的影响与其整合的部位有关。当它们插入基因的编码序列和启动子序列时即造成基因失活;插入基因 3′ 和 5′ 非翻译区或内含子时可能会影响到基因的转录、转录后加工或翻译过程,有时还会影响表达的组织特异性和发育阶段性。

(2) 逆转座子介导基因的重排　逆转座子自身在复制时易发生重排,已如上所述。分散在真核生物基因组中的大量逆转座子是基因组的不稳定因素,它们可引起基因组序列的删除、扩增、倒位、移位及断裂等重排。由逆转座子介导的基因重排有时可引起人类某些遗传疾病的形成。例如,血友病 A 是由于缺乏凝血因子Ⅷ所致,经分析知道这是因为 L1 因子插入该凝血因子基因造成的。已知癌基因的形成和活化与基因重排有关。据文献报道,发现一些肿瘤组织的特定基因位点内存在 L1,但其周围正常细胞的该位点则不存在 L1 因子。人类基因组中 L1 因子的拷贝数大于 10 000,该因子造成了人类的许多遗传突变。

(3) 逆转座子在生物进化中的作用　逆转座子除了能够促进基因组的流动性,从而有利于遗传的多样性外;它们散布在基因组中,还可成为基因进化的种子,通过突变而形成新的基因、基因的结构域,或是与先存的基因匹配成为新的调节因子。在众多逆转座子中,也有一些具有表达功能,称为半加工的逆基因。例如,大鼠和小鼠(还有少数鱼类)有两个非等位的前胰岛素原基因,基因Ⅰ在 5′ 非翻译区含有单个小的内含子,而基因Ⅱ除此小内含子外,在 C 肽编码区还有一个大的内含子。比较这两个基因的结构可以看到,基因Ⅰ的两侧有 41 bp 的正向重复,5′ 端有与基因Ⅱ类似的启动子和调控序列,但少一个内含子,3′ 端有 oligo(A)。显然基因Ⅰ是基因Ⅱ的不正常转录产物,即从基因Ⅱ上游至少 0.5 kb 处由另一启动子(或类似序列)转录出来,经部分加工然后逆转座而成。

RNA 较易变异,而且与环境有着更直接的联系,因此它所包含的遗传信息比 DNA 丰富得多。它通过逆转座作用能将所获得的遗传信息逆向转移给 DNA,并促进基因结构域或基因的最优组合。昆虫和哺乳类动物在进化上的优势很可能与它们含有大量活跃的逆转座子有关。逆转座子的功能和活动规律虽还不很清楚,但它们在真核生物进化中无疑起着重要作用。对于逆转座子的深入研究,将有助于对基因组动态结构的了解,并且还能为基因工程的实践提供新的途径和手段。

提　要

DNA 结构稳定,适于贮存遗传信息,转录成 RNA 才便于进行信息加工,使遗传信息得以表达。DNA 指导的 RNA 聚合酶以 4 种 NTP 为底物,需要 DNA 作为模板,Mg^{2+} 能促进反应,RNA 的合成方向为 5′→3′。反应是可逆的,焦磷酸分解使反应趋向聚合。RNA 聚合酶催化的反应无需引物,缺少二重校对。

大肠杆菌 RNA 聚合酶核心酶为 $(\alpha_2\beta\beta'\omega)$,加上 σ 亚基即为全酶。RNA 转录可分为三个阶段,每一阶段又分为若干步。起始阶段由 σ 亚基引导 RNA 聚合酶稳定结合在启动子上,它增加了酶对启动子的亲和力和停留时间;降低了与一般序列的亲和力和停留时间。细胞内存在多种 σ 亚基,可以帮助 RNA 聚合酶选择不同的转录基因。

真核生物 RNA 聚合酶有Ⅰ、Ⅱ和Ⅲ三种,它们分别转录 rRNA、mRNA 和小 RNA,各由 10 多个亚基组成。利用 α-鹅膏蕈碱的抑制作用可以区分这三类 RNA 聚合酶。

启动子是 RNA 聚合酶识别、结合和开始转录的一段序列。原核生物的启动子有两个保守序列,位于 -10 的 Pribnow 框和位于 -35 的识别区。

真核生物的启动子有三类,分别由 RNA 聚合酶 I 、II 和III 进行转录。RNA 聚合酶不能直接区分和结合到不同基因的启动子上,需要借助于诸多转录因子和辅助转录因子才能形成前起始复合物,以进行转录。类别 I 启动子包括核心启动子和上游控制元件两部分,需要 UBF1 和 SL1 因子参与作用。类别 II 启动子包括四类控制元件:基本启动子、起始子、上游元件和应答元件。识别这些元件的反式因子有通用转录因子、上游转录因子和可诱导的因子。类别III 启动子有两类:上游启动子和基因内启动子,分别由装配因子和起始因子促进转录起始复合物的形成和转录。

链的合成经起始后即进入延伸阶段,α 亚基的 CTD 在酶的移动中起重要作用。真核生物有诸多延伸因子参与延伸阶段的作用,主要是阻止转录的暂停或终止。RBPI 的 CTD 协调转录和转录后加工。

转录的终止控制元件为终止子,其辅助因子为终止因子。大肠杆菌有两类终止子:依赖于 rho 因子的终止子和不依赖于 rho 的终止子。Nus 因子帮助 RNA 聚合酶识别终止子。终止子还可用于控制下游基因的表达。

转录的调节是基因表达调节的重要环节,包括时序调节和适应调节。原核生物的操纵子既是表达单位,也是协同调节的单位。调节有正调节和负调节,原核生物以负调节为主。受一种调节蛋白所控制的调节系统称为调节子。不同调节系统间相互影响形成调节网络。真核生物的转录调节与原核生物有相同之处,也有显著的不同。① 真核生物基因不组成操纵子;② 真核生物存在大量顺式作用元件和反式因子,调节更复杂;③ 真核生物的调节以正调节为主,可诱导因子以共价修饰为主;④ 真核生物具有染色质结构水平上的调节。

RNA 生物合成的抑制剂包括嘌呤和嘧啶类似物、DNA 模板抑制物和 RNA 聚合酶抑制物。它们有些可在临床上作为抗生素和抗肿瘤药物,有些只能在实验室供试验用。

RNA 在转录后需要经过一系列复杂的加工过程才能成为成熟的 RNA 分子。原核生物的稳定 RNA(rRNA 和 tRNA)存在切割、修剪、附加、修饰和异构化等加工过程,mRNA 一般在转录的同时即能进行翻译。真核生物 RNA 加工过程更为复杂,mRNA 存在特殊结构,其加工包括 5′端加帽和 3′端聚腺苷酸化。真核生物 RNA 还存在剪接、编辑和再编码等信息加工过程。信息加工可以抽提有用信息,消除错误,适应调节和选择性的表达。RNA 的功能多种多样,归根结底是遗传信息的传递、加工和表达。

RNA 也可以成为遗传信息的基本携带分子,例如,有些病毒的基因组为 RNA 分子。RNA 可借复制将遗传信息由亲代分子传递给子代分子。RNA 的复制由 RNA 指导的 RNA 聚合酶所催化。通常 RNA 复制酶对模板有很高的特异性,并且对 RNA 的复制和翻译,正链和负链的数量等存在调节控制作用。

逆转录酶最初发现于致癌 RNA 病毒。该酶为多功能酶,能以 RNA 为模板合成第一条 cDNA 链(逆转录酶活性),水解除去 RNA-DNA 杂合分子中的 RNA(RNase H 活性),再以 DNA 链为模板合成双链 DNA(DNA 聚合酶活性)。病毒 RNA 的逆转录要求特定 tRNA 为引物。逆转录酶无校正功能,因此错误率较高。逆转录过程共有十步反应,其中有两次逆转录酶在模板上的转移或称为跳跃。逆转录的结果在前病毒的两端出现两个长末端重复(即 U3-R-U5),这是末端重复逆转录和复制所致。长末端重复序列中含有整合位点、加工位点以及启动子和增强子序列,对于前病毒的整合和表达十分重要。

逆转录病毒能够转导宿主 DNA 序列。如果病毒携带了细胞的原癌基因,使其高水平表达或失去调控即成为癌基因。人免疫缺损病毒主要侵染 T 淋巴细胞,它在感染后即杀死宿主细胞,造成获得性免疫缺损综合征(AIDS)。逆转录过程的研究不仅揭示了 DNA 和 RNA 之间的关系,而且也为 RNA 病毒致癌和艾滋病等的治疗提供新的途径。

由 RNA 逆转录和整合而形成的遗传因子即为逆转座子。逆转座子有两类,一类自身编码逆转录酶/整合酶;另一类自身不能编码有关的酶,而依赖于其他来源。事实上任何 RNA 都能经逆转录和整合而成为逆转座子。具有整合酶和整合位点的逆转座子以较高的效率发生整合。具有 poly(A)$_n$ 结构的逆转座子易于结合在染色体富含 A-T 的断裂处。有些逆转座子利用染色体 DNA 随机断裂而发生整合,这种整合方式将缺乏转座子整合位点的结构。

逆转座子广泛分布在真核生物基因组内。它们的生物学作用主要为:① 影响所在位点或邻近基因的活性;② 成为基因组的不稳定因素,促进基因组重组;③ 促进生物进化。

习　题

1. 比较四类核酸聚合酶性质和作用的异同(四类核酸聚合酶是:DNA 指导的 DNA 聚合酶,DNA 指导的 RNA 聚合酶,RNA 指导的 RNA 聚合酶,RNA 指导的 DNA 聚合酶)。

2. 原核生物 RNA 聚合酶是如何找到启动子的? 真核生物 RNA 聚合酶与之相比较有何异同?

3. 何谓启动子? 保守序列与共有序列的概念是否一样? Pribnow 框与启动子之间是何关系?

4. 真核生物三类启动子各有何结构特点?

5. 何谓终止子和终止因子? 依赖于 rho 的转录终止信号是如何传递给 RNA 聚合酶的?

6. 何谓时序调控? 何谓适应调控? 分别对原核生物和真核生物的转录调控举例加以说明。

7. 简要说明原核生物和真核生物转录调控的主要特点。

8. 转录调节因子的结构有何特点?

9. 比较启动子上游元件、增强子和绝缘子的作用特点。

10. 什么是染色质的结构域? 它有哪些控制位点?

11. 目前有哪些重要的 RNA 合成抑制剂已在临床上用作抗癌药物、抗病毒药物和治疗艾滋病的药物? 其作用机制是什么?

12. 为什么 RNA 转录后加工比任何生物大分子合成后的加工过程都更复杂?

13. 试述 snoRNA 的结构和作用?

14. 由 hnRNA 转变为 mRNA 需经过何种加工? 这些加工有何意义?

15. 何谓 RNA 剪接? 为何要先转录内含子,然后再将其切除?

16. RNA 剪接可分为几类? 它们有何特点?

17. 比较不同剪接方式在进化上出现的先后关系。

18. 何谓剪接体? 它如何催化剪接?

19. 比较 GU-AG 内含子和 AT-AC 内含子剪接的异同。

20. 选择性剪接有何生物学意义? 它如何调节控制?

21. 举例说明同源体蛋白质的形成机制和意义。

22. RNA 编辑有哪几类? 其遗传信息如何获得?

23. 比较 RNA 剪接和编辑的异同?

24. 何谓 RNA 再编码? 它有何生物学意义?

25. 校正 tRNA 可以消除错义、无义和移码突变带来的危害,但它是否会将正确的密码子翻译错误?

26. RNA 剪接、编辑和再编码三者对生物进化有何意义?

27. 简要说明 RNA 功能的多样性。

28. 你认为细胞 DNA 和 RNA 何者储存的遗传信息更多?

29. 细胞正常 RNA 能否复制? 它与病毒 RNA 的复制有何异同?

30. 比较各类 RNA 病毒产生 mRNA 的途径。

31. 何谓转录子? 它有何生物学意义?

32. 逆转录病毒 RNA 的 LTR 是如何来的? 它有何功能?

33. 为什么逆转座子只存在于真核生物? 比较它对真核生物带来的"利"与"弊"。

34. 逆转座子的结构有何特点?

35. 逆转座子对物种形成有何作用?

主要参考书目

1. 王镜岩,朱圣庚,徐长法. 生物化学教程. 北京:高等教育出版社,2008.

2. Voet D, Voet J G, Pratt C W. Fundamentals of Biochemistry. 3rd ed. New York:John Wiley & Sons,2008.

3. Nelson D L, Cox M M. Lehninger Principles of Biochemistry. 6th ed. New York：W. H. Freeman,2012.

4. Berg J, Tymoczko J, Stryer L. Biochemistry. 7th ed. New York：W. H. Freeman,2010.

5. Krebs J E, Kilpatrick S T, Goldstein E S. Lewin's Genes XI. Boston：Jones & Bartlett Publishers,2013.

6. Watson J D,Baker T A,Bell S P,et al. Molecular Biology of the Gene. 7th ed. San Francisco：Pearson Education,2013.

（朱圣庚）

网上资源

自测题

第33章 蛋白质合成、加工和定位

蛋白质是细胞功能的主要负荷者,它具有复杂的空间结构和众多的反应基团,能参与所有的生命活动过程。蛋白质的生物合成是机体新陈代谢途径中最复杂的过程,有多种 RNA 和上百种蛋白质分子参与该过程。早在上世纪 30—40 年代就开始了解 RNA 与蛋白质的生物合成有关,经过半个多世纪的努力,才基本了解其过程。本章首先介绍有关遗传密码问题以及参与蛋白质合成的 RNA,然后再依次叙述蛋白质合成的步骤、忠实性和蛋白质多肽链合成后的加工修饰及定位,最后简要介绍蛋白质合成的抑制物。

一、遗传密码

由亲代传递给子代的遗传信息借助核苷酸序列编码在核酸分子上,在子代遗传信息的表达需将核苷酸序列语言翻译成蛋白质的氨基酸序列语言。核苷酸序列与氨基酸序列之间的对应关系即为遗传密码。上世纪中期,通过人工合成 mRNA 破译了遗传密码,这是生物化学和分子生物学所取得的最卓越的成果之一。

(一) 遗传密码的破译

20 世纪中叶已经知道 DNA 是遗传信息的携带分子,并通过 RNA 控制蛋白质的合成,于是科学家们的注意力被吸引到核酸分子如何指导蛋白质中氨基酸排列顺序的问题。一些科学家从不同角度去破译遗传密码。

1954 年物理学家 G. Gamov 首先对遗传密码进行探讨。核酸分子中只有 4 种碱基,要为蛋白质分子的 20 种氨基酸编码,不可能是一对一的关系,两个碱基决定一个氨基酸也只能编码 16 种氨基酸,如果用三个碱基决定一个氨基酸,$4^3 = 64$,就足以编码 20 种氨基酸。这是编码氨基酸所需碱基的最低数目,故**密码子**(codon)应是**三联体**(triplet)。那么密码子是重叠的还是不重叠的? Gamov 指出,重叠的密码子更为经济。但是,重叠密码子使氨基酸序列中每一个氨基酸都受上下氨基酸的约束,这种现象在已知的蛋白质序列中却并未见到。

1961 年 F. H. C. Crick 及其同事提供了确切的证据,说明三联体密码子学说是正确的。他们研究 T 噬菌体 γII 位点 A 和 B 两个基因(顺反子)变异的影响,这两个基因与噬菌体能否感染大肠杆菌 κ 株有关。吖啶类染料是扁平的杂环分子,可插入 DNA 两碱基对之间,而引起 DNA 插入或丢失核苷酸。他们的研究发现,在上述位点缺失一个核苷酸或插入一个核苷酸产生的突变体,以及两个缺失或两个插入突变体用以进行重组得到的重组体,都是严重缺陷性的,不能感染大肠杆菌 κ 株。然而从一个缺失突变体和一个插入突变体得到的重组体却能恢复感染活性。他们还观察到,如果缺失三个核苷酸,或插入三个核苷酸,这些核苷酸彼此非常靠近,这样的突变体也表现正常的功能。但缺失或插入四个核苷酸,虽然彼此非常靠近,其突变体却是严重缺陷性的。

Crick 等的实验结果表明三联体密码是非重叠的,而且连续编码并无标点符号隔开,因为在序列的任一位置上插入或删除一个核苷酸都会改变三联体密码的阅读框架,发生移码突变使基因失活。但是如果插入或删除三个核苷酸,或者插入一个核苷酸后又删除一个核苷酸,阅读框架仍可维持不变,原来编码的信息便能够在变异位点之后照旧表现出来(图 33-1)。这是**基因与蛋白质共线性**(colinearity)的最早证据。

在 Crick 等提出遗传信息是在核酸分子上以非重叠、无标点、三联体的方式编码的同时,S.S.Spiegelman 以及 F. Jacob 和 J. Monod 证明了 mRNA 的存在,而 M. W. Nirenberg 和 J. H. Matthaei 开始了用人工合成的

```
          CAT   CAT   CAT   CAT   CAT   CAT
-1        CAT   CAᵛC  ATC   ATC   ATC   ATC
-1+1      CAT   CAᵛC  AXT   CAT   CAT   CAT
+3        CAX   TXC   ATX   CAT   CAT   CAT
```

图 33-1　缺失或插入核苷酸引起三联体密码的改变
-1,删除一个核苷酸,在删除位置以符号 ᵛ 表示;-1+1,在相
近位置分别删除和插入一个核苷酸,插入核苷酸以 X 表示;
+3,在相近位置分别插入三个核苷酸

mRNA 在无细胞蛋白质合成系统中寻找氨基酸与三联体密码子的对应关系。Nirenberg 等将大肠杆菌破碎,离心除去细胞碎片,上清液含有蛋白质合成所需各种成分,其中包括 DNA、mRNA、tRNA、核糖体、氨酰 tRNA 合成酶以及蛋白质合成必需的各种因子。将上清液保温一段时间,内源 mRNA 被降解,该系统自身蛋白质的合成即停止。当补充外源 mRNA 以及 ATP、GTP 和氨基酸等成分,再在 37℃ 保温就能合成新的蛋白质。为检测某种氨基酸是否掺入新合成的蛋白质,需将氨基酸用放射性标记。

Nirenberg 等早期实验使用的多聚核糖核苷酸为均聚尿嘧啶核苷酸(poly U)。原以为 poly U 大概不能替代 mRNA,或活性很低。出乎意料的是,在无细胞蛋白质合成系统中,它能指导多聚苯丙氨酸的合成,而且只合成多聚苯丙氨酸。由此推断密码子 UUU 代表 Phe。用同样的方法证明,poly C 指导 Pro 掺入蛋白质,poly A 指导 Lys 掺入蛋白质。poly G 因易于形成多股螺旋,不宜作 mRNA。这三个密码子最早得到破译。当时对起始密码子和终止密码子还一无所知,虽然从 Crick 等的实验结果已预示遗传密码的阅读有起始和终止信号。十分幸运的是,Nirenberg 等的实验采用的 Mg^{2+} 浓度较高,以致合成的均聚核苷酸不需要起始密码子便可指导肽链的合成,此时密码子阅读的起点是任意的。

均聚核苷酸的实验获得成功之后,Nirenberg 和 Ochoa 等又进一步用两种核苷酸或三种核苷酸的共聚物作模板,重复上述实验。例如,U 和 G 的共聚物 poly UG 可以出现 8 种不同的三联体,即 UUU、UUG、UGU、GUU、GUG、GGU、UGG 和 GGG。酶促合成共聚核苷酸时,根据加入核苷酸底物的比例可以计算出各种三联体出现的相对频率,而标记氨基酸掺入的相对量应与其密码子的出现频率相一致(表 33-1)。需要指出的是,用此方法可以确定 20 种氨基酸密码子的碱基组成,但不知道它们的排列顺序。

表 33-1　无序 poly UG 对氨基酸的密码(U∶G=5∶1)

可能的密码子	按计算可能出现的相对频率 *	氨基酸掺入的相对分子质量
UUU	100	Phe(100)
UUG UGU GUU	20	Cys(20) Val(20)
GUU GUG GGU	4	Gly(4) Trp(5)
GGG	0.8	—

* UUU 出现的频率为 100。

1964 年 Nirenberg 发现,用人工合成的三核苷酸取代 mRNA,在没有 GTP 时,不能合成蛋白质,但是核苷酸三联体却能与其对应的氨酰 tRNA 一起结合在核糖体上。将此反应混合物通过硝酸纤维素滤膜时,核糖体便和核苷酸三联体以及特异结合的氨酰 tRNA 形成复合物而留在膜上。用这种核糖体结合技术可以直接测出三联体对应的氨基酸。所有 64 种可能的三联体都已合成,经试验其中 50 种都得到确切的结果。但是在此系统中仍有一些三联体编码的氨基酸不能肯定,需要用其他方法来破译。

与此差不多同一时间,H. G. Khorana 和他的同事将化学合成和酶促合成巧妙地结合起来,合成含有重复序列的多聚核苷酸。例如 poly(UG),它含有两种三联体密码子,UGU 和 GUG,在无细胞蛋白质合成系统中指导合成 poly(Cys·Val)。经与核糖体结合技术所得结果相比较,可以确定 UGU 是 Cys 的密码子,GUG 是 Val 的密码子。如果用聚三核苷酸作模板,由于阅读框架不同,可以指导产生三种不同的均聚

多肽。例如,poly(UUC)指导 poly Phe、poly Ser 和 poly Leu 的合成。用四核苷酸多聚物作模板,可合成共聚四肽,或因出现终止密码子而合成小肽,如 poly(UUAC)可合成(Leu·Leu·Thr·Tyr)$_n$。由其他二核苷酸、三核苷酸和四核苷酸共聚物作模板时,所合成的多聚氨基酸见表 33-2。

表 33-2 重复序列共聚核苷酸指导下多聚氨基酸的合成

多聚核苷酸	含有密码子	合成多肽
(AG)$_n$	AGA,GAG	(Arg·Glu)$_n$
(AC)$_n$	ACA,CAC	(Thr·His)$_n$
(UC)$_n$	UCU,CUC	(Ser·Leu)$_n$
(UG)$_n$	UGU,GUG	(Cys·Val)$_n$
(AAG)$_n$	AAG,AGA,GAA	(Lys)$_n$,(Arg)$_n$,(Glu)$_n$
(UUC)$_n$	UUC,UCU,CUU	(Phe)$_n$,(Ser)$_n$,(Leu)$_n$
(UUG)$_n$	UUG,UGU,GUU	(Leu)$_n$,(Cys)$_n$,(Val)$_n$
(AAC)$_n$	AAC,ACA,CAA	(Asn)$_n$,(Thr)$_n$,(Gln)$_n$
(UAC)$_n$	UAC,ACU,CUA	(Tyr)$_n$,(Thr)$_n$,(Leu)$_n$
(AUC)$_n$	AUC,UCA,CAU	(Ile)$_n$,(Ser)$_n$,(His)$_n$
(GAU)$_n$	GAU,AUG,UGA	(Asp)$_n$,(Met)$_n$
(GUA)$_n$	GUA,UAG,AGU	(Val)$_n$,(Ser)$_n$
(UAUC)$_n$	UAU,CUA,UCU,AUC	(Tyr·Leu·Ser·Ile)$_n$
(UUAC)$_n$	UUA,CUU,ACU,UAC	(Leu·Leu·Thr·Tyr)$_n$
(GAUA)$_n$	GAU,AGA,UAG,AUA	二、三肽
(GUAA)$_n$	GUA,AGU,AAG,UAA	

用以上所述方法,经过 5 年的努力,终于在 1966 年完全确定了编码 20 种氨基酸的密码子,另有 3 个密码子用作翻译的终止信号。表 33-3 为全部 64 个遗传密码子的字典。除甲硫氨酸和色氨酸只有一个密码子外,其余氨基酸均有不止一个密码子。已知多肽合成的第一个氨基酸为甲酰甲硫氨酸(原核生物)或甲硫氨酸(真核生物),但甲硫氨酸的密码子只有一个,这就是说编码多肽链内部的甲硫氨酸和起始氨基酸是同一个密码子。

表 33-3 遗传密码字典

第一位碱基 (5′端)	第二位碱基(中间)				第三位碱基 (3′端)
	U	C	A	G	
U	Phe	Ser	Tyr	Cys	U
	Phe	Ser	Tyr	Cys	C
	Leu	Ser	终止	终止	A
	Leu	Ser	终止	Trp	G
C	Leu	Pro	His	Arg	U
	Leu	Pro	His	Arg	C
	Leu	Pro	Gln	Arg	A
	Leu	Pro	Gln	Arg	G
A	Ile	Thr	Asn	Ser	U
	Ile	Thr	Asn	Ser	C
	Ile	Thr	Lys	Arg	A
	Met	Thr	Lys	Arg	G
G	Val	Ala	Asp	Gly	U
	Val	Ala	Asp	Gly	C
	Val	Ala	Glu	Gly	A
	Val	Ala	Glu	Gly	G

破译遗传密码是用无细胞系统进行实验得出的。那么生物体内的情况是否也是如此呢？不少实验室对此作了许多研究，都得到肯定的结论。例如，Sanger 等测定噬菌体 R17 RNA 一些区段的序列并与其编码蛋白质的氨基酸序列相比较，完全符合遗传密码表。还有一些实验室利用突变，得出三联体密码子的可靠资料。20 世纪 70 年代兴起的基因克隆和快速测序技术，充分证明了遗传密码表的正确。

(二) 遗传密码的基本性质

经过许多科学家的共同努力，于 20 世纪 60 年代中期才完全破译了编码蛋白质中氨基酸的遗传密码，并发现有以下特点：

1. 密码的基本单位

如上所述，Crick 等最早推测蛋白质中氨基酸序列的遗传密码编码在核酸分子上，其基本单位是按 5′→3′方向编码、不重叠、无标点的三联体密码子。其后一系列实验证明这个推测是正确的，并找出了各种氨基酸对应的密码子。AUG 为甲硫氨酸兼起始密码子。UAA、UAG 和 UGA 为终止密码子。其余 61 个密码子对应于 20 种氨基酸。因此要正确阅读密码，必须从起始密码子开始，按一定的**阅读框架**(reading frame)连续读下去，直至遇到终止密码子为止。若插入或删除一个核苷酸，就会使这以后的读码发生错位，称为**移码突变**(frame-shift mutation)。

目前已经证明，在绝大多数生物中基因是不重叠的；但在少数病毒中，部分基因的遗传密码却是重叠的。即使在**重叠基因**(overlapping genes)中，各自的开放阅读框架仍按三联方式连续读码。

2. 密码的简并性

一共有 64 个三联体密码子，除了三个终止密码子外，余下 61 个密码子编码 20 种氨基酸，所以许多氨基酸的密码子不止一个。同一种氨基酸有两个或更多密码子的现象称为密码子的**简并性**(degeneracy)。对应于同一种氨基酸的不同密码子称为**同义密码子**(synonymous codon)，只有色氨酸与甲硫氨酸密码子无简并性(表 33-4)。

表 33-4　氨基酸密码子的简并

氨基酸	密码子数目	氨基酸	密码子数目
Ala	4	Leu	6
Arg	6	Lys	2
Asn	2	Met	1
Asp	2	Phe	2
Cys	2	Pro	4
Gln	2	Ser	6
Glu	2	Thr	4
Gly	4	Trp	1
His	2	Tyr	2
Ile	3	Val	4

密码的简并性具有重要的生物学意义，它可以减少有害突变。设若每种氨基酸只有一个密码子，64 个密码子中只有 20 个是有意义的，剩下 44 个密码子都将是无意义的，将使肽链合成导致终止。因而由基因突变而引起肽链合成终止的概率将会大大提高，这极不利于生物生存。简并增加了密码子中碱基改变仍然编码原来氨基酸的可能性。密码简并也可使 DNA 上碱基组成有较大变动余地，不同种细菌 DNA 中 G+C 含量变动很大，但却可以编码出相同的多肽链。所以密码简并性在物种的稳定上起一定作用。

曾有科学家提出，氨基酸的密码子数目与该氨基酸残基在蛋白质中的使用频率有关，频率越大，密码子数目也越多。图 33-2 所示为大肠杆菌蛋白质中氨基酸的使用频率与各种氨基酸密码子数目之间的关系。其间可以看出有一定的倾向，越是常见的氨基酸其密码子数目越多，但它们之间并无严格的对应关系。需要指出的是，遗传密码是在生命起源的早期形成的，如果氨基酸的密码子数目与其在蛋白质中的使用频率有关，应该对应于原始蛋白质中氨基酸的出现频率，而不是现今某种生物蛋白质的氨基酸频率。

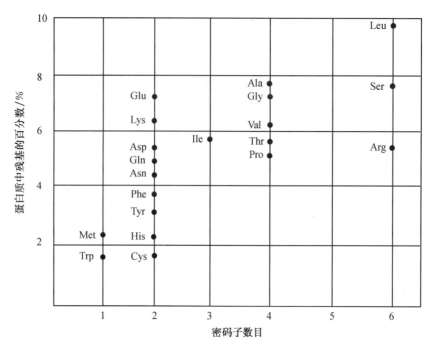

图 33-2   氨基酸的密码子数目与在蛋白质中的使用频率

3. 密码的摆动性

密码的简并性往往表现在密码子的第三位碱基上,如甘氨酸的密码子是 GGU、GGC、GGA 和 GGG,丙氨酸的密码子是 GCU、GCC、GCA 和 GCG。它们的前两位碱基都相同,只是第三位碱基不同。有些氨基酸只有两个密码子,通常第三位碱基或者都是嘧啶,或者都是嘌呤。例如,天冬氨酸的密码子 GAU、GAC,第三位皆为嘧啶;谷氨酸的密码子 GAA、GAG,第三位皆为嘌呤。所以几乎所有氨基酸的密码子都可以用 XY(U、C)和 XY(A、G)来表示。显然,密码子的专一性基本上取决于前两位碱基,第三位碱基起的作用有限。有些科学家注意到了这一点,并进而发现 tRNA 上的 **反密码子**(anticodon)与 mRNA 密码子反向配对时,密码子第一位、第二位碱基配对是严格的,第三位碱基可以有一定的变动。Crick 称这一现象为 **摆动性**(wobble)。特别应该指出的是,在 tRNA 反密码子中除 A、U、G、C 四种碱基外,还经常在第一位出现次黄嘌呤(I)。次黄嘌呤的特点是可以与 U、A、C 三者任一之间形成碱基配对,这就使带有次黄嘌呤的反密码子可以识别更多的简并密码子。这一点已有实验证明。酵母丙氨酸 tRNA 的反密码子 IGC 可阅读 GCU、GCC、GCA 三个密码子:

反密码子: 3′-C-G-I -5′   3′-C-G-I -5′   3′-C-G-I -5′

密码子: 5′-G-C-U-3′   5′-G-C-U-3′   5′-G-C-U-3′

tRNA 上的反密码子与 mRNA 的密码子呈反向互补关系。按照 Crick 于 1966 年提出的变偶假说,反密码子的第一位碱基与密码子第三位碱基的配对可以在一定范围内变动(变偶)。如 U 可以和 A 或 G 配对,G 可以和 U 或 C 配对,I 可以和 U、C、A 配对,但 A 和 C 只能与 U 和 G 配对(表 33-5)。由于摆动性的存在,细胞内只需要 32 种 tRNA,就能识别 61 个编码氨基酸的密码子。

表 33-5   反密码子与密码子之间的碱基配对

反密码子第一位碱基	密码子第三位碱基	反密码子第一位碱基	密码子第三位碱基
A	U	U	{ A G
C	G		
G	{ U C	I	{ U C A

从已知一级结构的 tRNA 中,其反密码子第一位碱基为 C、G、U、I,没有 A,显然 I 是由 A 转变而来的。体外实验表明,在有些情况下,反密码子第一位碱基可以与密码子第三位上任意四种碱基(A、G、C、U)配对。例如,家蚕 tRNAGly1 反密码子为 GCC,可识别 GGN(N 为 A、G、C 或 U)四种密码子。兔肝 tRNAVal1 反密码子为 IAC,可识别 GUN。哺乳动物线粒体 tRNA 第一位为 U 的反密码子也可识别四种密码子。这类配对关系被称为是"三配二"(two-out-of-three base pairing)。

4. 密码的通用性

20 世纪 60 年代中期遗传密码被破译,70 年代后各种生物大量基因被测序,同时蛋白质序列的资料也迅速积累,结果充分证明生物界有一套共同的遗传密码。生命起源距今已有近 40 亿年历史,现今不同生物仍共用一套遗传密码,说明其十分保守。这不难理解,因为即使只有一个氨基酸密码子发生改变,都有可能对蛋白质结构带来巨大有害的影响。然而,遗传密码的通用性并非绝对的,某些低等生物和真核生物细胞器基因的密码仍发现有一些改变。遗传密码的变异涉及基因组全部编码信息,可以设想只有编码少数几种蛋白质的小基因组才有可能发生。其次,三个终止密码子,因其只存在于基因编码序列的末尾,也较有可能改变。目前已知线粒体 DNA(mtDNA)的编码方式与通常遗传密码有所不同(表 33-6)。脊椎动物 mtDNA 含有编码 13 种蛋白质、2 种 rRNA 和 22 种 tRNA 的基因。其特殊的变偶规则使得 22 种 tRNA 就能识别全部氨基酸密码子。在线粒体的遗传密码中,有四组密码子其氨基酸特异性只决定于三联体的前两位碱基,它们由一种 tRNA 即可识别,该 tRNA 的反密码子第一位为 U。其余的 tRNA 或者识别第三位为嘌呤(A、G)的密码子,或者识别第三位为嘧啶(U、C)的密码子。这就是说,所有 tRNA 或者识别两个密码子,或者识别四个密码子。

表 33-6　线粒体中变异的密码子

	密码子*				
	UGA	AUA	AGG、AGA	CUN	CGG
通用密码	终止	Ile	Arg	Leu	Arg
动物					
脊椎动物	Trp	Met	终止	+	+
果蝇	Trp	Met	Ser	+	+
酵母					
酿酒酵母(*S.cerevisiae*)	Trp	Met	+	Thr	+
光滑球拟酵母(*T.galabrate*)	Trp	Met	+	Thr	?
彭贝裂殖酵母(*S.pombe*)	Trp	+	+	+	+
丝状真菌	Trp	+	+	+	+
锥虫	Trp	+	+	+	+
高等植物	+	+	+	+	Trp

* N 为任意碱基;+表示与正常密码子相同。

在正常密码中,有两种氨基酸只有一个密码子,这两种氨基酸为甲硫氨酸和色氨酸。按照线粒体的编码规则,它们各有两个密码子,即各增加一个密码子。正常的甲硫氨酸密码子为 AUG,在线粒体中 AUA 由异亮氨酸密码子转变为甲硫氨酸密码子。正常的色氨酸密码子为 UGG,在线粒体中终止密码子 UGA 转变为色氨酸密码子。甲硫氨酸的两个密码子和色氨酸的两个密码子各由单个 tRNA 识别。

除了线粒体外,某些生物的染色体基因密码也出现个别的变异。在原核生物的支原体中,UGA 也被用于编码色氨酸。十分特殊的是,在真核生物中少数纤毛类原生动物以终止密码子 UAA 和 UAG 编码谷氨酰胺。在有些情况下密码子的含义可随上下文不同而改变。在大肠杆菌中,有时缬氨酸密码子 GUG 和亮氨酸密码子 UUG 也可被用作起始密码子,当其位于特殊 mRNA 翻译的起始位置时,可被起始 tRNA (tRNA^fMet)所识别。

蛋白质中的修饰氨基酸一般都是在翻译后进行修饰的;但有例外,含有**硒代半胱氨酸**(selenocysteine

的蛋白质其硒代半胱氨酸是在翻译过程中掺入的。硒代半胱氨酸与半胱氨酸类似,但以硒代替硫,为**硒蛋白**(selenoprotein)或**硒酶**(selenoenzyme)功能所必需。如细菌中的甲酸脱氢酶、哺乳动物的谷胱甘肽过氧化物酶都是含硒的酶。已知大肠杆菌中有一类丝氨酸tRNA,其存在水平比其他丝氨酸tRNA更低,它携带丝氨酸后在酶的催化下转变为硒代半胱氨酸,然后根据mRNA的上下文只识别阅读框架内的UGA密码子,而对任何作为终止密码子的UGA并无反应。在编码硒蛋白的mRNA中有一段称为**硒代半胱氨酸插入序列**(selenocysteine insertion sequence,SECIS)所构成的二级结构,帮助硒代半胱氨酸tRNA识别这种密码子。在细菌中,SECIS位于mRNA编码区;而在真核生物中,SECIS位于3′非编码区。在大肠杆菌中一种帮助硒代半胱氨酰-tRNA进入核糖体A位点的鸟苷酸结合蛋白(Sel B)已被发现。从诸多迹象来看,硒代半胱氨酸可被认为是蛋白质的第21个氨基酸,UGA正在演变成编码该氨基酸的密码子,也许还未进化完善。

5. 密码的防突变(安全性)

虽然密码子的简并程度各不相同,但同义密码子在密码表中的分布十分有规则,而且密码子中碱基顺序与其相应氨基酸物理化学性质之间存在巧妙的关系。在密码表中,氨基酸的极性通常由密码子的第二位(中间)碱基决定,简并性由第三位碱基决定。例如,① 中间碱基是U,它编码的氨基酸是非极性、疏水的和支链的,常在球蛋白的内部;② 中间碱基是C,相应的氨基酸是非极性的或具有不带电荷的极性侧链;③ 中间碱基是A或G,其相应氨基酸常在球蛋白外周,具有亲水性;④ 第一位碱基是A或C,第二位碱基是A或G,第三位可以是任意碱基,其相应氨基酸具有可解离的亲水性侧链并多数具有碱性;⑤ 带有酸性亲水侧链的氨基酸其密码子前两位为GA,第三位为任意碱基。

这种分布使得密码子中一个碱基被置换,其结果或是仍然编码相同的氨基酸;或是以物理化学性质最接近的氨基酸相取代。从而使基因突变可能造成的危害降至最低程度。这就是说,密码的编排具有防错功能,密码表是一个**故障-安全系统**(fail-safe system),这是在进化过程中获得的最佳选择。

(三) RNA对遗传密码的解读

基因携带的遗传信息经由RNA才得以表达。RNA不仅传递遗传信息,而且还对遗传信息进行必要的加工处理,按照加工信息合成蛋白质,在细胞内执行各种功能。所以说,遗传密码由RNA进行解读。RNA对遗传信息的加工处理包括:① 从基因组选择性转录遗传信息;② 抽取有用信息,进行高效组合;③ 消除差错,防止失真;④ 转换语言,完成翻译;⑤ 调节遗传信息流。这也是RNA对遗传密码解读的重要环节。

1. 选择性转录遗传信息

原核生物染色体DNA主要由编码基因所组成,其中一部分为可诱导基因。真核生物染色体DNA有较大比例的重复序列和调节序列,只有部分为编码基因,许多编码基因是可调的。哺乳动物胚胎细胞大约有30%的基因产生成熟的mRNA,分化细胞大约只有10%基因转录。转录水平的调节使得细胞在不同环境和时空条件下,表达不同基因编码的信息。这种调节是DNA、RNA和蛋白质相互作用的结果,所选择的遗传信息则由DNA转录到RNA。转录是一个传真过程,**初级转录物**(primary transcript)RNA与被转录DNA的序列基本一致。RNA在转录后需要进行一系列加工处理才成为成熟的、有功能的RNA。

2. RNA对遗传信息进行加工处理

RNA一般性加工包括**切割**(cutting)、**修剪**(trimming)、**附加**(appending)、**修饰**(modification)和**异构化**(isomerization),并不改变RNA的编码序列,目的只是为了激活其功能。编码序列的加工,即遗传信息加工,包括**可变转录**(alternative transcription)、**剪接**(splicing)、**编辑**(editing)和**再编码**(recoding),既改变了RNA的序列,也改变了其携带的遗传信息。不同的加工,可以得到不同的表达产物。因此,DNA相当于遗传信息的储存器,RNA则相当于遗传信息的处理器。

一个基因可以有不止一个转录起点和终点,在转录过程中还可通过模板滑动等方式重复或失去一段序列,因此由一个基因可以得到不止一种转录物。这种现象在真物生物,以及真核生物的病毒中较易见到。而且,可变转录常和可变剪接以及编辑相关联,增加了基因产物的多样性。

真核生物基因通常都是断裂基因,插入的非编码序列(内含子)需在转录后加工过程中删除。将编码序列(外显子)剪接成有义链是一个抽提有用信息的过程。生物分子在进化过程中的核心问题是如何尽可能保存原有的有用信息,并不断获取新的有用信息。最有效的方式是基因和基因产物由一些**模块**(module)组装而成,每一外显子对应于基因产物的一个基本结构元件或模块(结构域、亚结构域和基序),也即遗传信息用于编码模块。基因突变多数是有害的或者中性的,有益突变的概率极低。DNA分子间重组,尤其是发生在内含子间的重组,可以使模块重新组合,产生新的基因。在RNA水平上外显子选择性剪接比基因重组对生物机体更有利,这是因为:① 一个基因通过选择性剪接产生多个产物,压缩了基因数目,符合经济原则;② 基因水平的进化是一个漫长的过程,淘汰众多不适宜的变异基因需要付出巨大代价;而新的剪接方式的出现还可以保留原有的剪接方式,如果新的无用随后被淘汰,新的有用可以取代旧的或两者并存,机体无需为此付出巨大的进化代价;③ 不同细胞采取不同剪接方式,有利于机体发育分化。

RNA在加工过程中序列发生改变称为编辑。这种改变或者是在某一位点插入或删除若干核苷酸;或者是碱基发生脱氨或氨基化反应。前者改变了序列,后者改变了碱基性质,从而改变了RNA的编码信息。RNA编辑需要遗传信息指导,插入(或删除)核苷酸的信息来自指导RNA(gRNA),帮助脱氨或氨基化酶识别编辑位点的信息来自被编辑RNA自身。RNA编辑可消除移码突变或无义突变带来的危害,选译性编辑增加了基因产物的多样性,为发育的基因调节,甚至为大脑的学习、记忆,提供可能的机制。

在核糖体上进行翻译时,mRNA的阅读框架有时会发生程序性移位,由信号决定在特定位点上作-1或+1移动,甚或跳过50个核苷酸,这一过程称为**程序性阅读框架移位和跳跃**(programmed reading frame shifts and hops),或者称为**核糖体移码**(ribosomal frame shifting)。某些变异的tRNA可以改变对密码子的识别规律,mRNA的特殊结构(假结或颈环结构)也会影响正常的解读,以及核糖体移码,三者都能改变常规读码方式,统称为RNA的**再编码**(recoding)。再编码可以校正有害的基因突变,也带来了基因表达的多样性。

3. RNA 的纠错功能

基因突变使DNA编码的密码子发生改变。**同义突变**(synonym mutation)或称为**沉默突变**(silent mutation),虽然并不改变蛋白质的氨基酸序列,但密码子的改变有可能影响翻译效率。**错义突变**(missense mutation)发生氨基酸置换,多数是中性突变,少数是有害突变,有益突变的概率很低。**移码突变**(frameshift mutation)使突变点之后的序列乱码,通常基因产物都会失活,如果是重要的基因也就成为致死突变。**无义突变**(nonsense mutation)是将氨基酸的密码子变成终止信号,翻译提前终止,通常都是有害的或致死的。**回复突变**(reverse mutation)的概率非常低。而RNA编辑和再编码能够消除有害突变。

当DNA的编码序列插入或删除非3整倍数的核苷酸时即发生移码突变,而在RNA水平上通过编辑可以恢复正确的阅读框架。无义突变也可通过RNA编辑改变终止信号。通过RNA再编码消除有害突变似更常见。某些变异的tRNA能够校正基因突变,称为**校正tRNA**(suppressor tRNA)。校正tRNA通常是由于反密码子发生改变,在无义突变的密码子处引入一个氨基酸,却起了校正功能。对应于三种终止密码子,无义突变有琥珀型(UAG)、赭石型(UAA)和乳白型(UGA),分别由识别这三种无义突变的校正tRNA引入氨基酸,使多肽链得以继续合成。引入的氨基酸往往不是突变前的氨基酸,而取决于校正tRNA的种类,因此通常只是部分恢复蛋白质活性。还有一类校正tRNA在反密码子区或其附近核苷酸发生改变,导致识别密码子的反密码子为两个核苷酸或四个核苷酸,因而能校正-1或+1移码突变。与此类似,核糖体移位也能消除移码突变和无义突变的危害。

何以基因发生有害突变,甚至致死突变,会有RNA编辑或再编码给予校正? 合乎逻辑的推理是,RNA是多变的,各种变异的RNA分布在不同的细胞内,在正常情况下变异RNA或是无用,或是导致小量错误蛋白质的合成,并不妨碍细胞的正常功能。然而,当细胞基因突变,处于生死存亡之际,正好遇到某种变异RNA能够校正有害突变,这种机制就经过自然选择被固定下来。

4. RNA 的翻译功能

早在上世纪40年代,Caspersson使用显微紫外分光光度法,Brachet使用组织化学法,都证明了蛋白质合成旺盛的细胞,如快速生长细胞和分泌细胞,富含 RNA。由此推测 RNA 与蛋白质合成有关。及至 50 年代末、60 年代初,相继分离出参与蛋白质合成的 tRNA、rRNA 和 mRNA。现在知道,**转移 RNA**(transfer RNA,tRNA)相当于 Crick 于 1958 年所设想的、由核酸语言转变为蛋白质语言时所需要的**转换器**(adapter)。它携带氨基酸至核糖体上,由其反密码子识别 mRNA 上的密码子,起翻译作用。**核糖体 RNA**(ribosomal RNA,rRNA)与数十种蛋白质组成核糖体,使 mRNA 和 tRNA 在其上正确定位,并催化肽键合成,起**装配者**(assembler)作用。**信使 RNA**(messenger RNA,mRNA)从 DNA 处携带遗传信息,以决定蛋白质的氨基酸序列,起**指导者**(instructor)作用。

　　长期以来,一直以为 RNA 的功能只是控制蛋白质的合成。从上世纪 80 年才开始发现 RNA 的多种新的功能。然而蛋白质合成仍是 RNA 的核心功能。

5. RNA 主导表型的形成

　　生物的表(现)型是指可观察到的性状,也就是基因型在一定环境条件下的表现。生物性状是由蛋白质和 RNA 表现的,其余的生物分子只起辅助作用,而蛋白质是 RNA 合成的,因此归根到底表型的形成由 RNA 主导。

　　RNA 有诸多功能,所有这些功能都与遗传信息的表达有关。核酶主要催化 RNA 的加工和蛋白质的肽键合成。多种多样的顺式或反式 RNA 在遗传信息的表达中起调节作用。有些 RNA 与蛋白质形成复合物用以识别编码序列。指导 RNA、校正 tRNA 以及与再编码有关的 RNA 特殊结构纠正基因突变带来的错误遗传信息。另一些 RNA 对应激作出反应。RNA 最核心的功能则是指导蛋白质的合成。总之,基因的编码信息由 RNA 解码,由 RNA 控制着遗传信息流。中心法则仅仅指出遗传信息流的方向:DNA→RNA→蛋白质;而没有说明 RNA 对遗传信息流的加工处理,遗传信息并不只是流经 RNA。所以说,RNA 在遗传信息表现型的形成中起着主导作用。

二、蛋白质合成有关 RNA 和装置

　　主要有三类 RNA 参与蛋白质合成:核糖体 RNA、转移 RNA 和信使 RNA。在原核生物和真核生物中分别由 3 至 4 种 rRNA 和 50 至 80 多种蛋白质构成核糖体,成为合成蛋白质的装置(apparatus)。mRNA 携带指导蛋白质合成的遗传信息,tRNA 携带活化的氨基酸,一起在核糖体上完成多肽链的合成。

(一) 核糖体

　　P. Zamecnik 于 1955 年用 ^{14}C 标志的氨基酸进行实验证明,蛋白质是在被称作**微粒体**(microsome)的含 RNA 细胞器上合成的,放射性氨基酸首先短暂与该细胞器结合,然后才出现于游离的蛋白质中。其后知道**微粒体**是在破碎细胞时产生的附着**核糖核蛋白质颗粒**(ribonucleoprotein particle,RNP)的内质网膜碎片。"**核糖体**"(ribosome)这一名词是 1957 年才开始采用,专指参与蛋白质合成的核糖核蛋白颗粒。核糖体广泛存在于真细菌、古细菌和真核生物细胞,以及线粒体和叶绿体等细胞器中。细菌和细胞器的核糖体小一些,真核生物细胞的核糖体相对更大一些,但它们都是由大、小两个亚基所组成。

　　大肠杆菌核糖体近似一个不规则椭圆球体(13.5 nm×20.0 nm×40.0 nm),沉降系数 70S。它有两个亚基。小亚基 30S,由一个 16S rRNA 和 21 种不同的蛋白质所组成,蛋白质分别以 S1-21 来表示。大亚基 50S,含有一个 5S 和一个 23S rRNA 及 36 个蛋白质,蛋白质分别以 L1~36 来表示。其中 L7 为 N 端乙酰化的 L12,该两种蛋白质各有 2 个拷贝,其余蛋白质均只有 1 个拷贝,因此实际共 33 种蛋白质。此外,S20 和 L26 完全相同。核糖体 RNA 约占细胞总 RNA 的 ~80%,核糖体蛋白质占细胞总蛋白质 ~10%。核糖体 RNA 和蛋白质能在体外自动组装成核糖体亚基和核糖体。有关核糖体 RNA 的结构与功能请参考第 11 章。

　　从上世纪中叶发现核糖体以来,许多科学家致力于核糖体结构的研究。主要研究方法有三类:一是化学的方法,如蛋白质和 RNA 的酶解分析、化学标记和交联剂反应等;二是电子显微镜和后来的**冷冻电镜**(cryoelectron microscopy)观察;三是 X 射线晶体学测定。在所有这些方法中以 X 射线衍射法最为精确。

2000 年核糖体结构研究取得重大突破,在这一年中分别对细菌核糖体 30S 和 50S 亚基的晶体结构获得原子水平或接近原子水平分辨率的解析,随后在类似分辨率上阐明了完整 70S 核糖体的结构。完成这一结构测定需要确定超过 100 000 个原子的位置,这是多么了不起的成就!

在电子显微镜下,细菌核糖体小亚基犹如一颗带壳的花生,由头部和底部组成,但在一侧翘起一叶扁平突起,形成平台,相互间为裂缝。大亚基有三个突起,**中央突起**(central protuberance)较大,一侧突起成**翼状**(wing),为核糖体蛋白 L1 所在,另一侧突起较长,称为**柄**(stalk)。小亚基以平台一侧与大亚基中间部分结合。mRNA 恰好穿过小亚基裂缝,并与位于核糖体位点 A 和 P 的 tRNA 反密码子相互作用,位点 E 上的脱负荷 tRNA 可随即离去。细菌核糖体的结构如图 33-3 所示。核糖体大、小两亚基的关系可用手来表示:将左手中间三指并拢,拇指和小指伸开,比作大亚基;右手四指并拢,与拇指相对,比作小亚基,横贴在左手上,正如两者的相互关系(图 33-4)。

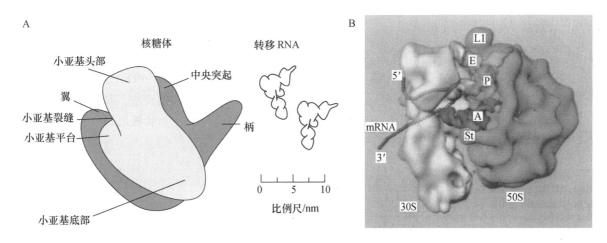

图 33-3　细菌核糖体结构模型

A. 核糖体小亚基以平台一侧横贴在大亚基的中间部分;B. 图示 mRNA、tRNA 与核糖体的关系,mRNA 穿过小亚基裂缝,tRNA 分别位于核糖体 A、P 和 E 位点,大亚基中央突起朝上(引自 Frank J.Current Opinion in Structural Biology,1997.)

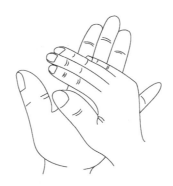

图 33-4　细菌核糖体大、小亚基关系示意图

左手并拢中间三指作为中央突起,伸开拇指和小指作为两侧突起,以此比作大亚基;右手
并拢四指,与拇指相对,比作小亚基,将右手横放在左手上,表示大亚基和小亚基之间关系

核糖体精细晶体结构的揭示对了解核糖体结构与功能起了关键的作用:

(1)核糖体的外形与核糖体 RNA 的三级结构基本一致,核糖体蛋白质分布在外表,并不包埋在 rRNA 的内部。这一现象支持了"**RNA 世界**"学说,表明最早出现的核糖体是由 RNA 所组成,蛋白质是后来加上去的。并且也表明了核糖体的功能主要由 rRNA 来完成,蛋白质只起着辅助的作用(图 33-5)。

(2)核糖体大亚基的**肽基转移酶活性中心**(peptidyl transferase centre)只有 RNA,没有蛋白质,进一步证明肽基转移反应是由大亚基 rRNA 所催化的。大亚基结合底物、底物类似物以及产物的晶体结构显示,结合于 A 位点和 P 位点的 tRNA 氨基酸臂 CCA 序列分别与 A 突环(23S rRNA 的螺旋 92)和 P 突环(螺旋

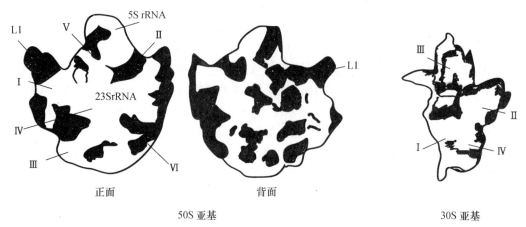

图 33-5 细菌核糖体亚基的结构

核糖体 50S 亚基正面中心的无蛋白质区与 30S 亚基形成相互作用的界面

80)碱基配对,结果使 A 位点上氨酰-tRNA 的 α-氨基正好攻击在 P 位点上肽酰-tRNA 的羰基碳。推测位于活性中心的腺嘌呤(大肠杆菌的 A2451 或嗜盐古菌的 A2486)N3 参与催化反应。核酶的保守序列为(5')AUAACAGG(3');可能的催化机制如图 33-6 所示。大亚基背面存在一个**肽链出口**(peptide exit),以隧道与活性中心相连,新合成的肽可由此离开核糖体。

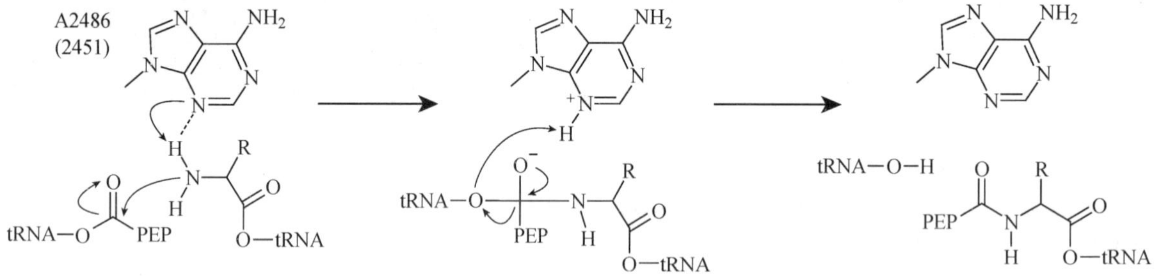

图 33-6 肽键形成的可能机制

(3)核糖体小亚基的**译码中心**(decoding centre)具有**忠实性校对**(fidelity-checking)功能。与肽基转移酶活性中心不同,在译码中心除 RNA 外还有蛋白质,但显然蛋白质只起次要作用。在 A 位点 3′一侧的蛋白质 S3、S4 和 S5 可作为解旋酶去除 mRNA 的二级结构。进入 A 位点的 tRNA 其反密码子正好可与 mRNA 的密码子相互识别和作用,核糖体 A 位点 RNA 的核苷酸和蛋白质的氨基酸也协助识别。当 tRNA 与 mRNA 密码子第一、第二和第三个碱基形成碱基对,小亚基的 A1493 与第一个碱基对结合,A1492 和 S12 与第二个碱基对结合,而与第三个碱基对反应的主要是 G530,它似乎不太敏感,因而第三个位置得以产生变偶性。可是如果 tRNA 不匹配,就不被小亚基所接纳。这一校对功能对翻译的忠实性十分重要。从进化的观点的来看,"原始的核糖体"只有合成肽键一种功能,只有一个亚基,并且只含 RNA,蛋白质是后来加进去的。随着译码和校对功能的发展才产生大、小两个亚基。核糖体有 A、P 和 E 三个位点,E 位点产生较后,它有更多蛋白质似乎表明了这点。

真核生物的核糖体无论在结构上还是功能上都与原核生物的核糖体十分类似,但是显然真核生物核糖体更大、更复杂。哺乳类动物的核糖体沉降系数为 80S,由 40S 和 60S 两个亚基所组成。小亚基含有 18S rRNA 和 33 种蛋白质;大亚基含有 5S、5.8S 和 28S 三个 rRNA 分子以及 47 种蛋白质。5.8S rRNA 与原核生物 23S rRNA5′端序列同源,可见它是在进化过程中通过转录后加工方式的突变而产生的第四种 rRNA。哺乳类核糖体的 RNA 比细菌增加约 50%,但蛋白质的增加近一倍,表明有更多的蛋白质参与作用。原核生物和真核生物核糖体的组分见表 33-7。

表 33-7　核糖体的 RNA 和蛋白质组分

核糖体	相对分子质量(M_r)	RNA 类型	蛋白质数目
原核生物			
核糖体 70S	$2.7×10^6$		
大亚基 50S	$1.8×10^6$	5S rRNA	36
		23S rRNA	
小亚基 30S	$0.9×10^6$	16S rRNA	21
真核生物			
核糖体 80S	$4.2×10^6$		
大亚基 60S	$2.8×10^6$	5S rRNA	47
		28S rRNA	
		5.8S rRNA	
小亚基 40S	$1.4×10^6$	18S rRNA	33

　　采用温和的条件小心地从细胞中经超速离心分离核糖体,可以得到数个成串甚至上百个成串的核糖体,称为**多(聚)核糖体**(polysome)。这表明核糖体可以依次与 mRNA 结合,沿 mRNA 由 5′向 3′端方向移动以合成多肽链,一条 mRNA 链上同时有多个核糖体进行多条多肽链的合成(图 33-7)。这样就提高了蛋白质合成的效率。

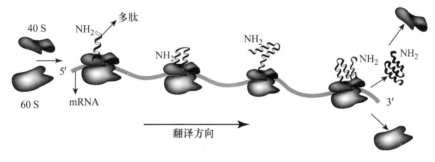

图 33-7　多核糖体

(二) 转移 RNA 和氨酰-tRNA 合成酶

　　1957 年 Zamecnik 及其同事利用大鼠无细胞蛋白质合成系统进行实验时发现,超速离心的上清液在 pH 5 时产生沉淀,其中有氨基酸激活酶(pH 5 酶)和一种小的**可溶性 RNA**(soluble RNA,sRNA)。将 ^{14}C 标记的氨基酸与 ATP 和其反应,放射性氨基酸即与小 RNA 偶联。以此携带氨基酸的小 RNA 与微粒体保温,放射性氨基酸可掺入微粒体新合成的蛋白质中。由此证明该小 RNA 相当于 Crick 假设的"转换器" RNA,它携带活化的氨基酸至核糖体上,识别模板序列,使多肽链得以按模板的遗传信息合成。此后改称其为转移 RNA,氨基酸激活酶改称为**氨酰-tRNA 合成酶**(aminoacyl-tRNA synthetase,aaRS)。

　　1965 年 R. Holley 首先测定了酵母丙氨酸 tRNA(tRNA^{Ala})76 个核苷酸的序列。现已知道数百种生物数千种 tRNA 的序列,其长度在 60 至 95 个核苷酸,M_r 为 $(18~28)×10^3$ 之间变动,最常见的为 ~76 个核苷酸长(~$25×10^3$)。1974 年 S. H. Kim 测定了酵母 tRNA^{Phe} 的晶体结构。1983 年我国科学家完成了酵母 tRNA^{Ala} 的人工全合成。tRNA 可能是一种最古老的生物大分子,也是研究最多、了解最多的 RNA 分子,然而至今对它的起源、进化、精细结构和诸多功能仍不十分清楚,有待深入研究。

　　tRNA 具有三叶草形二级结构,并借助茎环结构之间的作用力折叠形成倒 L 形三级结构,参与交互作用的碱基大部分都是通过非 Watson-Crick 的配对氢键结合,碱基与磷酸基和核糖 2′-OH 之间的氢键在维持构象稳定性中也起一定作用。反密码子的碱基和接受氨基酸的 CCA 末端位于倒 L 形 tRNA 的两端,以保证其生物功能的完成。

合成蛋白质的氨基酸共 20 种,氨酰-tRNA 合成酶也相应有 20 种。氨酰-tRNA 合成酶催化两步反应:

(1) 氨基酸与 ATP 反应而被激活,形成**氨酰-腺苷酸**(aminoacyl-adenylate):

$$R-\overset{\overset{\textstyle H}{|}}{\underset{\underset{\textstyle NH_3^+}{|}}{C}}-\overset{\overset{\textstyle O}{\|}}{\underset{\underset{\textstyle O^-}{|}}{C}} + ATP \rightleftharpoons R-\overset{\overset{\textstyle H}{|}}{\underset{\underset{\textstyle NH_3^+}{|}}{C}}-\overset{\overset{\textstyle O}{\|}}{C}-\overset{\overset{\textstyle O}{\|}}{\underset{\underset{\textstyle O^-}{|}}{P}}-O-核糖-腺嘌呤 + PPi$$

氨基酸　　　　　　　　　　　氨酰-腺苷酸(氨酰-AMP)

通常此中间产物牢固结合在酶上。

(2) 上述混合酸酐(氨酰-AMP)与相应 tRNA 反应,形成氨酰-tRNA:

$$氨酰-AMP + tRNA \rightleftharpoons 氨酰-tRNA + AMP$$

某些氨酰-tRNA 合成酶将氨基酸连接到相应 tRNA 的 3'-OH 端上;另一些连到 2'-OH 上,然后再转移到 3' 端。总的氨酰化反应为:

$$氨基酸 + tRNA + ATP \longrightarrow 氨酰-tRNA + AMP + PPi$$

氨酰-tRNA 是一种"高能"化合物,故第一步反应需由 ATP 激活氨基酸,反应中产生的 PPi 水解可推动反应的完成。氨基酸激活与脂肪酸的激活反应十分类似,主要差别在于前者的受体是 tRNA,后者为 CoA。

氨酰-tRNA 合成酶能够识别特异的氨基酸和相关 tRNA(cognate tRNA)。这种识别能力与通常酶对底物识别的主要不同之处在于:第一,氨酰-tRNA 合成酶能够区分结构极为相似的氨基酸,一旦发现反应错误还能予以校正,即具有双重校对功能(核酸聚合酶也有此功能)。第二,它能识别对应于同一种氨基酸的多种 tRNA。由于遗传密码的简并性和变偶性,一种氨基酸可以有不止一种密码子,这些**同义密码子**(synonymous codon)又各可被不止一种反密码子所识别。所有 tRNA 都有十分类似的二级结构和三级结构,氨酰-tRNA 合成酶是如何使具有不同序列和不同反密码子的**同工 tRNA**(isoacceptor tRNA)携带上同一种氨基酸的? 科学家认为翻译过程存在两套遗传密码。第一套遗传密码即氨基酸的三联体(三核苷酸)密码,携带氨基酸的 tRNA 借以辨认模板核酸上的指令以指导多肽链合成。第二套遗传密码为 tRNA **个性要素**(identify element)的识别标志,氨基酸特异的酶借以辨认同工 tRNA,使氨基酸与相应 tRNA 连接。

通过多种方法研究 tRNA 与合成酶的相互作用,主要采用 tRNA 的片段、tRNA 的定位诱变、化学交联剂反应、计算机的序列比较和 X 射线晶体学分析等,现已基本破译了第二套遗传密码。与第一套遗传密码不同,第二套遗传密码是以空间结构进行编码。合成酶接触的位点都在倒 L 形 tRNA 的内面,即凹面。tRNA 被相应合成酶识别各有其特点,并无简单的共同规则。

一般而言,受体臂最为关键,其中螺旋区碱基对和 CCA 末端前一个未配对碱基为主要的鉴别碱基。其次是反密码子环,通常有一个或多个碱基被识别,但也有 tRNA 的个性要素中并不包括反密码子环的碱基。再有,起关键作用的碱基也可存在于各茎环结构中。决定个性(identity)的要素可以是单个碱基,也可以是碱基对,数量从几个至几十个碱基,不同 tRNA 各不相同。合成酶根据识别到的个性要素而催化氨酰化反应。例如最简单的 $tRNA^{Ala}$,其个性要素只是位于受体茎的 G3 和 U70 单个碱基对。

20 种氨酰-tRNA 合成酶其大小、三级结构和序列各不相同,有些是单体,也有些是二聚体或四聚体。根据合成酶的多项特征,可将合成酶分为两类(class),各有 10 种酶。两类酶的主要区别在于:① 类群Ⅰ是一些较大氨基酸的酶,通常是单体,个别是二聚体,可能在进化上是较晚出现的酶;类群Ⅱ是一些较小氨基酸的酶,通常是二聚体,少数是同源或异源四聚体,可能是较古老的酶。② 类群Ⅰ的酶含有 Rossmann 折叠,即两个相邻的 βαβαβ 超二级结构,常见于结合 NAD^+ 和 ATP 的蛋白质;类群Ⅱ的酶无此结构,代之以独特的七条反平行 β 片层,外侧为三个螺旋,以此形成催化结构域的核心。③ 类群Ⅰ的酶结合于 tRNA

受体臂螺旋的浅沟,3′-CCA 端回折成发夹结构,使 2′-OH 参与氨酰化反应;类群Ⅱ的酶结合于 tRNA 受体臂螺旋的深沟,末端不回折,3′-OH 参与氨酰化反应,两者犹如镜像对称(图 33-8)。④ 类群Ⅰ的酶必定能识别相应 tRNA 的反密码子;而类群Ⅱ的酶有些不识别 tRNA 反密码子。现将大肠杆菌氨酰-tRNA 合成酶的类别列于表 33-8。

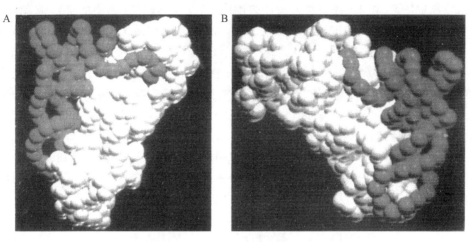

图 33-8　tRNA 与氨酰-tRNA 合成酶复合物的结构模型

A. tRNA^{Gln}与谷酰胺酰-tRNA 合成酶复合物;B. tRNA^{Asp}与天冬氨酰-tRNA 合成酶复合物(引自 Arnez J G,Moras D.Trends in Biochemical Sciences,1997)

表 33-8　大肠杆菌氨酰-tRNA 合成酶的类别 *

类群Ⅰ	肽链残基数	类群Ⅱ	肽链残基数
Arg(α)	577	Ala(α_4)	875
Cys(α)	461	Asn(α_2)	467
Gln(α)	551	Asp(α_2)	590
Glu(α)	471	Gly($\alpha_2\beta$)	303/689
Ile(α)	939	His(α_2)	424
Leu(α)	860	Lys(α_2)	505
Met(α_2)	676	Pro(α_2)	572
Trp(α_2)	325	Phe($\alpha_2\beta_2$)	327/795
Tyr(α_2)	424	Ser(α_2)	430
Val(α)	951	Thr(α_2)	642

* 引自 Carter C W Jr.Annu Rev Biochem,1993.

　　tRNA 不仅是一个古老的生物分子,而且是一个多功能的生物分子。tRNA 的主要功能是携带氨基酸到核糖体上,在蛋白质合成中起翻译作用,包括校正 tRNA 的校正作用。此外,还能进行不依赖于核糖体的多肽合成。例如,将氨基酸转移到多糖、脂肪和蛋白质上,参与细胞壁、细胞膜的合成。叶绿素和硒代半胱氨酸都是在 tRNA 上合成的。逆转录病毒以 RNA 基因组为模板合成 cDNA 时需以 tRNA 为引物。有些tRNA 可以是植物的激素。在蚕体内,tRNA^{Lys}还可以作为转录调节因子。tRNA 的诸多功能也许正反映了它在 RNA 世界早期曾活跃参与各种生命活动。

(三)信使 RNA

　　最初以为核糖体 RNA 是蛋白质合成的模板。但在 1959 年同位素标记实验表明,大肠杆菌感染噬菌体 T2 后并不合成新的 rRNA,这就排除了合成特异蛋白质的模板是 rRNA 的可能性。于是 F. Jacob 和

J. Monod提出了**信使RNA**(messenger RNA,mRNA)的概念,认为必定有一种中间物质,从DNA上获得遗传信息,带到核糖体上用作蛋白质合成的模板。他们在研究大肠杆菌乳糖代谢有关酶类的生物合成时还发现,诱导物(底物和底物类似物)加入可以使酶蛋白的合成速度立即增加数千倍;一旦除去诱导物又可使酶蛋白的合成随即停止。他们相信蛋白质合成的模板极不稳定,其半寿期很短。1961年几个实验室采用脉冲(短时间)标记技术,在T2感染的大肠杆菌细胞,后又在不经T2感染的细胞中,均证实了不稳定RNA(mRNA)的存在。这种RNA可以与其模板DNA杂交,例如T2mRNA可以与T2DNA杂交,故又称为D-RNA。

原核生物基因组中相关功能的基因常组成操纵子,作为一个转录单位,转录产生多顺反子mRNA。在多顺反子mRNA中有多个基因的编码区,各编码区为一**开放阅读框架**(open reading frame,ORF),又称可译框,以起始密码子AUG或GUG开头,终止密码子UAA、UAG、UGA结束,读框正好为是三的倍数。起始密码子前(上游)为**核糖体结合位点**(ribosome binding site,RBS),与核糖体小亚基16S rRNA的3'端序列互补,最初由Shine和Dalgarno所发现,故称为Shine-Dalgarno序列,或SD序列。通常SD序列长4~9个核苷酸,富含嘌呤碱基,位于起始密码子上游3~11个核苷酸处(图33-9)。mRNA或多顺反子的mRNA可以形成二级和三级结构,但在沿核糖体小亚基移动时被解开,其存在会影响翻译速度。

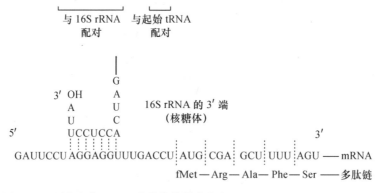

图33-9 原核生物mRNA的核糖体结合位点

真核生物基因并不组成操纵子,除了某些病毒的基因例外,通常真核生物基因转录产生单顺反子mRNA。有些病毒基因不仅组成操纵子而且基因还彼此重叠或形成**多聚蛋白质**(polyprotein),需在翻译后切开。真核生物mRNA 5'端有甲基鸟苷酸[m⁷G5'ppp5'Nm(Nm)]构成的帽子;3'端有poly(A)尾巴,平均长200个核苷酸,在其上游存在腺苷酸化的信号序列AAUAAA。真核生物mRNA无SD序列,在5'非翻译区和3'非翻译区存在调控序列,可结合各种调节因子以影响翻译的进行。在5'端起始密码子AUG附近常存在不同的茎环结构,它们或起正调节,或起负调节。总之,在最适宜的序列(例如ACCAUGG)和二级结构环境中,起始密码子具有最高的起始频率。而在3'非翻译区除具有调节因子结合位点外,还有mRNA的定位信号序列。现将原核生物和真核生物的mRNA的结构特点图解如图33-10。

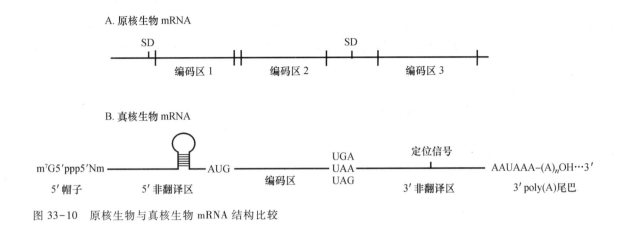

图 33-10　原核生物与真核生物 mRNA 结构比较

三、蛋白质合成的步骤

蛋白质生物合成十分复杂,采用**无细胞体系**(cell-free system)进行研究,现已基本弄清楚其过程。以大肠杆菌为例,蛋白质占细胞干重的 50% 左右,每个细胞中约有 3 000 种不同的蛋白质,每种蛋白质又有数量甚多的分子,而大肠杆菌细胞分裂周期不过 20 min。其蛋白质生物合成速度之快由此可见,而且还十分精确,错误率低于 10^{-4} 至 10^{-3}。

多肽链的合成由 N 端向 C 端进行,这与 DNA 和 RNA 链由 5′ 向 3′ 方向编码和合成是一致的。H. M. Dintzis 等人在 1961 年用 ^{3}H-亮氨酸作标记揭示了兔网织红细胞无细胞体系中血红蛋白的生物合成过程。血红蛋白含有较多的亮氨酸,并且其氨基酸序列已知。为了降低合成速度,反应在较低温度(15℃)下进行。在反应开始后 4~60 min 内,每隔一定时间取样分析。将带有放射性标记的蛋白质分离出来,拆开 α、β 两条链,用胰蛋白质酶水解,然后经纸层析分开水解碎片,测定其所含放射性强度。实验结果如图 33-11 所示。从图中可以看出,反应 4min 只有羧基端肽段含有 ^{3}H-亮氨酸;随着标记反应时间延长,带有标记的肽段自 C 端向 N 端延伸,到 60 min 时几乎整个肽段都布满标记。这个实验证明了多肽链合成的方向。多肽链的合成极快,α 链 146 个氨基酸残基在 37℃ 约需 3 min。大肠杆菌具有更高的速度,一个核糖体每秒钟可合成 40 个氨基酸的多肽。

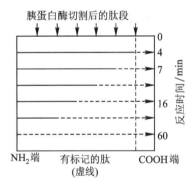

图 33-11　标记亮氨酸掺入血红蛋白 α 链羧基末端图解
虚线为带有标记肽段

蛋白质生物合成可分为五个步骤:① 氨酰-tRNA 的合成(aminoacyl-tRNA synthesis);② 多肽链合成的起始(initiation);③ 多肽链合成的延伸(elongation);④ 多肽链合成的终止(termination);⑤ 多肽链的折叠与加工(folding and processing)。现分别叙述如下。

(一) 氨酰-tRNA 的合成

蛋白质合成的第一步是胞质中 20 种不同的氨基酸与各自的 tRNA 以酯键结合,催化这一步的酶为氨酰-tRNA 合成酶。每种酶对于一种氨基酸和一种或多种相应的 tRNA 是特异的。这一步十分关键。首先,氨基酸必需附着在特定的 tRNA 分子上,正确的翻译才成为可能。tRNA 携带氨基酸,通过其反密码子对 mRNA 密码子的识别,使氨基酸得以掺入多肽链的指定位置。酶的校正功能后面还要讨论。第二,由游离氨基酸合成肽键需要供给能量。合成酶利用 ATP 使氨基酸腺苷酸化,从而使氨基酸激活,与 tRNA 反应形成高能酯键,有利于下一步肽键的合成。

ATP、氨基酸和相关的 tRNA 分别结合在合成酶活性部位的适当位置,酶与底物的互补空间结构、特异氢键和**范德华引力**(Van der Waals attraction)在相互识别中起重要作用。在酶催化下，ATP 与氨基酸反应产生氨酰腺苷酸和焦磷酸，反应平衡常数大约为 1，ATP 中磷酸酐键水解所能释放的能量继续保存在氨酰-AMP 的混合酸酐分子中，这时中间产物氨酰-AMP 仍然紧密结合在酶分子表面(图 33-12)。中间产物氨酰-AMP 分子结构如下：

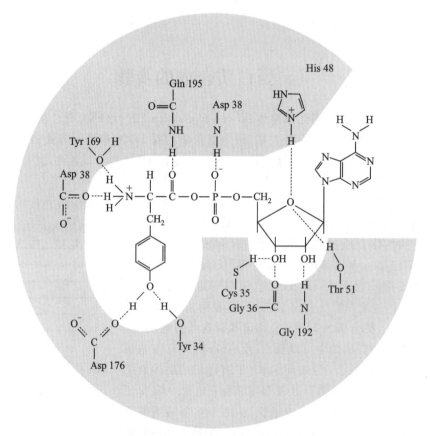

氨酰-腺苷酸

图 33-12　酪氨酰-tRNA 合成酶与反应中间物酪氨酰-腺苷酸复合物的相互作用
反应中间物结合在酶分子的深沟中，两者间形成 11 个氢键

　　氨基酸被激活后与相关 tRNA 反应，产生 2′或 3′氨基酸酯，视酶的类群而异，2′或 3′羟基酯之间可互换，但在合成肽键时必定是 3′羟基酯。氨酰-tRNA 的结构如下：

氨酰 - tRNA

　　由氨酰腺苷酸与相应 tRNA 产生氨酰-tRNA 并释放出 AMP，反应平衡常数接近 1，自由能降低极少。氨基酸与 tRNA 之间的酯键与高能磷酸键相仿，水解时产生高的负标准自由能($\Delta G^{\ominus}{}' = -29$ kJ/mol)。ATP 激活氨基酸产生的焦磷酸随被焦磷酸酶水解成无机磷酸，推动反应的完成。因此产生一分子氨酰-tRNA，消耗两个高能磷酸键。

（二）多肽链合成的起始

所有多肽链的合成都以甲硫氨酸作为 N 端的起始氨基酸,但在翻译后的加工过程中有些被保留,有些则被除去。编码多肽链的阅读框架通常以 AUG 为起始密码子,但在细菌中有时也用 GUG(偶尔用UUG)为起始密码子。甲硫氨酸的 tRNA 有两种,一种用于识别起始密码子(无论是 AUG 或 GUG 以及UUG),另一种识别阅读框架内部的 AUG 密码子。两种 tRNA 分别以 $tRNA_i^{Met}$ 和 $tRNA_m^{Met}$ 来表示。甲硫氨酰-tRNA 合成酶则只有一种。

在细菌和原核生物细胞器中起始 tRNA 所携带甲硫氨酸通常其氨基都被甲酰化,此 tRNA 可写作$tRNA_f^{Met}$ 或 $tRNA_f^{Met}$。甲硫氨酰-$tRNA_f$ 甲酰化后氨基被封闭,不能再参与肽链的延伸过程,可以防止起始tRNA 误读框架内部密码子。真核细胞起始 tRNA 在辅助因子帮助下严格识别起始密码子 AUG,故无甲酰化。甲酰化反应由特异的甲酰化酶所催化,甲酰基来自 N^{10}-甲酰四氢叶酸,反应式如下:

$$N^{10}\text{-甲酰四氢叶酸} + \text{Met-tRNA}_f \longrightarrow \text{四氢叶酸} + \text{fMet-tRNA}_f$$

原核生物参与起始的蛋白质因子有三个,**起始因子**(initiation factor,IF)1、**起始因子 2** 和**起始因子 3**。在起始因子帮助下,由 30S 小亚基、mRNA、fMet-$tRNA_f$ 和 50S 大亚基依次结合,形成**起始复合物**(initiationcomplex)。在此过程需要分解一分子 GTP 成 GDP 和无机磷供给能量,并要求 Mg^{2+} 作用。起始阶段又可分为三步:① 30S-mRNA 复合物的形成;② fMet-$tRNA_f$ 的加入;③ 50S 亚基的加入。各步都有辅助因子参与作用。

在步骤①,IF-1 和 IF-3 两个起始因子与 30S 小亚基结合。IF-1 占据小亚基的 A 位点,空出 P 位点留待 fMet-$tRNA_f$ 的进入。A 位点在多肽链延伸阶段供非起始 tRNA 携带氨基酸进入核糖体之用。IF-1 结合在 30S 小亚基上也妨碍了它与 50S 大亚基的结合。IF-3 有两个功能。首先,它控制 70S 核糖体的解离平衡,起着**抗结合因子**(anti-association factor)的作用。IF-3 和 50S 大亚基在 30S 小亚基上的结合部位相互重叠,小亚基结合 IF-3 后就不能再与大亚基结合。其次,它促使小亚基与 mRNA 结合。核糖体小亚基16S rRNA 3′端序列与 mRNA 的 SD 序列互补,两者结合并在 IF-3 的帮助下使 mRNA 的起始密码子正好落在 P 位点。

在步骤②,上述复合物(30S-mRNA、IF-1、IF-3)与 IF-2 结合。IF-2 能特异结合 fMet-$tRNA_f$,并使其进入 P 位点,于是 $tRNA_f$ 的反密码子得以起始密码子正确配对。IF-2 的功能与延伸因子 EF-Tu 有些类似,两者差别在于前者特异介导 fMet-$tRNA_f$ 进入 P 位点;后者在延伸阶段介导一般氨酰-tRNA 进入 A 位点。

在步骤③,IF-3 离开 30S 小亚基,以便 50S 大亚基加入复合物形成完整的 70S 核糖体。IF-1 和 IF-2随即离开核糖体,同时结合在 IF-2 上的 GTP 水解成 GDP 和 Pi,产生的能量用于推动核糖体构象改变,使其成为活化的起始复合物。原核生物多肽链合成的起始如图 33-13 所示。

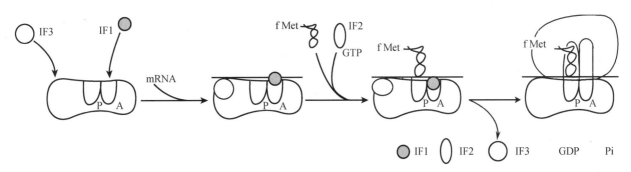

图 33-13　原核生物多肽链合成的起始步骤

真核生物多肽链合成的起始过程与原核生物基本类似,但也有不同点。主要差别为:① 真核生物多肽链合成的起始甲硫氨酸不被甲酰化,仅借助起始 $tRNA_i^{Met}$ 与内部 $tRNA_m^{Met}$ 的差别依靠辅助因子来区分起始和阅读框架内部的密码子。② 真核生物有 10 多个起始因子(表 33-9),原核生物则只有三个。③ 真核生物 mRNA 无 SD 序列,**核糖体结合位点**(ribosome binding site,RBS)在起始密码子 AUG 附近,最常见的 RBS 为 GCCAGCCAUGG。④ 与原核生物相反,Met-tRNA$_i$ 先于 mRNA 与 40S 小亚基结合。⑤ 真核生物 40S 小亚基在起始因子帮助下从 mRNA 5′端移向 RBS 需要水解 ATP 供给能量,以解开 mRNA 的二级结构。

表 33-9 真核生物参与多肽链合成起始的蛋白质因子*

因子	功能
eIF1	多功能,使小亚基沿 mRNA 扫描
eIF1A	使小亚基沿 mRNA 扫描
eIF2	介导 Met-tRNA$_i$ 与小亚基 P 位点结合;水解 GTP
eIF2B	以 GTP 交换 eIF2 上水解产生的 GDP
eIF3	阻止 40S 小亚基与 60S 大亚基结合
eIF4A	具有 RNA 解旋酶活性
eIF4B	结合 ATP 并促进 eIF4A 与 mRNA 结合
eIF4E	具有结合 mRNA5′端帽子的活性
eIF4G	能与多种蛋白质(eIF3、eIF4A、PABP)结合,通过 eIF4E 连到 5′帽子周围
eIF5	促进小亚基与大亚基结合
eIF6	与 60S 大亚基结合,阻止大亚基与小亚基的结合
PABP	与 poly(A)相结合的蛋白质

* 真核生物的起始因子以"eIF"来表示。

真核生物多肽链合成都的起始阶段也分为三个步骤:

步骤①,eIF3 结合 40S 小亚基,阻止其与大亚基结合;eIF2 帮助 Met-tRNA$_i$ 结合于 P 位点,它带有 GTP 以便在解离时水解成 GDP 和 Pi。mRNA 的 5′端帽子与 eIF4A、eIF4B、eIF4E、eIF4G 结合,其中真正的**帽结合蛋白**(cap-binding protein,CBP)是 eIF4E,余者均通过**衔接蛋白**(adapter protein)eIF4G 结合到 eIF4E 上。mRNA 3′端 poly(A)通过 **poly(A)结合蛋白**(poly(A)-binding protien,PABP)也结合在 eIF4G 上。步骤②,40S 小亚基上的 eIF3 与衔接蛋白 eIF4G 结合,连带小亚基与 mRNA 结合,在 eIF1 和 eIF1A 的帮助下沿 mRNA 移动,扫描到核糖体结合位点,通过 Met-tRNA$_i$ 的反密码子识别起始密码并与之结合。步骤③,脱去完成功能的起始因子,在 eIF5 的帮助下 60S 大亚基与小亚基结合,形成核糖体起始复合物(图 33-14)。

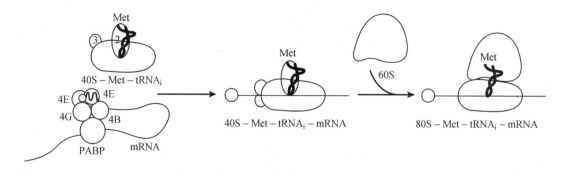

图 33-14 真核生物多肽链合成的起始步骤

(三) 多肽链合成的延伸

核糖体与起始氨酰-tRNA 和 mRNA 组成起始复合物后,多肽链合成即进入延伸阶段,mRNA 上编码序列的翻译由三个连续的重复反应来完成。每循环一次,多肽链羧基端添加一个新的氨基酸残基。延伸反应在进化过程中十分保守,原核生物和真核生物基本相同,并且都需要三个**延伸因子**(elongation factor,EF)参与作用。(细菌的三个延伸因子是 EF-Tu、EF-Ts 和 EF-G)。值得指出的是,肽键的形成并不需要蛋白质的酶来催化,而是由大亚基的 rRNA 催化。延伸的三步反应分别是,氨酰-tRNA **结合**(binding)到核糖体 A 位点上、进行**转肽反应**(transpeptidation)、核糖体沿 mRNA **移位**(translocation,又称易位)。这里首先介绍细菌的多肽合成过程,然后再比较真核生物与原核生物的差别。

延伸步骤①:所有氨酰-tRNA 都是在 EF-Tu 的帮助下,进入核糖体结合在 A 位点。上面曾提到,起始因子 IF-2 与延伸因子 EF-Tu 功能类似,两者都起着运送氨酰-tRNA 到核糖体上的作用,并且都有水解 GTP 的酶活性(GTPase)。但前者特异识别 fMet-tRNA$_f$,将其引导到 P 位点;后者识别除了起始氨酰-tRNA 外的各种氨酰-tRNA,导入 A 位点。结合了 GTP 的 EF-Tu 可与氨酰-tRNA 形成三元复合物(氨酰-tRNA·EF-Tu·GTP)。该复合物进入 A 位点后由 tRNA 的反密码子与位于 A 位点的 mRNA 密码子配对,碱基正确配对触发核糖体构象改变,导致 tRNA 的结合变稳定,并且引起 EF-Tu 对 GTP 的水解。当反密码子与密码子配对时,所携带氨基酸正好落在 50S 大亚基的肽基转移酶活性中心,引发催化反应。二元复合物 EF-Tu·GDP 随即被释放。

另一因子 EF-Ts 的功能是帮助无活性的 EF-Tu·GDP 再生为有活性的 EF-Tu·GTP。首先 EF-Ts 置换 GDP,形成 EF-Tu·EF-Ts 复合物;然后再被 GTP 置换,从新形成 EF-Tu·GTP。EF-Ts 可以反复使用,使细胞内有充裕的 EF-Tu·GTP,以供多肽链合成之用。

EF-Tu 的作用可影响多肽链合成的忠实性。氨酰-tRNA 被带到 A 位点,如果反密码子与密码子不配对,迅即离去。EF-Tu·GTP 的水解相对较慢,留下足够时间使不正确的氨酰-tRNA 离开 A 位点。水解后,EF-Tu·GDP 的释放也较慢,如还有不正确氨酰-tRNA 也可于此时离开。

延伸步骤②:肽酰转移反应由 23S rRNA 所催化。反应实质是使起始氨酰基(fMet)或**肽酰基**(peptidyl)的酯键转变成肽键,即由 P 位点的 tRNA 上转移到 A 位点氨酰-tRNA 的氨基上。通过转肽,新生肽链得以由 N 端向 C 端延伸。反应是由新加入氨基酸的氨基向起始氨酰-或肽酰-tRNA 上酯键的羰基作亲核攻击所发动,如图 33-15 所示。

嘌呤霉素(puromycin)对蛋白质合成的抑制作用就发生在这一步上。嘌呤霉素的结构与氨酰-tRNA 3′端上的 AMP 残基的结构十分相似。肽基转移酶也能促使起氨酰基或肽酰基与嘌呤霉素结合,形成肽酰嘌呤霉素,但其连键不是酯键,而是肽键。肽酰-嘌呤霉素复合物很易从核糖体上脱落,从而使多肽链合成过程中断。这一点不仅证明了嘌呤霉素的作用机制,也说明了活化氨基酸是添加在延伸肽链的羰基上。嘌呤霉素结构如下:

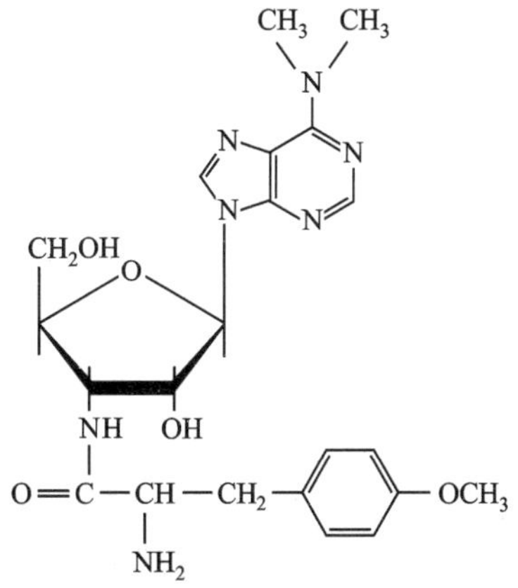

嘌呤霉素

延伸步骤③:紧接着转肽反应之后,核糖体沿 mRNA 由 5′向 3′方向移动一个密码子,以便继续翻译。移位依赖于因子 EF-G 和 GTP。核糖体不能同时结合 EF-Tu 和 EF-G,必须在 EF-Tu·GDP 离开后 EF-G·GTP 才能结合上去;同样只有在 EF-G·GDP 离开后新的氨酰-tRNA·EF-Tu·GTP 三元复合物才能进入 A 位点。氨酰-tRNA·EF-Tu·GTP 的三级结构与 EF-G 的三级结构十分相似。两者有共同的保守结构,EF-G 的其余部分模拟了 EF-Tu·tRNA 中的 tRNA 成分,故而可以进入前者在核糖体上的结合位置(图 33-16)。

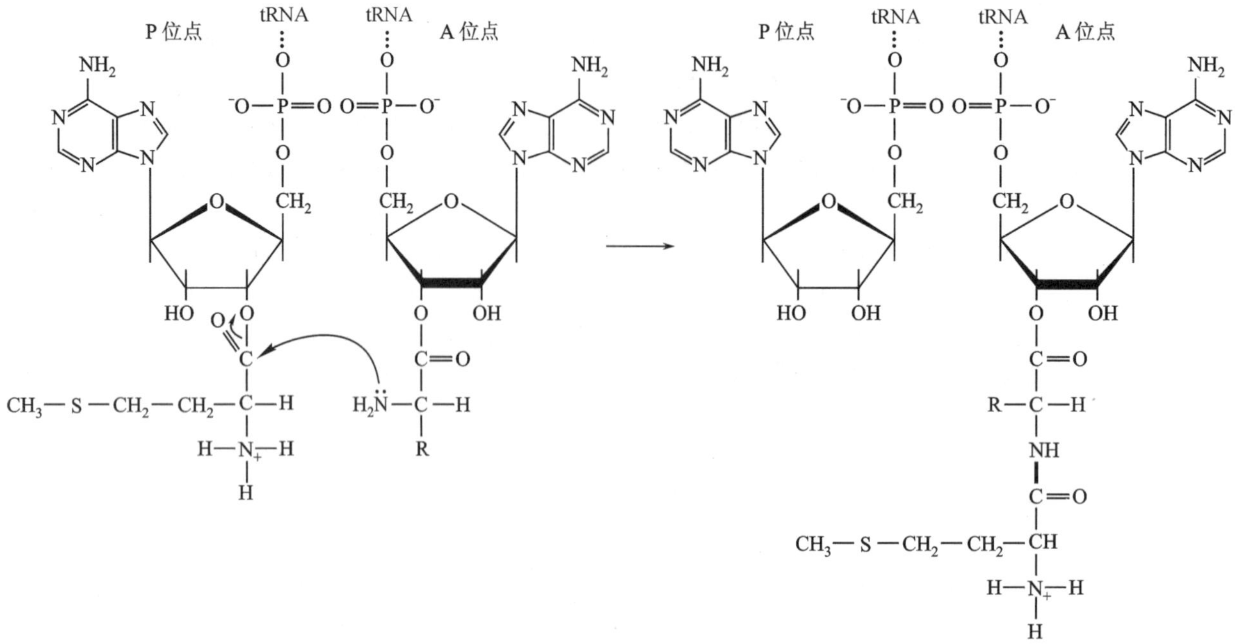

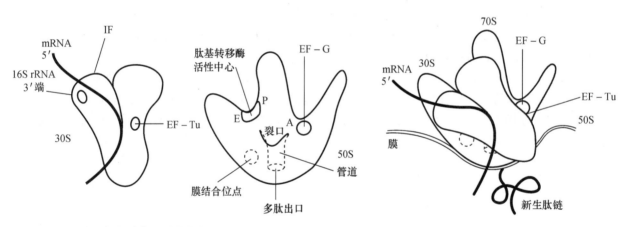

图 33-15 多肽链合成中第一个肽键的形成

图 33-16 原核生物核糖体的功能位点

原核生物核糖体有三个 tRNA 结合位点,分别横跨大、小两亚基。倒 L 形 tRNA 可分两部分,反密码子区位于 A 位点和 P 位点的小亚基部分,氨基酸臂区位于大亚基部分,E 位点大部分都在大亚基上,和小亚基只有少许接触。移位是一个十分复杂的过程,核心问题是核糖体、tRNA 和 mRNA 三者间究竟如何进行相对移动。移位后,卸去氨酰基的 tRNA(deacylated tRNA)由 P 位点转至 E 位点,然后再脱落;肽酰-tRNA 由 A 位点转至 P 位点,空出的 A 位点又可接受新的氨酰-tRNA。对此一种较可信的解释是移位可分两步进行:首先由大亚基与小亚基交错运动形成杂合位点,即 50SE/30SP 和 50SP/30SA。此时两 tRNA 的 CCA 末端脱开 50S 大亚基原来位置的束缚,进入新的位置。然后大亚基与小亚基再次交错运动以恢复原状。两 tRNA 的反密码子末端脱开 30S 小亚基束缚,也进入新的位置。mRNA 借助密码子与反密码子之间的碱基对结合,跟随 tRNA 一起移动。移位发生在 GTP 水解之后,想必 GTP 水解产生的能量先引起 EF-G 的构象改变,进而引起核糖体构象的改变。核糖体与 tRNA 的相对移动不涉及碱基对的重新配对。

原核生物多肽链合成的延伸循环如图 33-17 所示。

真核生物多肽链合成的延伸循环与原核生物十分相似,三个延伸因子分别称为 eEF1A、eEF1B 和 eEF2。eEF1A 和 1B 分别相当于原核生物的 EF-Tu 和 Ts,eEF2 相当于 EF-G。真核生物核糖体无 E 位

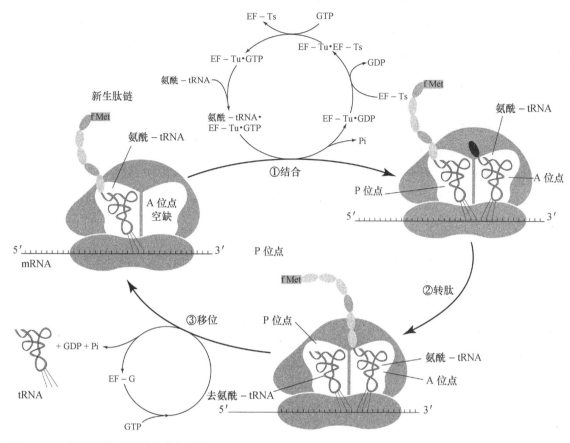

图 33-17 原核生物多肽链合成的延伸过程

点,脱酰 tRNA 直接从 P 位点脱落。**白喉毒素**(diphtheria toxin)能利用 NAD⁺ 将腺苷二磷酸核糖基(ADPR)转移到 eEF2 上,使其失活,故而具有极大毒性,几微克毒素就足以致人于死命。白喉毒素由白喉杆菌内的溶原性噬菌体所编码。

(四) 多肽链合成的终止

多肽链合成的终止需要**终止密码子**和**释放因子**(release factor, RF)参与作用。tRNA 只能识别氨基酸密码子,不能识别终止密码子,需由释放因子来识别终止密码子。当 mRNA 的终止密码子进入核糖体 A 位点时,多肽链合成即停止,由相应释放因子识别并结合其上。细菌有三个释放因子,RF-1 识别 UAA 和 UAG,RF-2 识别 UAA 和 UGA。RF-1 和 RF-2 三级结构的形状十分类似 tRNA,它们结合到 A 位点后可活化核糖体的肽基转移酶活性。与多肽链的延伸反应不同,RF 引起的是将肽酰基转移到水分子上,多肽链即被水解下来。将大肠杆菌核糖体、fMet-tRNAf、RF-1、两个三聚核苷酸 AUG 和 UAA 一起保温,可在体外观察到 RF 的水解作用(图 33-18)。RF-3 是一个 GTP 结合蛋白,它与 EF-Tu 和 EF-G 类似,结合到核糖体后引起 GTP 水解,并使 RF-1 或 RF-2 脱落。核糖体与 tRNA 和 mRNA 的解离还需要**核糖体再**

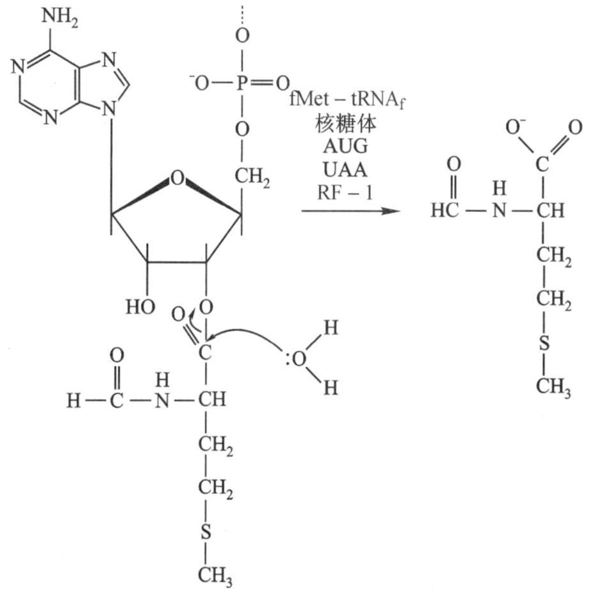

图 33-18 释放因子的体外活性实验

循环因子(ribosome recycling factor,RRF)、EF-G 和 IF-3 参与作用,并水解 GTP。

真核生物的一个释放因子 eRF1 可识别所有三个终止密码子并使多肽链水解下来,故而无 eRF2。eRF1 的外形类似于 tRNA,当其进入核糖体 A 位点时顶端三个氨基酸 GGQ 正好在氨酰-tRNA 的氨酰基位置,Q(谷氨酰胺)的酰胺基结合一分子 H_2O,肽酰基转移其上而被水解下来。eRF3 为 GTP 结合蛋白,进入 A 位点后水解 GTP 并使 eRF1 脱落。

(五) 多肽链的折叠、加工和修饰

多肽链合成后必须经过折叠和加工,才能成为具有生物活性的形式。

1. 新生多肽链的折叠

新生多肽链在合成过程中或合成后,借助自身主链间和各侧链的相互作用,形成氢键、范德华力、离子键以及疏水相互作用,发生折叠,获得其天然的构象。通过这种方式,由 mRNA 一维结构编码信息指导形成蛋白质的三维结构。

C. Anfinsen 在 1957 年用核糖核酶 A(RNase A)所做的出色实验表明,蛋白质的变性是可以逆转的。他将 RNase A 在含 β-巯基乙醇的 8 mol 尿素溶液中变性,然后透析除去尿素和还原剂,并在 pH 8 时用 O_2 氧化,结果完全恢复酶活性和物理特性。RNase A 有 124 个残基和 8 个半胱氨酸,如果听任随机形成二硫键可有 105 种方式,活性最多只能恢复 1%。实际上变性后"散乱"的多肽链在有痕量 β-巯基乙醇存在下可将所产生不正确的二硫键打开,重新形成正确的形式。Anfinsen 的实验证明在生理条件下蛋白质能自发折叠形成其天然的构象,因此他认为蛋白质的一级结构决定三级结构。这一原则至今仍被认为是正确的,但有了许多新的认识。

新生肽的折叠和变性蛋白质的再折叠并不完全相同,新生肽通常边合成边折叠,并需要不断调整其已折叠的结构。多肽链在各种作用力影响下产生高级结构,四个氨基酸残基的多肽就可以产生二级结构,十个残基的多肽可以产生超二级结构,四十个以上残基的多肽其凝聚力才可以产生结构域,但仍然需要次级键和二硫键来稳定其结构。有两个酶可以改变多肽链的共价结构,一个是**蛋白质二硫键异构酶**(protein disulfide isomerase,PDI),它可以进行二硫键交换,以调整不正确的二硫键;另一个是**肽基脯氨酰异构酶**(peptidyl prolyl isomerase,PPIase),可以改变脯氨酸残基的顺反构型。在蛋白质分子中大部脯氨酸残基都是反式构型,但也有约 6% 的顺式,PPIase 可以调整此构型。

上世纪 70 年代发现,蛋白质折叠和寡聚蛋白的组装需要一类称为**分子伴侣**(molecular chaperone)的蛋白质参与作用。这类蛋白质某些方面与酶相似,能帮助蛋白质折叠与组装,而不是最终结构的一部分。但它与酶又不一样,一是对底物蛋白不具有高度专一性,同一分子伴侣可以作用于多种不同多肽链的折叠。二是并不促进正确折叠,只是防止错误折叠。分子伴侣作用于新生肽的折叠,跨膜蛋白的解折叠和再折叠,变性或错折叠蛋白的重折叠,以及蛋白质分子的装配。由于细胞内蛋白质的浓度极高,并且存在诸多各类化学分子,多肽链的折叠易受到干扰,可能产生非天然的折叠,并使多肽链各疏水区段发生聚集和形成沉淀。携带 ATP 的分子伴侣可以与多肽的疏水区段结合,ATP 水解成 ADP 后分子伴侣即脱落,ADP 被 ATP 替换后又可与多肽链结合,在脱落的间隙多肽进行正常的折叠,不断结合分子伴侣起着阻止疏水区段聚集的作用,直至完成折叠为止。

许多分子伴侣属于**热激蛋白**(heat shock protein,HSP)。HSP 是在升温或其他刺激作用下增加合成速率的一类蛋白质,可用于恢复热变性蛋白或阻止外界不利条件下多肽链的错误折叠。分子伴侣主要有两类:一类为 Hsp70 家族,其成员均为单体的蛋白质;另一类**伴侣蛋白家族**(chaperonine family),为寡聚体的蛋白质(表 33-10)。

表 33-10 分子伴侣的主要群类

种类	结构与功能
Hsp70 家族(单体蛋白质)	
Hsp70(Dnak)	ATPase
Hsp40(DnaJ)	促进 ATPase
GrpE	核苷酸交换因子
Hsp90	作用于信号转导蛋白
伴侣蛋白家族(寡聚复合物)	
类群 I	
Hsp60(GroEL)	形成两个七聚体环状结构
Hsp10(GroES)	形成帽状结构
类群 II	
TRic	形成两个八聚体环

Hsp70 借助水解 ATP 来完成对未对叠和部分折叠多肽链的结合-释放循环。**Hsp40** 的功能是促进 Hsp70 的作用。**GrpE** 使 Hsp70 上的 ADP 与 ATP 发生交换。经过多轮结合-释放循环,多肽链得以获得天然构象。Hsp90 作用类似于 Hsp70,在作用过程中需水解 ATP,但它专一作用于信号转导途径蛋白质的构象改变。

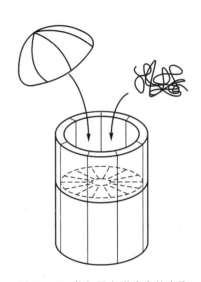

图 33-19 伴侣蛋白形成大的寡聚复合物

14 个 GroEL 形成两环组成的中空圆筒,7 个 GroES 形成帽子,多肽链在筒内完成折叠

与上述系统不同,伴侣蛋白家族成员可形成大的寡聚复合物。**Hsp60**(大肠杆菌中为 GroEL)的 14 聚体,分成上下两环,每环 7 个亚基,构成中空的圆筒。上下两环亚基的方向相反,圆筒中间由各亚基的羧基端突起将筒隔成两半。每一亚基结合一个 ATP,中空筒内表面的疏水区段与未完成折叠的多肽链结合。**Hsp10**(在大肠杆菌中为 GroES)由 7 个亚基构成类似帽子的结构,待底物进入空筒后即盖上。于是多肽链可在被隔离的空间内进行折叠,待 ATP 水解后盖子(Hsp10 或 GroES)打开,底物被释放。也许底物一次进入圆筒内不能完成折叠,可以多次进入有 ATP 的圆筒内继续折叠,直到全部完成。上下两环可以交替使用。上环腾清后在 ATP/ADP 交换期间,可以利用下环空间进行多肽链折叠;同样,下环在准备阶段可以利用上环进行折叠。伴侣蛋白的寡聚复合物结构如图 33-19 所示。真核生物的 TriC 和 GimC 与之相似,只是各亚基大小并不相同。

2. 翻译后的加工和修饰

多肽链合成后常常不是其最后具有生物学活性的形式,而需要经过一系列的加工和修饰。主要的加工和修饰有以下几类:

(1)氨基端和羧基端的修饰 所有多肽链合成最起始的残基都是甲酰甲硫氨酸(细菌中)或甲硫氨酸(真核生物中)。在合成后,甲酰基、氨基末端的甲硫氨酸残基、甚至多个氨基酸残基或是羧基端的残基常被酶切除,因此它们并不出现在最后有功能的蛋白质中。在真核生物的蛋白质中约有 50% 氨基端残基的氨基都被 N-乙酰化。有时羧基端残基也被修饰。

(2)信号肽被切除 分泌蛋白和膜蛋白的氨基端存在一段序列长 15 至 30 个残基,它引导蛋白质穿越质膜(细菌)或内质网膜(真核生物)。这段序列在穿膜后即被信号肽酶所切除。

(3)肽链个别氨基酸被修饰 蛋白质某些 Ser、Thr 和 Tyr 残基上的羟基可被激酶利用 ATP 进行磷酸化。不同蛋白质磷酸化的意义是不一样的。例如,乳液中酪蛋白的磷酸化可增加 Ca^{2+} 的结合,有利于幼儿营养。细胞内许多酶和调节蛋白可借助磷酸化和去磷酸化以调节其活性。

凝血机制中的关键成分凝血酶原,其氨基端区的 Glu 残基常被增加一个 γ-羧基,催化该反应的酶为羧化酶,需要维生素 K 作为辅酶。这些羧基可结合 Ca^{2+},为凝血机制所需要。γ-羧基谷氨酸的结构

式如下:

$$H_3^+N-\underset{\underset{\underset{\underset{COO^-}{|}}{CH}}{\underset{|}{CH_2}}}{\overset{COO^-}{\overset{|}{C}}}-H$$

$$^-OOC \qquad COO^-$$

　　此外,在某些肌肉蛋白和细胞色素 c 中还存在甲基赖氨酸和二甲基赖氨酸残基。有些生物的**钙调蛋白**(calmodulin)中有三甲基赖氨酸。这些甲基位于赖氨酸残基的 ε-氨基上。还有些蛋白质谷氨酸的 γ-羧基可被甲基化形成酯。

　　(4)连接糖类的侧链　在肽链合成过程中或合成后某些位点被连以糖类侧链,糖蛋白有重要生物学功能。糖链或连在 Asn 残基上(N-连接寡糖);或连在 Ser、Thr、Hyl(羟赖)及 Hyp(羟脯)残基上(O-连接寡糖);少数可以连在 Asp、Glu 和 Cys 残基上。详见糖生物学。

　　(5)连接异戊二烯基　一些真核生物的蛋白质可通过连接**异戊二烯基**(isoprenyl)衍生物进行修饰。例如,胞质蛋白与异戊二烯衍生的十五碳**法尼基焦磷酸反应**(farnesyl pyrophosphate)生成羧酸酯,使蛋白质疏水的羧基端"锚"在膜上。又如,ras 癌基因和原癌基因的产物 Ras 蛋白以 Cys 与法尼基焦磷酸生成硫酯键。引人关注的是,阻止 Ras 蛋白的法尼基化可以使其失去致癌性。法尼基化 Ras 蛋白结构如下:

$$(Ras)-S-CH_2$$

　　(6)连接辅基　缀合蛋白的活性与其**辅基**(prosthetic group)有关,多肽链合成后需与辅基以共价键或配位键结合。如金属蛋白的金属离子,血红素蛋白的血红素,黄素蛋白的含核黄素辅基等。

　　(7)蛋白酶解加工　许多蛋白质最初合成较大的、无活性的前体蛋白质,合成后需经蛋白酶的**酶解加工**(proteolytic processing)产生较小的、活性形式。蛋白酶解加工可用于控制蛋白质的活性,如酶和激素常见先合成其非活性形式**蛋白原**(proprotein),在额外序列被蛋白酶切去后产生活性蛋白质。选择性酶解可以产生多种不同的蛋白质,如病毒的多蛋白质,哺乳动物的脑肽。

　　(8)二硫键的形成　在多肽链折叠形成天然的构象后,链内或链间的 Cys 残基间有时会产生二硫键。二硫键可以保护蛋白质的天然构象,以免分子内外条件改变或凝聚力较低的情况下引起变性。

四、蛋白质合成的忠实性

　　蛋白质合成不仅是细胞新陈代谢中最复杂的过程,也是一个速度快、表达遗传信息高度忠实的过程。这些都需要付出能量的代价。

(一)蛋白质合成忠实性需要消耗能量

　　蛋白质合成是一个高耗能的过程,自由能不仅用来合成肽键,更多用来保证遗传信息表达的**忠实性**(fidelity)。每合成一分子氨酰-tRNA,需要分解 2 个高能磷酸键。这一步活化氨基酸需要的能量由 ATP 供给。如果合成发生错误,不正确产物将被水解,还需额外消耗 ATP。在延伸阶段第一步(结合)和第三步(移位)各分解一个高能磷酸键,能量用于推动分子运动故由 GTP 供给,GTP 分解成 GDP 和 Pi。因此每合成一个肽键,至少需要水解 4 个高能磷酸键,共消耗能量 $4\times(-30.5 \text{ kJ/mol}) = -122 \text{ kJ/mol}$。水解肽键的标准自由能变化为 -21 kJ/mol,合成肽键的净自由变化为 $-101 \text{ kJ/mol}(-24.14 \text{ kcal/mol})$。多付出的能量允许蛋白质合成达到非常高的忠实性。

（二）合成酶的校对功能提高了忠实性

氨酰-tRNA 合成酶的识别能力直接关系到翻译的忠实性。它既要从 20 种氨基酸中分辨出一种，又要从数十至上百种 tRNA 中分辨出 1~3 种相关 tRNA。合成酶对相关 tRNA 的分辨能力相对较高，可能是由于酶与 tRNA 的接触面积大，根据同工 tRNA 的个性特征（第二套遗传密码），能够较精确区分相关 tRNA 和非相关 tRNA。但合成酶对于结构相似的氨基酸就不易区分。通常 tRNA 的选择错误率为 10^{-6}，氨基酸的选择错误率为 10^{-5} 至 10^{-4}。无论是不正确的氨基酸，或是不正确的 tRNA，一旦发生错误，酶具有校正功能，可以在一定程度上查出加以校正。合成酶的校对功能有两类，一是**动力学校对**（kinetic proofreading）；另一是**化学校对**。

动力学校对是基于相关 tRNA 与非相关 tRNA 对酶的亲和力不同，因而反应速度不同。相关 tRNA 与酶结合迅速，解离较慢，结合后引起酶构象改变，迅即发生相关 tRNA 的氨酰化反应。而非相关 tRNA 与酶结合慢，解离快，不引起酶构象改变，氨酰化反应发生缓慢。因此，进入酶活性部位的非相关 tRNA 可在随后被排除。

化学校对是根据底物空间结构进行鉴别。氨酰-tRNA 合成反应分为两步进行，氨基酸先被 ATP 活化形成氨酰腺苷酸，待相关 tRNA 进入活性部位后再形成氨酰-tRNA。这两步反应都能进行校对。校对发生在相关 tRNA 进入活性部位后，如发现氨基酸不正确，或者水解氨酰腺苷酸，或水解氨酰-tRNA，不同的酶不完全一样。甲硫氨酸、异亮氨酸和缬氨酸优先作用于第一步，另一些酶主要作用于第二步。举例来说，异亮氨酰-tRNA^{Ile} 合成酶除合成位点外还有**校对位点**（editing site），可以水解不正确的氨酰-tRNA。比 Ile 大的氨基酸（如 Leu）无法进入该酶合成位点；Val 比 Ile 小，可以进入合成位点，但随后送往校正位点，Vat-tRNA^{Ile} 即被水解成 Val 和 tRNA^{Ile}。Ile 能进入合成位点，但不能进入较小的校正位点，经过双重筛选，只有 Ile 可与其相关 tRNA^{Ile} 连接。校正有赖于 tRNA 氨酰化末端核苷酸链的柔性构象，它能将氨基酸从合成位点送往校正位点。许多合成酶都有此校正位点。

有少数合成酶虽无校对功能，但也能达到高度精确选择氨基酸。例如，酪氨酰-tRNA^{Tyr} 合成酶能够精确分辨酪氨酸和苯丙氨酸，因羟基的存在，酶对前者的结合是后者的 10^4 倍。

（三）核糖体对忠实性的影响

蛋白质生物合成是一个高度精确的过程，通常误差小于 10^{-5}。容易引入错误的步骤有两个：一是在合成酶催化下，氨基酸连接到相关 tRNA 上；二是在核糖体上氨酰-tRNA 通过反密码子与 mRNA 的密码子配对。前已谈到，借助合成酶的校正功能，可以使选择氨基酸和 tRNA 的错误率降低到 10^{-5} 以下。然而，反密码子与密码子的结合常数很小，远不足维持蛋白质合成的错误率小于 10^{-5}。因此很容易想到，核糖体必定存在某种机制来增强反密码子与密码子的相互作用。这种机制表现在两个方面，一是核糖体在结构上能识别是否正确配对；二是使不正确配对的氨酰-tRNA 在多个步骤上可以脱离，亦即动力学校对，此过程需要蛋白因子参与作用。

从核糖体晶体结构分析中知道，16S rRNA 可与氨酰-tRNA 多处接触。在反密码子与密码子配对时，16S rRNA 的两个碱结合在 tRNA 反密码子与 mRNA 密码子形成的螺旋前两个碱基对浅沟上，从而稳定了配对结构。一方面使氨酰-tRNA 束缚在 A 位点；另一方面 rRNA 构象的改变触发了下一步反应，导致 EF-Tu 对 GTP 的水解。校对作用还受到动力学的控制。不配对的氨酰-tRNA 解离速度约比配对氨酰-tRNA 的解离速度快 5 倍。延迟转肽反应也可以使不配对氨酰-tRNA 有更多机会脱离。就是说降低速度可以增加忠实性。

五、蛋白质的定位

多肽链在核糖体上合成后即自发装配成蛋白质，并被运送到细胞的各个部分，"各就各位"以行使其生物功能。真核生物的细胞、亚细胞结构和细胞器都被膜所包围，分泌蛋白、溶酶体蛋白和膜蛋白在结合于内质网膜的核糖体上合成后,需与翻译同时穿过内质网膜,或者被送往高尔基体、分泌小泡、质膜或溶酶体;或者停留在内质网膜上。在此过程中蛋白质被糖基化,糖基化与定位有关。线粒体、叶绿体和细胞核的蛋白质则在翻译完成后再运输。大肠杆菌新合成的蛋白质有些仍停留在胞浆中,有些则被送往质膜、外膜或质膜与外膜之间的空隙,有些也可分泌到胞外。

(一)蛋白质的信号肽和跨膜运输

蛋白质的运输尽管比较复杂,但生物体中蛋白质的运输机制基本上已了解。每一需要运输的蛋白质都含有一段氨基酸序列,称为信号肽或导肽序列(signal or leader sequence),引导蛋白质至特定的位置。在真核细胞中,核糖体以游离状态停留在胞浆中,它们中一部分合成胞浆蛋白质或成为线粒体及叶绿体的膜蛋白质。另一部分受新合成多肽链 N 端上**信号肽**(signal sequence)的引导而到内质网膜上,使原来表面光洁的**光面内质网**(smooth ER)变成带有核糖体的**粗面内质网**(rough ER)。停留在内质网上的核糖体可合成三类主要的蛋白质:溶酶体蛋白、分泌蛋白和构成质膜骨架的蛋白。信号肽的概念首先是由 D. Sabatini 和 G. Blobel 于 1970 年所提出。以后,C. Milstein 和 G. Brownlee 在体外合成免疫球蛋白肽链的 N 端找到了这种信号肽,但在体内合成经过加工的成熟免疫球蛋白上找不到它。因为多肽链在体内合成后的加工过程中,信号肽被**信号肽酶**(signal peptidase)切掉了。许多蛋白质激素就是以前体蛋白质形式合成,例如,胰岛素 mRNA 通过翻译,可得到前胰岛素原蛋白,其前面 23 个氨基酸残基的信号肽在转运至高尔基体的过程中被切除。以后在很多真核细胞的分泌蛋白中都发现有信号肽。

信号肽序列通常在被转运多肽链的 N 端,长度在 10~40 个氨基酸残基范围,氨基端至少含有一个带正电荷的氨基酸,中部有一段长度为 10~15 个高度疏水性氨基酸,常见的如丙氨酸、亮氨酸、缬氨酸、异亮氨酸和苯丙氨酸,组成疏水肽段。这个疏水区极重要,其中某一个氨基酸被极性氨基酸置换时,信号肽即失去其功能。一般蛋白质是很难通过脂膜,而信号肽可引导它通过膜至特定的细胞部位,可能与这段疏水肽段有关。在信号肽的 C 端有一个可被信号肽酶识别的位点,此位点上游常有一段疏水性较强的五肽,信号肽酶切点上游的第一个(−1)及第三个(−3)氨基酸常为具有一个小侧链的氨基酸(如丙氨酸)。图 33−20 为一些真核细胞多肽链的信号肽序列。信号肽的位置并不一定在新生肽的 N 端,有些蛋白质(如卵清蛋白)的信号肽位于多肽链的内部,24 至 45 残基处,它们不被切除,但其功能则相同。

		切点
人生长激素	M A T G S R T S L L L A F G L L C L P W L Q E G S A	F P T
人胰岛素原	M A L W M R L L P L L A L L A L W G P D P A A A	F V N
牛血清蛋白原	M K W V T F I S L L L L F S S A Y S	R G V
小鼠抗体H链	M K V L S L L Y L L T A I P H I M S	D V Q
鸡溶菌酶	M K S L L I L V L C F L P K L A A L G	K V F
蜂毒蛋白	M K F L V N V A L V F M V V Y I S Y I Y A	A P E
果蝇胶蛋白	M K L L V V A V I A C M L I G F A D P A S G	C K D
玉米蛋白19	M A A K I F C L I M L L G L S A S A A T A	S I F
酵母转化酶	M L L G A F L F L L A G F A A K I S A	S M T
人流感病毒A	M K A K L L V L L Y A F V A G	D Q I

图 33−20 一些真核细胞多肽链氨基端的信号肽序列
疏水氨基酸残基以黑体字母表示,碱性氨基酸残基用带阴影字母表示

随后 Blobel 等发现,信号肽可被**信号识别颗粒**(signal recognition particle,SRP)识别。SRP 的相对分子质量为 325 000,由一分子 7SL RNA(长 300 核苷酸)和 6 个不同的多肽分子组成。SRP 有两个功能域,一个用以识别信号肽,另一个用于干扰进入核糖体的氨酰-tRNA 和肽基转移酶的反应,以停止多肽链的延伸。信号肽与 SRP 的结合发生在蛋白质合成开始不久,即 N 端的新生肽链刚一出现时,一旦 SRP 与带有新生肽链的核糖体相结合,肽链的延伸作用暂时停止,或延伸速度大大降低。SRP-核糖体复合物随即移到内质网上并与那里的 **SRP 受体停泊蛋白**(docking protein)相结合。SRP 与受体结合后,蛋白质合成的延伸作用又重新开始。SRP 受体是一个二聚体蛋白,由相对分子质量为 69 000 的 α 亚基与相对分子质量为 30 000 的 β 亚基组成。然后,带有新生肽链的核糖体被送到**多肽转运装置**(translocation machinery)上,SRP 被释放到胞浆中,新生肽链又继续延长。SRP 和 SRP 受体都结合了 GTP,当它们解离时均伴有

GTP 的水解。转运装置含有两个**整合膜蛋白**（integral membrane protein），即核糖体受体蛋白 Ⅰ 和 Ⅱ（ribophorin Ⅰ & Ⅱ）。多肽链通过转运装置送入内质网腔，此过程由 ATP 所驱动。多肽链进入内质网腔后，信号肽即被信号肽酶所切除。信号肽指导新生肽链进入内质网腔的过程如图 33-21 所示。进入内质网腔的多肽链在信号肽切除后即进行折叠、糖基化及二硫键形成等加工过程。膜蛋白肽链的 C 端一般有 11~25 个疏水氨基酸残基，紧接着是一些碱性氨基酸残基，它们的作用与信号肽相反，引起膜上核糖体受体及孔道的解聚，使多肽链"锚"在内质网膜上。

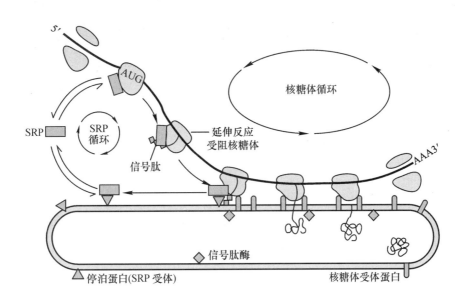

图 33-21　信号肽的识别过程

细菌的分泌蛋白和膜蛋白也依赖于信号肽指导跨膜运输。真核细胞多肽链在信号肽指导下对内质网膜的跨膜运输是边翻译边转运，故称为**共翻译转运**（cotranslational translocation）。细菌除存在类似的共翻译转运外，还存在**翻译后转运**（post-translational translocation）。细菌的信号肽如图 33-22 所示。

内膜蛋白		切点
噬菌体fd主要外壳蛋白	M K K S L V L K A S V A V A T L V P M L S T A	A E
噬菌体fd少量外壳蛋白	M K K L L F A I P L V V P F Y S H S	A E
周质蛋白		
碱性磷酸酯酶	M K Q S T I A L A L L P L L F T P V T K A	R T
亮氨酸特异结合蛋白	M K A N A K T I I A G M I A L A I S H T A M A	D D
β-内酰胺酶	M S I Q H F R V A L I P F F A A F C L P V F A	H P
外膜蛋白		
脂蛋白	M K A T K L V L G A V I L G S T L L A G	C S
Lam B	L R K I P L A V A V A A G V M S A Q A M A	V D
Omp A	M M I T M K K T A I A I A V A L A G F A T V A Q A	A P

图 33-22　细菌多肽氨基端的信号肽结构
疏水氨基酸残基以黑体字母表示，碱性氨基酸残基以阴影字母表示

细菌的 SRP 由 4.5S RNA 与 Ffh 和 FtsY 蛋白所组成，它将核糖体上新合成的多肽链带到位于内膜的**转运子**（translocon）上。转运子或称转运装置，转运复合物，形成多肽链通过的孔道。除此之外，细菌还另有转运系统，其中包括 SecA、SecB、SecD、SecF 和 SecYEG。SecB 是一种分子伴侣，当新生肽合成后 SecB 即与之结合。SecB 的主要功能有二，一是与蛋白质的信号肽或其他特征序列结合，防止多肽链的进一步折叠，以便于转运；二是将结合的多肽链带到 SecA 上，因其与 SecA 有很高的亲和力。SecA 位于内膜表面，既是受体，又是转运的 ATPase。SecD 和 SecG 协助 SecA 作用。多肽链由 SecB 转移到 SecA，然后送到膜上的转运复合物 SecY、E 和 G 上。SecA 借助构象的变化，将多肽链推进到转运复合物的孔道内，通过

水解 ATP 获得的能量来推动多肽链运动,每分解一分子 ATP 多肽链前进约 20 个氨基酸残基,直至全部肽链通过(图 33-23)。多肽链的"锚"序列还可使多肽链插入内膜或外膜。

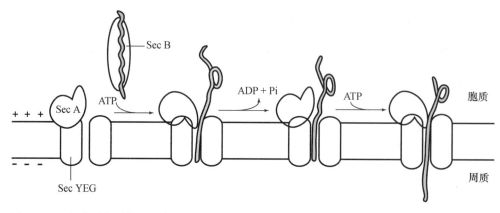

图 33-23 细菌蛋白质转运示意图

(二)糖基化在蛋白质定位中的作用

在真核细胞中,内质网是最大的膜状结构细胞器,其表面积为质膜的数倍。分泌蛋白、溶酶体蛋白和膜蛋白在内质网膜表面的核糖体上合成,并在进入内质网腔后进行加工和修饰。蛋白质的糖基化主要发生在内质网和高尔基体内。糖蛋白包括许多酶、蛋白质激素、血浆蛋白、抗体和补体、血型物质、黏液组分以及许多膜蛋白。

新合成的多肽链在信号肽引导下穿过内质网膜,信号肽被切除,多肽链发生折叠,二硫键形成,其中许多蛋白质被糖基化。糖基化发生在内质网膜的腔内侧。尽管糖蛋白上的寡糖多种多样,但其形成的途径基本相同。在内质网膜上,由**多萜醇磷酸酯**(dolichol phosphate)作为**寡糖载体**,在转移酶作用下将其上形成的核心寡糖转移到蛋白质上,与 Asn 残基以 N-糖苷键连接。多萜醇磷酸酯的结构如下:

$$^-O-\overset{\overset{O}{\parallel}}{\underset{\underset{O^-}{|}}{P}}-O-CH_2-CH_2-\overset{\overset{CH_3}{|}}{\underset{\underset{H}{|}}{C}}-CH_2-(CH_2-CH=\overset{\overset{CH_3}{|}}{C}-CH_2)_n-CH_2-CH=\overset{\overset{CH_3}{|}}{C}-CH_3$$

多萜醇磷酸酯($n=9\sim22$)

核心寡糖是由**尿苷二磷酸-N-乙酰葡糖胺**(uridine diphosphate-N-acetylglucosamine,UDP-GlcNAc)、**鸟苷二磷酸-甘露糖**(guanosine diphosphate-mannose,GDP-Man)和**尿苷二磷酸-葡萄糖**(uridine diphosphate-glucose,UDPG)在多萜醇磷酸酯上逐步合成的,由 14 个残基所组成(图 33-24)。核心寡糖转移到蛋白质上后再进一步修饰和加工。

经适当修饰的蛋白质随后被转运到细胞内各靶部位。首先由内质网形成**运输泡**(transport vesicle)将腔内蛋白质转运到**高尔基体**(Golgi),进行进一步加工。在高尔基体内产生 O-糖苷键连接的寡糖,并对 N-连接的寡糖进行修饰。糖基化蛋白质易被识别,分别按其结构特征包裹到**分泌粒**(granule)、**运输泡**和**溶酶体**内,将它们分泌到胞外、运输到质膜或保存在溶酶体中。

(三)线粒体和叶绿体蛋白质的定位

线粒体和叶绿体 DNA 基因组可编码其全部 RNA,但只编码一小部分蛋白质。大部分线粒体和叶绿体蛋白质由核基因编码,在胞浆内由游离核糖体合成,再送到细胞器中去,因此这种运输为翻译后转运,与内质网的共翻译转运不同。但三者都是需要一段信号序列(signal sequence)的引导,以进行跨膜运输。引导线粒体和叶绿体蛋白质**靶定位**(target localization)的肽段常称为导向序列或**导肽**(targeting sequence)。因其位于 N 端,故也称为**前导序列**或**前导肽**(leader sequence)。

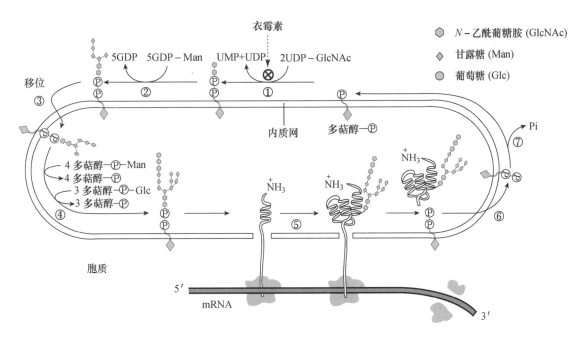

图 33-24　糖蛋白核心寡糖的合成

步骤①和②,在内质网胞质一侧多萜醇磷酸酯上加入 2 个 GlcNac 和 5 个 Man。步骤③,寡糖由胞质一侧转到腔内。步骤④,完成核心寡糖的合成。步骤⑤,核心寡糖由多萜醇磷酸酯转移到蛋白质上,以 N-糖苷键与 Asn 连接。步骤⑥,多萜醇焦磷酸酯再次转移到胞质一侧。步骤⑦,磷酸基被水解除去,重新产生多萜醇磷酸酯

　　线粒体的前导肽一般长度为 25 至 35 个氨基酸残基,富于 Ser、Thr 和碱性氨基酸。当线粒体蛋白质前体多肽链合成后即与 Hsp70 或 **MSF**(mitochondrial import stimulation factor)相结合,这些分子伴侣可稳定前体多肽链未折叠的构象。然后前体多肽链被转移到膜的受体上,并通过通道蛋白进入线粒体的基质。前导肽被特异的蛋白酶切除,多肽链折叠成为成熟的线粒体蛋白质。蛋白质跨膜运输需要消耗能量,由线粒体 Hsp70(mHsp 70)与 ATP 水解相偶联以及内膜的跨膜电化学梯度来提供所需的能量。

　　线粒体具有两层膜结构,蛋白质进入线粒体后需要定位在外膜、内膜、膜间间隙和**基质**(matrix)四个不同的部位。在前导肽引导下蛋白质前体首先进入基质,前导肽识别基质的序列随即被基质中的蛋白酶切除,基质蛋白质到此为止。内、外膜蛋白和间隙蛋白需要在第二个信号序列引导下再转移到靶部位。第一个信号序列切除后第二个信号序列即成为 N 端序列,它使蛋白质前体再次穿过膜通道,并决定到达的部位,然后第二个信号序列也被蛋白酶切除。当前体穿越内膜或外膜时,如遇到疏水氨基酸的肽段使转移停止,多肽链即锚在膜内,而成为整合膜蛋白。在某些情况下,穿越内膜的前体被加工成为间隙的可溶性蛋白质。

　　叶绿体蛋白质的定位运输过程与线粒体蛋白质十分类似。叶绿体也有内、外膜、间隙和**基质**(stroma),其内还有**类囊体**(thylakoid),包括类囊体膜和**内腔**(lumen),蛋白质的定位十分复杂。叶绿体蛋白质的前导肽可分成不同功能的肽段。它首先引导蛋白质前体进入叶绿体基质,切除第一个肽段,然后由第二个信号序列决定穿越类囊体膜还是再次穿越叶绿体膜。同样,在越膜后第二个肽段也被切除,然后前体被加工为成熟的蛋白质。

　　线粒体和叶绿体蛋白质的定位过程如图 33-25 所示。

(四) 核蛋白质的定位

　　真核生物细胞有细胞核和细胞质的分化,两者间由两层膜组成的**核被膜**(nuclear envelope)隔开,内膜包围核质,外膜上分布许多核糖体,并与胞质的内质网膜局部相连,核膜间隙可与内质网内腔相通。核膜上存在许多核孔,核孔有复杂的结构,构成核孔的物质称为**核孔复合物**(nucleopore complex)。核孔呈 8 重对称,由球状亚基构成上下两圈的环状结构,每圈 8 个亚基,各亚基有臂与中央圆孔小体连接。圆环直径

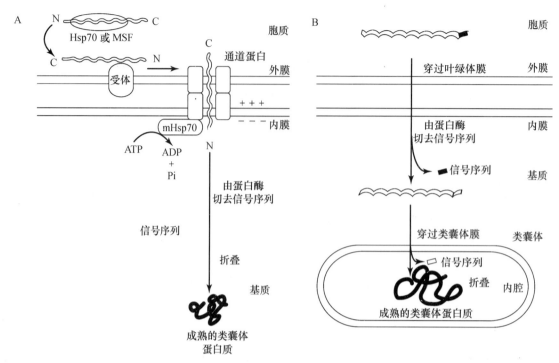

图 33-25 线粒体和叶绿体蛋白质的定位

A. 蛋白质定位于线粒体基质；B. 蛋白质定位于叶绿体类囊体

120 nm，中央小孔直径约 10 nm，整个复合物由数百个蛋白质分子组成。核孔贯穿内、外膜，因此溶于水的离子、核苷酸和其他小的生物分子可以自由出入细胞核。相对分子质量在 $(5\sim50)\times10^3$ 的生物大分子也能通过核孔扩散，扩散速度与分子大小成反比。实际上更大的复合物（>20 nm）也能穿过核孔，例如核糖体亚基和核糖核蛋白颗粒可在核内形成后转移到细胞质。此时核孔可以变大，大分子和复合物的构象也可能发生改变。

RNA 在核内合成和加工后需要输送到细胞质中去，蛋白质在细胞质中合成后需要输送到核内，还有一些 RNA、蛋白质和其复合物需要在核质间穿梭来往。所有这些大分子的运输通常都不是被动扩散，而是需要消耗能量的主动运输过程，能量由 ATP 或 GTP 的水解供给。RNA 和蛋白质的转运首先需与运输受体（载体蛋白）结合，再经过核孔出入细胞核。运输受体按其转运的方向可分为**输出蛋白**（exportin）、**输入蛋白**（importin）或可出入的**转运蛋白**（transportin）。有些运输受体是单条多肽链，如转运蛋白和输入蛋白 β3；有些是多亚基结构，如输入蛋白 αβ。运输受体能识别并结合底物，又能与**核孔蛋白**（nucleoporin）结合，由此将底物蛋白带到核孔处。如输入蛋白 αβ 的 α 亚基与底物结合，β 亚基与核孔蛋白结合。单链的运输受体由不同结构域分别与底物和核孔蛋白结合。

运输受体能够识别底物蛋白的**核定位信号**（nuclear localization signal，NLS）和**核输出信号**（nuclear export signal，NES）。NLS 常为短的、含有多个碱性氨基酸的肽段，在碱性氨基酸残基上游还常有中断 α 螺旋的脯氨酸残基。典型的 NES 为 10 个氨基酸的序列，并有特定的亮氨酸。携带 NLS 或 NES 序列的蛋白质如与另外的蛋白质或 RNA 结合，即可一起进行转运。

一种小的单体 G 蛋白（鸟苷酸结合蛋白）Ran 控制着运输的方向。Ran 以结合 GTP 或 GDP 的状态存在，并具有 GTP 酶（GTPase）活性。Ran-GAP（Ran-GTPase activating protein）存在于细胞质中，它能促使 Ran-GTP 水解产生 Ran-GDP。Ran-GEF（Ran guanine nucleotide exchange factor）存在于细胞核中，它促使 Ran-GDP 与 GTP 交换，再生 Ran-GTP。因此，在核内由底物、受体与 Ran-GTP 形成三元复合物，由核内转移到细胞质，Ran-GTP 水解产生 Ran-GDP，底物与受体也就随之解离。与之相反，在细胞质中形成底物-受体-Ran-GDP 三元复合物，进入核内后 Ran-GDP 交换为 Ran-GTP，复合物解离。由此可见，核运输是在 Ran 控制下的主动扩散过程。核的运输和定位如图 33-26 所示。

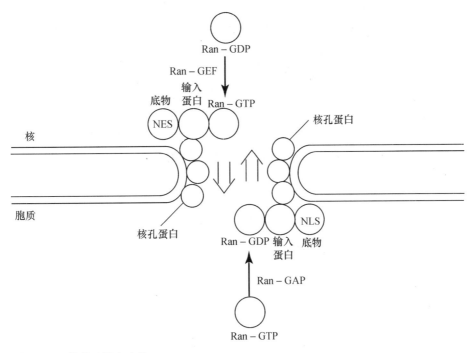

图 33-26　核的运输和定位

与内质网、线粒体和叶绿体定位的信号序列不同,核的定位序列在运输后并不切除。

六、蛋白质合成的抑制物

研究蛋白质生物合成的抑制物有两个重要的目的。首先,它可用于揭示蛋白质合成的生化机制。其次,某些抑制物可抑制或杀死病原体,在临床用作抗生素治疗或在实验室用作抗菌制剂。表 33-11 列出部分抑制物及其作用方式。

表 33-11　某些蛋白质合成的抑制物

抑制物	抑制对象	作用方式
春日霉素(kasugamycin)	原核生物	抑制 fMet-tRNA$_f$ 的结合
链霉素(streptomycin)	原核生物	结合于 30S 亚基,阻止起始复合物形成,并造成错读
新霉素(neomycin)	原核生物	结合于 30S 亚基,阻止起始复合物形成,并造成错读
卡那霉素(kanamycin)	原核生物	结合于 30S 亚基,阻止起始复合物形成,并造成错读
四环素(tetracycline)	原核生物	结合于 30S 亚基,抑制氨酰-tRNA 进入 A 位点
氯霉素(chloramphenicol)	原核生物	抑制 50S 亚基的肽基转移酶活性
红霉素(erythromycin)	原核生物	与 50S 亚基结合,抑制移位反应
麦迪霉素(midecamycin)	原核生物	与 50S 亚基结合,抑制移位反应
螺旋霉素(spiramycin)	原核生物	与 50S 亚基结合,抑制移位反应
环己酰亚胺(cycloheximide)	真核生物	作用于 60S 亚基,抑制肽基转移酶活性
梭链孢酸(fusidic acid)	两者	抑制 EF-G·GDP 从核糖体解离
白喉毒素(diphtheria toxin)	真核生物	通过 ADP-核糖基化使 eEF2 失活
嘌呤霉素(puromycin)	两者	作为氨酰-tRNA 类似物接受肽基使肽链合成终止
蓖麻毒素(ricin)	真核生物	核糖体失活

链霉素、**新霉素**、**卡那霉素**等氨基环醇类抗生素可与原核生物 30S 亚基相结合,阻止起始复合物的形成,并且其结合使核糖体构象改变,氨酰-tRNA 与 mRNA 上密码子的配对变得比较松弛,易于发生错误。春日霉素及其他一些氨基环醇抗生素却与之不同,并不引起密码子的错读,能够专一抑制 30S 起始复合物

的形成。它的作用位点是 30S 亚基的 16S rRNA。

四环素族的抗生素，包括金霉素、土霉素和四环素，由于封闭了 30S 亚基上的 A 位点，使氨酰-tRNA 无法进入与 mRNA 结合，因而阻断了肽链的延伸。真核生物细胞的核糖体也对四环素敏感。但四环素不能透过真核细胞膜，因此不抑制真核细胞的蛋白质合成。

氯霉素能选择性地与原核生物 50S 亚基结合，抑制肽基转移酶活性。但它也能作用于真核生物线粒体内的大亚基，其毒性即缘于此。环己酰亚胺则作用于真核生物的 60S 大亚基，抑制其肽基转移酶活性。红霉素、麦迪霉素和螺旋霉素等大环内酯抗生素也作用于 50S 大亚基，但抑制移位反应。梭链孢酸是甾环化合物它抑制 EF-G·GDP 脱离核糖体，因而也阻止延伸的移位反应。白喉毒素和嘌呤霉素的作用前已有介绍，这里不重复。

蓖麻毒蛋白（ricin）是存在于蓖麻种子中的一种极毒糖蛋白。它由 A 亚基（32×10^3）和 B 亚基（33×10^3）所组成。A 亚基具有 N-糖苷酶活性，能够水解真核生物 28S rRNA 中特定位点的一个 N-腺苷键。B 亚基是一种植物凝集素（lectin），能与细胞表面糖蛋白和糖脂的特异糖部分结合。通过内吞作用，结合的蓖麻毒蛋白得以进入细胞。随后连接 A 链和 B 链的二硫键被打开，A 链释放到细胞溶质中，催化核糖体大亚基失活。一分子蓖麻毒蛋白的 A 链可使 50 000 个核糖体失活，从而杀死一个真核细胞。目前已知多**种核糖体失活蛋白**（ribosome-inactivating protein, RIP）多来自植物。

提　要

蛋白质是生理功能的主要负荷者。蛋白质合成是细胞新陈代谢中最复杂的过程，有多种 RNA 和上百种蛋白质参与作用。遗传信息编码在核酸分子上，遗传信息的表达需将核酸语言翻译成蛋白质语言，其中核苷酸与氨基酸的对应关系就是遗传密码。Crick 最早通过噬菌体基因移码突变而推测核酸分子以非重叠、无标点、核苷酸三联体的方式编码蛋白质的氨基酸序列。之后，许多科学家从事破译遗传密码的研究。

Nirenberg 等用人工合成的多聚核糖核苷酸作为合成蛋白质的模板，破译了遗传密码，证实 Crick 的推测是正确的。遗传密码的基本单位是核苷酸三联体密码子，AUG 为甲硫氨酸兼起始密码子，UAA、UAG 和 UGA 为终止密码子。由于 61 个密码子编码 20 种氨基酸，有些氨基酸具有不止一种密码子，称为密码子的简并性。氨基酸的密码子数目与其在蛋白质中的出现频率有一定的相关性。tRNA 的反密码子能够准确识别密码子的前两位，而第三位可以有一定变动，称为密码子的摆动性。这就是说，tRNA 的反密码子可以识别不止一种简并密码子。生物界共用一套密码，但是线粒体和少数生物的个别密码子略有变化。密码子的编码方式可以最大程度防止基因突变带来的危害。RNA 不仅能够传递信息，而且对遗传信息进行加工，"选择转录，有效组合，纠正差错，语言翻译，调节表达"。

原核生物核糖体为 70S，由大、小两个亚基组成，大亚基 50S 含 5S rRNA、23S rRNA 和 33 种（36 个）蛋白质；小亚基 30S 含 16S rRNA 和 21 种蛋白质。真核生物核糖体为 80S，大亚基 60S 含 5S、28S 和 5.8S rRNA 和 47 种蛋白质；小亚基 40S 含 28S rRNA 和 33 种蛋白质。大亚基具有肽基转移酶活性中心；小亚基具有译码中心。tRNA 具有三叶草形二级结构和倒 L 形三级结构，反密码子碱基和氨基酸臂位于两端。氨酰-tRNA 合成酶能够识别氨基酸和相关 tRNA，由 ATP 提供能量合成氨酰-tRNA。mRNA 是蛋白质合成的模板，核糖体在 mRNA 上移动的方向是 5'端→3'端；多肽链合成的方向是 N 端→C 端。

蛋白质合成可分为五步：① 氨酰-tRNA 的合成；② 多肽链合成的起始；③ 多肽链合成的延伸；④ 多肽链合成的终止；⑤ 多肽链的折叠和加工。蛋白质合成的忠实性需要消耗能量。合成酶的校对功能提高了忠实性。核糖体的校对功能受空间结构和动力学双重控制。蛋白质的信号肽与跨膜运输有关。真核生物蛋白质糖基化主要发生在内质网和高尔基体内，指导其进一步转运和定位。线粒体、叶绿体和核的蛋白质由定位序列指导转运至靶部位，但核的定位序列在运输后并不切除。

多种抗生素和毒蛋白能在不同步骤上抑制蛋白质合成。它们可作抗菌剂应用于临床治疗或防治农牧业的病害；也可以用来揭示蛋白质合成的生化机制。

习　题

1. 何谓遗传密码？为什么遗传信息要以密码形式传递？

2. 遗传密码是如何破译的？

3. 遗传密码的基本性质有哪些？

4. 根据遗传密码的变偶性，细胞需要多少种反密码子才能识别 61 种密码子？在线粒体需要多少种反密码子？

5. 在子代遗传信息如何被解码和解读？

6. 遗传密码的防突变机制有何生物学意义？

7. 什么是 RNA 的信息加工？有何生物学意义？

8. 生物借何方法纠正基因突变带来的错误遗传信息？

9. 三类参与蛋白质合成的 RNA 各起什么作用？

10. mRNA 的概念是如何形成的？如何证实的？

11. 何谓 SD 序列？有何生物学意义？

12. 比较原核生物和真核生物 mRNA 结构的异同。

13. 什么是蛋白质生物合成的无细胞体系？最常用的有哪几种？

14. 如何证明多肽链的合成是由 N 端向 C 端进行的？

15. 蛋白质的生物合成可分为哪些步骤？有哪些种类的酶参与反应？

16. 写出合成 fMet-tRNA$_f$ 的反应式和催化反应的酶。

17. 原核生物参与多肽链合成起始的因子有哪些？各起何作用？

18. 原核生物多肽链合成起始阶段包括哪些步骤？

19. 真核生物多肽链合成起始阶段与原核生物有何区别？

20. 多肽链合成的延伸包括哪些步骤？各有何因子参与作用？原核生物与真核生物有无区别？

21. 多肽链合成过程中核糖体如何沿 mRNA 移动？

22. 试述白喉毒素的作用机制。

23. 原核生物和真核生物多肽链合成终止各有哪些因子参与作用？

24. 试述 C. Anfinsen 有关 RNase A 复性的实验，从中他得出什么结论？你认为他的结论是否正确？

25. 新生肽的折叠和变性蛋白质复性过程中的折叠是否相同？

26. 哪些酶参与蛋白质的折叠过程？

27. 分子伴侣在蛋白质折叠中起何作用？

28. 分子伴侣可分为哪些家族？各有何特点？

29. 翻译后的加工和修饰都有哪些内容？

30. 在蛋白质生物合成中每合成一个肽键需要消耗多少能量？原核生物与真核生物是否相同？

31. 多肽链合成过程中如何保证其忠实性？什么是化学校对？什么是动力学校对？在第一套遗传密码和第二套遗传密码的识别过程中是如何校对的？

32. 何谓共翻译转运？何谓翻译后转运？

33. 跨膜运输的信号序列是如何发现的？

34. 试述多肽链跨越内质网膜的过程。内质网内膜和外膜上的蛋白质是如何运输和定位的？

35. 比较细菌两种蛋白质转运途径的异同。

36. 举例说明糖基化在蛋白质定位中的重要作用。

37. 什么是前导肽？其结构有何特点？

38. 比较线粒体和叶绿体蛋白质定位的异同。

39. 什么是核孔复合物？其功能是什么？

40. 核的运输可分为哪些步骤？有哪些因子参与作用？

41. 核运输受体可分哪几类？它们的结构各有何特点？

42. Ran 蛋白有何功能？

43. 核定位的信号有何特点？

44. 比较内质网、线粒体、叶绿叶、核和质膜蛋白质定位的异同。

45. 蛋白质运输需要消耗能量,比较各类运输对能量的需求。
46. 链霉素等氨基环醇类抗生素抑制蛋白质合成的作用机制是什么?
47. 四环素、氯霉素、红霉素、梭链孢酸和嘌呤霉素的作用机制是否相同?
48. 为什么氯霉素等抑制细菌蛋白质合成的抗生素对人体会有毒性?
49. 什么是核糖体失活蛋白?植物产生该毒蛋白有何生物学意义?
50. 你认为"蛋白质生物合成是细胞代谢的中心"这一观点是否正确?为什么?

主要参考书目

1. 王镜岩,朱圣庚,徐长法. 生物化学教程. 北京:高等教育出版社, 2008.

2. Voet D, Voet J G. Biochemistry. 4th ed. New York:John Wiley & Sons, 2011.

3. Nelson D L,Cox M M. Lehninger Principles of Biochemistry. 6th ed. New York:W. H. Freeman, 2012.

4. Berg J,Tymoczko J,Stryer L. Biochemistry. 7th ed. New York:W. H. Freeman, 2010.

5. Krebs J E,Kilpatrick S T,Goldstein E S. Lewin's Genes XI. Boston:Jones and Bartlett Publishers, 2013.

6. Watson J D,Baker T A,Bell S P, et al. Molecular Biology of the Gene. 7th ed. San Francisco:Pearson Education, 2013.

(朱圣庚)

网上资源

习题答案　　　自测题

第 34 章　基因表达调节

蛋白质参与并控制细胞的一切代谢活动,而决定蛋白质合成的结构信息和时序信息则编码在核酸分子中,表现为特定的核苷酸序列。生物在生长发育过程中,遗传信息的展现,即基因表达,可按一定时间程序发生改变,而且随着内外环境条件的变化而加以调整,这就是**时序调节**(temporal regulation)和**适应调节**(adaptive regulation)。基因由此而分为两类:**持家基因**(housekeeping gene),其表达产物大致以恒定水平始终存在于细胞内,这类基因的表达为**组成型表达**(constitutive expression);**可调基因**(regulated gene),它们的产物只有在细胞需要时才表达,为**调节型表达**(regulated expression)。

一、基因表达调节的基本原理

原核生物与真核生物基因表达调节有共同规律,但是这两类生物沿着不同的方向进化,因此基因表达调节又有较大差别。原核生物的特点是,生长快、效率高、多种多样;真核生物的特点是,进化潜力大、调节精确、适应性强。细菌十多分钟就能分裂一次,复制、转录、翻译同时进行,调节效率非常高,以表型的多样性来适应环境复杂多变。真核生物有较大的基因组,积累的遗传信息多,进化机制更为完善。真核生物生长速度比细菌慢,但调节的精确远比细菌高,其表型对环境有较大适应性。如果说细菌表型以多样性取胜,无论什么样的环境都有细菌生长其中;真核生物的表型就以适应变化取胜,其性状能随环境变化而调整。下面就基因表达的基本原理作一简单介绍,并对原核和真核生物的调节方式进行一些比较。

(一) 基因表达不同水平上的调节

基因表达是指在基因的遗传信息指导下产生基因产物(蛋白质和 RNA)的过程。基因表达是生物分子,主要是生物大分子(DNA、RNA 和蛋白质)相互作用的结果,无论是转录或是翻译,都在由蛋白质(或核蛋白)复合物构成的装置(转录装置、剪接体和核糖体)上进行。表达调节是通过**反式因子**(trans-acting factor)与**顺式作用元件**(cis-acting element)之间的作用,前者是蛋白质或 RNA,后者是一段 DNA 或一段 RNA。在基因表达的不同水平上,转录水平(包括转录前、转录和转录后)或是翻译水平(包括翻译和翻译后)都可以进行调节。

原核生物无细胞核结构,只有拟核,因此转录和翻译是连在一起的,转录水平的调节就显得更为重要。然而原核生物依然存在不同表达水平上的调节。例如,细菌和噬菌体可以通过特异位点重组控制不同基因的表达,这是转录前的调节。转录和翻译也都有各自的调节。

真核生物由于核结构的存在,转录和翻译在空间上和时间上都被隔开,基因表达强化了各级水平的调节。因此,真核生物基因表达受**多级调节系统**(multistage regulation system)的调节。多级调节包括:① 染色质结构的调节;② RNA 转录的调节;③ RNA 转录后加工的调节;④ RNA 降解的调节;⑤ 蛋白质合成的调节;⑥ 蛋白质合成后加工的调节;⑦ 蛋白质降解的调节。多级系统使真核生物基因表达更加精确,更好适应环境变化。

(二) 反式作用因子和顺式作用元件的调节

无论是原核生物还是真核生物,基因表达调节总是通过反式因子与顺式作用元件之间的作用来完成的。前者是蛋白质或 RNA,后者是一段 DNA 或一段 RNA。顺式是指与 DNA 或 RNA 同一分子,反式是指不同分子。基因不仅包含编码基因产物的信息,还包含基因表达调节的信息,基因的调控区有各种**调节元件**,可以结合转录因子,招募有关的蛋白质复合物,起始或调节转录活性。基因转录后各个表达水平的调节信息也都转录到 RNA 上,成为 RNA 的调节元件。

反式因子包括调节蛋白和调节 RNA。或是它们的产生反映了细胞内外环境的需要;或是它们产生后接受信号分子带来细胞内外环境需要的信息,通过改变反式因子构象而调节基因表达。信号分子可以是分解代谢的底物,表示需要产生催化该分解代谢的酶;可以是合成代谢的产物,表示产物已足够,不需要再产生有关的酶;也可以是第二信使,或是作用于核受体的激素。反式因子接受了细胞信号,从而按照细胞的需要调节基因表达。

基因表达的时空调节,是指基因表达受时序调节,也受细胞空间位置的调节。时序也就是一系列连续发生的事件,例如早期基因产物打开晚期基因的表达,而晚期基因产物关闭早期基因表达。在细胞分化过程中不同空间位置的细胞可按照不同时序进行表达,包括染色质水平上的调节,转录水平上的调节,或是之后各水平的调节。细胞受体能够接受各种化学和物理因素的作用,并通过信号途径进行传递,磷酸化级联反应起着放大信号的作用,然后再传给反式调节因子。归根到底,调节是反式因子与顺式作用元件间的相互作用。

(三) 正调节和负调节

上世纪中在研究蛋白质合成的调节机制时发现,有些酶只在需要时才**诱导合成**(inducible synthesis),不需要时合成即被**阻遏**(repression),这类酶称为**适应酶**(adaptive enzyme)。在细菌、动物和植物中都找到适应酶,可见某些蛋白质的适应性合成是生物界的普遍现象。

法国微生物遗传学家 Jacob 和 Monod 在研究大肠杆菌乳糖代谢的生化遗传时发现,有关基因协同表达的一些规律,因而提出**乳糖操纵子模型**(lac operon model)。他们认为功能相关的基因组成操纵子,共同受调节基因的产物**阻遏蛋白**(repressor)的抑制,当有乳糖存在时,阻遏蛋白与之结合,不再阻止乳糖代谢酶的产生,亦即**去阻遏**(derepression)。操纵子模型成功说明了基因表达的调节机制,一时曾以为真核生物基因表达也以同样方式调节。不久,Jacob 和 Monod 获诺贝尔生理学或医学奖。

随后对真核生物基因表达调节的研究揭示出更多更复杂的调节作用。真核生物基因表达远比原核生物复杂,真核生物有许多调节因子,其中激活因子比抑制因子多,真核生物调节元件也较多。诸多分子信号导致许多调节因子与调节元件作用,关系错综复杂,却使细胞的基因表达能更好反映内外环境的变化。**正调节**(positive regulation)还是**负调节**(negative regulation)不是看结果,而是看作用机制。诱导产物合成可以是激活蛋白结合于调节元件,也可以是阻遏蛋白的解离;同样,抑制产物合成可以是阻遏蛋白结合于调节元件,也可以是激活蛋白的解离。

从现有知识来看,原核生物许多功能相关的基因组成操纵子,但也有不少转录单位是单个基因,或者说有些操纵子只含单个基因。原核生物中负调节比较常见,但也存在正调节。真核生物功能相关的基因即使在一起,但不组成操纵子,甚至分散在染色体的不同位置,或不同染色体上,然而通过调节因子仍可**协同表达**(cooperative expression)。真核生物正调节较常见,但也存在负调节。

(四) 调节蛋白具有结合 DNA 的结构域

调节蛋白通常都具有**结合 DNA 的结构域**,能够识别并结合到 DNA 的特殊序列上。调节蛋白与靶序列的亲和力比与一般序列的亲和力要大 $10^4 \sim 10^6$ 倍。这是由于结合蛋白与**靶序列**间存在互补的空间关系,产生特异的相互作用。DNA 序列的特异性是由 4 种碱基对所决定,多肽的 Asn、Gln、Glu、Lys 和 Arg 侧链可以与碱基对相互作用,主要是以 α 螺旋形式插入 DNA 深沟内与碱基对形成特异氢键,在适当条件下也能与浅沟的碱基对形成氢键。结合 DNA 的结构域常含有一个或多个相对较小、具有特征的**结构基序**(structural motif)。最常见的基序为**螺旋-转角-螺旋**(helix-turn-helix,HTH)和**锌指**(zinc finger,ZnF)。此外,真核生物一类较常见的调节蛋白含有**同源域**(homeodomain,HD)。现分别介绍如下:

1. 螺旋-转角-螺旋

螺旋-转角-螺旋(HTH)是一种常见的结合 DNA 基序。最早在噬菌体的阻遏蛋白中鉴定出含有该基序的结合 DNA 结构域。HTH 结构基序存在很广,原核生物多种阻遏蛋白 CI、Cro、Lac 和 cAMP 受体蛋白 CAP 都含有该基序;真核生物许多结合 DNA 的蛋白质也都有该结构,如酵母的配对因子 Mα1 和 Mα2。而广泛存在于真核生物控制发育的**同源域蛋白**(homeoprotein),由一个 α 螺旋通过 β 转角与两个叠加的 α

螺旋相连,因此也可以看作是一种含有 HTH 基序的结构域。

HTH 基序很小,常见的仅 20 个氨基酸,构成两个 α 螺旋中间夹以 β 转角,两个 α 螺旋中一个为识别螺旋,伸出在结构域之外。当蛋白质与 DNA 相互作用时,识别螺旋即可插入或靠近 DNA 深沟,与其中碱基对识别和相互作用。

2. 锌指

锌指(ZnF)基序最早发现于转录因子 TFIIIA,该因子为 5S rRNA 基因转录所必需。锌指结构广泛存在于各种结合 DNA 的蛋白质,含有一个至多个重复单位,最多可达 37 个。每一锌指单位约有 30 个氨基酸残基,形成一个反平行 β 发夹,随后是一个 α 螺旋,由 β 片层上两个 Cys 和 α 螺旋上两个 His 与 Zn^{2+} 构成四面体配位结构。α 螺旋是主要的识别单元,它可接触 DNA 深沟中碱基对,相互间形成氢键。α 螺旋上不同的氨基酸残基识别不同的碱基对,于是不同排列的锌指就能联合识别 DNA 的特异序列。另一类锌指结构存在于类固醇激素受体、**形态发生素**(morphogen)和酵母依赖**半乳糖激活蛋白 GAL4**。在其结合 DNA 的结构域中只有两个锌指单位,每个锌离子由 4 个半胱氨酸残基构成四面体配位结构。第一个锌指含有识别螺旋,其右侧序列决定 DNA 结合的特异性;第二个锌指提供二聚化表面,其左侧序列决定二聚化的特异性。它们称为 Cys_2/Cys_2 锌指,以区别于前者 Cys_2/His_2 锌指。GAL4 的含锌单位由两个锌离子和 6 个 Cys 形成**锌簇**(zinc cluster),它们的结构也与上述两类锌指不同。

3. 同源域

同源域是另一类结合 DNA 的结构域,多见于真核生物的某些转录调节因子,以调节躯体形态发育。编码同源域的 DNA 序列约 180 bp,称为**同源(异型)框**(homeobox)。最早发现从果蝇到哺乳类动物控制形态发育的基因都有此序列,故有此称。含有同源框的基因称为**同源异形基因**(homeotic gene),它们在发育过程中依次表达控制着个体的发育。

同源域常由 60 个氨基酸组成,有一条伸展的氨基末端多肽链和三个 α 螺旋。螺旋 1 和螺旋 2 彼此反向平行,螺旋 3 与之接近垂直,伸出结构域外。螺旋 2 和螺旋 3(识别螺旋)呈螺旋-转角-螺旋关系,即为结合 DNA 基序。

常见结合 DNA 的结构基序见图 34-1。

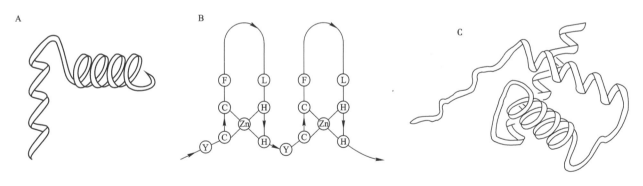

图 34-1　DNA 结合蛋白的几种常见结构
A. HTH　B. ZnF　C. HD

(五) 调节蛋白具有蛋白质-蛋白质相互作用结构域

通常结合 DNA 的蛋白都是二聚体或具多重结构域,因其靶序列为二重旋转对称,可由结合蛋白各单体分别以一个 α 螺旋插入 DNA 深沟,两侧的附加结构提高了对调节元件的识别能力。蛋白质-蛋白质相互作用结构最常见的有**亮氨酸拉链**(leucine zipper,Zip)和**螺旋-突环-螺旋**(helix-loop-helix,HLH)。分别介绍如下:

1. 亮氨酸拉链

亮氨酸拉链(Zip)基序介导结合 DNA 的调节蛋白二聚化。调节蛋白往往都以二聚体形式起作用,这是以少数调节蛋白亚基达到加强特异结合的有效途径。亮氨酸拉链基序由约 35 个氨基酸残基形成两性的**卷曲螺旋型 α-螺旋**（coiled-coil α-helix）。疏水侧链位于螺旋一侧,解离基团位于另一侧,使螺旋具有两性性质。每圈螺旋 3.5 个残基,两圈有一个 Leu,单体通过 Leu 侧链疏水作用而二聚化,犹如拉链。该结构域借助 N 端碱性氨基酸构成 α 螺旋而与 DNA 结合,此种结构称为**碱性亮氨酸拉链**（bZip）。bZip 广泛存在于同或异二聚体的激活因子中。高等真核生物的 **cAMP 应答元件结合蛋白**（cAMP response element binding protein,CREB）以此结构而二聚体化并与 DNA 结合,磷酸化可增强其活性,多种磷酸激酶均能促使它磷酸化,表明它能综合多渠道来源的信号。前述转录因子 AP1 由 Jun 和 Fos 通过 Zip 而成为稳定的异二聚体,它们与细胞生长的调节有关。

2. 螺旋-突环-螺旋

螺旋-突环-螺旋（HLH）基序含有两个两性的 α 螺旋,螺旋之间以一段突环连接,全长约 40~50 个残基,由于突环的柔性,使两螺旋可回折并叠加在一起。两亚基通过螺旋疏水侧链的相互作用而结合在一起。螺旋的 N 端与一段碱性氨基酸相连,以此与 DNA 结合。bHLH 蛋白以同二聚体或异二聚体作用于基因控制元件,如 E12/E47 结合在免疫球蛋白的增强子上。**成肌素**（myogenin）MyoD 和转录因子 Myf-5 均与肌细胞生成有关。

该两结构域的基本结构见图 34-2。

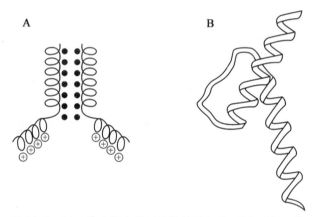

图 34-2 DNA 结合蛋白的两种常见蛋白质-蛋白质相互作用结构域

A. Zip B. HLH

二、原核生物基因表达调节

Jacob 和 Monod 等对大肠杆菌乳糖发酵过程酶的适应合成以及对有关突变型进行深入的研究,终于在 1960—1961 年提出了**乳糖操纵子模型**（lac operon model）,开创了基因表达调节机制研究的新领域。操纵子模型可以很好说明原核生物基因表达的调节机制。其后的大量研究工作证明并发展了这一模型,同时也发现了许多其他的调节机制。

（一）细菌功能相关的基因组成操纵子

所谓操纵子即基因表达的**协调单位**（coordinated unit）,它们有共同的控制区（control region）和**调节系统**（regulation system）。操纵子包括在功能上彼此有关的结构基因和共同的控制部位,后者由**启动子**（promoter,P）和**操纵基因**（operator,O）所组成。操纵子的全部结构基因通过转录形成一条**多顺反子 mRNA**（polycistronic mRNA）,其控制部位可接受调节基因产物的调节。

Jacob 和 Monod 提出的操纵子模型说明,酶的诱导和阻遏是在调节基因产物阻遏蛋白的作用下,通过操纵基因控制结构基因的转录而发生的。由于经济的原则,细菌通常并不合成那些在代谢上无用的酶,因此一些分解代谢的酶类只在有关的底物存在时才被诱导合成;而一些合成代谢的酶类在产物足够量存在时,其合成被**阻遏**(repression)。在酶诱导时,阻遏蛋白与诱导物相结合,因而失去封闭操纵基因的能力。在酶阻遏时,原来无活性的阻遏蛋白与**辅阻遏物**(corepressor),即各种生物合成途径的终产物(或产物类似物)相结合而被活化,从而封闭了操纵基因。

现以大肠杆菌乳糖操纵子来具体说明操纵子的作用机制。大肠杆菌乳糖操纵子是第一个被发现的操纵子,它包括依次排列着的启动子、操纵基因和三个结构基因。结构基因 *lac*Z 编码水解乳糖的 **β 半乳糖苷酶**(β-glactosidase),*lac*Y 编码吸收乳糖的 **β-半乳糖苷透性酶**(β-glactoside permease),*lac*A 编码 **β-硫代半乳糖苷乙酰基转移酶**(β-thioglactoside transacetylase),该酶虽非乳糖代谢所必需,但对透性酶输入的某些毒性物质有解毒功能。乳糖操纵子的操纵基因 *lac*O 不编码任何蛋白质,它是调节基因 *lac* I 所编码阻遏蛋白的结合部位。阻遏蛋白是一种变构蛋白,当细胞中有乳糖或其他**诱导物**(inducer)时阻遏蛋白便和它们相结合,结果使阻遏蛋白的构象发生改变而不能结合到 *lac*O 上,于是转录便得以进行,从而诱导产生摄取和分解乳糖的酶(图 34-3)。如果细胞中没有乳糖或其他诱导物则阻遏蛋白就结合在 *lac*O 上,阻止了启动子 P 上 RNA 聚合酶向前移动,转录便不能进行。

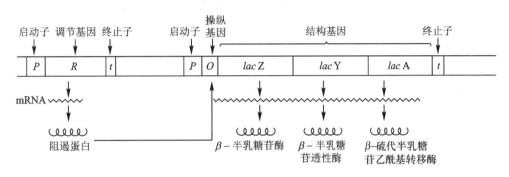

图 34-3   大肠杆菌乳糖操纵子模型

乳糖操纵子的阻遏蛋白是由 4 个相对分子质量为 37 000 的亚基聚合而成。亚基与 DNA 结合的结构域含有螺旋-转角-螺旋基序,该结构常见于 DNA 结合蛋白。基序由两个短的 α 螺旋中间夹一个 β 转角所组成,其中一个 α 螺旋为识别螺旋,能与 DNA 相互作用,识别操纵基因序列并与之结合。核酸酶保护实验表明,操纵基因为一段含有 28 bp 旋转对称的**回文结构**(palindrome),阻遏蛋白亚基二聚体与其结合时正好分别贴在 DNA 的深沟处,识别螺旋的氨基酸分别与回文序列的碱基对之间形成特异的氢键。操纵基因 O_1 在其上游和下游还各有一个相似的回文结构序列,称为 O_2 和 O_3。阻遏蛋白两个亚基与操纵基因回文结构结合,另两个亚基与上游或下游回文结构结合,中间 DNA 形成突环,由此增加了阻遏蛋白阻止转录的效果(图 34-4)。

在上述过程中,无论是产物对合成途径酶的阻遏或是底物对分解途径酶的诱导,阻遏蛋白所起的都是负调节作用,诱导实际上只是去阻遏。但是在操纵子模型提出后不久即发现,并非所有调节蛋白都对操纵子起负调节作用,而有些调节基因产物对操纵子起着正调节作用。

(二) 细菌的降解物阻遏

当细菌在含有葡萄糖和乳糖的培养基中生长时,通常优先利用葡萄糖,而不利用乳糖。只有在葡萄糖耗尽后,细菌经过一段停滞期,由乳糖诱导合成 β-半乳糖苷酶,细菌才能充分利用乳糖。这种现象过去称为葡萄糖效应。后来了解到这是由于一些分解代谢的酶类受葡萄糖降解物的影响而停止合成,因此又称为**降解物阻遏**(catabolite repression)。受到降解物阻遏的酶类包括代谢乳糖、半乳糖、阿拉伯糖及麦芽糖等的操纵子。分解葡萄糖的酶是**组成酶**(constitutive enzyme),在有葡萄糖时不需分解其他糖的酶类。在这里调节基因的产物为**环腺苷酸受体蛋白**(cyclic AMP receptor protein,CRP)或称为**降解物基因活化蛋白**(catabolite gene activation protein,CAP)。当它与环腺苷酸(cAMP)结合后即被活化,并结合于分解代谢酶类操纵子的一定部位,促进转录的进行。葡萄糖分解代谢的降解物能抑制腺苷酸环化酶活性并活化磷酸二酯酶,因而降低 cAMP 浓度,使许多分解代谢酶的基因不能转录。

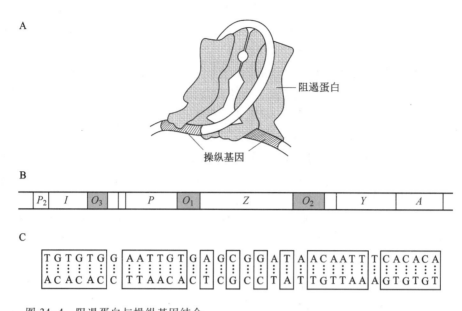

图 34-4　阻遏蛋白与操纵基因结合
A,B.乳糖操纵子除启动子内含有主要操纵基因 O_1 外,还有两个阻揭蛋白结合位点,分别在 Z 基
因和 I 基因内,称为 O_2 和 O_3,阻遏蛋白亚基与操纵基因及上游或下游相似回文结构结合,中间
DNA 形成突环;C.操纵基因序列,方框内碱基对为回文结构

　　CRP 为相对分子质量 22 000 亚基的二聚体,其结合 DNA 的结构域也有螺旋-转角-螺旋基序。cAMP-CRP 复合物与可诱导分解代谢操纵子结合位点均含有 TGTGA 序列。当 cAMP-CRP 结合于 DNA 时,可使 DNA 发生 94°弯曲,促进了 RNA 聚合酶与启动子的结合,二者正好位于弯曲 DNA 的同一方向,彼此作用得以加强。由此可以解释,为什么 cAMP-CRP 能够增强转录。

　　基因表达是正调节还是负调节,决定于调节蛋白的作用机制是激活还是抑制,而不取决于调节的结果是诱导还是阻遏。如上所述,代谢乳糖的酶可由阻遏蛋白的去阻遏所诱导,为负调节;还可由葡萄糖降解物使激活蛋白(CRP)失活所阻遏,为正调节。同受一种调节蛋白控制的几个操纵子构成的调节系统称为调节子(regulon)。cAMP 与 CRP 复合物对各种不同糖分解代谢的调节即属于一种调节子。

(三) 合成途径操纵子的衰减作用

　　生物合成途径的操纵子通常借助阻遏作用来调节有关酶类的合成。例如,色氨酸操纵子的调节基因(trpR)产生阻遏物蛋白(aporepressor),在有过量色氨酸存在时与之结合,成为有活性的阻遏物,它作用于操纵基因可阻止转录的进行。进一步研究发现,除了阻遏物-操纵基因的调节外,还存在另一种在转录水平上的调节,称为衰减作用(attenuation),用以终止和减弱转录。这种调节依赖于一种位于结构基因上游前导区的终止子,称为衰减子(attenuator)。前导区编码 mRNA 的前导序列(leader sequence),该序列可合成一段小肽(前导肽),它在翻译水平上控制前导区转录的终止。阻遏和衰减机制虽然都是在转录水平上进行调节,但是它们的作用机制完全不同,前者控制转录的起始,后者控制转录起始后是否继续下去。衰减作用与遏阻作用相比是更为精细的调节。衰减机制首先是从色氨酸操纵子的研究中弄清楚的。

　　色氨酸 mRNA 的 5′端有 162 个核苷酸的前导序列,当 mRNA 的合成启动后除非缺乏色氨酸,否则大部分 mRNA 仅合成 140 个核苷酸即终止。前导序列能编码一小段 14 个核苷酸的肽,编码序列终止区具有潜在的茎环结构和成串的 U,表现出一段终止位点的特征。前导 RNA 链有 4 个区域彼此互补,可形成奇特的二级结构。推测由于 RNA 的特殊空间结构控制着转录的进行。

　　分析认为,当氨基酸缺乏时,前导肽不能形成,前导 RNA 链以图 34-5A 的结构存在,转录在终止信号处(RNA 茎环结构和寡聚 U)停止。如果环境中缺乏色氨酸但有其他氨基酸存在,则色氨酰-tRNA^{Trp}不能形成,前导肽翻译至色氨酸密码子(UGG)处停止,核糖体占据区域 1 的位置,区域 2 与 3 配对,终止信号不能形成,转录继续进行,RNA 链以图 34-5B 的结构存在。环境中有足够量氨基酸存在或合成过量,前导肽被正常合成,这时核糖体占据 1 和 2 位置,终止信号形成,故转录也终止,如图 34-5C 所示。衰减子模型能够较好地说明某些氨基酸生物合成的调节机制。

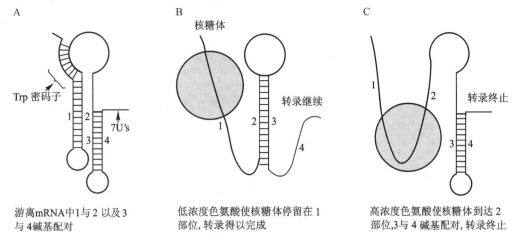

图 34-5　大肠杆菌色氨酸操纵子的衰减机制

除色氨酸外,苯丙氨酸、苏氨酸、亮氨酸、异亮氨酸-缬氨酸和组氨酸的操纵子中都存在衰减子的调节位点,前导 RNA 可编码前导肽,能在翻译水平上抑制相应基因的转录。为了提高控制效率,前导 RNA 链中往往存在重复的调节密码子,这种现象在苯丙氨酸和组氨酸的前导序列中尤为明显,前者有 7 个苯丙氨酸密码子,后者有 7 个组氨酸密码子。有关几种氨基酸合成途径操纵子前导肽的序列和调节的氨基酸列于表 34-1。

表 34-1　氨基酸合成操纵子前导肽序列和调节的氨基酸

操纵子	前导肽序列	调节的氨基酸
trp	Met-Lys-Ala-Ile-Phe-Val-Leu-Lys-Gly-Trp-Trp-Arg-Thr-Ser	Trp
his	Met-Thr-Arg-Val-Gln-Phe-Lys-His-His-His-His-His-His-His-Pro-Asp	His
pheA	Met-Lys-His-Ile-Pro-Phe-Phe-Phe-Ala-Phe-Phe-Phe-Thr-Phe-Pro	Phe
leu	Met-Ser-His-Ile-Val-Arg-Phe-Thr-Gly-Leu-Leu-Leu-Leu-Asn-Ala-Phe-Ile-Val-Arg-Gly-Arg-Pro-Val-Gly-Gly-Ile-Gln-His	Leu
thr	Met-Lys-Arg-Ile-Ser-Thr-Thr-Ile-Thr-Thr-Thr-Ile-Thr-Ile-Thr-Thr-Gly-Asn-Gly-Ala-Gly	Thr,Ile
ilv	Met-Thr-Ala-Leu-Leu-Arg-Val-Ile-Ser-Leu-Val-Val-Ile-Ser-Val-Val-Val-Ile-Ile-Ile-Pro-Pro-Cys-Gly-Ala-Ala-Leu-Gly-Arg-Gly-Lys-Ala	Leu,Val,Ile

嘧啶核苷酸的生物合成由 6 个酶催化完成,编码这些酶的基因分散在大肠杆菌染色体 DNA 上,受控于一个调节基因,因此是一个调节子。最近的研究发现,嘧啶调节子也有前导区,它编码的前导 RNA 能形成典型终止信号的茎环结构,随后紧接一串 U,并能翻译出前导肽。因此推测嘧啶调节子的转录也受衰减作用的调节。在低浓度 UTP 条件下,RNA 聚合酶转录到一串 U 的部位,移动受到阻滞,挡住了正在进行翻译的核糖体,从而阻止终止信号结构的形成,由此 RNA 聚合酶继续向前转录,基因得以表达。在高浓度 UTP 条件下,核糖体不被 RNA 聚合酶阻挡,此时 RNA 聚合酶的结合部位形成终止信号茎环结构,因此转录停止。看来衰减子并非仅限于氨基酸合成操纵子,其他合成途径酶类的基因表达也受到它的调节。

(四)　核糖体蛋白与 rRNA 的协同合成

细菌在不同的生长培养基中表现出不同的生长速度。在葡萄糖作为碳源的基本培养基中,大肠杆菌在 37℃约每 45 min 分裂一次;然而在以脯氨酸为唯一碳源的培养基中,倍增时间增加至 500 min。在含有葡萄糖、氨基酸、核酸碱基、各种维生素和脂肪酸的丰富培养基中,生长极为迅速,世代时间缩短到 18 min。

不同生长速度是通过调节蛋白质的合成能力而实现的,多肽链的生长速度实际上是由每个细胞的核糖体数目所决定。在迅速生长的细胞中,中隔的形成落后于 DNA 的合成,因此每个细胞可含有不止一个 DNA 分子。表 34-2 列出不同生长速度下大肠杆菌的 DNA 分子数和相对于 DNA 分子的核糖体数。

表 34-2　大肠杆菌在不同生长速度时的某些特征

倍增时间/min	每个细胞的 DNA 分子数	每个 DNA 分子的核糖体数
25	4.5	15 500
50	2.4	6 800
100	1.7	4 200
300	1.4	1 450

细菌可通过控制 rRNA 和 tRNA 的合成来调整生长速度。rRNA 基因与 tRNA 基因混合组成操纵子。所有核糖体蛋白质(r-蛋白质)以及蛋白质合成的各种因子和 DNA 引物合成酶、RNA 聚合酶及有关附属蛋白质的基因互相混杂,组成二十几个操纵子。这些基因协同表达,以使复制、转录、翻译过程相互协调,适应于细胞生长速度的需要。通过 r-蛋白质的翻译阻遏,即游离的核糖体蛋白可抑制其自身 mRNA 的翻译,从而使各种 r-蛋白质水平相应于细胞的生长条件。其他有关蛋白质亦可通过类似的基因自身调节机制维持在适当的水平上。

当细菌处于贫瘠环境,缺乏氨基酸供给蛋白质合成,即关闭大部分的代谢活性,这种现象称为**严紧型控制**(stringent control)。任何一种氨基酸的缺乏,或突变导致任何一种氨酰-tRNA 合成酶的失活都将引起严紧控制反应。此时细胞内出现两种不寻常的核苷酸,电泳呈现两个特殊斑点,称之为**魔点**(magic spots)Ⅰ和Ⅱ。现已鉴定此两斑点为 ppGpp(鸟苷四磷酸,即 5' 和 3' 位置各连两个磷酸)和 pppGpp(鸟苷五磷酸,5' 位置连以三个磷酸,3' 位置连两个磷酸)。大肠杆菌的严紧反应主要积累 ppGpp,不同细菌的情况不同。

氨基酸饥饿可引起**(p)ppGpp** 迅速积累,而 rRNA 和 tRNA 以及细菌的生长被强烈抑制。通过消除此种严紧反应的**松弛突变**(relaxed mutation)表明,编码此严紧控制因子(stringent factor, SF)的基因为 *rel A*。该基因产生的蛋白质(SF)位于核糖体上,它催化由 ATP 转移焦磷酸基给 GDP 或 GTP 而分别形成 ppGpp 及 pppGpp。反应式如下:

它们的合成需要有 mRNA 和相应的**未负载 tRNA**(idling tRNA)的存在。用人工合成的 TpψpCpGp 可以代替未负载的 tRNA,说明 tRNA 的 TψC 环参与此反应。当未负载的 tRNA 进入核糖体的 A 位点时,可能触发了核糖体构象的某种改变,引起(p)ppGpp 的合成。未负载 tRNA 进入核糖体,反映了氨基酸饥饿的环境条件,它可作为合成该两种核苷酸的信号,通过调节稳定 RNA 的合成,从而影响蛋白质的合成和细胞的生长。

ppGpp 是控制多种反应的效应分子,最显著的作用是与 RNA 聚合酶结合,降低 rRNA 的合成。其结果:一是抑制 rRNA 操纵子启动子的转录起始作用;另一是增加 RNA 聚合酶在转录过程中的暂停,因而放慢延长相。但是 ppGpp 对不同操纵子的效应有很大差异。

(五) mRNA 翻译的调节和小 RNA 的调节作用

原核生物的基因表达除了转录水平上的调节外,还存在翻译水平的调节,已知表现有:① 不同 mRNA 翻译能力的差异,② 翻译阻遏作用,③ 反义 RNA 的作用。

1. mRNA 的翻译能力

原核生物 mRNA 边合成边翻译,经多次翻译后即被降解,其翻译能力与 mRNA 存留期有关。mRNA 的二级结构也影响翻译效率,茎环结构的存在将降低翻译速度。mRNA 还要受控于 5′端的核糖体结合部位(SD 序列),强的控制部位造成翻译起始频率高,反之则翻译频率低。此外,mRNA 采用的密码系统也会影响其翻译速度。大多数氨基酸由于密码子的简并性且具有不止一种密码子,它们对应 tRNA 的丰度可以差别很大,因此采用常用密码子的 mRNA 翻译速度快,而稀有密码子比例高的 mRNA 翻译速度慢。多顺反子 mRNA 在进行翻译时,通常核糖体完成一个编码区的翻译后即脱落和解离,然后在下一个编码区上游的 SD 序列处重新形成起始复合物。当各个编码区翻译频率和速度不同时,它们合成的蛋白错误率也就不同。

2. 翻译阻遏

组成核糖体的蛋白质共有 50 多种,它们的合成严格保持与 rRNA 数量相应的水平。当有过量核糖体游离蛋白质存在时即引起它自身 mRNA 的**翻译阻遏**(translational repression)。对核糖体蛋白质起翻译阻遏作用的调节蛋白质均为能直接和 rRNA 相结合的核糖体蛋白质,例如,在 L11 操纵子中,起调节作用的为第二个蛋白质 L1,它与多顺反子 mRNA 第一个编码区(L11)起始密码子邻近的部位结合,以阻止其翻译。通常,起调节作用的核糖体蛋白质与 rRNA 的结合能力大于和自身 mRNA 的结合能力,它们合成出来后首先与 rRNA 结合装配成核糖体,如有多余游离的核糖体蛋白质积累,就会与其自身 mRNA 结合,从而起阻遏作用。然而操纵子中还常存在非核糖体蛋白质,它们则可按其自身需要的速度合成,而不受核糖体蛋白质翻译的束缚。RNA 聚合酶亚基可受到其自身的调节。EF-Tu 和 L7/L12 则具有更强的翻译效率。这就使得同一操纵子中不同蛋白质以不同的水平进行合成,各自相应于细胞的生长要求。

3. 反义 RNA

反义 RNA(antisense RNA)亦能够调节 mRNA 的翻译功能。所谓反义 RNA 即是指具有互补序列的 RNA。1983 年 Mizuno 等以及 Simons 和 Kleckner 同时发现反义 RNA 的调节作用,从而揭示了一种新的基因表达调节机制。反义 RNA 可以通过互补序列与特定的 mRNA 相结合,结合位置包括 mRNA 结合核糖体的序列(SD 序列)和起始密码子 AUG,也可在 mRNA 的下游,而抑制 mRNA 的翻译。因此,他们称这类 RNA 为干扰 **mRNA 的互补 RNA**(mRNA interfering complementary RNA,micRNA)。

Mizuno 等研究了渗透压变化对大肠杆菌外膜蛋白表达的调节,发现有两种**外膜蛋白,OmpC** 和 **OmpF**,它们的合成受**渗透压调节**。在高渗的条件下,OmpC 的合成增加,而 OmpF 的合成受抑制;反之,低渗使 OmpC 合成抑制,而优先合成 OmpF。两种蛋白质的量随渗透压的变化而改变,但总量保持不变。他们从 ompC 基因的启动子前发现一段 DNA 序列,称之为 CX28 区域。当 ompC 基因进行转录时,该区域以相反方向转录出一种 6S RNA(174 个核苷酸),称为 **micF**。在这个小 RNA 中有很大一部分序列与 OmpF 的 mRNA 5′端互补,二者可结合而使 mRNA 失去翻译活性。这就解释了为什么高渗时,随着 OmpC 蛋白合成的增加,OmpF 蛋白的合成受到抑制(图 34-6)。

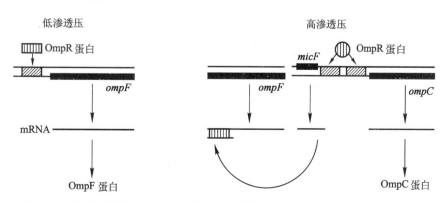

图 34-6 渗透压调节中 micRNA 的调节机制模型

Simons 和 Kleckner 在分析 *Tn10* 转座子的调节机制时发现一种类似的互补小分子 RNA。该转座子的两端各有一个插入序列 *IS10*，转座酶是由这一序列编码的。转座活性主要存在于右侧插入序列。转座酶的启动部位有两个启动子，其一转录转座酶 mRNA，另一反方向转录 micRNA，二者 5′端重叠 40 个碱基，因此可以形成碱基配对（图 34－7）。micRNA 与转座酶的 mRNA 结合后，即可抑制转座酶的合成，从而控制转座活性。

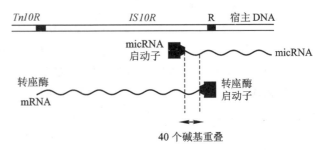

图 34-7   转座酶 mRNA 和 micRNA 转录的模式

反义 RNA 对基因表达调节机制的发现不仅具有重大的理论意义，而且也为人类控制生物的实践提供了新的途径。不少科学家正在试图将 micRNA 的基因引入家畜和农作物以获得抗病毒的新品种，或是利用反义 RNA 抑制有害基因（如癌基因）的表达。在这方面亦已取得令人鼓舞的成果。

自从上世纪 80 年代初发现反义 RNA 以来，在原核生物中又陆续发现了多种反义 RNA。例如，编码应激反应 σ^S 因子的基因为 *rpoS*（RNA polymerase sigma factor），通常其 mRNA 在细胞内的水平很低，并且因在 SD 序列处存在发夹结构而不翻译。在应激状态下（如热休克）诱导产生两种反义 RNA，**DsrA**（downstream A）和 **RprA**（Rpos regulator RNA A），分别与发夹的一条链互补，其中任一或两者共同作用可使 RpoS 的 mRNA 得以翻译。另一小 RNA ，**OxyS**（oxidative stress gene S），是由氧应激反应所诱导产生，它特异诱导氧应激反应相关基因的表达，但关闭与氧损伤无关的应激与修复途径基因表达。OxyS 与 DsrA 和 RprA 两者不同，前者直接与 rpoS 的 mRNA SD 序列互补，因而阻止 mRNA 的翻译；后两者破坏发夹结构，而使翻译得以进行。

反义 RNA 对基因表达调节机制的发现不仅具有重大理论意义，也为人类控制有害基因的实践提供新的途径。迄今已在畜牧业、农业以及医疗保健业中取得令人鼓舞的成果。

4. tmRNA

上世纪 70 年代末发现大肠杆菌中存在一种小 RNA，在凝胶电泳时位于 10S 的位置，在此位置附近还有另一条 RNA，故它称为 10Sa RNA。90 年代中才知道该 RNA 结构很特殊，一半类似 tRNA，另一半类似 mRNA，因此称之为 tmRNA。类似 tRNA 的一半称为 TLD（tRNA-like domain），具有 T 环、D 环和氨基酸臂，并携带一个丙氨酸；类似 mRNA 的一半称为 MLR（mRNA-like region），具有开放阅读框架（ORF），全长 363 nt。两半之间有 4 个**假结**（pseudoknot，PK）。图 34-8 是 tmRNA 结构的简化示意图，实际上 tmRNA 存在众多茎环结构，其结构十分复杂。

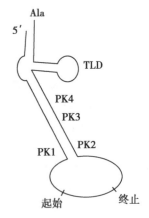

图 34-8   tmRNA 结构示意图

tmRNA 在蛋白质合成中的功能有三个："清理""质控"和"回收"。由于高速转录和翻译，可能会出现一些转录不完全、遭受损坏和部分降解的 mRNA，当核糖体沿 mRNA 链移动到断链处，因未遇终止密码子，核糖体便滞留其上。此时 tmRNA 便进入核糖体的 A 位点，在 rRNA 的肽酰转移酶活性催化下肽酰基与 tmRNA 携带的丙氨酸形成肽键。残缺的 mRNA 便脱落并被降解，接着便以 tmRNA 的阅读框架为模板合成出 11 肽 AANDENYALAA，然后在终止密码子作用下释放核糖体亚基、各翻译因子和 tmRNA。经过"清理"，滞留的核糖体得以重新投入循环利用。tmRNA 在蛋白质合成中起着"质控"的作用。由残缺 mRNA 合成的蛋白质不仅无用，还可能有害，tmRNA 使其加上 11 肽标签，细胞内蛋白酶随之加以降解。在蛋白质合成系统中设置一道质量检验关口，对保证质量是有重要意义的。细胞内残缺的 mRNA 和蛋白质需要迅速挑选出来，加以"回收"，这符合经济的原则。氨基酸和核苷酸都是细胞代谢的重要底物。

tmRNA 所以受到关注还有一个重要原因是，这种分子很可能是 RNA 世界遗留下来的古老分子。如何由 RNA 世界产生 DNA、RNA 和蛋白质的三极世界? 在生命起源研究中最复杂的问题是蛋白质生物合成的起源。tmRNA 兼有 tRNA 和 mRNA 的功能,对这类分子的研究也许有助于对蛋白质生物合成起源的认识。

5. 核糖开关

上述反义 RNA 和 tmRNA 都是作用于 mRNA 的反式因子,而由 mRNA 上的一段序列对 mRNA 功能的调节则为顺式作用。虽然早就知道 mRNA 存在茎环结构,这些结构能够影响其翻译能力,但是并未认识到 mRNA 存在由茎环结构折叠形成的化学传感器,可以对代谢物浓度变化作出精确的反应。直到 2002 年,R. R. Breaker 小组研究大肠杆菌 B_{12} 辅酶(脱氧腺苷钴胺素)运载蛋白的 mRNA,发现在 5' 非翻译区(UTR)存在一段非常保守的序列,该部位可以结合 B_{12} 辅酶,称为 B_{12} 框(B_{12} box),并以此调节 mRNA 的功能。当 B_{12} 辅酶浓度高时翻译活性受抑制。他们将此称作**核糖开关**(riboswitch),核糖是核糖核酸的字首缩写。其后在各类原核生物中陆续发现多种核糖开关,并在真菌和植物中也发现有核糖开关,相信这是基因表达调节的一种比较普遍存在的方式。

核糖开关包括两部分结构:一是能够结合配体(ligand)的**适体域**(aptamer domain,AD);另一是调节表达的**表达平台**(expression platform)。前者相当于传感器,后者相当于效应器。配体通常是代谢物,也可以是金属离子(如 Mg^{2+})或阴离子(如 F^-)。配体与适体间有较高的亲和力,有些适体形如口袋,配体进入后口袋与之紧密贴紧,呈现"诱导契合"。目前已知的核糖开关配体有:焦磷酸硫胺素(TPP)、钴胺素(维生素 B_{12})、黄素单核苷酸(FMN)、赖氨酸、甘氨酸、嘌呤、S-腺苷甲硫氨酸(adoMet)、N-乙酰葡糖胺 6-磷酸(GlcN6P)、7-去氮鸟嘌呤和镁、氟离子等。具有这些核糖开关的 mRNA 或是编码运载蛋白,或是编码合成途径关键的酶。因此它们之间形成反馈调节。

当配体与适体相结合引起适体域构象改变并导致表达平台构象随之也发生改变,有关茎环结构的改变产生以下几种可能的结果:① 出现转录终止信号,使 mRNA 提前终止转录;② SD 序列被掩蔽或被显露,抑制或促进翻译;③ 真核生物(如真菌和植物)内含子的核糖开关改变剪接方式;④ 激活核糖核酸酶活性,降解 mRNA。最后一类作用比较特殊,见于 GlcN6P 引起核酶的切割。通常一种适体仅识别一种配体,有些核糖开关的两个适体串联在一起,以此增强对配体的检测能力,如甘氨酸的核糖开关。同一种配体在不同生物中的适体往往十分相似,推测它们可能有共同的起源;然而它们的效应可能不同,例如 TPP 在有些生物中引起 mRNA 提前终止转录,在另一些生物中却是抑制翻译,而在真菌和植物中则可改变剪接方式。

核糖开关的作用机制有以下特点:① 由 RNA 自我调节,无蛋白质参与作用;② 调节因子和作用元件为同一分子;③ 一种适体仅识别一种配体,但可以与不同的调节平台相连。推测核糖开关可能是一种十分古老的基因表达调节方式,从 RNA 世界中形成后一直保存至今。比较 RNA 与蛋白质,RNA 仅由 4 种核苷酸组成,蛋白质由 20 种氨基酸组成,RNA 对小分子的识别能力远低于蛋白质。人工从 RNA 库中筛选某种配体的 RNA 适体,虽然可以获得所需要的适体,但是特异性和亲和力都存在局限性。这就可以理解为什么核糖开关普存在于生物界,但迄今发现的种类十分有限。从枯草芽孢杆菌来看,大约只有 4% 的基因具有核糖开关。虽然说核糖开关十分简单有效,但在进化过程中只产生有限种类的适体和核糖开关。然而可以肯定,新的核糖开关还会不断被发现,有科学家推测在**非编码 RNA**(ncRNA)中也可能有核糖开关。

三、真核生物基因表达调节

当前分子生物学的研究重点已从原核生物转向真核生物。真核生物基因表达的调节和控制已成为最引人注目的研究课题之一。对真核生物基因表达调节机制的认识将使我们更有效地控制真核生物的生长发育,并有助于真核生物基因工程的发展。

原核生物与真核生物不仅在结构复杂程度上有很大差别,而且它们沿着两条不同的演化途径发展。前者结构小巧,功能简捷,表达高效,生长快速;后者结构复杂,功能分化,调节精确,适应潜力大。真核生物细胞内 DNA 含量远大于原核生物,其中很大部分是用于贮存调控信息。核内 DNA 和蛋白质构成以核小体为基本单位的染色质,DNA 以很高的压缩比装配成染色体。转录和翻译分别发生在细胞核和细胞质中,并存在复杂的信息加工过程。真核生物基因不组成操纵子,即使某些基因连在一起并受共同调节基因产物的调节,但也不形成多顺反子 mRNA,其 mRNA 的半寿期比较长。多细胞真核生物是由不同的组织细胞构成的,从受精卵到完整个体要经过复杂的分化发育过程,细胞间的信息传递对调节起重要作用。真核细胞基因表达可在不同表达水平上加以精确调节。这种在不同水平上进行调节的机制称为**多级调节系统**(multistage regulation system),如图 34-9 所示。

真核生物基因表达存在两种类型的调节和控制机制,一种称为短期或可逆的调控;另一种称为长期调控,一般是不可逆的。短期调控主要是细胞对环境变动,特别是对代谢作用物或激素水平升降做出反应,表现出细胞内酶或某些特殊蛋白质合成的变化。长期调控则涉及发育过程中细胞的决定(determination)和分化(differentiation)。细菌基因调控属于短期调控,长期调控仅发生于真核生物。

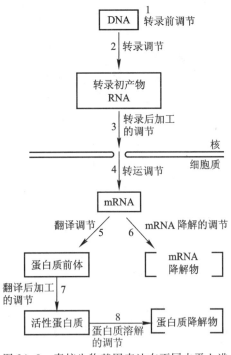

图 34-9　真核生物基因表达在不同水平上进行调节

(一) 转录前水平的调节

从一个受精卵发育成完整的个体要经过许多特定程序的步骤,在此过程中分化的细胞经分裂后仍然维持其分化状态,表现出细胞具有某种"记忆"。在 DNA 和染色质水平上所发生的一些永久性变化,例如,染色体 DNA 的**断裂**(breakage)、某些序列的**删除**(elimination)、**扩增**(amplification)、**重排**(rearrangement)和**修饰**(modification)以及**异染色质化**(heterochromatinization)等。改变基因组和染色质的结构,使**胚原型**(germ line)的基因组转变为分化的、具有表达活性的基因组。所有这些通过改变 DNA 序列和染色质结构从而影响基因表达的过程均属于转录前水平的调节。

现在知道高等生物的细胞具有**全能性**(totipotency)。植物的体细胞和生长尖细胞可以离体培养成完整植株,花药细胞可以培养成单倍体植株。高等动物的体细胞虽然不能离体培养成完整个体,但通过核移植实验也证明了它们细胞核的全能性。例如,从**非洲爪蟾**(*Xenopus laevis*)成体的表皮细胞分离出细胞核,然后注射到去核的受精卵中,少数存活的细胞可发育成正常的蝌蚪。由此可见,成体蟾蜍表皮细胞核 DNA 必定携带了为早期胚胎发育所需的全部遗传信息;而细胞质中存在决定分化状态的某些控制因子。将体细胞核移入去核的受精卵内,获得克隆羊、克隆牛以及其他克隆动物的成功例子,更充分证明了细胞核的全能性。

一般来说,低等动物发育过程中细胞的决定和分化常通过基因组水平的加工改造来实现;高等动物对于分化后不再需要的基因则采取异染色质化的方式来永久性地加以关闭。但在高等生物中依然可以看到基因组序列的某种重排现象,例如,产生抗体的淋巴细胞在发育过程中有明显的基因重排。转座因子能引起基因组序列和表达的改变,而转座频率又受到发育阶段和组织分化的影响,可能转座因子在发育过程中起着某种作用。此外,当基因组发生重排时,可能引起严重的缺陷和失调,例如造成细胞癌变。因此转录前水平的调控,特别是基因重排,引起人们的极大关注。

1. 染色质丢失

某些低等真核生物,如蛔虫和甲壳类的**剑水蚤**(*Cyclops*),在其发育早期卵裂阶段,所有分裂细胞除一个之外,均将异染色质部分删除掉,从而使染色质减少约一半。而保持完整基因组的细胞则成为下一代的生殖细胞。推测所删除的 DNA 仅对生殖细胞是必需的。在此加工过程中 DNA 必定发生切除并重新连接。

原生动物**四膜虫**(*Tetrahymena*)含有一个大核和一个小核,大核由小核发育而来。大核为营养核,可进行转录;小核为生殖核,无转录活性。在核发育过程中有多处染色质断裂,并删除约 10% 的基因组 DNA,有些部位 DNA 切除后两端又重新连接。在删除这些序列之前基因并不表现转录活性,删除之后即成为表达型的基因,因此推测这些被删除序列的存在可能抑制了基因正常功能的表达。

最突出的例子是哺乳类的红细胞,它在成熟过程中整个核都丢失了。

2. 基因扩增

另一种基因调控方式为基因扩增,即通过改变基因数量而调节基因表达产物的水平。基因扩增是细胞短期内大量产生某一基因的拷贝从而适应特殊需要的一种手段。某些脊椎动物和昆虫的卵母细胞(oocyte),为贮备大量核糖体以供卵细胞受精后发育的需要,通常都要专一性地增加编码核糖体 RNA 的基因(rDNA)。例如,非洲爪蟾在核仁周围大量积累 rDNA,其后可形成 1 000 个以上的核仁。这些 rDNA 可通过滚动环方式进行复制,拷贝数由 1 500 剧增至 2 000 000,其总量可达细胞 DNA 的 75%,当胚胎期开始后,这些 rDNA 失去需要而逐渐消失。原生动物纤毛虫的大核在发育过程中也要扩增 rDNA,这些 rDNA 以微染色体(minichromosome)的形式大量存在于大核内。昆虫在需要大量合成和分泌**卵壳蛋白**(chorion)时,其基因也先行专一的扩增。此外,在癌细胞中常可检查出有癌基因的扩增。

3. 基因重排

基因组序列发生改变,较常见的是失去一段特殊序列,或是一段序列从一个位点转移到另一位点。重排可使表达的基因发生切换,由表达一种基因转为表达另一种基因,例如,单倍体**酵母配对型**(mating type)的转换,非洲锥虫(African trypanosome)表面抗原的改变等。这是一种调节基因表达的方式。重排的另一种意义是产生新的基因,以适合特殊的需要,例如,数量巨大抗体基因借此而产生,并被活化表达。有关基因重排,见 DNA 重组一章。

4. 染色质的修饰和异染色质化

DNA 的碱基可被甲基化,主要形成 5-甲基胞嘧啶(5-mC)和少量 6-甲基腺嘌呤(6-mA)。甲基化的胞苷通常与邻近鸟苷的 5′-磷酸基相连。生物体内有两类甲基化的酶:一类为**保持性**(maintenance)的**甲基转移酶**,可在甲基化的母链(模板链)指导下使对应部位发生甲基化;另一类为**从头合成**(de novo)的**甲基转移酶**,它不需要母链的指导。凝缩状态的染色质称为异染色质,为非活性转录区。真核生物可以通过异染色质化而关闭某些基因的表达。例如,雌性哺乳动物细胞有两个 X 染色体,其中一个高度异染色质化而永久性失去活性。通常染色质的活性转录区无或很少甲基化;非活性区则甲基化程度高。而且,生物机体不同发育阶段和不同组织 DNA 甲基化的方式也不同。将克隆的 DNA 微量注射到爪蟾卵母细胞或培养的哺乳动物细胞核内,甲基化的基因不被表达,而未甲基化的基因则可以表达。

(二) 转录水平的调节

真核生物基因表达可在不同水平上进行调节,但转录活性的调节尤为重要。基因转录活性与染色质空间结构和基因启动子活化有关。因此真核细胞基因的活化可分为两个步骤:首先由某些调节因子识别基因组的特定序列,改变染色质结构使其疏松活化;然后才由激活蛋白、阻遏蛋白或其他调节因子进一步影响基因活性。第二步调节在某种程度上类似于原核生物。然而真核生物有远比原核生物多得多的顺式元件和反式调节因子。生物在生长发育过程中染色质 DNA 和组蛋白会发生修饰,这种影响表型的变化可被细胞所记忆,在细胞分裂时遗传给子代细胞,称为**表观遗传**(epigenetic heredity)。表观遗传是对基因活化条件的遗传,而不涉及其序列。

1. 染色质的活化与阻遏

具有转录活性的染色质表现出对核酸酶有较高的敏感性。用 DNase I 对小心制备的染色质进行消化,通常可得到 200 bp 左右阶梯式的 DNA 降解片段,此结果反映了核小体的结构;但转录活性区染色质被核酸酶水解则得到的片段较小,较不整齐。该活性区还含有对 DNase I 特别敏感的部位,称为**超敏感位点**(hypersensitive sites),位于转录基因 5′端一侧 1 000 bp 内,约长 200 bp,相当于启动子区域。有些基因超敏感位点也存在于 3′端或基因内。超敏感位点相当于一些已知调节蛋白结合的位点,在其介导下甚至比裸露 DNA 更易被核酸酶水解。在转录非常活跃的区域,缺少或全然没有核小体,如 rRNA 基因就是如此。

在染色质中与转录相关的结构变化称为**染色质重塑**(chromatin remodeling)。核小体是染色质的基本结构单位,染色质重塑涉及核小体的移动、调整和取代等变化。染色质重塑使启动子和相关调节序列上核小体解开,转录因子和 RNA 聚合酶得以结合其上。重塑过程需要能量,由水解 ATP 所提供。从酵母、果蝇和人类细胞中发现一些类似的重塑复合物,如 SWI/SNF 和 ISW 家族,它们各有其不同的作用范围,并都含有 ATPase 亚基。染色质重塑的发生首先由序列特异的**激活蛋白**(activator)结合到 DNA 上,在其介导下重塑复合物取代核小体,并导致染色质结构的重新改造(图 34-10)。

① 序列特异激活蛋白结合到DNA上

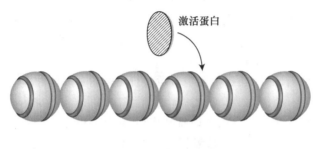

② 激活蛋白介导下重塑复合物结合到特定位点

③ 重塑复合物取代核小体

图 34-10 在激活蛋白介导下重塑复合物结合到染色质的特定位点

染色质功能状态的转变可由修饰所引起,并与细胞周期和细胞分化相关联。染色质的修饰主要包括组蛋白的磷酸化、乙酰化和甲基化以及 DNA 的甲基化。启动子的激活大致过程为:① 激活蛋白识别特殊的序列并结合其上;② 激活蛋白介导重构复合物与之结合;③ 激活蛋白被释放;④ 重构复合物取代核小体;⑤ 重构复合物介导修饰酶复合物与之结合;⑥ 组蛋白被乙酰化影响染色质结构使基因活化。与其相反,阻遏蛋白引起重塑可能招致组蛋白脱乙酰基或是磷酸化和甲基化,并使基因失活。组蛋白的甲基化与 DNA 的甲基化彼此密切关联。

组蛋白 H2A、H2B、H3 和 H4 组成核小体的八聚体核心,而各组蛋白 N 端大约 20 来个氨基酸残基则游离在核心之外,犹如尾巴。它们可被修饰,主要发生在 H3 和 H4 的尾部。H1 结合在 DNA"进""出"核小体的位点上,它在有丝分裂时被 Cdc2 激酶磷酸化,推测其修饰可能与染色质的凝聚有关。组蛋白 N 端区段有多个 Lys 可在**组蛋白乙酰基转移酶**(histone acetyltransferase,HAT)催化下发生乙酰化反应。促使组蛋白乙酰化的酶有两种,其中一种 HAT 的功能与核小体的组装有关,存在于细胞质中,称为 B 型,它使新合成的组蛋白 H3 和 H4 乙酰化,以便于进入核内组装成核小体,在形成核小体后乙酰基随即被除去。调节染色质转录活性则需要另一种核内的 A 型 HAT。组蛋白 H3 和 H4 N 端区段 Lys 被乙酰化,降低了组蛋白核心对 DNA 的亲和力。乙酰化还可促进或阻止与转录有关蛋白质的相互作用。当基因不再转录时,核小体的乙酰基被**组蛋白脱乙酰基酶**(histone deacetylase,HDAC)所催化除去,染色质恢复无活性状态。

组蛋白 H3 尾部 2 个 Lys 和 H4 尾部 1 个 Arg 可被甲基化。DNA 的 CpG 岛胞嘧啶第 5 位碳也可被甲基化。无论是组蛋白的甲基化还是 DNA 的甲基化,都使染色质趋向失活,然而具体效应还与其他部位的变化有关。组蛋白的甲基化与 DNA 的甲基化常相伴发生,一方面某些组蛋白的甲基转移酶易于和甲基化的 CpG 二联体结合;另一方面组蛋白的甲基化似乎又能招致 DNA 甲基化酶作用。在染色质的凝聚区,包括异染色质和局部基因不表达的小片段区,常有组蛋白的甲基化。同样,DNA 的甲基化也主要存在于异染色质区;转录活化区的 DNA 常没有或较少甲基化。DNA 甲基化酶有两类,一类为**维持性甲基化酶**(maintenance methylase);另一类是**从头甲基化酶**(de novo methylase)。甲基化的 DNA 经复制产生两个**半甲基化 DNA**(hemimethylated DNA)分子,其一条链来自亲代分子,仍保持甲基化;另一条新合成的链,则未甲基化。维持性甲基化酶按甲基化链中甲基的位置使互补链甲基化,半甲基化 DNA 得以成为**全甲基化 DNA**(fully methylated DNA)。从头甲基化酶需借助于修饰复合物识别染色质的特殊部位使 DNA 两条链同时甲基化。DNA 的高度重复序列常构成**组成型异染色质**(constitutive heterochromatin),如**着丝粒异染色质**(centromeric heterochromatin)和**端粒异染色质**(telomeric heterochromatin)。但在多细胞生物发育过程中细胞常通过异染色质化而关闭某些基因的活性,造成细胞分化。此为功能性异染色质,或称为**兼性异染色质**(facultative heterochromatin),因其在某些细胞中为活性染色质,另一些细胞中为异染色质,故而称为兼性。异染色质化可沿染色质丝扩展,使附近的基因失活。外来基因如整合在异染色质附近,常因此而不能表达。某些参与形成异染色质的蛋白质,如**异染色质蛋白 1**(heterochromatin protein 1,HP1)能特异结合于甲基化的组蛋白上,并在核小体链上发生聚集。

染色质的结构域(或许即相当于染色体上的染色带)是指包含一个或一个以上活性基因的染色质区域。结构域通常都有 3 种类型的作用位点,此外还有增强子和多个转录单位。其作用位点为:① **基因座控制区**(locus control region,LCR)是一类真核生物的顺式作用元件,包括 DNase Ⅰ 高度敏感区和许多转录因子的结合位点,常位于所控制基因的 5′端,可能也存在 3′端,为本区域基因转录活性所必需。而各基因还有其自身特异的控制,以进一步调节。② **绝缘子**(insulator)或称为**边界元件**(boundary element),是近年发现的一类很特殊的顺式作用元件,它与增强子和沉默子都不同,其功能只是阻止激活或阻遏作用在染色质上的传递,因而使染色质活性限定于结构域之内。如果将一个绝缘子置于增强子和启动子之间,它能阻止增强子对启动子的激活。另一方面,如果一个绝缘子在活性基因和异染色质之间,它可以保护基因免受异染色质化扩展招致的失活。有些绝缘子只有其一作用,有些兼有两种作用。③ **基质附着位点**(matrix attachment region,MAR)借助有关蛋白质使染色质附着在核周质一定部位。这三类元件或存在于结构域的一端,或存在于两端,如图 34-11 所示。

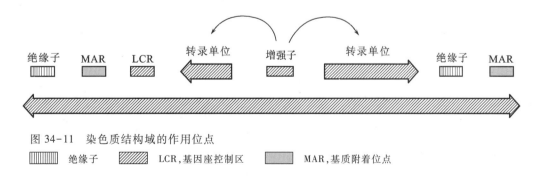

图 34-11　染色质结构域的作用位点
▥ 绝缘子　▨ LCR,基因座控制区　▨ MAR,基质附着位点

2. 启动子和增强子的顺式作用元件

真核细胞基因的启动子由一些分散的保守序列所组成,其中包括 TATA 框(box)、CAAT 框和多个 GC 框等,CAAT 框、GC 框均属于**上游控制元件**(upstream control element,UCE)。对于可诱导的基因来说,除基本的控制序列或称为控制元件外,还存在一些信号分子作用的位点,可对细胞内外环境因素变动作出反应的**应答元件**(response element)。

　　启动子只是转录的基本控制元件,还需由**增强子**(enhancer)、**沉默子**(silencer)及其应答元件来进一步调节转录活性。增强子最早发现于 DNA 病毒 SV40,它位于转录起点上游大约 200 bp 处的超敏感位点,由两个相同的 72 bp 序列前后串联而成,删除这两个序列将会显著降低体内的转录活性。增强子广泛存在于各类真核生物基因组中,其作用有几个明显特点:① 能在很远距离(大于几 kb)对启动子产生影响;② 无论位于启动子上游或是下游都能发挥作用;③ 其功能与序列取向无关;④ 无生物种属特异性;⑤ 受发育和分化的影响。增强子具有组织特异性,它往往优先或只能在某种类型的细胞中表现其功能。这可以部分解释动物病毒要求一定宿主范围的原因。与此类似,组织特异的增强子为发育过程或成熟机体不同组织中基因表达的差别提供了基础。

　　增强子与启动子相似,是一类具有模块(保守序列)结构的顺式作用元件,许多模块在二者成分中都相同或相似,但在增强子中这类模块元件更加集中和紧密。从某种意义上来说,增强子也可以看作是启动子远离起点的上游元件。事实上作用其上的反式因子也相同或相似。同样,**沉默子**(silencer)和启动子负调节元件之间也无本质的差别,它们都能对某些激活因子起阻碍作用。从上述增强子的性质可以设想,细胞内必定存在一些特异的蛋白质可与其作用,从而影响转录,这种影响可以远距离(达几千碱基对)和无方向性地传递给相对最近的启动子,促使启动子易于结合 RNA 聚合酶或转录因子复合物。增强子与启动子之间距离对活性并无影响,这是因为 DNA 分子具有一定柔性,可以弯曲,结合在增强子上的反式激活因子能够与转录复合物相作用。位于增强子上的应答元件,可调节增强子的活性。沉默子则是负调节蛋白作用的位点。

　　现以**金属硫蛋白**(metallothionein,MT)基因的调节区为例,说明各顺式作用元件和反式作用因子对基因转录的调节(图 34-12)。金属硫蛋白可与重金属离子结合,将其带出细胞外,从而保护细胞,免除重金属的毒害。通常该基因以基础水平表达,但被重金属离子(如镉)或糖皮质激素诱导以较高水平表达。TATA 框和 GC 框是两个组成型启动子元件,位于靠近转录起点的上游。两个**基础水平元件**(basal level element,BLE)属于增强子,为基础水平组成型表达所必需。**佛波酯**(phorbol ester)应答元件 TRE 是存在于多个增强子中的共有序列,SV40 增强子中也有该序列,其上可结合反式因子激活蛋白 AP1,该因子除作为上游因子促使组成型表达外,还能对佛波酯作为**促肿瘤剂**(promoter tumoragent)产生效应,而这种效应是由 AP1 与 TRE 相互作用介导的。佛波酯通过该途径(但不是唯一的)启动一系列转录的变化。金属应答元件(MRE)受相应转录因子 MTF1 调节,多个 MRE 元件可引起 MT 以较高水平表达,该序列可看作启动子的应答元件。糖皮质激素是一种类固醇激素,它的**应答元件**(glucocorticoid response element,GRE)是增强子的可调节位点,位于转录起点 250 bp 的位置。类固醇激素与其受体结合于该位点而诱导 MT 高水平表达。与 GRE 相邻为 E 框(E-box),由上游激活因子 USF 所活化。

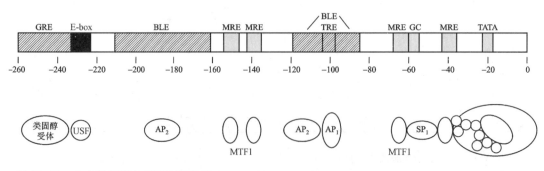

图 34-12　人金属硫蛋白基因的调节区

3. 调节转录的反式作用因子

　　调节转录活性的蛋白质有三类:即通用或**基本转录因子**(basal transcription factor)、**上游因子**(upstream factor)和**可诱导因子**(inducible factor)。基本转录因子结合在 TATA 框和转录起点,与 RNA 聚合酶一起形成转录起始复合物。上游因子结合在启动子和增强子的上游控制位点。可诱导因子与应答元件相互作用。有些因子只在特殊类型的细胞中合成,因而有组织特异性,如控制发育的**同源域蛋白**(homeodomain protein)。有些因子的活性直接受各种条件的修饰控制,如**热激转录因子**(heat shock transcription factor, HSTF),在热和其他刺激下经磷酸化而激活。又如,作用于增强子 TRE 序列的 AP1,是由 Jun 和 Fos 两亚基形成的异二聚体,在 Jun 亚基磷酸化后即被激活。有些因子的活性受配体调节,如类固醇受体,它与配体结合后即进入核内,与 DNA 结合。

多数结合 DNA 的转录调节因子都有三个结构域,即 DNA **结合结构域**(DNA binding domain)、**转录激活结构域**(transcription activation domain)和**二聚化结构域**(dimerization domain)。蛋白质与 DNA 结合区域存在一些特殊的基序结构,前已提及这里不再重复。

转录激活结构域常见的有 3 种:① **酸性 α 螺旋**(acidic α helix)。该结构域含有酸性氨基酸的保守序列,形成带负电荷的螺旋区,如酵母活化因子 GAL4、糖皮质激素受体和 AP1 等。② **富含谷氨酰胺结构域**(glutamine rich domain)。首先在 SP1 中发现,其 N 端有两个转录激活区,其中谷氨酰胺(Gln)残基含量可达 25%。③ **富含脯氨酸结构域**(proline rich domain)。CTF(CAAT 转录因子)家族的 C 端区与转录激活有关,其脯氨酸残基可达 20%~30%。

上游因子的转录激活作用,或是直接作用于转录起始复合物(包括 RNA 聚合酶和通用转录因子),刺激转录活性;或是通过蛋白质-蛋白质的介导,间接作用于转录复合物。大多数上游因子需经过中间蛋白质因子将信息传递给转录复合物。这类中间因子组成**中介复合物**(mediator complex),它们不能直接与 DNA 调节元件结合,只是在上游因子和转录复合物间起桥梁作用。转录抑制因子的作用通常是阻断激活因子对转录的促进作用。它们或是结合于 DNA 的调节元件,或是结合于激活因子,或是结合于转录复合物,使转录激活因子无法发挥作用。

(三) RNA 加工和剪接的调节

真核生物的 mRNA 前体加工过程主要包括三个步骤:① 在新生的 mRNA 前体 5′端上加一个甲基化的鸟苷酸(m^7GpppN)帽子;② 当 RNA 聚合酶转录至终止信号处由特异的内切酶将 RNA 链切下,然后加上一段聚腺苷酸(polyA)尾巴;③ 将 mRNA 前体的内含子切去,并使外显子重新连接,称之为剪接。此外,mRNA 的内部还可发生甲基化,主要生成 6-甲基腺嘌呤(m^6A)。在某些特殊情况下 mRNA 还能改变序列,称为编辑。成熟的 mRNA 被转移到细胞质进行翻译,在此过程中存在复杂的调控机制。

mRNA 前体通过不同的剪接途径可以产生不同的 mRNA,并经翻译得到不同的蛋白质。这些蛋白质的功能可能相同,也可能不同,甚至相互拮抗。有时得到的异型体数目可以很大,甚至数千以上(如果蝇 *DSCAM* 基因)。异型体的产生主要由剪接点的改变所致。有两类选择剪接,一类是组成型的,另一类是调节型的。前者同时产生各种异型体蛋白;后者则随不同时间、不同条件、不同细胞或组织,产生不同的产物。

现以猴病毒 **SV40 T 抗原** mRNA 的剪接作为组成型选择剪接的实例加以说明(图 34-13)。SV40 T 抗原基因编码两个蛋白质产物,大 T 抗原(T-ag)和小 t 抗原(t-ag)。该基因有两个外显子,利用两个不同的 5′剪接位点(5′SST 和 5′sst)可产生不同的成熟 mRNA。编码 T-ag 的 mRNA 由外显子 1 与外显子 2 直接剪接,除去内含子而成。t-ag 的 mRNA 则经另一 5′剪接点(5′sst)而产生,故而剪接产物包含了部分内含子序列,也就是说外显子变长了。由于内含子上有一个终止密码子,虽然 t-ag 的 mRNA 比 T-ag 的 mRNA 长,但翻译产生的 t-ag 多肽链比 T-ag 多肽链要短得多。SV40 能同时产生两种 T 抗原,但两者比例随情况不同而有变动。当细胞内剪接蛋白 SF2/ASF 水平升高时,它主要结合于外显子 2,使剪接体(spliceosome)在其上组装,并有利于最靠近的 5′sst 参与剪接,结果产生更多的 t-ag mRNA。

调节型选择性剪接受激活蛋白和抑制蛋白的调节。剪接激活蛋白结合的位点称为**剪接增强子**,在外显子上的为**外显子剪接增强子**(exonic splicing enhancer, ESE),在内含子上的为**内含子剪接增强子**(intronic splicing enhancer, ISE)。抑制蛋白结合的位点称为剪接沉默子,两者分别为 ISE 和 ISS。促进剪接的调节蛋白(激活蛋白)属于 SR 蛋白,因其富含丝氨酸(S)和精氨酸(R)而得名。SR 蛋白对于剪接机制十分重要,它参与各种剪接过程,上述 SF2/ASF 即为 SR 蛋白。**SR 蛋白**可通过其**识别 RNA 的基序**(RNA-recognition motif, RRM)结构域与 RNA 结合,又通过 **RS 结构域**(含有 Arg-Ser 重复序列)招募剪接

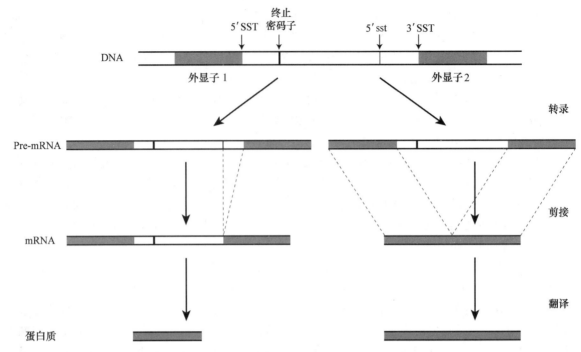

图 34-13 病毒 SV40 T 抗原 mRNA 的选择性剪接

装置到附近的剪接点,从而选择了剪接的外显子序列。剪接抑制蛋白有 RRM 结构域,但缺少 RS 结构域,它与 RNA 结合后不能招募剪接装置,由此阻塞了附近剪接点的作用。SR 蛋白质家族很大,而且多种多样,它们决定着在发育的特殊阶段和特殊的细胞类型中哪些剪接点参与剪接。

由不同转录起点和终点转录的产物,以及不同剪接点进行剪接,再加上不同的编辑和再编码,可以得到不同的 mRNA 和翻译产物。越是高等的真核生物,其基因表达调控机制越复杂,每个基因能够产生更多的蛋白质。粗略估计,细菌每个基因平均能产生 1.2~1.3 种蛋白质,酵母每个基因产生 3 种蛋白质,人类每个基因产生 10 种蛋白质。由此可见,基因表达在转录后加工水平上有非常复杂的调节和控制。

(四)翻译水平的调节

真核生物在翻译水平进行调节,主要是影响 mRNA 的稳定性、mRNA 的运输和有选择地进行翻译。mRNA 5′端的帽子以及 3′端的多聚 A 尾巴都有利于 mRNA 分子的稳定。mRNA 通常只在完成加帽、剪接和加尾等加工过程后才被载体蛋白由核内运送到细胞质,并在细胞质进行翻译。实际上能从核内输出的 RNA 只是核内 RNA 的一小部分,许多其他不适用的、受损伤的、错误加工的 RNA 以及加工切下的碎片与内含子都不运送出去,或滞留核内或被降解掉。运输 RNA 是一个主动过程,需要能量,可由 GTP 水解提供,反应由 Ran 作为 GTPase 所催化。mRNA 的 5′端和 3′端非编码区的序列对 mRNA 的稳定性和翻译效率起重要调控作用。有些 mRNA 寿命很短,有些很稳定,与其有关。

现以网织红细胞的蛋白质合成为例,研究其调节机制。葡萄糖饥饿、缺氧和氧化磷酸化受抑制等所有导致缺乏 ATP 的因素均能诱导细胞产生翻译抑制物;血红素的缺乏亦有类似情况。在细胞中蛋白质的合成与能量代谢有关,而血红素由于在细胞色素和细胞色素氧化酶合成中的作用,可作为能量代谢水平的指标而调节 mRNA 的翻译功能。血红素对蛋白质合成的控制作用是通过一种称为血红素控制的**翻译抑制物**(heme-controlled translational inhibitor)来实现的,其本质是 eIF-2 激酶,它能选择性地将蛋白质合成起始因子 eIF-2 α 亚基的 Ser 磷酸化。这种起始因子磷酸化后便失去正常再生能力。eIF-2 激酶本身也有磷酸化和脱磷酸两种形式,磷酸化的 eIF-2 激酶具有活性,脱磷酸后失去活性。eIF-2 激酶的磷酸化是由依赖于 cAMP 的蛋白激酶 A 所催化,它的活性受控于血红素。如果有血红素存在时,蛋白激酶 A 不被 cAMP 活化,eIF-2 激酶以无活性的脱磷酸形式存在,eIF-2 具有起始活性。当血红素缺乏时,蛋白激酶 A 被 cAMP 活化,eIF-2 激酶以磷酸化的活化形式存在,使 eIF-2 被磷酸化而失去再生活性。这一级联反应通过控制 eIF-2 的起始活性而调节蛋白质的合成。

起始因子 eIF4E 是帽结合蛋白,其他有关的起始因子通过 eIF4G 而结合其上。一类可结合于 eIF4E 的蛋白质称为 4E-BPs,当细胞生长缓慢时它可结合在 eIF4E 上,由于妨碍其与 eIF4G 反应而限制了翻译。在细胞生长速度恢复或增加时,受生长因子或其他刺激的诱导,该结合蛋白被蛋白激酶磷酸化而失活。翻译水平存在多种调节机制。有关 mRNA 的翻译能力和翻译阻遏作用等与原核生物相似,这里不再重复。

(五) RNA 干扰和多种 RNA 的调节

1998 年 A. Fire 和 C. Mello 等在研究用反义 RNA 抑制线虫基因的表达时发现,双链 RNA 比反义 RNA 和有义 RNA 更为有效,他们将此双链 RNA(dsRNA)引起的特异基因表达沉默称为 RNA 干扰。随后证实 RNA 干扰广泛存在于各类生物中。其实,早在 1990 年 R. Jorgensen 和他的同事将色素基因导入矮牵牛花,结果花的紫色反而被抑制,这表明不仅外源基因本身失活,还可使体内同源基因也受抑制,他们称此现象为**共抑制**(cosuppression)。与此同时,一些实验室发现 RNA 病毒能诱导同源基因沉默,植物还能借助类似共抑制的机制识别和降解病毒 RNA。在链孢霉中也发现外源基因引起沉默的现象,曾称为基因遏制。无论是外源基因的导入或是病毒 RNA 的入侵,均能产生 dsRNA,因此基因共抑制和遏制与 RNA 干扰并无本质差别。由于 Fire 和 Mello 最早明确提出 RNA 干扰,故而他们共同获得了 2006 年诺贝尔生理学或医学奖。

现在知道,RNA 干扰是生物机体演化产生用以对付外源基因入侵、某些转座子和高度重复序列的转录或内源异常 RNA 生成的一种重要机制。上述情况都可能会产生以双链 RNA 为中间体的 RNA 复制过程。RNA 切酶 Dicer 是一种类似 RNaseⅢ的酶,它可识别和消化长的 dsRNA,产生大约 23 个核苷酸长的短双链 RNA,即**短的干扰 RNA**(short interfering RNA,siRNA)。siRNA 可通过三条途径抑制同源基因的表达:破坏含有互补序列的 mRNA;抑制其 mRNA 的翻译;或者在启动子处诱导染色质修饰使基因沉默。无论通过何种途径,siRNA 在发挥其作用时都需要与有关蛋白质一起形成 **RNA 诱导的沉默复合物**(RNA-induced silencing complex,RISC)。在此复合物中,由水解 ATP 提供能量使双链 siRNA 解开,并促使单链 siRNA 与其互补的 mRNA 配对。结果或使靶 mRNA 降解,或使其翻译受抑制,可能取决于 siRNA 与靶 mRNA 之间匹配关系。如果两者完全互补,后者被降解;若两者并不完全互补,则主要是翻译受抑制。靶 mRNA 的降解由 RISC 的核酸酶来完成。

RISC 还能进入核内,由 siRNA 与其互补的基因组序列配对。当复合物结合到染色质上时,即能招募与染色质修饰有关的蛋白质聚集在基因的启动子处,使染色质修饰。这种修饰导致基因转录沉默。RNAi 的效率很高,极微量的 siRNA 可以使靶基因完全关闭。因此推测它可借助依赖 RNA 的 RNA 聚合酶获得扩增。值得指出的是,当给予 mRNA 某一区段特异的 siRNA 时,还能产生该区段邻近序列的 siRNA。这就表明 siRNA 与 mRNA 配对可以发生 RNA 复制,从而二次产生 siRNA。事实上某些 RNAi 还能由亲代传递给子代。RNA 干扰的产生途径见图 34-14。

生物机体以 siRNA 抑制外来的或异常表达的基因,使之沉默(包括转录沉默和转录后沉默);生物机体还能以另一种类似功能的 RNA,**微 RNA**(microRNA,miRNA),来控制发育。典型的 miRNA 长 20~25 个核苷酸,由非编码蛋白质的基因转录出长的前体(70~90 个核苷酸),经自身回折形成茎环结构,然后由 Dicer 或类似的酶切割所产生。miRNA 主要作用于发育调节蛋白的 mRNA,而且从线虫、果蝇到人类有相当高的同源性。这就表明,miRNA 可能是在演化上比较古老就产生的一种发育调节方式,并且类似 RNAi 的机制在基因调节中起着比最初想象更广泛的作用。miRNA 具有保守性、组织特异性和时序性。它只在某些组织中出现,并且往往只在发育的某阶段出现,有时也称之为**小时序 RNA**(small temporal RNA),目前已发现的 miRNA 数量相当多。miRNA 还可能与细胞癌变有关,某些 miRNA 缺失可能导致癌基因或抑癌基因的表达。

除了编码蛋白质的 mRNA 外,其余的 RNA 都可称为**非编码 RNA**(non-coding RNA,ncRNA)。例如,参与蛋白质合成的 tRNA 和 rRNA,参与 RNA 前体剪接的 snRNA,参与 rRNA 修饰的 snoRNA,干扰外源和异常 RNA 表达的 siRNA,调节发育和分化的 miRNA 等等。实际上非编码 RNA 也都有其特殊功能,故称

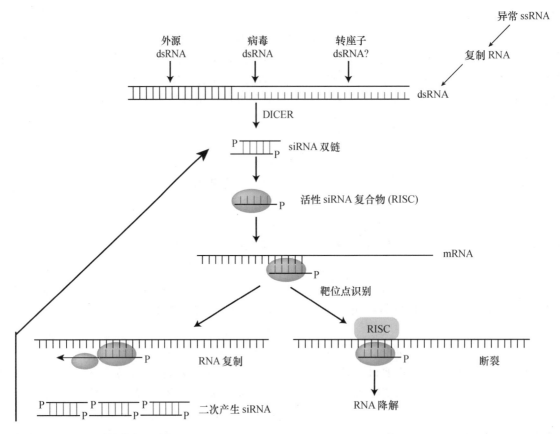

图 34-14　RNA 干扰的产生途径

为**功能 RNA**（functional RNA，fRNA）。现在知道的 ncRNA 已有数千种，其中有些较短，如 siRNA 和 miRNA；有些 RNA 比较长，通常大于 200 nt 即为**长非编码 RNA**（long noncoding RNA，lncRNA），它们参与性分化剂量补偿、基因组印记和基因表达不同层次的调节。RNA 除抑制功能外，也可以起激活作用，如 **RNA 激活因子**（RNA activator，RNAa）。新的 RNA 种类的发现远比新的蛋白质的发现为多。

有些 RNA 可以与蛋白质结合而成为**辅激活物**（coactivator）。例如，**热休克因子 1**（heat shock factor 1，HSF1）是一种激活蛋白，在非应激细胞中以单体存在并与分子伴侣 Hsp90 结合。在应激条件下 HSF1 从 Hsp90 中释放出来，形成三聚体，并结合到 DNA 上，活化有关基因的转录，产生应激反应。一种称为 **HSR1**（heat shock RNA 1）的 lncRNA，长约 600 nt，为 HSF1 三聚体的形成和结合 DNA 所必需。该 RNA 并非单独作用，其功能需要与翻译延伸因子 eEF1A 形成复合物才起作用。

ncRNA 是当前研究的热点，新的发现不断涌现，需要密切关注。

（六）　翻译后加工的调节

多肽链合成后通常需经过一系列加工与折叠才能成为有活性的蛋白质。这种后加工过程在基因表达的调控上也起着重要作用。某些翻译产物经不同加工过程可形成不同活性产物。例如，前阿黑皮素原（POMC）分子至少可加工成 7 个活性肽，每一活性肽的末端各有一对碱性氨基酸残基划分出界线，一般为赖氨酸和精氨酸。界线处的氨基酸对是**蛋白质裂解酶**（protein-spliting enzymes）识别和切割部位，经酶切割即释放出活性调节肽。神经肽、调节肽和病毒蛋白常有此加工过程，并因不同加工而产生不同的产物。

近来发现，某些蛋白质能和 RNA 一样发生剪接，即有些序列在相应核酸中存在，但在蛋白质中却不存在。仿照 RNA 剪接的用语，在成熟蛋白质中保留的序列称为**外显肽**（extein），在剪接中除去的序列称为**内含肽**（intein）。蛋白质剪接需要经过一系列转酯反应使键重排，其机制并不与 RNA 剪接相同。第一个被发现的内含肽是在古菌的 DNA 聚合酶中，其基因有一段居间序列，而又不似内含子。其后证明，纯化的蛋白质可自我催化经剪接除去此序列。蛋白质剪接无需提供能量，反应由内含肽所催化，外显肽也可能具某些增强作用。现在知道,两外显肽的连接经过多步转移反应(图34-15)。第一步反应由内含肽第一个氨基酸侧链的—OH 或—SH 攻击外显肽 1 与内含肽之间的肽键,外显肽 1 转移到—OH 或—SH 侧链上。第二步反应由外显肽 2 第一个氨基酸侧链的—OH 或—SH 攻击内含肽与外显肽 1 之间的酯键或硫酯键,外显肽 1 转移其上。第三步反应为内含肽 C 端天冬酰胺发生环化,外显肽 2 的游离氨基攻击外显肽 1 的酰基,并形成肽键。由于前两反应中间物生成酯键或硫酯键,其能量与肽键相近,整个过程才可能无需供给能量的情况下进行。

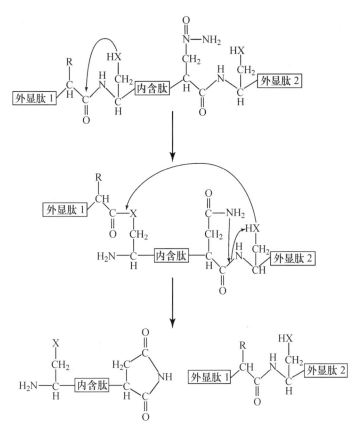

图 34-15 蛋白质的剪接过程

目前已发现 100 多个蛋白质剪接的例子,分布在各类生物中。许多内含肽都有两个特殊的功能,一是催化自身的剪接,二是**靶向内切核酸酶**(homing endonuclease)。这两个功能似各自独立的。有些内含子编码靶向内切核酸酶,因而可在基因间转移。内含肽的靶向内切核酸酶功能也可使该肽段的编码序列得以扩散。有关蛋白质剪接调节的细节现还不清楚。

(七) 蛋白质降解的调节

很早以前就已知道,细胞内蛋白质的寿命各不相同,有些蛋白质半寿期可达数年、数十年;有些则只有几分钟乃至几秒钟。而且蛋白质的寿命正如 RNA 的寿命,可随细胞内外环境的变动而改变。在细胞分化、衰老、饥饿或病态情况下,细胞内一部分结构和线粒体、内质网等细胞器包入液泡内,形成**自噬泡**(自体吞噬),可与溶酶体融合,而将内含物消化掉,然后吸收为营养物质。即使在正常生长的细胞中蛋白质周转率也是很高的,显然只有保持高周转率蛋白质才能不断更新,以适应内外环境的变动。溶酶体的作用也有一定的选择性。在长期禁食后,有些组织(如肝和肾)的溶酶体活化,可降解 Lys-Phe-Glu-Arg-Gln(KFERQ)五肽序列的蛋白质;但另一些组织(如脑、睾丸)则否。

蛋白质的寿命与其成熟蛋白质 N 端的氨基酸有关。A.Varshavsky 提出所谓 **N 端法则**(N-end rule):N 端为 Asp、Arg、Leu、Lys 和 Phe 残基的蛋白质不稳定,其半寿期仅 2~3 min;N 端为 Ala、Gly、Met、Ser 和 Val 残基的蛋白质较稳定,其半寿期在原核生物中>10 h,在真核生物中>20 h。实际情况比较复杂,其他一些信号在选择蛋白质降解中也起重要作用。例如,富含 Pro、Glu、Ser、和 Thr 肽段的蛋白质可被迅速降解,删掉此 PEST 序列后即延长蛋白质寿命。在这里影响蛋白质半寿期的是肽段,而不是 N 端氨基酸。

　　选择性降解蛋白质的系统需要 ATP 供给能量,这种能量用来控制降解的特异性。2004 年诺贝尔化学奖授予 A. Ciechanover、A. Hershko 和 I. A. Rose 以表彰他们在揭示泛素介导的蛋白质降解机制中的杰出贡献。**泛素-蛋白酶体途径**是在上世纪 80 年代初期发现的。1980 年 Ciechanover 等通过[125]I 标记,证实**泛素**(ubiquitin)可与一些将被降解的蛋白质形成共价连接。同年 Hershko 等发现多个泛素分子以链状方式,通过 C 端甘氨酸羧基与底物赖氨酸 ε-氨基形成异肽键。ATP 的参与提供了反应的可控性和底物特异性。次年 Rose 等分离鉴定了**泛素活化酶(E1)**,接着又纯化出了另两个酶,**E2 和 E3**。

　　泛素由 76 个氨基酸残基所组成,广泛存在于真核生物,进化上高度保守,人类与酵母间仅有 3 个残基的差别。一个泛素分子的 C 端羧基可与另一泛素分子 Lys[48]的 ε-氨基连接从而串联形成长链。单个或 2~3 个泛素分子连在蛋白质底物上,给出的待降解信号较弱,4 个以上泛素链可给出较强的信号。有三类酶参与蛋白质底物的泛素化。一类是**泛素活化酶**(ubiquitin-activating enzyme,E1),它催化泛素的 C 端羧基被 ATP 腺苷酸化,活化的泛素与 E1 半胱氨酸残基的—SH 形成硫酯键。第二类是**泛素缀合酶**(ubiquitin-conjugating enzyme,E2),活化的泛素被转移到 E2 的 SH 基上。第三类是**泛素-蛋白质连接酶**(ubiquitin-protein ligase,E3)它选择蛋白质底物,使活化的泛素由 E2 转移到底物 Lys 的 ε-氨基上。细胞内 E1 只有一种或少数几种,但却有许多不同的 E2 和 E3。这表明 E1 功能只是活化泛素,并不参与选择蛋白质底物;E2 和 E3 则与降解底物的特异性有关。从进化上来看,E2 起源于一个家族;E3 则起源于多个家族,因此更加多种多样。

　　带有泛素标记的蛋白质即被**蛋白酶体**(proteasome)所消化。蛋白酶体是一大的蛋白酶复合物(26S,相对分子质量 $2\,000\times10^3$),呈 45 nm×19 nm 的中空圆柱体。两头各有一个 19S 的帽子。中间 20S 为四个环状结构叠加的桶(αββα),每个 α 环或 β 环状结构都由七个同源性高但是不同的亚基所组成。β 环状结构内表面具有蛋白水解酶活性。19S 的帽子结构由 20 个亚基组成,其中有六个具有不同功能的 ATPase。19S 结构具有多种功能:它能结合泛素链(UbR);它具有异肽酶活性,能水解下完整的泛素,以便再利用;它还能借 ATPase 活性,通过水解 ATP 获得能量使脱去泛素的蛋白质底物解折叠,并改变 20S 蛋白酶体的构象,让底物通过蛋白酶体的中心。蛋白酶体具有多种蛋白水解酶活性,它使蛋白质底物水解成七至九肽,然后再由细胞内其他蛋白酶使之完全水解(图 34-16)。

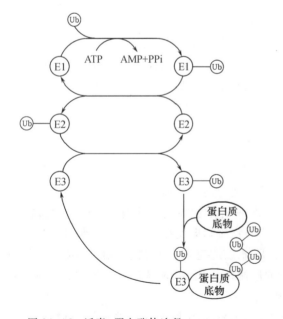

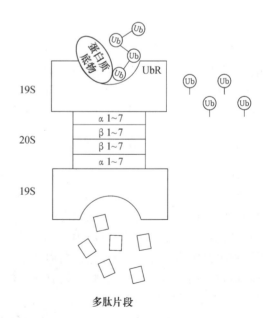

多肽片段

图 34-16　泛素-蛋白酶体途径

　　蛋白质的选择性降解参与许多重要生物学功能的调节。例如,它可控制炎症反应。核因子 NF-κB 是一种转录因子,可促使许多有关炎症反应的基因转录。在细胞质内 NF-κB 与其抑制物 I-κB 结合,因而是无活性的。在炎症反应信号作用下,I-κB 的两个 Ser 被磷酸化,产生了 E3 的结合位点,于是 I-κB 被泛素化和降解,NF-κB 得以活化,由此产生炎症反应。许多生理过程,包括基因转录、细胞周期、器官形成、生物节律、肿瘤抑制、抗原加工等,都与泛素-蛋白酶体的降解途径有关。

原核生物没有泛素,原核生物虽有蛋白酶体,但只有 20S 的蛋白酶体核心结构,而无 19S 的调节结构。因此原核生物蛋白质降解缺乏精确的选择性和可控性。

以上扼要介绍了真核生物基因表达的多级调节系统,由此构成的调控网络控制着机体的代谢过程和生理功能。

提　要

遗传信息由亲代传递给子代,在子代通过转录和翻译得以展现,称为基因表达。基因表达受时序调节和适应调节。持家基因为组成型表达;可调基因为调节型表达。

原核生物和真核生物的基因表达有共同点,也有不同点。原核生物生长快、效率高、多种多样;真核生物进化潜力大、调节精确、适应性强。基因表达的基本原理为:① 基因表达可在不同水平上进行调节;② 基因表达通过反式作用因子和顺式作用元件进行调节;③ 基因表达有正调节和负调节;④ 调节蛋白具有结合 DNA 的结构域;⑤ 调节蛋白具有蛋白质-蛋白质相互作用结构域。调节蛋白通常都有多重结构域,它需要结合 DNA 并能形成二聚体或与其他蛋白质相作用。常见的结合 DNA 基序有:螺旋-转角-螺旋、锌指和同源域。常见蛋白质-蛋白质相互作用结构域有:亮氨酸拉链和螺旋-突环-螺旋。

原核生物功能相关的基因在一起组成操纵子,有共同的控制部位(启动子和操纵基因),受调节基因产物(阻遏蛋白)的调节。代谢底物与阻遏蛋白结合,使其失去封闭操纵基因的能力,分解代谢途径的酶被诱导产生,在这里底物也就是诱导物。代谢产物积累,与阻遏蛋白共同作用于操纵基因,合成代谢途径酶的产生即被阻遏,产物起辅阻遏物作用。cAMP 受体蛋白(CRP)是许多分解代谢操纵子的激活蛋白,该蛋白又称为降解物基因活化蛋白(CAP),是一种正调节。合成途径操纵子可通过前导序列的衰减作用进行调节,这是前导序列翻译对转录的调节。

翻译水平的调节包括核糖体生成的调节和 mRNA 翻译的调节。细菌的生长速度取决于核糖体数目,由 rRNA、tRNA、r-蛋白质以及蛋白质合成有关的酶和因子混合组成 20 多个操纵子,r-蛋白质的翻译通过翻译阻遏与 rRNA 保持平衡,以此使与生长速度有关的基因协同表达。氨基酸饥饿通过空载 tRNA 进入核糖体引发(p)ppGpp 合成,从而强烈抑制 rRNA、tRNA 和细菌的生长。mRNA 翻译的调节涉及:① mRNA 翻译能力的决定因素;② 翻译阻遏;③ 反义 RNA;④ tmRNA;⑤ 核糖开关。

真核生物与原核生物沿不同方向进化。真核生物基因组 DNA 比原核生物大,不仅基因数多,更重要的是调控信息占更大比例。核结构的存在使转录和翻译在时间和空间上都被分割开,发展了多级调节系统。真核生物基因组含有整套遗传信息,因此植物细胞具有全能性,动物细胞核具有全能性。转录前调节包括染色质丢失、基因扩增、基因重排、染色质的修饰和异染色质化。转录水平的调节涉及长期调节和短期调节,前者与染色质结构的改变有关,后者与原核生物类似只是基因活性的调节。染色质重塑包括组蛋白和 DNA 修饰、核小体移动和置换及其功能转变。基因活性受反式因子和顺式作用元件的调节。转录后水平的调节涉及 RNA 一般加工、选择性剪接和转运的调节,选择性剪接产生众多的同源异型体蛋白。

翻译水平的调节既包括翻译诸多反应的调节,也包括 mRNA 稳定性、选择性翻译和翻译效率的调节。RNA 干扰(RNAi)是对入侵和异常 RNA 的抵御,可以引起基因沉默和 mRNA 被抑制或降解,引起 RNA 干扰的小 RNA 为 siRNA。内源性调节发育和分化的小 RNA 为 miRNA。有许多调节 RNA 起激活作用称为 RNAa。除了编码蛋白质的 mRNA 外,所有功能 RNA(fRNA)统称为非编码 RNA(ncRNA),其中较长的(>200 nt)为长非编码 RNA(lncRNA)。翻译后加工的调节包括多肽链的切割、修饰和剪接的调节,蛋白质的剪接由内含肽自身催化完成,内含肽通常具有内切核酸酶的活性。蛋白质降解是蛋白质代谢的重要环节。蛋白质 N 端氨基酸和某些肽段与蛋白质的稳定性有关。选译性降解由泛素系统和蛋白酶体共同完成,并由 ATP 提供能量。

细胞基因组各基因表达的多级调节彼此影响构成调控网络,对机体代谢和生长发育起着综合的调节和控制作用。

习　题

1. 何谓基因表达的时序调节和适应调节?

2. 比较原核生物和真核生物基因表达调节的主要异同。

3. 原核生物和真核生物有哪些基因表达不同水平上的调节?

4. 何谓反式因子? 何谓顺式作用元件? 它们各起何作用?

5. 葡萄糖效应是正调节还是负调节?

6. 比较螺旋-转角-螺旋和螺旋-突环-螺旋两种基序结构和功能的异同。

7. 举出一种含锌指结构的调节蛋白,说明该蛋白的结构和作用机制。

8. 解释名词:同源异型框、同源异型结构域和同源异形基因。

9. 何谓亮氨酸拉链? 举例说明其作用机制?

10. 何谓操纵子? 是否原核生物基因都组成操纵子?

11. 为什么乳糖操纵子的阻遏蛋白是四聚体? 其操纵基因含有三个 28 bp 的回文结构重复序列有何意义?

12. 简要说明 cAMP-CRP 调节子。

13. 何谓衰减子? 简要说明衰减子的作用机制和生物学意义。

14. 将细菌从丰富培养基转入贫瘠培养基其基因表达会发生什么变化?

15. 有哪些因素会影响 mRNA 的翻译能力?

16. 何谓翻译阻遏? 有何生物学意义?

17. 何谓 micRNA? 举例说明其生物学意义。

18. 简要说明 tmRNA 的结构特点和生物功能。

19. 何谓适体? 举例说明配体与适体结合导致表达平台的变化。

20. 比较 RNA 调节因子和蛋白质调节因子的作用特点。

21. 简要说明真核生物基因表达调节机制的主要特点。

22. 仅就你所知解释真核生物细胞保持其分化的"记忆"机制。

23. 真核生物转录前水平的调节主要有哪些方式?

24. 比较原核生物和真核生物转录水平调节的异同。

25. 真核生物活性染色质存在超敏感区有何作用?

26. 何谓染色质重塑? 有何生物学意义?

27. 你认为"组蛋白密码"假说是否正确? 为什么?

28. 比较启动子、增强子、沉默子、绝缘子、基因座控制区这些调节元件的异同。

29. 为什么调节蛋白通常都是二聚体或多聚体?

30. Pre-mRNA 的选译性剪接有哪几种类型? 如何调节的?

31. eIF-2 激酶如何调节蛋白质合成?

32. 为什么说 RNA 干扰是基因组的免疫系统?

33. 比较 siRNA 和 miRNA 两者的异同。

34. 何谓蛋白质剪接? 内含肽有何特殊功能?

35. 溶酶体对外源蛋白和内源蛋白的降解有无选择性?

36. 泛素-蛋白酶体降解途径如何调节蛋白质代谢? 有何重要生物学意义?

主要参考书目

1. 王镜岩,朱圣庚,徐长法. 生物化学教程. 北京:高等教育出版社,2008.

2. Nelson D L, Cox M M. Lehninger Principles of Biochemistry. 6th ed. New York:W. H. Freeman,2012.

3. Berg J, Tymoczko J, Stryer L. Biochemistry. 7th ed. New York：W. H. Freeman, 2010.

4. Krebs J E, Kilpatrick S T, Goldstein E S. Lewin's Genes XI. Boston：Jones and Bartlett Publishers, 2013.

5. Watson J D,Baker T A,Bell S P,et al. Molecular Biology of the Gene. 7th ed. San Francisco：Pearson Education, 2013.

（朱圣庚）

网上资源

自测题

第35章　基因工程、蛋白质工程及相关技术

基因工程(genetic engineering)兴起于 20 世纪 70 年代初。1972 年 P. Berg 和他的同事将 λ 噬菌体基因和大肠杆菌乳糖操纵子插入猴病毒 SV40 DNA 中,首次构建出 DNA 的**重组体**(recombinant)。由于 SV40 能使动物致癌,出于安全的考虑,这项工作没有进行下去。第二年,S. Cohen 和 H. Boyer 将细菌质粒通过体外重组后导入宿主大肠杆菌细胞内,经繁殖得到基因的**分子克隆**(molecular cloning),由此产生了基因工程。基因工程是对携带遗传信息的基因进行设计和施工的分子工程,包括基因重组、克隆和表达。基因工程这个术语既可用来表示特定的基因施工项目,也可泛指它所涉及的技术体系,其核心是构建重组体 DNA 的技术,因此基因工程和重组体 DNA 技术有时也就成为同义词。**蛋白质工程**(protein engineering)是在基因工程基础上发展起来的。1983 年 K. M. Ulmer 最早提出蛋白质工程这个名词,随即被学术界广泛采用。蛋白质工程是指通过对蛋白质已知结构与功能的认识,借助计算机辅助设计,利用基因定位诱变等技术改造蛋白质,以达到改进其某些性能的目的。基因工程和蛋白质工程既反映了基础学科研究的最新成果,也充分体现了工程科学所开拓出来的新技术和新工艺。它的兴起标志着人类已经进入设计和创建新的基因、新的蛋白质和生物新的性状的时代。

一、DNA 克隆的基本原理

克隆(clone)意为**无性繁殖系**。DNA 克隆即将 DNA 的限制酶切片段插入自主复制载体,导入宿主细胞,经无性繁殖,以获得相同的 DNA 扩增分子。DNA 克隆也就是基因的分子克隆。

(一) DNA 限制酶与片段连接

W. Arber 等早在 20 世纪 50 年代就已发现大肠杆菌具有对付噬菌体和外来 DNA 的限制系统,及至 60 年代后期始证明存在修饰酶和限制酶,前者修饰宿主自身的 DNA,使之打上标记;后者用以切割无标记的外来 DNA。1970 年 H. O. Smith 和 K. W. Wilcox 从**流感嗜血杆菌**(*Haemophilus influenzae* Rd)中分离出特异切割 DNA 的限制性内切核酸酶,简称为限制酶。1971 年 K. Danna 和 D. Nathans 用此限制酶切割 SV40 DNA(5 234 bp),绘制出第一个 DNA 限制酶切图谱。此后数年从不同细菌中分离出许多**修饰性甲基化酶**(modification methylase)和**限制性内切核酸酶**(restriction endonuclease)。1973 年 Smith 和 Nathans 提出修饰−限制酶的命名法:取分离菌属名的第一个字母,种名的前两个字母,如有株名也取一个字母,当一个分离菌中不止一种酶时,以罗马数字表示分离出来的先后次序。修饰性甲基化酶标以 M,限制酶标以 R。例如,Smith 等最初分离到的限制酶因是第 2 个分离出来的酶,应称为 R·*Hind* Ⅱ,但 R 通常都省略不写;相应的甲基化酶则为 M·*Hind* Ⅱ。又如,从大肠杆菌 *Escherichia coli* RY13 中最先分离到的甲基化酶为 M·*Eco*R Ⅰ,限制酶为 *Eco*R Ⅰ。限制酶的发现为切割基因提供了方便的工具,DNA 重组才得以成为可能。

修饰−限制酶主要有三类。类型 Ⅰ 酶为多亚基双功能酶,对 DNA 甲基化和切割由同一酶完成。该酶共有 S、M 和 R 三种亚基。S 亚基为识别亚基,其 DNA 的识别位点分为两部分序列,中间隔以一定长度的任意碱基对。例如,*Eco*B 识别序列为 TGAN$_8$TGCT,*Eco*K 识别序列为 AACN$_6$GTGC。M 亚基具有甲基化酶活性,甲基由 *S*−腺苷甲硫氨酸(SAM)供给。R 亚基具有限制酶活性,可在远离识别位点至少 1 kb 以上处随机进行切割。当类型 Ⅰ 酶特异结合在识别位点上时,由于两条链识别位点碱基甲基化的不同而反应不同。如果两条链均已甲基化则不发生反应,通过分解 ATP 获得能量而使酶脱落下来。对半甲基化 DNA,

即一条链甲基化,另一条链未甲基化,可使未甲基化的链甲基化。在识别位点上两条链均未甲基化,则 DNA 被酶切割,并需要由 ATP 提供能量,推测能量用来弯折 DNA,并在其上移动,使酶得以在远处作用于 DNA。由于切割是随机的,这类酶在基因操作中并无实际用途。

类型 Ⅱ 酶的修饰和限制活性由分开的两个酶来完成。甲基化酶由一条多肽链组成;限制酶由两条相同的多肽链组成。类型 Ⅱ 酶的识别序列常为 4～6 bp 的回文序列。甲基化酶能使半甲基化 DNA 识别位点上特定碱基甲基化,产生 5-甲基胞嘧啶、4-甲基胞嘧啶或 6-甲基腺嘌呤。DNA 两条链都已甲基化时无反应;两条链都未甲基化则被限制酶降解。限制酶的切割位点在识别位点内,或靠近识别位点。切割 DNA 或是将两条链对应酯键切开,形成平末端;或是将两条链交错切开,形成单链突出的末端。切开的两末端单链彼此互补,可以配对,故称为黏性末端。从已知的上千种限制酶来看,形成 5′ 单链突出黏性末端的酶超过一半以上,形成平末端和 3′ 单链突出黏性末端的酶较少。由不同微生物分离得到的限制酶,如果识别位点和切割位点完全一样,称为**同裂酶**(isoschizomer);如仅仅是黏性末端突出的单链相同,称为**同尾酶**(isocaudamer)。由同尾酶切割的限制片段彼此相连,将不再被原来的限制酶切割。例如,BamH Ⅰ $\left(\begin{array}{c}\text{G} \downarrow \text{GATCC} \\ \text{CCTAG} \uparrow \text{G}\end{array}\right)$ 的限制片段与 Bgl Ⅱ $\left(\begin{array}{c}\text{A} \downarrow \text{GATC T} \\ \text{T CTAG} \uparrow \text{A}\end{array}\right)$ 的限制片段相连后,其序列变为 $\frac{\text{GGATCT}}{\text{CCTAGA}}$,与原来两个限制酶的识别序列均不相同,因此不再为原来的酶所切割。

类型 Ⅲ 酶为两个亚基双功能酶,M 亚基负责识别与修饰,R 亚基负责切割。其修饰与切割均需 ATP 提供能量,切割位点在识别位点下游 24～26 bp 处。

在基因工程操作中限制酶可作为切割 DNA 分子的手术刀,用以制作 DNA 限制酶谱、分离限制片段、进行 DNA 体外重组等,是十分有用的工具酶。限制片段常用凝胶电泳或高效液相层析(HPLC)法分离。**DNA 连接酶**(DNA ligase)可将 DNA **相容末端**(compatible end)彼此连接。实验室使用的 DNA 连接酶有两种:T4 DNA 连接酶和大肠杆菌 DNA 连接酶,前者以 ATP 提供连接所需能量,后者以 NAD^+ 提供能量。T4 DNA 连接酶可以连接黏性末端,也可以连接平末端;大肠杆菌 DNA 连接酶只连接黏性末端。因此,DNA 连接反应常用 T4 DNA 连接酶,大肠杆菌 DNA 连接酶使用较少。

互补黏性末端之间碱基配对促使连接反应容易进行。平末端之间连接反应效率很低,为提高平末端连接效率常采取以下措施:① 提高 T4 DNA 连接酶浓度;② 提高 DNA 片段浓度;③ 降低 ATP 浓度,以增强连接酶与 DNA 的结合;④ 加入多胺化合物,如**亚精胺**(spermidine),降低 DNA 的静电排斥力;⑤ 加浓缩剂,如大分子排阻剂乙二醇(PEG)、强水化物三氯化六氨钴等。

DNA 片段两末端若为相容黏性末端或平末端,连接时可以发生分子间串联,或是分子自身环化。此两过程以何者占优势取决于 DNA 片段的链长与浓度,DNA 链较短,浓度较低,有利于自身环化;反之,链较长,浓度较高,有利于分子间串联。DNA 的黏性末端和平末端连接见图 35-1。

在 DNA 的末端加上一段限制性内切酶的识别序列,随后用限制酶切出所需要的黏性末端,使 DNA 的平端得以转变成为较易进行连接的黏性末端。此合成的含限制酶识别序列的 DNA 称为**接头**(linker),通常是一条含**回文结构**(palindrome)的寡核苷酸,在溶液中自身配对成为双链片段。例如,EcoR Ⅰ 的接头为 GGAATTCC;Hind Ⅲ 的接头为 CCCAAGCTTGGG。限制酶的切割位点靠近 DNA 片段的末端时其活性将受影响,不同限制酶所受影响不同,因此限制酶的接头通常要比识别序列长,EcoR Ⅰ 的接头八核苷酸就足够了,Hind Ⅲ 的接头十二核苷酸仍然酶切不完全。当合成的片段含有不止一种限制酶的识别序列,则称为**多接头**(polylinker)。如果合成两条互补的寡核苷酸,使其配对后一端为平末端,另一端为黏性末端,或两端为不同的黏性末端,此合成的片段称为**衔接物**(adaptor)。衔接头可以使 DNA 片段的平末端转变为黏性末端,或由一种黏性末端转变为另一种黏性末端,并且无需用限制酶切,在基因工程中十分有用。

在需要连接的两个 DNA 片段末端加上互补的均聚核苷酸后,连接反应比较容易进行。**末端核苷酸转移酶**(terminal deoxynucleotidyl transferase)能催化 DNA 末端 3′-OH 上添加脱氧核苷酸。如果在一个 DNA 片段的末端添加寡聚 dT,在另一片段末端添加寡聚 dA;或者分别添加寡聚 dC 和寡聚 dG,这样两个片段末端可以"黏合"。然后用 DNA 聚合酶(常用 DNA 聚合酶 I 的大片段 Klenow 酶)填补缺口,最后留下的缺刻被 T4 DNA 连接酶连上。互补均聚核苷酸末端的连接可显著提高连接效率,其过程见图 35-2。

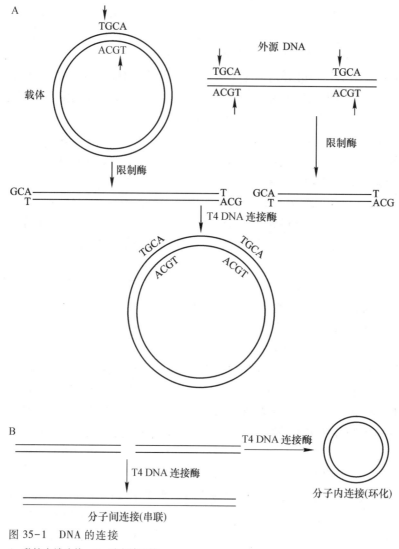

图 35-1　DNA 的连接

A. 黏性末端连接　B. 平末端连接

在基因工程操作中需要用到许多工具酶,除上面提到的限制酶、修饰酶、DNA 连接酶、DNA 聚合酶及末端核苷酸转移酶外,常用的酶还有逆转录酶、RNA 聚合酶、多核苷酸激酶、磷酸酯酶、外切核酸酶及内切核酸酶等。基因工程酶学已成为基因工程技术体系的主要内容之一。

(二) 分子克隆的载体与宿主

借助限制酶可切出含有目的基因序列的 DNA 片段。将外源 DNA 带入宿主细胞并进行复制的运载工具称为**载体**(vector)。克隆载体含有在受体细胞内复制的起点,因此可以自主复制,是一个复制子。克隆载体,通常是由质粒、病毒或一段能自主复制的染色体 DNA 改造而成。质粒是染色体外自主复制的遗传因子,多为共价闭环 DNA 分子。细菌与真菌的克隆载体常用质粒来构建,只对特殊的要求才用噬菌体构建。动、植物的基因载体更多是用病毒或染色体 DNA 构建。

作为克隆载体最基本的要求是:① 具有自主复制的能力;② 携带易于筛选的选择标记;③ 含有多种限制酶的单一识别序列,以供外源基因插入;④ 除保留必要序列外,载体应尽可能小,便于导入细胞和进行繁殖;⑤ 使用安全。从安全性上考虑,克隆载体应只存在有限范围的宿主,在体内不进行重组,不发生转移,不产生有害性状,并且不能离开工程宿主自由扩散。此外,根据不同目的还有各种特殊的要求。

构建载体时,通常需选择适当质粒、病毒或染色体复制子作为起始物质,删除其中非必需序列,然后插入或融合选择标记序列。最常用的选择标记是抗生素抗性基因,如氨苄青霉素抗性基因(amp^r)、四环素抗性基因(tet^r)、氯霉素抗性基因(chl^r)及卡那霉素抗性基因(kan^r)等。利用营养缺陷型宿主可以将相应

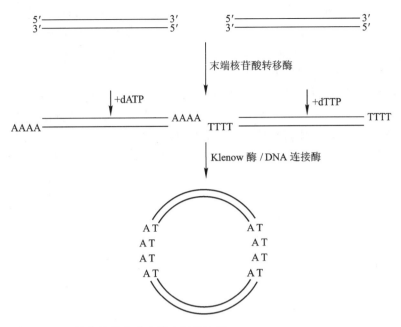

图 35-2　互补均聚核苷酸末端之间的连接

生物合成基因作为标记,带有合成基因的载体可使宿主细胞在基础培养基中生长,无需补充原来所缺的营养成分。如果抗性基因位于转座子中,可通过转座作用转入载体。当载体过大时,常用限制酶将其切成小碎片,再随机连接,并用选择培养基选出带有抗性、拷贝数多、长度较小的载体,此过程称为分子**重排**(rearrangement)。在构建载体时保留一些限制酶的切点可作为外源 DNA 插入位点。现常用一段合成的多接头插入载体,其上十分紧凑地排列着多种限制酶的单一识别序列,因此在用限制酶切时不致将载体切成碎片。对于载体上不合适的序列则需要用定位诱变的方法予以改造。

20 世纪 70 年代初期,常用从天然存在的质粒和 λ 噬菌体构建成各种克隆载体。1977 年 Bolivar 等从天然质粒出发,经删除、融合、转座及重排等操作,构建成功适合多种用途至今仍在广泛使用的克隆载体 pBR322。它全长 4 361 bp,含两个抗性基因(tet^r 和 amp^r),具有天然质粒 pMB 的复制起点(ori)。最初分离的质粒受**严紧型控制**(stringent control),每个细胞只有 1~2 个拷贝;而 pBR322 为**松弛型控制**(relaxed control),每个细胞含 25 个拷贝以上(图 35-3)。由于染色体的复制需要新合成的蛋白质参与作用,质粒的复制通常无需同时进行蛋白质合成,因此当培养基中加入蛋白质合成的抑制剂,如氯霉素和链霉素,细胞不再生长,也不复制染色体,全部有关底物和酶都用于合成质粒,质粒载体的数目可达 1 000~3 000 拷贝。现今许多新构建的载体,往往是由 pBR322 改建而成。

1982 年 Vieira 和 Messing 构建出 pUC 系列的质粒载体,集中了当时载体的诸多优点。它包括 4 个组成部分:① 来自 pBR322 的复制起点(ori);② 氨苄青霉素抗性基因(amp^r),但其序列已经过改造,不再含原来的限制位点;③ 大肠杆菌乳糖操纵子的调节基因($laci$)、启动子(p_{lac})和 β-半乳糖苷酶的 α-肽($lacZ'$);④ 位于 lac Z′ 基因中靠近 5′ 端的一段多接头,或称为多克隆位点(MCS)。当宿主细胞的 β-半乳糖苷酶基因发生删除突变(ΔM15),缺失 N 端的一段氨基酸序列使酶失活,但在 α-肽存在时可以补足酶的 N 端

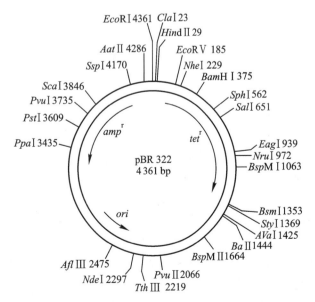

图 35-3　质粒 pBR322

缺失,使酶恢复具有活性的四聚体。携带 pUC 质粒载体的大肠杆菌细胞在**异丙基硫代-β-D-半乳糖苷**(isopropylthio-β-D-galactoside,IPTG)的诱导下发生 α 互补,可使呈色底物 **5-溴-4-氯-3-吲哚-β-D-半乳糖苷**(5-bromo-4-chloro-3-indolyl-β-D-galactoside,X-gal)被分解并氧化产生靛蓝。多接头上十分紧凑地排列着多种限制酶单一识别序列,外源基因在此插入后使 α-肽失活,因此携带空载体的大肠杆菌呈蓝菌落,携带外源基因的大肠杆菌呈白菌落。用此组织化学方法能够十分方便地鉴别重组克隆。该载体不仅相对分子质量小,而且还除去了控制质粒拷贝数的基因 rop,从而使每个细胞含质粒载体高达 500~700 个拷贝。此外,pUC 系列还除去了质粒被切开及与**牵引蛋白**(Mob)结合的位点 nic/bom,不会发生转移。20 世纪 80 年代初,一些用于酵母、昆虫、高等动、植物基因工程的载体也得到了发展。其后逐年都有许多新的载体出售。

借助一些辅助序列可在载体中引入新的功能,如在 pUC18/19(两者差别只在多接头方向不同)质粒载体中插入丝状噬菌体 M13 的**基因间隔区**(intergenic region,IG region),其中含有单链复制起点,在 M13 辅助噬菌体帮助下可以产生单链 DNA 模板,该载体称为 pUC118/119(图 35-4)。又如,在多接头的一端插入噬菌体 SP6 的启动子构成 pSP 系列质粒载体。SP6 启动子可被 SP6 RNA 聚合酶特异识别,因而能够在体外进行高效转录。载体 pGEM 系列和 Bluescript M13 十分类似,它们都含有标记基因 *amp*[r] 和 *lacZ'*,丝状噬菌体 f1 的 IG 区,并在多接头的两端插入高效转录的启动子,pGEM 系列载体插入 T7 和 SP6 启动子,Bluescript M13 插入 T3 和 T7 启动子,因此用相应特异的 RNA 聚合酶在两个方向都能进行体外高效转录。

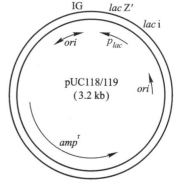

图 35-4   质粒载体 pUC118/119

质粒载体用途很广,借助插入各种特殊序列而适用于不同目的。当质粒含有噬菌体的复制起点时,称为**噬菌粒**(phagemid),在有关噬菌体帮助下可按噬菌体的方式复制和装配。上述 pUC118/119、pGEM 系列以及 Bluescript M13 均为噬菌粒。若质粒含有两种宿主细胞中复制的起点,可在两种细胞中复制和存在,则称为**穿梭质粒**(shuttle plasmid)。真核生物的克隆载体,为便于操作,常使其先在大肠杆菌中扩增,将目的基因与之构成合适的重组体后,才转入真核细胞,因此常构成穿梭载体。如果插入控制外源基因在宿主细胞内表达的序列,称为**表达载体**(expression vector)。

一般质粒载体约可携带外源 DNA 数 kb,但如欲构建**基因文库**(genomic library),需要载体的容量更大些,常用 λ 噬菌体改造而成的载体。λ 噬菌体是大肠杆菌的一种温和噬菌体,基因组为双链 DNA,大小在 50 kb 左右。DNA 两端有黏性末端,由 12 个核苷酸组成。一旦进入宿主细胞后,λDNA 两端的黏性末端配对结合,形成环状。λ 噬菌体可以通过两条不同的途径增殖。一条称为**裂解途径**(lytic pathway)。环状 DNA 经过多次复制后,才合成病毒蛋白,装配出许多子代病毒粒子,最终导致宿主细胞裂解,释放出许多病毒颗粒。另一条途径称为**溶原途径**(lysogenic pathway)。λ 噬菌体 DNA 插入到细菌染色体 DNA 中,随染色体 DNA 的复制而复制。这时细胞内并无噬菌体颗粒。但某些因子可诱导细菌经裂解途径产生噬菌体。

在整个 λ 噬菌体基因组中,约有三分之一的 DNA 序列对于噬菌体的复制和装配来说并不是必需的,因此可以用外源 DNA 取代这部分 DNA。此时,λ 噬菌体携带外源 DNA 一起增殖,起到载体的作用。已经设计出许多可用于 DNA 大片段克隆的 λ 噬菌体载体,其中用得较多的是**凯伦**(Charon)、EMBL 和 **λgt** 系列。

λ 噬菌体载体可分为**插入型**(insertion)和**置换型**(substitution)两种,前者将线性载体用单个限制酶切开后即可将外源基因相容限制片段与载体两臂连接;后者需切除载体的一个片段,再将外源基因与之替换。无论是前者还是后者,携带外源基因后重组体 DNA 总长度应为 λ 噬菌体 DNA 的 78%~105%,病毒外壳蛋白才能将其装配成病毒颗粒。用 λ 噬菌体 DNA 作载体进行 DNA 克隆的另一个优点是易于使细菌细胞感染,提高了使外源 DNA 导入细胞的效率,这对于建库来说十分重要。图 35-5 为以 λ 噬菌体载体克隆 DNA 的图解。

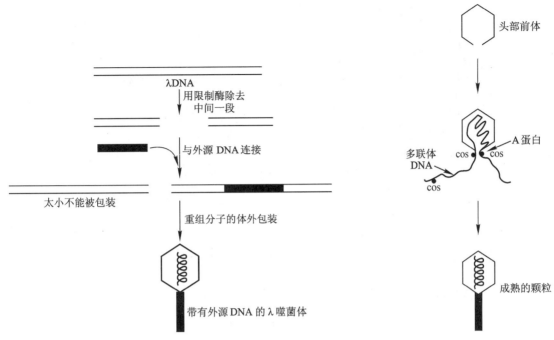

图 35-5　以 λ 噬菌体为载体进行 DNA 克隆

图 35-6　λ 噬菌体的装配过程

λ 噬菌体外壳蛋白在包装噬菌体颗粒时,需先形成囊状头部前体。λDNA 经滚环复制使单位长度基因组(单体)串联成一条长链,称为**多联体**(concatemer),彼此以 cos 位点相连接。噬菌体编码的 Nu1 和 A 蛋白结合在左侧 cos 位点上,并将 λDNA 带到头部前体的入口处,DNA 填满头部,第二个 cos 位点也正好到达入口处,A 蛋白将两个 cos 位点交错切开产生黏性末端(cohesive end)。接着分别装配的针筒状尾部与头部结构连成一体,最终成为成熟的 λ 噬菌体颗粒(图 35-6)。含有 cos 位点的质粒称为**柯斯质粒或黏粒**(cosmid),这种质粒可以携带 35~48 kb 的外源 DNA,而 λ 噬菌体载体最多只能携带 23 kb 的外源 DNA。黏粒主要用于构建基因文库,以获得基因组大片段 DNA 的克隆。黏粒与外源 DNA 的重组体只要两 cos 位点间的长度合适,即可装配成 λ 噬菌体颗粒,但其中的 DNA 却并非 λDNA。该噬菌颗粒仍可感染大肠杆菌,进入宿主细胞内的重组黏粒携带了外源 DNA,因不含 λ 噬菌体基因,只能以质粒形式存在于细胞内。图 35-7 为黏粒克隆基因组 DNA 的示意图。

大肠杆菌丝状噬菌体包括亲缘关系十分相近的 M13、f1 和 fd,它们基因组为长度约 6.4 kb 的单链环状 DNA,基因组共编码 11 种蛋白质(或小肽),复制起点和装配起始信号均位于**基因间隔区**(intergenic region,IG)。丝状噬菌体经 **F 菌毛**(pilus)感染大肠杆菌。噬菌体 DNA 的复制需先将单链 DNA(ssDNA)转变成双链**复制型 DNA**(replication form DNA,RF DNA)。构建 M13 载体(M13mp 系列)是在 M13 复制型的 IG 区插入乳糖操纵子(lac)的一个片段,其中包含 lacIᵠ(lacI 的突变体,可以产生超量阻遏蛋白)、lac 启动子(P)以及带有多接头的 lacZ′(β-半乳糖苷酶的 α-肽),使 M13 载体转染宿主细胞后,在 IPTG 和 X-gal 存在下由于 α 互补作用产生蓝色噬菌斑;但载体插入外源 DNA 后不能形成 α 互补,只产生白色噬菌斑。这为重组噬菌体的筛选提供了方便的标志。

丝状噬菌体复制型双链 DNA 先经过几轮 θ 型复制,再通过滚环复制产生单链正链 DNA,正链 DNA 环化后装配成噬菌体颗粒。外壳蛋白在合成后即转移到质膜上,装配发生在噬菌体单链 DNA 复合物穿膜过程中。装配不受基因组 DNA 长度的影响,M13 载体通常可携带外源 DNA 300~400 bp,过长易造成基因组不稳定。由于从丝状噬菌体颗粒中可得到单链 DNA 模板,因此这类载体主要用于制备单链探针、单链测序和定位诱变。近年来噬菌体展示技术得到迅速发展,该技术是将外源基因通过接头与噬菌体外壳蛋白基因相融合,从而使外源蛋白能够在噬菌体表面展示,借此可以研究蛋白质分子的相互识别与作用,或从展示库中选择特定功能的蛋白质。噬菌体展示主要用噬菌体 M13 作为载体。

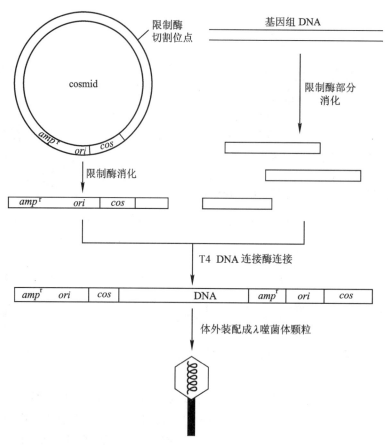

图 35-7   黏粒载体克隆基因组 DNA

现将大肠杆菌主要的载体系统列于表 35-1。

表 35-1   各类载体的主要功用

	质粒	λ 噬菌体	黏粒	单链噬菌体
实例	pBR322、pUC 系列 Bluescript M13	凯伦、λgt 系列	pJC、pWE 系列	M13mp 系列
克隆 DNA 片段大小	<10 kb	<23 kb	<49 kb	300~400 bp
装配成噬菌体颗粒	不能	能	能	能
用途	外源基因的克隆和表达,以 及各种基因操作和分析	建基因文库和 cDNA 文库	建基因文库	制备单链模板和单链探针、定 位诱变、噬菌体展示

选择克隆载体的宿主细胞通常要满足以下要求:① 易于接受外源 DNA 的**感受态细胞**(competent cell);② 宿主细胞必须无限制酶,即其**宿主防护 DNA 系统**(host safeguarding DNA system,hsd)应为 S⁻、R⁻、M⁻;③ 宿主细胞应无重组能力,即 recA⁻;④ 宿主细胞应易于生长和筛选,克隆载体的选择标志必须与之匹配,例如载体带有 α-肽基因 lacZ′,其宿主细胞的 β-半乳糖苷酶基因必须是突变体 lacZ ΔM15;⑤ 符合安全标准。通常工程菌的生长都必须依赖人工培养基,在自然界不能独立生存。对于有害基因的克隆,宿主细胞应有更高的安全要求。

(三)外源基因导入宿主细胞

1. 外源基因导入原核细胞

早在 1944 年,Avery 就已证明 DNA 进入肺炎双球菌细胞能引起遗传性状的转化。1970 年 Mandel 和

Higa 将大肠杆菌细胞置于冰冷的 $CaCl_2$ 溶液中,然后瞬间加热,λDNA 随即高效转染大肠杆菌。将外源 DNA 导入宿主细胞,以改变细胞遗传性状,称为**转化**(transformation);将病毒 DNA 或病毒重组 DNA 直接导入宿主细胞,称为**转染**(transfection),以与病毒的**感染**(infection)相区别。用氯化钙法使大肠杆菌细胞处于感受态,从而将外源 DNA 导入细胞,至今仍然是应用最广的方法。氯化钙法的作用机制并不完全清楚,可能是在低温下 Ca^{2+} 使质膜变脆,经瞬间加热产生裂隙,外源 DNA 得以进入细胞。制备感受态细胞的方法有不少改进,主要是加入各种金属离子或用还原剂和二甲亚砜处理细胞膜。

采用脉冲高压电瞬间击穿双脂层细胞膜能使外源 DNA 高效导入细胞,该方法称为**电穿孔法**(electroporation)。电击转化的效率与两电极间的电位梯度有关;在相等电位梯度下,细胞越大,细胞两端的电位差也越大,因此细胞膜易被击穿。用于动、植物细胞的电穿孔仪所需电压远比用于细菌的为低,前者只需数百伏,后者需要数千伏。早期电穿孔法主要用于转化动、植物细胞;现在已有专门用于细菌、真菌、藻类等的电穿孔仪出售,各类微生物用电穿孔法转化已十分普遍。

2. λ 噬菌体的体外包装

λ 噬菌体颗粒能将其 DNA 分子有效注入大肠杆菌宿主细胞内,而与颗粒内所含 DNA 的来源无关。前已提到,重组的 λ 噬菌体载体 DNA 或黏粒载体 DNA,只要大小合适,都能和 λ 噬菌体外壳蛋白和协助包装的蛋白一起在体外包装成噬菌体颗粒。将重组体 DNA 包装成噬菌体颗粒可以大大提高导入宿主细胞的效率,在适宜条件下每微克重组 DNA 可形成 10^9 以上的 **pfu**(plaque forming unit,噬菌斑形成单位),比感受态细胞的转化率提高 $10^2 \sim 10^3$ 倍。

λ 噬菌体的体外包装技术,最初是由 Becker 和 Gold 于 20 世纪 70 年代中建立的。随后经过不少改进,现在已能十分简便和有效地进行操作,各种包装制剂也都有商品出售。为获得 λ 噬菌体的整套包装蛋白,以与重组 DNA 在体外进行包装,必须设法阻止包装蛋白与细胞内 λDNA 的包装。有两种方法可以实现这一点。其一,从两株各带有 λ 噬菌体缺陷溶源体的大肠杆菌中制备出一对互补的提取物。这两种提取物分别缺少一种关键的包装蛋白,它们单独存在时不会与内源 λDNA 发生包装,只在有重组 DNA 存在时将二者合并,包装才得以完成。例如,溶源性菌株 BHB2690 和 BHB2688,其 λ 噬菌体头部蛋白 D 和蛋白 E 的基因分别为琥珀突变,必须互补才能发生包装。其二,溶原菌中 λ 溶原体的 cos 位点被去除,因此可用单一菌株的包装蛋白提取物,因其只能和外源重组 DNA 发生包装。

3. 外源基因导入真核细胞

基因工程有时需要将外源基因导入真核细胞,以进行基因改造和表达。常用的真核工程细胞包括酵母、动物和植物细胞。酵母菌由于生长条件简单,成为真核生物基因工程优先选择的宿主细胞。酵母细胞进行外源 DNA 的转化,常需先用酶将细胞壁消化掉,制成原生质体。蜗牛消化酶含纤维素酶、甘露聚糖酶、葡糖酸酶及几丁质酶等,它对酵母菌的细胞壁有良好水解作用。原生质体在 $CaCl_2$ 和聚乙二醇存在下,重组 DNA 便很容易被细胞吸收。再将转化的原生质体悬浮在营养琼脂中,即再生出新的细胞壁。

外源基因导入动物细胞常用的方法有:① **磷酸钙共沉淀法**,用 Ca^{2+} 沉淀磷酸根离子和 DNA,沉积在细胞质膜上的 DNA 被细胞吸收,可能是通过吞噬作用;② **DEAE-葡聚糖**(DEAE-dextran)或**聚阳离子**(polycation)法,它能结合 DNA 并促使细胞吸收;③ **脂质体**(liposome)法,利用类脂经超声波、机械搅拌等处理,形成双脂层小囊泡,将 DNA 溶液包裹在内,通过与细胞质膜融合而使 DNA 进入细胞;④ **脂质转染法**(lipofection),用人工合成的阳离子类脂与 DNA 形成复合物,借助类脂穿过质膜而将 DNA 导入细胞内;⑤ **电穿孔法**,如上所述在脉冲高压电场作用下质膜瞬间被击穿,DNA 得以进入细胞,细胞膜随即修复正常。在以上诸方法中,磷酸钙共沉淀法成本低,操作方便,但效率低;脂质转染法和电穿孔法成本高,前者需要昂贵的试剂,后者需要特殊的仪器,但效率高,现在较常用。对哺乳动物受精卵等较大的细胞,导入外源 DNA 可以用**显微注射法**。在显微镜下,用极细的玻璃注射器针头(0.1 ~ 0.5 μm)插入细胞内并注入 DNA 溶液。该方法效率极高,还可直接将 DNA 送入核内,但需要昂贵仪器,且技术复杂不易掌握好。

将外源 DNA 导入植物细胞,通常需要先用纤维素酶消化细胞壁,制备原生质体,再经聚乙二醇(PEG)、磷酸钙、氯化钙等化学试剂处理后,原生质体即可有效摄取外源 DNA。前述电穿孔法和脂质体法也适用于原生质体的转化。原生质体经细胞培养后可以再生出细胞壁。显微注射法可直接将外源 DNA

注入细胞内,而无需制备原生质体。**根瘤土壤杆菌**(*Agrobacterium tumefaciens*)的 **Ti 质粒**(tumor-inducing plasmid)有一段转移 DNA,即 T-DNA,能携带基因转移到植物细胞内并整合到染色体 DNA 中去。因此 Ti 质粒是目前植物基因工程最常用的基因载体。土壤杆菌能够从植株伤口处侵入,吸附在植物细胞壁上,T-DNA 随即进入植物细胞内,诱发植株形成冠瘿瘤,土壤杆菌本身并不进入植物细胞。将带有重组 Ti 质粒的土壤杆菌与刚开始再生新细胞壁的原生质体共同培养,易于促使植物细胞发生转化。目前较常用的是**叶盘转化法**(leaf disc transformation),即用打孔器从叶片上取下盘状圆片,然后接种上土壤杆菌,放在培养皿中培养,再经"长芽培养基"和"生根培养基"诱导叶盘长芽和生根,最后将转化的植株移栽在土壤中。

利用动物病毒和植物病毒作为转移基因的载体,不仅能将外源基因导入培养的细胞,而且可以直接导入个体,通常效率都比较高。然而使用病毒载体应特别注意安全性,在构建载体时通常需将病毒的毒性基因删除,并有效防止病毒基因组在细胞内发生重组。在个体水平上进行转基因的另一有效方法是采用**高速微弹发射装置**(high-velocity microprojectiles bombardment),俗称**基因枪**(gene gun)。常用直径为 1 μm 左右的惰性重金属粉末作为微弹,如钨粉或金粉,其上沾有 DNA,置于挡板的凹穴内。当用火药或高压气体发射弹头撞击挡板时,微弹即以极高的速度射向靶目标。基因枪在植物基因工程中使用较多,常用携带外源 DNA 的微弹射击植物的分生组织,获得转基因植物。用基因枪射击动物的表皮、肌肉和乳房等获得成功的例子已有不少报道。

二、基因的分离、合成和测序

从事一项基因工程,通常总是先要获得目的基因。利用限制酶切割生物基因组 DNA,然后用适当方法常可分离到所需要的基因片段。倘若基因的序列是已知的,可以用化学方法合成,或者用聚合酶链式反应(PCR)由模板扩增出该基因。此外,最常用并且无需已知序列的方法是建立一个**基因文库**(genomic library)或 **cDNA 文库**(cDNA library),从中筛选出目的基因的克隆。

(一)基因文库的构建

基因文库是指整套由基因组 DNA 片段插入克隆载体获得的分子克隆之总和。在理想情况下基因文库应包含该基因组的全部遗传信息。究竟基因文库中应包含多少 DNA 克隆才能使任意所需要的基因以极高的概率存在于该库中? 其计算公式如下:

$$N = \ln(1-p)/\ln(1-f)$$

式中:N—基因文库所包含克隆的数目;

p—任意所需基因存在于基因文库中的概率,通常要求其大于 99%;

f—克隆的 DNA 片段大小(bp)占基因组大小(bp)的分数。

例如,哺乳动物单倍体基因组含有 $3×10^9$ bp,用 λ 噬菌体为基因文库的克隆载体,所克隆基因组 DNA 片段的大小为 $2×10^4$ bp,为使目的基因存在库中的概率大于 99%,该基因文库含有重组体克隆数应大于:

$$N = \ln(1-0.99)/\ln[1-(2×10^4/3×10^9)] = 6.9×10^5$$

在构建基因文库时按上公式计算,可以估计各步操作所应达到的数量。

基因文库的构建,大致可分为五个步骤:

(1)染色体 DNA 的片段化 从生物组织中提取染色体 DNA 需将其切割成一定大小的片段,才能在插入 λ 噬菌体载体后被包装成噬菌体颗粒。DNA 的切割必须是随机的,这样才可使各种不同片段被克隆的概率相等。细长的 DNA 分子很容易用机械的方法随机切割,如 DNA 溶液用超声波处理、高速搅拌或通过细的注射器针头等。机械切割 DNA 片段的克隆操作比较麻烦,需要先将片段分级分离,取合适大小的片段,并使末端填平补齐,再连上衔接物,方能与相应切开的载体 DNA 两片段(臂)连接。而用限制酶部分消化的 DNA 片段克隆比较方便,只需将消化所得片段经分级分离后就可以直接与相应切开的载体 DNA 连接。但是由于限制酶的切点在染色体 DNA 中的分布并非随机的,采用识别序列较短的限制酶部分消化所得片段的随机程度比长识别序列限制酶消化片段要高些。常用来构建基因文库的限制酶是识别 4 bp 的 *Mbo*I 和 *Sau*3A 等,它们接近于随机切割,称为**准随机切割**(quasi-random cutting)。此外,限制片段超过一定大小范围就不能在 λ 噬菌体载体中克隆,因此,在构建基因文库过程中可能会丢失一部分遗传信息。

(2)载体 DNA 的制备　选择适当的 λ 噬菌体载体或黏粒 DNA,用限制酶切开,得到左、右两臂,以便分别与染色体 DNA 片段的两端连接。

(3)体外连接与包装　将染色体 DNA 片段与载体 DNA 片段用 T₄ DNA 连接酶连接。然后重组体 DNA 与 λ 噬菌体包装蛋白在体外进行包装。

(4)重组噬菌体感染大肠杆菌　将 λ 噬菌体载体与外源 DNA 连接和包装得到的重组噬菌体,用以感染大肠杆菌。重组体 DNA 在大肠杆菌细胞内经增殖并裂解宿主细胞,得到重组噬菌体克隆库,即基因文库。黏粒具有更大的容载外源 DNA 能力,它虽然也能包装成类似噬菌体的颗粒并按噬菌体感染的方式将重组 DNA 导入大肠杆菌细胞,但载体中已将噬菌体增殖和裂解的基因删除,重组体 DNA 进入宿主细胞后只能以质粒的形式存在和复制,不再能包装成噬菌体颗粒。因此,由黏粒构建的基因文库是以细菌克隆组成的,而不是噬菌体克隆库。

(5)基因文库的鉴定和扩增　构建得到的基因文库应测定其库容量,即库中包含的克隆数。噬菌体通常以噬菌斑形成单位(pfu)来表示;重组体不能形成噬菌斑则以**菌落形成单位**(colony forming unit, cfu)来表示。对于文库的鉴定,可以通过随机挑选一定数量的克隆,用限制酶切、PCR 或其他方法对重组体 DNA 进行分析。一个基因文库可以多次使用,从中筛选出各种克隆的基因,如果需要可以适当对文库加以扩增。但必须认识到,在扩增基因文库时并不是所有克隆成员都以同样速度增殖的,插入外源 DNA 在大小及序列上的差异可能会影响重组体的复制速度。这样,当基因文库经过扩增后,某些重组体的比例可能会增加,而另一些重组体可能会减少,甚至全然丢失。现在由于新的载体和克隆技术的发展,构建基因文库的程序已大为简化,一些工作者宁愿在每次筛选基因时重新构建文库,而不喜欢使用经过贮存和扩增的文库。

构建基因文库的全部过程可以归纳为图 35-8。

(二)cDNA 文库的构建

1. cDNA 文库构建的原理

真核生物基因的结构和表达控制元件与原核生物有很大的不同。真核生物的基因是断裂的,需经 RNA 转录后剪接过程才使编码序列连接在一起。真核生物的基因不能直接在原核生物中表达;只有将经加工成熟的 mRNA 逆转录合成**互补 DNA**(complementary DNA, cDNA),接上原核生物表达控制元件,才能在原核生物中表达。再有,真核细胞的基因组通常只有一小部分基因进行表达,由于 mRNA 的不稳定性,对基因表达和存在的 mRNA 常通过对其 cDNA 来进行研究的。为分离 cDNA 克隆或研究细胞的 cDNA 谱,需要先构建 cDNA 文库。所谓 cDNA 文库是指细胞全部 mRNA 逆转录成 cDNA 并被克隆的总和。

高等动、植物机体在发育过程中随着各种组织的分化,一些基因被永久性封闭,表达的基因随之减少。例如,哺乳类动物胚胎时期表达的 mRNA 种类大约为基因总数的 30%,分化成熟的组织 mRNA 种类只有基因总数 10% 左右。在表达的 mRNA 中,有些 mRNA 的丰度极高,每种有几十万个拷贝,有些 mRNA 丰度极低,只有几个或几十个拷贝。显然,从 cDNA 文库中分离高丰度的 cDNA 克隆很容易,但要分离低丰度的 cDNA 克隆就难多了。为使低丰度 mRNA 的 cDNA 克隆存在概率大于 99%,cDNA 文库应包含的克隆数可由以下公式来计算:

$$N = \ln(1-p)/\ln(1-1/n)$$

式中:N—cDNA 文库所包含的克隆数目;

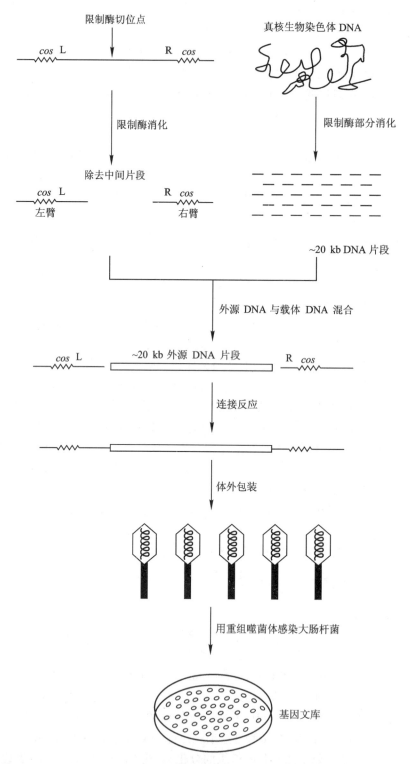

图 35-8   用随机切割的真核生物染色体 DNA 片段构建基因文库

p—低丰度 cDNA 存在于库中的概率，通常要求其大于 99%；

$1/n$—每一种低丰度 mRNA 占总 mRNA 的分数。

2. mRNA 的分离制备

构建 cDNA 文库质量好坏的关键是制得高质量的 mRNA。无处不在的 RNA 酶极易降解 mRNA，在制备 mRNA 的操作过程中自始至终都必须防止 RNA 酶的降解作用。① 所有用于 mRNA 实验的器皿都要高温焙烤，或是用 RNA 酶的强变性剂 **焦碳酸二乙酯**（diethyl pyrocarbonate，DEPC）0.1% 溶液洗涤，所有试剂都要用 DEPC 处理过的水配制,DEPC 经煮沸即分解除去,以避免残留物影响实验;② 在破碎细胞的同时用强变性剂(如酚、胍盐等)使 RNA 酶失活;③ 在 mRNA 反应中加 RNA 酶的抑制剂 RNasin。

目前实验室中提取细胞总 RNA 的方法主要有:胍盐/氯化铯密度梯度超速离心法和酸性胍/酚/氯仿抽提法。前一方法常用于大量制备 RNA;后一方法用于一般小量制备 RNA,因此更为常用。真核生物的 mRNA 3′端通常都含有聚腺苷酸[poly(A)],可以用寡聚胸苷酸[oligo(dT)]纤维素或琼脂糖亲和层析法来分离纯化。在高盐缓冲溶液中 poly(A)RNA 与 oligo(dT)结合,低盐缓冲液使它们解离和洗脱。

3. cDNA 的合成

合成 cDNA 的逆转录酶有两种,一种来自**禽成髓细胞性白血病病毒**(avian myeloblastosis virus,AMV),另一种来自**莫洛尼鼠白血病病毒**(Moloney murine leukemia virus,M-MuLV)。逆转录酶为多功能酶,它能以 RNA 链为模板合成第一条 cDNA 链,并具有 RNase H 活性,水解杂合分子中的 RNA 链,再以第一条 cDNA链为模板合成第二条 cDNA 链。逆转录酶以 4 种 dNTP 为底物,合成 cDNA 时需要引物,无校对功能。AMV 逆转录酶由两条多肽链组成,它们由同一基因编码,但在翻译后加工不同,使 A 链比 B 链短。AMV 逆转录酶反应的最适温度为 42℃,最适 pH 8.3,并且具有较强的 RNase H 活性。M-MuLV 逆转录酶由一条多肽链构成,反应最适温度为 37℃,最适 pH 7.6,具有较弱的 RNase H 活性。

第一条 cDNA 链的合成常用的引物为 oligo(dT)$_{12\sim18}$,或是六核苷酸的随机引物(dN)$_6$,如果序列是已知的,也可以用与 mRNA 3′端序列互补的引物。杂合分子中的 RNA 链用 RNase H 或碱溶液水解除去。

第二条 cDNA 链可用以下方法合成:① 回折法,利用第一条 cDNA 链自身回折来引发第二条链的合成,双链合成后用**核酸酶 S1**(nuclease S1)切去回折处的单链 DNA。这一步操作常使 cDNA 失去 5′端的部分序列,因此现在较少使用。② 取代法,用 RNase H 部分水解 DNA-RNA 杂合分子中的 RNA 链,留下一些小片段 RNA 作为合成 cDNA 第二条链的引物,反应系统除加入 DNA 聚合酶 I 和 4 种 dNTP 底物进行 DNA 合成外,还需加入大肠杆菌 DNA 连接酶和 NAD$^+$,使各片段连接。③ **随机引物法**,用六核苷酸在 DNA 链上随机引发合成第二条链。④ **均聚物引发法**(homopolymer priming),用末端转移酶和一种 dNTP 在 cDNA 第一条链 3′端加上均聚物尾巴,然后用配对的寡聚物作为引物合成第二条链。⑤ 如果序列是已知的,也可用特异引物来合成第二条链。

4. 双链 cDNA 的克隆

用来克隆 cDNA 的载体主要为质粒和 λ 噬菌体载体。常用的克隆方法有:① 平端连接法,需先用 Klenow 酶或 T4 DNA 聚合酶将双链 cDNA 两端填平补齐,然后用平末端与载体 DNA 连接,平端连接效率较低。② cDNA 两端加接头或衔接物,接头需用限制酶水解,因此加接头前 cDNA 应先用相应甲基化酶加以甲基化,以保护 cDNA 不被消化。用衔接物则无需使 cDNA 甲基化。二者都可使 cDNA 以黏性末端与载体 DNA 连接。③ 均聚物加尾法,用末端转移酶在 cDNA 两条链的 3′端各加均聚(A)或均聚(G),载体 DNA 的 3′端加配对的均聚(T)或均聚(C),当 cDNA 末端与载体 DNA 末端"**退火**"(annealing)后彼此"黏合",即可用于转化宿主细胞。④ 在几种改进的方法中可以将上述几步合并进行,例如,用衔接物与引物合在一起,当合成 cDNA 后即具有黏性末端,或者将引物加在载体 DNA 上,cDNA 合成后直接连在载体上。

5. 构建 cDNA 文库的基本步骤

构建 cDNA 文库的基本步骤有五步:① 制备 mRNA;② 合成 cDNA;③ 制备载体 DNA;④ 双链 cDNA 的分子克隆;⑤ 对构建的 cDNA 文库进行鉴定,测定文库包含的克隆数,抽查克隆的质量和异质性,如果需要可适当扩增。上述步骤与基因文库的构建十分相似。对 cDNA 文库的要求:一是希望文库能包含各种稀有 mRNA 的 cDNA 克隆;二是克隆的 cDNA 应是全长的,避免丢掉 5′端的序列。现在已有一些改进的方法可以达到上述要求。cDNA 文库的构建如图 35-9 所示。

(三) 克隆基因的分离与鉴定

从一个庞大的库中分离出所需要重组体克隆,这是一项难度很大、费时费力的工作。现在虽然已经发展出一系列构思巧妙、效率极高的方法,但要分离得到目的基因,仍然要通过一系列繁杂操作,工作量很大。分离带有目的基因的重组体克隆,通常或是按照重组体某种特征直接从库中挑选出来,称为**选择**(selection)；或是将库筛一遍，从中得到所要的重组体，称为**筛选**(screening)。无论是选择或是筛选，所选的依据或是载体的特征，或是目的基因的序列，或是基因的产物。

1. 载体特征的直接选择

根据载体的表型特征直接选择重组体克隆是十分有效也是最常用的办法。将它与微生物学的方法技术相配合使用，常能处理大量的微生物群体。通常载体都带有可选择的遗传标志，最常用的是抗药性标记、营养标记和显色标记。对噬菌体而言，噬菌斑的形成则是其自我选择的结果。

（1）抗药性选择　载体常携带氨苄青霉素抗性基因(amp^r)、氯霉素抗性基因(chl^r)、四环素抗性基因(tet^r)等。将细胞培养在含抗生素的选择培养基中，便可以检测出获得此种载体的转化子

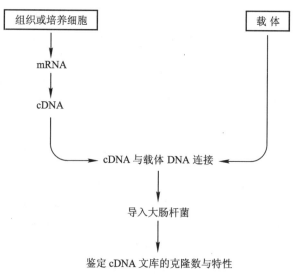

图 35-9　构建 cDNA 文库示意图

细胞。若将外源 DNA 插在抗性基因编码序列内，可通过插入失活进行选择。例如，外源 DNA 插在 tet^r 基因内，抗性基因失活成为对四环素敏感的表型 Tet^s，将转化子培养在加有环丝氨酸和四环素的培养基中，环丝氨酸能杀死生长的细胞，四环素只是抑制敏感细胞生长。经此处理，凡载体带有四环素抗性基因未被失活的细胞均被杀死；抗性基因插入失活的重组体细胞便被保存下来，及至转移到不含环丝氨酸和四环素的培养基中就能正常生长。

（2）营养标记选择　当细胞生物合成途径某个酶的编码基因失活，就成为**营养缺陷型**(auxotroph)，但如果导入细胞的重组体 DNA 能够弥补缺陷的基因，培养基中就无需补充有关的营养成分。营养标记为重组体克隆的选择提供了方便的方法。

（3）β-半乳糖苷酶显色反应的选择　当载体的 $lacZ'$ 区插入外源 DNA 后就失去编码 α-肽的活性，在显色反应后带有外源 DNA 的菌落呈白色，不带外源 DNA 的菌落呈蓝色，由此将二者区分。

2. 细菌菌落或噬菌斑的原位杂交

从众多重组体中分离目的基因克隆常用特异的探针进行**原位杂交**(*in situ* hybridization)。这是一种十分灵敏、快速的方法，其大致步骤如下：将生长在平皿上的菌落复印到**硝酸纤维素滤膜**(nitrocellulose filter)或**尼龙膜**(nylon membrane)上，然后用 NaOH 处理膜上的菌落，使菌体裂解，DNA 变性并释放到膜上。中和并将膜在 80℃ 烘干 2 h，使变性 DNA 牢固吸附在膜上。将膜与放射性同位素标记的探针在封闭的塑料袋内进行杂交。探针可以是一小段与所要筛选 DNA 互补的单链或双链 DNA，也可以是 RNA。杂交液的一个极重要因素是盐的浓度。杂交一般要十多小时，视样品浓度而定，然后用一定离子强度的溶液将膜上非专一吸附的放射性物质洗去。再烘干膜，进行放射自显影。从显影后的底片上，可以显示出曝光的黑点，即代表杂交菌落。全部过程如图 35-10 所示。然后按底片上菌落的位置找出培养基上相应的菌落，将它扩大培养，制备出重组体 DNA，以作进一步分析。这些分析包括：插入 DNA 的长度、限制酶切图谱、DNA 序列等等。将滤膜置于琼脂平板培养基上，细菌可以直接在膜上生长并形成菌落。通过滤膜与滤膜接触，还可复印多份。借此可以在一张滤膜上筛选出 50 000 个菌落。

对于噬菌体载体的克隆，可以通过噬菌斑的原位杂交来筛选。用硝酸纤维滤膜或尼龙膜置于含噬菌斑的平板表面，使滤膜与噬菌斑直接接触，噬菌体 DNA 即转移到滤膜上。用 NaOH 溶液处理，然后中和，烘干，固定变性 DNA，用 ^{32}P 标记探针杂交，最后进行放射自显影。噬菌斑原位杂交与菌落原位杂交十分类似。

显然，有效进行杂交筛选的关键是获得特异的探针。如果目的基因序列是已知的或部分已知的，探针可以从已有的克隆中制备，或是设计一对引物从基因组中扩增，也可以用化学法合成一段寡核苷酸（一般应大于 16 个核苷酸）。但如果目的基因是未知的，而有其他种生物同源基因的序列是已知的，可用同源

基因的序列作为探针。若基因序列完全不知道,但其蛋白质序列已知或部分已知,可以按照密码子的简并性,合成简并探针。选择简并探针的序列应使其简并性尽可能小。简并密码子的第三位加入 A、G、C、T 四种核苷酸,或用 I(次黄嘌呤核苷酸)代替。此外,还可利用遗传突变找出突变的序列,或利用基因表达差异找出差异的 cDNA,用来筛选特异的基因克隆。杂交的检测常用放射性标记探针,通过自显影来进行。现已发展出多种非放射性的检测方法,如探针偶联产生颜色反应的酶,或偶联发光物质等。

3. 差别杂交或扣除杂交法分离克隆基因

细胞在不同的发育、分化和生理状态下其基因表达往往有差别,有些决定某种状态的特异基因只在该状态细胞中表达,利用**差别杂交法**(differential hybridization)可以分离出该特异基因克隆。例如,为了了解生长因子对激活细胞基因表达的调节作用,将细胞培养物分成 A、B 两组,A 组用生长因子激活,B 组细胞不经处理。从激活细胞中提取 poly(A) mRNA,逆转录成 cDNA,经克隆构建成 cDNA 文库。然后分别用 A、B 两组细胞的 mRNA 或 cDNA 作探针对文库克隆进行原位杂交筛选。A、B 两组细胞的 mRNA 绝大多数是相同的,因此克隆对 A、B 探针大多为阳性,少数 A 探针为阳性、B 探针不能杂交的克隆即为生长因子特异诱导表达的克隆。

在差别杂交法中比较两组杂交的结果十分费时、费力,灵敏度又低,对于低丰度 cDNA 克隆的检测往往难以成功。于是发展出了**消减杂交**(subtractive hybridization)。所谓消减

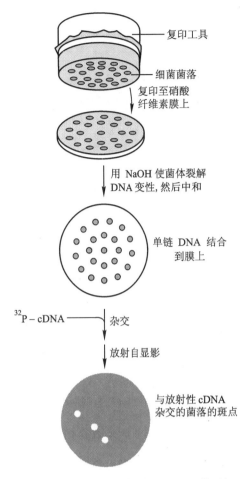

图 35-10　原位杂交法筛选 DNA 重组体图解

杂交,就是用一般细胞的 mRNA 与特殊细胞的 cDNA 杂交,先消减一般共有的 cDNA,再将剩下特异的 cDNA 进行克隆,用此方法已成功克隆出控制动物胚胎发育和组织分化的基因。消减杂交的操作流程是:从 A 组(特异)细胞中提取 mRNA,合成其第一条 cDNA 链,并与从 B 组(非特异)细胞中提取的过量(20倍)mRNA 杂交,将杂交溶液通过**羟基磷灰石**(hydroxyapatite)柱。在适当盐浓度条件下,羟基磷灰石能吸附双链核酸,而使单链 cDNA 和 mRNA 流走。过量的与 A 组细胞特征无关的 mRNA 和其 cDNA 杂交并被羟基磷灰石吸附,以除去非特异的 cDNA。一次杂交可能消减不完全,再用 50 倍和 100 倍过量的 mRNA 杂交,最后剩下特异的 cDNA,与自身 mRNA 杂交,并用羟基磷灰石吸附,洗脱后进行克隆,由此分离出与细胞特征相关的 cDNA 克隆。消减杂交流程如图 35-11 所示。

4. 从表达文库中分离克隆基因

真核生物与原核生物的密码规则是相同的,只不过不同生物对各种简并密码子的使用频率不同,即存在偏爱性。但是真核生物与原核生物基因表达的调控机制却有很大不同。而且真核生物基因是断裂的,原核生物缺乏对其转录产物的加工剪接机制,因此真核生物基因不能在原核生物表达。只有将真核生物的 cDNA 或编码序列接上原核生物基因调控元件,其中包括启动子、SD 序列和终止子等,才能在原核细胞中表达,就是说外源 DNA 在原核生物的表达依赖于原核表达载体。将真核生物的 cDNA 或原核生物染色体 DNA 片段插入原核表达载体并导入宿主细胞即构建成表达文库。

从表达文库中可通过表达产物来分离克隆的基因。常用的方法主要有:① 免疫学方法。用放射性、显色酶或发光物质标记抗体,可以十分灵敏检测到克隆基因的表达产物。② 检测产物的功能活性。如果产物是酶,或酶的激活剂与抑制剂,可通过酶促反应来检测,显色反应还能直接在平板菌落上进行。如果产物是配体,可通过与受体的结合来筛选。③ 检测产物的蛋白质结构和性质,如产物的相对分子质量、肽谱等。

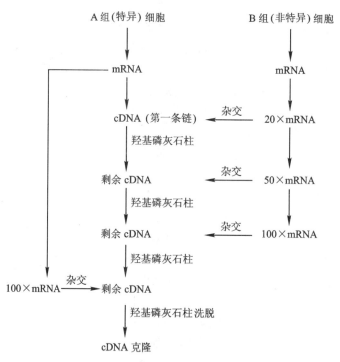

图 35-11　消减杂交流程图

5. 克隆基因的鉴定

无论用哪种方法分离克隆的基因,首先要重复核实,避免假阳性,然后进一步对基因进行鉴定。通常用来鉴定基因的方法主要有:① 基于基因的结构和序列,如限制酶切图谱、分子杂交、测序等;② 基于表型特征,如抗性、报道基因的性状等;③ 基于基因产物的性质,如与抗体反应、肽谱、蛋白质活性等。

(四) 聚合酶链反应扩增基因

聚合酶链反应(polymerase chain reaction, PCR) 是 DNA 的体外酶促扩增,故又称为无细胞分子克隆法。

1. PCR 的基本原理

1985 年 K. Mullis 发明 PCR 快速扩增 DNA 的方法。PCR 方法模拟体内 DNA 的复制过程,首先使 DNA 变性,两条链解开;然后使引物模板退火,二者碱基配对;DNA 聚合酶随即以 4 种 dNTP 为底物,在引物的引导下合成与模板互补的 DNA 新链。重复此过程,DNA 以指数方式扩增。最初采用复制 DNA 的酶是 DNA 聚合酶 I 的大片段 Klenow 酶,因此每轮加热变性 DNA 都会使酶失活,需要补充酶,十分不方便。1988 年 Saiki 等人从**栖热水生菌**(*Thermus aquaticus*) 中分离出耐热的 DNA 聚合酶,称为 *Taq* DNA 聚合酶,用以取代 Klenow 酶,从而使 PCR 技术成熟并得到广泛应用。该技术可用于扩增任意 DNA 片段,只要设计出片段的两端引物。DNA 正链 5′端的引物又称为正向引物、右向引物、上游引物、有义链引物及 Watson 引物,简称为 5′引物;与正链 3′端互补的引物称为反向引物、左向引物、下游引物、反义链引物及 Crick 引物,简称为 3′引物。PCR 技术操作简便,只需加入试剂并控制三步反应的温度和时间,然而其扩增效率却是惊人的。扩增的公式为:

$$Y = (1 + X)^n$$

式中:Y—产量;X—扩增效率;n—循环次数。

设扩增效率为 60%,经过 30 次循环,DNA 量即可扩增 1.33×10^6 倍,只要极其痕量的 DNA 就可扩增达到能检测的水平。PCR 的原理如图 35-12 所示。

2. PCR 的最适条件

为取得 PCR 的成功,首要条件是设计好引物。设计引物的主要原则为:① 引物长度应大于 16 个核苷酸,一般为 20~24 个核苷酸。这是因为 $4^{16}=4.29\times10^{9}$,已大于哺乳类动物单倍体基因组 3×10^{9} bp,故 16 个以上核苷酸的引物可防止随机结合。② 引物与靶序列间的 T_{m} 不应过低(一般不低于 55℃)。小于 30 个核苷酸的引物可按公式 $T_{m}=(G+C)\times4+(A+T)\times2$ 来计算变性温度,即每个 G 或 C 为 4℃,每个 A 或 T 为 2℃。③ 引物不应有发夹结构,即不能有 4 bp 以上的回文序列。④ 两引物间不应有大于 4 bp 以上的互补序列或同源序列,在 3′端不应有任何互补的碱基。实验证明,两引物 3′端如有两个互补碱基,经 PCR 即可产生显著的引物二聚体。⑤ 引物中碱基的分布尽可能均匀,G+C 含量接近 50%。

PCR 的温度控制十分关键。通常反应开始时先在 94℃加热5~10 min 使 DNA 完全变性,然后进入热循环。循环包括三步反应:变性,94℃,45 s~1 min;退火 1 min,退火温度约比引物变性温度低 2~3℃,实际最适退火温度要通过实验来确定;延伸,72℃,1~1.5 min,经过 25~30 次循环扩增后,最后一次延伸时间延长到 10 min。以上条件用于扩增 300~500 bp 长的 DNA 片段,如果扩增更长的 DNA,反应时间可以适当延长。

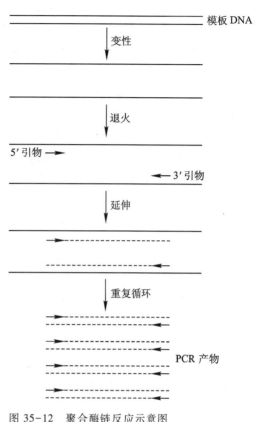

图 35-12　聚合酶链反应示意图

Taq DNA 聚合酶在 100 μL 反应溶液中约加 2 单位。*Taq* DNA 聚合酶无校正功能,故 PCR 产物易发生错误。现在已有多种具有校正功能的耐热 DNA 聚合酶作为商品出售。模板 DNA 靶序列通常用量为 1 pg 至 1 ng。缓冲溶液与底物按规定用量,一般不再变动。

3. PCR 技术的发展与应用

在所有生物技术中,PCR 技术是发展最迅速、应用最广泛的一项技术;它对生物学、医学和相邻学科带来了最巨大的影响。它发展形成的新技术和用途大约有以下几个方面:

(1) PCR 常用于合成基因或基因探针　利用两端已知序列,可以设计出一对引物,用以扩增出任意基因或基因片段。通常 PCR 所加两端引物的摩尔数是相等的,若加入不等量的引物,例如 60∶1,即为不对称 PCR(asymmetric PCR),可用于合成单链探针或其他用途的单链模板。

(2) 用于 DNA 的测序　PCR 可用于制备测序用样品。在 PCR 系统中加入测序引物和 4 种底物,并分成 4 组其中各有一种双脱氧核苷三磷酸(ddNTP),或用 4 种荧光物分别标记其中一种,即可按 Sanger 的双脱氧链终止法测定 DNA 序列。在染色体 DNA 中依次加入各种测序引物可以完成整个基因组测序(genomic sequencing)。

(3) 逆转录与 PCR 偶联　逆转录 PCR(RT-PCR)将特定 RNA 序列逆转录成 cDNA 形式,然后加以扩增。单个细胞或少数细胞中的特异 RNA 都能用此技术检测出来。Rappolee 等据此设计出"单个细胞 mRNA 的表型鉴定"方法。逆转录反应与 PCR 可分开进行,也可以合在一个系统中进行,在合成第一条 cDNA 后即作为 PCR 的模板进行扩增。RT-PCR 主要用途为:① 分析基因转录产物;② 构建 cDNA 库;③ 克隆特异 cDNA;④ 合成 cRNA 探针;⑤ 构建 RNA 高效转录系统。

(4) 产生和分析基因突变　PCR 技术十分容易用于基因定位诱变。利用寡核苷酸引物可在扩增 DNA 片段末端引入附加序列,或造成碱基的取代、缺失和插入。设计引物时应使与模板不配对的碱基安置在引物中间或是 5′端,在不配对碱基的 3′端必须有 15 个以上配对碱基。PCR 的引物通常总是在扩增 DNA 片段的两端,但有时需要诱变的部位在片段的中间,这时可在 DNA 片段中间设置引物,引入变异,然后在变异位点外侧再用引物延伸,此称为**巢式 PCR**(nested PCR)。有关 PCR 诱变技术在下一节中有较详细介绍,这里不再赘述。

PCR 技术不仅可以有效促使基因定位诱变,而且也是检测基因突变的灵敏方法。已知人类的癌症和遗传疾病都与基因突变有关。应用 PCR 扩增可以快速获得患者需要检查的基因片段,通过分子杂交,含有不配对碱基时 T_m 将下降,以此检测突变;也可以根据癌变位点设计特殊的引物,通过 PCR 来直接检查是否有癌变基因。

(5) **重组 PCR**(recombinant PCR)　将不同 DNA 序列片段通过 PCR 连在一起称为重组 PCR,该技术在基因工程操作中十分有用。用酶切割和连接常常找不到合适的酶切位点,而且引入的多余序列无法删除。重组 PCR 只需设计 3 个引物,① 左边 DNA 片段的 5′引物;② 连接两片段的引物;③ 右边片段的 3′引物,经过数轮PCR 即可将两片段连在一起,如图 35-13 所示。

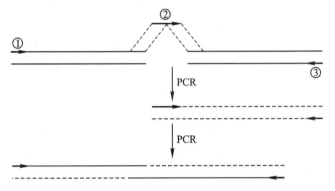

图 35-13　重组 PCR 示意图
① 左边 DNA 片段的 5′引物;② 连接引物;③ 右边片段 3′引物

(6) **未知序列的 PCR 扩增**　通常 PCR 必须知道 DNA 片段两端的序列,才能设计一对引物用以扩增该片段。但在许多情况下需要扩增的片段序列并不知道,为此发展出一些特殊的 PCR 技术,可以用来扩增未知序列,或者从已知序列扩增出其上游或下游未知序列。**反向 PCR**(inverse PCR)通过使部分序列已知的限制片段自身环化连接,然后在已知序列部位设计一对反向的引物,经 PCR 而使未知序列得到扩增(图 35-14A)。重复进行反向 PCR,从染色体已知序列出发,逐步扩增出未知序列,称为**染色体步移**(chromosome walking),为染色体 DNA 的研究提供了有用的手段。与反向 PCR 类似,**锅柄 PCR**(panhandle PCR)也能由已知序列扩增邻侧未知序列,但避开了限制片段自身环化的步骤,提高了效率。其操作过程为:① 首先选择限制酶将染色体 DNA 切成适当大小片段,末端填平补齐,用碱性磷酸酯酶去除 5′磷酸。② 合成已知序列(-)链 5′端互补的寡核苷酸参与 DNA 片段连接,寡核苷酸的 5′-P 只能与 DNA 片段 3′-OH 连接。因此(-)链的两端均有彼此互补的已知序列,变性后退火可形成链内二级结构,犹如锅柄故而得名。③ 将已知序列的引物进行 PCR 即可扩增出未知序列(图 35-14B)。

此外还有一些 PCR 技术可以扩增未知序列。例如,**锚定 PCR**(anchored PCR),用末端核苷酸转移酶在合成 DNA 链的 3′端加上均聚物,再用此均聚物互补的寡聚核苷酸作为另一引物进行 PCR。利用人类基因组 DNA 中分散分布的 Alu 序列,用一段已知序列和 Alu 序列作为一对引物,也可以扩增出未知序列。

(7) **基因组序列的比较研究**　用随机引物进行 PCR 扩增,便能比较两个生物基因组之间的差异。这种技术称为**随机扩增多态 DNA**(random amplified polymorphic DNA,RAPD)。如用随机引物寻找生物表达基因的差异,称为 **mRNA 差异显示**(differential display)。PCR 技术在人类学、古生物学、进化论等的研究中也起了重要作用。

(8) **在临床医学和法医学中的应用**　PCR 技术已被广泛用于临床诊断,如对肿瘤、遗传病等疑难病和恶性疾病的确诊,病原体的检测,胎儿的早期检查等。由于 PCR 技术的高度灵敏性,即使多年残存的痕量 DNA 也能够被检测出来,因此对刑侦工作,亲缘关系的确证等也起着重要作用。

(五) DNA 的化学合成

H. G. Khorana 于 20 世纪 50 年代开创了 DNA 的化学合成研究,并在 1956 年首次成功合成了二核苷酸。他将核苷酸所有活性基团都用保护剂加以封闭,只留下需要反应的基团,然后用活化剂使反应基团激活,再用缩合剂使一个核苷酸羟基与另一核苷酸磷酸基之间形成磷酸二酯键,从而定向发生聚合。由于他奠定了核酸的化学合成技术,与第一个测定 tRNA 序列的 Holley 以及从事遗传密码解译研究的 Nirenburg

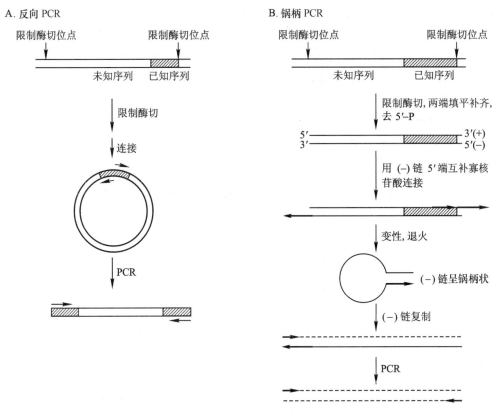

图 35-14　未知序列的 PCR 扩增

共获 1968 年诺贝尔生理学或医学奖。

Khorana 采用的 DNA 合成法是磷酸二酯法。60 年代 Letsinger 等人发明了磷酸三酯法,即将磷酸基的一个酸根(P—OH)保护起来,剩下 2 个酸根可以形成二酯,这样既减少副反应,简化分离纯化步骤,又提高了产率。其后又发明亚磷酸三酯法,使反应速度大大提高。DNA 化学合成技术的进一步发展实现了固相化和自动化,合成采用快速的亚磷酸三酯法,全部操作都由仪器自动完成。商售四种核苷底物均已加以保护,腺嘌呤、胞嘧啶碱基上的氨基用苯甲酰基(Bz)保护,鸟嘌呤碱基的氨基用异丁酰基(Ib)保护,5′-羟基用二甲氧三苯甲基(DMT)保护。由亚磷酰氯酯衍生物亚磷酸化并缩合,然后再氧化,全部合成后从载体上脱落下来,再予脱保护基和纯化。

每一合成循环周期分为以下四步反应:① 用酸处理脱去保护基。② 用二异丙基氨基亚磷酰氯甲酯作为活化剂和缩合剂,在弱碱性化合物四唑催化下,偶联形成亚磷酸三酯。③ 加入乙酸酐使未参与偶联反应的 5′-羟基均被乙酰化封闭,以免以后加入的核苷酸反应。④ 合成亚磷酸三酯后用碘溶液氧化,使之成为较稳定的磷酸三酯。待合成结束后用硫酚和三乙胺脱掉保护基,并用氨水将合成的全长序列寡核苷酸水解下来,然后用高效液相色谱仪(HPLC)和凝胶电泳纯化并鉴定。每个核苷酸合成循环要 7～10 min,十分方便(参看第 11 章)。

(六) 基因定位诱变

基因**定位诱变**(site-directed mutagenesis)是基因工程的一项关键技术,借助这一技术才使基因有效表达和定向改造成为可能。基因定位诱变是指按照设计的要求,使基因的特定序列发生插入、删除、置换和重组等变异。目前常用的定位诱变方法主要有:在酶切位点处插入、删除和置换序列,用**寡核苷酸指导的诱变**(oligonucleotide-directed mutagenesis)和 PCR 诱变。

1. 酶切定位诱变

利用基因的酶切位点,可以在切点处改造基因序列。先选择合适的限制酶将基因切开,然后插入或删除有关序列。如若基因内部在需要诱变的部位缺乏可被利用的限制酶酶切位点,就要先用寡核苷酸指导的诱变或 PCR 诱变引入酶切位点。有时不能确定插入或删除的最适序列,可以插入一组变异的序列或是进行系统的插入或删除,由此构建成突变体库,从中再挑选最理想的突变体。

用一段人工合成具有变异序列的 DNA 片段,取代野生型基因中相应两酶切位点间的序列,如同置换盒式录音带,称为盒式诱变。应用简并寡核苷酸作盒式诱变,可在一次盒式置换中产生一群随机突变体,增加了选择的可能性。

2. 寡核苷酸指导的诱变

DNA 化学合成技术的发展,使得合成寡核苷酸十分方便,于是在单链噬菌体 DNA 体外复制的基础上产生了寡核苷酸指导的定位诱变技术。早在 20 世纪 70 年代末 C. A. Hutchison 及其同事就用合成的寡核苷酸在体外诱导单链噬菌体 φX174 发生变异。他们用带有错配碱基的寡核苷酸与 φX174 的单链 DNA 退火,并以其作为引物用 Klenow 酶合成 DNA,所产生局部异源双链的 DNA 转染细菌,结果使得显示预期突变表型噬菌体的频率有明显增加。1983 年 M. Smith 改进了寡核苷酸指导的诱变技术,他用噬菌体 M13 载体克隆基因作定位诱变,使定位诱变技术趋于成热并得到广泛应用。寡核苷酸指导的定位诱变包括以下步骤(图 35-15):

(1)制备单链 DNA 模板   将外源基因插入 M13 载体复制型(RF)双链 DNA 的克隆位点,转化大肠杆菌,制备重组单链 DNA 模板。

(2)合成诱变寡核苷酸   作为诱变剂的寡核苷酸,除定位诱变的错配碱基外其余部分应和模板完全配对,如仅需引入一个核苷酸的取代、插入和删除,其长度为 17~19 个核苷酸,错配碱基应置于中间;如引入两个核苷酸的变异,其长度应在 25 个核苷酸以上。

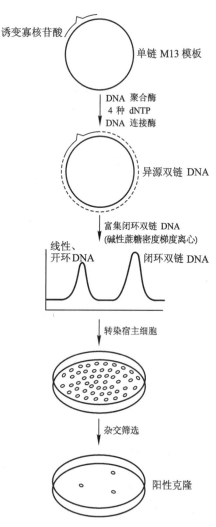

图 35-15   寡核苷酸指导的诱变

(3)寡核苷酸与模板退火并合成异源双链 DNA   磷酸化的寡核苷酸引物与模板混合后加热变性,去除二级结构;再缓慢退火至室温,用 Klenow 酶或 T4 DNA 聚合酶合成互补链,DNA 连接酶封闭切口。

(4)闭环异源双链 DNA 的富集   单链 M13 DNA 和未完全合成与封闭的双链 DNA 也会转染宿主,产生高的本底(即高比例的野生型 DNA),这部分 DNA 应用 S1 核酸酶处理除去,或用碱性蔗糖密度梯度离心法纯化闭环异源双链 DNA。

(5)转染宿主细胞   异源双链 DNA 进入宿主细胞后进行复制,产生两类双链 DNA,一类是野生型的,另一类是突变型的。

(6)突变体的筛选与鉴定   可以用限制位点、杂交和生物学方法来筛选突变体克隆。当诱变寡核苷酸引入新的酶切位点时,用限制酶来筛选比较简单和方便。一般的可用杂交法筛选。由于诱变引物与突变型基因完全同源,而与野生型基因有不配对碱基,前者变性温度高于后者,故而在较高杂交温度下出现的阳性噬菌斑可能含有突变型基因。如果突变体表型易于检测,也可用生物学方法来筛选。筛选到的突变体最后需经 DNA 测序,鉴定突变基因是否正确。

3. PCR 诱变

PCR 技术的发展,使定位诱变变得更为容易。通过 PCR 引物可以在扩增 DNA 片段的两端引入各种变异,嵌套式 PCR 还可以在基因内部或在一次 PCR 中同时在多处引入变异。各种变异,包括插入、删除、置换和重组,都可用 PCR 的方法来进行。图 35-16 表示巢式 PCR。

（七）DNA 序列的测定

DNA 体外重组工作中往往需要有关 DNA 序列的信息，以便于设计载体及重组体。目前通用的两种 DNA 序列测定法——Maxam 和 Gilbert 的化学法和 Sanger 的双脱氧终止法（酶法）都是建立在分辨力极高的变性聚丙烯酰胺凝胶电泳的基础上的。这种电泳可将相差仅为一个核苷酸的单链 DNA 区分开来。化学法可以提供比较清晰的结果，但比较费事。Sanger 提出的酶法十分快速、省事，也不需要比强很高的 ^{32}P-dNTP，但有时会出现一些不够清晰的实验结果。有关化学法和双脱氧终止法测序的原理可参看第 12 章。应用双脱氧法测序在 20 世纪 80 年代早期就已实现程序自动化，并有各种测序仪出售。人类基因组计划极大带动了测序技术的发展。

自动化测序需将寡核苷酸引物或双脱氧核苷酸用荧光染料标记，使检测更为方便。测序各 DNA 片段经凝胶电泳分离后标记染料用激光活化，光信号被光电倍增管捕获，用计算机控制显示器（CCD）获取图像。最初有两种自动化测序仪器，一种用单染色 4 泳道分离；另一种是用 4 染色单泳道分离，目前流行用的是后者。毛细管电泳因其管径（$50 \sim 100 \, \mu m$）小，在电泳过程中产生的热量易于散发，可以用高电压在短时间内完成分离，因此较常用。4 组反应系统加入不同的荧光标记引物（引物是相同的）和不同的 ddNTP，其余成分相同。反应后被混合加到一个泳道内进行电泳。采用**能量转移**（energy transfer，ET）技术，由供体染料接受氩离子激光的激发，将能量转移给 4 组不同发射光谱的受体染料上，使荧光信号增加 3~4 倍。末端标记比引物标记使用更为方便，4 种不同的荧光染料直接与 4 种 ddNTP 的氨基相偶联，因此省去了每次测序需要用 4 种荧光染料标记引物这一麻烦的步骤。难点在于选用合适的 DNA 聚合酶，它能同样有效地使 4 种带有不同染料的 ddNTP 掺入并终止 DNA 链的合成。现在这一难点基本解决，用末端标记的方法所得结果已与引物标记法相差无几了。

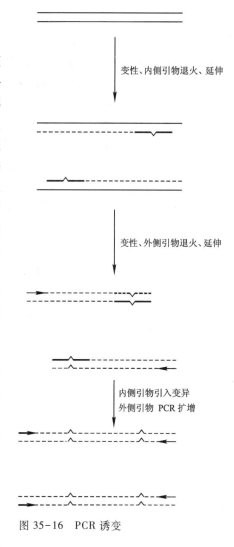

变性、内侧引物退火、延伸

变性、外侧引物退火、延伸

内侧引物引入变异
外侧引物 PCR 扩增

图 35-16　PCR 诱变

三、克隆基因的表达

真核生物基因通常都是不连续的（外显子被内含子隔开），并且与原核生物基因的表达调控有很大差别。因此真核生物的 cDNA 必须接上原核生物的调控元件，才能在原核细胞内表达。

（一）外源基因在原核细胞中的表达

构建外源基因在原核细胞中的表达载体必须根据需要，选择合适的调控元件，以得到高水平、可调节的表达。

1. 基因表达的控制元件

（1）启动子　基因的转录由启动子控制，选用强启动子可提高克隆基因转录的表达水平。在原核细胞内表达常用的强启动子主要有：① lacUV5，即乳糖操纵子的启动子经紫外线诱变，其活性无需 cAMP 活化，但被调节基因 lacI 的阻遏蛋白所关闭，受**异丙基硫代-β-D-半乳糖苷**（isopropylthio-β-D-galactoside，IPTG）诱导表达。通常基因工程采用的强启动子都是可调节的，以待菌体适度生长后再诱导外源基因表达。② tac 启动子，由 trp 启动子的-35 区和 lac 启动子的-10 区融合而成，可被 IPTG 诱导。③ λP_L 或 P_R

启动子受 λ 阻遏蛋白调节,其温度敏感突变体(λcIts857)在 30℃时启动子处于阻遏状态,温度升高超过42℃使阻遏蛋白失活,基因即表达。④ ompF 是低渗透压外膜蛋白基因的启动子,受 ompR 基因编码的正调节蛋白控制,其冷敏感突变体在较低温度时无活性,温度升高后呈现活性,活化 ompF 启动子。它与λcIts857 在表观效应上一样,但作用机制不同。⑤ T7 噬菌体的启动子,可被 T7 RNA 聚合酶特异识别并高效转录,常用于构建高效表达系统或体外转录系统。

(2)核糖体结合位点 为使外源基因能在大肠杆菌中高水平表达,不仅要用强启动子以产生大量mRNA,而且还要强的核糖体结合位点,使 mRNA 高效翻译。大肠杆菌的核糖体结合位点是一段 3~9 个核苷酸长富含嘌呤的序列,位于起始密码子(AUG)上游 3~11 个核苷酸处。该序列与 16S rRNA 3′端互补,因其由 Shine 和 Dalgarno 所发现,故称为 SD 序列。mRNA 的翻译效率受 SD 序列与 16S rRNA 3′端互补程度的影响,还受 SD 序列与起始密码子间距离以及起始密码子上、下游序列的影响。

(3)终止信号 基因表达水平也受转录终止信号(终止子)和翻译终止信号(终止密码子)的影响。如果转录的 mRNA 过长,不仅耗费能量和底物,而且 3′端序列易于和前导序列或编码序列形成二级结构,妨碍翻译进行。在 UAA、UAG 和 UGA 三个终止密码子中以 UAA 的终止能力最强。

2. 融合蛋白的表达

(1)基本原理 外源基因直接在宿主细胞内表达可以简化产品的后加工处理,但在有些情况下外源基因不能直接表达。① 外源基因的活性蛋白质第一个氨基酸可能不是蛋氨酸,在表达时需要加上作为起始氨基酸的甲硫氨酸密码子,有时外加的甲硫氨酸会影响产物活性。② 蛋白质的 N 端序列对其合成和折叠有较大影响,如将外源基因编码序列与宿主细胞高表达基因 N 端序列融合,以融合蛋白形式表达可以提高表达水平。③ 外源蛋白在宿主细胞内往往不稳定,易被宿主细胞蛋白酶降解,含有宿主蛋白 N 端序列的融合蛋白则比较稳定。④ 融合蛋白不影响某些表位结构,因而易于进行抗体工程。⑤ 与某些特定多肽和蛋白质融合易于分离纯化和检测。

(2)切割融合蛋白 融合蛋白在分离纯化后常需要切除 N 端融合的附加部分。常用的方法有:① 利用特异的化学试剂裂解肽键。例如,用溴化氰可裂解甲硫氨酸,甲酸加热分解-Asp↓Pro-,羟胺加热分解-Asn↓Gly-。② 用特异的蛋白酶水解融合部位的肽键。例如,若外源蛋白内没有可被胰蛋白酶水解的碱性氨基酸,就可使融合处的氨基酸变为精氨酸或赖氨酸,然后用胰蛋白酶水解。有些蛋白酶识别和分解特异的序列,用来切割融合蛋白可取得较好的效果。如肠激酶分解-Asp-Asp-Asp-Asp-Lys↓,Xa 因子分解-Ile-Glu(或 Asp)-Gly-Arg↓,枯草杆菌蛋白酶 Ala64 突变体分解-Gly-Ala-His-Arg↓。

(3)切除分泌蛋白的信号肽 无论是真核生物还是原核生物,其分泌蛋白质 N 端都有一段信号肽引导新合成的肽链穿过细胞膜,然后由信号肽酶将信号肽切除。利用此机制,将外源蛋白和信号肽的编码序列融合,表达的蛋白质即被分泌到细菌的周质或培养基中,在此过程中信号肽被切除并产生有活性的蛋白质。

3. 提高外源基因的表达水平

许多因素会影响外源基因的表达,即使用强调控元件构建的表达载体也经常不能达到理想的表达水平。其主要原因:① 外源基因的产物常不能正确折叠或不稳定,尤其是长度大于 100 个氨基酸残基的蛋白质,易被降解或形成包涵体。② 外源基因的过量表达常对宿主细胞有害,有些产物还有毒。③ 不同外源基因的表达各有对细胞内外条件的要求,这些条件未必都已满足。总之,外源基因的表达并非正常的生理过程,对宿主细胞本身往往并不有利,因此必须对表达载体和宿主菌各项影响因素分别实验,以求得到高水平表达。

现已知道有不少措施可用来提高外源基因的表达水平,归纳起来有一下几类:① 选用高效表达载体。对于某一外源基因需选择何种类型表达载体、何种启动子、与转录起点间的距离,以及起始密码子附近的序列等可逐项试验,以便得到最好的效果。② 增加表达载体在细胞内的拷贝数。③ 挑选蛋白酶活性低或有缺陷的菌株作为宿主。④ 宿主细胞要能高水平表达分子伴侣,必要时通过基因工程增强其表达。⑤ 选用宿主细胞**偏爱密码子**(biased codon)。由于密码存在简并性,对应于一个氨基酸可以有不止一个密码子,生物往往对其中某个密码子的使用频率高于另外的密码子。不同生物或不同的蛋白质其密码子的使用频率各不相同,挑选使用频率最高的密码子以提高表达。⑥ 以融合蛋白形式表达。使外源蛋白的 N 端与宿主细胞丰度高的蛋白质 N 端部分序列相连。⑦ 以分泌蛋白形式表达。⑧ 从包涵体中分离纯化外源蛋白,并使其复性。⑨ 选择合适的宿主菌,找出高产的生长、诱导和发酵条件。

通常在构建高产工程菌后还可通过诱变和选育以提高外源蛋白的产量。

(二)原核细胞基因表达产物的分离和鉴定

1. 产物的一般分离和鉴定方法

建成工程菌后通常要对菌体所含表达载体进行各种必要的鉴定,然后对表达产物进行 SDS-聚丙烯酰胺凝胶电泳,初步判断外源基因是否表达以及表达产量多少。为检测表达产物,将工程菌培养和诱导后经离心得到菌体,悬浮于 2% 十二烷基硫酸钠(SDS)、0.1 mol/L 二硫苏糖醇(DTT)、0.05 mol/L Tris-HCl(pH6.8)缓冲液,煮沸加热 3 min,除去不溶物,对产物进行 SDS-聚丙烯酰胺凝胶电泳。以不表达外源基因的菌体蛋白作对照,检查有无新增加的表达产物。

为便于产物分离,常需确定表达产物在细胞内分布。用溶菌酶消化掉细菌细胞壁,提取周质蛋白。破碎细胞后离心,分成可溶性和沉淀部分,再测定表达产物主要存在哪一部位。

表达产物可按一般蛋白质分离纯化的方法来处理。最常用的方法有:盐析、离子交换层析、亲和层析、分子筛层析、电泳、超滤等,根据产物性质,选择合适的分离方法,以达到所需要的纯度。为便于分离纯化,可在构建表达载体时使外源蛋白质带上标签(tag),例如多聚组氨酸。但如果外加的标签会妨碍产物的应用,最后还需除去标签。

产物的鉴定主要有:① 测定产物的相对分子质量。利用 SDS-凝胶电泳、高效液相色谱、毛细管电泳以及质谱等技术可以快速、准确测出蛋白质的相对分子质量。② 根据蛋白质的结构进行鉴定。如测定 N 端和 C 端氨基酸,测定氨基酸组成、利用蛋白酶测定肽谱等。③ 测定生物活性,也可以用抗体测定其免疫原性。

2. 从包涵体中纯化产物

蛋白质在细菌中高水平表达时,常常导致形成不溶性颗粒,这时大量折叠不完全的产物蛋白质中混杂少量其他蛋白质的聚集物,称为**包涵体**(inclusion body)。尽管以包涵体形式表达外源蛋白质有许多优点,例如易于分离纯化,免受胞内蛋白酶的降解,因无活性不会给宿主造成毒害等。然而,从包涵体中回收具有生物活性的产物却是十分困难的事,终产量常会因此而降低。

将培养物破碎、离心,包涵体很容易和可溶性蛋白及膜结合蛋白相分离。用去污剂(Triton X100)和螯合剂(EDTA)洗涤沉淀,除去包涵体表面吸附的杂蛋白,通常产物纯度可达 90% 以上。为了回收有活性的产物,需将包涵体溶于浓的变性剂和去污剂溶液,例如 5~8 mol/L 盐酸胍、6~8 mol/L 尿素、SDS、碱性 pH 溶液或乙腈/丙酮等。如果产物蛋白质含有二硫键,溶解液中还应加入还原剂。然后逐渐除去变性剂,使蛋白质再折叠。后一过程常用稀释、透析、超滤、分子筛层析等方法。控制复性的条件,或加入一些帮助蛋白质再折叠的制剂和复合物,常可提高得率。

为省去从包涵体中回收有活性产物这一费时、费力、得率又低的操作步骤,可在工程菌发酵时降低蛋白质合成速度,降低培养温度,或使分子伴侣共表达,都有可能使产物成为可溶性蛋白质,避免包涵体的形成。

3. 用金属螯合柱纯化带组氨酸标签的蛋白质。

多聚组氨酸能与多种过渡金属离子或其螯合物结合,因此在构建表达载体时将 His_6 引入外源蛋白,即可十分方便地用金属螯合柱分离产物。常用固相化的 Ni^{2+} 或 Co^{2+} 作为金属螯合亲和层析介质,例如**次氮基三乙酸镍-琼脂糖**(nickel nitrilotriacetate-agarose, NTA Ni^{2+}-Agarose)是目前最常用的介质。

为使 His_6 序列位于分离靶蛋白暴露的柔性部分,通常将其连在 N 端或 C 端,并在 His_6 与靶蛋白序列间插入一个或 2 个 Gly 残基,以增加柔性。在连接处也可以引入蛋白酶的切点,以便在纯化后切去 His_6 序列。当靶蛋白与金属螯合柱结合后,充分洗涤柱以除去杂蛋白。然后用螯合剂如咪唑或 EDTA 溶液洗脱靶蛋白。咪唑的选择性较好;EDTA 效率更高,但易使柱上的 Ni^{2+} 洗下来,需要进一步透析或用其他方法

去除 Ni^{2+}。

金属螯合柱纯化带组氨酸标签的蛋白质因其效率高、容量大、体积较小、操作方便,而被广泛应用。而且 Ni^{2+} 柱还可回收,反复使用多次,成本也相对较低,不失为一种较理想的分离纯化蛋白质的方法。

(三) 外源基因在真核细胞中的表达

基因工程涉及的真核细胞主要有酵母(真菌)、昆虫、高等动植物等的细胞,其表达载体通常由质粒、病毒和染色体 DNA 改造而成。为便于操作,真核生物表达载体都含有在大肠杆菌中复制的起点,构建和鉴定操作可以通过大肠杆菌进行。真核生物基因表达的调节主要在转录和翻译水平上进行,但还增加了转录后加工的调节,其控制元件比原核生物更为复杂。

1. 外源基因在酵母细胞中的克隆与表达

酵母是单细胞真核生物。因其基因组小 ($\sim 1.2 \times 10^7$ bp),世代时间短 (在丰富培养基中仅 90 min),遗传学背景清楚 (约 6 000 个基因,大多已知),故常作为真核生物细胞结构和基因表达调节研究的对象,真核生物基因工程也以它为首选,因而有真核生物的大肠杆菌之称。1996 年完成其基因组全序列的测定,更有助于酵母的基因操作。

酵母细胞的克隆载体共有五类:① **酵母整合质粒** (yeast integrating plasmid,YIP) 含有可选择遗传标记,但无酵母复制起点,在酵母细胞内只有整合到染色体中才能稳定存在。② **酵母附加体质粒** (yeast episomal plasmid,YEP) 含有可选择遗传标记和酵母 2 μ 质粒的复制起点,在酵母细胞内以高拷贝数存在。③ **酵母复制质粒** (yeast replicating plasmid,YRP) 含有酵母染色体 DNA 的**自主复制序列** (autonomous replicating sequence,ARS),以中等拷贝数存在于酵母细胞内。④ **酵母着丝粒 (CEN) 质粒** (yeast centromere-containing plasmid,YCP),含有 ARS 和 CEN,后者在有丝分裂时与纺锤体结合,以单拷贝稳定存在。⑤ **酵母人工染色体** (yeast artificial chromosome,YAC),含有构成染色体的关键序列 ARS、CEN 和 TEL (telomere,端粒),能以微型染色体的形式存在,可用以克隆超过 100 kb 的大片段 DNA。上述载体的酵母选择标记常用生物合成基因,如合成尿苷酸的 URA3,以便用营养缺陷型宿主细胞进行选择。为便于操作,除酵母选择标记和复制起点外,还常加入大肠杆菌的选择标记和复制起点 (ori),构成穿梭载体 (图 35-17)。

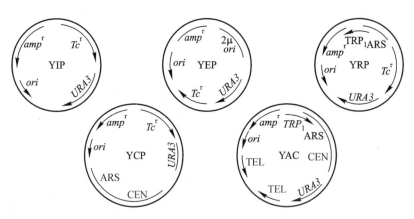

图 35-17　酵母克隆载体

用于基因表达的酵母载体,需要具有酵母的各种表达控制元件。首先,要有可被 RNA 聚合酶 II 识别的强启动子,或者是可诱导的 (如 GAL、PHO5),或者是组成型的 (如 ADH1、PGK、GPD)。GAL 为半乳糖代谢有关基因,其中 GAL1 (半乳糖激酶) 启动子受其正调节和负调节蛋白的调节。当激活因子 (GAL4) 结合于转录起点上游的 UAS 位点时,转录即开始。而细胞在含葡萄糖的培养基中,它的负调节因子 (GAL80 产物) 可以与 GAL4 形成复合物,阻止启动子的活化;但在含半乳糖的培养基中,GAL80 与 GAL4 解离,GAL4 即结合到 UAS 上。与此类似,PHO5 (碱性磷酸酯酶) 启动子受激活因子 (PHO4) 和负调节因子 (PHO80) 的调节。细胞在缺无机磷的培养基中 PHO5 启动子被活化,而在富含磷的培养基中 PHO80 阻止

PHO4 的活化作用。组成型的启动子能始终维持较高水平的转录,其 mRNA 可占细胞总 mRNA 的 1% 以上。这类常用的有 ADH1(醇脱氢酶)、PGK(磷酸甘油酸激酶)和 GPD(6-磷酸葡糖脱氢酶)的启动子。组成型启动子虽说是不可诱导的,但其转录活性仍受各种生理条件的影响,当酵母生长在非葡萄糖碳源的培养基中时这类启动子的表达活性都较低。增加外源基因的拷贝数是提高表达水平的重要途径。

mRNA 的翻译活性受前导序列的影响较大,但是其间的关系十分复杂,需要考虑的因素较多。此外,转录的终止子包括形成 3′末端和腺苷酸化的信号序列,对于表达效率都是十分重要的。

2. 克隆基因在植物细胞中的表达

根瘤土壤杆菌(*Agrobacterium tumefaciens*)是诱发裸子植物和双子叶植物产生**冠瘿**(crown gall)的病原菌。在植物创伤部位,这类病原土壤杆菌侵入并附着在植物细胞壁表面,产生细纤丝将细菌裹起来形成细菌集结。随后,根瘤土壤杆菌细胞内质粒上的一段 DNA 转移到植物细胞内,并整合到染色体 DNA 中,导致植物细胞形成肿瘤,然后大量合成和分泌冠瘿碱,以供细菌营养的需要。根瘤土壤杆菌携带的特殊质粒受到分子生物学家的关注并被开发成植物基因工程广泛使用的克隆载体。

根瘤土壤杆菌的质粒称为 **Ti 质粒**(tumor-inducing plasmid),即诱发寄主植物产生肿瘤的质粒,其大小在 200 kb 左右($M_r = 90 \times 10^6 \sim 150 \times 10^6$),为双链闭环分子。Ti 质粒中与诱发肿瘤有关的基因区段有两个,即 T-区段和毒性(*vir*)区段,其余的基因分别控制冠瘿碱代谢、细菌的生长周期、宿主特异性以及 Ti 质粒的接合转移等。

T-DNA 长度约为 15~30 kb,相当于 Ti 质粒 DNA 长度的十分之一,其两端为 25 bp 的正向重复,分别称为左端边缘(left-handed border,LB)和右端边缘(right-handed border,RB)。T-DNA 的转移同细菌的接合作用十分相似。*vir* 基因区段编码多种蛋白质,分别参与 T-DNA 的转移与整合,其中一种为内切核酸酶,可在 T-DNA 两端造成单链切口,单链分子从 Ti 质粒上脱离,5′端 RB 序列与 *vir* 基因编码的蛋白质共价结合,在其引导下转移到植物细胞的核内,并整合到染色体中去。

T-DNA 携带的基因只有在插入植物染色体后才被激活表达,其中包括:① **冠瘿碱合成酶基因**(opine synthetase gene),不同 Ti 质粒合成不同的冠瘿碱,**章鱼碱**(octopine)Ti 质粒含有章鱼碱合成酶的基因 *ocs*,**胭脂碱**(nopaline)Ti 质粒含有胭脂碱合成酶的基因 *nos*。②细胞分裂素合成酶基因 *tmr*,这个基因突变的结果激发肿瘤出现大量根的增生,故又称为**根性肿瘤**(rooty tumor)基因。③ 植物生长素合成酶基因 *tms*1 和 *tms*2,这两个基因中任何一个发生突变都会激发肿瘤出现芽的增生,故称为**芽性肿瘤**(shooty tumor)基因。*tmr*、*tms*1 和 *tms*2 这三个基因统称为致瘤基因(*onc*)。

Ti 质粒是理想的植物基因工程载体,将外源基因插入 T-DNA,即可借以转化植物细胞。但是 Ti 质粒太大,操作十分不便,对此提出了两种解决的谋略:一是构建**二元载体系统**(binary vector system);另一是采用**共整合载体**(cointegrate vector)。二元载体系统是将 Ti 质粒的 T-DNA 和 *vir* 基因区段分置于两个载体。T-DNA 通常插在易于操作的细菌小质粒载体中,为免于引起宿主产生肿瘤,将 T-DNA 的致瘤基因全部除去,但保留合成胭脂碱的基因 *nos*,作为遗传标记。*vir* 基因则仍留在缺失 T-DNA 的 Ti 质粒内存在于土壤杆菌中。外源基因插入小质粒的 T-DNA 后,将质粒转移到根瘤土壤杆菌中,在 *vir* 基因产物的作用下 T-DNA 即转入植物细胞核染色体内。

共整合载体是使用无致瘤基因(*onc*⁻)的 Ti 质粒作载体,其中 T-DNA 只保留边缘区和 *nos* 基因,其余部分被删除,而代之以 pBR 型质粒的一段序列,例如,氨苄青霉素抗性基因(*amp*ʳ)序列。外源基因插入 pBR 型的质粒内。为便于 T-DNA 转化后植物细胞的筛选,pBR 型质粒带有对植物细胞有剧毒的新霉素的抗性基因(*neo*),并与胭脂碱合成酶基因(*nos*)的启动子融合,*nos-neo* 杂合基因可在植物细胞内表达。此外,pBR 型质粒还带有细菌选择标记卡那霉素的抗性基因(*kan*ʳ)。携带外源基因的 pBR 型质粒转入根瘤土壤杆菌后,*onc*⁻ Ti 质粒与 pBR 型质粒都存在一段相同的序列,很容易发生同源重组,形成两质粒的共整合体,其中外源基因被包围在 T-DNA 的边缘区之间,因此可转化植物细胞。图 35-18 表示二元载体系统与共整合载体的结构。

pBR 型质粒与一般细菌小的质粒一样,其自身无接合转移的能力,转移需要在携带转移基因 *tra* 和牵引蛋白基因 *mob* 的质粒(如 R64 衍生质粒 R64drd11)帮助下才能发生。pBR 型质粒上有结合 Mob 蛋白的

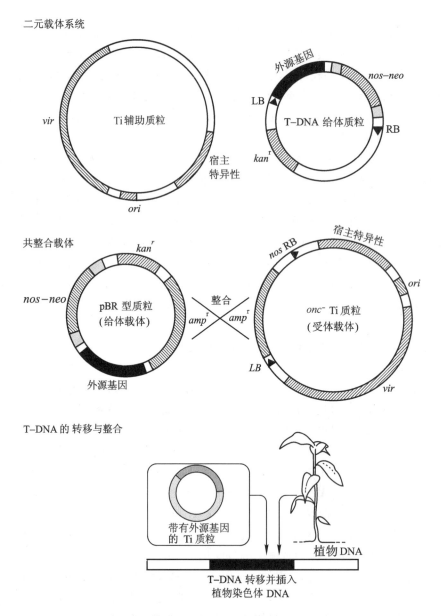

图 35-18　用 Ti 质粒为载体进行植物基因工程图解

位点 *bom*,故能被转移。将带有外源基因的重组质粒由大肠杆菌转移到土壤杆菌,还需要另外一个细菌菌株提供辅助转移的质粒。将三种有关的细菌菌株共同培养,彼此配对,促使质粒转移,称为**三亲株配对**(triparental mating)。三个菌株是:① 具有辅助转移质粒的大肠杆菌菌株;② 具有携带外源基因的给体载体的大肠杆菌菌株;③ 具 *onc*⁻ Ti 质粒衍生的受体载体的根瘤土壤杆菌菌株。它们共同培养时,辅助质粒即转移到给体载体的宿主细胞内,并帮助给体载体转入根瘤土壤杆菌细胞内,随之发生 T-DNA 携带外源基因转移。三亲株配对有较高的转移效率。

　　用于植物基因工程的克隆载体除 Ti 质粒外,还有另一种诱发植物形成肿瘤的质粒,即**发根土壤杆菌**(*Agrobacterium rhizogenes*)的**诱发毛根质粒**(root-inducing plasmid,Ri)。与 Ti 质粒类似,Ri 质粒诱发植物产生**茎瘿**(cane gall),在茎部表面密布毛根。Ri 质粒已被改造成各种用途的载体。特别值得提出的是,Ri 质粒产生的不定根切下来经培养可以再生成可育的植株。此外,各种植物病毒也可改造成为基因载体,如花椰菜花叶病毒(CaMV)DNA 载体即是一例。花椰菜花叶病毒的 35S 启动子被广泛用于构建植物基因工程的表达载体。烟草花叶病毒(TMV)是单链 RNA 病毒,将其 RNA 逆转录成 cDNA 再插入质粒载体,由此构建成重组病毒载体。植物病毒载体易于操作,可以高效感染植物细胞,并在植物细胞中高水平表达。但一般植物病毒载体在植物细胞内并不发生整合,故其携带的外源基因不能通过种子稳定传代。

3. 克隆基因在哺乳动物细胞中的表达

哺乳动物基因工程的表达载体通常都由动物病毒改造而得,常用的病毒如**猿猴空泡病毒40**(simian vacuolating virus 40,SV40)、逆转录病毒和腺病毒等。载体的功能组分包括:① 原核生物的复制起点和选择标记,常选用 pBR 型的基本序列,以构成穿梭质粒,便于操作。② 真核生物的表达控制元件,如启动子和增强子,转录终止和腺苷酸化信号,剪接的信号等。③ 在真核细胞中复制和选择的遗传因子。

SV40 是一种小的二十面体病毒,含双链环状 DNA,长约 5kb,它感染猿猴细胞,如非洲绿猴肾细胞(CV-1 细胞),便产生感染性病毒颗粒,并使寄主细胞裂解,故称猿猴细胞为**允许细胞**(permissive cell)。但如果感染啮齿动物的细胞,就不产生感染性颗粒,病毒 DNA 整合到寄主 DNA 中去,细胞被转化,也就是说发生癌变,啮齿类细胞为**非允许细胞**(non-permissive cell)。人体细胞是**半允许细胞**(semi-permissive cell),只有 1% ~ 2% 的细胞产生感染性病毒颗粒,在极少的例子中发生整合。在允许细胞内,SV40 的基因组形成核小体,成为微小染色体,其表达受严格的时序控制,早期基因转录产物经加工产生两种早期 mRNA,它们分别编码 T 抗原和 t 抗原,T 抗原的功能为启动复制,t 抗原功能尚不清楚。晚期基因转录产物经加工产生三种晚期 mRNA,它们分别产生病毒外壳蛋白 VP1、VP2 和 VP3。SV40 的基因组结构见图 35-19。

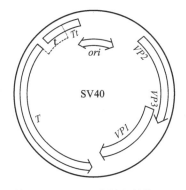

图 35-19　SV40 基因组结构

SV40 病毒载体有两类。一类是**取代型重组病毒载体**(substitution recombinant virus vector)。在这种类型载体中,外源基因取代病毒基因组的一定区段,二者大小相等,因此形成的重组体 DNA 能够被包装成具有感染活性的病毒颗粒,并在哺乳动物允许细胞中增殖。但是重组体中一部分病毒基因被取代,必须用与之互补的辅助病毒或辅助细胞补充缺失的基因功能。较常用的载体是晚期基因取代载体。而其互补的辅助病毒用温度敏感突变体 tsA58,它合成一种温度敏感的 T 抗原,T 抗原的表达受自调节,在 41℃ 时 T 抗原失活并不再合成,但能正常合成病毒外壳蛋白。重组体病毒能提供 T 抗原,结果重组体病毒与突变体 tsA58 均得到复制与包装。如果用早期基因取代载体,复制所需 T 抗原可以由辅助细胞来提供。利用辅助细胞就无需用辅助病毒共感染,常用的辅助细胞为 COS 细胞。将复制起点失活的 SV40 早期基因区段转化猿猴允许细胞 CV-1,由此得到的细胞株称为 COS(CV-1、origin 和 SV40 各取第一个字母)细胞,该细胞能组成地表达 T 抗原,故早期基因取代载体可在其中繁殖,最终导致寄主细胞裂解。

另一类载体称为**重组病毒质粒载体**(recombinant virus plasmid vector)。它是将 SV40 复制起点的 DNA 片段插入大肠杆菌质粒载体中,由此构建成一种病毒复制子-质粒载体,当它在 COS 细胞内就能利用细胞提供的 T 抗原进行质粒的大量复制。无论是上述病毒载体,或是病毒-质粒载体,都只能短时间保留在寄主细胞中,外源基因只能作**瞬时表达**(transient expression),因为病毒的感染或复制子的复制失控,最终都会导致寄主细胞的裂解死亡。

逆转录病毒以其高效感染和整合而受关注,并被构建成基因工程的重要载体。逆转录病毒为致瘤 RNA 病毒,其病毒 RNA 经逆转录产生原病毒 DNA,两端为重复逆转录形成的**长末端重复序列**(long terminal repeat,LTR),5′端附近有结合 tRNA 引物的**引物结合位点**(primer binding site,PBS)和包装位点 ψ,3′端附近有**多聚嘌呤序列**(polypurine tract,PPT),可作为合成正链 DNA 的引物。共有三个编码基因,*gag*(group specific antigen gene,种群特异性抗原基因)、*pol*(polymerase gene,聚合酶基因)和 *env*(envelope gene,被膜基因)。在 *gag-pol* 左边有 **5′剪接位点**(splicing site,SS),右边有 **3′剪接位点**。在构建病毒质粒载体时,将原病毒 DNA 插入大肠杆菌质粒 pBR322,然后删除 *gag*、*pol* 和 *env* 三个基因的大部分或全部序列,加入选择标记和外源基因,常用的选择标记为 *neo*(新霉素抗性基因)、*gpt*(黄嘌呤-鸟嘌呤磷酸核糖转移酶基因)、*dhfr*(二氢叶酸还原酶基因)。重组体 DNA 用以转化适当的受体细胞,并用辅助病毒超感染转化细胞,产生**"假型包装"**(pseudotype)的病毒颗粒,就是说它具有感染所需的全部必要蛋白质,而其中基因组 RNA 却是重组体 DNA 转录的 RNA。如果用包装缺陷的原病毒 DNA 转化寄主细胞,并发生整合,由此可以得到辅助细胞,用以取代辅助病毒。它产生的重组病毒产量甚高,转移基因成功率几乎可达100%。病毒载体的 LTR 具有控制基因整合和表达的能力,可使转化细胞持久表达外源基因,故广泛用于转基因动物和基因治疗。图 35-20 所示为逆转录病毒质粒载体及其 RNA 转录物的一般结构。

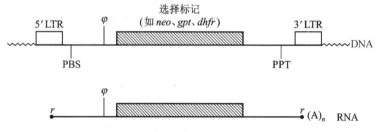

图 35-20　逆转录病毒载体的一般结构

　　各种动物病毒构成的载体各有其特点和特殊用途。逆转录病毒载体具有较高整合和表达外源基因的效率,但只能转染正在分裂的细胞。腺病毒较大,其载体可以容载较大的外源基因片段,并且可以转染非分裂细胞。痘病毒可用于构建工程疫苗。这里不多作介绍。

四、转基因植物和转基因动物

　　1972 年 D. Jackson,R. Symons 和 P. Berg 将外源基因插入 SV40 DNA,构建出首个 DNA 重组体,在此基础上产生和发展了 DNA 重组技术。1982 年 H. De Greve 等人,利用 Ti 质粒使章鱼碱合成酶基因在烟草冠瘿产生的再生植物中表达。同年,R. D. Palmiter 等人将大鼠生长激素基因微注射到小鼠的受精卵内,培育出超级硕鼠。也就是说在 DNA 重组技术诞生 10 年之后,转基因植物和转基因动物培育均获成功,揭开了植物和动物基因工程新的一页。

(一) 获得转基因植物的方法

　　植物细胞具有全能性,一块组织在适当条件下即能诱导长出根、茎、叶,形成植株。将外源基因导入植物细胞,转化的胚性悬浮细胞、胚性愈伤组织或者用**叶盘转化法**(leaf disc transformation)获得的转化叶片,可用植物激素诱导生根和生芽,产生转基因再生植物。

1. 常用的选择标记基因和报告基因

　　将外源的目的基因转化受体细胞,无论用什么化学的、物理的或生物学的方法,通常都只能使一小部分细胞获得外源 DNA,转化率都较低。因此要用选择剂将获得外源 DNA 的转化子选择出来。为使选择剂有效作用,外源 DNA 常带有**选择标记基因**(selectable marker gene)。选择标记基因主要有两类:一是抗性基因;另一是营养性基因。植物细胞通常用抗性基因作为选择标记基因,主要是编码能使抗生素(如新霉素、链霉素、潮霉素和庆大霉素等)或除草剂(如草甘膦、膦丝菌素等)失活的酶。**报告基因**(reporter gene)用来判断外源 DNA 是否成功导入宿主细胞以及检测其表达的水平,通常是一些编码产生荧光的蛋白或催化呈色反应、抗性反应的酶的基因。有时标记基因也可用作报告基因,反之亦然。

　　(1) 新霉素磷酸转移酶基因　　**新霉素**(neomycin)、**卡那霉素**(kanamycin)和**遗传霉素**(geneticin,常用的商品名 G418)均为氨基糖苷类抗生素。新霉素是由弗氏链霉菌(*Streptomyces fradiae*)所产生。因其能与细菌 30S 核糖体亚基结合,抑制蛋白合成,而对革兰氏阳性和革兰氏阴性细菌都有抗菌作用。新霉素亦能抑制植物叶绿体和线粒体的蛋白质合成,破坏光合作用和能量代谢,而杀死植物细胞。大肠杆菌转座子 Tn5 携带的抗性基因 *neo* 编码**新霉素磷酸转移酶**(neomycin phosphotransferase,NPT),或称为**卡那霉素激酶**(kanamycin kinase),能通过磷酸化作用使氨基糖苷类抗生素失活。在转基因实验中,将 *neo* 基因随外源 DNA 导入植物受体细胞中表达,也能使新霉素、卡那霉素以及 G418 失去活性,从而使受体细胞获得对这些抗生素的抗性。该基因已广泛用作植物细胞转化的选择标记基因,并在水稻、小麦、玉米及甘蔗等农作物的转基因实验中获得成功应用。然而值得注意的是,有些单子叶植物细胞对这些氨基糖苷类抗生素天然具有较高水平的抗性,不宜用 *neo* 作为选择标记基因。

(2) *bar*(Basta resistance)基因　除草剂膦丝菌素的商品名为 Basta。它可抑制谷氨酰胺合成酶的活性,使敏感的非转化细胞大量积累氨而致死,由此除去杂草。吸水链霉菌(*Streptomyces hygroscopicus*)的 *bar* 基因编码膦丝菌素乙酰转移酶,能使膦丝菌素失活。表达 *bar* 基因的植物转化细胞能在致死剂量膦丝菌素存在下存活并生长,而非转化细胞在 10~20 天内死亡。*bar* 基因已在水稻、小麦、玉米、高粱以及大麦、燕麦、黑麦等多种粮食作物的转基因研究中得到成功应用。

(3) 绿色荧光蛋白基因　当前常用的报告基因有:**β-葡糖苷酸酶**(*β*-glucuronidase,GUS)基因、**荧光素酶**(luciferase,LUC)基因、**氯霉素乙酰转移酶**(chloramphenicol acetyltransferase,CAT)基因和**绿色荧光蛋白**(green fluorescent protein,GFP)基因。其中以绿色荧光蛋白基因使用最为方便。

报告基因的用途很多,除了检测外源基因是否导入受体细胞以及在受体细胞中的表达水平外,亦可以用来研究启动子、增强子、各类顺式作用元件和反式作用因子以及表达要求的条件。报告基因还可用来研究蛋白质之间的相互识别和相互作用,寻找特定蛋白作用的靶蛋白。例如,S. Fields 等人建立的酵母双杂交技术,可以从一个 cDNA 文库中用已知蛋白质(X)找出与之相互作用的未知蛋白质(Y)。通常转录激活蛋白都有两个结构域:一个是 DNA 结合结构域(DNA-binding domain,DNA-BD);另一个是激活结构域(activation domain,AD)。将已知蛋白 X 的基因与编码 DNA-BD 的基因融合,构建成 BD-X 融合蛋白的表达载体。BD-X 融合蛋白被称为是诱饵(bait)蛋白。未知蛋白 Y 基因(或是 cDNA 文库中的序列)与 AD 基因融合,构建其表达载体。AD-Y 融合蛋白被称为是猎物(prey)蛋白,或靶(target)蛋白。将诱饵和猎物两者的表达载体导入携带报告基因的酵母细胞中,表达产物 BD-X 结合在报告基因**上游激活序列**(upstrem activating sequence,UAS)上,若 X 与 Y 能相互作用,AD-Y 就会激活报告基因的表达。反之,报告基因不表达或很弱表达(因有内源激活因子存在)。

GFP 基因分离自多管水母(*Aequorea victoria*)。荧光蛋白与荧光素酶的发光机理不同,绿色荧光蛋白能吸收蓝光激发出绿色荧光;荧光素酶需在 ATP 存在下氧化荧光素才能激发产生荧光。绿色荧光蛋白能够直接激发荧光,不仅操作简单方便,而且易于在生物体内检测,使用**共聚焦显微镜**(confocal microscope)可以直接观察到 GFP 在生物体内的表达状况。绿色荧光蛋白对生物学研究意义十分重大,因此 2008 年诺贝尔化学奖授予在该领域作出巨大贡献的三位科学家 Martin Chalfie,Osamu Shimomura(下村修)和 Roger T. Tsien(钱永健)。

2. 转基因植物的再生

高等植物除通过花粉受精进行有性生殖外,还可以通过插枝和外植体(即用于组织培养的植物体)生根、生芽,形成完整植株,进行无性生殖。植物细胞具有全能性,就是说分化的植物细胞在一定条件下仍然可以脱分化和再分化,具有发育成植株的潜能。转基因植物细胞或组织可以通过**愈伤组织培养**(callus culture)和**原生质体培养**(protoplast culture)诱导分化成为可育的成熟转基因植株。花粉有时亦可诱导产生愈伤组织,进而分化出单倍体植株。

(1) 愈伤组织培养　植物伤口会长出一团软的薄壁细胞,称为愈伤组织。该组织逐渐积累酚类化合物并且变硬,有效封闭伤口,即为植物的伤疤。如果将新鲜的、柔软的愈伤组织转移到含有无机盐、糖、维生素、氨基酸和适量植物生长激素的培养基上,细胞就不被硬化,而继续分裂,成为相对未分化的细胞。通过改变培养基中**植物激素**(phytohormone)的种类和浓度,就会诱导愈伤组织发生分化。主要植物激素有:**植物生长素**(auxin)、**细胞分裂素**(cytokinin)和**赤霉素**(gibberellin)。当植物生长素对细胞分裂素比值高达一定水平时,即会诱导根的产生;而当细胞分裂素对植物生长素的比值高达一定水平时,即会诱导芽的产生。有时愈伤组织在培养过程中能形成**胚状体**(embryoid)的结构。由愈伤组织培养分化产生完整可育的植株称为**植株再生**(regeneration)。

除植物激素的浓度比例外,各种因素也对愈伤组织的再分化有重要影响。如培养细胞的时间、湿度、光强、pH 等,而且不同物种和不同外植体组织也有不同的培养要求,需要通过实践来摸索。需要指出的是,并非所有植物都能进行愈伤组织培养,也并非所有愈伤组织都能再生出植株。当愈伤组织培养不成功时,就需要改用其他途经获得再生植株。

（2）原生质体培养 植物细胞的细胞壁可以用**纤维素酶**（cellulase）和**果胶酶**（pectinase）混合作用消化掉。蜗牛酶是从蜗牛的嗉囊和消化道制备的混合酶，其中含有**纤维素酶**、**半纤维素酶**（hemicellulase）、**果胶酶**、**几丁质酶**（chitinase）等 9 种酶，实验室常用来消化酵母和植物细胞的细胞壁。在渗透压平衡的培养液内，去掉细胞壁的原生质体游离出来，其质膜易受各种物理和化学因素的影响，但也容易通过磷酸钙、阳离子类脂、PEG 介导、电穿孔等方法将外源 DNA 导入原生质体。不同物种的原生质体之间经适当处理可以发生融合，形成杂交种。原生质体融合使远缘植物之间染色体的重新组合成为可能。

植物的多种组织都能产生游离的原生质体，然而最常用的还是叶肉组织（mesophyll tissue）。比较而言，叶肉组织更易分离，再生能力也较强。原生质体在等渗液体培养基或软琼脂培养基上培养数天，就会重新合成出细胞壁，并开始细胞分裂。将单个细胞先放在滤纸片上，再移到植物细胞层上，可以较好促进细胞生长和分裂，称为**饲养层技术**（feeder layer technique）。由此形成愈伤组织就可用于继代培养，诱导再生出完整可育的植株。无论是悬浮培养物或是愈伤组织都不宜过长时间保存，过长保存会丧失再生能力。而且还会发生有丝分裂异常，产生出多倍体、非整倍体和染色体畸形。

（3）花粉培养单倍体植株 高等植物在自然界主要以二倍体形式存在，有时也可以是多倍体，单倍体极为罕见。单倍体植物不能进行有性生殖，只能无性繁殖。通过花粉培养可以得到单倍体原生质体，也可以得到单倍体愈伤组织，经过激素诱导便可再生出单倍体植株。单倍体育种对实验室研究极为重要。这是因为单倍体育种周期短；而且单倍体只有一套基因，不分隐性和显性，便于基因突变体的分离；也便于分析野生型和突变型基因的作用；尤其在基因表达调节元件和调节因子的分析中单倍体育种的优势更为突出。用化学药剂（如秋水仙碱）处理单倍体细胞或原生质体，得到纯二倍体，诱导产生二倍体植株可以进行有性生殖。

3. 外源基因在植株中的表达

植物细胞的基因表达在多层次上受到调节和控制，大致有三种类型：① 组成型，一些**持家基因**（housekeeping gene），如编码结构蛋白和维持基本生理功能的蛋白质的基因，通常都能持续表达。② 封闭型，位于异染色质上的基因始终被封闭。③ 特异型，它们往往只在特定的组织、特定的发育阶段、或特定的条件下（光照、温度、重金属等）表达。为提高外源基因在植株中的表达水平和特异性，克服转基因失活，获得更理想的转基因植株，需要抓好三个环节：① 构建基因表达载体；② 筛选转化细胞；③ 培育转基因植株。上面已经介绍如何借助标记基因和报告基因筛选转化细胞、培育转基因植株。这里主要叙述如何选择基因表达的调控序列和改造基因，以及如何避免转基因沉默。

（1）构建高效基因表达载体 实现高效基因表达的首要条件是在基因上、下游插入合适的启动子、终止子和其他调控序列，并对基因序列作适当改造。较为常用的组成型启动子是花椰菜花叶病毒（CaMV）指导 35S RNA 合成的启动子，简称为 35S 启动子。该启动子在单子叶和双子叶植物中都适用，但在单子叶植物中较弱。单子叶植物常用的启动子是水稻肌动蛋白基因启动子 Act1 和玉米泛素基因的启动子 Ubi。有些基因工程要求选用组织特异性表达的启动子，例如由**花粉绒毡层特异启动子**（tapetum-specific promoter）指导核糖核酸酶 mRNA 的表达，培育出雄性不育的转基因农作物。有些启动子受特异因子的诱导，大致可将这些诱导型启动子人为分为三类：A 型启动子可对特定的植物激素做出反应，植物激素包括脱落酸（ABA）、生长素、赤霉素、分裂素、系统素（创伤诱发产生）等；B 型启动子受环境物理化学因素的诱导，环境因素如高温、低温、水涝、盐渍、重金属离子污染等；C 型启动子受人工合成的化合物诱导，对抗生素和化学药剂发生反应。

终止子对提高基因表达水平也有较大影响，常用的终止子有 CaMV 35S 终止子、nos 终止子等。根据外源基因表达的要求，应在适当位置插入各种调节序列。在选用各类启动子、终止子和不同的调节序列中，各实验室的创新层出不穷。

为了提高基因表达效果，对调节序列和基因作适当改造是十分有益的。有报导将同一启动子重复串联能增强其作用；还有将两个不同的启动子融合或是改变启动子内部某些序列，取得显著效果。基因的非编码区影响 mRNA 的二级结构，也影响调节蛋白质和调节 RNA 与之作用，某些序列的改变可能会对表达有重要影响。插入高表达基因的内含子 1 和外显子 1 有时能显著提高基因表达水平。采用转基因植物自身的偏爱密码子常能取得好的效果。有时外加定位的信号序列可以帮助基因产物定位输送。

（2）克服转基因沉默 从 20 世纪 80 年代初转基因植物获得成功以来,已有数百种重要农作物品种性状进行遗传转化,植物基因工程发展极为迅速。可以说基因工程改变了农业面貌。在转基因植物的实践中常遇到的一个问题是外源基因表达很弱或不表达,即**转基因失活**（transgene inactivation）或**转基因沉默**（transgene silencing）。当发生转基因沉默时如果植株自身存在同源基因,同样也被**共遏制**（cosuppression）。现在已经研究清楚,这种转基因沉默可以发生在基因表达的不同水平:转基因 DNA 的**甲基化**和**异染色质化**（DNA methylation and heterochromatinization）导致**转录水平基因沉默**（transcriptional gene silencing,TGS）;转基因 mRNA 的翻译受抑制和被降解,则是**转录后基因沉默**（post-transcriptional gene silencing,PTGS）。

一般来说,外源基因的整合是随机的,当整合在重复序列和异染色质区内或其附近,外源基因即被甲基化和异染色质化,这是**位置效应**（position effect）。若外源基因成串多拷贝整合,其转录 RNA 回折形成互补双链 RNA,引起 RNA 干扰。两者均会造成转基因沉默。**基质附着区**（matrix attachment region,MAR）或称为**支架附着区**（scaffold attachment region,SAR）是一段与细胞核中蛋白质基质特异结合的 DNA 序列。在表达载体外源基因的两侧插入 MAR 序列,然后导入植物细胞并整合进宿主基因组 DNA。MAR 与核基质结合,外源基因形成突环（loop）,从而阻断了邻近 DNA 序列对基因表达的影响,可以阻止或减轻转基因沉默。借助选择标记基因和报告基因,对转基因细胞进行筛选,仔细挑选出高效表达外源基因的细胞,可以一定程度上淘汰掉转基因沉默细胞。

（二）获得转基因哺乳动物的方法

转基因植物和转基因动物获得的方法有不同点,也有相同点,取决于两者细胞的异同。主要差别在于,植物细胞有细胞壁,动物细胞没有;植物细胞有全能性,动物细胞没有,但是动物细胞核具有全套遗传信息,将体细胞核移植到去核的受精卵中可以在一定程度上返回未分化状态。

1. 哺乳动物细胞转基因选择标记

哺乳动物细胞的转基因载体或由病毒改造而成,或由质粒加真核细胞基因表达元件而成。病毒载体可以直接感染宿主组胞;质粒载体经扩增后可以切除质粒部分,将外源基因通过磷酸钙、脂质体、电击法或显微注射法导入细胞。显微注射需逐个细胞操作,但注射到生殖细胞、胚胎干细胞和受精卵中却十分有效。外源基因常需要带上选择标记基因,以方便检测和筛选。经常使用的标记基因有:胸苷激酶基因（tk）、二氢叶酸还原酶基因（$dhfr$）、氯霉素乙酰转移酶基因（cat）、黄嘌呤-鸟嘌呤磷酸核糖基转移酶基因（$xgprt$）以及新霉素磷酸转移酶基因（neo）。选择标记一定要与对应的选择系统配套使用。

（1）胸苷激酶基因 胸苷激酶（thymidine kinase,TK）催化胸苷转化为胸苷酸,与胸腺嘧啶和胸苷的再利用有关。该基因分离自单纯疱疹病毒（HSV）,几乎所有真核细胞中都能表达,因此被广泛使用。如若将细胞培养在添加 5-溴尿嘧啶脱氧核苷（BUdR）的培养基中,BUdR 作为胸苷类似物转化为胸苷酸并掺入细胞 DNA 分子中,导致 DNA 复制错误。携带 BUdR-DNA 的细胞对紫外线（UV）敏感,可被 UV 迅速杀死,而 TK 失活的细胞（TK-表型）却能够存活下来,用这种方法可以筛选到 TK-表型细胞株。**氨基蝶呤**（aminopterin,APT）和**氨甲蝶呤**（methotrexate,MTX）是二氢叶酸还原酶的抑制剂,能够阻止四氢叶酸的生成,从而抑制嘌呤核苷酸和胸苷酸的合成。HAT 选择培养基中加入次黄嘌呤（H）、氨基蝶呤（A）和胸苷（T）,TK-表型细胞株不能在其上存活;但是携带 tk 选择标记的细胞因能利用胸苷并有次黄嘌呤提供嘌呤来源,因而被保存下来。

（2）二氢叶酸还原酶基因 如上所述,氨甲蝶呤（MTX）能抑制通常的二氢叶酸还原酶,但在自然界存在或经人工诱变,可以得到抗 MTX 的二氢叶酸还原酶基因,携带具有抗性的 $dhfr$ 标记细胞能在含 MTX 的培养基中生存。从小鼠成纤维细胞株的抗 MTX 突变体和细菌的抗药性质粒上分离到 $dhfr$ 标记基因,并已用来转化哺乳动物细胞,使其获 MTX 的抗性。

（3）氯霉素乙酰基转移酶基因 该基因分离自大肠杆菌转座子 Tn9,编码的酶能够催化乙酰基从乙酰辅酶 A 转移到氯霉素分子上,与一个或两个羟基反应,使氯霉素失活。氯霉素能作用于细菌和真核生物线粒体的核糖体,抑制其肽酰转移酶活性,从而抑制蛋白质合成。真核生物细胞自身不具有氯霉素乙酰基转移酶(CAT),但真核细胞的启动子接到外源 cat 上能指导其表达。测定 CAT 酶活性,可以定量测出外源基因的表达水平。

(4) 黄嘌呤-鸟嘌呤磷酸核糖基转移酶基因 黄嘌呤-鸟嘌呤磷酸核糖基转移酶(XGPRT)催化黄嘌呤或鸟嘌呤与磷酸核糖焦磷酸(PRPP)反应,生成黄嘌呤核苷酸(XMP)或鸟嘌呤核苷酸(GMP)。这是嘌呤补救途径的一种酶。大肠杆菌有此酶,但哺乳动物没有。哺乳动物只有类似的次黄嘌呤-鸟嘌呤磷酸核糖基转移酶(HGPRT),因此哺乳动物能再利用次黄嘌呤,而不能利用黄嘌呤,黄嘌呤只能进入分解途径。抗生素**麦可酚酸**(mycophenolic acid,MPA)能特异抑制次黄嘌呤核苷酸(IMP)脱氢酶,阻断 IMP 转变为 XMP。培养基中加适量麦可酚酸和氨基蝶呤并补充黄嘌呤和腺嘌呤,哺乳动物细胞因在其中不能合成 GMP 而无法生存,导入选择标记 xgprt,即能利用 XMP 合成 GMP 而存活。

(5) 氨基糖苷磷酸转移酶基因 在结构上新霉素、卡那霉素和庆大霉素十分相似,都能抑制核糖体上蛋白质的合成而杀死细胞。neo 编码的新霉素磷酸转移酶(NPT)能使 G418 失去活性,因此成为哺乳动物细胞培养较常用的一种选择标记基因。

2. 哺乳动物细胞的基因组编辑

基因工程新技术不断涌现,对细胞基因组进行精心编辑(editing)已成为可能。20 世纪 80 年代末兴起**基因打靶技术**(gene targeting)。通过转染导入的外源基因与核内基因组的目标基因发生**同源重组**(homologous recombination),使外源基因定点整合,对基因作**敲除**(knock-out)或**敲入**(knock-in)。90 年代末发现 RNA 干扰现象,通过 siRNA 使基因表达**敲减**(knock-down),某些调节 RNA 还能促进基因表达。近年来陆续推出一些能够特异识别序列并定点切割基因组 DNA 的核酸酶,借以精确修饰和改造基因。这些技术有助于对基因功能的研究,并应用于医学基因治疗。

(1) 基因敲除和敲入 当外源打靶基因与内源目标基因之间存在同源序列时,导入外源基因就能够与目标基因间发生同源重组,从而改变细胞遗传性状。结果或是使目标基因失活(敲除),或是用正常基因矫正目标基因突变(敲入),或是可用于检查改变某些序列的效果。同源序列应大于 25 bp,同源序列越长打靶效率越高,长达 14 kb 时效率最高。发生同源重组时,首先由断开的 DNA 末端与靶基因同源区配对,再发生链交换、断裂和再连接等一系列反应(见第 31 章)。因此,基因打靶载体应线性化,使片段(包括外源打靶基因和选择标记基因)两末端分别为目标基因两侧的同源序列。现在基因敲除和敲入技术已有极大改进,并有各种配套的试剂盒出售。

(2) 基因表达的敲减和激活 基因入侵或异常表达常产生双链 RNA(dsRNA),引起 RNA 干扰,造成基因沉默。这种基因沉默与基因敲除不同,往往只是降低基因表达的水平,并不能彻底排除基因表现的性状,故称为敲减。采用回文序列构建小发夹 RNA(shRNA)表达载体,在细胞内经 Dicer 加工产生干扰小 RNA(siRNA)。微 RNA(microRNA,miRNA)和其他调节 RNA 也可以通过基因工程导入哺乳动物细胞,调节目标基因的表达。

(3) 特异切割基因的核酸酶 有害基因,如病毒基因、癌基因和其他致病基因,可以通敲除和敲减来消除;然而正常基因发生突变导致失去功能,就不能采取敲除或敲减的方法,而需要精确修复。进入 21 世纪,一些新的基因编辑技术得到迅速发展,其中最突出的是先后推出的三种特异切割基因的核酸酶,ZFN、TALEN 和 CRISPR-Cas。前两者由蛋白质的 DNA 结合结构域指导核酸酶对基因的特异切割;后一者由 RNA 指导核酸酶特异切割。借助这些核酸酶,使基因组的精确修饰和编辑成为可能。

锌指核酸酶(zinc-finger nuclease,ZFN)是由锌指蛋白与核酸酶融合而成。锌指结构域广泛存在于各种 DNA 结合蛋白,含有一个或多个锌指单位,每个单位有 30 多个氨基酸残基,分别形成 β 折叠和 α 螺旋,两者回折并通过前者所含两个 Cys 和后者两个 His 以配价键结合一个 Zn^{2+},由此形成锌指结构。锌指核酸酶为异二聚体,当两个亚基结合在一起才有核酸酶活性;而锌指的 α 螺旋能识别 DNA 的碱基序列,每一螺旋能识别并结合 3~4 bp。由不同亚基组合形成的锌指蛋白可以识别不同 DNA 序列。构建 ZFN 表达载体导入细胞,用以特异切割基因组 DNA,然后借助细胞双链断口修复机制使末端连接。**非同源末端连接**(non-homologous end-joining,NHEJ)发生频率高,但易引入突变;如有同源序列存在,可产生**同源定向修复**

（homology-directed repair，HDR）。借助 ZFN 得以实现基因敲除、敲入、激活、突变和修复。

转录激活因子样效应物核酸酶（transcription-activator-like effector nuclease，TALEN）是由植物细菌**黄单胞杆菌**（Xanthomonas）产生的对 DNA 序列具有高识别能力的效应物附加核酸酶而成。锌指核酸酶的设计思路很好，但锌指识别 DNA 序列的能力较差，而且并不是所有基因都能找到与之特异作用的锌指结构，锌指核酸酶的效率较低，再者其**脱靶**（off-target）作用有较大为害。当发现 TAL 效应子具有极强识别碱基序列能力，就将 TAL 效应子取代锌指，构建 TALEN 用于特异切割基因。TALEN 也是二聚体，所用的核酸酶与 ZFN 一样，实际用法与 ZFN 基本相同，而 TALEN 的氨基酸序列与碱基序列有对应的关系，一个氨基酸对应两个碱基，因此较易设计和构建出特异切割基因一定序列的 TALEN。而且后者效率高，脱靶作用远比 ZFN 为低。

CRISPR（clustered regularly interspaced short palindromic repeat，成簇规则分散短回文序列）**-Cas** 系统依赖于 RNA 对 DNA 序列的识别，因此有更高的识别能力。CRISPR-Cas 系统是细菌用于对付入侵 DNA 的防御系统。该系统基因座包括 CRISPR 序列和 Cas 基因。CRISPR 含有前导序列、一系列短的回文重复序列和间隔序列。Cas 基因编码 DNA **切割酶**（nickase）。**反式激活 crRNA**（trans-activating crRNA，tracrRNA）是重复序列的转录产物。当有外源 DNA（噬菌体或质粒 DNA）入侵时，细菌能够获取小段外源 DNA 序列插入 CRISPR 的间隔区，并由 CRISPR 转录产生 crRNA（即向导 RNA，gRNA）的前体（Pre-crRNA）。Pre-crRNA 与 tracrRNA 结合形成 Pre-crRNA：tracrRNA 二元复合物，经加工产生成熟的 crRNA。由于 crRNA 含有外源 DNA 片段的序列，可以识别外源 DNA，其与 Cas 的复合物在 crRNA 的指导下特异切割外源 DNA。人工合成的 CRISPR-Cas 系统表达载体能够在细胞内产生 Cas9（Cas 的一种）和 gRNA，在 gRNA 的 5'端含有 20 个 nt 的识别序列，可用以指导 Cas9 的特异切割（图 35-21）。Cas9 的 HNH 结构域切割 DNA 互补链，RuvC 结构域可以同时切断另一条链（DSB）。单链切断易被重新连接，双链切断可以进行基因的敲除、敲入和修复等遗传信息的编辑。CRISPR-Cas 技术也可用于细菌、真菌和各类动植物的基因组改造，但人类和哺乳动物基因组精确编辑显然更被关注，研究得更多。该技术被认为是近十年来基因工程在技术上最重大的突破之一。

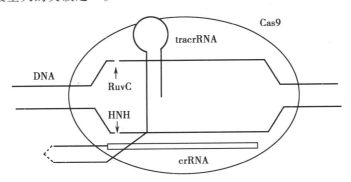

图 35-21　CRISPR-Cas 切割外源 DNA 示意图

tracrRNA 借碱基配对激活 crRNA，由 crRNA 识别外源 DNA，引导 Cas 切割外源 DNA 双链。为方便基因工程操作，将两 RNA 连在一起（用虚线表示）。

3. 获得转基因哺乳动物个体

高等动物体细胞不具有全能性，因此转基因细胞株不能直接培育为成年个体。利用病毒载体携带外源基因只能感染局部组织和细胞。从成年个体中取出部分组织和细胞，在体外进行基因组编辑，然后再输送回个体，可以作为基因治疗的一种手段。例如，从 HIV 携带者分离出 CD4 阳性 T 细胞，在体外改造其受体基因再送回体内，能够有效提升 T 细胞数量，提高免疫力，减轻发病症状。为获得转基因哺乳动物个体，需将外源基因导入生殖细胞、受精卵或胚胎干细胞，才能培育成转基因个体或嵌合体。采用细胞核移植法克隆动物，也必须将核移植到去核的受精卵内。

（1）显微注射法将外源基因导入受精卵　在哺乳动物的受精过程中，精子进入卵细胞后一个小时内，**雄性前核**（male pronucleus）和**卵细胞核**（egg nucleus）一直保持分开。及至卵细胞核完成减数分裂，成为**雌**

性前核(female pronucleus),才发生核融合。显微注导入外源基因的最好时间就是在受精后一小时之内,此时雄性前核比雌性前核更大,在显微镜下更易操作,更易取得转基因成功。显微注射的外源 DNA 通常是删除原核载体序列的线性分子。

完成显微注射后将数十个(一般取 25~40 个)受精卵用显微外科手术移植到代孕雌性哺乳动物的子宫内。先让雌性动物与切断输精管的雄性交配,然后移植受精卵,因雄性动物在交配过程并无精子,雌性动物自身的卵细胞不会受精。受精卵移植到子宫后逐渐发育生长为幼子,首例转基因小鼠就是用这样的方法产生的。并不是所有受精卵都能在代孕母体子宫内发育生长,也不是所有生下的幼子都转基因成功,因此要对后代幼子进行鉴定和筛选。

现在已有许多方法提高转基因的成功率,也有许多方法使外源基因定向整合,并且可以控制外源基因在特定发育阶段、特定组织中表达。用显微注射法将外源基因导入受精卵而发育成为转基因动物成年个体,已在各类实验动物和家畜、家禽、鱼类等获得成功,转基因动物在技术上已经成熟。

(2)由转基因胚胎干细胞培育嵌合体   哺乳动物发育过程细胞发生分化,但仍有一些细胞保持较低分化水平,具有进一步分化为功能细胞的潜能,称为**干细胞**(stem cell),如造血干细胞、皮肤干细胞和神经干细胞等。从受精卵发育早期的胚泡中分离出来具有全能性的细胞称为胚胎干细胞(embryonic stem cell,ES),这类细胞将分化为各种组织。将这类细胞取出,由病毒载体或其他方法导入外源基因,经过筛选和鉴定,得到外源基因在正确位点整合并较好表达的 ES 细胞。然后再将转基因 ES 细胞放回胚泡中,胚泡移植到代孕母体子宫内。由此产生嵌合转基因动物。再经过多代选择、培育、交配,才能得到纯合的转基因动物。

(3)有缺陷线粒体的置换   线粒体是细胞的能量供应站,并且是柠檬酸循环等代谢途径进行的场所。线粒体含有自身的 DNA,当线粒体 DNA 有缺陷时,将给个体带来许多有害症状,严重时可能威胁到生命。父、母双方各为子代细胞提供一套基因,而子代细胞的线粒体均来自母体卵细胞。如果确定某个体的线粒体有缺陷,而且这种缺陷是由线粒体 DNA 造成的,那么,矫正其后代线粒体缺陷的最好方法是进行"胞浆置换"。该技术是将母体卵细胞的核转移到另一线粒体正常的去核卵细胞内,然后再受精和孕育。"三亲线粒体"是指线粒体蛋白质大部分由父母双方的核基因所编码,而另一女性提供线粒体 DNA 编码某些线粒体特殊的蛋白质。

(三)基因工程的安全性

早在 1972 年,P. Berg 等人在 SV40 环状 DNA 分子中插入外源基因乳糖操纵子,构建了第一个 DNA 重组体。但考虑到 SV40 具有潜在致癌危险,Berg 等人终止了他们的 DNA 重组工作,表现出科学家对基因工程安全性的高度责任心。一些科学家对 DNA 重组技术抱有巨大热情和期望;另一些科学家则对其安全性极为担忧。一些有远见的生物产业主和商人已急切筹备早日将重组 DNA 产品投放市场。而不少群众害怕 DNA 重组技术会带来生物灾难,加上媒体炒作,一时间舆论哗然,有些城市还发生上街游行示威反对进行重组 DNA 的研究和产业化。对此,科学家们于 1975 年在美国加州 Asilomar 召开国际会议,共同商讨转基因生物安全问题。会议取得共识:重组 DNA 会带来巨大利益,也存在极大风险;必须对重组 DNA 研究采取严格的安全管理。1976 年美国国立卫生院(NIH)发布《重组 DNA 分子研究准则》,在这之后,德、法、英、日、澳等国政府也发布了类似的准则或指南。我国的重组 DNA 工作起步较晚,1990 年有关部委才发布《重组 DNA 工作安全管理条例》。由此统一了对重组 DNA 研究的认识,加强了安全管理。其后这类准则或条例不断有修改并拟定了许多具体的规定。

重组 DNA 的安全问题可分为三个层次:实验室、生产和产品的安全性。

1. 重组 DNA 实验室操作的安全性

潜在的**生物危害**(potential biohazard)主要有三方面:① 有害的细菌和病毒;② 癌基因和其他致病基因;③ 污染环境和破坏生态平衡。首先,为防止在实验室操作过程发生任何生物危害事件,重组 DNA 的载体和宿主必须是安全的,如若涉及有害基因,载体自身必须没有转移能力,宿主必须不能离开实验室生存。也就是说,不会发生有害基因和重组体从实验室逃逸。其次,在工作过程要注意无菌操作,所有转基因细胞都必须经高压灭菌,才能洗涤并倒入下水道。第三,尤为重要的是,实验室的**物理防护**(physical containment)，也即实验室的构造和设备。

根据所从事研究涉及的潜在生物危害程度，对实验室的物理防护设定四个等级，P1 至 P4。P1 实验室从事一般重组 DNA 的操作，也就是利用普通的微生物学和生物化学实验室，但要在酒精灯或煤气灯旁无菌操作，一切基因工程产品和菌种都需高压灭菌后才能废弃。因为我们不希望抗性基因被扩散，而且所用大肠杆菌为条件致病菌，再者重组 DNA 可能发生未知事件，因此对非致病基因的重组仍需严格遵守实验室的安全规则。

P2 实验室从事可能有害但不严重的基因操作，在普通实验室内放置**无菌操作箱**（manipulator trunk），操作箱可灭菌，抽气使箱内为负压，空气通过滤器进入箱内，箱内空气和悬浮细颗粒或气溶胶不扩散到箱外，手经套筒伸入箱内进行无菌操作。

P3 实验室可以从事有害基因和病原体的基因操作，整个实验室可消毒灭菌，抽气时室内为负压，空气通过滤器进入室内，人员进出需通过缓冲室。

P4 实验室可从事高危病原体的基因操作。整个实验室群为特殊设计的独立建筑，与外界有隔离带，人员进出实验室需先沐浴更衣，穿上隔离正压防护服，实验室为负压，因此室内空气不会进入防护服。实验室空气经无菌过滤，水和所有物品都需经过特殊处理才离开实验室。2015 年建立的中国科学院武汉国家生物安全实验室即为 P4 实验室，可独立开展高危的埃博拉病毒研究。

2. 转基因生物产业生产的安全问题

转基因生物技术产业是高科技产业，生产基地相当于扩大的实验室，上述安全规则在生产中也必须严格执行。此外，大规模生产对安全管理也有一些特别需要关注的问题：① 如何防止转基因生物的扩散；② 如何防止重组基因（包括目标基因、选择标记基因和报告基因）的扩散；③ 如何处理转基因生物的废弃物；④ 如何防止对环境的污染；⑤ 如何防止破坏生态平衡。

（1）生产基地需要有隔离带，防止转基因生物扩散　转基因农作物的大田周围应有隔离带，最好还在附近种植不接受转基因花粉的其他作物作为缓冲区。植物花粉或通过风媒、或通过虫媒进行传播，都有一定距离。由于隔离带和缓冲区的存在，可以有效防止花粉扩散。家畜、家禽养殖场也应有隔离墙，严防转基因动物逃逸。

（2）生产基地严格消毒，以阻止细菌或病毒携带重组基因转移　在构建原核生物 DNA 重组体时删除了载体自身重组和转移功能，但在外源病毒作用下所转基因有可能发生再重组和被包装，从转基因生物中逃逸。因此严格的隔离和消毒措施是必要，尤其在家畜、家禽饲养场。

（3）集中处理转基因生物的废弃物　废弃物数量庞大。为防止重组基因扩散，所有废弃物都要集中处理。

（4）防止对环境的污染　转基因生物对环境最主要的污染是"基因污染"。对环境的监测数据表明，各类抗性基因有不同程度的扩散。从一些土壤微生物和下水道微生物中都测到对抗生素抗性有显著提高，一方面是由于大量使用抗生素，在选择压力下微生物的抗性提高；另一方面，抗性基因的扩散也是重要原因。抗虫害基因和抗除草剂基因也在扩散，曾报导出现过"超级杂草"。

（5）防止破坏生态平衡　迄今尚未有转基因生物破坏地球生态平衡的报导。广泛使用 Bt 基因并没有减少鳞翅目昆虫的种类和数量，也没有影响到以昆虫为食的鸟类种类和数量，毕竟转基因生物只存在局部地区。也尚未发现转基因生物对任何物种的进化速度有何改变，例如，种植转基因作物地区昆虫和杂草的进化未发现有何异常现象。但是生态平衡的影响是长期的，对此决不能掉以轻心，必须坚持监测和深入研究。

3. 转基因食品的安全问题

转基因食品的安全性是关系国计民生的重大问题。美国比较开放，已有百多种转基因食品批准上市；欧洲比较保守，仅少数种类食品上市。对转基因食品的安全性至今仍争论不休。究竟应该如何对待转基因食品，一是要看到转基因食品是发展方向，应积极对待；二是要严格执行安全措施。政府的食品管理、环境保护和监测部门与科研单位和生产单位应相互配合，共同确保食品安全。

转基因食品必须完成动物试验，才能报送审批上市。转基因食品要严格监测，除需符合食品质量标准外，还应达到转基因食品的规格标准。

（1）转基因食品中可能含有转基因 DNA，其含量有严格限制　食品中不能残留任何有潜在危害性的基因 DNA,对一般转基因 DNA 的残留量也有严格规定。

（2）转基因食品不能含有过敏原　曾报导为提高大豆蛋白的甲硫氨酸含量,通过转基因引入甲硫氨酸含量高的巴西坚果蛋白基因,结果食用转基因大豆后导致多人过敏反应,该转基因大豆即被停止使用。转基因食品中不能有过敏原,也不能有易引起过敏反应的表位结构。

（3）关注转基因食品对免疫力的影响　曾有多项研究报导称,喂饲转基因玉米和转基因马铃薯后,大鼠体重下降,免疫力下降。虽然其后在复查中发现上述报导的动物数量不够,缺乏严格对照,不足以得出结论,但转基因食物对免疫力的影响仍然是动物试验以及人类食用后的观察重点。

（4）关注转基因食品对生殖力的影响　转基因的影响也许是长期的,因此需要在动物试验和人类食用后关注对生殖力和遗传是否有影响。

（5）转基因食品都应该标明　所有转基因食品都应说明转了什么基因。食用者应有知情权和选择权。

总之,发展转基因食品是今后总的趋势,加强安全管理则是关键。

五、蛋白质工程

通过基因工程能够大规模生产生物体内微量存在的活性物质,并借助转移基因而改变动、植物性状,得以在人类医疗保健中进行基因诊断和基因治疗。然而,在广泛利用自然界存在的各种蛋白质的过程中就发现,这些蛋白质只是适应生物自身的需要,而对它们产业化开发往往并不合意,需要加以改造。1983年美国基因公司的 Ulmer 首先提出蛋白质工程这个名词,它是指按照特定的需要,对蛋白质进行分子设计和改造的工程。自此之后,蛋白质工程迅速发展,已成为生物工程的重要组成部分。

（一）蛋白质的分子设计和改造

蛋白质工程的产生和发展是许多学科相互融合、共同努力的结果,它涉及包括生物物理学、生物化学、分子生物学、计算机科学和化学工程学以及一些有关的相邻学科和交叉学科。蛋白质工程是在充分掌握蛋白质结构规律的基础上发展起来的,通过对蛋白质一级结构、晶体结构和溶液构象的研究,积累了成千上万种蛋白质一级结构和高级结构的数据资料,并编制成系统的数据库,得以从中找出蛋白质分子间的进化关系、一级结构和高级结构的关系、结构与功能的关系等方面的规律。特别值得指出的是,计算机科学技术和图像显示技术的迅猛发展,使蛋白质结构分析、三维结构预测和模型构建、分子设计及能量计算等理论与技术以及相关软件,正在发展成为一个独立的研究领域,而成为生物信息学的一门分支。它在蛋白质工程定向改造的分子设计中是必不可少的条件和重要手段。

蛋白质工程是基因工程的重要组成部分,或者说是新一代的基因工程。蛋白质的改造通常需要先经精细的分子设计,然后依赖基因工程获得**突变蛋白质**(mutein),以检验其是否达到了预期的效果。如果改造的结果并不理想,还需要从新设计再进行改造,往往要经历多次实践摸索才能达到改进蛋白性能的预定目标。

（二）蛋白质的实验进化

蛋白质的分子设计和结构改造在技术上取得重大突破后,备受各界关注,十多年来发展极为迅速,取得了一系列重要成果。然而,这些成果多数属于理论上的,或是技术上的,获得改进性能的实用蛋白质并不多。其主要原因在于分子设计的不精确性。分子设计的主要依据来自三个方面关系的知识:① 蛋白质分子间的进化关系,从同源蛋白质序列的微观差异可找出其对空间结构和生物功能的影响;另一方面蛋白质的进化研究也为蛋白质的构造规则提供了信息。② 蛋白质一级结构与空间结构的关系,由此可以从一级结构预测三级结构。③ 蛋白质结构与功能的关系,找出结构改变对功能的影响。从已知蛋白质的上述关系可用以推测一级结构的改变对空间结构和生物功能可能的影响,而目前对蛋白质结构规律的认识还十分有限,这种推测也就并不可靠,往往差之毫厘,失之千里。于是蛋白质改造的另一途径即在实验室条件下模拟生物分子的进化,通过随机变异和靶功能的选择,多次重复,从而获得改进性能的蛋白质。此过程称为实验进化。

达尔文式的进化基本上是三个过程的循环重复:变异—选择—增殖。可遗传的变异是进化的基础,只有从足够庞大的随机突变体库中才能选择到适宜的突变体。选择,无论是自然选择或是人工选择,都是把"优者"从"劣者"中分离出来的过程,因此选择具有方向性。增殖是使选择到的突变体保存下来。生物大分子(包括基因和蛋白质)实验进化技术已日趋成熟。

遗传变异包括突变和重组。在实验室条件下,基因突变可以用**易错 PCR**(error-prone PCR)来获得。*Taq* DNA 聚合酶缺乏校正功能,其核苷酸掺入错误率为 $2×10^{-4}$,积 30 次循环,错误率可达 0.25%。如果提高反应底物 dNTP 的浓度,加入 Mn^{2+} 或 Co^{2+} 等,错误率能够提高到 2%,此即为错误倾向 PCR。有害变异往往远比有益变异为多,变异率过大易造成变异分子群丢失有用信息。**DNA 混编**(DNA shuffling)是一种体外基因重组技术。将错误倾向 PCR 产物进行 DNA 改组,可以增加异质性,促使有害变异与有益变异分离,通过选择获得有益变异的优化组合。DNA 混编包括三个主要步骤:① DNA **随机片段化**(random fragmentation),在 Mn^{2+} 存在下用 DNase I 部分消化 DNA,Mn^{2+} 使 DNase I 在 DNA 双链相同部位切断,得到平端的片段或接近平端的片段。② **自身引发 PCR**(self-priming PCR),DNA 片段重叠部分两互补链的 3′端彼此配对,各作为引物,以互补链为模板向前延伸,然后以同样方式与互补链配对延伸,直至合成出全长的基因。③ **重组合 PCR**(reassembly PCR),用基因 5′端和 3′端引物将上述经重组合的全长基因扩增出来,即可用于表达和选择。DNA 混编的流程见图 35-22。

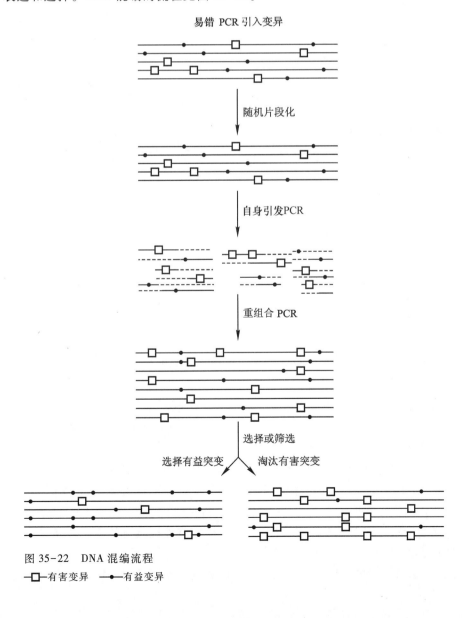

图 35-22　DNA 混编流程
—□—有害变异　—●—有益变异

自然选择是通过选择生物的表型来选择基因型的,在分子水平上则是通过选择蛋白质来选择基因。噬菌体展示技术将展示的蛋白质与其基因偶联在一起,因此,在选择到突变型蛋白质的同时也就选择到了它的基因。1985 年 G. P. Smith 最先将外源基因插入丝状噬菌体 f1 的基因Ⅲ,使目的基因编码的多肽链与外壳蛋白 gp3 融合,以相对独立的空间结构展示在噬菌体表面,为表面展示技术奠定了基础。表面展示主要以丝状噬菌体 M13 或其噬菌粒作为载体。噬菌体主要外壳蛋白 gp8 分子很小,围绕基因组 DNA 呈螺旋对称排列;低拷贝数(3～5)外壳蛋白 gp3 分子较大,在尾部,具有识别大肠杆菌性纤毛并引导噬菌体进入宿主细胞的功能,它们的 N 端均游离在外,外源蛋白与之融合而被展示。外壳蛋白融合外源蛋白后会影响其正常功能,因此噬菌体载体采用双拷贝的基因Ⅲ或基因Ⅷ,使一个拷贝为正常(野生型)基因,另一拷贝为融合基因。噬菌粒除含质粒复制起点和选择标记外,只含丝状噬菌体的复制起点与基因间隔区(IG)以及外源蛋白与外壳蛋白融合的基因,其 ssDNA 的产生与装配依赖于辅助噬菌体。外源蛋白以融合蛋白质形式展现在噬菌体表面,通过适当的选择可获得具有特定功能的多肽结构。

选择可以用各种方式进行,或是正选择(挑选有益突变),或是负选择(淘汰有害突变),最简单和常用的是**亲和选择**(affinity selection),因其犹如淘金故称为**亲和淘选**(affinity panning)。亲和淘选常将选择剂固定在支持物上,用以吸附高亲和力的突变型蛋白质,例如,用于选择受体的配体、酶的抑制剂、靶蛋白的作用物等。噬菌体表面展示与特异选择见图 35-23。

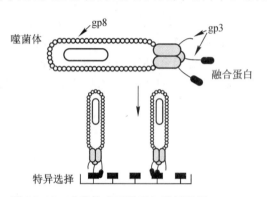

图 35-23　噬菌体表面展示与特异选择

(三) 蛋白质工程的进展

蛋白质工程的出现标志着人类改造自然进入一个新的发展阶段。蛋白质工程使我们能更充分地利用自然界存在的基因和蛋白质,而且还能在分子水平上对基因和蛋白质进行再设计和改造,进而创造出自然界不存在的基因和蛋白质,在短期内完成自然界几百万年进化才能完成的过程。新的方法不仅改进了过去传统的方法,而且还开辟了新的研究领域。蛋白质工程的应用主要在两个方面:为蛋白质及其基因的科学研究提供强有力的手段;改进基因工程产品,开发新的应用领域。

目前蛋白质工程更多侧重于对蛋白质的理论研究,并已成为常用的不可或缺的方法。用于蛋白质的研究,大致有以下几个方面:① 有助于对蛋白质结构的解析,揭示蛋白质分子结构的规律,由一级结构预测空间结构。② 确定蛋白质分子间的相互关系,找出相互作用的氨基酸残基。③ 阐明蛋白质结构与功能的关系,了解蛋白质的活性部位和一级结构对生物功能的影响。例如,为了弄清楚蛋白质中各半胱氨酸的作用,可逐个用丝氨酸残基取代,之后观察其对结构和功能的影响。同样,对关键氨基酸残基可予以删除或置换,以确定其作用。有赖于蛋白质工程和其他一些新技术,近年来蛋白质结构和功能的研究取得突飞猛进的发展。

在应用方面,几乎所有类型具有开发前景的蛋白质和多肽都用蛋白质工程作过改造的尝试,并取得不同程度的成果。研究最多、取得成果最显著的是生物技术药物和工业用酶的蛋白质工程。蛋白质和多肽类药物包括激素、细胞因子、酶、酶的激活剂和抑制剂、受体和配体、细胞毒素和杀菌肽以及抗体和疫苗等。作为药物,希望通过改造以提高其活性、特异性和稳定性,控制分子聚集,降低免疫原性和毒副反应,延长在体内的半寿期,增强对靶位点的导向性等。

例如,水蛭素是水蛭唾液腺分泌的凝血酶特异抑制剂,它有多种变异体,由 65 或 66 个氨基酸残基组成。水蛭素在临床上可作为抗栓药物用于治疗血栓疾病。为提高水蛭素活性,在综合各变异体结构特点的基础上提出改造水蛭素主要变异体 HV2 的设计方案,将 47 位的 Asn 变成 Lys,使其与分子内 Thr4 或 Asp5 间形成氢键来帮助水蛭素 N 端肽段正确取向,从而提高体外抗凝血效率达 4 倍,在动物模型上检验抗血栓形成的效果,提高 20 倍。

生长激素通过对它特异受体的作用促进细胞和机体的生长发育,然而它不仅可以结合生长激素受体,还可以结合许多种不同类型细胞的激素受体(例如催乳激素受体),引起其他生理过程。在治疗过程中为减少副作用,需使人的重组生长激素(rh-GH)只与生长激素受体结合,尽可能减少与其他激素受体的结合。经研究发现,二者受体结合区有一部分重叠,但并不完全相同,有可能通过改造加以区别。由于人的生长激素和催乳激素受体结合需要锌离子参与作用,而它与生长激素受体结合则无需锌离子,于是考虑取代充当锌离子配基的氨基酸侧链,如第 18 和 21 位的 His 和第 174 位的 Glu。实验结果与预先设想一致,但要开发作为临床用药物还有大量研究工作要做。

已得到分离并进行生物化学研究的酶不下数千种,然而应用于工业生产的酶却只有数十种,可见工业用酶的开发潜力还很大。用蛋白质工程的方法提高酶的活性、特异性和稳定性,改变反应介质和动力学的性质,从而可以改进现有的工业用酶,开发更多新的工业用酶。去污剂中添加的蛋白酶和脂酶需要具有耐热、耐碱、耐氧化剂的性能,从生物体内分离的酶往往达不到这些要求,故而要加以改造。为提高酶的热稳定性,可在蛋白质分子中引入二硫键、置换不稳定的氨基酸残基、增加内部疏水性氨基酸等。**枯草杆菌蛋白酶**(subtilisin)是去污剂的一种成分,H. Chao 等利用定向进化的方法得到一系列热稳定的突变型蛋白,其中一种突变型 1E2A 含有 4 个错义突变,V93I、N109S、N181D 和 N218S,用 DNA 改组技术进行**回交**(back-crossing),即以此突变型与野生型基因等量进行改组。任何一个突变将以 1/2 的概率出现在改组群体的基因中,通过筛选和测序,发现中性突变占 50%,不利突变在选择过程中全部排除。将两个有利突变(N218S 和 N181D)组合在一起得到的突变型与野生型相比,在 65℃的半衰期提高近 10 倍,变性温度提高 6.5℃,比活提高 2 倍多。

蛋白质工程的发展很快,研究工作很多,这里仅介绍几个例子。

六、基因工程的应用与展望

在基因工程(包括蛋白质工程)技术的带动下生物技术获得迅猛发展,从而改变了分子生物学的面貌,并促进了生物技术产业的兴起,由此带动并开启了一个新的科技时代。

(一) 基因工程开辟了生物学研究的新纪元

基因工程的新技术和新方法为解决生物化学、分子生物学和医学中的一些重大问题提供了强有力的手段。过去分离一个基因,测定基因的序列,确定基因的功能,用以改变生物性状,都是十分困难的事,往往需要数年,甚至数十年的时间,现在任何生物学实验室都能在短时间内完成。测定蛋白质分子的氨基酸序列原是一项十分费时费力的工作,现在可由 DNA 的快速测序法来代替。一些生物体内微量存在的蛋白质也可通过克隆基因的大量表达来制备。借助基因工程,分子生物学的进展达到了空前的速度和规模,重大突破不断出现,研究成果日新月异,生物化学与分子生物学已成为自然科学中最富挑战性、发展最快的学科之一。

基因工程已成为生物学各分支学科在分子水平上研究生命活动规律所不可缺少的重要手段。新的生物技术不仅为分子生物学家所掌握,也为生物科学其他分支学科的研究者所掌握,各学科都能在分子水平上,在基因、基因表达和其调控的水平上阐明生命活动过程,学科的界线已不那么分明了。一些过去难以研究的问题,如细胞识别、发育的基因控制、神经系统和大脑活动的分子基础等,借助新的技术都得到深入研究,从而开辟了许多新的研究领域。结构分子生物学、发育分子生物学、神经分子生物学和分子医学已成为当今最活跃、发展最快的分支学科。

按照传统的方法,生物学的研究通常是根据生物的性状,找到有关的蛋白质,再确定其基因,在这条途径上生物学家已经摸索了一个半世纪;利用基因工程则可以先分离出基因,经克隆后测序并进行表达,然后再研究其功能,这一研究途径要容易得多。由于新的途径与传统生物学相反,故称为**反向生物学**(inverse biology)。反向生物学不仅是生物学的一种新的研究方法,而且是一种新的思路和新的理论系统。

由于基因工程的迅速进展,绘制人类基因组图谱才成为可能。人类细胞含有 23 对染色体,单倍体基因组 DNA 由大约 $3×10^9$ bp 所组成,共有约 3 万个基因。科学家们认为,通过全部基因序列的测定,人们将能够更有效的找到新的方法来治疗和预防许多疾病,如癌症和心脏病等。1986 年,著名生物学家、诺贝尔奖获得者 R. Dulbecco 在 *Science* 杂志上率先提出"人类基因组计划",该建议引发了科学界长达 3 年的激烈争论。在此基础上,美国政府决定用 15 年时间(1990—2005 年)出资 30 亿美元来完成这一计划。各国科学家和政府也纷纷响应美国科学家的倡议。美国、英国、日本、中国、德国及法国等六国科学家参与了这项生命科学历史上迄今最为浩大的科学工程的研究。经过 10 年努力,于 2000 年 6 月人类基因组草图宣告完成。全部基因组的测序工作已于 2003 年提前完成。

人类基因组的研究带动了有关技术的突破和发展,在测定人类基因组序列的同时,上千种从低等生物到高等动、植物的基因组完成全序列的测定,其中包括多种病原体、大肠杆菌、枯草杆菌、酿酒酵母、线虫、果蝇、小鼠、大鼠、水稻和拟南芥等的基因组,绘制了数百个**模式生物**(model organism)和代表性物种的基因组图谱,对于生命科学的发展至关重要。

人类基因组计划的顺利进展鼓励了科学家们进一步规划**后基因组时代**(post genome era)的研究任务,由此提出了功能基因组的研究方案。也就是说不仅要了解人类基因组的语言信息,即测定其全序列;还要了解其语义信息,弄清全部编码基因的功能;并进而了解其语用信息,阐明基因表达的时空调节。**基因组学**(genomics)的任务已不仅限于研究基因组的结构,还要研究基因组的功能,研究基因组表达的产物。然而,生命的分子逻辑在于系统内生物分子的相互作用,仅从基因组水平进行研究不足以揭示复杂的生命活动规律。1994 年 M. Wilkins 和 K. Williams 提出**蛋白质组**(proteome)的概念,从而产生了一门新的学科——**蛋白质组学**(proteomics),即研究细胞内全部蛋白质的存在及其活动方式。基因组的产物不仅仅是蛋白质,还有许多具有复杂功能的 RNA,于是 1997 年提出了**转录物组学**(transcriptomics),用以表示对基因组全部转录物的研究。1999 年又提出了 **RNA 组学**(RNomics)的研究任务。其后又出现了**糖组学**(glycomics)、**脂类组学**(lipidomics)、**代谢组学**(metabolomics)等一系列组学。生命科学已由研究个别生物分子进入研究生物分子群体;从研究生物分子静态结构进入研究生物分子动态结构;从研究单独生物分子结构与功能的关系进入研究生物分子相互识别和作用所体现的生命机能。基因工程的发展不但改变了生物化学与分子生物学的面貌,而且给整个生物学带来巨大影响,新的发现不断涌现,新的研究领域不断开拓,一个生物学的新纪元已经开始。

(二) 基因工程促进了生物技术产业的兴起

现在是新技术革命的时代。基因工程的诞生带动了现代生物技术的不断突破和迅猛发展,依赖于生物技术的产业随之兴起。生物技术以基因重组技术为前沿和核心,还包括酶技术、细胞技术、微生物发酵技术、生化工程技术、生物模拟技术和生物信息技术等内容。基因工程的产业化往往涉及不止一种技术,而是配套的技术,或者说综合的生物技术。基因工程首先在医药和化工等领域中崭露头角。其实,它的最大用武之地是在农业领域和医疗保健领域。基因工程产业化的范围十分宽广,这里仅就主要方面举例加以说明。

1. 基因工程药物

1977 年 K. Itakura 和 H. Boyer 利用当时刚趋成熟的基因工程技术,在大肠杆菌中产生下丘脑激素 14 肽生长素释放抑制激素,商品名 Somatostatin(SMT)。他们将化学合成的 14 肽基因与 β-半乳糖苷酶基因融合,插入质粒载体 pBR322,在 lac 启动子控制下表达融合蛋白。表达产物用溴化氰处理,溴化氰使甲硫氨酸裂解,由此分离得到 14 肽的激素。该激素可用于治疗儿童发育时期因生长素分泌过多造成的四肢巨大症。从 1 L 工程菌发酵液中可得到 50 mg 的基因表达产物,相当于 50 万头羊下丘脑提取的该激素量,由此可以了解到基因工程产业化的意义。

其后,基因工程药物不断成功问世。1978 年胰岛素原在大肠杆菌中表达成功。1979 年人生长素基因在大肠杆菌中获得直接表达。1980 年人白细胞干扰素基因获得克隆和表达。1981 年抗口蹄疫的基因工程抗原疫苗研制成功。1982 年乙肝抗原疫苗在酵母菌中表达成功。同年转基因植物和转基因动物也分别获得成功。

基因工程药物包括体内微量存在的各类因子和调节肽,采用基因工程大量制备,才得以确定其生物功能和临床应用价值。借助蛋白质工程不断改进蛋白质和多肽药物性能,并设计和制造出自然界不存在的新的蛋白质和多肽,其意义远比抗生素的发现和应用更为深远。一些恶性疾病,过去无药可治,现在有了特异的基因工程药物。将识别靶部位的肽段或抗体与蛋白质药物融合,可构成导向药物,它们能够选择性作用于靶部位,从而大大提高了疗效。当前在生物技术药物市场中抗体仍是主要的生物药物。应用基因工程产生抗体称为抗体工程。通过免疫动物获得的抗体为第一代抗体,由杂交瘤产生的单克隆抗体为第二代抗体,抗体工程产生的抗体则为第三代抗体。利用噬菌体展示技术,使抗体基因的表达产物展示于噬菌体表面,由此构建成噬菌体抗体库,可以在体外进行克隆选择,而无需免疫动物。总之,基因工程正在改变,今后将更大地改变化学治疗的面貌和药物生产途径。

2. 基因工程在农业上的应用

20 世纪 50 年代开始的"绿色革命"对全世界范围重要粮食作物,如小麦、玉米和水稻等的改良与产量提高,做出了重要贡献。农业生产的惊人进步,是由于作物育种的成就同农业机械化和化学化的发展相配合的结果。然而,传统的育种方法有其局限性,并且费时费力。高产的农作物新品种往往需要大量施用优质化肥、各种杀虫剂和除草剂等化学药品,这就造成环境污染,土壤肥力下降,农业成本增加等新的问题。而且,传统的育种方法难以克服物种之间的遗传屏障,高度近亲繁殖造成作物遗传背景越来越窄,容易发生病虫害。70 年代兴起的生物技术应用于农业,于是出现了第二次"绿色革命"。

转基因技术改变了传统的育种方法,通过导入优良基因而使作物获得新的性状。最早进行的基因工程育种是使作物获得各种抗性,如抗病毒、抗病菌、抗虫害、抗除草剂、抗寒、抗涝、抗干旱及抗盐碱等。通过转基因可以控制作物的生长发育,缩短生长期,影响各器官的形成。新的育种方法增加了农产品的产量,还可改良农产品的品质,增加营养成分,并使农产品便于保存。基因工程促进了对光合作用和固氮作用的基础研究,可望提高栽培作物的光合作用效率,直接从空气中利用氮源。基因工程也改变了作物的栽培技术和田间管理,技术上落后的农业正在变成高新技术的产业。

畜牧饲养业也得益于基因工程,在短时间内就培育出各种高产、优质、抗病及短生长期的新品种。新的转基因动物获得许多优良性状,改变了饲养条件,也改善了畜牧产品的性能和品质。

基因工程还可将栽培植物和饲养动物作为生物反应器,通过转基因使植物的茎、根、种子和禽类的蛋、哺乳类动物的奶汁中含有大量珍贵的药物或疫苗。基因工程使得人类能够充分利用自然界的基因资源。

3. 基因治疗

所谓**基因治疗**(gene therapy),是指向受体细胞中引入具有正常功能的基因,以纠正或补偿基因的缺陷,也可以是利用引入基因以杀死体内的病原体或恶性细胞。基因工程的兴起,使得基因治疗成为可能。一些目前尚无有效治疗手段的疾病,如遗传病、肿瘤、心脑血管疾病、阿尔茨海默病及艾滋病等,可望通过基因治疗来达到防治的目的。

1990 年,美国正式开始首例临床基因治疗,患儿由于腺苷脱氨酶(ADA)基因缺陷,而患重度免疫缺陷症(SCID)。研究人员将克隆的腺苷脱氨酶基因(ada)导入患者淋巴细胞,经体外培养淋巴细胞可以产生腺苷脱氨酶,然后再将这种淋巴细胞转入患者体内,患者症状有明显缓解,治疗取得令人鼓舞的成功。继美国之后,许多国家都开始了基因治疗试验。我国于 1991 年首例 B 型血友病基因治疗也获得满意结果。然而目前基因治疗在技术上还未成熟,许多试验都没有成功。关键问题是:① 如何选择有效的治疗基因。② 如何构建安全载体。病毒载体效率较高,但却有潜在的危险性。③ 如何定向导入靶细胞,并获得高表达。人类基因组计划的完成必将有助于人类重要疾病基因的发现,基因治疗技术也在不断改进。根据乐观的估计,在今后 20 年中,基因治疗有可能取得重大突破,成为临床广泛采用的有效治疗手段。

在诸多基因治疗途径中最早得以实现的可能是基因疫苗和基因抗体。毕竟要修复或取代人体内有缺陷的重要基因绝非易于。除了上面所提到的表达效率和安全性问题外,还要考虑到人体内重要基因的影响是多方面的,引入基因在补偿缺陷的同时,还可能引起其他许多的反应,甚而有可能抑制体内正常基因的表达。相对来说,免疫基因治疗容易操作,也比较安全。将疫苗蛋白基因的表达重组体皮下注射到体内,或将抗体基因表达重组体导入患者淋巴细胞内,再输入体内,可以在体内产生所需要的疫苗蛋白或抗体蛋白。免疫反应在治疗恶性传染病、肿瘤、艾滋病等难于医治的疾病中常有特殊的疗效。采用基因治疗有下列优点：① 能在较长时期内持续产生生物治疗量的疫苗蛋白或抗体蛋白；② 易于控制其表达，也可以定点注射到患处；③ 可以针对患者疾病制备特异的基因，达到个性化治疗。2006 年美国科学家报导采用抗体基因疗法首次治愈癌症。2 名皮肤癌患者，癌细胞已经扩散，在用抗体基因治疗 18 个月后，体内癌细胞全被清除。这一成果增强了人们对基因治疗的信心。

取出淋巴细胞或用干细胞在体外进行基因组编辑，然后再输送回体内，可能是基因治疗的有效途径。用这种方法在皮肤癌、乳腺癌的治疗中已取得较好结果。

反义 RNA 和 RNA 干扰已在临床开始试用，由于 RNA 制剂本身十分不稳定，其化学衍生物又常有毒，最好的方法是引入基因，使在体内表达产生 RNA。RNA 干扰可用以对付外来病原体基因或体内突变产生的有害基因，因此称为基因组免疫。无论是反义 RNA 或干扰 RNA 的基因制剂，有望成为治疗的有效途径。

（三）基因工程研究的展望

20 世纪 70 年代初基因工程的出现带动了生物技术的兴起和发展，由此使生物科学进入了一个新的发展时期，其主要特点是：第一，生物科学得以前所未有的高速度向前发展。技术上的不断创新和突破，使得生物科学具有赖以迅猛发展的方法和手段。第二，生物科学与工程学相结合，出现空前规模大科学工程的研究。巨大的信息网将世界各实验室相连，生物科学的研究变得更有计划、更有组织、更有规模了。第三，生物科学进入了一个创造和实践的新时代。如果说过去生物学主要是在认识生物的基础上研究怎样利用生物，那么今天已能够在分子水平上重新设计和创建自然界未曾出现过的基因、蛋白质和生物新品种。

基因工程和有关的生物技术为人类认识生命世界，认识人类自己提供了有效手段。首先，人类需要了解自身基因组编码的遗传信息。只有在基因工程的基础上才有可能提出和完成"人类基因组计划"这样一个生物学历史上迄今最宏大的科学工程。"人类基因组计划"已经提前完成，科学家们又制定了"后基因组研究计划"，着手功能基因组学和结构基因组学的研究。这项工作具有巨大的理论意义和实践意义，对生物学和医学将产生深远的影响，由此发展起来的新策略、新技术在生物技术产业中也能发挥重大作用，有关基因序列的信息在科学研究和实践应用中的价值也会越来越大。

其次，高等动、植物及至人体如何从一个受精卵开始发育成为成体的，这也是人们长期以来不断探索以求解决的基本问题之一。由于采用了基因工程技术，对发育过程的研究才深入到基因选择性表达和其产物对发育过程的控制等分子水平。通过基因标签技术，即利用转位因子插入控制发育的基因内使其失活，或是通过基因敲除，生物发育就停留在该基因控制的阶段，用这样的方法及其他一些方法，可以克隆到控制发育的基因。现在知道，发育程序并不是在受精卵中早已完全确定的，而是在发育过程中通过有关基因间一系列相互作用而逐渐展开的。果蝇发育的遗传实验表明，决定胚胎体轴和分节的基因形成一个分层次的网络。决定初级体轴的基因是原初基因，这些基因产物不均匀地分布在卵子中，从而使卵裂过程中到达一定空间的细胞核基因组选择性被激活。激活的分节基因又对体轴和分节的发育进一步起作用。第三个层次是**同源异形基因**(homeotic gene)，它们决定体节分化为头、胸和腹的器官。目前已经克隆了许多同源异形基因，它们都具有一个类似的同源框序列，这类同源框也存在于脊椎动物的基因组中，估计这些同源异形基因的产物是一类转录因子。目前即使是果蝇的发育都还远未弄清楚，更何况是人体的发育。但重要的是，生物发育已不再是不可捉摸的事，它被归结为一系列连续发生、彼此相关的基因事件，只要假以时日，这一系列基因事件都将会研究清楚。

第三，最重要也是最困难的研究课题是了解人类大脑的活动规律。当代自然科学面临的最大挑战之一是揭开大脑的秘密。基因工程作为研究分子生物学的重要手段，在神经生物学的研究中也发挥了重要作用。神经信号的基本形式是沿神经元质膜迅速传播的动作电位或神经脉冲，它由神经细胞膜发生瞬间离子通道透性改变而引起的。现已将多种离子通道蛋白的基因及神经递质受体的基因克隆出来，因而能够通过克隆基因的表达获得足够量的通道受体蛋白，在体外研究它们的作用，了解神经回路的作用机制。更引人注目的是学习和记忆分子基础的研究。学习可能使神经细胞突触连接的有效性产生长期的变化，其中涉及基因表达的改变和第二信使系统的信号转导，前者与长期记忆有关，后者参与短期记忆。对大脑的研究是人类探索自然的重要组成部分,它不仅反映了人类对自然和人类自己的认识水平、认识能力,并将直接影响到人类的思想和意识形态。

在基因工程的带动下,有关的生物技术得到迅速发展,构成了一个新兴的综合技术领域,它们运用生命科学和邻近基础学科的知识,并结合工程学的现代技术,成为巨大的生产力。一批以生物技术为基础的新产业群得以迅速兴起。这些产业能为社会提供大量商品和各种社会服务,创造出庞大的财富,其发展规模更是始料不及的。它们提供的商品或是生物技术药物、食品、化工产品、生物材料和加工制品,或是优良的生物品种。社会服务的含义也很宽,它们产生的直接效果是社会效益,如疾病诊断和医疗保健、水的净化和废物处理等。

新技术革命引起新的产业革命,促使世界产业迅速地朝向尖端技术化、知识密集化、高增殖价值化方向发生结构性的变化。领头产业正在更替。当今是信息经济时代,信息技术改变了整个社会面貌。任何经济形式都有始有终,都要经历形成、成长、成熟和转化四个明确的阶段。20 世纪从电讯技术诞生、计算机出现、网络的形成到大规模使用芯片,信息经济进入了它的成熟阶段。据估计,再过二三十年,生物经济可能进入成熟阶段,并将取代目前的信息经济。到那时生物技术产业将会是领头的产业,生物技术会影响到经济结构、生活方式和社会的各个主要方面。

提　要

基因工程是对携带遗传信息的分子进行设计和施工的分子工程,包括基因重组、克隆和表达。基因工程的核心技术是构建重组体 DNA 的技术。蛋白质工程是在基因工程基础上发展起来的,它是指通过对蛋白质已知结构与功能的认识,借助计算机辅助设计,利用基因定位诱变等技术改造蛋白质分子,以达到改进其性能的目的。

DNA 分子克隆,即将 DNA 的限制片段插入克隆载体,导入宿主细胞,经细胞无性繁殖,获得相同的 DNA 扩增分子。DNA 限制片段是用限制性核酸内切酶切割 DNA 分子获得的片段。限制酶共有三类,常用的是类型 II 限制酶。生物来源不同但识别序列和切割序列相同的限制酶称为同裂酶;切割产生相同单链末端的限制酶为同尾酶。相容的限制片段可用 DNA 连接酶相连接。平末端连接效率较低,利用接头、衔接物或在两平末端加上均聚物可以帮助平末端连接。

将外源 DNA 带入宿主细胞并进行复制的运载体称为载体。克隆载体通常由质粒、病毒或一段染色体 DNA 改造而成。大肠杆菌载体主要有:质粒载体、λ噬菌体载体、柯斯质粒和丝状噬菌体 M13 载体,它们携带 DNA 片段大小不同,用途也各异。宿主细胞应根据载体的性质来选定。

将外源 DNA 导入宿主细胞,从而改变细胞遗传性状,称为转化;将病毒 DNA 直接导入细胞,称为转染。用氯化钙处理大肠杆菌细胞,使处于感受态,易于转化。λ噬菌体和柯斯质粒重组体 DNA 在体外包装后可用以感染大肠杆菌,柯斯质粒在大肠杆菌细胞内以质粒形式存在。外源 DNA 导入真核细胞常用钙盐沉淀、高分子葡聚糖、高聚阳离子、脂质体和电穿孔等方法。

基因文库是指整套基因组 DNA 片段分子克隆的总体。基因文库的构建包括基因组 DNA 的随机片段化、载体 DNA 的制备、重组体 DNA 的体外包装、重组噬菌体感染大肠杆菌、基因文库的鉴定和扩增等步骤。由于真核生物的基因是断裂的,只有用它 mRNA 逆转录获得的 cDNA,才能得到连续的编码序列。细胞全部 mRNA 的 cDNA 克隆的总体称为 cDNA 文库。从文库中选择基因或 cDNA 克隆,主要依据重组体 DNA 序列、基因表达产物特征和性质。

聚合酶链反应(PCR)借助一对引物,在耐热 DNA 聚合酶作用下,通过变性、复性和延伸多轮酶促反应,使 DNA 序列得到指数级的扩增。PCR 技术因其检测和扩增 DNA 序列快速高效,并且易于操作,而被广泛应用于生物学、医学、检验、刑侦和其他有关基因检测的领域。

DNA 可用化学方法合成。在寡核苷酸指导下通过 DNA 复制或 PCR 可使基因定位诱变。DNA 测序法可分化学法和酶法两种,酶法测序先是加减法,后改进为双脱氧核苷酸法(终止法),并可用自动化仪器进行测序。人类基因组计划极大带动了测序技术的发展,第二代测序方法主要有:454 FLX、Solexa 和

SOLID。这些方法的共同点是高通量、边合成边测序。进入 21 世纪后又产生第三代测序方法,tSMSTM、SMRT 和 Nanopore 都属于单分子测序。全基因组测序主要有两种谋略:乌枪法和逐步克隆法。

基因表达的主要调控元件有:启动子和上游元件、核糖体结合位点、转录终止位点和终止密码子等。外源基因在宿主细胞内可以非融合蛋白形式表达,也可以融合蛋白形式表达。在信号肽的引导下表达蛋白可以穿过细胞膜,分泌到细菌的周质或细胞外。外源基因高水平表达时易产生不溶性的包涵体。为便于操作,真核生物表达载体常插入能在大肠杆菌中复制的起点,因而构成穿梭载体。酵母菌的克隆和表达载体常用整合质粒、附加体质粒、复制质粒、含着丝点质粒构建而成。为克隆基因组 DNA 大片段,常用酵母人工染色体。植物基因工程常用的载体是 Ti 质粒。高等动物常用各种病毒构建表达载体。

植物细胞具有全能性。外源基因导入植物细胞,转化的胚性悬浮细胞、胚性愈伤组织或转化的叶片组织可用植物激素诱导生根和生芽,产生转基因再生植株。选择转化细胞常用标记基因,主要是抗性基因和营养基因,也可用报告基因。绿色荧光蛋白是最常用的报告基因,可用来研究转化效率、表达调控机制和表达蛋白的相互作用。植物激素主要有植物生长素、细胞分裂素和赤霉素,秋水仙碱可使单倍体细胞或原生质体转变为双倍体。为提高外源基因在植株中的表达水平,需要构建高效表达载体,克服转基因沉默。

动物转化细胞的选择标记基因主要有:胸苷激酶基因、二氢叶酸还原酶基因、氯霉素乙酰基转移酶基因、黄嘌呤-鸟嘌呤磷酸核糖基转移酶基因和氨基糖苷磷酸转移酶基因。基因组编辑技术使精确修改细胞基因组(包括动物、植物和细菌的基因组)成为可能。20 世纪 80 年代兴起的基因打靶技术可以将外源基因敲除或敲入。90 年代发现的 RNA 干扰现象使基因表达可以敲减或激活。近年来发展出一些特异切割和替换基因组基因的技术,如 ZFN、TALEN 和 CRISPR-Cas。CRISPR-Cas 借助 RNA 准确识别基因组序列,并引导核酸酶切割,从而可精确施行基因组编辑。动物细胞不具有全能性,但细胞核含有整套染色体基因。将外源基因导入生殖细胞、受精卵或胚胎干细胞,能够培育成转基因个体或嵌合体。采用细胞核移植法克隆动物,则必须将核移植到去核的受精卵内。有缺陷的线粒体可以通过线粒体置换来弥补。

基因工程带来希望,也带来风险。在大力推广基因工程技术的同时,应严格遵守基因工程技术的各项安全准则和规定。转基因操作的安全性可分为三个层次:实验室、生产流程和产品的安全性。根据潜在的生物危害风险大小,实验室的物理防护设定分四个等级:P1～P4。转基因生物产业的生产基地要有隔离带,要严格消毒,集中处理废弃物,防止污染环境和破坏生态平衡。转基因食品要严控 DNA 含量,不能有过敏原,关注长期食用对免疫力和生殖力的影响,食品应标明转基因。

蛋白质的改造通常需要先经周密的分子设计,然后依赖基因工程获得突变蛋白质。蛋白质的实验进化为蛋白质改造提供了又一条有效途径。蛋白质工程已成为研究蛋白质结构和功能最重要的手段之一,并在改进和开发蛋白质产品中日益发挥重要作用。

基因工程开辟了生物学研究的新纪元。借助基因工程,分子生物学的发展达到空前的速度和规模,新的研究领域不断在开拓。"人类基因组计划"是生物学历史上最巨大的科学工程;后基因组时代已经到来。基因工程带动了生物技术产业的兴起。制药、化工、食品、农业和医疗保健业无不得益于基因工程。基因工程帮助人类认识和改造世界,也帮助人类更好认识自己。

习　　题

1. DNA 分子克隆包括哪些步骤? 有何应用价值?
2. 大肠杆菌质粒 pBR322 含有 10 个 *Hinf* I 的酶切位点,当以此酶部分水解时可得到多少种限制片段?
3. 何谓同裂酶? 何谓同尾酶? 不同同尾酶切割的片段连接后是否还可用原来的限制性内切酶切开?
4. 克隆载体的必要条件是哪些?
5. 比较黏粒和 λ 噬菌体为载体进行 DNA 克隆的异同。
6. 如何进行单链 DNA 的克隆?
7. 有哪些方法可以使外源 DNA 与载体 DNA 相连接? 比较它们的优缺点。
8. 对克隆载体和宿主菌有哪些基本要求?
9. 将重组 DNA 导入细胞内有哪些方法? 它们的原理是什么?

10. 何谓基因文库？何谓 cDNA 文库？两者有何不同？

11. 构建哺乳动物基因文库，将染色体 DNA 用 *Mbo*I 部分水解并分离出约为 20 kb 的片段，其切割分离的效率为 20%；与 λ 载体左右臂（共 28 kb）连接，其连接效率 90%；然后进行体外包装，已知 1μg 重组 DNA 经体外包装后感染大肠杆菌的 cfu 为 10^9，若哺乳动物单倍体基因组大小为 $3×10^9$ bp，最初需要多少染色体 DNA 建库才能使任意基因存在库中的概率大于 99%。

12. 建立人胚 cDNA 文库，已知人胚低丰度 mRNA 为 28 000 种，占总 mRNA 的 40%，为使低丰度 cDNA 存在的概率大于 99%，此 cDNA 文库应包含多少克隆？

13. 比较 cfu 和 pfu 两者的差别。

14. 如何利用 *tet*^{r} 基因插入失活来筛选插入外源基因的重组体？

15. 原位杂交的原理是什么？有何用途？

16. 何谓差别杂交和扣除杂交？举例说明用以分离基因的过程。

17. 何谓表达文库？如何从表达文库中分离克隆的基因？

18. 说明聚合酶链反应（PCR）的原理和用途。

19. 设计 PCR 引物应遵循哪些原则？

20. 简要说明重组 PCR 的原理。

21. 如何利用 PCR 扩增未知序列？

22. 基因定位诱变的主要方法有哪几种？它们的原理是什么？

23. 比较化学法和双脱氧法测序的原理和优缺点。

24. 为什么称 T7 DNA 聚合酶为测序酶？用它测序有何优点？

25. 试述自动化测序的原理。

26. 原核生物基因表达主要调控元件有哪些？

27. 何谓 *tac* 启动子？为什么用 IPTG 可诱导基因表达？

28. 分析融合蛋白表达和非融合蛋白表达的利弊。

29. 如何提高外源基因的表达水平？

30. 如何从包涵体中纯化产物？

31. 试述金属螯合柱纯化带组氨酸标签蛋白质的原理和步骤。

32. 酵母的克隆载体有哪几种？它们的基本特点是什么？

33. 如何将外源基因导入植物细胞并使之表达？

34. 何谓细胞全能性？

35. 何谓选择标记基因？何谓报告基因？比较两者异同。

36. 什么是愈伤组织？如何利用愈伤组织培育转基因植株？

37. 如何得到植物细胞的原生质体？如何利用原生质体培育再生植株？

38. 怎样控制外源基因在植株中定向表达？

39. 为什么转基因植物会引起基因沉默？如何克服？

40. 用胸苷激酶基因作为选择标记时，采用 HAT 培养基，其成分是什么？各起什么作用？

41. 用 *xgprt* 基因作为选择标记时，培养基中应添加什么成分？起何作用？

42. 何谓基因敲除和敲入？何谓基因敲减？

43. 比较 ZFN、TALEN 和 CRISPR-Cas 三者的异同。CRISPR-Cas 系统的出现引发对基因组编辑安全性性的争议，你如何看待？

44. 何谓胚胎干细胞培育的嵌合体？培育转基因嵌合体有何意义？

45. 何谓"三亲线粒体"？

46. 实验室安全性等级是如何划分的？有何安全的要求？

47. 如何防止转基因植物花粉传播？

48. 如何防止抗性基因扩散？

49. 转基因食品的安全性应注意哪些方面？

50. 什么是蛋白质工程？举例说明蛋白质工程的意义。

51. 何谓蛋白质实验进化？有何理论和实践意义？

52. 叙述 DNA 混编的步骤和原理。

53. 何谓基因治疗？其核心技术是什么？举例说明基因治疗的新进展。

54. 提出你对基因工程未来发展的看法。

主要参考书目

1. Green M R, Sambrook J. Molecular Cloning: A Laboratory Manual. 4th ed. New York: Cold Spring Harbor Laboratory Press, 2012.

2. Watson J D, Gilman M, Wifkowski J, et al. Recombinant DNA. 2nd ed. New York: Scientific American Books, 1992.

3. Ausubel F M, Brent R, Kingston R E. Short Protocols in Molecular Biology. 5th ed. New York: John Wiley & Sons, 2002.

4. 卢圣栋. 现代分子生物学实验技术. 2 版. 北京: 中国协和医科大学出版社, 1999.

5. 吴乃虎. 基因工程原理. 2 版. 北京: 科学出版社, 1998.

6. 王镜岩, 朱圣庚, 徐长法. 生物化学教程. 北京: 高等教育出版社, 2008.

（朱圣庚）

网上资源

习题答案　　　自测题

第36章　基因组学及蛋白质组学

基因组学(genomics)旨在对一个物种的全部基因的结构和功能开展系统研究。它是伴随着 DNA 重组技术特别是最近出现的大规模高通量(high throughput)DNA 测序技术和对海量数据进行有效储存和分析的计算机技术的出现而出现的一个遗传学新分支。具体而言,它涉及对一个特定物种全部基因组 DNA 序列的测定,对基因组全部 DNA 序列所编码信息的注释,全基因组范围的信息表达(包括转录和翻译)及其调控情况分析,全基因组水平的人工设计和改造,全基因组水平的进化分析,以及全基因组水平的医学应用(如个性化医疗)等。

蛋白质组学(proteomics)旨在对一个生物样品(如细胞、组织等)中存在的全部蛋白质的结构、功能、翻译后修饰、相互作用等方面开展系统研究。它是伴随着众多物种的全部基因组 DNA 序列被成功测定、蛋白质高效分离(如二维电泳和液相色谱)和高通量鉴定(主要是质谱)等技术的出现以及对海量数据进行有效储存和分析的计算机技术的出现而出现的。应用于基因组学和蛋白质组学的计算机技术被称为**生物信息学**(bioinformatics)。

在基因组学、蛋白质组学和生物信息学等研究领域的推动下,生命科学研究进入了一个新的时代,催生了系统生物学(systems biology)研究体系的逐渐形成。系统生物学旨在利用数学和计算机科学的理论和技术从全局(如基因组和蛋白质组)角度及整体水平认识生命现象。它特别强调对细胞内像蛋白质-蛋白质相互作用、信号转导、代谢等生命过程中涉及的各种复杂网络的揭示、特性分析,及其与更高级生理过程之间的关联。系统生物学的出现一定程度上带动了我们对生命现象研究的方法论从还原论到整体论的提升。

一、全基因组 DNA 序列的测定和注释

目前开展大规模 DNA 测序的方法主要基于 1977 年英国科学家 Frederick Sanger 实验室报道的双脱氧链终止法(dideoxy chain-termination method;也称为酶法或 Sanger 法)。主要策略是将基因组 DNA 序列先分成大量的片段后分别进行测序(典型的如鸟枪法,见本章后面的介绍),然后根据重叠序列拼接出完整的基因组序列。除了利用这种非常高效的 DNA 测序技术之外,由于数据量的庞大,计算机技术的引入对于基因组测序也是必需的。自从 20 世纪 80 年代以来,人们陆续获得了一系列代表性模式生物的全基因组 DNA 序列。

最初被测定了 DNA 序列的全基因组相对而言都比较小,初期被测定的对象主要是细菌或动物病毒。后来技术不断改进和成熟,可以被测定的基因组也逐渐变大了。后来被测定的全基因组 DNA 序列依次来自真核生物细胞器(如线粒体和叶绿体)、单细胞原核生物、单细胞真核生物、多细胞真核生物,最后到像人这么复杂的生物。代表性例子如表 36-1 所示。这些全基因组序列的测定,使我们看到了不同类型生物遗传信息的全貌,同时也为后续的蛋白质组研究提供了不可或缺的基础。全部遗传信息的揭示为我们认识不同生命形式的特征和生命的本质提供了一个全新的视角和机会。

表 36-1　代表性模式全基因组的大小和所预测编码蛋白质的数目

基因组来源	碱基对数目/kb	蛋白质数目/种	完成年份
ΦX174 噬菌体	5.4	8	1977
人线粒体	16.6	13	1981
生殖道支原体	580	470	1995

基因组来源	碱基对数目/kb	蛋白质数目/种	完成年份
流感嗜血杆菌	1 830	1 740	1995
大肠杆菌	4 639	~4 300	1997
酿酒酵母	12 068	~6 000	1996
线虫	97 000	19 000	1998
拟南芥	125 000	27 000	2000
果蝇	120 000	13 600	2000
人	1 850 000	25 000	2004

（一）全基因组测序的基本内涵

对特定物种的**全基因组**（whole genome）DNA 进行测序一般包括下列三个阶段的工作：测序、拼接和注释。前两部分的工作如图 36-1 所示。

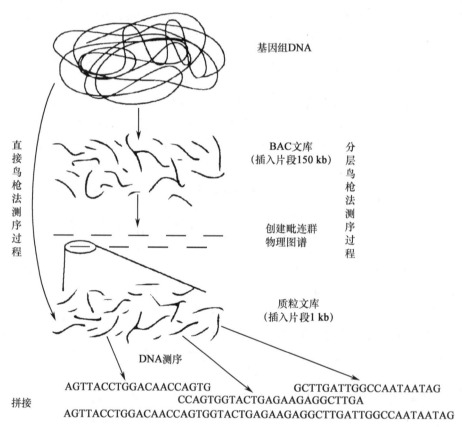

图 36-1　全基因组测序的一般流程

DNA 测序（sequencing）是指将基因组的全长 DNA 断开形成较小的片段后对各片段进行 DNA 序列测定的过程。对于高等生物而言，因为基因组由多条染色体组成，一般先得将每条染色体分开后再断开成较小片段。

拼接（assembly）是指将测定的片段 DNA 序列按照其在全基因组（或某条染色体）中的顺序拼接起来以获得完整连续的基因组 DNA 序列的过程。对于比较小的基因组而言，这一步会相对简单，但对于大的基因组（如人的基因组），特别是含有大量重复序列的基因组而言，这一步是非常困难的，而且是必须依赖计算机技术才可以完成的工作。尽管片段 DNA 的序列早已完成，但完整、准确、连续的人全基因组 DNA 序列到现在还仍未获得。

　　注释(annotation)是指对获得的全长基因组 DNA 序列所包含的生物学信息进行解释的过程。这一步就更难了,因为它依赖于我们对生命现象认识的程度。所以对基因组的注释是个发展的动态过程,它会随着我们对生命认识的深入而不断深入。

　　随着物种基因组 DNA 的长度和复杂性的增加,完成这每一阶段工作的挑战性也必然会随之增加。下面简单介绍一下这三个不同阶段各自工作的基本内容和方法。

　　1. 测序

　　双脱氧链终止法能测定的 DNA 序列的长度是有限的,每次一般能测定不超过 1 000 个碱基的序列(具体请参考本书第 12 章)。因此,在测定基因组 DNA 序列时,就必须将其先断裂为较小的片段。为此,目前比较常用的策略主要有两种:一种是**直接鸟枪测序法**(direct shotgun sequencing),另外一种是**分层鸟枪测序法**(hierarchical shotgun sequencing)。

　　直接鸟枪测序法,顾名思义,就是将基因组 DNA 通过机械法或酶切法直接随机切成大量、具有重叠序列的、可直接进行双脱氧链终止法测序的小片段(各自连接于可扩增的 DNA 载体上)。然后利用计算机依据小片段间的重叠序列(overlapping sequences)将所有片段拼接起来形成完整连续的基因组 DNA 序列(图 36-1)。为了确保来自基因组的所有 DNA 片段的序列都被测定,而且获得足够的重叠序列,以便下一步拼接出完整的基因组 DNA 序列,一般需要进行多倍覆盖率的序列测定工作。另外需要再次强调的是,对于大量 DNA 序列的储存,特别是后续的拼接,计算机是必不可少的工具。对于相对比较小、缺少或没有重复序列的基因组(如病毒和细菌的)而言,这种直接鸟枪测序方法是有效的。但对于更大的、重复序列含量高的基因组而言,想根据海量的短片段序列拼接出完整连续的基因组序列是非常困难的,甚至是不可能的。

　　分层鸟枪测序法,也被称为自上而下(top-down)测序法或基于图谱(map-based)的测序法,正是为了测定大的更为复杂的基因组的全部 DNA 序列而发展起来的。具体而言,基因组 DNA 先被随机切割成比较大的(如 150 kb 左右)、相互重叠的片段,然后将这些片段连接在细菌人工染色体(bacterial artificial chromosome,BAC)载体上,制成所谓的 BAC 文库(BAC library),在细菌细胞中复制和储存。之后需要构建出一个反映这些较大的基因组 DNA 片段之间相互叠连关系的所谓的物理图谱(physical map)或**叠连群**(contig)。如插入 BAC 载体的两个大的基因组序列片段之间共享一个或多个序列相同的小片段,它们就可能是叠连的;所含共同序列越多,它们叠连的可能性就越高。两个连接在 BAC 载体中的基因组片段之间是否享有共同的序列一般可通过 PCR 和限制性内切酶谱等技术分析。最后对 BAC 文库中的每一个克隆开展鸟枪法 DNA 测序:先将其随机切割成 1 kb 左右片段,并插入质粒载体中构建文库,然后对其中的每一个片段进行覆盖率为 5 倍左右的 DNA 测序。

　　2. 拼接

　　拼接过程是由计算机软件通过寻找重叠序列而完成的过程。如果利用的是直接鸟枪法策略,则需将无数被测定了序列的、一般在 1 kb 以下的 DNA 片段直接拼接出连续的完整基因组 DNA 序列,其可行性一般只适合于较小的基因组,对于较大的和含有大量重复序列的基因组(如人的),成功拼接几乎是不可能的。如果利用的是分层鸟枪法,则需要先拼接出每个连接在 BAC 载体中的基因组片段的序列,然后再根据物理图谱将整个基因组的连续序列拼接出来。如有同源性比较强的基因组序列已经被测定的话,则可以提供很好的比较参照,使这样的拼接过程变得容易一些。首轮的尝试可能只能拼接出一个粗的轮廓,然后需要经过多轮的质量控制、优化和缺口填补等后续工作。对于含有大量重复序列的基因组而言,最终拼接出基因组的完整连续 DNA 序列是极其艰难的一项工作。

　　海量的基因组 DNA 序列的信息一般被保存在 GenBank(美国)、EMBL(英国)和 DNA data bank of Japan(日本)这样的大型计算机数据库里,供世界各地的科研人员免费使用。

　　3. 注释

　　当一种模式生物基因组的完整连续 DNA 序列被测定出来后,我们就可以试图根据已有的知识去对基因组所蕴含的丰富信息进行注释了。通常我们首先会去试图鉴定出它所编码的全部基因,包括编码蛋白质的和编码功能 RNA(如 tRNA,rRNA 等)的基因。同时我们也会去试图鉴定出所有决定基因组 DNA 复制和表达的调控序列、各类重复序列的分布情况(如果被准确测定的话)、转座子的分布情况等。

因为蛋白质编码序列在高等生物的基因组中是非连续的,这给从基因组 DNA 序列中鉴定出某种蛋白质的氨基酸编码序列带来了一定的难度。对于像病毒和细菌这样的相对比较简单的基因组而言,蛋白质的编码序列多是连续的,我们进行注释的准确度会比较高。但对于像人这样的复杂基因组而言,注释的结果可能会因人而异,也就是说准确度是比较低的。这样的注释往往依赖于大批来自不同国家和不同学科的科学家之间的通力合作。对于人类基因组的注释是一个不断探索的过程。

任何一个物种的基因组都记载了其长期演化的过程,所以我们也可以利用这样的全基因组序列去认识生物演化的不同内容,比如特定的基因、特定的基因群、调控机制等。一个基因组所包含的信息绝非我们一眼就能看穿,它会促进我们对生命的认识,同时对一个基因组的认识也会随着我们对生命认识的深入而不断深入。

(二) 大肠杆菌全基因组 DNA 序列的测定和注释

大肠杆菌是一种用于开展生物化学和分子生物学研究的经典模式生物。它可能是我们目前认识最深刻的模式生物之一。我们对遗传重组、基因表达及调控、DNA 复制和转录、蛋白质翻译、合成代谢和分解代谢等重要生命过程的分子机制的认识大多来自对大肠杆菌的研究。它也是目前生物技术研发和产业中应用最广泛的生物之一。

大肠杆菌基因组仅由一个单一的封闭的环状 DNA 分子组成。相对于高等生物由多条染色体组成的基因组而言,它算是比较简单的。通过对它的测序,人们建立了一套对更大和更复杂的基因组进行 DNA 测序的策略,为后续的人类基因组测序工作奠定了良好的基础。在对其全基因组 DNA 序列进行系统测定之前,大肠杆菌已经有 1000 多个基因的序列零散地被不同实验室测定过了。但通过对大肠杆菌全基因组序列的测定人们可以揭示其完整遗传信息的蓝图。完整 K-12 系列大肠杆菌全基因组的测序是分为几个阶段进行的,每个阶段完成基因组上一个大片段 DNA 的测序,具体的测序策略也逐渐得到了优化。

大肠杆菌全基因组测序采用的一个流程可以总结如下。先是纯化其基因组 DNA,通过利用特定限制性内切酶将基因组 DNA 随机切割成较大的片段后连接到由 λ 噬菌体改造而成的 DNA 载体上,形成一个噬菌体文库。将插入了 15~20 kb 基因组片段的载体筛选出来后作为后续用于对每个片段进行测序的文库。这样的文库需通过大规模的限制性内切酶图谱分析确定出每个载体所携带基因组 DNA 片段各自在原来基因组 DNA 上的相对位置,这就是大肠杆菌基因组的物理图谱。

另外一种获得大的基因组 DNA 片段的方法是将来自酵母的一种由 18 个碱基组成的、可以被内切酶 I-*Sce* I 特异切割的非回文识别序列插入到大肠杆菌基因组的两个特定位点上,然后利用 I-*Sce* I 的特异切割从基因组上直接获得一段长度大约为 250 kb 的 DNA 片段用于开展直接鸟枪法测序。这一方法的好处是避免了利用 λ 噬菌体载体时需要进行的克隆步骤,从而避免了可能引入的错误。

接下来的工作便是将每一个载体中所携带的基因组 DNA 大片段通过鸟枪法进行测序。具体而言,先需将这样的大片段再次进行随机切割(一般利用的是物理处理或部分酶切方法),将长度适合于利用 DNA 测序仪测序的片段(500~1 000 bp)进行收集并连接到可以用于 DNA 测序的质粒或 M13 噬菌体载体上。将每一个插入了小片段基因组 DNA 的载体进行克隆扩增后,即可利用通用引物进行 Sanger 双脱氧链终止法进行碱基序列的测定。DNA 测序的覆盖率(coverage)一般为 4~5 倍,也就是说对大肠杆菌基因组的大约 5 Mb 的连续 DNA 序列而言,随机测定的序列总长度大约为 25 Mb。个别不清晰的基因组区域还需辅以其他方法测序得以确认。

一种被普遍使用的大肠杆菌 K-12 菌株基因组的全长 DNA 序列最后于 1997 年测定完毕,其总长度为 4 641 652 对碱基,预测编码 4 288 种基因。八年后一个由多国科学家组成的委员会对该基因组进行了重新注释,认为它编码了 4 464 种不同的基因;其中除 156 种编码的是功能性 RNA(即核糖体 RNA、转移 RNA、小分子 RNA 等)外,剩下的 4 308 种都是编码蛋白质分子。在这样的全基因组序列被测定之前,人们预测大肠杆菌的基因组只编码大约 1 700 种不同的基因。尽管已经测定出来的大肠杆菌基因组的 DNA 碱基序列基本上应该是可靠的,但对其结构和功能的注释必然是一个长期和动态的认识过程。

（三）人类基因组 DNA 序列的测定和注释

对人类自身由 23 对染色体组成的全基因组 DNA 的测序，无论是从其社会意义、科学价值，还是工作量而言，都是大肠杆菌基因组 DNA 测序所无法比拟的。对其结构和功能的注释更是远为复杂。

在 1990 年正式启动**人类基因组计划**之前，零散地对人类不同功能基因的克隆，对人基因组的遗传图谱、物理图谱以及 cDNA 克隆等工作都已陆续开展。

系统测定人类基因组序列的工作由两组科学家平行开展。一组代表的是国际合作的公立研究单位，另一组代表的是美国的一个私立公司。国际合作完成的人类基因组测序是不同国家之间合作的一个典范，来自美国、英国、日本、法国、德国和中国（当时中国直接参与的单位为一个民营公司，后来成为了中国科学院基因组研究所）的 20 个测序中心参与其中。就政府支持的人基因组测序而言，以 2001 年发表人类全基因组序列的初步框架（完整性约为 94%）为标志，人类基因组项目的第一阶段大约花费了 10 年时间。后来又发表了覆盖率和准确度都更高的人类常染色体的 DNA 序列。在人类基因组计划刚开始启动时，科学家们并没有立刻着手人类基因组的测序工作，而是先构建了人和鼠基因组的物理图谱，并对一些更小的基因组进行了测序，为建立可行的方法体系并注释人的基因组的含义进行演练和奠定基础。真正的人类基因组的测序工作是在两三年的时间内集中完成的。下面就人类全基因组 DNA 测序过程及目前对其含义的注释情况做一简要介绍。

测定人全基因组 DNA 序列的总体策略与测定大肠杆菌的基本类似。国际合作组织采用的是分层鸟枪法测序（图 36-1）。尽管私立公司声称采用的是直接随机鸟枪法，但他们一直在参考国际合作组织定期公布于众的测定序列，所以不能说他们独立通过这样的直接鸟枪法完成了人类基因组这么复杂序列的测定。

利用分层鸟枪法策略测定人类基因组序列的总体过程可简单概括如下。首先是将从志愿者白细胞或精子细胞（男性志愿者）获得的基因组 DNA 通过限制性内切酶的部分降解而获得长度为 100~200 kb 的片段，并插入 BAC（细菌人工染色体）载体中，制成随机文库。文库的平均覆盖率约为 20 倍（即人基因组上每一特定碱基可能在 20 个这样的 BAC 克隆里存在）。然后构建覆盖全基因组所有 BAC 克隆的物理图谱（即确定不同 BAC 克隆所携带的 100~200 kb 基因组 DNA 片段之间的物理叠连关系）。

之后世界各地不同的人类基因组测序中心分别负责对选定的不同 BAC 克隆利用直接鸟枪法测序（要求覆盖率为 4 倍），并拼接出每一个基因组片段（100~200 kb）的完整 DNA 碱基序列。当所有 BAC 克隆中的序列的测定都完成后，根据叠连群物理图谱，最后将这些大的基因组 DNA 片段进行拼接，以获得每一条染色体的完整连续的 DNA 碱基序列。因为人类基因组中大量重复序列的存在，依赖计算机程序所开展的拼接过程成为一项难度极高的工作。到目前我们仍旧未能获得人体细胞中全部染色体的完整连续的 DNA 序列。其最终的完成还有待 DNA 测序技术上的新突破。

私立公司的全基因组随机鸟枪法测序过程与公立国际集体的不同之处在于，所获得的志愿者基因组 DNA 经过限制性内切酶部分降解后，收集长度为 2 kb、10 kb 或 50 kb 的基因组 DNA 片段，连接到质粒载体中构建出基因组 DNA 的随机文库。接下来就直接开展巨大规模的全自动化毛细管测序仪的并行 DNA 测序。他们所采取的测序策略是所谓的**配对末端测序法**（paired-end sequencing），即从插入到质粒载体中的基因组 DNA 片段的两个末端分别测定 500~700 个碱基对的序列。之后通过计算机程序将这些测定出来的随机片段拼接出完整的基因组 DNA 序列。利用这样的直接鸟枪法测序，尽管测序阶段的工作程序（即制备质粒文库和 DNA 测序）相对简单，但工作量巨大。最后，将海量的随机小片段的序列（一般每段都小于 1 kb）依据相互间的重叠序列而拼接出每条染色体的完整连续的 DNA 序列，自然是一件极具挑战性的工作。为此，间隔距离被准确知道的每一对末端片段的序列在最后的拼接过程中提供了非常重要的定位信息。因为公立机构测定的序列信息都会及时公布到数据库里供世界各地科学家免费下载和分析，所以私立公司在拼接全基因组序列时可以利用公立机构所测定的序列信息，这自然就大大简化了拼接的难度。

获得完整的人全基因组 DNA 序列数据后，最重要的工作之一就是鉴定出其中编码蛋白质的序列，尽管编码蛋白质的外显子序列只占基因组序列的极少一部分。人基因组中编码蛋白质的 DNA 序列，即外显子，大多都比较短（平均为可以编码 50 个氨基酸残基的 150 个碱基对），而断开外显子序列的一个内含子可长达 10 kb。因此,基因组上很多蛋白质编码基因的 DNA 序列都跨越很长(可以超过 100 kb)。同时,将已经获得的 cDNA 序列信息与基因组 DNA 序列进行的对比研究表明,人的很多基因都可进行可变 RNA 剪接 (alternative RNA splicing)。这些特征都使得利用计算机来预测人基因组 DNA 中的蛋白质编码序列的工作变得极其困难,自然结果的准确性也比较低。

当 2001 年人类基因组的 DNA 序列(当时还并不完整)第一次被公布时,根据当时的知识水平两组科学家预测出来的人类基因组所直接编码的蛋白质数目都大约在 25 000 种上下,低于之前通过其他方法所预测的数目(预测最高的是 140 000 种)。

国际合作小组于 2004 年报道了一个准确性和完整性都大为提高的人类常染色体基因组的 DNA 序列。拼接出了一个含有 30 亿个碱基对的人类染色体基因组(覆盖率为 99%)。对人类常染色体全基因组 DNA 序列的初步注释结果如下:① 占常染色体基因组 DNA 的大约 1.9% 被预测为蛋白质编码序列,初步估计编码 20 000~25 000 种不同的蛋白质。② 存在大量染色体内或染色体间的片段副本(segmental duplication)现象,这样的片段长度大于 1 kb,相互间高于 90% 的碱基序列完全一样;最为极端的是 Y 染色体,其 25% 以上的序列为这样的片段副本,总长度达 1 450 kb,两个片段之间 99.97% 的碱基序列相同。③ 基因组编码的小 RNA (small RNA)、长非编码 RNA (long non-coding RNA)和假基因 (pseudogene)各自都接近或超过 10 000 个。④ 基因组中存在大约 640 000 个位点可与像转录因子和 RNA 聚合酶亚基这样的 DNA 结合蛋白结合。

不同模式生物的全基因组蕴含了各自进化和功能的全部信息。对这些全基因组的解读将会不断深入和丰富。毫无疑问,包括人类在内的模式生物的基因组序列必将成为很多生命科学和医学领域研究的重要基础。

二、功能基因组学

全基因组中的 DNA 序列相对而言是静止不变的(除非发生突变)。在细胞分裂过程中它被准确复制后传递给子代细胞。类似地,在个体水平它也被高度保真地代代相传。但在个体发育过程中细胞分化形成组织时,不同细胞中的基因组信息通过转录和翻译等过程的表达情况是不同的。正是这样的基因表达的差异决定了最初完全相同的细胞分化为功能各异的不同细胞和组织。

广义而言,**功能基因组学**(functional genomics)是一个对特定物种基因组 DNA 上所蕴含的所有编码和不编码蛋白质的功能元件(functional element)进行生物学鉴定和功能分析的领域。它涉及对不同细胞和组织中基因表达的高通量分析等研究内容(注:广义上这涉及 RNA 转录谱、蛋白质翻译谱甚至代谢产物谱的分析,蛋白质翻译谱分析的内容放在蛋白质组学一节里讨论)。换句话说,功能基因组学旨在从基因、转录物和蛋白质水平认识基因组 DNA 的功能。有时也将通过基因敲除来研究基因功能的内容归为功能基因组学的范畴。但在这里我们将不对这部分内容进行阐述。

功能基因组学的研究将帮助我们认识细胞的基因组与其表型之间的关联,涉及诸如细胞分化和细胞对环境的响应等重要生命过程的分子机制。从方法学而言,功能基因组学大多使用的是像 DNA 芯片这样的高通量检测手段,而非一次只研究一个或少数几个基因的传统手段。

(一) 转录谱分析

功能基因组学的研究内容之一就是对特定生物样品中所含**转录物**(transcript)的高通量分析。这在一定程度上可反映样品的蛋白质表达谱。但研究表明,部分存在于细胞中的信使 RNA 并不指导蛋白质的翻译,而且转录物的含量高低与蛋白质的含量高低之间不一定存在对应关系。也就说,根据生物样品中特定的 mRNA 存在与否以及存在量的高低去推断其对应蛋白质存在与否及含量高低是不准确的,甚至可能是错误的。

全基因组 DNA 序列的测定是开展像转录物高通量分析等功能基因组学研究的前提。对特定生物样品中的表达基因谱的高通量分析目前主要通过 **DNA 微阵列**(DNA microarray,也被形象地称为 DNA 芯片或生物芯片）进行分析，下面予以简单介绍。

DNA 微阵列是将大量 DNA 探针同时共价连接于一固体表面的不同特定位点而形成的一种器件。如果 DNA 探针是依据已经测定的一个物种的全基因组序列的所有基因而设计出来的话（如酵母基因组的 6 000 多个基因的序列），则这样一块 DNA 芯片可用于对特定生物样品中所有转录物同时进行高通量检测。如图 36-2 所示，如果将从两种不同生物样品（如正常细胞和肿瘤细胞）获得的 cDNA 分别用红色的和绿色的荧光标记后再与这样的微阵列上的 DNA 探针杂交的话，特定位点上的荧光的种类和强度可以反映特定的基因是否表达以及表达的丰度。如果特定位点只显示单色（红色或绿色），则表示该特定基因只在其中的一种样品中表达，如果检测到的是黄色荧光，则表示来自两种样品中的 cDNA 都可以与该 DNA 探针杂交（因为红色和绿色荧光同时存在，所以位点显示的荧光就成了黄色）。所以用这样的微阵列就可以对两类细胞中所表达的 mRNA 的水平进行定性和半定量的检测和比较。

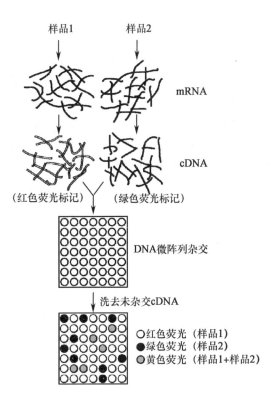

图 36-2　利用 DNA 微阵列高通量检测不同生物样品中的基因表达谱及异同示意图

（二）基因敲除

认识基因组中特定基因功能的一种常用方法是使基因失活（inactivation）后观察所导致的细胞或个体的表型变化。使基因组中的基因失活的一种通用方法是通过基于同源重组现象的**基因打靶（gene targeting）技术**将基因组中正常的基因彻底删除，或形象地称为敲除（（knockout）。将基因组中的每一个基因都敲除只能逐一进行，还缺乏高通量技术。对于不同的生物物种而言，通过这样的同源重组过程敲除基因的难易程度和技术手段存在差异，在此不详细介绍，读者可以参考分子遗传学教材的有关章节。Mario Capecchi，Martin Evans 和 Oliver Smithies 三位科学家因为建立了这样的基因打靶技术而荣获了 2007 年的诺贝尔生理学或医学奖。

（三）基因敲低

认识基因组中特定基因功能的另外一种方法是近年建立起来的，它通过在细胞中引入短的 RNA 分子而降解特定的已经被转录了的 mRNA 分子，因此，被称为 **RNA 干扰（RNA interference，RNAi）技术**。这一现象最初在线虫细胞中被发现，后来发现适用于其他真核生物，包括培养细胞和生物个体水平。这是一种存在于生物体内的对部分外来侵染病毒或生物本身的转座子进行抑制从而沉默其功能的一种复杂机制。作为一种基因功能研究手段，我们需要给细胞或生物个体提供对应于特定的拟干扰基因的双链 RNA 分子，这样的双链 RNA 在细胞内将被处理为长度约为 20 个核苷酸的寡核苷酸，其中的一条单链寡核苷酸将与一种蛋白质复合物结合，导致与该寡核苷酸序列对应的 mRNA 被降解。因为通过 RNA 干扰导致的 mRNA 的降解不会像基因敲除那样彻底地消除细胞内目标蛋白质的产生，所以也被称为**基因敲低（knockdown）技术**。对于基因组 DNA 序列被测定的生物，则可以通过 RNAi 方法逐一将所有基因敲低，然后观察各自表型的变化。但因为基因的冗余性（redundancy），或所观察的实验条件的限制，很多通过 RNA 干扰（或者基因敲除）引起的基因功能的破坏或表达的降低不一定会表现出可观察到的表型改变。所以这样的研究只会对部分基因的功能提供暗示。因为最初在线虫这种模式动物中发现 RNA 干扰现象，Andrew Fire 和 Craig Mello 两位科学家被授予了 2006 年的诺贝尔生理学或医学奖。

三、蛋白质组学

对特定模式生物的全基因组 DNA 序列的注释的重要内容之一就是鉴定其中编码蛋白质的基因,并从基因序列上读出其氨基酸序列。在此基础上,接下来的重要研究内容之一就是对其体内所真实产生的蛋白质通过实验进行高通量的分离和质谱鉴定。这就是蛋白质组学(proteomics)的内容,如图 36-3 所示。很多蛋白质会发生翻译后修饰,也会与其他蛋白质发生相互作用等等。这样的信息是很难从基因组序列预测出来的,必须在蛋白质水平去开展研究,这也属于蛋白质组学的范畴。下面对蛋白质组学几个关键方面的内容进行简单介绍。

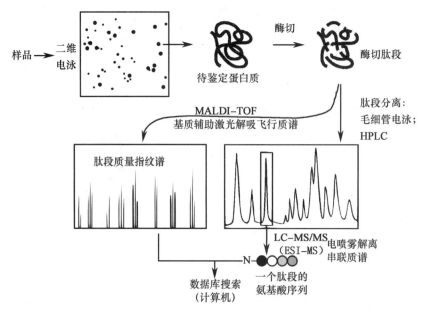

图 36-3　通过二维电泳及蛋白质质谱技术高通量分离鉴定蛋白质示意图

(一) 利用二维电泳技术高通量分离蛋白质

对细胞或组织样品中的蛋白质进行高通量鉴定的努力是伴随着 20 世纪 70 年代中期所发展起来的高分辨**蛋白质二维电泳技术**(two-dimensional gel electrophoresis,2-DE)的出现而开始的。这里的第一维是指利用非变性等电聚焦电泳(native isoelectric focusing electrophoresis)将仍旧保持天然构象的蛋白质根据各自的等电点(isoelectric point)差异进行分离。然后在第二维的电泳中,利用变性的十二烷基硫酸钠聚丙烯酰胺凝胶电泳(sodium dodecyl sulfate polyacrylamide gel electrophoresis,SDS-PAGE)将等电点相同的蛋白质(在第一维的电泳中无法分开)根据蛋白质分子多肽链的长度差异分离开。在一块这样的二维电泳胶上可以分辨出几千种不同的蛋白质样品斑点,而且同一种蛋白质的不同翻译后修饰产物(如磷酸化修饰等)也可能被有效地分离开。但这样的二维电泳技术难以对膜蛋白进行有效分离。

(二) 通过质谱技术对蛋白质的高通量鉴定

早期对通过二维电泳分离开的蛋白质的鉴定主要是依赖于抗体与特异抗原蛋白质之间的特异结合,以及通过 Edman 测序法对样品斑中蛋白质的氨基酸序列的部分测定等。但这些方法都无法做到对蛋白质样品的大规模高通量鉴定。20 世纪 80 年代发展起来的以高准确度测定相对分子质量为主要特征的蛋白质质谱技术使得这样的高通量蛋白质鉴定成为可能。在此之前,蛋白质的高相对分子质量和低挥发性特征使得它们难以通过质谱技术进行质量的分析。蛋白质质谱技术主要基于两种温和的、不破坏蛋白质共价结构的软解离技术的建立。

　　其中的一种是**基质辅助激光解吸**（matrix-assisted laser desorption/ionization，MALDI）**质谱技术**（mass spectrometry，MS）。在此方法中，蛋白质样品以固态形式被放置在具有光吸收特征的基质（如将直径为 30 nm 的钴颗粒溶解在甘油溶液里所形成的基质）里。这样的置于金属板上的掺入了蛋白质样品的基质混合物在一个快速的激光（如 337 nm 的氮激光）脉冲的照射下发生温和的去吸附和解离（通过质子化或去质子化）作用。解离了的但仍保持结构完整的蛋白质分子在通过一个高电势差的电场后被加速后飞向检测器。带电蛋白质颗粒到达检测器的飞行时间（time of flight）与其相对分子质量相关，因此可高精度地测定出蛋白质分子的相对质量。

　　另一种同样被成功应用的蛋白质质谱技术是**电喷雾解离**（electrospray ionization，ESI）**质谱技术**。这里，溶液里的蛋白质分子被直接喷入一个被施加高电压的针管，形成扩散的带电微粒，然后围绕在蛋白质分子周围的溶剂被迅速蒸发，颗粒变得越来越小，最后带有多个电荷的蛋白质分子仍旧被留在气相里。这样的带电蛋白质颗粒然后进入真空的检测腔里，通过电场再次加速后飞向检测板。类似地，被测定出来的是其飞行经过一个固定距离的时间，这反映蛋白质分子的相对质量。

　　利用上述质谱技术对蛋白质进行高通量鉴定的通用方法如图 36-3 所示。通过二维电泳分离开的蛋白质样品先用蛋白质水解酶（如胰蛋白酶）逐一水解成其特定的多肽片段，这样的多肽片段被通过层析技术分离开后通过质谱技术精确测定每一个肽段的相对分子质量。这样就可获得被鉴定蛋白质样品的肽段质量指纹谱（peptide mass fingerprint）。通过生物信息学手段与储存在数据库中的肽质量指纹谱已知的蛋白质比较，如果获得相同者，未知蛋白质即得到了鉴定。肽段质量指纹谱已知的蛋白质数据库一般包括了根据测定的基因组 DNA 序列或 cDNA 序列等预测出来的所有蛋白质的序列，它们被特定蛋白质水解酶酶切后的肽段质量指纹谱是根据氨基酸序列预测出来的。

　　通过利用串联质谱仪，我们还可以测定蛋白质样品中某一肽段的氨基酸序列。这是通过将一个特定肽段随机在每一个肽键打断后，精确测定每一个肽段的相对分子质量而实现的。根据逐一获得两个相对分子质量相近的肽段之间相对分子质量的精确差异值，即可推断出两个相邻肽段之间的差异氨基酸的本质（但对相对分子质量完全相同的氨基酸残基，如亮氨酸和异亮氨酸，利用这样的技术是无法区分的），以此即可推断出具体的氨基酸序列。根据氨基酸序列再去搜索蛋白质的氨基酸序列数据库，同样可以对未知蛋白质进行鉴定。最近完成的人类蛋白质组分析就是通过直接测定每一种蛋白质的某一肽段的氨基酸序列而进行高通量鉴定的。John Fenn 和 Koichi Tanaka 两位科学家因为在蛋白质质谱技术方面的突出贡献而于 2002 年被授予诺贝尔化学奖。

（三）　蛋白质-蛋白质相互作用网络的分析

　　生物体内的蛋白质分子几乎都是通过与其他蛋白质的相互作用而发挥生物学功能的。通过这样的相互作用蛋白质之间可以形成稳定的或动态的复合体。通过高通量鉴定这样的蛋白质复合体中的蛋白质组成，我们可以构建出特定细胞或组织中的蛋白质-蛋白质相互作用的网络。对蛋白质复合体的高通量鉴定，除了依赖上述蛋白质质谱技术外，同样重要但也非常具有挑战性的是需要大规模分离获得存在于细胞或组织中的所有蛋白质-蛋白质相互作用的复合体。

　　高通量分离获得细胞中蛋白质-蛋白质相互作用复合体的通用技术是亲和层析。这一般通过将特定的亲和肽段标签（如 His-tag，Avi-tag 等）逐一与每种蛋白质融合，然后通过肽段标签特异的亲和层析方法逐一分离得到与每一种融合蛋白质相互作用的蛋白质复合体。通过蛋白质质谱技术对复合体中的所有蛋白质进行鉴定即可最终获得一个高度复杂的涉及蛋白质的所有相互作用网络。

（四）　蛋白质翻译后修饰的高通量鉴定

　　蛋白质翻译后，还会发生大量的翻译后修饰，如糖基化、磷酸化、乙酰化等等。不同的修饰发生于不同氨基酸残基的侧链上。这样的翻译后修饰对蛋白质的结构、功能、调控、细胞定位等等都会发生重要影响。对发生在每一种蛋白质分子上的翻译后修饰的高通量鉴定也是蛋白质组学研究的内容之一。这同样依赖于蛋白质质谱技术对修饰后的蛋白质分子相对质量的高精确度测定。一个肽段上带有什么特定的翻译后修饰基团,一般可以先测定未修饰和被修饰肽段之间的相对分子质量的精确差异值,然后分析所差方相对分子质量对应与哪种修饰基团而推断。由于蛋白质的翻译后修饰很多是可逆的和动态的,这给纯化获得均一的发生了翻译后修饰的特定蛋白质样品带来了巨大的挑战。对翻译后修饰进行高通量鉴定的蛋白质组学技术还仍需完善。

(五) 人类蛋白质组工程

根据对已经测定完成的人类基因组 DNA 序列中可能编码蛋白质的序列的鉴定和解读,人类基因组所编码的总蛋白质数目被预测为 20 000~25 000 种。对这个预测的结果需要回答的两个问题是,这些被预测的蛋白质是否真的存在于人体内?另外所有真正存在于人体内的蛋白质是否都被预测了?要回答这两个问题,就需要对人体内的所有蛋白质开展高通量鉴定和研究。

通过对人体的不同组织、细胞系和体液等样品中蛋白质的直接纯化分离、质谱鉴定以及深度的生物信息学分析,我们已经直接鉴定到了存在于人体中的大约 17 000 种蛋白质。这些蛋白质大部分与根据人类全基因组 DNA 序列预测出来的那些蛋白质是一致的,但也有少部分发现不在预测的蛋白质清单里。

还有很多被预测的蛋白质还并未出现在被通过蛋白质组学直接分离鉴定的人体蛋白质清单里。这可能是由于这些蛋白质在体内的存在量极微,或者存在的时间极短,或者高度不稳定等,使得它们还无法通过现有的蛋白质组学技术直接鉴定到。对人体内蛋白质翻译后修饰和相互作用网络的高通量研究,尽管还面临高度的技术难题,但无疑属于未来开展人类蛋白质组学研究的重要内容。

(六) 系统生物学

系统生物学(systems biology)是随着我们对生物体组分和相互作用开展高通量和全局性研究成为可能而出现的一种生物学研究的新模式。它试图有别于过去 100 多年的还原论(即将复杂体系拆分为简单组分)生物学研究模式,而对生命体系开展全局性描述。这种新的生物学研究模式除了强调全局性和网络性外,还强调利用数学和定量的手段来认识生命体系。尽管目前的系统生物学主要还是衍生自基因组学、蛋白质组学、代谢组学等"组学"研究,所以还是在分子水平开展研究,但系统生物学必须提高到组织和个体水平才能算是真正的系统生物学。未来的系统生物学必须着重于揭示和提炼生命体系中的定量的理论以及对生物体表型的预测等方面。比如,能否将生物分子相互作用的网络、基因组和蛋白质组这样的大数据与生物个体的生理功能和表型联系起来?能否从这样的高通量信息和大数据中清晰揭示生物种群之间的演化规律?能否从这样的网络和大数据中认识生物个体发育的规律甚至疾病发生的规律?如果无法回答这样的问题,所谓的系统生物学可能仍旧没有脱离还原论的研究范畴,只是规模扩大了一些而已。

提 要

随着 DNA 测序技术的不断完善,自从 20 世纪 90 年代开始,包括细菌、真菌、动物和植物在内的不同模式生物的全基因组被陆续测定完毕,最终人的全基因组序列也在 2004 年基本测定完毕。这开启了一个在全基因组水平认识生命现象的新时代。本章首先介绍了全基因组 DNA 测序和注释、对基因功能的高通量研究的功能基因组学的主要策略和研究手段。与此相配合,蛋白质组学则是以对样品中蛋白质的高效分离(通过二维电泳或层析技术)和之后对每种蛋白质依据其肽段质量谱或部分肽段的氨基酸序列进行测定的质谱鉴定相结合的一种高通量蛋白质分析技术。全基因组的序列和基因功能分析以及高通量的蛋白质分析技术的出现将生物学研究带入了系统生物学时代。本章最后简单介绍了系统生物学的主要内涵。

习 题

1. 第一个被测定的多细胞生物的全基因组是线虫的。有关论文发表于 1998 年:The *C. elegans* Sequencing Consortium,

Genome Sequence of the Nematode *C. elegans*：A Platform for Investigating Biology,Science,1998,282:2012-2018。请参考此文及其他相关文献回答以下问题：

（a）线虫基因组随机文库是利用什么样的载体构建的？覆盖率是基因组 DNA 全长的几倍？插入的基因组 DNA 片段平均长度大约为多少？

（b）参考该文的参考文献 3 等,简要总结线虫全基因组的物理图谱或叠连群(contig)是如何构建出来的。

（c）测序过程分为哪两个阶段？各自的主要任务是什么？

（d）在序列拼接过程中经常会遇到缺口(gap)而无法拼接,作者是如何将缺口序列补全的？在报道的线虫全基因组序列结果中还存在哪些仍旧没有补全的主要序列缺口？

（e）对于已经拼接起来的基因组 DNA 序列,作者是如何鉴定基因编码序列的？预测这样的基因编码序列的挑战来自哪些方面？

（f）请总结根据这个版本的线虫全基因组序列所预测的蛋白质编码基因和非蛋白质编码 RNA 基因的情况。

（g）请总结基因组中的重复序列的情况。

2. 为了获得全基因组所编码的全蛋白质的氨基酸序列,我们可以通过对全基因组 DNA 序列进行测定或分离获得全部的 cDNA 序列两种途径实现。两种途径各有何优缺点？

3. 对模式生物全基因组的测序结果进一步证实,高等生物基因组中存在大量的非蛋白质编码序列,请总结这些非编码序列的种类,并分析每一类的潜在生物学功能。

4. 对任何一种生物的蛋白质组的分析远比对其基因组的分析来得复杂和困难。请阐述其主要原因。

主要参考书目

1. Lesk A. Introduction to Genomics. 2nd ed. Oxford:Oxford University Press,2012.

2. 坎贝尔,海尔. 探索基因组学、蛋白质组学和生物信息学. 孙之荣,主译. 北京:科学出版社,2005.

3. Fleischmann R D,Adams M D,White O,et al. Whole-genome random sequencing and assembly of *Haemophilus influenzae* Rd. Science,1995,269:496-512.

4. Blattner F R,Plunkett G,Bloch C A,et al. The Complete Genome Sequence of *Escherichia coli* K-12. Science,1997,277: 1 453-1 462.

5. International Human Genome Sequencing Consortium. Initial sequencing and analysis of the human genome. Nature,2001, 409:860-921.

6. Venter J C,Adams M D,Myers E W,et al. The Sequence of the Human Genome. Science,2001,291:1 304-1 351.

7. Aebersold R,Mann M. Mass spectrometry-based proteomics. Nature,2003,422:198-207.

8. The International Human Genome Sequencing Consortium. Finishing the euchromatic sequence of the human genome. Nature, 2004,431:931-945.

9. Kim M S,Pinto S M, Getnet D,et al. A draft map of the human proteome. Nature,2014,509: 575-581.

10. Chang Z,Gu L. Is the mission to identify all the human proteins achievable? —Commenting on the human proteome draft maps. Sci China Life Sci,2014,57:1 039-1 040.

（昌增益）

网上资源

✍ 自测题

索 引